华 章 数 学 译 丛

80

Optimization Models

最优化模型

线性代数模型、凸优化模型及应用

[美] 朱塞佩·C. 卡拉菲奥（Giuseppe C. Calafiore） 洛朗·艾尔·加豪伊（Laurent El Ghaoui） 著

薄立军 译

图书在版编目（CIP）数据

最优化模型：线性代数模型、凸优化模型及应用 /（美）朱塞佩·C. 卡拉菲奥（Giuseppe C. Calafiore），（美）洛朗·艾尔·加豪伊（Laurent El Ghaoui）著；薄立军译 . -- 北京：机械工业出版社，2022.3（2024.11 重印）
（华章数学译丛）
书名原文：Optimization Models
ISBN 978-7-111-70405-8

I. ①最… II. ①朱… ②洛… ③薄… III. ①最佳化 - 数学模型 IV. ① O224

中国版本图书馆 CIP 数据核字（2022）第 053556 号

北京市版权局著作权合同登记 图字：01-2021-0921 号。

本书是优化理论方面的数学教材，全书共分为三部分：第一部分（第 2~7 章）主要介绍线性代数相关知识，包括向量、矩阵、对称矩阵、奇异值分解、线性方程组、最小二乘和矩阵算法等；第二部分（第 8~12 章）主要介绍凸优化相关知识，包括凸性、线性规划、二次规划、几何规划、二阶锥规划、鲁棒优化模型、半定模型等；第三部分（第 13~16 章）主要介绍相关应用，包括监督学习、最小二乘预测、无监督学习、最优投资组合、控制问题、工程设计等 .

出版发行：机械工业出版社（北京市西城区百万庄大街 22 号 邮政编码：100037）

责任编辑：王春华　　责任校对：殷 虹

印　刷：固安县铭成印刷有限公司　　版　次：2024 年 11 月第 1 版第 3 次印刷

开　本：186mm × 240mm 1/16　　印　张：37

书　号：ISBN 978-7-111-70405-8　　定　价：159.00 元

客服电话：（010）88361066 68326294

译 者 序

最优化理论是应用数学的一个重要分支，在经济学、金融学、管理学、工程设计和计算机科学等领域均有广泛的应用.

本书是关于最优化理论及其建模与应用的入门教材，其中用近三分之一的篇幅单独介绍了线性代数的丰富主题. 对最优化理论的介绍，本书并不拘泥于抽象笼统的数学定义，而是辅以如谷歌搜索引擎 PageRank 算法、马科维茨的均值–方差模型、LASSO 算法、数字电路和飞机设计以及供应链管理等实际案例，强调对实际问题建模和相应求解算法技术的展示.

阅读本书不需要太多的预备知识，读者只需要对几何学、微积分学和概率统计学有一个基本的了解. 本书可用于本科生或研究生最优化理论学习的教材.

本书内容翔实，结构严谨，侧重于介绍最优化理论在实际生活中的应用，是学习最优化理论不可多得的入门教材. 译者在翻译过程中一直努力体现作者的原意，但由于水平有限，难免有纰漏，敬请读者批评指正！

前　言

最优化理论是应用数学的一个分支，该理论研究在约束条件下某个函数的最小值或最大值. 这个领域的诞生可以追溯到高斯年轻时所解决的一个天文学问题. 后来随着物理学，特别是力学的发展，一些自然现象可被描述为“能量”函数最小化的问题，这是最优化的前身. 现在最优化已经朝着研究和应用计算机算法来求解数学问题的方向发展.

如今，这个领域处于许多学科的交叉点，从统计学到动态系统与控制、复杂性理论和算法. 它的应用范围非常广泛，包括机器学习、信息检索、工程设计、经济学、金融学和管理学. 随着海量数据集的出现，最优化现在被视为数据科学这一新兴领域的重要组成部分.

在过去的 20 年里，人们对最优化及其应用领域重新产生了兴趣. 最令人振奋的发展之一是一类特殊的优化问题——凸优化. 凸模型为开发用来求解最优化问题的软件提供了一个可靠且实用的平台. 借助于对用户友好的软件包，建模人员现在可以快速开发出非常高效的代码来求解千奇百怪的凸问题. 现在，我们可以像求解规模相似的线性方程组一样轻松地解决凸问题. 扩大可处理问题的范围反过来又使我们能够开发出更有效的方法来求解困难的非凸问题.

与此同时，数值线性代数方向也有了很大发展. 在 20 世纪 80 年代后期对计算机算法进行了一系列开创性工作之后，用户友好型平台如 Matlab、R 以及最近的 Python 相继出现，这允许多代用户快速开发代码来求解数值问题. 如今，对于求解具有数千个变量和方程的数值线性系统的实际算法和技术的能力，只有少数专家还心存疑虑，其他人则认为求解方案及其底层算法是理所当然的.

优化，更确切地说是凸优化，目前也处于类似阶段. 基于这些原因，大多数工科、经济学和理科专业的学生可能会发现，在他们的职业生涯中，有能力识别、简化、建模和解决自己工作中出现的问题非常重要，而实际上只有极少数学生需要研究数值算法的细节. 考虑到这个问题，我们将“最优化模型：线性代数模型、凸优化模型及应用”作为本书的标题，以突出强调以下事实：本书专注于“理解”实际问题的性质并将其建模为可求解的优化范例——这是一门“艺术”（通常是通过发现问题中的“隐藏凸性”结构），而不是聚焦于数量众多的特定数值优化算法的技术细节. 为了完整起见，本书提供了两个相关章节，一章介绍基本的线性代数算法，而另一章则广泛地讨论所选取的优化算法. 不过，跳过这些章节并不会影响对本书其他部分的理解.

近年来，为了满足科学界对凸优化知识日益增长的需求，一些教科书相继出版. 这些教科书大多是面向研究生的，其中的确包含了丰富的内容. 但本书还包括以下区别于其他书籍的内容：

- 本书既可用于本科线性代数和最优化理论课程，也可用于研究生的凸建模和最优化入门课程.
- 本书侧重于以适当的最优化理论对实际问题建模，而不是解决数学最优化的算法问题，有关算法的内容分为两章：一章讨论矩阵基本计算，而另一章讨论凸优化.
- 本书大约有三分之一的内容在独立介绍线性代数的基本主题及其应用.
- 本书包括许多现实生活中的例子，有几章专门介绍实际应用.
- 我们不刻意讨论一般的非凸模型，但会介绍凸模型如何有助于求解一些特定的非凸模型.

我们选择线性代数作为本书的第一部分，主要有两个考虑. 其一是线性代数可能是凸优化最重要的组成部分. 扎实地掌握线性代数和矩阵理论对于理解凸性、建立凸模型和开发凸优化算法至关重要. 其二是考虑到本科生在线性代数课程中的感知差距. 很多（也许并不是大多数）线性代数教科书都侧重于抽象概念和算法，而介绍实际例子的内容较少. 这些教材常常使学生对线性代数的概念和问题有很好的理解，但并不能让学生完全理解这些问题会出现在什么地方，以及为什么会出现. 例如，根据我们的经验，很少有本科生意识到线性代数是迄今为止使用最广泛的机器学习算法的基础，比如 Google 的网络搜索引擎使用的 PageRank 算法.

另一个常见的困难是：根据这一领域的发展历史，大多数教科书都把大量的篇幅放在一般矩阵的特征值和 Jordan 标准型上. 它们也确实有许多相关的应用，例如在求解常微分方程组时. 但是，奇异值的主要概念（如果有）常常被放在最后几章. 因此，线性代数的经典教学遗漏了一些概念，这些概念对于理解线性代数作为实际优化的构建模块至关重要，这也是本书的重点.

然而，本书对线性代数的处理必然是片面的，并且偏向有助于优化的模型. 因此，本书的线性代数部分并不能代替理论或数值线性代数的参考教科书.

在对线性代数和最优化的联合处理中，我们强调易于处理的模型而不是算法，重要的实际应用要胜过虚构的例子. 我们希望传达这样一个观点：就可靠性而言，应该将某些类型的优化问题与线性代数问题放在同一层面上考虑，即可以放心地使用可靠的模型，而不必太担心其内部的工作原理.

在撰写本书时，我们努力在数学的严谨性和内容的易懂性之间取得平衡. 与抽象或过于笼统的数学定义相比，我们更喜欢“可操作”的定义；与结果的全面详尽性相比，我们更倾向于结果的实际相关性. 大部分技巧性结论的证明都在本书中进行了详细说明，不过当证明本身被认为不是特别有启发性或与上下文没有什么关系时，就不会提供这些结果的证明.

阅读本书并不需要太多的预备知识. 基本上对几何和微积分（函数、导数和集合等）有基本的了解，以及具有概率和统计的基本知识（例如，概率分布和数学期望等）就可以阅读本书. 当然，如果对工程学或经济学有一定的了解，则可以帮助读者更好地理解本书中应用部分的内容.

本书大纲

本书第 1 章是对优化模型的概述和初步介绍，其中介绍了一些问题描述、特定模型、语境实例和优化理论的简要发展历史. 然后将本书分为三部分，如表 1 所示.

表 1 本书大纲

	第 1 章 绪论
第一部分 线性代数模型	第 2 章 向量和函数 第 3 章 矩阵 第 4 章 对称矩阵 第 5 章 奇异值分解 第 6 章 线性方程组与最小二乘 第 7 章 矩阵算法
第二部分 凸优化模型	第 8 章 凸性 第 9 章 线性、二次与几何模型 第 10 章 二阶锥和鲁棒模型 第 11 章 半定模型 第 12 章 算法介绍
第三部分 应用	第 13 章 从数据中学习 第 14 章 计算金融 第 15 章 控制问题 第 16 章 工程设计

第一部分是关于线性代数的内容，第二部分是关于优化模型的内容，第三部分则讨论相关的应用.

在第一部分，首先在第 2 章介绍向量、标量积和投影等基本概念. 第 3 章讨论矩阵及其基本性质，此外还介绍因子分解这一重要概念. 关于因子分解的更完整的细节将在下面两章给出. 第 4 章讨论对称矩阵及其特殊性质，而第 5 章讨论一般矩阵的奇异值分解及其应用. 然后，在第 6 章中表述如何使用这些工具来求解线性方程组和相关的最小二乘问题. 在第 7 章中，我们将对线性代数部分进行总结，并简要介绍一些经典算法. 第一部分旨在强调用来理解很多线性代数概念的优化内容. 例如：将线性方程组的投影和解，解释为基本的优化问题；同样地，对称矩阵的特征值来自“变分”（即基于优化）这一特征.

第二部分包含本书用来介绍优化模型的核心章节. 第 8 章介绍凸函数、凸集和凸问题的基本概念，并聚焦于一些理论内容，例如对偶理论. 之后的三章，我们讨论一些具体的凸模型，从线性规划、二次规划和几何规划（第 9 章）到二阶锥（第 10 章）以及半定规划（第 11 章）. 第二部分以第 12 章作为结尾，详细介绍一系列重要的算法，包括与大规模优化内容相关的一阶和坐标下降法.

第三部分介绍优化理论的一些相关应用，包括机器学习、量化金融、控制设计以及出现在一般工程设计中的各种例子.

本书如何用于教学

本书可以作为很多课程的教材.

对于高年级本科生课程——线性代数及其应用，教师可以专注于本书的第一部分. 第 13 章的某些部分还涉及线性代数在机器学习中的相关应用，特别是有关主成分分析的部分.

对于高年级本科生或低年级研究生课程——优化概论，本书的第二部分则是核心内容. 我们建议先复习一下基本线性代数. 根据我们的经验，线性代数比凸优化更难教授，而且很少有学生能完全掌握. 对于这样的课程，我们建议跳过关于算法的章节，即关于线性代数算法的第 7 章和关于最优化算法的第 12 章. 我们还建议减少第 8 章的学习内容，尤其是跳过 8.5 节中有关对偶性介绍的内容. 对于研究生课程——凸优化，主要内容还是本书的第二部分. 教师可以选择强调对偶性内容以及第 12 章算法部分的介绍. 应用部分可用作学生案例学习的选题.

参考文献及学习资源

本书涵盖的内容广泛，为了不让读者感到不知所措，我们的参考文献经过了一些筛选，可能不完整. 借助当今的在线资源，有兴趣的读者可以轻松找到相关资料. 我们唯一的努力是提供适当的搜索关键词. 我们希望在这一迷人的领域做出贡献的研究人员能够从这样一个事实中得到安慰——缺乏合适的参考文献往往可以说明想法的创新性.

在撰写本书时，我们受到许多作者和教师的启发，我们对此表示感谢. 我们特别从下面脚注所列的具有很大影响力的教科书中汲取了宝贵经验[⊖]. 我们还要感谢斯坦福大学的 EE364a、EE364b（S. Boyd）和 EE365（S. Lall）与加州大学洛杉矶分校的 EE236a、EE236b 和 EE236c（L. Vandenberghe）等优秀的课程资源，以及 S. Sra 于 2012 年在加州大学伯克利分校为课程 EE227a 所制作的幻灯片.

致谢

在过去的 20 年里，我们见证了最优化理论和应用的许多令人振奋的发展. 写这本书的主要动力来自参与优化研究的逐渐壮大的科学界成员，他们直接或间接地给予了我们动力和灵感. 虽然不可能一一提及，但还是要特别感谢我们的同事 Dimitris Bertsimas、Stephen Boyd、Emmanuel Candès、Constantin Caramanis、Vu Duong、Michael Jordan、Jitendra Malik、Arkadi Nemirovksi、Yuri Nesterov、Jorge Nocedal、Kannan Ramchandran、Anant Sahai、Suvrit Sra、Marc Teboulle 和 Lieven Vandenberghe, 感谢他们多年来的支持和富有

⊖ S. Boyd and L. Vandenberghe, *Convex Optimization*, Cambridge University Press, 2004.
D. P. Bertsekas, *Nonlinear Optimization*, Athena Scientific, 1999.
D. P. Bertsekas (with A. Nedic, A. Ozdaglar), *Convex Analysis and Optimization*, Athena Scientific, 2003.
Yu. Nesterov, *Introductory Lectures on Convex Optimization: A Basic Course*, Springer, 2004.
A. Ben-Tal and A. Nemirovski, *Lectures on Modern Convex Optimization*, SIAM, 2001.
J. Borwein and A. Lewis, *Convex Analysis and Nonlinear Optimization: Theory and Examples*, Springer, 2006.

建设性的讨论. 我们还要感谢本书初稿的匿名评审人，是他们鼓励我们继续进行下去. 特别感谢 Daniel Lyons, 他审阅了本书的最终版本，并帮助改进了本书的语言表达和书写格式.

我们也要感谢 Phil Meyler 和其在剑桥大学出版社的团队，特别是 Elizabeth Horne 在技术方面的支持.

目　录

第三部分 应用

第1章 绪 论

优化是对各种实际问题作出有效决策或预测的技术. 这里仅举几例，比如生产计划下工程设计以及财务管理. 简言之，作出决策的过程要先从为具体问题建立合适的数学模型开始，然后通过应用有效的数值算法来求解模型. 一个优化模型通常需要为决策制定出一个量化的目标，然后在一定的约束条件下（比如决策行为的物理限制或资源预算等），最大化这个目标（或者最小化成本目标）. 一个优化设计是在满足该问题所有的约束条件下，给出尽可能最优的目标值.

本章将介绍优化问题的主要概念和构成部分，并简述该领域的发展历史. 本章中的许多概念并没有给出正式的定义，我们将在后续章节中提供更加严谨的定义表述.

1.1 启发性的例子

我们下面将介绍一些能用优化问题表述的简单但实用的例子. 许多其他更复杂的例子和应用将在本书中后续章节作进一步讨论.

1.1.1 石油生产管理

炼油厂生产两种产品：喷气燃料和汽油. 炼油厂的利润是：喷气燃料每桶 0.10 美元，汽油每桶 0.20 美元. 现在只有 1 万桶原油可供加工. 此外，还必须满足以下条件：

1. 这家炼油厂与政府签订了至少生产 1000 桶喷气燃料的合同，还有一份至少生产 2000 桶汽油的私人合同.
2. 这两种产品都是用卡车运输的，卡车车队的运载能力是 18 万桶/英里[⊖].
3. 喷气燃料被运送到距炼油厂 10 英里的机场，而汽油则被运送到 30 英里外的经销商处.

问题是：每种产品应该生产多少才能获得最大利润？

我们首先对该问题进行数学建模. 设 x_1, x_2 分别表示喷气燃料和汽油的生产数量，以桶为单位. 于是，炼油厂的利润用函数为 $g_0(x_1, x_2) = 0.1x_1 + 0.2x_2$. 显然，炼油厂的目标是使其利润最大化. 但是，需要满足如下约束条件：

$$x_1 + x_2 \leqslant 10\,000 \text{ (可用石油桶数的限制)}$$

$$x_1 \geqslant 1000 \text{ (喷气燃料最少生产数)}$$

⊖ 1 英里 =1609.344 米. ——编辑注

$$x_2 \geqslant 2000 \ \text{(汽油最少生产数)}$$

$$10x_1 + 30x_2 \leqslant 180\ 000 \ \text{(车队容量)}.$$

因此，这个生产管理问题在数学上可以表述为：在满足上述约束条件的情况下，求使利润函数 $g_0(x_1, x_2)$ 最大化的 x_1, x_2.

1.1.2 技术进步的预测

表 1.1 列出了 13 个微处理器中晶体管数量 N 和相应的引入年份. 如果观察 N_i 与年份 y_i 的对数曲线（如图 1.1 所示）, 则会看到它们呈近似线性的趋势. 给定这些数据的情况下，我们想确定近似这些数据的“最佳”拟合线. 这种线量化了技术进步的趋势，其可用来估计未来微芯片中晶体管的数量. 为了数学建模这个问题，将拟合线用如下方程表述：

$$z = x_1 y + x_2, \tag{1.1}$$

表 1.1　不同年份微处理器中的晶体管数量

年份 y_i	晶体管数量	年份 y_i	晶体管数量
1971	2250	1993	3 100 000
1972	2500	1997	7 500 000
1974	5000	1999	24 000 000
1978	29 000	2000	42 000 000
1982	120 000	2002	220 000 000
1985	275 000	2003	410 000 000
1989	1 180 000		

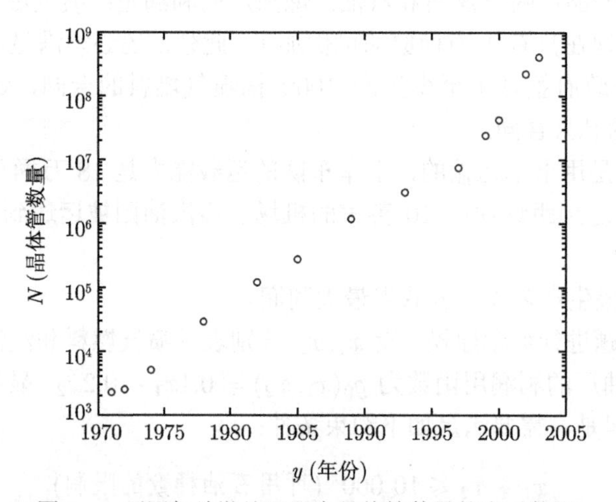

图 1.1　不同年份微处理器中晶体管数量的半对数图

其中 y 表示年份，z 为 N 的对数，x_1, x_2 为这条拟合线的未知参数（x_1 为斜率，x_2 为直线与纵轴的截距）. 下一步，我们需要确定一个标准用来度量线与数据之间不匹配的程度.

一个常用的标准是测量观测数据偏离直线距离的平方和. 也就是说，对于给定年份 y_i, 方程 (1.1) 预测晶体管的数量为 $x_1y_i+x_2$, 而实际观测到晶体管的数量为 $z_i=\log N_i$, 因此 y_i 年的平方误差为 $(x_1y_u+x_2-z_i)^2$, 这 13 年的累计误差就为:

$$f_0(x_1,x_2)=\sum_{i=1}^{13}(x_1y_i+x_2-z_i)^2.$$

于是，可以通过寻找使函数 f_0 最小化的参数 x_1,x_2 的值来获得最佳拟合线.

1.1.3 基于聚合器的配电模型

在电力市场中，信息汇集公司是一种营销商或公共机构，它将多个终端用户的负荷结合起来，以便代表这些用户处理销售和购买电能、传输等服务. 简单地说，信息汇集公司从大型配电公司批发购买 c 单位（比如兆瓦）的电力，然后将这些电力转售给 n 个企业或工业客户. 第 i 个客户 $(i=1,\cdots,n)$ 告知信息汇集公司其理想的供电水平，比如 c_i 兆瓦. 此外，客户不喜欢获得比其理想水平更高的电力（因为必须为多余的电力付费），也不喜欢获得低于其理想水平的电力（因为那样客户的业务可能会受到损害）. 因此，客户告知信息汇集公司衡量自己的不满意程度的模型，我们假定其为以下形式:

$$d_i(x_i)=\alpha_i(x_i-c_i)^2,\ \ i=1,\cdots,n,$$

其中 x_i 表示信息汇集公司分配给第 i 个客户的电力，$\alpha_i>0$ 是一个已知的特定客户的参数. 信息汇集公司的任务就是，找到一种功率分配 x_i $(i=1,\cdots,n)$，在能够保证出售整个电力 c 并且没有任何一个客户的不满意程度超过合同所定程度 $\bar{d}$ 的条件下，最小化客户不满意程度的平均值.

这样，信息汇集公司的任务就是最小化客户不满意程度的平均值:

$$f_0(x_1,\cdots,x_n)=\frac{1}{n}\sum_{i=1}^{n}d_i(x_i)=\frac{1}{n}\sum_{i=1}^{n}\alpha_i(x_i-c_i)^2,$$

并且满足如下约束条件:

$$\sum_{i=1}^{n}x_i=c,\ \ (\text{必须出售所有电力})$$

$$x_i\geqslant 0,\ i=1,\cdots,n,\ \ (\text{供应电力不能为负})$$

$$\alpha_i(x_i-c_i)^2\leqslant\bar{d},\ i=1,\cdots,n,\ \ (\text{不满意程度不能超过 }\bar{d}).$$

1.1.4 投资问题

一个投资基金希望在 n 个投资项目中投资（全部或部分）c 美元的总资本. 第 i 次投资的成本是 w_i 美元，投资者期望从中获利 p_i 美元. 此外，市面上成本为 w_i 和利润为 p_i

的项目至多有 b_i 个 ($b_i \leqslant c/w_i$). 基金经理想知道要使他的预期利润最大化，每个项目要投资多少？

可以引入决策变量 $x_i, i=1,\cdots,n$，其表示要购买的每种投资类型的数量（整数），以此来对该问题进行数学建模. 那么，基金经理的预期利润可以用如下函数表示：

$$f_0(x_1,\cdots,x_n)=\sum_{i=1}^{n}p_ix_i.$$

相应的约束条件为：

$$\sum_{i=1}^{n}w_ix_i\leqslant c \ \ (\text{投资成本的约束})$$

$$x_i\in\{0,1,\cdots,b_i\},\ i=1,\cdots,n \ \ (\text{可投资数量的约束}).$$

于是，投资者的目标是确定 $x_1,\cdots,x_n$ 以便在满足上述约束条件的同时最大化其利润 f_0. 这种问题一般被称为背包问题.

注释 1.1 这里有一个关于优化模型局限性的提醒. 许多（也许并不是全部）现实世界的决策问题和工程设计问题，原则上都可以在数学上表述为优化问题的形式. 然而，我们在此提醒读者，将问题表示为优化模型并不一定意味着问题可以在实际中得到解决. 例如：1.1.4 节中表述的问题属于“难以”求解的问题类别，而前几节中所表述的示例是“可处理的”，即易于数值求解. 本书将在 1.2.4 节中更加详细地讨论这些问题. 区分难处理和易处理的问题是我们在本书中努力讲授的关键能力之一.

1.2 优化问题

1.2.1 定义

优化问题的标准形式. 这里将主要处理可以写成如下标准形式的优化问题[㊀]：

$$p^*=\min_{x} f_0(\boldsymbol{x}) \tag{1.2}$$

$$\text{s.t.}:\ \ f_i(\boldsymbol{x})\leqslant 0,\ \ i=1,\cdots,m,$$

其中

- 向量[㊁]$\boldsymbol{x}\in\mathbb{R}^n$ 是决策变量；

㊀ 优化问题通常被称为“数学规划”. 这里术语“规划”（或“程序”）不是指计算机代码，主要基于历史原因才这样使用.

㊁ 一个 n 维向量由实数 $x_1,\cdots,x_n$ 组成. 我们把所有 n 维向量构成的空间记为 $\mathbb{R}^n$.

- $f_0:\mathbb{R}^n\to\mathbb{R}$ 是目标函数[⊖]或成本函数；
- $f_i:\mathbb{R}^n\to\mathbb{R},\ i=1,\cdots,m$，表示约束函数；
- p^* 表示最优值.

在上面的表述中，有时可以用符号 "s.t." 来表示 "使得", 或者简单地用符号 ":" 来表示.

例 1.1（两变量优化问题） 考虑如下问题：

$$\min_{x}\ 0.9x_1^2-0.4x_1x_2+0.6x_2^2-6.4x_1-0.8x_2:\ \ -1\leqslant x_1\leqslant 2,\ 0\leqslant x_2\leqslant 3.$$

该问题可以写成形如式 (1.2) 的标准形式，其中：

- 决策变量为 $\boldsymbol{x}=(x_1,x_2)\in\mathbb{R}^2$；
- 目标函数 $f_0:\mathbb{R}^2\to\mathbb{R}$ 的表达式为

$$f_0(\boldsymbol{x})=0.9x_1^2-0.4x_1x_2-0.6x_2^2-6.4x_1-0.8x_2;$$

- 约束函数 $f_i:\mathbb{R}^n\to\mathbb{R},\ i=1,2,3,4$ 的表达式为

$$f_1(\boldsymbol{x})=-x_1-1, f_2(\boldsymbol{x})=x_1-2, f_3(\boldsymbol{x})=-x_2, f_4(\boldsymbol{x})=x_2-3.$$

带等式约束的优化问题. 在有些情况下，问题可能会出现明确的等式约束和不等式约束，即

$$\begin{aligned}p^*=\min_{\boldsymbol{x}}\ & f_0(\boldsymbol{x})\\ \text{s.t.}:\ & f_i(\boldsymbol{x})\leqslant 0,\ i=1,\cdots,m,\\ & h_i(\boldsymbol{x})=0,\ i=1,\cdots,p,\end{aligned}$$

其中 h_i 是给定的函数. 然而，从形式上讲，我们可以通过使用一对不等式表示每个等式约束，从而将上述问题简化为仅具有不等式约束的标准形式. 即用 $h_i(\boldsymbol{x})\leqslant 0$ 和 $h_i(\boldsymbol{x})\geqslant 0$ 来取代 $h_i(x)=0$.

带集合约束的优化问题. 在有些情况下，问题的约束条件是通过 $\boldsymbol{x}\in\mathcal{X}$ 这种集合元素约束的抽象形式表示的，其中 $\mathcal{X}$ 为 $\mathbb{R}^n$ 的子集. 相应的数学表示为：

$$p^*=\min_{\boldsymbol{x}\in\mathcal{X}} f_0(\boldsymbol{x}),$$

或也可以表示为：

$$p^*=\min_{\boldsymbol{x}} f_0(\boldsymbol{x})$$

⊖ 函数 f 描述了以向量 $\boldsymbol{x}\in\mathbb{R}^n$ 作为输入，并映射到一个实数 $f(\boldsymbol{x})$ 的操作. $f:\mathbb{R}^n\to\mathbb{R}$ 允许我们精确定义输入空间.

$$\text{s.t.: } \boldsymbol{x} \in \mathcal{X}.$$

最大值形式的优化问题． 一些优化问题以求目标函数最大值（而不是最小值）的形式出现，也就是：

$$p^* = \max_{\boldsymbol{x} \in \mathcal{X}} g_0(\boldsymbol{x}), \tag{1.3}$$

然而，这种问题很容易转化为求最小值的标准问题．事实上，注意到对于任意 g_0, 都有：

$$\max_{\boldsymbol{x} \in \mathcal{X}} g_0(\boldsymbol{x}) = -\min_{\boldsymbol{x} \in \mathcal{X}} -g_0(\boldsymbol{x}).$$

因此，求最大值问题 (1.3) 可以重新表述为如下求最小值问题：

$$-p^* = \min_{\boldsymbol{x} \in \mathcal{X}} f_0(\boldsymbol{x}),$$

其中 $f_0 = -g_0$.

可行集． 问题 (1.2) 的可行集[㊀] 定义如下：

$$\mathcal{X} = \{\boldsymbol{x} \in \mathbb{R}^n \text{ s.t.: } f_i(\boldsymbol{x}) \leqslant 0,\ i = 1, \cdots, m\}.$$

如果点 $\boldsymbol{x}$ 属于可行集 $\mathcal{X}$, 也就是说，它满足约束条件，那么称 $\boldsymbol{x}$ 对于问题 (1.2) 是可行的．如果不可能同时满足所有约束条件，那么可行集就是空集．在这种情况下，称该问题是不可行的．为了方便起见，对于不可行的最小化问题，记其最优值为 $p^* = +\infty$. 对于不可行的最大值问题，记其最优值 $p^* = -\infty$.

1.2.2　问题的解是什么

对于一个优化问题，我们通常对计算其目标函数的最优值 p^* 以及相应的最小值点感兴趣，这里的最小值点是使目标函数达到最优值的点且满足约束条件的向量．如果找到这样一个向量[㊁]，则称该问题的最优值可以达到．

可行性问题． 在一些情况下并没有提供目标函数．这意味着我们只是对找到一个可行点感兴趣，或者是想要确定问题不可行．根据惯例，只要问题是可行的，我们一般将 f_0 设置为常数以表示对点 x 的选择并不重要．对于具有标准形式 (1.2) 的问题，求解这样一个可行性问题等价于寻找一个满足不等式组 $f_i(\boldsymbol{x}) \leqslant 0\ (i = 1, \cdots, m)$ 的点．

最优集． 问题 (1.2) 的最优集或解集被定义为目标函数达到最优值的可行点集：

$$\mathcal{X}_{\text{opt}} = \{\boldsymbol{x} \in \mathbb{R}^n \text{ s.t. : } f_0(\boldsymbol{x}) = p^*,\ f_i(\boldsymbol{x}) \leqslant 0,\ i = 1, \cdots, m\}.$$

为了表示最优集，其标准的符号是使用 arg min：

$$\mathcal{X}_{\text{opt}} = \arg\min_{\boldsymbol{x} \in \mathcal{X}} f_0(\boldsymbol{x}).$$

㊀ 在例 1.1 的优化问题中，可行集是 $\mathbb{R}^n$ 中的一个矩形区域，即 $-1 \leqslant x_1 \leqslant 2$，$0 \leqslant x_2 \leqslant 3$.

㊁ 在例 1.1 的优化问题中，在极值点 $x_1^* = 2$，$x_2^* = 1.3333$ 处达到最优值 $p^* = -10.2667$.

如果点 $\boldsymbol{x}$ 属于最优集，那么称它是最优的，如图 1.2 所示.

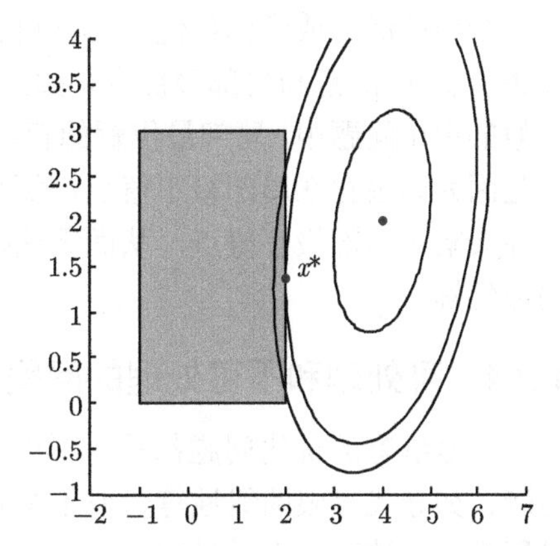

图 1.2 一个测试的优化问题，其中曲线表示目标函数取相同值的点. 最优集是单点集 $\mathcal{X}_{\mathrm{opt}}=\{x^*\}$

最优集何时为空集. 最优点也许并不存在，因此最优集也可能为空集. 这可能有两个原因，一个是该问题是不可行的，即 $\mathcal{X}$ 本身是空集（没有满足约束条件的点）. 另一个原因更加微妙，虽然 $\mathcal{X}$ 不是空集，但是最优值可能只能在极限情况下达到. 例如，如下的优化问题

$$p^*=\min_x \mathrm{e}^{-x}$$

就没有最优点，因为其最优值 $p^*=0$ 只能在 $x\to+\infty$ 的极限情况下达到. 另一个例子是当约束包括严格的不等式时，例如：

$$p^*=\min_x x \quad \text{s.t.}:\ 0<x\leqslant 1. \tag{1.4}$$

在这种情况下，$p^*=0$, 但是这个最优值不能在任何满足约束的点 x 处达到. 严格地说，在不知道是否取到最优点的情况下，应该使用符号 “inf” 来代替 “min”（或 “sup” 来代替 “max”）. 然而，在本书中，我们没有过多地讨论这些微妙之处，除非在特定的上下文中需要更严格地使用 “inf” 和 “sup”，但它直接使用了符号 “min” 和 “max”. 出于类似的原因，我们只考虑具有非严格不等式的问题. 只要目标函数和约束函数是连续的，严格不等式就可以被非严格不等式完全取代. 例如：如果将问题 (1.4) 中的严格不等式改为非严格不等式，则其最优值仍然为 $p^*=0$, 但是现在就可以取到具有明确定义的最优点 $x^*=0$.

次最优性. 如果一个点 x 对于问题 (1.2) 是可行的且满足如下条件：

$$p^*\leqslant f_0(x)\leqslant p^*+\varepsilon.$$

则称它是 ε 次最优的. 换言之，点 x 是 ε 接近达到最优值 p^* 的. 通常，数值算法只能计算次最优解，永远无法实现真正的最优解.

1.2.3 局部与全局最优点

称点 $\boldsymbol{z}$ 为问题 (1.2) 的一个局部最优点，如果存在 $R>0$ 使 $\boldsymbol{z}$ 对于以下问题是最优的：

$$\min_{\boldsymbol{x}} f_0(\boldsymbol{x}) \text{ s.t.}:\ f_i(\boldsymbol{x})\leqslant 0,\ i=1,\cdots,m,\ |x_i-z_i|\leqslant R,\ i=1,\cdots,n.$$

换言之，局部最小值点 $\boldsymbol{x}$ 只能在可行集的邻域内最小化 f_0. 此时其目标函数的值不一定是该问题的（全局）最优值. 局部最优点可能对问题的真正求解没有实际意义.

全局最优（或简称最优）这一概念用于区分最优集 $\mathcal{X}_{\text{opt}}$ 中的点和局部最优点，如图 1.3 所示. 在一般的优化问题中，局部最优解的存在是一大挑战，这是因为如果存在局部极小值点，那么大多数算法往往会陷入局部极小值点，从而无法得到期望的全局最优解.

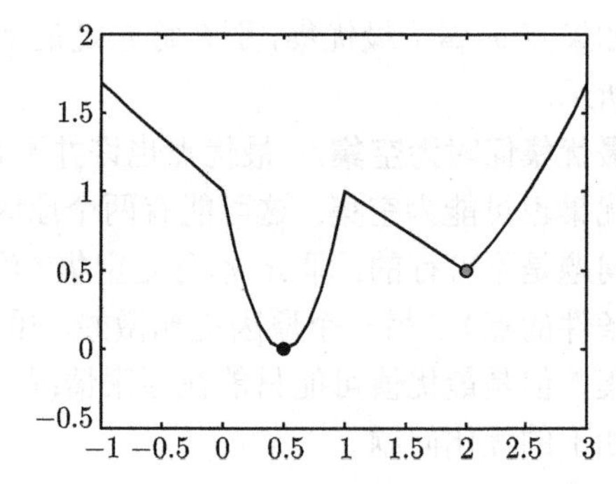

图 1.3 局部（灰色）与全局（黑色）最小值点. 最优集是单点集 $\mathcal{X}_{\text{opt}} = \{0.5\}$. 点 $x = 2$ 是局部最小值点

1.2.4 可处理和不可处理的问题

不是所有的优化问题都是一样的. 一些类型的问题，如寻找有限的线性等式或不等式组的解，可以用数值方法可靠有效地求解. 相反，对于其他某些优化问题，目前没有可靠有效的解决方法.

在不讨论优化问题的计算复杂性的情况下，我们这里将能够可靠地（即总是在任何问题实例中）在数值上找到全局最优解，且计算复杂度随着问题规模增长而增长（非正式地说，优化问题的规模是通过模型中的决策变量和/或约束的数量来度量的）的优化模型称为“可处理的”. 对于其他优化问题，计算的复杂性是未知的，因而被称为“困难的”.

除了 1.1.4 节中的问题，前面几节中给出的例子都属于可处理的问题类型. 本书的重点是聚焦可处理的模型. 特别地，可以用线性代数问题的形式或凸形式㊀表述的模型通常都是可处理的. 此外，如果一个凸模型有一些特殊的结构㊁，那么人们通常可以使用现有的非常可靠的数值计算包找到最优解，如 CVX、Yalmip 等.

同样重要的是要注意到可处理性通常不是问题本身的特性，而是由我们对问题的表述和建模所决定的. 如果在建模阶段投入更多的精力和智慧，一个在某种表述下看起来很难处理的问题可能会变得容易处理. 仅举一个例子，1.1.2 节中的原始数据不能用简单的线性模型来拟合. 然而，对数据进行对数变换后就可以用线性模型来很好地拟合.

本书的目标之一是让读者对处理问题的“艺术”有一个初步的了解，以便以一种易于处理的形式对它们进行建模. 显然，这并不总是可能的. 有些问题总是很难解决的，不管我们花了多少努力去建模它们. 一个例子就是背包问题，即 1.1.4 节中表述的投资问题（实际上，大多数变量被限制取整数值的优化问题都是很难计算的）. 然而，即使对于本质上很难解决的问题（即精确解无法得到），我们也常常会找到有用的可处理模型，为我们提供易于计算的近似或松弛解.

1.2.5 问题的变换

由问题 (1.2) 所表述的优化形式非常灵活，可以允许我们做很多变换，这常常有助于

㊀ 参见第 8 章.

㊁ 参见 1.3 节、第 9 章和随后的章节.

将给定的问题转化为可处理的形式. 例如，如下优化问题

$$\min_{\boldsymbol{x}} \sqrt{(x_1+1)^2+(x_2-2)^2} \text{ s.t.}: \ x_1 \geqslant 0$$

与如下优化问题

$$\min_{\boldsymbol{x}}((x_1+1)^2+(x_2-2)^2) \text{ s.t.}: \ x_1 \geqslant 0$$

具有相同的最优集. 这样的好处是目标函数是可微的. 在其他情形下，变量代换往往也是有用的方法. 比如，如下问题

$$\max_{\boldsymbol{x}} \ x_1x_2^3x_3 \text{ s.t.}: \ x_i \geqslant 0, \ i=1,2,3, \ x_1x_2 \leqslant 2, \ x_2^2x_3 \leqslant 1$$

在对目标函数取对数后，做变量代换 $z_i = \log x_i$, $i=1,2,3$，于是，问题可等价写成如下形式：

$$\max_{\boldsymbol{z}} \ z_1+3z_2+z_3 \quad \text{s.t.}: \ z_1+z_2 \leqslant \log 2, \ 2z_2+z_3 \leqslant 0.$$

这样做的好处是，目标函数和约束函数都是线性的. 8.3.4 节会更详细地讨论问题变换.

1.3 优化问题的重要类型

在这一节中，我们简要概述一些标准的优化模型，然后在本书的后续部分中再进行详细讨论.

1.3.1 最小二乘和线性方程

一个线性最小二乘问题可以用以下形式来表述：

$$\min_{\boldsymbol{x}} \sum_{i=1}^{m}\left(\sum_{j=1}^{n} A_{ij}x_j - b_i\right)^2, \tag{1.5}$$

其中 A_{ij}, b_i $(1 \leqslant i \leqslant m, \ 1 \leqslant j \leqslant n)$ 是给定的常数，$\boldsymbol{x} \in \mathbb{R}^n$ 为变量. 最小二乘问题出现在许多情形下，如线性回归[㊀]等统计估计问题中.

最小二乘法在求解一组线性方程系统中有重要的应用. 假设我们想找到一个向量 $\boldsymbol{x} \in \mathbb{R}^n$ 使得

$$\sum_{j=1}^{n} A_{ij}x_j = b_i, \ i=1,\cdots,m.$$

这类问题可以归结为形式 (1.5) 的最小二乘问题. 如果式 (1.5) 的最优值为零，则找到了对应方程组的解. 否则，式 (1.5) 的最优解则给出了线性方程组的近似解. 我们在第 6 章中将展开讨论最小二乘问题和线性方程组.

㊀ 1.1.2 节中的例子会介绍线性回归.

1.3.2 低秩近似与最大方差

对于给定矩阵（矩阵元素为 A_{ij} $(1 \leqslant i \leqslant m,\ 1 \leqslant j \leqslant n)$）的秩一近似问题形式如下：

$$\min_{\boldsymbol{x}\in\mathbb{R}^n,\boldsymbol{z}\in\mathbb{R}^m} \sum_{i=1}^{m}\left(\sum_{j=1}^{n} A_{ij} - z_i x_j\right)^2 .$$

上述问题可以解释为最小二乘问题 (1.5) 的一个变形，其中平方项内的函数是非线性的，这是因为存在变量乘积 $z_i x_j$. 目标函数越小，意味着 A_{ij} 可以被 $z_j x_i$ 越好地近似. 因此，“行”$(A_{i1},\cdots,A_{in})$ $(i=1,\cdots,m)$ 都是相同向量 $(x_1,\cdots,x_m)$ 经过以 $(z_1,\cdots,z_m)$ 为尺度的尺度变换后的向量.

如第 4 章和第 5 章所讨论的，此问题出现在许多应用中，并且构成了奇异值分解 (SVD) 技术的基础.

一个相关的问题是所谓的最大方差问题：

$$\max_{\boldsymbol{x}} \sum_{i=1}^{m}\left(\sum_{j=1}^{n} A_{ij}x_j\right)^2 \quad \text{s.t.}:\ \sum_{i=1}^{n} x_i^2 = 1.$$

上述问题可以用来在高维空间中找到最适合拟合一组点的线，它是一种数据降维技术——主成分分析的基础，详见第 13 章.

1.3.3 线性规划与二次规划

线性规划（LP）问题具有如下形式：

$$\min_{\boldsymbol{x}} \sum_{j=1}^{n} c_j x_j \quad \text{s.t.}:\ \sum_{j=1}^{n} A_{ij}x_j \leqslant b_i,\ i=1,\cdots,m,$$

其中 c_j, b_i 和 A_{ij} $(1 \leqslant i \leqslant m,\ 1 \leqslant j \leqslant n)$ 是给定的实数. 该问题是一般问题 (1.2) 的特例，其中函数 f_i $(i=0,\cdots,m)$ 都是仿射的（即线性项加常数项）. 线性规划是优化领域中使用最为广泛的模型.

二次规划问题（QP）是线性规划的进一步扩展，其对应的目标为二次函数. 二次规划是将上述线性规划问题修改为如下：

$$\min_{\boldsymbol{x}} \sum_{i=1}^{r}\left(\sum_{j=1}^{n} C_{ij}x_j\right)^2 + \sum_{j=1}^{n} c_j x_j \quad \text{s.t.}:\ \sum_{j=1}^{n} A_{ij}x_j \leqslant b_i,\ i=1,\cdots,m,$$

其中 C_{ij} $(1 \leqslant i \leqslant r,\ 1 \leqslant j \leqslant n)$ 是给定的常数. QP 可以被认为是最小二乘和线性规划问题的进一步推广. 它们在许多领域都有应用，例如在金融领域中，其目标中的线性项指的是投资的预期负回报，二次项则对应的是风险（或回报的方差）. 第 9 章将会讨论 LP 和 QP 模型.

1.3.4 凸优化

凸优化是形如式 (1.2) 的优化问题，其中目标函数和约束函数具有凸性这种特殊性质. 粗略地说，凸函数呈现出一个“碗形”图，如图 1.4 所示. 第 8 章将讨论凸性和一般凸优化问题.

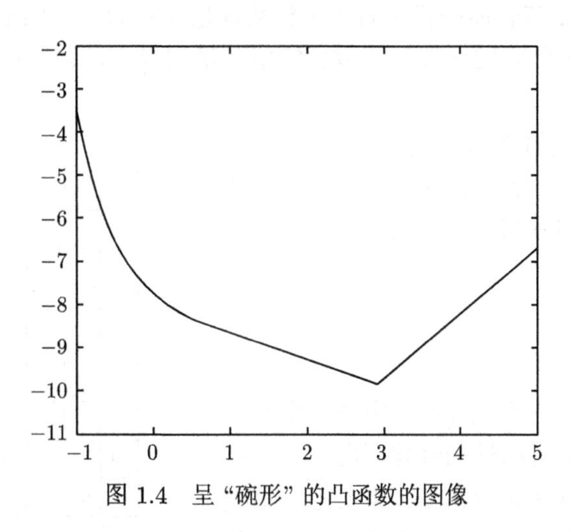

图 1.4 呈“碗形”的凸函数的图像

并不是所有的凸问题都很容易求解，但的确有许多凸问题在计算上是可处理的. 凸问题的一个关键特征是所有的局部最小值点实际上都是全局最小值点，参见图 1.5 的例子.

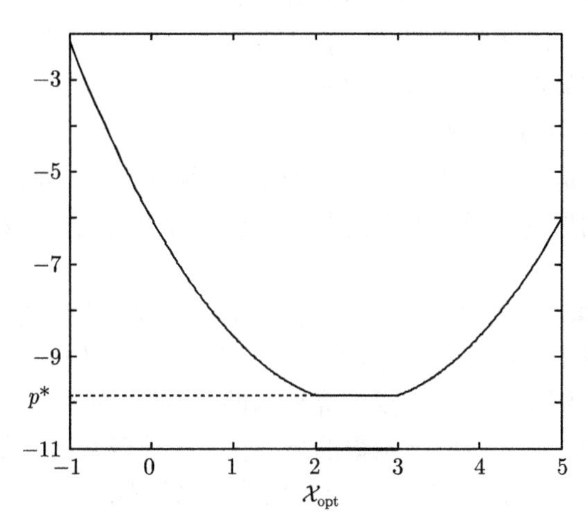

图 1.5 对于凸函数，任何局部最小值点都是全局最小值点. 在这个例子中，最小值点不是唯一的，最优集是区间 $\mathcal{X}_{\rm opt} = [2, 3]$. 区间中的每一点都达到全局最小值 $p^* = -9.84$

最小二乘、LP 和（凸）QP 模型是可处理的凸优化问题的例子. 对于我们在本书中讨论的其他特定优化模型也是如此，例如第 9 章中讨论的几何规划（GP）模型、第 10 章中讨论的二阶锥规划（SOCP）模型和第 11 章中讨论的半定规划（SDP）模型.

1.3.5　组合优化

在组合优化问题中，其决策变量是布尔类型（0 或 1），或更一般的整数，它反映了要作出的离散选择. 1.1.4 节表述的背包问题是整数规划问题的一个例子，图 1.6 所示的数独问题也是如此. 许多实际问题还涉及整数和实值变量的混合，因此称这种问题为混合整数规划（MIP）.

组合问题或更一般的 MIP 往往属于计算比较困难的问题. 虽然有时会讨论使用凸优化来寻找这类问题的近似解，但本书不会深入讨论组合优化问题.

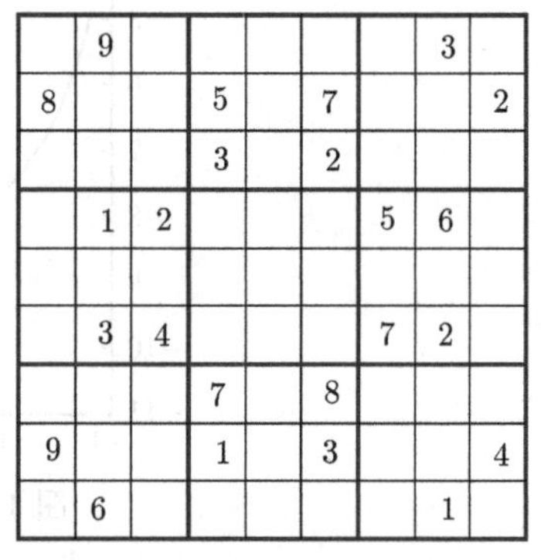

图 1.6　数独问题，就像许多其他流行的谜题一样，可以被表述为一个带有整数变量的可行性问题

1.3.6　非凸优化

非凸优化对应于标准形式 (1.2) 中的一个或多个目标或约束函数不具有凸性的优化问题.

一般来说，这类问题很难求解. 事实上，这类问题包括组合优化问题. 如果一个变量 x_i 要求是布尔型的（即 $x_i \in \{0,1\}$），我们可以将其建模为一对约束条件 $x_i^2 - x_i \leqslant 0$ 和 $x_i - x_i^2 \leqslant 0$, 其中第二个约束为一个非凸函数. 一般非凸问题难以求解的原因之一是它们可能存在局部极小值点，如图 1.3 所示. 然而，凸问题就不存在这个难点.

然而，应该注意的是，不是每个非凸优化问题都很难求解. 例如，在 1.3.2 节中讨论的最大方差和低秩近似问题尽管都是非凸问题，但它们可以用线性代数中的特殊算法很好地求解.

例 1.2（蛋白质折叠）　蛋白质折叠问题相当于根据构成蛋白质的氨基酸序列来预测蛋白质的三维结构，如图 1.7 所示. 氨基酸之间存在相互作用（例如，它们可能带电）. 这样的问题很难通过实验来解决，这就需要计算机辅助的方法. 近年来，研究人员提出将该问题建模为一个优化问题，其涉及势能函数的最小化，势能函数通常是反映氨基酸对之间相互作用项的总和. 整个问题可以建模为一个非线性优化问题.

不幸的是，蛋白质折叠问题仍然具有挑战性. 原因之一是问题的规模非常大（变量和约束的数量）. 另一个困难来自势能函数（实际的蛋白质的势能函数需要最小化）并不能确切知道. 最后，势能函数通常不是凸的这一事实可能导致算法找到的最优解是“假的”（即错误的）分子构象，其仅对应于势能函数的局部最小值点. 图 1.8 是蛋白质势能函数水平集的三维再现.

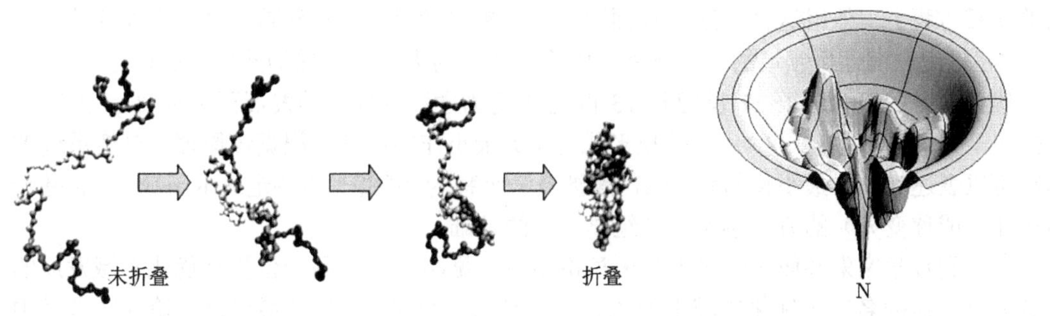

图 1.7 蛋白质折叠问题　　图 1.8 蛋白质折叠模型中的势能函数图

1.4 发展历史

1.4.1 早期阶段：线性代数的诞生

作为一个与求解数值问题的算法有关的领域，最优化理论的起源也许可以追溯到已知的中国古代最早出现的线性方程组. 事实上，早在公元前 300 年，人们就开始使用所谓的"方阵"来求解相当于线性系统的实际问题. 大约在公元 100 年，《九章算术》的第 8 章中就出现了与高斯消去法相同的算法来求解这样的系统 .

图 1.9 展现了在18世纪印刷的课本中发现的 9×9 矩阵（列的顺序与现在的恰好相反）. 不难相信中国早期线性代数的许多成果逐渐传到了欧洲.

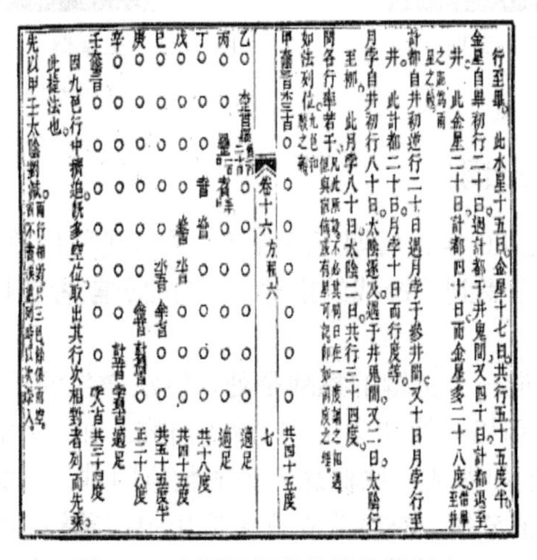

图 1.9 中国早期的线性代数课本

1.4.2 作为理论工具的最优化方法

19 世纪，高斯（如图 1.10 所示）在线性代数的早期结果（和他自己的贡献）的基础上，发展了一种解决最小平方问题的方法，这种方法依赖于求解一个相关的线性系统（著名的正规方程）．他用这种方法准确预测了小行星谷神星的运行轨迹．这个早期的算法结果是 18 世纪欧洲优化领域的一个例外，因为该领域的大部分发展仍然停留在理论水平上．

优化问题的概念对于 17 世纪和 18 世纪理论力学和物理学的发展至关重要．大约在 1750 年，牟培尔堆引入了（后来欧拉形式化了）最小作用原理．根据该原理，自然系统的运动可以表述为一个最小化问题，该问题涉及一个称为“能量”的特定成本函数．这种基于最优化（或称变分）的方法事实上是经典力学的基础．

意大利数学家朱塞佩·洛多维科·拉格朗日（见图 1.11）是一位推动优化领域发展的关键人物，他的名字与优化领域中的核心概念对偶紧密相关．虽然最优化理论在物理学中发挥了核心作用，但直到计算机诞生，它才开始在实际应用中留下印记，并涉足物理以外的领域．

图 1.10　卡尔·弗里德里希·高斯（1777—1855）

图 1.11　朱塞佩·洛多维科·拉格朗日（1736—1813）

1.4.3　数值线性代数的出现

随着计算机在 20 世纪 40 年代后期逐渐普及，数值线性代数领域已经准备好开启高速发展之路，这在很大程度上受到了冷战的推动．早期的贡献者包括冯·诺依曼、威尔金森、豪斯霍尔德和吉文斯．

很早以前，人们就知道一个关键的挑战是处理算法产生的不可避免的数值误差．这导致了对所谓的算法稳定性和相关扰动理论[1]的深入研究．在这种情况下，研究人员认识到与继承自 19 世纪某些物理问题的一些概念有关的数值困难，例如一般方阵的特征值分解．最近出现的分解，如奇异值分解，被认为在许多应用中起着核心的作用[2]．

最优化在线性代数的发展中扮演了关键的角色．首先，作为应用和挑战的问题，例如我们在下面讨论的求解线性规划的单纯形算法，线性方程组在其中扮演了重要的角色．其

[1] 读者可以参考 N. J. Higham, *Accuracy and Stability of Numerical Algorithms*, SIAM, 2002.

[2] 参见经典教材：G. H. Golub and C. F. Van Loan, *Matrix Computations*, IV ed，John Hopkins University Press，2012.

次，最优化已经被用作计算的模型，例如寻找线性方程的解可以被表述化为一个最小二乘问题.

在 20 世纪 70 年代，实用线性代数与计算机软件密不可分. 用 FORTRAN 编写的高效软件包，如 LINPACK 和 LAPACK，体现了算法的进步，并于 20 世纪 80 年代开始陆续使用. 这些软件包后来被导出到并行编程环境中，被用在超级计算机里. 关键的发展是以科学计算平台的形式出现的，如 Matlab、Scilab、Octave 和 R 等，这些平台将早期开发的 FORTRAN 软件包隐藏在用户友好的界面后面，使用与自然数学非常接近的编码符号，很容易求解线性方程. 在某种程度上，线性代数成为一种技术商品，用户可以在不了解底层算法的情况下调用它.

最近的发展可以被添加到与应用线性代数相关的一长串成功案例中. PageRank 算法㊀被一个著名的搜索引擎用来对网页进行排名. 依靠幂迭代算法来求解特殊类型的特征值问题.

目前在数值线性代数领域的大部分研究工作中都涉及解决规模非常大的问题. 目前有两个研究方向盛行. 一个涉及在分布式平台上求解线性代数问题. 在这里，从云计算的角度重新审视了先前关于并行算法㊁ 的工作，重点强调了数据通信的瓶颈. 另一项重要的工作涉及子采样算法，其中输入数据以随机方式部分加载到内存中.

1.4.4 线性和二次规划的出现

LP 模型最早是由乔治・丹齐格在 20 世纪 40 年代提出的，它是针对军事行动中出现的后勤问题而设计的.

乔治・丹齐格在 20 世纪 40 年代致力于研究与五角大楼有关的后勤问题，他开始研究线性不等式的数值解. 将线性代数（线性等式）的范围扩展到不等式似乎是有用的，他的努力引出了求解这类系统的著名单纯形算法. 线性规划领域的另一个重要的早期贡献者是苏联数学家列昂尼德・坎特罗维奇.

QP 在许多领域都很流行，如金融领域，目标中的线性项是指投资的预期负收益，平方项则对应于风险（或收益的方差）. 这个模型是在 20 世纪 50 年代由马科维茨（他当时是丹齐格在兰德公司的同事）提出的，其用来模拟投资问题. 马科维茨由于这项工作在 1990 年获得了诺贝尔经济学奖.

在 20 世纪 60~70 年代，人们的注意力开始集中在非线性优化问题上，提出了寻找局部极小值点的方法. 与此同时，研究人员认识到这些方法可能无法找到全局最小值点，甚至无法保证收敛. 因此形成了这样的概念：虽然线性优化在数值上是可处理的，但非线性优化通常不是. 这产生了具体的实际后果，即线性规划求解器可以可靠地用于日常操作（例如，用于航空机组管理），但非线性求解器需要一名专家随时照看它们.

㊀ 这个算法将在 3.5 节中讨论.

㊁ 例如参见：Bertsekas and Tsitsiklis, *Parallel and Distributed Computation: Numerical Methods*, Athena Scientific, 1997.

在数学领域，20 世纪 60 年代见证了凸分析的发展，凸分析后来成为优化进展的重要理论基础.

1.4.5 凸规划的出现

在 20 世纪 60~80 年代，美国的大多数优化研究集中在非线性优化算法和相关应用上. 大型计算机的出现使这项研究变得可行.

在当时的苏联，人们的注意力更多地集中在优化理论上，这可能是因为对计算资源的使用更加受限. 由于非线性问题很难，苏联研究人员回到了线性规划模型，并提出了以下几个（当时是理论上的）问题：是什么使线性规划变得容易？它的目标和约束函数一定要求是线性的吗？还是其他更一般的结构也可行？有没有非线性但仍然容易求解的优化问题的类别？

在 20 世纪 80 年代后期，苏联的两位研究人员尤里·内斯特罗夫和阿尔卡迪·涅米罗夫斯基发现，使优化问题变得“容易”的一个关键性质不是线性，而是凸性. 他们的结果不仅是理论上的，还是算法上的，这是因为他们引入了所谓的内点方法来有效地求解凸问题㊀. 一般来说，凸问题是简单的（这包括线性规划问题）；非凸问题是困难的. 当然，这个说法需要限制. 不是所有的凸问题都是容易的，但是它们的某一个（相当大的）子集是容易求解的. 相反，一些非凸问题实际上很容易求解（例如，一些路径规划问题可以在线性时间内求解），但它们构成了某种“例外”.

自从内斯特罗夫和涅米罗夫斯基的开创性工作以来，凸优化已经成为推广线性代数和线性规划的强大工具. 它具有相似的可靠性（它总是收敛到全局最小值点）和可处理性（它在合理的时间内可以这样做）.

1.4.6 现在

目前，人们对在各种领域中应用优化技术有着浓厚的兴趣，从工程设计、统计学和机器学习到金融和结构力学. 与线性代数一样，最近的凸优化解算器接口（比如 CVX㊁和 YALMIP㊂）使得为中等规模的问题建立模型非常容易.

在研究中，由于超大数据集的出现，目前人们正在努力解决机器学习、图像处理等方面出现的超大规模凸问题. 在这种情况下，20 世纪 90 年代对内点法的最初关注已经被早期算法（主要是 20 世纪 50 年代开发的所谓“一阶”算法）的重新审视和开发所取代，这些算法都涉及非常简单的迭代.

㊀ Yu. Nesterov and A. Nemirovski, *Interior-point Polynomial Algorithm in Convex Programming*, SIAM, 1994.

㊁ cvxr.com/cvx/

㊂ users.isy.liu.se/johanl/yalmip/

第一部分 *Part 1*

线性代数模型

第 2 章　向量和函数

简单的反义词不是复杂，而是错误. ——André Comte-Sponville

向量是排成一列或一行数字的集合，可以视为 n 维空间中一个点的坐标. 给向量配以加法与标量乘法之后，就可以定义独立性、张成空间、子空间和维数等概念. 此外，标量积引入了两向量之间角度以及长度或范数的概念. 通过标量积，还可以将向量视为线性函数. 这样可以计算一个向量在由另一个向量定义的直线上，或在一个平面上，或更一般的，在一个子空间上的投影. 投影可被视为第一个基本的优化问题（在给定集合中找到与给定点相距最小距离的点)，它们构成了许多高维数据处理和可视化技术的基本要素.

2.1　向量的基本概念

2.1.1　向量是数的集合

向量是一种表示和操作单一数的集合的方法. 因此向量 $\boldsymbol{x}$ 被定义为一些元素 x_1, $x_2, \cdots, x_n$ 组成的行或列. 我们通常把向量写成如下形式：

$$\boldsymbol{x} = \begin{bmatrix} x_1 \\ x_2 \\ \vdots \\ x_n \end{bmatrix}.$$

称元素 x_i 为向量 $\boldsymbol{x}$ 的第 i 个分量（或者第 i 个元素或元），而通常称分量的个数 n 为 $\boldsymbol{x}$ 的维数.

当 $\boldsymbol{x}$ 的分量都是实数时，即 $x_i \in \mathbb{R}$, 则称 $\boldsymbol{x}$ 为 n 维的实向量，记作 $\boldsymbol{x} \in \mathbb{R}^n$. 我们很少会用到复向量，即由复数 $x_i \in \mathbb{C}$ $(i = 1, \cdots, n)$ 组成的向量，将这样向量组成的集合记为 $\mathbb{C}^n$.

为了将列向量 $\boldsymbol{x}$ 转换为行格式，或者反之，我们定义转置运算，用上标 “$\top$” 表示：

$$\boldsymbol{x}^\top = \begin{bmatrix} x_1 & x_2 & \cdots & x_n \end{bmatrix}; \ \ \boldsymbol{x}^{\top\top} = \boldsymbol{x}.$$

有时，如果我们对指定的向量是列格式还是行格式不感兴趣，则直接使用符号 $\boldsymbol{x} = (x_1, \cdots, x_n)$ 来表示向量. 对于列向量 $\boldsymbol{x} \in \mathbb{C}^n$, 用符号 $\boldsymbol{x}^*$ 表示共轭转置，即为 $\boldsymbol{x}$ 中的元素的共轭组成的行向量.

在 $\mathbb{R}^n$ 中的向量 $\boldsymbol{x}$ 可视为该空间中的一个点，其中分量 x_i 表示笛卡儿坐标，如图 2.1 中的 3 维空间所示.

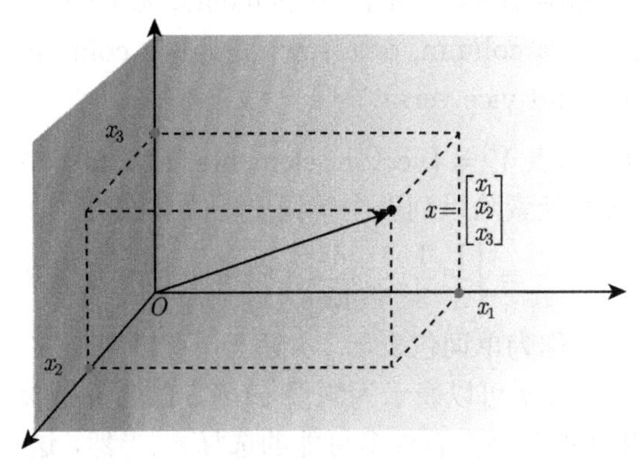

图 2.1 空间 $\mathbb{R}^3$ 中的向量在直角坐标系下的笛卡儿表示

例如，在某个时刻，船舶在海上相对于给定参考系的位置可以用二维向量 $\boldsymbol{x}=(x_1,x_2)$ 来描述,其中 x_1, x_2 为船舶质心的坐标. 类似地,飞机的位置可以用三维向量 $\boldsymbol{x}=(x_1,x_2,x_3)$ 来表示，其中 x_1, x_2, x_3 是给定参考系中飞机质心的坐标.

注意，向量不一定只有二维或三维. 例如，可以用一个向量来表示在给定时刻 m 个机器人的坐标，每个机器人都有坐标 $\boldsymbol{x}^{(i)}=(x_1^{(i)},x_2^{(i)})$ $(i=1,\cdots,m)$. 机器人群位置可以由 $2m$ 维向量来描述：

$$\boldsymbol{x}=(x_1^{(1)},x_2^{(1)},x_1^{(2)},x_2^{(2)},\cdots,x_1^{(m)},x_2^{(m)})$$

如图 2.2 所示.

图 2.2 m 个机器人的位置可以用 $2m$ 维向量 $\boldsymbol{x}=(x_1^{(1)},x_2^{(1)},x_1^{(2)},x_2^{(2)},\cdots,x_1^{(m)},x_2^{(m)})$ 来表示，其中 $\boldsymbol{x}^{(i)}=(x_1^{(i)},x_2^{(i)})$ $(i=1,\cdots,m)$ 为给定固定参考坐标系中每个机器人的坐标

例 2.1（文本包表示） 考虑如下文本：

"A (real) vector is just a collection of real numbers, referred to as the components (or, elements) of the vector; $\mathbb{R}^n$ denotes the set of all vectors with n elements. If $x \in \mathbb{R}^n$ denotes a vector, we use subscripts to denote elements, so that x_i the i-th component in x. V ectors are arranged in a column, or a row. If x is a column vector, $x^\top$ denotes the corresponding row vector, and vice versa."

行向量 $\boldsymbol{c} = [5, 3, 3, 4]$ 包含列表 $V = \{\text{vector, elements, of, the}\}$ 中每个单词出现在上面段落中的次数. 将 $\boldsymbol{c}$ 中的每个元素除以列表中单词出现的总次数（在本例中为 15），我们得到表示单词相对频率的向量 $\boldsymbol{x} = \left[\frac{1}{3}, \frac{1}{5}, \frac{1}{5}, \frac{4}{15}\right]$. 向量因此可以用来提供文本文档的基于频率的表示，这种表示通常被称为单词包表示. 实际上，有序列表 V 包含一个完整或受限的单词词典. 然后，给定的文档 d 可以表示为向量 $\boldsymbol{x}(d)$，该向量包含字典中每个单词的得分作为元素，例如相对频率（得分函数有许多可能的选择）. 当然，这种表示不是完全精确的，因为它忽略了词的出现顺序. 因此，术语"单词包"与这样的表示相关联.

例 2.2（不同机场的温度）　假设我们记录给定时间四个不同机场的温度，并获得表 2.1 中的数据. 我们可以把三个温度看作三维空间中的一个点. 每个轴对应于特定位置的温度. 例如，我们想描绘一条温度随时间变化的曲线，如果有一组以上的三个位置的温度，则向量表示仍然是清晰的. 然而，向量表示不能以图形方式在三个以上的维度上可视化，也就是说，涉及三个以上机场的温度数据不能以图形的方式可视化.

表 2.1　机场温度数据

机场	温度 (°F)	机场	温度 (°F)
SFO	55	JFK	43
ORD	32		

例 2.3（时间序列）　时间序列表示物理量或经济变量随（离散）时间的演变. 例如，给定地理位置的太阳辐射量、降雨量（如以毫米表示）或市场收盘时给定股票的价格. 如果 $\boldsymbol{x}(k)$ $(k = 1, \cdots, T)$ 表示在时间 k 时人们感兴趣的变量的数值（k 可以表示离散的时间间隔，如分钟、天、月或年），那么从 1 到 T 的时间范围内的整个时间序列可以表示为 $\boldsymbol{x}(k)$，即从 $k = 1$ 到 $k = T$ 的 T 维向量 $\boldsymbol{x}$，也就是

$$\boldsymbol{x} = [x(1)\ x(2)\ \cdots\ x(T)]^\top \in \mathbb{R}^T.$$

图 2.3 显示了从 2012 年 4 月 19 日到 2012 年 7 月 20 日的 66 个交易日期间道琼斯工业平均指数调整后收盘价的时间序列. 这个时间序列可以看作在维度 $T = 66$ 的空间中的一个向量 $\boldsymbol{x}$.

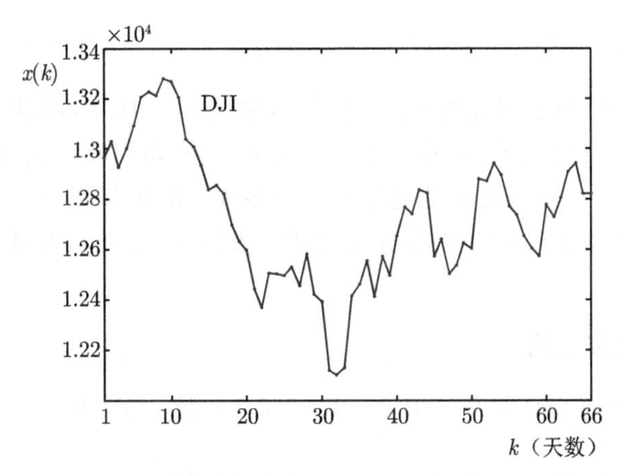

图 2.3 从 2012 年 4 月 19 日至 7 月 20 日的 DJI 时间序列

2.1.2 向量空间

把向量看成数的集合，或者看成点，只是故事的开始. 事实上，对向量更深入的理解来自它们与线性函数的对应. 为了理解这一点，我们首先研究如何定义向量之间的一些基本运算，以及如何从向量集合中生成向量空间.

2.1.2.1 向量和与标量乘法

对于向量来说，和、差和标量乘法的运算是以一种显而易见的方式定义的. 对于任意两个元素个数相等的向量 $\boldsymbol{v}(1)$, $\boldsymbol{v}(2)$, 我们定义和 $\boldsymbol{v}(1)+\boldsymbol{v}(2)$ 也是一个向量，它的分量是相加的两个向量的相应分量之和，差也是如此，如图 2.4 所示.

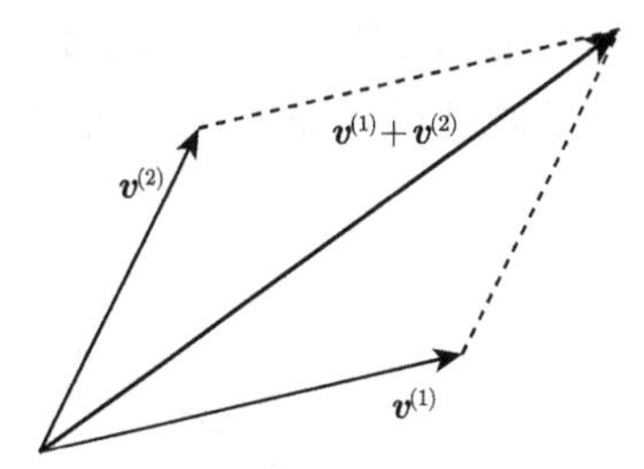

图 2.4 两个向量 $\boldsymbol{v}^{(1)}=[v_1^{(1)}\cdots v_n^{(1)}]$, $\boldsymbol{v}^{(2)}=[v_1^{(2)}\cdots v_n^{(2)}]$ 的和 $\boldsymbol{v}=\boldsymbol{v}^{(1)}+\boldsymbol{v}^{(2)}$ 定义为 $[v_1^{(1)}+v_1^{(2)}\cdots v_n^{(1)}+v_n^{(2)}]$

类似地，如果 $\boldsymbol{v}$ 是向量，α 是标量（即实数或复数），那么通过将 $\boldsymbol{v}$ 的每个分量乘以 α, 就得到 $\alpha\boldsymbol{v}$. 如果 $\alpha=0$, 那么 $\alpha\boldsymbol{v}$ 就是零向量，或者原点，也就是所有元素都为零的向量. 零向量简单地用 $\mathbf{0}$ 表示. 如果想强调它是 n 维的零向量时，则可以用 $\mathbf{0}_n$ 表示.

2.1.2.2 向量空间

从更抽象的角度来看，向量空间 $\mathcal{X}$ 是通过给向量配备加法和标量乘法运算而得到的. 向量空间的一个简单例子是 $\mathcal{X}=\mathbb{R}^n$, 即 n 元实数组的空间. 一个不是很显而易见的例子是给定阶数的单变量多项式的集合.

例 2.4（多项式的向量表示） 至多 $n-1$ 阶 $(n\geqslant 1)$ 的实多项式的集合定义为:

$$P_{n-1}=\left\{p:\ p(t)=a_{n-1}t^{n-1}+a_{n-2}t^{n-2}+\cdots+a_1t+a_0,\ t\in\mathbb{R}\right\},$$

其中 $a_0,\cdots,a_{n-1}\in\mathbb{R}$ 为多项式的系数. 任何多项式 $p\in P_n$ 可以唯一由包含其系数向量 $\boldsymbol{v}=[a_n\cdots a_1]$ ($\boldsymbol{v}\in\mathbb{R}^n$) 来表示. 相反，每个向量 $\boldsymbol{v}\in\mathbb{R}^n$ 可以唯一定义一个多项式 $p\in P_n$. 此外，一个多项式与一个标量的乘法运算和两个多项式的和分别对应于表示这两个多项式的向量的标量乘法运算与和运算. 在数学术语中，我们称 P_n 是与标准向量空间 $\mathbb{R}^n$ 同构的向量空间.

2.1.2.3　子空间与张成空间

如果向量空间 $\mathcal{X}$ 有一个非空子集 $\mathcal{V}$，且对任意常数 α,β, 有

$$\boldsymbol{x},\boldsymbol{y}\in\mathcal{V}\Rightarrow\alpha\boldsymbol{x}+\beta\boldsymbol{y}\in\mathcal{V}$$

则称向量空间 $\mathcal{V}$ 为 $\mathcal{X}$ 的子空间.

换句话说，集合 $\mathcal{V}$ 在加法和标量乘法下是“封闭”的.

注意，子空间总是包含零元素. 向量空间 $\mathcal{X}$ 上的一个向量集 $S=\{\boldsymbol{x}^{(1)},\cdots,\boldsymbol{x}^{(m)}\}$ 的线性组合为 $\alpha_1\boldsymbol{x}^{(1)}+\cdots+\alpha_m\boldsymbol{x}^{(m)}$ 的形式，其中 $\alpha_1,\cdots,\alpha_m$ 是给定的常数. 在 $S=\{\boldsymbol{x}^{(1)},\cdots,\boldsymbol{x}^{(m)}\}$ 中的所有可能向量的线性组合构成的集合是一个子空间，称其为 S 生成的子空间，或者 S 的张成空间，记为 $\mathrm{span}(S)$.

在空间 $\mathbb{R}^n$ 中，由单点集 $S=\{\boldsymbol{x}^{(1)}\}$ 生成的子空间是通过原点的一条直线，如图 2.5 所示.

由两个不共线（即一个向量不是另一个向量的常数倍数）向量 $S=\{\boldsymbol{x}^{(1)},\boldsymbol{x}^{(2)}\}$ 生成的子空间是通过点 $0,\boldsymbol{x}^{(1)},\boldsymbol{x}^{(2)}$ 的平面，如图 2.6 和图 2.7 所示.

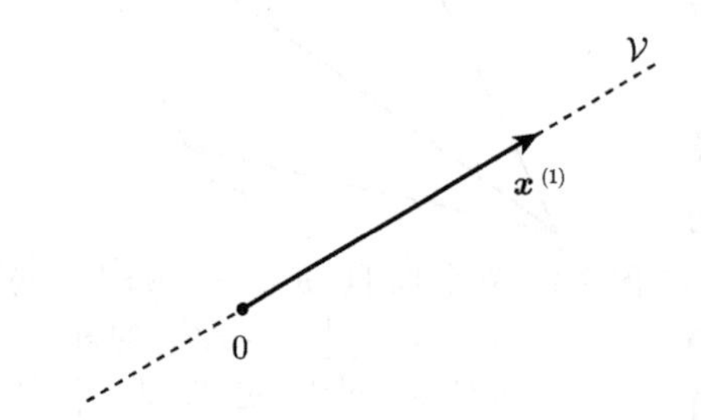

图 2.5　通过对向量 $\boldsymbol{x}^{(1)}$ 作尺度变换后生成的直线

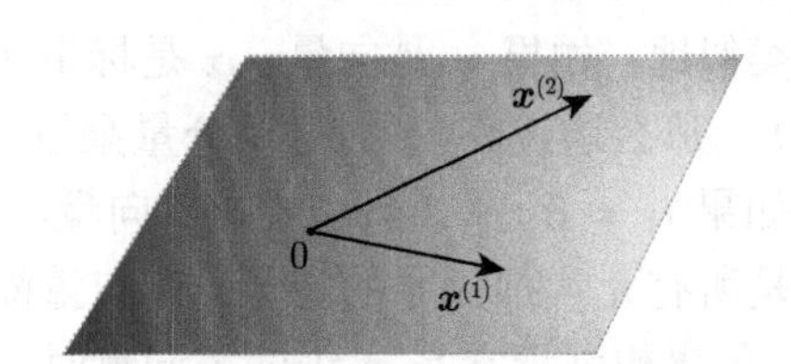

图 2.6　由两个向量 $\boldsymbol{x}^{(1)},\boldsymbol{x}^{(2)}$ 的线性组合生成的平面

更一般地说，由 S 生成的子空间是通过原点的平面.

2.1.2.4　直和

给定 $\mathbb{R}^n$ 中的两个子空间 $\mathcal{X}$ 和 $\mathcal{Y}$，其直和用 $\mathcal{X}\oplus\mathcal{Y}$ 表示，定义是 $\boldsymbol{x}+\boldsymbol{y}$ 形式的向量集，其中 $\boldsymbol{x}\in\mathcal{X}$，$\boldsymbol{y}\in\mathcal{Y}$. 很容易验证 $\mathcal{X}\oplus\mathcal{Y}$ 本身也是一个子空间.

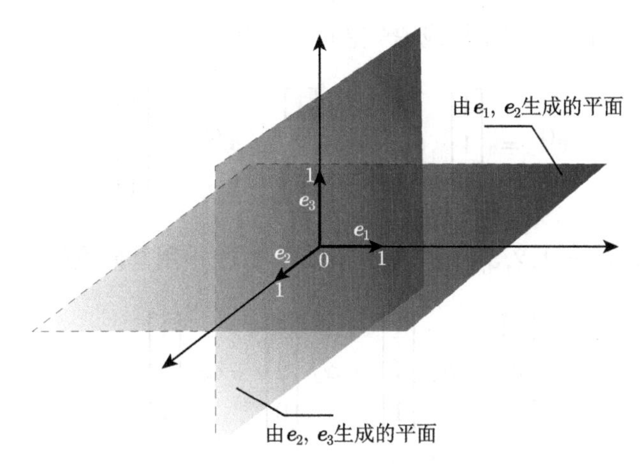

图 2.7　由 $(\boldsymbol{e}_1, \boldsymbol{e}_2)$ 和 $(\boldsymbol{e}_2, \boldsymbol{e}_3)$ 的线性组合生成的 $\mathbb{R}^3$ 平面的标准基

2.1.2.5　独立性、基和维数

对于向量空间 $\mathcal{X}$ 中的一列向量 $\boldsymbol{x}^{(1)}, \cdots, \boldsymbol{x}^{(m)}$, 如果其中没有向量可以表示为其他向量的线性组合，则称这列向量为线性独立的. 这等价于如下的条件：

$$\sum_{i=1}^{m} \alpha_i \boldsymbol{x}^{(i)} = 0 \Rightarrow \alpha = 0.$$

本书后续将介绍验证向量集合独立性的有效数值方法.

给定向量空间 $\mathcal{X}$ 中的 m 个元素构成的集合 $S = \{\boldsymbol{x}^{(1)}, \cdots, \boldsymbol{x}^{(m)}\}$, 考虑由 S 生成的子空间 $\mathcal{S} = \operatorname{span}(S)$, 即由 S 中向量的所有可能的线性组合构成的集合. 假设 S 中的一个元素 $\boldsymbol{x}^{(m)}$ 可以写成其他元素的线性组合. 那么不难发现，即使我们从 S 中删去 $\boldsymbol{x}^{(m)}$, 还是可以得到同样的张成空间，即[⊖]$\operatorname{span}(S) = \operatorname{span}(S \backslash \boldsymbol{x}^{(m)})$. 假设 $S \backslash \boldsymbol{x}^{(m)}$ 中还有另外一个元素 $\boldsymbol{x}^{(m-1)}$, 也可以表示为 $\{S \backslash \boldsymbol{x}^{(m)}, \boldsymbol{x}^{(m-1)}\}$ 中其他元素的线性组合. 那么 $\{S \backslash \boldsymbol{x}^{(m)}, \boldsymbol{x}^{(m-1)}\}$ 和集合 S 也有相同的张成空间. 可以这样继续下去，直到得到一组向量，比如说 $B = \{\boldsymbol{x}^{(1)}, \cdots, \boldsymbol{x}^{(d)}\}$ $(d \leqslant m)$ 使 $\operatorname{span}(B) = \operatorname{span}(S)$, 并且这个集合中没有元素可以写成集合中其他元素的线性组合（即元素是线性独立的）. 这样一个“不可约”集合称为 $\operatorname{span}(S)$ 的基，称基中元素的个数 d 为 $\operatorname{span}(S)$ 的维数. 一个子空间可以有许多不同的基（实际上是无穷多个），但是任何基中的元素个数都是固定的，并且等于子空间的维数（在我们的例子中就是 d）.

如果我们有子空间 $\mathcal{S}$ 的一组基 $\{\boldsymbol{x}^{(1)}, \cdots, \boldsymbol{x}^{(d)}\}$, 那么可以把子空间中的任意一个元素表示为这组基中元素的线性组合. 即任意 $\boldsymbol{x} \in \mathcal{S}$, 可以选择合适的常数 α_i 将其写成：

$$\boldsymbol{x} = \sum_{i=1}^{d} \alpha_i \boldsymbol{x}^{(i)}. \tag{2.1}$$

⊖ 我们使用符号 $A \backslash B$ 来表示两个集合的差，即属于集合 A 并且不属于集合 B 的元素.

例 2.5（基） 下面三个向量构成 $\mathbb{R}^3$ 空间的一组基：

$$\boldsymbol{x}^{(1)}=\begin{bmatrix}1\\1\\1\end{bmatrix},\quad \boldsymbol{x}^{(2)}=\begin{bmatrix}1\\2\\0\end{bmatrix},\quad \boldsymbol{x}^{(3)}=\begin{bmatrix}1\\3\\1\end{bmatrix}.$$

任给一个向量，例如 $\boldsymbol{x}=[1,2,3]^\top$, 那么可以像式 (2.1) 中用基向量的线性组合来表示它：

$$\begin{bmatrix}1\\2\\3\end{bmatrix}=\alpha_1\begin{bmatrix}1\\1\\1\end{bmatrix}+\alpha_2\begin{bmatrix}1\\2\\0\end{bmatrix}+\alpha_3\begin{bmatrix}1\\3\\1\end{bmatrix}.$$

寻找系数 α_i 的合适值通常需要求解一个线性方程组（见第 6 章）. 在这种情况下，读者可以简单地验证系数的正确值为 $\alpha_1=1.5$, $\alpha_2=-2$, $\alpha_3=1.5$.

然而，空间 $\mathbb{R}^3$ 还有无穷多个不同的基. 一组特殊基的是 $\mathbb{R}^3$ 的标准基，由下式给出：

$$\boldsymbol{x}^{(1)}=\begin{bmatrix}1\\0\\0\end{bmatrix},\quad \boldsymbol{x}^{(2)}=\begin{bmatrix}0\\1\\0\end{bmatrix},\quad \boldsymbol{x}^{(3)}=\begin{bmatrix}0\\0\\1\end{bmatrix}.$$

更一般地说，空间 $\mathbb{R}^n$ 中的标准基为：

$$\boldsymbol{x}^{(1)}=\boldsymbol{e}_1,\boldsymbol{x}^{(2)}=\boldsymbol{e}_2,\cdots,\boldsymbol{x}^{(n)}=\boldsymbol{e}_n,$$

其中 $\boldsymbol{e}_i$ 表示 $\mathbb{R}^n$ 中的一个向量，它的第 i 个分量为 1, 其他分量都为 0, 如图 2.7 所示.

本书的其余部分将讨论有限维向量空间，即具有一组有限基的空间. 有一些向量空间是无穷维的（一个这样的例子是未指定阶数的多项式的空间）. 然而，对这种向量空间的严格处理的讨论超出了目前知识的范围. 从现在开始，任何时候我们提到一个向量空间，都默认这个向量空间是有限维的.

2.1.2.6 仿射集

仿射集是一个与子空间相关的概念，仿射集被定义为子空间的平移. 也就是说，仿射集是如下形式的集合[⊖]：

$$\mathcal{A}=\{\boldsymbol{x}\in\mathcal{X}:\ \boldsymbol{x}=\boldsymbol{v}+\boldsymbol{x}^{(0)},\ \boldsymbol{v}\in\mathcal{V}\},$$

其中 $\boldsymbol{x}^{(0)}$ 为给定的点，$\mathcal{V}$ 为给定的 $\mathcal{X}$ 的一个子空间. 子空间是包含原点的仿射空间. 几何上，仿射集是通过 $\boldsymbol{x}^{(0)}$ 的平面. 仿射集 $\mathcal{A}$ 的维数定义为其生成子空间 $\mathcal{V}$ 的维数. 例如：如

⊖ 我们有时会使用简写符号 $\mathcal{A}=\boldsymbol{x}^{(0)}+\mathcal{V}$ 来表示仿射集，称 $\mathcal{A}$ 为由子空间 $\mathcal{V}$ 生成的.

果 $\mathcal{V}$ 是由向量 $\boldsymbol{x}^{(1)}$ 生成的一维子空间，那么 $\mathcal{A}$ 平行于 $\mathcal{V}$, 并穿过 $\boldsymbol{x}^{(0)}$ 的一维仿射集，我们称之为直线，如图 2.8 所示.

因此一条直线可以用两个元素来表述，即属于该线的点 $x^{(0)}$ 和描述该线在空间中方向的向量 $\boldsymbol{u}\in\mathcal{X}$. 那么，通过 $\boldsymbol{x}_0$ 沿方向 $\boldsymbol{u}$ 的直线就是集合：

$$L=\{\boldsymbol{x}\in\mathcal{X}:\ \boldsymbol{x}=\boldsymbol{x}_0+\boldsymbol{v},\ \boldsymbol{v}\in\operatorname{span}(\boldsymbol{u})\},$$

其中 $\operatorname{span}(\boldsymbol{u})=\{\lambda\boldsymbol{u}:\ \lambda\in\mathbb{R}\}$.

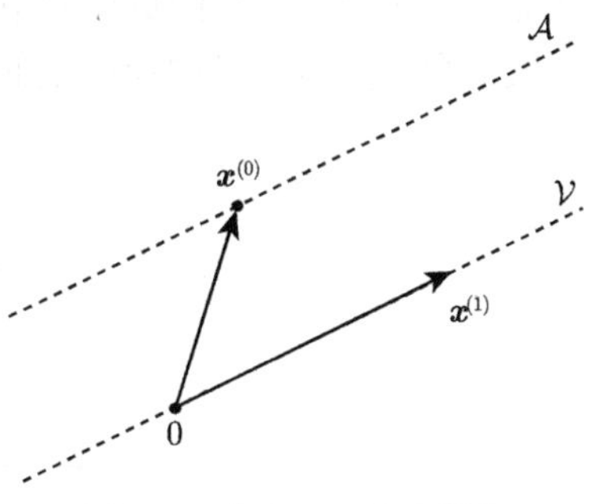

图 2.8 直线是一维仿射集

2.2 范数与内积

正如我们已经看到的，向量可以代表诸如物体在空间中的位置. 因此，引入向量间距离或长度的概念是很自然的.

2.2.1 欧氏长度与 ℓ_p 范数

2.2.1.1 长度与距离的概念

向量 $\boldsymbol{x}\in\mathbb{R}^n$ 的欧氏长度是 $\boldsymbol{x}$ 各分量平方和的平方根，即

$$\boldsymbol{x}\text{ 的欧氏长度}=\sqrt{x_1^2+x_2^2+\cdots+x_n^2}.$$

这个公式是对二维情形下毕达哥拉斯定理在多维情况下的一个明显的拓展，如图 2.9 所示.

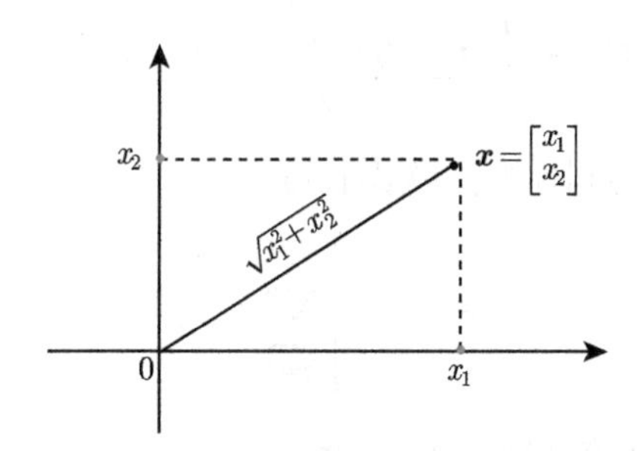

图 2.9 在 $\mathbb{R}^2$ 中的向量的欧氏长度可以通过毕达哥拉斯定理计算得到

欧氏长度表示从原点 0 开始，沿着最直接的路径（穿过 0 和 $\boldsymbol{x}$ 的直线）到达点 $\boldsymbol{x}$ 的实际距离. 然而，除了欧氏空间之外，对向量空间中的长度和距离有一个稍微更一般的概念可能是有用的. 假设从 0 到 $\boldsymbol{x}$，我们不能沿着直线路径移动，必须沿着一个正交网格走，如图 2.10 所示. 现实中的例子是这样的，司机需要沿着正交的街道网络行驶才能到达目的地. 在这种情况下，从 0 到 $\boldsymbol{x}$ 的最短距离由 $\boldsymbol{x}$ 的分量绝对值之和给出：

$$\boldsymbol{x}\text{ 的长度（沿正交网格）}=|x_1|+|x_2|+\cdots+|x_n|.$$

前面的例子表明，在向量空间中，可能有几种不同的“长度”度量. 这就引出了向量范数的一般概念，其推广了欧氏度量的想法.

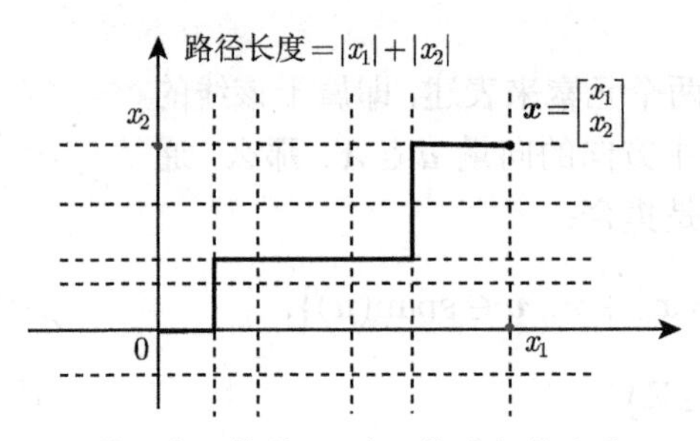

图 2.10　沿着正交网格从 0 到 $\boldsymbol{x}$ 的路径长度为 $|x_1|+|x_2|$

2.2.1.2　范数与 ℓ_p 范数

向量空间 $\mathcal{X}$ 上的范数是将任意元素 $\boldsymbol{x}\in\mathcal{X}$ 映射成实数 $\|\boldsymbol{x}\|$ 的具有特殊性质的实值函数.

定义 2.1　若 $\mathcal{X}$ 到 $\mathbb{R}$ 的一个函数满足如下条件：

$\|\boldsymbol{x}\|\geqslant 0,\ \forall\,\boldsymbol{x}\in\mathcal{X}$ 且 $\|\boldsymbol{x}\|=0$ 当且仅当 $\boldsymbol{x}=0$；

$\|\boldsymbol{x}+\boldsymbol{y}\|\leqslant\|\boldsymbol{x}\|+\|\boldsymbol{y}\|,\ \forall\,\boldsymbol{x},\boldsymbol{y}\in\mathcal{X}$（三角不等式）；

对任意标量 α 和 $\boldsymbol{x}\in\mathcal{X}$，有 $\|\alpha\boldsymbol{x}\|=|\alpha|\|\boldsymbol{x}\|$.

则称这个函数为范数.

向量空间 $\mathcal{X}=\mathbb{R}^n$ 上的范数的例子包括所谓的 ℓ_p 范数，其定义如下：

$$\|\boldsymbol{x}\|_p \doteq \left(\sum_{k=1}^{n}|x_k|^p\right)^{\frac{1}{p}},\quad 1\leqslant p<\infty.$$

特别地，当 $p=2$ 时，我们得到标准的欧氏长度：

$$\|\boldsymbol{x}\|_2 \doteq \sqrt{\sum_{k=1}^{n}x_k{}^2},$$

且当 $p=1$ 时，可以得到绝对值和表示的长度：

$$\|\boldsymbol{x}\|_1 \doteq \sum_{k=1}^{n}|x_k|.$$

极限情形 $p=\infty$ 则定义了 ℓ_∞ 范数（最大绝对值范数或切比雪夫范数）㊀

$$\|\boldsymbol{x}\|_\infty \doteq \max_{k=1,\cdots,n}|x_k|.$$

㊀ 例如，如果 $\boldsymbol{x}$ 是时间序列的一个向量表示（见例 2.3），那么 $\|\boldsymbol{x}\|_\infty$ 是其峰值幅度.

在某些应用中，我们可能会遇到关于向量 $\boldsymbol{x} \in \mathbb{R}^n$ 的特殊函数，这些函数不是形式上的范数，但仍然可以是向量“大小”的某种度量. 一个主要的例子是将在 9.5.1 节中讨论的计数函数. 向量 $\boldsymbol{x}$ 的计数定义为 $\boldsymbol{x}$ 中非零元素的个数：

$$\operatorname{card}(\boldsymbol{x}) \doteq \sum_{k=1}^{n} \mathbb{I}(x_k \neq 0), \quad \text{其中 } \mathbb{I}(x_k \neq 0) \doteq \begin{cases} 1 & \text{若 } x_k \neq 0, \\ 0 & \text{其他}. \end{cases}$$

向量 $\boldsymbol{x}$ 的计数通常被称为 l_0 范数，记为 $\|\boldsymbol{x}\|_0$，这不是严格意义下的范数[⊖]，其并不满足定义 2.1 中的第三个性质.

2.2.1.3 单位球

称 ℓ_p 范数小于等于 1 的所有向量构成的集合

$$\mathcal{B}_p = \{\boldsymbol{x} \in \mathbb{R}^n : \|\boldsymbol{x}\|_p \leqslant 1\}$$

为 ℓ_p 范数的单位球. 这个集合的形状完全刻画了范数. 依赖于不同的 p 值，集合 $\mathcal{B}_p$ 有不同的几何形状. 图 2.11 显示了 $\mathbb{R}^2$ 中单位球 $\mathcal{B}_2$、$\mathcal{B}_1$ 和 $\mathcal{B}_\infty$ 的几何形状. 我们观察到 ℓ_2 范数不“偏向”空间中的任何方向，即它是旋转不变的. 这意味着任意旋转的定长向量将保持相同的 ℓ_2 范数. 反之，同一向量会有不同的 ℓ_1 范数. 当其与坐标轴对齐时，达到最小值.

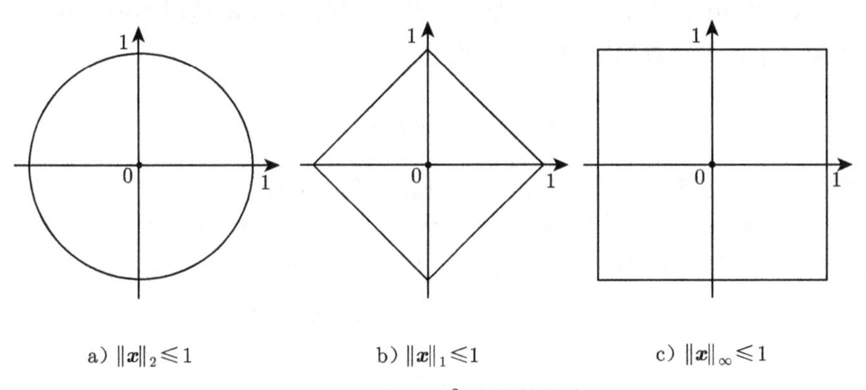

a) $\|\boldsymbol{x}\|_2 \leqslant 1$　　b) $\|\boldsymbol{x}\|_1 \leqslant 1$　　c) $\|\boldsymbol{x}\|_\infty \leqslant 1$

图 2.11　空间 $\mathbb{R}^2$ 中的单位球

2.2.2 内积、角度与正交性

2.2.2.1 内积

内积是可以在两个向量之间定义的一个基本运算.

⊖ 这种叫法也是有道理的，这是因为

$$\operatorname{card}(\boldsymbol{x}) = \|\boldsymbol{x}\|_0 = \lim_{p \to 0} \left(\sum_{k=1}^{n} |x_p|^p \right)^{\frac{1}{p}}.$$

定义 2.2　(实) 向量空间 $\mathcal{X}$ 上的内积是一个实值函数，它将任意一对元素 $\boldsymbol{x},\boldsymbol{y}\in\mathcal{X}$ 映射成标量，记为 $\langle\boldsymbol{x},\boldsymbol{y}\rangle$. 内积满足以下公理：对于任意 $\boldsymbol{x},\boldsymbol{y},\boldsymbol{z}\in\mathcal{X}$ 和标量 α, 有

$$\langle\boldsymbol{x},\boldsymbol{y}\rangle\geqslant 0;$$

$$\langle\boldsymbol{x},\boldsymbol{x}\rangle=0 \text{ 当且仅当 } \boldsymbol{x}=0;$$

$$\langle\boldsymbol{x}+\boldsymbol{y},\boldsymbol{z}\rangle=\langle\boldsymbol{x},\boldsymbol{z}\rangle+\langle\boldsymbol{y},\boldsymbol{z}\rangle;$$

$$\langle\alpha\boldsymbol{x},\boldsymbol{y}\rangle=\alpha\langle\boldsymbol{x},\boldsymbol{y}\rangle;$$

$$\langle\boldsymbol{x},\boldsymbol{y}\rangle=\langle\boldsymbol{y},\boldsymbol{x}\rangle.$$

称配有内积的向量空间为内积空间.

空间 $\mathbb{R}^n$ 上定义的标准内积[㊀]为两个向量的“行–列”乘积：

$$\langle\boldsymbol{x},\boldsymbol{y}\rangle=\boldsymbol{x}^\top\boldsymbol{y}=\sum_{k=1}^{n}x_k y_k. \tag{2.2}$$

然而，在 $\mathbb{R}^n$ 中也可以定义其他的内积，例如习题 2.4. 此外，内积在不同于 $\mathbb{R}^n$ 中的向量空间上也会保持良好的定义，例如第 3 章中定义的矩阵空间.

在一个内积空间中，函数 $\sqrt{\langle\boldsymbol{x},\boldsymbol{x}\rangle}$ 是一个范数，其通常简单地用不带下标的 $\|\boldsymbol{x}\|$ 表示. 例如，对于配备了标准范数的空间 $\mathbb{R}^n$, 我们有：

$$\|\boldsymbol{x}\|=\sqrt{\langle\boldsymbol{x},\boldsymbol{x}\rangle}=\|\boldsymbol{x}\|_2.$$

下面几个例子进一步说明了向量间标准内积概念的有用之处.

例 2.6（金融投资组合的回报率）　某一金融资产在给定时期（比如一年或一天）的回报率（或回报）r 是在该时期结束时通过投资该资产获得的利息. 换句话说，如果在初始时刻，我们对资产投资一笔资金 S, 那么将在周期结束时获得 $S_{\text{end}}=(1+r)S$. 也就是：

$$r=\frac{S_{\text{end}}-S}{S}.$$

当收益率很小时 $(r\ll 1)$, 考虑以下近似值：

$$r=\frac{S_{\text{end}}}{S}-1\approx\log\frac{S_{\text{end}}}{S},$$

称后者为对数回报. 对于 n 个资产，可以定义一个向量 $\boldsymbol{r}\in\mathbb{R}^n$ 使得 $\boldsymbol{r}$ 的第 i 个分量是第 i 个资产的收益率. 假设在某一时期开始之前，我们投资所有资产的总额为 S, 其中投资第

㊀ 通常也称标准内积为标量积（这是因为它返回的是标量值）或称为点积（因为它有时用 $\boldsymbol{x}\cdot\boldsymbol{y}$ 来表示）.

i 个资产数额占总额 S 的比例为 x_i. 这里 $\boldsymbol{x} \in \mathbb{R}^n$ 表示投资组合策略，它是一个非负向量，其分量之和为 1. 在这段时期的期末，其投资组合的总收益为：

$$S_{\text{end}} = \sum_{i=1}^{n}(1+r_i)x_i S,$$

于是，投资组合的回报率是财富的相对增长量：

$$\frac{S_{\text{end}} - S}{S} = \sum_{i=1}^{n}(1+r_i)x_i - 1 = \sum_{i=1}^{n} x_i - 1 + \sum_{i=1}^{n} r_i x_i = \boldsymbol{r}^\top \boldsymbol{x}.$$

因此，收益率是单个收益率 $\boldsymbol{r}$ 的向量和投资组合配置权重 $\boldsymbol{x}$ 的向量之间的标准内积. 注意，现实中的收益率永远不会事先准确知道，它们可以是负的（根据构造，它们永远不会小于 -1）.

例 2.7（算术平均值、加权平均值和期望值）　已知常数 $x_1, \cdots, x_n$ 的算术平均值（或平均值）定义为：

$$\hat{x} = \frac{1}{n}(x_1 + \cdots + x_n).$$

算术平均值可以解释为向量点乘：

$$\hat{x} = \boldsymbol{p}^\top \boldsymbol{x},$$

其中 $\boldsymbol{x} = [x_1, \cdots, x_n]^\top$ 是包含数（样本）的向量，$\boldsymbol{p}$ 是分配给每个样本的权重向量. 在算术平均的特定情况下，每个样本具有相等的权重 $\frac{1}{n}$, 因此 $\boldsymbol{p} = \frac{1}{n}\mathbf{1}$，其中 $\mathbf{1}$ 是所有分量为 1 的向量.

更一般的情况是，对于任意权重向量 $\boldsymbol{p} \in \mathbb{R}^n$, $p_i \geqslant 0$, $p_1 + \cdots + p_n = 1$, 我们可以把 $\boldsymbol{x}$ 元素对应的加权平均定义为 $\boldsymbol{p}^\top \boldsymbol{x}$. $\boldsymbol{p}$ 可以解释为离散随机变量 X 的概率分布，X 取值为 x_i 的概率为 p_i, $i = 1, \cdots, n$. 于是，加权平均就是 X 在离散概率分布 $\boldsymbol{p}$ 下的期望值（或均值），期望值通常用 $\mathbb{E}_{\boldsymbol{p}}\{X\}$ 来表示，或者如果从文中可以清楚地知道分布 $\boldsymbol{p}$ 的话，那么可以简单地用 $\mathbb{E}\{X\}$ 表示.

2.2.2.2　向量间的角度

空间 $\mathbb{R}^n$ 上的标准内积与两个向量之间的角度有关. 如果将两个非零向量 $\boldsymbol{x}, \boldsymbol{y}$ 视为笛卡儿空间中的两点，可以考虑 $\boldsymbol{x}, \boldsymbol{y}$ 与原点 0 构成的三角形，如图 2.12 所示. 设 θ 为三角形 $0x$ 和 $0y$ 边之间的夹角以及 $\boldsymbol{z} = \boldsymbol{x} - \boldsymbol{y}$. 将勾股定理应用于顶点为 $\boldsymbol{y}\boldsymbol{x}\boldsymbol{x}'$ 的三角形，则我们有：

$$\|\boldsymbol{z}\|_2^2 = (\|\boldsymbol{y}\|_2 \sin\theta)^2 + (\|\boldsymbol{x}\|_2 - \|\boldsymbol{y}\|_2 \cos\theta)^2$$

$$= \|\boldsymbol{x}\|_2^2 + \|\boldsymbol{y}\|_2^2 - 2\|\boldsymbol{x}\|_2\|\boldsymbol{y}\|_2\cos\theta.$$

然而

$$\|\boldsymbol{z}\|_2^2 = \|\boldsymbol{x}-\boldsymbol{y}\|_2^2 = (\boldsymbol{x}-\boldsymbol{y})^\top(\boldsymbol{x}-\boldsymbol{y}) = \boldsymbol{x}^\top\boldsymbol{x} + \boldsymbol{y}^\top\boldsymbol{y} - 2\boldsymbol{x}^\top\boldsymbol{y},$$

结合之前的等式，可以得到：

$$\boldsymbol{x}^\top\boldsymbol{y} = \|\boldsymbol{x}\|_2\|\boldsymbol{y}\|_2\cos\theta.$$

因此，$\boldsymbol{x}$ 和 $\boldsymbol{y}$ 之间的角度可以通过以下关系来定义：

$$\cos\theta = \frac{\boldsymbol{x}^\top\boldsymbol{y}}{\|\boldsymbol{x}\|_2\|\boldsymbol{y}\|_2}. \tag{2.3}$$

当 $\boldsymbol{x}^\top\boldsymbol{y}=0$ 时，$\boldsymbol{x}$ 和 $\boldsymbol{y}$ 之间的夹角为 $\theta=\pm 90°$，即 $\boldsymbol{x}$, $\boldsymbol{y}$ 是正交的. 当 θ 为 $0°$ 或 $\pm 180°$ 时，$\boldsymbol{x}$ 与 $\boldsymbol{y}$ 共线，即存在标量 α 使 $\boldsymbol{y}=\alpha\boldsymbol{x}$, 也就是说 $\boldsymbol{x}$ 与 $\boldsymbol{y}$ 是平行的. 在这种情况下，$|\boldsymbol{x}^\top\boldsymbol{y}|$ 达到最大值，其为 $|\alpha|\|\boldsymbol{x}\|_2^2$.

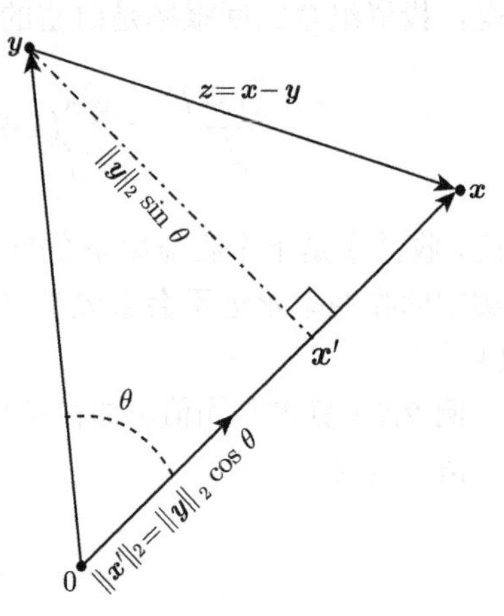

图 2.12　向量 $\boldsymbol{x}$, $\boldsymbol{y}$ 之间的夹角 θ:$\cos\theta = \dfrac{\boldsymbol{x}^\top\boldsymbol{y}}{\|\boldsymbol{x}\|\|\boldsymbol{y}\|}$

例 2.8（文本比较）　我们可以继续使用例 2.1 中的文本词频的向量表示来比较文本. 在这种情况下，两个文本之间的相似性可以通过表示文本的两个频率向量之间的角度 θ 来度量. 当对应的频率向量正交时，文档最大限度地“不同”. 作为一个例子，考虑 2010 年 12 月 7 日《纽约时报》网络版的以下标题：

(a) Suit Over Targeted Killing in Terror Case Is Dismissed. A federal judge on Tuesday dismissed a lawsuit that sought to block the United States from attempting to kill an American citizen, Anwar Al-Awlaki, who has been accused of aiding Al Qaeda.

(b) In Tax Deal With G.O.P ., a Portent for the Next 2 Years. President Obama made clear that he was willing to alienate his liberal base in the interest of compromise. Tax Deal suggests new path for Obama. President Obama agreed to a tentative deal to extend the Bush tax cuts, part of a package to keep jobless aid and cut payroll taxes.

(c) Obama Urges China to Check DPRK (Democratic People's Republic of Korea). In a frank discussion, President Obama urged China's president to put the DPRK government on a tighter leash after a series of provocations.

(d) Top Test Scores From Shanghai Stun Educators. With China's debut in international standardized testing, Shanghai students have surprised experts by outscoring counterparts in dozens of other countries.

文本首先被简化（例如：删除复数、动词转换为现在时等），然后对照字典 $V = \{\text{aid, kill, deal, president, tax, china}\}$. 频率向量为：

$$
\boldsymbol{x}^{(a)} = \begin{bmatrix} \frac{1}{3} \\ \frac{2}{3} \\ 0 \\ 0 \\ 0 \\ 0 \end{bmatrix}, \quad \boldsymbol{x}^{(b)} = \begin{bmatrix} \frac{1}{10} \\ 0 \\ \frac{3}{10} \\ \frac{1}{5} \\ \frac{2}{5} \\ 0 \end{bmatrix}, \quad \boldsymbol{x}^{(c)} = \begin{bmatrix} 0 \\ 0 \\ 0 \\ \frac{1}{2} \\ 0 \\ \frac{1}{2} \end{bmatrix}, \quad \boldsymbol{x}^{(d)} = \begin{bmatrix} 0 \\ 0 \\ 0 \\ 0 \\ 0 \\ 1 \end{bmatrix}.
$$

表 2.2 显示了代表文本的向量对之间的 $\cos\theta$. $\cos\theta$ 越大表示两个文本之间的相关性越高，而 $\cos\theta$ 接近零表示两个文本几乎正交（不相关）.

表 2.2 文本间角度 θ 的余弦

cos	$\boldsymbol{x}^{(a)}$	$\boldsymbol{x}^{(b)}$	$\boldsymbol{x}^{(c)}$	$\boldsymbol{x}^{(d)}$
$\boldsymbol{x}^{(a)}$	1	0.0816	0	0
$\boldsymbol{x}^{(b)}$	*	1	0.2582	0
$\boldsymbol{x}^{(c)}$	*	*	1	0.7071
$\boldsymbol{x}^{(d)}$	*	*	*	1

2.2.2.3 柯西–施瓦茨不等式及其推广

因为 $|\cos\theta| \leqslant 1$, 那么由等式 (2.3) 可以得到：

$$
|\boldsymbol{x}^\top \boldsymbol{y}| \leqslant \|\boldsymbol{x}\|_2 \|\boldsymbol{y}\|_2,
$$

该不等式就是著名的柯西–施瓦茨不等式. 这个不等式的一个推广涉及常见的 ℓ_p 范数，并被称为 Hölder 不等式. 对于任意向量 $\boldsymbol{x}, \boldsymbol{y} \in \mathbb{R}^n$ 以及任意 $p, q \geqslant 1$ 满足 $\frac{1}{p} + \frac{1}{q} = 1$, 如下不等式成立[⊖]：

$$
|\boldsymbol{x}^\top \boldsymbol{y}| \leqslant \sum_{k=1}^{n} |x_k y_k| \leqslant \|\boldsymbol{x}\|_p \|\boldsymbol{y}\|_q. \tag{2.4}
$$

2.2.2.4 范数球上内积的最大化

给定一个非零向量 $\boldsymbol{y} \in \mathbb{R}^n$, 考虑寻找某个向量 $\boldsymbol{x} \in \mathcal{B}_p$($\ell_p$ 范数下的单位球) 使得内积 $\boldsymbol{x}^\top \boldsymbol{y}$ 达到最大值的问题. 也就是，求解

$$
\max_{\|\boldsymbol{x}\|_p \leqslant 1} \boldsymbol{x}^\top \boldsymbol{y}.
$$

⊖ 参见习题 2.7.

对于 $p=2$, 该解很容易由等式 (2.3) 得到. $\boldsymbol{x}$ 要和 $\boldsymbol{y}$ 对齐（平行）, 以便和它形成一个零度角，从而有可能最大的范数，即对应的范数等于 1. 于是，唯一的解是:

$$\boldsymbol{x}_2^* = \frac{\boldsymbol{y}}{\|\boldsymbol{y}\|_2},$$

这样则有 $\max_{\|\boldsymbol{x}\|_2 \leqslant 1} \boldsymbol{x}^\top \boldsymbol{y} = \|\boldsymbol{y}\|_2$.

下面考虑 $p=\infty$ 的情形. 由于 $\boldsymbol{x}^\top \boldsymbol{y} = \sum_{i=1}^n x_i y_i$, 其中每个 x_i 都满足 $|x_i| \leqslant 1$, 那么当取 $x_i = \mathrm{sgn}(y_i)$[⊖]时，即 $x_i y_i = |y_i|$, 该求和达到最大值. 因此有:

$$\boldsymbol{x}_\infty^* = \mathrm{sgn}(y),$$

以及 $\max_{\|\boldsymbol{x}\|_\infty \leqslant 1} \boldsymbol{x}^\top \boldsymbol{y} = \sum_{i=1}^n |y_i| = \|\boldsymbol{y}\|_1$. 最优解可能不是唯一的，因为当 $y_i = 0$ 时，可以任意选取 $x_i \in [-1, 1]$, 这都不会改变得到的最优值.

最后，考虑 $p=1$ 的情况. 内积 $\boldsymbol{x}^\top \boldsymbol{y} = \sum_{i=1}^n x_i y_i$ 现在可以解释为 y_i 的加权平均值，其中 x_i 是权重，其绝对值总和必须等于 1. 加权平均值的最大值是通过找到具有最大绝对值的 y_i, 即通过找到一个索引指标 m 使对于所有 $i=1,\cdots,n$, 都有 $|y_i| \leqslant |y_m|$, 然后令

$$[x_1^*]_i = \begin{cases} \mathrm{sgn}(y_i) & i=m \\ 0 & \text{其他} \end{cases}, \quad i=1,\cdots,n.$$

这样就得到 $\max_{\|x\|_1 \leqslant 1} \boldsymbol{x}^\top \boldsymbol{y} = \max_i |y_i| = \|\boldsymbol{y}\|_\infty$. 同样，最优解可能也不是唯一的，这是因为在向量 $\boldsymbol{y}$ 有几个具有相同最大绝对值的分量的情况下，可以选择 m 为这其中任意一个分量的下标.

例 2.9（生产利润） 考虑一个涉及两种原材料 r_1, r_2 和一种成品的生产过程. 原材料的单位成本是变化的，由下式给出

$$c_i = \bar{c}_i + \alpha_i x_i, \quad i=1,2,$$

其中，对于 $i=1,2$, $\bar{c}_i$ 是材料 r_i 的名义单位成本，$\alpha_i \geqslant 0$ 是成本价差，$|x_i| \leqslant 1$ 是一个未知项，其表示成本的不确定性. 生产一个单位的成品需要固定数量 m_1 的原材料 r_1 和固定数量 m_2 的原材料 r_2. 每种成品都可以在市场上以事先不确切知道的价格 p 出售. 假设

$$p = \bar{p} + \beta x_3,$$

其中 $\bar{p}$ 是一个单位成品的名义售价，$\beta \geqslant 0$ 是价差，而 $|x_3| \leqslant 1$ 是一个表示价格不确定性的未知量. 因此，每单位成品的生产利润（收入减去成本）为:

$$\mathrm{margin} = p - c_1 m_1 - c_2 m_2$$

⊖ sgn 表示符号函数，按照定义，当 $x>0$ 时，$\mathrm{sgn}(x)=1$. 当 $x<0$ 时，$\mathrm{sgn}(x)=-1$. 而当 $x=0$ 时，$\mathrm{sgn}(x)=0$.

$$= \bar{p} + \beta x_3 - \bar{c}_1 m_1 - \alpha_1 x_1 m_1 - \bar{c}_2 m_2 - \alpha_2 x_2 m_2$$

$$= \text{nom\_margin} + \boldsymbol{x}^\top \boldsymbol{y},$$

其中我们已经定义了 nom_margin $\doteq \bar{p} - \bar{c}_1 m_1 - \bar{c}_2 m_2$ 以及

$$\boldsymbol{x}^\top = [x_1, x_2, x_3],\ \boldsymbol{y} = [-\alpha_1 m_1, -\alpha_2 m_2, \beta]^\top.$$

那么可以看出，生产利润是由反映名义材料成本和销售价格的一个常数项加上一个 $\boldsymbol{x}^\top \boldsymbol{y}$ 形式的可变项给出的，其中不确定性向量 $\boldsymbol{x}$ 满足 $\|\boldsymbol{x}\|_\infty \leqslant 1$. 我们的问题是在给定的不确定性下确定最大和最小生产利润率. 显然，利润率位于一个以名义利润率 non_margin 为中心的区间内，中心到端点的距离为：

$$\max_{\|\boldsymbol{x}\|_\infty \leqslant 1} \boldsymbol{x}^\top \boldsymbol{y} = \|\boldsymbol{y}\|_1 = \alpha_1 m_1 + \alpha_2 m_2 + \beta.$$

2.2.3　正交与正交补

如果 $\mathcal{X}$ 中的两个向量 $\boldsymbol{x}, \boldsymbol{y}$ 有 $\langle \boldsymbol{x}, \boldsymbol{y} \rangle = 0$，则称 $\boldsymbol{x}$ 与 $\boldsymbol{y}$ 是正交的.

2.2.3.1　正交向量

将正交的概念推广到一般内积空间，如果内积空间 $\mathcal{X}$ 中的两个向量 $\langle \boldsymbol{x}, \boldsymbol{y} \rangle = 0$，我们称 $\boldsymbol{x}, \boldsymbol{y}$ 是正交的. 用 $\boldsymbol{x} \perp \boldsymbol{y}$ 来表示两个向量 $\boldsymbol{x}, \boldsymbol{y} \in \mathcal{X}$ 是正交的.

如果对任意 $i \neq j$，有 $\langle \boldsymbol{x}^{(i)}, \boldsymbol{x}^{(j)} \rangle = 0$，则称非零向量 $\boldsymbol{x}^{(1)}, \cdots, \boldsymbol{x}^{(d)}$ 是相互正交的. 换句话说，每个向量都与集合中的所有其他向量正交. 于是，下面的命题成立（然而，一般情形下该命题的逆命题是不成立的）.

命题 2.1　相互正交的向量是线性独立的.

证明　用反证法，为此假设 $\boldsymbol{x}^{(1)}, \cdots, \boldsymbol{x}^{(d)}$ 是正交的但却是线性相关的向量. 这意味着：存在不全为零的 $\alpha_1, \cdots, \alpha_d$ 满足：

$$\sum_{i=1}^{d} \alpha_i \boldsymbol{x}^{(i)} = 0.$$

但是，对于 $j = 1, \cdots, d$, 将等式两边分别与 $\boldsymbol{x}^{(j)}$ 做内积，则可以得到：

$$\left\langle \sum_{i=1}^{d} \alpha_i \boldsymbol{x}^{(i)}, \boldsymbol{x}^{(j)} \right\rangle = 0, \quad j = 1, \cdots, d.$$

由于

$$\left\langle \sum_{i=1}^{d} \alpha_i \boldsymbol{x}^{(i)}, \boldsymbol{x}^{(j)} \right\rangle = \sum_{i=1}^{d} \left\langle \alpha_i \boldsymbol{x}^{(i)}, \boldsymbol{x}^{(j)} \right\rangle = \alpha_j \|\boldsymbol{x}^{(j)}\|^2 = 0,$$

那么则有 $\alpha_i = 0, i = 1, \cdots, d$, 这与假设矛盾. □

2.2.3.2　正交向量集

若一族向量构成的集合 $S=\{\boldsymbol{x}^{(i)},\cdots,\boldsymbol{x}^{(d)}\}$ 满足，对于 $i,j=1,\cdots,d$, 有

$$\left\langle\boldsymbol{x}^{(i)},\boldsymbol{x}^{(j)}\right\rangle=\begin{cases}0 & i\neq j,\\ 1 & i=j.\end{cases}$$

则称集合 S 是正交的.

换句话说，如果每个向量范数都为 1, 并且所有向量都相互正交，那么 S 就是正交的. 正交向量集合 S 构成了 S 张成空间的一组正交基.

2.2.3.3　正交补

设向量 $\boldsymbol{x}\in\mathcal{X}$，且 $\mathcal{S}$ 是内积空间的子集. 如果对所有 $\boldsymbol{s}\in\mathcal{S}$, 都有 $\boldsymbol{x}\perp\boldsymbol{s}$, 那么称向量 $\boldsymbol{x}$ 与 $\mathcal{S}$ 正交. 空间 $\mathcal{X}$ 中所有与 $\mathcal{S}$ 正交的向量构成的集合称为 $\mathcal{S}$ 的正交补，用 $\mathcal{S}^{\perp}$ 表示，如图 2.13 所示.

2.2.3.4　直和与正交分解

称一个向量空间 $\mathcal{X}$ 为两个子空间 A, B 的直和，如果任意元素 $\boldsymbol{x}\in\mathcal{X}$ 可以用唯一的方式写成 $\boldsymbol{x}=\boldsymbol{a}+\boldsymbol{b}$，其中 $\boldsymbol{a}\in A$，$\boldsymbol{b}\in B$，则此时用符号 $\mathcal{X}=A\oplus B$ 来表示直和. 进一步，下面的定理成立：

定理 2.1（正交分解）　如果 $\mathcal{S}$ 是内积空间 $\mathcal{X}$ 的一个子空间，那么任意向量 $\boldsymbol{x}\in\mathcal{X}$ 都可以唯一写成 $\mathcal{S}$ 中的一个元素和其正交补 $\mathcal{S}^{\perp}$（如图 2.14 所示）中的一个元素的和，即

$$\text{对任意子空间 } \mathcal{S}\subseteq\mathcal{X}, \text{ 有 } \mathcal{X}=\mathcal{S}\oplus\mathcal{S}^{\perp}.$$

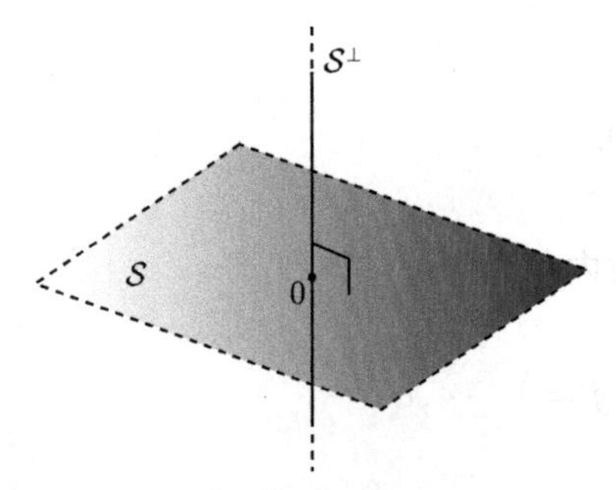

图 2.13　空间 $\mathbb{R}^3$ 中的二维子空间 $\mathcal{S}$ 及其正交补 $\mathcal{S}^{\perp}$ 的例子

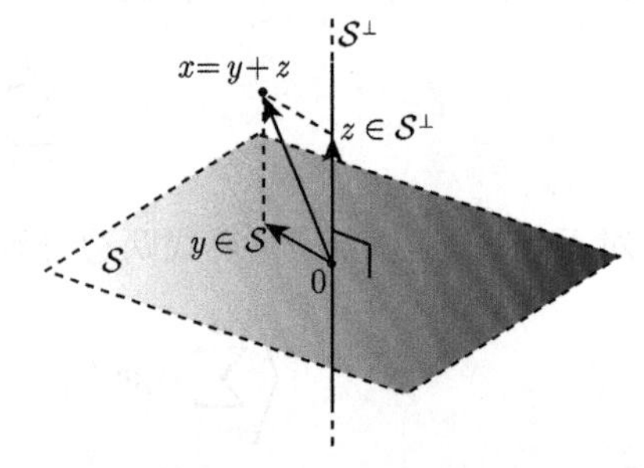

图 2.14　任意向量都可以用一种唯一写成子空间 $\mathcal{S}$ 中的一个元素和它的正交补 $\mathcal{S}^{\perp}$ 中的一个元素的和

证明　首先注意：$\mathcal{S}\cap\mathcal{S}^{\perp}=0$, 这是因为若 $\boldsymbol{v}\in\mathcal{S}\cap\mathcal{S}^{\perp}$, 那么有 $\langle\boldsymbol{v},\boldsymbol{v}\rangle=\|\boldsymbol{v}\|^2=0$, 从而有 $\boldsymbol{v}=0$. 接下来，我们证明 $\mathcal{W}=\mathcal{S}+\mathcal{S}^{\perp}$（即 $\mathcal{S}$ 和 $\mathcal{S}^{\perp}$ 中的元素的和构成的空间）.

我们下面选取 $\mathcal{W}$ 的一组正交基并将其延拓为 $\mathcal{X}$ 的一组正交基[㊀]. 那么，如果 $\mathcal{W}\neq\mathcal{X}$, 则 $\mathcal{X}$ 的基中存在一个元素与 $\mathcal{W}$ 正交. 由于 $\mathcal{S}\subseteq\mathcal{W}$, 于是 $\boldsymbol{z}$ 和 $\mathcal{S}$ 也是正交的，从而说明 $\boldsymbol{z}\in\mathcal{S}^{\perp}$. 由于 $\mathcal{S}^{\perp}$ 是 $\mathcal{W}$ 的子空间，因此 $\boldsymbol{z}\in\mathcal{W}$, 矛盾. 故我们证明了 $\mathcal{S}+\mathcal{S}^{\perp}=\mathcal{X}$, 即每一个元素 $\boldsymbol{x}\in\mathcal{X}$ 可以写成 $\mathcal{S}$ 中某个元素 $\boldsymbol{x}_s$ 和 $\mathcal{S}^{\perp}$ 中某个元素 $\boldsymbol{y}$ 的和，也就是 $\boldsymbol{x}=\boldsymbol{x}_s+\boldsymbol{y}$. 下面需要证明这样的分解是唯一的. 用反证法，假设该结论不成立. 那么存在 $\boldsymbol{x}_{s_1},\boldsymbol{x}_{s_2}\in\mathcal{S}$ 和 $\boldsymbol{y}_1,\boldsymbol{y}_2\in\mathcal{S}^{\perp}$, $\boldsymbol{x}_{s_1}\neq\boldsymbol{x}_{s_2}$, $\boldsymbol{y}_1\neq\boldsymbol{y}_2$ 使得 $\boldsymbol{x}=\boldsymbol{x}_{s_1}+\boldsymbol{y}_1$，$\boldsymbol{x}=\boldsymbol{x}_{s_2}+\boldsymbol{y}_2$. 于是，将两个等式相减可以得到：

$$0\neq\boldsymbol{x}_{s_2}-\boldsymbol{x}_{s_1}=\boldsymbol{y}_2-\boldsymbol{y}_1,$$

其中左边元素属于 $\mathcal{S}$, 而右边元素属于 $\mathcal{S}^{\perp}$, 这与 $\mathcal{S}\cap\mathcal{S}^{\perp}=0$ 矛盾. □

以下命题总结了内积空间的一些基本性质.

命题 2.2 设 $\boldsymbol{x},\boldsymbol{z}$ 为一个（有限维）内积空间 $\mathcal{X}$ 的任意两个元素，设 $\|\boldsymbol{x}\|=\langle\boldsymbol{x},\boldsymbol{x}\rangle$, 并设 α 为一标量. 那么有：

1. $|\langle\boldsymbol{x},\boldsymbol{z}\rangle|\leqslant\|\boldsymbol{x}\|\|\boldsymbol{z}\|$, 等号成立当且仅当 $\boldsymbol{x}=\alpha\boldsymbol{z}$ 或 $\boldsymbol{z}=0$（柯西–施瓦茨）；
2. $\|\boldsymbol{x}+\boldsymbol{z}\|^2+\|\boldsymbol{x}-\boldsymbol{z}\|^2=2\|\boldsymbol{x}\|^2+2\|\boldsymbol{z}\|^2$（平行四边形法则）；
3. 若 $\boldsymbol{x}\perp\boldsymbol{z}$, 那么 $\|\boldsymbol{x}+\boldsymbol{z}\|^2=\|\boldsymbol{x}\|^2+\|\boldsymbol{z}\|^2$（毕达哥拉斯定理）；
4. 对任意子空间 $\mathcal{S}\subseteq\mathcal{X}$, 则 $\mathcal{X}=\mathcal{S}\oplus\mathcal{S}^{\perp}$;
5. 对任意子空间 $\mathcal{S}\subseteq\mathcal{X}$, 则 $\dim\mathcal{X}=\dim\mathcal{S}+\dim\mathcal{S}^{\perp}$.

2.3 子空间上的投影

投影的概念是优化理论的核心，它是在给定的集合上找一个点，使其最接近（在范数意义下）给定点的问题. 正式地，给定内积空间 $\mathcal{X}$ 中的向量 $\boldsymbol{x}$（例如: $\mathcal{X}=\mathbb{R}^n$）和一个闭集[㊁] $\mathcal{S}\subseteq\mathcal{X}$, 点 $\boldsymbol{x}$ 在 $\mathcal{S}$ 上的投影记为 $\Pi_{\mathcal{S}}(\boldsymbol{x})$, 其定义为 $\mathcal{S}$ 中与点 $\boldsymbol{x}$ 距离最小的点：

$$\Pi_{\mathcal{S}}(\boldsymbol{x})=\arg\min_{\boldsymbol{y}\in\mathcal{S}}\|\boldsymbol{y}-\boldsymbol{x}\|,$$

这里使用的范数是内积诱导的范数，即 $\|\boldsymbol{y}-\boldsymbol{x}\|=\sqrt{\langle\boldsymbol{y}-\boldsymbol{x},\boldsymbol{y}-\boldsymbol{x}\rangle}$. 当使用标准内积时，这就简单地简化为欧氏范数（参见式 (2.2)），在这种情况下，投影被称为欧氏投影.

这一节，我们特别聚焦 $\mathcal{S}$ 是子空间的情况.

2.3.1 一维子空间上的投影

为了引入投影的概念，我们从研究一维情况开始. 给定一个点（向量）$\boldsymbol{x}\in\mathcal{X}$ 和一个非零向量 $\boldsymbol{v}\in\mathcal{X}$, 其中 $\mathcal{X}$ 是内积空间，点 $\boldsymbol{x}$ 在 $\boldsymbol{v}$ 生成的子空间（即一维子空间 $\mathcal{S}_{\boldsymbol{v}}=$

㊀ 我们将在 2.3.3 节讨论如何从子空间的任何给定的一组基开始，为该子空间构造一组正交基.

㊁ 如果集合包含其边界，则该集合是闭的. 例如，对于点 $x\in\mathbb{R}^2$, 那么 $|x_1|\leqslant 1$, $|x_2|\leqslant 1$ 的集合是闭的，而 $|x_1|\leqslant 1$, $|x_2|<1$ 的集合不是闭的. 详见 8.1.1 节.

$\{\lambda \boldsymbol{v},\ \lambda \in \mathbb{R}\}$）上的投影 $\Pi_{\mathcal{S}_v}(\boldsymbol{x})$ 为 $\mathcal{S}_v$ 与 $\boldsymbol{x}$ 距离（在内积诱导范数意义下）最小的向量. 用数学公式则表述为：

$$\Pi_{\mathcal{S}_v}(\boldsymbol{x}) = \arg\min_{\boldsymbol{y} \in \mathcal{S}_v} \|\boldsymbol{y} - \boldsymbol{x}\|.$$

我们下面证明投影的本质在于 $(\boldsymbol{x} - \Pi_{\mathcal{S}_v}(\boldsymbol{x}))$ 与 $\boldsymbol{v}$ 正交. 为此，设 x_v 为 $\mathcal{S}_v$ 中一点使 $(\boldsymbol{x} - \boldsymbol{x}_v) \perp \boldsymbol{v}$, 并考虑任意点 $\boldsymbol{y} \in \mathcal{S}_v$. 根据毕达哥拉斯定理有（如图 2.15 所示）：

$$\|\boldsymbol{y} - \boldsymbol{x}\|^2 = \|(\boldsymbol{y} - \boldsymbol{x}_v) - (\boldsymbol{x} - \boldsymbol{x}_v)\|^2 = \|\boldsymbol{y} - \boldsymbol{x}_v\|^2 + \|\boldsymbol{x} - \boldsymbol{x}_v\|^2.$$

由于上式中的第一项总是非负的，因此通过选择 $\boldsymbol{y} = \boldsymbol{x}_v$ 可以得到其最小值，这证明了 $\boldsymbol{x}_v$ 是我们所求的投影. 为了找到 $\boldsymbol{x}_v$ 的表达式，首先从正交条件开始

$$(\boldsymbol{x} - \boldsymbol{x}_v) \perp \boldsymbol{v} \Leftrightarrow \langle \boldsymbol{x} - \boldsymbol{x}_v, \boldsymbol{v} \rangle = 0.$$

那么，利用这样一个事实. 根据定义，$\boldsymbol{x}_v$ 是 $\boldsymbol{v}$ 乘以一个标量，即存在 $\alpha \in \mathbb{R}$ 使 $\boldsymbol{x}_v = \alpha \boldsymbol{v}$, 于是求解 α 得到：

$$\boldsymbol{x}_v = \alpha \boldsymbol{v}, \quad \alpha = \frac{\langle \boldsymbol{v}, \boldsymbol{x} \rangle}{\|\boldsymbol{v}\|^2}.$$

向量 $\boldsymbol{x}_v$ 通常被称为 $\boldsymbol{x}$ 沿方向 $\boldsymbol{v}$ 的分量，如图 2.15 所示. 如果 $\boldsymbol{v}$ 有单位范数，那么这个分量简单地可由 $\boldsymbol{x}_v = \langle \boldsymbol{v}, \boldsymbol{x} \rangle \boldsymbol{v}$ 给出.

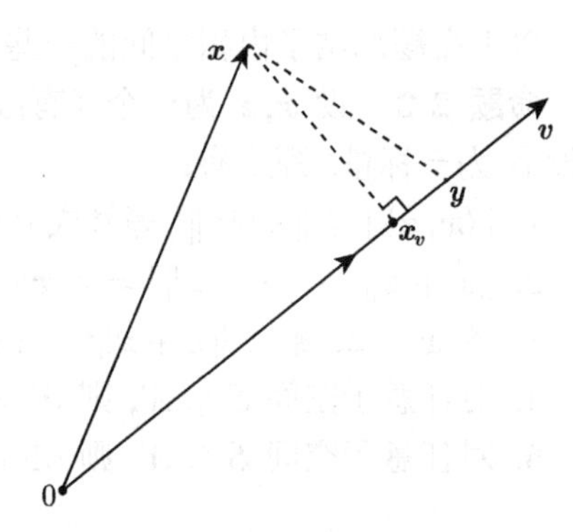

图 2.15 点 $\boldsymbol{x}$ 在由单个向量 $\boldsymbol{v}$ 生成的子空间 $\mathcal{S}_v$ 上的投影是点 $\boldsymbol{x}_v \in \mathcal{S}_v$，它使 $\boldsymbol{x} - \boldsymbol{x}_v$ 正交于 $\boldsymbol{v}$. 也称点 $\boldsymbol{x}_v$ 为 $\boldsymbol{x}$ 沿方向 $\boldsymbol{v}$ 的分量

2.3.2 任意子空间上的投影

我们现在把以前的结果推广到 $\mathcal{S}$ 为任意子空间（即不一定是一维）的情况. 这将在下面的关键定理中加以说明，如图 2.16 所示.

定理 2.2（投影定理） *设 $\mathcal{X}$ 为一内积空间，点 $\boldsymbol{x}$ 为 $\mathcal{X}$ 中一给定的元素，$\mathcal{S}$ 为 $\mathcal{X}$ 的一个子空间. 那么，存在唯一向量 $\boldsymbol{x}^* \in \mathcal{S}$ 为如下问题的解：*

$$\min_{\boldsymbol{y} \in \mathcal{S}} \|\boldsymbol{y} - \boldsymbol{x}\|.$$

并且 $\boldsymbol{x}$ 是该问题最优解的充要条件为：

$$\boldsymbol{x}^* \in \mathcal{S}, \quad (\boldsymbol{x} - \boldsymbol{x}^*) \perp \mathcal{S}.$$

证明 设 $\mathcal{S}^{\perp}$ 为 $\mathcal{S}$ 的正交子空间，那么，由定理 2.1 可得，任意向量 $\boldsymbol{x} \in \mathcal{X}$ 可以写成如下形式：

$$\boldsymbol{x} = \boldsymbol{u} + \boldsymbol{z}, \quad \boldsymbol{u} \in \mathcal{S},\ \boldsymbol{z} \in \mathcal{S}^{\perp}.$$

因此，对任意向量 $\boldsymbol{y}$, 有

$$\|\boldsymbol{y} - \boldsymbol{x}\|^2 = \|(\boldsymbol{y} - \boldsymbol{u}) - \boldsymbol{z}\|^2 = \|\boldsymbol{y} - \boldsymbol{u}\|^2 + \|\boldsymbol{z}\|^2 - 2\langle \boldsymbol{y} - \boldsymbol{u}, \boldsymbol{z}\rangle.$$

因为 $\boldsymbol{z} \in \mathcal{S}^{\perp}$ 与 $\mathcal{S}$ 中所有向量正交，故上式最后一项内积项为 0. 因此，得到：

$$\|\boldsymbol{y} - \boldsymbol{x}\|^2 = \|\boldsymbol{y} - \boldsymbol{u}\|^2 + \|\boldsymbol{z}\|^2,$$

由此可得使 $\|\boldsymbol{y}-\boldsymbol{x}\|$ 达到最小值的点为 $\boldsymbol{x}^* = \boldsymbol{y} = \boldsymbol{u}$. 最后，在这种选择下，$\boldsymbol{y}-\boldsymbol{x} = \boldsymbol{z} \in \mathcal{S}^{\perp}$, 于是原命题得证. □

定理 2.2 的一个简单推广是将点 $\boldsymbol{x}$ 投影到仿射集 $\mathcal{A}$ 上，如图 2.17 所示. 该结论将在下一个推论中正式表述.

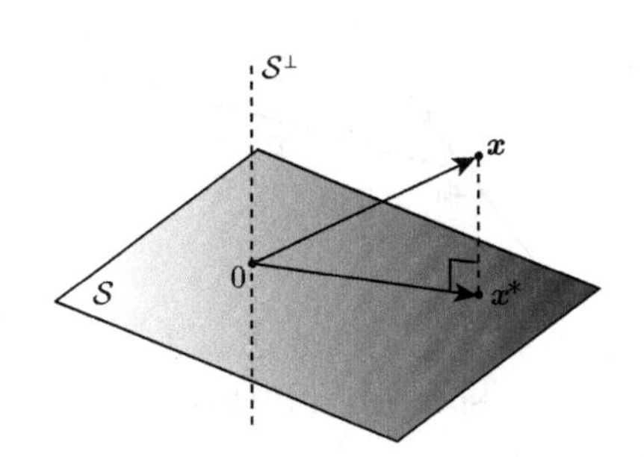

图 2.16 任意子空间上的投影

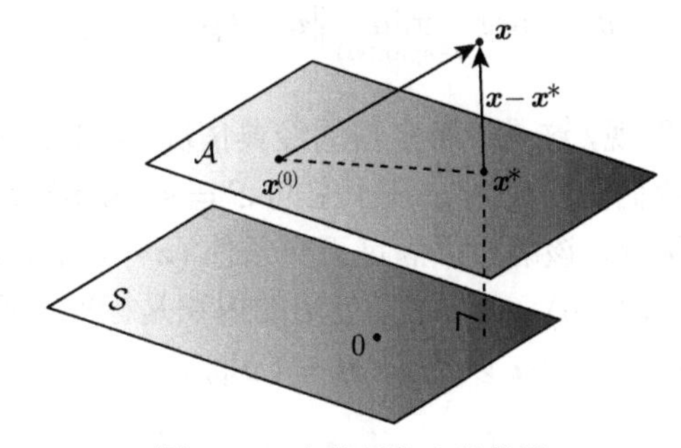

图 2.17 在仿射集上的投影

推论 2.1（仿射集上的投影） *设 $\mathcal{X}$ 为一内积空间，$\boldsymbol{x}$ 为 $\mathcal{X}$ 中一给定的元素，并且设 $\mathcal{A} = \boldsymbol{x}^{(0)} + \mathcal{S}$ 为子空间 $\mathcal{S}$ 沿给定向量 $\boldsymbol{x}^{(0)}$ 平移得到的仿射集. 那么，存在唯一向量 $\boldsymbol{x}^* \in \mathcal{A}$ 为如下问题的解：*

$$\min_{\boldsymbol{y} \in \mathcal{A}} \|\boldsymbol{y} - \boldsymbol{x}\|.$$

并且 $\boldsymbol{x}^*$ 是该问题最优解的充要条件为：

$$\boldsymbol{x}^* \in \mathcal{A}, \quad (\boldsymbol{x} - \boldsymbol{x}^*) \perp \mathcal{S}.$$

证明 我们把问题归结为把一个点投影到一个子空间上. 考虑到：对任意点 $\boldsymbol{y} \in \mathcal{A}$, 存在 $\boldsymbol{z} \in \mathcal{S}$ 使 $\boldsymbol{y} = \boldsymbol{z} + \boldsymbol{x}^{(0)}$. 因此，问题就转化为：

$$\min_{\boldsymbol{y} \in \mathcal{A}} \|\boldsymbol{y} - \boldsymbol{x}\| = \min_{\boldsymbol{z} \in \mathcal{S}} \|\boldsymbol{z} + \boldsymbol{x}^{(0)} - \boldsymbol{x}\|.$$

于是，后一个问题相当于将点 $(\boldsymbol{x}-\boldsymbol{x}^{(0)})$ 投影到子空间 $\mathcal{S}$ 上. 根据投影定理，该问题的最优性条件为 $\boldsymbol{z}^* \in \mathcal{S}$ 和 $\boldsymbol{z}^*-(\boldsymbol{x}-\boldsymbol{x}^{(0)}) \perp \mathcal{S}$. 根据初始变量，最优点 $\boldsymbol{x}^*=\boldsymbol{z}^*+\boldsymbol{x}^{(0)}$ 满足：

$$\boldsymbol{x}^* \in \mathcal{A}, \quad (\boldsymbol{x}^*-\boldsymbol{x}) \perp \mathcal{S},$$

这样命题得证. □

2.3.2.1　点在直线上的欧氏投影

设 $\boldsymbol{p} \in \mathbb{R}^n$ 为一给定的点. 我们希望计算 $\boldsymbol{p}$ 在 2.1.2.6 节中定义的直线 $L=\{\boldsymbol{x}_0+\operatorname{span}(\boldsymbol{u})\}$ $(\|\boldsymbol{u}\|_2=1)$ 上的欧氏投影 $\boldsymbol{p}^*$, 如图 2.18 所示.

欧氏投影是和点 $\boldsymbol{p}$ 欧氏距离最小的点，即

$$\boldsymbol{p}^*=\arg\min_{\boldsymbol{x}\in L}\|\boldsymbol{x}-\boldsymbol{p}\|_2.$$

因为，对任意一点 $\boldsymbol{x} \in L$, 都存在 $\boldsymbol{v} \in \operatorname{span}(\boldsymbol{u})$ 使 $\boldsymbol{x}=\boldsymbol{x}_0+\boldsymbol{v}$, 故上面的问题等价于寻找 $\boldsymbol{v}^*$ 使：

$$\boldsymbol{v}^*=\arg\min_{\boldsymbol{v}\in\operatorname{span}(\boldsymbol{u})}\|\boldsymbol{v}-(\boldsymbol{p}-\boldsymbol{x}_0)\|_2.$$

可以发现，这是投影定理的经典情况. 对于 $\boldsymbol{z}=\boldsymbol{p}-\boldsymbol{x}_0$, 我们需要找到 $\boldsymbol{z}$ 在子空间 $\mathcal{S}=\operatorname{span}(\boldsymbol{u})$ 上的投影. 因此，该解必须满足正交条件 $(\boldsymbol{z}-\boldsymbol{v}^*) \perp \boldsymbol{u}$, 即 $\langle(\boldsymbol{z}-\boldsymbol{v}^*),\boldsymbol{u}\rangle=0$，这里使用的内积是标准内积. 又因为 $\boldsymbol{v}^*=\lambda^*\boldsymbol{u}$ 以及 $\boldsymbol{u}^\top\boldsymbol{u}=\|\boldsymbol{u}\|_2^2=1$, 于是

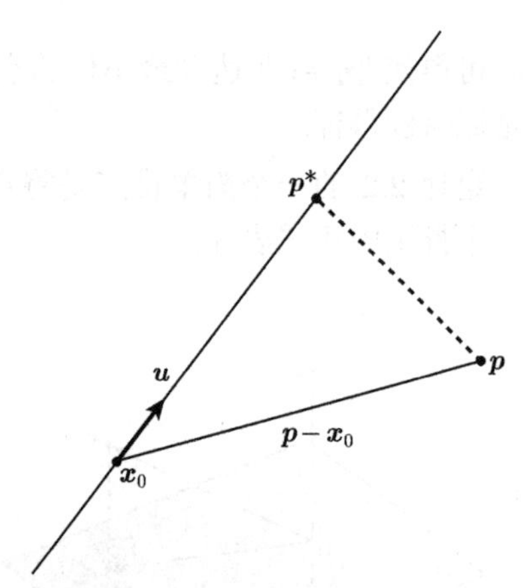

图 2.18　点 $\boldsymbol{p}$ 在直线 $L=\{\boldsymbol{x}_0+\boldsymbol{v},\boldsymbol{v}\in\operatorname{span}(\boldsymbol{u})\}$ 上的投影

$$\boldsymbol{u}^\top\boldsymbol{z}-\boldsymbol{u}^\top\boldsymbol{v}^*=0 \Leftrightarrow \boldsymbol{u}^\top\boldsymbol{z}-\lambda^*=0 \Leftrightarrow \lambda^*=\boldsymbol{u}^\top\boldsymbol{z}=\boldsymbol{u}^\top(\boldsymbol{p}-\boldsymbol{x}_0).$$

因此最优点 $\boldsymbol{p}^*$ 为

$$\boldsymbol{p}^*=\boldsymbol{x}_0+\boldsymbol{v}^*=\boldsymbol{x}_0+\lambda^*\boldsymbol{u}=\boldsymbol{x}_0+\boldsymbol{u}^\top(\boldsymbol{p}-\boldsymbol{x}_0)\boldsymbol{u},$$

并且点 $\boldsymbol{p}$ 到直线的距离的平方为：

$$\|\boldsymbol{p}-\boldsymbol{p}^*\|_2^2=\|\boldsymbol{p}-\boldsymbol{x}_0\|_2^2-\lambda^{*2}=\|\boldsymbol{p}-\boldsymbol{x}_0\|_2^2-(\boldsymbol{u}^\top(\boldsymbol{p}-\boldsymbol{x}_0))^2.$$

2.3.2.2　点在超平面上的欧氏投影

超平面是定义为如下的仿射集：

$$H=\{\boldsymbol{z}\in\mathbb{R}^n:\ \boldsymbol{a}^\top\boldsymbol{z}=b\},$$

其中 $\boldsymbol{a}\neq 0$ 被称为超平面的法线方向，这是因为对任意两个向量 $\boldsymbol{z}_1,\boldsymbol{z}_2\in H$, 都有 $(\boldsymbol{z}_1-\boldsymbol{z}_2)\perp\boldsymbol{a}$, 见 2.4.4 节.

下面给定点 $\boldsymbol{p} \in \mathbb{R}^n$, 我们希望确定 $\boldsymbol{p}$ 在 H 上的欧氏投影 $\boldsymbol{p}^*$. 由投影定理可知: $\boldsymbol{p}-\boldsymbol{p}^*$ 与 H 正交. 由于 $\boldsymbol{a}$ 也和 H 正交，故条件 $(\boldsymbol{p}-\boldsymbol{p}^*) \perp H$ 等价于，存在 $\alpha \in \mathbb{R}$ 使得

$$\boldsymbol{p}-\boldsymbol{p}^* = \alpha \boldsymbol{a}.$$

为了求解 α，考虑 $\boldsymbol{p}^* \in H$, 从而 $\boldsymbol{a}^\top \boldsymbol{p}^* = b$, 在上面的等式两边同时左乘 $\boldsymbol{a}^\top$ 可得:

$$\boldsymbol{a}^\top \boldsymbol{p} - b = \alpha \|\boldsymbol{a}\|_2^2,$$

由此有:

$$\alpha = \frac{\boldsymbol{a}^\top \boldsymbol{p} - b}{\|\boldsymbol{a}\|_2^2},$$

并且

$$\boldsymbol{p}^* = \boldsymbol{p} - \frac{\boldsymbol{a}^\top \boldsymbol{p} - b}{\|\boldsymbol{a}\|_2^2}\boldsymbol{a}. \tag{2.5}$$

于是 $\boldsymbol{p}$ 到 H 的距离为

$$\|\boldsymbol{p}-\boldsymbol{p}^*\|_2 = |\alpha|\|\boldsymbol{a}\|_2 = \frac{|\boldsymbol{a}^\top \boldsymbol{p} - b|}{\|\boldsymbol{a}\|_2}. \tag{2.6}$$

2.3.2.3 向量扩张空间上的投影

假设有子空间 $\mathcal{S} \subseteq \mathcal{X}$ 的一组基，即

$$\mathcal{S} = \operatorname{span}(\boldsymbol{x}^{(1)}, \cdots, \boldsymbol{x}^{(d)}).$$

给定一个向量 $\boldsymbol{x} \in \mathcal{X}$，投影定理告诉我们，$\boldsymbol{x}$ 在 $\mathcal{S}$ 上的唯一投影 $\boldsymbol{x}^*$ 可以由正交条件 $(\boldsymbol{x}-\boldsymbol{x}^*) \perp \mathcal{S}$ 来刻画. 由于 $\boldsymbol{x}^* \in \mathcal{S}$, 我们可以将 $\boldsymbol{x}^*$ 写成 $\mathcal{S}$ 的基中元素的某种（未知）线性组合，即

$$\boldsymbol{x}^* = \sum_{i=1}^{d} \alpha_i \boldsymbol{x}^{(i)}. \tag{2.7}$$

那么 $(\boldsymbol{x}-\boldsymbol{x}^*) \perp \mathcal{S} \Leftrightarrow \langle \boldsymbol{x}-\boldsymbol{x}^*, \boldsymbol{x}^{(k)} \rangle = 0,\ k=1,\cdots,d$，并且这些条件可以归结为如下有 d 个未知变量 (α_i) 的 d 个线性方程[㊀]:

$$\sum_{i=1}^{d} \alpha_i \langle \boldsymbol{x}^{(k)}, \boldsymbol{x}^{(i)} \rangle = \langle \boldsymbol{x}^{(k)}, \boldsymbol{x} \rangle,\ k=1,\cdots,d. \tag{2.8}$$

㊀ 第 6 章详细介绍了线性方程.

求解这个线性方程组可以得到系数 α, 从而可以求得所需的 $\boldsymbol{x}^*$.

正交向量扩张空间上的投影. 如果我们有一个子空间 $\mathcal{S}=\text{span}(S)$ 的正交基，那么，可以直接得到 $\boldsymbol{x}$ 在这个子空间上的投影 $\boldsymbol{x}^*$. 这是因为在这种情况下，由式 (2.8) 中的方程组可以立即得到系数 $\alpha_k=\langle\boldsymbol{x}^{(k)},\boldsymbol{x}\rangle$, $i=1,\cdots,d$. 于是，再由式 (2.7) 可得：

$$\boldsymbol{x}^*=\sum_{i=1}^{d}\langle\boldsymbol{x}^{(i)},\boldsymbol{x}\rangle\boldsymbol{x}^{(i)}. \tag{2.9}$$

我们接下来说明可以有一种标准的方法来构造 span(S) 的一组正交基.

2.3.3 Gram-Schmidt 正交化

给定子空间 $\mathcal{S}=\text{span}(S)$ 的一组基 $S=\{\boldsymbol{x}^{(1)},\cdots,\boldsymbol{x}^{(d)}\}$（即一组线性无关的向量），我们希望构造这个子空间的一组正交基. Gram-Schmidt 方法是通过如下递归过程来实现这一目的. 首先从 S 中选取一个元素，不妨设为 $\boldsymbol{x}^{(1)}$, 再令

$$\boldsymbol{\zeta}^{(1)}=\boldsymbol{x}^{(1)},\quad \boldsymbol{z}^{(1)}=\frac{\boldsymbol{\zeta}^{(1)}}{\|\boldsymbol{\zeta}^{(1)}\|}.$$

注意到 $\boldsymbol{\zeta}^{(1)}$ 是非零的，否则 $\boldsymbol{x}^{(1)}$ 将是剩余向量的线性组合（取零系数），这与 S 中元素是线性独立的矛盾（因为 S 被假定为一组基）, 因此除以 $\|\boldsymbol{\zeta}^{(1)}\|$ 是具有明确定义的.

我们观察到，如果把 $\boldsymbol{x}^{(2)}$ 投影到 span$(\boldsymbol{z}^{(1)})$ 上，得到 $\tilde{\boldsymbol{x}}^{(2)}=\langle\boldsymbol{x}^{(2)},\boldsymbol{z}^{(1)}\rangle\boldsymbol{z}^{(1)}$（见式 (2.9)）, 那么，根据投影的定义，有 $\boldsymbol{x}^{(2)}-\langle\boldsymbol{x}^{(2)},\boldsymbol{z}^{(1)}\rangle\boldsymbol{z}^{(1)}$ 与 span$(\boldsymbol{z}^{(1)})$ 正交. 因此，我们得到了正交基中的第二个元素：

$$\boldsymbol{\zeta}^{(2)}=\boldsymbol{x}^{(2)}-\langle\boldsymbol{x}^{(2)},\boldsymbol{z}^{(1)}\rangle\boldsymbol{z}^{(1)},\quad \boldsymbol{z}^{(2)}=\frac{\boldsymbol{\zeta}^{(2)}}{\|\boldsymbol{\zeta}^{(2)}\|}.$$

再次注意 $\boldsymbol{\zeta}^{(2)}$ 是非零的，否则 $\boldsymbol{x}^{(2)}$ 与 $\boldsymbol{z}^{(1)}$ 成比例，从而与 $\boldsymbol{x}^{(1)}$ 成比例，这与独立性矛盾. Gram-Schmidt 方法的前两次迭代如图 2.19 所示.

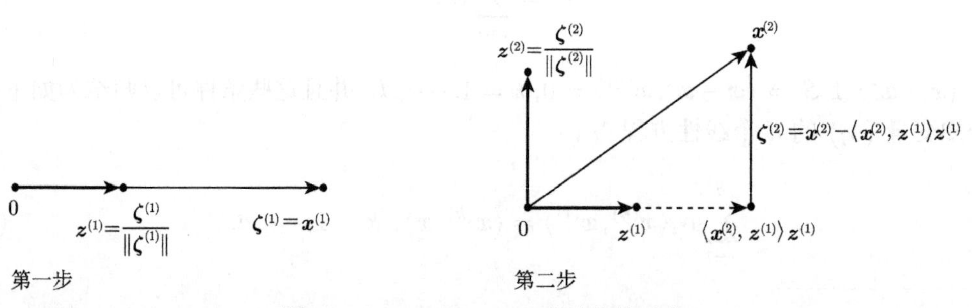

图 2.19　Gram-Schmidt 方法的前两步

接下来，把 $\boldsymbol{x}^{(3)}$ 投影到 $\{\boldsymbol{z}^{(1)},\boldsymbol{z}^{(2)}\}$ 生成的子空间上. 由于 $\boldsymbol{z}^{(1)}$，$\boldsymbol{z}^{(2)}$ 是正交的，这个投影可以很容易由式 (2.9) 得到 $\tilde{\boldsymbol{x}}^{(3)}=\langle\boldsymbol{x}^{(3)},\boldsymbol{z}^{(1)}\rangle\boldsymbol{z}^{(1)}+\langle\boldsymbol{x}^{(3)},\boldsymbol{z}^{(2)}\rangle\boldsymbol{z}^{(2)}$. 考虑如下残差：

$$\boldsymbol{\zeta}^{(3)}=\boldsymbol{x}^{(3)}-\langle\boldsymbol{x}^{(3)},\boldsymbol{z}^{(1)}\rangle\boldsymbol{z}^{(1)}-\langle\boldsymbol{x}^{(3)},\boldsymbol{z}^{(2)}\rangle\boldsymbol{z}^{(2)}$$

并且将 $\boldsymbol{\zeta}^{(3)}$ 归一化[㊀]，我们可以得到正交基的第三个元素（如图 2.20 所示）：$\boldsymbol{z}^{(3)}=\dfrac{\boldsymbol{\zeta}^{(3)}}{\|\boldsymbol{\zeta}^{(3)}\|}$.
重复该过程，则第 k 次迭代后可以得到：

$$\boldsymbol{\zeta}^{(k)}=\boldsymbol{x}^{(k)}-\sum_{i=1}^{k-1}\langle\boldsymbol{x}^{(k)},\boldsymbol{z}^{(i)}\rangle\boldsymbol{z}^{(i)},$$

$$\boldsymbol{z}^{(k)}=\frac{\boldsymbol{\zeta}^{(k)}}{\|\boldsymbol{\zeta}^{(k)}\|}.$$

构造的集合 $\{\boldsymbol{z}^{(1)},\cdots,\boldsymbol{z}^{(d)}\}$ 是 $\mathcal{S}=\mathrm{span}(S)$ 的一组正交基. 尽管它在数值上不是最可行的，但 Gram-Schmidt 方法是构造一组正交基的一种简单方式. 7.3.1 节将讨论具有更好数值特性的该方法的简单改进[㊁]. 此外，注意 Gram-Schmidt 方法与所谓的矩阵的 QR（正交三角化）分解密切相关，并且是求解最小二乘问题和线性方程组的关键要素（关于这些问题的更多讨论，请参见第 6 章）.

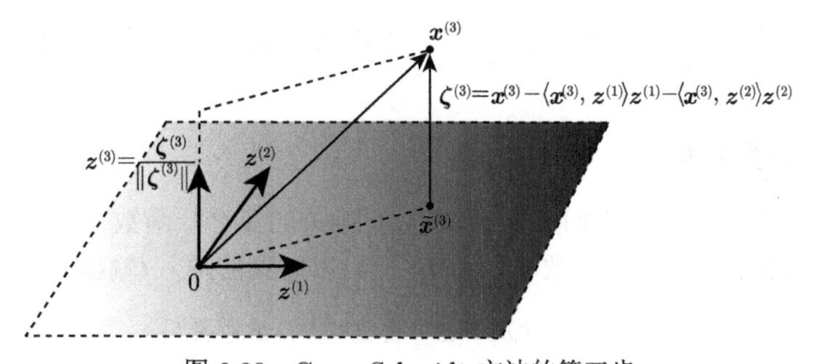

图 2.20　Gram-Schmidt 方法的第三步

2.4　函数

除了求和与标量乘法的标准运算之外，还可以给向量定义其他运算，这就产生了函数的概念，函数是优化问题中的一个基本对象. 我们此外还会说明线性函数和仿射函数的概念如何与内积密切相关.

㊀ 再次利用独立性假设可以得到 $\boldsymbol{\zeta}^{(3)}$ 非零.

㊁ 对于不要求原始向量独立的情况，请参见 7.3.2 节.

2.4.1 函数与映射

函数输入值为 $\mathbb{R}^n$ 中的一个向量，输出值为 $\mathbb{R}$ 中的唯一一个数. 我们使用符号：

$$f:\mathbb{R}^n \to \mathbb{R},$$

来表示输入值空间为 $\mathbb{R}^n$ 的函数. 该函数的输出值空间为 $\mathbb{R}$. 例如，函数 $f:\mathbb{R}^2 \to \mathbb{R}$ 取值为

$$f(x)=\sqrt{(x_1-y_1)^2+(x_2-y_2)^2}$$

给出了点 (x_1, x_2) 到给定点 (y_1, y_2) 的欧氏距离.

我们允许函数取值为无穷. 函数 f 的定义域[⊖]，记为 $\operatorname{dom} f$, 定义为使函数取值为有限值的所有点的集合. 两个函数的区别可以不在于它们的形式表达，而在于它们有不同的定义域. 例如如下定义的函数 f, g:

$$f(x)=\begin{cases}\dfrac{1}{x} & \text{若 } x \neq 0, \\ +\infty & \text{其他},\end{cases} \qquad g(x)=\begin{cases}\dfrac{1}{x} & \text{若 } x>0, \\ +\infty & \text{其他},\end{cases}$$

在各自的定义域内有相同的表达式. 但是，因为它们的定义域不同，所以它们是不同的函数.

我们通常使用“映射”来指代向量值函数. 也就是说，映射是返回向量值的函数. 用

$$f:\mathbb{R}^n \to \mathbb{R}^m$$

来表示输入空间为 $\mathbb{R}^n$, 输出空间为 $\mathbb{R}^m$ 的映射. 映射 f 的分量为（标量值）函数 f_i, $i=1, \cdots, m$.

2.4.2 与函数相关的集合

考虑函数 $f:\mathbb{R}^n \to \mathbb{R}$. 我们定义一些与 f 相关的集合. 函数 f 的图和上镜图都是 $\mathbb{R}^{n+1}$ 的子集，如图 2.21 所示. 函数 f 的图是 f 可以取到的输入/输出对的集合，记为

$$\operatorname{gragh} f=\{(\boldsymbol{x}, f(\boldsymbol{x})) \in \mathbb{R}^{n+1}: \boldsymbol{x} \in \mathbb{R}^n\}.$$

函数 f 的上镜图，记为 $\operatorname{epi} f$, 定义为 f 的函数的输入/输出对及其上方点的集合：

$$\operatorname{epi} f=\left\{(\boldsymbol{x}, t) \in \mathbb{R}^{n+1}: \boldsymbol{x} \in \mathbb{R}^n,\ t \geqslant f(\boldsymbol{x})\right\}.$$

水平集和下水平集对应于函数 f 的等高线的概念. 两者都依赖于某个标量值 t，并且是 $\mathbb{R}^n$ 的子集. 水平集（或等高线）就是函数 f 恰好达到某个值的点集. 对于 $t \in \mathbb{R}$, 函数 f 的 t 水平集定义为：

$$C_f(t)=\{\boldsymbol{x} \in \mathbb{R}^n: f(\boldsymbol{x})=t\}.$$

⊖ 例如 $f:\mathbb{R} \to \mathbb{R}$ 为对数函数的定义为：如果 $x>0$, 则 $f(x)$ 取值为 $\log x$，否则为 $-\infty$. 因此，其定义域为 $\mathbb{R}_{++}$（正实数的集合）.

一个相关的概念是下水平集. 函数 f 的 t 下水平集是 f 不超过某个值的点的集合：

$$L_f(t)=\{\boldsymbol{x}\in\mathbb{R}^n:\ f(\boldsymbol{x})\leqslant t\}.$$

如图 2.22 所示的一个例子.

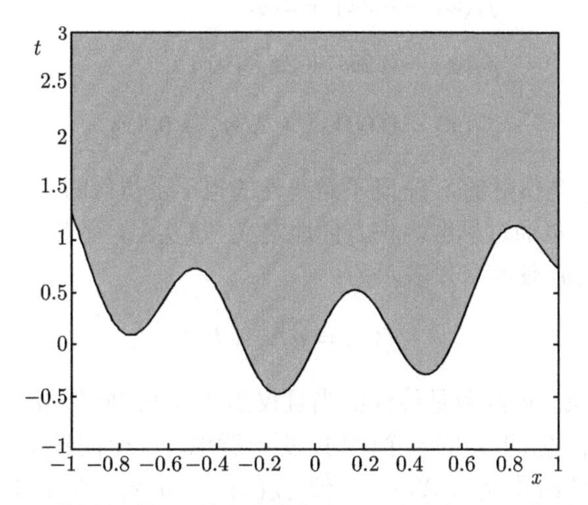

图 2.21 函数的图是可以取到的所有输入/输出对的集合，用实线表示. 上镜图对应于图上方浅灰色的点

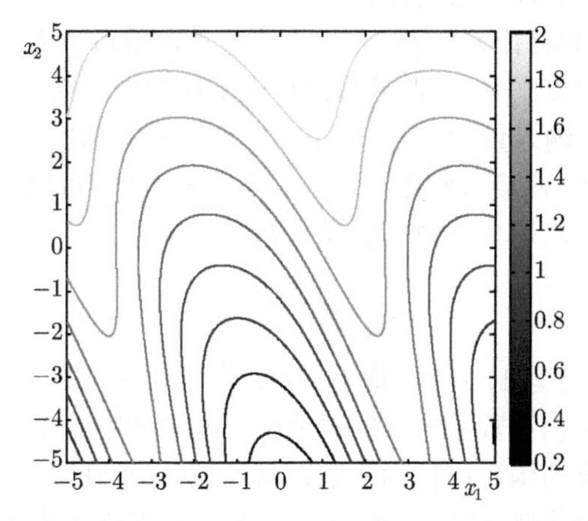

图 2.22 一个函数 f 的水平集和下水平集，其中 $f:\mathbb{R}^2\to\mathbb{R}$, 其定义域为 $\mathbb{R}^2$ 本身，该函数在定义域上的取值由下式给出：$f(x)=\ln(\mathrm{e}^{\sin(x_1+0.3x_2-0.1)}+\mathrm{e}^{0.2x_2+0.7})$

2.4.3 线性函数与仿射函数

线性函数是保持输入参数可加和可乘的函数. 一个函数 $f:\mathbb{R}^n\to\mathbb{R}$ 是线性的当且仅当

$$\forall\ \boldsymbol{x}\in\mathbb{R}^n \text{ 和 } \alpha\in\mathbb{R},\quad f(\alpha\boldsymbol{x})=\alpha f(\boldsymbol{x});$$

$$\forall\, \boldsymbol{x}_1, \boldsymbol{x}_2 \in \mathbb{R}^n,\ \ f(\boldsymbol{x}_1 + \boldsymbol{x}_2) = f(\boldsymbol{x}_1) + f(\boldsymbol{x}_2).$$

一个函数 f 是仿射的当且仅当函数 $\tilde{f}(\boldsymbol{x}) = f(\boldsymbol{x}) - f(0)$ 是线性的（仿射 = 线性 + 常数）.

例 2.10 考虑如下定义的函数 $f_1, f_2, f_3 : \mathbb{R}^2 \to \mathbb{R}$ 为：

$$f_1(\boldsymbol{x}) = 3.2x_1 + 2x_2,$$

$$f_2(\boldsymbol{x}) = 3.2x_1 + 2x_2 + 0.15,$$

$$f_3(\boldsymbol{x}) = 0.001x_2^2 + 2.3x_1 + 0.3x_2.$$

函数 f_1 是线性的，f_2 是仿射的，f_3 既不是线性的也不是仿射的（f_3 是一个二次函数）.

线性或仿射函数可以通过标准内积方便地定义. 事实上，函数 $f : \mathbb{R}^n \to \mathbb{R}$ 是仿射的当且仅当存在唯一的 $(\boldsymbol{a}, b)$ 使其可以表示为：

$$f(x) = \boldsymbol{a}^\top x + b,$$

其中 $\boldsymbol{a} \in \mathbb{R}^n$ 和 $b \in \mathbb{R}$. 该函数是线性的当且仅当 $b = 0$. 向量 $\boldsymbol{a} \in \mathbb{R}^n$ 可以看成是“输入”空间 $\mathbb{R}^n$ 到“输出”空间 $\mathbb{R}$ 的一个映射. 更一般地，一个向量空间 $\mathcal{X}$ 的任意一个元素 $\boldsymbol{a}$ 都可以定义一个线性函数 $f_{\boldsymbol{a}} : \mathcal{X} \to \mathbb{R}$ 使 $f_{\boldsymbol{a}}(\boldsymbol{z}) = \langle \boldsymbol{a}, \boldsymbol{z} \rangle$. 对于任意一个仿射函数，都可以按照如下方式得到 a 和 b：$b = f(0)$ 并且 $a_i = f(e_i) - b$, $i = 1, \cdots, n$. 我们把等式 $f(\boldsymbol{x}) = \boldsymbol{a}^\top \boldsymbol{x} + b, \boldsymbol{x} \in \mathbb{R}^n$ 的证明留给读者完成.

例 2.11（线性函数和幂律） 有时，一个非线性函数可以通过适当的变量变换而“变成”线性（或仿射）的. 物理学中所谓的幂律给出了这种方法的一个例子.

考虑一个物理过程，输入量为 $x_j > 0, j = 1, \cdots, n$, 而输出为标量 y. 输入和输出都是正的物理量，例如：体积、高度或温度. 在许多情况下，我们可以（至少凭经验）用幂律来描述这样的物理过程，它们是具有如下形式的非线性模型：

$$y = \alpha x_1^{a_1} \cdots x_n^{a_n},$$

其中 $\alpha > 0$ 并且系数 $a_j, j = 1, \cdots, n$ 均为实数. 我们可以在很多地方发现幂律. 例如：在基本几何对象的面积、体积和数量之间的关系中；静电学中的库仑定律；细菌的出生率和存活率作为化学物质浓度的函数；作为管道几何形状的函数的管道中的热流和损失；作为电路参数的函数的模拟电路特性等. 关系 $\boldsymbol{x} \to y$ 既不是线性的也不是仿射的，但是如果引入新的变量：

$$\tilde{y} = \log y,\ \ \tilde{x}_j = \log x_j,\ \ j = 1, \cdots, n,$$

那么，上述函数就变成仿射的了，也就是：

$$\tilde{y} = \log \alpha + \sum_{j=1}^{n} a_j \log x_j = \boldsymbol{a}^\top \tilde{\boldsymbol{x}} + b, \quad b = \log \alpha.$$

2.4.4 超平面和半空间

2.4.4.1 超平面

如 2.3.2.2 节所定义的，超平面是由单个标量乘积的等式描述的集合. 准确地说，空间 $\mathbb{R}^n$ 中的超平面是如下形式的集合：

$$H = \left\{\boldsymbol{x} \in \mathbb{R}^n :\ \boldsymbol{a}^\top \boldsymbol{x} = b\right\}, \tag{2.10}$$

其中 $\boldsymbol{a} \in \mathbb{R}^n$，$\boldsymbol{a} \neq 0$ 且 $b \in \mathbb{R}$ 是给定的. 等价地，我们可以把超平面看作线性函数的水平集，如图 2.23 所示.

当 $b = 0$ 时，超平面即为与 $\boldsymbol{a}$ 正交的点的集合（即 H 是 $(n-1)$ 维子空间）. 这是显然地，因为条件 $\boldsymbol{a}^\top \boldsymbol{x} = 0$ 意味着 $\boldsymbol{x}$ 必须与向量 $\boldsymbol{a}$ 正交，这又意味着它属于 $\text{span}(\boldsymbol{a})$ 的正交补，即一个 $n-1$ 维的子空间.

当 $b \neq 0$ 时，超平面是前述子空间沿着方向 $\boldsymbol{a}$ 的平移. 向量 $\boldsymbol{a}$ 是超平面的法线方向，如图 2.23 所示. 而 b 与超平面到原点的距离有关. 事实上，为了计算这个距离，我们可以将原点投影到超平面上（这是一个仿射集），从而有（利用式 (2.6) 并取 $p = 0$)：

$$\text{dist}(H, 0) = \frac{|b|}{\|\boldsymbol{a}\|_2}.$$

若 $\|\boldsymbol{a}\|_2 = 1$, 那么 $|b|$ 就是超平面到原点的距离.

如果 $\boldsymbol{x}_0 \in H$, 则对其他任意一个元素 $\boldsymbol{x} \in H$, 有 $\boldsymbol{a}^\top \boldsymbol{x} = \boldsymbol{a}^\top \boldsymbol{x}_0 = b$. 因此，超平面可以等价地表述为使 $\boldsymbol{x} - \boldsymbol{x}_0$ 与 $\boldsymbol{a}$ 正交的向量 $\boldsymbol{x}$ 所构成的集合：

$$H = \left\{\boldsymbol{x} \in \mathbb{R}^n :\ \boldsymbol{a}^\top (\boldsymbol{x} - \boldsymbol{x}_0)\right\},$$

如图 2.24 所示.

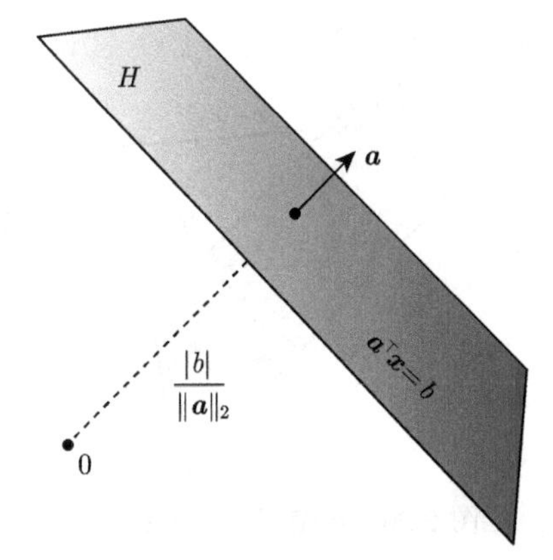

图 2.23　一个超平面可以表示为线性函数的水平集 $H = \{\boldsymbol{x} :\ \boldsymbol{a}^\top \boldsymbol{x} = b\}$

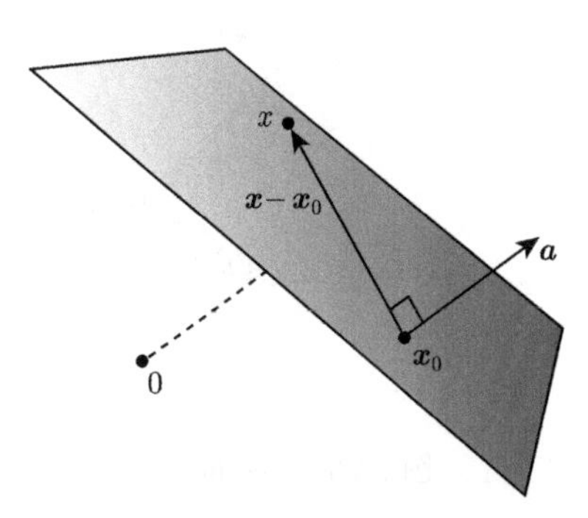

图 2.24　超平面可以表示为与给定方向 $\boldsymbol{a}$ 正交的向量集: $H = \{\boldsymbol{x} :\ \boldsymbol{a}^\top (\boldsymbol{x} - \boldsymbol{x}_0) = 0\}$

2.4.4.2 超平面的等价表示

我们已经得到超平面是维数为 $n-1$ 的仿射集，它推广了 $\mathbb{R}^3$ 中平面的想法. 事实上，存在某个 $\boldsymbol{a} \in \mathbb{R}^n$ 和 $b \in \mathbb{R}$ 使维数为 $n-1$ 的任何仿射集都是形如式 (2.10) 的超平面. 下面证明超平面的以下两种表示实际上是等价的：

$$H = \{\boldsymbol{x} \in \mathbb{R}^n:\ \boldsymbol{a}^\top \boldsymbol{x} = b\},\ \boldsymbol{a} \in \mathbb{R}^n,\ b \in \mathbb{R} \tag{2.11}$$

$$= \boldsymbol{x}_0 + \operatorname{span}(\boldsymbol{u}_1, \cdots, \boldsymbol{u}_{n-1}), \tag{2.12}$$

其中 $\boldsymbol{u}_1, \cdots, \boldsymbol{u}_{n-1} \in \mathbb{R}^n$ 是线性独立的向量且 $\boldsymbol{x}_0 \in \mathbb{R}^n$. 事实上，如果 H 由式 (2.11) 给出，那么对任意 $\boldsymbol{x}_0 \in H$, $\boldsymbol{a}^\top(\boldsymbol{x}-\boldsymbol{x}_0) = 0$ 对任何 $\boldsymbol{x} \in H$ 都成立. 因此，我们选择 $\{\boldsymbol{u}_1, \cdots, \boldsymbol{u}_{n-1}\}$ 作为 $\operatorname{span}\{\boldsymbol{a}\}^\perp$ 的一组基[⊖], 从而可以立刻得到式 (2.12) 中的表示. 相反，从式 (2.12) 中的表示开始，我们可以选择向量 $\boldsymbol{a}$ 使它与 $\{\boldsymbol{u}_1, \cdots, \boldsymbol{u}_{n-1}\}$ 正交且 $b = \boldsymbol{a}^\top \boldsymbol{x}_0$, 从而得到式 (2.11).

2.4.4.3 半空间

一个超平面 H 将整个空间分成两个区域：

$$H_- \doteq \{\boldsymbol{x}:\ \boldsymbol{a}^\top \boldsymbol{x} \leqslant b\},\quad H_{++} \doteq \{\boldsymbol{x}:\ \boldsymbol{a}^\top \boldsymbol{x} > b\}.$$

这些区域被称为半空间（H_- 是闭的半空间，H_{++} 是开的半空间）. 如图 2.25 所示，半空间 H_- 以超平面 $H = \{\boldsymbol{a}^\top \boldsymbol{x} = b\}$ 作为边界且位于与向量 $\boldsymbol{a}$ 相反的方向上. 类似地，半空间 H_{++} 是位于超平面上方（即在 $\boldsymbol{a}$ 的方向上）的区域.

此外，我们注意到，如果 $\boldsymbol{x}_0$ 是超平面 H 中的任意一点，那么，所有的点 $\boldsymbol{x} \in H_{++}$ 都使 $(\boldsymbol{x}-\boldsymbol{x}_0)$ 与法线方向 $\boldsymbol{a}$ 的夹角为锐角（即 $\boldsymbol{a}$ 和 $(\boldsymbol{x}-\boldsymbol{x}_0)$ 之间的内积为正的，$\boldsymbol{a}^\top(\boldsymbol{x}-\boldsymbol{x}_0) > 0$）. 类似地，对于所有的点 $\boldsymbol{x} \in H_-$, 我们有 $\boldsymbol{a}^\top(\boldsymbol{x}-\boldsymbol{x}_0) \leqslant 0$, 如图 2.26 所示.

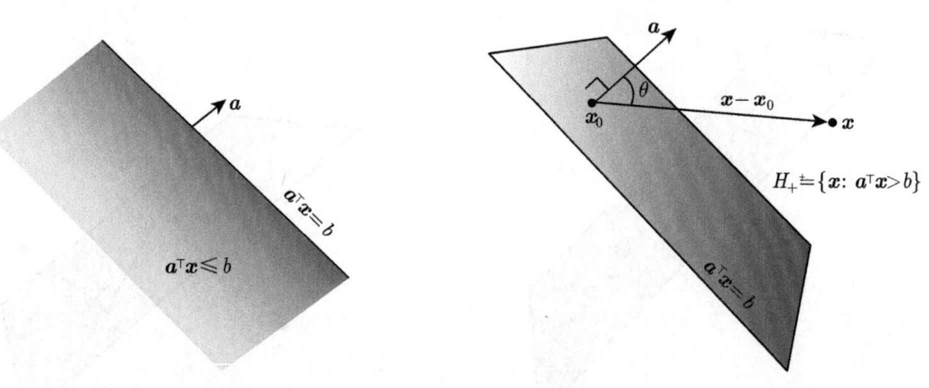

图 2.25　半空间　　　　图 2.26　半空间的几何表示

⊖ 在数值计算上，可以通过奇异值分解 (SVD) 来计算一组基，这将在第 5 章中讨论. 另外，也可以使用 Gram-Schmidt 法的一个变形，参见 7.3.2 节.

2.4.5 梯度

如果函数 $f:\mathbb{R}^n\to\mathbb{R}$ 在点 $\boldsymbol{x}$ 处可微，那么函数 f 在该点处的梯度，记为 $\nabla f(\boldsymbol{x})$, 即 f 关于 $\boldsymbol{x}_1,\cdots,\boldsymbol{x}_n$ 的一阶导数构成的列向量：

$$\nabla f(\boldsymbol{x})=\left[\frac{\partial f(\boldsymbol{x})}{\partial x_1}\ \cdots\ \frac{\partial f(\boldsymbol{x})}{\partial x_n}\right]^\top.$$

当 $n=1$ 时（即只有一个输入变量）, 则梯度就是导数.

一个仿射函数 $f:\mathbb{R}^n\to\mathbb{R}$, 可以表示为 $f(\boldsymbol{x})=\boldsymbol{a}^\top\boldsymbol{x}+b$, 其具有形式非常简单的梯度：$\nabla f(\boldsymbol{x})=\boldsymbol{a}$. 仿射函数 f 的参数 $(\boldsymbol{a},b)$ 因此有以下解释：$b=f(0)$ 是常数项，称为偏差或截距（它对应于 f 的图像与垂直轴相交的点）. a_j, $j=1,\cdots,n$ 对应于 f 梯度的分量，其为 x_j 项在 f 中的系数.

例 2.12（非线性函数的梯度） 函数 $f:\mathbb{R}^2\to\mathbb{R}$ 通过如下表达式取值于 $\boldsymbol{x}=[x_1,x_2]^\top$：

$$f(\boldsymbol{x})=\sin x_1+2x_1x_2+x_2^2,$$

其偏导数为:

$$\frac{\partial f(\boldsymbol{x})}{\partial x_1}=\cos x_1+2x_2,$$
$$\frac{\partial f(\boldsymbol{x})}{\partial x_2}=2x_1+2x_2,$$

于是，其在 $\boldsymbol{x}$ 处的梯度为向量 $\nabla f(x)=[\cos x_1+2x_2,2x_1+2x_2]^\top$.

例 2.13（距离函数的梯度） 从一点 $\boldsymbol{p}\in\mathbb{R}^n$ 到另一点 $\boldsymbol{x}\in\mathbb{R}^n$ 的距离函数定义如下：

$$\rho(x)=\|\boldsymbol{x}-\boldsymbol{p}\|_2=\sqrt{\sum_{i=1}^n(x_i-p_i)^2}.$$

该函数在所有点 $x\neq p$ 处均可导，因此有：

$$\nabla\rho(x)=\frac{1}{\|\boldsymbol{x}-\boldsymbol{p}\|_2}(\boldsymbol{x}-\boldsymbol{p}).$$

例 2.14（对数–求和–指数函数的梯度） 对数–求和–指数函数[⊖] $\mathrm{lse}:\mathbb{R}^n\to\mathbb{R}$ 定义如下：

$$\mathrm{lse}(\boldsymbol{x})\doteq\ln\left(\sum_{i=1}^n\mathrm{e}^{x_i}\right).$$

⊖ 如 13.3.5 节所讨论的，这个函数出现在一类叫作逻辑回归的重要学习问题的目标函数中. 它也出现在 9.7.2 节所讨论的所谓几何规划模型的目标和约束中.

该函数在 $\boldsymbol{x}$ 点的梯度为:

$$\nabla \mathrm{lse}(\boldsymbol{x})=\frac{\boldsymbol{z}}{Z},$$

其中 $z=[\mathrm{e}^{x_1}\cdots\mathrm{e}^{x_n}]^\top$ 和 $Z=\sum_{i=1}^n z_i$.

2.4.5.1　梯度的链式法则

假设 $f:\mathbb{R}^m\to\mathbb{R}$ 是关于 n 个变量 $\boldsymbol{z}=(z_1,\cdots,z_m)$ 的可微函数，且每个 z_i 关于 n 个变量 $\boldsymbol{x}=(x_1,\cdots,x_n)$ 的可微函数：$z_i=g_i(\boldsymbol{x})$, $i=1,\cdots,m$（简写成 $\boldsymbol{z}=g(\boldsymbol{x})$，其中 $g:\mathbb{R}^n\to\mathbb{R}^m$）．那么，复合函数 φ: $\mathbb{R}^n\to\mathbb{R}$ 取值为 $\varphi(\boldsymbol{x})=f(g(\boldsymbol{x}))$, 其具有梯度 $\nabla\varphi(\boldsymbol{x})\in\mathbb{R}^n$, 而梯度的第 j 个分量为:

$$[\nabla\varphi(\boldsymbol{x})]_j=\left[\frac{\partial g_1(\boldsymbol{x})}{\partial x_j}\ \cdots\ \frac{\partial g_m(\boldsymbol{x})}{\partial x_j}\right]\nabla f(g(\boldsymbol{x})),\quad j=1,\cdots,n.$$

作为一个相关的例子，当函数 g_i 是仿射的，则有:

$$z_i=g_i(x)\doteq\boldsymbol{a}_i^\top\boldsymbol{x}+b_i,\quad a_i\in\mathbb{R}^n,b_i\in\mathbb{R},\quad i=1,\cdots,m,$$

于是

$$[\nabla\varphi(\boldsymbol{x})]_j=[a_{1j}\ \cdots\ a_{mj}]\nabla f(g(\boldsymbol{x})),\quad j=1,\cdots,n,$$

其中 a_{ij} 表示向量 $\boldsymbol{a}_i$ 的第 j 个分量，$i=1,\cdots,m$, $j=1,\cdots,n$.

2.4.5.2　非线性函数的仿射逼近

应用一阶泰勒级数展开，一个非线性函数 $f:\mathbb{R}^n\to\mathbb{R}$ 可以通过仿射函数局部地逼近，如图 2.27 所示.

具体来说，如果 f 在点 $\boldsymbol{x}_0$ 处可微，那么，对于 $\boldsymbol{x}_0$ 邻域内的所有点 $\boldsymbol{x}$, 我们有:

$$f(\boldsymbol{x})=f(\boldsymbol{x}_0)+\nabla f(\boldsymbol{x}_0)^\top(\boldsymbol{x}-\boldsymbol{x}_0)+\varepsilon(\boldsymbol{x}),$$

当 $\boldsymbol{x}\to\boldsymbol{x}_0$ 时，误差项 $\varepsilon(\boldsymbol{x})$ 趋于 0 的速度要快于 1 阶，即

$$\lim_{\boldsymbol{x}\to\boldsymbol{x}_0}\frac{\varepsilon(\boldsymbol{x})}{\|\boldsymbol{x}-\boldsymbol{x}_0\|_2}=0.$$

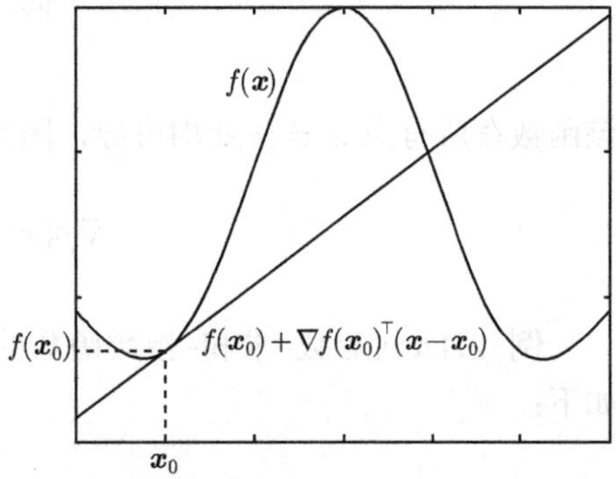

图 2.27　函数 $f(x)$ 在给定点 $\boldsymbol{x}_0$ 的邻域内的仿射逼近

实际上，这意味着对于足够接近 $\boldsymbol{x}_0$ 的点 $\boldsymbol{x}$, 我们可以有如下近似估计:

$$f(\boldsymbol{x})\simeq f(\boldsymbol{x}_0)+\nabla f(\boldsymbol{x}_0)^\top(\boldsymbol{x}-\boldsymbol{x}_0).$$

2.4.5.3　梯度的几何解释

函数的梯度可以用 2.4.2 节定义的水平集的相关内容很好地解释. 实际上，在几何学中，函数 f 在点 $\boldsymbol{x}_0$ 处的梯度是向量 $\nabla f(\boldsymbol{x}_0)$, 其垂直于 f 在 $\boldsymbol{\alpha}=f(\boldsymbol{x}_0)$ 处的等高线，方向是从 $\boldsymbol{x}_0$ 向外指向 $\boldsymbol{\alpha}$ 子水平集（即它指向函数更高的值）.

考虑如下函数

$$f(\boldsymbol{x})=\operatorname{lse}(g(\boldsymbol{x})),\quad g(\boldsymbol{x})=[\sin(x_1+0.3x_2),0.2x_2]^\top, \tag{2.13}$$

其中 lse 为例 2.14 中定义的对数–求和–指数函数. 这个函数的图像如图 2.28 最左侧所示，它的一些等高线显示在图 2.28 的中间. 图 2.28 最右侧还显示了式 (2.13) 的等高线的一些细节，其中箭头表示一些网格点处的梯度向量.

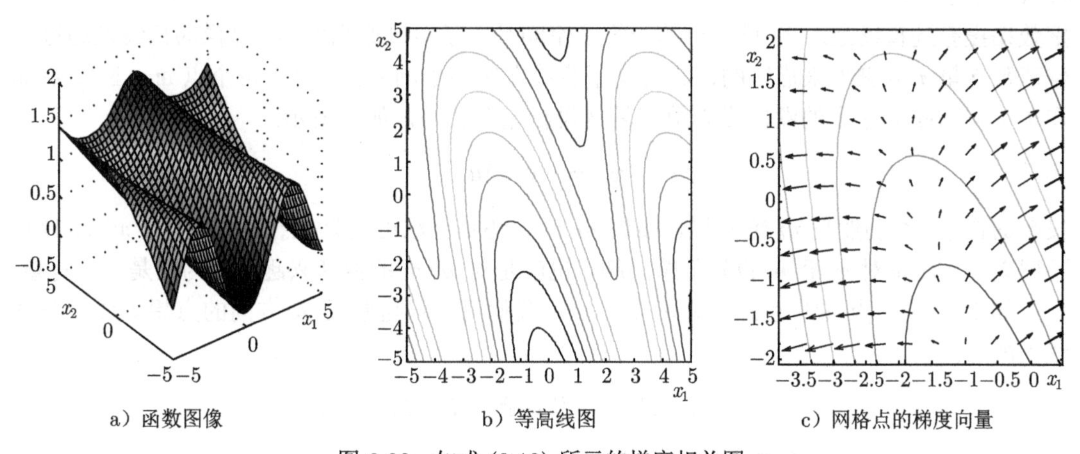

a）函数图像　　b）等高线图　　c）网格点的梯度向量

图 2.28　如式 (2.13) 所示的梯度相关图

梯度 $\nabla f(\boldsymbol{x}_0)$ 也表示函数具有最大增长率的方向（最陡的上升方向）. 事实上，设 $\boldsymbol{v}$ 为单位方向向量（即 $\|\boldsymbol{v}\|_2=1$）, 取 $\varepsilon\geqslant 0$, 并考虑从 $\boldsymbol{x}_0$ 沿方向 $\boldsymbol{v}$ 移动距离 ε, 也就是考虑点 $\boldsymbol{x}=\boldsymbol{x}_0+\varepsilon\boldsymbol{v}$. 那么有：

$$f(\boldsymbol{x}_0+\varepsilon\boldsymbol{v})\simeq f(\boldsymbol{x}_0)+\varepsilon\nabla f(\boldsymbol{x}_0)^\top\boldsymbol{v},\ \text{当}\ \varepsilon\to 0,$$

或等价地有：

$$\lim_{\varepsilon\to 0}\frac{f(\boldsymbol{x}_0+\varepsilon\boldsymbol{v})-f(\boldsymbol{x}_0)}{\varepsilon}=\nabla f(\boldsymbol{x}_0)^\top\boldsymbol{v}.$$

我们观察上式可以发现，只要 $\varepsilon>0$ 且 $\nabla f(\boldsymbol{x}_0)^\top\boldsymbol{v}>0$, 那么，对于很小的 ε, f 沿 $\boldsymbol{v}$ 方向递增. 事实上，内积 $\nabla f(\boldsymbol{x}_0)^\top\boldsymbol{v}$ 表示 f 在 $\boldsymbol{x}_0$ 处沿 $\boldsymbol{v}$ 方向的变化率，通常称为 f 沿 $\boldsymbol{v}$ 方向的方向导数. 因此，如果 $\boldsymbol{v}$ 与 $\nabla f(\boldsymbol{x}_0)$ 正交，则变化率为零，沿此方向函数值保持不变

（一阶），即该方向与 f 在 $\boldsymbol{x}_0$ 处的等高线相切. 相反，当 $\boldsymbol{v}$ 平行于 $\nabla f(\boldsymbol{x}_0)$ 时，变化率最大，因此与沿 $\boldsymbol{x}_0$ 处等高的法线方向相同，如图 2.29 所示.

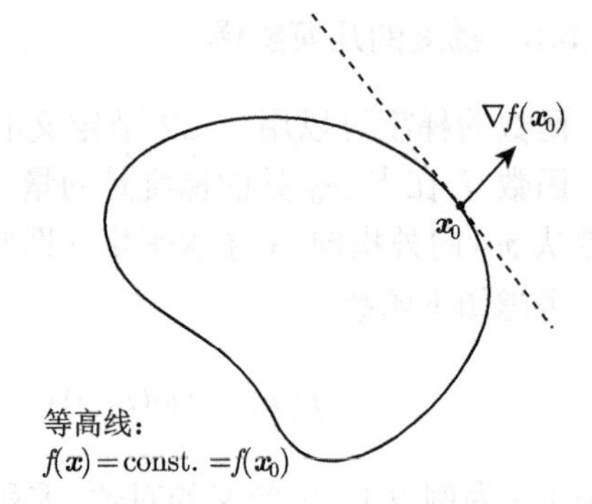

图 2.29 梯度 $\nabla f(\boldsymbol{x}_0)$ 在 $\boldsymbol{x}_0$ 处垂直于 f 的等高线，并定义了最大增长率的方向

2.4.6 应用到高维数据的可视化

维度大于 3 的向量无法用图像显示. 然而，我们可以通过观察数据在低维仿射集上的投影，如线（一维）、平面（二维）或三维子空间，来试图深入了解高维数据. 每个“视图”对应于一个特定的投影，即选择投影数据的特定一维、二维或三维子空间.

把数据投影到直线上. 空间 $\mathbb{R}^m$ 的一维子空间是一条穿过原点的线. 这样的直线是通过单位范数向量 $\boldsymbol{u} \in \mathbb{R}^m$ 来描述的，它定义了直线在空间中的方向. 对于每个点 $\boldsymbol{x} \in \mathbb{R}^m$, 点 $\boldsymbol{x}$ 在子空间 $\text{span}(\boldsymbol{u})$ 上的欧氏投影很容易从投影定理获得，如下所示：

$$\boldsymbol{x}^* = (\boldsymbol{u}^\top \boldsymbol{x})\boldsymbol{u}.$$

投影的数据 $\boldsymbol{x}^*$ 仍然是 m 维向量，如果 $m > 3$, 还是无法可视化. 然而，我们对 $\boldsymbol{x}^*$ 本身并不感兴趣，而是对 $\boldsymbol{x}$ 沿 $\boldsymbol{u}$ 的分量感兴趣，也就是对 $\boldsymbol{u}^\top \boldsymbol{x}$ 的值感兴趣，因为它是一个标量.

如果有 n 个点 $\boldsymbol{x}^{(i)} \in \mathbb{R}^m$, $i = 1, \cdots, n$, 我们可以将这些沿 $\boldsymbol{u}$ 方向的点想象成一条直线上的点：

$$y^{(i)} = \boldsymbol{u}^\top \boldsymbol{x}^{(i)}, \quad y^{(i)} \in \mathbb{R}, \quad i = 1, \cdots, n.$$

此外，有时带偏移的标量数据可以以合适的方式将它们中心化也是很有用的，例如，通过将数据的平均值设置为零.

得分. 实际上，我们定义了一个仿射函数 $f : \mathbb{R}^m \to \mathbb{R}$, 将每个点 $\boldsymbol{x} \in \mathbb{R}^m$ 映射成一个标量值，该标量值代表点 $\boldsymbol{x}$ 沿 $\boldsymbol{u}$ 方向的一种“分数”：

$$f(\boldsymbol{x}) = \boldsymbol{u}^\top \boldsymbol{x} + v,$$

其中 v 是偏移量. 如果想要把数据中心化，使得它们的重心为零，可以假设 $f(\boldsymbol{x}^{(1)}) + \cdots + f(\boldsymbol{x}^{(n)}) = 0$, 也就是：

$$nv + \boldsymbol{u}^\top \sum_{i=1}^{n} \boldsymbol{x}^{(i)} = 0,$$

这可以通过选择偏移量来获得：

$$v = -\boldsymbol{u}^\top \hat{\boldsymbol{x}}, \quad \hat{\boldsymbol{x}} = \frac{1}{n} \sum_{i=1}^{n} \boldsymbol{x}^{(i)},$$

而 $\hat{\boldsymbol{x}}$ 是数据点的平均值，中心化的投影映射现在可以表示为 $f(\boldsymbol{x})=\boldsymbol{u}^{\top}(\boldsymbol{x}-\hat{\boldsymbol{x}})$.

例 2.15（可视化美国参议院投票数据） 我们考虑一个代表 2004—2006 年期间美国参议员投票的数据集. 这个数据集是 n 个向量 $\boldsymbol{x}^{(j)}\in\mathbb{R}^m$ 的集合，$j=1,\cdots,n$, $m=645$ 为投票数，$n=100$ 为参议员数. 因此 $\boldsymbol{x}^{(j)}$ 包含了参议员 j 的所有选票，而 $\boldsymbol{x}^{(j)}$ 的第 i 个分量，$\boldsymbol{x}_i^{(j)}$ 包含了参议员 j 对法案 i 的投票. 每一张选票都被编码为一个二进制数. 按照惯例，如果投票赞成该法案，则 $\boldsymbol{x}_i^{(j)}=1$; 如果反对该法案，则 $\boldsymbol{x}_i^{(j)}=0$. 向量 $\boldsymbol{x}$ 现在可以被解释为参议员的平均票数. 一个特定的投影（即 $\boldsymbol{u}\in\mathbb{R}^m$ 中的一个方向，即"法案空间"）对应于给每个参议员分配一个"分数", 从而允许我们将每个参议员表示为一行中的单个标量值. 由于我们将数据中心化了，参议员的平均得分为零.

我们选择与"平均法案"相对应的方向，作为预测数据的暂定方向，也就是说，选择方向 $\boldsymbol{u}$ 平行于 $\mathbb{R}^m$ 中的分量全为 1 的向量，并且适当地缩放，使得它的欧氏范数为 1. 图 2.30

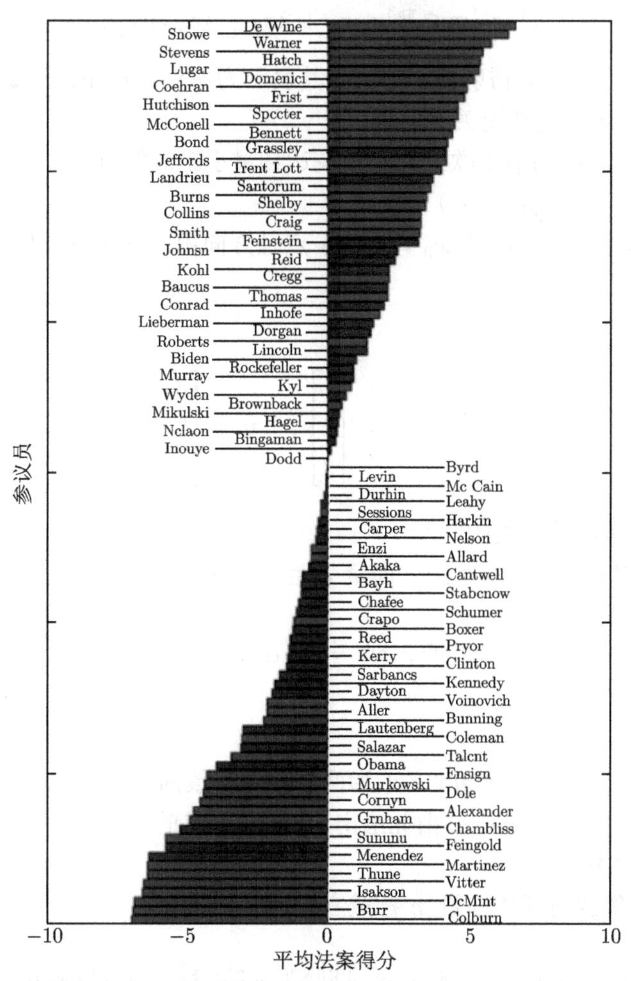

图 2.30　美国参议员对"平均法案"的评分. 灰色阴影对应的是共和党参议员

显示了全 1 方向的得分. 该图显示了参议员投票数 $\boldsymbol{x}^{(j)} - \hat{\boldsymbol{x}}$（即除去参议员的平均值）在归一化的“平均法案”方向上的预测值. 这一预测清楚地揭示了许多参议员的党派关系. 对此的解释是，参议员在“平均法案”上的行为几乎完全决定于她或他的政党归属. 我们也确实观察到方向并不能完美地预测政党的归属. 在第 5 章中，将看到确定更好方向的方法.

2.5 习题

习题 2.1（子空间与维数） 考虑满足如下条件的点构成的集合 $\mathcal{S}$:

$$x_1 + 2x_2 + 3x_3 = 0,\ \ 3x_1 + 2x_2 + x_3 = 0.$$

证明 $\mathcal{S}$ 为一个子空间，求它的维数并且给出它的一组基.

习题 2.2（仿射集与投影） 考虑由如下方程定义的 $\mathbb{R}^3$ 中的集合：

$$\mathcal{P} = \left\{\boldsymbol{x} \in \mathbb{R}^3:\ x_1 + 2x_2 + 3x_3 = 1\right\}.$$

1. 证明 $\mathcal{P}$ 为一个 2 维的仿射集. 为此,将其表示为 $\boldsymbol{x}^{(0)} + \text{span}(\boldsymbol{x}^{(1)}, \boldsymbol{x}^{(2)})$, 其中 $\boldsymbol{x}^{(0)} \in \mathcal{P}$ 并且 $\boldsymbol{x}^{(1)}, \boldsymbol{x}^{(2)}$ 是线性无关的向量.
2. 求从 0 到集合 $\mathcal{P}$ 的最小欧氏距离以及达到最小距离的点.

习题 2.3（角度、直线和投影）

1. 求向量 $\boldsymbol{x} = (2,1)$ 在通过 $\boldsymbol{x}_0 = (1,2)$ 点且方向由向量 $\boldsymbol{u} = (1,1)$ 给出的直线上的投影 $\boldsymbol{z}$.
2. 求以下两个向量之间的夹角：

$$\boldsymbol{x} = \begin{bmatrix}1\\2\\3\end{bmatrix},\quad \boldsymbol{y} = \begin{bmatrix}3\\2\\1\end{bmatrix}.$$

这两个向量是线性无关的吗?

习题 2.4（内积） 设 $\boldsymbol{x}, \boldsymbol{y} \in \mathbb{R}^n$. 向量 $\boldsymbol{\alpha} \in \mathbb{R}^n$ 满足什么条件时可以使函数

$$f(\boldsymbol{x}, \boldsymbol{y}) = \sum_{k=1}^{n} \alpha_k x_k y_k$$

为 $\mathbb{R}^n$ 中的一个内积?

习题 2.5（正则性） 设 $\boldsymbol{x}, \boldsymbol{y} \in \mathbb{R}^n$ 为两个单位范数向量，即 $\|\boldsymbol{x}\|_2 = \|\boldsymbol{y}\|_2 = 1$. 证明向量 $\boldsymbol{x} - \boldsymbol{y}$ 和 $\boldsymbol{x} + \boldsymbol{y}$ 是正交的. 并由此给出 $\boldsymbol{x}$ 和 $\boldsymbol{y}$ 张成的子空间的一组正交基.

习题 2.6（范数不等式）

1. 证明如下不等式对任意向量 $\boldsymbol{x}$ 都成立：

$$\frac{1}{\sqrt{n}}\|\boldsymbol{x}\|_2 \leqslant \|\boldsymbol{x}\|_\infty \leqslant \|\boldsymbol{x}\|_2 \leqslant \|\boldsymbol{x}\|_1 \leqslant \sqrt{n}\|\boldsymbol{x}\|_2 \leqslant n\|\boldsymbol{x}\|_\infty.$$

提示：使用柯西–施瓦茨不等式.

2. 证明对于任意非零向量 $\boldsymbol{x}$, 有：

$$\operatorname{card}(\boldsymbol{x}) \geqslant \frac{\|\boldsymbol{x}\|_1^2}{\|\boldsymbol{x}\|_2^2},$$

其中 card($\boldsymbol{x}$) 表示向量 $\boldsymbol{x}$ 的基数，其定义为 $\boldsymbol{x}$ 中非零元素的数量. 给出一个可以使上式等号成立的向量 $\boldsymbol{x}$.

习题 2.7（Hölder 不等式）　证明 Hölder 不等式 (2.4). 提示：考虑归一化向量 $\boldsymbol{u} = \frac{\boldsymbol{x}}{\|\boldsymbol{x}\|_p}$, $\boldsymbol{v} = \frac{\boldsymbol{y}}{\|\boldsymbol{y}\|_q}$ 且注意到：

$$|\boldsymbol{x}^\top \boldsymbol{y}| = \|\boldsymbol{x}\|_p \|\boldsymbol{y}\|_q \cdot |\boldsymbol{u}^\top \boldsymbol{v}| \leqslant \|\boldsymbol{x}\|_p \|\boldsymbol{y}\|_q \sum_k |u_k v_k|.$$

然后，对内积 $|\boldsymbol{u}_k \boldsymbol{v}_k| = |\boldsymbol{u}_k||\boldsymbol{v}_k|$ 利用 Young 不等式（参见例 8.10）.

习题 2.8（多项式导数的界）　在本习题中，将根据系数的大小，确定给定阶数的多项式导数的最大绝对值的界[㊀]. 对于 $\boldsymbol{w} \in \mathbb{R}^{k+1}$, 我们定义多项式 $p_{\boldsymbol{w}}$ 为：

$$p_{\boldsymbol{w}}(x) \doteq w_1 + w_2 x + \cdots + w_{k+1} x^k.$$

证明：对于任意 $p \geqslant 1$, 有：

$$\forall\, x \in [-1,1]: \quad \left|\frac{\mathrm{d}p_w(x)}{\mathrm{d}x}\right| \leqslant C(k,p)\|\boldsymbol{v}\|_p,$$

其中 $\boldsymbol{v} = (w_2, \cdots, w_{k+1}) \in \mathbb{R}^k$ 以及

$$C(k,p) = \begin{cases} k & p=1, \\ k^{\frac{3}{2}} & p=2, \\ \dfrac{k(k+1)}{2} & p=\infty. \end{cases}$$

提示：可以使用 Hölder 不等式 (2.4) 或习题 2.6 的结论.

㊀ 关于该结果的应用，请参见 13.2.3 节中关于正则化的讨论.

第3章 矩　　阵

矩阵是数字的集合，以表格形式按列和行排列. 矩阵可视为向量空间的元素从而可以适当地定义诸如矩阵的求和、乘积和范数之类的运算. 本章的主要观点是将矩阵解释为定义输入空间和输出空间之间的线性映射. 在此之前，本章引入了诸如值域、秩、零空间、特征值和特征向量之类的概念，这些概念有助于对（有限维）线性映射进行完整的分析. 矩阵是工程中用于组织和处理数据的普遍工具，它们构成了数值计算方法的基本组成部分.

3.1 矩阵的基本概念

3.1.1 矩阵是数组

矩阵是数字的矩形阵列. 我们将主要处理元素为实数（或有时为复数）的矩阵，即具有如下的形式：

$$\boldsymbol{A}=\begin{bmatrix} a_{11} & a_{12} & \cdots & a_{1n} \\ a_{21} & a_{22} & \cdots & a_{2n} \\ \vdots & \vdots & \ddots & \vdots \\ a_{m1} & a_{m2} & \cdots & a_{mn} \end{bmatrix}.$$

该矩阵有 m 行和 n 列. 其中，如果矩阵中元素为实数，则记 $\boldsymbol{A}\in\mathbb{R}^{m,n}$. 若矩阵中元素为复数，则记 $\boldsymbol{A}\in\mathbb{C}^{m,n}$. 矩阵 $\boldsymbol{A}$ 的第 i 行是（行）向量 $[a_{i1}\cdots a_{in}]$，而 $\boldsymbol{A}$ 的第 j 列是（列）向量 $[a_{1j}\cdots a_{mj}]^\top$. 矩阵的转置[㊀]为交换矩阵的行和列，即

$$[\boldsymbol{A}^\top]_{ij}=[\boldsymbol{A}]_{ji},$$

其中 $[\boldsymbol{A}]_{ij}$（有时也简记为 A_{ij}）是指位于 $\boldsymbol{A}$ 中第 i 行和第 j 列的元素. 空间 $\mathbb{R}$ 中的零矩阵记为 $0_{m,n}$，或简单地用 0 表示. 基于上述运算，空间 $\mathbb{R}^{m,n}$ 可视为一个向量空间[㊁].

例 3.1（图像） 一个灰度图像可以表示为一个数值矩阵，其中矩阵中的每个条目均包含图像中相应像素的强度值（区间 $[0,1]$ 中的"双精度浮点型 (double)"类型值，其中 0 表示黑色，1 表示白色. 或"整数 (integer)"类型值，其介于 0 和 255 之间）. 图 3.1 显示了一个具有 400 个水平像素和 400 个垂直像素的灰度图像.

㊀ 对于复数矩阵 $\boldsymbol{A}$, 用 $\boldsymbol{A}^\star$ 表示其 Hermitian 共轭，其由矩阵 $\boldsymbol{A}$ 转置后并求每个元素的共轭所得.

㊁ 需要强调的是，向量空间的元素不必只是指作为元素列的"向量". 矩阵确实构成向量空间的元素. 例如，阶数为 n 的多项式也是向量空间的元素.

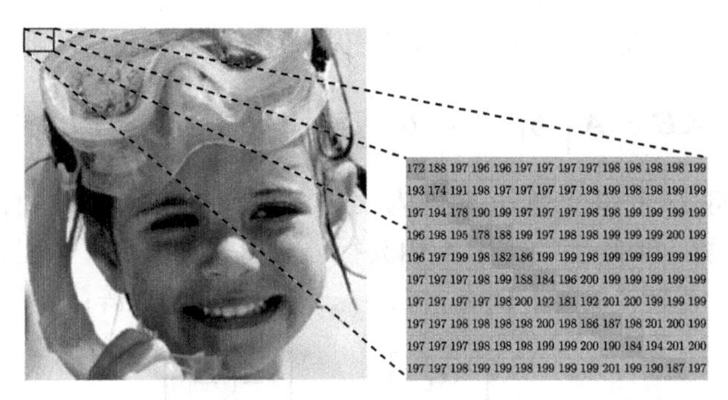

图 3.1　400×400 像素的灰度图像（左）和图像左上角矩形的强度值（右）

3.1.2　矩阵乘法

如果两个矩阵的大小一致，则它们可以相乘，即如果 $\boldsymbol{A} \in \mathbb{R}^{m,n}$ 且 $\boldsymbol{B} \in \mathbb{R}^{n,p}$, 则矩阵的乘积 $\boldsymbol{AB} \in \mathbb{R}^{m,p}$ 的第 (i,j) 项定义为：

$$[\boldsymbol{AB}]_{ij} = \sum_{k=1}^{n} A_{ik} B_{kj}. \tag{3.1}$$

矩阵的乘积是不可交换的，这通常意味着 $\boldsymbol{AB} \neq \boldsymbol{BA}$. 例如：

$$\begin{bmatrix} 1 & 2 \\ 3 & 4 \end{bmatrix} \begin{bmatrix} 0 & 1 \\ 1 & 1 \end{bmatrix} = \begin{bmatrix} 2 & 3 \\ 4 & 7 \end{bmatrix},$$

$$\begin{bmatrix} 0 & 1 \\ 1 & 1 \end{bmatrix} \begin{bmatrix} 1 & 2 \\ 3 & 4 \end{bmatrix} = \begin{bmatrix} 3 & 4 \\ 4 & 6 \end{bmatrix}.$$

一个 $n \times n$ 维的单位矩阵（通常由 $\boldsymbol{I}_n$ 表示，或简记为 $\boldsymbol{I}$）是除了对角线上的元素（即行索引等于列索引的元素）为 1, 其余所有元素均为 0 的矩阵. 对于每个具有 n 列的矩阵 $\boldsymbol{A}$, 此矩阵满足 $\boldsymbol{AI}_n = \boldsymbol{A}$, 对于每个具有 n 行的矩阵 $\boldsymbol{B}$, 此矩阵满足 $\boldsymbol{I}_n\boldsymbol{B} = \boldsymbol{B}$.

一个矩阵 $\boldsymbol{A} \in \mathbb{R}^{m,n}$ 也可以看作列的集合，即每一列都是列向量，或者是行的集合，即每一行都是行向量（列向量的转置）. 相应地，有：

$$\boldsymbol{A} = \begin{bmatrix} \boldsymbol{a}_1 & \boldsymbol{a}_2 & \cdots & \boldsymbol{a}_n \end{bmatrix} \text{ 或 } \boldsymbol{A} = \begin{bmatrix} \boldsymbol{\alpha}_1^\top \\ \boldsymbol{\alpha}_2^\top \\ \vdots \\ \boldsymbol{\alpha}_m^\top \end{bmatrix},$$

其中 $\boldsymbol{a}_1, \cdots, \boldsymbol{a}_n \in \mathbb{R}^m$ 表示 $\boldsymbol{A}$ 的列向量和 $\boldsymbol{\alpha}_1^\top, \cdots, \boldsymbol{\alpha}_m^\top \in \mathbb{R}^n$ 为 $\boldsymbol{A}$ 的行向量.

如果 $\boldsymbol{B}$ 的列由 $\boldsymbol{b}_i \in \mathbb{R}^n,\ i=1,\cdots,p$ 给出，即 $\boldsymbol{B}=[\boldsymbol{b}_1\cdots\boldsymbol{b}_p]$, 则 AB 可表示为：

$$\boldsymbol{AB}=\boldsymbol{A}\left[\begin{array}{ccc}\boldsymbol{b}_1 & \cdots & \boldsymbol{b}_p\end{array}\right]=\left[\begin{array}{ccc}\boldsymbol{Ab}_1 & \cdots & \boldsymbol{Ab}_p\end{array}\right].$$

换句话说，$\boldsymbol{AB}$ 是将 $\boldsymbol{B}$ 的每一列 $\boldsymbol{b}_i$ 转换为 $\boldsymbol{Ab}_i$ 的结果. 矩阵与矩阵的乘积也可以解释为对 $\boldsymbol{A}$ 的行进行的运算. 事实上，如果 $\boldsymbol{A}$ 由其行 $\boldsymbol{\alpha}_i^\top,\ i=1,\cdots,m$ 给出，那么 $\boldsymbol{AB}$ 可以通过将这些行中的每一行转换为 $\boldsymbol{\alpha}_i^\top\boldsymbol{B},\ i=1,\cdots,m$ 而得到的矩阵：

$$\boldsymbol{AB}=\left[\begin{array}{c}\boldsymbol{\alpha}_1^\top\\ \vdots\\ \boldsymbol{\alpha}_m^\top\end{array}\right]\boldsymbol{B}=\left[\begin{array}{c}\boldsymbol{\alpha}_1^\top\boldsymbol{B}\\ \vdots\\ \boldsymbol{\alpha}_m^\top\boldsymbol{B}\end{array}\right].$$

最后，乘积 $\boldsymbol{AB}$ 可解释为形如 $\boldsymbol{a}_i\boldsymbol{\beta}_i^\top$ 的并矢矩阵（秩为 1 的矩阵，见 3.4.7 节）之和，其中 $\boldsymbol{\beta}_i^\top$ 表示 $\boldsymbol{B}$ 的行：

$$\boldsymbol{AB}=\sum_{i=1}^{n}\boldsymbol{a}_i\boldsymbol{\beta}_i^\top,\quad \boldsymbol{A}\in\mathbb{R}^{m,n},\ \ \boldsymbol{B}\in\mathbb{R}^{n,p}.$$

3.1.2.1　矩阵与向量的乘积

矩阵的乘法规则 (3.1) 也适用于当 $\boldsymbol{A}\in\mathbb{R}^{m,n}$ 是一个矩阵和 $\boldsymbol{b}\in\mathbb{R}^n$ 是一个向量的情况. 在这种情况下，矩阵与向量的乘法规则为（用 $\boldsymbol{A}$ 的列向量表示）：

$$\boldsymbol{Ab}=\sum_{k=1}^{n}a_k b_k,\quad \boldsymbol{A}\in\mathbb{R}^{m,n},\ \boldsymbol{b}\in\mathbb{R}^n.$$

也就是说，$\boldsymbol{Ab}$ 是 $\mathbb{R}^m$ 中的向量，其由与 $\boldsymbol{A}$ 的列向量与 $\boldsymbol{b}$ 中的元素作为系数的线性组合得到. 类似地，可以在矩阵 $\boldsymbol{A}\in\mathbb{R}^{m,n}$ 左侧乘以向量 $\boldsymbol{c}\in\mathbb{R}^m$ 的转置，如下所示：

$$\boldsymbol{c}^\top\boldsymbol{A}=\sum_{k=1}^{m}c_k\alpha_k^\top,\quad \boldsymbol{A}\in\mathbb{R}^{m,n},\ \boldsymbol{c}\in\mathbb{R}^m.$$

也就是，$\boldsymbol{c}^\top\boldsymbol{A}$ 是一个 $\mathbb{R}^{1,m}$ 中的向量，其由 $\boldsymbol{A}$ 的行向量 $\boldsymbol{\alpha}_k$ 与 $\boldsymbol{c}$ 中的元素作为系数的线性组合得到.

例 3.2（关联矩阵和网络流）　一个网络可以表示为一个由 n 个有向弧连接的 m 个节点的图形. 这里，假设弧是节点的有序对，最多有一个弧连接任意两个节点. 假设没有自环（从节点到自身的弧）. 我们可以通过所谓的（有向）弧节点关联矩阵来完全描述这类网络，它是一个 $m\times n$ 矩阵，定义如下：

$$A_{ij}=\begin{cases}1 & \text{如果弧 } j \text{ 从节点 } i \text{ 出发},\\ -1 & \text{如果弧 } j \text{ 在节点 } i \text{ 结束},\quad 1\leqslant i\leqslant m,\ 1\leqslant j\leqslant n,\\ 0 & \text{其他}.\end{cases}\tag{3.2}$$

图 3.2 显示了一个具有 $m=6$ 个节点和 $n=8$ 条弧的网络. 该（有向）弧–节点关联矩阵为：

$$A=\left[\begin{array}{cccccccc}1 & 1 & 0 & 0 & 0 & 0 & 0 & -1\\ -1 & 0 & 1 & 0 & 0 & 0 & 0 & 1\\ 0 & -1 & -1 & -1 & 1 & 1 & 0 & 0\\ 0 & 0 & 0 & 1 & 0 & 0 & -1 & 0\\ 0 & 0 & 0 & 0 & 0 & -1 & 1 & 0\\ 0 & 0 & 0 & 0 & -1 & 0 & 0 & 0\end{array}\right].$$

网络中的（货物、流量、费用和信息等）流可描述为一个向量 $\boldsymbol{x}\in\mathbb{R}^n$, 其中 $\boldsymbol{x}$ 的第 j 个分量表示流经弧 j 的流量. 按照惯例，当流向为弧 j 方向时，其为正值，反之则为负值. 那么，离开一个给定节点 i 的总流量为：

$$\sum_{j=1}^{n}A_{ij}x_j=[\boldsymbol{A}\boldsymbol{x}]_i,$$

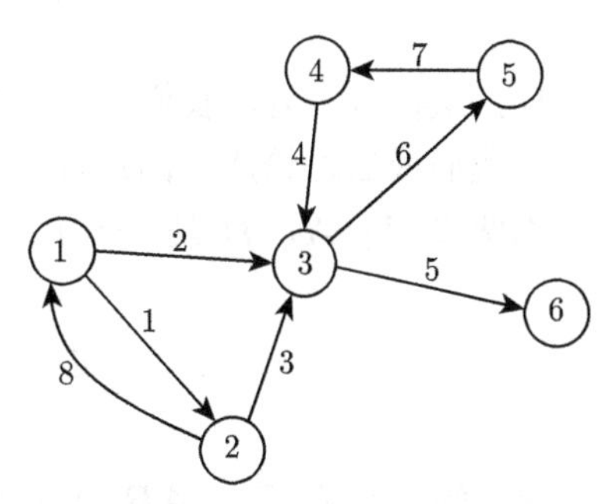

图 3.2 一个有向图示例

其中 $[\boldsymbol{A}\boldsymbol{x}]_i$ 表示向量 $\boldsymbol{A}\boldsymbol{x}$ 的第 i 个分量. 下面，定义外部供应为向量 $\boldsymbol{b}\in\mathbb{R}^m$，其中负的 b_i 表示节点 i 处的外部需求，正的 b_i 表示节点 i 处的供应. 假设总供给等于总需求，这意味着 $\mathbf{1}^\top\boldsymbol{b}=0$. 流量 $\boldsymbol{x}$ 必须满足流量平衡方程，该方程表示每个节点处受“质量守恒”约束（节点 i 处的总输入流量加上供给/需求必须等于节点 i 的总输出流量）. 这些约束由向量等式 $\boldsymbol{A}\boldsymbol{x}=\boldsymbol{b}$ 表示.

3.1.2.2 乘积和转置

对于任意两个大小一致的矩阵 $\boldsymbol{A},\boldsymbol{B}$, 有下式成立：

$$(\boldsymbol{A}\boldsymbol{B})^\top=\boldsymbol{B}^\top\boldsymbol{A}^\top,$$

于是，对于一个基本的链式乘积 $\boldsymbol{A}_1\boldsymbol{A}_2\cdots\boldsymbol{A}_p$, 则有：

$$(\boldsymbol{A}_1\boldsymbol{A}_2\cdots\boldsymbol{A}_p)^\top=\boldsymbol{A}_p^\top\cdots\boldsymbol{A}_2^\top\boldsymbol{A}_1^\top.$$

3.1.3 分块矩阵的乘积

只要分块矩阵大小一致，矩阵代数就可以推广到分块矩阵. 为了说明这一点，考虑一个 $m\times n$ 矩阵 $\boldsymbol{A}$ 和一个 n 维向量 $\boldsymbol{x}$ 之间的矩阵与向量的乘积，其中 $\boldsymbol{A},\boldsymbol{x}$ 被分成两块，如下所示：

$$\boldsymbol{A}=\left[\begin{array}{cc}\boldsymbol{A}_1 & \boldsymbol{A}_2\end{array}\right],\quad \boldsymbol{x}=\left[\begin{array}{c}\boldsymbol{x}_1\\ \boldsymbol{x}_2\end{array}\right],$$

其中 $\boldsymbol{A}_i$ 是 $m \times n_i$ 维矩阵, $\boldsymbol{x}_i \in \mathbb{R}^{n_i}$, $i=1,2$, $n_1+n_2=n$. 则

$$\boldsymbol{A}\boldsymbol{x} = \boldsymbol{A}_1\boldsymbol{x}_1 + \boldsymbol{A}_2\boldsymbol{x}_2.$$

这类似于 $[\boldsymbol{A}_1, \boldsymbol{A}_2]$ 和列向量 $\begin{bmatrix} \boldsymbol{x}_1 \\ \boldsymbol{x}_2 \end{bmatrix}$ 之间的内积运算. 同样，如果一个 $n \times p$ 维矩阵 $\boldsymbol{B}$ 被划分为两个分块矩阵 $\boldsymbol{B}_i$, 维数为 n_i, $i=1,2$, 且 $n_1+n_2=n$, 那么

$$\boldsymbol{A}\boldsymbol{B} = \begin{bmatrix} \boldsymbol{A}_1 & \boldsymbol{A}_2 \end{bmatrix} \begin{bmatrix} \boldsymbol{B}_1 \\ \boldsymbol{B}_2 \end{bmatrix} = \boldsymbol{A}_1\boldsymbol{B}_1 + \boldsymbol{A}_2\boldsymbol{B}_2.$$

同样，从符号上看，我们应用了与标量乘积相同的规则，只不过现在的结果是一个矩阵.

我们最后讨论所谓的矩阵外积. 考虑例如情形为 $\boldsymbol{A}$ 是一个 $m \times n$ 矩阵，按行将其划分为两块 $\boldsymbol{A}_1, \boldsymbol{A}_2$. $\boldsymbol{B}$ 是一个 $n \times p$ 矩阵，按列将其划分为两块 $\boldsymbol{B}_1, \boldsymbol{B}_2$ 的情况：

$$\boldsymbol{A} = \begin{bmatrix} \boldsymbol{A}_1 \\ \boldsymbol{A}_2 \end{bmatrix}, \quad \boldsymbol{B} = \begin{bmatrix} \boldsymbol{B}_1 & \boldsymbol{B}_2 \end{bmatrix}.$$

于是，矩阵乘积 $\boldsymbol{C} = \boldsymbol{A}\boldsymbol{B}$ 可根据分块矩阵表示为：

$$\boldsymbol{C} = \boldsymbol{A}\boldsymbol{B} = \begin{bmatrix} \boldsymbol{A}_1 \\ \boldsymbol{A}_2 \end{bmatrix} \begin{bmatrix} \boldsymbol{B}_1 & \boldsymbol{B}_2 \end{bmatrix} = \begin{bmatrix} \boldsymbol{A}_1\boldsymbol{B}_1 & \boldsymbol{A}_1\boldsymbol{B}_2 \\ \boldsymbol{A}_2\boldsymbol{B}_1 & \boldsymbol{A}_2\boldsymbol{B}_2 \end{bmatrix}.$$

对于当 $\boldsymbol{A}$ 是一个列向量而 $\boldsymbol{B}$ 是一个行向量的特殊情况，也就是：

$$\boldsymbol{A} = \begin{bmatrix} a_1 \\ a_2 \\ \vdots \\ a_m \end{bmatrix}, \quad \boldsymbol{B} = \begin{bmatrix} b_1 & b_2 & \cdots & b_p \end{bmatrix}$$

于是

$$\boldsymbol{A}\boldsymbol{B} = \begin{bmatrix} a_1b_1 & \cdots & a_1b_p \\ a_2b_1 & \cdots & a_2b_p \\ \vdots & \ddots & \vdots \\ a_mb_1 & \cdots & a_mb_p \end{bmatrix}.$$

3.1.4　矩阵空间和内积

向量空间 $\mathbb{R}^{m,n}$ 可以被赋予标准的内积：对于 $\boldsymbol{A}, \boldsymbol{B} \in \mathbb{R}^{m,n}$, 定义

$$\langle \boldsymbol{A}, \boldsymbol{B} \rangle = \operatorname{trace} \boldsymbol{A}^\top \boldsymbol{B},$$

其中 trace($\boldsymbol{X}$) 是矩（方）阵 $\boldsymbol{X}$ 的迹，其定义为 X 对角元素之和. 这种内积可生成所谓的 Frobenius 范数：

$$\sqrt{\langle \boldsymbol{A}, \boldsymbol{A} \rangle} = \sqrt{\operatorname{trace} \boldsymbol{A}\boldsymbol{A}^\top} = \|\boldsymbol{A}\|_\mathrm{F} \doteq \sqrt{\sum_{ij} a_{ij}^2}.$$

我们的选择和向量的选择是一致的. 事实上，上面的内积表示从矩阵 $\boldsymbol{A}, \boldsymbol{B}$ 中得到的两个向量之间的标量积，通过将所有列相互叠加得到. 因此 Frobenius 范数是矩阵向量化形式的欧氏范数.

迹算子是线性算子，它具有几个重要的性质. 特别地，矩阵的迹等于其转置的迹且对于任意两个矩阵 $\boldsymbol{A} \in \mathbb{R}^{m,n}$, $\boldsymbol{B} \in \mathbb{R}^{n,m}$, 有：

$$\operatorname{trace} \boldsymbol{AB} = \operatorname{trace} \boldsymbol{BA}.$$

3.2 矩阵作为线性映射

3.2.1 矩阵、线性和仿射映射

矩阵可以解释为从“输入”空间到“输出”空间的线性映射（向量值函数）或“运算”. 我们回顾一下如果映射 $f: \mathcal{X} \to \mathcal{Y}$ 满足，对 $\mathcal{X}$ 中的任何点 x 和 z 以及标量 λ, μ, 有 $f(\lambda x + \mu z) = \lambda f(x) + \mu f(z)$，则 f 是线性映射. 任意线性映射 $f: \mathbb{R}^n \to \mathbb{R}^m$ 都可以由一个矩阵 $\boldsymbol{A} \in \mathbb{R}^{m,n}$ 来表示，它把输入向量 $\boldsymbol{x} \in \mathbb{R}^n$ 映射到输出向量 $\boldsymbol{y} \in \mathbb{R}^m$（如图 3.3 所示）：

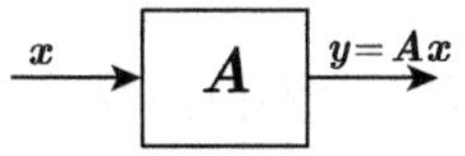

图 3.3 由一个矩阵 $\boldsymbol{A}$ 定义的线性映射

$$\boldsymbol{y} = \boldsymbol{Ax}.$$

仿射矩阵是线性函数简单地加一个常数项，这样，对任意的仿射映射 $f: \mathbb{R}^n \to \mathbb{R}^m$ 可表示为：

$$f(\boldsymbol{x}) = \boldsymbol{Ax} + \boldsymbol{b},$$

其中 $\boldsymbol{A} \in \mathbb{R}^{m,n}$ 和 $\boldsymbol{b} \in \mathbb{R}^m$.

例 3.3 一个将向量 $\boldsymbol{x}$ 的分量 x_i 按标量因子 α_i, $i = 1, \cdots, n$ 进行尺度变换的线性映射可以由下面对角矩阵 $\boldsymbol{A}$ 来表示：

$$\boldsymbol{A} = \operatorname{diag}(\alpha_1, \cdots, \alpha_n) = \begin{bmatrix} \alpha_1 & 0 & \cdots & 0 \\ 0 & \alpha_2 & 0 & \cdots \\ \vdots & \cdots & \ddots & \vdots \\ 0 & \cdots & 0 & \alpha_n \end{bmatrix},$$

于是，对于这样的对角矩阵，我们有：

$$\boldsymbol{y} = \boldsymbol{Ax} \quad \Leftrightarrow \quad y_i = \alpha_i x_i, \quad i = 1, \cdots, n.$$

3.2.2 非线性函数的逼近

一个非线性映射 $f:\mathbb{R}^n\to\mathbb{R}^m$ 可由一个仿射映射在一个给定点 $\boldsymbol{x}_0$ 的邻域内（f_0 在此点可微）来逼近：

$$f(\boldsymbol{x})=f(\boldsymbol{x}_0)+J_f(\boldsymbol{x}_0)(\boldsymbol{x}-\boldsymbol{x}_0)+o(\|\boldsymbol{x}-\boldsymbol{x}_0\|),$$

其中 $o(\|\boldsymbol{x}-\boldsymbol{x}_0\|)$ 为比一阶 $x\to x_0$ 更快下降到零的项, $J_f(\boldsymbol{x}_0)$ 是 f 在 $\boldsymbol{x}_0$ 的雅可比矩阵，也就是：

$$J_f(\boldsymbol{x}_0)\doteq\left[\begin{array}{ccc}\dfrac{\partial f_1}{\partial x_1} & \cdots & \dfrac{\partial f_1}{\partial x_n}\\ \vdots & \ddots & \vdots\\ \dfrac{\partial f_m}{\partial x_1} & \cdots & \dfrac{\partial f_m}{\partial x_n}\end{array}\right]_{\boldsymbol{x}=\boldsymbol{x}_0}.$$

这样，对于 $\boldsymbol{x}_0$ 附近的 $\boldsymbol{x}$, 变差 $\delta_f(\boldsymbol{x})\doteq f(\boldsymbol{x})-f(\boldsymbol{x}_0)$ 通过由雅可比矩阵定义的线性映射来一阶逼近，即

$$\delta_f(\boldsymbol{x})\simeq J_f(\boldsymbol{x}_0)\,\delta_x,\quad \delta_x\doteq\boldsymbol{x}-\boldsymbol{x}_0.$$

并且一个实值函数[⊖] $f:\mathbb{R}^n\to\mathbb{R}$ 在 $\boldsymbol{x}_0$ 处二次可微，则可同时使用梯度和二阶导数矩阵（海森矩阵）将其局部近似为 $\boldsymbol{x}_0$ 处的二阶多项式：

$$f\simeq f(\boldsymbol{x}_0)+\nabla f(\boldsymbol{x}_0)^\top(\boldsymbol{x}-\boldsymbol{x}_0)+\frac{1}{2}(\boldsymbol{x}-\boldsymbol{x}_0)^\top\nabla^2 f(\boldsymbol{x}_0)(\boldsymbol{x}-\boldsymbol{x}_0),$$

其中 $\nabla^2 f(\boldsymbol{x}_0)$ 是 f 在 $\boldsymbol{x}_0$ 处的海森矩阵, 其定义为：

$$\nabla^2 f(\boldsymbol{x}_0)\doteq\left[\begin{array}{ccc}\dfrac{\partial^2 f}{x_1^2} & \cdots & \dfrac{\partial^2 f}{\partial x_1\partial x_n}\\ \vdots & \ddots & \vdots\\ \dfrac{\partial^2 f}{\partial x_n\partial x_1} & \cdots & \dfrac{\partial^2 f}{x_n^2}\end{array}\right]_{\boldsymbol{x}=\boldsymbol{x}_0}.$$

这种情况下，函数 f 可由海森矩阵 $\nabla^2 f(\boldsymbol{x}_0)$ 所定义的二次函数局部来近似.

3.2.3 值域、秩和零空间

值域和秩. 考虑一个 $m\times n$ 的矩阵 $\boldsymbol{A}$ 以及 $\boldsymbol{a}_i$ 表示其第 i 列, $i=1,\cdots,n$, 于是 $\boldsymbol{A}=[\boldsymbol{a}_1\cdots\boldsymbol{a}_n]$. 由这些向量 $\boldsymbol{a}_i$ 的线性组合得到的向量 $\boldsymbol{y}$ 可表示为形式 $\boldsymbol{y}=\boldsymbol{A}\boldsymbol{x}$, 其中 $\boldsymbol{x}\in\mathbb{R}^n$. 所有这样向量 $\boldsymbol{y}$ 的集合通常称为 $\boldsymbol{A}$ 的值域, 并记为 $\mathcal{R}(\boldsymbol{A})$:

$$\mathcal{R}(\boldsymbol{A})=\{\boldsymbol{A}\boldsymbol{x}:\ \boldsymbol{x}\in\mathbb{R}^n\}.$$

⊖ 对于标量值函数，雅可比矩阵与梯度向量的转置一致.

由上述的构造，值域是一个子空间. 称值域 $\mathcal{R}(\boldsymbol{A})$ 的维数为 $\boldsymbol{A}$ 的秩，记为 $\operatorname{rank}(\boldsymbol{A})$. 由定义，秩代表 $\boldsymbol{A}$ 的线性独立列的个数. 可以证明秩也等于 $\boldsymbol{A}$ 的线性独立行的个数，也就是 $\boldsymbol{A}$ 的秩等于转置 $\boldsymbol{A}^\top$ 的秩[㊀]. 于是 $0 \leqslant \operatorname{rank}(\boldsymbol{A}) \leqslant \min(m,n)$ 总是成立.

零空间. 矩阵 $\boldsymbol{A}$ 的零空间是输入空间中映射到零的向量的集合，并用 $\mathcal{N}(\boldsymbol{A})$ 表示：

$$\mathcal{N}(\boldsymbol{A}) = \{\boldsymbol{x} \in \mathbb{R}^n : \ \boldsymbol{A}\boldsymbol{x} = 0\}.$$

该集合也是一个子空间.

3.2.4 线性代数基本定理

所谓的线性代数的基本定理是在矩阵的零空间与其转置的值域之间建立关键联系的结果. 首先，观察到 $\boldsymbol{A}^\top$ 的值域内的任何向量都与 $\boldsymbol{A}$ 零空间中的任何向量正交，也就是说，对于任意的 $\boldsymbol{x} \in \mathcal{R}(\boldsymbol{A}^\top)$ 和 $\boldsymbol{z} \in \mathcal{N}(\boldsymbol{A})$, 有 $\boldsymbol{x}^\top \boldsymbol{z} = 0$. 这个事实可以很容易地观察到. 根据定义，每个 $\boldsymbol{x} \in \mathcal{R}(\boldsymbol{A}^\top)$ 都是 $\boldsymbol{A}$ 的行的线性组合，即对某个 $\boldsymbol{y} \in \mathbb{R}^m$, 可以写为 $\boldsymbol{x} = \boldsymbol{A}^\top \boldsymbol{y}$. 于是，我们有：

$$\boldsymbol{x}^\top \boldsymbol{z} = \left(\boldsymbol{A}^\top \boldsymbol{y}\right)^\top \boldsymbol{z} = \boldsymbol{y}^\top \boldsymbol{A}\boldsymbol{z} = 0, \quad \forall \boldsymbol{z} \in \mathcal{N}(\boldsymbol{A}).$$

于是 $\mathcal{R}(\boldsymbol{A}^\top)$ 和 $\mathcal{N}(\boldsymbol{A})$ 是相互正交的子空间，即 $\mathcal{N}(\boldsymbol{A}) \perp \mathcal{R}(\boldsymbol{A}^\top)$ 或等价地，$\mathcal{N}(\boldsymbol{A}) = \mathcal{R}(\boldsymbol{A}^\top)^\perp$. 让我们回顾 2.2.3.4 节，一个子空间和它的正交补的直和等于整个空间，于是

$$\mathbb{R}^n = \mathcal{N}(\boldsymbol{A}) \oplus \mathcal{N}(\boldsymbol{A})^\perp = \mathcal{N}(\boldsymbol{A}) \oplus \mathcal{R}(\boldsymbol{A}^\top).$$

基于类似的推理，我们还有：

$$\begin{aligned}\mathcal{R}(\boldsymbol{A})^\perp &= \left\{\boldsymbol{y} \in \mathbb{R}^m : \ \boldsymbol{y}^\top \boldsymbol{z} = 0, \forall\, \boldsymbol{z} \in \mathcal{R}(\boldsymbol{A})\right\} \\ &= \left\{\boldsymbol{y} \in \mathbb{R}^m : \ \boldsymbol{y}^\top \boldsymbol{A}\boldsymbol{x} = 0, \forall \boldsymbol{x} \in \mathbb{R}^n\right\} = \mathcal{N}(\boldsymbol{A}^\top),\end{aligned}$$

进一步还可以得到：

$$\mathcal{R}(\boldsymbol{A}) \perp \mathcal{N}\left(\boldsymbol{A}^\top\right).$$

这样，输出空间 $\mathbb{R}^m$ 可分解为：

$$\mathbb{R}^m = \mathcal{R}(\boldsymbol{A}) \oplus \mathcal{R}(\boldsymbol{A})^\perp = \mathcal{R}(\boldsymbol{A}) \oplus \mathcal{N}\left(\boldsymbol{A}^\top\right).$$

下面的定理总结了上面的发现.

㊀ 本章给出了该结果以及一些其他相关结果，但并没有提供证明. 其证明可在一些关于线性代数和矩阵分析的经典文献中找到，例如，G. Strang, *Introduction to Linear Algebra*, Wellesley-Cambridge Press, 2009; R.A. Horn, C.R. Johnson, *Matrix Analysis*, Cambridge University Press, 1990; C.D. Meyer, *Matrix Analysis and Applied Linear Algebra*, SIAM, 2001.

定理 3.1（线性代数基本定理）　对于任意给的矩阵 $\boldsymbol{A}\in\mathbb{R}^{m,n}$，有 $\mathcal{N}(\boldsymbol{A})\perp\mathcal{R}(\boldsymbol{A}^\top)$ 和 $\mathcal{R}(\boldsymbol{A})\perp\mathcal{N}(\boldsymbol{A}^\top)$，于是有：

$$\mathcal{N}(\boldsymbol{A})\oplus\mathcal{R}(\boldsymbol{A}^\top)=\mathbb{R}^n,$$
$$\mathcal{R}(\boldsymbol{A})\oplus\mathcal{N}(\boldsymbol{A}^\top)=\mathbb{R}^m,$$

以及

$$\dim\mathcal{N}(\boldsymbol{A})+\operatorname{rank}(\boldsymbol{A})=n, \tag{3.3}$$

$$\dim\mathcal{N}(\boldsymbol{A}^\top)+\operatorname{rank}(\boldsymbol{A})=m. \tag{3.4}$$

因此，任意向量 $\boldsymbol{x}\in\mathbb{R}^n$ 均可分解为两个相互正交的向量之和，一个向量在 $\boldsymbol{A}^\top$ 的值域内，而另一个向量在 $\boldsymbol{A}$ 的零空间内：

$$\boldsymbol{x}=\boldsymbol{A}^\top\boldsymbol{\xi}+\boldsymbol{z},\quad \boldsymbol{z}\in\mathcal{N}(\boldsymbol{A}).$$

类似地，任意向量 $\boldsymbol{w}\in\mathbb{R}^m$ 也都可分解为两个相互正交的向量之和，一个向量在 $\boldsymbol{A}$ 的值域内，而另一个向量在 $\boldsymbol{A}^\top$ 的零空间内：

$$\boldsymbol{w}=\boldsymbol{A}\boldsymbol{\varphi}+\boldsymbol{\zeta},\quad \boldsymbol{\zeta}\in\mathcal{N}(\boldsymbol{A}^\top).$$

图 3.4 给出了上述定理的一个几何直观解释.

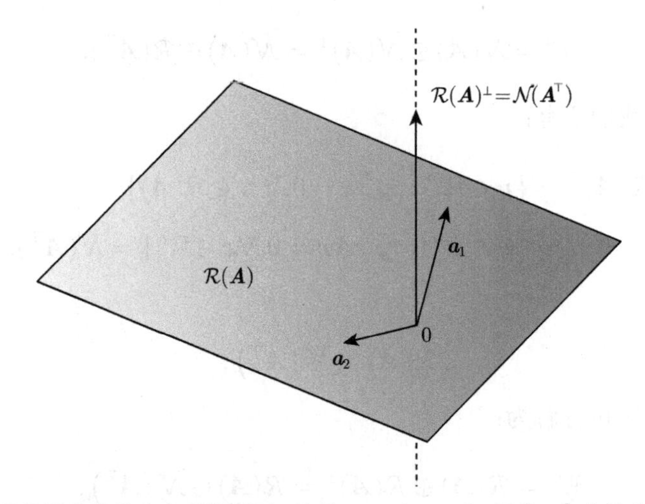

图 3.4　空间 $\mathbb{R}^3$ 中的线性代数基本定理的图示. 这里 $\boldsymbol{A}=[\boldsymbol{a}_1\ \boldsymbol{a}_2]$. 任意 $\mathbb{R}^3$ 中的向量可以写成两个正交向量之和，一个正交向量在 $\boldsymbol{A}$ 的值域内，而另一个在 $\boldsymbol{A}^\top$ 的零空间中

3.3　行列式、特征值和特征向量

如前文所述，任意矩阵 $\boldsymbol{A}$ 都表示为一个线性映射. 如果矩阵是一个方阵，即 $\boldsymbol{A}\in\mathbb{R}^{n,n}$，则它可表示为从 $\mathbb{R}^n$ 到其自身的线性映射. 本节简要讨论如何确定某些简单的几何形状，如

由变换 $\boldsymbol{y}=\boldsymbol{A}\boldsymbol{x}$ 映射来得到 $\mathbb{R}^n$ 中的线和立方体，并用这些几何解释来引入方阵的行列式、特征值和特征向量的概念.

3.3.1 矩阵沿直线的行为

首先，我们提出线性映射 $\boldsymbol{A}$ 如何作用于通过原点的直线（一维子空间）这个问题. 考虑一个非零向量 $\boldsymbol{u}\in\mathbb{R}^n$ 和通过原点过 $\boldsymbol{u}$ 的直线，即集合 $L_{\boldsymbol{u}}=\{\boldsymbol{x}=\alpha\boldsymbol{u},\ \alpha\in\mathbb{R}\}$. 当 $\boldsymbol{A}$ 作用于 $L_{\boldsymbol{u}}$ 中的向量 $\boldsymbol{x}\in\mathbb{R}^n$ 时，就将其变换为一个输出向量 $\boldsymbol{y}\in\mathbb{R}^n$：

$$\boldsymbol{y}=\boldsymbol{A}\boldsymbol{x}=\alpha\boldsymbol{A}\boldsymbol{u}.$$

我们下面将证明 $\boldsymbol{A}$ 对任意点 $\boldsymbol{x}\in L_{\boldsymbol{u}}$ 的作用是将该点旋转一个固定的角度 $\theta_{\boldsymbol{u}}$, 然后将 $\boldsymbol{x}$ 的长度缩小/放大一个固定的量 $\gamma_{\boldsymbol{u}}$. 注意，对于沿直线 $L_{\boldsymbol{u}}$ 的所有点，旋转角度 $\theta_{\boldsymbol{u}}$ 和长度放缩变量 $\gamma_{\boldsymbol{u}}$ 是固定不变的. 为证明这个事实，考虑 $\boldsymbol{x}$ 的原始长度，采用欧氏范数 $\|\boldsymbol{x}\|_2=|\alpha|\|\boldsymbol{u}\|_2$ 来度量，则有

$$\|\boldsymbol{y}\|_2=\|\boldsymbol{A}\boldsymbol{x}\|_2=|\alpha|\|\boldsymbol{A}\boldsymbol{u}\|_2=\frac{\|\boldsymbol{A}\boldsymbol{u}\|_2}{\|\boldsymbol{u}\|_2}|\alpha|\|\boldsymbol{u}\|_2=\gamma_u\|\boldsymbol{x}\|_2,$$

其中，我们已经用 $\gamma_{\boldsymbol{u}}=\|\boldsymbol{A}\boldsymbol{u}\|_2/\|\boldsymbol{u}\|_2$ 来代表 $\boldsymbol{u}$ 方向上的缩放变量. 类似地，对于 $\boldsymbol{x}$ 和 $\boldsymbol{y}$ 之间的夹角，有：

$$\cos\theta_{\boldsymbol{u}}=\frac{\boldsymbol{y}^\top\boldsymbol{x}}{\|\boldsymbol{x}\|_2\|\boldsymbol{y}\|_2}=\frac{\boldsymbol{x}^\top\boldsymbol{A}^\top\boldsymbol{x}}{\|\boldsymbol{x}\|_2\|\boldsymbol{y}\|_2}=\frac{\boldsymbol{u}^\top\boldsymbol{A}^\top\boldsymbol{u}}{\gamma_u\|\boldsymbol{u}\|_2^2},$$

该式还是仅取决于直线的方向，而不是沿着直线上实际的点. 下面的例子通过一个简单的数值实验可以帮助我们直观地理解这个概念.

例 3.4（方阵对直线的行为） 考虑如下 2×2 的矩阵：

$$\boldsymbol{A}=\begin{bmatrix}1.2 & 0.4\\0.6 & 1\end{bmatrix},$$

图 3.5 显示了沿着一个输入方向 $\boldsymbol{u}$ 的点 $\boldsymbol{x}$ 是如何被映射到沿着与 $\boldsymbol{u}$ 形成一个角度 $\theta_{\boldsymbol{u}}$ 的一个输出方向的点 $\boldsymbol{y}=\boldsymbol{A}\boldsymbol{x}$. 同样，当 $\|\boldsymbol{x}\|_2$ 保持不变且方向 $\boldsymbol{u}$ 扫过所有可能的方向时，点 $\boldsymbol{x}$ 沿着一个圆移动，下图显示了 $\boldsymbol{y}$ 对应的轨迹（顺便一提，它是一个椭圆）. 图 3.5 中则显示了三个轨迹，其分别对应于 $\|\boldsymbol{x}\|_2=1,1.3,2$. 有意思的是，通过数值实验可以发现，本例中有两个输入方向 $\boldsymbol{u}^{(1)}$ 和 $\boldsymbol{u}^{(2)}$ 在映射 A 下是角度不变的. 这里的角度不变方向是指这样一个方向：当输入点 $\boldsymbol{x}$ 沿着该方向，那么输出点 $\boldsymbol{y}$ 也沿着这个方向. 换句话说，对于这些特殊的输入方向，角度 $\theta_{\boldsymbol{u}}$ 为零（或 $\pm180°$），如图 3.6 所示. 在该例中，这些不变方向可以由以下向量来描述：

$$\boldsymbol{u}^{(1)}=\frac{\sqrt{2}}{2}\begin{bmatrix}1\\1\end{bmatrix},\quad \boldsymbol{u}^{(2)}=\frac{2}{\sqrt{13}}\begin{bmatrix}1\\-1.5\end{bmatrix}.$$

矩阵 $\boldsymbol{A}$ 对沿着不变方向 $\boldsymbol{u}$ 的点 $\boldsymbol{x}$ 的作用实际上是非常简单的，$\boldsymbol{A}$ 的行为就是沿着这些直线的标量乘法，即对某个实数 λ, 有 $\boldsymbol{A}\boldsymbol{x} = \lambda \boldsymbol{x}$.

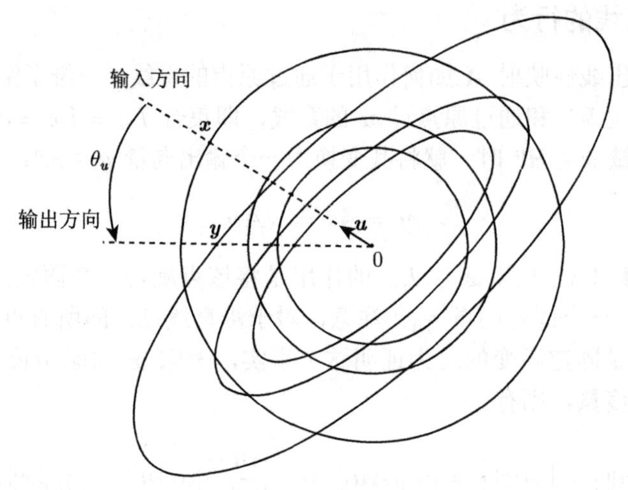

图 3.5 空间 $\mathbb{R}^2$ 中沿着直线和圆的点如何通过线性变换 $\boldsymbol{y} = \boldsymbol{A}\boldsymbol{x}$ 映射的图示

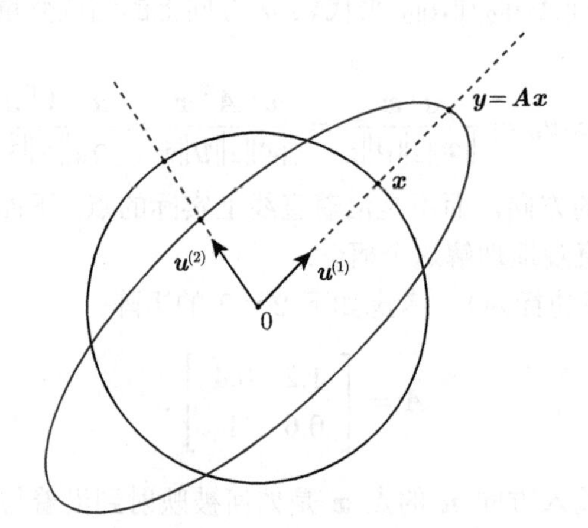

图 3.6 输入方向 $\boldsymbol{u}^{(1)}, \boldsymbol{u}^{(2)}$ 在 $\boldsymbol{A}$ 下是角度不变的

3.3.2 行列式与单位立方体变换

考虑如下 2×2 的矩阵：

$$\boldsymbol{A} = \begin{bmatrix} a_{11} & a_{12} \\ a_{21} & a_{22} \end{bmatrix}.$$

该矩阵的行列式是一个实数，其定义如下：

$$\det \boldsymbol{A} \doteq a_{11}a_{22} - a_{21}a_{12}.$$

假设我们应用线性映射 $\boldsymbol{y} = \boldsymbol{Ax}$ 定义 $\mathbb{R}^2$ 中的单位正方形的四个顶点的向量，如图 3.7 所示，即 $\boldsymbol{x}^{(1)} = [0\ 0]^\top, \boldsymbol{x}^{(2)} = [1\ 0]^\top, \boldsymbol{x}^{(3)} = [0\ 1]^\top, \boldsymbol{x}^{(4)} = [1\ 1]^\top$. 于是变换后的点为：

$$\boldsymbol{y}^{(1)} = \boldsymbol{Ax}^{(1)} = \begin{bmatrix} 0 \\ 0 \end{bmatrix}, \qquad \boldsymbol{y}^{(2)} = \boldsymbol{Ax}^{(2)} = \begin{bmatrix} a_{11} \\ a_{21} \end{bmatrix},$$
$$\boldsymbol{y}^{(3)} = \boldsymbol{Ax}^{(3)} = \begin{bmatrix} a_{12} \\ a_{22} \end{bmatrix}, \qquad \boldsymbol{y}^{(4)} = \boldsymbol{Ax}^{(4)} = \begin{bmatrix} a_{11} + a_{12} \\ a_{21} + a_{22} \end{bmatrix}.$$

这些点形成了平行四边形的顶点，如图 3.7 所示. 单位正方形的面积是 1. 应用初等几何知识可以证明，其变换后的正方形（即平行四边形）的面积等于

$$\text{面积} = |\det \boldsymbol{A}|.$$

因此，一个 2×2 矩阵的行列式（的绝对值）给出了通过 $\boldsymbol{A}$ 变换时输入单位正方形的面积（二维度量）增加或减少的因子. 在维数大于 2 时，行列式可以定义为一个关于 $n \times n$ 矩阵的实值函数且满足：

（1） 变换矩阵的两行或两列会改变函数的符号；

（2） 函数关于矩阵的每一行（或每一列）都是线性的；

（3） 函数在输入单位矩阵时取值为 1.

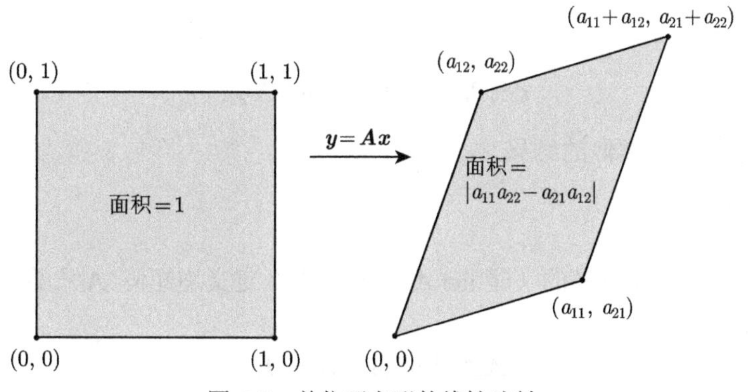

图 3.7 单位正方形的线性映射

对于一个一般的矩阵 $\boldsymbol{A} \in \mathbb{R}^{n,n}$, 其行列式可以通过公式 $\det a = a$ 来计算，其中 a 是一个常数. 然后，应用下面的归纳公式（Laplace 行列式展开）：

$$\det(\boldsymbol{A}) = \sum_{j=1}^{n} (-1)^{i+j} a_{ij} \det \boldsymbol{A}_{(i,j)},$$

其中 i 是任意行的索引，其可以被随意选取（例如可取 $i = 1$）以及 $\boldsymbol{A}_{(i,j)}$ 表示通过消除 $\boldsymbol{A}$ 中的行 i 和列 j 而得到的 $(n-1) \times (n-1)$ 子矩阵.

可以证明，对于一般的维数 n, 矩阵 $\boldsymbol{A}$ 的行列式的绝对值还可以被描述为通过 $\boldsymbol{A}$ 变换单位超立方体而得到的超平行体的体积（n 维度量）. 当变换后的立方体体积为零时，即 $\det\boldsymbol{A}=0$ 时[⊖]，会出现一个有意思的情况. 例如在 2×2 的例子中，只要 $a_{11}a_{22}=a_{21}a_{12}$，即当其中的一行（或其中的一列）是另一行（列）的倍数. 在该情形下，列（或行）不是线性独立的，于是矩阵有一个非平凡的零空间. 这意味着在输入空间中存在一个方向，其沿着该方向被 $\boldsymbol{A}$ 映射为零. 相同的概念可被扩展到一般的维数 n, 由此可以证明：

$$\boldsymbol{A}\in\mathbb{R}^{n,n}\text{ 是奇异的 }\Leftrightarrow \det\boldsymbol{A}=0\Leftrightarrow\mathcal{N}(\boldsymbol{A})\text{ 不等于 }\{0\}.$$

最后，我们回顾一下对任意方阵 $\boldsymbol{A},\boldsymbol{B}\in\mathbb{R}^{n,n}$ 和标量 α 均成立的等式：

$$\det\boldsymbol{A}=\det\boldsymbol{A}^{\top}$$

$$\det\boldsymbol{AB}=\det\boldsymbol{BA}=\det\boldsymbol{A}\det\boldsymbol{B}$$

$$\det\alpha\boldsymbol{A}=\alpha^{n}\det\boldsymbol{A}.$$

此外，对于一个具有上三角形结构的矩阵：

$$\boldsymbol{X}=\begin{bmatrix}\boldsymbol{X}_{11} & \boldsymbol{X}_{12}\\ 0 & \boldsymbol{X}_{22}\end{bmatrix},\quad \boldsymbol{X}_{11}\in\mathbb{R}^{n_1,n_1},\ \boldsymbol{X}_{22}\in\mathbb{R}^{n_2,n_2},$$

则有下式成立：

$$\det\boldsymbol{X}=\det\boldsymbol{X}_{11}\det\boldsymbol{X}_{22},$$

而对于下三角矩阵也有类似的结果.

3.3.3 矩阵的逆

如果 $\boldsymbol{A}\in\mathbb{R}^{n,n}$ 是非奇异的（即 $\det\boldsymbol{A}\neq 0$）, 那么定义逆矩阵 $\boldsymbol{A}^{-1}$ 为唯一使下式成立的 $n\times n$ 矩阵：

$$\boldsymbol{A}\boldsymbol{A}^{-1}=\boldsymbol{A}^{-1}\boldsymbol{A}=\boldsymbol{I}_n.$$

如果 $\boldsymbol{A},\boldsymbol{B}$ 是非奇异的方阵，则有如下关于矩阵乘积的逆的关系：

$$(\boldsymbol{AB})^{-1}=\boldsymbol{B}^{-1}\boldsymbol{A}^{-1}.$$

此外，如果 A 是非奇异方阵，则有

$$\left(\boldsymbol{A}^{\top}\right)^{-1}=\left(\boldsymbol{A}^{-1}\right)^{\top},$$

⊖ 如果一个矩阵 $\boldsymbol{A}$ 的行列式 $\det\boldsymbol{A}=0$, 则称 $\boldsymbol{A}$ 是奇异的.

也就是说，转置和逆运算的顺序是可交换的. 对于一个非奇异方阵 $\boldsymbol{A}$ 的行列式，我们还有：

$$\det \boldsymbol{A} = \det \boldsymbol{A}^{\top} = \frac{1}{\det \boldsymbol{A}^{-1}}.$$

非方阵或是奇异方阵并不具有正则逆. 然而，对于一般的矩阵 $\boldsymbol{A} \in \mathbb{R}^{m,n}$, 可定义其广义逆（或伪逆）. 特别地，如果 $m \geqslant n$ 以及

$$\boldsymbol{A}^{\mathrm{li}} \boldsymbol{A} = \boldsymbol{I}_n,$$

那么称 $\boldsymbol{A}^{\mathrm{li}}$ 为 $\boldsymbol{A}$ 的左逆. 类似地，如果 $n \geqslant m$ 以及

$$\boldsymbol{A} \boldsymbol{A}^{\mathrm{ri}} = \boldsymbol{I}_m,$$

那么称 $\boldsymbol{A}^{\mathrm{ri}}$ 是 $\boldsymbol{A}$ 的右逆. 通常，如果 $\boldsymbol{A}\boldsymbol{A}^{\mathrm{pi}}\boldsymbol{A} = \boldsymbol{A}$, 则称 $\boldsymbol{A}^{\mathrm{pi}}$ 为矩阵 $\boldsymbol{A}$ 的伪逆. 左/右逆和伪逆将在 5.2.3 节中进一步讨论.

3.3.4 相似矩阵

称两个矩阵 $\boldsymbol{A}, \boldsymbol{B} \in \mathbb{R}^{n,n}$ 是相似的，如果存在非奇异矩阵 $\boldsymbol{P} \in \mathbb{R}^{n,n}$ 使

$$\boldsymbol{B} = \boldsymbol{P}^{-1} \boldsymbol{A} \boldsymbol{P}.$$

相似矩阵与同一线性映射的不同表示有关，即在基础空间中选取不同的基. 考虑如下线性映射：

$$\boldsymbol{y} = \boldsymbol{A}\boldsymbol{x}$$

其从 $\mathbb{R}^n$ 映射到 $\mathbb{R}^n$ 本身. 由于 $\boldsymbol{P} \in \mathbb{R}^{n,n}$ 是非奇异的，故它的列是线性独立的，因此它们表示了 $\mathbb{R}^n$ 中的一组基. 于是，向量 $\boldsymbol{x}$ 和 $\boldsymbol{y}$ 可以在这个基中表示为 $\boldsymbol{P}$ 的列的线性组合，即存在向量 $\tilde{\boldsymbol{x}}, \tilde{\boldsymbol{y}}$ 使

$$\boldsymbol{x} = \boldsymbol{P}\tilde{\boldsymbol{x}}, \quad \boldsymbol{y} = \boldsymbol{P}\tilde{\boldsymbol{y}}.$$

注意到关系 $\boldsymbol{y} = \boldsymbol{A}\boldsymbol{x}$, 并将 $\boldsymbol{x}, \boldsymbol{y}$ 在新基中的表示代入上式，我们得到：

$$\boldsymbol{P}\tilde{\boldsymbol{y}} = \boldsymbol{A}\boldsymbol{P}\tilde{\boldsymbol{x}} \quad \Rightarrow \quad \tilde{\boldsymbol{y}} = \boldsymbol{P}^{-1}\boldsymbol{A}\boldsymbol{P}\tilde{\boldsymbol{x}} = \boldsymbol{B}\tilde{\boldsymbol{x}},$$

也就是，矩阵 $\boldsymbol{B} = \boldsymbol{P}^{-1}\boldsymbol{A}\boldsymbol{P}$ 表示在由 $\boldsymbol{P}$ 的列定义的新基中的线性映射 $\boldsymbol{y} = \boldsymbol{A}\boldsymbol{x}$.

3.3.5 特征向量与特征值

特征值和特征多项式. 我们下面准备给出特征向量和特征值的正式定义. 本节将沿用在研究 $\boldsymbol{A}$ 沿直线行为时引入的相同概念，稍微不同的是将 $\boldsymbol{A}$ 看作从 $\mathbb{C}^n$（包含 n 个分量的复

向量空间）到其自身的线性映射. 特征向量本质是 $\mathbb{C}^n$ 中在 A 作用下角度不变的方向. 更准确地说，对于 $\lambda \in \mathbb{C}, \boldsymbol{A} \in \mathbb{R}^{n,n}, \boldsymbol{u} \in \mathbb{C}^n$，如果它们满足：

$$\boldsymbol{A}\boldsymbol{u} = \lambda \boldsymbol{u}, \quad \boldsymbol{u} \neq 0,$$

或等价于

$$(\lambda \boldsymbol{I}_n - \boldsymbol{A})\,\boldsymbol{u} = 0, \quad \boldsymbol{u} \neq 0.$$

则称 λ 是矩阵 $\boldsymbol{A}$ 的一个特征值，$\boldsymbol{u}$ 是相应的特征向量.

最后一个方程表明，为了使 $(\lambda, \boldsymbol{u})$ 成为特征值/特征向量对，它必须满足复数 λ 使矩阵 $\lambda \boldsymbol{I}_n - \boldsymbol{A}$ 奇异（因此它具有一个非平凡零空间）且复向量 $\boldsymbol{u}$ 在 $\lambda \boldsymbol{I}_n - \boldsymbol{A}$ 的零空间中. 由于 $\lambda \boldsymbol{I}_n - \boldsymbol{A}$ 是奇异的当且仅当其行列式为零，于是特征值可以很容易地被表示为满足下面方程的实数或复数[㊀]：

$$\det(\lambda \boldsymbol{I}_n - \boldsymbol{A}) = 0.$$

特别地，函数 $p(\lambda) \doteq \det(\lambda \boldsymbol{I}_n - \boldsymbol{A})$ 是关于 λ 的 n 次多项式，称其为 $\boldsymbol{A}$ 的特征多项式.

重数和特征空间. 矩阵 $\boldsymbol{A} \in \mathbb{R}^{n,n}$ 的特征值是特征多项式的根. 然而，这些特征值中确实有一些可能是特征多项式的多“重”根，因此它们的重数可以大于 1. 此外，一些特征值可以是复数且具有非零虚部，在这种情况下，它们出现在复共轭对中[㊁]. 于是以下定理成立：

定理 3.2（代数基本定理）　任意矩阵 $\boldsymbol{A} \in \mathbb{R}^{n,n}$ 都具有 n 个（重数也计算进去）特征值 λ_i, $i = 1, \cdots, n$.

称矩阵 $\boldsymbol{A}$ 的不同特征值为 $\boldsymbol{A}$ 的不计算重数的特征值，也就是说，在每一组具有相同值的重复特征值中只取一个代表性的特征值. 每个不同的特征值 λ_i, $i = 1, \cdots, k$ 都有一个相关的代数重数 $\mu_i \geqslant 1$, 其定义为特征多项式重根的数目. 于是我们有 $\sum_{i=1}^{k} \mu_i = n$.

对于每个不同的特征值 λ_i, $i = 1, \cdots, k$, 对应着与这个特征值相关联的特征向量的整个子空间 $\phi_i \doteq \mathcal{N}(\lambda_i \boldsymbol{I}_n - \boldsymbol{A})$, 我们称之为特征空间. 属于不同特征空间的特征向量是线性独立的，该性质如下所述.

定理 3.3　设 λ_i, $i = 1, \cdots, k \leqslant n$ 为 $\boldsymbol{A} \in \mathbb{R}^{n,n}$ 的不同特征值. 设 $\boldsymbol{u}^{(i)}$ 为任意非零向量使 $\boldsymbol{u}^{(i)} \in \phi_i$, $i = 1, \cdots, k$. 那么 $\boldsymbol{u}^{(i)}$, $i = 1, \cdots, k$ 是线性独立的.

证明　开始假设 $\boldsymbol{u}^{(i)} \in \phi_j$, $j \neq i$. 这将意味着 $\boldsymbol{A}\boldsymbol{u}^{(i)} = \lambda_j \boldsymbol{u}^{(i)} = \lambda_i$, 因此 $\lambda_j = \lambda_i$, 这是不可能的，因为这些特征值是不同的. 于是有 $j \neq i$ 意味着 $\boldsymbol{u}_i \notin \phi_j$.

再用反证法，为此假设存在一个 $\boldsymbol{u}^{(i)}$(不失一般性，设第一个为 $\boldsymbol{u}^{(1)}$) 使其为其他特征向量的线性组合：

$$\boldsymbol{u}^{(1)} = \sum_{i=2}^{k} \alpha_i \boldsymbol{u}^{(i)}. \tag{3.5}$$

㊀ 顺便说一句，矩阵 $\boldsymbol{A}$ 和 $\boldsymbol{A}^\top$ 具有相同的特征值，这是因为矩阵和其转置具有相同的行列式.

㊁ 这只适用于实矩阵，即 $\boldsymbol{A} \in \mathbb{R}^{n,n}$.

则有如下两个等式成立：

$$\lambda_1 \boldsymbol{u}^{(1)} = \sum_{i=2}^{k} \alpha_i \lambda_1 \boldsymbol{u}^{(i)},$$

$$\lambda_1 \boldsymbol{u}^{(1)} = \boldsymbol{A}\boldsymbol{u}^{(1)} = \sum_{i=2}^{k} \alpha_i \boldsymbol{A}\boldsymbol{u}^{(i)} = \sum_{i=2}^{k} \alpha_i \lambda_i \boldsymbol{u}^{(i)},$$

以及将两个等式两边相减得：

$$\sum_{i=2}^{k} \alpha_i (\lambda_i - \lambda_1) \boldsymbol{u}^{(i)} = 0,$$

其中 $\lambda_i - \lambda_1 \neq 0$, 这是因为我们已经假设特征值是不同的. 这意味着 $\boldsymbol{u}^{(2)}, \cdots, \boldsymbol{u}^{(k)}$ 是线性相关的，于是至少存在一个向量，假设为 $\boldsymbol{u}^{(2)}$, 其可以被写成其他向量 $\boldsymbol{u}^{(3)}, \cdots, \boldsymbol{u}^{(k)}$ 的一个线性组合. 此时，通过重复最初的推理，我们可证 $\boldsymbol{u}^{(3)}, \cdots, \boldsymbol{u}^{(k)}$ 也是线性相关的. 以此类推，最终可得 $\boldsymbol{u}^{(k-1)}, \boldsymbol{u}^{(k)}$ 是线性相关的，这意味着 $\boldsymbol{u}^{(k-1)} \in \phi_k$. 然而，根据证明的开始的表述，这是不可能发生的. 因此，该结论与式 (3.5) 矛盾，于是命题得证. □

分块三角分解. 根据特征值和特征向量，一个方阵可以表示为相似于分块-三角阵的矩阵，也就是具有如下形式的矩阵[1]：

$$\begin{bmatrix} \boldsymbol{A}_{11} & \boldsymbol{A}_{12} & \cdots & \boldsymbol{A}_{1p} \\ 0 & \boldsymbol{A}_{22} & & \boldsymbol{A}_{2p} \\ \vdots & \ddots & \ddots & \vdots \\ 0 & \cdots & 0 & \boldsymbol{A}_{pp} \end{bmatrix},$$

其中矩阵 $\boldsymbol{A}_{ii}, i = 1, \cdots, p$ 都是方阵.

设 v_i 是 ϕ_i 的维数以及 $\boldsymbol{U}^{(i)} = [\boldsymbol{u}_1^{(i)} \cdots \boldsymbol{u}_{v_i}^{(i)}]$ 为由 ϕ_i 的基作为列所组成的矩阵. 注意，假设该矩阵具有正交的列也不失一般性. 事实上，取 ϕ_i 的任意一组基，并对这组基应用 Gram-Schmidt 正交化法（参见 2.3.3 节），就可以得到一组标准正交基，其张成同一子空间. 根据这种选取方式，则有 $\boldsymbol{U}^{(i)\perp}\boldsymbol{U}^{(i)} = \boldsymbol{I}_{v_i}$. 进一步，设 $\boldsymbol{Q}^{(i)}$ 是一个 $n \times (n - v_i)$ 矩阵且其正交列张成的子空间正交于 $\mathcal{R}(\boldsymbol{U}^{(i)})$.

推论 3.1 任意矩阵 $\boldsymbol{A} \in \mathbb{R}^{n,n}$ 都相似于对角线上有分块矩阵 $\lambda_i \boldsymbol{I}_{v_i}$ 的分块三角矩阵，其中 λ_i 是 $\boldsymbol{A}$ 的一个不同特征值，而 v_i 是对应特征空间的维数.

证明 注意，复合矩阵 $\boldsymbol{P}_i \doteq \left[\boldsymbol{U}^{(i)}\ \boldsymbol{Q}^{(i)}\right]$ 是一个正交矩阵（$\boldsymbol{P}_i$ 的列形成一组规范正交基，其张成空间为整个空间 $\mathbb{C}^n$, 见 3.4.6 节）. 因此它是可逆的且 $\boldsymbol{P}_i^{-1} = \boldsymbol{P}_i^{\top}$, 参见 3.4.6 节. 那么，由于 $\boldsymbol{A}\boldsymbol{U}^{(i)} = \lambda_i \boldsymbol{U}^{(i)}$, 有

$$\boldsymbol{U}^{(i)\top}\boldsymbol{A}\boldsymbol{U}^{(i)} = \lambda_i \boldsymbol{U}^{(i)\top}\boldsymbol{U}^{(i)} = \lambda_i \boldsymbol{I}_{v_i},$$

---

[1] 对于分块三角矩阵的性质，可参见 3.4.8 节.

以及 $\boldsymbol{Q}^{(i)\top}\boldsymbol{A}\boldsymbol{U}^{(i)}=\lambda_i\boldsymbol{Q}^{(i)\top}\boldsymbol{U}^{(i)}=0$. 于是有

$$\boldsymbol{P}_i^{-1}\boldsymbol{A}\boldsymbol{P}_i=\boldsymbol{P}_i^{\top}\boldsymbol{A}\boldsymbol{P}_i=\left[\begin{array}{cc}\lambda_i\boldsymbol{I}_{v_i} & \boldsymbol{U}^{(i)\top}\boldsymbol{A}\boldsymbol{Q}^{(i)}\\ 0 & \boldsymbol{Q}^{(i)\top}\boldsymbol{A}\boldsymbol{U}^{(i)}\end{array}\right], \tag{3.6}$$

因此推论得证. □

由于相似矩阵具有相同的特征值集（计算重数）㊀, 并且由于分块-三角形矩阵的特征值集是对角线块的特征值的并集，我们还可以从等式 (3.6) 得出 $v_i\leqslant\mu_i$（如果 $v_i>\mu_i$, 则在式 (3.6) 中的分块–三角形式意味着 $\boldsymbol{A}$ 在 λ_i 处至少有 v_i 个相同特征值，因此 λ_i 的代数重数为 $\mu_i=v_i$, 这产生矛盾）.

3.3.6 可对角化矩阵

定理 3.3 的一个直接结果是，在某些假设下，$\boldsymbol{A}\in\mathbb{R}^{n,n}$ 与一个对角矩阵相似，即 $\boldsymbol{A}$ 是可对角化的㊁. 下面的定理总结了该结论：

定理 3.4　设 λ_i, $i=1,\cdots,k\leqslant n$ 为 $\boldsymbol{A}\in\mathbb{R}^{n,n}$ 的非重复特征值，设 μ_i, $i=1,\cdots,k$ 表示相应的代数重数以及 $\phi_i=\mathcal{N}(\lambda_i\boldsymbol{I}_n-\boldsymbol{A})$. 进一步，设 $\boldsymbol{U}^{(i)}=[\boldsymbol{u}_1^{(i)}\cdots\boldsymbol{u}_{v_i}^{(i)}]$ 为一个由 ϕ_i 的一组基作为列形成的矩阵且 $v_i\doteq\dim\phi_i$. 那么，$v_i\leqslant\mu_i$, 且如果 $v_i=\mu_i$, $i=1,\cdots,k$, 则

$$\boldsymbol{U}=[\boldsymbol{U}^{(1)}\cdots\boldsymbol{U}^{(k)}]$$

是可逆的，并且

$$\boldsymbol{A}=\boldsymbol{U}\boldsymbol{\Lambda}\boldsymbol{U}^{-1}, \tag{3.7}$$

其中

$$\boldsymbol{\Lambda}=\left[\begin{array}{cccc}\lambda_1\boldsymbol{I}_{\mu_1} & 0 & \cdots & 0\\ 0 & \lambda_2\boldsymbol{I}_{\mu_2} & \cdots & 0\\ \vdots & \vdots & \ddots & \vdots\\ 0 & \cdots & 0 & \lambda_k\boldsymbol{I}_{\mu_k}\end{array}\right].$$

㊀ 该事实可以很容易通过构造矩阵 $\boldsymbol{B}=\boldsymbol{P}^{-1}\boldsymbol{A}\boldsymbol{P}$ 的特征多项式得到，这是因为

$$\begin{aligned}\det(\lambda\boldsymbol{I}-\boldsymbol{B})&=\det\left(\lambda\boldsymbol{I}-\boldsymbol{P}^{-1}\boldsymbol{A}\boldsymbol{P}\right)\\ &=\det\left(\boldsymbol{P}^{-1}(\lambda\boldsymbol{I}-\boldsymbol{A})\boldsymbol{P}\right)\\ &=\det\left(\boldsymbol{P}^{-1}\right)\det(\lambda\boldsymbol{I}-\boldsymbol{A})\det(\boldsymbol{P})\\ &=\det(\lambda\boldsymbol{I}-\boldsymbol{A}).\end{aligned}$$

㊁ 并不是所有的矩阵都是可对角化的. 例如：$\boldsymbol{A}=\left[\begin{array}{cc}1&1\\0&1\end{array}\right]$ 是不可对角化的. 然而可以证明，对于任何给定的方阵，总会存在一个任意小的可加扰动使其对角化，即可对角化矩阵形成 $\mathbb{R}^{n,n}$ 中的一个稠密子集.

证明 结论 $v_i \leqslant \mu_i$ 已在等式 (3.6) 下方证明. 那么设 $v_i = \mu_i$. 向量 $\boldsymbol{u}_1^{(i)}, \cdots, \boldsymbol{u}_{v_i}^{(i)}$ 是线性独立的，这是因为根据定义，它们是ϕ_i 的一组基. 进一步，由定理 3.3 得，对任意 $j_i \in \{1, \cdots, v_i\}$ 和 $i = 1, \cdots, k$, $\boldsymbol{u}_{j_1}^{(1)}, \cdots, \boldsymbol{u}_{j_k}^{(k)}$ 是线性独立的. 这意味着整个集合 $\{\boldsymbol{u}_j^{(i)}\}_{i=1,\cdots,k;j=1,\cdots,v_i}$ 是线性独立的. 现在，由于对任意 i, 有 $v_i = \mu_i$, 于是 $\sum_{i=1}^k v_i = \sum_{i=1}^k \mu_i = n$, 因此矩阵 U 是满秩的，因而可逆.

对任意 $i = 1, \cdots, k$, 我们有 $\boldsymbol{A}\boldsymbol{u}_j^{(i)} = \lambda_i \boldsymbol{u}_j^{(i)}$, $j = 1, \cdots, \mu_i$, 以及此可以写成如下紧凑的矩阵形式：

$$\boldsymbol{A}\boldsymbol{U}^{(i)} = \lambda_i \boldsymbol{U}^{(i)}, \quad i = 1, \cdots, k,$$

此即

$$\boldsymbol{A}\boldsymbol{U} = \boldsymbol{U}\boldsymbol{\Lambda},$$

则等式 (3.7) 可由将上式两边同时右乘 $\boldsymbol{U}^{-1}$ 所得. □

例 3.5（特征向量与谷歌的 PageRank） 谷歌的搜索引擎的有效性很大程度上依赖于其网页排名 PageRank 算法（以谷歌创始人 Larry Page 命名的一种算法），该算法定量排名网上每个网页的重要性，从而允许谷歌提供给用户更重要（通常是最相关的和最有用的）页面.

如果感兴趣的网络是由 n 个页面组成，每个页面被分别标记为整数 k, $k = 1, \cdots, n$. 于是我们可以将这个网络建模为一个有向图，其中页面是图的节点，而如果页面 k_1 可以链接到 k_2, 则存在从节点 k_1 到节点 k_2 的有向边. 设 x_k, $k = 1, \cdots, n$ 表示页面 k 的重要性评分. 一个简单的初始想法是根据可链接到所考虑页面（反向链接）的其他网页的数量给页面 k 分配分数.

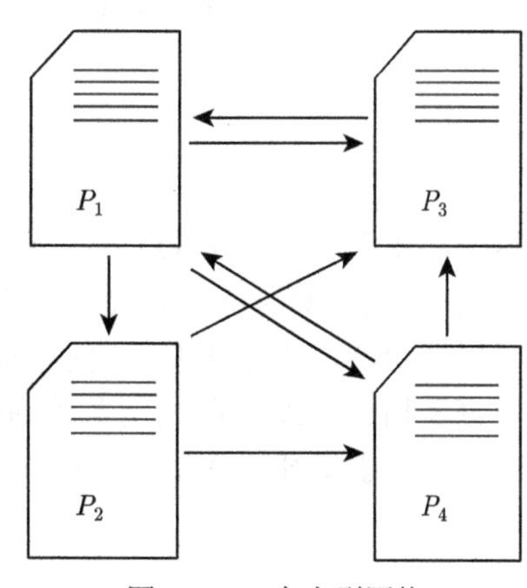

图 3.8 一个小型网络

例如，在图 3.8 所示的网络中，评分分别为 $x_1 = 2$, $x_2 = 1$, $x_3 = 3$, $x_4 = 2$. 因此页面 $k = 3$ 似乎是最相关的页面，而页面 $k = 2$ 是最不重要的. 用这种方法，一个页面的评分可以解释为一个页面从其他页面收到的“投票”数，其中每个传入链接都是一个投票. 但是，网络并不是那么民主，这是因为页面的相关性通常取决于指向该页面的相关性或“权威性”. 换句话说，如果你的网页直接由 Yahoo.com 而不是例如 Nobody.com 所指向的，那么你的页面相关性应该更高. 因此投票应该被加权，而不是仅仅用计数衡量，并且权重应该与指向页面本身的分数有关. 这样，实际的评分规则如下：每个页面 j 都有一个得分 x_j 和 n_j 个传出链接. 我们并不计算页面到自身的链接，也不允许悬挂页面，即没有传出链接的页面，因此对所有的 j, 均有 $n_j > 0$. 分数 x_j 表示节点 j 的总投票权，该投票权将平均地细分到 n_j 个传出链接中. 于是，每个传出链接都具有 x_j/n_j 个投票单位. 设 B_k 表

示指向页面 k 的页面标签集，即 B_k 是页面 k 的反向链接. 于是，页面 k 的分数可由下式计算：

$$x_k = \sum_{j \in B_k} \frac{x_j}{n_j}, \quad k = 1, \cdots, n.$$

注意，该方法与最初的纯计数方法相比不那么直接，这是因为现在分数以明显的循环方式定义，即页面 k 的分数定义为其他页面分数的函数，而其他页面的分数反过来又依赖于页面 k 的分数，以此类推.

现在将该方法应用于图 3.8 中所示的网络中，那么我们有 $n_1 = 3$, $n_2 = 2$, $n_3 = 1$, $n_4 = 2$, 因此

$$\begin{aligned} x_1 &= x_3 + \frac{1}{2}x_4, \\ x_2 &= \frac{1}{3}x_1, \\ x_3 &= \frac{1}{3}x_1 + \frac{1}{2}x_2 + \frac{1}{2}x_4, \\ x_4 &= \frac{1}{3}x_1 + \frac{1}{2}x_2. \end{aligned}$$

利用矩阵与向量的乘积规则，该方程组可写成如下紧凑的形式：

$$\boldsymbol{x} = \boldsymbol{A}\boldsymbol{x}, \quad \boldsymbol{A} = \begin{bmatrix} 0 & 0 & 1 & \frac{1}{2} \\ \frac{1}{3} & 0 & 0 & 0 \\ \frac{1}{3} & \frac{1}{2} & 0 & \frac{1}{2} \\ \frac{1}{3} & \frac{1}{2} & 0 & 0 \end{bmatrix}, \quad \boldsymbol{x} = \begin{bmatrix} x_1 \\ x_2 \\ x_3 \\ x_4 \end{bmatrix}.$$

这样，计算网页的分数就变为找到 $\boldsymbol{x}$ 使 $\boldsymbol{A}\boldsymbol{x} = \boldsymbol{x}$. 这是一个特征值/特征向量问题. 特别地，$\boldsymbol{x}$ 是对应于 $\boldsymbol{A}$ 的特征值 $\lambda = 1$ 的特征向量. 我们称 $\boldsymbol{A}$ 为给定网络的“链接矩阵”. 实际上，可以证明 $\lambda = 1$ 的确是 $\boldsymbol{A}$ 的特征值. 对于任何链接矩阵 $\boldsymbol{A}$（假设网络没有悬挂的页面），根据其构造，$\boldsymbol{A}$ 实际为所谓的列随机矩阵㊀，即其中元素非负且列和为 1 的矩阵. 在本例中，对应于特征值 $\lambda = 1$ 的特征空间 $\phi_1 = \mathcal{N}(\boldsymbol{I}_n - \boldsymbol{A})$ 的维数为 1, 且其由下式给出：

$$\phi_1 = \mathcal{N}(\boldsymbol{I}_n - \boldsymbol{A}) = \text{span}\left(\begin{bmatrix} 12 \\ 4 \\ 9 \\ 6 \end{bmatrix}\right),$$

㊀ 见习题 3.11.

于是 $\boldsymbol{Ax}=\boldsymbol{x}$ 的解是 ϕ_1 中任意向量 $\boldsymbol{x}$. 通常，我们选择所有分量和为 1 的解 $\boldsymbol{x}$, 在这种情况下, 有：

$$x=\frac{1}{31}\begin{bmatrix}12\\4\\9\\6\end{bmatrix}=\begin{bmatrix}0.3871\\0.1290\\0.2903\\0.1935\end{bmatrix}.$$

于是，根据 PageRank 评分，页面 1 是最相关的.

注意，到目前为止所讨论的方法在特征空间 ϕ_1 的维数大于 1 的某些情况下会有歧义. 在这样的情况下，实际上有多个特征向量对应于特征值 $\lambda=1$, 故页面的排名并不是唯一定义的. 为了克服这个困难，在谷歌中使用了一种改进的方法. 具体来说，考虑修正矩阵：

$$\tilde{\boldsymbol{A}}=(1-\mu)\boldsymbol{A}+\mu\boldsymbol{E}.$$

其中 $\mu\in[0,1]$ 且 $\boldsymbol{E}$ 是一个 $n\times n$ 矩阵，其所有元素均为 $1/n$. 经典的选择为 $\mu=0.15$. 修正的链接矩阵 $\tilde{\boldsymbol{A}}$ 仍然有一个特征值为 $\lambda=1$ 且可以证明对应的特征空间的维数为 1, 因此在不考虑尺度变换下，对应的页面排名向量是唯一的.

当然，实际应用中的挑战在于特征向量问题面临着巨大规模的计算. 根据谷歌的报道，页面排序问题最多可记录 20 亿个变量，约每周对整个万维网求解一次.

3.4 具有特殊结构和性质的矩阵

我们这里简要地回顾一下具有特殊结构和性质的几类重要的矩阵.

3.4.1 方阵

对于矩阵 $\boldsymbol{A}\in\mathbb{R}^{m,n}$，如果它的列数和行数一样多，即 $m=n$，则称矩阵 $\boldsymbol{A}$ 为方阵.

3.4.2 稀疏矩阵

非正式地，如果一个矩阵 $\boldsymbol{A}\in\mathbb{R}^{m,n}$ 的大多数元素为零，则称它为稀疏的. 当处理稀疏矩阵时，可以在计算效率方面得到一些改进. 例如，对于稀疏矩阵可以在内存中只存储它的 $p\ll mn$ 个非零元素. 此外，仅通过处理矩阵的非零元素就可以有效地执行诸如加法和乘法之类的运算㊀.

3.4.3 对称矩阵

对称矩阵是指对任意 $i,j=1,\cdots,n$ 满足 $a_{ij}=a_{ji}$ 的方阵. 更确切地说,如果 $\boldsymbol{A}=\boldsymbol{A}^{\top}$, 则 $\boldsymbol{A}$ 是对称矩阵. 一个对称的 $n\times n$ 矩阵由主对角线和对角线上面的元素定义，对角线下

㊀ 见习题 7.1.

面的元素是对角线上面元素的对称版本. 因此一个对称矩阵的 "自由" 元素的数目为:

$$n+(n-1)+\cdots+1=\frac{n(n+1)}{2}.$$

对称矩阵在优化理论中扮演着重要的角色，其将在第 4 章中进一步讨论. 图 3.9 显示了一个稀疏对称矩阵的 "图像", 其中非零元素用灰度表示，零元素用白色表示.

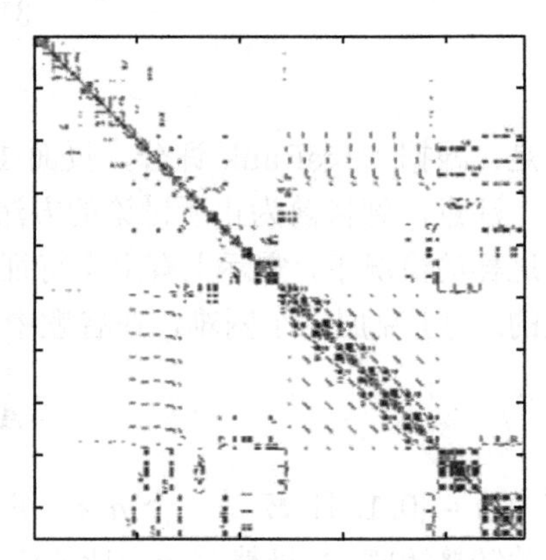

图 3.9　一个稀疏对称矩阵

3.4.4　对角矩阵

对角矩阵是满足 $a_{ij}=0,\ i\neq j$ 的方阵. 一个 $n\times n$ 的对角矩阵可以被记为 $\boldsymbol{A}=\operatorname{diag}(a)$, 其中 a 是一个包含 A 的对角线元素的 n 维向量. 我们通常写为:

$$\boldsymbol{A}=\operatorname{diag}\left(a_1,\cdots,a_n\right)=\begin{bmatrix}a_1 & & \\ & \ddots & \\ & & a_n\end{bmatrix},$$

其中按照惯例，不写出对角线外的零元素. 很容易证明一个对角矩阵的特征值就是对角线上的元素. 进一步，$\det\boldsymbol{A}=a_1a_2\cdots a_n$, 因此对角矩阵是非奇异的当且仅当 $a_i\neq 0,\ i=1,\cdots,n$. 于是非奇异对角矩阵的逆可以简单地写成:

$$\boldsymbol{A}^{-1}=\begin{bmatrix}\frac{1}{a_1} & & \\ & \ddots & \\ & & \frac{1}{a_n}\end{bmatrix}.$$

3.4.5　三角矩阵

三角矩阵是所有对角线以上或以下的元素均为零的方阵. 特别地，上三角矩阵 $\boldsymbol{A}$ 满足 $a_{ij}=0,\ i>j$:

$$\boldsymbol{A}=\begin{bmatrix}a_{11} & \cdots & a_{1n}\\ & \ddots & \vdots\\ & & a_{nn}\end{bmatrix}\quad \text{上三角矩阵.}$$

下三角矩阵满足 $a_{ij}=0,\ i<j$:

$$A = \begin{bmatrix} a_{11} & & \\ \vdots & \ddots & \\ a_{n1} & \cdots & a_{nn} \end{bmatrix} \quad \text{下三角矩阵.}$$

与对角线矩阵相似，三角形矩阵的特征值也是对角线上的元素且 $\det \boldsymbol{A} = a_{11}a_{22}\cdots a_{nn}$. 两个上（下）三角矩阵的乘积仍为上（下）三角矩阵. 一个非奇异的上（下）三角矩阵的逆仍为上（下）三角矩阵.

3.4.6 正交矩阵

正交矩阵的列形成 $\mathbb{R}^n$ 中的一组规范正交基的方阵. 如果 $\boldsymbol{U} = [\boldsymbol{u}_1 \cdots \boldsymbol{u}_n]$ 是一个正交矩阵，则有：

$$\boldsymbol{u}_i^\top \boldsymbol{u}_j = \begin{cases} 1 & \text{如果 } i = j, \\ 0 & \text{其他.} \end{cases}$$

这样 $\boldsymbol{U}^\top \boldsymbol{U} = \boldsymbol{U}\boldsymbol{U}^\top = \boldsymbol{I}_n$. 正交矩阵还可以保持长度和角度. 事实上，对于每个向量 $\boldsymbol{x}$, 有

$$\|\boldsymbol{U}\boldsymbol{x}\|_2^2 = (\boldsymbol{U}\boldsymbol{x})^\top(\boldsymbol{U}\boldsymbol{x}) = \boldsymbol{x}^\top \boldsymbol{U}^\top \boldsymbol{U}\boldsymbol{x} = \boldsymbol{x}^\top \boldsymbol{x} = \|\boldsymbol{x}\|_2^2.$$

于是，潜在的线性映射 $\boldsymbol{x} \to \boldsymbol{U}\boldsymbol{x}$ 保持了 $\boldsymbol{x}$ 的长度（在欧氏范数下）. 另外，正交映射也保持了角度不变. 如果 $\boldsymbol{x}, \boldsymbol{y}$ 是两个单位范数的向量，则它们之间的角度 θ 满足 $\cos\theta = \boldsymbol{x}^\top \boldsymbol{y}$, 而在旋转向量 $\boldsymbol{x}' = \boldsymbol{U}\boldsymbol{x}$ 和 $\boldsymbol{y}' = \boldsymbol{U}\boldsymbol{y}$ 之间的角度 θ' 满足 $\cos\theta' = (\boldsymbol{x}')^\top \boldsymbol{y}'$. 由于 $(\boldsymbol{U}\boldsymbol{x})^\top(\boldsymbol{U}\boldsymbol{y}) = \boldsymbol{x}^\top \boldsymbol{U}^\top \boldsymbol{U}\boldsymbol{y} = \boldsymbol{x}^\top \boldsymbol{y}$, 因而得到的角度是相同的. 反之也成立，任意保持长度和角度的方阵都是正交的. 此外，用正交矩阵进行矩阵的前乘和后乘并不改变其 Frobenius 范数（并非在后面 3.6.3 节正式定义的 ℓ_2 诱导范数）:

$$\|\boldsymbol{U}\boldsymbol{A}\boldsymbol{V}\|_{\mathrm{F}} = \|\boldsymbol{A}\|_{\mathrm{F}}, \quad \text{其中 } \boldsymbol{U}, \boldsymbol{V} \text{ 正交.}$$

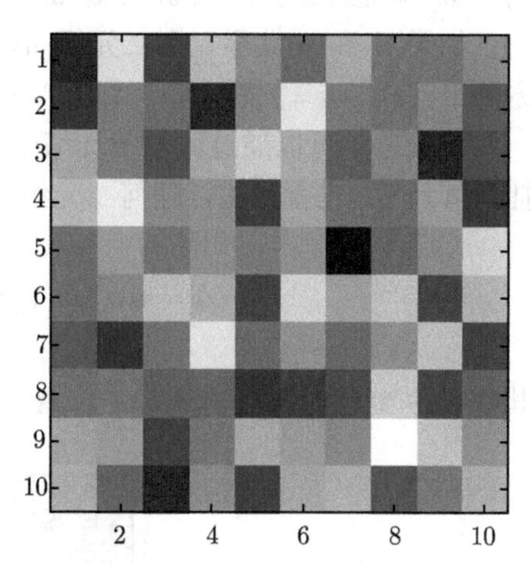

图 3.10 一个正交矩阵的图像，但正交性并不能在图像中显示

图 3.10 显示了一个正交矩阵的“图像”.

例 3.6 下面的矩阵

$$\boldsymbol{U} = \frac{1}{\sqrt{2}} \begin{bmatrix} 1 & 1 \\ 1 & -1 \end{bmatrix}$$

是正交的. 向量 $\boldsymbol{x} = [2\ 1]^\top$ 由上面的正交矩阵变换为

$$\boldsymbol{U}\boldsymbol{x} = \frac{1}{\sqrt{2}} \begin{bmatrix} 1 \\ 3 \end{bmatrix}.$$

于是 $\boldsymbol{U}$ 对应的是一个角度为 45° 的逆时针旋转. 更一般地说，由正交矩阵定义的如下映射：

$$U(\theta)=\begin{bmatrix}\cos\theta & -\sin\theta\\ \sin\theta & \cos\theta\end{bmatrix}$$

表示一个角度为 θ 的逆时针旋转.

3.4.7　二元组

称一个矩阵 $\boldsymbol{A}\in\mathbb{R}^{m,n}$ 是二元组，如果它具有形式 $\boldsymbol{A}=\boldsymbol{u}\boldsymbol{v}^\top$, 其中 $\boldsymbol{u}\in\mathbb{R}^m$ 且 $\boldsymbol{v}\in\mathbb{R}^n$. 如果 $\boldsymbol{u},\boldsymbol{v}$ 有相同的维数，则二元组 $\boldsymbol{A}=\boldsymbol{u}\boldsymbol{v}^\top$ 是方阵.

一个二元组作用于输入向量 $\boldsymbol{x}\in\mathbb{R}^n$ 表示如下：

$$\boldsymbol{A}\boldsymbol{x}=(\boldsymbol{u}\boldsymbol{v}^\top)\boldsymbol{x}=(\boldsymbol{v}^\top\boldsymbol{x})\boldsymbol{u}.$$

元素 A_{ij} 的形式为 u_iv_j. 这样，每一行（或列）是其他行（或列）的缩放版本，该“缩放”由向量 $\boldsymbol{u}$（或 $\boldsymbol{v}$）给出. 根据相关的线性映射 $\boldsymbol{x}\to\boldsymbol{A}\boldsymbol{x}$, 对于一个二元组 $\boldsymbol{A}=\boldsymbol{u}\boldsymbol{v}^\top$, 不管输入 $\boldsymbol{x}$ 是什么，输出始终指向同一方向 $\boldsymbol{u}$. 因此，输出始终是 $\boldsymbol{u}$ 的简单缩放. 缩放量取决于向量 $\boldsymbol{v}$, 即通过线性函数 $\boldsymbol{x}\to\boldsymbol{v}^\top\boldsymbol{x}$.

如果 $\boldsymbol{u}$ 和 $\boldsymbol{v}$ 非零，则二元组 $\boldsymbol{u}\boldsymbol{v}^\top$ 的秩为 1，这是因为其值域是 $\boldsymbol{u}$ 生成的直线. 一个方阵二元组 $(m=n)$ 仅有一个在 $\lambda=\boldsymbol{v}^\top\boldsymbol{u}$ 中的非零特征值，其对应的特征向量为 $\boldsymbol{u}$.

我们总是可以通过假设 $\boldsymbol{u},\boldsymbol{v}$ 都为单位（欧氏）范数来归一化二元组，并用一个因子来捕获其尺度. 也就是说，任何二元组都可以写成如下的归一化形式：

$$\boldsymbol{A}=\boldsymbol{u}\boldsymbol{v}^\top=(\|\boldsymbol{u}\|_2\cdot\|\boldsymbol{v}\|_2)\frac{\boldsymbol{u}}{\|\boldsymbol{u}\|_2}\frac{\boldsymbol{v}^\top}{\|\boldsymbol{v}\|_2}=\sigma\tilde{\boldsymbol{u}}\tilde{\boldsymbol{v}}^\top,$$

其中 $\sigma>0$ 且 $\|\tilde{\boldsymbol{u}}\|_2=\|\tilde{\boldsymbol{v}}\|_2=1$. 图 3.11 显示了一个二元组的“图像”.

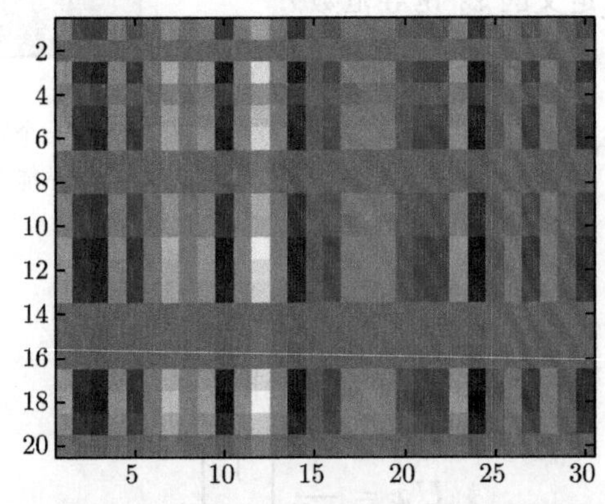

图 3.11　一个二元组的图像. 也许读者能看到二元组的行和列是彼此的缩放

例 3.7（金融价格数据的单因子模型） 考虑一个 $m \times T$ 数据矩阵 $\boldsymbol{A}$, 其中包含 m 个资产在 T 时间周期内（比如：天）的对数回报（见例 2.6）. 这些数据的单因子模型基于假设矩阵 $\boldsymbol{A}$ 是一个二元组：$\boldsymbol{A} = \boldsymbol{u}\boldsymbol{v}^\top$, 其中 $\boldsymbol{v} \in \mathbb{R}^T$，$\boldsymbol{u} \in \mathbb{R}^m$. 根据这个单因子模型，整个市场的行为表述如下. 在任意时刻 t, $1 \leqslant t \leqslant T$, 资产 i, $1 \leqslant i \leqslant m$ 的对数回报为形如 $[\boldsymbol{A}]_{it} = u_i v_t$ 的形式. 向量 $\boldsymbol{u}$ 和 $\boldsymbol{v}$ 有以下解释：

- 对于任何资产，在两个时刻 $t_1 \leqslant t_2$ 之间的对数回报变化率为比率 v_{t_2}/v_{t_1}, 其与资产无关. 因此，$\boldsymbol{v}$ 给出了所有资产的时间收益，在尺度为 $\boldsymbol{u}$ 的意义下，每个资产都具有相同的时间收益.
- 同样地，对于任意时刻 t, 两个资产 i 和 j 在时刻 t 的对数收益比为 u_i/u_j, 其独立于 t. 因此，$\boldsymbol{u}$ 给出了所有时间周期的资产收益. 在尺度为 $\boldsymbol{v}$ 的意义下，每个时间点都具有相同的资产收益.

尽管单因子模型看似粗糙，但它们通常会提供一个合理的信息量. 事实证明，对于许多金融市场数据，一个好的单因子模型涉及的时间收益 $\boldsymbol{v}$ 等于所有资产平均值的对数收益率或一些加权平均（如标普 500 指数）. 在该模型下，所有资产都遵循整个市场的收益变化.

3.4.8 块结构矩阵

任意矩阵 $\boldsymbol{A} \in \mathbb{R}^{m,n}$ 都可以被分解成块或者分解为相容维数的子矩阵：

$$\boldsymbol{A} = \begin{bmatrix} \boldsymbol{A}_{11} & \boldsymbol{A}_{12} \\ \boldsymbol{A}_{21} & \boldsymbol{A}_{22} \end{bmatrix}. \tag{3.8}$$

当 $\boldsymbol{A}$ 是方阵且 $\boldsymbol{A}_{12} = 0, \boldsymbol{A}_{21} = 0$（这里的 “0” 指的是一个矩阵块其所有元素为 0 且有合适的维数）, 则称 $\boldsymbol{A}$ 是块对角的：

$$\boldsymbol{A} = \begin{bmatrix} \boldsymbol{A}_{11} & 0 \\ 0 & \boldsymbol{A}_{22} \end{bmatrix}.$$

矩阵 $\boldsymbol{A}$ 的特征值集 $\lambda(\boldsymbol{A})$ 是 $\boldsymbol{A}_{11}$ 和 $\boldsymbol{A}_{22}$ 特征值集的并，即

$$\boldsymbol{A} \text{ 是块对角矩阵} \Rightarrow \lambda(\boldsymbol{A}) = \lambda(\boldsymbol{A}_{11}) \cup \lambda(\boldsymbol{A}_{22}).$$

此外，块对角矩阵是可逆的当且仅当它的对角块是可逆的，以及有：

$$\begin{bmatrix} \boldsymbol{A}_{11} & 0 \\ 0 & \boldsymbol{A}_{22} \end{bmatrix}^{-1} = \begin{bmatrix} \boldsymbol{A}_{11}^{-1} & 0 \\ 0 & \boldsymbol{A}_{22}^{-1} \end{bmatrix}.$$

如果 $\boldsymbol{A}_{21} = 0$，则称一个形如式 (3.8) 的按块划分的方阵 $\boldsymbol{A}$ 是上三角分块矩阵，如果 $A_{12} = 0$，则称为下三角分块矩阵：

$$\boldsymbol{A} = \begin{bmatrix} \boldsymbol{A}_{11} & 0 \\ \boldsymbol{A}_{21} & \boldsymbol{A}_{22} \end{bmatrix} \quad \text{下三角分块矩阵},$$

$$A = \begin{bmatrix} A_{11} & A_{12} \\ 0 & A_{22} \end{bmatrix} \quad \text{上三角分块矩阵}.$$

同样，对于分块三角矩阵 A, 其特征值集也是其对角线块特征值集的并，即

$$A\text{ 为分块（上或下）三角矩阵} \Rightarrow \lambda(A) = \lambda(A_{11}) \cup \lambda(A_{22}).$$

一个非奇异块三角矩阵的逆可以表示为：

$$\begin{bmatrix} A_{11} & 0 \\ A_{21} & A_{22} \end{bmatrix}^{-1} = \begin{bmatrix} A_{11}^{-1} & 0 \\ -A_{22}^{-1}A_{21}A_1^{-1} & A_{22}^{-1} \end{bmatrix},$$

$$\begin{bmatrix} A_{11} & A_{12} \\ 0 & A_{22} \end{bmatrix}^{-1} = \begin{bmatrix} A_{11}^{-1} & -A_{11}^{-1}A_{12}A_{22}^{-1} \\ 0 & A_{22}^{-1} \end{bmatrix}.$$

这两个公式都可以通过验证 $AA^{-1} = I$ 和 $A^{-1}A = I$ 来证明，这些性质明确定义了矩阵的逆. 对于形如式 (3.8) 的非奇异全块矩阵的逆，上面两个等价的公式也成立. 设

$$S_1 \doteq A_{11} - A_{12}A_{22}^{-1}A_{21}, \quad S_2 \doteq A_{22} - A_{21}A_{11}^{-1}A_{12},$$

于是

$$\begin{bmatrix} A_{11} & A_{12} \\ A_{21} & A_{22} \end{bmatrix}^{-1} = \begin{bmatrix} S_1^{-1} & -A_{11}^{-1}A_{12}S_2^{-1} \\ -A_{22}^{-1}A_{21}S_1^{-1} & S_2^{-1} \end{bmatrix}$$
$$= \begin{bmatrix} S_1^{-1} & -S_1^{-1}A_{12}A_{22}^{-1} \\ -S_2^{-1}A_{21}A_{11}^{-1} & S_2^{-1} \end{bmatrix}.$$

进一步，应用矩阵恒等式（称为矩阵逆引理或 Woodbury 公式）展开块 S_1 和 S_2 的逆，则可以获得如下等价的表达式：

$$\left(A_{11} - A_{12}A_{22}^{-1}A_{21}\right)^{-1} = A_{11}^{-1} + A_{11}^{-1}A_{12}\left(A_{22} - A_{21}A_{11}^{-1}A_{12}\right)^{-1}A_{21}A_{11}^{-1}. \tag{3.9}$$

3.4.9　秩一扰动

当 A_{12} 和 A_{21} 为向量时，即将 A_{11} 加上一个秩一矩阵（二元组）时，式 (3.9) 会对应一个特殊情况. 具体地说，对于 $A_{12} = u \in \mathbb{R}^n$, $A_{21}^\top = v \in \mathbb{R}^n$ 和 $A_{22} = -1$, 上述公式则成为：

$$(A_{11} + uv^\top)^{-1} = A_{11}^{-1} - \frac{A_{11}^{-1}uv^\top A_{11}^{-1}}{1 + v^\top A_{11}^{-1}u}. \tag{3.10}$$

这个公式允许我们仅根据 $\boldsymbol{A}_{11}$ 本身的逆就可以很容易地计算 $\boldsymbol{A}_{11}$ 的秩一扰动的逆.

一个进一步有意思的性质是，一个秩一扰动不能将矩阵的秩改变一个以上的单位. 这个事实实际上适用于一般（即可能是矩形）的矩阵，见如下所述.

引理 3.1（秩一扰动的秩） 设 $\boldsymbol{A} \in \mathbb{R}^{m,n}$, $\boldsymbol{q} \in \mathbb{R}^m$ 和 $\boldsymbol{p} \in \mathbb{R}^n$. 那么

$$\left|\operatorname{rank}(\boldsymbol{A}) - \operatorname{rank}(\boldsymbol{A} + \boldsymbol{q}\boldsymbol{p}^\top)\right| \leqslant 1.$$

证明 我们下面证明 $\operatorname{rank}(\boldsymbol{A}) \leqslant \operatorname{rank}(\boldsymbol{A} + \boldsymbol{q}\boldsymbol{p}^\top) + 1$. 类似地，通过交换矩阵 $\boldsymbol{A}$ 和 $\boldsymbol{A} + \boldsymbol{q}\boldsymbol{p}^\top$ 的角色可以证明 $\operatorname{rank}(\boldsymbol{A} + \boldsymbol{q}\boldsymbol{p}^\top) \leqslant \operatorname{rank}(\boldsymbol{A}) + 1$. 由于秩与矩阵的值域子空间的维数一致，于是我们需要证明的是：

$$\dim \mathcal{R}(\boldsymbol{A}) \leqslant \dim \mathcal{R}(\boldsymbol{A} + \boldsymbol{q}\boldsymbol{p}^\top) + 1.$$

根据线性代数基本定理，得到 $\dim \mathcal{R}(\boldsymbol{A}) + \dim \mathcal{N}(\boldsymbol{A}^\top) = m$, 那么上面的条件等价于

$$\dim \mathcal{N}(\boldsymbol{A}^\top + \boldsymbol{p}\boldsymbol{q}^\top) \leqslant \dim \mathcal{N}(\boldsymbol{A}^\top) + 1. \tag{3.11}$$

我们用反证法证明式 (3.11)：设 $v \doteq \dim \mathcal{N}(\boldsymbol{A}^\top)$, 假设

$$\dim \mathcal{N}(\boldsymbol{A}^\top + \boldsymbol{p}\boldsymbol{q}^\top) > v + 1.$$

于是存在 $v+2$ 个线性独立向量 $\boldsymbol{v}_1, \cdots, \boldsymbol{v}_{v+2}$ 其都属于 $\boldsymbol{A}^\top + \boldsymbol{p}\boldsymbol{q}^\top$ 的零空间，即 $(\boldsymbol{A}^\top + \boldsymbol{p}\boldsymbol{q}^\top)\boldsymbol{v}_i = 0$, $i = 1, \cdots, v+2$, 这意味着

$$\boldsymbol{A}^\top \boldsymbol{v}_i = -\alpha_i \boldsymbol{p}, \quad \alpha_i \doteq \boldsymbol{q}^\top \boldsymbol{v}_i, \quad i = 1, \cdots, v+2.$$

现在，至少有一个常数 α_i 必须是非零的，否则对于 $i = 1, \cdots, v+2$, 有 $\boldsymbol{A}^\top \boldsymbol{v}_i = 0$, 这将与 $\dim \mathcal{N}(\boldsymbol{A}^\top) = \boldsymbol{v}$ 矛盾，于是结果得证. 那么，不失一般性，假设 $\alpha_1 \neq 0$ 并定义向量 $\boldsymbol{w}_i = \boldsymbol{v}_{i+1} - (\alpha_{i+1}/\alpha_1)\boldsymbol{v}_1$, $i = 1, \cdots, v+1$. 则通过直接验证有：

$$\boldsymbol{A}^\top \boldsymbol{w}_i = \boldsymbol{A}^\top \boldsymbol{v}_{i+1} - \frac{\alpha_{i+1}}{\alpha_1}\boldsymbol{A}^\top \boldsymbol{v}_1 = -\alpha_{i+1}\boldsymbol{p} + \alpha_{i+1}\boldsymbol{p} = 0, \quad i = 1, \cdots, v+1.$$

这样，我们得到 $v+1$ 个线性独立向量 $\boldsymbol{w}_i$ 其均属于 $\boldsymbol{A}^\top$ 的零空间，于是出现矛盾，这是因为 $\dim \mathcal{N}(\boldsymbol{A}^\top) = \boldsymbol{v}$. □

3.5 矩阵分解

理论和数值的线性代数的相当一部分是专门用于解决矩阵分解问题. 也就是说，给定一个矩阵 $\boldsymbol{A} \in \mathbb{R}^{m,n}$, 将这个矩阵写成两个或多个具有特殊结构的矩阵的乘积. 通常，一旦一个矩阵被适当地分解，就会容易得到感兴趣的量，从而会大大简化后续的计算. 例如：我们知道任意方阵 $\boldsymbol{A}$ 都可以写成一个正交矩阵和一个三角矩阵的乘积，即 $\boldsymbol{A} = \boldsymbol{Q}\boldsymbol{R}$, 其中

$\boldsymbol{Q}$ 是正交矩阵而 $\boldsymbol{R}$ 是上三角矩阵. 一旦获得了这样的分解，我们就可以立即得到 $\boldsymbol{A}$ 的秩，其只是 $\boldsymbol{R}$ 对角线上非零元素的个数. 此外，可以很容易求解以 $\boldsymbol{x}$ 为未知变量的线性方程组 $\boldsymbol{Ax}=\boldsymbol{b}$, 这将在 6.4.4.1 节中进一步讨论. 根据由矩阵 $\boldsymbol{A}$ 定义的线性映射，一个分解可以解释为将该映射分解为一系列连续的映射，如图 3.12 所示.

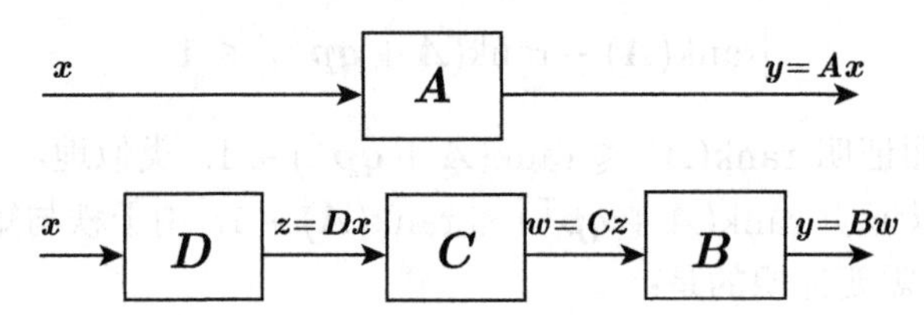

图 3.12　给定一个矩阵分解 $\boldsymbol{A}=\boldsymbol{BCD}$, 可解释线性映射 $\boldsymbol{y}=\boldsymbol{Ax}$ 为三个映射的串联

我们下面简要介绍一些最常用的矩阵分解.

3.5.1　正交三角分解 (QR)

任意矩阵 $\boldsymbol{A}\in\mathbb{R}^{n,n}$ 都可被分解为：

$$\boldsymbol{A}=\boldsymbol{QR},$$

其中 $\boldsymbol{Q}$ 是正交矩阵而 $\boldsymbol{R}$ 是上三角矩阵. 如果 $\boldsymbol{A}$ 是非奇异的且将 $\boldsymbol{R}$ 中的对角元素设为正的，则因子 $\boldsymbol{Q},\boldsymbol{R}$ 是被唯一定义的.

如果 $\boldsymbol{A}\in\mathbb{R}^{m,n}$ 是矩形的，其中 $m\geqslant n$, 则有如下类似的分解：

$$\boldsymbol{A}=\boldsymbol{Q}\left[\begin{array}{c}\boldsymbol{R}_1\\0_{m-n,n}\end{array}\right],$$

其中 $\boldsymbol{Q}\in\mathbb{R}^{m,m}$ 是正交的且 $\boldsymbol{R}_1\in\mathbb{R}^{n,n}$ 是上三角矩阵，如图 3.13 所示. 注意，$\boldsymbol{QR}$ 分解与 Gram-Schmidt 正交化过程密切相关，后者在线性方程和最小二乘问题的数值求解中是有用的，参见 7.3 节和 6.4.4.1 节.

3.5.2　奇异值分解 (SVD)

任意非零矩阵 $\boldsymbol{A}\in\mathbb{R}^{m,n}$ 都可以分解为：

$$\boldsymbol{A}=\boldsymbol{U}\tilde{\boldsymbol{\Sigma}}\boldsymbol{V}^{\top},$$

其中 $\boldsymbol{V}\in\mathbb{R}^{n,n}$ 和 $\boldsymbol{U}\in\mathbb{R}^{m,m}$ 是正交矩阵以及

$$\tilde{\boldsymbol{\Sigma}}=\left[\begin{array}{cc}\boldsymbol{\Sigma}&0_{r,n-r}\\0_{m-r,r}&0_{m-r,n-r}\end{array}\right],\quad \boldsymbol{\Sigma}=\operatorname{diag}(\sigma_1,\cdots,\sigma_r),$$

其中 r 是矩阵 $\boldsymbol{A}$ 的秩以及常数 $\sigma_i > 0,\ i = 1,\cdots,r$ 为 A 的奇异值. 矩阵 $\boldsymbol{U}$ 的前 r 列 $\boldsymbol{u}_1,\cdots,\boldsymbol{u}_r$（或矩阵 $\boldsymbol{V}$ 的前 r 列 $\boldsymbol{v}_1,\cdots,\boldsymbol{v}_r$）为左（或右）奇异向量且其满足：

$$\boldsymbol{A}\boldsymbol{v}_i = \sigma_i\boldsymbol{u}_i, \quad \boldsymbol{A}^\top\boldsymbol{u}_i = \sigma_i\boldsymbol{v}_i, \quad i = 1,\cdots,r.$$

奇异值分解 SVD 是数值线性代数中的一个基本分解，这是因为它揭示了 $\boldsymbol{A}$ 所描述的线性映射的所有相关信息，如值域、零空间和秩. 图 3.14 给出了一个 4×8 矩阵的 SVD 的图.

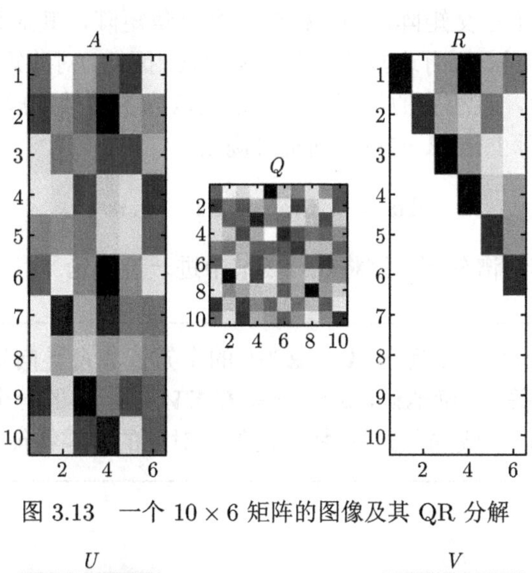

图 3.13 一个 10×6 矩阵的图像及其 QR 分解

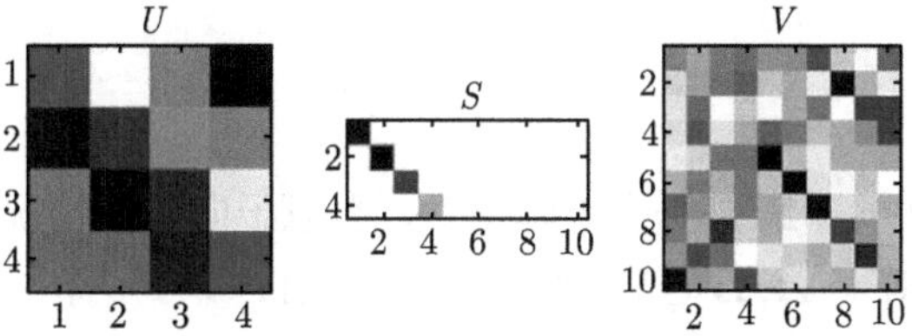

图 3.14 一个 4×8 矩阵及其 SVD 的图像

3.5.3 可对角化矩阵的特征值分解

一个可对角化[⊖]方阵 $\boldsymbol{A}\in\mathbb{R}^{n,n}$ 可分解为：

$$\boldsymbol{A} = \boldsymbol{U}\boldsymbol{\Lambda}\boldsymbol{U}^{-1},$$

其中 $\boldsymbol{U}\in\mathbb{C}^{n,n}$ 是一个由 $\boldsymbol{A}$ 的列形成的可逆矩阵，$\boldsymbol{\Lambda}$ 是一个对角矩阵，其对角元素为 $\boldsymbol{A}$ 的特征值 $\lambda_1,\cdots,\lambda_n$. 对于一般矩阵，这些特征值是实数或复数，复数以复共轭对的形式出现（见 3.3.6 节）. 称矩阵 $\boldsymbol{U}$ 的列 $\boldsymbol{u}_1,\cdots,\boldsymbol{u}_n$ 为 $\boldsymbol{A}$ 的特征向量，其满足：

$$\boldsymbol{A}\boldsymbol{u}_i = \lambda_i\boldsymbol{u}_i, \quad i = 1,\cdots,n.$$

⊖ 3.3.6 节将介绍可对角化矩阵.

事实上，可以以紧凑的形式将这些关系写为 $\boldsymbol{AU}=\boldsymbol{\Lambda U}$, 这等价于 $\boldsymbol{A}=\boldsymbol{U\Lambda U}^{-1}$.

3.5.4 对称矩阵的谱分解

任意对称矩阵 $\boldsymbol{A}\in\mathbb{R}^{n,n}$ 都可以被分解为：

$$\boldsymbol{A}=\boldsymbol{U\Lambda U}^{\top},$$

其中 $\boldsymbol{U}\in\mathbb{R}^{n,n}$ 是一个正交矩阵，而 $\boldsymbol{\Lambda}$ 是一个对角矩阵，其对角元素为 $\boldsymbol{A}$ 的特征值 $\lambda_1,\cdots,\lambda_n$. 对于对称矩阵，所有这些特征值均为实数. 因此，对称矩阵是可对角线化的，它们的特征值始终是实数，且相应的特征向量可以选取为实的并形成一组规范正交基. 矩阵 $\boldsymbol{U}$ 的列 $\boldsymbol{u}_1,\cdots,\boldsymbol{u}_n$ 实际上是 $\boldsymbol{A}$ 的特征向量且满足：

$$\boldsymbol{A}\boldsymbol{u}_i=\lambda_i\boldsymbol{u}_i,\quad i=1,\cdots,n.$$

称这种分解为对称矩阵的谱分解，这将在 4.2 节中进一步讨论.

注释 3.1　一个矩形矩阵 $\boldsymbol{A}\in\mathbb{R}^{m,n}$ 的奇异值和奇异向量与对称矩阵 $\boldsymbol{AA}^{\top}$ 和 $\boldsymbol{A}^{\top}\boldsymbol{A}$ 的谱分解有关. 准确地说，如果 $\boldsymbol{A}=\boldsymbol{U}\tilde{\boldsymbol{\Sigma}}\boldsymbol{V}^{\top}$ 是 $\boldsymbol{A}$ 的一个 SVD 分解，则 $\boldsymbol{U}$（或 V）的列就是 $\boldsymbol{AA}^{\top}$（或 $A^{\top}A$）的特征向量，对应的非零特征值为 σ_i^2, $i=1,\cdots,r$.

3.6 矩阵范数

3.6.1 定义

称一个函数 $f:\mathbb{R}^{m,n}\to\mathbb{R}$ 是一个矩阵范数，类似于向量的情况，如果它满足以下三个标准公理. 具体来说，对于 $\boldsymbol{A},\boldsymbol{B}\in\mathbb{R}^{m,n}$ 和 $\alpha\in\mathbb{R}$, 有：

- $f(\boldsymbol{A})\geqslant 0$ 和 $f(\boldsymbol{A})=0$ 当且仅当 $\boldsymbol{A}=0$;
- $f(\alpha\boldsymbol{A})=|\alpha|f(\boldsymbol{A})$;
- $f(\boldsymbol{A}+\boldsymbol{B})\leqslant f(\boldsymbol{A})+f(\boldsymbol{B})$.

许多常用的矩阵范式还满足被称为次乘性的第四个公理条件：对于任意大小一致的矩阵 $\boldsymbol{A}$ 和 $\boldsymbol{B}$, 有

$$f(\boldsymbol{AB})\leqslant f(\boldsymbol{A})f(\boldsymbol{B}).$$

在这些矩阵范数中，最常见的矩阵范数有 Frobenius 范数：

$$\|\boldsymbol{A}\|_{\mathrm{F}}\doteq\sqrt{\operatorname{trace}\boldsymbol{AA}^{\top}}$$

以及 $\ell_p(p=1,2,\infty)$ 诱导范数：

$$\|\boldsymbol{A}\|_p\doteq\max_{\|\boldsymbol{u}\|_p\neq 0}\frac{\|\boldsymbol{Au}\|_p}{\|\boldsymbol{u}\|_p}.$$

3.6.2 Frobenius 范数

Frobenius 范数 $\|\boldsymbol{A}\|_{\mathrm{F}}$ 是将标准欧氏 (ℓ_2) 向量范数应用于由 $\boldsymbol{A} \in \mathbb{R}^{m,n}$ 中所有元素形成的向量：

$$\|\boldsymbol{A}\|_{\mathrm{F}} = \sqrt{\operatorname{trace} \boldsymbol{A}\boldsymbol{A}^{\top}} = \sqrt{\sum_{i=1}^{m}\sum_{j=1}^{n} |a_{ij}|^2}.$$

Frobenius 范数也可用对称矩阵 $\boldsymbol{A}\boldsymbol{A}^{\top}$ 的特征值来解释（方阵的迹表示对角线上元素的和以及该矩阵特征值的和）：

$$\|\boldsymbol{A}\|_{\mathrm{F}} = \sqrt{\operatorname{trace} \boldsymbol{A}\boldsymbol{A}^{\top}} = \sqrt{\sum_{i=1}^{m} \lambda_i(\boldsymbol{A}\boldsymbol{A}^{\top})}.$$

设 $\boldsymbol{a}_1^{\top}, \cdots, \boldsymbol{a}_m^{\top}$ 为 $\boldsymbol{A} \in \mathbb{R}^{m,n}$ 的行，则有

$$\|\boldsymbol{A}\|_{\mathrm{F}}^2 = \sum_{i=1}^{m} \left\|\boldsymbol{a}_i^{\top}\right\|_2^2.$$

因此，对任意 $\boldsymbol{x} \in \mathbb{R}^n$, 下式成立：

$$\|\boldsymbol{A}\boldsymbol{x}\|_2 \leqslant \|\boldsymbol{A}\|_{\mathrm{F}} \|\boldsymbol{x}\|_2. \tag{3.12}$$

这是将 Cauchy-Schwartz 不等式应用于 $\left|\boldsymbol{a}_i^{\top}\boldsymbol{x}\right|$ 的结果：

$$\|\boldsymbol{A}\boldsymbol{x}\|_2^2 = \sum_{i=1}^{m} \left|\boldsymbol{a}_i^{\top}\boldsymbol{x}\right|^2 \leqslant \sum_{i=1}^{m} \left\|\boldsymbol{a}_i^{\top}\right\|_2^2 \|\boldsymbol{x}\|_2^2 = \|\boldsymbol{A}\|_{\mathrm{F}}^2 \|\boldsymbol{x}\|_2^2.$$

不等式 (3.12) 还意味着 Frobenius 范数确实是次可乘的，即对任意 $\boldsymbol{B} \in \mathbb{R}^{n,p}$, 其满足：

$$\|\boldsymbol{A}\boldsymbol{B}\|_{\mathrm{F}} \leqslant \|\boldsymbol{A}\|_{\mathrm{F}} \|\boldsymbol{B}\|_{\mathrm{F}}.$$

为了说明这个事实，设 $\boldsymbol{b}_1, \cdots, \boldsymbol{b}_p$ 表示 $\boldsymbol{B}$ 的列，于是 $\boldsymbol{A}\boldsymbol{B} = [\boldsymbol{A}\boldsymbol{b}_1 \cdots \boldsymbol{A}\boldsymbol{b}_p]$ 且

$$\|\boldsymbol{A}\boldsymbol{B}\|_{\mathrm{F}}^2 = \sum_{j=1}^{p} \|\boldsymbol{A}\boldsymbol{b}_j\|_2^2 \leqslant \sum_{j=1}^{p} \|\boldsymbol{A}\|_{\mathrm{F}}^2 \|\boldsymbol{b}_j\|_2^2 = \|\boldsymbol{A}\|_{\mathrm{F}}^2 \|\boldsymbol{B}\|_{\mathrm{F}}^2.$$

矩阵 $\boldsymbol{A}$ 的 Frobenius 范数可以用与 $A : \boldsymbol{u} \rightarrow \boldsymbol{y} = \boldsymbol{A}\boldsymbol{u}$ 相关的线性映射来解释，如图 3.15 所示. 特别地，当输入是随机的，其提供了一种对输出方差的度量，进一步细节可参见习题 3.9.

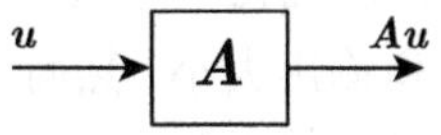

$$\boldsymbol{u} \longrightarrow \boxed{\boldsymbol{A}} \longrightarrow \boldsymbol{A}\boldsymbol{u}$$

图 3.15 矩阵作为一个算子. 矩阵范数度量了“典型”输出的大小

3.6.3 算子范数

当 Frobenius 范数度量随机输入的响应时，所谓的算子范数给出了线性映射 $\boldsymbol{u} \to \boldsymbol{y} = \boldsymbol{A}\boldsymbol{u}$ 的最大输入输出增益的一个刻画. 选择由一个给定的 ℓ_p 范数来度量输入输出，对于经典的 $p = 1, 2, \infty$, 则有如下的定义：

$$\|\boldsymbol{A}\|_p \doteq \max_{\boldsymbol{u} \neq 0} \frac{\|\boldsymbol{A}\boldsymbol{u}\|_p}{\|\boldsymbol{u}\|_p} = \max_{\|\boldsymbol{u}\|=1} \|\boldsymbol{A}\boldsymbol{u}\|_p,$$

其中，最后的等式是将分数中的分子和分母同除以 $\boldsymbol{u}$ 的（非零）范数而得到的.

根据定义，对于每一个 $\boldsymbol{u}$, 有 $\|\boldsymbol{A}\boldsymbol{u}\|_p \leqslant \|\boldsymbol{A}\|_p \|\boldsymbol{u}\|_p$. 由这个性质可知，任何算子范数都是次可乘的，也就是说，对任意两个大小一致的矩阵 $\boldsymbol{A}, \boldsymbol{B}$, 如下不等式成立：

$$\|\boldsymbol{A}\boldsymbol{B}\|_p \leqslant \|\boldsymbol{A}\|_p \|\boldsymbol{B}\|_p.$$

这个事实可以很容易地从考虑乘积 $\boldsymbol{A}\boldsymbol{B}$ 是两个算子 $\boldsymbol{B}, \boldsymbol{A}$ 的串联得到：

$$\|\boldsymbol{B}\boldsymbol{u}\|_p \leqslant \|\boldsymbol{B}\|_p \|\boldsymbol{u}\|_p, \quad \|\boldsymbol{A}\boldsymbol{B}\boldsymbol{u}\|_p \leqslant \|\boldsymbol{A}\|_p \|\boldsymbol{B}\boldsymbol{u}\|_p \leqslant \|\boldsymbol{A}\|_p \|\boldsymbol{B}\|_p \|\boldsymbol{u}\|_p,$$

如图 3.16 所示.

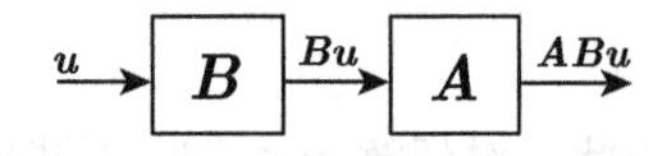

图 3.16　算子范数的次可乘性

对于经典的取值 $p = 1, 2, \infty$, 我们有以下结果（前两种情况的证明留给读者作为习题）：

- ℓ_1 诱导的范数对应于最大绝对值列的和：

$$\|\boldsymbol{A}\|_1 = \max_{\|\boldsymbol{u}\|_1 = 1} \|\boldsymbol{A}\boldsymbol{u}\|_1 = \max_{j=1,\cdots,n} \sum_{i=1}^{m} |a_{ij}|.$$

- ℓ_∞ 诱导的范数对应于最大绝对值行的和：

$$\|\boldsymbol{A}\|_\infty = \max_{\|\boldsymbol{u}\|_\infty = 1} \|\boldsymbol{A}\boldsymbol{u}\|_\infty = \max_{i=1,\cdots,m} \sum_{j=1}^{n} |a_{ij}|.$$

- ℓ_2 诱导的范数（有时也称为谱范数）对应于 $\boldsymbol{A}^\top \boldsymbol{A}$ 的最大特征值 $\lambda_{\max}$ 的平方根：

$$\|\boldsymbol{A}\|_2 = \max_{\|\boldsymbol{u}\|_2 = 1} \|\boldsymbol{A}\boldsymbol{u}\|_2 = \sqrt{\lambda_{\max}(\boldsymbol{A}^\top \boldsymbol{A})}.$$

后一个等式可由一个对称矩阵的特征值的变分刻画得到，参见 4.3.1 节.

注释 3.2　还有可能定义其他的矩阵范数，例如不同的算子范数可以被用来度量输入和输出大小. 然而，一些范数很难计算. 比如，如下范数尽管有很好的近似，但很难精确计算得到：

$$\max_{\boldsymbol{u}} \|\boldsymbol{A}\boldsymbol{u}\|_2 : \quad \|\boldsymbol{u}\|_\infty \leqslant 1.$$

3.6.3.1 谱半径

一个矩阵 $\boldsymbol{A}\in\mathbb{R}^{n,n}$ 的谱半径 $\rho(\boldsymbol{A})$ 定义为 $\boldsymbol{A}$ 的特征值的最大模，也就是：

$$\rho(\boldsymbol{A}) \doteq \max_{i=1,\cdots,n} |\lambda_i(\boldsymbol{A})|.$$

显然，对于所有的 $\boldsymbol{A}$，有 $\rho(\boldsymbol{A})\geqslant 0$ 且 $\boldsymbol{A}=0$ 意味着 $\rho(\boldsymbol{A})=0$. 然而，反之并不正确，这是因为 $\rho(\boldsymbol{A})=0$ 并不意味着㊀一定有 $\boldsymbol{A}=0$, 于是 $\rho(\boldsymbol{A})$ 不是一个矩阵范数. 然而，对任意诱导矩阵范数 $\|\cdot\|_p$, 还有：

$$\rho(A)\leqslant\|A\|_p.$$

为了证明这一事实，设 $\lambda_i,\boldsymbol{v}_i\neq 0$ 为矩阵 $\boldsymbol{A}$ 的特征值/特征向量对，于是

$$\|\boldsymbol{A}\|_p\left\|\boldsymbol{v}_i\right\|_p\geqslant\left\|\boldsymbol{A}\boldsymbol{v}_i\right\|_p=\left\|\lambda_i\boldsymbol{v}_i\right\|_p=|\lambda_i|\left\|\boldsymbol{v}_i\right\|_p,$$

其中第一个不等式由矩阵范数的定义给出，那么

$$|\lambda_i|\leqslant\|\boldsymbol{A}\|_p,\quad\forall\, i=1,\cdots,n.$$

于是结论得证. 特别地，我们还可以得出 $\rho(\boldsymbol{A})\leqslant\min(\|\boldsymbol{A}\|_1,\|\boldsymbol{A}\|_\infty)$, 即 $\rho(\boldsymbol{A})$ 不大于 $|\boldsymbol{A}|$（其为各项元素是 A 中各元素绝对值的矩阵）的最大行和或列和.

3.7 矩阵函数

我们已经碰到了以矩阵为变量的几个实值函数. 例如，给定一个矩阵 $\boldsymbol{X}\in\mathbb{R}^{n,n}$, 行列式 $\det\boldsymbol{X}$, $\boldsymbol{X}$ 的迹和任意范数 $\|\boldsymbol{X}\|$ 均是这种函数 $f:\mathbb{R}^{n,n}\to\mathbb{R}$ 的例子. 我们这里简要讨论取值也为矩阵的函数，即函数 $f:\mathbb{R}^{n\ n}\to\mathbb{R}^{n,n}$. 这类函数的一个例子是定义在非奇异矩阵空间上的矩阵逆，即给定非奇异矩阵 $\boldsymbol{X}\in\mathbb{R}^{n,n}$, 取值为矩阵 $\boldsymbol{X}^{-1}$ 使 $\boldsymbol{X}\boldsymbol{X}^{-1}=\boldsymbol{X}^{-1}\boldsymbol{X}=\boldsymbol{I}_n$ 的函数.

3.7.1 矩阵幂与矩阵多项式

通过观察 $\boldsymbol{X}^k=\boldsymbol{X}\boldsymbol{X}\cdots\boldsymbol{X}$（$k$ 次相乘，这里按照惯例定义 $\boldsymbol{X}^0=\boldsymbol{I}_n$），如下的整数幂函数：

$$f(\boldsymbol{X})=\boldsymbol{X}^k,\quad k=0,1,\cdots$$

可以很自然地由矩阵乘积来定义. 类似地，定义在非奇异矩阵上的负整数幂函数可以定义为其逆的整数幂：

$$f(\boldsymbol{X})=\boldsymbol{X}^{-k}=\left(\boldsymbol{X}^{-1}\right)^k,\quad k=0,1,\cdots.$$

进一步，$m\geqslant 0$ 次的矩阵多项式函数因此可以自然地定义为：

$$p(\boldsymbol{X})=a_m\boldsymbol{X}^m+a_{m-1}\boldsymbol{X}^{m-1}+\cdots+a_1\boldsymbol{X}+a_0\boldsymbol{I}_n,$$

其中 $a_i, i=0,1,\cdots,m$ 是多项式的常数系数. 矩阵多项式的第一个有意思的结果如下所述.

㊀ 例如，取 $\boldsymbol{A}=\begin{bmatrix}0 & 1\\ 0 & 0\end{bmatrix}$. 我们称满足 $\rho(\boldsymbol{A})=0$ 的矩阵为幂零矩阵.

引理 3.2（矩阵多项式的特征值和特征向量）　设 $\boldsymbol{X} \in \mathbb{R}^{n,n}$ 以及 $\lambda, \boldsymbol{u}$ 是 X 的一个特征值/特征向量对（即 $\boldsymbol{X}\boldsymbol{u} = \lambda\boldsymbol{u}$）. 进一步，设

$$p(\boldsymbol{X}) = a_m\boldsymbol{X}^m + a_{m-1}\boldsymbol{X}^{m-1} + \cdots + a_1\boldsymbol{X} + a_0\boldsymbol{I}_n.$$

那么有

$$p(\boldsymbol{X})\boldsymbol{u} = p(\lambda)\boldsymbol{u},$$

其中 $p(\lambda) = a_m\lambda^m + a_{m-1}\lambda^{m-1} + \cdots + a_1\lambda + a_0$. 也就是说，如果 $\lambda, \boldsymbol{u}$ 是 $\boldsymbol{X}$ 的一个特征值/特征向量对，则 $p(\lambda), \boldsymbol{u}$ 是矩阵多项式 $p(\boldsymbol{X})$ 的一个特征值/特征向量对.

证明　该引理的证明是直接的. 事实上，通过观察 $\boldsymbol{X}\boldsymbol{u} = \lambda\boldsymbol{u}$ 可以得出：

$$\boldsymbol{X}^2\boldsymbol{u} = \boldsymbol{X}(\boldsymbol{X}\boldsymbol{u}) = \boldsymbol{X}(\lambda\boldsymbol{u}) = \lambda^2\boldsymbol{u}, \quad \boldsymbol{X}^3\boldsymbol{u} = \boldsymbol{X}\left(\boldsymbol{X}^2\boldsymbol{u}\right) = \boldsymbol{X}\left(\lambda^2\boldsymbol{u}\right) = \lambda^3\boldsymbol{u}, \cdots$$

因此

$$\begin{aligned} p(\boldsymbol{X})\boldsymbol{u} &= (a_m\boldsymbol{X}^m + \cdots + a_1\boldsymbol{X} + a_0\boldsymbol{I}_n)\boldsymbol{u} = (a_m\lambda^m + \cdots + a_1\lambda + a_0)\boldsymbol{u} \\ &= p(\lambda)\boldsymbol{u}. \end{aligned}$$

于是引理得证.　□

引理 3.2 的一个简单推论为所谓的特征值移位规则的结果：如果 $\lambda_i(\boldsymbol{A})$, $i = 1, \cdots, n$ 表示一个矩阵 $\boldsymbol{A} \in \mathbb{R}^{n,n}$ 的特征值，那么

$$\lambda_i(\boldsymbol{A} + \mu\boldsymbol{I}_n) = \lambda_i(\boldsymbol{A}) + \mu, \quad i = 1, \cdots, n. \tag{3.13}$$

对于具有对角分解的矩阵 $\boldsymbol{X}$, 这种矩阵为参数的多项式可以根据相同类型的分解来表示，见下面引理所表述的.

引理 3.3（矩阵多项式的对角分解）　设 $\boldsymbol{X} \in \mathbb{R}^{n,n}$ 具有形如式 (3.7) 的对角分解：

$$\boldsymbol{X} = \boldsymbol{U}\boldsymbol{\Lambda}\boldsymbol{U}^{-1},$$

其中 $\boldsymbol{\Lambda}$ 是一个由 $\boldsymbol{X}$ 的特征值形成的对角矩阵，$\boldsymbol{U}$ 是一个由其对应特征向量作为列形成的矩阵. 设 $p(t)$, $t \in \mathbb{R}$ 为如下的多项式：

$$p(t) = a_mt^m + a_{m-1}t^{m-1} + \cdots + a_1t + a_0.$$

那么

$$p(\boldsymbol{X}) = \boldsymbol{U}p(\boldsymbol{\Lambda})\boldsymbol{U}^{-1},$$

其中

$$p(\boldsymbol{\Lambda}) = \mathrm{diag}(p(\lambda_1), \cdots, p(\lambda_n)).$$

证明 如果 $\boldsymbol{X}=\boldsymbol{U}\boldsymbol{\Lambda}\boldsymbol{U}^{-1}$, 则 $\boldsymbol{X}^2=\boldsymbol{X}\boldsymbol{X}=\boldsymbol{U}\boldsymbol{\Lambda}\boldsymbol{U}^{-1}\boldsymbol{U}\boldsymbol{\Lambda}\boldsymbol{U}^{-1}=\boldsymbol{U}\boldsymbol{\Lambda}^2\boldsymbol{U}^{-1}$, $\boldsymbol{X}^3=\boldsymbol{X}^2\boldsymbol{X}=\boldsymbol{U}\boldsymbol{\Lambda}^3\boldsymbol{U}^{-1}$, 以此类推. 因此，对任意 $k=1,2,\cdots$, 则有

$$\boldsymbol{X}^k=\boldsymbol{U}\boldsymbol{\Lambda}^k\boldsymbol{U}^{-1}.$$

于是

$$\begin{aligned}p(\boldsymbol{X})&=a_m\boldsymbol{X}^m+a_{m-1}\boldsymbol{X}^{m-1}+\cdots+a_1\boldsymbol{X}+a_0\boldsymbol{I}_n\\&=\boldsymbol{U}(a_m\boldsymbol{\Lambda}^m+a_{m-1}\boldsymbol{\Lambda}^{m-1}+\cdots+a_1\boldsymbol{\Lambda}+a_0\boldsymbol{I}_n)\boldsymbol{U}^{-1}\\&=\boldsymbol{U}p(\boldsymbol{\Lambda})\boldsymbol{U}^{-1}.\end{aligned}$$

故引理得证. □

3.7.1.1 矩阵幂的收敛

在许多应用（如数值算法、线性动力系统和马尔可夫链等）中一个有意思的主题是，当 $k\to\infty$ 时，矩阵幂 $\boldsymbol{X}^k$ 的收敛性. 如果 $\boldsymbol{X}$ 是可对角化的，那么之前的分析表明:

$$\boldsymbol{X}^k=\boldsymbol{U}\boldsymbol{\Lambda}^k\boldsymbol{U}^{-1}=\sum_{i=1}^n\lambda_i^k\boldsymbol{u}_i\boldsymbol{v}_i^\top,$$

其中 $\boldsymbol{u}_i$ 是 $\boldsymbol{U}$ 的第 i 列和 $\boldsymbol{v}_i^\top$ 为 $\boldsymbol{U}^{-1}$ 的第 i 列. 这个表达式蕴含一些有意思的结论. 首先，如果对所有的 i, 有 $|\lambda_i|<1$,（即如果 $\rho(\boldsymbol{X})<1$），那么当 $k\to\infty$ 时，上式求和中的每一项都趋近于 0, 因此 $\boldsymbol{X}^k\to 0$. 反之，如果 $\boldsymbol{X}^k\to 0$, 则 $\rho(\boldsymbol{X})<1$, 否则会存在一个 λ_i 满足 $|\lambda_i|\geqslant 1$ 且上述求和中相应项依范数有界（如果 $|\lambda_i|=1$），或依范数无限增长，这样并不会出现 $\boldsymbol{X}^k\to 0$. 此外，假设除了某个 i（不失一般性，假设为第一个）外对所有的 i, 都有 $|\lambda_i|<1$, 对此，我们有 $\lambda_1=1$. 于是，在此情况下，$\boldsymbol{X}^k$ 收敛到一个常数矩阵: $\boldsymbol{X}^k\to\boldsymbol{U}_1\boldsymbol{V}_1^\top$, 其中 $\boldsymbol{U}_1$ 是由对应于特征值 $\lambda_1=1$ 相关的特征向量作为列形成的，以及 $\boldsymbol{V}_1$ 是由 $\boldsymbol{V}=\boldsymbol{U}^{-1}$ 中对应的列形成的.

然而，上述分析局限于 $\boldsymbol{X}$ 可对角化的假设条件下. 下面的定理陈述了关于矩阵幂收敛的一般结果[⊖]:

定理 3.5（矩阵幂收敛） 设 $\boldsymbol{X}\in\mathbb{R}^{n,n}$. 那么有:

1. $\lim_{k\to\infty}\boldsymbol{X}^k=0$ 当且仅当 $\rho(\boldsymbol{X})<1$;
2. $\sum_{k=0}^\infty\boldsymbol{X}^k$ 收敛当且仅当 $\rho(\boldsymbol{X})<1$（在这种情况下，序列的极限为 $(\boldsymbol{I}-\boldsymbol{X})^{-1}$）;
3. $\lim_{k\to\infty}\boldsymbol{X}^k=\bar{\boldsymbol{X}}\neq 0$ 当且仅当对于除了（可能重复的）特征值 $\lambda=1$（其对应的特征空间的维数等于 $\lambda=1$ 的代数重数）之外的 i 有 $|\lambda_i|<1$. 此外，$\bar{\boldsymbol{X}}=\boldsymbol{U}_1\boldsymbol{V}_1^\top$, 其中 $\boldsymbol{U}_1$ 是由 $\boldsymbol{X}$ 关于 $\lambda=1$ 的特征空间的一组基作为列形成的，而 $\boldsymbol{V}_1$ 满足 $\boldsymbol{V}_1^\top\boldsymbol{U}_1=\boldsymbol{I}$,

---

⊖ 对于其证明，可参见 C. D. Meyer, *Matrix Analysis and Applied Linear Algebra*, SIAM, 2001 中的第 7 章.

且对所有 $\boldsymbol{X}$ 相关于特征值 $\lambda_i \neq 1$ 的特征向量 $\boldsymbol{u}_i$, 有 $\boldsymbol{V}_1^{\top}\boldsymbol{u}_i = 0$. 进一步, 如果 $\boldsymbol{X}^k$ 是收敛的, 则 $\bar{\boldsymbol{X}}(\boldsymbol{I}-\boldsymbol{X}) = (\boldsymbol{I}-\boldsymbol{X})\bar{\boldsymbol{X}}$. 反之, 如果 $\lim_{k\to\infty}\boldsymbol{X}^k(\boldsymbol{I}-\boldsymbol{X}) = 0$, 则 $\boldsymbol{X}^k$ 是收敛的.

3.7.2 非多项式矩阵函数

设 $f:\mathbb{R}\to\mathbb{R}$ 为一个解析函数，即其可以局部表示为如下幂级数的函数：

$$f(t) = \sum_{k=0}^{\infty} a_k t^k.$$

对于 $R>0$ 以及所有满足 $|t| \leqslant R$ 的 t, 该级数是收敛的. 如果 $\rho(\boldsymbol{X}) < R$（其中 $\rho(\boldsymbol{X})$ 为 $\boldsymbol{X}$ 的谱半径）, 那么矩阵函数 $f(\boldsymbol{X})$ 的取值可以定义为如下收敛级数的和：

$$f(\boldsymbol{X}) = \sum_{k=0}^{\infty} a_k \boldsymbol{X}^k.$$

进一步，如果 $\boldsymbol{X}$ 是可对角化的，那么 $\boldsymbol{X} = \boldsymbol{U}\boldsymbol{\Lambda}\boldsymbol{U}^{-1}$, 且

$$\begin{aligned} f(\boldsymbol{X}) = \sum_{k=0}^{\infty} a_k \boldsymbol{X}^k &= \boldsymbol{U}\left(\sum_{k=0}^{\infty} a_k \boldsymbol{\Lambda}^k\right)\boldsymbol{U}^{-1} \\ &= \boldsymbol{U}\operatorname{diag}\left(f\left(\lambda_1\right), \cdots, f\left(\lambda_n\right)\right)\boldsymbol{U}^{-1} \\ &= \boldsymbol{U} f(\boldsymbol{\Lambda})\boldsymbol{U}^{-1}. \end{aligned} \tag{3.14}$$

等式(3.14) 特别指出，$f(\boldsymbol{A})$ 的谱（即特征值集）是 $\boldsymbol{A}$ 的谱在映射 f 下的图像. 称这个事实为谱映射定理.

例 3.8 等式 (3.14) 应用的一个显著的例子是矩阵指数：函数 $f(t) = \mathrm{e}^t$ 具有全局收敛的幂级数表示

$$\mathrm{e}^t = \sum_{k=0}^{\infty} \frac{1}{k!} t^k,$$

因此, 对任意可对角矩阵化的 $\boldsymbol{X} \in \mathbb{R}^{n,n}$, 我们有

$$\mathrm{e}^{\boldsymbol{X}} \doteq \sum_{k=0}^{\infty} \frac{1}{k!} \boldsymbol{X}^k = \boldsymbol{U}\operatorname{diag}\left(\mathrm{e}^{\lambda_1}, \cdots, \mathrm{e}^{\lambda_n}\right)\boldsymbol{U}^{-1}.$$

另一个例子由如下几何级数给出：

$$f(t) = (1-t)^{-1} = \sum_{k=0}^{\infty} t^k, \quad |t| < 1 = R,$$

由此可得：

$$f(\boldsymbol{X})=(I-\boldsymbol{X})^{-1}=\sum_{k=0}^{\infty}\boldsymbol{X}^k,\quad \rho(\boldsymbol{X})<1.$$

更一般地，对任意的 $\sigma\neq 0$, 有

$$f(t)=(t-\sigma)^{-1}=-\frac{1}{\sigma}\sum_{k=0}^{\infty}\left(\frac{t}{\sigma}\right)^k,\quad |t|<|\sigma|=R,$$

于是

$$f(\boldsymbol{X})=(\boldsymbol{X}-\sigma I)^{-1}=-\frac{1}{\sigma}\sum_{k=0}^{\infty}\left(\frac{\boldsymbol{X}}{\sigma}\right)^k,\quad \rho(\boldsymbol{X})<|\sigma|,$$

且 $\boldsymbol{X}=\boldsymbol{U}\boldsymbol{\Lambda}\boldsymbol{U}^{-1}$ 意味着

$$(\boldsymbol{X}-\sigma\boldsymbol{I})^{-1}=\boldsymbol{U}(\boldsymbol{\Lambda}-\sigma\boldsymbol{I})^{-1}\boldsymbol{U}^{-1}. \tag{3.15}$$

3.8 习题

习题 3.1（复合函数的导数）

1. 设 $f:\mathbb{R}^m\to\mathbb{R}^k$ 和 $g:\mathbb{R}^n\to\mathbb{R}^m$ 为两个映射. 设 $h:\mathbb{R}^n\to\mathbb{R}^k$ 为复合映射 $h=f\circ g$, 即其取值为 $h(\boldsymbol{x})=f(g(\boldsymbol{x}))$, $\boldsymbol{x}\in\mathbb{R}^n$. 证明：$h$ 的导数可由矩阵与矩阵的乘积来表示，即 $J_h(\boldsymbol{x})=J_f(g(\boldsymbol{x}))\cdot J_g(\boldsymbol{x})$, 其中 $J_h(\boldsymbol{x})$ 为 h 在 $\boldsymbol{x}$ 处的雅可比矩阵，即该矩阵的第 (i,j) 个元素为 $\dfrac{\partial h_i(\boldsymbol{x})}{\partial x_j}$.
2. 设 g 为形如 $g(\boldsymbol{x})=\boldsymbol{A}\boldsymbol{x}+\boldsymbol{b}$ 的一个仿射函数，其中 $\boldsymbol{A}\in\mathbb{R}^{m,n}$ 和 $\boldsymbol{b}\in\mathbb{R}^m$. 证明：$h(\boldsymbol{x})=f(g(\boldsymbol{x}))$ 的雅可比矩阵为：

$$J_h(\boldsymbol{x})=J_f(g(\boldsymbol{x}))\bullet\boldsymbol{A}.$$

3. 设 g 为上面的仿射函数以及设 $f:\mathbb{R}^n\to\mathbb{R}$（一个实值函数）和 $h(\boldsymbol{x})=f(g(\boldsymbol{x}))$. 证明：

$$\nabla_{\boldsymbol{x}}h(\boldsymbol{x})=\boldsymbol{A}^\top\nabla_g f(g(\boldsymbol{x})),$$

$$\nabla_{\boldsymbol{x}}^2 h(\boldsymbol{x})=A^\top\nabla_g^2 f(g(\boldsymbol{x}))\boldsymbol{A}.$$

习题 3.2（置换矩阵）　如果一个矩阵 $\boldsymbol{P}\in\mathbb{R}^{n,n}$ 的列为 $n\times n$ 单位阵列的一个置换，则称 $\boldsymbol{P}$ 为置换矩阵.

1. 对于一个 $n\times n$ 矩阵 $\boldsymbol{A}$, 我们考虑乘积矩阵 $\boldsymbol{PA}$ 和 $\boldsymbol{AP}$. 简单描述这些矩阵相对于原始矩阵 $\boldsymbol{A}$ 的样子.

2. 证明 $\boldsymbol{P}$ 是正交的.

习题 3.3（线性映射）　设 $f:\mathbb{R}^n\to\mathbb{R}^m$ 为线性映射. 根据由你决定的 f 在适当向量处的值，如何计算（唯一的）矩阵 $\boldsymbol{A}$ 使得对每一个 $\boldsymbol{x}\in\mathbb{R}^n$ 有 $f(\boldsymbol{x})=\boldsymbol{A}\boldsymbol{x}$.

习题 3.4（线性动力系统）　线性动力系统是一种常用的方式来（近似）建模物理现象的行为，形式如下面的递推方程[㊀]：

$$x(t+1)=\boldsymbol{A}x(t)+\boldsymbol{B}u(t),\quad y(t)=\boldsymbol{C}x(t),\quad t=0,1,2,\cdots,$$

其中 t 表示（离散）时间, $x(t)\in\mathbb{R}^n$ 为 t 时刻的状态过程, $u(t)\in\mathbb{R}^p$ 为输入向量以及 $y(t)\in\mathbb{R}^m$ 为输出向量. 这里 $\boldsymbol{A},\boldsymbol{B},\boldsymbol{C}$ 是给定的.

1. 假设该系统的初始条件为 $x(0)=0$, 将在时间 T 输出的向量表示为 $\boldsymbol{u}(0),\cdots,\boldsymbol{u}(T-1)$ 的线性函数，即确定一个矩阵 $\boldsymbol{H}$ 使 $y(T)=\boldsymbol{H}U(T)$, 其中

$$U(T)\doteq\begin{bmatrix}\boldsymbol{u}(0)\\ \vdots\\ \boldsymbol{u}(T-1)\end{bmatrix},$$

其包含了直到 $T-1$ 为止所有的输入.

2. 解释 $\boldsymbol{H}$ 的值域.

习题 3.5（零空间包含与值域包含）　设 $\boldsymbol{A},\boldsymbol{B}\in\mathbb{R}^{m,n}$ 为两个矩阵. 证明：$\boldsymbol{B}$ 的零空间包含在 $\boldsymbol{A}$ 的零空间意味着 $\boldsymbol{B}^\top$ 的值域包含在 $\boldsymbol{A}^\top$ 的值域.

习题 3.6（秩和零空间）　见图 3.17 中的画，这是 Mondrian (1872—1944) 对一幅画的灰阶渲染. 我们通过忽略灰色区域，分配 +1 给水平或垂直黑线，+2 给交叉点，其他地方分配给 0 的方式建立一个 256 × 256 像素矩阵. 水平线出现在行索引 100、200 和 230 处，垂直线出现在列索引 50 和 230 处.

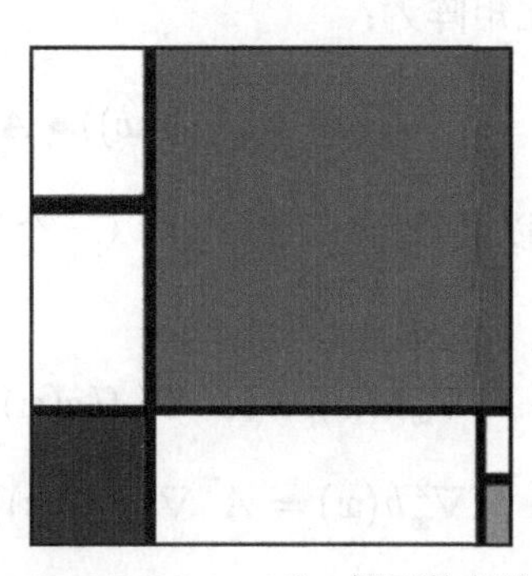

图 3.17　Mondrian 对一幅画的灰阶渲染

1. 该矩阵的零空间是什么？

㊀ 第 15 章将聚焦这样的模型.

2. 该矩阵的秩是多少？

习题 3.7（$\boldsymbol{A}^\top\boldsymbol{A}$ 的值域和零空间） 证明：对任意的矩阵 $\boldsymbol{A}\in\mathbb{R}^{m,n}$, 下式成立：

$$\begin{aligned}\mathcal{N}(\boldsymbol{A}^\top\boldsymbol{A})&=\mathcal{N}(\boldsymbol{A}),\\ \mathcal{R}(\boldsymbol{A}^\top\boldsymbol{A})&=\mathcal{R}(\boldsymbol{A}^\top).\end{aligned}\tag{3.16}$$

提示：利用线性代数基本定理.

习题 3.8（Cayley-Hamilton 定理） 设 $\boldsymbol{A}\in\mathbb{R}^{n,n}$ 以及

$$p(\lambda)\doteq\det(\lambda\boldsymbol{I}_n-\boldsymbol{A})=\lambda^n+c_{n-1}\lambda^{n-1}+\cdots+c_1\lambda+c_0$$

为 $\boldsymbol{A}$ 的特征多项式.

1. 假设 $\boldsymbol{A}$ 是对角化的. 证明：$\boldsymbol{A}$ 消除了自身的特征多项式，即

$$p(\boldsymbol{A})=\boldsymbol{A}^n+c_{n-1}\boldsymbol{A}^{n-1}+\cdots+c_1\boldsymbol{A}+c_0\boldsymbol{I}_n=0.$$

   提示：使用引理 3.3.

2. 证明：对一般的矩阵 $\boldsymbol{A}$ 有 $p(\boldsymbol{A})=0$, 即其对非对角化方矩也成立. 提示：利用多项式为连续函数的事实以及对角化矩阵在 $\mathbb{R}^{n,n}$ 中是稠密的，即对任意 $\varepsilon>0$, 存在一个满足 $\|\boldsymbol{\Delta}\|_\mathrm{F}\leqslant\varepsilon$ 的 $\boldsymbol{\Delta}\in\mathbb{R}^{n,n}$ 使 $\boldsymbol{A}+\boldsymbol{\Delta}$ 可对角化.

习题 3.9（Frobenius 范数和随机输入） 设 $\boldsymbol{A}$ 为一矩阵. 假设 $\boldsymbol{u}\in\mathbb{R}^n$ 为一个向量值随机变量，其均值为 0, 协方差矩阵为 $\boldsymbol{I}_n$. 即 $\mathbb{E}\{\boldsymbol{u}\}=0$ 和 $\mathbb{E}\{\boldsymbol{u}\boldsymbol{u}^\top\}=\boldsymbol{I}_n$.

1. 输出 $\boldsymbol{y}=\boldsymbol{A}\boldsymbol{u}$ 的协方差矩阵是什么？
2. 定义总输出方差为 $\mathbb{E}\{\|\boldsymbol{y}-\hat{\boldsymbol{y}}\|_2^2\}$, 其中 $\hat{\boldsymbol{y}}=\mathbb{E}\{\boldsymbol{y}\}$ 为输出的期望值. 计算总输出的方差并评论.

习题 3.10（邻接矩阵与图） 对于一个给定的无向图 $\boldsymbol{G}$, 如图 3.18 所示，其没有自环且任意一对节点之间最多有一条边（即简单图），我们将其与一个 $n\times n$ 矩阵 $\boldsymbol{A}$ 联系起来：

$$A_{ij}=\begin{cases}1 & \text{如果节点 } i \text{ 和节点 } j \text{ 之间有边连接},\\ 0 & \text{否则}.\end{cases}$$

该矩阵称为图的邻接矩阵[⊖].

⊖ 图 3.18 所示的图的邻接矩阵为：

$$\boldsymbol{A}=\begin{bmatrix}0&1&0&1&1\\1&0&0&1&1\\0&0&0&0&1\\1&1&0&0&0\\1&1&1&0&0\end{bmatrix}.$$

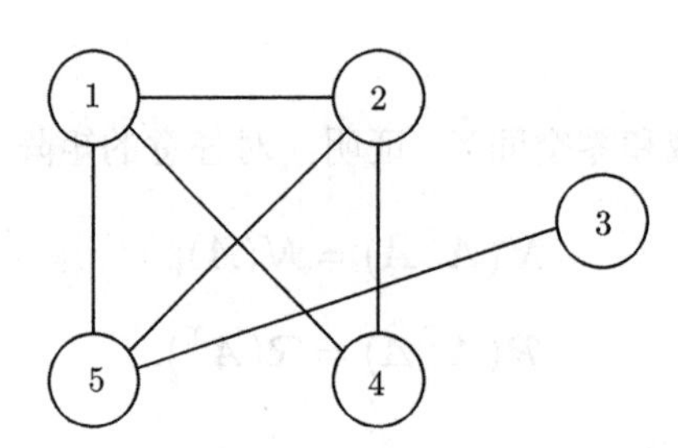

图 3.18 具有 5 个节点的无向图

1. 证明如下结果：对正整数 k, 矩阵 $\boldsymbol{A}^k$ 有一个有意思的性质，第 i 行和第 j 列的元素给出了从顶点 i 到顶点 j 的长度 k（即 k 边的集合）的遍历次数. 提示：通过对 k 的归纳来证明，并观察矩阵与矩阵乘积 $\boldsymbol{A}^{k-1}\boldsymbol{A}$.
2. 图中的三角形被定义为由三个顶点组成的子图，其中每个顶点都可以从其他顶点到达（即一个三角形形成一个阶数为 3 的完整子图）. 如图 3.18 所示，节点 $\{1,2,4\}$ 构成一个三角形. 证明：G 中三角形的个数等于 $\boldsymbol{A}^3$ 的迹除以 6. 提示：对于一个无向图中的三角形的每个节点，从节点到节点本身有两个长度为 3 的"行游动"，一个对应于顺时针游动，另一个对应于逆时针游动.

习题 3.11（非负矩阵和正矩阵） 称一个矩阵 $\boldsymbol{A}\in\mathbb{R}^{n,n}$ 是非负的（或正的），如果对所有的 $i,j=1,\cdots,n$ 有 $a_{ij}\geqslant 0$（或 $a_{ij}>0$）. 用符号 $\boldsymbol{A}\geqslant 0$（或 $\boldsymbol{A}>0$）来表示非负的（或正）矩阵.

如果一个非负矩阵每一列（或行）的元素之和等于 1, 即如果 $\mathbf{1}^\top A=\mathbf{1}^\top$（或 $A\mathbf{1}=\mathbf{1}$），则称其为列（或行）随机矩阵. 类似地，如果 $x\in\mathbb{R}^n\geqslant 0$，则称向量 $\boldsymbol{x}\in\mathbb{R}^n$ 是非负的，如果其为非负的且 $\mathbf{1}^\top\boldsymbol{x}=1$，则称其为概率向量. 空间 $\mathbb{R}^n$ 中概率向量的全体则为集合 $S=\{\boldsymbol{x}\in\mathbb{R}^n:\ \boldsymbol{x}\geqslant 0,\ \mathbf{1}^\top\boldsymbol{x}=1\}$, 此即为所谓的概率单纯形. 你需要证明的以下几点是被称为非负矩阵的 Perron-Frobenius 理论结果的一部分.

1. 证明一个非负矩阵 $\boldsymbol{A}$ 将非负向量映射为非负向量（即当 $\boldsymbol{x}\geqslant 0$ 有 $\boldsymbol{A}\boldsymbol{x}\geqslant 0$）, 且一个列随机矩阵 $\boldsymbol{A}\geqslant 0$ 将概率向量映射为概率向量.
2. 证明：如果 $\boldsymbol{A}>0$, 则它的谱半径 $\rho(\boldsymbol{A})$ 为正的. 提示：利用 Cayley-Hamilton 定理.
3. 证明：对任意矩阵 $\boldsymbol{A}$ 和向量 $\boldsymbol{x}$, 有

$$|\boldsymbol{A}\boldsymbol{x}|\leqslant|\boldsymbol{A}||\boldsymbol{x}|,$$

其中 $|\boldsymbol{A}|$ 表示矩阵 $\boldsymbol{A}$ 的模，类似地，$|\boldsymbol{x}|$ 表示向量 $\boldsymbol{x}$ 的模. 那么证明：如果 $\boldsymbol{A}>0$ 且 $\lambda_i,\boldsymbol{v}_i$ 为 $\boldsymbol{A}$ 的一个特征值/特征向量对，则

$$|\lambda_i|\,|\boldsymbol{v}_i|\leqslant\boldsymbol{A}\,|\boldsymbol{v}_i|.$$

4. 证明：如果 $\boldsymbol{A}>0$, 则 $\rho(\boldsymbol{A})$ 实际上是 $\boldsymbol{A}$ 的一个特征值（即 $\boldsymbol{A}$ 有正的实特征值 $\lambda=\rho(\boldsymbol{A})$ 且 A 的其他特征值都不大于这个"主"特征值的模）以及存在一个对应

的特征向量 $\boldsymbol{v} > 0$. 进一步，这个主特征值是简单的（即其具有单位代数重数），但是这里你并不需要证明这一点. 提示：为了证明这一结论，你可以应用如下的 Brouwer 不动点定理. 如果 S 是 $\mathbb{R}^n$ 中的一个紧凸集[⊖]且 $f: S \to S$ 是一个连续映射，则存在一个 $\boldsymbol{x} \in S$ 使 $f(\boldsymbol{x}) = \boldsymbol{x}$. 将此结果应用于连续映射 $f(\boldsymbol{x}) \doteq \dfrac{\boldsymbol{A}\boldsymbol{x}}{\boldsymbol{1}^\top \boldsymbol{A}\boldsymbol{x}'}$, 其中 S 为概率单纯形（其实际上是凸且紧的）.

5. 证明：如果 $\boldsymbol{A} > 0$ 且它的列或行是随机的，则它的主特征值为 $\lambda = 1$.

⊖ 紧凸集的定义可参见 8.1 节.

第4章 对称矩阵

本章主要讨论对称矩阵及其特殊性质. 由谱定理的一个基本结果可知：任意对称矩阵都可以被分解为三个矩阵的乘积，其中包括一个正交矩阵和一个实对角矩阵. 这个定理对二次函数有直接的意义，它可以允许我们将任意没有线性项和常数项的二次函数分解为包含相互正交向量的线性函数加权平方和.

谱定理还允许我们确定二次函数何时具有称为凸性的重要性质. 下面，根据某些二次优化问题（变分特征）的最优值给出对称矩阵特征值的一种刻画. 进一步，我们将讨论一类特殊的对称矩阵，即所谓的半正定矩阵，其在优化模型中扮演着重要的角色. 最后，对一个矩阵 $\boldsymbol{A} \in \mathbb{R}^{m,n}$, 通过分析与其相关的对称矩阵 $\boldsymbol{A}^\top\boldsymbol{A}$ 和 $\boldsymbol{A}\boldsymbol{A}^\top$, 证明许多关于矩阵的重要性质，例如，值域、零空间、Frobenius 范数和谱范数. 这一观察结果自然引出奇异值分解（SVD）的主题，其将在第 5 章中讨论.

4.1 基础知识

4.1.1 定义和例子

如果一个方阵 $\boldsymbol{A} \in \mathbb{R}^{n,n}$ 和自身的转置相等 $\boldsymbol{A} = \boldsymbol{A}^\top$, 即 $A_{ij} = A_{ji}$ $(1 \leqslant i, j \leqslant n)$，则称方阵 $\boldsymbol{A}$ 为对称的. 因此，对称矩阵中对角线上方的元素和下方的元素相同. 对称矩阵在工程应用中普遍存在. 例如，可以用它描述无向加权图中节点间的边、几何距离（如城市间）数组、非线性函数的海森矩阵和随机向量的协方差等. 下面是一个 3×3 对称矩阵的例子：

$$\boldsymbol{A} = \begin{bmatrix} 4 & 3/2 & 2 \\ 3/2 & 2 & 5/2 \\ 2 & 5/2 & 2 \end{bmatrix}.$$

所有 $n \times n$ 对称矩阵构成的集合是 $\mathbb{R}^{n,n}$ 的子空间，记为 $\mathbb{S}^n$.

例 4.1（图的边权与 Laplace 矩阵） 考虑一个有 $m = 6$ 个节点，被 $n = 9$ 条弧（或边）连接的无向图，如图 4.1 所示. 如果假设节点 i 和 j 之间的每个无向边都被赋予一个权重 $w_{ij} = w_{ji}$, $1 \leqslant i, j \leqslant m$, 则我们得到了边权的对称矩阵 $\boldsymbol{W} \in \mathbb{S}^m$. 图 4.1 所示的例子中，假设所有权重均为 1, 于是

$$\boldsymbol{W}=\begin{bmatrix}0&1&1&1&0&0\\1&0&1&0&0&0\\1&1&0&1&1&0\\1&0&1&0&1&1\\0&0&1&1&0&1\\0&0&0&1&1&0\end{bmatrix}.$$

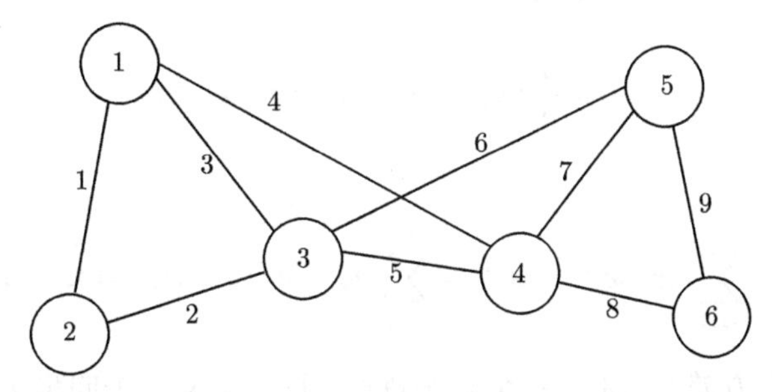

图 4.1 具有 $m=6$ 个顶点和 $n=9$ 条边的无向图

进一步，一个图的 Laplace 矩阵定义为如下的 $m\times m$ 对称矩阵：

$$[\boldsymbol{L}]_{ij}=\begin{cases}\text{连接到节点 } i \text{ 的边数} & \text{如果 } i=j,\\ -1 & \text{如果节点 } i \text{ 和 } j \text{ 间存在连接的边},\\ 0 & \text{其他}.\end{cases}$$

图的几个关键性质都与 Laplace 矩阵有关. 如果图没有自循环且任何一对节点之间只有一条边，则 Laplace 矩阵与图的任意方向[⊖]（有向）节点–弧关联矩阵 $\boldsymbol{A}$ 有关，其满足：

$$\boldsymbol{L}=\boldsymbol{A}\boldsymbol{A}^{\top}\in\mathbb{S}^m.$$

对于图 4.1 中所示的例子，我们有：

$$\boldsymbol{L}=\begin{bmatrix}3&-1&-1&-1&0&0\\-1&2&-1&0&0&0\\-1&-1&4&-1&-1&0\\-1&0&-1&4&-1&-1\\0&0&-1&-1&3&-1\\0&0&0&-1&-1&2\end{bmatrix}.$$

例 4.2（样本协方差矩阵） 给定 $\mathbb{R}^n$ 中的 m 个点 $\boldsymbol{x}^{(1)},\cdots,\boldsymbol{x}^{(m)}$, 定义样本协方差矩阵为如下的 $n\times n$ 对称矩阵：

$$\boldsymbol{\Sigma}\doteq\frac{1}{m}\sum_{i=1}^{m}(\boldsymbol{x}^{(i)}-\hat{\boldsymbol{x}})(\boldsymbol{x}^{(i)}-\hat{\boldsymbol{x}})^{\top},$$

⊖ 对于无向图的方向，我们这里指从无向图的边中选择某个方向得到的有向图.

其中 $\hat{\boldsymbol{x}} \in \mathbb{R}^n$ 是如下这些点的样本均值：

$$\hat{\boldsymbol{x}} \doteq \frac{1}{m}\sum_{i=1}^{m}\boldsymbol{x}^{(i)}.$$

协方差矩阵 $\boldsymbol{\Sigma}$ 显然是一个对称矩阵. 该矩阵是在计算对于给定向量 $\boldsymbol{w} \in \mathbb{R}^n$ 的常数乘积 $s_i \doteq \boldsymbol{w}^\top \boldsymbol{x}^{(i)}$, $i=1,\cdots,m$ 的样本方差时产生的. 事实上，向量 $\boldsymbol{s}$ 的样本均值为

$$\hat{\boldsymbol{s}} = \frac{1}{m}(\boldsymbol{s}_1 + \cdots + \boldsymbol{s}_m) = \boldsymbol{w}^\top \hat{\boldsymbol{x}},$$

样本方差为

$$\sigma^2 = \sum_{i=1}^{m}(\boldsymbol{w}^\top \boldsymbol{x}^{(i)} - \hat{\boldsymbol{s}})^2 = \sum_{i=1}^{m}(\boldsymbol{w}^\top(\boldsymbol{x}^{(i)} - \hat{\boldsymbol{x}}))^2 = \boldsymbol{w}^\top \boldsymbol{\Sigma} \boldsymbol{w}.$$

例 4.3（投资组合方差） 对于 n 个金融资产，我们定义一个向量 $\boldsymbol{r} \in \mathbb{R}^n$, 其分量 r_k 表示第 k 个资产的回报率，$k=1,\cdots,n$, 参见例 2.6. 假设观测到了 m 个历史回报率的样本 $\boldsymbol{r}^{(i)}$, $i=1,\cdots,m$. 于是历史回报率的样本均值为 $\hat{\boldsymbol{r}} = (1/m)(\boldsymbol{r}^{(1)} + \cdots + \boldsymbol{r}^{(m)})$, 样本协方差矩阵的第 (i,j) 个元素为

$$\Sigma_{ij} = \frac{1}{m}\sum_{t=1}^{m}(r_i^{(t)} - \hat{r}_i)(r_j^{(t)} - \hat{r}_j),\ \ 1 \leqslant i,j \leqslant n.$$

如果 $\boldsymbol{w} \in \mathbb{R}^n$ 表示一个投资“组合”, 即 $w_k \geqslant 0$ 为投资于资产 k 的资本占总财富的比率，则该投资组合的收益为 $\rho = \boldsymbol{r}^\top \boldsymbol{w}$. 该投资组合收益的样本均值为 $\hat{\boldsymbol{r}}^\top \boldsymbol{w}$, 而样本方差为 $\boldsymbol{w}^\top \boldsymbol{\Sigma} \boldsymbol{w}$.

例 4.4（函数的海森矩阵） 一个二次可微函数 $f: \mathbb{R}^n \to \mathbb{R}$ 在点 $\boldsymbol{x} \in \mathrm{dom} f$ 的海森矩阵是一个以该函数在这一点所有二阶导数为元素的矩阵. 也就是说，海森矩阵中的元素定义为

$$H_{ij} = \frac{\partial^2 f(\boldsymbol{x})}{\partial x_i \partial x_j},\ \ 1 \leqslant i,j \leqslant n.$$

函数 f 在 $\boldsymbol{x}$ 处的海森矩阵通常被记为 $\nabla^2 f(\boldsymbol{x})$. 因为二阶导数与求导顺序无关，故对任意 (i,j) 都有 $H_{ij} = H_{ji}$, 因此海森矩阵总是对称矩阵.

二次函数的海森矩阵. 考虑如下二次函数（如果一个多项式函数的最高次数为 2, 那么称该多项式为二次函数）:

$$q(\boldsymbol{x}) = x_1^2 + 2x_1x_2 + 3x_2^2 + 4x_1 + 5x_2 + 6.$$

函数 q 在 $\boldsymbol{x}$ 处的海森矩阵为

$$\boldsymbol{H}=\left[\frac{\partial^2 q(\boldsymbol{x})}{\partial x_i \partial x_j}\right]_{1\leqslant i,j\leqslant 2}=\begin{bmatrix}\dfrac{\partial^2 q(\boldsymbol{x})}{\partial x_1^2} & \dfrac{\partial^2 q(\boldsymbol{x})}{\partial x_1 \partial x_2}\\ \dfrac{\partial^2 q(\boldsymbol{x})}{\partial x_2 \partial x_1} & \dfrac{\partial^2 q(\boldsymbol{x})}{\partial x_2^2}\end{bmatrix}=\begin{bmatrix}2 & 2\\ 2 & 6\end{bmatrix}.$$

于是，二次函数的海森矩阵是常数矩阵，即它不依赖于选取的点 $\boldsymbol{x}$. 函数 $q(\boldsymbol{x})$ 的二次项可写为

$$x_1^2+2x_1x_2+3x_2^2=\frac{1}{2}\boldsymbol{x}^\top\boldsymbol{H}\boldsymbol{x}.$$

因此，二次函数可表示为包含海森矩阵的二阶项与一个仿射项之和：

$$q(\boldsymbol{x})=\frac{1}{2}\boldsymbol{x}^\top\boldsymbol{H}\boldsymbol{x}+\boldsymbol{c}^\top\boldsymbol{x}+d,\ \boldsymbol{c}^\top=[4,5],\ d=6.$$

对数–求和–指数函数的海森矩阵. 考虑如下对数–求和–指数函 $\mathrm{lse}:\mathbb{R}^d\to\mathbb{R}$，取值为

$$\mathrm{lse}(\boldsymbol{x})=\ln\sum_{i=1}^n \mathrm{e}^{x_i}.$$

该函数的海森矩阵可由如下方式确定. 首先确定其在 $\boldsymbol{x}$ 点的梯度，如例 2.14 所计算的那样：

$$\nabla\mathrm{lse}(\boldsymbol{x})=\frac{1}{Z}\boldsymbol{z},$$

其中 $\boldsymbol{z}\doteq[\mathrm{e}^{x_1}\cdots\mathrm{e}^{x_n}]$ 和 $Z\doteq\sum_{i=1}^n z_i$. 然后，通过对梯度的每个分量求导，得到点 $\boldsymbol{x}$ 处的海森矩阵. 如果 $g_i(\boldsymbol{x})$ 是梯度的第 i 个分量，即

$$g_i(\boldsymbol{x})=\frac{\partial f(\boldsymbol{x})}{\partial x_i}=\frac{\mathrm{e}^{x_i}}{\sum\limits_{i=1}^n \mathrm{e}^{x_i}}=\frac{z_i}{Z},$$

则

$$\frac{\partial g_i(\boldsymbol{x})}{\partial x_i}=\frac{z_i}{Z}-\frac{z_i^2}{Z^2},$$

并且对于 $j\neq i$,

$$\frac{\partial g_i(\boldsymbol{x})}{\partial x_j}=-\frac{z_iz_j}{Z^2}.$$

写成更紧凑的形式如下：

$$\nabla^2\mathrm{lse}(\boldsymbol{x})=\frac{1}{Z^2}\left(Z\ \mathrm{diag}(\boldsymbol{z})-\boldsymbol{z}\boldsymbol{z}^\top\right).$$

例 4.5（投影与 Gram 矩阵） 假设给定 d 个独立的 $\mathbb{R}^n$ 中的向量 $\boldsymbol{x}^{(1)},\cdots,\boldsymbol{x}^{(d)}$ 和某个向量 $\boldsymbol{x}\in\mathbb{R}^n$. 在 2.3.2.3 节中，我们已经讨论了计算 $\boldsymbol{x}$ 在由 $\boldsymbol{x}^{(1)},\cdots,\boldsymbol{x}^{(d)}$ 张成子空间上的投影 $\boldsymbol{x}^*$ 的问题. 事实上，这样一个投影向量可以如下计算：

$$\boldsymbol{x}^*=\boldsymbol{X}\boldsymbol{\alpha},\quad \boldsymbol{X}=[\boldsymbol{x}^{(1)}\cdots\boldsymbol{x}^{(d)}],$$

其中系数向量 $\boldsymbol{\alpha} \in \mathbb{R}^d$ 满足所谓的由线性方程 (2.8) 所表述的 Gram 方程组：

$$\begin{bmatrix} \boldsymbol{x}^{(1)\top}\boldsymbol{x}^{(1)} & \cdots & \boldsymbol{x}^{(1)\top}\boldsymbol{x}^{(d)} \\ \vdots & & \vdots \\ \boldsymbol{x}^{(d)\top}\boldsymbol{x}^{(1)} & \cdots & \boldsymbol{x}^{(d)\top}\boldsymbol{x}^{(d)} \end{bmatrix} \begin{bmatrix} \alpha_1 \\ \vdots \\ \alpha_d \end{bmatrix} = \begin{bmatrix} \boldsymbol{x}^{(1)\top}\boldsymbol{x} \\ \vdots \\ \boldsymbol{x}^{(d)\top}\boldsymbol{x} \end{bmatrix}.$$

方程组右边的项是一个包含 $\boldsymbol{x}$ 沿 $\boldsymbol{x}^{(1)}, \cdots, \boldsymbol{x}^{(d)}$ 方向分量的向量，而出现在方程组左边的系数矩阵则是被称为 Gram 矩阵的对称矩阵：$\boldsymbol{G} = \boldsymbol{X}^\top \boldsymbol{X} \in \mathbb{S}^n$.

4.1.2　二次函数

一个二次函数 $q : \mathbb{R}^n \to \mathbb{R}$ 是一个关于 $\boldsymbol{x}$ 的二阶多元多项式，即它是至多二阶的单项式的线性组合. 于是，这样的函数可写为：

$$q(\boldsymbol{x}) = \sum_{i=1}^{n}\sum_{j=1}^{n} a_{ij}x_i x_j + \sum_{i=1}^{n} c_i x_i + d,$$

其中 a_{ij} 是二阶项 $x_i x_j$ 的系数，c_i 是一阶项 x_i 的系数，而 d 是零阶（常数）项. 上面的表述可以用矩阵更紧凑地表示为：

$$q(\boldsymbol{x}) = \boldsymbol{x}^\top \boldsymbol{A}\boldsymbol{x} + \boldsymbol{c}^\top \boldsymbol{x} + d,$$

其中矩阵 $\boldsymbol{A} \in \mathbb{R}^{n,n}$ 的第 i 行 j 列为系数 a_{ij}, 向量 $\boldsymbol{c}$ 的分量为系数 c_i. 注意，由于 $\boldsymbol{x}^\top \boldsymbol{A}\boldsymbol{x}$ 是常数，故它和自身的转置相等，因此有 $\boldsymbol{x}^\top \boldsymbol{A}\boldsymbol{x} = \boldsymbol{x}^\top \boldsymbol{A}^\top \boldsymbol{x}$，这样就有：

$$\boldsymbol{x}^\top \boldsymbol{A}\boldsymbol{x} = \frac{1}{2}\boldsymbol{x}^\top (\boldsymbol{A} + \boldsymbol{A}^\top)\boldsymbol{x},$$

其中 $\boldsymbol{H} = \boldsymbol{A} + \boldsymbol{A}^\top$ 是对称矩阵. 所以，一般的二次函数可以表示为：

$$q(\boldsymbol{x}) = \frac{1}{2}\boldsymbol{x}^\top \boldsymbol{H}\boldsymbol{x} + \boldsymbol{c}^\top \boldsymbol{x} + d = \frac{1}{2}\begin{bmatrix} \boldsymbol{x} \\ 1 \end{bmatrix}^\top \begin{bmatrix} \boldsymbol{H} & \boldsymbol{c} \\ \boldsymbol{c}^\top & 2d \end{bmatrix}\begin{bmatrix} \boldsymbol{x} \\ 1 \end{bmatrix}, \tag{4.1}$$

其中 $\boldsymbol{H} \in \mathbb{S}^n$. 进一步，一个二次型是指没有线性项和常数项的二次函数，即 $\boldsymbol{c} = \boldsymbol{0}$, $d = 0$:

$$q(\boldsymbol{x}) = \frac{1}{2}\boldsymbol{x}^\top \boldsymbol{H}\boldsymbol{x}, \quad \boldsymbol{H} \in \mathbb{S}^n.$$

注意，二次函数 $q(\boldsymbol{x})$ 的海森矩阵为常矩阵 $\nabla^2 q(\boldsymbol{x}) = \boldsymbol{H}$.

一般地，由 Taylor 级数展开，一个二次可微函数 $f : \mathbb{R}^n \to \mathbb{R}$ 在 x_0 的邻域内可以被二次函数局部逼近，见 3.2.2 节：

$$f(\boldsymbol{x}) \simeq q(\boldsymbol{x})$$

$$=f(\boldsymbol{x}_0)+\nabla f(\boldsymbol{x}_0)^\top(\boldsymbol{x}-\boldsymbol{x}_0)+\frac{1}{2}(\boldsymbol{x}-\boldsymbol{x}_0)^\top\nabla^2 f(\boldsymbol{x}_0)(\boldsymbol{x}-\boldsymbol{x}_0),$$

其中，当 $\boldsymbol{x}\to\boldsymbol{x}_0$ 时，$|f(\boldsymbol{x})-q(\boldsymbol{x})|$ 要比二阶更快地趋近于 0. 这里，近似二次函数具有形如式 (4.1) 的标准形式，其中 $\boldsymbol{H}=\nabla^2 f(\boldsymbol{x}_0)$，$\boldsymbol{c}=\nabla f(\boldsymbol{x}_0)-\nabla^2 f(\boldsymbol{x}_0)\boldsymbol{x}_0, d=f(\boldsymbol{x}_0)-\nabla f(\boldsymbol{x}_0)^\top\boldsymbol{x}_0+\frac{1}{2}\boldsymbol{x}_0^\top\nabla^2 f(\boldsymbol{x}_0)\boldsymbol{x}_0$.

两个特例：对角矩阵和二元组. 设 $\boldsymbol{a}=[a_1\cdots a_n]^\top$, 则对角矩阵

$$\boldsymbol{A}=\operatorname{diag}(\boldsymbol{a})=\begin{bmatrix} a_1 & 0 & \cdots & 0\\ 0 & a_2 & \cdots & 0\\ \vdots & \vdots & \ddots & \vdots\\ 0 & 0 & \cdots & a_n\end{bmatrix}$$

是一个特殊的对称矩阵. 于是与 $\operatorname{diag}(\boldsymbol{a})$ 对应的二次型为:

$$q(\boldsymbol{x})=\boldsymbol{x}^\top\operatorname{diag}(\boldsymbol{a})\boldsymbol{x}=\sum_{i=1}^n a_i x_i^2,$$

即 $q(\boldsymbol{x})$ 是纯平方项 x_i^2 的一个线性组合（也就是说，求和式中没有形如 $x_i x_j$ 的交叉乘积项）.

另外一类重要的对称矩阵是由对称的二元组构成的，也就是如下形式的向量积:

$$\boldsymbol{A}=\boldsymbol{a}\boldsymbol{a}^\top=\begin{bmatrix} a_1^2 & a_1a_2 & \cdots & a_1a_n\\ a_2a_1 & a_2^2 & \cdots & a_2a_n\\ \vdots & \vdots & \ddots & \vdots\\ a_na_1 & \cdots & \cdots & a_n^2\end{bmatrix},$$

二元组的秩为 1，其对应的二次型具有如下形式:

$$q(\boldsymbol{x})=\boldsymbol{x}^\top\boldsymbol{a}\boldsymbol{a}^\top\boldsymbol{x}=(\boldsymbol{a}^\top\boldsymbol{x})^2,$$

即它是关于 $\boldsymbol{x}$ 的一个线性形式的平方. 由此可见，与二元组对应的二次型总是非负的，即对任意 $\boldsymbol{x}$, 有 $q(\boldsymbol{x})\geqslant 0$.

4.2 谱定理

4.2.1 对称矩阵的特征值分解

回顾 3.3 节关于方阵特征值和特征向量的定义. 设 $\boldsymbol{A}$ 是 $n\times n$ 矩阵. 如果存在常数 λ 和非零向量 $\boldsymbol{u}$ 使得

$$\boldsymbol{A}\boldsymbol{u}=\lambda\boldsymbol{u},$$

那么称常数 λ 为矩阵 $\boldsymbol{A}$ 的特征值，向量 $\boldsymbol{u}$ 为特征值 λ 对应的特征向量. 如果 $\|\boldsymbol{u}\|_2=1$, 则称特征向量 $\boldsymbol{u}$ 是归一化的. 在这种情况下，我们有 $\boldsymbol{u}^\star\boldsymbol{A}\boldsymbol{u}=\lambda\boldsymbol{u}^\star\boldsymbol{u}=\lambda$㊀.

向量 $\boldsymbol{u}$ 的解释是，它定义了一个方向，由 $\boldsymbol{A}$ 定义的线性映射沿着这个方向的行为就像标量乘法一样，而缩放量为 λ.

矩阵 $\boldsymbol{A}$ 的特征向量是如下特征多项式的根：

$$p_{\boldsymbol{A}}(\lambda)=\det(\lambda\boldsymbol{I}-\boldsymbol{A}).$$

即特征值 $\lambda_i(i=1,\cdots,n)$ 是 n 次多项式方程 $p_{\boldsymbol{A}}(\lambda)=0$ 的根（计算重数）. 对一般的矩阵 $\boldsymbol{A}\in\mathbb{R}^{n,n}$, 特征值 λ_i 可以是实的和/或复的（以复的共轭对形式出现）. 同样，相应的特征向量也可以是实的或复的. 然而，对应于对称矩阵的情况有所不同. 对称矩阵只有实特征值和特征向量. 而且，对于每个不同的特征值 λ_i, 特征空间的维数 $\phi_i=\mathcal{N}(\lambda_i\boldsymbol{I}_n-\boldsymbol{A})$ 与该特征值的代数重数一致. 下面的关键定理总结了这一点.

定理 4.1（对称矩阵的特征分解）　*设 $\boldsymbol{A}\in\mathbb{R}^{n,n}$ 是对称矩阵以及 $\lambda_i(i=1,\cdots,k\leqslant n)$ 是 $\boldsymbol{A}$ 不同的特征值. 进一步，设 $\mu_i(i=1,\cdots,k)$ 为 λ_i 的代数重数（即 λ_i 作为特征多项式的根的重数），并设 $\phi_i=\mathcal{N}(\lambda_i\boldsymbol{I}_n-\boldsymbol{A})$. 则对任意 $i=1,\cdots,k$, 有*

1. $\lambda_i\in\mathbb{R}$;
2. $\phi_i\perp\phi_j, i\neq j$;
3. $\dim\phi_i=\mu_i$.

证明

第 1 部分.　设 $\lambda/\boldsymbol{u}$ 是 $\boldsymbol{A}$ 的任意一对特征值/特征向量，于是

$$\boldsymbol{A}\boldsymbol{u}=\lambda\boldsymbol{u},$$

再对等式两边同时取 Hermitian 转置，则有

$$\boldsymbol{u}^\star\boldsymbol{A}^\star=\lambda^\star\boldsymbol{u}^\star.$$

对上面的第一个等式两边左乘 $\boldsymbol{u}^\star$, 对第二个等式右乘 $\boldsymbol{u}$, 于是有：

$$\boldsymbol{u}^\star\boldsymbol{A}\boldsymbol{u}=\boldsymbol{u}^\star\lambda\boldsymbol{u},\quad \boldsymbol{u}^\star\boldsymbol{A}^\star\boldsymbol{u}=\lambda^\star\boldsymbol{u}^\star\boldsymbol{u}.$$

因为 $\boldsymbol{u}^\star\boldsymbol{u}=\|\boldsymbol{u}\|_2^2\neq 0$, 且 $\boldsymbol{A}$ 是实矩阵意味着 $\boldsymbol{A}^\star=\boldsymbol{A}^\top$, 将上面的两个等式相减，我们得到：

$$\boldsymbol{u}^\star(\boldsymbol{A}-\boldsymbol{A}^\top)\boldsymbol{u}=(\lambda-\lambda^\star)\|\boldsymbol{u}\|_2^2.$$

现在，因为 $\boldsymbol{A}$ 是对称矩阵，则 $\boldsymbol{A}-\boldsymbol{A}^\top=0$, 于是

$$\lambda-\lambda^\star=0,$$

㊀ 上标 $\star$ 表示向量/矩阵的 Hermitian 共轭，即其共轭转置. 如果这个向量/矩阵是实值的，则其 Hermitian 共轭就是其转置.

这意味着 λ 一定是实数. 进一步可以注意到,对应的特征向量 $\boldsymbol{u}$ 总是可以选为实向量. 事实上，如果一个复向量 $\boldsymbol{u}$ 满足 $\boldsymbol{A}\boldsymbol{u}=\lambda\boldsymbol{u}$, 其中 $\boldsymbol{A},\lambda$ 都是实值的，那么 $\mathrm{Re}(\boldsymbol{A}\boldsymbol{u})=\boldsymbol{A}\mathrm{Re}(\boldsymbol{u})=\lambda\mathrm{Re}(\boldsymbol{u})$, 也就是说 $\mathrm{Re}(\boldsymbol{u})$ 也是 $\boldsymbol{A}$ 的对应于 λ 的特征向量.

第 2 部分. 设 $\boldsymbol{v}_i\in\phi_i,\boldsymbol{v}_j\in\phi_j$, $i\neq j$. 由于 $\boldsymbol{A}\boldsymbol{v}_i=\lambda_i\boldsymbol{v}_i$, $\boldsymbol{A}\boldsymbol{v}_j=\lambda_j\boldsymbol{v}_j$, 则有

$$\boldsymbol{v}_j^\top\boldsymbol{A}\boldsymbol{v}_i=\lambda_i\boldsymbol{v}_j^\top\boldsymbol{v}_i$$

以及

$$\boldsymbol{v}_j^\top\boldsymbol{A}\boldsymbol{v}_i=\boldsymbol{v}_i^\top\boldsymbol{A}^\top\boldsymbol{v}_j=\boldsymbol{v}_i^\top\boldsymbol{A}\boldsymbol{v}_j=\lambda_j\boldsymbol{v}_i^\top\boldsymbol{v}_j=\lambda_j\boldsymbol{v}_j^\top\boldsymbol{v}_i.$$

这样，将这两个等式相减得到：

$$(\lambda_i-\lambda_j)\boldsymbol{v}_j^\top\boldsymbol{v}_i=0.$$

由假设 $\lambda_i\neq\lambda_j$, 则一定有 $\boldsymbol{v}_j^\top\boldsymbol{v}_i=0$, 即 $\boldsymbol{v}_j$, $\boldsymbol{v}_i$ 是正交的.

第 3 部分. 设 λ 是 $\boldsymbol{A}$ 的一个特征值且代数重数为 $\mu\geqslant 1$. 设 $\phi=\mathcal{N}(\lambda\boldsymbol{I}_n-\boldsymbol{A})$ 的维数为 ν. 我们知道一般有 $\nu\leqslant\mu$, 也就是说几何重数（即特征空间的维数）小于等于代数重数，参见 3.3.5 节.

下面结合 μ 的元素通过构造 ϕ 的一组规范正交基来证明对于对称矩阵，实际上有 $\nu=\mu$.

为此，先给出一个初步结果. **设 $\boldsymbol{B}$ 是一个 $m\times m$ 的对称矩阵，且 λ 是 $\boldsymbol{B}$ 的一个特征值. 则存在一个正交矩阵 $\boldsymbol{U}=[\boldsymbol{u}\ \boldsymbol{Q}]\in\mathbb{R}^{m,m}$, $\boldsymbol{Q}\in\mathbb{R}^{m,m-1}$ 使 $\boldsymbol{B}\boldsymbol{u}=\lambda\boldsymbol{u}$ 以及**

$$\boldsymbol{U}^\top\boldsymbol{B}\boldsymbol{U}=\begin{bmatrix}\lambda & 0\\ 0 & \boldsymbol{B}_1\end{bmatrix},\quad \boldsymbol{B}_1=\boldsymbol{Q}^\top\boldsymbol{B}\boldsymbol{Q}\in\mathbb{S}^{m-1}. \tag{4.2}$$

为了证明这一点，设 $\boldsymbol{u}$ 是 $\boldsymbol{B}$ 的对应于特征值 λ 的单位特征向量，即 $\boldsymbol{B}\boldsymbol{u}=\lambda\boldsymbol{u}$, $\|\boldsymbol{u}\|_2=1$. 与方程 (3.6) 之前的推导类似,取矩阵 $\boldsymbol{Q}$ 的列向量为 $\mathcal{R}(u)$ 正交补空间的正交基,则由 $\boldsymbol{U}=[\boldsymbol{u}\ \boldsymbol{Q}]$ 的构造知其为正交矩阵：$\boldsymbol{U}^\top\boldsymbol{U}=\boldsymbol{I}_m$. 于是等式 (4.2) 可由 $\boldsymbol{B}\boldsymbol{u}=\lambda\boldsymbol{u}$, $\boldsymbol{u}^\top\boldsymbol{B}=\lambda\boldsymbol{u}^\top$ 和 $\boldsymbol{u}^\top\boldsymbol{Q}=\boldsymbol{Q}^\top\boldsymbol{u}=0$ 得到.

我们现在先将这个结果应用于 $\boldsymbol{A}\in\mathbb{S}^n$. 由于 $\mu\geqslant 1$, 则存在正交矩阵 $\boldsymbol{U}_1=[\boldsymbol{u}_1\ \boldsymbol{Q}_1]\in\mathbb{R}^{n,n}$ 使 $\boldsymbol{A}\boldsymbol{u}_1=\lambda\boldsymbol{u}_1$ 以及

$$\boldsymbol{U}_1^\top\boldsymbol{A}\boldsymbol{U}_1=\begin{bmatrix}\lambda & 0\\ 0 & \boldsymbol{A}_1\end{bmatrix},\quad \boldsymbol{A}_1=\boldsymbol{Q}_1^\top\boldsymbol{A}\boldsymbol{Q}_1\in\mathbb{S}^{n-1}.$$

现在，如果 $\mu=1$, 则证明完成，这是因为我们已经找到了 ϕ 的一个一维子空间（这个子空间是 $\mathcal{R}(\boldsymbol{u}_1)$）. 如果 $\mu>1$, 因为 $\boldsymbol{U}_1^\top\boldsymbol{A}\boldsymbol{U}_1$ 是分块对角矩阵且相似于 $\boldsymbol{A}$, 则 λ 是 $\boldsymbol{A}_1$ 的重数为 $\mu-1$ 的一个特征值. 再将上述步骤应用于对称矩阵 $\boldsymbol{A}_1\in\mathbb{S}^{n-1}$，则存在正交矩阵 $\boldsymbol{U}_2=[\tilde{\boldsymbol{u}}_2\ \boldsymbol{Q}_2]\in\mathbb{R}^{n-1,n-1}$ 使 $\boldsymbol{A}_1\tilde{\boldsymbol{u}}_2=\lambda\tilde{\boldsymbol{u}}_2$, $\|\tilde{\boldsymbol{u}}_2\|_2=1$ 以及

$$\boldsymbol{U}_2^\top\boldsymbol{A}_1\boldsymbol{U}_2=\begin{bmatrix}\lambda & 0\\ 0 & \boldsymbol{A}_2\end{bmatrix},\quad \boldsymbol{A}_2=\boldsymbol{Q}_2^\top\boldsymbol{A}\boldsymbol{Q}_2\in\mathbb{S}^{n-2}.$$

接下来证明向量

$$\boldsymbol{u}_2 = \boldsymbol{U}_1 \begin{bmatrix} 0 \\ \tilde{\boldsymbol{u}}_2 \end{bmatrix}$$

是 $\boldsymbol{A}$ 的一个单位范数特征向量且和 $\boldsymbol{u}_1$ 正交. 事实上，我们有

$$\begin{aligned} \boldsymbol{A}\boldsymbol{u}_2 =& \boldsymbol{U}_1 \begin{bmatrix} \lambda & 0 \\ 0 & \boldsymbol{A}_1 \end{bmatrix} \boldsymbol{U}_1^\top \boldsymbol{U}_1 \begin{bmatrix} 0 \\ \tilde{\boldsymbol{u}}_2 \end{bmatrix} = \boldsymbol{U}_1 \begin{bmatrix} 0 \\ \boldsymbol{A}_1 \tilde{\boldsymbol{u}}_2 \end{bmatrix} \\ =& \boldsymbol{U}_1 \begin{bmatrix} 0 \\ \lambda \tilde{\boldsymbol{u}}_2 \end{bmatrix} = \lambda \boldsymbol{u}_2. \end{aligned}$$

进一步，得到

$$\|\boldsymbol{u}_2\|^2 = \boldsymbol{u}_2^\top \boldsymbol{u}_2 = \begin{bmatrix} 0 \\ \tilde{\boldsymbol{u}}_2 \end{bmatrix}^\top \boldsymbol{U}_1^\top \boldsymbol{U}_1 \begin{bmatrix} 0 \\ \tilde{\boldsymbol{u}}_2 \end{bmatrix} = \|\tilde{\boldsymbol{u}}_2\|^2 = 1,$$

和

$$\boldsymbol{u}_1^\top \boldsymbol{u}_2 = \boldsymbol{u}_1^\top [\boldsymbol{u}_1 \ \boldsymbol{Q}_1] \begin{bmatrix} 0 \\ \tilde{\boldsymbol{u}}_2 \end{bmatrix} = 0,$$

因此 $\boldsymbol{u}_2$ 正交于 $\boldsymbol{u}_1$. 如果 $\mu = 2$, 那么证明完成，这是因为我们已经找到了 ϕ 的一个二维规范正交基（这个基为 $\boldsymbol{u}_1, \boldsymbol{u}_2$）. 如果 $\mu > 2$, 对矩阵 $\boldsymbol{A}_2$ 重复上面同样的步骤，找到与 $\boldsymbol{u}_1, \boldsymbol{u}_2$ 正交的特征向量 $\boldsymbol{u}_3$, 以此类推. 我们可以用这个方法继续下去，直到到达 μ 的实际值，以及此时得到了由实际 μ 个向量构成的一个规范正交基，这样我们就可以终止该步骤. □

4.2.2 谱定理

很容易将定理 4.1 和定理 3.4 组合起来证得结论：任意对称矩阵都正交相似于对角矩阵. 该结论在下面所谓的对称矩阵谱定理中进行进一步表述.

定理 4.2（谱定理） *设 $\boldsymbol{A} \in \mathbb{R}^{n,n}$ 为对称矩以及 $\lambda_i \in \mathbb{R}(i = 1, \cdots, n)$ 是 $\boldsymbol{A}$ 的特征值（计算重数）. 则存在一组规范正交向量 $\boldsymbol{u}_i \in \mathbb{R}^n (i = 1, \cdots, n)$ 使得 $\boldsymbol{A}\boldsymbol{u}_i = \lambda_i \boldsymbol{u}_i$. 等价地，存在一个正交矩阵 $\boldsymbol{U} = [\boldsymbol{u}_1 \cdots \boldsymbol{u}_n]$（即 $\boldsymbol{U}\boldsymbol{U}^\top = \boldsymbol{U}^\top \boldsymbol{U} = \boldsymbol{I}_n$）使得*

$$\boldsymbol{A} = \boldsymbol{U}\boldsymbol{\Lambda}\boldsymbol{U}^\top = \sum_{i=1}^{n} \lambda_i \boldsymbol{u}_i \boldsymbol{u}_i^\top, \quad \boldsymbol{\Lambda} = \mathrm{diag}(\lambda_1, \cdots, \lambda_n).$$

谱定理还表明，任意对称矩阵都可分解为具有形式 $\boldsymbol{u}_i \boldsymbol{u}_i^\top$ 的秩为 1 的简单秩一矩阵（二元组）的加权和，其中权重为特征值 λ_i.

例 4.6（一个 2×2 对称矩阵的特征值分解）　我们给出谱定理的一个实际的数值例子. 设

$$\boldsymbol{A}=\left[\begin{array}{cc}3/2 & -1/2 \\ -1/2 & 3/2\end{array}\right].$$

为了确定特征值，先求解下面的特征方程：

$$0=\det(\lambda \boldsymbol{I}-\boldsymbol{A})=(\lambda-3/2)^2-(1/4)=(\lambda-1)(\lambda-2),$$

于是，特征值为 $\lambda_1=1$, $\lambda_2=2$. 对每个特征值 λ_i, 我们求出使 $\boldsymbol{A}\boldsymbol{u}_i=\lambda_i\boldsymbol{u}_i$ 的对应的单位特征向量 $\boldsymbol{u}_i$. 对于 λ_1, 得到关于 $\boldsymbol{u}_1$ 的方程：

$$0=(\boldsymbol{A}-\lambda_1)\boldsymbol{u}_1=\left[\begin{array}{cc}1/2 & -1/2 \\ -1/2 & 1/2\end{array}\right]\boldsymbol{u}_1,$$

这得到（经过归一化后的）特征向量 $\boldsymbol{u}_1=(1/\sqrt{2})[1\quad 1]^\top$. 相似地，我们得到对应于特征值 λ_2 的特征向量 $\boldsymbol{u}_2=(1/\sqrt{2})[1\quad -1]^\top$. 于是，矩阵 $\boldsymbol{A}$ 具有如下分解：

$$\boldsymbol{A}=\frac{1}{\sqrt{2}}\left[\begin{array}{cc}1 & 1 \\ 1 & -1\end{array}\right]^\top\left[\begin{array}{cc}1 & 0 \\ 0 & 2\end{array}\right]\frac{1}{\sqrt{2}}\left[\begin{array}{cc}1 & 1 \\ 1 & -1\end{array}\right].$$

4.3　谱分解与优化

在本节中，我们将说明如何使用对称矩阵的谱分解来求解特殊类型的优化问题，即那些涉及二次型[㊀]在欧氏球上的最大或最小值问题.

4.3.1　特征值的变分刻画

我们首先将对称矩阵的特征值表示为某些优化问题的最优值. 由于 $\boldsymbol{A} \in \mathbb{S}^n$ 的特征值是实数，于是可以将它们以降序排列[㊁]：

$$\lambda_{\max}(\boldsymbol{A})=\lambda_1(\boldsymbol{A}) \geqslant \lambda_2(\boldsymbol{A}) \geqslant \cdots \geqslant \lambda_n(\boldsymbol{A})=\lambda_{\min}(\boldsymbol{A}).$$

特征值的极值与由 $\boldsymbol{A}$ 诱导的二次型在单位欧氏球上的最小和最大值有关. 对 $\boldsymbol{x} \neq 0$, 称比率

$$\frac{\boldsymbol{x}^\top \boldsymbol{A}\boldsymbol{x}}{\boldsymbol{x}^\top \boldsymbol{x}}$$

为一个**瑞利商**. 于是，如下的定理成立.

㊀ 回顾：如果一个二次函数只有二次项，没有线性项和常数项，则这个二次函数被称为二次型.

㊁ 在整本书中，我们将保持对称矩阵特征值的排序约定.

定理 4.3（瑞利商）给定 $\boldsymbol{A} \in \mathbb{S}^n$, 则有

$$\lambda_{\min}(\boldsymbol{A}) \leqslant \frac{\boldsymbol{x}^\top \boldsymbol{A}\boldsymbol{x}}{\boldsymbol{x}^\top \boldsymbol{x}} \leqslant \lambda_{\max}(\boldsymbol{A}), \quad \forall \boldsymbol{x} \neq 0.$$

进一步有

$$\lambda_{\max}(\boldsymbol{A}) = \max_{\boldsymbol{x}:\|\boldsymbol{x}\|_2=1} \boldsymbol{x}^\top \boldsymbol{A}\boldsymbol{x},$$

$$\lambda_{\min}(\boldsymbol{A}) = \min_{\boldsymbol{x}:\|\boldsymbol{x}\|_2=1} \boldsymbol{x}^\top \boldsymbol{A}\boldsymbol{x},$$

并且最大和最小值分别在 $\boldsymbol{x} = \boldsymbol{u}_1$ 和 $\boldsymbol{x} = \boldsymbol{u}_n$ 处达到，其中 $\boldsymbol{u}_1$（或 $\boldsymbol{u}_2$）是 $\boldsymbol{A}$ 的最大（或最小）特征值所对应的单位特征向量.

证明　定理的证明是基于对称矩阵的谱定理和其在正交变换下欧氏范数的不变性. 设 $\boldsymbol{A} = \boldsymbol{U}\boldsymbol{\Lambda}\boldsymbol{U}^\top$ 是 $\boldsymbol{A}$ 的谱分解，其中对角矩阵 $\boldsymbol{\Lambda}$ 的对角线元素为有序特征值，$\boldsymbol{U}$ 是正交矩阵. 定义 $\bar{\boldsymbol{x}} \doteq \boldsymbol{U}^\top \boldsymbol{x}$, 则有

$$\begin{aligned}\boldsymbol{x}^\top \boldsymbol{A}\boldsymbol{x} &= \boldsymbol{x}^\top \boldsymbol{U}\boldsymbol{\Lambda}\boldsymbol{U}^\top \boldsymbol{x} = \bar{\boldsymbol{x}}^\top \boldsymbol{\Lambda}\bar{\boldsymbol{x}} \\ &= \sum_{i=1}^n \lambda_i \bar{x}_i^2.\end{aligned}$$

于是

$$\lambda_{\min} \sum_{i=1}^n \bar{x}_i^2 \leqslant \sum_{i=1}^n \lambda_i \bar{x}_i^2 \leqslant \lambda_{\max} \sum_{i=1}^n \bar{x}_i^2,$$

考虑到 $\sum_{i=1}^n \bar{x}_i^2 = \|\bar{\boldsymbol{x}}\|_2^2 = \|\boldsymbol{U}^\top \boldsymbol{x}\|_2^2 = \|\boldsymbol{x}\|_2^2$, 我们有

$$\lambda_{\min}\|\boldsymbol{x}\|_2^2 \leqslant \boldsymbol{x}^\top \boldsymbol{A}\boldsymbol{x} \leqslant \lambda_{\max}\|\boldsymbol{x}\|_2^2,$$

由此第一个命题得证. 进一步，很容易验证上述不等式的上界和下界分别在 $\boldsymbol{x} = \boldsymbol{u}_1$（$\boldsymbol{U}$ 的第一列）和 $\boldsymbol{x} = \boldsymbol{u}_n$（$\boldsymbol{U}$ 的最后一列）达到，于是命题得证. □

4.3.2 最小–最大原理

定理 4.3 实际上是对称矩阵特征值所谓的最小–最大原理的一种特殊情况. 我们首先介绍如下结果.

定理 4.4（Poincaré 不等式）设 $\boldsymbol{A} \in \mathbb{S}^n$ 且 $\mathcal{V}$ 为 $\mathbb{R}^n$ 的任意 k 维子空间，$1 \leqslant k \leqslant n$. 那么存在向量 $\boldsymbol{x}, \boldsymbol{y} \in \mathcal{V}$ 且 $\|\boldsymbol{x}\|_2 = \|\boldsymbol{y}\|_2 = 1$，使得

$$\boldsymbol{x}^\top \boldsymbol{A}\boldsymbol{x} \leqslant \lambda_k(\boldsymbol{A}), \quad \boldsymbol{y}^\top \boldsymbol{A}\boldsymbol{y} \geqslant \lambda_{n-k+1}(\boldsymbol{A}).$$

证明 设 $\boldsymbol{A}=\boldsymbol{U}\boldsymbol{\Lambda}\boldsymbol{U}^\top$ 是 $\boldsymbol{A}$ 的谱分解，记 $\mathcal{Q}=\mathcal{R}(\boldsymbol{U}_k)$ 为 $\boldsymbol{U}_k=[\boldsymbol{u}_k\cdots\boldsymbol{u}_n]$ 的列向量张成的子空间. 由于 $\mathcal{Q}$ 是 $n-k+1$ 维的且 $\mathcal{V}$ 是 k 维的，则交集 $\mathcal{V}\cap\mathcal{Q}$ 非空（否则直和 $\mathcal{Q}\oplus\mathcal{V}$ 的维数大于嵌入空间的维数 n）. 那么，选取单位向量 $\boldsymbol{x}\in\mathcal{V}\cap\mathcal{Q}$, 则存在某个 $\boldsymbol{\xi}$ 满足 $\|\boldsymbol{\xi}\|_2=1$，使得 $\boldsymbol{x}=\boldsymbol{U}_k\boldsymbol{\xi}$, 于是

$$
\begin{aligned}
\boldsymbol{x}^\top\boldsymbol{A}\boldsymbol{x}=&\boldsymbol{\xi}^\top\boldsymbol{U}_k^\top\boldsymbol{U}\boldsymbol{\Lambda}\boldsymbol{U}^\top\boldsymbol{U}_k\boldsymbol{\xi}=\sum_{i=k}^{n}\lambda_i(\boldsymbol{A})\xi_i^2\\
\leqslant&\lambda_k(\boldsymbol{A})\sum_{i=k}^{n}\xi_i^2=\lambda_k(\boldsymbol{A}),
\end{aligned}
$$

这证明了第一个不等式. 将同样的方法应用于 $-\boldsymbol{A}$, 则第二个不等式类似可得. □

由 Poincaré 不等式可得如下的最小–最大原理，其也被称为特征值的变分刻画.

推论 4.1（最小–最大原理） 设 $\boldsymbol{A}\in\mathbb{S}^n$ 且 $\mathcal{V}$ 是 $\mathbb{R}^n$ 的一个子空间. 那么，对于 $k=\{1,\cdots,n\}$, 则有

$$
\begin{aligned}
\lambda_k(\boldsymbol{A})=&\max_{\dim\mathcal{V}=k}\ \min_{\boldsymbol{x}\in\mathcal{V},\|\boldsymbol{x}\|_2=1}\boldsymbol{x}^\top\boldsymbol{A}\boldsymbol{x}\\
=&\min_{\dim\mathcal{V}=n-k+1}\ \max_{\boldsymbol{x}\in\mathcal{V},\|\boldsymbol{x}\|_2=1}\boldsymbol{x}^\top\boldsymbol{A}\boldsymbol{x}.
\end{aligned}
$$

证明 由 Poincaré 不等式，如果 $\mathcal{V}$ 是 $\mathbb{R}^n$ 任意 k 维子空间，则 $\min_{\boldsymbol{x}\in\mathcal{V},\|\boldsymbol{x}\|_2=1}\boldsymbol{x}^\top\boldsymbol{A}\boldsymbol{x}\leqslant\lambda_k(\boldsymbol{A})$. 特别地，如果 $\mathcal{V}$ 是由 $\{\boldsymbol{u}_1,\cdots,\boldsymbol{u}_k\}$ 张成的线性空间，则等号成立，从而第一个等式得证. 将同样的方法应用于 $-\boldsymbol{A}$ 则第二个等式得证. □

例 4.7（矩阵增益） 给定一个矩阵 $\boldsymbol{A}\in\mathbb{R}^{m,n}$, 考虑关于 $\boldsymbol{A}$ 的线性函数，其将输入向量 $\boldsymbol{x}\in\mathbb{R}^n$ 映成输出向量 $\boldsymbol{y}\in\mathbb{R}^m$:

$$
\boldsymbol{y}=\boldsymbol{A}\boldsymbol{x}.
$$

给定一个向量范数，矩阵增益（或称算子范数）定义为输出范数与输入范数的比 $\|\boldsymbol{A}\boldsymbol{x}\|/\|\boldsymbol{x}\|$ 的最大值，参见 3.6 节. 特别地，关于欧氏范数的增益定义为

$$
\|\boldsymbol{A}\|_2=\max_{\boldsymbol{x}\neq 0}\frac{\|\boldsymbol{A}\boldsymbol{x}\|_2}{\|\boldsymbol{x}\|_2},
$$

并通常称其为 $\boldsymbol{A}$ 的谱范数. 在欧氏范数下的输入–输出比的平方为

$$
\frac{\|\boldsymbol{A}\boldsymbol{x}\|_2^2}{\|\boldsymbol{x}\|_2^2}=\frac{\boldsymbol{x}^\top(\boldsymbol{A}^\top\boldsymbol{A})\boldsymbol{x}}{\boldsymbol{x}^\top\boldsymbol{x}}.
$$

根据定理 4.3, 对称矩阵 $\boldsymbol{A}^\top\boldsymbol{A}\in\mathbb{S}^n$ 的最大和最小特征值可以分别作为上面提到的量的上界和下界：

$$
\lambda_{\min}(\boldsymbol{A}^\top\boldsymbol{A})\leqslant\frac{\|\boldsymbol{A}\boldsymbol{x}\|_2^2}{\|\boldsymbol{x}\|_2^2}\leqslant\lambda_{\max}(\boldsymbol{A}^\top\boldsymbol{A})
$$

(注意,如接下来的 4.4 节中所讨论的,因为 $\boldsymbol{A}^\top\boldsymbol{A}$ 是半正定矩阵,则 $\boldsymbol{A}^\top\boldsymbol{A}$ 的特征值 $\lambda_i(\boldsymbol{A}^\top\boldsymbol{A})$ 都是非负的，$i=1,\cdots,n$). 同样由定理 4.3 可知，当 $\boldsymbol{x}$ 分别等于 $\boldsymbol{A}^\top\boldsymbol{A}$ 的最大和最小特征值对应的特征向量时，上面式子中的上界和下界可以达到. 因此

$$\|\boldsymbol{A}\|_2=\max_{\boldsymbol{x}\neq 0}\frac{\|\boldsymbol{A}\boldsymbol{x}\|_2}{\|\boldsymbol{x}\|_2}=\sqrt{\lambda_{\max}(\boldsymbol{A}^\top\boldsymbol{A})}, \tag{4.3}$$

其中最大增益在 $\boldsymbol{x}$ 处沿着 $\boldsymbol{A}^\top\boldsymbol{A}$ 的特征向量 $\boldsymbol{u}_1$ 的方向达到，以及

$$\min_{\boldsymbol{x}\neq 0}\frac{\|\boldsymbol{A}\boldsymbol{x}\|_2}{\|\boldsymbol{x}\|_2}=\sqrt{\lambda_{\min}(\boldsymbol{A}^\top\boldsymbol{A})},$$

其中最小增益当 $\boldsymbol{x}$ 沿着 $\boldsymbol{A}^\top\boldsymbol{A}$ 的特征向量 $\boldsymbol{u}_n$ 的方向时达到.

最小–最大性质的一个重要推论是关于如下 $\boldsymbol{A},\boldsymbol{B}$ 与 $\boldsymbol{A}+\boldsymbol{B}$ 有序特征值的比较结果.

推论 4.2 设 $\boldsymbol{A},\boldsymbol{B}\in\mathbb{S}^n$, 则对任意 $k=1,\cdots,n$, 均有

$$\lambda_k(\boldsymbol{A})+\lambda_{\min}(\boldsymbol{B})\leqslant\lambda_k(\boldsymbol{A}+\boldsymbol{B})\leqslant\lambda_k(\boldsymbol{A})+\lambda_{\max}(\boldsymbol{B}). \tag{4.4}$$

证明 由推论 4.1 可得:

$$\begin{aligned}\lambda_k(\boldsymbol{A}+\boldsymbol{B})&=\min_{\dim\mathcal{V}=n-k+1}\ \max_{\boldsymbol{x}\in\mathcal{V},\|\boldsymbol{x}\|_2=1}(\boldsymbol{x}^\top\boldsymbol{A}\boldsymbol{x}+\boldsymbol{x}^\top\boldsymbol{B}\boldsymbol{x})\\&\geqslant\min_{\dim\mathcal{V}=n-k+1}\ \max_{\boldsymbol{x}\in\mathcal{V},\|\boldsymbol{x}\|_2=1}\boldsymbol{x}^\top\boldsymbol{A}\boldsymbol{x}+\lambda_{\min}(\boldsymbol{B})\\&=\lambda_k(\boldsymbol{A})+\lambda_{\min}(\boldsymbol{B}),\end{aligned}$$

这证明了式 (4.4) 左边的不等式. 右边的不等式类似可得. □

当一个对称矩阵 $\boldsymbol{A}\in\mathbb{S}^n$ 加上一个秩一矩阵 $\boldsymbol{B}=\boldsymbol{q}\boldsymbol{q}^\top$ 作为扰动时，推论 4.2 则给出一个特殊情况. 由于 $\lambda_{\max}(\boldsymbol{q}\boldsymbol{q}^\top)=\|\boldsymbol{q}\|_2^2$ 且 $\lambda_{\min}(\boldsymbol{q}\boldsymbol{q}^\top)=0$, 由式 (4.4) 立即得到:

$$\lambda_k(\boldsymbol{A})\leqslant\lambda_k(\boldsymbol{A}+\boldsymbol{q}\boldsymbol{q}^\top)\leqslant\lambda_k(\boldsymbol{A})+\|\boldsymbol{q}\|_2^2,\quad k=1,\cdots,n.$$

4.4 半正定矩阵

4.4.1 定义

如果一个对称矩阵 $\boldsymbol{A}\in\mathbb{S}^n$ 对应的二次型是非负的，即

$$\boldsymbol{x}^\top\boldsymbol{A}\boldsymbol{x}\geqslant 0,\quad\forall\ \boldsymbol{x}\in\mathbb{R}^n,$$

则称这个矩阵 $\boldsymbol{A}$ 为半正定的（PSD）. 进一步，如果

$$\boldsymbol{x}^\top\boldsymbol{A}\boldsymbol{x}>0,\quad\forall\ 0\neq\boldsymbol{x}\in\mathbb{R}^n,$$

则称 $\boldsymbol{A}$ 是正定的. 我们分别用符号 $\boldsymbol{A}\succeq 0$（$\boldsymbol{A}\succ 0$）来表示对称半正定（正定）矩阵. 如果 $-\boldsymbol{A}\succeq 0$，则称 $\boldsymbol{A}$ 是半负定的，记为 $\boldsymbol{A}\preceq 0$. 类似地，如果 $-\boldsymbol{A}\succ 0$, 则称 $\boldsymbol{A}$ 是负定的，记为 $\boldsymbol{A}\prec 0$. 显然一个半正定矩阵是正定的当且仅当它是可逆的.

例 4.8(样本协方差矩阵） 用例 4.2 中相同的符号，我们观察到，由定义，样本协方差矩阵 $\boldsymbol{\Sigma}$ 是半正定的. 这是因为对任意 $\boldsymbol{u}\in\mathbb{R}^n$, 量 $\boldsymbol{u}^\top\boldsymbol{\Sigma}\boldsymbol{u}$ 就是点乘 $\boldsymbol{u}^\top\boldsymbol{x}^{(i)}(i=1,\cdots,m)$ 的样本方差，因此其是非负实数[⊖].

由 $\mathbb{R}^{n,n}$ 中实半正定矩阵构成的集合记为：

$$\mathbb{S}_+^n=\{\boldsymbol{A}\in\mathbb{S}^n:\ \boldsymbol{A}\succeq 0\}.$$

相似地，用 $\mathbb{S}_{++}^n$ 表示 $\mathbb{R}^{n,n}$ 中所有正定矩阵构成的集合.

注释 4.1（PSD 矩阵的主子矩阵） 一个简单的观察如下：设 $\mathcal{I}=\{i_1,\cdots,i_m\}$ 是指标 $\{1,\cdots,n\}$ 的一个子集，用 $A_{\mathcal{I}}$ 表示通过取 $\boldsymbol{A}\in\mathbb{R}^{n,n}$ 的具有指标 $\mathcal{I}$ 的行和列获得的子矩阵（称其为 $\boldsymbol{A}$ 的 $m\times m$ 维主子矩阵）. 于是

$$\boldsymbol{A}\succeq 0\quad\Rightarrow\quad\boldsymbol{A}_{\mathcal{I}}\succeq 0,\ \forall\,\mathcal{I}.\tag{4.5}$$

类似地，$\boldsymbol{A}\succ 0$ 意味着 $\boldsymbol{A}_{\mathcal{I}}\succ 0$. 这一事实从 PSD 矩阵的定义中很容易看出，这是因为乘积 $\boldsymbol{x}_{\mathcal{I}}^\top\boldsymbol{A}_{\mathcal{I}}\boldsymbol{x}_{\mathcal{I}}$ 与乘积 $\boldsymbol{x}^\top\boldsymbol{A}\boldsymbol{x}$ 相同，其中 $i\in\mathcal{I}$ 时, 向量 $\boldsymbol{x}$ 的分量 x_i 是非零的. 例如，该事实的一个推论是：$\boldsymbol{A}\succeq 0$ 意味着对角元素 $a_{ii}\geqslant 0,\ i=1,\cdots,n$, 类似地，$\boldsymbol{A}\succ 0$ 意味着 $a_{ii}>0,\ i=1,\cdots,n$.

4.4.2 PSD 矩阵的特征值

我们这里继续使用之前的符号，对 $\boldsymbol{A}\in\mathbb{S}^n$, 特征值按降序排列 $\lambda_1(\boldsymbol{A})\geqslant\cdots\geqslant\lambda_n(\boldsymbol{A})$. 则有：

$$\boldsymbol{A}\succeq 0\quad\Leftrightarrow\quad\lambda_i(\boldsymbol{A})\geqslant 0,\ i=1,\cdots,n,$$

$$\boldsymbol{A}\succ 0\quad\Leftrightarrow\quad\lambda_i(\boldsymbol{A})>0,\ i=1,\cdots,n.$$

为了证明第一个结论（第二个类似可得）, 设 $\boldsymbol{A}=\boldsymbol{U}\boldsymbol{\Lambda}\boldsymbol{U}^\top$ 为 $\boldsymbol{A}$ 的谱分解，那么

$$\boldsymbol{x}^\top\boldsymbol{A}\boldsymbol{x}=\boldsymbol{x}^\top\boldsymbol{U}\boldsymbol{\Lambda}\boldsymbol{U}^\top\boldsymbol{x}=\boldsymbol{z}^\top\boldsymbol{\Lambda}\boldsymbol{z}=\sum_{i=1}^n\lambda_i(\boldsymbol{A})z_i^2,$$

其中 $\boldsymbol{z}\doteq\boldsymbol{U}\boldsymbol{x}$. 于是

$$\boldsymbol{x}^\top\boldsymbol{A}\boldsymbol{x}\geqslant 0,\quad\forall\,\boldsymbol{x}\in\mathbb{R}^n\quad\Leftrightarrow\quad\boldsymbol{z}\boldsymbol{\Lambda}\boldsymbol{z}\geqslant 0,\ \forall\,\boldsymbol{z}\in\mathbb{R}^n,$$

⊖ 正如从 4.4.4 节中所看到的，其逆命题也是正确的：任意 PSD 矩阵均可被写为某些数据点的样本协方差.

后面的条件显然等价于 $\lambda_i(\boldsymbol{A}) \geqslant 0, i=1,\cdots,n$.

如果把 $\boldsymbol{A}$ 加上一个 PSD 矩阵 $\boldsymbol{B}$, 那么矩阵 $\boldsymbol{A} \in \mathbb{S}^n$ 的特征值不会减小. 事实上，如果 $\boldsymbol{B} \succeq 0$, 则 $\lambda_{\min}(\boldsymbol{B}) \geqslant 0$, 于是由式 (4.4) 立即得到：

$$\boldsymbol{B} \succeq 0 \Rightarrow \lambda_k(\boldsymbol{A}+\boldsymbol{B}) \geqslant \lambda_k(\boldsymbol{A}), \quad k=1,\cdots,n. \tag{4.6}$$

4.4.3 同余变换

下面的定理刻画了将一个矩阵左乘和右乘另一个矩阵后的正定性.

定理 4.5 设 $\boldsymbol{A} \in \mathbb{S}^n$, $\boldsymbol{B} \in \mathbb{R}^{n,m}$, 考虑如下乘积：

$$\boldsymbol{C} = \boldsymbol{B}^\top \boldsymbol{A} \boldsymbol{B} \in \mathbb{S}^m. \tag{4.7}$$

1. 如果 $\boldsymbol{A} \succeq 0$, 则 $\boldsymbol{C} \succeq 0$;
2. 如果 $\boldsymbol{A} \succ 0$ ，则 $\boldsymbol{C} \succ 0$ 当且仅当 $\operatorname{rank} \boldsymbol{B} = m$;
3. 如果 $\boldsymbol{B}$ 是可逆方阵，则 $\boldsymbol{A} \succ 0$ ($\boldsymbol{A} \succeq 0$) 当且仅当 $\boldsymbol{C} \succ 0$ ($\boldsymbol{C} \succeq 0$) .

证明 对于结论 1, 我们有：对任意 $\boldsymbol{x} \in \mathbb{R}^m$,

$$\boldsymbol{x}^\top \boldsymbol{C} \boldsymbol{x} = \boldsymbol{x}^\top \boldsymbol{B}^\top \boldsymbol{A} \boldsymbol{B} \boldsymbol{x} = \boldsymbol{z}^\top \boldsymbol{A} \boldsymbol{z} \geqslant 0,$$

其中 $\boldsymbol{z} = \boldsymbol{B}\boldsymbol{x}$, 于是 $\boldsymbol{C} \succeq 0$. 对于结论 2, 我们观察到，由于 $\boldsymbol{A} \succ 0$, 则 $\boldsymbol{C} \succ 0$ 当且仅当对任意 $\boldsymbol{x} \neq 0$ 有 $\boldsymbol{B}\boldsymbol{x} \neq 0$, 即 $\dim \mathcal{N}(\boldsymbol{B}) = 0$. 由线性代数的基本定理得 $\dim \mathcal{N}(\boldsymbol{B}) + \operatorname{rank}(\boldsymbol{B}) = m$, 于是结论 2 得证. 对于结论 3, 必要性由结论 2 直接可得. 反之，若 $\boldsymbol{C} \succ 0$, 由反证法，假设 $\boldsymbol{A} \not\succ 0$. 则存在 $\boldsymbol{z} \neq 0$ 使得 $\boldsymbol{z}^\top \boldsymbol{A} \boldsymbol{z} \leqslant 0$. 因为 $\boldsymbol{B}$ 可逆，设 $\boldsymbol{x} = \boldsymbol{B}^{-1}\boldsymbol{z}$, 那么

$$\boldsymbol{x}^\top \boldsymbol{C} \boldsymbol{x} = \boldsymbol{x}^\top \boldsymbol{B}^\top \boldsymbol{A} \boldsymbol{B} \boldsymbol{x} = \boldsymbol{z}^\top \boldsymbol{A} \boldsymbol{z} \leqslant 0,$$

这与 $\boldsymbol{C} \succ 0$ 矛盾. 类似可证得，若 $\boldsymbol{C} \succeq 0$ 则 $\boldsymbol{A} \succeq 0$, 这样定理得证. □

当 $\boldsymbol{B}$ 是可逆方阵时，式 (4.7) 定义了一个所谓的同余变换，此时称 $\boldsymbol{A}, \boldsymbol{C}$ 是同余的. 一个对称矩阵 $\boldsymbol{A} \in \mathbb{S}^n$ 的惯量 $\operatorname{In}(\boldsymbol{A}) = (\operatorname{npos}(\boldsymbol{A}), \operatorname{nneg}(\boldsymbol{A}), \operatorname{nzero}(\boldsymbol{A}))$ 定义为三个非负整数，其分量分别表示 $\boldsymbol{A}$ 的正、负和零特征值的个数（计算重数）. 可以证明两个矩阵 $\boldsymbol{A} \in \mathbb{S}^n$, $\boldsymbol{C} \in \mathbb{S}^n$ 具有相同的惯量当且仅当它们是同余的.

简单观察到单位矩阵是正定的，则下面的推论由定理 4.5 可得.

推论 4.3 对任意 $\boldsymbol{A} \in \mathbb{R}^{m,n}$, 则有：

1. $\boldsymbol{A}^\top \boldsymbol{A} \succeq 0$ 且 $\boldsymbol{A}\boldsymbol{A}^\top \succeq 0$;
2. $\boldsymbol{A}^\top \boldsymbol{A} \succ 0$ 当且仅当 $\boldsymbol{A}$ 是列满秩的，即 $\operatorname{rank}(\boldsymbol{A}) = n$;
3. $\boldsymbol{A}\boldsymbol{A}^\top \succ 0$ 当且仅当 $\boldsymbol{A}$ 是行满秩的，即 $\operatorname{rank}(\boldsymbol{A}) = m$.

一个有意思的结果是，在关于两个对称矩阵的线性组合是正定的特定假设下，这两个矩阵可以通过一个适当的同余变换被同时“对角化”，该结论被陈述在下面的定理中.

定理 4.6（合同对角化） 设 $\boldsymbol{A}_1, \boldsymbol{A}_2 \in \mathbb{S}^n$ 满足：

$$\boldsymbol{A} = \alpha_1 \boldsymbol{A}_1 + \alpha_2 \boldsymbol{A}_2 \succ 0$$

其中 α_1, α_2 为某些常数. 那么，存在一个非奇异矩阵 $\boldsymbol{B} \in \mathbb{R}^{n,n}$ 使 $\boldsymbol{B}^\top \boldsymbol{A}_1 \boldsymbol{B}$ 和 $\boldsymbol{B}^\top \boldsymbol{A}_2 \boldsymbol{B}$ 都是对角矩阵.

证明 不失一般性，假设 $\alpha_2 > 0$. 因为 $\boldsymbol{A} \succ 0$, 则 $\boldsymbol{A}$ 同余于单位阵，即存在某个非奇异矩阵 $\boldsymbol{B}_1$ 使得 $\boldsymbol{B}_1^\top \boldsymbol{A}_1 \boldsymbol{B}_1 = \boldsymbol{I}_n$. 因为 $\boldsymbol{B}_1^\top \boldsymbol{A}_1 \boldsymbol{B}_1$ 是对称矩阵，则存在一个正交矩阵 $\boldsymbol{W}$ 使 $\boldsymbol{W}^\top \boldsymbol{B}_1^\top \boldsymbol{A}_1 \boldsymbol{B}_1 \boldsymbol{W} = \boldsymbol{D}$, 其中 $\boldsymbol{D}$ 为对角矩阵. 取 $\boldsymbol{B} = \boldsymbol{B}_1 \boldsymbol{W}$, 那么有

$$\boldsymbol{B}^\top \boldsymbol{A} \boldsymbol{B} = \boldsymbol{W}^\top \boldsymbol{B}_1^\top \boldsymbol{A} \boldsymbol{B}_1 \boldsymbol{W} = \boldsymbol{W}^\top \boldsymbol{I}_n \boldsymbol{W} = \boldsymbol{I}_n,$$

并且

$$\boldsymbol{B}^\top \boldsymbol{A}_1 \boldsymbol{B} = \boldsymbol{D},$$

因此，由于 $\boldsymbol{A}_2 = (\boldsymbol{A} - \alpha_1 \boldsymbol{A})/\boldsymbol{\alpha}_2$, 故 $\boldsymbol{B}^\top \boldsymbol{A}_2 \boldsymbol{B}$ 也是对角矩阵，于是定理得证. □

下面的结论由定理 4.6 显然可得.

推论 4.4 设 $\boldsymbol{A} \succ 0$ 和 $\boldsymbol{C} \in \mathbb{S}^n$. 那么存在一个非奇异矩阵 $\boldsymbol{B}$ 使 $\boldsymbol{B}^\top \boldsymbol{C} \boldsymbol{B}$ 是对角的且 $\boldsymbol{B}^\top \boldsymbol{A} \boldsymbol{B} = \boldsymbol{I}_n$.

4.4.4 矩阵平方根与 Cholesky 分解

设 $\boldsymbol{A} \in \mathbb{S}^n$, 那么有：

$$\boldsymbol{A} \succeq 0 \quad \Leftrightarrow \quad \exists\, \boldsymbol{B} \succeq 0: \ \boldsymbol{A} = \boldsymbol{B}^2, \tag{4.8}$$

$$\boldsymbol{A} \succ 0 \quad \Leftrightarrow \quad \exists\, \boldsymbol{B} \succ 0: \ \boldsymbol{A} = \boldsymbol{B}^2. \tag{4.9}$$

事实上，任意矩阵 $\boldsymbol{A} \succeq 0$ 都具有谱分解 $\boldsymbol{A} = \boldsymbol{U} \boldsymbol{\Lambda} \boldsymbol{U}^\top$, 其中 $\boldsymbol{U}$ 是正交矩阵以及 $\boldsymbol{\Lambda} = \operatorname{diag}(\lambda_1, \cdots, \lambda_n)$, $\lambda_i \geqslant 0$, $i = 1, \cdots, n$. 定义 $\boldsymbol{\Lambda}^{1/2} = \operatorname{diag}(\sqrt{\lambda_1}, \cdots, \sqrt{\lambda_n})$ 和 $\boldsymbol{B} = \boldsymbol{U} \boldsymbol{\Lambda}^{1/2} \boldsymbol{U}^\top$, 我们有：

$$\boldsymbol{B}^2 = \boldsymbol{U} \boldsymbol{\Lambda}^{1/2} \boldsymbol{U}^\top \boldsymbol{U} \boldsymbol{\Lambda}^{1/2} \boldsymbol{U}^\top = \boldsymbol{U} \boldsymbol{\Lambda} \boldsymbol{U}^\top = \boldsymbol{A}.$$

反之，如果对某个对称矩阵 $\boldsymbol{B}$ 满足 $\boldsymbol{A} = \boldsymbol{B}^\top \boldsymbol{B} = \boldsymbol{B}^2$, 于是由推论 4.3 可得 $\boldsymbol{A} \succeq 0$, 这证明了式 (4.8). 类似可证得式 (4.9). 进一步，可以证明（这里证明从略）在式 (4.8)和式 (4.9) 中的矩阵 $\boldsymbol{B}$ 是唯一的. 以后称这个矩阵为 $\boldsymbol{A}$ 的矩阵平方根：$\boldsymbol{B} = \boldsymbol{A}^{1/2}$.

对 $\boldsymbol{B} = \boldsymbol{\Lambda}^{1/2} \boldsymbol{U}^\top$ 重复以前的推理，我们还有：

$$\boldsymbol{A} \succeq 0 \quad \Leftrightarrow \quad \exists\, \boldsymbol{B}: \ \boldsymbol{A} = \boldsymbol{B}^\top \boldsymbol{B},$$

$$\boldsymbol{A} \succ 0 \quad \Leftrightarrow \quad \exists\, \text{非奇异 } \boldsymbol{B}: \ \boldsymbol{A} = \boldsymbol{B}^\top. \tag{4.10}$$

特别地，等式 (4.10) 表明，矩阵 $\boldsymbol{A}$ 是正定的当且仅当它与单位矩阵同余.

进一步注意到，每个方阵 $\boldsymbol{B}$ 都具有 QR 分解：$\boldsymbol{B}=\boldsymbol{QR}$, 其中 $\boldsymbol{Q}$ 是正交矩阵，$\boldsymbol{R}$ 是一个与 $\boldsymbol{B}$ 有相同的秩的上三角矩阵（见 7.3 节）. 那么，对任意 $\boldsymbol{A}\succeq 0$, 则有：

$$\boldsymbol{A}=\boldsymbol{B}^{\top}\boldsymbol{B}=\boldsymbol{R}^{\top}\boldsymbol{Q}^{\top}\boldsymbol{QR}=\boldsymbol{R}^{\top}\boldsymbol{R},$$

也就是，任意 PSD 矩阵都可以分解为 $\boldsymbol{R}^{\top}\boldsymbol{R}$, 其中 $\boldsymbol{R}$ 是上三角矩阵. 此外，可以选择对角线元素是非负的 $\boldsymbol{R}$，如果 $\boldsymbol{A}\succ 0$, 则这些对角线元素是正的. 在这种情况下，分解是唯一的，称这样的分解为 $\boldsymbol{A}$ 的 Cholesky 分解.

对于对称矩阵 $\boldsymbol{B}$ 和 $\boldsymbol{A}\succ 0$, 可以利用矩阵平方根证明如下关于 $\boldsymbol{B}$ 和 $\boldsymbol{AB}$ 特征值的结果.

推论 4.5　设 $\boldsymbol{A},\boldsymbol{B}\in\mathbb{S}^n$ 且 $\boldsymbol{A}\succ 0$. 那么，矩阵 $\boldsymbol{AB}$ 可对角化并具有全部都是实数的特征值且与 $\boldsymbol{B}$ 的惯量相同.

证明　设 $\boldsymbol{A}^{1/2}\succ 0$ 是 $\boldsymbol{A}$ 的矩阵平方根，于是

$$\boldsymbol{A}^{-1/2}\boldsymbol{ABA}^{1/2}=\boldsymbol{A}^{1/2}\boldsymbol{BA}^{1/2}.$$

该等式中左边的矩阵 $\boldsymbol{A}^{-1/2}\boldsymbol{ABA}^{1/2}$ 与 $\boldsymbol{AB}$ 相似，因此与 $\boldsymbol{AB}$ 有相同的特征值. 又因为等式右边是对称矩阵，于是 $\boldsymbol{AB}$ 可对角化且具有纯实数的特征值. 进一步，等式右边的矩阵与 $\boldsymbol{B}$ 同余. 这样 $\boldsymbol{AB}$ 与 $\boldsymbol{B}$ 具有相同的惯量. □

4.4.5　正定矩阵与椭球

正定矩阵与被称为椭球的几何体密切相关，这将在 9.2.2 节中进一步讨论. 一个以原点为中心的满维有界椭球定义为如下集合：

$$\mathcal{E}=\{\boldsymbol{x}\in\mathbb{R}^n:\ \boldsymbol{x}^{\top}\boldsymbol{P}^{-1}\boldsymbol{x}\leqslant 1\},$$

其中 $\boldsymbol{P}\succ 0$. 矩阵 $\boldsymbol{P}$ 的特征值和特征向量定义了椭球的方向和形状. $\boldsymbol{P}$ 的特征向量 $\boldsymbol{u}_i$ 定义了椭球半轴的方向，而其长度为 $\sqrt{\lambda_i}$, 其中 $\lambda_i>0(i=1,\cdots,n)$ 是 $\boldsymbol{P}$ 的特征值，如图 4.2 所示.

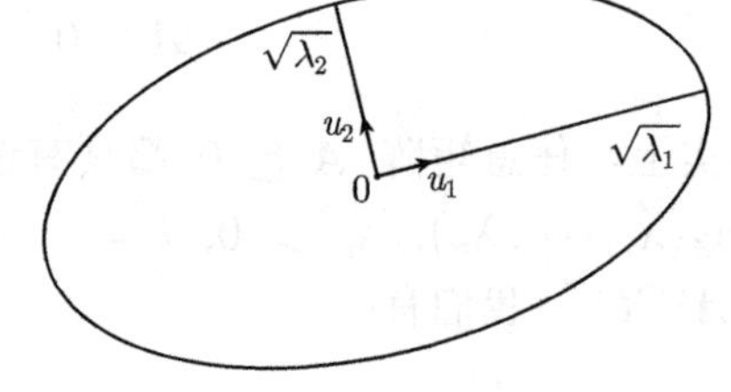

图 4.2　一个二维椭球

由于 $\boldsymbol{P}\succ 0$ 等价于 $\boldsymbol{P}^{-1}\succ 0$, 则由 Cholesky 分解式 (4.10) 得到，存在一个非奇异矩阵 $\boldsymbol{A}$ 使 $\boldsymbol{P}^{-1}=\boldsymbol{A}^{\top}\boldsymbol{A}$. 因此，利用乘积 $\boldsymbol{x}^{\top}\boldsymbol{P}^{-1}\boldsymbol{x}=\boldsymbol{x}^{\top}\boldsymbol{A}^{\top}\boldsymbol{Ax}=\|\boldsymbol{Ax}\|_2^2$, 上面椭球 $\mathcal{E}$ 的定义也可等价地写为

$$\mathcal{E}=\{\boldsymbol{x}\in\mathbb{R}^n:\ \|\boldsymbol{Ax}\|_2\leqslant 1\}.$$

4.4.6　PSD 锥与偏序

所有半正定矩阵构成的全体 $\mathbb{S}_+^n$ 构成将由 8.1 节所定义的凸锥. 首先，它是一个凸集，这是因为其满足凸集定义中的性质（参见 8.1 节），即对任意两个矩阵 $\boldsymbol{A}_1,\boldsymbol{A}_2\in\mathbb{S}_+^n$ 和任

意 $\theta \in [0,1]$, 都有

$$\boldsymbol{x}^\top(\theta \boldsymbol{A}_1 + (1-\theta)\boldsymbol{A}_2)\boldsymbol{x} = \theta \boldsymbol{x}^\top \boldsymbol{A}_1 \boldsymbol{x} + (1-\theta)\boldsymbol{x}^\top \boldsymbol{A}_2 \boldsymbol{x} \geqslant 0, \ \ \forall\, \boldsymbol{x},$$

因此 $\theta \boldsymbol{A}_1 + (1-\theta)\boldsymbol{A}_2 \in \mathbb{S}_+^n$. 进一步，对任意 $\boldsymbol{A} \succeq 0$ 和任意 $\alpha \geqslant 0$, 我们有 $\alpha \boldsymbol{A} \succeq 0$, 这也就是说，$\mathbb{S}_+^n$ 是一个锥. 关系 "$\succeq$" 则定义了 PSD 矩阵构成锥上的一个偏序关系. 即如果 $\boldsymbol{A}-\boldsymbol{B} \succeq 0$, 则称 $\boldsymbol{A} \succeq \boldsymbol{B}$. 类似地，如果 $\boldsymbol{A}-\boldsymbol{B} \succ 0$, 则称 $\boldsymbol{A} \succ \boldsymbol{B}$. 这是一个偏序，因为并不是任意两个对称矩阵都可以放在 $\preceq$ 或 $\succeq$ 的关系中. 举一个例子：

$$\boldsymbol{A} = \begin{bmatrix} 2 & 1 \\ 1 & 1 \end{bmatrix}, \quad \boldsymbol{B} = \begin{bmatrix} 1 & 1 \\ 1 & 1 \end{bmatrix}, \quad \boldsymbol{C} = \begin{bmatrix} 1 & 1 \\ 1 & 2 \end{bmatrix}.$$

那么可以验证 $\boldsymbol{A} \succeq \boldsymbol{B}$, $\boldsymbol{B} \preceq \boldsymbol{C}$, 但既没有 $\boldsymbol{A} \preceq \boldsymbol{C}$ 也没有 $\boldsymbol{A} \succeq \boldsymbol{C}$.

定理 4.7 设 $\boldsymbol{A} \succ 0$, $\boldsymbol{B} \succeq 0$, 用 $\rho(\cdot)$ 表示一个矩阵的谱半径（即一个矩阵特征值的最大模）. 于是有:

$$\boldsymbol{A} \succeq \boldsymbol{B} \Leftrightarrow \rho(\boldsymbol{B}\boldsymbol{A}^{-1}) \leqslant 1, \tag{4.11}$$

$$\boldsymbol{A} \succ \boldsymbol{B} \Leftrightarrow \rho(\boldsymbol{B}\boldsymbol{A}^{-1}) < 1. \tag{4.12}$$

证明 我们只证式 (4.11), 等式 (4.12) 可类似证明. 由推论 4.4, 存在一个非奇异矩阵 $\boldsymbol{M}$ 使 $\boldsymbol{A} = \boldsymbol{M}\boldsymbol{I}\boldsymbol{M}^\top$ 和 $\boldsymbol{B} = \boldsymbol{M}\boldsymbol{D}\boldsymbol{M}^\top$, 其中 $\boldsymbol{D} = \mathrm{diag}(d_1, \cdots, d_n)$, $d_i \geqslant 0$, $i = 1, \cdots, n$. 那么 $\boldsymbol{A}-\boldsymbol{B} \succeq 0$ 当且仅当 $\boldsymbol{M}(\boldsymbol{I}-\boldsymbol{D})\boldsymbol{M}^\top \succeq 0$. 再由定理 4.5, 后者等价于 $\boldsymbol{I}-\boldsymbol{D} \succeq 0$, 即 $d_i \leqslant 1$, $i = 1, \cdots, n$. 因为 $\boldsymbol{B}\boldsymbol{A}^{-1} = \boldsymbol{M}\boldsymbol{D}\boldsymbol{M}^\top\boldsymbol{M}^{-\top}\boldsymbol{M}^{-1} = \boldsymbol{M}\boldsymbol{D}\boldsymbol{M}^{-1}$, 即 $\boldsymbol{B}\boldsymbol{A}^{-1}$ 相似于矩阵 $\boldsymbol{D}$, 故 $\boldsymbol{B}\boldsymbol{A}^{-1}$ 的特征值即是 $d_i, i = 1, \cdots, n$. 因为 d_i 都是非负的，则有

$$\boldsymbol{A}-\boldsymbol{B} \succ 0 \Leftrightarrow d_i \leqslant 1 \ \forall i \Leftrightarrow \rho(\boldsymbol{B}\boldsymbol{A}^{-1}) \leqslant 1.$$

这样定理得证. □

注意，对任意两个方阵 $\boldsymbol{X}, \boldsymbol{Y}$, 其乘积 $\boldsymbol{X}\boldsymbol{Y}$ 和 $\boldsymbol{Y}\boldsymbol{X}$ 有相同的特征值，因此 $\rho(\boldsymbol{X}\boldsymbol{Y}) = \rho(\boldsymbol{Y}\boldsymbol{X})$. 于是，对于 $\boldsymbol{A} \succ 0$, $\boldsymbol{B} \succ 0$, 由定理 4.7 则有:

$$\boldsymbol{A} \succeq \boldsymbol{B} \Leftrightarrow \rho(\boldsymbol{B}\boldsymbol{A}^{-1}) = \rho(\boldsymbol{A}^{-1}\boldsymbol{B}) \leqslant 1 \Leftrightarrow \boldsymbol{B}^{-1} \succeq \boldsymbol{A}^{-1}.$$

更一般地，关系 $\boldsymbol{A} \succeq \boldsymbol{B}$ 在 $\boldsymbol{A}$ 和 $\boldsymbol{B}$ 的有序特征值之间，以及关于特征值的单调函数上，如行列式和迹上，诱导出了一种对应关系. 事实上，对任意 $\boldsymbol{A}, \boldsymbol{B} \in \mathbb{S}^n$, 由式 (4.6) 直接可得 $\boldsymbol{A}-\boldsymbol{B} \succeq 0$，这意味着

$$\lambda_k(\boldsymbol{A}) = \lambda_k(\boldsymbol{B} + (\boldsymbol{A}-\boldsymbol{B})) \geqslant \lambda_k(\boldsymbol{B}), \quad k = 1, \cdots, n, \tag{4.13}$$

（然而，注意，逆命题并不成立，即 $\lambda_k(\boldsymbol{A}) \geqslant \lambda_k(\boldsymbol{B})$ 并不意味着 $\boldsymbol{A}-\boldsymbol{B} \succeq 0$, 其中 $k = 1, \cdots, n$）. 因此，由式 (4.13), $\boldsymbol{A}-\boldsymbol{B} \succeq 0$ 也暗含着:

$$\det \boldsymbol{A} = \prod_{k=1,\cdots,n} \lambda_k(\boldsymbol{A}) \geqslant \prod_{k=1,\cdots,n} \lambda_k(\boldsymbol{B}) = \det \boldsymbol{B},$$

$$\text{trace}\boldsymbol{B} = \sum_{k=1,\cdots,n} \lambda_k(\boldsymbol{A}) \geqslant \sum_{k=1,\cdots,n} \lambda_k(\boldsymbol{B}) = \text{trace}\ \boldsymbol{B}.$$

下面的结果与在系统控制理论中出现的一个重要矩阵方程——Lyapunov 方程有关.

定理 4.8（对称和） 设 $\boldsymbol{A} \succ 0$ 且 $\boldsymbol{B} \in \mathbb{S}^n$, 考虑如下对称和:

$$\boldsymbol{S} = \boldsymbol{AB} + \boldsymbol{BA}.$$

那么 $\boldsymbol{S} \succeq 0$（或 $\boldsymbol{S} \succ 0$）意味着 $\boldsymbol{B} \succeq 0$（或 $\boldsymbol{B} \succ 0$）.

证明 因为 $\boldsymbol{B} \in \mathbb{S}^n$, 则其具有谱分解 $\boldsymbol{B} = \boldsymbol{U\Lambda U}^\top$, 其中 $\boldsymbol{U}$ 是正交的且 $\boldsymbol{\Lambda}$ 是对角矩阵. 那么，由定理 4.5, 我们有 $\boldsymbol{S} \succeq 0$ 当且仅当 $\boldsymbol{U}^\top \boldsymbol{SU} \geqslant 0$, 即当且仅当

$$(\boldsymbol{U}^\top \boldsymbol{AU})\boldsymbol{\Lambda} + \boldsymbol{\Lambda}(\boldsymbol{U}^\top \boldsymbol{AU}) \succeq 0.$$

这意味着对角元素 $[\boldsymbol{U}^\top \boldsymbol{SU}]_{ii} \geqslant 0,\ i = 1, \cdots, n$, 即

$$2\alpha_i \lambda_i(\boldsymbol{B}) \geqslant 0,\ i = 1, \cdots, n, \text{ 其中 } \alpha_i \doteq \boldsymbol{u}_i^\top \boldsymbol{A}\boldsymbol{u}_i > 0,$$

$\boldsymbol{u}_i$ 是 $\boldsymbol{U}$ 的第 i 列. 后者的条件显然意味着 $\lambda_i(\boldsymbol{B}) \geqslant 0,\ i = 1, \cdots, n$, 即 $\boldsymbol{B} \succeq 0$. 类似地可证明 $\boldsymbol{S} \succ 0$ 暗含着 $\boldsymbol{B} \succ 0$. □

例 4.9 矩阵平方根保持了 PSD 序. 特别地，如果 $\boldsymbol{A} \succeq 0$, $\boldsymbol{B} \succeq 0$, 那么

$$\boldsymbol{A} \succ \boldsymbol{B} \Rightarrow \boldsymbol{A}^{1/2} \succ \boldsymbol{B}^{1/2}. \tag{4.14}$$

为了证明这个结论，考虑如下等式:

$$2(\boldsymbol{A} - \boldsymbol{B}) = (\boldsymbol{A}^{1/2} + \boldsymbol{B}^{1/2})(\boldsymbol{A}^{1/2} - \boldsymbol{B}^{1/2}) + (\boldsymbol{A}^{1/2} - \boldsymbol{B}^{1/2})(\boldsymbol{A}^{1/2} + \boldsymbol{B}^{1/2}).$$

因为 $\boldsymbol{A} \succ 0$, $\boldsymbol{B} \succeq 0$, 则 $\boldsymbol{A}^{1/2} \succ 0$, $\boldsymbol{B}^{1/2} \succeq 0$, 于是 $\boldsymbol{A}^{1/2} + \boldsymbol{B}^{1/2} \succ 0$. 这样，将定理 4.8 应用于上面的求和，我们则可以从 $\boldsymbol{A} - \boldsymbol{B} \succ 0$ 得出 $\boldsymbol{A}^{1/2} - \boldsymbol{B}^{1/2} \succ 0$, 于是结论得证.

注意，式 (4.14) 所示结论的逆命题一般并不成立. 例如，对于

$$\boldsymbol{A} = \begin{bmatrix} 2 & 1 \\ 1 & 1 \end{bmatrix}, \quad \boldsymbol{B} = \begin{bmatrix} 1.2 & 1 \\ 1 & 0.9 \end{bmatrix}.$$

有 $\boldsymbol{A} \succ 0$, $\boldsymbol{B} \succ 0$, $\boldsymbol{A} \succ \boldsymbol{B}$, 但 $\boldsymbol{A}^2 \not\succ \boldsymbol{B}^2$.

4.4.7 Schur 补

设 $\boldsymbol{A} \in \mathbb{S}^n$, $\boldsymbol{B} \in \mathbb{S}^m$，并考虑分块–对角矩阵

$$\boldsymbol{M} = \begin{bmatrix} \boldsymbol{A} & 0_{n,m} \\ 0_{m,n} & \boldsymbol{B} \end{bmatrix}.$$

于是容易验证：

$$\boldsymbol{M} \succeq 0\ (\text{或 } \boldsymbol{M} \succ 0) \Leftrightarrow \boldsymbol{A} \succeq 0, \boldsymbol{B} \succeq 0\ (\text{或 } \boldsymbol{A} \succ 0, \boldsymbol{B} \succ 0).$$

我们现在陈述一个关于不一定是分块–对角风格的分块矩阵正定性的重要结果.

定理 4.9（Schur 补）　设 $\boldsymbol{A} \in \mathbb{S}^n$，$\boldsymbol{B} \in \mathbb{S}^m$，$\boldsymbol{X} \in \mathbb{R}^{n,m}$ 和 $\boldsymbol{B} \succ 0$. 考虑对称分块矩阵

$$\boldsymbol{M} = \begin{bmatrix} \boldsymbol{A} & \boldsymbol{X} \\ \boldsymbol{X}^\top & \boldsymbol{B} \end{bmatrix},$$

并在 $\boldsymbol{M}$ 中定义 $\boldsymbol{A}$ 的所谓 Schur 补矩阵为：

$$\boldsymbol{S} \doteq \boldsymbol{A} - \boldsymbol{X}\boldsymbol{B}^{-1}\boldsymbol{X}^\top.$$

那么

$$\boldsymbol{M} \succeq 0\ (\text{或 } \boldsymbol{M} \succ 0) \Leftrightarrow \boldsymbol{S} \succeq 0\ (\text{或 } \boldsymbol{S} \succ 0).$$

证明　定义如下分块矩阵：

$$\boldsymbol{C} = \begin{bmatrix} \boldsymbol{I}_n & 0_{n,m} \\ -\boldsymbol{B}^{-1}\boldsymbol{X}^\top & \boldsymbol{I}_m \end{bmatrix}.$$

该矩阵是一个下三角方阵且对角线元素非零，因此其是非奇异的. 于是考虑如下关于 $\boldsymbol{M}$ 的同余变换：

$$\boldsymbol{C}^\top \boldsymbol{M} \boldsymbol{C} = \begin{bmatrix} \boldsymbol{S} & 0_{n,m} \\ 0_{m,n} & \boldsymbol{B} \end{bmatrix}.$$

由定理 4.5，我们有 $\boldsymbol{M} \succeq 0$（或 $\boldsymbol{M} \succ 0$）当且仅当 $\boldsymbol{C}^\top\boldsymbol{M}\boldsymbol{C} \succeq 0$（或 $\boldsymbol{C}^\top\boldsymbol{M}\boldsymbol{C} \succ 0$）. 但 $\boldsymbol{C}^\top\boldsymbol{M}\boldsymbol{C}$ 是分块–对角矩阵，且由假设 $\boldsymbol{B} \succ 0$，因此 $\boldsymbol{M} \succeq 0$（或 $\boldsymbol{M} \succ 0$）当且仅当 $\boldsymbol{S} \succeq 0$（或 $\boldsymbol{S} \succ 0$）. □

4.5 习题

习题 4.1（一个 2×2 对称矩阵的特征值）　设 $\boldsymbol{p}, \boldsymbol{q} \in \mathbb{R}^n$ 为两个线性独立的单位向量（$\|\boldsymbol{p}\|_2 = \|\boldsymbol{q}\|_2 = 1$）. 定义对称矩阵 $\boldsymbol{A} \doteq \boldsymbol{p}\boldsymbol{q}^\top + \boldsymbol{q}\boldsymbol{p}^\top$. 在你的推导中，可能会用到 $\boldsymbol{c} \doteq \boldsymbol{p}^\top\boldsymbol{q}$.

1. 证明 $\boldsymbol{p} + \boldsymbol{q}$ 和 $\boldsymbol{p} - \boldsymbol{q}$ 是 $\boldsymbol{A}$ 的特征向量并确定对应的特征值.
2. 确定 $\boldsymbol{A}$ 的零空间和秩.
3. 根据 $\boldsymbol{p}, \boldsymbol{q}$ 找到 $\boldsymbol{A}$ 的一个特征值分解. 提示：用前两部分的结论.
4. 如果 $\boldsymbol{p}, \boldsymbol{q}$ 并没有归一化，上面三个问题的答案是什么？

习题 4.2（二次约束）　对于以下每种情况，确定由二次型约束 $\boldsymbol{x}^\top\boldsymbol{A}\boldsymbol{x} \leqslant 1$ 所生成区域的形状.

1. $\boldsymbol{A}=\begin{bmatrix}2 & 1\\ 1 & 2\end{bmatrix}$.
2. $\boldsymbol{A}=\begin{bmatrix}1 & -1\\ -1 & 1\end{bmatrix}$.
3. $\boldsymbol{A}=\begin{bmatrix}-1 & 0\\ 0 & -1\end{bmatrix}$.

提示：使用 $\boldsymbol{A}$ 的特征值分解，并根据特征值的符号进行讨论.

习题 4.3（画一个椭球）

1. 你该如何有效地在 $\mathbb{R}^2$ 中画出一个椭球？如果椭球是由下面的二次不等式所描述的形式：

$$\mathcal{E}=\left\{\boldsymbol{x}^\top\boldsymbol{A}\boldsymbol{x}+2\boldsymbol{b}^\top\boldsymbol{x}+c\leqslant 0\right\},$$

其中 $\boldsymbol{A}$ 是 2×2 的对称正定矩阵，$\boldsymbol{b}\in\mathbb{R}^2$ 和 $c\in\mathbb{R}$. 尽可能精确地描述你的方法.

2. 画如下椭球：

$$\mathcal{E}=\left\{4x_1^2+2x_2^2+3x_1x_2+4x_1+5x_2+3\leqslant 1\right\}.$$

习题 4.4（协方差矩阵的解释）　如例 4.2 中所定义的，给定 $\mathbb{R}^n$ 中的 m 个点 $\boldsymbol{x}^{(1)},\cdots,\boldsymbol{x}^{(m)}$，用 $\boldsymbol{\Sigma}$ 表示样本协方差矩阵：

$$\boldsymbol{\Sigma}\doteq\frac{1}{m}\sum_{i=1}^{m}(\boldsymbol{x}^{(i)}-\hat{\boldsymbol{x}})(\boldsymbol{x}^{(i)}-\hat{\boldsymbol{x}})^\top,$$

其中 $\hat{\boldsymbol{x}}\in\mathbb{R}^n$ 是这些点的样本均值：

$$\hat{\boldsymbol{x}}\doteq\frac{1}{m}\sum_{i=1}^{m}\boldsymbol{x}^{(i)}.$$

我们假设沿给定方向投影的数据的平均值和方差不随方向变化. 该习题将证明样本协方差矩阵与单位阵成比例.

我们接下来重新表述该问题. 给定一个单位向量 $\boldsymbol{w}\in\mathbb{R}^n$，$\|\boldsymbol{w}\|_2=1$，定义经过原点和 $\boldsymbol{w}$ 的直线 $\mathcal{L}(\boldsymbol{w})=\{t\boldsymbol{w}:t\in\mathbb{R}\}$. 考虑点 $\boldsymbol{x}^{(i)}(i=1,\cdots,n)$ 在直线 $\mathcal{L}(\boldsymbol{w})$ 上的投影，观察直线上各点的相关坐标. 这些投影值为：

$$t_i(\boldsymbol{w})\doteq\arg\min_t\|t\boldsymbol{w}-\boldsymbol{x}^{(i)}\|_2,\quad i=1,\cdots,m.$$

假设对任意 $\boldsymbol{w}$，投影值 $t_i(\boldsymbol{w})(i=1,\cdots,m)$ 的样本均值 $\hat{t}(\boldsymbol{w})$ 和样本方差 $\sigma^2(\boldsymbol{w})$ 都是与方向 $\boldsymbol{w}$ 无关的常数. 用 $\hat{t}$ 和 σ^2 分别表示（常数）样本均值和方差. 尽可能仔细地给出你对如下问题的答案.

1. 证明 $t_i(\boldsymbol{w}) = \boldsymbol{w}^\top \boldsymbol{x}^{(i)}$, $i = 1, \cdots, m$.
2. 证明这些数据点的样本均值 $\hat{\boldsymbol{x}}$ 为零.
3. 证明这些数据点的样本协方差矩阵 $\boldsymbol{\Sigma}$ 具有形式 $\sigma^2 \boldsymbol{I}_n$. 提示：矩阵 $\boldsymbol{\Sigma}$ 的最大特征值 $\lambda_{\max}$ 可表示为 $\lambda_{\max} = \max_{\boldsymbol{w}}\{\boldsymbol{w}^\top \boldsymbol{\Sigma} \boldsymbol{w}: \ \boldsymbol{w}^\top \boldsymbol{w} = 1\}$，最小特征值也有类似地表示.

习题 4.5（连通图和 Laplace 矩阵）　给定一个顶点集为 $V = \{1, \cdots, n\}$ 的图以及连接集合 $E \subseteq V \times V$ 中任意顶点对的边. 假设图是无向的（无箭头），此即意味着，如果 $(i,j) \in E$, 则 $(j,i) \in E$. 如 4.1 节所述，定义 Laplace 矩阵为：

$$\boldsymbol{L}_{ij} = \begin{cases} -1 & \text{如果 } (i,j) \in E, \\ d(i) & \text{如果 } i = j, \\ 0 & \text{其他.} \end{cases}$$

这里 $d(i)$ 是与顶点 i 相邻的边的个数. 例如，在图 4.3 中 $d(4) = 3$ 和 $d(6) = 1$.

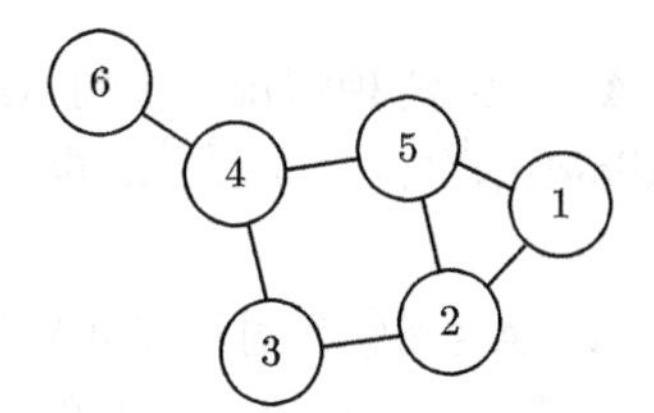

图 4.3　一个无向图的例子

1. 给出图 4.3 的 Laplace 矩阵.
2. 返回到一般的图，证明其 Laplace 矩阵是对称的.
3. 证明 $\boldsymbol{L}$ 是半正定的且对任意 $\boldsymbol{u} \in \mathbb{R}^n$ 有如下等式成立：

$$\boldsymbol{u}^\top \boldsymbol{L} \boldsymbol{u} = q(\boldsymbol{u}) \doteq \frac{1}{2} \sum_{(i,j) \in E} (u_i - u_j)^2.$$

   提示：对任意单位向量 $\boldsymbol{e}_k, \boldsymbol{e}_l$ 且 $(k,l) \in E$, 计算 $q(k)$ 和 $q(\boldsymbol{e}_k \pm \boldsymbol{e}_l)$ 的值.
4. 证明：0 总是 $\boldsymbol{L}$ 的一个特征值并找出相应的特征向量. 提示：考虑 $\boldsymbol{L}$ 的一个矩阵平方根[⊖].
5. 如果图的任意两个顶点间都存在一条路径将其连接起来，则称这个图是连通的. 证明：如果一个图是连通的，则零特征值是单根，即 $\boldsymbol{L}$ 零空间的维数是 1. 提示：证明如果 $\boldsymbol{u}^\top \boldsymbol{L} \boldsymbol{u} = 0$, 则对任意 $(i,j) \in E$, 都有 $u_i = u_j$.

习题 4.6（分量乘积和 PSD 矩阵）　设 $\boldsymbol{A}, \boldsymbol{B} \in \mathbb{S}^n$ 是对称矩阵. 定义 $\boldsymbol{A}, \boldsymbol{B}$ 的分量乘积矩阵为 $\boldsymbol{C} \in \mathbb{S}^n$, 其中 $C_{ij} = A_{ij} B_{ij}$, $1 \leqslant i, j \leqslant n$. 证明：如果 $\boldsymbol{A}, \boldsymbol{B}$ 都是半正定矩阵，

⊖ 参见 4.4.4 节.

则 $\boldsymbol{C}$ 也是半正定矩阵. 提示：首先证明当 $\boldsymbol{A}$ 的秩为 1 时结论成立，再通过 $\boldsymbol{A}$ 的特征值分解拓展到一般情形.

习题 4.7（特征值乘积的界）　设 $\boldsymbol{A},\boldsymbol{B}\in\mathbb{S}^n$ 满足 $\boldsymbol{A}\succ 0,\ \boldsymbol{B}\succ 0$.

1. 证明：$\boldsymbol{BA}$ 的所有特征值都是正的（尽管通常情况下 $\boldsymbol{BA}$ 是非对称的）.
2. 设 $\boldsymbol{A}\succ 0$ 和 $\boldsymbol{B}\doteq\mathrm{diag}(\|\boldsymbol{a}_1^\top\|_1,\cdots,\|\boldsymbol{a}_n^\top\|_1)$, 其中 $\boldsymbol{a}_i^\top(i=1,\cdots,n)$ 是 $\boldsymbol{A}$ 的行向量. 证明：
$$0<\lambda_i(\boldsymbol{BA})\leqslant 1,\quad \forall\, i=1,\cdots,n.$$
3. 所有项的定义都与上一问题相同，证明：
$$\rho(\boldsymbol{I}-\alpha\boldsymbol{BA})<1,\quad \forall\,\alpha\in(0,2).$$

习题 4.8（Hadamard 不等式）　设 $\boldsymbol{A}\in\mathbb{S}^n$ 为半正定矩阵. 证明：
$$\det\boldsymbol{A}\leqslant\prod_{i=1}^n a_{ii}.$$
提示：区分 $\det\boldsymbol{A}=0$ 和 $\det\boldsymbol{A}\neq 0$ 两种情况. 对于后面一种情况，考虑归一化后的矩阵 $\tilde{\boldsymbol{A}}\doteq\boldsymbol{DAD}$, 其中 $\boldsymbol{D}=\mathrm{diag}(a_{11}^{-1/2},\cdots,a_{nn}^{-1/2})$, 再利用几何算术平均不等式（参见例 8.9）.

习题 4.9（秩的一个下界）　设 $\boldsymbol{A}\in\mathbb{S}_+^n$ 为对称半正定矩阵.

1. 证明 trace $\boldsymbol{A}$ 和 Frobenius 范数 $\|\boldsymbol{A}\|_{\mathrm{F}}$ 只与 $\boldsymbol{A}$ 的特征值有关，并将它们用特征值向量表示出来.
2. 证明：
$$(\mathrm{trace}\ \boldsymbol{A})^2\leqslant\mathrm{rank}(\boldsymbol{A})\|\boldsymbol{A}\|_{\mathrm{F}}^2.$$
3. 确定能够达到上式秩的下界的矩阵类别.

习题 4.10（关于高斯分布的一个结果）　设 $\boldsymbol{\Sigma}\in\mathbb{S}_{++}^n$ 是一个对称正定矩阵. 证明：
$$\int_{\mathbb{R}^n}\mathrm{e}^{-\frac{1}{2}\boldsymbol{x}^\top\boldsymbol{\Sigma}^{-1}\boldsymbol{x}}\mathrm{d}\boldsymbol{x}=(2\pi)^{n/2}\sqrt{\det\boldsymbol{\Sigma}}.$$
假设你已经知道当 $n=1$ 时该结论成立. 上面的等式则证明了定义为如下非负函数 $p:\mathbb{R}^n\to\mathbb{R}$:
$$p(\boldsymbol{x})=\frac{1}{(2\pi)^{n/2}\cdot\sqrt{\det\boldsymbol{\Sigma}}}\mathrm{e}^{-\frac{1}{2}\boldsymbol{x}^\top\boldsymbol{\Sigma}^{-1}\boldsymbol{x}}$$
在全空间上的积分是 1. 事实上，该函数是均值为零、协方差矩阵为 $\boldsymbol{\Sigma}$ 的多维高斯（正态）分布的密度函数. 提示：你可以利用下面的结论. 对任意可积函数 f 和可逆 $n\times n$ 矩阵 $\boldsymbol{P}$, 则有
$$\int_{\boldsymbol{x}\in\mathbb{R}^n}f(\boldsymbol{x})\mathrm{d}\boldsymbol{x}=|\det\boldsymbol{P}|\cdot\int_{\boldsymbol{z}\in\mathbb{R}^n}f(\boldsymbol{Pz})\mathrm{d}\boldsymbol{z}.$$

第 5 章 奇异值分解

本章主要讨论一般矩形矩阵的奇异值分解（SVD）及其应用. 奇异值分解可以加深对线性映射结构的全面了解，并为求解大量的线性代数问题提供一个有效的计算工具. 在优化理论中，奇异值分解的应用包括一些凸问题（在第 8 章中讨论）以及一些乍一看似乎很难求解的非凸问题. 例如，涉及的秩最小化的问题（5.3.1 节）或关于旋转矩阵上的优化问题（5.3.3 节）.

5.1 奇异值分解的基本概念

5.1.1 预备知识

矩阵的奇异值分解（SVD）提供了一种类似于谱分解的三项分解，但其适用范围更广，分解的对象可以是非对称或非方阵的任意矩阵 $\boldsymbol{A} \in \mathbb{R}^{m,n}$. SVD 允许我们可以通过矩阵与向量的乘积 $\boldsymbol{y} = \boldsymbol{A}\boldsymbol{x}$ 来完全表述线性映射 $\boldsymbol{A}$, 具体分为三步. 首先对输入向量 $\boldsymbol{x}$ 进行正交变换（旋转或反射）. 然后对旋转后的向量进行非负放缩，并增加或减少维数以使其与输出空间的维数相同. 最后对输出空间再实施另外一个正交变换. 用公式表示即为，对任意矩阵 $\boldsymbol{A} \in \mathbb{R}^{m,n}$, 其可被分解为：

$$\boldsymbol{A} = \boldsymbol{U}\tilde{\boldsymbol{\Sigma}}\boldsymbol{V}^{\top},$$

其中 $\boldsymbol{V} \in \mathbb{R}^{n,n}$ 和 $\boldsymbol{U} \in \mathbb{R}^{m,m}$ 是正交矩阵（分别表示上述对输入或输出空间的旋转/反射变换）以及

$$\tilde{\boldsymbol{\Sigma}} = \begin{bmatrix} \boldsymbol{\Sigma} & 0_{r,n-r} \\ 0_{m-r,r} & 0_{m-r,m-r} \end{bmatrix}, \quad \boldsymbol{\Sigma} = \operatorname{diag}(\sigma_1, \cdots, \sigma_r) \succ 0, \tag{5.1}$$

其中 r 是 $\boldsymbol{A}$ 的秩，常数 $\sigma_i > 0$, $i = 1, \cdots, r$ 表示对输入向量旋转后的缩放因子，如图 5.1 所示.

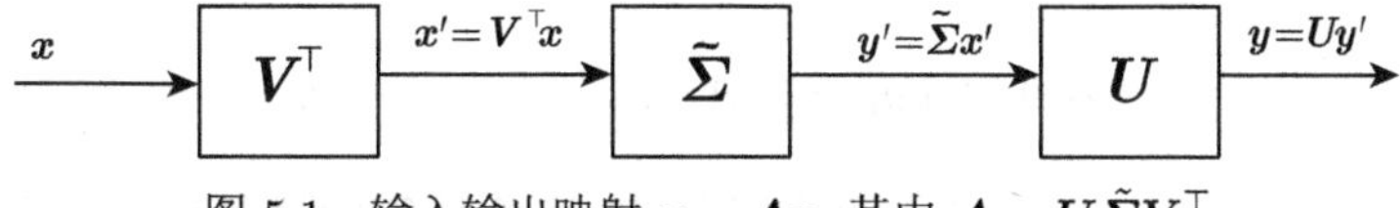

图 5.1 输入输出映射 $\boldsymbol{y} = \boldsymbol{A}\boldsymbol{x}$, 其中 $\boldsymbol{A} = \boldsymbol{U}\tilde{\boldsymbol{\Sigma}}\boldsymbol{V}^{\top}$

大部分关于 $\boldsymbol{A}$ 的特征都可以从它的 SVD 中得到. 例如，我们将会看到，如果知道矩阵 $\boldsymbol{A}$ 的 SVD, 那么也会知道 $\boldsymbol{A}$ 的秩、谱范数（最大增益）和 $\boldsymbol{A}$ 的条件数. 进一步，可

以容易得到 $\boldsymbol{A}$ 的值域和零空间的规范正交基. 可以求解以 $\boldsymbol{A}$ 作为系数矩阵的线性方程组（见 6.4.2 节）, 并分析误差对该方程组的影响. 还可以确定线性方程组超定系统的最小二乘解或欠定系统的最小范数解.

SVD 在许多应用中也是非常重要的. 例如在一些非线性（非凸）优化问题中，SVD 是数据压缩的关键工具，并且它也被用于统计学中的因子分析和主成分分析（PCA）, 其中如 5.3.2 节和第 13 章所讨论的，可以通过用几个因子“解释”数据中的方差，也可以用来降低高维数据集的维数.

5.1.2 SVD 定理

我们这里陈述主要的奇异值分解定理，然后给出一个严谨的证明.

定理 5.1（奇异值分解）　任意矩阵 $\boldsymbol{A} \in \mathbb{R}^{m,n}$ 都可以分解为:

$$\boldsymbol{A} = \boldsymbol{U}\tilde{\boldsymbol{\Sigma}}\boldsymbol{V}^{\top}, \tag{5.2}$$

其中 $\boldsymbol{V} \in \mathbb{R}^{n,n}$ 和 $\boldsymbol{U} \in \mathbb{R}^{m,m}$ 是正交矩阵(即 $\boldsymbol{U}^{\top}\boldsymbol{U} = \boldsymbol{I}_m, \boldsymbol{V}^{\top}\boldsymbol{V} = \boldsymbol{I}_n$), 以及矩阵 $\tilde{\boldsymbol{\Sigma}} \in \mathbb{R}^{m,n}$ 的对角线的前 $r \doteq \text{rank}\boldsymbol{A}$ 个元素 $(\sigma_1, \cdots, \sigma_r)$ 是正的且按降序排列，其他元素均为零（参见式 (5.1)）.

证明　考虑矩阵 $\boldsymbol{A}^{\top}\boldsymbol{A} \in \mathbb{S}^n$. 该矩阵是对称且半正定的，以及其具有如下谱分解:

$$\boldsymbol{A}^{\top}\boldsymbol{A} = \boldsymbol{V}\boldsymbol{\Lambda}_n\boldsymbol{V}^{\top} \tag{5.3}$$

其中 $\boldsymbol{V} \in \mathbb{R}^{n,n}$ 是正交矩阵（即 $\boldsymbol{V}^{\top}\boldsymbol{V} = \boldsymbol{I}_n$），$\boldsymbol{\Lambda}_n$ 是对角矩阵，其对角线元素是特征值 $\lambda_i = \lambda_i(\boldsymbol{A}^{\top}\boldsymbol{A}) \geqslant 0,\ i = 1, \cdots, n$ 的降序排列. 因为 $r = \text{rank}(\boldsymbol{A}) = \text{rank}(\boldsymbol{A}^{\top}\boldsymbol{A})$, 则前 r 个特征向量是严格正的. 注意，$\boldsymbol{A}^{\top}\boldsymbol{A}$ 和 $\boldsymbol{A}\boldsymbol{A}^{\top}$ 具有相同的非零特征值，于是它们具有相同的秩 r. 因此我们定义

$$\sigma_i \doteq \sqrt{\lambda_i(\boldsymbol{A}^{\top}\boldsymbol{A})} = \sqrt{\lambda_i(\boldsymbol{A}\boldsymbol{A}^{\top})} > 0, \quad i = 1, \cdots, r.$$

现在，用 $\boldsymbol{v}_1, \cdots, \boldsymbol{v}_r$ 表示 $\boldsymbol{V}$ 的前 r 列，即 $\boldsymbol{A}^{\top}\boldsymbol{A}$ 关于 $\lambda_1, \cdots, \lambda_r$ 的特征向量. 由定义, 有

$$\boldsymbol{A}^{\top}\boldsymbol{A}\boldsymbol{v}_i = \lambda_i\boldsymbol{v}_i, \quad i = 1, \cdots, r,$$

因此，等式两边同时乘以 $\boldsymbol{A}$ 有

$$(\boldsymbol{A}\boldsymbol{A}^{\top})\boldsymbol{A}\boldsymbol{v}_i = \lambda_i\boldsymbol{A}\boldsymbol{v}_i, \quad i = 1, \cdots, r,$$

这意味着 $\boldsymbol{A}\boldsymbol{v}_i,\ i = 1, \cdots, r$ 为 $\boldsymbol{A}\boldsymbol{A}^{\top}$ 的特征向量. 这些特征向量是相互正交的，这是因为

$$\boldsymbol{v}_i^{\top}\boldsymbol{A}^{\top}\boldsymbol{A}\boldsymbol{v}_j = \lambda_j\boldsymbol{v}_i^{\top}\boldsymbol{v}_j = \begin{cases} \lambda_i & \text{如果 } i = j, \\ 0 & \text{其他}, \end{cases}$$

于是，归一化后的向量为

$$\boldsymbol{u}_i = \frac{\boldsymbol{A}\boldsymbol{v}_i}{\sqrt{\lambda_i}} = \frac{\boldsymbol{A}\boldsymbol{v}_i}{\sigma_i}, \quad i = 1, \cdots, r$$

形成了关于 $\boldsymbol{A}\boldsymbol{A}^\top$ 的 r 个特征值 $\lambda_1, \cdots, \lambda_r$ 的一个规范正交集. 这样，对 $i, j = 1, \cdots, r$, 则有

$$\begin{aligned}\boldsymbol{u}_i^\top \boldsymbol{A}\boldsymbol{v}_j &= \frac{1}{\sigma_i}\boldsymbol{v}_i^\top \boldsymbol{A}^\top \boldsymbol{A}\boldsymbol{v}_j = \frac{\lambda_j}{\sigma_i}\boldsymbol{v}_i^\top \boldsymbol{v}_j \\ &= \begin{cases} \sigma_i & \text{如果 } i = j, \\ 0 & \text{其他}. \end{cases}\end{aligned}$$

用矩阵形式表示，那么上面的关系意味着：

$$\begin{bmatrix} \boldsymbol{u}_1^\top \\ \vdots \\ \boldsymbol{u}_r^\top \end{bmatrix} \boldsymbol{A} \begin{bmatrix} \boldsymbol{v}_1 & \cdots & \boldsymbol{v}_r \end{bmatrix} = \mathrm{diag}(\sigma_1, \cdots, \sigma_r) \doteq \boldsymbol{\Sigma}. \tag{5.4}$$

此即为矩阵形式的 SVD. 我们下面推导 SVD 的“完整”版本. 由定义，对 $i = r+1, \cdots, n$, 有

$$\boldsymbol{A}^\top \boldsymbol{A}\boldsymbol{v}_i = 0,$$

这意味着对 $i = r+1, \cdots, n$，有

$$\boldsymbol{A}\boldsymbol{v}_i = 0.$$

为了验证后者，用反证法，假设 $\boldsymbol{A}^\top \boldsymbol{A}\boldsymbol{v}_i = 0$ 且 $\boldsymbol{A}\boldsymbol{v}_i \neq 0$. 那么 $\boldsymbol{A}\boldsymbol{v}_i \in \mathcal{N}(\boldsymbol{A}^\top) \equiv \mathcal{R}(\boldsymbol{A})^\perp$ ，这是不可能的，这是因为显然 $\boldsymbol{A}\boldsymbol{v}_i \in \mathcal{R}(\boldsymbol{A})$. 于是，我们可以找到规范正交向量 $\boldsymbol{u}_{r+1}, \cdots, \boldsymbol{u}_m$ 使 $\boldsymbol{u}_1, \cdots, \boldsymbol{u}_r, \boldsymbol{u}_{r+1}, \cdots, \boldsymbol{u}_m$ 为 $\mathbb{R}^m$ 中一组规范正交基，且

$$\boldsymbol{u}_i^\top \boldsymbol{A}\boldsymbol{v}_j = 0, \quad i = 1, \cdots, m; \quad j = r+1, \cdots, n.$$

因此，将式 (5.4) 补全，则有

$$\begin{bmatrix} \boldsymbol{u}_1^\top \\ \vdots \\ \boldsymbol{u}_m^\top \end{bmatrix} \boldsymbol{A} \begin{bmatrix} \boldsymbol{v}_1 & \cdots & \boldsymbol{v}_n \end{bmatrix} = \begin{bmatrix} \boldsymbol{\Sigma} & 0_{r,n-r} \\ 0_{m-r,r} & 0_{m-r,n-r} \end{bmatrix} \doteq \tilde{\boldsymbol{\Sigma}}.$$

定义正交矩阵 $\boldsymbol{U} = [\boldsymbol{u}_1, \cdots, \boldsymbol{u}_m]$, 故上述等式可表示为 $\boldsymbol{U}^\top \boldsymbol{A}\boldsymbol{V} = \tilde{\boldsymbol{\Sigma}}$, 对该等式两边同时左乘 $\boldsymbol{U}$ 再右乘 $\boldsymbol{V}$ 即可得到完全的 SVD 分解:

$$\boldsymbol{A} = \boldsymbol{U}\tilde{\boldsymbol{\Sigma}}\boldsymbol{V}^\top.$$

至此，定理得证. □

下面的推论由定理 5.1 很容易得到.

推论 5.1　任意矩阵 $\boldsymbol{A}\in\mathbb{R}^{m,n}$ 均可表示为:

$$\boldsymbol{A}=\sum_{i=1}^{r}\sigma_i\boldsymbol{u}_i\boldsymbol{v}_i^\top=\boldsymbol{U}_r\boldsymbol{\Sigma}\boldsymbol{V}_r^\top,$$

其中 $r=\operatorname{rank}(\boldsymbol{A})$, $\boldsymbol{U}_r=[\boldsymbol{u}_1,\cdots,\boldsymbol{u}_r]$ 满足 $\boldsymbol{U}^\top\boldsymbol{U}=\boldsymbol{I}_r$, $\boldsymbol{V}_r=[\boldsymbol{v}_1,\cdots,\boldsymbol{v}_r]$ 满足 $\boldsymbol{V}_r^\top\boldsymbol{V}_r=\boldsymbol{I}_r$, $\sigma_1\geqslant\sigma_2\geqslant\cdots\geqslant\sigma_r>0$. 称正实数 σ_i 为 $\boldsymbol{A}$ 的奇异值, 向量 $\boldsymbol{u}_i$ 为 $\boldsymbol{A}$ 的左奇异向量, 向量 $\boldsymbol{v}_i$ 为 $\boldsymbol{A}$ 的右奇异向量. 这些量满足:

$$\boldsymbol{A}\boldsymbol{v}_i=\sigma_i\boldsymbol{u}_i,\quad \boldsymbol{u}_i^\top\boldsymbol{A}=\sigma_i\boldsymbol{v}_i,\quad i=1,\cdots,r.$$

进一步, $\sigma_i^2=\lambda_i(\boldsymbol{A}\boldsymbol{A}^\top)=\lambda_i(\boldsymbol{A}^\top\boldsymbol{A}),i=1,\cdots,r$ 且 $\boldsymbol{u}_i,\boldsymbol{v}_i$ 分别是 $\boldsymbol{A}^\top\boldsymbol{A}$ 和 $\boldsymbol{A}\boldsymbol{A}^\top$ 的特征向量.

5.2 由 SVD 建立矩阵性质

在本节中，我们回顾矩阵 $\boldsymbol{A}\in\mathbb{R}^{m,n}$ 的几个性质，这些性质可以直接从它的如下完全或紧凑 SVD 形式得到:

$$\boldsymbol{A}=\boldsymbol{U}\tilde{\boldsymbol{\Sigma}}\boldsymbol{V}^\top,\quad \boldsymbol{A}=\boldsymbol{U}_r\boldsymbol{\Sigma}\boldsymbol{V}_r^\top.$$

5.2.1 秩、零空间和值域

矩阵 $\boldsymbol{A}$ 的秩 r 是其非零奇异值的基数，即对角矩阵 $\tilde{\boldsymbol{\Sigma}}$ 的非零元素个数. 然而，在实际应用中，对角矩阵 $\tilde{\boldsymbol{\Sigma}}$ 的元素可能会非常小但非零（例如由数值误差导致）, SVD 允许我们可以定义一个更可靠的数值秩，即对一个给定的容忍度 $\varepsilon>0$, 其定义为满足 $\sigma_k>\varepsilon\sigma_1$ 的最大的 k.

因为 $r=\operatorname{rank}(\boldsymbol{A})$, 则由线性代数基本定理得到，$\boldsymbol{A}$ 的零空间的维数为 $\dim\mathcal{N}(\boldsymbol{A})=n-r$. 扩张为 $\mathcal{N}(\boldsymbol{A})$ 的一组规范正交基可由 $\boldsymbol{V}$ 的后 $n-r$ 列给出，也就是:

$$\mathcal{N}(\boldsymbol{A})=\mathcal{R}(\boldsymbol{V}_{nr}),\quad \boldsymbol{V}_{nr}\doteq[\boldsymbol{v}_{r+1}\cdots\boldsymbol{v}_n].$$

事实上，$\boldsymbol{v}_{r+1},\cdots,\boldsymbol{v}_n$ 构成了一组规范正交向量集（它们是一个正交矩阵的列向量）. 进一步，由于 $\boldsymbol{V}=[\boldsymbol{V}_r\ \boldsymbol{V}_{nr}]$ 是正交矩阵，从而 $\boldsymbol{V}_r^\top\boldsymbol{V}_{nr}=0$. 因此，对任意 $\boldsymbol{V}_{nr}$ 值域中的向量 $\boldsymbol{\xi}=\boldsymbol{V}_{nr}\boldsymbol{z}$, 都有

$$\boldsymbol{A}\boldsymbol{\xi}=\boldsymbol{U}_r\boldsymbol{\Sigma}\boldsymbol{V}_r^\top\boldsymbol{\xi}=\boldsymbol{U}_r\boldsymbol{\Sigma}\boldsymbol{V}_r^\top\boldsymbol{V}_{nr}\boldsymbol{z}=0.$$

这证明了 $\boldsymbol{V}_{nr}$ 的列是 $\boldsymbol{A}$ 零空间的一组规范正交基.

类似地，扩张为 $\boldsymbol{A}$ 的值域的一组规范正交基可由 $\boldsymbol{U}$ 的前 r 列给出，即

$$\mathcal{R}(\boldsymbol{A})=\mathcal{R}(\boldsymbol{U}_r),\quad \boldsymbol{U}_r\doteq[\boldsymbol{u}_1\cdots\boldsymbol{u}_r].$$

为了看到这一点，首先注意，由于 $\boldsymbol{\Sigma}\boldsymbol{V}_r^\top \in \mathbb{R}^{r,n}$，$r \leqslant n$ 是行满秩的. 于是，若 x 张成空间 $\mathbb{R}^n$，则 $\boldsymbol{z} = \boldsymbol{\Sigma}\boldsymbol{V}_r^\top \boldsymbol{x}$ 张成空间 $\mathbb{R}^r$，从而

$$\begin{aligned}\mathcal{R}(\boldsymbol{A}) &= \{y : \boldsymbol{y} = \boldsymbol{A}\boldsymbol{x},\ \boldsymbol{x} \in \mathbb{R}^n\} = \{y : y = \boldsymbol{U}_r\boldsymbol{\Sigma}\boldsymbol{V}_r^\top \boldsymbol{x},\ \boldsymbol{x} \in \mathbb{R}^n\} \\ &= \{y : \boldsymbol{y} = \boldsymbol{U}_r\boldsymbol{z},\ \boldsymbol{z} \in \mathbb{R}^r\} \equiv \mathcal{R}(\boldsymbol{U}_r).\end{aligned}$$

例 5.1　考虑如下 $m \times n$ 矩阵（$m = 4$，$n = 5$）：

$$\boldsymbol{A} = \begin{bmatrix} 1 & 0 & 0 & 0 & 2 \\ 0 & 0 & 3 & 0 & 0 \\ 0 & 0 & 0 & 0 & 0 \\ 0 & 4 & 0 & 0 & 0 \end{bmatrix}$$

该矩阵的一个奇异值分解为 $\boldsymbol{A} = \boldsymbol{U}\tilde{\boldsymbol{\Sigma}}\boldsymbol{V}^\top$，其中

$$\boldsymbol{U} = \begin{bmatrix} 0 & 0 & 1 & 0 \\ 0 & 1 & 0 & 0 \\ 0 & 0 & 0 & -1 \\ 1 & 0 & 0 & 0 \end{bmatrix}, \quad \boldsymbol{V}^\top = \begin{bmatrix} 0 & 1 & 0 & 0 & 0 \\ 0 & 0 & 1 & 0 & 0 \\ \sqrt{0.2} & 0 & 0 & 0 & \sqrt{0.8} \\ 0 & 0 & 0 & 1 & 0 \\ -\sqrt{0.8} & 0 & 0 & 0 & \sqrt{0.2} \end{bmatrix},$$

且

$$\tilde{\boldsymbol{\Sigma}} = \begin{bmatrix} 4 & 0 & 0 & 0 & 0 \\ 0 & 3 & 0 & 0 & 0 \\ 0 & 0 & \sqrt{5} & 0 & 0 \\ 0 & 0 & 0 & 0 & 0 \end{bmatrix}.$$

注意到 $\tilde{\boldsymbol{\Sigma}}$ 有一个 3×3 非零对角块：

$$\boldsymbol{\Sigma} = \operatorname{diag}(\sigma_1, \sigma_2, \sigma_3),$$

其中 $\sigma_1 = 4$，$\sigma_2 = 3$，$\sigma_3 = \sqrt{5}$. 于是，$\boldsymbol{A}$ 的秩（$\tilde{\boldsymbol{\Sigma}}$ 对角上非零元素的个数）是 $r = 3 \leqslant \min(m, n)$. 我们还可以验证 $\boldsymbol{V}^\top\boldsymbol{V} = \boldsymbol{V}\boldsymbol{V}^\top = \boldsymbol{I}_5$ 和 $\boldsymbol{U}\boldsymbol{U}^\top = \boldsymbol{U}^\top\boldsymbol{U} = \boldsymbol{I}_4$. 矩阵 $\boldsymbol{U}$ 的前三列是 $\boldsymbol{A}$ 的值域的一组规范正交基：

$$\mathcal{R}(\boldsymbol{A}) = \mathcal{R}\left(\begin{bmatrix} 0 & 0 & 1 \\ 0 & 1 & 0 \\ 0 & 0 & 0 \\ 1 & 0 & 0 \end{bmatrix}\right).$$

相似地，矩阵 $\boldsymbol{V}$ 的后 $n-r$ 列是 $\boldsymbol{A}$ 的零空间的一组规范正交基：

$$\mathcal{N}(\boldsymbol{A})=\mathcal{R}\left(\begin{bmatrix}0 & -\sqrt{0.8}\\ 0 & 0\\ 0 & 0\\ 1 & 0\\ 0 & \sqrt{0.2}\end{bmatrix}\right).$$

5.2.2　矩阵范数

一个矩阵 $\boldsymbol{A}\in\mathbb{R}^{m,n}$ 的平方 Frobenius 范数定义为：

$$\|\boldsymbol{A}\|_F^2=\operatorname{trace}\boldsymbol{A}^\top\boldsymbol{A}=\sum_{i=1}^{n}\lambda_i(\boldsymbol{A}^\top\boldsymbol{A})=\sum_{i=1}^{n}\sigma_i^2,$$

其中 σ_i 是 $\boldsymbol{A}$ 的奇异值. 于是，Frobenius 范数的平方就是奇异值的平方和.

平方谱矩阵范数 $\|\boldsymbol{A}\|_2^2$ 等于 $\boldsymbol{A}^\top\boldsymbol{A}$ 的最大特征值，参见等式 (4.3), 因此

$$\|\boldsymbol{A}\|_2^2=\sigma_1^2,$$

也就是 $\boldsymbol{A}$ 的谱范数等于 $\boldsymbol{A}$ 的最大奇异值.

此外，一个矩阵 $\boldsymbol{A}$ 的所谓核范数[㊀] 是根据它的奇异值定义的：

$$\|\boldsymbol{A}\|_*=\sum_{i=1}^{r}\sigma_i,\quad r=\operatorname{rank}(\boldsymbol{A}).$$

其出现在与低秩矩阵补全或最小秩问题[㊁]的相关几个问题中，这是因为 $\|\boldsymbol{A}\|_*$ 是在所有具有一致界的谱范数矩阵集合上关于 $\operatorname{rank}(\boldsymbol{A})$ 的可能的最大凸下界.

5.2.2.1　条件数

一个可逆矩阵 $\boldsymbol{A}\in\mathbb{R}^{n,n}$ 的条件数定义为其最大奇异值与最小奇异值的比值：

$$\kappa(\boldsymbol{A})=\frac{\sigma_1}{\sigma_n}=\|\boldsymbol{A}\|_2\cdot\|\boldsymbol{A}^{-1}\|_2.\tag{5.5}$$

这个数提供了一种对 $\boldsymbol{A}$ 有多接近奇异的定量度量（$\kappa(A)$ 越大，$\boldsymbol{A}$ 越接近奇异）. 条件数还提供了线性方程组的解对方程系数的变化的敏感性的一种度量，例如参见 6.5 节.

㊀　该范数也称为迹范数或以 Ky Fan（1914–2010）命名的 Ky Fan 范数.

㊁　参见 11.4.1.4 节.

5.2.3 矩阵的伪逆

给定任意矩阵 $\boldsymbol{A} \in \mathbb{R}^{m,n}$, 设 $r = \operatorname{rank}(\boldsymbol{A})$ 和 $\boldsymbol{A} = \boldsymbol{U}\tilde{\boldsymbol{\Sigma}}\boldsymbol{V}^\top$ 为其奇异值分解，其中 $\tilde{\boldsymbol{\Sigma}}$ 具有结构 (5.1), 而 $\boldsymbol{\Sigma}$ 是仅包含正奇异值的对角矩阵. 矩阵 $\boldsymbol{A}$ 的所谓 Moore-Penrose 伪逆（或广义逆）定义为:

$$\boldsymbol{A}^\dagger = \boldsymbol{V}\tilde{\boldsymbol{\Sigma}}^\dagger\boldsymbol{U}^\top \in \mathbb{R}^{n,m}, \tag{5.6}$$

其中

$$\tilde{\boldsymbol{\Sigma}}^\dagger = \begin{bmatrix} \boldsymbol{\Sigma}^{-1} & 0_{r,m-r} \\ 0_{n-r,r} & 0_{n-r,m-r} \end{bmatrix}, \quad \boldsymbol{\Sigma}^{-1} = \operatorname{diag}\left(\frac{1}{\sigma_1}, \cdots, \frac{1}{\sigma_r}\right) \succ 0.$$

由于 $\tilde{\boldsymbol{\Sigma}}^\dagger$ 中包含分块 0 矩阵，等式 (5.6) 可写为仅包含 $\boldsymbol{V}$ 和 $\boldsymbol{U}$ 前 r 列的紧凑形式:

$$\boldsymbol{A}^\dagger = \boldsymbol{V}_r\boldsymbol{\Sigma}^{-1}\boldsymbol{U}_r^\top. \tag{5.7}$$

注意，由这些定义，我们有:

$$\tilde{\boldsymbol{\Sigma}}\tilde{\boldsymbol{\Sigma}}^\dagger = \begin{bmatrix} \boldsymbol{I}_r & 0_{r,m-r} \\ 0_{m-r,r} & 0_{m-r,m-r} \end{bmatrix}, \quad \tilde{\boldsymbol{\Sigma}}^\dagger\tilde{\boldsymbol{\Sigma}} = \begin{bmatrix} \boldsymbol{I}_r & 0_{r,n-r} \\ 0_{n-r,r} & 0_{n-r,n-r} \end{bmatrix},$$

则如下关于伪逆[⊖]的性质成立:

$$\begin{aligned} \boldsymbol{A}\boldsymbol{A}^\dagger &= \boldsymbol{U}_r\boldsymbol{U}_r^\dagger, \\ \boldsymbol{A}^\dagger\boldsymbol{A} &= \boldsymbol{V}_r\boldsymbol{V}_r^\dagger, \\ \boldsymbol{A}\boldsymbol{A}^\dagger\boldsymbol{A} &= \boldsymbol{A}, \\ \boldsymbol{A}^\dagger\boldsymbol{A}\boldsymbol{A}^\dagger &= \boldsymbol{A}^\dagger. \end{aligned} \tag{5.8}$$

下面是三个特别有意思的特殊情况:

1. 如果 $\boldsymbol{A}$ 是非奇异方阵，则 $\boldsymbol{A}^\dagger = \boldsymbol{A}^{-1}$.
2. 如果 $\boldsymbol{A} \in \mathbb{R}^{m,n}$ 是列满秩的，即 $r = n \leqslant m$, 那么

$$\boldsymbol{A}^\dagger\boldsymbol{A} = \boldsymbol{V}_r\boldsymbol{V}_r^\top = \boldsymbol{V}\boldsymbol{V}^\top = \boldsymbol{I}_n,$$

也就是说 $\boldsymbol{A}^\dagger$ 是 $\boldsymbol{A}$ 的左逆（即左乘 $\boldsymbol{A}^+$ 等于单位阵: $\boldsymbol{A}^\dagger\boldsymbol{A} = \boldsymbol{I}_n$）. 注意，在这种情况下，$\boldsymbol{A}^\top\boldsymbol{A}$ 是可逆的以及由式 (5.3) 有

$$\begin{aligned} (\boldsymbol{A}^\top\boldsymbol{A})^{-1}\boldsymbol{A}^\top &= (\boldsymbol{V}\boldsymbol{\Sigma}^{-2}\boldsymbol{V}^\top)\boldsymbol{V}\tilde{\boldsymbol{\Sigma}}^\top\boldsymbol{U}^\top = \boldsymbol{V}\boldsymbol{\Sigma}^{-2}\boldsymbol{\Sigma}\boldsymbol{U}_r^\top \\ &= \boldsymbol{V}\boldsymbol{\Sigma}^{-1}\boldsymbol{U}_r^\top = \boldsymbol{A}^\dagger. \end{aligned}$$

⊖ 注意，任意满足 $\boldsymbol{A}\boldsymbol{A}^\dagger\boldsymbol{A} = \boldsymbol{A}$ 的 $\boldsymbol{A}^\dagger$ 都是 $\boldsymbol{A}$ 合理的伪逆. Moore-Penrose 伪逆仅是 $\boldsymbol{A}$ 伪逆中的其中一个. 然而，在本书中除非特别强调，我们用 $\boldsymbol{A}^\dagger$ 表示 $\boldsymbol{A}$ 的 Moore-Penrose 伪逆.

任意 $\boldsymbol{A}$ 的可能的左逆都可表示为：

$$\boldsymbol{A}^{\mathrm{li}} = \boldsymbol{A}^{\dagger} + \boldsymbol{Q}^{\top}, \tag{5.9}$$

其中 $\boldsymbol{Q}$ 是满足 $\boldsymbol{A}^{\top}\boldsymbol{Q} = 0$ 的某个矩阵（即 $\boldsymbol{Q}$ 的列向量属于 $\boldsymbol{A}^{\top}$ 的零空间）.
综上所述，当 $\boldsymbol{A}$ 列满秩时，其伪逆是其左逆，且可根据 $\boldsymbol{A}$ 将显式表示为：

$$\boldsymbol{A} \in \mathbb{R}^{m,n},\ r = \operatorname{rank}(\boldsymbol{A}) = n \leqslant m \Rightarrow \boldsymbol{A}^{\dagger}\boldsymbol{A} = \boldsymbol{I}_n,\ \boldsymbol{A}^{\dagger} = (\boldsymbol{A}^{\top}\boldsymbol{A})^{-1}\boldsymbol{A}^{\top}.$$

3. 如果 $\boldsymbol{A} \in \mathbb{R}^{m,n}$ 是行满秩的，即 $r = m \leqslant n$, 那么

$$\boldsymbol{A}\boldsymbol{A}^{\dagger} = \boldsymbol{U}_r\boldsymbol{U}_r^{\top} = \boldsymbol{U}\boldsymbol{U}^{\top} = \boldsymbol{I}_m,$$

也就是说 $\boldsymbol{A}^{\dagger}$ 是 $\boldsymbol{A}$ 的右逆（即右乘 $\boldsymbol{A}^{\dagger}$ 等于单位阵: $\boldsymbol{A}\boldsymbol{A}^{\dagger} = \boldsymbol{I}_m$）. 注意，在这种情况下，$\boldsymbol{A}\boldsymbol{A}^{\top}$ 是可逆的，由式 (5.3) 有：

$$\begin{aligned}\boldsymbol{A}^{\top}(\boldsymbol{A}\boldsymbol{A}^{\top})^{-1} &= \boldsymbol{V}\tilde{\boldsymbol{\Sigma}}^{\top}\boldsymbol{U}^{\top}(\boldsymbol{U}\boldsymbol{\Sigma}^2\boldsymbol{U}^{\top})^{-1} = \boldsymbol{V}\tilde{\boldsymbol{\Sigma}}^{\top}\boldsymbol{U}^{\top}\boldsymbol{U}\boldsymbol{\Sigma}^{-2}\boldsymbol{U}^{\top} \\ &= \boldsymbol{V}_r\boldsymbol{\Sigma}^{-1}\boldsymbol{U}^{\top} = \boldsymbol{A}^{\dagger}.\end{aligned}$$

任意 $\boldsymbol{A}$ 的可能的左逆都可表示为：

$$\boldsymbol{A}^{\mathrm{ri}} = \boldsymbol{A}^{\dagger} + \boldsymbol{Q},$$

其中 $\boldsymbol{Q}$ 是满足 $\boldsymbol{A}\boldsymbol{Q} = 0$ 的某个矩阵（即 $\boldsymbol{Q}$ 的列向量属于 $\boldsymbol{A}$ 的零空间）.
综上所述，当 $\boldsymbol{A}$ 行满秩时，其伪逆是其右逆且可根据 $\boldsymbol{A}$ 显式表示为：

$$A \in \mathbb{R}^{m,n},\ r = \operatorname{rank}(\boldsymbol{A}) = m \leqslant n \Rightarrow \boldsymbol{A}\boldsymbol{A}^{\dagger} = \boldsymbol{I}_m,\ \boldsymbol{A}^{\dagger} = \boldsymbol{A}^{\top}(\boldsymbol{A}\boldsymbol{A}^{\top})^{-1}.$$

5.2.4　正交投影

我们已经看到任意矩阵 $\boldsymbol{A} \in \mathbb{R}^{m,n}$ 在输入空间 $\mathbb{R}^m$ 和输出空间 $\mathbb{R}^n$ 之间定义了一个线性映射 $\boldsymbol{y} = \boldsymbol{A}\boldsymbol{x}$. 进一步，由线性代数的基本定理可得，输入和输出空间有如下正交分解：

$$\begin{aligned}\mathbb{R}^n &= \mathcal{N}(\boldsymbol{A}) \oplus \mathcal{N}(\boldsymbol{A})^{\perp} = \mathcal{N}(\boldsymbol{A}) \oplus \mathcal{R}(\boldsymbol{A}^{\top}) \\ \mathbb{R}^m &= \mathcal{R}(\boldsymbol{A}) \oplus \mathcal{R}(\boldsymbol{A})^{\perp} = \mathcal{R}(\boldsymbol{A}) \oplus \mathcal{N}(\boldsymbol{A}^{\top}).\end{aligned}$$

如之前讨论的，奇异值分解 $\boldsymbol{A} = \boldsymbol{U}\tilde{\boldsymbol{\Sigma}}\boldsymbol{V}^{\top}$ 给出了上面四个子空间的规范正交基：用如下常用的符号

$$\boldsymbol{U} = [\boldsymbol{U}_r\ \boldsymbol{U}_{mr}],\quad \boldsymbol{V} = [\boldsymbol{V}_r\ \boldsymbol{V}_{nr}],$$

其中 $\boldsymbol{U}_r$, $\boldsymbol{V}_r$ 分别包含 $\boldsymbol{U}$ 和 $\boldsymbol{V}$ 的前 $r = \operatorname{rank}(A)$ 列，于是

$$\mathcal{N}(\boldsymbol{A}) = \mathcal{R}(\boldsymbol{V}_{nr}),\quad \mathcal{N}(\boldsymbol{A})^{\perp} \equiv \mathcal{R}(\boldsymbol{A}^{\top}) = \mathcal{R}(\boldsymbol{V}_r), \tag{5.10}$$

$$\mathcal{R}(\boldsymbol{A})=\mathcal{R}(\boldsymbol{U}_r),\quad \mathcal{R}(\boldsymbol{A})^{\perp}\equiv\mathcal{N}(\boldsymbol{A}^{\top})=\mathcal{R}(\boldsymbol{U}_{mr}).\tag{5.11}$$

我们下面讨论如何计算一个向量 $\boldsymbol{x}\in\mathbb{R}^n$ 分别在 $\mathcal{N}(\boldsymbol{A})$ 和 $\mathcal{N}(\boldsymbol{A})^{\perp}$ 上的投影以及向量 $\boldsymbol{y}\in\mathbb{R}^m$ 分别在 $\mathcal{R}(\boldsymbol{A})$ 和 $\mathcal{R}(\boldsymbol{A})^{\perp}$ 上的投影.

首先，回顾对给定的 1 个向量 $\boldsymbol{x}\in\mathbb{R}^n$ 和 d 个线性独立的向量 $\boldsymbol{b}_1,\cdots,\boldsymbol{b}_d\in\mathbb{R}^n$, x 在由 $\{b_1,\cdots,b_d\}$ 张成的子空间上的正交投影为向量：

$$\boldsymbol{x}^*=\boldsymbol{B}\boldsymbol{\alpha},$$

其中 $\boldsymbol{B}=[\boldsymbol{b}_1\cdots\boldsymbol{b}_d]$，且 $\boldsymbol{\alpha}\in\mathbb{R}^d$ 满足线性方程的 Gram 系统：

$$\boldsymbol{B}^{\top}\boldsymbol{B}\alpha=\boldsymbol{B}^{\top}\boldsymbol{x},$$

参见 2.3 节和例 4.5. 特别地，注意，如果 $\boldsymbol{B}$ 中的基向量是规范正交的，则有 $\boldsymbol{B}^{\top}\boldsymbol{B}=\boldsymbol{I}_d$, 因此 Gram 系统有解 $\boldsymbol{\alpha}=\boldsymbol{B}^{\top}\boldsymbol{x}$, 故投影向量可简单表示为 $\boldsymbol{x}^*=\boldsymbol{B}\boldsymbol{B}^{\top}\boldsymbol{x}$.

回到我们感兴趣的问题，给定 $\boldsymbol{x}\in\mathbb{R}^n$ 并假设我们想要计算 $\boldsymbol{x}$ 在 $\mathcal{N}(\boldsymbol{A})$ 上的投影. 因为 $\mathcal{N}(\boldsymbol{A})$ 的一组规范正交基可由 $\boldsymbol{V}_{nr}$ 的列向量给出，由之前的推导理解可得：

$$[\boldsymbol{x}]_{\mathcal{N}(\boldsymbol{A})}=(\boldsymbol{V}_{nr}\boldsymbol{V}_{nr}^{\top})\boldsymbol{x},$$

其中我们用到符号 $[\boldsymbol{x}]_{\mathcal{S}}$ 表示一个向量在子空间 $\mathcal{S}$ 上的投影. 现在，我们观察到：

$$\boldsymbol{I}_n=\boldsymbol{V}\boldsymbol{V}^{\top}=\boldsymbol{V}_r\boldsymbol{V}_r^{\top}+\boldsymbol{V}_{nr}\boldsymbol{V}_{nr}^{\top},$$

因此，用式 (5.8) 得：

$$P_{\mathcal{N}(\boldsymbol{A})}=\boldsymbol{V}_{nr}\boldsymbol{V}_{nr}^{\top}=\boldsymbol{I}_n-\boldsymbol{V}_r\boldsymbol{V}_r^{\top}=\boldsymbol{I}_n-\boldsymbol{A}^{\dagger}\boldsymbol{A}.$$

称矩阵 $\boldsymbol{P}_{\mathcal{N}(A)}$ 为子空间 $\mathcal{N}(\boldsymbol{A})$ 的正交投影算子. 在 $\boldsymbol{A}$ 为行满秩的特殊情况下,我们有 $\boldsymbol{A}^{\dagger}=\boldsymbol{A}^{\top}(\boldsymbol{A}\boldsymbol{A}^{\top})^{-1}$ 和

$$P_{\mathcal{N}(\boldsymbol{A})}=\boldsymbol{I}_n-\boldsymbol{A}^{\top}(\boldsymbol{A}\boldsymbol{A}^{\top})^{-1}\boldsymbol{A}.$$

类似地，$\boldsymbol{x}\in\mathbb{R}^n$ 在 $\mathcal{N}(\boldsymbol{A})^{\perp}\equiv\mathcal{R}(\boldsymbol{A})$ 上的投影为：

$$[\boldsymbol{x}]_{\mathcal{N}(\boldsymbol{A})^{\perp}}=(\boldsymbol{V}_r\boldsymbol{V}_r^{\top})x=\boldsymbol{P}_{\mathcal{N}(\boldsymbol{A})^{\perp}}\boldsymbol{x},\quad \boldsymbol{P}_{\mathcal{N}(\boldsymbol{A})^{\perp}}=\boldsymbol{A}^{\dagger}\boldsymbol{A},$$

特别地若 $\boldsymbol{A}$ 行满秩，则

$$\boldsymbol{P}_{\mathcal{N}(\boldsymbol{A})^{\perp}}=\boldsymbol{A}^{\top}(\boldsymbol{A}\boldsymbol{A}^{\top})^{-1}\boldsymbol{A},$$

相似地，对 $\boldsymbol{y}\in\mathbb{R}^m$, 我们有：

$$[\boldsymbol{y}]_{\mathcal{R}(\boldsymbol{A})}=(\boldsymbol{U}_r\boldsymbol{U}_r^{\top})\boldsymbol{y}=\boldsymbol{P}_{\mathcal{R}(\boldsymbol{A})}(\boldsymbol{y}),\quad \boldsymbol{P}_{\mathcal{R}(\boldsymbol{A})}=\boldsymbol{A}\boldsymbol{A}^{\dagger},$$

其中，若 $\boldsymbol{A}$ 列满秩，则

$$\boldsymbol{P}_{\mathcal{R}(\boldsymbol{A})} = \boldsymbol{A}(\boldsymbol{A}^\top\boldsymbol{A})^{-1}\boldsymbol{A}^\top,$$

最后有：

$$[\boldsymbol{y}]_{\mathcal{R}(\boldsymbol{A})^\perp} = (\boldsymbol{U}_{nr}\boldsymbol{U}_{nr}^\top)y = \boldsymbol{P}_{\mathcal{R}(\boldsymbol{A})^\perp}y,\ \boldsymbol{P}_{\mathcal{R}(\boldsymbol{A})^\perp} = \boldsymbol{I}_m - \boldsymbol{A}\boldsymbol{A}^\dagger, \tag{5.12}$$

其中，若 $\boldsymbol{A}$ 列满秩，则

$$\boldsymbol{P}_{\mathcal{R}(\boldsymbol{A})^\perp} = \boldsymbol{I}_m - \boldsymbol{A}(\boldsymbol{A}^\top\boldsymbol{A})^{-1}\boldsymbol{A}^\top.$$

5.2.4.1　子空间上的投影

如已在 2.3 节和 5.2 节中所讨论的，我们考虑给定的一个向量 $\boldsymbol{y} \in \mathbb{R}^m$ 在由给定的某些向量张成子空间 $S = \mathrm{span}(\boldsymbol{a}^{(1)}, \cdots, \boldsymbol{a}^{(n)}) \subset \mathbb{R}^m$ 上投影的计算问题. 显然，S 与以这些向量为列向量构成的矩阵的值域相同，即 $\boldsymbol{A} \doteq [\boldsymbol{a}^{(1)} \cdots \boldsymbol{a}^{(n)}]$, 于是，我们面对的问题为：

$$\min_{\boldsymbol{z}\in\mathcal{R}(\boldsymbol{A})} \|\boldsymbol{z} - \boldsymbol{y}\|_2. \tag{5.13}$$

如果 $r \doteq \dim S = \mathrm{rank}(\boldsymbol{A})$, 则 $\boldsymbol{A}$ 的紧凑 SVD 为 $\boldsymbol{A} = \boldsymbol{U}_r\boldsymbol{\Sigma}\boldsymbol{V}_r^\top$, 于是根据投影定理，式(5.13) 的唯一最小范数解为：

$$\boldsymbol{z}^* = [\boldsymbol{y}]_S = \boldsymbol{P}_{\mathcal{R}(\boldsymbol{A})}\boldsymbol{y} = \boldsymbol{A}\boldsymbol{A}^\dagger\boldsymbol{y} = (\boldsymbol{U}_r\boldsymbol{U}_r^\top)\boldsymbol{y},$$

其中 $\boldsymbol{P}_{\mathcal{R}(\boldsymbol{A})}$ 是在 $\mathcal{R}(\boldsymbol{A})$ 上的正交投影算子[⊖]. 注意，投影 $\boldsymbol{z}^*$ 是关于 $\boldsymbol{y}$ 的线性函数，且定义该投影的矩阵的量为 $\boldsymbol{A}$ 奇异值分解的因子 $\boldsymbol{U}_r$.

相似地，假设我们要找 $\boldsymbol{y}$ 在 S 的正交补空间 $S^\perp$ 上的投影. 由于 $S^\perp = \mathcal{N}(\boldsymbol{A}^\top)$, 则问题可写为：

$$\min_{\boldsymbol{z}\in\mathcal{N}(\boldsymbol{A}^\top)} \|\boldsymbol{z} - \boldsymbol{y}\|_2$$

以及其解由式 (5.12) 给出：

$$\boldsymbol{z}^* = [\boldsymbol{y}]_{S^\perp} = (\boldsymbol{I}_m - \boldsymbol{A}\boldsymbol{A}^\dagger)\boldsymbol{y}.$$

5.3　奇异值分解与优化

本节将说明如何应用 SVD 来方便地求解某些优化问题. SVD 在优化中的进一步应用将在第 6 章中讨论.

⊖ 因为 $\boldsymbol{z} \in \mathcal{R}(\boldsymbol{A})$ 意味着存在某个 $\boldsymbol{x} \in \mathbb{R}^n$ 满足 $\boldsymbol{z} = \boldsymbol{A}\boldsymbol{x}$, 那么问题 (5.13) 还可以等价地表示为：

$$\min_{\boldsymbol{x}\in\mathbb{R}^n} \|\boldsymbol{A}\boldsymbol{x} - \boldsymbol{y}\|_2,$$

此即为最小二乘问题（在第 6 章将进行详细的介绍）. 因为我们已经找到 $\boldsymbol{z}^* = \boldsymbol{A}\boldsymbol{A}^\dagger\boldsymbol{y}$, 于是上面 LS 问题的最优解为 $\boldsymbol{x}^* = \boldsymbol{A}^\dagger\boldsymbol{y}$.

5.3.1　低秩矩阵逼近

设 $\boldsymbol{A} \in \mathbb{R}^{m,n}$ 是一个秩为 $r > 0$ 的给定矩阵. 我们这里考虑用低秩矩阵逼近 $\boldsymbol{A}$ 的问题. 特别地，考虑如下的秩约束逼近问题：

$$\min_{\boldsymbol{A}_k \in \mathbb{R}^{m,n}} \|\boldsymbol{A} - \boldsymbol{A}_k\|_{\mathrm{F}}^2 \qquad (5.14)$$

$$\text{s.t.: } \operatorname{rank}(\boldsymbol{A}_k) = k,$$

其中 $1 \leqslant k \leqslant r$ 为给定的. 设 $\boldsymbol{A}$ 的一个 SVD 为

$$\boldsymbol{A} = \boldsymbol{U}\tilde{\boldsymbol{\Sigma}}\boldsymbol{V}^\top = \sum_{i=1}^r \sigma_i \boldsymbol{u}_i \boldsymbol{v}_i^\top.$$

我们下面证明问题 (5.14) 的最优解可以简单地通过截断上面的求和（到第 k 项）来得到，即

$$\boldsymbol{A}_k = \sum_{i=1}^k \sigma_i \boldsymbol{u}_i \boldsymbol{v}_i^\top. \qquad (5.15)$$

注释 5.1（电影评分矩阵）　假设 $\boldsymbol{A}$ 代表用户对电影的评分[⊖]，其中 A_{ij} 表示第 i 个用户对第 j 个电影的评分. 这样，第 i 行给出了第 i 个用户对所有电影的评分情况. 那么秩为 1 的逼近 $\boldsymbol{A} \approx \sigma_1 \boldsymbol{u}_1 \boldsymbol{v}_1^\top$ 对应于一个模型，其中所有电影的评分有一个标准（其为 $\boldsymbol{v}_1$），以及不同用户之间的差异只表现在由 $\boldsymbol{u}_1$ 确定的倍数：$A_{ij} \approx \sigma_1 u_{1,i} v_{1,j}$.

为了证明上述低秩矩阵逼近的结果，我们观察到 Frobenius 范数是酉不变的，即对所有的 $\boldsymbol{Y} \in \mathbb{R}^{m,n}$ 和任意正交矩阵 $\boldsymbol{Q} \in \mathbb{R}^{m,m}$，$\boldsymbol{R} \in \mathbb{R}^{n,n}$，都有 $\|\boldsymbol{Y}\|_{\mathrm{F}} = \|\boldsymbol{QYR}\|_{\mathrm{F}}$. 于是

$$\|\boldsymbol{A} - \boldsymbol{A}_k\|_{\mathrm{F}}^2 = \|\boldsymbol{U}^\top(\boldsymbol{A} - \boldsymbol{A}_k)\boldsymbol{V}\|_{\mathrm{F}}^2 = \|\tilde{\boldsymbol{\Sigma}} - \boldsymbol{Z}\|_{\mathrm{F}}^2,$$

其中 $\boldsymbol{Z} = \boldsymbol{U}^\top \boldsymbol{A}_k \boldsymbol{V}$. 通过这个变量代换，问题 (5.14) 可转化为：

$$\min_{\boldsymbol{Z} \in \mathbb{R}^{m,n}} \left\| \begin{bmatrix} \operatorname{diag}(\sigma_1, \cdots, \sigma_r) & 0_{r,n-r} \\ 0_{m-r,r} & 0_{m-r,n-r} \end{bmatrix} - \boldsymbol{Z} \right\|_{\mathrm{F}}^2 \qquad (5.16)$$

$$\text{s.t.: } \operatorname{rank}(\boldsymbol{Z}) = k,$$

注意 $\boldsymbol{Z}$ 可以假设为对角矩阵，这是因为在该问题中，$\boldsymbol{Z}$ 的非零非对角元素会使 Frobenius 范数增加. 于是，目标函数 (5.16) 变为：

$$f_0 = \|\operatorname{diag}(\sigma_1, \cdots, \sigma_r) - \operatorname{diag}(z_1, \cdots, z_r)\|_{\mathrm{F}}^2 = \sum_{i=1}^r (\sigma_i - z_i)^2.$$

⊖　例如：可参见 11.4.1.4 节的 Netflix 问题.

由于 $\text{rank}(\boldsymbol{Z}) = k$ 的约束条件需要元素 z_i 中恰好有 k 个是非零的，则最优选择是令 $z_i = \sigma_i, i = 1, \cdots, k$, 以及 $z_i = 0, i > k$. 在这种方式下，$z_i, i = 1, \cdots, k$ “抵消”了 A 的最大的奇异值，于是目标函数中残留的项仅包含 $r - k$ 个最小的奇异值，也就是一个最优解为：

$$\boldsymbol{Z}^* = \begin{bmatrix} \text{diag}(\sigma_1, \cdots, \sigma_k, 0, \cdots, 0) & 0_{r,n-r} \\ 0_{m-r,r} & 0_{m-r,n-r} \end{bmatrix},$$

以及对应的最优目标值为：

$$f_0^* = \sum_{i=k+1}^{r} \sigma_i^2.$$

原问题 (5.14) 的最优解那么可以通过变量代换 $\boldsymbol{Z} = \boldsymbol{U}^\top \boldsymbol{A}_k \boldsymbol{V}$ 恢复得到，其为

$$\boldsymbol{A}_k = \boldsymbol{U}\boldsymbol{Z}^*\boldsymbol{V}^\top = \sum_{i=1}^{k} \sigma_i \boldsymbol{u}_i \boldsymbol{v}_i^\top,$$

这事实上与式 (5.15) 一样. 正如我们所期望的. 应用非常相似的推导，我们实际上可以证明具有形如式 (5.15) 的解不仅对 Frobenius 范数的目标是最优的，并且对谱矩阵范数（最大奇异值）也是最优的. 即 $\boldsymbol{A}_k$ 是如下问题的最优解（提示：谱范数也是酉不变的）：

$$\min_{\boldsymbol{A}_k \in \mathbb{R}^{m,n}} \|\boldsymbol{A} - \boldsymbol{A}_k\|_2^2$$

$$\text{s.t.: } \text{rank}(\boldsymbol{A}_k) = k.$$

而比率：

$$\eta_k = \frac{\|\boldsymbol{A}_k\|_\text{F}^2}{\|\boldsymbol{A}\|_\text{F}^2} = \frac{\sigma_1^2 + \cdots + \sigma_k^2}{\sigma_1^2 + \cdots + \sigma_r^2} \tag{5.17}$$

表示 $\boldsymbol{A}$ 的秩 k 逼近可以解释 $\boldsymbol{A}$ 的总方差（Frobenius 范数）的比例，而 η_k 作为 k 的函数的曲线图可以给出一个好的秩水平 k 其在该水平上来近似 $\boldsymbol{A}$ 的一个有用的指标，例如，例 5.2 中讨论的其在图像压缩中的应用. 显然，$\boldsymbol{\eta}_k$ 与相对范数的近似误差有关：

$$\boldsymbol{e}_k = \frac{\|\boldsymbol{A} - \boldsymbol{A}_k\|_\text{F}^2}{\|\boldsymbol{A}\|_\text{F}^2} = \frac{\sigma_{k+1}^2 + \cdots + \sigma_r^2}{\sigma_1^2 + \cdots + \sigma_r^2} = 1 - \eta_k.$$

注释 5.2（秩亏的最小“距离”）　假设 $\boldsymbol{A} \in \mathbb{R}^{m,n}$, $m \geqslant n$ 是满秩的，即 $\text{rank}(\boldsymbol{A}) = n$. 我们的问题是：使 $\boldsymbol{A} + \delta\boldsymbol{A}$ 秩亏的 $\boldsymbol{A}$ 的最小扰动 $\delta\boldsymbol{A}$ 是什么. 最小扰动 $\delta\boldsymbol{A}$ 的 Frobenius 范数（或谱范数）度量了 $\boldsymbol{A}$ 到秩亏的“距离”. 形式上，我们需要求解：

$$\min_{\delta\boldsymbol{A} \in \mathbb{R}^{m,n}} \|\delta\boldsymbol{A}\|_\text{F}^2$$

$$\text{s.t.:}\ \operatorname{rank}(\boldsymbol{A}+\delta\boldsymbol{A}) = n-1.$$

对于 $\delta\boldsymbol{A} = \boldsymbol{A}_k - \boldsymbol{A}$, 该问题等价于式 (5.14). 这样，可以很容易得到如下的最优解：

$$\delta\boldsymbol{A}^* = \boldsymbol{A}_k - \boldsymbol{A},$$

其中 $\boldsymbol{A} = \sum_{i=1}^{n} \sigma_i \boldsymbol{u}_i \boldsymbol{v}_i^\top$ 是 $\boldsymbol{A}$ 的紧凑形式 SVD 且 $\boldsymbol{A}_k \doteq \sum_{i=1}^{n-1} \sigma_i \boldsymbol{u}_i \boldsymbol{v}_i^\top$. 因此，我们有：

$$\delta\boldsymbol{A}^* = -\sigma_n \boldsymbol{u}_n \boldsymbol{v}_n^\top.$$

该结果表明，导致秩亏的最小扰动矩阵是秩一矩阵，且其与秩亏的距离为 $\|\delta\boldsymbol{A}^*\|_{\text{F}} = \|\delta\boldsymbol{A}^*\|_2 = \sigma_n$.

例 5.2（基于 SVD 的图像压缩） 图 5.2 显示了一个灰度图，其用一个 266×400 的整数矩阵 $\boldsymbol{A}$ 来表示像素的灰度等级. 该矩阵是行满秩的，即 $\operatorname{rank}(\boldsymbol{A}) = 266$. 我们计算表示该图像的矩阵 $\boldsymbol{A}$ 的 SVD, 然后画出当 k 从 1 到 266 时，公式 (5.17) 中的比率 η_k, 参见图 5.3. 从该曲线可以看出：$k = 9$ 时其已经捕获了 96% 的图像方差（相对的逼近误差为 $e_k \simeq 0.04$）; $k = 23$ 对应于 $\eta_k = 0.98$; $k = 49$ 对应于 $\eta_k = 0.99$; $k = 154$ 对应于 $\eta_k = 0.999$.

图 5.2 266×400 灰度的图像

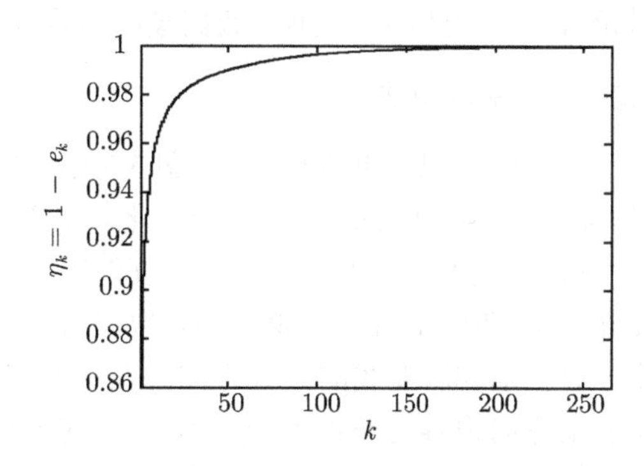

图 5.3 逼近误差 e_k 作为秩 k 函数的补

图 5.4 直观地显示了这些近似值的比较. 在 $k = 9$ 的粗略近似时图像已经可以辨识，对于 $k = 49$, 我们有一个相当好的压缩图像，而在 $k = 154$, 图像几乎无法与原始图像区分开. 为了更好地理解逼近的用处，假设我们需要通过通信信道传输图像. 如果传输原图，需要发送 $N_1 = 266 \times 400 = 106\ 400$ 个数值，传输 $k = 49$ 的近似值，需要发送 k 个右奇异向量、k 个左奇异向量和 k 个奇异值，也就是 $N_2 = 266 \times 49 + 49 + 400 \times 49 = 32\ 683$ 个数值. 相对压缩即为：

$$\frac{N_1 - N_2}{N_2} \times 100\% = 225\%.$$

图 5.4　图 5.2 中原始图像的秩 k 逼近，其中 $k=9$（左上），$k=23$（右上），$k=49$（左下）和 $k=154$（右下）

5.3.2　主成分分析

主成分分析（PCA）是一种无监督学习的技术（请参见 13.5 节中有关数据学习的更多讨论），其广泛用于“发现”数据集中最重要或信息最丰富的方向，即数据变化最大的方向.

5.3.2.1　基本想法

为了使直观上更清楚，考虑图 5.5 中二维数据云的例子，显然可发现几乎所有数据的变化都沿着一个方向（与水平成 45 度角）. 相反，约 135 度的方向几乎没有数据变化. 这意味着，在这个例子中，数据背后的重要现象基本上是沿着 45 度线的一维方向. 在这个二维的例子中，重要的方向很容易被找到. 然而，直观的图形无法帮助我们分析维度 $n>3$ 的数据，此时，主成分分析（PCA）可以派上用场.

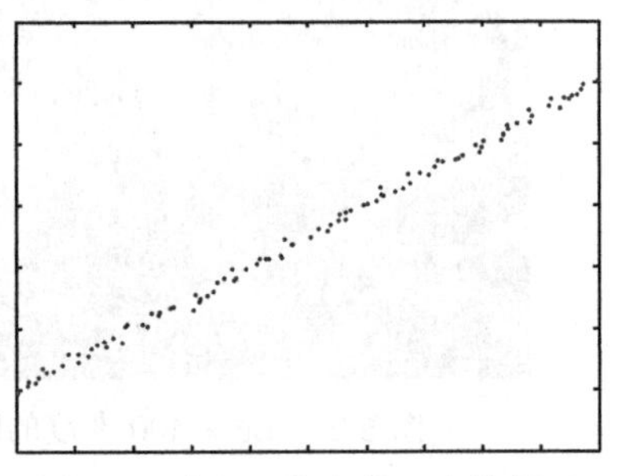

图 5.5　空间 $\mathbb{R}^2$ 中的一个数据云

设 $\boldsymbol{x}_i\in\mathbb{R}^n$, $i=1,\cdots,m$ 是想要分析的给定数据点，用 $\bar{\boldsymbol{x}}=\dfrac{1}{m}\sum_{i=1}^m\boldsymbol{x}_i$ 表示这些数据点的均值，设 $\tilde{\boldsymbol{X}}$ 为包含中心数据点的 $n\times m$ 矩阵：

$$\tilde{\boldsymbol{X}}=[\tilde{\boldsymbol{x}}_1\cdots\tilde{\boldsymbol{x}}_m],\quad \tilde{\boldsymbol{x}}_i=\boldsymbol{x}_i-\bar{\boldsymbol{x}},\ i=1,\cdots,m.$$

我们在数据空间中寻找一个归一化方向，$\boldsymbol{z}\in\mathbb{R}^n$，$\|\boldsymbol{z}\|_2=1$ 使得这些中心化数据点在由 $\boldsymbol{z}$ 所确定直线上的投影的方差最大. 在 $\boldsymbol{z}$ 的标准化中选择欧氏范数是因为它不偏爱任何特定的方向.

中心化数据沿 z 方向的分量可由下式给出（参见 2.3.1 节）：

$$\alpha_i = \tilde{\boldsymbol{x}}_i^\top \boldsymbol{z}, \quad i = 1, \cdots, m.$$

注意，$\alpha_i \boldsymbol{z}$ 为 $\tilde{\boldsymbol{x}}_i$ 沿着由 $\boldsymbol{z}$ 张成空间的投影，这样，数据沿 $\boldsymbol{z}$ 方向上的平均方差为：

$$\frac{1}{m}\sum_{i=1}^{m}\alpha_i^2 = \sum_{i=1}^{m}\boldsymbol{z}^\top \tilde{\boldsymbol{x}}_i \tilde{\boldsymbol{x}}_i^\top \boldsymbol{z} = \boldsymbol{z}^\top \tilde{\boldsymbol{X}}\tilde{\boldsymbol{X}}^\top \boldsymbol{z}.$$

因此，数据变化最大的 $\boldsymbol{z}$ 方向可以作为以下优化问题的解：

$$\max_{\boldsymbol{z}\in\mathbb{R}^n} \quad \boldsymbol{z}^\top \tilde{\boldsymbol{X}}\tilde{\boldsymbol{X}}^\top \boldsymbol{z} \tag{5.18}$$

$$\text{s.t.} \quad \|\boldsymbol{z}\|_2 = 1.$$

现在让我们用 $\tilde{\boldsymbol{X}}$ 的 SVD 来求解该问题：设

$$\tilde{\boldsymbol{X}} = \boldsymbol{U}_r \boldsymbol{\Sigma} \boldsymbol{V}_r^\top = \sum_{i=1}^{r}\sigma_i \boldsymbol{u}_i \boldsymbol{v}_i^\top$$

为 $\tilde{\boldsymbol{X}}$ 的一个紧凑形式 SVD, 其中 $r = \text{rank}(\tilde{\boldsymbol{X}})$. 那么

$$\boldsymbol{H} \doteq \tilde{\boldsymbol{X}}\tilde{\boldsymbol{X}}^\top = \boldsymbol{U}_r \boldsymbol{\Sigma}^2 \boldsymbol{U}_r^\top$$

是 $\boldsymbol{H}$ 的一个谱分解. 由定理 4.3, 该问题的最优解是对应 $\boldsymbol{H}$ 的最大特征值 σ_1^2 的 $\boldsymbol{U}_r$ 的列 $\boldsymbol{u}_1$. 这样，数据方差最大的方向为 $\boldsymbol{z} = \boldsymbol{u}_1$ 以及沿该方向的均方变差与 σ_1^2 成正比.

5.3.2.2 矩阵收缩

我们接下来可以确定第二大变化方向. 为此，首先通过从数据中删除已找到的最大变化方向 $\boldsymbol{u}_1$ 的分量来压缩数据. 也就是说，我们考虑缩小后的数据点：

$$\tilde{\boldsymbol{x}}^{(1)} = \tilde{\boldsymbol{x}}_i - \boldsymbol{u}_1(\boldsymbol{u}_1^\top \tilde{\boldsymbol{x}}_i),\ i = 1, \cdots, m,$$

和缩小后的数据矩阵：

$$\tilde{\boldsymbol{X}}^{(1)} = [\tilde{\boldsymbol{x}}_1^{(1)} \cdots \tilde{\boldsymbol{x}}_m^{(1)}] = (\boldsymbol{I}_n - \boldsymbol{u}_1\boldsymbol{u}_1^\top)\tilde{\boldsymbol{X}}.$$

则由 $\tilde{\boldsymbol{X}} = \sum_{i=1}^{r}\sigma_i \boldsymbol{u}_i \boldsymbol{v}_i^\top$ 的 SVD 很容易得到缩小后矩阵 $\tilde{\boldsymbol{X}}^{(1)}$ 的紧凑形式的 SVD, 也就是说：

$$\begin{aligned}
\tilde{\boldsymbol{X}}^{(1)} &= \sum_{i=1}^{r}\sigma_i \boldsymbol{u}_i \boldsymbol{v}_i^\top - \sum_{i=1}^{r}\sigma_i \boldsymbol{u}_1 \boldsymbol{u}_1^\top \boldsymbol{u}_i \boldsymbol{v}_i^\top \\
&= \sum_{i=1}^{r}\sigma_i \boldsymbol{u}_i \boldsymbol{v}_i^\top - \sigma_1 \boldsymbol{u}_1 \boldsymbol{v}_1^\top \\
&= \sum_{i=2}^{r}\sigma_i \boldsymbol{u}_i \boldsymbol{v}_i^\top,
\end{aligned}$$

其中第一行的等式由如下的事实得到. 当 $i=1,\cdots,m$ 时，u_i 构成一个规范正交集，这样当 $i\neq 1$ 时，$\boldsymbol{u}_1^\top \boldsymbol{u}_i$ 等于零，而当 $i=1$ 时，其等于 1. 注意, 在 $\tilde{\boldsymbol{X}}^{(1)}$ 的二元展开中的求和现在从 $i=2$ 开始.

于是，第二大方差方向 $\boldsymbol{z}$ 为如下优化问题的解：

$$\begin{aligned}\max_{\boldsymbol{z}\in\mathbb{R}^n} \quad & \boldsymbol{z}^\top(\tilde{\boldsymbol{X}}^{(1)}\tilde{\boldsymbol{X}}^{(1)\top})\boldsymbol{z} \\ \text{s.t.}: \quad & \|\boldsymbol{z}\|_2=1,\end{aligned}$$

再由定理 4.3 得到其解为 $\boldsymbol{z}=\boldsymbol{u}_2$, 即对应于 $\tilde{\boldsymbol{X}}^{(1)}$ 最大奇异值 σ_2 的左奇异向量的方向.

实际上，我们可以迭代这个压缩过程，直到找到所有 r 个主方向. 上面的推导表明，这些主方向不过是中心矩阵 $\tilde{\boldsymbol{X}}$ 的左奇异向量 $\boldsymbol{u}_1,\cdots,\boldsymbol{u}_r$，这些数据沿这些方向上的均方变差与相应奇异值的平方 $\sigma_1^2,\cdots,\sigma_r^2$ 成正比.

注释 5.3（解释方差）　我们已经知道 $\tilde{\boldsymbol{X}}\tilde{\boldsymbol{X}}^\top$ 的特征向量 $\boldsymbol{u}_1,\cdots,\boldsymbol{u}_r$（即 $\tilde{\boldsymbol{X}}$ 的左奇异向量）提供了对应于数据均方变差减小的主方向. 有时也称数据的均方变差为数据方差. 沿着 $\boldsymbol{u}_1$ 方向的方差为 σ_1^2，缩小后的数据沿着 $\boldsymbol{u}_2$ 方向的方差为 σ_2^2, 以此类推. 因此，数据的总方差为 $\sigma_1^2+\cdots+\sigma_r^2$, 即为数据的 Gram 矩阵 $\boldsymbol{H}=\tilde{\boldsymbol{X}}\tilde{\boldsymbol{X}}^\top$ 的迹：

$$\begin{aligned}\operatorname{trace}(\tilde{\boldsymbol{X}}\tilde{\boldsymbol{X}}^\top) &= \operatorname{trace}(\boldsymbol{U}_r\boldsymbol{\Sigma}^2\boldsymbol{U}_r^\top)=\operatorname{trace}(\boldsymbol{\Sigma}^2\boldsymbol{U}_r^\top\boldsymbol{U}_r)=\operatorname{trace}(\boldsymbol{\Sigma}^2) \\ &= \sigma_1^2+\cdots+\sigma_r^2.\end{aligned}$$

如果把中心数据投影到前 $k\leqslant r$ 个主方向的张成空间上，我们就得到一个投影数据矩阵：

$$\tilde{\boldsymbol{X}}_k=\boldsymbol{U}_k^\top\tilde{\boldsymbol{X}},$$

其中 $\boldsymbol{U}_k$ 的列向量为 $\boldsymbol{u}_1,\cdots,\boldsymbol{u}_k$. 此投影中包含的数据方差（即由前 k 个主方向解释的方差）为：

$$\begin{aligned}\operatorname{trace}(\tilde{\boldsymbol{X}}_k\tilde{\boldsymbol{X}}_k^\top) &= \operatorname{trace}(\boldsymbol{U}_k^\top\tilde{\boldsymbol{X}}\tilde{\boldsymbol{X}}^\top\boldsymbol{U}_k)=\operatorname{trace}\left([\boldsymbol{I}_k\ 0]\boldsymbol{\Sigma}^2[\boldsymbol{I}_k\ 0]^\top\right) \\ &= \sigma_1^2+\cdots+\sigma_k^2.\end{aligned}$$

于是，我们可以定义由投影数据“解释”的方差与总方差之间的比率：

$$\eta_k=\frac{\sigma_1^2+\cdots+\sigma_k^2}{\sigma_1^2+\cdots+\sigma_r^2}. \tag{5.19}$$

如果这个比率很高，则可以说数据中的大部分变化可以在投影的 k 维子空间上观察到.

例 5.3（市场数据的 PCA） 作为一个数值例子，我们考虑包含六个金融指数收益率的数据：(1) MSCI US 指数；(2) MSCI EUR 指数；(3) MSCI JAP 指数；(4) MSCI PACIFIC 指数；(5) MSCI BOT 流动性指数和 (6) MSCI WORLD 指数. 如图 5.6 所示，我们使用从 1993 年 2 月 26 日至 2007 年 2 月 28 日的共 169 个月收益率数据. 这样，数据矩阵 $\boldsymbol{X}$ 在维数 $n=6$ 时具有 $m=169$ 个数据点. 将数据中心化，并对中心化后的矩阵 $\tilde{\boldsymbol{X}}$ 应用 SVD, 得到主方向 $\boldsymbol{u}_i$ 及对应的奇异值为：

$$\boldsymbol{U}=\begin{bmatrix} -0.4143 & 0.2287 & -0.3865 & -0.658 & 0.0379 & -0.4385 \\ -0.4671 & 0.1714 & -0.3621 & 0.7428 & 0.0172 & -0.2632 \\ -0.4075 & -0.9057 & 0.0690 & -0.0431 & 0.0020 & -0.0832 \\ -0.5199 & 0.2986 & 0.7995 & -0.0173 & 0.0056 & -0.0315 \\ -0.0019 & 0.0057 & 0.0005 & -0.0053 & -0.9972 & -0.0739 \\ -0.4169 & 0.0937 & -0.2746 & -0.1146 & -0.0612 & 0.8515 \end{bmatrix}$$

$$\boldsymbol{\sigma}=\begin{bmatrix} 1.0765 & 0.5363 & 0.4459 & 0.2519 & 0.0354 & 0.0114 \end{bmatrix}.$$

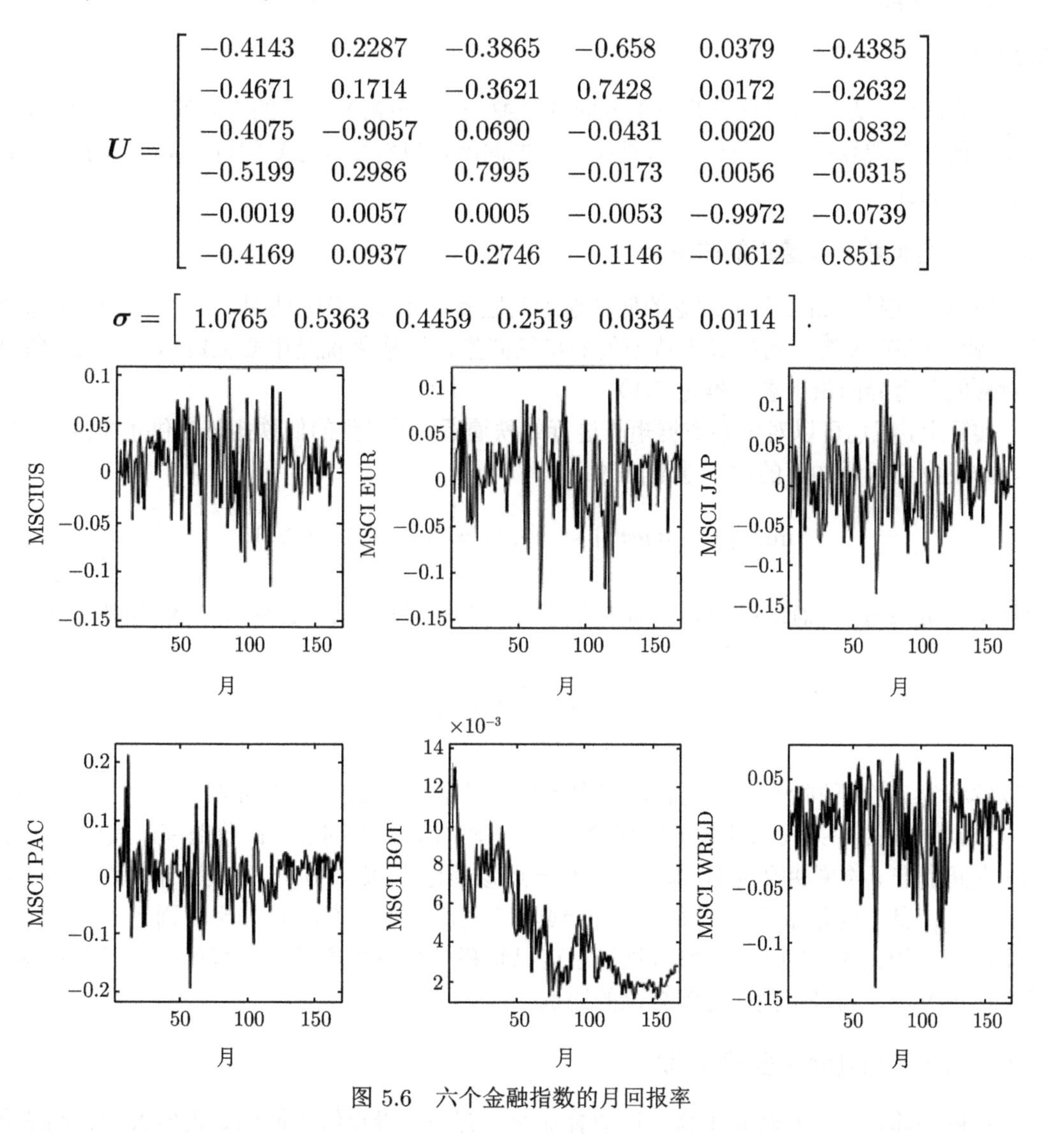

图 5.6 六个金融指数的月回报率

计算式 (5.19) 中的比率 η_k, 则有：

$$\boldsymbol{\eta}\times 100=[67.77 \quad 84.58 \quad 96.21 \quad 99.92 \quad 99.99 \quad 100].$$

我们由此推断，这六种资产收益率 96% 以上的变化可以只用三个隐含的“因子”来解释（比如，$\boldsymbol{z}=[z_1\ z_2\ z_3]^\top$）. 在统计术语中，这意味着收益率向量 $\boldsymbol{x}\in\mathbb{R}^6$ 的每个实现可以表示为（“近似程度”高达 96%）:

$$\boldsymbol{x}=\bar{\boldsymbol{x}}+\boldsymbol{U}_3\boldsymbol{z},$$

其中 $\boldsymbol{z}$ 是一个零均值的随机因子向量，$\boldsymbol{U}_3=[\boldsymbol{u}_1\ \boldsymbol{u}_2\ \boldsymbol{u}_3]$ 是由数据的前三个主方向构成的因子载荷矩阵.

5.3.2.3 计算 PCA

在实践中，人们只对计算几个主方向感兴趣，因此不需要完整的奇异值分解. 12.5.3 节中表述的幂迭代算法允许我们只需寻找几个方向就可以解决 PCA 问题，甚至对于大型数据集也是如此.

5.3.2.4 与低秩矩阵逼近的联系

PCA 问题与 5.3.1 节中讨论的低秩逼近问题密切相关. 准确地说，问题 (5.18) 的最优解 $\boldsymbol{z}$ 就是矩阵 $\tilde{\boldsymbol{X}}\tilde{\boldsymbol{X}}^\top$ 对应最大特征值的特征向量，严格来说是中心化数据矩阵最大特征值对应的左奇异向量（参见推论 5.1）.

实际上，我们可以对中心数据矩阵进行低秩逼近，所得到的低秩矩阵提供了主成分. 例如，如果我们求解如下的秩一逼近问题：

$$\min_{\boldsymbol{u},\boldsymbol{v},\sigma}\|\tilde{X}-\sigma\boldsymbol{u}\boldsymbol{v}^\top\|_{\mathrm{F}}:\ \|\boldsymbol{u}\|_2=\|\boldsymbol{v}\|_2=1,\ \sigma\geqslant 0,$$

则最优解 $\boldsymbol{u}=\boldsymbol{u}_1$ 是对应最大方差的主方向㊀. 近似一个 $n\times m$ 数据矩阵 $\boldsymbol{X}$ 的秩 k 逼近：

$$\boldsymbol{X}\approx\sum_{i=1}^{k}\sigma_i\boldsymbol{u}_i\boldsymbol{v}_i^\top$$

可以解释为 k 个不同“因子”之和，其中每个因子是形如 $\boldsymbol{p}\boldsymbol{q}^\top$ 的二元组.

回到例 5.3, 如果我们的数据矩阵 $\boldsymbol{X}$ 包含一段时间内不同资产的收益率，其中 X_{ij} 表示 j 期间资产 i 的单期收益率，那么一个秩一近似逼近为 $\boldsymbol{X}\approx\boldsymbol{p}\boldsymbol{q}^\top$，于是对于每对 (i,j)，有 $X_{ij}=p_iq_j$，其中向量 $\boldsymbol{q}$ 可以解释为一个“典型”资产的收益率，而向量 $\boldsymbol{p}$ 则包含一些特定于每种资产的正或负因子. 一般低秩逼近可以解释为将数据表示为典型剖面的（小）线性组合，每个资产为每个剖面分配自己的比例.

5.3.3 Procrustean 变换问题

利用刚体位移（旋转和平移）近似叠加两个有序三维点组的问题是机器人学、制造和计算机视觉的经典问题，它以各种名称出现，例如绝对方向、姿态估计、Procrustean 变换

㊀ 参见 12.5.3 节.

问题或匹配问题. 本节将说明一般 n 维数据的匹配问题，并强调其与 SVD 的关系. 设

$$\boldsymbol{A}=[\boldsymbol{a}_1\cdots\boldsymbol{a}_m]\in\mathbb{R}^{n,m},\quad \boldsymbol{B}=[\boldsymbol{b}_1\cdots\boldsymbol{b}_m]\in\mathbb{R}^{n,m}$$

为由两列有序点集组成的矩阵. 这里考虑的匹配问题相当于确定数据集 $\boldsymbol{B}$ 的刚性旋转和平移使该集与集合 $\boldsymbol{A}$ 近似匹配. 例如：在制造领域中，$\boldsymbol{A}$ 中数据表示要加工零件的“模板”点（例如来自计算机辅助设计，或 CAD）, 而 $\boldsymbol{B}$ 中的数据表示实际加工零件上物理测量的点. 人们感兴趣的是，是否在公差范围内可以对实际零件通过适当的位移使其与模板达到匹配. 正式地，用正交矩阵 $\boldsymbol{R}\in\mathbb{R}^{n,n}$ 来表示旋转，用向量 $\boldsymbol{t}\in\mathbb{R}^n$ 来表示平移，于是位移点由如下矩阵表示：

$$\boldsymbol{B}_d=\boldsymbol{R}\boldsymbol{B}+\boldsymbol{t}\boldsymbol{1}^\top.$$

那么最终的问题就是最小化 $A-B_d$ Frobenius 范数的平方来度量的匹配误差：

$$\begin{aligned}\min_{\boldsymbol{R},\boldsymbol{t}}\quad & \|\boldsymbol{A}-(\boldsymbol{R}\boldsymbol{B}+\boldsymbol{t}\boldsymbol{1}^\top)\|_{\mathrm{F}}^2 \\ \text{s.t.}\quad & \boldsymbol{R}\boldsymbol{R}^\top=\boldsymbol{I}_n.\end{aligned}\tag{5.20}$$

从而如下定理成立.

定理 5.2 已知 $\boldsymbol{A},\boldsymbol{B}\in\mathbb{R}^{n,m}$, 设

$$\begin{aligned}\boldsymbol{P}&=\boldsymbol{I}_m-\frac{1}{m}\boldsymbol{1}\boldsymbol{1}^\top,\\ \tilde{\boldsymbol{A}}&=\boldsymbol{A}\boldsymbol{P},\\ \tilde{\boldsymbol{B}}&=\boldsymbol{B}\boldsymbol{P},\end{aligned}$$

并设

$$\tilde{\boldsymbol{B}}\tilde{\boldsymbol{A}}^\top=\boldsymbol{U}\tilde{\boldsymbol{\Sigma}}\boldsymbol{V}^\top$$

为 $\tilde{\boldsymbol{B}}\tilde{\boldsymbol{A}}^\top$ 的一个 SVD. 那么，问题 (5.20) 的一个最优解为：

$$\begin{aligned}\boldsymbol{R}^*&=\boldsymbol{V}\boldsymbol{U}^\top,\\ \boldsymbol{t}^*&=\frac{1}{m}(\boldsymbol{A}-\boldsymbol{R}^*\boldsymbol{B})\boldsymbol{1}.\end{aligned}$$

证明 对任意固定的 $\boldsymbol{R}$, 将目标函数 (5.20) 写为 $\boldsymbol{t}$ 的函数：

$$\begin{aligned}f_0(\boldsymbol{R},\boldsymbol{t})&=\|\boldsymbol{A}-\boldsymbol{R}\boldsymbol{B}-\boldsymbol{t}\boldsymbol{1}^\top\|_{\mathrm{F}}^2\\ &=\|\boldsymbol{A}-\boldsymbol{R}\boldsymbol{B}\|_{\mathrm{F}}^2-2\mathrm{trace}(\boldsymbol{A}-\boldsymbol{R}\boldsymbol{B})\boldsymbol{1}\boldsymbol{t}^\top+m\boldsymbol{t}^\top\boldsymbol{t}.\end{aligned}$$

其关于 t 的最小值可通过令其关于 t 的梯度为 0 求得：

$$\nabla_{\boldsymbol{t}} f_0 = -\boldsymbol{2}^\top(\boldsymbol{A}-\boldsymbol{R}\boldsymbol{B})\boldsymbol{1}+\boldsymbol{2}m\boldsymbol{t}=0,$$

这意味着作为关于 R 的函数的最优平移向量为：

$$\boldsymbol{t}=\frac{1}{m}(\boldsymbol{A}-\boldsymbol{R}\boldsymbol{B})\boldsymbol{1}.$$

将这个 $\boldsymbol{t}$ 带回目标函数中可得：

$$f_0(\boldsymbol{R})=\|\tilde{\boldsymbol{A}}-\boldsymbol{R}\tilde{\boldsymbol{B}}\|_{\mathrm{F}}^2.$$

函数 $f_0(\boldsymbol{R})$ 在正交矩阵集上的最小值可由如下方法确定：首先对正交矩阵 $\boldsymbol{R}$, 我们有 $\|\boldsymbol{R}\tilde{\boldsymbol{B}}\|_{\mathrm{F}}=\|\tilde{\boldsymbol{B}}\|_{\mathrm{F}}$，设 $\boldsymbol{U}\tilde{\boldsymbol{\Sigma}}\boldsymbol{V}^\top$ 为 $\tilde{\boldsymbol{B}}\tilde{\boldsymbol{A}}^\top$ 的奇异值分解，那么

$$\begin{aligned}\|\tilde{\boldsymbol{A}}-\boldsymbol{R}\tilde{\boldsymbol{B}}\|_{\mathrm{F}}^2&=\|\tilde{\boldsymbol{A}}\|_{\mathrm{F}}^2+\|\boldsymbol{R}\tilde{\boldsymbol{B}}\|_{\mathrm{F}}^2-2\mathrm{trace}\ \boldsymbol{R}\tilde{\boldsymbol{B}}\tilde{\boldsymbol{A}}^\top\\&=\|\tilde{\boldsymbol{A}}\|_{\mathrm{F}}^2+\|\tilde{\boldsymbol{B}}\|_{\mathrm{F}}^2-2\mathrm{trace}\ \boldsymbol{T}\tilde{\boldsymbol{\Sigma}}\\&=\|\tilde{\boldsymbol{A}}\|_{\mathrm{F}}^2+\|\tilde{\boldsymbol{B}}\|_{\mathrm{F}}^2-2\sum_{i=1}^{r}T_{ii}\sigma_i,\end{aligned}\tag{5.21}$$

其中 $\boldsymbol{T}\doteq\boldsymbol{V}^\top\boldsymbol{R}\boldsymbol{U}$ 是一个正交矩阵和 $r=\mathrm{rank}(\tilde{\boldsymbol{B}}\tilde{\boldsymbol{A}}^\top)$. 显然，当 $\sum_{i=1}^{r}T_{ii}\sigma_i$ 最大时式 (5.21) 最小. 由 $\boldsymbol{T}$ 的正交性有 $|T_{ii}|\leqslant 1$, 则最大值在 $T_{ii}=1$ 达到，即 $\boldsymbol{T}=\boldsymbol{I}_n$, 这给出了最优正交矩阵 $\boldsymbol{R}^*=\boldsymbol{V}\boldsymbol{U}^\top$. 最后注意，实正交矩阵可以表示反射或纯旋转. 纯旋转可由条件 $\det\boldsymbol{R}=+1$ 来刻画，而对于反射则有 $\det\boldsymbol{R}=-1$. 如果在问题中，我们坚持只使用纯旋转但得到 $\det\boldsymbol{R}^*=-1$, 那么我们可以给 $\boldsymbol{U}$ 的最后一列乘以 -1 以使其重新归一化. □

例 5.4　我们给出一个包含 $n=4$ 个 $\mathbb{R}^3$ 中的点的简单例子，如图 5.7 所示：

$$\boldsymbol{A}=\begin{bmatrix}1&1&-1&-1\\1&-1&-1&1\\0&0&0&0\end{bmatrix},$$

$$\boldsymbol{B}=\begin{bmatrix}3.0000&4.4142&3.0000&1.6858\\2.5142&0.9000&-0.5142&1.0000\\0&0&0&0\end{bmatrix}.$$

我们想确定一个将 $\boldsymbol{B}$ 叠加在 $\boldsymbol{A}$ 上且使匹配误差式 (5.20) 达到最小的移位. 应用定理 5.2, 则 SVD 为：

$$\tilde{\boldsymbol{B}}\tilde{\boldsymbol{A}}^\top=\begin{bmatrix}2.7284&-2.7284&0\\2.9284&3.1284&0\\0&0&0\end{bmatrix}=\boldsymbol{U}\tilde{\boldsymbol{\Sigma}}\boldsymbol{V}^\top,$$

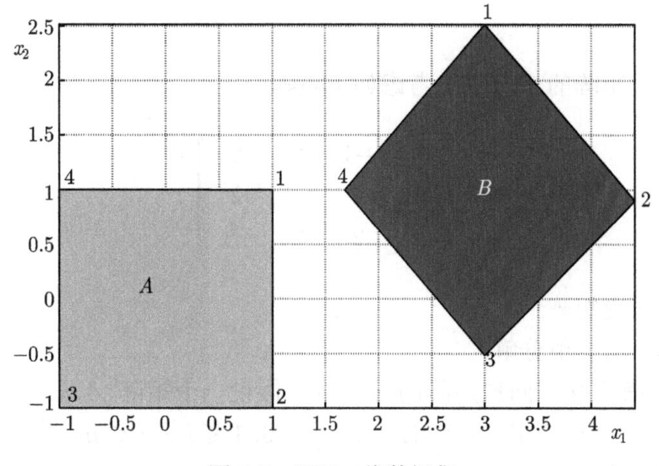

图 5.7　匹配二维数据集

其中

$$\boldsymbol{U}=\begin{bmatrix}-0.1516 & 0.9884 & 0\\ 0.9884 & 0.1516 & 0\\ 0 & 0 & 1\end{bmatrix},$$

$$\tilde{\boldsymbol{\Sigma}}=\begin{bmatrix}4.2949 & 0 & 0\\ 0 & 3.8477 & 0\\ 0 & 0 & 0\end{bmatrix},$$

$$\boldsymbol{V}^{\top}=\begin{bmatrix}0.5776 & 0.8163 & 0\\ 0.8163 & -0.5776 & 0\\ 0 & 0 & 1\end{bmatrix}.$$

因此

$$\boldsymbol{R}^{*}=\boldsymbol{V}\boldsymbol{U}^{\top}=\begin{bmatrix}0.7193 & 0.6947 & 0\\ -0.6947 & 0.7193 & 0\\ 0 & 0 & 1.0000\end{bmatrix},$$

$$\boldsymbol{t}^{*}=\frac{1}{m}(\boldsymbol{A}-\boldsymbol{R}^{*}\boldsymbol{B})\mathbf{1}=\begin{bmatrix}-2.8532\\ 1.4002\\ 0\end{bmatrix}.$$

且匹配误差为：

$$\|\boldsymbol{A}-\boldsymbol{R}^{*}\boldsymbol{B}-\boldsymbol{t}^{*}\mathbf{1}^{\top}\|_{\mathrm{F}}=0.1804.$$

矩阵 R^* 对应于围绕指向 x_1, x_2 平面外侧的轴 $-44.0048°$ 的旋转.

5.4 习题

习题 5.1（正交矩阵的 SVD）　考虑如下矩阵：

$$A = \frac{1}{3}\begin{bmatrix} -1 & 2 & 2 \\ 2 & -1 & 2 \\ 2 & 2 & -1 \end{bmatrix}.$$

1. 证明 A 是正交矩阵.
2. 求 A 的一个奇异值分解.

习题 5.2（具有正交列向量矩阵的 SVD）　假设一个矩阵 $A = [a_1, \cdots, a_m]$ 的列向量 $a_i \in \mathbb{R}^n$, $i = 1, \cdots, m$ 是相互正交的：$a_i^\top a_j = 0, 1 \leqslant i \neq j \leqslant m$. 根据 a_i, 求 A 的一个尽可能解析的奇异值分解.

习题 5.3（扩充矩阵的奇异值）　设 $A \in \mathbb{R}^{n,m}$, $n \geqslant m$ 以及其具有奇异值 $\sigma_1, \cdots, \sigma_m$.

1. 证明：如下 $(n+m) \times m$ 矩阵

$$\tilde{A} \doteq \begin{bmatrix} A \\ I_m \end{bmatrix}$$

的奇异值为 $\tilde{\sigma}_i = \sqrt{1+\sigma_i^2}, i = 1, \cdots, m.$

2. 求矩阵 $\tilde{A}$ 的一个奇异值分解.

习题 5.4（得分矩阵的 SVD）　考虑一个有 m 道题 n 个学生参加的考试，教师将所有成绩收集在一个 $n \times m$ 矩阵中，其中 G_{ij} 表示第 i 个学生第 m 道题的得分. 我们想要根据现有数据为每道题赋予一个难度分数.

1. 假设得分矩阵 G 可以由一个秩一矩阵 $sq^\top$ 逼近，其中 $s \in \mathbb{R}^n$ 和 $q \in \mathbb{R}^m$（你可以假设 s, q 的元素都是非负的）. 利用这个逼近为每道题赋予一个难度水平，并解释向量 s.
2. 你如何求 G 的秩一逼近？根据 G 的 SVD 准确陈述你的答案.

习题 5.5（潜在语义索引）　潜在语义索引是一种基于 SVD 的可用于发现相似文档的技术. 假设给定一个由 m 个文档 $D_1, \cdots, D_m$ 构成的集合. 利用例 2.1 中表述的“单词包”技术，我们可以用 n 维向量 d_j 来表示每个文档 D_j, 其中 n 是出现在所有文本集中不同单词的数目. 在该习题中，假设向量 d_j 的构造如下：如果单词 i 在文档 D_j 中出现，则 $d_j(i) = 1$, 否则为 0. 称 $n \times m$ 矩阵 $M = [d_1, \cdots, d_m]$ 为文档矩阵的“原始”项. 此外，我们还将使用该矩阵的归一化[⊖] $\tilde{M} = [\tilde{d}_1 \cdots \tilde{d}_m]$, 其中 $\tilde{d}_j = d_j / \|d_j\|_2$, $j = 1, \cdots, m$.

⊖ 实际上，可以使用文本文档的其他数字表示. 例如我们可以使用每个文档中单词的相对频率，而不是这里使用的 ℓ_2-范数归一化.

给定另外一个不属于集合内的文档，称为“查询文档”. 查询文档用 n 维向量 $\boldsymbol{q}$ 来表示，其元素除了查询中出现的项为 1 外，其余处都为零. 从某种意义上说，我们试图找出与查询文档最相似的文档. 用 $\tilde{\boldsymbol{q}}$ 表示 $\boldsymbol{q}$ 的归一化的向量 $\tilde{\boldsymbol{q}}=\boldsymbol{q}/\|\boldsymbol{q}\|_2$.

1. 第一种方法是选择与查询文档有最多共同项的文档. 说明如何根据某个特定的矩阵与向量的乘积来实现这种方法.
2. 另外一种方法是选择使 $\|\boldsymbol{q}-\boldsymbol{d}_j\|_2$ 最小的指标索引 j 从而选择最相似的文档. 这个方法可能会带来一些偏差，例如当查询文档比其他文档短得多的时候. 因此，提出一种基于归一化向量 $\|\tilde{\boldsymbol{q}}-\tilde{\boldsymbol{d}}_j\|_2$ 来度量相似度的方法，称之为“余弦相似度”. 证明该方法使用此名称的合理性，并提供一个由你确定的基于特定矩阵与向量乘积的表述.
3. 假设归一化矩阵 $\tilde{\boldsymbol{M}}$ 有一个奇异值分解 $\tilde{\boldsymbol{M}}=\boldsymbol{U\Sigma V}^\top$, 其中 $n\times m$ 矩阵 $\boldsymbol{\Sigma}$ 包含这些奇异值，酉矩阵 $\boldsymbol{U}=[\boldsymbol{u}_1,\cdots,\boldsymbol{u}_n]$, $\boldsymbol{V}=[\boldsymbol{v}_1,\cdots,\boldsymbol{v}_m]$ 大小分别为 $n\times n$ 和 $m\times m$. 解释向量 $\boldsymbol{u}_l,\boldsymbol{v}_l$, $l=1,\cdots,r$. 提示：讨论当 r 很小且向量 $\boldsymbol{u}_l,\boldsymbol{v}_l$, $l=1,\cdots,r$ 稀疏时的情况.
4. 在现实生活中的文本收集中，经常会观察到文本集合矩阵 $\boldsymbol{M}$ 非常接近于低秩矩阵. 假设已知 $\tilde{\boldsymbol{M}},\tilde{\boldsymbol{M}}_k$ 的最优秩 k（$k\ll\min(n,m)$）逼近. 在文档相似性的潜在语义检索方法[⊖]中，其基本思想是先将文档与查询文档投影到由奇异向量 $\boldsymbol{u}_1,\cdots,\boldsymbol{u}_k$ 生成的子空间上，然后对投影向量使用余弦相似度方法. 找到一个相似度的表达式.

习题 5.6（拟合数据的超平面）　给定 m 个数据点 $\boldsymbol{d}_1,\cdots,\boldsymbol{d}_m\in\mathbb{R}^n$, 我们试图找一个超平面：

$$\mathcal{H}(\boldsymbol{c},b)\doteq\{\boldsymbol{x}\in\mathbb{R}^n:\ \boldsymbol{c}^\top\boldsymbol{x}=b\},$$

其中 $\boldsymbol{c}\in\mathbb{R}^n$, $\boldsymbol{c}\neq 0$ 且 $b\in\mathbb{R}$, 使其与给定的数据点在最小平方距离和目标下作最好的拟合，如图 5.8 所示. 正式地，我们需要求解如下优化问题：

$$\min_{\boldsymbol{c},b}\sum_{i=1}^m \mathrm{dist}^2(\boldsymbol{d}_i,\mathcal{H}(\boldsymbol{c},b)):\ \|\boldsymbol{c}\|_2=1,$$

其中 $\mathrm{dist}(\boldsymbol{d},\mathcal{H})$ 表示从一个点 $\boldsymbol{d}$ 到 $\mathcal{H}$ 的欧氏距离. 这里，在不失一般性的前提下，以一种空间不倾向于特定方向的方式假设上面对 $\boldsymbol{c}$ 的约束.

1. 证明给定点 $\boldsymbol{d}\in\mathbb{R}^n$ 到 $\mathcal{H}$ 的距离为：

$$\mathrm{dist}(\boldsymbol{d},\mathcal{H}(\boldsymbol{c},b))=|\boldsymbol{c}^\top\boldsymbol{d}-b|.$$

2. 证明该问题可表述为：

$$\min_{b,\boldsymbol{c}:\|\boldsymbol{c}\|_2=1} f_0(b,c),$$

其中 f_0 是一个需要由你来确定的二次函数.

⊖ 如第 2 部分所述，在实际应用中，人们经常注意到这种方法比余弦相似度在原始空间中产生更好的结果.

3. 证明该问题可简化为：

$$\min_{c} \quad c^\top(\tilde{D}\tilde{D}^\top)c$$
$$\text{s.t.}: \quad \|c\|_2 = 1,$$

其中 $\tilde{D}$ 是中心化数据矩阵，即 $\tilde{D}$ 的第 i 列为 $d_i - \bar{d}$, 其中 $\bar{d} \doteq (1/m)\sum_{i=1}^m d_i$ 是数据的均值. 提示：可以使用将在 8.4.1 节中证明的结论，目标函数对 b 的偏导数在最优点处一定为零.

4. 解释如何通过 SVD 找到超平面.

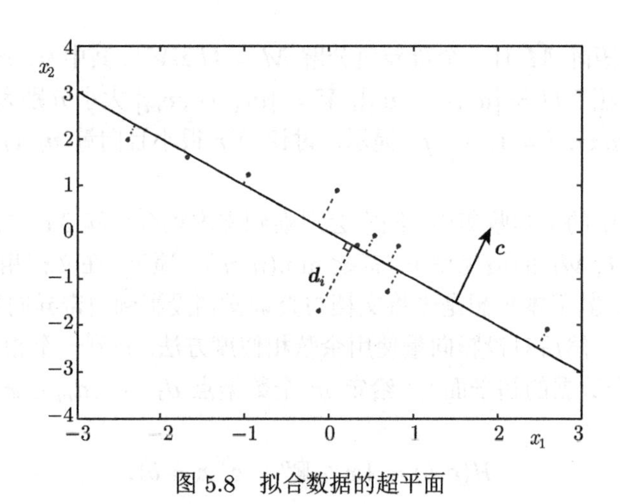

图 5.8 拟合数据的超平面

习题 5.7（图像变形） 一个刚性变换是由平移和旋转构成的 $\mathbb{R}^n$ 到 $\mathbb{R}^n$ 的映射. 数学上，我们可以表述一个刚性变换 ϕ 为 $\phi(x) = Rx + r$, 其中 R 是一个 $n \times n$ 的正交变换和 $r \in \mathbb{R}^n$ 是向量.

给定 $\mathbb{R}^n$ 中的点对 (x_i, y_i), $i = 1, \cdots, m$ 构成的集合，并希望找到一个最匹配它们的刚性变换. 于是，我们可以将该问题可表示为：

$$\min_{R\in\mathbb{R}^{n,n}, r\in\mathbb{R}^n} \sum_{i=1}^m \|Rx_i + r - y_i\|_2^2 \ : \ R^\top R = I_n, \tag{5.22}$$

其中 I_n 是 $n \times n$ 的单位阵.

该问题来源于图像处理，并提供了通过手动选择几个点及其变换后对应的点来改变图像（表示为一组二维点集）的方法.

1. 假设问题 (5.22) 中的 R 是固定的. 那么用 R 来表示一个最优解 r.
2. 证明对应的最优值（现在只是关于 R 的函数）可用原来的目标函数来表示，其中 $r = 0$

且 $\boldsymbol{x}_i, \boldsymbol{y}_i$ 替换为其中心化后的向量：

$$\bar{\boldsymbol{x}}_i = \boldsymbol{x}_i - \hat{\boldsymbol{x}},\ \hat{\boldsymbol{x}} = \frac{1}{m}\sum_{j=1}^{m} x_j,\ \bar{\boldsymbol{y}}_i = \boldsymbol{y}_i - \hat{\boldsymbol{y}},\ \hat{\boldsymbol{y}} = \frac{1}{m}\sum_{j=1}^{m} \boldsymbol{y}_j.$$

3. 证明该问题可重写为：

$$\min_{R} \|\boldsymbol{R}\boldsymbol{X} - \boldsymbol{Y}\|_{\mathrm{F}} \ :\ \boldsymbol{R}^{\top}\boldsymbol{R} = \boldsymbol{I}_n,$$

   其中 $\boldsymbol{X}, \boldsymbol{Y}$ 是由你来确定的某些合适的矩阵. 提示：解释你为什么能取目标函数的平方，然后展开.

4. 证明该问题可进一步重写为：

$$\max_{\boldsymbol{R}} \ \mathrm{trace}\ \boldsymbol{R}\boldsymbol{Z} :\ \boldsymbol{R}^{\top}\boldsymbol{R} = \boldsymbol{I}_n,$$

   其中 $\boldsymbol{Z}$ 是由你确定的某个合适的 $n \times n$ 矩阵.

5. 证明 $\boldsymbol{R} = \boldsymbol{V}\boldsymbol{U}^{\top}$ 是最优的，其中 $\boldsymbol{Z} = \boldsymbol{U}\boldsymbol{S}\boldsymbol{V}^{\top}$ 是 $\boldsymbol{Z}$ 的 SVD. 提示：将问题简化为 $\boldsymbol{Z}$ 是对角矩阵时的情形，并利用一个不用证明的结论，当 $\boldsymbol{Z}$ 是对角矩阵时，$\boldsymbol{I}_n$ 为问题的最优解.

6. 证明上一问中使用的结果：假设 $\boldsymbol{Z}$ 是对角矩阵，证明 $\boldsymbol{R} = \boldsymbol{I}_n$ 是上述问题的最优解. 提示：证明 $\boldsymbol{R}^{\top}\boldsymbol{R} = \boldsymbol{I}_n$ 意味着 $|R_{ii}| \leqslant 1,\ i = 1, \cdots, n$, 并根据这个结论，证明最优值小于或等于 trace $\boldsymbol{Z}$.

7. 你会如何运用这个技巧让蒙娜丽莎笑得更开心？提示：在图 5.9 中，二维点 $\boldsymbol{x}_i$ 在左侧给出（用点表示），而相应的点 $\boldsymbol{y}_i$ 是 右侧的点. 这些点是人为选定的，问题是找到如何变换在原始图像中所有其他的点的方法.

图 5.9　通过刚性变换实现图像变形. 左侧为原始图像，右侧为变形图像. 点表示用户选择变形的点

第 6 章　线性方程组与最小二乘

我们在这里介绍线性方程组和将其表示为形如 $\boldsymbol{Ax} = \boldsymbol{y}$ 这个向量等式的标准形式，其中 $\boldsymbol{x} \in \mathbb{R}^n$ 是未知变量，$\boldsymbol{A} \in \mathbb{R}^{m,n}$ 为系数矩阵，$\boldsymbol{y} \in \mathbb{R}^m$ 是已知向量. 线性方程组是数值线性代数的基本组成部分，其解通常是许多优化算法的关键部分. 实际上，求解线性方程组 $\boldsymbol{Ax} = \boldsymbol{y}$ 的问题也可以解释为一个优化问题，即解关于 $\boldsymbol{x}$ 最小化 $\|\boldsymbol{Ax} = \boldsymbol{y}\|_2$ 的问题. 我们将要刻画线性方程组的解集，然后讨论当不存在解析解时的近似解方法. 这就引出了最小二乘问题及其变形. 该章还将讨论数值灵敏性问题和解技术，以及其与 QR 分解和 SVD 等矩阵分解的关系.

6.1　动机与例子

线性方程组描述了某些工程问题中变量之间关系的最基本形式，它在所有科学分支中都普遍存在. 例如：它出现在弹性机械系统中，将力与位移联系起来；它出现在电阻网络中，将电压与电流联系起来；它出现在曲线拟合中；它出现在许多如三角测量、三边测量和相对位置测量的局部化的几何问题中；它在离散时间动力系统中，将输入和输出信号联系起来等. 线性方程组是线性代数的核心，通常以优化问题的约束条件出现. 它也是优化方法的重要组成部分，这是因为许多优化算法依赖于求解一组线性方程作为算法迭代的关键步骤. 我们下面提供几个线性方程组的示例.

例 6.1（一个 3×2 的初等方程组）　下面是一个具有三个方程和两个未知数的方程组的例子：

$$
\begin{aligned}
x_1 + 4.5x_2 &= 1, \\
2x_1 + 1.2x_2 &= -3.2, \\
-0.1x_1 + 8.2x_2 &= 1.5.
\end{aligned}
$$

该方程组可以写成向量的形式 $\boldsymbol{Ax} = \boldsymbol{y}$, 其中 $\boldsymbol{A}$ 是一个 3×2 矩阵，$\boldsymbol{y}$ 是一个 3 维向量：

$$
\boldsymbol{A} = \begin{bmatrix} 1 & 4.5 \\ 2 & 1.2 \\ -0.1 & 8.2 \end{bmatrix}, \quad \boldsymbol{y} = \begin{bmatrix} 1 \\ -3.2 \\ 1.5 \end{bmatrix}.
$$

该线性方程组的解是满足这些方程的向量 $\boldsymbol{x} \in \mathbb{R}^2$. 在本例中，可以很容易地通过手工计算来验证该方程组无解，即该系统是不可行的.

例 6.2（三边测量法）　三边测量法是一种给定已知控制点（锚点）的距离来确定一个点的位置的方法. 三边测量可应用于许多不同的领域，如地理地图、地震学和导航（如 GPS 系统）等.

在图 6.1 中，已知三个锚点 $\boldsymbol{a}_1, \boldsymbol{a}_2, \boldsymbol{a}_3 \in \mathbb{R}^2$ 的坐标，测量从点 $\boldsymbol{x} = [x_1, x_2]^\top$ 到锚点的距离记为 d_1, d_2, d_3. 通过三个非线性方程将未知的 $\boldsymbol{x}$ 坐标与距离测量值联系起来：

$$\|\boldsymbol{x} - \boldsymbol{a}_1\|_2^2 = d_1^2,\ \|\boldsymbol{x} - \boldsymbol{a}_2\|_2^2 = d_2^2,\ \|\boldsymbol{x} - \boldsymbol{a}_3\|_2^2 = d_3^2.$$

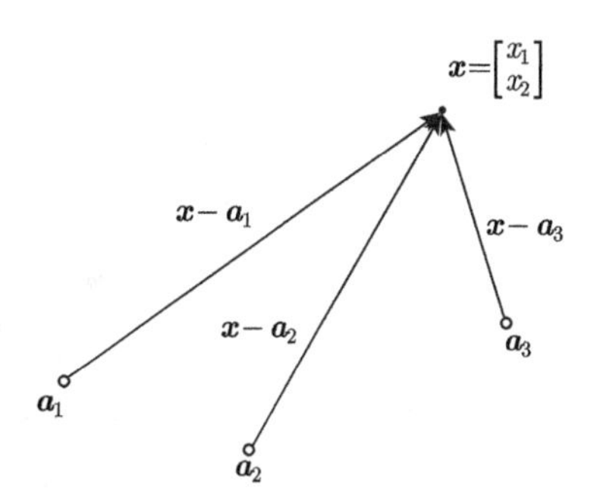

图 6.1　飞机上的三边测量问题（俯视图）. 在点 $\boldsymbol{x}$ 处，我们测量三个锚点 $\boldsymbol{a}_1, \boldsymbol{a}_2, \boldsymbol{a}_3$ 的距离来确定 $\boldsymbol{x}$ 的坐标

然而，通过用第一个方程分别减去第二个和第三个方程，我们可以得到一个变量为 $\boldsymbol{x}$ 的具有两个线性方程的系统：

$$2\left(\boldsymbol{a}_2 - \boldsymbol{a}_1\right)^\top \boldsymbol{x} = d_1^2 - d_2^2 + \|\boldsymbol{a}_2\|_2^2 - \|\boldsymbol{a}_1\|_2^2,$$
$$2\left(\boldsymbol{a}_3 - \boldsymbol{a}_1\right)^\top \boldsymbol{x} = d_1^2 - d_3^2 + \|\boldsymbol{a}_3\|_2^2 - \|\boldsymbol{a}_1\|_2^2,$$

该系统使原非线性系统的每一个解同时也是这个含有两未知数（所期望的坐标）和两个方程的线性方程组[㊀]的解. 将该方程组写成标准向量形式 $\boldsymbol{A}\boldsymbol{x} = \boldsymbol{y}$, 其中

$$\boldsymbol{A} = \begin{bmatrix} 2\left(\boldsymbol{a}_2 - \boldsymbol{a}_1\right)^\top \\ 2\left(\boldsymbol{a}_3 - \boldsymbol{a}_1\right)^\top \end{bmatrix}, \quad \boldsymbol{y} = \begin{bmatrix} d_1^2 - d_2^2 + \|\boldsymbol{a}_2\|_2^2 - \|\boldsymbol{a}_1\|_2^2 \\ d_1^2 - d_3^2 + \|\boldsymbol{a}_3\|_2^2 - \|\boldsymbol{a}_1\|_2^2 \end{bmatrix}.$$

当向量 $\boldsymbol{a}_2 - \boldsymbol{a}_1$ 和 $\boldsymbol{a}_3 - \boldsymbol{a}_1$ 不平行时，矩阵 $\boldsymbol{A}$ 是可逆的，也就是说，三个中心不共线. 我们将看到，当 $\boldsymbol{A}$ 可逆时，该线性方程组唯一解. 在这个假设下，如果线性方程组的解满足 $\|\boldsymbol{x} - \boldsymbol{a}_3\|_2^2 = d_3^2$, 则我们得到了原非线性方程组的（唯一）解. 如果不满足，那么就得出结论，原始方程组没有解（测量值不一致）.

例 6.3（力/转矩的产生）　考虑一个在水平平面上运动的刚体，配置 n 个推进器，如图 6.2 所示. 每个推进器 i 被放置在相对于质心的坐标 (x_i, y_i) 处，并且可以沿着其作用方向 θ_i 向刚体施加强度为 f_i 的力. 假设我们要给物体施加一个总的合力 $f = [f_x\ f_y]^\top$ 和合成转矩 τ: 确定强度 $f_i (i = 1, \cdots, n)$ 以便获得所需的总合力和力矩. 注意，沿着 x 轴和 y 轴的合力分别为 $\sum_{i=1}^n f_i \cos\theta_i$ 和 $\sum_{i=1}^n f_i \sin\theta_i$, 而合力矩则为 $\sum_{i=1}^n f_i (y_i \cos\theta_i - x_i \sin\theta_i)$. 为了匹配所需的力和力矩，推力器强度应满足以下含 n 个未知数 $f_1, \cdots, f_n$ 的三个线性方程组：

$$f_1 \cos\theta_1 + \cdots + f_n \cos\theta_n = f_x,$$

㊀ 然而，相反的表述可能不成立. 也就是说，并非线性方程组的每个解都必然是原非线性方程组的解. 对于线性方程组的一个给定解 $\boldsymbol{x}^*$, 我们必须在后验中检验 $\|\boldsymbol{x}^* - \boldsymbol{a}_3\|_2^2 = d_3^2$ 是否也成立，以此来确保 $\boldsymbol{x}^*$ 也是原非线性方程组的解.

$$f_1 \sin\theta_1 + \cdots + f_n \sin\theta_n = f_y,$$

$$f_1\alpha_1 + \cdots + f_n\alpha_n = \tau,$$

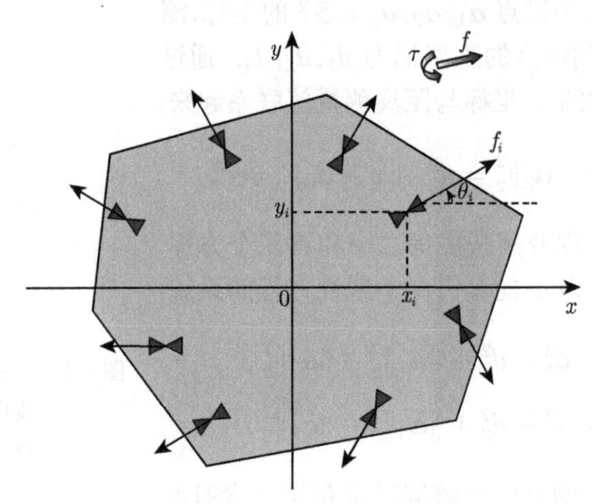

图 6.2 确定推力强度 f_i, $i = 1, \cdots, n$ 从而可得合力 f 和力矩 τ

其中我们定义了系数 $\alpha_i \doteq y_i \cos\theta_i - x_i \sin\theta_i$ $(i = 1, \cdots, n)$. 该线性方程组可以写成如下更紧凑的向量形式：

$$\begin{bmatrix} \cos\theta_1 & \cdots & \cos\theta_n \\ \sin\theta_1 & \cdots & \sin\theta_n \\ \alpha_1 & \cdots & \alpha_n \end{bmatrix} \begin{bmatrix} f_1 \\ \vdots \\ f_n \end{bmatrix} = \begin{bmatrix} f_x \\ f_y \\ \tau \end{bmatrix}.$$

例 6.4（多项式插值） 考虑用如下 $n-1$ 次多项式插值给定的点集 $(x_i, y_i)(i = 1, \cdots, m)$ 的问题：

$$p(x) = a_{n-1}x^{n-1} + \cdots + a_1 x + a_0.$$

显然，该多项式插入第 i 个点当且仅当 $p(x_i) = y_i$，且每个这样的条件都是一个多项式系数为 $a_j (j = 0, \cdots, n-1)$ 的线性方程. 如果以下 a_j 为变量的线性方程组有解：

$$a_0 + x_1 a_1 + \cdots + a_{n-1}x_1^{n-1} = y_1,$$

$$a_0 + x_2 a_1 + \cdots + a_{n-1}x_2^{n-1} = y_2,$$

$$\vdots$$

$$a_0 + x_m a_1 + \cdots + a_{n-1}x_m^{n-1} = y_m.$$

则可以找到一个插值多项式.

该系统可以重写为如下更加紧凑的形式：

$$\begin{bmatrix} 1 & x_1 & x_1^2 & \cdots & x_1^{n-1} \\ 1 & x_2 & x_2^2 & \cdots & x_2^{n-1} \\ \vdots & \vdots & \vdots & & \vdots \\ 1 & x_m & x_m^2 & \cdots & x_m^{n-1} \end{bmatrix} \begin{bmatrix} a_0 \\ a_1 \\ a_2 \\ \vdots \\ a_{n-1} \end{bmatrix} = \begin{bmatrix} y_1 \\ y_2 \\ \vdots \\ y_m \end{bmatrix},$$

其中我们称左边的系数矩阵具有所谓的范德蒙德结构.

例 6.5（实验数据的幂律拟合） 我们考虑构造幂律模型问题（参见例 2.11）用于对一批实验观测数据进行解释. 假设我们有输入向量 $\boldsymbol{x}^{(i)} > 0$ 和相关输出 $y_i > 0 (i = 1, \cdots, m)$ 的实验数据，且有一个先验的估计，这些数据服从如下幂律形式的模型：

$$y = \alpha \boldsymbol{x}_1^{a_1} \cdots \boldsymbol{x}_n^{a_n}.$$

这里，该问题的变量为 $\alpha > 0$ 和向量 $\boldsymbol{a} \in \mathbb{R}^n$. 取对数后，每个观察结果生成一个以 a_i 为变量的线性方程：

$$\tilde{y}_i = \boldsymbol{a}^\top \tilde{\boldsymbol{x}}^{(i)} + b, \quad i = 1, \cdots, m. \tag{6.1}$$

其中，我们已经定义了：

$$b = \log \alpha, \quad \tilde{\boldsymbol{x}}^{(i)} = \log \boldsymbol{x}_i, \quad \tilde{y}_i = \log y_i.$$

这些方程构成一个线性方程组，其可以用如下紧致矩阵的形式来表示：

$$\begin{bmatrix} \tilde{y}_1 \\ \vdots \\ \tilde{y}_m \end{bmatrix} = \begin{bmatrix} \tilde{\boldsymbol{x}}^{(1)\top} & 1 \\ \vdots & \vdots \\ \tilde{\boldsymbol{x}}^{(m)\top} & 1 \end{bmatrix} \begin{bmatrix} a \\ b \end{bmatrix}.$$

在实际中，我们不能期望实验数据能被公式 (6.1) 完美地解释. 更现实的假设是幂模型解释了观察到的一个确定的残差，即

$$\tilde{y}_i = \boldsymbol{a}^\top \tilde{\boldsymbol{x}}^{(i)} + b + r_i, \quad i = 1, \cdots, m.$$

其中 $\boldsymbol{r} = [r_1 \cdots r_m]^\top$ 为残差向量，其表示模型与实际值的误差. 在这种情况下，寻找一个模型（即一个 (a, b) 这样的向量）在某种意义下使失配达到最小是非常合理的. 若选择 r 的欧氏范数作为失配准则，则可以通过求解以下优化问题来找到最优拟合模型：

$$\min_{\boldsymbol{z}} \|\boldsymbol{X}\boldsymbol{z} - \tilde{\boldsymbol{y}}\|_2,$$

其中 $\boldsymbol{z} = [\boldsymbol{a}^\top, b]^\top \in \mathbb{R}^{n+1}$ 和 $\boldsymbol{X} \in \mathbb{R}^{(n+1),m}$ 为一个第 i 列为 $[\tilde{\boldsymbol{x}}^{(1)\top}, 1]^\top$ 的矩阵. 该问题属于所谓的最小二乘问题类，将在 6.3.1 节中进一步讨论.

例 6.6（CAT 扫描成像） 层析成像是指从图像的各个部分重建图像. 这个词来源于希腊语 “tomos”（切片）和 “graph”（描述）. 这个问题出现在许多领域中，从天文学到医学成像. 计算机轴向断层摄影（CAT）是一种医学成像方法，它通过处理大量的二维 X 射

线图像来产生一个三维图像. 其目标是描绘出大脑不同部位的组织密度，以此来检测异常情况，如脑瘤.

通常，X 射线光图像代表被检查的身体部位的“切片”. 如下所述，这些切片是通过轴向测量 X 射线衰减间接获得的. 因此，在用于医学成像的 CAT 中，我们使用轴向（线）测量来获得二维图像（切片），并从这些切片中进行数字重建三维视图. 在这里，我们重点关注从轴向测量产生单个二维图像的过程. 图 6.3 显示了通过 CAT 扫描得到的人脑切片集合. 这些图片提供了大脑不同部位组织密度的图像. 每个切片实际上是通过断层扫描而获得的一个重建的图像，下面将解释断层扫描技术.

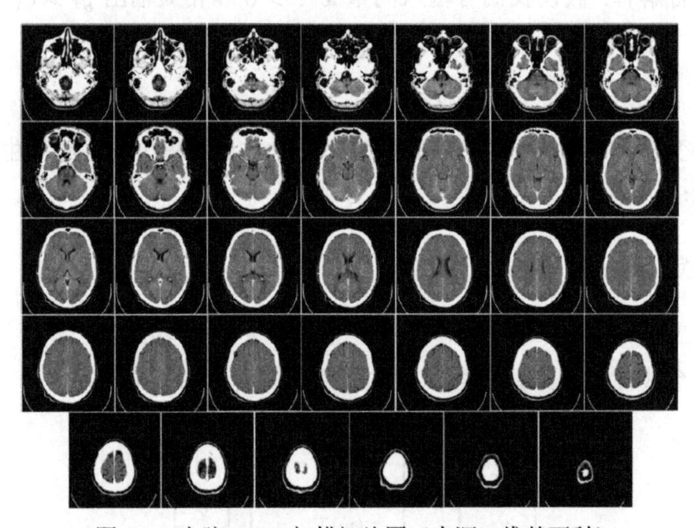

图 6.3　人脑 CAT 扫描切片图（来源：维基百科）

从 1D 到 2D: 轴向层析. 在以 CAT 为基础的医学成像中，X 射线从不同方向穿过组织进行检测，而它们穿过组织后的强度会被接收器捕获. 对于每个方向，我们通过对比光源处 X 射线的强度和 X 射线穿过组织后的强度，在接收端记录 X 射线的衰减，如图 6.4 所示.

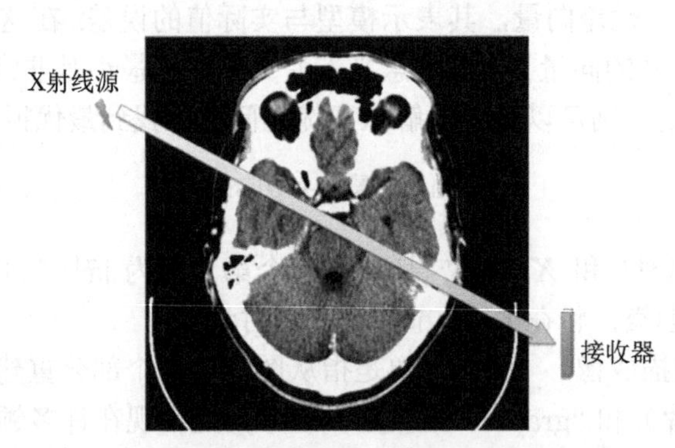

图 6.4　X 射线穿透组织（来源：维基百科）

类似于 Beer-Lambert 光学定律，可以得到在一个合理的近似程度上光源和接收器处强度的对数比与所经过组织的密度呈线性关系. 为了正式表述这个想法，考虑一个离散的矩形组织切片，它被分割成 n 个体积元素（称为体素），如图 6.5 所示，每个密度 $x_j(j=1,\cdots,n)$ 未知.

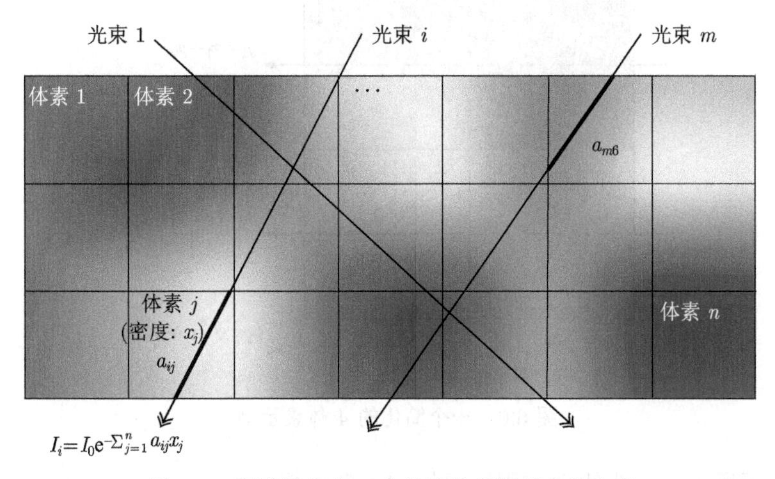

图 6.5 穿过被分成 n 个体素的组织部分的光束

在光源处，强度为 I_0 的 m 束光束（通常量很大）穿过组织：第 i $(i=1,\cdots,m)$ 束光束通过体素 j $(j=1,\cdots,n)$ 的路径长度为 a_{ij}. 由第 j 个体素引起的第 i 个光束强度的对数衰减与该体素的密度 x_j 乘以路径的长度 (即 $a_{ij}x_j$) 成正比. 因此，光束 i 的总对数衰减由各对数衰减之和给出：

$$y_i = \log\frac{I_0}{I_i} = \sum_{j=1}^{n} a_{ij}x_j,\quad i=1,\cdots,m.$$

其中 I_i 为接收端第 i 束光的强度. 举一个简化的例子，考虑一个包含 4 个体素的正方形截面，由 4 束光束穿过，如图 6.6 所示.

未知密度向量 $\boldsymbol{x}=[x_1\cdots x_4]^\top$ 与观测到的对数强度比向量 $\boldsymbol{y}=[y_1\cdots y_4]^\top$ 线性相关，通过线性方程组可表示为：

$$\begin{bmatrix} y_1\\ y_2\\ y_3\\ y_4 \end{bmatrix} = \begin{bmatrix} 1 & 1 & 0 & 0\\ 0 & 0 & 1 & 1\\ \sqrt{2} & 0 & 0 & \sqrt{2}\\ 1 & 0 & 1 & 0 \end{bmatrix} \begin{bmatrix} x_1\\ x_2\\ x_3\\ x_4 \end{bmatrix}.$$

因此，从测量值 y_i 中恢复出密度 x_j 等价于求解形式为 $\boldsymbol{y}=\boldsymbol{A}\boldsymbol{x}$ 的线性方程组，其中 $\boldsymbol{A}\in\mathbb{R}^{m,n}$. 注意，根据所使用的体素的数量 n 和测量的数量 m, 矩阵 $\boldsymbol{A}$ 可能会很大. 通常，矩

阵是“胖”的，这是因为它的列（远）多于行 ($n \gg m$). 因此，通常由 CAT 扫描问题生成的方程组是欠定的（未知数个数多于方程式个数）.

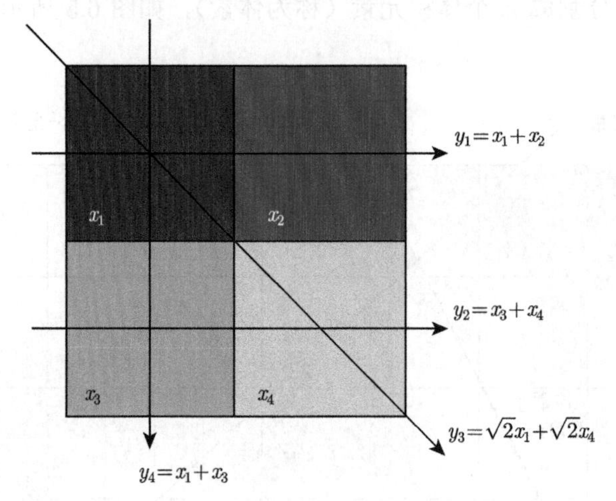

图 6.6　一个简化的 4 体素示例

如上述例子所示，一般线性方程组可用如下向量形式表示：

$$\boldsymbol{A}\boldsymbol{x} = \boldsymbol{y}, \tag{6.2}$$

其中 $\boldsymbol{x} \in \mathbb{R}^n$ 为未知数向量，$\boldsymbol{y} \in \mathbb{R}^m$ 为给定向量，$\boldsymbol{A} \in \mathbb{R}^{m,n}$ 为包含线性方程组系数的矩阵. 这些例子告诉我们求解线性方程组的问题是非常重要的. 这些例子还提出了关于解的存在性（解 $\boldsymbol{x}$ 存在吗?）和唯一性（如果解存在，它是唯一的吗?）的问题. 我们下面讨论线性方程组的一些基本性质，重点关注解的存在性、唯一性和通解的刻画等问题.

我们根据 $\boldsymbol{A}$ 和 $\boldsymbol{y}$ 的大小和性质来预测方程组 (6.2) 是没有解、有唯一解还是有无穷多个解. 在最后一种情况下，解集实际上形成 $\mathbb{R}^n$ 的一个子空间. 在第一种情况下（无解），我们将引入恰当的近似解的概念. 对线性方程组的分析将利用我们在第 2 章和第 3 章中介绍的与向量空间有关的定义和结论.

6.2　线性方程组的解集

6.2.1　定义与性质

线性方程组 (6.2) 的解集定义为：

$$S \doteq \{\boldsymbol{x} \in \mathbb{R}^n : \ \boldsymbol{A}\boldsymbol{x} = \boldsymbol{y}\}.$$

设 $\boldsymbol{a}_1, \cdots, \boldsymbol{a}_n \in \mathbb{R}^m$ 表示矩阵 $\boldsymbol{A}$ 的列，即 $\boldsymbol{A} = [\boldsymbol{a}_1 \cdots \boldsymbol{a}_n]$, 并注意，乘积 $\boldsymbol{A}\boldsymbol{x}$ 只是 $\boldsymbol{A}$ 的列的线性组合，系数由 $\boldsymbol{x}$ 给出：

$$\boldsymbol{A}\boldsymbol{x} = x_1\boldsymbol{a}_1 + \cdots + x_n\boldsymbol{a}_n.$$

我们回顾前文，由定义可知，一个矩阵的值域是由它的列生成的子空间. 因此，无论系数 $\boldsymbol{x}$ 的值是多少，向量 $\boldsymbol{A}\boldsymbol{x}$ 总是在 $\mathcal{R}(\boldsymbol{A})$ 中. 由此可知，当 $\boldsymbol{y} \notin \mathcal{R}(\boldsymbol{A})$, 方程组 (6.2) 没有解（即不可行）时，解集 S 为空集. 等价地，方程组 (6.2) 有一个解当且仅当 $\boldsymbol{y} \in \mathcal{R}(\boldsymbol{A})$, 即 $\boldsymbol{y}$ 是矩阵 $\boldsymbol{A}$ 的列的线性组合. 该条件可以通过秩检验[⊖]来检验：

$$\operatorname{rank}([\boldsymbol{A} \quad \boldsymbol{y}]) = \operatorname{rank}(\boldsymbol{A}). \tag{6.3}$$

下面假设条件 (6.3) 成立，故存在一个解 $\bar{\boldsymbol{x}}$ 使得 $\boldsymbol{y} = \boldsymbol{A}\bar{\boldsymbol{x}}$. 我们接下来证明解集是一个仿射集：注意，如果该方程组存在另一个解 $\boldsymbol{x} \neq \bar{\boldsymbol{x}}$, 当且仅当

$$\boldsymbol{A}(\boldsymbol{x} - \bar{\boldsymbol{x}}) = 0.$$

于是 $\boldsymbol{x} - \bar{\boldsymbol{x}}$ 一定在 $\boldsymbol{A}$ 的零空间 $\mathcal{N}(\boldsymbol{A})$ 中. 因此，对于 $\boldsymbol{z} \in \mathcal{N}(\boldsymbol{A})$, 方程组所有可能的解必须具有 $\boldsymbol{x} = \bar{\boldsymbol{x}} + \boldsymbol{z}$ 的形式. 也就是说，解集 S 是通过 $\boldsymbol{A}$ 的零空间的平移得到的仿射集：$S = \{\boldsymbol{x} = \bar{\boldsymbol{x}} + \boldsymbol{z} : \ \boldsymbol{z} \in \mathcal{N}(\boldsymbol{A})\}$. 从这个事实还可以得出，解 $\bar{\boldsymbol{x}}$ 是唯一的当且仅当 $\mathcal{N}(\boldsymbol{A}) = \{0\}$. 现在把我们上面的发现总结在下面的基本命题中.

命题 6.1（线性方程组的解集） 线性方程组

$$\boldsymbol{A}\boldsymbol{x} = \boldsymbol{y}, \quad \boldsymbol{A} \in \mathbb{R}^{m,n}$$

存在一个解当且仅当 $\operatorname{rank}([\boldsymbol{A} \quad \boldsymbol{y}]) = \operatorname{rank}(\boldsymbol{A})$. 当该存在条件成立时，所有解的集合为仿射集：

$$S = \{\boldsymbol{x} = \bar{\boldsymbol{x}} + \boldsymbol{z} : \ \boldsymbol{z} \in \mathcal{N}(\boldsymbol{A})\},$$

其中 $\bar{\boldsymbol{x}}$ 是任意满足方程组 $\boldsymbol{A}\bar{\boldsymbol{x}} = \boldsymbol{y}$ 的向量. 特别地，当 $\mathcal{N}(\boldsymbol{A}) = \{0\}$ 时，方程组 (6.3) 有唯一解.

6.2.2 欠定、过定和方形方程组

我们简要讨论线性方程组中可能出现的三种典型情况：未知数多于方程数（欠定）、方程数多于未知数（过定）以及方程数与未知数相同. 这三种情况都在假设 $\boldsymbol{A}$ 为满秩的前提下讨论. 下面的定理对满秩矩阵成立（参见推论 4.3 中所陈述的一个等价结果）.

定理 6.1 下面两个表述成立：

1. $\boldsymbol{A} \in \mathbb{R}^{m,n}$ 是列满秩的（即 $\operatorname{rank}(\boldsymbol{A}) = n$）当且仅当 $\boldsymbol{A}^\top\boldsymbol{A}$ 是可逆的.
2. $\boldsymbol{A} \in \mathbb{R}^{m,n}$ 是行满秩的（即 $\operatorname{rank}(\boldsymbol{A}) = m$）当且仅当 $\boldsymbol{A}\boldsymbol{A}^\top$ 是可逆的.

证明 先证 1. 如果 $\boldsymbol{A}^\top\boldsymbol{A}$ 是不可逆的，则存在 $\boldsymbol{x} \neq 0$ 使得 $\boldsymbol{A}^\top\boldsymbol{A}\boldsymbol{x} = 0$. 于是有 $\boldsymbol{x}^\top\boldsymbol{A}^\top\boldsymbol{A}\boldsymbol{x} = \|\boldsymbol{A}\boldsymbol{x}\|_2^2 = 0$, 即 $\boldsymbol{A}\boldsymbol{x} = 0$. 因此 A 不是列满秩的. 反过来，如果 $\boldsymbol{A}^\top\boldsymbol{A}$ 是可逆的，那么对于任意 $\boldsymbol{x} \neq 0$, 有 $\boldsymbol{A}^\top\boldsymbol{A}\boldsymbol{x} \neq 0$, 这表明对任意非零 $\boldsymbol{x}$, 有 $\boldsymbol{A}\boldsymbol{x} \neq 0$. 结论 2 的证明是类似的. □

⊖ 显然，$\mathcal{R}(A) \subseteq \mathcal{R}([A \quad y])$ 总是成立. 因此，秩检验表示条件 $\dim \mathcal{R}(A) = \dim \mathcal{R}([A \quad y])$ 可以得出 $\mathcal{R}(A) = \mathcal{R}([A \quad y])$.

6.2.2.1　超定方程组

如果方程组 $\boldsymbol{Ax}=\boldsymbol{y}$ 的方程数比未知数多，即矩阵 $\boldsymbol{A}$ 的行比列多（“瘦”矩阵，$m>n$），则称方程组 $\boldsymbol{Ax}=\boldsymbol{y}$ 为是超定的. 假设矩阵 $\boldsymbol{A}$ 是列满秩的，即 $\mathrm{rank}(\boldsymbol{A})=n$. 由式 (3.3) 可知 $\dim\mathcal{N}(\boldsymbol{A})=0$, 因此，方程组要么有一个解，要么没有解. 事实上，对于超定方程组，最常见的情况是 $\boldsymbol{y}\notin\mathcal{R}(\boldsymbol{A})$, 故不存在解. 在这种情况下，引入近似解的概念通常是有用的，也就是使 $\boldsymbol{Ax}$ 和 $\boldsymbol{y}$ 之间的不匹配最小化的解，这将在 6.3.1 节中进一步讨论.

6.2.2.2　欠定方程组

如果方程组 $\boldsymbol{Ax}=\boldsymbol{y}$ 的未知数比方程数多，即矩阵 $\boldsymbol{A}$ 的列比行多（“宽”矩阵，$n>m$），则称方程组 $\boldsymbol{Ax}=\boldsymbol{y}$ 为是欠定的. 假设矩阵 $\boldsymbol{A}$ 是行满秩的，即 $\mathrm{rank}(\boldsymbol{A})=m$ 且 $\mathcal{R}(\boldsymbol{A})=\mathbb{R}^m$. 回顾式 (3.3)，有

$$\mathrm{rank}(\boldsymbol{A})+\dim\mathcal{N}(\boldsymbol{A})=n,$$

因此 $\dim\mathcal{N}(\boldsymbol{A})=n-m>0$. 故线性方程组具有无限个可能的解，且解集的“维数”为 $n-m$. 在所有可能的解中，通常感兴趣的是选出一个具有最小范数的特定解，这将在 6.3.2 节中详细讨论.

6.2.2.3　方形方程组

如果方程组 $\boldsymbol{Ax}=\boldsymbol{y}$ 的未知数和方程数相同，即矩阵 $\boldsymbol{A}$ 是一个方阵 $(n=m)$，则称方程组 $\boldsymbol{Ax}=\boldsymbol{y}$ 为方形的. 如果一个方阵 $\boldsymbol{A}$ 是满秩的，则它是可逆的且其逆 $\boldsymbol{A}^{-1}$ 是唯一的，并且满足性质 $\boldsymbol{A}^{-1}\boldsymbol{A}=\boldsymbol{I}$. 因此，在方形矩阵 $\boldsymbol{A}$ 满秩的情况下，线性方程组的解是唯一的，并且可以正式写为：

$$\boldsymbol{x}=\boldsymbol{A}^{-1}\boldsymbol{y}.$$

然而，解 $\boldsymbol{x}$ 很少通过确定 $\boldsymbol{A}^{-1}$ 并将其乘以 $\boldsymbol{y}$ 来计算，代替的解法请参见 7.2 节关于计算非奇异线性方程组解的数值方法.

6.3　最小二乘和最小范数解

6.3.1　近似解: 最小二乘

当 $\boldsymbol{y}\notin\mathcal{R}(\boldsymbol{A})$ 时，线性方程组是不可行的，即不存在 $\boldsymbol{x}$ 使得 $\boldsymbol{Ax}=\boldsymbol{y}$. 这种情况在方程组为超定的情况下经常发生. 然而，在这种情况下，确定方程组的一个使残差向量 $\boldsymbol{r}\doteq\boldsymbol{Ax}-\boldsymbol{y}$ 尽可能“小”的“近似解”也是有意义的. 度量残差大小的一种自然方式是用某种范数，即我们希望确定使残差的某种范数最小化的 $\boldsymbol{x}$. 在这一节中，我们将特别讨论最常见的情况，即用来度量残差的范数是标准欧氏范数，因此问题变成：

$$\min_{\boldsymbol{x}}\|\boldsymbol{Ax}-\boldsymbol{y}\|_2. \tag{6.4}$$

由于函数 z^2 在 $z \geqslant 0$ 时是单调递增的，故上述问题也等价于最小化欧式平方范数：

$$\min_{\boldsymbol{x}} \|\boldsymbol{A}\boldsymbol{x}-\boldsymbol{y}\|_2^2. \tag{6.5}$$

由后一个公式可以导出线性方程组的最小二乘（LS）解，即使方程残差的平方和最小的解：

$$\|\boldsymbol{A}\boldsymbol{x}-\boldsymbol{y}\|_2^2=\sum_{i=1}^{m}(\boldsymbol{a}_i^\top\boldsymbol{x}-y_i)^2,$$

其中 $\boldsymbol{a}_i$ 表示矩阵 $\boldsymbol{A}$ 的第 i 行.

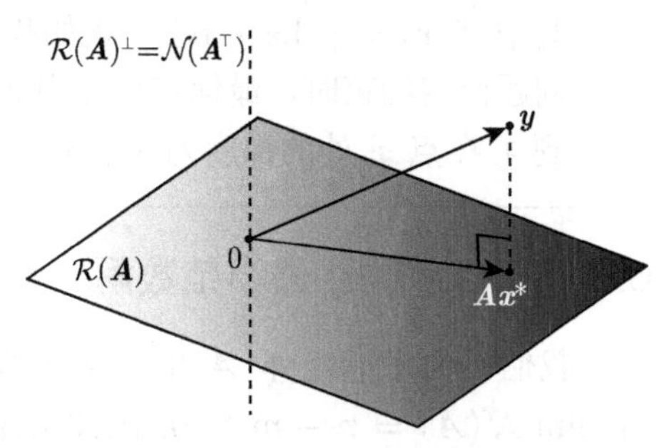

图 6.7　点 $\boldsymbol{y}$ 在 $\mathcal{R}(\boldsymbol{A})$ 上的投影

问题 (6.4) 有一个有意思的几何解释：由于向量 $\boldsymbol{A}\boldsymbol{x}$ 位于 $\mathcal{R}(\boldsymbol{A})$ 中，该问题相当于确定 $\mathcal{R}(\boldsymbol{A})$ 中距离 $\boldsymbol{y}$ 最小的点 $\tilde{\boldsymbol{y}}=\boldsymbol{A}\boldsymbol{x}$, 也可参见 5.2.4.1 节. 投影定理（定理 2.2）告诉我们这个点确实是 $\boldsymbol{y}$ 在子空间 $\mathcal{R}(\boldsymbol{A})$ 上的正交投影，如图 6.7 所示.

这样，我们可以应用定理 2.2 来寻找问题 (6.5) 的显式解，如以下命题所述.

命题 6.2（线性方程组的最小二乘近似解）　设 $\boldsymbol{A}\in\mathbb{R}^{m,n}$ 和 $\boldsymbol{y}\in\mathbb{R}^m$. 最小二乘（LS）问题：

$$\min_{\boldsymbol{x}} \|\boldsymbol{A}\boldsymbol{x}-\boldsymbol{y}\|_2.$$

总是存在（至少）一个解. 进一步，问题 (6.5) 的任意解 $\boldsymbol{x}^*\in\mathbb{R}^n$ 都是如下线性方程组（正规方程组）的解：

$$\boldsymbol{A}^\top\boldsymbol{A}\boldsymbol{x}^*=\boldsymbol{A}^\top\boldsymbol{y}, \tag{6.6}$$

反之亦然. 进一步，如果矩阵 $\boldsymbol{A}$ 是列满秩的（即 $\operatorname{rank}(\boldsymbol{A})=n$），则式 (6.5) 的解是唯一的且满足：

$$\boldsymbol{x}^*=(\boldsymbol{A}^\top\boldsymbol{A})^{-1}\boldsymbol{A}^\top\boldsymbol{y}. \tag{6.7}$$

证明　对任意给定的 $\boldsymbol{y}\in\mathbb{R}^m$, 由定理 2.2 可知，存在唯一点 $\tilde{\boldsymbol{y}}\in\mathcal{R}(\boldsymbol{A})$ 到 $\boldsymbol{y}$ 的距离最小，且这个点使得 $(\boldsymbol{y}-\tilde{\boldsymbol{y}})\in\mathcal{R}(\boldsymbol{A})^\perp\equiv\mathcal{N}(\boldsymbol{A}^\top)$, 即

$$\boldsymbol{A}^\top(\boldsymbol{y}-\tilde{\boldsymbol{y}})=0.$$

由于 $\tilde{\boldsymbol{y}}\in\mathcal{R}(\boldsymbol{A})$, 故存在一个 $\boldsymbol{x}$ 使得 $\tilde{\boldsymbol{y}}=\boldsymbol{A}\boldsymbol{x}$. 这证明了式 (6.5) 有一个解. 于是，把 $\tilde{\boldsymbol{y}}=\boldsymbol{A}\boldsymbol{x}$ 代入上面的正交性条件，我们得到：

$$\boldsymbol{A}^\top\boldsymbol{A}\boldsymbol{x}=\boldsymbol{A}^\top\boldsymbol{y},$$

这证明了 LS 问题 (6.5) 和 (6.6) 之间的等价性. 最后，如果矩阵 $\boldsymbol{A}$ 是列满秩的，则根据定理 6.1, $\boldsymbol{A}^\top\boldsymbol{A}$ 是可逆的，因此式 (6.6) 的唯一解由式 (6.7) 给出. □

注释 6.1（正规方程与最优性条件）　正规方程是如下优化问题的最优性条件：

$$\min_{\boldsymbol{x}} f(\boldsymbol{x}),$$

其中 $f(\boldsymbol{x}) = \|\boldsymbol{A}\boldsymbol{x} - \boldsymbol{y}\|_2^2$. 正如我们将在 8.4 节中看到的那样，当函数是可微凸的且问题没有约束时，最优点可以由条件 $\nabla f(\boldsymbol{x}) = 0$ 来刻画. 在我们的情况下，很容易看到 f 在点 $\boldsymbol{x}$ 处的梯度为 $\nabla f(\boldsymbol{x}) = \boldsymbol{A}^\top(\boldsymbol{A}\boldsymbol{x} - \boldsymbol{y})$.

6.3.2　欠定情况: 最小范数解

我们下面考虑矩阵 $\boldsymbol{A}$ 的列多于行的情况：$m < n$. 假设 $\boldsymbol{A}$ 为行满秩的，则我们有 $\dim \mathcal{N}(\boldsymbol{A}) = n - m > 0$, 因此由定理 6.1 得到，方程组 $\boldsymbol{y} = \boldsymbol{A}\boldsymbol{x}$ 有无穷个解且解集为 $S_{\bar{\boldsymbol{x}}} = \{\boldsymbol{x}:\ \boldsymbol{x} = \bar{\boldsymbol{x}} + \boldsymbol{z},\ \boldsymbol{z} \in \mathcal{N}(\boldsymbol{A})\}$, 其中 $\bar{\boldsymbol{x}}$ 是满足 $\boldsymbol{A}\bar{\boldsymbol{x}} = \boldsymbol{y}$ 的任意向量. 我们感兴趣的是从解集 $S_{\bar{\boldsymbol{x}}}$ 中选出一个具有最小欧氏范数的解 $\boldsymbol{x}^*$. 也就是说，我们要求解如下问题：

$$\min_{\boldsymbol{x}:\boldsymbol{A}\boldsymbol{x}=\boldsymbol{y}} \|\boldsymbol{x}\|_2,$$

这等价于 $\min_{\boldsymbol{x}\in S_{\bar{\boldsymbol{x}}}} \|\boldsymbol{x}\|_2$. 可以对目前的情况直接应用推论 2.1:(唯一) 解 $\boldsymbol{x}^*$ 必须与 $\mathcal{N}(\boldsymbol{A})$ 正交，或等价地满足 $\boldsymbol{x}^* \in \mathcal{R}(\boldsymbol{A}^\top)$, 这意味着对某个合适的 $\boldsymbol{\xi}$, 有 $\boldsymbol{x}^* = \boldsymbol{A}^\top\boldsymbol{\xi}$. 因为 $\boldsymbol{x}^*$ 必须满足该方程组，则一定有 $\boldsymbol{A}\boldsymbol{x}^* = \boldsymbol{y}$, 即 $\boldsymbol{A}\boldsymbol{A}^\top\boldsymbol{\xi} = \boldsymbol{y}$. 由于 $\boldsymbol{A}$ 是行满秩的，故 $\boldsymbol{A}\boldsymbol{A}^\top$ 是可逆的且上一个方程的唯一解为 $\boldsymbol{\xi} = (\boldsymbol{A}\boldsymbol{A}^\top)^{-1}\boldsymbol{y}$. 最后的部分给出了该方程组的唯一最小范数解为：

$$\boldsymbol{x}^* = \boldsymbol{A}^\top(\boldsymbol{A}\boldsymbol{A}^\top)^{-1}\boldsymbol{y}. \tag{6.8}$$

前面的讨论实际上是如下命题的证明.

命题 6.3（最小范数解）　设矩阵 $\boldsymbol{A} \in \mathbb{R}^{m,n}$ $(m \leqslant n)$ 是满秩的且 $y \in \mathbb{R}^m$. 在所有线性方程组 $\boldsymbol{A}\boldsymbol{x} = \boldsymbol{y}$ 的解中，存在唯一一个具有最小欧氏范数的解. 这个解由式 (6.8) 给出.

6.3.3　最小二乘与伪逆

对于 $\boldsymbol{A} \in \mathbb{R}^{m,n}$ 和 $\boldsymbol{y} \in \mathbb{R}^m$, 考虑如下最小二乘问题：

$$\min_{\boldsymbol{x}} \|\boldsymbol{A}\boldsymbol{x} - \boldsymbol{y}\|_2. \tag{6.9}$$

在线性方程组 $\boldsymbol{A}\boldsymbol{x} = \boldsymbol{y}$ 存在一个解的假设下，该方程组的任意解也是式 (6.9) 的极小值点，反之亦然，式(6.9) 的任意极小值点都是该线性方程组的解. 因此，考虑问题 (6.9) 从某种意义上比考虑线性方程组 $\boldsymbol{A}\boldsymbol{x} = \boldsymbol{y}$ “更一般化”，这是因为即使线性方程组 $\boldsymbol{A}\boldsymbol{x} = \boldsymbol{y}$ 的解不存在，但式 (6.9) 仍有解，并且当线性方程组的解集非空时，问题 (6.9) 的解与线性方程

组 $\boldsymbol{Ax}=\boldsymbol{y}$ 的解是相同的. 进一步，注意，只要 $\boldsymbol{A}$ 具有非平凡的零空间，问题 (6.9) 就会有多个（无穷多个）解. 事实上，问题 (6.9) 的所有解都是正规方程组 (6.6) 的解，并且该方程组有多个解当且仅当 $\mathcal{N}(\boldsymbol{A}^\top\boldsymbol{A})=\mathcal{N}(\boldsymbol{A})$ 是非平凡的.

在正规方程组 $\boldsymbol{A}^\top\boldsymbol{Ax}=\boldsymbol{A}^\top\boldsymbol{y}$ 的所有可能的解中，我们现在感兴趣的是寻找唯一的最小范数解（注意，由于式 (3.16)，该方程组总是至少有一个解）. 根据推论 2.1, 我们得到唯一的最小范数解 $\boldsymbol{x}^*$ 一定正交于 $\mathcal{N}(\boldsymbol{A})$, 或者等价地，其必须属于 $\mathcal{R}(\boldsymbol{A}^\top)$. 因此 $\boldsymbol{x}^*$ 由以下两个条件唯一决定：(a) 它一定属于 $\mathcal{R}(\boldsymbol{A}^\top)$；(b) 它必须满足正规方程组 (6.6). 我们断言，这样的解可以简单地用 Moore-Penrose 伪逆来表示，如下所示：

$$\boldsymbol{x}^*=\boldsymbol{A}^\dagger\boldsymbol{y}. \tag{6.10}$$

这个事实很容易证明. 设 $\boldsymbol{A}=\boldsymbol{U}_r\boldsymbol{\Sigma}\boldsymbol{V}_r^\top$ 为 $\boldsymbol{A}$ 的紧凑形式的 SVD 分解. 那么，将 Moore-Penrose 伪逆表示为式 (5.7) 的形式: $\boldsymbol{A}^\dagger=\boldsymbol{V}_r\boldsymbol{\Sigma}^{-1}\boldsymbol{U}_r^\top$, 故 $\boldsymbol{x}^*=\boldsymbol{A}^\dagger\boldsymbol{y}=\boldsymbol{V}_r\boldsymbol{\Sigma}^{-1}\boldsymbol{U}_r^\top\boldsymbol{y}=\boldsymbol{V}_r\boldsymbol{\xi}$, 这样 $\boldsymbol{x}^*\in\mathcal{R}(\boldsymbol{V}_r)$, 但由式 (5.10) 我们可以得到: $\mathcal{R}(\boldsymbol{V}_r)=\mathcal{R}(\boldsymbol{A}^\top)$, 因此式 (6.10) 中的 $\boldsymbol{x}^*$ 满足条件 (a). 进一步，有：

$$\begin{aligned}\boldsymbol{A}^\top\boldsymbol{A}\boldsymbol{x}^* &= \boldsymbol{A}^\top\boldsymbol{A}\boldsymbol{A}^\dagger\boldsymbol{y}=\boldsymbol{V}_r\boldsymbol{\Sigma}\boldsymbol{U}_r^\top\boldsymbol{U}_r\boldsymbol{\Sigma}\boldsymbol{V}_r^\top\boldsymbol{V}_r\boldsymbol{\Sigma}^{-1}\boldsymbol{U}_r^\top\boldsymbol{y}\\ &= \boldsymbol{V}_r\boldsymbol{\Sigma}^2\boldsymbol{V}_r^\top\boldsymbol{V}_r\boldsymbol{\Sigma}^{-1}\boldsymbol{U}_r^\top\boldsymbol{y}=\boldsymbol{V}_r\boldsymbol{\Sigma}\boldsymbol{U}_r^\top\boldsymbol{y}\\ &= \boldsymbol{A}^\top\boldsymbol{y},\end{aligned}$$

这证明了条件 (b) 也成立，因此 $\boldsymbol{x}^*=\boldsymbol{A}^\dagger\boldsymbol{y}$ 为 LS 问题 (6.9) 的唯一最小范数解. 下面的推论对此进行了总结.

推论 6.1（LS 问题的解集） 最小二乘问题的最优解集

$$p^*=\min_{\boldsymbol{x}}\|\boldsymbol{Ax}-\boldsymbol{y}\|_2$$

可以表示为：

$$\mathcal{X}_{\text{opt}}=\boldsymbol{A}^\dagger\boldsymbol{y}+\mathcal{N}(\boldsymbol{A}),$$

其中 $\boldsymbol{A}^\dagger\boldsymbol{y}$ 是最优解集中的最小范数点. 最优值 p^* 是 $\boldsymbol{y}$ 在 $\mathcal{R}(\boldsymbol{A})$ 正交补上投影的范数. 对于 $\boldsymbol{x}^*\in\mathcal{X}_{\text{opt}}$, 有

$$p^*=\|\boldsymbol{Ax}^*-\boldsymbol{y}\|_2=\|(\boldsymbol{I}_m-\boldsymbol{AA}^\dagger)\boldsymbol{y}\|_2=\|P_{\mathcal{R}(\boldsymbol{A})^\perp}\boldsymbol{y}\|_2,$$

其中矩阵 $P_{\mathcal{R}(\boldsymbol{A})^\perp}$ 是定义在式 (5.12) 中的 $\mathcal{R}(\boldsymbol{A})^\perp$ 上的投影算子. 如果 $\boldsymbol{A}$ 是列满秩的，那么解是唯一的，等于

$$\boldsymbol{x}^*=\boldsymbol{A}^\dagger\boldsymbol{y}=(\boldsymbol{A}^\top\boldsymbol{A})^{-1}\boldsymbol{A}^\top\boldsymbol{y}.$$

6.3.4 LS 问题的解释

最小二乘问题 (6.4) 可以根据其应用背景有多种不同的（但当然是相关的）解释. 下面将简要概述其中的一些解释，其中前两个解释已经在上一节进行了广泛讨论.

6.3.4.1 线性方程组的近似解

给定一个线性方程组 $\boldsymbol{A}\boldsymbol{x}=\boldsymbol{y}$, 它可能是不可行的（即可能没有精确解）, 那么我们放宽要求，并想要找到一个解 $\boldsymbol{x}$ 来近似求解该方程组，即 $\boldsymbol{A}\boldsymbol{x}\cong\boldsymbol{y}$. 在最小二乘方法中，方程组的近似解是使方程组的残差向量 $\boldsymbol{r}=\boldsymbol{A}\boldsymbol{x}-\boldsymbol{y}$ 的欧氏范数达到最小的解.

6.3.4.2 $\mathcal{R}(\boldsymbol{A})$ 上的投影

给定点 $\boldsymbol{y}\in\mathbb{R}^m$, 最小二乘问题是寻求系数向量 $\boldsymbol{x}$ 使通过 $\boldsymbol{A}$ 的列 $\boldsymbol{a}_1,\cdots,\boldsymbol{a}_n$ 的线性组合以可能最佳的方式（根据欧氏范数准则）近似 $\boldsymbol{y}$. LS 解 $\boldsymbol{x}^*$ 给出了此线性组合的最优系数使得：

$$\boldsymbol{y}^*=\boldsymbol{A}\boldsymbol{x}^*=x_1^*\boldsymbol{a}_1+\cdots+x_n^*\boldsymbol{a}_n$$

是 $\boldsymbol{y}$ 在由矩阵 $\boldsymbol{A}$ 的列张成子空间上的投影.

6.3.4.3 线性规划

用 $\boldsymbol{a}_i^\top$ $(i=1,\cdots,m)$ 表示矩阵 $\boldsymbol{A}$ 的行. 于是 LS 问题 (6.4) 可重写为：

$$\min_{\boldsymbol{x}}\sum_{i=1}^{m}(\boldsymbol{a}_i^\top\boldsymbol{x}-y_i)^2,$$

也就是，给定“输出”点 y_i 和“输入”点 $\boldsymbol{a}_i$ $(i=1,\cdots,m)$, 我们试图用关于输入点的线性函数 $f(\boldsymbol{a}_i)=\boldsymbol{a}_i^\top\boldsymbol{x}$ 来逼近输出点，其中这里 $\boldsymbol{x}$ 是定义线性函数的参数.

在二维中，一个经典例子是通过实验或测量数据拟合直线. 已知常数输出观测值 $y_i\in\mathbb{R}$ 和输入观测值 $\xi_i\in\mathbb{R}$ $(i=1,\cdots,m)$, 我们寻求一个仿射函数：

$$f(\xi)=x_1\xi+x_2=\boldsymbol{a}^\top\boldsymbol{x},\quad \boldsymbol{a}=\begin{bmatrix}\xi\\1\end{bmatrix},\quad \boldsymbol{x}=\begin{bmatrix}x_1\\x_2\end{bmatrix}$$

(x_1 是直线的斜率，而 x_2 是与垂直轴的截距) 在 LS 意义下逼近输出：

$$\min_{\boldsymbol{x}}\sum_{i=1}^{m}(x_1\xi+x_2-y_i)^2=\min_{\boldsymbol{x}}\sum_{i=1}^{m}(\boldsymbol{a}_i^\top\boldsymbol{x}-y_i)^2.$$

图 6.8 给出了一个示例，其中数据点 ξ_i 表示给定商品的市场价格，而 y_i 表示以价格 ξ_i 购买该商品的平均顾客数量. 图中的直线表示通过最小二乘拟合从观测数据中获得的线性模

型. 此模型显示了客户如何对给定商品的价格变化作出反应，并且可以用于预测换新价格标签时购买商品的平均客户数量.

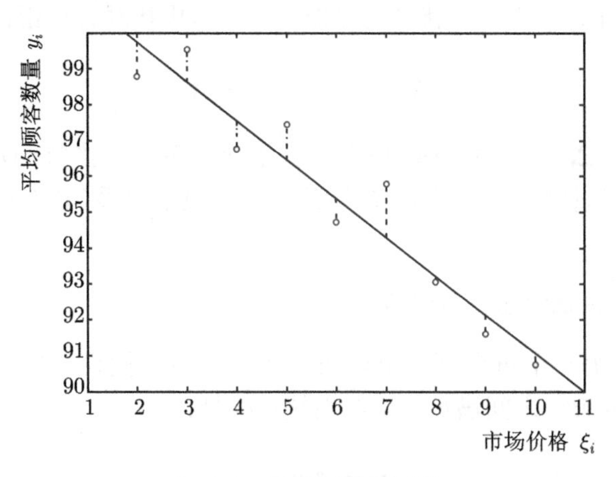

图 6.8 线性回归的例子

线性回归拟合的另一个例子来自用于时间序列预测的模型，我们称为自回归模型. 该模型假设离散时间信号 y_t 的值是一些数量的信号本身历史值的线性组合：

$$y_t = x_1 y_{t-1} + \cdots + x_n y_{t-n}, \quad t = 1, \cdots, m,$$

其中 x_i 是常系数，n 是模型的 "记忆长度". 此模型的解释是，下一个输出是过去的线性函数. 自回归模型的精细变量被广泛用于预测金融和经济中出现的时间序列的预测. 如果想将自回归模型近似拟合到观察到的信号，我们收集实际信号 $\{y_t\}_{1-n\leqslant t\leqslant m}$ 的观测值，其中 $m \geqslant n$, 然后寻找参数 x 使得拟合的总平方误差达到最小：

$$\min_x \sum_{i=1}^{m} (y_t - x_1 y_{t-1} - \cdots - x_n y_{t-n})^2.$$

该问题可以很容易地用合适的数据 $\boldsymbol{A}, \boldsymbol{y}$ 表示为一个 LS 问题.

6.3.4.4 对可行性的最小扰动

假设线性方程组 $\boldsymbol{A}\boldsymbol{x} = \boldsymbol{y}$ 是不可行的，即并不存在一个 $\boldsymbol{x} \in \mathbb{R}^n$ 满足该方程组. 那么，我们可以考虑如下该问题的扰动：

$$\boldsymbol{A}\boldsymbol{x} = \boldsymbol{y} + \delta\boldsymbol{y},$$

其中 $\delta\boldsymbol{y} \in \mathbb{R}^m$ 是方程组右边的一个扰动. 我们的问题是：使该方程组可行的最小（在欧氏范数意义下）的扰动是什么? 显然，由于 $\delta\boldsymbol{y} = \boldsymbol{A}\boldsymbol{x} - \boldsymbol{y}$, 答案再次由 LS 问题的解 $\boldsymbol{x}^*$ 给出，其使 $\|\delta\boldsymbol{y}\|_2$ 达到最小，即 $\delta\boldsymbol{y}^* = \boldsymbol{A}\boldsymbol{x}^* - \boldsymbol{y}^*$. 这种解释提出了在问题数据中存在不确定性或扰动的重要问题. 在线性方程组 $\boldsymbol{A}\boldsymbol{x} = \boldsymbol{y}$ 中，"数据" 是矩阵 $\boldsymbol{A}$ 和向量 $\boldsymbol{y}$, 它们被认为是已

知和给定的. 在 $\boldsymbol{y}$ 项中考虑可能的扰动也许会使一个名义上不可行的问题变得可行，这正如我们刚才看到的，这种最小扰动是通过 LS 问题的解给出的. 一个更精细的扰动模型考虑在系数矩阵 $\boldsymbol{A}$ 和向量 $\boldsymbol{y}$ 上联合扰动的可能性，即考虑扰动方程组：

$$(\boldsymbol{A}+\delta\boldsymbol{A})\boldsymbol{x}=\boldsymbol{y}+\delta\boldsymbol{y},$$

并寻求最小扰动矩阵 $\boldsymbol{\Delta}=[\delta\boldsymbol{A}\quad\delta\boldsymbol{y}]$ 使得方程组变得可行. 当扰动矩阵的大小由谱范数 $\|\boldsymbol{\Delta}\|_2$ 来度量时，确定这样的最小扰动就是所谓的完全最小二乘（TLS）问题，其将在 6.7.5 节中进一步讨论.

6.3.4.5　最优线性无偏估计量（BLUE）

最小二乘问题的另一个重要解释出现在统计估计中. 假设未知确定性向量参数 $\boldsymbol{x}\in\mathbb{R}^n$ 和它的测量值 $\boldsymbol{y}\in\mathbb{R}^m$ 之间满足一个线性统计模型：

$$\boldsymbol{y}=\boldsymbol{A}\boldsymbol{x}+\boldsymbol{z},\tag{6.11}$$

其中 $\boldsymbol{z}$ 是随机误差的向量，并假设 $\boldsymbol{A}\in\mathbb{R}^{m,n}$ 是满秩的，其中 $m\geqslant n$. 等式 (6.11) 的含义是每个测量值 y_i 等于未知参数 $\boldsymbol{x}$ 的线性函数 $\boldsymbol{a}_i^\top\boldsymbol{x}$ 加上一个随机噪声项 $\boldsymbol{z}_i$. 我们假设 $\boldsymbol{z}$ 具有零均值和单位协方差矩阵，即

$$\mathbb{E}\{\boldsymbol{z}\}=0,\quad \mathrm{var}\{\boldsymbol{z}\}=\mathbb{E}\{\boldsymbol{z}\boldsymbol{z}^\top\}=\boldsymbol{I}_m.$$

根据该模型，观测向量 $\boldsymbol{y}$ 是一个先验的随机向量，其满足：

$$\mathbb{E}\{\boldsymbol{y}\}=\boldsymbol{A}\boldsymbol{x},\quad \mathrm{var}\{\boldsymbol{y}\}=\mathbb{E}\{(\boldsymbol{y}-\mathbb{E}\{\boldsymbol{y}\})(\boldsymbol{y}-\mathbb{E}\{\boldsymbol{y}\})^\top\}=\boldsymbol{I}_m.$$

未知参数 $\boldsymbol{x}$ 的一个线性估计量 $\hat{\boldsymbol{x}}$ 定义为关于 $\boldsymbol{y}$ 的线性函数：

$$\hat{\boldsymbol{x}}=\boldsymbol{K}\boldsymbol{y},\tag{6.12}$$

其中 $\boldsymbol{K}\in\mathbb{R}^{n,m}$ 是待定的估计量的增益. 注意，估计量 $\boldsymbol{x}$ 本身是一个随机向量，其满足：

$$\mathbb{E}\{\hat{\boldsymbol{x}}\}=\boldsymbol{K}\mathbb{E}\{\boldsymbol{y}\}=\boldsymbol{K}\boldsymbol{A}\boldsymbol{x}.$$

如果一个估计量的期望与待估计的未知参数一致，即 $\mathbb{E}[\hat{\boldsymbol{x}}]=\boldsymbol{x}$，则称该估计量是无偏的. 从前面的方程可以看出，为了使 $\hat{\boldsymbol{x}}$ 是无偏估计量，对于任意 $\boldsymbol{x}$，我们必须有：

$$\boldsymbol{K}\boldsymbol{A}\boldsymbol{x}=\boldsymbol{x},$$

也就是 $\boldsymbol{K}\boldsymbol{A}=\boldsymbol{I}_n$, 这意味着矩阵 $\boldsymbol{K}$ 必须是 $\boldsymbol{A}$ 的左逆. 根据式 (5.9)，矩阵 $\boldsymbol{A}$ 的左逆可以写为：

$$\boldsymbol{K}=\boldsymbol{A}^\dagger+\boldsymbol{Q}=(\boldsymbol{A}^\top\boldsymbol{A})^{-1}\boldsymbol{A}^\top+\boldsymbol{Q},$$

其中 $\boldsymbol{Q} \in \mathbb{R}^{n,m}$ 是使 $\boldsymbol{QA} = 0$ 的任意矩阵. 一个最优线性无偏估计量是形如式 (6.12) 的一个无偏线性估计量，而且它具有可能最小的协方差矩阵. 设

$$\hat{\boldsymbol{x}} = (\boldsymbol{A}^{\dagger} + \boldsymbol{Q})\boldsymbol{y} = (\boldsymbol{A}^{\dagger} + \boldsymbol{Q})(\boldsymbol{A}\boldsymbol{x} + \boldsymbol{z}) = \boldsymbol{x} + (\boldsymbol{A}^{\top} + \boldsymbol{Q})\boldsymbol{z},$$

那么估计量 $\hat{\boldsymbol{x}}$ 的协方差是:

$$\begin{aligned} \operatorname{var}\{\hat{\boldsymbol{x}}\} &= \mathbb{E}\left\{(\hat{\boldsymbol{x}} - \boldsymbol{x})(\hat{\boldsymbol{x}} - \boldsymbol{x})^{\top}\right\} = \mathbb{E}\left\{\left(\boldsymbol{A}^{\dagger} + \boldsymbol{Q}\right)\boldsymbol{z}\boldsymbol{z}^{\top}\left(\boldsymbol{A}^{\dagger} + \boldsymbol{Q}\right)^{\top}\right\} \\ &= \left(\boldsymbol{A}^{\dagger} + \boldsymbol{Q}\right)\mathbb{E}\left\{\boldsymbol{z}\boldsymbol{z}^{\top}\right\}\left(\boldsymbol{A}^{\dagger} + \boldsymbol{Q}\right)^{\top} = \left(\boldsymbol{A}^{\dagger} + \boldsymbol{Q}\right)\left(\boldsymbol{A}^{\dagger} + \boldsymbol{Q}\right)^{\top} \\ &= \boldsymbol{A}^{\dagger}\boldsymbol{A}^{\dagger\top} + \boldsymbol{Q}\boldsymbol{Q}^{\top}, \end{aligned}$$

其中最后一个等式由 $\boldsymbol{A}^{\dagger}\boldsymbol{Q}^{\top} = 0$ 这个事实得到. 由于 $\boldsymbol{Q}\boldsymbol{Q}^{\top} \succeq 0$, 因此由式 (4.6) 可得:

$$\operatorname{var}\{\hat{\boldsymbol{x}}\} = \boldsymbol{A}^{\dagger}\boldsymbol{A}^{\dagger\top} + \boldsymbol{Q}\boldsymbol{Q}^{\top} \succeq \boldsymbol{A}^{\dagger}\boldsymbol{A}^{\dagger\top}, \quad \forall\, \boldsymbol{Q},$$

因此，最小协方差矩阵是通过取 $\boldsymbol{Q} = \boldsymbol{0}$ 来得到的，即估计量

$$\hat{\boldsymbol{x}} = \boldsymbol{K}\boldsymbol{y}, \quad \boldsymbol{K} = \boldsymbol{A}^{\dagger} = (\boldsymbol{A}^{\top}\boldsymbol{A})^{-1}\boldsymbol{A}^{\top}.$$

于是，线性模型 (6.11) 的最优线性无偏估计量与最小二乘问题 (6.4) 的解相同.

6.3.5 递归最小二乘

基于上一节关于最小二乘问题参数估计的解释，我们试图从 $m \geqslant n$ 个含噪声的线性测量值 y_i 估计一个未知的参数 $\boldsymbol{x} \in \mathbb{R}^n$:

$$y_i = \boldsymbol{a}_i^{\top}\boldsymbol{x} + z_i, \quad i = 1, \cdots, m,$$

其中 z_i 是独立同分布、具有零均值和单位方差的随机噪声项，$\boldsymbol{a}_i^{\top}$ 是矩阵 $\boldsymbol{A} \in \mathbb{R}^{m,n}$ 的行. 在这种情况下，提出以下问题是有意义的：假设我们观察到 $k(m > k \geqslant n)$ 个测量值，然后求解估计问题，并根据 k 个可用测量值确定最优估计值 $\boldsymbol{x}^{(k)}$. 于是得到了一个新的测量值 y_{k+1}. 我们是否可以避免从头开始重新解整个问题，而是找到一种更简单的方法，通过合并新的信息来更新先前的估计？这个问题的答案是肯定的，我们下面将为 LS 估计问题推导出一个众所周知的递归解.

设 $\boldsymbol{A}_k \in \mathbb{R}^{k,n}$ 为包含前 k 行 $\boldsymbol{a}_1^{\top}, \cdots, \boldsymbol{a}_k^{\top}$ 的矩阵，$\boldsymbol{y}^{(k)} \in \mathbb{R}^k$ 为包含前 k 个观测值的向量，$\boldsymbol{y}^{(k)} = [y_1, \cdots, y_k]$. 进一步，设新的测量值为:

$$\boldsymbol{y}_{k+1} = \boldsymbol{a}_{k+1}^{\top}\boldsymbol{x} + \boldsymbol{z}_{k+1},$$

以及设

$$\boldsymbol{A}_{k+1} = \begin{bmatrix} \boldsymbol{A}_k \\ \boldsymbol{a}_{k+1}^{\top} \end{bmatrix}, \quad \boldsymbol{y}^{(k+1)} = \begin{bmatrix} \boldsymbol{y}^{(k)} \\ \boldsymbol{y}_{k+1} \end{bmatrix}, \quad \boldsymbol{H}_k = \boldsymbol{A}_k^{\top}\boldsymbol{A}_k \succ 0,$$

其中我们假设 A_k 满秩，秩为 n. 由式 (6.7)，基于前 k 个测量值的最优估计为：

$$\boldsymbol{x}^{(k)} = \boldsymbol{H}_k^{-1}\boldsymbol{A}_k^\top \boldsymbol{y}^{(k)},$$

而基于额外的第 $k+1$ 次测量的最优估计为：

$$\boldsymbol{x}^{(k+1)} = \boldsymbol{H}_{k+1}^{-1}\boldsymbol{A}_{k+1}^\top \boldsymbol{y}^{(k+1)} = \boldsymbol{H}_{k+1}^{-1}(\boldsymbol{A}_k^\top \boldsymbol{y}^{(k)} + \boldsymbol{a}_{k+1}\boldsymbol{y}_{k+1}), \tag{6.13}$$

其中

$$\boldsymbol{H}_{k+1} = \boldsymbol{A}_{k+1}^\top \boldsymbol{A}_{k+1} = \boldsymbol{H}_k + \boldsymbol{a}_{k+1}\boldsymbol{a}_{k+1}^\top.$$

现在，对 $\boldsymbol{H}_{k+1}$ 的逆应用秩一扰动公式 (3.10)，我们得到：

$$\begin{aligned}\boldsymbol{H}_{k+1}^{-1} &= \boldsymbol{H}_k^{-1} - \frac{1}{\gamma_{k+1}}\boldsymbol{H}_k^{-1}\boldsymbol{a}_{k+1}\boldsymbol{a}_{k+1}^\top \boldsymbol{H}_k^{-1}, \\ \gamma_{k+1} &\doteq 1 + \boldsymbol{a}_{k+1}^\top \boldsymbol{H}_k^{-1}\boldsymbol{a}_{k+1},\end{aligned} \tag{6.14}$$

将此代入式 (6.13) 中得到：

$$\begin{aligned}\boldsymbol{x}^{(k+1)} &= \left(\boldsymbol{I} - \frac{1}{\gamma_{k+1}}\boldsymbol{H}_k^{-1}\boldsymbol{a}_{k+1}\boldsymbol{a}_{k+1}^\top\right)\boldsymbol{H}_k^{-1}\left(\boldsymbol{A}_k^\top \boldsymbol{y}^{(k)} + \boldsymbol{a}_{k+1}\boldsymbol{y}_{k+1}\right) \\ &= \left(\boldsymbol{I} - \frac{1}{\gamma_{k+1}}\boldsymbol{H}_k^{-1}\boldsymbol{a}_{k+1}\boldsymbol{a}_{k+1}^\top\right)\boldsymbol{x}^{(k)} + \frac{1}{\gamma_{k+1}}\boldsymbol{H}_k^{-1}\boldsymbol{a}_{k+1}\boldsymbol{y}_{k+1} \\ &= \boldsymbol{x}^{(k)} + \frac{(\boldsymbol{y}_{k+1} - \boldsymbol{a}_{k+1}^\top \boldsymbol{x}^{(k)})}{\gamma_{k+1}}\boldsymbol{H}_k^{-1}\boldsymbol{a}_{k+1}.\end{aligned} \tag{6.15}$$

当有新的观测值可用时，公式 (6.14) 和 (6.15) 为更新当前 LS 解提供了所需的递归形式. 该公式的优点是式(6.15) 允许我们以 n^2 阶的运算（标量乘法和加法）来计算新解 $\boldsymbol{x}^{(k+1)}$，而直接用公式 (6.13) 则需要阶数为 n^3 的运算（如果从头开始计算 $\boldsymbol{H}_{k+1}$ 的逆）. 随着收集到更多的可用测量值，该方法可以递归使用. 从某个 $\boldsymbol{H}_{k_0}$（可逆的）以及 $\boldsymbol{x}^{(k_0)}$ 的 k_0 开始. 然后，对每个 $k \geqslant k_0$，我们根据式 (6.14) 来更新逆矩阵 $\boldsymbol{H}_k^{-1}$，根据式 (6.13) 估计 $\boldsymbol{x}^{(k)}$，并在有新测量值可用的情况下保持迭代.

6.4 求解线性方程组和最小二乘问题

我们首先讨论如下非奇异方形线性方程组的求解技术：

$$\boldsymbol{A}\boldsymbol{x} = \boldsymbol{y}, \quad \boldsymbol{A} \in \mathbb{R}^{n,n}, \ \boldsymbol{A} \text{ 是非奇异的.} \tag{6.16}$$

6.4.1 直接方法

如果矩阵 $\boldsymbol{A} \in \mathbb{R}^{n,n}$ 具有如上（下）三角矩阵的特殊结构，则可以直接应用 7.2.2 节介绍的向后回代（向前回代）算法来求解方程组 (6.16). 若 $\boldsymbol{A}$ 不是三角矩阵，则可以应用 7.2.3 节介绍的高斯消去法通过一系列的基本运算将系统系数矩阵削减为上三角矩阵，再应用向后回代算法进行求解. 这些方法的一个可能的缺点是需要对系数矩阵 $\boldsymbol{A}$ 和等式右端项 $\boldsymbol{y}$ 同时操作，因此求解带有不同右端项的方程组时，这个过程需要重新进行.

6.4.2 基于分解的方法

另一种求解方程组 (6.16) 的常用方法是所谓的 "分解法". 首先将系数矩阵 $\boldsymbol{A}$ 分解为几个带有特殊结构的矩阵（如正交矩阵、对角矩阵或三角矩阵）乘积的形式，然后通过求解一系列简化的方程组（可以充分利用分解矩阵的特有结构）得到原方程组的解. 下面给出了一些常用的基于分解的方法. 分解法的一个优点是一旦分解矩阵计算完毕，则可以应用于带有不同右端项 $\boldsymbol{y}$ 的方程组的求解.

6.4.2.1 通过 SVD 求解

如果矩阵 $\boldsymbol{A} \in \mathbb{R}^{n,n}$ 具有奇异值分解，则按如下步骤很容易求解方程组 (6.16). 设 $\boldsymbol{A} = \boldsymbol{U}\boldsymbol{\Sigma}\boldsymbol{V}^\top$, 其中 $\boldsymbol{U}, \boldsymbol{V} \in \mathbb{R}^{n,n}$ 是正交的，$\boldsymbol{\Sigma}$ 是非奇异对角矩阵. 于是可以将系统 $\boldsymbol{A}\boldsymbol{x} = \boldsymbol{y}$ 写成一系列方程组（如图 6.9 所示）：

$$\boldsymbol{U}\boldsymbol{w} = \boldsymbol{y}, \quad \boldsymbol{\Sigma}\boldsymbol{z} = \boldsymbol{w}, \quad \boldsymbol{V}^\top\boldsymbol{x} = \boldsymbol{z},$$

很容易依次求解上面的方程组：

$$\boldsymbol{w} = \boldsymbol{U}^\top\boldsymbol{y}, \quad \boldsymbol{z} = \boldsymbol{\Sigma}^{-1}\boldsymbol{w}, \quad \boldsymbol{x} = \boldsymbol{V}\boldsymbol{z}.$$

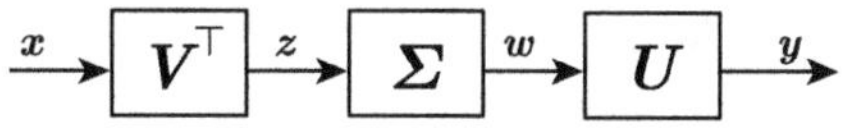

$$\xrightarrow{\boldsymbol{x}} \boxed{\boldsymbol{V}^\top} \xrightarrow{\boldsymbol{z}} \boxed{\boldsymbol{\Sigma}} \xrightarrow{\boldsymbol{w}} \boxed{\boldsymbol{U}} \xrightarrow{\boldsymbol{y}}$$

图 6.9　基于 SVD 分解的因子求解法

6.4.2.2 通过 QR 分解求解

我们已经在 7.3 节中证明得到，任意非奇异矩阵 $\boldsymbol{A} \in \mathbb{R}^{n,n}$ 都可分解为 $\boldsymbol{A} = \boldsymbol{Q}\boldsymbol{R}$, 其中 $\boldsymbol{Q} \in \mathbb{R}^{n,n}$ 是正交矩阵，$\boldsymbol{R}$ 为带有正对角元素的上三角矩阵. 那么，要求解线性方程组 $\boldsymbol{A}\boldsymbol{x} = \boldsymbol{y}$，首先在线性方程组 $\boldsymbol{A}\boldsymbol{x} = \boldsymbol{y}$ 等号两侧同时左乘 $\boldsymbol{Q}^\top$, 得到：

$$\boldsymbol{Q}^\top\boldsymbol{A}\boldsymbol{x} = \boldsymbol{R}\boldsymbol{x} = \tilde{\boldsymbol{y}}, \quad \tilde{\boldsymbol{y}} = \boldsymbol{Q}^\top\boldsymbol{y},$$

然后利用向后回代算法求解三角方程组 $\boldsymbol{R}\boldsymbol{x} = \tilde{\boldsymbol{y}}$. 图 6.10 给出了这一因子分解法求解过程.

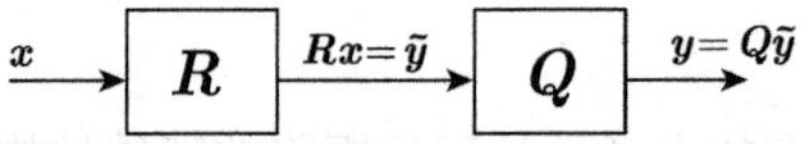

$x \rightarrow$ **R** $\xrightarrow{Rx=\tilde{y}}$ **Q** $\xrightarrow{y=Q\tilde{y}}$

图 6.10　基于 QR 分解的因子求解法：先求解关于 $\tilde{\boldsymbol{y}}$ 的系统 $\boldsymbol{Q}\tilde{\boldsymbol{y}} = \boldsymbol{y}$ ($\boldsymbol{Q}$ 是正交矩阵)，然后求解关于 $\boldsymbol{x}$ 的方程组 $\boldsymbol{R}\boldsymbol{x} = \tilde{\boldsymbol{y}}$（$\boldsymbol{R}$ 是三角矩阵）

6.4.3　非方形方程组的 SVD 方法

考虑如下线性方程组：

$$\boldsymbol{A}\boldsymbol{x} = \boldsymbol{y},$$

其中 $\boldsymbol{A} \in \mathbb{R}^{m,n}$, $\boldsymbol{y} \in \mathbb{R}^m$, 我们可以通过 SVD 完全给出该方程组的解集. 设 $\boldsymbol{A} = \boldsymbol{U}\tilde{\boldsymbol{\Sigma}}\boldsymbol{V}^{\mathrm{T}}$ 是矩阵 $\boldsymbol{A}$ 的一个 SVD 分解，在方程组等式两侧同时左乘 $\boldsymbol{U}$ 的逆，即 $\boldsymbol{U}^\top$, 然后将方程用旋转后的向量 $\tilde{\boldsymbol{x}} = \boldsymbol{V}^\top\boldsymbol{x}$ 表示为：

$$\tilde{\boldsymbol{\Sigma}}\tilde{\boldsymbol{x}} = \tilde{\boldsymbol{y}},$$

其中 $\boldsymbol{y} = \boldsymbol{U}^\top\boldsymbol{y}$ 是旋转后的方程组右端项. 基于式 (5.1) 中 $\tilde{\boldsymbol{\Sigma}}$ 的简单形式，上式变为：

$$\sigma_i\tilde{x}_i = \tilde{y}_i,\ i = 1, \cdots, r;\quad 0 = \tilde{y}_i,\ i = r+1, \cdots, m. \tag{6.17}$$

可能出现如下两种情况：

1. 如果 $\tilde{\boldsymbol{y}}$ 最后 $m - r$ 个元素非零，那么式 (6.17) 中的第二组条件并不成立，因此该方程组不可行，于是其解集为空集. 当 $\boldsymbol{y}$ 不在 $\boldsymbol{A}$ 的值域中时，这种情况发生.
2. 如果 $\boldsymbol{y}$ 在 $\boldsymbol{A}$ 的值域中，则式 (6.17) 中第二组条件成立，于是我们可以根据第一组条件求解 $\tilde{\boldsymbol{x}}$, 得到：

$$\tilde{x}_i = \frac{\tilde{y}_i}{\sigma_i},\quad i = 1, \cdots, r.$$

解 $\tilde{\boldsymbol{x}}$ 最后 $n - r$ 个元素是自由变量，这对应于 $\boldsymbol{A}$ 零空间中的元素. 若 $\boldsymbol{A}$ 是列满秩的（其零空间变为 $\{0\}$），则方程组存在唯一解. 一旦解得向量 $\tilde{\boldsymbol{x}}$, 就可以利用 $\boldsymbol{x} = \boldsymbol{V}\tilde{\boldsymbol{x}}$ 还原真实的未知量 $\boldsymbol{x}$.

6.4.4　求解 LS 问题

已知 $\boldsymbol{A} \in \mathbb{R}^{m,n}$ 和 $\boldsymbol{y} \in \mathbb{R}^m$, 我们这里讨论如下 LS 问题：

$$\min_{\boldsymbol{x}} \|\boldsymbol{A}\boldsymbol{x} - \boldsymbol{y}\|_2.$$

上面 LS 问题的所有解都是如下正规方程组的解（见推论 6.2）：

$$\boldsymbol{A}^\top\boldsymbol{A}\boldsymbol{x} = \boldsymbol{A}^\top\boldsymbol{y}. \tag{6.18}$$

因此，LS 问题可以通过高斯消去法和向后回代的方法求解，或者应用因子分解法求解正规方程组来求解.

6.4.4.1 用 QR 分解求解

给定 $\boldsymbol{A} \in \mathbb{R}^{m,n}$ 和 $\boldsymbol{y} \in \mathbb{R}^m$, 其中 $m \geqslant n$, $\operatorname{rank}(\boldsymbol{A}) = n$, 定理 7.1 确保我们可以将 $\boldsymbol{A}$ 写成 $\boldsymbol{A} = \boldsymbol{QR}$, 其中 $\boldsymbol{R} \in \mathbb{R}^{n,n}$ 是上三角矩阵，$\boldsymbol{Q} \in \mathbb{R}^{m,n}$ 具有正交列. 由于 $\boldsymbol{Q}^\top \boldsymbol{Q} = \boldsymbol{I}_n$, 则有 $\boldsymbol{A}^\top \boldsymbol{A} = \boldsymbol{R}^\top \boldsymbol{R}$. 于是，正规方程组变为:

$$\boldsymbol{R}^\top \boldsymbol{R}\boldsymbol{x} = \boldsymbol{R}^\top \boldsymbol{Q}^\top \boldsymbol{y},$$

进一步，将等号两侧同时左乘 $\boldsymbol{R}^{-\top}$（$\boldsymbol{R}^\top$ 的逆）就得到一个上三角等价方程组:

$$\boldsymbol{R}\boldsymbol{x} = \boldsymbol{Q}^\top \boldsymbol{y},$$

该方程组可以利用向后回代算法求解. 由此，利用 QR 分解求解 LS 问题的数值计算成本评估如下：计算 $\boldsymbol{A}$ 的 QR 分解需要 $\sim 2mn^2$ 次运算，外加 $2nm$ 次运算形成 $\boldsymbol{Q}^\top \boldsymbol{y}$, 以及应用向后回代的 n^2 次运算，因此总计仍为 $\sim 2mn^2$ 次运算.

6.4.4.2 用 Cholesky 分解求解

当 $m \geqslant n$, $\operatorname{rank}(\boldsymbol{A}) = n$ 时，另一种可能的做法是应用 $\boldsymbol{M} = \boldsymbol{A}^\top \boldsymbol{A}$ 的 Cholesky 分解求解正规方程组 (6.18). 利用 Cholesky 分解，一个对称正定矩阵 $\boldsymbol{M} \in \mathbb{S}^n$ 可以分解为 $\boldsymbol{M} = \boldsymbol{L}\boldsymbol{L}^\top$, 其中 $\boldsymbol{L}$ 为非奇异下三角矩阵. 这种分解需要 $\sim n^3/3$ 次运算. 于是，正规方程组变为:

$$\boldsymbol{L}\boldsymbol{L}^\top \boldsymbol{x} = \boldsymbol{b}, \quad \boldsymbol{b} = \boldsymbol{A}^\top \boldsymbol{y}.$$

求解上述方程可以先通过寻找 $\boldsymbol{z}$ 使得:

$$\boldsymbol{L}\boldsymbol{z} = \boldsymbol{b},$$

这可以通过向前回代算法实现（n^2 次运算）, 之后再确定变量 $\boldsymbol{x}$ 使得:

$$\boldsymbol{L}^\top \boldsymbol{x} = \boldsymbol{z},$$

这可以通过向后回代算法实现（n^2 次运算）. 该方法计算乘积 $\boldsymbol{M} = \boldsymbol{A}^\top \boldsymbol{A}$ 需要 $\sim mn^2$ 次运算，加上 Cholesky 分解的 $\sim n^3/3$ 次运算，此外计算 $\boldsymbol{b}$ 需 $2mn$ 次运算，外加求解两个辅助三角方程组的 $2n^2$ 次运算. 因此，总计复杂度为 $\sim mn^2 + n^3/3$. 这个复杂度数值低于 QR 方法的复杂度 $\sim 2mn^2$; 事实上，如果 $m \gg n$, 那么 Cholesky 方法的速度是 QR 方法的两倍. 然而，在有限精度计算中，Cholesky 方法对舍入误差非常敏感，因此对较为密集且中等大小的矩阵 $\boldsymbol{A}$, QR 方法更加适合. 当矩阵 $\boldsymbol{A}$ 非常大且稀疏时，则可以利用专门的稀疏矩阵 Cholesky 分解算法，从而实现远小于 $\sim mn^2 + n^3/3$ 的复杂度. 在这样的情形下，更适合使用 Cholesky 方法.

6.4.4.3　用 SVD 求解

还有另一种可能的方法是通过 SVD 求解正规方程组 (6.18). 如果 $\boldsymbol{A}=\boldsymbol{U}_r\boldsymbol{\Sigma}\boldsymbol{V}_r^\top$ 是 $\boldsymbol{A}$ 的一个紧凑形式的 SVD, 那么正规方程组的唯一最小范数解由下式给出（参见式 (6.10)）:

$$\boldsymbol{x}=\boldsymbol{A}^\dagger\boldsymbol{y}=\boldsymbol{V}_r\boldsymbol{\Sigma}^{-1}\boldsymbol{U}_r^\top\boldsymbol{y}.$$

6.5　解的灵敏性

在这一节，我们分析数据中的小扰动对非奇异方形线性方程组解的影响. 以下结果也适用于正规方程组，因此也适用于线性方程组的 LS 近似解.

6.5.1　对输入扰动的灵敏性

设 $\boldsymbol{x}$ 为线性方程组 $\boldsymbol{A}\boldsymbol{x}=\boldsymbol{y}$ 的解，其中 $\boldsymbol{A}$ 是非奇异方阵且 $\boldsymbol{y}\neq 0$. 假设我们通过向其添加一个小的扰动项 $\delta\boldsymbol{y}$ 来稍微改变 $\boldsymbol{y}$, 那么称 $\boldsymbol{x}+\delta\boldsymbol{x}$ 为如下扰动方程组的解:

$$\boldsymbol{A}(\boldsymbol{x}+\delta\boldsymbol{x})=\boldsymbol{y}+\delta\boldsymbol{y}.\tag{6.19}$$

我们的关键问题是: 如果 $\delta\boldsymbol{y}$ 很“小”, 那么 $\delta\boldsymbol{x}$ 是否也很小? 从式 (6.19) 和方程 $\boldsymbol{A}\boldsymbol{x}=\boldsymbol{y}$ 可以看到，扰动 $\delta\boldsymbol{x}$ 本身是如下线性方程组的解:

$$\boldsymbol{A}\delta\boldsymbol{x}=\delta\boldsymbol{y},$$

并且由于假设 $\boldsymbol{A}$ 是可逆的，于是我们可以正式地将其写为:

$$\delta\boldsymbol{x}=\boldsymbol{A}^{-1}\delta\boldsymbol{y},$$

对该方程式两边同时取欧氏范数得到:

$$\|\delta\boldsymbol{x}\|_2=\|\boldsymbol{A}^{-1}\delta\boldsymbol{y}\|_2\leqslant\|\boldsymbol{A}^{-1}\|_2\|\delta\boldsymbol{y}\|_2,\tag{6.20}$$

其中 $\|\boldsymbol{A}^{-1}\delta\boldsymbol{y}\|_2$ 是 $\boldsymbol{A}^{-1}$ 的谱（最大奇异值）范数. 相似地，从 $\boldsymbol{A}\boldsymbol{x}=\boldsymbol{y}$ 可以得出 $\|\boldsymbol{y}\|_2=\|\boldsymbol{A}\boldsymbol{x}\|_2\leqslant\|\boldsymbol{A}\|_2\|\boldsymbol{x}\|_2$, 于是

$$\|\boldsymbol{x}\|_2^{-1}\leqslant\frac{\|\boldsymbol{A}\|_2}{\|\boldsymbol{y}\|_2}.\tag{6.21}$$

将式 (6.20) 与式 (6.21) 相乘，我们得到:

$$\frac{\|\delta\boldsymbol{x}\|_2}{\|\boldsymbol{x}\|_2}\leqslant\|\boldsymbol{A}^{-1}\|_2\|\boldsymbol{A}\|_2\frac{\|\delta\boldsymbol{y}\|_2}{\|\boldsymbol{y}\|_2}.$$

这个结果就是我们正在寻找的，因为它将输入项 $\boldsymbol{y}$ 的相对变化与输出项 $\boldsymbol{x}$ 的相对变化联系起来. 如下定义的量

$$\kappa(\boldsymbol{A})=\|\boldsymbol{A}^{-1}\|_2\|\boldsymbol{A}\|_2,\quad 1\leqslant\kappa(\boldsymbol{A})\leqslant\infty$$

为矩阵 $\boldsymbol{A}$ 的条件数，参见式 (5.5) . 大的 $\kappa(\boldsymbol{A})$ 意味着关于 $\boldsymbol{y}$ 的扰动在关于 $\boldsymbol{x}$ 的扰动上被极大地放大，即系统对输入数据的变化非常敏感. 如果 $\boldsymbol{A}$ 是奇异的，则 $\kappa(\boldsymbol{A})=\infty$. 非常大的 $\kappa(\boldsymbol{A})$ 暗含 $\boldsymbol{A}$ 接近于数值上奇异. 我们称在这种情况下 $\boldsymbol{A}$ 是病态的. 下面的引理总结了如上的发现.

引理 6.1（对输入扰动的灵敏性） 设 $\boldsymbol{A}$ 为非奇异方阵，且 $\boldsymbol{x},\delta\boldsymbol{x}$ 满足:

$$\boldsymbol{A}\boldsymbol{x}=\boldsymbol{y},$$

$$\boldsymbol{A}(\boldsymbol{x}+\delta\boldsymbol{x})=\boldsymbol{y}+\delta\boldsymbol{y}.$$

那么有

$$\frac{\|\delta\boldsymbol{x}\|_2}{\|\boldsymbol{x}\|_2}\leqslant\kappa(\boldsymbol{A})\frac{\|\delta\boldsymbol{y}\|_2}{\|\boldsymbol{y}\|_2},$$

其中 $\kappa(\boldsymbol{A})=\|\boldsymbol{A}^{-1}\|_2\|\boldsymbol{A}\|_2$ 为矩阵 $\boldsymbol{A}$ 的条件数.

6.5.2 系数矩阵对扰动的灵敏性

我们下面考虑矩阵 $\boldsymbol{A}$ 上的扰动对 $\boldsymbol{x}$ 的影响. 设 $\boldsymbol{A}\boldsymbol{x}=\boldsymbol{y}$ 和对某个 $\delta\boldsymbol{x}$, 扰动 $\delta\boldsymbol{A}$ 满足:

$$(\boldsymbol{A}+\delta\boldsymbol{A})(\boldsymbol{x}+\delta\boldsymbol{x})=\boldsymbol{y}.$$

那么可以看到:

$$\boldsymbol{A}\delta\boldsymbol{x}=-\delta\boldsymbol{A}(\boldsymbol{x}+\delta\boldsymbol{x}),$$

故 $\delta\boldsymbol{x}=-\boldsymbol{A}^{-1}\delta\boldsymbol{A}(\boldsymbol{x}+\delta\boldsymbol{x})$. 于是

$$\|\delta\boldsymbol{x}\|_2=\|\boldsymbol{A}^{-1}\delta\boldsymbol{A}(\boldsymbol{x}+\delta\boldsymbol{x})\|_2\leqslant\|\boldsymbol{A}^{-1}\|_2\|\delta\boldsymbol{A}\|_2\|(\boldsymbol{x}+\delta\boldsymbol{x})\|_2,$$

以及

$$\frac{\|\delta\boldsymbol{x}\|_2}{\|\boldsymbol{x}+\delta\boldsymbol{x}\|_2}\leqslant\|\boldsymbol{A}^{-1}\|_2\|\boldsymbol{A}\|_2\frac{\|\delta\boldsymbol{A}\|_2}{\|\boldsymbol{A}\|_2}.$$

我们再次看到只有当条件数不太大时，即与 1 相距不太远 ($\kappa(\boldsymbol{A})\simeq 1$), 小扰动 $\frac{\|\delta\boldsymbol{A}\|_2}{\|\boldsymbol{A}\|_2}\ll 1$ 对 $\boldsymbol{x}$ 的相对影响才很小. 下面总结了此结果.

引理 6.2（系数矩阵扰动的灵敏性） 设 $\boldsymbol{A}$ 为非奇异方阵，且 $\boldsymbol{x},\delta\boldsymbol{A},\delta\boldsymbol{x}$ 满足:

$$\boldsymbol{A}\boldsymbol{x}=\boldsymbol{y},$$

$$(\boldsymbol{A}+\delta\boldsymbol{A})(\boldsymbol{x}+\delta\boldsymbol{x})=\boldsymbol{y}.$$

那么有:

$$\frac{\|\delta\boldsymbol{x}\|_2}{\|\boldsymbol{x}+\delta\boldsymbol{x}\|_2}\leqslant\kappa(\boldsymbol{A})\frac{\|\delta\boldsymbol{A}\|_2}{\|\boldsymbol{A}\|_2}.$$

6.5.3 对 A, y 联合扰动的灵敏性

最后，我们考虑关于 $\boldsymbol{A}$ 和 $\boldsymbol{y}$ 的同时扰动对 $\boldsymbol{x}$ 的影响. 设 $\boldsymbol{A}\boldsymbol{x}=\boldsymbol{y}$ 和扰动 $\delta\boldsymbol{A}, \delta\boldsymbol{y}$ 满足对某个 $\delta\boldsymbol{x}$, 有

$$(\boldsymbol{A}+\delta\boldsymbol{A})(\boldsymbol{x}+\delta\boldsymbol{x})=\boldsymbol{y}+\delta\boldsymbol{y},$$

那么 $\boldsymbol{A}\delta\boldsymbol{x}=\delta\boldsymbol{y}-\delta\boldsymbol{A}(\boldsymbol{x}+\delta\boldsymbol{x})$, 因此 $\delta\boldsymbol{x}=\boldsymbol{A}^{-1}\delta\boldsymbol{y}-\boldsymbol{A}^{-1}\delta\boldsymbol{A}(\boldsymbol{x}+\delta\boldsymbol{x})$. 这样有：

$$\begin{aligned}\|\delta\boldsymbol{x}\|_2 &= \left\|\boldsymbol{A}^{-1}\delta\boldsymbol{y}-\boldsymbol{A}^{-1}\delta\boldsymbol{A}(\boldsymbol{x}+\delta\boldsymbol{x})\right\|_2\\ &\leqslant \left\|\boldsymbol{A}^{-1}\delta\boldsymbol{y}\right\|_2+\left\|\boldsymbol{A}^{-1}\delta\boldsymbol{A}(\boldsymbol{x}+\delta\boldsymbol{x})\right\|_2\\ &\leqslant \left\|\boldsymbol{A}^{-1}\right\|_2\|\delta\boldsymbol{y}\|_2+\left\|\boldsymbol{A}^{-1}\right\|_2\|\delta\boldsymbol{A}\|_2\|\boldsymbol{x}+\delta\boldsymbol{x}\|_2,\end{aligned}$$

以及上式两边同除以 $\|\boldsymbol{x}+\delta\boldsymbol{x}\|_2$ 得到：

$$\frac{\|\delta\boldsymbol{x}\|_2}{\|\boldsymbol{x}+\delta\boldsymbol{x}\|_2}\leqslant\|\boldsymbol{A}^{-1}\|_2\frac{\|\delta\boldsymbol{y}\|_2}{\|\boldsymbol{y}\|_2}\frac{\|\boldsymbol{y}\|_2}{\|\boldsymbol{x}+\delta\boldsymbol{x}\|_2}+\kappa(\boldsymbol{A})\frac{\|\delta\boldsymbol{A}\|_2}{\|\boldsymbol{A}\|_2}.$$

由于 $\|\boldsymbol{y}\|_2=\|\boldsymbol{A}\boldsymbol{x}\|_2\leqslant\|\boldsymbol{A}\|_2\|\boldsymbol{x}\|_2$, 那么

$$\frac{\|\delta\boldsymbol{x}\|_2}{\|\boldsymbol{x}+\delta\boldsymbol{x}\|_2}\leqslant\kappa(\boldsymbol{A})\frac{\|\delta\boldsymbol{y}\|_2}{\|\boldsymbol{y}\|_2}\frac{\|\boldsymbol{x}\|_2}{\|\boldsymbol{x}+\delta\boldsymbol{x}\|_2}+\kappa(\boldsymbol{A})\frac{\|\delta\boldsymbol{A}\|_2}{\|\boldsymbol{A}\|_2}.$$

下面应用 $\|\boldsymbol{x}\|_2=\|\boldsymbol{x}+\delta\boldsymbol{x}-\delta\boldsymbol{x}\|_2\leqslant\|\boldsymbol{x}+\delta\boldsymbol{x}\|_2+\|\delta\boldsymbol{x}\|_2$, 则可写成：

$$\frac{\|\delta\boldsymbol{x}\|_2}{\|\boldsymbol{x}+\delta\boldsymbol{x}\|_2}\leqslant\kappa(\boldsymbol{A})\frac{\|\delta\boldsymbol{y}\|_2}{\|\boldsymbol{y}\|_2}\left(1+\frac{\|\delta\boldsymbol{x}\|_2}{\|\boldsymbol{x}+\delta\boldsymbol{x}\|_2}\right)+\kappa(\boldsymbol{A})\frac{\|\delta\boldsymbol{A}\|_2}{\|\boldsymbol{A}\|_2}.$$

由此得到：

$$\frac{\|\delta\boldsymbol{x}\|_2}{\|\boldsymbol{x}+\delta\boldsymbol{x}\|_2}\leqslant\frac{\kappa(\boldsymbol{A})}{1-\kappa(\boldsymbol{A})\frac{\|\delta\boldsymbol{y}\|_2}{\|\boldsymbol{y}\|_2}}\left(\frac{\|\delta\boldsymbol{y}\|_2}{\|\boldsymbol{y}\|_2}+\frac{\|\delta\boldsymbol{A}\|_2}{\|\boldsymbol{A}\|_2}\right).$$

于是得到的扰动的“放大系数”上界为 $\frac{\kappa(\boldsymbol{A})}{1-\kappa(\boldsymbol{A})\frac{\|\delta\boldsymbol{y}\|_2}{\|\boldsymbol{y}\|_2}}$. 因此，如果

$$\kappa(\boldsymbol{A})\leqslant\frac{\gamma}{1+\gamma\frac{\|\delta\boldsymbol{y}\|_2}{\|\boldsymbol{y}\|_2}},$$

那么这个界小于某个给定的 γ. 故我们可以看到联合扰动的影响仍然由 $\boldsymbol{A}$ 的条件数所控制，这样的结论总结如下.

引理 6.3（$\boldsymbol{A}, \boldsymbol{y}$ 联合扰动的灵敏性）　设 $\boldsymbol{A}$ 为非奇异方阵以及给定 $\gamma > 1$. 设 $\boldsymbol{x}$, $\delta\boldsymbol{y}$, $\delta\boldsymbol{A}$, $\delta\boldsymbol{x}$ 满足:

$$\boldsymbol{A}\boldsymbol{x} = \boldsymbol{y},$$

$$(\boldsymbol{A} + \delta\boldsymbol{A})(\boldsymbol{x} + \delta\boldsymbol{x}) = \boldsymbol{y} + \delta\boldsymbol{y}.$$

那么有

$$\kappa(\boldsymbol{A}) \leqslant \frac{\gamma}{1 + \gamma\dfrac{\|\delta\boldsymbol{y}\|_2}{\|\boldsymbol{y}\|_2}},$$

这暗含

$$\frac{\|\delta\boldsymbol{x}\|_2}{\|\boldsymbol{x} + \delta\boldsymbol{x}\|_2} \leqslant \gamma\left(\frac{\|\delta\boldsymbol{y}\|_2}{\|\boldsymbol{y}\|_2} + \frac{\|\delta\boldsymbol{A}\|_2}{\|\boldsymbol{A}\|_2}\right).$$

6.5.4　LS 解的灵敏性

在 6.5 节中我们已经看到线性方程组的解对 $\boldsymbol{y}$ 或矩阵 $\boldsymbol{A}$ 的扰动的灵敏性与 $\boldsymbol{A}$ 的条件数成正比. 我们现在将这些结果应用于 LS 解的灵敏性分析中. 由于 LS 问题 (6.5) 的任意解都是正规方程组 (6.6) 的解，那么立即得到 LS 解的灵敏性取决于矩阵 $\boldsymbol{A}^\top\boldsymbol{A}$ 的条件数. 假设 $\operatorname{rank}(\boldsymbol{A}) = n$, 且 $\boldsymbol{A} = \boldsymbol{U}_r\boldsymbol{\Sigma}\boldsymbol{V}_r^\top$ 为 $\boldsymbol{A}$ 的紧凑形式的 SVD, 那么 $\boldsymbol{A}^\top\boldsymbol{A} = \boldsymbol{U}_r\boldsymbol{\Sigma}^2\boldsymbol{V}_r^\top$, 并且有:

$$\kappa(\boldsymbol{A}^\top\boldsymbol{A}) = \frac{\sigma_{\max}(\boldsymbol{A}^\top\boldsymbol{A})}{\sigma_{\min}(\boldsymbol{A}^\top\boldsymbol{A})} = \kappa^2(\boldsymbol{A}).$$

此外，由于 LS 解是关于 $\boldsymbol{y}$ 项的线性函数，故 $\boldsymbol{x}^* = \boldsymbol{A}^\dagger\boldsymbol{y}$, 于是可以得到，如果 $\boldsymbol{y}$ 项被扰动为 $\boldsymbol{y} + \delta\boldsymbol{y}$, 则 LS 的解被扰动为 $\boldsymbol{x}^* + \delta\boldsymbol{x}$, 其中 $\delta\boldsymbol{x}$ 一定满足:

$$\delta\boldsymbol{x} = \boldsymbol{A}^\dagger\delta\boldsymbol{y}.$$

如果扰动 $\delta\boldsymbol{y}$ 是依范数有界的，即 $\|\delta\boldsymbol{y}\|_2 \leqslant 1$, 则对应的扰动 $\delta\boldsymbol{x}$ 的集是椭球（参见 4.4.5 节和引理 6.4）:

$$\mathcal{E}_{\delta\boldsymbol{x}} = \left\{\delta\boldsymbol{x} = \boldsymbol{A}^\dagger\delta\boldsymbol{y},\ \|\delta\boldsymbol{y}\|_2 \leqslant 1\right\}.$$

该椭球的轴线与方向 $\boldsymbol{v}_i$ 平行和半轴长度为 σ_i^{-1}. 当 $\operatorname{rank}(\boldsymbol{A}) = n$ 时，$\boldsymbol{A}^\dagger = (\boldsymbol{A}^\top\boldsymbol{A})^{-1}\boldsymbol{A}^\top$ 且椭球具有如下显式表示:

$$\mathcal{E}_{\delta\boldsymbol{x}} = \left\{\delta\boldsymbol{x}:\ \delta\boldsymbol{x}^\top(\boldsymbol{A}^\top\boldsymbol{A})\delta\boldsymbol{x} \leqslant 1\right\}.$$

6.6　单位球的正反映射

我们这里关注如下线性映射:

$$\boldsymbol{y} = \boldsymbol{A}\boldsymbol{x},\quad \boldsymbol{A} \in \mathbb{R}^{m,n}, \tag{6.22}$$

其中 $\boldsymbol{x} \in \mathbb{R}^n$ 是输入向量，$\boldsymbol{y} \in \mathbb{R}^m$ 是输出向量，如图 6.11 所示. 我们下面考虑所谓的正问题和反（或估计）问题.

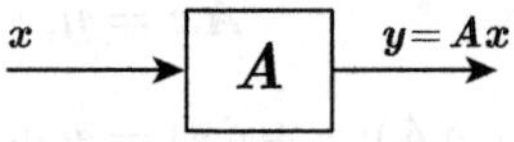

图 6.11　输入–输出映射 $\boldsymbol{y} = \boldsymbol{A}\boldsymbol{x}$

6.6.1　正问题

在正问题中，我们假设输入 $\boldsymbol{x}$ 位于一个以零为中心的单位欧氏球中，我们的问题是输出 $\boldsymbol{y}$ 位于哪里. 也就是说，设

$$\boldsymbol{x} \in \mathcal{B}^n, \mathcal{B}^n = \{\boldsymbol{z} \in \mathbb{R}^n : \|\boldsymbol{z}\|_2 \leqslant 1\},$$

以及我们想要描述该集合在线性映射 (6.22) 下的像，即集合：

$$\mathcal{E}_{\boldsymbol{y}} = \{\boldsymbol{y} : \boldsymbol{y} = \boldsymbol{A}\boldsymbol{x}, \ \boldsymbol{x} \in \mathcal{B}^n\}. \tag{6.23}$$

设 $\boldsymbol{A} = \boldsymbol{U}\tilde{\boldsymbol{\Sigma}}\boldsymbol{V}^\top$ 是 $\boldsymbol{A}$ 的一个完全奇异值分解且 $r = \operatorname{rank}(\boldsymbol{A})$，$\boldsymbol{\Sigma}$ 为包含 $\boldsymbol{A}$ 的非零奇异值的 $r \times r$ 对角矩阵. 首先请注意，如果输入 $\boldsymbol{x}$ 沿着其中一个左奇异向量 $\boldsymbol{v}_i$ 的方向，那么输出 $\boldsymbol{y}$ 要么为零（如果 $i > r$），要么沿相应的右奇异向量 $\boldsymbol{u}_i$ 的方向以一个因子 σ_i 来缩放. 事实上，用 $\boldsymbol{e}_i$ 表示除位置 i 之外的所有零的向量，则我们有：

$$\boldsymbol{A}\boldsymbol{v}_i = \boldsymbol{U}\tilde{\boldsymbol{\Sigma}}\boldsymbol{V}^\top\boldsymbol{v}_i = \boldsymbol{U}\tilde{\boldsymbol{\Sigma}}\boldsymbol{e}_i = \begin{cases} 0 & \text{如果 } i > r, \\ \sigma_i\boldsymbol{u}_i & \text{其他.} \end{cases}$$

此外，还要注意，单位球 $\mathcal{B}^n$ 在通过一个正交矩阵定义的线性映射下是不变的，即对任意正交矩阵 $\boldsymbol{Q} \in \mathbb{R}^{n,n}$, 有

$$\{\boldsymbol{y} : \boldsymbol{y} = \boldsymbol{Q}\boldsymbol{x}, \boldsymbol{x} \in \mathcal{B}^n\} = \mathcal{B}^n.$$

这是由于 $\boldsymbol{Q}\boldsymbol{Q}^\top = \boldsymbol{Q}^\top\boldsymbol{Q} = \boldsymbol{I}_n$, 因为 $\|\boldsymbol{y}\|_2^2 = \boldsymbol{y}^\top\boldsymbol{y} = \boldsymbol{x}^\top\boldsymbol{Q}^\top\boldsymbol{Q}\boldsymbol{x} = \|\boldsymbol{x}\|_2^2$. 因此，我们可以通过假设 $\boldsymbol{x} = \boldsymbol{V}\boldsymbol{z}$ ($\boldsymbol{z} \in \mathcal{B}^n$) 等价地定义式 (6.23) 中的像集 $\mathcal{E}_{\boldsymbol{y}}$, 于是

$$\mathcal{E}_{\boldsymbol{y}} = \left\{\boldsymbol{y} : \boldsymbol{y} = \boldsymbol{U}\tilde{\boldsymbol{\Sigma}}\boldsymbol{z}, \ \boldsymbol{z} \in \mathcal{B}^n\right\}.$$

现在，定义 $\boldsymbol{U} = [\boldsymbol{U}_r \ \boldsymbol{U}_{nr}]$ 和 $\boldsymbol{z}^\top = [\boldsymbol{z}_1^\top \ \boldsymbol{z}_2^\top]$, 其中 $\boldsymbol{U}_r$ 包含 $\boldsymbol{U}$ 的前 r 列，$\boldsymbol{U}_{nr}$ 包含 $\boldsymbol{U}$ 的后 $n-r$ 列，而 $\boldsymbol{z}_1, \boldsymbol{z}_2$ 分别是 $\boldsymbol{z}$ 的前 r 个分量和 $\boldsymbol{z}$ 的后 $n-r$ 个分量. 回顾式 (5.1) 中 $\tilde{\boldsymbol{\Sigma}}$ 的块结构，我们有：

$$\boldsymbol{y} = \boldsymbol{U}\tilde{\boldsymbol{\Sigma}}\boldsymbol{z} \quad \Leftrightarrow \quad \boldsymbol{U}^\top\boldsymbol{y} = \tilde{\boldsymbol{\Sigma}}\boldsymbol{z} \quad \Leftrightarrow \quad \begin{bmatrix} \boldsymbol{U}_r^\top\boldsymbol{y} \\ \boldsymbol{U}_{nr}^\top\boldsymbol{y} \end{bmatrix} = \begin{bmatrix} \boldsymbol{\Sigma}\boldsymbol{z}_1 \\ 0 \end{bmatrix}.$$

这些关系的下半部分 ($\boldsymbol{U}_{nr}^{\top}\boldsymbol{y}=0$) 仅意味着 $\boldsymbol{y}\in\mathcal{R}(\boldsymbol{A})$, 而第一个块定义了 $\mathcal{R}(\boldsymbol{A})$ 内的像集的形状. 由于 $\|\boldsymbol{z}\|_2=1$ 暗含 $\|\boldsymbol{z}_1\|_2\leqslant 1$, 这样我们有:

$$\mathcal{E}_{\boldsymbol{y}}=\left\{\boldsymbol{y}\in\mathcal{R}(\boldsymbol{A}):\ \boldsymbol{U}_r^{\top}\boldsymbol{y}=\boldsymbol{\Sigma}\boldsymbol{z}_1,\ \boldsymbol{z}_1\in\mathcal{B}^r\right\}.$$

由于 $\boldsymbol{\Sigma}$ 是可逆的，我们也可以写为:

$$\boldsymbol{z}_1=\boldsymbol{\Sigma}^{-1}\boldsymbol{U}_r^{\top}\boldsymbol{y},$$

于是

$$\boldsymbol{z}_1^{\top}\boldsymbol{z}_1\leqslant 1 \quad\Leftrightarrow\quad \boldsymbol{y}^{\top}\boldsymbol{H}\boldsymbol{y}\leqslant 1,\quad \boldsymbol{H}=\boldsymbol{U}_r\boldsymbol{\Sigma}^{-2}\boldsymbol{U}_r^{\top},$$

以及 $\boldsymbol{H}=\boldsymbol{U}_r\boldsymbol{\Sigma}^{-2}\boldsymbol{U}_r^{\top}=\boldsymbol{A}^{\dagger\top}\boldsymbol{A}^{\dagger}$, 故最终有:

$$\mathcal{E}_{\boldsymbol{y}}=\left\{\boldsymbol{y}\in\mathcal{R}(\boldsymbol{A}):\boldsymbol{y}^{\top}\boldsymbol{H}\boldsymbol{y}\leqslant 1\right\},\quad \boldsymbol{H}=\boldsymbol{A}^{\dagger\top}\boldsymbol{A}^{\dagger}. \tag{6.24}$$

在式 (6.24) 中的集合是有界的但可能为退化的椭圆（在正交于 $\mathcal{R}(\boldsymbol{A})$ 的子空间上是平坦的),其中轴方向为右奇异向量 $\boldsymbol{u}_i$, 而半轴长度为 $\sigma_i\ (i=1,\cdots,n)$, 参见图 6.12 以及 9.2.2 节中有关椭球表示的讨论. 如果我们用 $\mathcal{R}(\boldsymbol{A})$ 的正交基表示椭球 $\mathcal{E}_{\boldsymbol{y}}$, 则它的形状非常简单. 也就是说，将每个 $\boldsymbol{y}\in\mathcal{R}(\boldsymbol{A})$ 表示为 $\boldsymbol{y}=\boldsymbol{U}_r\boldsymbol{x}$, 像集 $\mathcal{E}_{\boldsymbol{y}}$ 可以简单地由下式给出:

$$\mathcal{E}_{\boldsymbol{y}}=\{\boldsymbol{y}=\boldsymbol{U}_r\boldsymbol{z}:\ \boldsymbol{z}\in\mathcal{E}_{\boldsymbol{x}}\},\quad \mathcal{E}_{\boldsymbol{x}}=\left\{\boldsymbol{x}\in\mathbb{R}^r:\ \boldsymbol{x}^{\top}\boldsymbol{\Sigma}^{-2}\boldsymbol{x}\leqslant 1\right\},$$

其中 $\mathcal{E}_{\boldsymbol{x}}$ 是一个非退化椭球，其轴与 $\mathbb{R}^r$ 的标准轴对齐，半轴长度为 $\sigma_i\ (i=1,\cdots,n)$. 当 $\boldsymbol{A}$ 满秩且为“宽的”时（即 $n\geqslant m$ 且 $r=\operatorname{rank}(\boldsymbol{A})=m$)，有 $\boldsymbol{A}^{\dagger}=\boldsymbol{A}^{\top}(\boldsymbol{A}\boldsymbol{A}^{\top})^{-1}$ 和 $\boldsymbol{H}=\boldsymbol{A}^{\dagger\top}\boldsymbol{A}^{\dagger}=(\boldsymbol{A}\boldsymbol{A}^{\top})^{-1}$, 这样 $\mathcal{E}_{\boldsymbol{y}}$ 是有界且非退化（满维）的椭球:

$$\mathcal{E}_{\boldsymbol{y}}=\left\{\boldsymbol{y}\in\mathbb{R}^m:\ \boldsymbol{y}^{\top}(\boldsymbol{A}\boldsymbol{A}^{\top})^{-1}\boldsymbol{y}\leqslant 1\right\}.$$

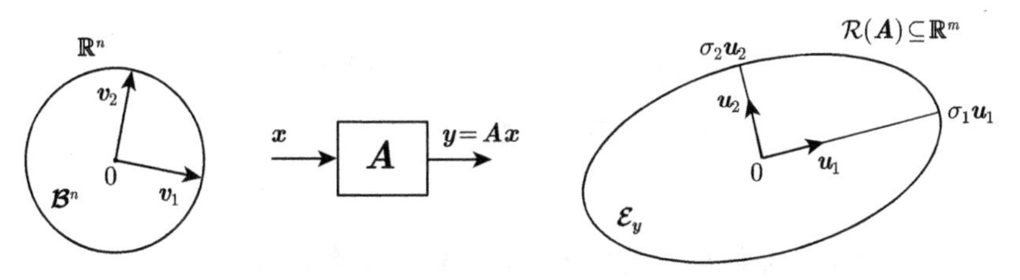

图 6.12 一个线性映射下的单位球 $\mathcal{B}^n$ 的像是一个椭球 $\mathcal{E}_{\boldsymbol{y}}$

6.6.2 反问题

我们用类似的方法来处理反问题：假定已经知道输出 $\boldsymbol{y}$ 位于单位球 $\mathcal{B}^m$ 内，现在想知道满足 $\boldsymbol{y}\in\mathcal{B}^m$ 的输入向量 $\boldsymbol{x}$ 的集合. 正式地，我们需要找到单位球在线性映射 (6.22) 下的原像，也就是

$$\mathcal{E}_{\boldsymbol{x}}=\{\boldsymbol{x}\in\mathbb{R}^n:\ \boldsymbol{A}\boldsymbol{x}\in\mathcal{B}^m\}.$$

因为 $\boldsymbol{Ax} \in \mathcal{B}^m$ 当且仅当 $\boldsymbol{x}^\top \boldsymbol{A}^\top \boldsymbol{Ax} \leqslant 1$, 立即得到我们想要找到的原像是满维的（但有可能是无界）的椭球（参看 9.2.2 节）：

$$\mathcal{E}_{\boldsymbol{x}} = \{\boldsymbol{x} \in \mathbb{R}^n : \boldsymbol{x}^\top (\boldsymbol{A}^\top \boldsymbol{A})\boldsymbol{x} \leqslant 1\}.$$

椭球沿着 $\boldsymbol{A}$ 的零空间中的任意方向 $\boldsymbol{x}$ 都是无界的（显然，如果 $\boldsymbol{x} \in \mathcal{N}(\boldsymbol{A})$, 则 $\boldsymbol{y} = \boldsymbol{Ax} = 0 \in \mathcal{B}^m$）. 如果 $\boldsymbol{A}$ 是"瘦的"和满秩的（即 $n \leqslant m$ 且 $r = \text{rank}(\boldsymbol{A}) = n$），那么 $\boldsymbol{A}^\top \boldsymbol{A} \succ 0$ 且椭球 $\mathcal{E}_{\boldsymbol{x}}$ 是有界的. 椭球 $\mathcal{E}_{\boldsymbol{x}}$ 的轴是沿着左奇异向量 $\boldsymbol{v}_i$ 的方向，而半轴长度为 σ_i^{-1} $(i = 1, \cdots, n)$, 如图 6.13 所示. 下面的引理总结了上面的发现.

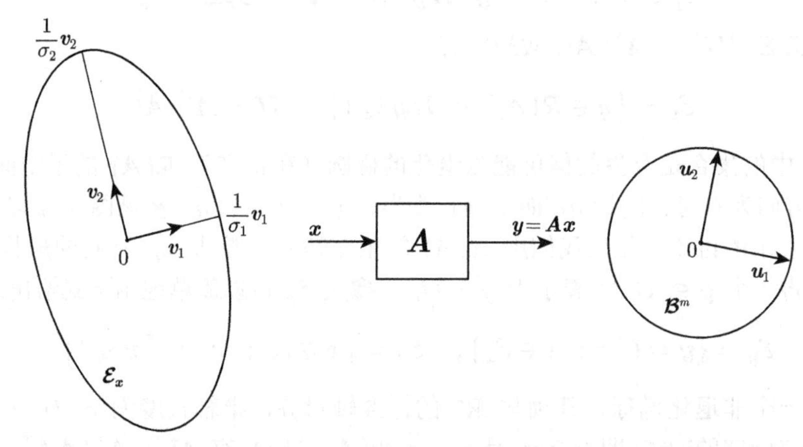

图 6.13　在线性映射 $\boldsymbol{y} = \boldsymbol{Ax}$ 下输出为单位球的原像

引理 6.4（单位球在线性映射下的像与原像）　已知 $\boldsymbol{A} \in \mathbb{R}^{m,n}$, 设 $\boldsymbol{A} = \boldsymbol{U}_r \boldsymbol{\Sigma}_r \boldsymbol{V}_r^\top$ 为矩阵 $\boldsymbol{A}$ 的紧凑形式的 SVD, 其中 $r = \text{rank}(\boldsymbol{A})$. 设 $\mathcal{B}^q \doteq \{\boldsymbol{z} \in \mathbb{R}^q : \|\boldsymbol{z}\|_2 \leqslant 1\}$ 为单位欧氏球，且有

$$\mathcal{E}_{\boldsymbol{y}} = \{\boldsymbol{y} \in \mathbb{R}^m : \boldsymbol{y} = \boldsymbol{Ax}, \boldsymbol{x} \in \mathcal{B}^n\},$$
$$\mathcal{E}_{\boldsymbol{x}} = \{\boldsymbol{x} \in \mathbb{R}^n : \boldsymbol{Ax} \in \mathcal{B}^m\}.$$

那么有：

1. 像集 $\mathcal{E}_{\boldsymbol{y}}$ 是一个有界椭球，其轴为矩阵 $\boldsymbol{A}$ 的右奇异向量 $\boldsymbol{u}_i$ $(i = 1, \cdots, m)$. 当 $i = 1, \cdots, r$ 时，其半轴的长度为 $\sigma_i > 0$ 当 $i = r+1, \cdots, m$ 时，其对应的半轴长度为 0. 也就是说，当 $r < m$ 时，椭球是退化的（平坦的）. 进一步，如果 $r = m \leqslant n$, 则 $\mathcal{E}_{\boldsymbol{y}}$ 是有界且满维的，其具有如下的解析表示：
$$\mathcal{E}_{\boldsymbol{y}} = \{\boldsymbol{y} \in \mathbb{R}^m : \boldsymbol{y}^\top (\boldsymbol{AA}^\top)^{-1} \boldsymbol{y} \leqslant 1\}, \quad \boldsymbol{AA}^\top \succ 0.$$
2. 原像集 $\mathcal{E}_{\boldsymbol{x}}$ 是一个非退化的椭球，其半轴为矩阵 $\boldsymbol{A}$ 的左奇异值向量 $\boldsymbol{v}_i$ $(i = 1, \cdots, n)$. 半轴长度为 $\sigma_i^{-1} > 0$ $(i = 1, \cdots, r)$, 而对于 $i = r+1, \cdots, n$, 其对应的半轴长度为无

穷大. 也就是说，当 $r<n$ 时，椭球沿着方向 $\boldsymbol{v}_{r+1},\cdots,\boldsymbol{v}_n$ 是无界的（即圆柱形）. 进一步，如果 $r=n\leqslant m$, 那么 $\mathcal{E}_{\boldsymbol{x}}$ 是有界的，且有如下解析表示:

$$\mathcal{E}_{\boldsymbol{x}}=\{\boldsymbol{x}\in\mathbb{R}^n:\ \boldsymbol{x}^\top(\boldsymbol{A}^\top\boldsymbol{A})\boldsymbol{x}\leqslant 1\},\quad \boldsymbol{A}^\top\boldsymbol{A}\succ 0.$$

6.6.3　控制与估计椭球

通常分别称椭球 $\mathcal{E}_{\boldsymbol{y}}$, $\mathcal{E}_{\boldsymbol{x}}$ 为控制椭球和估计椭球. 这个术语反映了关于 $\mathcal{E}_{\boldsymbol{y}}$, $\mathcal{E}_{\boldsymbol{x}}$ 的两个重要的工程解释. 考虑输入/输出映射 (6.22), 其中 $\boldsymbol{x}$ 解释为给到“系统” $\boldsymbol{A}$ 的激发输入，$\boldsymbol{y}$ 为导致的输出. 通常 $\boldsymbol{x}$ 表示诸如力、力矩、电压、压力和流量等物理量. 欧氏范数的平方 $\|\boldsymbol{x}\|_2^2$ 可以解释为关于输入的能量. 于是，控制椭球 $\mathcal{E}_{\boldsymbol{y}}$ 表示单位输入能量可达到的输出集合. 奇异值 σ_i 度量了输入沿着输出方向 $\boldsymbol{u}_i\in\mathbb{R}^m$ 的控制权限. 小的 σ_i 意味着很难（即能源昂贵的）沿着方向 $\boldsymbol{u}_i$ 达到输出. 如果 $r<m$, 那么实际上沿着方向 $\boldsymbol{u}_{r+1},\cdots,\boldsymbol{u}_m$ 没有控制权限，即由这些向量张成的输出子空间是不可达的.

反之，假设人们需要通过如下形式的关于 $\boldsymbol{\theta}$ 的带噪音线性测量来确定一个未知参数 $\boldsymbol{\theta}$ 的值:

$$\boldsymbol{a}_i^\top\theta=\hat{y}_i+y_i,\quad i=1,\cdots,m,$$

其中 $\hat{y}_i$ 是名义上的测量值，而 y_i 表示关于第 i 个测量的不确定性（例如：噪音）. 用向量形式，则可写成:

$$\boldsymbol{A}\boldsymbol{\theta}=\hat{\boldsymbol{y}}+\boldsymbol{y},$$

其中我们假设不确定的向量 $\boldsymbol{y}$ 是依范数有界的：$\|\boldsymbol{y}\|_2\leqslant 1$. 设 $\hat{\boldsymbol{\theta}}$ 为对应于名义测量值的参数值，也就是

$$\boldsymbol{A}\hat{\boldsymbol{\theta}}=\hat{\boldsymbol{y}},$$

那么 $\boldsymbol{\theta}$ 的真实（未知的）值为 $\boldsymbol{\theta}=\hat{\boldsymbol{\theta}}+\boldsymbol{x}$, 其中 $\boldsymbol{x}$ 表示由测量的不确定性导致的关于 $\boldsymbol{\theta}$ 的不确定性. 显然有 $\boldsymbol{A}(\hat{\boldsymbol{\theta}}+\boldsymbol{x})=\hat{\boldsymbol{y}}+\boldsymbol{y}$, 于是

$$\boldsymbol{A}\boldsymbol{x}=\boldsymbol{y},\quad \|\boldsymbol{y}\|_2\leqslant 1.$$

这样，估计椭球 $\mathcal{E}_{\boldsymbol{x}}$ 提供了名义参数 $\hat{\boldsymbol{\theta}}$ 周围的不确定性区域，该区域由关于名义测量读数上的不确定性 $\boldsymbol{y}$ 引起. 这个椭球的轴沿着矩阵 $\boldsymbol{A}$ 的右奇异向量 $\boldsymbol{v}_i$ 的方向，半轴的长度为 σ_i^{-1}, $i=1,\cdots,r$: 长度 σ_i^{-1} 越小，参数 $\boldsymbol{\theta}$ 周围沿 $\boldsymbol{v}_i$ 方向的置信区间就越小. 最短的轴 $\sigma_1^{-1}\boldsymbol{v}_1$ 表示对测量误差最不敏感的输入空间中的方向，最大的轴 $\sigma_r^{-1}\boldsymbol{v}_r$ 表示对测量误差最敏感的输入空间中的方向.

例 6.7（力的产生）　再次考虑例 6.3, 其为关于一个装有 n 个推进器的刚体，需要给它施加一个期望的合力和扭矩. 这里，输入向量 $\boldsymbol{x}$ 包含推力器产生的各个力，而输出 $\boldsymbol{y}$ 为合力/扭矩. 作为一个数值例子，我们考虑 $n=6$ 个推进器分别被放置在角度 $\theta_1=0$,

$\theta_2=\pi/16$, $\theta_3=(15/16)\pi$, $\theta_4=\pi$, $\theta_5=(17/16)\pi$, $\theta_6=(31/16)\pi$. 仅将力的各分量作为输出，即 $\boldsymbol{y}=[f_{\boldsymbol{x}}\ f_{\boldsymbol{y}}]^\top$. 这样则有 $\boldsymbol{y}=\boldsymbol{A}\boldsymbol{x}$, 其中

$$\boldsymbol{A}=\begin{bmatrix}\cos\theta_1 & \cdots & \cos\theta_6\\ \sin\theta_1 & \cdots & \sin\theta_6\end{bmatrix}$$

$$=\begin{bmatrix}1 & 0.9808 & -0.9808 & -1 & -0.9808 & 0.9808\\ 0 & 0.1951 & 0.1951 & 0 & -0.1951 & -0.1951\end{bmatrix}.$$

通过满足 $\|\boldsymbol{x}\|_2\leqslant 1$ 的输入 $\boldsymbol{x}$ 获得的输出合力 $\boldsymbol{y}$ 的集合由控制椭球给出：

$$\mathcal{E}_{\boldsymbol{y}}=\{\boldsymbol{y}:\boldsymbol{y}^\top\boldsymbol{p}^{-1}\boldsymbol{y}\leqslant 1\},$$

其中

$$\boldsymbol{p}=\boldsymbol{A}\boldsymbol{A}^\top=\begin{bmatrix}5.8478 & 0.0\\ 0.0 & 0.1522\end{bmatrix}.$$

在这种情况下，控制椭球的轴与 $\mathbb{R}^2$ 的标准轴对齐，半轴长度为 $\sigma_1=2.4182$（水平轴）和 $\sigma_2=0.3902$（垂直轴），如图 6.14 所示. 因此，在垂直方向上产生输出力需要是在水平方向上产生输出力的大约 6.2 倍.

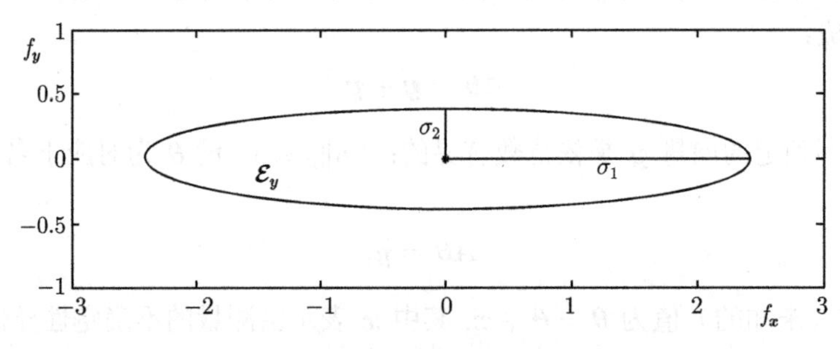

图 6.14 单位范数输入可达到的合力的控制椭球

例 6.8（三边测量） 考虑例 6.2, 其处理了从三个已知信标测量物体距离来定位物体坐标的问题. 这实际上是一个估计问题，其中未知位置将由（可能有噪声的）距离测量确定. 设点 $\boldsymbol{a}_1$, $\boldsymbol{a}_2$, $\boldsymbol{a}_3$ 分别表示三个信标的位置. 将未知物体位置和测量数据关联矩阵 A 为:

$$\boldsymbol{A}=\begin{bmatrix}2(\boldsymbol{a}_2-\boldsymbol{a}_1)^\top\\ 2(\boldsymbol{a}_3-\boldsymbol{a}_1)^\top\end{bmatrix}.$$

估计椭球 $\mathcal{E}_{\boldsymbol{x}}$ 使我们能够精确评估测量向量中的误差如何影响目标位置的不确定性. 如果测量误差在单位欧氏球内有界，则名义目标位置周围的不确定区域由估计椭球给出：

$$\mathcal{E}_{\boldsymbol{x}}=\{\boldsymbol{x}:\boldsymbol{x}^\top\boldsymbol{H}\boldsymbol{x}\leqslant 1\},\quad \boldsymbol{H}=\boldsymbol{A}^\top\boldsymbol{A}.$$

对于如下的数值例子，我们考虑两种情形. 在第一种情形中，信标位置为：

$$\boldsymbol{a}_1=\begin{bmatrix}0\\0\end{bmatrix},\boldsymbol{a}_2=\begin{bmatrix}4\\-1\end{bmatrix},\boldsymbol{a}_3=\begin{bmatrix}5\\0\end{bmatrix},$$

而在第二种情形下，信标位置则为：

$$\boldsymbol{a}_1=\begin{bmatrix}0\\0\end{bmatrix},\boldsymbol{a}_2=\begin{bmatrix}0\\3\end{bmatrix},\boldsymbol{a}_3=\begin{bmatrix}5\\0\end{bmatrix},$$

图 6.15 展示了两种情形下的估计椭球. 在这个例子中，在给定测量不确定性的情况下，估计椭球表示物体实际位置所在空间的置信区域. 我们观察到在第一种情况下，沿着 v_2 轴（几乎垂直）有很大的不确定性，因此在这种情况下，我们对物体的水平位置有很好的置信区间，而对垂直位置的置信区间很差. 第二种情况产生了一个更“球形”的椭球，其在水平轴和垂直轴上具有更平衡的不确定性.

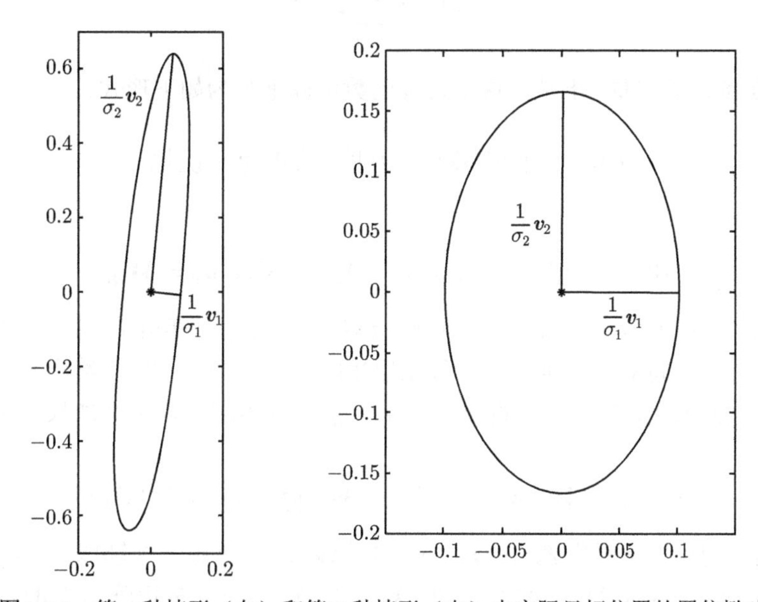

图 6.15　第一种情形（左）和第二种情形（右）中实际目标位置的置信椭球

6.7　最小二乘问题的变形

6.7.1　线性等式约束最小二乘

基本 LS 问题 (6.5) 的一个拓展允许在变量 $\boldsymbol{x}$ 上添加线性等式约束，从而产生如下的约束问题：

$$\min_{\boldsymbol{x}}\|\boldsymbol{A}\boldsymbol{x}-\boldsymbol{y}\|_2^2,\quad \text{s.t.: } \boldsymbol{C}\boldsymbol{x}=\boldsymbol{d},$$

其中 $C \in \mathbb{R}^{p,n}$ 和 $d \in \mathbb{R}^p$. 按照 12.2.6.1 节中所表述的标准步骤，通过“消除”等式约束，可将该问题转化为标准的 LS 问题. 另外，借助对正规方程组的扩充，9.6.1 节中所述的基于乘子的方法也可用来求解该问题.

6.7.2　加权最小二乘

标准的最小二乘问题的目标函数是如下的方程残差的平方和：

$$\|\boldsymbol{Ax}-\boldsymbol{y}\|_2^2=\sum_{i=1}^m r_i^2,\quad r_i=\boldsymbol{a}_i^\top \boldsymbol{x}-y_i,$$

其中 $\boldsymbol{a}_i^\top, i=1,\cdots,m$ 是矩阵 $\boldsymbol{A}$ 的行. 在某些情况下，方程残差可能不具有相同的重要性（例如，满足第一个方程比满足其他方程更重要），并且可以通过在 LS 目标中引入权重来建模这种相对重要性，也就是：

$$f_0(x)=\sum_{i=1}^m \omega_i^2 r_i^2,$$

其中 $\omega_i \leqslant 0$ 是给定的权重. 于是，这个目标函数可以重写为如下形式：

$$f_0(\boldsymbol{x})=\|\boldsymbol{W}(\boldsymbol{Ax}-\boldsymbol{y})\|_2^2=\|\boldsymbol{A}_\omega \boldsymbol{x}-\boldsymbol{y}_\omega\|_2^2,$$

其中

$$\boldsymbol{W}=\operatorname{diag}(\omega_1,\cdots,\omega_m),\quad \boldsymbol{A}_\omega \doteq \boldsymbol{WA}, \boldsymbol{y}_\omega=\boldsymbol{Wy}.$$

因此，加权 LS 问题仍然具有标准 LS 问题的结构，其加权行矩阵为 $\boldsymbol{A}_w$, 而列向量为 $\boldsymbol{y}_w$. 实际上，权矩阵可以将对角阵推广为对称正定矩阵. 假设 $\boldsymbol{W} \succ 0$, 它给出了残差空间中不同方向对应的不同权重. 事实上，设 $\boldsymbol{r}=\boldsymbol{Ax}-\boldsymbol{y}$ 为残差向量，那么加权最小二乘的目标函数为：

$$f_0(\boldsymbol{x})=\|\boldsymbol{W}(\boldsymbol{Ax}-\boldsymbol{y})\|_2^2=\|\boldsymbol{Wr}\|_2^2=\boldsymbol{r}^\top(\boldsymbol{W}^\top\boldsymbol{W})\boldsymbol{r},$$

以及残差空间中的单位水平集 $\mathcal{E}_r=\{\boldsymbol{r}:\boldsymbol{r}^\top(\boldsymbol{W}^\top\boldsymbol{W})\boldsymbol{r}\leqslant 1\}$ 是一个椭球，其轴对齐于 $\boldsymbol{W}$ 的特征向量 $\boldsymbol{u}_i$, 而其半轴长度为 λ_i^{-1}, 其中 λ_i, $i=1,\cdots,m$ 是矩阵 $\boldsymbol{W}$ 的特征值. 长度为 $\lambda_{\min}^{-1}$ 的最大半轴是成本函数 f_0 对残差最不敏感的方向，沿该方向的残差向量可能较大，并且仍保持在单位水平成本集 $\mathcal{E}_r$ 中. 类似地，具有长度 $\lambda_{\max}^{-1}$ 的最小半轴是成本函数 f_0 对残差最敏感的方向. 因此 $\lambda_{\max}=\lambda_1\geqslant\cdots\geqslant\lambda_m=\lambda_{\min}$ 扮演着沿对应方向 $\boldsymbol{u}_1,\cdots,\boldsymbol{u}_m$ 的残差权重.

于是，加权最小二乘问题的求解似于标准最小二乘问题的求解，其相当于求解加权正规方程组 $\boldsymbol{A}_\omega^\top\boldsymbol{A}_\omega\boldsymbol{x}=\boldsymbol{A}_\omega^\top\boldsymbol{y}_\omega$, 也就是

$$\boldsymbol{A}^\top\boldsymbol{PAx}=\boldsymbol{A}^\top\boldsymbol{Py},\quad \boldsymbol{P}=\boldsymbol{W}^\top\boldsymbol{W},\ \boldsymbol{W}\succeq 0.$$

6.7.3 ℓ_2 正则最小二乘

正则 LS 是指如下形式的一类问题：

$$\min_{\boldsymbol{x}} \|\boldsymbol{A}\boldsymbol{x}-\boldsymbol{y}\|_2^2+\phi(\boldsymbol{x}),$$

其中 $\phi(\boldsymbol{x})$ 是被加入最小二乘目标函数中的正则项或惩罚项. 在大多数通常情况下，ϕ 正比于 $\boldsymbol{x}$ 的 ℓ_1 范数或 ℓ_2 范数. LASSO 问题对应于 ℓ_1 正则情形，其在 9.6.2 节中进行详细讨论，而下面讨论 ℓ_2 正则情况.

我们用一个“控制”的例子来更好地解释 ℓ_2 正则化的想法. 考虑线性映射 $f(\boldsymbol{x})=\boldsymbol{A}\boldsymbol{x}$, 其中 $\boldsymbol{x}$ 是输入，而 $\boldsymbol{y}$ 是给定的期望输出，如图 6.16 所示.

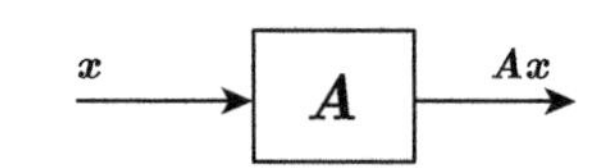

图 6.16 一个线性控制问题：找到 $\boldsymbol{x}$ 使 $\boldsymbol{A}\boldsymbol{x}$ 接近目标输出 $\boldsymbol{y}$

标准最小二乘问题可以解释为一个控制问题. 我们想要确定一个合适的输入 $\boldsymbol{x}$ 使输出尽可能接近（在欧氏范数下）给定的期望输出 $\boldsymbol{y}$. 这里，所有的重点都是尽可能地匹配所期望的输出. 然而，这样做需要在输入上下功夫，也就是说它需要在“激发器”上有一定的能量，而这个能量可以用输入向量的平方范数 $\|\boldsymbol{x}\|_2^2$ 来度量. 一方面，我们希望输出匹配误差很小，另一方面，希望为实现这一目标耗费很少的输入能量，因此自然会出现一种折中. 我们因此可以通过定义如下的“混合”目标来正式表述这种权衡：

$$f_0(\boldsymbol{x})=\|\boldsymbol{A}\boldsymbol{x}-\boldsymbol{y}\|_2^2+\gamma\|\boldsymbol{x}\|_2^2,\quad \gamma\geqslant 0,$$

其中 $\gamma\geqslant 0$ 表示两个竞争目标的相对权重，小的 γ 使问题偏向于具有良好的输出匹配但可能具有较大的输入能量的解决方案. 大的 γ 使问题倾向于输入能量小但输出匹配可能会比较差的解决方案. 这样导致的问题：

$$\min_{\boldsymbol{x}} \|\boldsymbol{A}\boldsymbol{x}-\boldsymbol{y}\|_2^2+\gamma\|\boldsymbol{x}\|_2^2. \tag{6.25}$$

是一个 ℓ_2 正则最小二乘问题. 回顾一个分块向量的平方欧氏范数等于块的平方范数之和，即

$$\left\|\begin{bmatrix}\boldsymbol{a}\\ \boldsymbol{b}\end{bmatrix}\right\|_2^2=\|\boldsymbol{a}\|_2^2+\|\boldsymbol{b}\|_2^2,$$

那么可以看到正则最小二乘问题可重写为具有如下标准形式的最小二乘问题：

$$\|\boldsymbol{A}\boldsymbol{x}-\boldsymbol{y}\|_2^2+\gamma\|\boldsymbol{x}\|_2^2=\|\tilde{\boldsymbol{A}}\boldsymbol{x}-\tilde{\boldsymbol{y}}\|_2^2,$$

其中

$$\tilde{\boldsymbol{A}}\doteq\begin{bmatrix}\boldsymbol{A}\\ \sqrt{\gamma}\boldsymbol{I}_n\end{bmatrix},\quad \tilde{\boldsymbol{y}}\doteq\begin{bmatrix}\boldsymbol{y}\\ 0_n\end{bmatrix}. \tag{6.26}$$

正则 LS 问题的一个更加通用的格式允许在输出匹配残差和输入项与名义值的偏差上引入加权矩阵，从而导致以下问题：

$$\min_{\boldsymbol{x}} \|\boldsymbol{W}_1(\boldsymbol{A}\boldsymbol{x}-\boldsymbol{y})\|_2^2+\|\boldsymbol{W}_2(\boldsymbol{x}-\boldsymbol{x}_0)\|_2^2, \tag{6.27}$$

其中 $\boldsymbol{W}_1 \succ 0$ 和 $\boldsymbol{W}_2 \succ 0$ 是权重矩阵，而 $\boldsymbol{x}_0$ 是给定的 $\boldsymbol{x}$ 的名义值. 有时称这种广义正则化为 Tikhonov 正则化（用贝叶斯统计对此的解释可参见 6.7.4 节）. 这个正则化的 LS 问题仍然可以用如下的标准 LS 问题的格式进行转换：

$$\min_{\boldsymbol{x}} \left\|\tilde{\boldsymbol{A}}\boldsymbol{x}-\tilde{\boldsymbol{y}}\right\|_2^2,$$

其中

$$\tilde{\boldsymbol{A}} \doteq \begin{bmatrix} \boldsymbol{W}_1\boldsymbol{A} \\ \boldsymbol{W}_2 \end{bmatrix}, \quad \tilde{y} \doteq \begin{bmatrix} \boldsymbol{W}_1\boldsymbol{y} \\ \boldsymbol{W}_2\boldsymbol{x}_0 \end{bmatrix}. \tag{6.28}$$

显然，问题 (6.25) 为问题 (6.27) 的一种特殊形式，其中 $\boldsymbol{W}_1=\boldsymbol{I}_m$, $\boldsymbol{W}_2=\sqrt{\gamma}\boldsymbol{I}_n$, $\boldsymbol{x}_0=0_n$.

6.7.3.1 正则解的敏感性

我们在 6.5.4 节中看到 LS 解对 $\boldsymbol{y}$ 参数变化的敏感性由条件数 $\kappa(\boldsymbol{A}^\top\boldsymbol{A})=\kappa^2(\boldsymbol{A})$ 来决定. 下面证明正则化确实改善了（即减少了）条件数，因此它降低了解对问题数据中扰动的敏感性. 为了问题的简化，我们考虑列满秩的情况，其中 $r=\operatorname{rank}(\boldsymbol{A})=n$. 在这样的情况下，矩阵 $\boldsymbol{A}$ 的紧凑形式的 SVD 为 $\boldsymbol{A}=\boldsymbol{U}_r\boldsymbol{\Sigma}\boldsymbol{V}^\top$ 和 $\boldsymbol{V}\boldsymbol{V}^\top=\boldsymbol{I}_n$. 正则化问题 (6.25) 是一个标准的 LS 问题，其矩阵 $\tilde{\boldsymbol{A}}$ 在式 (6.26) 中给出，对此我们有：

$$\begin{aligned}\tilde{\boldsymbol{A}}^\top\tilde{\boldsymbol{A}} &= \boldsymbol{A}^\top\boldsymbol{A}+\gamma\boldsymbol{I}_n=\boldsymbol{V}\boldsymbol{\Sigma}^2\boldsymbol{V}^\top+\gamma\boldsymbol{I}_n \\ &= \boldsymbol{V}(\boldsymbol{\Sigma}^2+\gamma\boldsymbol{I}_n)\boldsymbol{V}^\top.\end{aligned}$$

这样 $\tilde{\boldsymbol{A}}^\top\tilde{\boldsymbol{A}}$ 的奇异值为 $\sigma_i^2+\gamma$, 其中 $\sigma_i, i=1,\cdots,n$ 是 $\boldsymbol{A}$ 的奇异值. 那么条件数 $\kappa(\tilde{\boldsymbol{A}}^\top\tilde{\boldsymbol{A}})$ 为：

$$\begin{aligned}\kappa(\tilde{\boldsymbol{A}}^\top\tilde{\boldsymbol{A}}) &= \frac{\sigma_{\max}(\tilde{\boldsymbol{A}}^\top\tilde{\boldsymbol{A}})}{\sigma_{\min}(\tilde{\boldsymbol{A}}^\top\tilde{\boldsymbol{A}})}=\frac{\sigma_{\max}^2(\boldsymbol{A})+\gamma}{\sigma_{\min}^2(\boldsymbol{A})+\gamma}=\frac{\kappa^2(\boldsymbol{A})+\boldsymbol{L}}{1+\boldsymbol{L}} \\ &= \frac{\kappa^2(\boldsymbol{A})}{1+\boldsymbol{L}}+\frac{\boldsymbol{L}}{1+\boldsymbol{L}},\end{aligned}$$

其中

$$\boldsymbol{L} \doteq \frac{\gamma}{\sigma_{\min}^2(\boldsymbol{A})}.$$

当 $\boldsymbol{L} \gg 1$ 时，$\kappa(\tilde{\boldsymbol{A}}^\top\tilde{\boldsymbol{A}})$ 表达式中的第二项接近于 1, 而其第一项则远小于 $\kappa^2(\boldsymbol{A})$, 因此

$$L \gg 1 \Rightarrow \kappa(\tilde{\boldsymbol{A}}^\top\tilde{\boldsymbol{A}}) \ll \kappa(\boldsymbol{A}^\top\boldsymbol{A}),$$

这意味着正则化可以大大提高条件数. 进一步注意，甚至在 $\boldsymbol{A}^\top\boldsymbol{A}$ 是奇异的情况下（回想一下在这种情况下 LS 解是非唯一的），正则化矩阵 $\tilde{\boldsymbol{A}}^\top\tilde{\boldsymbol{A}}$ 总是非奇异的，因此正则化问题的解总是唯一的（当 $\gamma > 0$）.

6.7.4 Tikhonov 正则化的贝叶斯解释

在统计估计背景下，正则问题 (6.27) 有一个重要的解释. 考虑 6.3.4.5 节所介绍的带有线性噪声的测量问题 (6.11) 的一般性推广：

$$\boldsymbol{y} = \boldsymbol{A}\boldsymbol{x} + \boldsymbol{z}_m, \tag{6.29}$$

其中 $\boldsymbol{z}_m$ 是一个随机测量误差向量，其均值为 0，协方差矩阵为：

$$\mathrm{var}\{\boldsymbol{z}_m\boldsymbol{z}_m^\top\} = \boldsymbol{\Sigma}_m \succ 0.$$

当在 6.3.4.5 节中讨论线性无偏估计（BLUE）时，我们的目标是建立一个 $\boldsymbol{x}$ 的最小方差估计，其作为测量 $\boldsymbol{y}$ 的线性函数. 然而，在所谓的关于统计估计贝叶斯方法中，在对未知参数 $\boldsymbol{x}$ 进行任何实际测量之前，人们总是假设对该参数的值有某种先验的认知. 这种先验的认知可能来自过去的经验或其他预先存在的信息，并通过假设关于 $\boldsymbol{x}$ 的先验概率分布来量化. 这里，假设我们先验信息是由如下关系式合成：

$$\boldsymbol{x}_0 = \boldsymbol{x} + \boldsymbol{z}_p, \tag{6.30}$$

其中 $\boldsymbol{x}_0$ 是一个给定的向量，其用来量化我们关于 $\boldsymbol{x}$ 的先验认知（即这样的先验认知使我们相信 $\boldsymbol{x}_0$ 是 $\boldsymbol{x}$ 的一个相对合理的值），$\boldsymbol{z}_p$ 是一个均值为 0 的随机向量，其用来量化我们关于先验认知的不确定性. 假设 $\boldsymbol{z}_p$ 在统计上独立于 $\boldsymbol{z}_m$，我们仅知道 $\boldsymbol{z}_p$ 的协方差矩阵：

$$\mathrm{var}\{\boldsymbol{z}_p\} = \boldsymbol{\Sigma}_p \succ 0.$$

现在，我们建立一个同时考虑来自测量 (6.29) 和先验信息 (6.30) 的关于 $\boldsymbol{x}$ 的线性估计：

$$\hat{\boldsymbol{x}} = \boldsymbol{K}_m\boldsymbol{y} + \boldsymbol{K}_p\boldsymbol{x}_0, \tag{6.31}$$

其中 $\boldsymbol{K}_m$ 是估计量的测量增益，$\boldsymbol{K}_p$ 为先验信息的增益. 对于这个最优线性无偏估计量，需要确定 $\boldsymbol{K}_m$ 和 $\boldsymbol{K}_p$ 使 $\mathbb{E}\{\hat{\boldsymbol{x}}\} = \boldsymbol{x}$ 和 $\mathrm{var}\{\hat{\boldsymbol{x}}\}$ 最小. 注意到：

$$\hat{\boldsymbol{x}} = \boldsymbol{K}\bar{\boldsymbol{y}}, \quad \bar{\boldsymbol{y}} \doteq \begin{bmatrix} \boldsymbol{y} \\ \boldsymbol{x}_0 \end{bmatrix}, \quad \boldsymbol{K} \doteq \begin{bmatrix} \boldsymbol{K}_m & \boldsymbol{K}_p \end{bmatrix}.$$

其中我们可以考虑把 $\bar{\boldsymbol{y}}$ 看作是一个扩充测量：

$$\bar{\boldsymbol{y}} = \bar{\boldsymbol{A}}\boldsymbol{x} + \boldsymbol{z}, \quad \bar{\boldsymbol{A}} \doteq \begin{bmatrix} \boldsymbol{A} \\ \boldsymbol{I}_n \end{bmatrix}, \quad \boldsymbol{z} \doteq \begin{bmatrix} \boldsymbol{z}_m \\ \boldsymbol{z}_p \end{bmatrix},$$

这里

$$\boldsymbol{\Sigma} \doteq \operatorname{var}\{\boldsymbol{z}\} = \begin{bmatrix} \boldsymbol{\Sigma}_m & 0 \\ 0 & \boldsymbol{\Sigma}_p \end{bmatrix},$$

这是因为 $\boldsymbol{z}_m$ 和 $\boldsymbol{z}_p$ 被假设是独立的. 那么，我们有：

$$\mathbb{E}\{\hat{\boldsymbol{x}}\} = \mathbb{E}\{\boldsymbol{K}\bar{\boldsymbol{y}}\} = \mathbb{E}\{\boldsymbol{K}(\bar{\boldsymbol{A}}\boldsymbol{x} + \boldsymbol{z})\} = \boldsymbol{K}\bar{\boldsymbol{A}}\boldsymbol{x},$$

于是，对于无偏估计量，则一定有 $\mathbb{E}\{\hat{\boldsymbol{x}}\} = \boldsymbol{x}$, 这样得到：

$$\boldsymbol{K}\bar{\boldsymbol{A}} = \boldsymbol{I}.$$

如果我们设

$$\boldsymbol{\Sigma}^{1/2} \doteq \operatorname{var}\{\boldsymbol{z}\} = \begin{bmatrix} \boldsymbol{\Sigma}_m^{1/2} & 0 \\ 0 & \boldsymbol{\Sigma}_p^{1/2} \end{bmatrix}$$

为 $\boldsymbol{\Sigma} \succ 0$ 的矩阵平方根，那么上面的关系式也可写成：

$$\boldsymbol{K}\boldsymbol{\Sigma}^{1/2}\boldsymbol{\Sigma}^{-1/2}\bar{\boldsymbol{A}} = \boldsymbol{I},$$

这意味着 $\boldsymbol{K}\boldsymbol{\Sigma}^{1/2}$ 应该是 $\boldsymbol{\Sigma}^{-1/2}\bar{\boldsymbol{A}}$ 的一个左逆. 任意这样的左逆都可写为：

$$\boldsymbol{K}\boldsymbol{\Sigma}^{1/2} = (\boldsymbol{\Sigma}^{-1/2}\bar{\boldsymbol{A}})^{\dagger} + \boldsymbol{Q}, \tag{6.32}$$

其中 $\boldsymbol{Q}$ 是任意一个满足如下关系的矩阵：

$$\boldsymbol{Q}(\boldsymbol{\Sigma}^{-1/2}\bar{\boldsymbol{A}}) = 0. \tag{6.33}$$

现在则有：

$$\hat{\boldsymbol{x}} - \mathbb{E}\{\hat{\boldsymbol{x}}\} = \hat{\boldsymbol{x}} - \boldsymbol{x} = \boldsymbol{K}\boldsymbol{z},$$

因此

$$\begin{aligned} \operatorname{var}\{\hat{\boldsymbol{x}}\} &= \mathbb{E}\left\{\boldsymbol{K}\boldsymbol{z}\boldsymbol{z}^{\top}\boldsymbol{K}^{\top}\right\} = \boldsymbol{K}\boldsymbol{\Sigma}\boldsymbol{K}^{\top} = \boldsymbol{K}\boldsymbol{\Sigma}^{1/2}\boldsymbol{\Sigma}^{1/2}\boldsymbol{K}^{\top} \\ [\text{应用式 (6.32) , 式 (6.33) }] &= (\boldsymbol{\Sigma}^{-1/2}\bar{\boldsymbol{A}})^{\dagger}(\boldsymbol{\Sigma}^{-1/2}\bar{\boldsymbol{A}})^{+\top} + \boldsymbol{Q}\boldsymbol{Q}^{\top}. \end{aligned}$$

由于对任意 $\boldsymbol{Q}$ 都有 $\operatorname{var}\{\hat{x}\} \succeq (\boldsymbol{\Sigma}^{-1/2}\bar{\boldsymbol{A}})^{\dagger}(\boldsymbol{\Sigma}^{-1/2}\bar{\boldsymbol{A}})^{\dagger\top}$, 于是在 $\boldsymbol{Q} = 0$ 处方差达到最小. 这样，在 $\boldsymbol{Q} = 0$ 时，最优线性无偏估计为式 (6.32), 即

$$\hat{\boldsymbol{x}} = \boldsymbol{K}\bar{\boldsymbol{y}} = (\boldsymbol{\Sigma}^{-1/2}\bar{\boldsymbol{A}})^{\dagger}\boldsymbol{\Sigma}^{-1/2}\bar{\boldsymbol{y}} = \begin{bmatrix} \boldsymbol{\Sigma}_m^{-1/2}\boldsymbol{A} \\ \boldsymbol{\Sigma}_p^{-1/2} \end{bmatrix}^{\dagger} \begin{bmatrix} \boldsymbol{\Sigma}_m^{-1/2}\boldsymbol{y} \\ \boldsymbol{\Sigma}_p^{-1/2}\boldsymbol{x}_0 \end{bmatrix}$$

$$= \left(\boldsymbol{A}^\top \boldsymbol{\Sigma}_m^{-1} \boldsymbol{A} + \boldsymbol{\Sigma}_p^{-1}\right)^{-1} \begin{bmatrix} \boldsymbol{A}^\top \boldsymbol{\Sigma}_m^{-1/2} & \boldsymbol{\Sigma}_p^{-1/2} \end{bmatrix} \begin{bmatrix} \boldsymbol{\Sigma}_m^{-1/2} \boldsymbol{y} \\ \boldsymbol{\Sigma}_p^{-1/2} \boldsymbol{x}_0 \end{bmatrix}$$

$$= \left(\boldsymbol{A}^\top \boldsymbol{\Sigma}_m^{-1} \boldsymbol{A} + \boldsymbol{\Sigma}_p^{-1}\right)^{-1} \left(\boldsymbol{A}^\top \boldsymbol{\Sigma}_m^{-1} \boldsymbol{y} + \boldsymbol{\Sigma}_p^{-1} \boldsymbol{x}_0\right). \tag{6.34}$$

设

$$\boldsymbol{\Sigma}_+ \doteq \mathrm{var}\{\hat{\boldsymbol{x}}\} = \left(\boldsymbol{A}^\top \boldsymbol{\Sigma}_m^{-1} \boldsymbol{A} + \boldsymbol{\Sigma}_p^{-1}\right)^{-1},$$

我们得到式 (6.31) 中的两个矩阵增益:

$$\boldsymbol{K}_m = \boldsymbol{\Sigma}_+ \boldsymbol{A}^\top \boldsymbol{\Sigma}_m^{-1},$$

$$\boldsymbol{K}_p = \boldsymbol{\Sigma}_+ \boldsymbol{\Sigma}_p^{-1}.$$

通过令权重 $\boldsymbol{W}_1 = \boldsymbol{\Sigma}_m^{-1/2}$ 和 $\boldsymbol{W}_2 = \boldsymbol{\Sigma}_p^{-1/2}$, 则可以立即从式 (6.34) 中验证得到，最优线性无偏估计量与式 (6.27)与式(6.28) 中的正则 LS 问题的解相同. 应用矩阵逆引理（参见式 (3.9)），我们还可以将 $\boldsymbol{\Sigma}_+$ 表示为:

$$\boldsymbol{\Sigma}_+ = \left(\boldsymbol{A}^\top \boldsymbol{\Sigma}_m^{-1} \boldsymbol{A} + \boldsymbol{\Sigma}_p^{-1}\right)^{-1} = \boldsymbol{\Sigma}_p - \boldsymbol{\Sigma}_p \boldsymbol{A}^\top \left(\boldsymbol{\Sigma}_m + \boldsymbol{A}\boldsymbol{\Sigma}_p \boldsymbol{A}^\top\right)^{-1} \boldsymbol{A}\boldsymbol{\Sigma}_p.$$

设

$$\boldsymbol{Q} \doteq \boldsymbol{\Sigma}_m + \boldsymbol{A}\boldsymbol{\Sigma}_p \boldsymbol{A}^\top,$$

可以用另一种形式来表示这个估计量:

$$\begin{aligned}
\hat{\boldsymbol{x}} &= \boldsymbol{\Sigma}_+ \left(\boldsymbol{A}^\top \boldsymbol{\Sigma}_m^{-1} \boldsymbol{y} + \boldsymbol{\Sigma}_p^{-1} \boldsymbol{x}_0\right) \qquad (6.35)\\
&= \left(\boldsymbol{I} - \boldsymbol{\Sigma}_p \boldsymbol{A}^\top \boldsymbol{Q}^{-1} \boldsymbol{A}\right) \boldsymbol{\Sigma}_p \left(\boldsymbol{A}^\top \boldsymbol{\Sigma}_m^{-1} \boldsymbol{y} + \boldsymbol{\Sigma}_p^{-1} \boldsymbol{x}_0\right) \\
&\qquad [\text{加和减 } \boldsymbol{\Sigma}_p \boldsymbol{A}^\top \boldsymbol{Q}^{-1} \boldsymbol{y}] \\
&= \boldsymbol{x}_0 + \boldsymbol{\Sigma}_p \boldsymbol{A}^\top \boldsymbol{Q}^{-1} (\boldsymbol{y} - \boldsymbol{A}\boldsymbol{x}_0) + \boldsymbol{Z}\boldsymbol{y},
\end{aligned}$$

其中

$$\boldsymbol{Z} = \boldsymbol{\Sigma}_p \boldsymbol{A}^\top \boldsymbol{\Sigma}_m^{-1} - \boldsymbol{\Sigma}_p \boldsymbol{A}^\top \boldsymbol{Q}^{-1} \left(\boldsymbol{A}\boldsymbol{\Sigma}_p \boldsymbol{A}^\top \boldsymbol{\Sigma}_m^{-1} + \boldsymbol{I}\right).$$

在 $\boldsymbol{Z}$ 的表达式中，左侧提出 $\boldsymbol{\Sigma}_p$，右侧提出 $\boldsymbol{\Sigma}_m^{-1}$, 于是得到:

$$\begin{aligned}
\boldsymbol{Z} &= \boldsymbol{\Sigma}_p \left(\boldsymbol{A}^\top - \boldsymbol{A}^\top \boldsymbol{Q}^{-1} \left(\boldsymbol{A}\boldsymbol{\Sigma}_p \boldsymbol{A}^\top + \boldsymbol{\Sigma}_m\right)\right) \boldsymbol{\Sigma}_m^{-1} \\
&= \boldsymbol{\Sigma}_p \left(\boldsymbol{A}^\top - \boldsymbol{A}^\top \boldsymbol{Q}^{-1} \boldsymbol{Q}\right) \boldsymbol{\Sigma}_m^{-1} \\
&= 0,
\end{aligned}$$

因此式 (6.35) 中的估计量的表达式可简化为:

$$\hat{\boldsymbol{x}} = \boldsymbol{x}_0 + \boldsymbol{\Sigma}_p \boldsymbol{A}^\top \boldsymbol{Q}^{-1} (\boldsymbol{y} - \boldsymbol{A}\boldsymbol{x}_0). \tag{6.36}$$

称估计量的后一种格式为新形式，其中 $\boldsymbol{y}-\boldsymbol{A}\boldsymbol{x}_0$ 项确实解释了测量 $\boldsymbol{y}$ 相对于输出 $\boldsymbol{A}\boldsymbol{x}_0$ 的先验最佳猜测带来的新信息.

本段给出的推导是线性估计的递归解方法（以及 LS 问题的递归解）的基础. 我们从先验信息 $\boldsymbol{x}_0$ 开始，收集测量值 $\boldsymbol{y}$, 并建立最优线性无偏估计量 $\hat{\boldsymbol{x}}$（其形式为式 (6.31) 或式 (6.36)）. 如果现在有一个新的测量值，例如 $\boldsymbol{y}_{\text{new}}$, 那么可以通过构造一个更新的估计量来迭代上面相同的步骤，该估计量将之前的估计量 $\hat{\boldsymbol{x}}$ 作为先验信息，而 $\boldsymbol{y}_{\text{new}}$ 作为测量值，然后随着新的测量变得可用，迭代该步骤. 推导递归的最优线性无偏估计的显式公式作为习题留给读者.

6.7.5　完全最小二乘

6.3.4 节提到的标准 LS 问题的一种解释是将 $\delta\boldsymbol{y}$ 解释为使线性方程组 $\boldsymbol{A}\boldsymbol{x}=\boldsymbol{y}+\delta\boldsymbol{y}$ 变为可行的所需要的在 $\boldsymbol{y}$ 项中的最小扰动. 完全最小二乘（TLS）方法通过允许扰动同时作用于 $\boldsymbol{y}$ 项和矩阵 $\boldsymbol{A}$ 从而扩展了这一想法. 也就是，我们寻求一个具有最小 Frobenius 范数的扰动矩阵 $[\delta\boldsymbol{A}\ \delta\boldsymbol{y}]\in\mathbb{R}^{m,n+1}$ 使方程组 $(\boldsymbol{A}+\delta\boldsymbol{A})\boldsymbol{x}=\boldsymbol{y}+\delta\boldsymbol{y}$ 是可行的. 形式上，我们想求解如下的优化问题：

$$\min_{\delta\boldsymbol{A},\delta\boldsymbol{y}}\ \|[\delta\boldsymbol{A}\ \delta\boldsymbol{y}]\|_{\text{F}}^2 \tag{6.37}$$

$$\text{s.t.:}\ \ \boldsymbol{y}+\delta\boldsymbol{y}\in\mathcal{R}(\boldsymbol{A}+\delta\boldsymbol{A}).$$

设

$$\boldsymbol{D}^\top\doteq[\boldsymbol{A}\boldsymbol{y}],\quad \delta\boldsymbol{D}^\top\doteq[\delta\boldsymbol{A}\ \delta\boldsymbol{y}], \tag{6.38}$$

以及为了简单起见，假设 $\text{rank}(\boldsymbol{D})=n+1$, 然后设

$$\boldsymbol{D}^\top=\sum_{i=1}^{n+1}\sigma_i\boldsymbol{u}_i\boldsymbol{v}_i^\top \tag{6.39}$$

为 $\boldsymbol{D}^\top$ 的一个 SVD. 我们做如下的进一步技术假设：

$$\sigma_{n+1}<\sigma_{\min}(\boldsymbol{A}). \tag{6.40}$$

那么，可行性条件 $\boldsymbol{y}+\delta\boldsymbol{y}\in\mathcal{R}(\boldsymbol{A}+\delta\boldsymbol{A})$ 等价于存在一个向量 $\boldsymbol{c}\in\mathbb{R}^{n+1}$（为了不失一般性，作归一化使 $\|\boldsymbol{c}\|_2=1$）使

$$(\boldsymbol{D}^\top+\delta\boldsymbol{D}^\top)\boldsymbol{c}=0,\quad \boldsymbol{c}_{n+1}\neq 0,\quad \|\boldsymbol{c}\|_2=1. \tag{6.41}$$

反之，由于假设 $\boldsymbol{D}^\top$ 是满秩的，这个条件等价于要求 $\boldsymbol{D}^\top+\delta\boldsymbol{D}^\top$ 为秩亏的（并且在该矩阵的零空间中可以找到一个向量，其第 $(n+1)$ 个位置有非零分量. 但是我们将要看到后一个需要的条件由条件 (6.40) 来确保成立）. 于是考虑如下问题：

$$\min\|\delta\boldsymbol{D}^\top\|_{\text{F}}^2$$

$$\text{s.t.: } \operatorname{rank}(\boldsymbol{D}^\top + \delta \boldsymbol{D}^\top) = n.$$

正如注释 5.2 所讨论的，可以很容易地得到如下该问题的一个解:

$$\delta \boldsymbol{D}^{\top *} = -\sigma_{n+1} \boldsymbol{u}_{n+1} \boldsymbol{v}_{n+1}^\top,$$

由此，我们有:

$$\boldsymbol{D}^\top + \delta \boldsymbol{D}^{\top *} = \sum_{i=1}^{n} \sigma_i \boldsymbol{u}_i \boldsymbol{v}_i^\top,$$

因此 $\boldsymbol{D}^\top + \delta \boldsymbol{D}^{\top *}$ 的零空间中的一个向量 $\boldsymbol{c}$ 为 $\boldsymbol{c} = \boldsymbol{v}_{n+1}$. 现在检验该向量满足 $\boldsymbol{c}_{n+1} \neq 0$, 于是满足式 (6.41) 中的所有条件. 事实上，由反证法，假设 $\boldsymbol{c} = \boldsymbol{v}_{n+1} = [\tilde{\boldsymbol{v}}^\top \ 0]^\top$. 由于 $\boldsymbol{v}_{n+1}$ 是 $\boldsymbol{D}\boldsymbol{D}^\top$ 与对应于 σ_{n+1}^2 的特征向量, 那么

$$\boldsymbol{D}\boldsymbol{D}^\top \boldsymbol{v}_{n+1} = \sigma_{n+1}^2 \boldsymbol{v}_{n+1} \Leftrightarrow \begin{bmatrix} \boldsymbol{A}^\top \\ \boldsymbol{y}^\top \end{bmatrix} \begin{bmatrix} \boldsymbol{A} & \boldsymbol{y} \end{bmatrix} \begin{bmatrix} \tilde{\boldsymbol{v}} \\ 0 \end{bmatrix} = \begin{bmatrix} \sigma_{n+1}^2 \tilde{\boldsymbol{v}} \\ 0 \end{bmatrix},$$

这意味着 $(\boldsymbol{A}^\top \boldsymbol{A})\tilde{\boldsymbol{v}} = \sigma_{n+1}^2 \tilde{\boldsymbol{v}}$ 与开始的假设 (6.40) 矛盾.

一旦找到最佳扰动 $\delta \boldsymbol{D}^{\top *} = [\delta \boldsymbol{A}^* \ \delta \boldsymbol{y}^*]$, 则解 $\boldsymbol{x}$ 满足:

$$(\boldsymbol{A} + \delta \boldsymbol{A}^*)x = \boldsymbol{y} + \delta \boldsymbol{y}^*.$$

通过考虑 $[\boldsymbol{x} - 1]^\top$ 与 $\boldsymbol{v}_{n+1}$ 成正比，则可以很容易找到该解. 因此，一旦从 $\boldsymbol{D}$ 的 SVD 中找到 $\boldsymbol{v}_{n+1}$, 我们就可以很容易地确定 α 使其满足:

$$\begin{bmatrix} \boldsymbol{A}^\top \\ \boldsymbol{y}^\top \end{bmatrix} = \alpha \boldsymbol{v}_{n+1}.$$

此外，通过考虑 $[\boldsymbol{x} - 1]^\top$ 一定是与 $\boldsymbol{D}\boldsymbol{D}^\top$ 的特征值 σ_{n+1}^2 对应的特征向量来直接得到 $\boldsymbol{x}$, 也就是:

$$\begin{bmatrix} \boldsymbol{A}^\top \boldsymbol{A} & \boldsymbol{A}^\top \boldsymbol{y} \\ \boldsymbol{y}^\top \boldsymbol{A} & \boldsymbol{y}^\top \boldsymbol{y} \end{bmatrix} \begin{bmatrix} \boldsymbol{x} \\ -1 \end{bmatrix} = \sigma_{n+1}^2 \begin{bmatrix} \boldsymbol{x} \\ -1 \end{bmatrix}.$$

那么，该方程组的上半部分则可以给出最优解 $\boldsymbol{x}_{\text{TLS}}$:

$$\boldsymbol{x}_{\text{TLS}} = (\boldsymbol{A}^\top \boldsymbol{A} - \sigma_{n+1}^2 \boldsymbol{I})^{-1} \boldsymbol{A}^\top \boldsymbol{y}.$$

我们将上面的推导总结在下面的定理中.

定理 6.2（完全最小二乘） 已知 $\boldsymbol{A} \in \mathbb{R}^{m,n}$ 和 $\boldsymbol{y} \in \mathbb{R}^m$. 回顾式 (6.38) 和式 (6.39) 中定义的符号，假设 $\operatorname{rank}(\boldsymbol{D}) = n + 1$ 且条件 (6.40) 成立. 那么，TLS 问题 (6.37) 具有如下唯一的解:

$$[\delta \boldsymbol{A}^* \ \delta \boldsymbol{y}^*] = -\sigma_{n+1} \boldsymbol{u}_{n+1} \boldsymbol{v}_{n+1}^\top.$$

进一步，最优解向量 $\boldsymbol{x}_{\text{TLS}}$ 满足：

$$(\boldsymbol{A}+\delta\boldsymbol{A}^*)\boldsymbol{x}_{\text{TLS}}=\boldsymbol{y}+\delta\boldsymbol{y}^*$$

于是有：

$$\boldsymbol{x}_{\text{TLS}}=(\boldsymbol{A}^\top\boldsymbol{A}-\sigma_{n+1}^2\boldsymbol{I})^{-1}\boldsymbol{A}^\top\boldsymbol{y}.$$

注释 6.2　有意思的是，TLS 问题也与习题 5.6 中讨论的超平面拟合问题紧密相关. 为了看到这种联系，考虑一个通过原点的超平面 $\mathcal{H}=\{\boldsymbol{z}\in\mathbb{R}^{n+1}:\ \boldsymbol{z}^\top\boldsymbol{c}=0\}$ 以及我们想要寻找一个归一化向量 $\boldsymbol{c}$, $\|\boldsymbol{c}\|_2=1$ 使从 $\mathcal{H}$ 到以数据点 $\boldsymbol{d}_i$ 为列形成的式 (6.38) 中的矩阵 $\boldsymbol{D}$ 的均方距离最小. 这些距离的平方和等于 $\|\boldsymbol{D}^\top\boldsymbol{c}\|^2$, 其在方向 $\boldsymbol{c}=\boldsymbol{v}_{n+1}$ 上达到最小，其中 $\boldsymbol{v}_{n+1}$ 是 $\boldsymbol{D}^\top$ 对应于最小奇异值 σ_{n+1} 的左奇异向量. 这与式 (6.41) 中的 TLS 问题的产生的方向相同. 由此，通过将 $\boldsymbol{c}$ 的最后一个分量归一化为 -1 就可以找到最优的 TLS 解 $\boldsymbol{x}_{\text{TLS}}$.

6.8　习题

习题 6.1（最小二乘和总体最小二乘）　给定四个点 (x_i,y_i), $i=1,\cdots,4$, 其中 $\boldsymbol{x}=(-1,0,1,2)$, $\boldsymbol{y}=(0,0,1,1)$, 计算距离这四个点最近的最小二乘直线和完全最小二乘[⊖]直线，并将这两条直线画在同一个坐标轴上.

习题 6.2（最小二乘的几何形式）　考虑如下最小二乘问题：

$$p^*=\min_{\boldsymbol{x}}\|\boldsymbol{A}\boldsymbol{x}-\boldsymbol{y}\|_2,$$

其中 $\boldsymbol{A}\in\mathbb{R}^{m,n}$, $\boldsymbol{y}\in\mathbb{R}^m$. 我们假设 $\boldsymbol{y}\notin\mathcal{R}(\boldsymbol{A})$, 于是 $p^*>0$. 证明：在最优解处，残差向量 $\boldsymbol{r}=\boldsymbol{y}-\boldsymbol{A}\boldsymbol{x}$ 满足 $\boldsymbol{r}^\top\boldsymbol{y}>0$ 和 $\boldsymbol{A}^\top\boldsymbol{r}=0$. 解释该结论的几何意义. 提示：利用矩阵 $\boldsymbol{A}$ 的奇异值分解. 你可以假设 $m\geqslant n$ 且 $\boldsymbol{A}$ 是列满秩的.

习题 6.3（Lotka 律与最小二乘）　Lotka 律描述了作者在某一个领域的出版物的频率，其为 $X^aY=b$, 其中 X 是出版物的数量，Y 是这 X 个出版物的作者的相关的频率. a 和 b 是依赖于特定领域的常数且 $b>0$. 假设我们已经有数据点 (X_i,Y_i), $i=1,\cdots,m$. 现在需要估计常数 a 和 b.

1. 证明：如何根据线性最小二乘准则找到 a, b 的值. 确保所定义的最小二乘问题是精确的.
2. 解总是唯一的吗? 给出关于数据点的某个条件使其保证唯一性成立.

⊖ 参见 6.7.5 节.

习题 6.4（带噪声数据的正则化） 考虑如下最小二乘问题：

$$\min_{\boldsymbol{x}} \quad \|\boldsymbol{A}\boldsymbol{x}-\boldsymbol{y}\|_2,$$

其中数据矩阵 $\boldsymbol{A}\in\mathbb{R}^{m,n}$ 是带噪声的. 假设我们的特定噪声模型中每一行 $\boldsymbol{a}_i^\top\in\mathbb{R}^n$ 具有形式 $\boldsymbol{a}_i=\hat{\boldsymbol{a}}_i+\boldsymbol{u}_i$, 其中噪声向量 $\boldsymbol{u}_i\in\mathbb{R}^n$ 的期望为零，协方差矩阵为 $\sigma^2\boldsymbol{I}_n$, 这里 σ 是噪声大小的一个度量. 因此，现在的矩阵 $\boldsymbol{A}$ 是未知向量 $\boldsymbol{u}=(u_1,\cdots,u_n)$ 的函数，记作 $\boldsymbol{A}(\boldsymbol{u})$. 用 $\hat{\boldsymbol{A}}$ 表示行为 $\hat{\boldsymbol{a}}_i^\top$, $i=1,\cdots,m$ 的矩阵. 我们用下面的形式取代原始的问题：

$$\min_{\boldsymbol{x}} \ \mathbb{E}_{\boldsymbol{u}}\{\|\boldsymbol{A}(\boldsymbol{u})\boldsymbol{x}-\boldsymbol{y}\|_2^2\},$$

其中 $\mathbb{E}_{\boldsymbol{u}}$ 表示关于随机变量 $\boldsymbol{u}$ 的期望值. 证明：该问题可以写为：

$$\min_{\boldsymbol{x}} \ \|\hat{\boldsymbol{A}}\boldsymbol{x}-\boldsymbol{y}\|_2^2+\lambda\|\boldsymbol{x}\|_2^2,$$

其中 $\lambda\geqslant 0$ 是某个正则参数，可以由你来决定. 也就是说，正则最小二乘可以解释为在期望值意义下的考虑矩阵 $\boldsymbol{A}$ 中的不确定性的方式. 提示：对于一个特定的行指标索引 i, 计算 $((\hat{\boldsymbol{a}}_i+\boldsymbol{u}_i)^\top\boldsymbol{x}-\boldsymbol{y}_i)^2$ 的期望值.

习题 6.5（在最小二乘中删除一个测量值） 在该习题中，我们回顾 6.3.5 节中的内容，现在假设我们要删除一个测量值，并相应地更新最小二乘解[⊖]. 给定一个列满秩矩阵 $\boldsymbol{A}\in\mathbb{R}^{m,n}$, 其中行为 $\boldsymbol{a}_i^\top$, $i=1,\cdots,m$，向量 $\boldsymbol{y}\in\mathbb{R}^m$ 和如下的最小二乘问题的解：

$$\boldsymbol{x}^*=\arg\min_{\boldsymbol{x}}\sum_{i=1}^{m}(\boldsymbol{a}_i^\top\boldsymbol{x}-\boldsymbol{y}_i)^2=\arg\min_{\boldsymbol{x}}\|\boldsymbol{A}\boldsymbol{x}-\boldsymbol{y}\|_2.$$

假设现在我们删除了最后一个测量值，即用 $(0,0)$ 替换 (a_m,y_m) 以及假设删除任何一个测量值后得到的矩阵仍然是列满秩的.

1. 类似于公式 (6.15) 中初始解的求法，表述删除后问题的解. 务必解释为什么你求逆的量都是正数.
2. 在所谓的留一法分析中，我们希望有效地计算与删除 m 个测量值中的一个相对应的所有 m 个解. 解释如何有效地计算这些解. 详细说明所需的运算数（计算量）. 你也许会用到这样一个事实：一个 $n\times n$ 矩阵的逆运算需要 $O(n^3)$.

习题 6.6 酶动力学的 Michaelis-Menten 模型将酶的反应速率 y 与底物浓度 x 联系起来，关系如下式：

$$y=\frac{\beta_1 x}{\beta_2+x},$$

其中 β_i, $i=1,2$ 是正的参数.

⊖ 如 13.2.2 节中所述的，在交叉验证方法中很有用.

1. 证明上述模型可以表示成关于 $1/y$ 和 $1/x$ 之间的线性关系.
2. 基于 m 个测量值 (x_i, y_i), $i = 1, \cdots, m$, 利用线性最小二乘估计参数向量 $\boldsymbol{\beta}$ 的近似值 $\hat{\boldsymbol{\beta}}$.
3. 已经发现上述方法对输入数据中的误差非常敏感. 你能通过实验证实这个观点吗?

习题 6.7（关于交通流网络的最小范数估计）　你需要估计流量（例如在旧金山，但我们将从一个较小的示例开始）. 你知道道路网以及每个路段的历史平均流量.

1. 记 q_i 为第 $i \in I$ 个路段的车流量，写下对应于每个交叉口 $j \in J$ 处车辆守恒的线性方程. 提示：考虑如何用矩阵、向量等表示道路网络.
2. 我们估计的目标是估计每个路段的交通流量. 流量估计应准确地满足每个交叉口车辆的守恒. 在满足这个约束的解中，我们寻找最接近于 ℓ_2 范数意义下的历史平均值 $\bar{\boldsymbol{q}}$ 的估计. 向量 $\bar{\boldsymbol{q}}$ 的大小为 I，其第 i 个分量表示路段 i 的流量的平均值. 提出相应的优化问题.
3. 解释如何用数学方法求解该问题. 详细写出你的答案（不仅要给出公式，还要给出其推导过程）.
4. 根据图 (6.17) 的示例，给出交通流量估计问题的数学模型，并使用表 6.1 中给出的历史平均值进行求解. 在路段 1、3、6、15 和 22 上，你估计的流量是多少?

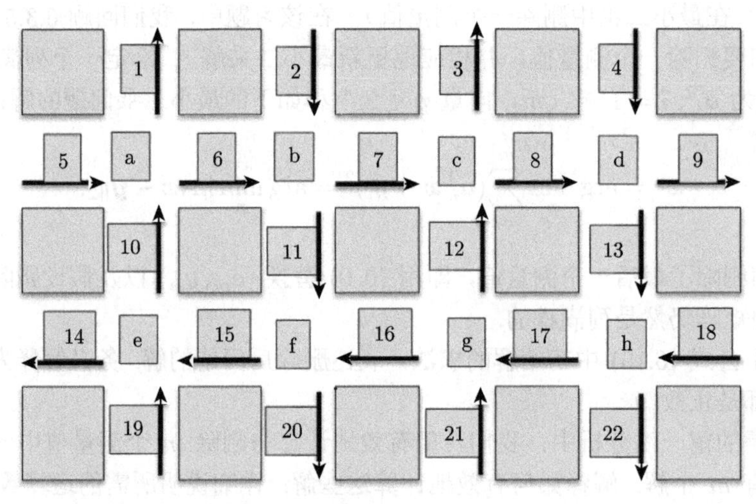

图 6.17　交通流量夫继问题的示例. 十字路口用从 a 到 h 来标记. 路段用从 1 到 22 来标记. 箭头指示交通流动方向

5. 现在，假设除了历史平均值之外，还提供了网络中某些路段的一些流量测量值. 假设这些流量观测是正确的，并且希望你对流量的估计与这些观测值完全匹配（当然除了匹配车辆守恒）. 表 6.1 的右栏列出了我们进行此类流量观测的路段. 你估计在某些链接上是否有不同的流量吗? 给出路段 1、3、6、15 和 22 的估计流量差. 还要检查你的估计是否与给出了测量过的路段上的流量一致.

表 6.1　流量表：历史平均值 $\bar{q}$（中间的列）和一些观测到的流量（右列）

路段	平均值	观测值	路段	平均值	观测值
1	2047.6	2028	12	2035.1	
2	2046.0	2008	13	2033.3	
3	2002.6	2035	14	2027.0	2043
4	2036.9		15	2034.9	
5	2013.5	2019	16	2033.3	
6	2021.1		17	2008.9	
7	2027.4		18	2006.4	
8	2047.1		19	2050.0	2030
9	2020.9	2044	20	2008.6	2025
10	2049.2		21	2001.6	
11	2015.1		22	2028.1	2045

习题 6.8（矩阵最小二乘问题）　已知一列点集 $\boldsymbol{p}_1, \cdots, \boldsymbol{p}_m \in \mathbb{R}^n$, 将其组成一个 $n \times m$ 的矩阵 $\boldsymbol{P} = [\boldsymbol{p}_1, \cdots, \boldsymbol{p}_m]$. 考虑如下问题：

$$\min_{\boldsymbol{X}} F(\boldsymbol{X}) \doteq \sum_{i=1}^{m} \|\boldsymbol{x}_i - \boldsymbol{p}_i\|_2^2 + \frac{\lambda}{2} \sum_{1 \leqslant i,j \leqslant m} \|\boldsymbol{x}_i - \boldsymbol{x}_j\|_2^2,$$

其中 $\lambda \geqslant 0$ 是一个参数. 上式中，变量是一个 $n \times m$ 矩阵 $\boldsymbol{X} = [\boldsymbol{x}_1, \cdots, \boldsymbol{x}_m]$, 其中 $\boldsymbol{x}_i \in \mathbb{R}^n$ 为 $\boldsymbol{X}$ 的第 i 行, $i = 1, \cdots, m$. 上述问题尝试对点 $\boldsymbol{p}_i$ 进行聚类；第一项要求聚类中心 $\boldsymbol{x}_i$ 接近对应的点 $\boldsymbol{p}_i$, 而第二项要求 $\boldsymbol{x}_i$ 彼此接近，并随着 λ 的增大，聚类效果也会更明显.

1. 证明：该问题属于常规的最小二乘问题，你并不需要明确问题的形式.
2. 证明：

$$\frac{1}{2} \sum_{1 \leqslant i,j \leqslant m} \|\boldsymbol{x}_i - \boldsymbol{x}_j\|_2^2 = \text{trace}\, \boldsymbol{X}\boldsymbol{H}\boldsymbol{X}^\top,$$

   其中 $\boldsymbol{H} = m\boldsymbol{I}_m - \mathbf{1}\mathbf{1}^\top$ 是一个 $m \times m$ 矩阵，其中 $\boldsymbol{I}_m$ 是一个 $m \times m$ 单位阵以及 $\mathbf{1}$ 是 $\mathbb{R}^m$ 中的所有分量为 1 的向量.
3. 证明 $\boldsymbol{H}$ 是半正定的.
4. 证明：函数 F 关于矩阵 $\boldsymbol{X}$ 的梯度为如下 $n \times m$ 矩阵：

$$\nabla F(\boldsymbol{X}) = 2(\boldsymbol{X} - \boldsymbol{P} + \lambda \boldsymbol{X}\boldsymbol{H}).$$

   提示：对于第二项，找到函数 $\boldsymbol{\Delta} \to \text{trace}((\boldsymbol{X} + \boldsymbol{\Delta})\boldsymbol{H}(\boldsymbol{X} + \boldsymbol{\Delta})^\top)$ 的一阶展开，其中 $\boldsymbol{\Delta} \in \mathbb{R}^{n,m}$.
5. 如注释 6.1 所述，一个最小二乘问题的最优性条件可以通过令其目标函数的梯度为

零来获得. 应用式 (3.10)，证明：该问题的最优点具有如下形式

$$x_i = \frac{1}{m\lambda+1}\boldsymbol{p}_i + \frac{m\lambda}{m\lambda+1}\hat{\boldsymbol{p}},\ \ i=1,\cdots,m,$$

其中 $\hat{\boldsymbol{p}} = (1/m)(\boldsymbol{p}_1+\cdots+\boldsymbol{p}_m)$ 是给定点的中心.

6. 解释你的上述结果. 你认为这里考虑的模型得到的聚类点是最佳的吗?

第7章 矩阵算法

在这一章中，我们紧凑地介绍几种执行基本矩阵计算的数值算法. 这里主要表述计算方阵特征值和特征向量的幂迭代法（以及适合计算奇异值分解因子的一些相关变形）. 进一步，讨论求解线性方程平方组的迭代算法和详细介绍矩形矩阵 QR 分解的构造.

7.1 特征值和特征向量的计算

7.1.1 幂迭代法

这一节将概述一种计算可对角化矩阵特征值和特征向量的方法. 幂迭代(PI)法也许是目前计算矩阵特征值和特征向量对的一种最简单的技术，但它的收敛速度很慢且在应用时会有一些局限性. 然而，我们在这里介绍这种方法，是因为它构成了许多像 Hessenberg-QR 这种具有更精细的特征值计算算法的构建模块以及最近发现 PI 法可被重新应用到非常大规模的矩阵运算中，例如网络相关算法中产生的大规模矩阵计算问题（如：谷歌的 PageRank）. 还有许多其他的计算特征值和特征向量的技术，其中一些是为具有特殊结构的矩阵设计的，如稀疏矩阵、带状矩阵或对称矩阵. 这些算法在数值线性代数的经典教科书中均有介绍.

下面假设矩阵 $\boldsymbol{A} \in \mathbb{R}^{n,n}$ 是可对角化的以及 $\boldsymbol{A}$ 的特征值 $\lambda_1, \cdots, \lambda_n$ 按其模大小递减排列, 即 $|\lambda_1| > |\lambda_2| \geqslant \cdots \geqslant |\lambda_n|$ (注意，我们这里假设 $|\lambda_1|$ 是严格大于 $|\lambda_2|$, 也就是说 $\boldsymbol{A}$ 有一个主特征值). 因为 $\boldsymbol{A}$ 是可对角化的, 于是可写成 $\boldsymbol{A} = \boldsymbol{U}\boldsymbol{\Lambda}\boldsymbol{U}^{-1}$, 我们可以假设，特征向量 $\boldsymbol{u}_1, \cdots, \boldsymbol{u}_n$ 形成 $\boldsymbol{U}$ 的列向量且它们是归一化的，即 $\|\boldsymbol{u}_i\|_2 = 1$. 注意，由引理 3.3 得到 $\boldsymbol{A}^k = \boldsymbol{U}\boldsymbol{\Lambda}^k\boldsymbol{U}^{-1}$, 也就是

$$\boldsymbol{A}^k\boldsymbol{U} = \boldsymbol{U}\boldsymbol{\Lambda}^k.$$

现在设 $\boldsymbol{x} \in \mathbb{C}^n$ 是一个随机选择的“测试”向量且满足 $\|\boldsymbol{x}\|_2 = 1$, 那么定义 $\boldsymbol{x} = \boldsymbol{U}\boldsymbol{w}$. 考虑

$$\boldsymbol{A}^k\boldsymbol{x} = \boldsymbol{A}^k\boldsymbol{U}\boldsymbol{w} = \boldsymbol{U}\boldsymbol{\Lambda}^k\boldsymbol{w} = \sum_{i=1}^n w_i\lambda_i^k u_i.$$

观察到，如果 $\boldsymbol{x}$ 是随机选择的（例如来自正态分布，然后归一化），那么 $\boldsymbol{w}$ 的第一个元素 w_1 以概率 1 非零. 在上式最右边项同时除以和乘以 λ_1^k, 得到:

$$\boldsymbol{A}^k\boldsymbol{x} = \lambda_1^k \sum_{i=1}^n w_i \left(\frac{\lambda_i}{\lambda_1}\right)^k \boldsymbol{u}_i = w_1\lambda_1^k \left(\boldsymbol{u}_1 + \sum_{i=2}^n \frac{w_i}{w_1}\left(\frac{\lambda_i}{\lambda_1}\right)^k \boldsymbol{u}_i\right).$$

也就是说，$\boldsymbol{A}^k\boldsymbol{x}$ 沿着 $\boldsymbol{u}_1$ 的生成空间有一个分量 $\alpha_k\boldsymbol{u}$，沿着 $\boldsymbol{u}_2,\cdots,\boldsymbol{u}_n$ 的生成空间有一个分量 $\alpha_k\boldsymbol{z}$, 即

$$\boldsymbol{A}^k\boldsymbol{x}=\alpha_k\boldsymbol{u}_1+\alpha_k\boldsymbol{z},\quad \alpha_k=w_1\lambda_1^k\in\mathbb{C},\quad \boldsymbol{z}=\sum_{i=2}^n\frac{w_i}{w_1}\left(\frac{\lambda_i}{\lambda_1}\right)^k\boldsymbol{u}_i.$$

对于 $\boldsymbol{z}$ 分量的大小，我们有（令 $\beta_i\doteq w_i/w_1$）：

$$\begin{aligned}\|\boldsymbol{z}\|_2&=\left\|\sum_{i=2}^n\frac{w_i}{w_1}\left(\frac{\lambda_i}{\lambda_1}\right)^k\boldsymbol{u}_i\right\|_2\leqslant\sum_{i=2}^n\left\|\frac{w_i}{w_1}\left(\frac{\lambda_i}{\lambda_1}\right)^k\boldsymbol{u}_i\right\|_2\\&=\sum_{i=2}^n|\beta_i|\left|\frac{\lambda_i}{\lambda_1}\right|^k\|\boldsymbol{u}_i\|_2=\sum_{i=2}^n|\beta_i|\left|\frac{\lambda_i}{\lambda_1}\right|^k\\&\leqslant\left|\frac{\lambda_2}{\lambda_1}\right|^k\sum_{i=2}^n|\beta_i|,\end{aligned}$$

其中最后一个不等式成立是由于特征值按模的大小递减排列. 由于 $|\lambda_2/\lambda_1|<1$, 那么当 $k\to\infty$ 时，$\boldsymbol{z}$ 分量的大小相对于 $\boldsymbol{u}_1$ 方向分量以由比率 $|\lambda_2|/|\lambda_1|$ 决定的线性速率趋于 0. 于是 $\boldsymbol{A}^k\boldsymbol{x}\to\alpha_k\boldsymbol{u}_1$, 这意味着当 $k\to\infty$ 时，$\boldsymbol{A}^k\boldsymbol{x}$ 趋向于与 $\boldsymbol{u}_1$ 平行. 因此，通过归一化向量 $\boldsymbol{A}^k\boldsymbol{x}$, 我们得到：

$$\lim_{k\to\infty}\frac{\boldsymbol{A}^k\boldsymbol{x}}{\|\boldsymbol{A}^k\boldsymbol{x}\|_2}=\boldsymbol{u}_1.$$

定义

$$\boldsymbol{x}(k)=\frac{\boldsymbol{A}^k\boldsymbol{x}}{\|\boldsymbol{A}^k\boldsymbol{x}\|_2},\tag{7.1}$$

以及注意到 $\boldsymbol{x}(k)\to\boldsymbol{u}_1$ 意味着 $\boldsymbol{A}\boldsymbol{x}(k)\to\boldsymbol{A}\boldsymbol{u}_1=\lambda_1\boldsymbol{u}_1$, 因此有 $\boldsymbol{x}^\star(k)\boldsymbol{A}\boldsymbol{x}(k)\to\lambda_1\boldsymbol{u}_1^\star\boldsymbol{u}_1$（因为特征向量 $\boldsymbol{u}_i$ 可以取复值，所以这里 $\star$ 表示共轭转置）. 回顾 $\boldsymbol{u}_1^\star\boldsymbol{u}_1=\|\boldsymbol{u}_1\|_2^2=1$, 因此有：

$$\lim_{k\to\infty}\boldsymbol{x}^\star(k)\boldsymbol{A}\boldsymbol{x}(k)=\lambda_1,$$

此即乘积 $\boldsymbol{x}^\star(k)\boldsymbol{A}\boldsymbol{x}(k)$ 收敛到 $\boldsymbol{A}$ 的具有最大模的特征值. 对下式

$$(\boldsymbol{A}^k\boldsymbol{x})^\star\boldsymbol{A}(\boldsymbol{A}^k\boldsymbol{x})=\alpha_k^2(\lambda_1+\boldsymbol{u}_1^\star\boldsymbol{A}\boldsymbol{z}+\lambda_1\boldsymbol{z}^\star\boldsymbol{u}_1+\boldsymbol{z}^\star\boldsymbol{A}\boldsymbol{z})$$

的计算证明 $\boldsymbol{x}^\star(k)\boldsymbol{A}\boldsymbol{x}(k)$ 趋于 λ_1 仍然是以由 $|\lambda_2|/|\lambda_1|$ 比率决定的线性速率收敛的.

上述推导建议采用以下迭代算法 1，其中我们注意到式 (7.1) 中的归一化只会改变向量 $\boldsymbol{x}(k)$ 的范数而不会改变其方向，因此归一化可以在每一步执行（如算法中的第 4 步），同时在第 k 次迭代时仍然可以得到形如式 (7.1) 的 $\boldsymbol{x}(k)$.

算法 1 幂迭代.

要求： $\boldsymbol{A} \in \mathbb{R}^{n,n}$ 是可对角化的, $|\lambda_1| > |\lambda_2|$, $\boldsymbol{x} \in \mathbb{C}^n$, $\|\boldsymbol{x}\|_2 = 1$
1: $k = 0$; $\boldsymbol{x}(k) = \boldsymbol{x}$
2: **重复**
3: $\boldsymbol{y}(k+1) = \boldsymbol{A}\boldsymbol{x}(k)$
4: $\boldsymbol{x}(k+1) = \boldsymbol{y}(k+1)/\|\boldsymbol{y}(k+1)\|_2$
5: $\lambda(k+1) = \boldsymbol{x}^{\star}(k+1)\boldsymbol{A}\boldsymbol{x}(k+1)$
6: $k = k+1$
7: **直至收敛**

幂迭代的一个最大优势是该算法主要依赖于矩阵与向量的乘法，对于具有特殊结构的 $\boldsymbol{A}$, 如稀疏性，都可以应用.

PI 方法的两个主要缺点是：(a) 它仅能决定一个特征值（具有最大模的那一个）和其对应的特征向量；(b) 它的收敛速度仅取决于 $|\lambda_2|/|\lambda_1|$, 因此当这个比值接近于 1 时，其性能可能会很差. 克服这些问题的一种技术是可以将 PI 算法应用于由下节所述的关于矩阵 $\boldsymbol{A}$ 的合适平移变换上.

7.1.2 平移–逆幂方法

已知一个复常数 σ 和可对角化矩阵 $\boldsymbol{A} \in \mathbb{R}^{n,n}$, 考虑矩阵：

$$\boldsymbol{B}_\sigma = (\boldsymbol{A} - \sigma \boldsymbol{I})^{-1}.$$

由谱映射定理（参见式 (3.15)），矩阵 $\boldsymbol{B}_\sigma$ 具有与 $\boldsymbol{A}$ 相同的特征向量且 $\boldsymbol{B}_\sigma$ 的特征值为 $\mu_i = (\lambda_i - \sigma)^{-1}$, 其中 λ_i, $i = 1, \cdots, n$ 是 $\boldsymbol{A}$ 的特征值. 矩阵 $\boldsymbol{B}_\sigma$ 的最大模特征值 $\mu_{\max}$ 现在对应于在复平面上最接近于 σ 的特征值 λ_i. 将 PI 方法应用于 $\boldsymbol{B}_\sigma$, 我们这样就得到了最接近所选 σ 的特征值 λ_i 以及相应的特征向量. 下面的算法 2 表述了平移–逆幂方法.

算法 2 平移–逆幂方法.

要求： $\boldsymbol{A} \in \mathbb{R}^{n,n}$ 是可对角化的, $(\boldsymbol{A} - \sigma\boldsymbol{I})^{-1}$ 有一个主特征值, $\boldsymbol{x} \in \mathbb{C}^n$, $\|\boldsymbol{x}\|_2 = 1$, $\sigma \in \mathbb{C}$
1: $k = 0$; $\boldsymbol{x}(k) = \boldsymbol{x}$
2: **重复**
3: $\boldsymbol{y}(k+1) = (\boldsymbol{A} - \sigma\boldsymbol{I})^{-1}\boldsymbol{x}(k)$
4: $\boldsymbol{x}(k+1) = \boldsymbol{y}(k+1)/\|\boldsymbol{y}(k+1)\|_2$
5: $\lambda(k+1) = \boldsymbol{x}^{\star}(k+1)\boldsymbol{A}\boldsymbol{x}(k+1)$
6: $k = k+1$
7: **直至收敛**

相比于 PI 方法，通过选择足够接近目标特征值的“移位” σ, 平移-逆幂方法的优势是能快速收敛（但仍然以线性速度）到任意期望的特征值. 然而，平移–逆方法要求事先知道目标特征值的一些好的近似值作为移位. 如果事先并不知道这样一个好的近似值，该方法的一个变形是从某种粗略的近似值 σ 开始执行算法，然后在获得特征向量的合理近似值的某个点上动态地修改偏移量，随着我们改进特征向量的估计值，从而迭代地改进偏移量. 下一节将讨论这个想法.

7.1.3 瑞利商迭代

假设在平移–逆幂算法的某一步，得到一个近似的特征向量 $\boldsymbol{x}(k) \neq 0$. 然后，我们寻找一个近似的特征值 σ_k，即近似满足如下特征值/特征向量方程的（复）常数：

$$\boldsymbol{x}(k)\sigma_k \simeq \boldsymbol{A}\boldsymbol{x}(k),$$

其中上式中近似的含义是寻找 σ_k 使方程残差的范数平方达到最小，即 $\min\|\boldsymbol{x}(k)\sigma_k - \boldsymbol{A}\boldsymbol{x}(k)\|_2^2$. 通过对这个范数平方函数关于 σ_k 求导并令其为零，我们得到：

$$\sigma_k = \frac{\boldsymbol{x}^\star(k)\boldsymbol{A}\boldsymbol{x}(k)}{\boldsymbol{x}^\star(k)\boldsymbol{x}(k)}, \tag{7.2}$$

称其为瑞利商，参见 4.3.1 节. 如果在平移–逆幂算法中根据式 (7.2) 自适应地选择偏移量，我们就得到了算法 3 中表述的所谓瑞利商迭代法. 与 PI 方法不同，瑞利商迭代法被证实其具有局部二次收敛性，即经过一定次数的迭代后，在迭代 $k+1$ 处运行解的收敛间隙与迭代 k 处解的间隙的平方成正比.

算法 3 瑞利商迭代.

要求： $\boldsymbol{A} \in \mathbb{R}^{n,n}$, $\boldsymbol{x} \in \mathbb{C}^n$, $\|\boldsymbol{x}\|_2 = 1$
确保： $\boldsymbol{A}$ 是可对角化的, $\boldsymbol{x}$ 是 $\boldsymbol{A}$ 的一个近似特征向量
1: $k = 0$; $\boldsymbol{x}(k) = \boldsymbol{x}$
2: **重复**
3: $\sigma_k = \dfrac{\boldsymbol{x}^\star(k)\boldsymbol{A}\boldsymbol{x}(k)}{\boldsymbol{x}^\star(k)\boldsymbol{x}(k)}$
4: $\boldsymbol{y}(k+1) = (\boldsymbol{A} - \sigma_k \boldsymbol{I})^{-1}\boldsymbol{x}(k)$
5: $\boldsymbol{x}(k+1) = \boldsymbol{y}(k+1)/\|\boldsymbol{y}(k+1)\|_2$
6: $k = k+1$
7: **直至收敛**

例 7.1　作为 PI 方法及其变形应用的一个例子，我们考虑在例 3.5 中讨论的计算谷歌 PageRank 特征向量的问题. 这里，我们有

$$\boldsymbol{A} = \begin{bmatrix} 0 & 0 & 1 & \frac{1}{2} \\ \frac{1}{3} & 0 & 0 & 0 \\ \frac{1}{3} & \frac{1}{2} & 0 & \frac{1}{2} \\ \frac{1}{3} & \frac{1}{2} & 0 & 0 \end{bmatrix}$$

以及由于问题的自然属性，我们事先知道主特征值为 $\lambda_1 = 1$. 在例 3.5 中，我们实际上精确地计算了其相应的特征向量（因为这是一个简单的小规模问题），$\boldsymbol{v} = \frac{1}{31}[12\ 4\ 9\ 6]^\top$, 我们现在可以用它来量化算法产生的近似迭代与实际精确特征向量的距离. 注意到在算法中实际使用何种特征向量归一化是不相关的. 人们可以用欧氏范数归一化或任何其他归一化，比如让特征向量的所有分量求和为一. 图 7.1 显示了基本的 PI 算法（算法 1)、平移–逆算法（算法 2, 其中我们已经取 $\sigma = 0.9$）和瑞利商迭代算法（算法 3, 从常数 $\sigma = 0.9$ 开始，在前两次平凡迭代后，自适应瑞利商调整将开始工作）20 次迭代的误差 $e(k) = \|\boldsymbol{x}(k)/\|\boldsymbol{x}(k)\|_2 - \boldsymbol{v}/\|\boldsymbol{v}\|_2\|_2$ 的变化过程.

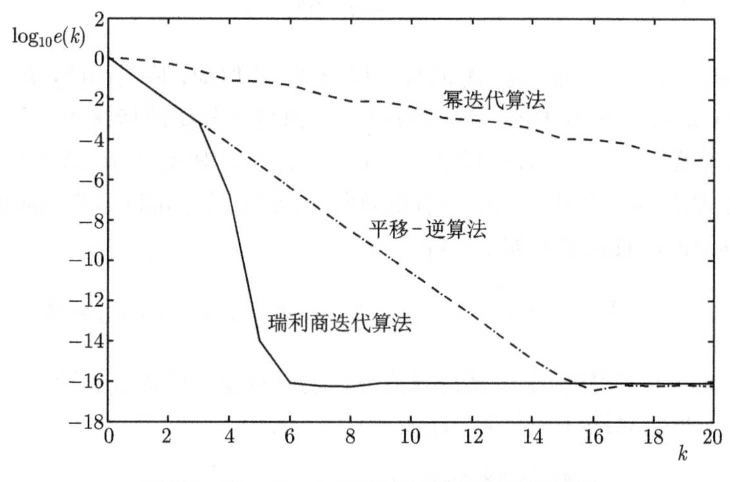

图 7.1 PageRank 矩阵主特征值的近似误差

7.1.4 用幂迭代计算奇异值分解

矩阵 $\boldsymbol{A} \in \mathbb{R}^{m,n}$ 的奇异值分解因子可以通过计算两个对称矩阵 $\boldsymbol{A}\boldsymbol{A}^\top$ 和 $\boldsymbol{A}^\top\boldsymbol{A}$ 的谱分解来获得. 事实上，我们已经从定理 5.1 的证明中看到因子 $\boldsymbol{V}$ 是由下面的谱分解得到的特征向量矩阵：

$$\boldsymbol{A}^\top\boldsymbol{A} = \boldsymbol{V}\boldsymbol{\Lambda}_n\boldsymbol{V}^\top$$

因子 $\boldsymbol{U}$ 的列是下面的特征向量：

$$\boldsymbol{A}\boldsymbol{A}^\top = \boldsymbol{U}\boldsymbol{\Lambda}_m\boldsymbol{U}^\top. \tag{7.3}$$

这里 $\boldsymbol{\Lambda}_n$ 和 $\boldsymbol{\Lambda}_m$ 是对角矩阵，其前 r 个对角元素是平方奇异值 $\sigma_i^2, i = 1, \cdots, r$, 而其余对角的元素均为零.

下面，我们介绍如何用幂迭代法来确定矩阵最大奇异值所对应的左和右奇异向量. 基本的想法是对（对称）方阵 $\boldsymbol{A}^\top\boldsymbol{A}$ 应用幂迭代，然而在隐形的方式下，通过绕过该矩阵的解析计算，这通常是很烦琐的. 考虑如下的递归，对于 $k=0,1,2,\cdots$：

$$\boldsymbol{u}(k+1)=\frac{\boldsymbol{A}\boldsymbol{v}(k)}{\|\boldsymbol{A}\boldsymbol{v}(k)\|_2},$$

$$\boldsymbol{v}(k+1)=\frac{\boldsymbol{A}^\top\boldsymbol{u}(k+1)}{\|\boldsymbol{A}^\top\boldsymbol{u}(k+1)\|_2}.$$

削去 $\boldsymbol{u}(k+1)$ 导致 $\boldsymbol{v}(k+1)$ 正比于 $\boldsymbol{A}^\top\boldsymbol{A}\boldsymbol{v}(k)$. 由于 $\boldsymbol{v}(k+1)$ 具有单位范数，那么有：

$$\boldsymbol{v}(k+1)=\frac{\boldsymbol{A}^\top\boldsymbol{A}\boldsymbol{v}(k)}{\|\boldsymbol{A}^\top\boldsymbol{A}\boldsymbol{v}(k)\|_2},$$

因此，我们得到了（对称）方阵 $\boldsymbol{A}^\top\boldsymbol{A}$ 的幂迭代形式. 相似地，序列 $\boldsymbol{u}(k), k=0,1,2,\cdots$ 应用于 $\boldsymbol{A}\boldsymbol{A}^\top$ 的幂迭代. 在最大的奇异值与第二大的是可分离的情况下，下面的算法计算了 $\boldsymbol{A}$ 的最大奇异值 σ_1 和相应的左右奇异向量 $\boldsymbol{u}_1,\boldsymbol{v}_1$（其中 $\sigma_1=\boldsymbol{u}_1^\top\boldsymbol{A}\boldsymbol{v}_1$）.

为了确定其他奇异值及其相应的左右奇异向量，该方法也可以递归地应用于矩阵 $\boldsymbol{A}$ 的缩减版本. 更确切地，我们定义如下矩阵

$$\boldsymbol{A}_i=\boldsymbol{A}_{i-1}-\sigma_i\boldsymbol{u}_i\boldsymbol{v}_i^\top,\quad i=1,\cdots,r;\quad A_0=A,\ \sigma_0=0,$$

其中 $r=\operatorname{rank}(\boldsymbol{A})$. 为了得到 $\boldsymbol{A}$ 的紧奇异值分解的所有项（前提是假设奇异值是可以分离的），我们那么可以将算法 4 应用到 $\boldsymbol{A}_i, i=1,\cdots,r$.

算法 4 奇异值的幂迭代.

要求： $\boldsymbol{A}\in\mathbb{R}^{m,n}$, $\sigma_1>\sigma_2$, $\boldsymbol{v}\in\mathbb{R}^n$, $\|\boldsymbol{v}\|_2=1$

1: $k=0$; $\boldsymbol{v}(k)=\boldsymbol{v}$
2: **重复**
3: $\boldsymbol{y}(k+1)=\boldsymbol{A}\boldsymbol{v}(k)$
4: $\boldsymbol{u}(k+1)=\boldsymbol{y}(k+1)/\|\boldsymbol{y}(k+1)\|_2$
5: $\boldsymbol{z}(k+1)=\boldsymbol{A}^\top\boldsymbol{u}(k+1)$
6: $\boldsymbol{v}(k+1)=\boldsymbol{z}(k+1)/\|\boldsymbol{z}(k+1)\|_2$
7: $k=k+1$
8: **直至收敛**

7.2 求解平方线性方程组

在这一节，我们讨论求解具有如下形式的线性方程组的数值方法：

$$\boldsymbol{A}\boldsymbol{x}=\boldsymbol{y},\quad \boldsymbol{A}\in\mathbb{R}^{n,n},\quad \boldsymbol{A}\text{ 是可逆的}.$$

一般的矩形情况可以通过奇异值分解来处理，这种情况已在 6.4.3 节中讨论.

7.2.1 对角方程组

我们首先考虑可能具有最简单结构的线性方程组，即对角结构. 一个平方且对角的非奇异线性方程组有如下形式：

$$\begin{bmatrix} a_{11} & 0 & \cdots & 0 \\ 0 & a_{22} & 0 & \vdots \\ \vdots & \vdots & \ddots & \vdots \\ 0 & \cdots & 0 & a_{nn} \end{bmatrix} \boldsymbol{x} = \begin{bmatrix} y_1 \\ y_2 \\ \vdots \\ y_n \end{bmatrix},$$

其中 $a_{11}, a_{22}, \cdots, a_{nn} \neq 0$. 很明显，这样一个方程组的唯一解可以立即写成：

$$\boldsymbol{x} = \begin{bmatrix} y_1/a_{11} \\ y_2/a_{22} \\ \vdots \\ y_n/a_{nn} \end{bmatrix}.$$

7.2.2 三角方程组

第二种容易求解非奇异平方方程组的情况是 $\boldsymbol{A}$ 具有三角结构，也就是 $\boldsymbol{A}$ 满足如下的形式：

$$\begin{bmatrix} a_{11} & a_{12} & \cdots & a_{1n} \\ 0 & a_{22} & \cdots & a_{2n} \\ \vdots & \vdots & \ddots & \vdots \\ 0 & \cdots & 0 & a_{nn} \end{bmatrix} \quad \text{(上三角矩阵)},$$

或者形式

$$\begin{bmatrix} a_{11} & 0 & \cdots & 0 \\ a_{21} & a_{22} & \cdots & 0 \\ \vdots & \vdots & \ddots & \vdots \\ a_{n1} & a_{n2} & \cdots & a_{nn} \end{bmatrix} \quad \text{(下三角矩阵)},$$

其中 $a_{11}, a_{22}, \cdots, a_{nn} \neq 0$. 例如，考虑如下下三角情况：

$$\begin{bmatrix} a_{11} & 0 & \cdots & 0 \\ a_{21} & a_{22} & \cdots & 0 \\ \vdots & \vdots & \ddots & \vdots \\ a_{n1} & a_{n2} & \cdots & a_{nn} \end{bmatrix} \boldsymbol{x} = \begin{bmatrix} y_1 \\ y_2 \\ \vdots \\ y_n \end{bmatrix}.$$

可通过所谓的前向替换法获得该解：开始先解第一个方程得到 $x_1 = y_1/a_{11}$, 然后将此值代入到第二个方程式，得到：

$$a_{21}x_1 + a_{22}x_2 = a_{21}y_1/a_{11} + a_{22}x_2 = y_2.$$

因此，我们获得 $x_2 = \frac{y_2 - a_{21}y_1/a_{11}}{a_{22}}$. 接下来将 x_1, x_2 的值代入第三个方程式得到 x_3, 那么以同样的方式，我们最终求得 x_n. 算法 5 总结了该方案.

算法 5 前向替换法.

要求： $\boldsymbol{A} \in \mathbb{R}^{n,n}$ 是可逆的且为下三角的以及 $\boldsymbol{y} \in \mathbb{R}^n$.

```
1: x_1 = y_1/a_11
2: for i = 2 to n do
3:     s = y_i
4:     for j = 1, ··· , i − 1 do
5:         s = s − a_ij x_j
6:     end for
7:     x_i = s/a_ii
8: end for
```

可以很容易地设计出一个类似的算法来求解上三角方程组，见如下算法 6 所总结的.

算法 6 倒向替换法.

要求： $\boldsymbol{A} \in \mathbb{R}^{n,n}$ 是可逆的且为上三角的以及 $\boldsymbol{y} \in \mathbb{R}^n$.

```
1: x_n = y_n/a_nn
2: for i = n − 1, ··· , 1 do
3:     s = y_i
4:     for j = i + 1, ··· , n do
5:         s = s − a_ij x_j
6:     end for
7:     x_i = s/a_ii
8: end for
```

注释 7.1（运算计数） 很容易确定通过倒向替换法求解一个三角方程组的解所需要的代数运算的总数（除法、乘法以及求和 / 减法）. 在每个阶段 $i = 1, \cdots, n$, 算法执行 $n - i$ 次乘法与求和运算，再加上一次除法. 因此，所需运算的总数为：

$$\sum_{i=n}^{1} 2(n-i) + 1 = n^2.$$

7.2.3 高斯消元法

正如 7.2.2 节所讨论的，非奇异三角系统是很容易求解的. 然而，一般的非奇异但非三角方程组又如何求解呢？我们在这一节所介绍的想法是通过适当的运算将一个一般的方程组转化为一个等价的上三角方程组，然后应用倒向替换法求解得到的三角方程组. 这种迭代三角化技术称为高斯消元法.

例 7.2（高斯消元法的简单说明） 考虑如下方程组:

$$\begin{bmatrix} 1 & 2 & 3 \\ 2 & 8 & 7 \\ 4 & 4 & 4 \end{bmatrix} \boldsymbol{x} = \begin{bmatrix} 1 \\ 3 \\ 2 \end{bmatrix}.$$

该方程组是非奇异的，但它并不是三角的. 然而，如果我们将方程组中的第一个方程乘以 2, 然后从第二个方程中减去它，这样得到的方程代替第二个方程，我们就得到了一个等价的方程组:

$$\begin{bmatrix} 1 & 2 & 3 \\ 0 & 4 & 1 \\ 4 & 4 & 4 \end{bmatrix} \boldsymbol{x} = \begin{bmatrix} 1 \\ 1 \\ 2 \end{bmatrix}.$$

进一步，如果将方程组中的第一个方程乘以 4, 然后从第三个方程中减去它，这样得到的方程替换第三个方程，我们得到:

$$\begin{bmatrix} 1 & 2 & 3 \\ 0 & 4 & 1 \\ 0 & -4 & -8 \end{bmatrix} \boldsymbol{x} = \begin{bmatrix} 1 \\ 1 \\ -2 \end{bmatrix},$$

其中注意到第一列中第一个元素下面的元素已经被归零. 最后，如果现在将第二个方程乘以 -1, 然后从第三个方程中减去它，然后这样得到的方程替换方程组中的第三个方程，我们得到一个上三角形式的等价方程组:

$$\begin{bmatrix} 1 & 2 & 3 \\ 0 & 4 & 1 \\ 0 & 0 & -7 \end{bmatrix} \boldsymbol{x} = \begin{bmatrix} 1 \\ 1 \\ -1 \end{bmatrix}.$$

通过倒向替换法，我们很容易求解这个方程组，从而得到的解为 $x_3 = 1/7$, $x_2 = 3/14$, $x_1 = 1/7$.

我们现在更一般地介绍高斯消元法. 考虑如下的平方非奇异方程组:

$$\begin{bmatrix} a_{11} & a_{12} & \cdots & a_{1n} \\ a_{21} & a_{22} & \cdots & a_{2n} \\ \vdots & \vdots & \ddots & \vdots \\ a_{n1} & a_{n2} & \cdots & a_{nn} \end{bmatrix} \boldsymbol{x} = \begin{bmatrix} y_1 \\ y_2 \\ \vdots \\ y_n \end{bmatrix}.$$

将 $j=2$ 以后的每个方程用方程 j 减去方程 1 乘以 a_{j1}/a_{11} 来替换（假设 $a_{11}\neq 0$），从而得到如下的等价方程组：

$$\begin{bmatrix} a_{11} & a_{12} & a_{13} & \cdots & a_{1n} \\ 0 & a_{22}^{(1)} & a_{23}^{(1)} & \cdots & a_{2n}^{(1)} \\ 0 & a_{32}^{(1)} & a_{33}^{(1)} & \cdots & a_{3n}^{(1)} \\ \vdots & \vdots & \vdots & \ddots & \vdots \\ 0 & a_{n2}^{(1)} & a_{n3}^{(1)} & \cdots & a_{nn}^{(1)} \end{bmatrix} \boldsymbol{x} = \begin{bmatrix} y_1 \\ y_2^{(1)} \\ y_3^{(1)} \\ \vdots \\ y_n^{(1)} \end{bmatrix},$$

其中 $a_{ij}^{(1)}=a_{ij}-a_{1j}a_{j1}/a_{11}$. 将 $j=3$ 以后的每个方程用方程 j 减去方程 2 乘以 $a_{j2}^{(1)}/a_{22}^{(1)}$ 来替换（假设 $a_{22}^{(1)}\neq 0$），从而得到如下等价方程组：

$$\begin{bmatrix} a_{11} & a_{12} & a_{13} & \cdots & a_{1n} \\ 0 & a_{22}^{(1)} & a_{23}^{(1)} & \cdots & a_{2n}^{(1)} \\ 0 & 0 & a_{33}^{(2)} & \cdots & a_{3n}^{(2)} \\ \vdots & \vdots & \vdots & \ddots & \vdots \\ 0 & 0 & a_{n3}^{(2)} & \cdots & a_{nn}^{(2)} \end{bmatrix} \boldsymbol{x} = \begin{bmatrix} y_1 \\ y_2^{(1)} \\ y_3^{(2)} \\ \vdots \\ y_n^{(2)} \end{bmatrix},$$

其中 $a_{ij}^{(2)}=a_{ij}^{(1)}-a_{2j}^{(1)}a_{j2}^{(1)}/a_{22}^{(1)}$. 很明显，以同样的方式进行 $n-1$ 次上面的操作，我们最终确定了一个与原始系统等价的上三角方程组：

$$\begin{bmatrix} a_{11} & a_{12} & a_{13} & \cdots & a_{1n} \\ 0 & a_{22}^{(1)} & a_{23}^{(1)} & \cdots & a_{2n}^{(1)} \\ 0 & 0 & a_{33}^{(2)} & \cdots & a_{3n}^{(2)} \\ \vdots & \vdots & \vdots & \ddots & \vdots \\ 0 & 0 & 0 & \cdots & a_{nn}^{(n-1)} \end{bmatrix} \boldsymbol{x} = \begin{bmatrix} y_1 \\ y_2^{(1)} \\ y_3^{(2)} \\ \vdots \\ y_n^{(n-1)} \end{bmatrix}.$$

上面的上三角系统可以通过倒向替换法来求解.

注释 7.2（旋转消元法）　注意，如果在上面的步骤中任何一个阶段 $k=1,\cdots,n-1$ 遇到对角线元素 $a_{kk}^{(k-1)}=0$, 则上述方法将失效，这是因为任何数除以 0 是无意义的. 在实际数值计算中，如果 $|a_{kk}^{(k-1)}|$ 很小的话，同样会出现类似的问题. 为了克服这一困难，可以通过应用部分或全部旋转的技巧来修正上面的步骤. (完全) 旋转的思想非常简单，在步骤的第 k 个阶段，我们寻找 $a_{ij}^{(k-1)}$, $i>k$, $j>k$ 中具有最大模的元素. 称这样的元素称为枢轴，交换当前阶段矩阵的行和列以使该元素进入位置 (k,k), 然后按上面表述的算法进行消元，并重复这个过程. 这里需要注意的是，当交换矩阵的两行时，向量 $\boldsymbol{y}$ 中的元素也需要相应地交换. 同样，当交换矩阵的两列时，也需要

交换 $\boldsymbol{x}$ 中的相应元素. 部分旋转的工作方式与此类似，但是只有元素 $a_{kk}^{(k-1)}$ 下面的列中的元素被搜索到一个轴，因此在这种情况下只需要交换两行. 旋转增加了求解所需的数值计算工作量，这是因为在每个阶段都涉及对轴元素的搜索，并且需要内存管理操作来交换行（在完全旋转情况下需要交换列）.

下面的算法表述了部分旋转高斯消元法：

算法 7 部分旋转高斯消元法.

要求： $\boldsymbol{A} \in \mathbb{R}^{n,n}$ 是可逆的以及 $\boldsymbol{y} \in \mathbb{R}^n$. 定义 $\boldsymbol{S} = [\boldsymbol{Ay}]$.

1: **for** $i = 1, \cdots, n-1$ **do**
2: 对任意 $k = 1, \cdots, n$, 寻求 i_p 使 $|s_{i_p i}| \geqslant |s_{ki}|$
3: $\boldsymbol{S} \leftarrow$ 将 $\boldsymbol{S}$ 的第 i_p 行与第 i 行进行交换
4: **for** $k = i+1, \cdots, n$ **do**
5: **for** $j = i, \cdots, i+1$ **do**
6: $s_{kj} = s_{kj} - (s_{ki}/s_{ii})s_{ij}$
7: **end for**
8: **end for**
9: **end for**

运算计数 接下来，我们计算通过高斯消元法求解平方系统所需的基本运算数. 首先考虑高斯消元过程，我们可以看到在该过程的第一次迭代中，更新矩阵 $\boldsymbol{S} = [\boldsymbol{Ay}]$ 的第二行需要 $2n+1$ 次运算（一次除法和 n 次乘法和减法从而找到沿该行新的元素值）. 为了将第一个元素下第一列中的所有元素值归零，并从第二个元素开始更新所有的行，需要 $(n-1)(2n+1)$ 次运算. 下一步我们需要 $(n-2)(2n-1)$ 次运算以使第二列元素归零并更新矩阵. 对于第三列，需要 $(n-3)(2n-3)$ 次运算，以此下去. 所有这些运算的次数总和为：

$$
\begin{aligned}
\sum_{i=1}^{n-1}(n-i)(2(n-i+1)+1) = \sum_{i=1}^{n-1} i(2i+3) &= 2\sum_{i=1}^{n-1} i^2 + 3\sum_{i=1}^{n-1} i \\
&= 3\frac{n(n-1)(2n-1)}{6} + 2\frac{n(n-1)}{2} \\
&= \ \sim n^3
\end{aligned}
$$

(这里，符号 $\sim$ 表示多项式中的前导项；这种表示法比常用的 $O(\cdot)$ 更加明确，这是因为其暗含着前导项系数的信息). 我们最后需要对变换后的三角方程组应用倒向替换法，这需要额外的 n^2 次运算. 这使得主导的复杂度项保持不变，因此求解一般非奇异方程组的运算总数为 $\sim n^3$.

7.3 QR 分解

QR 分解是一种线性代数运算，它将一个矩阵分解成一个正交分量（它是矩阵行空间的基）和一个三角形分量. 在 QR 分解中，一个矩阵 $\boldsymbol{A} \in \mathbb{R}^{m,n}$（其中 $m \geqslant n$, $\operatorname{rank}(A) = n$）

具有如下分解：

$$A = QR,$$

其中 $Q \in \mathbb{R}^{m,n}$ 具有正交的列（即 $Q^\top Q = I_n$），而 $R \in \mathbb{R}^{n,n}$ 是一个上三角矩阵.

QR 分解的计算方法有很多种，这包括 Householder 变换法、修正的 Gram-Schmidt 算法以及快速 Givens 法. 在这里，我们介绍基于 Gram-Schmidt 步骤的改进算法（MGS）.

7.3.1 改进的 Gram-Schmidt 算法

2.3.3 节已经介绍了，给定一组线性无关向量 $\{a^{(1)}, \cdots, a^{(n)}\}$, Gram-Schmidt（GS）算法实质上是构造了一个正交向量集 $\{q^{(1)}, \cdots, q^{(n)}\}$, 使其生成的空间与原始向量集生成的空间相同，如下所示，对于 $k = 1, \cdots, n$,

$$\zeta^{(k)} = a^{(k)} - \sum_{i=1}^{k-1} \langle a^{(k)}, q^{(i)} \rangle q^{(i)}, \tag{7.4}$$

$$q^{(k)} = \frac{\zeta^{(k)}}{\|\zeta^{(k)}\|}.$$

设 $S_{k-1} = \text{span}\{a^{(1)}, \cdots, a^{(k-1)}\}$， $S_{k-1}^\perp$ 为 S_{k-1} 的正交补. 在等式 (7.4) 中，GS 算法计算出了 $a^{(k)}$ 在 S_{k-1} 上的投影，然后从 $a^{(k)}$ 中减去它，从而得到 $a^{(k)}$ 在 $S_{k-1}^\perp$ 上的投影. 不难看出，式 (7.4) 中的投影运算可以用如下矩阵形式表示：

$$\zeta^{(k)} = P_{S_{k-1}^\perp} a^{(k)}, \quad P_{S_{k-1}^\perp} = 1 - P_{S_{k-1}}, \quad P_{S_{k-1}} = \sum_{i=1}^{k-1} q^{(i)} q^{(i)\top}, \tag{7.5}$$

其中 $P_{S_0} = 0$，$P_{S_0^\perp} = I$. 进一步，正交投影矩阵 $P_{S_{k-1}^\perp} = I - P_{S_{k-1}}$ 可以写成与每个 $q^{(1)}, \cdots, q^{(k-1)}$ 正交的子空间上的初等投影的乘积，也就是

$$P_{S_{k-1}^\perp} = P_{q^{(k-1)\perp}} \cdots P_{q^{(1)\perp}}, \quad P_{q^{(i)\perp}} = I - q^{(i)} q^{(i)\top}, \ k > 1.$$

很容易直接验证这一事实. 例如，取 $k = 3$（可以用相同的思路验证更一般的情况），那么

$$\begin{aligned}
P_{q^{(2)\perp}} P_{q^{(1)\perp}} &= (I - q^{(2)} q^{(2)\top})(I - q^{(1)} q^{(1)\top}) \\
&= I - q^{(1)} q^{(1)\top} - q^{(2)} q^{(2)\top} + q^{(2)} q^{(2)\top} q^{(1)} q^{(1)\top} \\
(\text{因为 } q^{(2)\top} q^{(1)} = 0) &= I - q^{(1)} q^{(1)\top} - q^{(2)} q^{(2)\top} \\
&= I - P_{S_2} = P_{S_2^\perp}.
\end{aligned}$$

在改进的 GS 算法中，每一个 $\zeta^{(k)} = P_{q^{(1)\perp}} \cdots P_{q^{(k-1)\perp}} I a^{(k)}$ 可由如下迭代形式计算：

$$\zeta^{(k)}(1) = a^{(k)},$$

$$\begin{aligned}
\boldsymbol{\zeta}^{(k)}(2) &= \boldsymbol{P}_{\boldsymbol{q}^{(1)\perp}}\boldsymbol{\zeta}^{(k)}(1) = (\boldsymbol{I} - \boldsymbol{q}^{(1)}\boldsymbol{q}^{(1)\top})\boldsymbol{\zeta}^{(k)}(1) \\
&= \boldsymbol{\zeta}^{(k)}(1) - \boldsymbol{q}^{(1)}\boldsymbol{q}^{(1)\top}\boldsymbol{\zeta}^{(k)}(1), \\
\boldsymbol{\zeta}^{(k)}(3) &= \boldsymbol{P}_{\boldsymbol{q}^{(2)\perp}}\boldsymbol{\zeta}^{(k)}(2) = \boldsymbol{\zeta}^{(k)}(2) - \boldsymbol{q}^{(2)}\boldsymbol{q}^{(2)\top}\boldsymbol{\zeta}^{(k)}(2), \\
\vdots \quad & \vdots \quad \vdots \\
\boldsymbol{\zeta}^{(k)}(k) &= \boldsymbol{P}_{\boldsymbol{q}^{(k-1)\perp}}\boldsymbol{\zeta}^{(k)}(k-1) \\
&= \boldsymbol{\zeta}^{(k)}(k-1) - \boldsymbol{q}^{(k-1)}\boldsymbol{q}^{(k-1)\top}\boldsymbol{\zeta}^{(k)}(k-1).
\end{aligned}$$

虽然两个算法（GS 和 MGS）在数学上是等价的，但已经验证后者在数值计算上更稳定. 改进的 GS 算法被表述如下：

运算计数. 对于较大的 m, n, 计算工作量由算法 8 的最内层循环所控制. m 次的乘与加法运算用于计算 $r_{ij} = \boldsymbol{q}^{(i)\top}\boldsymbol{\zeta}^{(j)}$, m 次的乘与减法运算用于计算 $\boldsymbol{\zeta}^{(j)} = \boldsymbol{\zeta}^{(j)} - r_{ij}\boldsymbol{q}^{(i)}$, 每个内循环总共有 $4m$ 次运算. 因此，算法 8 的总运算次数近似为：

$$\sum_{i=1}^{n}\sum_{j=i+1}^{n} 4m = \sum_{i=1}^{n}(n-i)4m = \left(n^2 - \frac{n(n+1)}{2}\right)4m \sim 2mn^2.$$

算法 8 改进的 Gram-Schmidt 法.

要求： 一个线性无关向量组 $\{\boldsymbol{a}^{(1)}, \cdots, \boldsymbol{a}^{(n)}\}$, $\boldsymbol{a}^{(i)} \in \mathbb{R}^m$, $m \geqslant n$.

1: **for** $i = 1, \cdots, n$ **do**
2: $\quad \boldsymbol{\zeta}^{(i)} = \boldsymbol{a}^{(i)}$
3: **end for**
4: **for** $i = 1, \cdots, n$ **do**
5: $\quad r_{ii} = \|\boldsymbol{\zeta}^{(i)}\|$
6: $\quad q^{(i)} = \boldsymbol{\zeta}^{(i)}/r_{ii}$
7: $\quad$ **for** $j = i+1, \cdots, n$ **do**
8: $\quad\quad r_{ij} = \boldsymbol{q}^{(i)\top}\boldsymbol{\zeta}^{(j)}$, $\boldsymbol{\zeta}^{(j)} = \boldsymbol{\zeta}^{(j)} r_{ij}\boldsymbol{q}^{(i)}$
9: $\quad$ **end for**
10: **end for**

MGS 作为 QR 分解. 我们下面证明 MGS 算法实际上给出了矩阵 $\boldsymbol{A}$ 的 QR 分解中的 $\boldsymbol{Q}$ 因子和 $\boldsymbol{R}$ 因子. 设 $\boldsymbol{a}^{(1)}, \cdots, \boldsymbol{a}^{(n)}$ 为矩阵 $\boldsymbol{A}$ 的列. 由式 (7.5) 得到 $\boldsymbol{\zeta}^{(1)} = \boldsymbol{a}^{(1)}$ 以及对于任意 $j > 1$,

$$\boldsymbol{\zeta}^{(j)} = \boldsymbol{a}^{(j)} - \sum_{i=1}^{j-1}\boldsymbol{q}^{(i)}\boldsymbol{q}^{(i)\top}\boldsymbol{a}^{(j)}.$$

现在设 $r_{jj} = \|\boldsymbol{\zeta}^{(j)}\|$, $r_{ij} = \boldsymbol{q}^{(i)\top}\boldsymbol{a}^{(j)}$ 且回顾 $\boldsymbol{q}^{(j)} = \boldsymbol{\zeta}^{(j)}/r_{jj}$. 那么由上一个等式可得：

$$r_{jj}\boldsymbol{q}^{(j)} = \boldsymbol{a}^{(j)} - \sum_{i=1}^{j-1} r_{ij}\boldsymbol{q}^{(i)},$$

也就是

$$\boldsymbol{a}^{(j)} = r_{jj}\boldsymbol{q}^{(j)} + \sum_{i=1}^{j-1} r_{ij}\boldsymbol{q}^{(i)}.$$

后一个方程给出了所需的因子分解 $\boldsymbol{A} = \boldsymbol{QR}$, 其中

$$[\boldsymbol{a}^{(1)}, \cdots, \boldsymbol{a}^{(n)}] = [\boldsymbol{q}^{(1)}, \cdots, \boldsymbol{q}^{(n)}] \begin{bmatrix} r_{11} & r_{12} & \cdots & r_{1n} \\ 0 & r_{22} & \cdots & r_{2n} \\ \vdots & \vdots & \ddots & \vdots \\ 0 & 0 & \cdots & r_{nn} \end{bmatrix}.$$

上述的推导形成了下面定理的一个构造性证明.

定理 7.1 对任意矩阵 $\boldsymbol{A} \in \mathbb{R}^{m,n}$（其中 $m \geqslant n$, $\text{rank}(\boldsymbol{A}) = n$），其满足因子分解 $\boldsymbol{A} = \boldsymbol{QR}$, 其中 $\boldsymbol{R} \in \mathbb{R}^{n,n}$ 是一个主对角线元素为正的上三角矩阵，而 $\boldsymbol{Q} \in \mathbb{R}^{m,n}$ 具有正交的列（即 $\boldsymbol{Q}^\top\boldsymbol{Q} = \boldsymbol{I}_n$）.

7.3.2 欠定矩阵的改进 GS 算法与 QR 分解

在标准的 GS 算法中，我们假设向量 $\{\boldsymbol{a}^{(1)}, \cdots, \boldsymbol{a}^{(n)}\}$, $\boldsymbol{a}^{(i)} \in \mathbb{R}^m$ 是线性无关的，即矩阵 $\boldsymbol{A} = [\boldsymbol{a}^{(1)}, \cdots, \boldsymbol{a}^{(n)}] \in \mathbb{R}^{m,n}$ 为列满足秩的. 在这一段，我们讨论如何将 GS 算法和 QR 分解推广到矩阵 $\boldsymbol{A}$ 不是满秩的情况，即 $\{\boldsymbol{a}^{(1)}, \cdots, \boldsymbol{a}^{(n)}\}$ 不是线性无关的. 在这种情况下，设 $k \leqslant n$ 为最小整数使向量 $\boldsymbol{a}^{(k)}$ 是前 $k-1$ 个向量 $\{\boldsymbol{a}^{(1)}, \cdots, \boldsymbol{a}^{(k-1)}\}$ 的线性组合，也就是:

$$\boldsymbol{a}^{(k)} = \sum_{i=1}^{k-1} \tilde{\alpha}_i \boldsymbol{a}^{(i)},$$

其中 $\tilde{\alpha}_i$, $i = 1, \cdots, k-1$, 为某些常数. 由于，通过构造，$\{\boldsymbol{q}^{(1)}, \cdots, \boldsymbol{q}^{(k-1)}\}$ 的生成子空间与 $\{\boldsymbol{a}^{(1)}, \cdots, \boldsymbol{a}^{(k-1)}\}$ 相同，那么有:

$$\boldsymbol{a}^{(k)} = \sum_{i=1}^{k-1} \alpha_i \boldsymbol{q}^{(i)},$$

其中 $\boldsymbol{\alpha}_i$ $(i = 1, \cdots, k-1)$ 为某些常数. 由于 $\boldsymbol{q}_j$, $j = 1, \cdots, k-1$ 是正交的，故

$$\langle \boldsymbol{a}^{(k)}, \boldsymbol{q}^{(j)} \rangle = \sum_{i=1}^{k-1} \alpha_i \langle \boldsymbol{q}^{(i)}, \boldsymbol{q}^{(j)} \rangle = \alpha_j,$$

因此，我们从式 (7.4) 中可以看到 $\boldsymbol{\zeta}^{(k)} = 0$. 这样，标准的算法将无法继续. 然而，一般算法的进行只需舍弃所有使 $\boldsymbol{\zeta}^{(k')} = 0$ 的向量 $\boldsymbol{a}^{(k')}$, $k' \geqslant k$, 直至算法终止或找到了一个向

量 $\boldsymbol{a}^{(k')}$ 使 $\boldsymbol{\zeta}^{(k')} \neq 0$. 在这种情况下，将相应的归一化向量 $\boldsymbol{q}^{(k')}$ 添加到正交集，然后迭代该步骤. 一旦终止，算法会返回一组 $r = \operatorname{rank}(\boldsymbol{A})$ 个正交向量 $\{\boldsymbol{q}^{(1)}, \cdots, \boldsymbol{q}^{(k)}\}$, 其恰好也构成了 $\mathcal{R}(\boldsymbol{A})$ 的一个正交基. 这个步骤提供了一个广义的 QR 因式分解，这是因为 $\boldsymbol{A}$ 的每一列都可表示为 $\boldsymbol{Q} = [\boldsymbol{q}^{(1)}, \cdots, \boldsymbol{q}^{(r)}]$ 的列的线性组合，且非零系数的数目是单增的. 特别地，将矩阵 $\boldsymbol{A}$ 的 $n_1 \geqslant 1$ 个列的第一个块可写成 $\boldsymbol{q}^{(1)}$ 的线性组合，将 $\boldsymbol{A}$ 的 $n_2 \geqslant 1$ 个列的第二个块可写成 $\boldsymbol{q}^{(1)}, \boldsymbol{q}^{(2)}$ 的线性组合，$\cdots$ 直到 $\boldsymbol{A}$ 的 n_r 个列的第 r 个块被写为 $\boldsymbol{q}^{(1)}, \cdots, \boldsymbol{q}^{(r)}$ 的线性组合，其中 $n_1 + n_2 + \cdots + n_r = n$. 用公式可表示为：

$$\boldsymbol{A} = \boldsymbol{Q}\boldsymbol{R}, \quad \boldsymbol{R} = \begin{bmatrix} \boldsymbol{R}_{11} & \boldsymbol{R}_{12} & \cdots & \boldsymbol{R}_{1r} \\ 0 & \boldsymbol{R}_{22} & \cdots & \boldsymbol{R}_{2r} \\ 0 & 0 & \ddots & \vdots \\ 0 & 0 & \cdots & \boldsymbol{R}_{rr} \end{bmatrix}, \quad R_{ij} \in \mathbb{R}^{1, n_j},$$

矩阵 $\boldsymbol{R}$ 具有块状上三角形式. 然后可以对矩阵 $\boldsymbol{R}$ 的列进行重新排序，以便将 $\boldsymbol{R}$ 的第一个元素对应的列移到第 i 列（通过列旋转）. 相应地，我们可以写成

$$\boldsymbol{A} = \boldsymbol{Q}\boldsymbol{R}\boldsymbol{E}^\top, \quad \boldsymbol{R} = [\tilde{\boldsymbol{R}}, \boldsymbol{M}],$$

其中 $\boldsymbol{E}$ 是一个合适的列置换矩阵（注意到置换矩阵是正交的）, 矩阵 $\tilde{\boldsymbol{R}} \in \mathbb{R}^{r,r}$ 是上三角可逆矩阵以及 $\boldsymbol{M} \in \mathbb{R}^{r,n-r}$. 注意，另一种 “完全” 形式的 QR 分解使用了矩阵 $\boldsymbol{Q}$ 的全部 m 列，$m-r$ 个正交列被添加到 $\boldsymbol{q}^{(1)}, \cdots, \boldsymbol{q}^{(r)}$ 中，从而构成了 $\mathbb{R}^m$ 的正交基. 因此，矩阵 R 的末尾加上 $m-r$ 个 0 行，以获得

$$\boldsymbol{A} = \boldsymbol{Q}\boldsymbol{R}\boldsymbol{E}^\top, \quad \boldsymbol{Q} \in \mathbb{R}^{m,m}, \quad \boldsymbol{Q}^\top\boldsymbol{Q} = \boldsymbol{I}_m, \quad \boldsymbol{R} = \begin{bmatrix} \tilde{\boldsymbol{R}} & \boldsymbol{M} \\ 0_{m-r,r} & 0_{m-r,n-r} \end{bmatrix}.$$

7.4 习题

习题 7.1（稀疏矩阵与向量乘积） 回顾 3.4.2 节，如果一个矩阵的大多数元素为零，那么这个矩阵就被称为稀疏矩阵. 更精确地，假设 $\boldsymbol{A}$ 是一个 m 维方阵且其稀疏系数 $\gamma(\boldsymbol{A}) \ll 1$, 其中 $\gamma(\boldsymbol{A}) \doteq d(\boldsymbol{A})/s(\boldsymbol{A})$, $d(\boldsymbol{A})$ 是矩阵 $\boldsymbol{A}$ 中非零元素的个数，$s(\boldsymbol{A})$ 是矩阵 $\boldsymbol{A}$ 元素的个数（即 $s(\boldsymbol{A}) = mn$）.

- 对于任意给定的向量 $x \in \mathbb{R}$ 和一个非稀疏矩阵 $\boldsymbol{A}$, 求出形成矩阵与向量乘积 $\boldsymbol{A}\boldsymbol{x}$ 所需的运算（乘法和加法）数. 证明：如果 $\boldsymbol{A}$ 是一个稀疏矩阵，那么这个运算数即为因子 $\gamma(\boldsymbol{A})$.
- 现在假设矩阵 $\boldsymbol{A}$ 不是稀疏的，而是某个稀疏矩阵的秩 1 修改. 也就是，矩阵 $\boldsymbol{A}$ 具有形式 $\boldsymbol{A} = \tilde{\boldsymbol{A}} + \boldsymbol{u}\boldsymbol{v}^\top$, 其中 $\tilde{\boldsymbol{A}} \in \mathbb{R}^{m,n}$ 是稀疏的，$\boldsymbol{u} \in \mathbb{R}^m$ 和 $\boldsymbol{v} \in \mathbb{R}^m$ 是已知的向量. 设计一种利用稀疏性计算矩阵与向量乘积 $\boldsymbol{A}\boldsymbol{x}$ 的方法.

习题 7.2（内积的随机逼近） 计算两个向量 $\boldsymbol{a},\boldsymbol{b}\in\mathbb{R}^n$ 的标准内积需要 n 次乘法和加法. 当维数 n 非常大时（例如：为 10^{12} 阶数或更大），甚至计算一个简单的内积都是不可行的.

让我们构造如下的随机向量 $\boldsymbol{r}\in\mathbb{R}^n$：随机均匀地选择一个索引 $i\in\{1,\cdots,n\}$，然而令 $r_i=1$ 和 $r_j=0$ $(j\neq i)$. 考虑两个常值随机数 $\tilde{a},\tilde{b}$，其用来表示原始向量 $\boldsymbol{a},\boldsymbol{b}$ 沿向量 $\boldsymbol{r}$ 的“随机投影”：

$$\tilde{a}\doteq\boldsymbol{r}^\top\boldsymbol{a}=a_i,$$

$$\tilde{b}\doteq\boldsymbol{r}^\top\boldsymbol{b}=b_i.$$

证明：

$$n\mathbb{E}[\tilde{a}\tilde{b}]=\boldsymbol{a}^\top\boldsymbol{b},$$

也就是 $n\tilde{a}\tilde{b}$ 是内积值 $\boldsymbol{a}^\top\boldsymbol{b}$ 的一个无偏估计. 注意到计算 $n\tilde{a}\tilde{b}$ 是很容易的，这是因为它就等于 na_ib_i, 其中索引 i 是随机选择的. 然而，这个估计量的方差可能会很大，见下面的方差公式：

$$\operatorname{var}\{n\tilde{a}\tilde{b}\}=n\sum_{k=1}^{n}a_k^2b_k^2-\left(\boldsymbol{a}^\top\boldsymbol{b}\right)^2$$

(证明上面的方差公式). *提示*：设 $\boldsymbol{e}_i$ 为 $\mathbb{R}^n$ 的第 i 个标准基，那么随机向量 $\boldsymbol{r}$ 具有离散概率分布 $\mathbb{P}(\boldsymbol{r}=\boldsymbol{e}_i)=\dfrac{1}{n}$, $i=1,\cdots,n$, 于是 $\mathbb{E}[\boldsymbol{r}]=\dfrac{1}{n}\mathbf{1}$. 进一步，观察到对于 $k\neq j$, 乘积 r_kr_j 等于 0, 并且向量 $\boldsymbol{r}^2\doteq[r_1^2,\cdots,r_n^2]^\top$ 具有与随机向量 $\boldsymbol{r}$ 相同的分布. 可以将这一思想推广到 k 维子空间上的随机投影，其适用于大规模问题的矩阵乘积逼近、SVD 分解和 PCA. 这些结果背后的关键理论工具是众所周知的 Johnson-Lindenstrauss 引理.

习题 7.3（中心化的稀疏数据奇异值分解的幂迭代法） 在许多如主成分分析（参见 5.3.2 节）的应用中，人们需要找到中心化数据矩阵的几个最大奇异值. 更具体地说，已知由 $\mathbb{R}^n$ 中的 m 个数据点所构成的 $n\times m$ 维矩阵 $\boldsymbol{X}=[\boldsymbol{x}_1,\cdots,\boldsymbol{x}_m]$, 对于 $i=1,\cdots,m$, 定义如下的中心化矩阵 $\tilde{\boldsymbol{X}}$ 为：

$$\tilde{\boldsymbol{X}}=[\tilde{\boldsymbol{x}}_1,\cdots,\tilde{\boldsymbol{x}}_m],\quad \tilde{\boldsymbol{x}}_i\doteq\boldsymbol{x}_i-\bar{\boldsymbol{x}},\quad i=1,\cdots,m,$$

其中 $\bar{\boldsymbol{x}}=\dfrac{1}{m}\sum_{i=1}^m\boldsymbol{x}_i$ 表示 m 个数据点的平均. 一般来说，即使 $\boldsymbol{X}$ 本身是稀疏的，矩阵 $\tilde{\boldsymbol{X}}$ 也可能是稠密的. 这意味着幂迭代法的每一步都包含两个矩阵与向量的乘积，其中一个矩阵为稠密的. 解释如何改进幂迭代法以此可以利用稀疏性，从而避免稠密矩阵与向量的乘法运算.

习题 7.4（利用线性方程组的结构） 考虑如下关于 $\boldsymbol{x} \in \mathbb{R}^n$ 的线性方程：

$$\boldsymbol{A}\boldsymbol{x} = \boldsymbol{y},$$

其中 $\boldsymbol{A} \in \mathbb{R}^{m,n}$, $\boldsymbol{y} \in \mathbb{R}^m$. 据你所知回答下列问题.

1. 求解一般系统所需的时间取决于维数 m, n 和矩阵 $\boldsymbol{A}$ 的元素值. 把运算时间看成仅为 m, n 的函数，提供关于这个运算时间函数的一个粗略估计. 你可以假设维数 m 和 n 是相同的.
2. 现在假设 $\boldsymbol{A} = \boldsymbol{D} + \boldsymbol{u}\boldsymbol{v}^\top$, 其中 $\boldsymbol{D}$ 是一个可逆的对角矩阵以及 $\boldsymbol{u} \in \mathbb{R}^m$, $\boldsymbol{v} \in \mathbb{R}^n$. 你将如何利用这种结构来求解上面的线性方程组，并给出你的算法复杂度的一个粗略估计？
3. 如果矩阵 $\boldsymbol{A}$ 为上三角的，那结果如何？

习题 7.5（求解线性方程的 Jacob 方法） 设 $\boldsymbol{A} = (a_{ij}) \in \mathbb{R}^{n,n}$, $\boldsymbol{b} \in \mathbb{R}^n$, 其中 $a_{ii} \neq 0$, $i = 1, \cdots, n$. 求解如下平方线性方程组的 Jacobi 方法：

$$\boldsymbol{A}\boldsymbol{x} = \boldsymbol{b}$$

包括将 $\boldsymbol{A}$ 分解为 $\boldsymbol{A} = \boldsymbol{D} + \boldsymbol{R}$, 其中 $D = \mathrm{diag}(a_{11}, \cdots, a_{nn})$, 而 $\boldsymbol{R}$ 包含了矩阵 $\boldsymbol{A}$ 的非对角元素. 考虑应用如下的递归：

$$x^{(k+1)} = \boldsymbol{D}^{-1}(\boldsymbol{b} - \boldsymbol{R}\boldsymbol{x}^{(k)}), \quad k = 0, 1, 2, \cdots,$$

其中初始点为 $\hat{x}(0) = \boldsymbol{D}^{-1}\boldsymbol{b}$. 该方法是一类所谓的矩阵分裂法的一部分，其中矩阵 $\boldsymbol{A}$ 被分解为一个“简单”可逆矩阵和另一个矩阵的和，Jacobi 方法事实上使用了 $\boldsymbol{A}$ 的特殊分裂.

1. 给出关于矩阵 $\boldsymbol{D}, \boldsymbol{R}$ 的条件以确保从任意初始点出发的最终收敛性. 提示：假设它是可对角化的.
2. 我们称矩阵 $\boldsymbol{A}$ 为严格行对角占优的，如果其元素满足

$$\forall\, i = 1, \cdots, n, \quad |a_{ii}| \geqslant \sum_{j \neq i} |a_{ij}|.$$

证明：当矩阵 $\boldsymbol{A}$ 为严格行对角占优的，则 Jacob 方法是收敛的.

习题 7.6（线性迭代的收敛性） 考虑具有如下形式的线性迭代

$$x(k+1) = \boldsymbol{F}x(k) + \boldsymbol{c}, \quad k = 0, 1, \cdots, \tag{7.6}$$

其中 $\boldsymbol{F} \in \mathbb{R}^{n,n}$, $\boldsymbol{c} \in \mathbb{R}^n$ 以及迭代的初始出发点为 $x(0) = \boldsymbol{x}_0$. 我们假设迭代具有一个平稳点，即存在 $\bar{\boldsymbol{x}} \in \mathbb{R}^n$ 满足

$$(\boldsymbol{I} - \boldsymbol{F})\bar{\boldsymbol{x}} = \boldsymbol{c}. \tag{7.7}$$

在本习题中，我们导出了当 $k \to \infty$ 时, $x(k)$ 趋于一个有限极限点的条件. 我们将在习题 7.7 中应用这些结果来建立求解线性方程组的线性迭代算法.

1. 证明如下表达式成立：对任意 $k=0,1,\cdots$,

$$x(k+1)-x(k)=\boldsymbol{F}^{k}(\boldsymbol{I}-\boldsymbol{F})(\bar{\boldsymbol{x}}-\boldsymbol{x}_{0}),\tag{7.8}$$

$$x(k)-\bar{\boldsymbol{x}}=\boldsymbol{F}^{k}(\boldsymbol{x}_{0}-\bar{\boldsymbol{x}}).\tag{7.9}$$

2. 证明：对任意 $\boldsymbol{x}_0$, 当 $k\to\infty$, $x(k)$ 收敛到一个有限极限点当且仅当 $\boldsymbol{F}^k$ 是收敛的（参见定理 3.5）. 当 $x(k)$ 收敛时，其极限点 $\bar{\boldsymbol{x}}$ 满足式 (7.7).

习题 7.7（一个线性迭代算法）　在本习题中，我们引入某个线性方程系统的“等价”描述：

$$\boldsymbol{A}\boldsymbol{x}=\boldsymbol{b},\quad \boldsymbol{A}\in\mathbb{R}^{m,n},\tag{7.10}$$

并研究求解该方程组的线性递归算法.

1. 考虑如下线性方程组

$$\boldsymbol{A}\boldsymbol{x}=\boldsymbol{A}\boldsymbol{A}^{\dagger}\boldsymbol{b},\tag{7.11}$$

其中 $\boldsymbol{A}^\dagger$ 是矩阵 $\boldsymbol{A}$ 的任意一个伪逆矩阵（即矩阵 $\boldsymbol{A}^\dagger$ 满足 $\boldsymbol{A}\boldsymbol{A}^\dagger\boldsymbol{A}=\boldsymbol{A}$）. 证明式 (7.11) 总是有一个解. 证明：方程组 (7.10) 的任意一个解也是方程 (7.11) 的一个解. 相反，如果 $\boldsymbol{b}\in\mathcal{R}(A)$, 则方程 (7.11) 的每个解也是方程组 (7.10) 的解.

2. 设矩阵 $\boldsymbol{R}\in\mathbb{R}^{n,m}$ 满足 $\mathcal{N}(\boldsymbol{R}\boldsymbol{A})=\mathcal{N}(\boldsymbol{A})$. 证明：

$$\boldsymbol{A}^{\dagger}\doteq(\boldsymbol{R}\boldsymbol{A})^{\dagger}\boldsymbol{R}$$

实际上是 $\boldsymbol{A}$ 的一个伪逆矩阵.

3. 考虑如下线性方程组：

$$\boldsymbol{R}\boldsymbol{A}\boldsymbol{x}=\boldsymbol{R}\boldsymbol{b},\tag{7.12}$$

其中矩阵 $\boldsymbol{R}\in\mathbb{R}^{n,m}$ 满足 $\mathcal{N}(\boldsymbol{R}\boldsymbol{A})=\mathcal{N}(\boldsymbol{A})$ 和 $\boldsymbol{R}\boldsymbol{b}\in\mathcal{R}(\boldsymbol{R}\boldsymbol{A})$. 证明：在这些假设条件下，对于 $\boldsymbol{A}^\dagger=(\boldsymbol{R}\boldsymbol{A})^\dagger\boldsymbol{R}$, 方程 (7.12) 解的全体与方程 (7.11) 的相同.

4. 在上一点的设置下，考虑如下线性迭代：对于 $k=0,1,\cdots$,

$$x(k+1)=x(k)+\alpha\boldsymbol{R}(\boldsymbol{b}-Ax(k)),\tag{7.13}$$

其中 $\alpha\neq 0$ 是已知的常数. 证明:如果 $\lim\limits_{k\to\infty}x(k)=\bar{\boldsymbol{x}}$, 那么 $\bar{\boldsymbol{x}}$ 是线性方程组 (7.12) 的一个解. 给出确保 $x(k)$ 收敛的适当条件.

5. 假设矩阵 $\boldsymbol{A}$ 是正定的（即 $\boldsymbol{A}\in\mathbb{S}^n$, $\boldsymbol{A}\succ 0$）. 讨论如何找到满足点 3 中条件的合适常数 α 和矩阵 $\boldsymbol{R}$ 使迭代式 (7.13) 收敛到式 (7.12) 的解. 提示：应用习题 4.7.

6. 解释如何应用递归算法 (7.13) 求解线性方程组 $\tilde{\boldsymbol{A}}\boldsymbol{x}=\tilde{\boldsymbol{b}}$, 其中 $\tilde{\boldsymbol{A}}\in\mathbb{R}^{m,n}$ $(m\geqslant n$, $\operatorname{rank}(\tilde{\boldsymbol{A}})=n)$. 提示：应用算法到正规方程组.

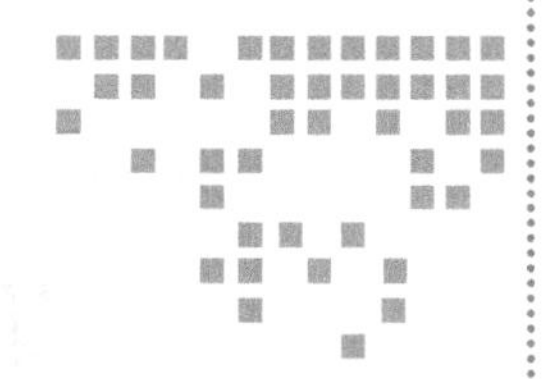

第二部分 Part 2

凸优化模型

第8章　凸　　性

所有的真理都要经历三个阶段：第一，被嘲笑；第二，被强烈反对；第三，不言而喻地被大众认可. ——Arthur Schopenhauer

我们已经在 6.3.1 节中学过，普通最小二乘问题可以使用标准的线性代数工具来求解. 因此，在这样的情况下，可以有效、全局地得到极小化问题的解，也就是说，除了最小二乘最优解之外，可以确保没有其他点可能产生更好的最小二乘目标值. 这些期望的性质实际上可以扩展到更广泛的优化问题. 使优化问题成为可解的，关键性质是凸性，这将在本章中重点介绍. 特别地，我们将刻画凸集和凸函数，并定义凸优化问题为凸目标函数在凸集上的最小化问题. 此外，可以在这种凸性框架中建模的工程问题通常能够得到有效的数值解. 进一步，对于具有特定结构的某些类型的凸模型（例如，线性的、凸二次的或凸圆锥的），可以使用有效的专门算法，从而为用户提供可靠的建模和解决实际问题的技术工具.

8.1　凸集

8.1.1　开集、闭集、内部与边界

我们首先简要地回顾 $\mathbb{R}^n$ 子集的一些基本拓扑概念. 称一个子集 $\mathcal{X} \subseteq \mathbb{R}^n$ 为开集，如果对任意的 $\boldsymbol{x} \in \mathcal{X}$, 存在一个以 $\boldsymbol{x}$ 为球心的球并包含在 $\mathcal{X}$ 中. 更精确地说，对任意 $\boldsymbol{x} \in \mathcal{X}$ 和 $\varepsilon > 0$, 定义如下的以 $\boldsymbol{x}$ 为球心，半径为 r 的欧氏范数下的球：

$$B_\varepsilon(\boldsymbol{x}) \doteq \{z:\ \|\boldsymbol{z}-\boldsymbol{x}\|_2 < \varepsilon\}.$$

如果 $\mathcal{X} \subseteq \mathbb{R}^n$ 满足

$$\forall\, \boldsymbol{x} \in \mathcal{X},\quad \exists\, \varepsilon > 0:\ B_\varepsilon(\boldsymbol{x}) \subset \mathcal{X},$$

则称 $\mathcal{X}$ 是开的

如果 $\mathcal{X} \subseteq \mathbb{R}^n$ 的补集 $\mathbb{R}^n \setminus \mathcal{X}$ 是开的，则称它是闭的. 由定义，全空间 $\mathbb{R}^n$ 和空集 $\emptyset$ 都是开集，同时它们也是闭集（开集和闭集并不是互斥的关系）.

一个集合 $\mathcal{X} \subseteq \mathbb{R}^n$ 的内部定义如下：

$$\operatorname{int} \mathcal{X} = \left\{\boldsymbol{z} \in \mathcal{X}:\ \text{存在某个}\ \varepsilon > 0\ \text{使}\ B_\varepsilon(\boldsymbol{z}) \subseteq \mathcal{X}\right\}.$$

而集合 $\mathcal{X} \subseteq \mathbb{R}^n$ 的闭包则定义为：

$$\overline{\mathcal{X}} = \left\{\boldsymbol{z} \in \mathbb{R}^n:\ \boldsymbol{z} = \lim_{k\to\infty} \boldsymbol{x}_k,\ \boldsymbol{x}_k \in \mathcal{X},\ \forall\, k \geqslant 1\right\},$$

即 $\mathcal{X}$ 的闭包是 $\mathcal{X}$ 中序列的极限点的全体. 于是 $\mathcal{X}$ 的边界则定义为：

$$\partial\mathcal{X} = \overline{\mathcal{X}} \setminus \operatorname{int}\mathcal{X}.$$

一个集合 $\mathcal{X} \subseteq \mathbb{R}^n$ 是开集当且仅当 $\mathcal{X} = \operatorname{int}\mathcal{X}$. 任何开集都不会包含它的边界点，而闭集则包含了它的所有边界点. 开集的并和有限交是开的，而闭集的交和有限并是闭的.

称集合 $\mathcal{X} \subseteq \mathbb{R}^n$ 为有界的，如果它能被包含在一个有限半径的球里，也就是说，存在 $\boldsymbol{x} \in \mathbb{R}^n$ 和 $r > 0$ 使 $\mathcal{X} \subseteq B_r(\boldsymbol{x})$. 如果 $\mathcal{X} \subseteq \mathbb{R}^n$ 是有界的闭集，那么则称其是紧的.

例 8.1（区间与实数域） 设 $a, b \in \mathbb{R}$ 且 $a < b$. 则 $[a, b]$ 是一个闭集. 它的边界为离散集合 $\{a, b\}$, 它的内部为开集 $\{x:\ a < x < b\}$. 区间 $[a, b)$ 既不是闭集也不是开集. 区间 (a, b) 是开的，形如 $[a, +\infty)$ 的半无限区间是闭的，因为它的补集 $(-\infty, a)$ 是开的[⊖].

8.1.2 组合与包

考虑 $\mathbb{R}^n$ 中一些点（向量）的集合 $\mathcal{P} = (\boldsymbol{x}^{(1)}, \cdots, \boldsymbol{x}^{(m)})$，由这些点所生成的线性包（子空间）被定义为所有这些点的线性组合的全体，也就是线性包中的任意一点 $\boldsymbol{x}$ 都具有如下的形式：

$$\boldsymbol{x} = \lambda_1 \boldsymbol{x}^{(1)} + \cdots + \lambda_m \boldsymbol{x}^{(m)}, \tag{8.1}$$

其中 $\lambda_i \in \mathbb{R}, i = 1, \cdots, m$. 由 $\mathcal{P}$ 生成的仿射包 $\operatorname{aff}\mathcal{P}$，则定义为在约束条件 $\sum_{i=1}^m \lambda_i = 1$ 下所有具有形式 (8.1) 的点的全体. 仿射包 $\operatorname{aff}\mathcal{P}$ 是包含 $\mathcal{P}$ 的最小仿射集.

由 $\mathcal{P}$ 生成的凸组合则是一类特殊的线性组合 $\boldsymbol{x} = \lambda_1 \boldsymbol{x}^{(1)} + \cdots + \lambda_m \boldsymbol{x}^{(m)}$, 其中 $\lambda_i \geqslant 0$ $\forall\, i = 1, \cdots, m$ 且 $\sum_{i=1}^m \lambda_i = 1$. 直观地说，由 $\mathcal{P}$ 生成的凸组合是 $\mathcal{P}$ 中点的加权平均，而 λ_i 则表示相应的权重. 如果满足如下条件则称所有由 $\mathcal{P}$ 生成的凸组合的集合为 $\mathcal{P}$ 的凸包：

$$\operatorname{co}(\boldsymbol{x}^{(1)}, \cdots, \boldsymbol{x}^{(m)}) = \left\{ \boldsymbol{x} = \sum_{i=1}^m \lambda_i \boldsymbol{x}^{(i)}:\ \lambda_i \geqslant 0,\ i = 1, \cdots, m;\ \sum_{i=1}^m \lambda_i = 1 \right\}.$$

类似地，我们定义锥组合为 $\mathcal{P}$ 中点的非负权重线性组合的集合. 相应地，锥包则定义为：

$$\operatorname{conic}(\boldsymbol{x}^{(1)}, \cdots, \boldsymbol{x}^{(m)}) = \left\{ \boldsymbol{x} = \sum_{i=1}^m \lambda_i \boldsymbol{x}^{(i)}:\ \lambda_i \geqslant 0,\ i = 1, \cdots, m \right\}.$$

图 8.1 给出了某些点集的凸包和锥包的示例. 事实上，我们不仅可以定义离散点集的凸包和锥包，也可以定义更一般集合的凸包和锥包. 一个集合 $C \subseteq \mathbb{R}^n$ 的凸（仿射、锥）包同样定义为 C 中点的所有的凸（仿射、锥）组合，如图 8.2 所示.

⊖ 注意，作为 $\mathbb{R}$ 的子集 $[a, +\infty)$, $+\infty$ 并不是它的边界，这是因为在集合闭包（边界）的定义中要求边界点属于 $\mathbb{R}$，其并不包含 $+\infty$. 如果考虑延拓的实数域 $\mathbb{R} \cup \{-\infty, +\infty\}$ 上的子集，那么 $[a, +\infty]$ 是闭的，而 $(a, +\infty)$ 是开的，但 $[a, +\infty)$ 既不是开的也不是闭的.

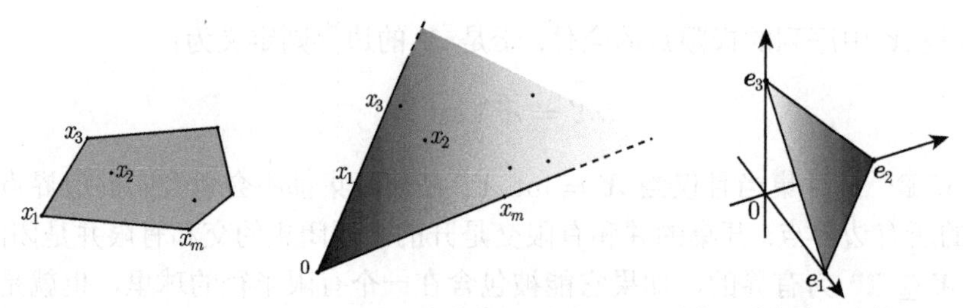

a）空间$\mathbb{R}^2$中某个点集的凸包　b）空间中某个点集的锥包　c）空间$\mathbb{R}^3$中标准正交基$\{e_1, e_2, e_3\}$的凸包. 集合$\{e_1, e_2, e_3\}$的锥包则为整个正象限$\mathbb{R}^3_+$

图 8.1　某些点集凸包和锥包的示例

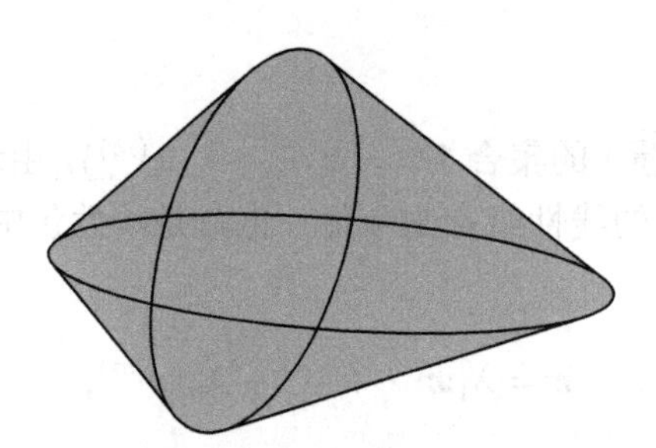

图 8.2　两个椭圆并的凸包

8.1.3　凸集

称一个集合 $C \subseteq \mathbb{R}^n$ 为凸的，如果 C 中任意两点之间的线段也在 C 中：

$$\boldsymbol{x}_1, \boldsymbol{x}_2 \in C,\ \lambda \in [0,1] \Rightarrow \lambda_1 \boldsymbol{x}_1 + (1-\lambda)\boldsymbol{x}_2 \in C.$$

凸集 $C \subseteq \mathbb{R}^n$ 的维数 d 定义为它的仿射包的维数. 注意，$d < n$ 的情况可能会发生. 例如，集合 $C = \{\boldsymbol{x} = [\alpha, 0]^\top:\ \alpha \in [0,1]\}$ 是 $\mathbb{R}^2$（即 $n = 2$ 维的“环境空间”）中的凸集，但它的仿射维数为 $d = 1$. 一个凸集 C 的相对内部 relint C 则定义为 C 相对于其仿射包的内部. 也就是说，如果存在 aff C 中以 $\boldsymbol{x}$ 为球心的 d 维开球仍包含在 C 中，则 $\boldsymbol{x}$ 属于 relint C，如图 8.3 所示. 当 C 为“满维”的，其相对内部与其通常的内部相同，即它的仿射包的维数等于环境空间的维数.

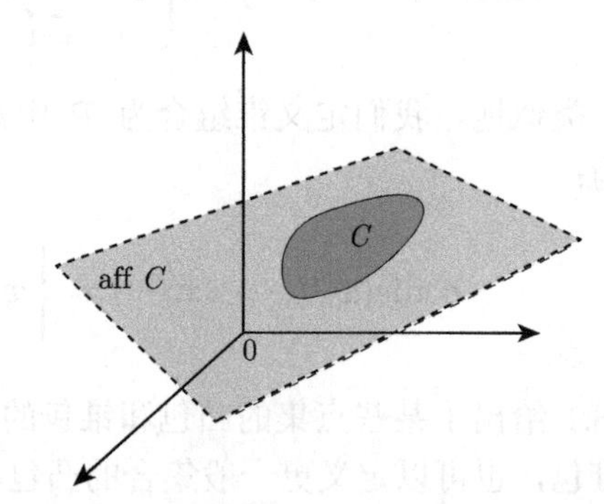

图 8.3　在该图中，凸集 $C \subseteq \mathbb{R}^3$ 有一个维数 $d = 2$ 的仿射包. 这样，集合 C 没有“常规”的内部. 然而，它的相对内部 relint C, 则为图中较暗的阴影区域

子空间和仿射集（如直线、平面和高维“平面”集）显然是凸的，这是因为它们包含穿过其

上的任意两点的整条直线，而不仅仅是线段. 正如几何直觉所示，半空间也是凸的. 如果 $\boldsymbol{x} \in C$, 对任意的 $\alpha \geqslant 0$，我们有 $\alpha x \in C$，则称集合 C 为锥. 进一步，若一个凸集 C 也是一个锥，则称 C 为凸锥. 一个集合的锥包就是一个凸锥.

称集合 C 是严格凸的，如果 C 是凸的且满足

$$\boldsymbol{x}_1 \neq \boldsymbol{x}_2 \in C,\ \lambda \in (0,1) \Rightarrow \lambda \boldsymbol{x}_1 + (1-\lambda)\boldsymbol{x}_2 \in \operatorname{relint} C,$$

也就是说，连接任意两个不同点 $\boldsymbol{x}_1, \boldsymbol{x}_2 \in C$ 的线段的内部包含在 C 的相对内部. 关于凸集和非凸集定义的直观理解可由平面图 8.4 所示.

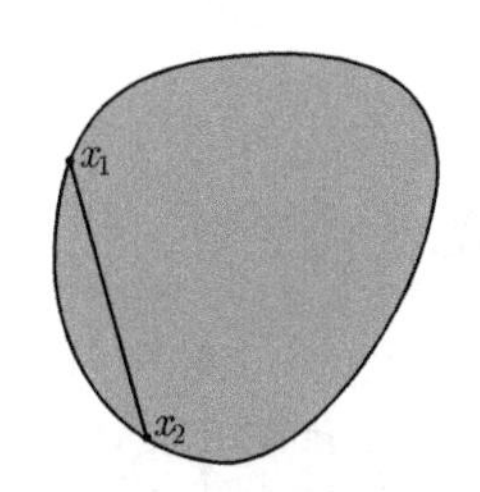

a）空间$\mathbb{R}^2$中的一个严格凸集

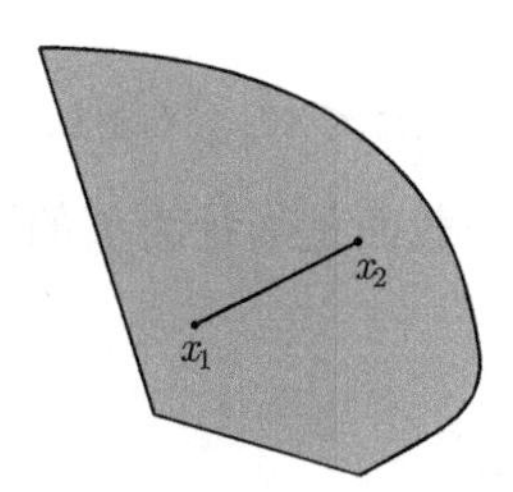

b）空间$\mathbb{R}^2$中的一个凸集，即对任意两点$\boldsymbol{x}_1$, $\boldsymbol{x}_2$，连接此两点的线段整体包含在这个集合中

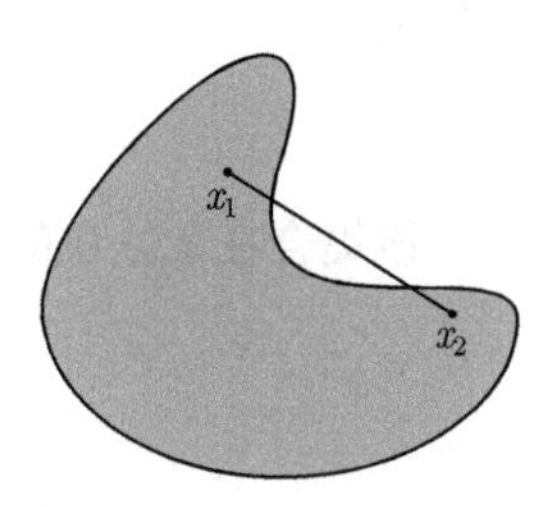

c）一个非凸集，即存在一对点使连接它们的线段不完全包含在这个集合中

图 8.4 凸集与非凸集的直观平面图

8.1.4 保凸运算

凸集上的诸如交集、投影和透视变换等运算都保持了该集合的凸性.

8.1.4.1 交运算

设 $C_1, \cdots, C_m$ 是 m 个凸集，那么它们的交

$$C = \bigcap_{i=1,\cdots,m} C_i$$

仍然是一个凸集. 直接应用凸性的定义可以很容易地证明这一点. 事实上，考虑任意的两个点 $\boldsymbol{x}^{(1)}, \boldsymbol{x}^{(2)} \in C$（注意，这意味着 $\boldsymbol{x}^{(1)}, \boldsymbol{x}^{(2)} \in C_i$，$i = 1, \cdots, m$）以及 $\lambda \in [0,1]$. 于是由 C_i 的凸性得到点 $\lambda \boldsymbol{x}^{(1)} + (1-\lambda)\boldsymbol{x}^{(2)} \in C_i$, 这里 $i = 1, \cdots, m$ 是任意的，因此有 $\lambda \boldsymbol{x}^{(1)} + (1-\lambda)\boldsymbol{x}^{(2)} \in C$. 保凸交集运算实际上也适用于可能无限的凸集族：设 C_α, $\alpha \in \mathcal{A} \subseteq \mathbb{R}^q$ 是关于索引 α 的一族凸集，于是如下交集

$$C = \bigcap_{\alpha \in \mathcal{A}} C_\alpha$$

是凸的. 这个性质对于证明集合的凸性通常是很有用的，如下面的例子所示.

例 8.2（多面体）　如下半空间

$$\mathcal{H}=\{\boldsymbol{x}\in\mathbb{R}^n:\ \boldsymbol{c}^\top\boldsymbol{x}\leqslant d\},\quad \boldsymbol{c}\neq 0$$

是一个凸集. 那么 m 个半空间 $\mathcal{H}_i$（$i=1,\cdots,m$）的交也是一个凸集，我们称其为多面体，如图 8.5 所示. 关于多面体和有界多面体的更多信息，请参见 9.2 节.

例 8.3（二阶锥）　在 $\mathbb{R}^{n+1}$ 中的集合

$$\mathcal{K}_n=\{(x,t),\ \boldsymbol{x}\in\mathbb{R}^n,\ t\in\mathbb{R}:\ \|\boldsymbol{x}\|_2\leqslant t\}$$

是一个凸锥，其也被称为二阶锥. 在空间 $\mathbb{R}^3$ 中的一个二阶锥是由满足如下方程的三元组 (x_1,x_2,t) 所构成：

$$x_1^2+x_2^2\leqslant t^2,\quad t\geqslant 0,$$

如图 8.6 所示. 该集合在 $t\geqslant 0$ 的水平截面是半径为 t 的圆盘.

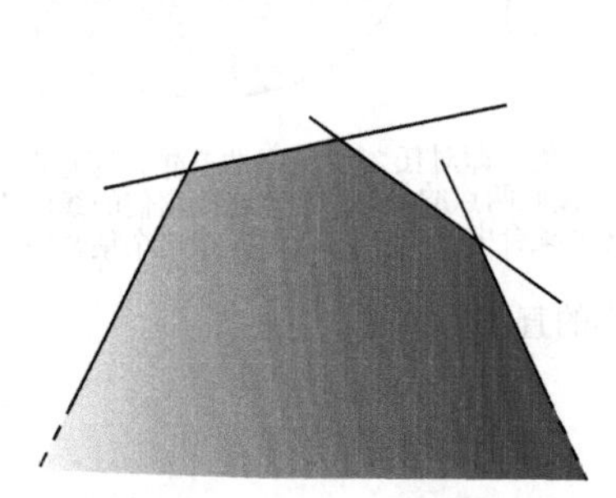

图 8.5　半空间的交是凸的多面体. 图中是 $\mathbb{R}^2$ 中的一个示例

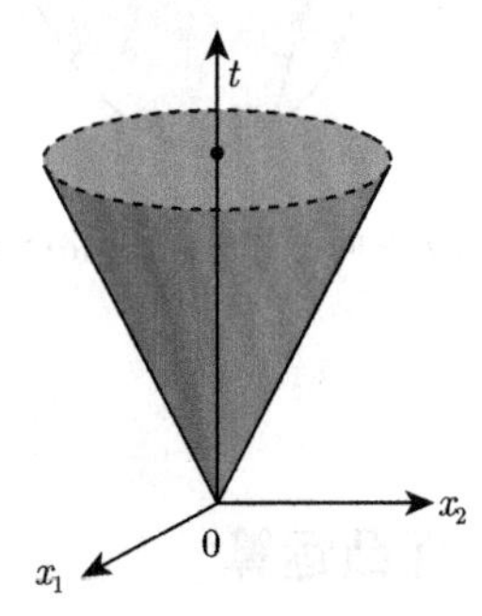

图 8.6　空间 $\mathbb{R}^3$ 中的二阶锥

因为 $\mathcal{K}_n$ 是非负可乘不变的（即对任意 $\boldsymbol{z}\in\mathcal{K}_n$, 有 $\alpha\boldsymbol{z}\in\mathcal{K}_n, \forall\ \alpha\geqslant 0$），所以 $\mathcal{K}_n$ 是一个锥. $\mathcal{K}_n$ 是凸的事实可以从凸集的基本定义中直接证明. 或者，我们可以将 $\mathcal{K}_n$ 表示为半空间的连续交集，如下所示. 由 Cauchy-Schwartz 不等式，于是有

$$t\geqslant\|\boldsymbol{x}\|_2\Leftrightarrow\forall\ \boldsymbol{u},\ \|\boldsymbol{u}\|_2\leqslant 1:\ t\geqslant\boldsymbol{u}^\top\boldsymbol{x},$$

由此得到：

$$\mathcal{K}_n=\bigcap_{\boldsymbol{u}:\|\boldsymbol{u}\|_2\leqslant 1}\left\{(\boldsymbol{x},t)\in\mathbb{R}^{n+1}:\ t\geqslant\boldsymbol{u}^\top\boldsymbol{x}\right\}.$$

上面的连续交集运算所涉及的每一个集合，对于固定的 $\boldsymbol{u}$ 来说，是关于 (x,t) 的半空间，因此是一个凸集.

8.1.4.2　仿射变换

设 $f:\mathbb{R}^n\to\mathbb{R}^m$ 是一个仿射映射且 $C\subset\mathbb{R}^n$ 是一个凸集，那么如下像集

$$f(C)=\{f(\boldsymbol{x}):\ \boldsymbol{x}\in C\}$$

是凸的. 这个事实很容易证明. 任意仿射映射都有如下的矩阵表示形式

$$f(\boldsymbol{x}) = \boldsymbol{A}\boldsymbol{x} + \boldsymbol{b}.$$

于是，对任意的 $\boldsymbol{y}^{(1)}, \boldsymbol{y}^{(2)} \in f(C)$，存在 $\boldsymbol{x}^{(1)}, \boldsymbol{x}^{(2)} \in C$ 使 $\boldsymbol{y}^{(1)} = \boldsymbol{A}\boldsymbol{x}^{(1)} + \boldsymbol{b}$ 和 $\boldsymbol{y}^{(2)} = \boldsymbol{A}\boldsymbol{x}^{(2)} + \boldsymbol{b}$. 因此，对任意 $\lambda \in [0,1]$，我们有

$$\begin{aligned}&\lambda\boldsymbol{y}^{(1)} + (1-\lambda)\boldsymbol{y}^{(2)} \\ &= \boldsymbol{A}(\lambda\boldsymbol{x}^{(1)} + (1-\lambda)\boldsymbol{x}^{(2)}) + \boldsymbol{b} = f(\boldsymbol{x}),\end{aligned}$$

其中 $\boldsymbol{x} = \lambda\boldsymbol{x}^{(1)} + (1-\lambda)\boldsymbol{x}^{(2)} \in C$. 特别地，凸集 C 在子空间上的投影可以通过线性映射来表示（参见 5.2 节），于是投影集是凸的，如图 8.7 所示.

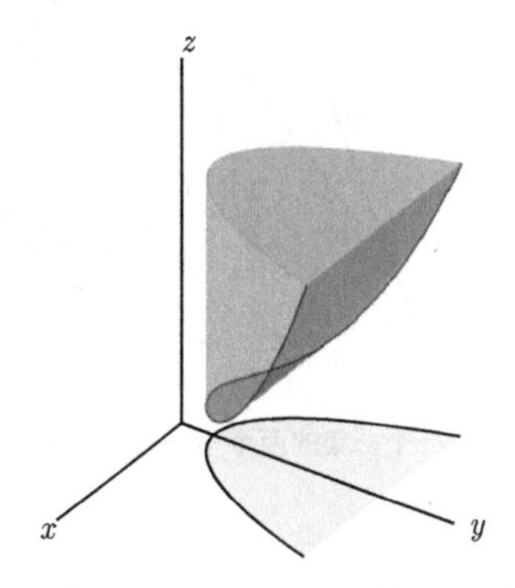

图 8.7　凸集 $\{(x,y,z):\ y \geqslant x^2,\ z \geqslant y^2\}$ 和其在 (x,y) 所在空间上的投影. 这个投影为集合 $\{(x,y):\ y \geqslant x^2\}$

8.1.5　支撑与分离超平面

我们称 $\mathcal{H} = \{\boldsymbol{x} \in \mathbb{R}^n:\ \boldsymbol{a}^\top\boldsymbol{x} = \boldsymbol{b}\}$ 是凸集 $C \subseteq \mathbb{R}^n$ 在边界点 $\boldsymbol{z} \in \partial C$ 处的支撑超平面，如果 $\boldsymbol{z} \in \mathcal{H}$ 且 $C \subseteq \mathcal{H}_-$, 其中 $\mathcal{H}_-$ 为半空间

$$\mathcal{H}_- = \{\boldsymbol{x} \in \mathbb{R}^n:\ \boldsymbol{a}^\top\boldsymbol{x} \leqslant b\}.$$

凸分析理论[㊀]的一个关键结果表明，在任何边界点，凸集总有一个支撑超平面，见图 8.8 所示.

定理 8.1（支撑超平面定理）　*设 $C \subseteq \mathbb{R}^n$ 是一个凸集以及 $\boldsymbol{z} \in \partial C$，那么存在凸集 C 在边界点 $\boldsymbol{z}$ 上的一个支撑超平面.*

已知 $\mathbb{R}^n$ 中的两个子集 C_1, C_2，如果 $C_1 \subseteq \mathcal{H}_-$ 和 $C_2 \subseteq \mathcal{H}_+$，其中

$$\mathcal{H}_+ = \{\boldsymbol{x} \in \mathbb{R}^n:\ \boldsymbol{a}^\top\boldsymbol{x} \geqslant b\},$$

那么称 $\mathcal{H}$ 可分离这两个集合. 如果 $C_1 \subseteq \mathcal{H}_{--}$ 和 $C_2 \subseteq \mathcal{H}_{++}$，其中

$$\mathcal{H}_{--} = \{\boldsymbol{x} \in \mathbb{R}^n:\ \boldsymbol{a}^\top\boldsymbol{x} < b\}, \quad \mathcal{H}_{++} = \{\boldsymbol{x} \in \mathbb{R}^n:\ \boldsymbol{a}^\top\boldsymbol{x} > b\},$$

那么称 $\mathcal{H}$ 可严格分离这两个集合.

凸分析理论的另一个基本结果表明，任何两个不相交的凸集都可以被一个超平面分离[㊁]，如图 8.8 所示.

㊀ 可参见 T. Rockafellar 的经典著作 *Convex Analysis*（普林斯顿大学出版社，1970 年）中的推论 11.6.2.

㊁ 见 Rockafellar 书中的推论 11.4.2.

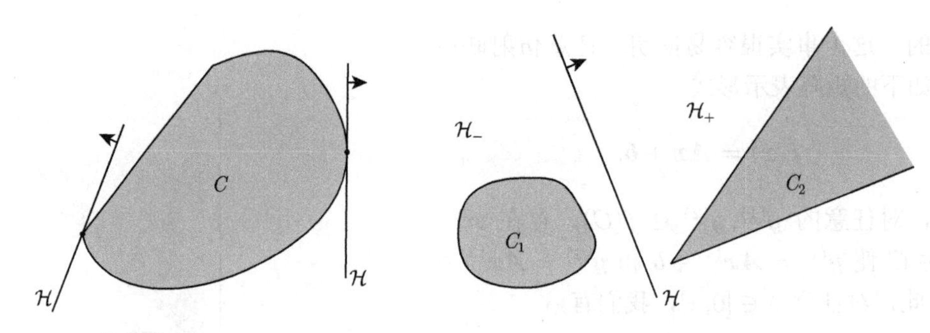

a）在一个凸集的两个不同边界点的支撑超平面　　b）分离定理的说明

图 8.8　凸集与超平面示意图

定理 8.2（分离超平面定理）　*设 C_1, C_2 为 $\mathbb{R}^n$ 中的两个互不相交的凸集（$C_1 \cap C_2 = \emptyset$）. 那么存在一个关于 C_1, C_2 的分离超平面 $\mathcal{H}$. 进一步，如果 C_1 还是有界闭的且 C_2 是闭的，那么 C_1, C_2 能被严格分离.*

例 8.4（Farkas 引理）　分离超平面定理的一个重要应用是证明如下表述的 Farkas 引理. 设 $\boldsymbol{A} \in \mathbb{R}^{m,n}$ 和 $\boldsymbol{y} \in \mathbb{R}^m$. 那么，下面的两个条件中只有一个成立：

1. 线性方程组 $\boldsymbol{Ax} = \boldsymbol{y}$ 有一个非负解 $\boldsymbol{x} \geqslant 0$;

2. 存在一个 $\boldsymbol{z} \in \mathbb{R}^m$ 满足 $\boldsymbol{z}^\top \boldsymbol{A} \geqslant 0$ 和 $\boldsymbol{z}^\top \boldsymbol{y} < 0$.

首先注意到上面两个条件不能同时成立，因为这很容易产生矛盾. 事实上，如果 **1** 成立，那么对所有的 $\boldsymbol{z}$ 和某个 $\boldsymbol{x} \geqslant 0$，$\boldsymbol{z}^\top \boldsymbol{Ax} = \boldsymbol{z}^\top \boldsymbol{y}$. 但是，如果 **2** 成立，那么 $\boldsymbol{z}^\top \boldsymbol{A} \geqslant 0$，于是 $\boldsymbol{z}^\top \boldsymbol{Ax} \geqslant 0$（因为 $\boldsymbol{x} \geqslant 0$）. 这样由 **1** 得到 $\boldsymbol{z}^\top \boldsymbol{y} \geqslant 0$，这与 $\boldsymbol{z}^\top \boldsymbol{y} < 0$ 矛盾. 下面只需证明如果 **1** 不成立，则 **2** 一定成立. 于是，我们假设并不存在 $\boldsymbol{x} \geqslant 0$ 使 $\boldsymbol{Ax}=\boldsymbol{y}$. 因为 $\boldsymbol{Ax}$，$\boldsymbol{x} \geqslant 0$ 表示 $\boldsymbol{A}$ 所有列的锥组合的全体（这里我们用 $\text{conic}(\boldsymbol{A})$ 表示），于是 $\boldsymbol{y} \notin \text{conic}(\boldsymbol{A})$. 因为单点集 $\{\boldsymbol{y}\}$ 是有界的闭凸集而 $\text{conic}(\boldsymbol{A})$ 是闭凸集，于是我们可以应用分离超平面定理，断言存在一个超平面 $\{\boldsymbol{x} : \boldsymbol{z}^\top \boldsymbol{x} = q\}$ 严格分离 $\boldsymbol{y}$ 和 $\text{conic}(\boldsymbol{A})$, 也就是：

$$\boldsymbol{z}^\top \boldsymbol{y} < q, \quad \boldsymbol{z}^\top \boldsymbol{A}\boldsymbol{v} > q, \ \forall\, v \geqslant 0.$$

现在，上边的第二个不等式暗含着 $q < 0$（取 $\boldsymbol{v} = 0$），于是上边的第一个条件意味着 $\boldsymbol{z}^\top \boldsymbol{y} < 0$. 进一步，由条件 $\boldsymbol{z}^\top \boldsymbol{A}\boldsymbol{v} > q, \ \forall\, v \geqslant 0$ 得到 $\boldsymbol{z}^\top \boldsymbol{A} \geqslant 0$，这完成了我们的证明. 后一个结论可以用反证法证明得到：假设 $\boldsymbol{z}^\top \boldsymbol{A}$ 有一个负的分量，不失一般性，假设是第 i 个分量. 然后，除了第 i 个分量外，可以取 $\boldsymbol{v}$ 的其他分量均为零以及第 i 个分量为正的且足够大使 $\boldsymbol{z}^\top \boldsymbol{A}\boldsymbol{v} = \boldsymbol{v}_i[\boldsymbol{z}^\top \boldsymbol{A}]_i$ 小于 q，这样产生了矛盾.

考虑到上面的结论 **2** 意味着结论 **1** 的否定，反之亦然，于是得到了 Farkas 引理的一个等价形式. 也就是说，以下两个条件是等价的：

1. 存在 $\boldsymbol{x} \geqslant 0$ 使 $\boldsymbol{Ax} = \boldsymbol{y}$;

2. $\boldsymbol{z}^\top \boldsymbol{y} \geqslant 0$，$\forall\, \boldsymbol{z} : \boldsymbol{z}^\top \boldsymbol{A} \geqslant 0$.

上面的等价形式可以由线性不等式组来进行解释：设 $\boldsymbol{a}_i \in \mathbb{R}^m$（$i=1,\cdots,n$）是 $\boldsymbol{A}$ 的列，于是

$$\boldsymbol{y}^\top \boldsymbol{z} \geqslant 0,\ \ \forall\, \boldsymbol{z}:\ \boldsymbol{a}_i^\top \boldsymbol{z} \geqslant 0,\ i=1,\cdots,n,$$

当且仅当存在乘数 $x_i \geqslant 0$（$i=1,\cdots,n$）使 $\boldsymbol{y}$ 是 $\boldsymbol{a}_1,\cdots,\boldsymbol{a}_n$ 的一个锥组合，也就是，当且仅当

$$\exists\, x_i \geqslant 0,\ i=1,\cdots,m,\ \ 使\ \boldsymbol{y}=\boldsymbol{a}_1 x_1+\cdots+\boldsymbol{a}_n x_n.$$

8.2 凸函数

8.2.1 定义

考虑一个函数 $f:\mathbb{R}^n \to \mathbb{R}$. 那么使函数 f 取有限值的有效域（或简称域）定义如下：

$$\operatorname{dom} f=\{\boldsymbol{x}\in\mathbb{R}^n:\ -\infty<f(\boldsymbol{x})<\infty\}.$$

例如，函数 $f(\boldsymbol{x})=\log(\boldsymbol{x})$ 的有效域为 $\operatorname{dom} f=\mathbb{R}_{++}$(严格正实数的全体)，而函数

$$f(\boldsymbol{x})=\frac{\boldsymbol{a}^\top\boldsymbol{x}+b}{\boldsymbol{c}^\top\boldsymbol{x}+d} \tag{8.2}$$

的有效域为 $\operatorname{dom} f=\{x:\ \boldsymbol{c}^\top\boldsymbol{x}+d\neq 0\}$.

称一个函数 $f:\ \mathbb{R}^n\to\mathbb{R}$ 是凸的，如果其有效域 $\operatorname{dom} f$ 是凸的，且对任意的 $\boldsymbol{x},\boldsymbol{y}\in \operatorname{dom} f$ 和 $\lambda\in[0,1]$，如下不等式成立：

$$f(\lambda\boldsymbol{x}+(1-\lambda)\boldsymbol{y})\leqslant \lambda f(\boldsymbol{x})+(1-\lambda)f(\boldsymbol{y}). \tag{8.3}$$

称一个函数 f 是凹的，如果 $-f$ 是凸的. 图 8.9 显示了一个单变量函数的凸性.

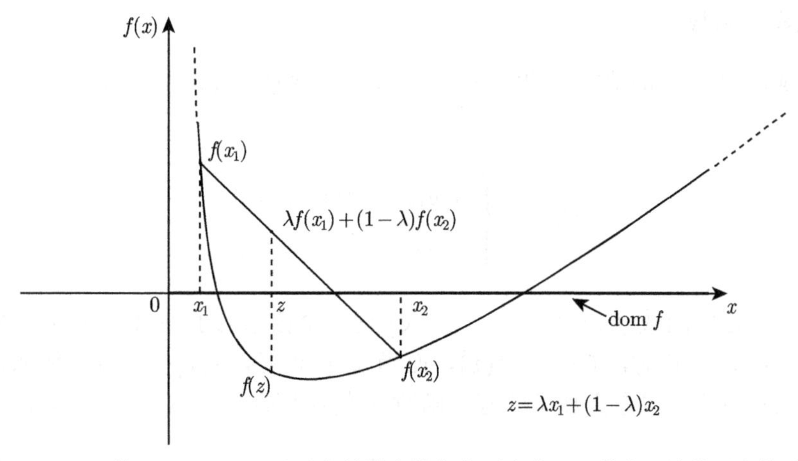

图 8.9 凸函数 $f:\ \mathbb{R}\to\mathbb{R}$: 对于有效域中的任意两个点，函数位于连接两点的弦下

函数 f 被称为严格凸的，如果对其任意有效域中的两点 $\boldsymbol{x} \neq \boldsymbol{y}$ 和 $\lambda \in [0,1]$，不等式 (8.3) 严格成立（即用 $<$ 替换 $\leqslant$）. 称函数 $f:\mathbb{R}^n \to \mathbb{R}$ 是强凸的，如果存在一个常数 $m>0$ 使

$$\tilde{f}(\boldsymbol{x}) = f(\boldsymbol{x}) - \frac{m}{2}\|\boldsymbol{x}\|_2^2$$

是凸的，也就是，如下不等式成立：

$$f(\lambda\boldsymbol{x} + (1-\lambda)\boldsymbol{y}) \leqslant \lambda f(\boldsymbol{x}) + (1-\lambda)f(\boldsymbol{y}) - \frac{m}{2}\lambda(1-\lambda)\|\boldsymbol{x}-\boldsymbol{y}\|_2^2.$$

显然，强凸性意味着严格凸性.

下面的引理给出了关于凸函数的一个基本性质：凸函数是连续的，引理证明从略[⊖].

引理 8.1（凸函数的连续性）　*如果 $f:\mathbb{R}^n \to \mathbb{R}$ 是一个凸函数，那么 f 在其有效域的内部 int dom f 是连续的. 进一步，f 在任意紧子集 $\mathcal{X} \in$ int dom f 上是李普希兹连续的，即存在一个常数 $M>0$ 满足*

$$|f(\boldsymbol{x}) - f(\boldsymbol{y})| \leqslant M\|\boldsymbol{x}-\boldsymbol{y}\|_2, \quad \forall\, \boldsymbol{x}, \boldsymbol{y} \in \mathcal{X}.$$

但注意，凸函数在域的边界上有可能存在不连续点. 例如，如下函数

$$f(x) = \begin{cases} x^2 & \text{如果 } x \in (-1,1], \\ 2 & \text{如果 } x = -1, \\ +\infty & \text{其他} \end{cases}$$

的凸有效域为 dom $f = [-1,1]$，其在有效域的内部是连续的. 然而，它在域的边界存在不连续点.

8.2.1.1　值延拓函数

有时，延拓函数 f 的值域可以包含 $\pm\infty$. 例如，函数 $f(x) = \log(x)$ 的一个自然延拓 $\bar{f}$ 为

$$\bar{f}(x) = \begin{cases} \log(x) & \text{如果 } x > 0, \\ -\infty & \text{如果 } x \leqslant 0. \end{cases}$$

通过定义如下的延拓函数 $\bar{f}:\mathbb{R}^n \to [-\infty, +\infty]$ 使一个任意的子集 $\mathcal{X}$ 可以人为地作为函数 f 的有效域. 当 $x \in \mathcal{X}$ 时，$\bar{f}(x) = f(x)$，而当 $x \notin \mathcal{X}$ 时，$\bar{f}(x) = +\infty$. 例如，对于线性分数函数 (8.2)，我们可以定义如下的延拓函数 $\bar{f}$ 使在集合 $\{\boldsymbol{x}:\ \boldsymbol{c}^\top\boldsymbol{x} + d > 0\}$ 上，$\bar{f} = f$，

⊖ 参见 Rockafellar 的书的第 10 节.

否则定义 $\bar{f}$ 为 $+\infty$. 于是 $\bar{f}$ 的有效域为 dom $\bar{f}=\{\boldsymbol{x}:\ \boldsymbol{c}^{\top}\boldsymbol{x}+d>0\}$. 类似地，函数 $f(X)=\log\det(X)$ 通常定义在域 $\mathbb{S}^n_{++}$（对称正定矩阵的全体）上，那么定义其值延拓函数使其在该集合外为 $+\infty$. 接下来，除非出现歧义，我们将用相同的符号来表示函数和其自然的延拓.

如果 f 值域可以被延拓（即其值域为延拓的实数域 $[-\infty,\infty]$），那么凸性（以及严格凸性和强凸性）的定义仍然成立，但前提是用延拓的值域来解释不等式，并且 f 是正常的，即至少存在一个点 $\boldsymbol{x}\in\mathbb{R}^n$ 使 $\bar{f}(\boldsymbol{x})<+\infty$，且对任意 $\boldsymbol{x}\in\mathbb{R}^n$，$\bar{f}(\boldsymbol{x})>-\infty$. 我们将始终考虑恰当的凸值延拓函数.

注意到为了使 f 是凸的，需要其有效域的凸性. 例如下面的函数

$$f(x)=\begin{cases} x & \text{如果 } x\notin[-1,1], \\ +\infty & \text{其他} \end{cases}$$

并不是凸的，尽管在其（非凸）域 $(-\infty,-1)\cup(1,\infty)$ 上它是线性的（因此为凸的）. 而函数

$$f(x)=\begin{cases} \dfrac{1}{x} & \text{如果 } x>0, \\ +\infty & \text{其他} \end{cases}$$

在其（凸）域 dom $f=\mathbb{R}_{++}$ 上是凸的.

一个有用的值延拓函数是关于任意凸集 $\mathcal{X}$ 的示性函数，其定义如下[⊖]：

$$I_{\mathcal{X}}(x)=\begin{cases} 0 & \text{如果 } x\in\mathcal{X}, \\ +\infty & \text{其他.} \end{cases}$$

8.2.1.2 上镜图与下水平集

已知一个函数 $f:\mathbb{R}^n\to(-\infty,\infty]$，它的上镜图（即位于函数图像上方所有点的全体）定义为如下的集合：

$$\text{epi } f=\{(x,t),\ x\in\text{dom } f,\ t\in\mathbb{R}:\ f(x)\leqslant t\}.$$

那么函数 f 是凸函数当且仅当 epi f 是凸集. 对于 $\alpha\in\mathbb{R}$，函数 f 的 α 下水平集定义如下：

$$S_\alpha=\{\boldsymbol{x}\in\mathbb{R}^n:\ f(\boldsymbol{x})\leqslant\alpha\}.$$

很容易验证：如果 f 是凸函数，则对任意 $\alpha\in\mathbb{R}$,S_α 是凸集. 进一步，如果 f 是严格凸的，那么 S_α 是严格凸集. 然而，在一般情形下，这两个结论的逆命题并不一定是正确的. 例如，函数 $f(x)=\ln x$ 并不是凸的（实际上其是凹的）. 然而，它的下水平集是凸区间 $(0,e^\alpha]$. 如果函数 f 的所有下水平集都是凸的，则称其为拟凸函数.

⊖ 见习题 8.2.

8.2.1.3 闭函数

称一个函数 $f: \mathbb{R}^n \to (-\infty, \infty]$ 是闭的，如果它的上镜图是闭的. 这又等价于 f 的所有下水平集 S_α（$\alpha \in \mathbb{R}$）是闭的. 函数 f 被称为下半连续的（lsc），如果对任意 $x_0 \in \operatorname{dom} f$ 和 $\varepsilon > 0$，存在一个以 x_0 为中心的开球 B 使对任意 $x \in B$ 有 $f(x) \geqslant f(x_0) - \varepsilon$. 所有下水平集 S_α 是闭的当且仅当 f 为下半连续的. 对于一个正常的凸函数，其闭性和下半连续性的概念是等价的，即一个正常凸函数是闭的当且仅当它是下半连续的.

如果 f 是连续的且 $\operatorname{dom} f$ 是闭集，那么 f 是闭的. 作为一个特殊情况，由于 $\mathbb{R}^n$ 是闭的（其也是开的），故有：如果 f 是连续的且 $\operatorname{dom} f = \mathbb{R}^n$，那么 f 是闭的. 另外，如果 f 是连续的，那么它是闭的且所有下水平集都是有界的当且仅当对任意趋于 $\operatorname{dom} f$ 边界的点 x，$f(x)$ 趋于 $+\infty$，参见引理 8.3.

8.2.1.4 下水平集的内部和边界点

设 f 为一个正常和闭的凸函数且具有开的有效域. 对于 $\alpha \in \mathbb{R}$，考虑下水平集 $S_\alpha = \{\boldsymbol{x} \in \mathbb{R}^n : f(\boldsymbol{x}) \leqslant \alpha\}$. 于是有[㊀]

$$S_\alpha = \{\boldsymbol{x} \in \mathbb{R}^n : f(\boldsymbol{x}) < \alpha\} \text{ 的闭包},$$

$$\operatorname{relint} S_\alpha = \{\boldsymbol{x} \in \mathbb{R}^n : f(\boldsymbol{x}) < \alpha\}.$$

例如，当 S_α 是满维的，这一结果表明使 $f(\boldsymbol{x}) = \alpha$ 的点在 S_α 的边界上，而使 $f(\boldsymbol{x}) < \alpha$ 的点在 S_α 的内部. 特别地，如果 $f(\boldsymbol{x}_0) < \alpha$，则存在一个以 $\boldsymbol{x}_0$ 为中心的开球包含在 S_α 中，这一事实能被用来证明凸优化问题的若干性质.

8.2.1.5 凸函数的和

设 $f_i: \mathbb{R}^n \to \mathbb{R}$（$i = 1, \cdots, m$）是 m 个凸函数，那么如下函数

$$f(\boldsymbol{x}) = \sum_{i=1}^{m} \alpha_i f_i(\boldsymbol{x}), \quad \alpha_i \geqslant 0,\ i = 1, \cdots, m$$

在 $\bigcap_i \operatorname{dom} f_i$ 上也是凸的. 这个结论很容易从凸性的定义得出，事实上，对任意 $\boldsymbol{x}, \boldsymbol{y} \in \operatorname{dom} f$ 和 $\lambda \in [0, 1]$，

$$\begin{aligned} f(\lambda \boldsymbol{x} + (1-\lambda)\boldsymbol{y}) &= \sum_{i=1}^{m} \alpha_i f_i(\lambda \boldsymbol{x} + (1-\lambda)\boldsymbol{y}) \\ &\leqslant \sum_{i=1}^{m} \alpha_i \left(\lambda f_i(\boldsymbol{x}) + (1-\lambda) f_i(\boldsymbol{y})\right) \end{aligned}$$

㊀ 参见 Rockafellar 的书中的推论 7.6.1.

$$= \lambda f(\boldsymbol{x}) + (1-\lambda) f(\boldsymbol{y}).$$

例如，负熵函数

$$f(\boldsymbol{x}) = -\sum_{i=1}^{n} x_i \log x_i$$

在 $\mathrm{dom}\, f = \mathbb{R}_{++}^n$（具有严格正元素的 n 维向量的全体）上是凸的，这是因为它是 n 个在 $\mathbb{R}_{++}^n$ 上的凸函数之和（通过计算函数的二阶导数是否在 $\mathbb{R}_{++}$ 上为正的，可以验证 $-z\log z$ 的凸性，见 8.2.2 节）.

同样，我们可以很容易地证明严格凸函数的和也是严格凸的，也就是

$$f, g \text{ 是严格凸的} \Rightarrow f+g \text{ 是严格凸的}.$$

此外，一个凸函数与一个强凸函数的和是强凸的，即

$$f \text{ 是凸的}, \ g \text{ 是强凸的} \Rightarrow f+g \text{ 是强凸的}.$$

为了证明这一结论，从强凸函数 g 的定义得到. 存在 $m>0$ 使 $g(\boldsymbol{x}) - \dfrac{m}{2}\|\boldsymbol{x}\|_2^2$ 是凸的. 由于两个凸函数的和也是凸的，于是 $f(\boldsymbol{x}) + g(\boldsymbol{x}) - \dfrac{m}{2}\|\boldsymbol{x}\|_2^2$ 也是凸的，这又意味着 $f+g$ 是强凸的.

8.2.1.6 仿射变量变换

设 $f:\mathbb{R}^n \to \mathbb{R}$ 是凸的，那么定义

$$g(\boldsymbol{x}) = f(\boldsymbol{A}\boldsymbol{x}+\boldsymbol{b}), \quad \boldsymbol{A} \in \mathbb{R}^{m,n},\ \boldsymbol{b} \in \mathbb{R}^n.$$

于是 g 在其有效域 $\mathrm{dom}\, g = \{\boldsymbol{x}:\ \boldsymbol{A}\boldsymbol{x}+\boldsymbol{b} \in \mathrm{dom}\, f\}$ 上是凸的. 例如：函数 $f(\boldsymbol{z}) = -\log(\boldsymbol{z})$ 在 $\mathrm{dom}\, f = \mathbb{R}_{++}$ 是凸的，因此 $f(\boldsymbol{x}) = -\log(\boldsymbol{a}\boldsymbol{x}+\boldsymbol{b})$ 在 $\{x:\ \boldsymbol{a}\boldsymbol{x}+\boldsymbol{b}>0\}$ 上是凸的.

8.2.2 凸性的其他刻画

除了应用定义之外，还有其他几个规则或条件可以用来刻画一个函数的凸性. 我们在这里提及其中的几个. 在这里和后续表述中，当提到函数的凸性时，我们已经隐性地假设了 $\mathrm{dom}\, f$ 是凸的.

8.2.2.1 一阶条件

设 f 是可微的（即 $\mathrm{dom}\, f$ 是开的且其梯度在 $\mathrm{dom}\, f$ 上存在），那么 f 是凸的当且仅当

$$\forall\, \boldsymbol{x}, \boldsymbol{y} \in \mathrm{dom}\, f,\ f(\boldsymbol{y}) \geqslant f(\boldsymbol{x}) + \nabla f(\boldsymbol{x})^\top (\boldsymbol{y}-\boldsymbol{x}). \tag{8.4}$$

如果对任意 $\boldsymbol{x},\boldsymbol{y}\in\text{dom } f$ 且 $\boldsymbol{x}\neq\boldsymbol{y}$，不等式 (8.4) 严格成立，那么 f 是严格凸的.

为了证明这个结论，假设 f 是凸的. 那么根据定义 (8.3) 得到，对任意 $\lambda\in(0,1]$,

$$\frac{f(\boldsymbol{x}+\lambda(\boldsymbol{y}-\boldsymbol{x}))-f(\boldsymbol{x})}{\lambda}\leqslant f(\boldsymbol{y})-f(\boldsymbol{x}),$$

令 $\lambda\to 0$，则得到 $\nabla f(\boldsymbol{x})^{\top}(\boldsymbol{y}-\boldsymbol{x})\leqslant f(\boldsymbol{y})-f(\boldsymbol{x})$，这证明了不等式 (8.4)（严格凸性只需将 $\leqslant$ 替换为 $<$）. 反过来，如果不等式 (8.4) 成立，于是取任意 $\boldsymbol{x},\boldsymbol{y}\in\text{dom } f$ 和 $\lambda\in[0,1]$，设 $\boldsymbol{z}=\lambda\boldsymbol{x}+(1-\lambda)\boldsymbol{y}$，因此

$$f(\boldsymbol{x})\geqslant f(\boldsymbol{z})+\nabla f(\boldsymbol{z})^{\top}(\boldsymbol{x}-\boldsymbol{z}),$$
$$f(\boldsymbol{y})\geqslant f(\boldsymbol{z})+\nabla f(\boldsymbol{z})^{\top}(\boldsymbol{y}-\boldsymbol{z}).$$

对上面的不等式取一个凸组合，我们得到：

$$\lambda f(\boldsymbol{x})+(1-\lambda)f(\boldsymbol{y})\geqslant f(\boldsymbol{z})+\nabla f(\boldsymbol{z})^{\top}0=f(\boldsymbol{z}),$$

这证明了结论.

不等式 (8.4) 的几何解释是 f 的图像在下面处处被它的任何一个切超平面所包围，或者等价地说，任何切超平面都是上镜图 epi f 的支撑超平面，如图 8.10 所示.

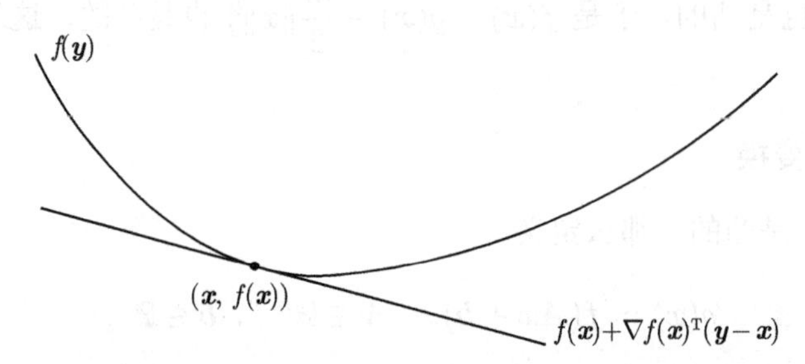

图 8.10　一个可微凸函数的上镜图位于由其任意一个切超平面定义的半空间上

从不等式 (8.4) 中，我们还观察到，凸函数在点 $\boldsymbol{x}\in\mathbb{R}^n$（如果它是非零的）的梯度将整个空间分为两个半空间：

$$\mathcal{H}_{++}(\boldsymbol{x})=\{\boldsymbol{y}:\ \nabla f(\boldsymbol{x})^{\top}(\boldsymbol{y}-\boldsymbol{x})>0\},$$
$$\mathcal{H}_{-}(\boldsymbol{x})=\{\boldsymbol{y}:\ \nabla f(\boldsymbol{x})^{\top}(\boldsymbol{y}-\boldsymbol{x})\leqslant 0\},$$

以及任意点 $\boldsymbol{y}\in\mathcal{H}_{++}(\boldsymbol{x})$ 满足 $f(\boldsymbol{y})>f(\boldsymbol{x})$.

8.2.2.2　二阶条件

如果 f 是二次可微的，那么 f 是凸的当且仅当它的海森矩阵 $\nabla^2 f$ 在其（开）有效域上是半正定的，即当且仅当对任意 $\boldsymbol{x}\in\text{dom } f,\nabla^2 f\succeq 0$. 这也许是最常见的凸性特征.

为了验证这一结论，设 $\boldsymbol{x}_0 \in \text{dom } f$ 以及任意一个方向 $\boldsymbol{v} \in \mathbb{R}^n$. 由于 dom f 是开的，于是对充分小的 $\lambda > 0$ 使点 $\boldsymbol{z} = \boldsymbol{x}_0 + \lambda \boldsymbol{v}$ 仍然在 dom f 中，因此

$$f(\boldsymbol{z}) = f(\boldsymbol{x}_0) + \lambda \nabla f(\boldsymbol{x}_0)^\top \boldsymbol{v} + \frac{1}{2}\lambda^2 \boldsymbol{v}^\top \nabla^2 f(\boldsymbol{x}_0)\boldsymbol{v} + O(\lambda^3).$$

由式 (8.4) 可得

$$\frac{1}{2}\lambda^2 \boldsymbol{v}^\top \nabla^2 f(\boldsymbol{x}_0)\boldsymbol{v} + O(\lambda^3) = f(\boldsymbol{z}) - f(\boldsymbol{x}_0) + \lambda \nabla f(\boldsymbol{x}_0)^\top \boldsymbol{v} \geqslant 0.$$

于是上式两边除以 $\lambda^2 > 0$，我们得到

$$\frac{1}{2}\boldsymbol{v}^\top \nabla^2 f(\boldsymbol{x}_0)\boldsymbol{v} + \frac{O(\lambda^3)}{\lambda^2} \geqslant 0,$$

再令 $\lambda \to 0$，得到 $\boldsymbol{v}^\top \nabla^2 f(x_0)\boldsymbol{v} \geqslant 0$，这证明了最开始等价命题的第一部分. 反过来，假设对任意 $\boldsymbol{x} \in \text{dom } f$, $\nabla^2 f \succeq 0$. 那么对任意的 $\boldsymbol{y} \in \text{dom } f$，应用二阶泰勒展开逼近定理，得到

$$f(\boldsymbol{y}) = f(\boldsymbol{x}) + \nabla f(\boldsymbol{x})^\top (\boldsymbol{y} - \boldsymbol{x}) + \frac{1}{2}(\boldsymbol{y} - \boldsymbol{x})^\top \nabla^2 f(\boldsymbol{z})(\boldsymbol{y} - \boldsymbol{x}),$$

其中 $\boldsymbol{z}$ 是在 $\boldsymbol{x}$ 和 $\boldsymbol{y}$ 之间线段上的某个未知点. 因为上式中最后一项是非负的（这是由于海森矩阵是半正定的），故 $f(\boldsymbol{y}) \geqslant f(\boldsymbol{x}) + \nabla f(\boldsymbol{x})^\top (\boldsymbol{y} - \boldsymbol{x})$，这证明了 f 的凸性.

应用相似的证明思路可以证得 f 是强凸的当且仅当存在某个 $m > 0$ 和任意 $\boldsymbol{x} \in \text{dom } f$，$\nabla^2 f \succeq m\boldsymbol{I}$. 此外，对于任意 $\boldsymbol{x} \in \text{dom } f$，$\nabla^2 f \succ 0$ 意味着 f 是强凸的（但在一般情况下，这个最后的结论的逆命题不一定是正确的. 举个例子，取 $f(x) = x^4$）.

例 8.5（通过海森矩阵建立凸性） 我们给出了三个例子，通过验证海森矩阵的半正定性来证明函数的凸性.

1. 考虑如下两个二元变量的二次函数：

$$p(x) = 4x_1^2 + 2x_2^2 + 3x_1x_2 + 4x_1 + 5x_2 + 2 \times 10^5,$$

$$q(x) = 4x_1^2 - 2x_2^2 + 3x_1x_2 + 4x_1 + 5x_2 + 2 \times 10^5.$$

函数 p 的海森矩阵独立于变量 x，其为如下的常数矩阵：

$$\nabla^2 p = \begin{bmatrix} 8 & 3 \\ 3 & 4 \end{bmatrix}.$$

海森矩阵 $\nabla^2 p$ 的特征值为 $\lambda_1 \simeq 2.39$ 和 $\lambda_1 \simeq 9.6$，这两个特征值都是正的，因此 $\nabla^2 p$ 是正定的，于是 $p(x)$ 是（强）凸的. 同样地，函数 q 的海森矩阵为

$$\nabla^2 q = \begin{bmatrix} 8 & 3 \\ 3 & -4 \end{bmatrix},$$

其特征值为 $\lambda_1 \simeq -4.71$ 和 $\lambda_1 \simeq 8.71$，因此 $\nabla^2 q$ 并不是半正定的，这样 $q(x)$ 并不是凸的.

对于一般的多变量二次函数，它总是可以以如下标准形式来表示：

$$f(\boldsymbol{x}) = \frac{1}{2}\boldsymbol{x}^\top \boldsymbol{H}\boldsymbol{x} + \boldsymbol{c}^\top \boldsymbol{x} + \boldsymbol{d},$$

其中 $\boldsymbol{H}$ 是一个对称矩阵，f 的海森矩阵则为如下简单形式：

$$\nabla^2 f = \boldsymbol{H},$$

因此 f 是凸的当且仅当 $\boldsymbol{H}$ 是半正定的. 进一步，它是强凸的当且仅当 $\boldsymbol{H}$ 是正定的.

2. 考虑如下所谓的平方比线性函数：

$$f(\boldsymbol{x}, y) = \begin{cases} \dfrac{\boldsymbol{x}^\top \boldsymbol{x}}{y}, & \text{若 } y > 0, \\ +\infty, & \text{其他}. \end{cases}$$

那么 f 的有效域为

$$\operatorname{dom} f = \{(\boldsymbol{x}, y) \in \mathbb{R}^n \times \mathbb{R}:\ y > 0\}.$$

这个函数是凸的，因为它的有效域是凸的，于是在有效域的内部，海森矩阵则为

$$\nabla^2 f(\boldsymbol{x}, y) = \frac{2}{y^3}\begin{bmatrix} y^2 \boldsymbol{I} & -y\boldsymbol{x} \\ -y\boldsymbol{x}^\top & \boldsymbol{x}^\top \boldsymbol{x} \end{bmatrix}.$$

我们下面验证海森矩阵确实是半正定的. 对任意 $\boldsymbol{w} = (\boldsymbol{z}, t) \in \mathbb{R}^n \times \mathbb{R}$，我们有

$$\begin{aligned} \frac{y^3}{2}\boldsymbol{w}^\top \nabla^2 f(\boldsymbol{x}, y)\boldsymbol{w} &= \begin{bmatrix} \boldsymbol{z} \\ t \end{bmatrix}^\top \begin{bmatrix} y^2 \boldsymbol{I} & -y\boldsymbol{x} \\ -y\boldsymbol{x}^\top & \boldsymbol{x}^\top \boldsymbol{x} \end{bmatrix} \begin{bmatrix} \boldsymbol{z} \\ t \end{bmatrix} \\ &= \|y\boldsymbol{z} - t\boldsymbol{x}\|_2^2 \geqslant 0. \end{aligned}$$

3. 考虑如下所谓的对数-和-指数（lse）函数：

$$f(x) = \ln\left(\sum_{i=1}^{n} e^{x_i}\right)$$

在其有效域 $\operatorname{dom} f = \mathbb{R}^n$ 上是单增和凸的. 事实上，此函数的海森矩阵为（见例 4.4）：

$$\nabla^2 \operatorname{lse}(x) = \frac{1}{Z}\left(Z\operatorname{diag}(\boldsymbol{z}) - \boldsymbol{z}\boldsymbol{z}^\top\right),$$

其中

$$\boldsymbol{z} = [\mathrm{e}^{x_1}, \cdots, \mathrm{e}^{x_n}], \quad Z = \sum_{i=1}^{n} z_i.$$

我们现在通过验证 $\boldsymbol{w}^\top \nabla^2 \mathrm{lse}(x) \boldsymbol{w} \geqslant 0$，$\forall\ \boldsymbol{w} \in \mathbb{R}^n$，来证明海森矩阵 $\nabla^2 \mathrm{lse}(x)$ 是半正定的：

$$\begin{aligned} Z^2 \boldsymbol{w}^\top \nabla^2 \mathrm{lse}(x) \boldsymbol{w} &= Z \boldsymbol{w}^\top \mathrm{diag}(\boldsymbol{z}) \boldsymbol{w} - \boldsymbol{w}^\top \boldsymbol{z} \boldsymbol{z}^\top \boldsymbol{w} \\ &= \left(\sum_{i=1}^{n} z_i \right) \left(\sum_{i=1}^{n} z_i w_i^2 \right) - \left(\sum_{i=1}^{n} z_i w_i \right)^2 \geqslant 0, \end{aligned}$$

其中我们应用了 Cauchy-Schwartz 不等式得到了上式中的最后一个不等式：

$$\left| \begin{bmatrix} w_1 \sqrt{z_1} \\ \vdots \\ w_n \sqrt{z_n} \end{bmatrix} \begin{bmatrix} \sqrt{z_1} \\ \vdots \\ \sqrt{z_n} \end{bmatrix} \right|^2 \leqslant \left\| \begin{bmatrix} w_1 \sqrt{z_1} \\ \vdots \\ w_n \sqrt{z_n} \end{bmatrix} \right\|_2^2 \left\| \begin{bmatrix} \sqrt{z_1} \\ \vdots \\ \sqrt{z_n} \end{bmatrix} \right\|_2^2.$$

8.2.2.3 限制在直线上

函数 f 是凸的当且仅当它限制在定义域内任意直线上的时候是凸的. 所谓限制到一条直线上，这里是指：对于每一个 $\boldsymbol{x}_0 \in \mathbb{R}^n$ 和 $\boldsymbol{v} \in \mathbb{R}^n$，关于单变量 t 的函数

$$g(t) = f(\boldsymbol{x}_0 + t\boldsymbol{v})$$

是凸的. 这个性质为证明某些函数的凸性提供了一个强有力的等价条件.

例 8.6（对数行列式函数） 对数行列式函数 $f(\boldsymbol{X}) = -\log\det \boldsymbol{X}$ 在其有效域 $\mathrm{dom}\, f = \mathbb{S}_{++}^n$（对称正定矩阵的全体）上是凸的. 为验证这个结论，设 $\boldsymbol{X}_0 \in \mathbb{S}_{++}^n$ 为一个正定矩阵，$\boldsymbol{V} \in \mathbb{S}^n$，考虑如下实值函数：

$$g(t) = -\log\det(\boldsymbol{X}_0 + t\boldsymbol{V}).$$

因为 $\boldsymbol{X}_0 \succ 0$，那么它可以分解为（矩阵平方根分解）$\boldsymbol{X}_0 = \boldsymbol{X}_0^{1/2} \boldsymbol{X}_0^{1/2}$，因此

$$\begin{aligned} \det(\boldsymbol{X}_0 + t\boldsymbol{V}) &= \det(\boldsymbol{X}_0^{1/2} \boldsymbol{X}_0^{1/2} + t\boldsymbol{V}) \\ &= \det(\boldsymbol{X}_0^{1/2} (\boldsymbol{I} + t\boldsymbol{X}_0^{-1/2} \boldsymbol{V} \boldsymbol{X}_0^{-1/2}) \boldsymbol{X}_0^{1/2}) \\ &= \det\boldsymbol{X}_0^{1/2} \det(\boldsymbol{I} + t\boldsymbol{X}_0^{-1/2} \boldsymbol{V} \boldsymbol{X}_0^{-1/2}) \det\boldsymbol{X}_0^{1/2} \\ &= \det\boldsymbol{X}_0 \det(\boldsymbol{I} + t\boldsymbol{X}_0^{-1/2} \boldsymbol{V} \boldsymbol{X}_0^{-1/2}) \end{aligned}$$

$$= \det \boldsymbol{X}_0 \prod_{i=1,\cdots,n} (1 + t\lambda_i(\boldsymbol{Z})),$$

其中 $\lambda_i(\boldsymbol{Z})$（$i = 1, \cdots, n$）为矩阵 $\boldsymbol{Z} = \boldsymbol{X}_0^{-1/2}\boldsymbol{V}\boldsymbol{X}_0^{-1/2}$ 的特征值. 取对数得到

$$g(t) = -\log\det(\boldsymbol{X}_0) + \sum_{i=1}^{n} -\log(1 + t\lambda_i(\boldsymbol{Z})).$$

在上面表达式中的第一项是常数，而第二项是凸函数的和. 因此，对任意 $\boldsymbol{X}_0 \in \mathbb{S}_{++}^n$ 和 $\boldsymbol{V} \in \mathbb{S}^n$，$g(t)$ 是凸的. 于是，$-\log\det \boldsymbol{X}$ 在域 $\mathbb{S}_{++}^n$ 上是凸的.

8.2.2.4 逐点上确界或最大值

设 $(f_\alpha)_{\alpha\in\mathcal{A}}$ 是以参数 α 为指标的凸函数族，其中 $\mathcal{A}$ 是指标 α 的取值范围，那么如下逐点上确界函数

$$f(x) = \sup_{\alpha\in\mathcal{A}} f_\alpha(x)$$

在域 $\{\cap_{\alpha\in\mathcal{A}}\mathrm{dom}\ f_\alpha\} \cap \{x : f(x) < \infty\}$ 上是凸的. 注意，只要 $\mathcal{A}$ 是紧的（即有界闭集），则上面定义中的 sup 可以用 max 等价地替换. 接下来，我们以两个凸函数的极大值作为一个特例给出了这个结论的证明. 设 f_1, f_2 是两个凸函数，令 $f(x) = \max\{f_1(x), f_2(x)\}$，那么对任意的 $x, y \in \mathrm{dom}\ f_1 \cap \mathrm{dom}\ f_2$ 和 $\lambda \in [0,1]$，则有

$$\begin{aligned}
f(\lambda x + (1-\lambda)y) &= \max\{f_1(\lambda x + (1-\lambda)y), f_2(\lambda x + (1-\lambda)y)\} \\
&\leqslant \max\{\lambda f_1(x) + (1-\lambda)f_1(y), \lambda f_2(x) + (1-\lambda)f_2(y)\} \\
&\leqslant \lambda\max\{f_1(x), f_2(x)\} + (1-\lambda)\max\{f_1(y), f_2(y)\} \\
&= \lambda f(x) + (1-\lambda)f(y).
\end{aligned}$$

有许多利用这个性质来证明凸性的例子. 例如，已知一个范数 $\|\cdot\|$，其对偶范数[⊖]被定义为如下函数：

$$f(x) = \|\boldsymbol{x}\|^* = \max_{y:\ \|\boldsymbol{y}\|\leqslant 1} \boldsymbol{y}^\top \boldsymbol{x}.$$

⊖ 比如，欧氏范数 ℓ_2 的对偶是它本身（即欧氏范数 ℓ_2 是自对偶的）：

$$\|\boldsymbol{x}\|_2^* = \sup_{\|\boldsymbol{z}\|_2=1} \boldsymbol{x}^\top\boldsymbol{z} = \frac{\boldsymbol{x}^\top\boldsymbol{x}}{\|\boldsymbol{x}\|_2} = \|\boldsymbol{x}\|_2.$$

范数 ℓ_∞ 的对偶范数为 ℓ_1 范数：

$$\|\boldsymbol{x}\|_\infty^* = \sup_{\|\boldsymbol{z}\|_\infty=1} \boldsymbol{x}^\top\boldsymbol{z} = \sum_{i=1}^{n}|x_i| = \|\boldsymbol{x}\|_1.$$

范数 ℓ_1 的对偶为 ℓ_∞ 范数（即取 ℓ_∞ 对偶的对偶）. 更一般地，范数 ℓ_p 的对偶为 ℓ_q 范数，其中 q 满足

$$\frac{1}{p} + \frac{1}{q} = 1, \quad 即\ q = \frac{p}{p-1}.$$

该函数在 $\mathbb{R}^n$ 上是凸的，这是因为它被定义为由 $\boldsymbol{y}$ 为指标的一族凸（实际上是线性）函数的最大值. 相似地，一个矩阵 $\boldsymbol{X} \in \mathbb{R}^{n,m}$ 的最大奇异值

$$f(\boldsymbol{X}) = \sigma_{\max}(\boldsymbol{X}) = \sup_{\boldsymbol{v}:\ \|\boldsymbol{v}\|_2=1} \|\boldsymbol{X}\boldsymbol{v}\|_2$$

在 $\mathbb{R}^{n,m}$ 上是凸的，这是因为它是由欧氏范数与仿射函数 $\boldsymbol{X} \to \boldsymbol{X}\boldsymbol{v}$ 复合的凸函数族的逐点极大值.

事实证明，不仅凸函数族的上确界是凸的，并且其逆命题也是成立的（在闭性这个额外技术条件下）. 也就是说，每个闭凸函数 f 都可以表示[㊀]为仿射函数族的逐点上确界. 特别地，f 可以表示成所有为 f 的全局下估计量的仿射函数的逐点上确界. 正式地，设 $f: \mathbb{R}^n \to \mathbb{R}$ 是一个闭凸函数，那么 $f = \bar{f}$，其中

$$\bar{f}(x) = \sup\{a(x):\ a \text{ 是仿射的，且 } a(z) \leqslant f(z),\ \forall\ z\}. \tag{8.5}$$

如果 f 并不是闭的，那么对任意的 $x \in \text{int dom } f$，等式 $f(x) = \bar{f}(x)$ 仍然成立.

8.2.2.5　部分最小化

设 f 是关于 (x, z) 的凸函数（即它是关于变量 x 和 z 的联合凸函数），Z 是一个非空凸集，那么函数

$$g(x) = \inf_{z \in Z} f(x, z)$$

是凸的（前提是对任意的 x，有 $g(x) > -\infty$）.

例 8.7（Schur 补引理）　这里，作为应用部分最小化规则的一个例子，我们给出关于分块对称矩阵的 Schur 补引理的另一种证明，见定理 4.9. 设 $\boldsymbol{S}$ 为如下分块的对称矩阵：

$$\boldsymbol{S} = \begin{bmatrix} \boldsymbol{A} & \boldsymbol{B} \\ \boldsymbol{B}^\top & \boldsymbol{C} \end{bmatrix},$$

其中 $\boldsymbol{A}$ 和 $\boldsymbol{C}$ 都是对称方阵. 假设 $\boldsymbol{C} \succ 0$（即 $\boldsymbol{C}$ 是正定的）. 那么下面的性质是等价的：

- $\boldsymbol{S}$ 是半正定的；
- $\boldsymbol{S}$ 中 $\boldsymbol{C}$ 的 Schur 补定义为如下形式：

$$\boldsymbol{A} - \boldsymbol{B}\boldsymbol{C}^{-1}\boldsymbol{B}^\top,$$

  它是半正定的.

为了证明上面条件的等价性，我们回顾 $\boldsymbol{S} \succeq 0$ 当且仅当对任意向量 $\boldsymbol{x}$，有 $\boldsymbol{x}^\top \boldsymbol{S}\boldsymbol{x} \geqslant 0$. 为与 $\boldsymbol{S}$ 一致，将 $\boldsymbol{x}$ 划分为 $\boldsymbol{x} = (\boldsymbol{y}, \boldsymbol{z})$，于是 $\boldsymbol{S} \succeq 0$ 当且仅当

㊀ 见 Rockafellar 书的第 12 节.

$$g(\boldsymbol{y},\boldsymbol{z})=\begin{bmatrix}\boldsymbol{y}\\ \boldsymbol{z}\end{bmatrix}^{\top}\begin{bmatrix}\boldsymbol{A} & \boldsymbol{B}\\ \boldsymbol{B}^{\top} & \boldsymbol{C}\end{bmatrix}\begin{bmatrix}\boldsymbol{y}\\ \boldsymbol{z}\end{bmatrix}\geqslant 0,\quad \forall(\boldsymbol{y},\boldsymbol{z}).$$

这等价于需要对任意 $\boldsymbol{y}$，如下条件成立：

$$0\leqslant f(\boldsymbol{y})=\min_{\boldsymbol{z}} g(\boldsymbol{y},\boldsymbol{z}).$$

为了得到 f 的解析表达式，我们对函数 g 的第二个变量最小化. 因为这个问题是无约束的，我们只需把 g 关于 $\boldsymbol{z}$ 的梯度设置为零：

$$\nabla_{\boldsymbol{z}} g(\boldsymbol{y},\boldsymbol{z})=2(\boldsymbol{C}\boldsymbol{z}+\boldsymbol{B}^{\top}\boldsymbol{y})=0,$$

这给出了（唯一的）最小值点 $\boldsymbol{z}^*(\boldsymbol{y})=-\boldsymbol{C}^{-1}\boldsymbol{B}^{\top}\boldsymbol{y}$（因为我们已经假设了 $\boldsymbol{C}\succ 0$，所以 $\boldsymbol{C}^{-1}$ 存在）. 把这个最小值代入函数 g，我们得到：

$$f(\boldsymbol{y})=g(\boldsymbol{y},\boldsymbol{z}^*(\boldsymbol{y}))=\boldsymbol{y}^{\top}(\boldsymbol{A}-\boldsymbol{B}\boldsymbol{C}^{-1}\boldsymbol{B}^{\top})\boldsymbol{y}.$$

现在假设 $\boldsymbol{S}\succeq 0$，那么对应的平方函数 g 关于双变量 $(\boldsymbol{y},\boldsymbol{z})$ 是联合凸的. 应用部分最小化性质，我们得到逐点最小值函数 $f(\boldsymbol{y})$ 也是凸的，于是其海森矩阵是半正定的，因此得到期望的结论 $\boldsymbol{A}-\boldsymbol{B}\boldsymbol{C}^{-1}\boldsymbol{B}^{\top}\succeq 0$. 反之，如果 $\boldsymbol{A}-\boldsymbol{B}\boldsymbol{C}^{-1}\boldsymbol{B}^{\top}\succeq 0$，则对任意的 $\boldsymbol{y}$，有 $f(\boldsymbol{y})\geqslant 0$，这意味着 $\boldsymbol{S}\succeq 0$，从而完成证明.

8.2.2.6 单调凸/凹函数的复合

凸函数与另一个函数的复合并不总能保持这个函数的凸性. 然而，凸性在凸性/单调性质的某些复合下是保持不变的，如下所述[㊀].

首先考虑单变量函数的情况. 设 $f=h\circ g$，其中 h,g 是凸的，h 是单增的，那么 f 是凸的. 事实上，条件 $f(x)\leqslant z$ 对应于条件 $h(g(x))\leqslant z$，这等价于存在一个 y 使得

$$h(y)\leqslant z,\quad g(x)\leqslant y.$$

这个条件定义了 (x,y,z) 变量空间中的凸集. 那么，f 的上镜图就是这个凸集在 (x,z) 变量空间上的投影，因此它是凸的，如图 8.11 所示. 同样地，我们可以证明，如果 g 是凹的，h 是凸的且为递减的，那么 f 是凸的. 类似的结论对复合函数的凹性也是成立的. 如果 g 是凹的，h 也是凹的且为递增的，或者如果 g 是凸的，而 h 是凹的且为递减的，那么 f 是凹的.

㊀ 关于这些结果的相关证明，可参阅 S. Boyd 和 L. Vandenberghe 的书 *Convex Optimization* 的第 3 章，剑桥大学出版社，2004 年.

这些结论可以直接扩展到多元函数的情况. 例如，设 $g_i:\mathbb{R}^n\to\mathbb{R}$，$i=1,\cdots,k$ 是 k 个凸函数，而函数 $h:\mathbb{R}^k\to\mathbb{R}$ 是凸的且关于每一个变量都是单增的，那么 $x\to(h\circ g)(x)\doteq h(g_1(x),\cdots,g_k(x))$ 是凸的.

例 8.8 作为习题，读者可以应用上面的函数复合规则验证如下的结论：

- 如果 g 是凸的，那么 $\exp g(x)$ 是凸的；
- 如果 $g>0$ 是凹的，那么 $\log g(x)$ 是凹的；
- 如果 $g>0$ 是凹的，那么 $1/g(x)$ 是凸的；
- 如果 $g\geqslant 0$ 是凸的且 $p\geqslant 1$，那么 $[g(x)]^p$ 是凸的；
- 如果 $g\geqslant 0$ 是凸的，那么 $-\log(-g(x))$ 在 $\{x:\ g(x)<0\}$ 上是凸的；
- 如果 g_i（$i=1,\cdots,k$）是凸的，那么 $\ln\sum_{i=1}^k \mathrm{e}^{g_i(x)}$ 是凸的.

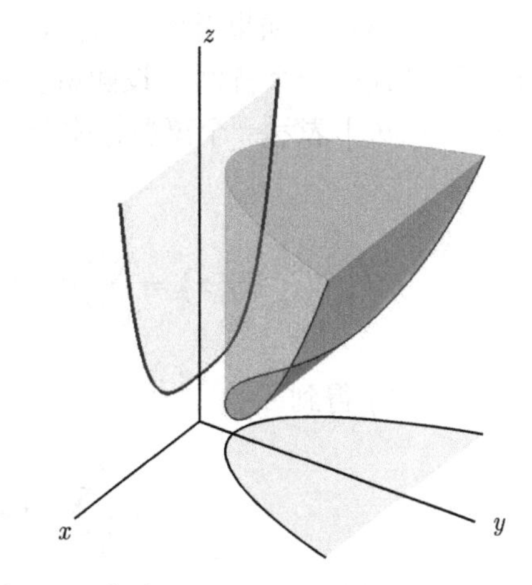

图 8.11 集合 $\{(x,y,z):\ h(y)\leqslant z,\ g(x)\leqslant y\}$ 以及其在 (x,z) 变量空间的投影，其也是函数 f 的上镜图. 函数 g 的上镜图是该集合在 (x,y) 变量空间的投影

8.2.2.7 Jensen 不等式

设 $f:\mathbb{R}^n\to\mathbb{R}$ 是一个凸函数，$\boldsymbol{z}\in\mathbb{R}^n$ 是一个随机变量以概率 1 满足 $\boldsymbol{z}\in\operatorname{int}\operatorname{dom} f$，于是

$$f(\mathbb{E}\{\boldsymbol{z}\})\leqslant\mathbb{E}\{f(\boldsymbol{z})\}\quad(f\ \text{是凸的}),\tag{8.6}$$

其中 $\mathbb{E}$ 表示一个随机变量的数学期望值，这里我们已经假设关于随机变量 $\boldsymbol{z}$ 的数学期望存在.

为了证明这一关键结果，我们利用 f 可以表示为仿射函数的逐点上确界这一事实，见式 (8.5). 事实上，对任意 $\boldsymbol{z}\in\operatorname{int}\operatorname{dom} f$，我们有

$$f(\boldsymbol{z})=\sup_{a\in\mathcal{A}} a(\boldsymbol{z})\geqslant a(\boldsymbol{z}),\quad\forall\ a\in\mathcal{A},$$

其中 $\mathcal{A}$ 表示所有为 f 的全局下估计量的仿射函数的全体. 然后，取上面不等式两边数学期望，并应用数学期望运算是单增的性质，我们得到：

$$\mathbb{E}\{f(\boldsymbol{z})\}\geqslant\mathbb{E}\{a(\boldsymbol{z})\}=a(\mathbb{E}\{\boldsymbol{z}\}),\quad\forall\ a\in\mathcal{A},$$

其中上式中最后一个等式成立是由于 a 是仿射函数且数学期望运算是线性的. 这意味着

$$\mathbb{E}\{f(\boldsymbol{z})\}\geqslant\sup_{a\in\mathcal{A}} a(\mathbb{E}\{\boldsymbol{z}\})=f(\mathbb{E}\{f(\boldsymbol{z})\}),$$

这证明了式 (8.6). 如果考虑 $\boldsymbol{z}$ 是取离散点 $\boldsymbol{x}^{(1)},\cdots,\boldsymbol{x}^{(m)}\in\mathbb{R}^n$ 的随机变量，则产生了 Jensen 不等式的一个特例. 设随机变量 $\boldsymbol{z}$ 取值 $\boldsymbol{x}^{(i)}$ 的概率为 θ_i，$i=1,\cdots,m$（因为 $\theta=[\theta_1,\cdots,\theta_m]$ 表示一个离散概率分布，那么 $\theta_i\geqslant 0$，$i=1,\cdots,m$，且 $\sum_{i=1}^m\theta_i=1$），于是

$$\mathbb{E}\{\boldsymbol{z}\}=\sum_{i=1}^m\theta_i\boldsymbol{x}^{(i)},\quad \mathbb{E}\{f(\boldsymbol{z})\}=\sum_{i=1}^m\theta_i f(\boldsymbol{x}^{(i)}),$$

那么由式 (8.6) 得到:

$$f\left(\sum_{i=1}^m\theta_i\boldsymbol{x}^{(i)}\right)\leqslant\sum_{i=1}^m\theta_i f(\boldsymbol{x}^{(i)}),\tag{8.7}$$

上式对所有概率单纯形 θ 都成立，即 θ 满足 $\theta_i\geqslant 0$，$i=1,\cdots,m$，且 $\sum_{i=1}^m\theta_i=1$. 进一步，我们观察到 $\mathbb{E}\{\boldsymbol{z}\}$ 是 $\{\boldsymbol{x}^{(1)},\cdots,\boldsymbol{x}^{(m)}\}$ 的凸包中的一个点，也就是这些点的一个凸组合. 因此，式 (8.7) 实际上是说，函数 f 在任何点的凸组合的取值不大于 f 在这些点的取值的相同凸组合的值.

如果 f 是一个凹函数，那么如下逆 Jensen 不等式显然成立:

$$\mathbb{E}\{f(\boldsymbol{z})\}\leqslant f(\mathbb{E}\{\boldsymbol{z}\})\quad (f\ \text{是凹的}).\tag{8.8}$$

例 8.9（几何算术平均不等式） 已知正实数 $x_1,\cdots,x_n$，它们的几何平均定义为:

$$f_g(x)=\left(\prod_{i=1}^n x_i\right)^{1/n},$$

而它们的标准算术平均值定义为:

$$f_a(x)=\frac{1}{n}\sum_{i=1}^n x_i.$$

我们下面证明，对任意的 $x>0$，如下不等式成立:

$$f_g(x)\leqslant f_a(x).$$

为了验证这个结论，对 f_g 取对数，则得到:

$$\begin{aligned}\log f_g(x)&=\frac{1}{n}\sum_{i=1}^n\log(x_i)\\&\leqslant\log\frac{\sum_{i=1}^n x_i}{n}=\log f_a(x),\end{aligned}$$

其中对于上面的不等式，我们对凹函数 log 已经应用了 Jensen 不等式 (8.8). 最后，由于 log 是单增函数，于是 $\log f_g(x) \leqslant \log f_a(x)$ 当且仅当 $f_g(x) \leqslant f_a(x)$. 这样期望的不等式得证.

例 8.10（Young 不等式） 已知实数 $a, b > 0$ 和 $p, q > 0$ 满足

$$\frac{1}{p} + \frac{1}{q} = 1,$$

那么如下不等式成立：

$$ab \leqslant \frac{1}{p}a^p + \frac{1}{q}a^q,$$

此关系称为 Young 不等式. 为了证明这个结论，我们考虑

$$ab = \mathrm{e}^{\ln ab} = \mathrm{e}^{\ln a + \ln b} = \mathrm{e}^{\frac{1}{p}\ln a^p + \frac{1}{q}\ln b^q}.$$

注意，指数函数 exp 是凸的以及 $\frac{1}{p} + \frac{1}{q} = 1$，那么对上式中的最后一项应用 Jensen 不等式，我们得到：

$$ab \leqslant \frac{1}{p}\mathrm{e}^{\ln a^p} + \frac{1}{q}\mathrm{e}^{\ln a^q} = \frac{1}{p}a^p + \frac{1}{q}a^q,$$

于是期望的不等式得证.

8.2.3 次梯度和次微分

我们再次考虑式 (8.4) 中给出的凸可微函数的刻画. 这种关系表明，在任意点 $\boldsymbol{x} \in \mathrm{dom}\, f$，函数 $f(\boldsymbol{y})$ 以关于 $\boldsymbol{y}$ 的仿射函数作为下界，且该下界精确到在点 $\boldsymbol{x}$ 上，也就是

$$f(\boldsymbol{y}) \geqslant f(\boldsymbol{x}) + \boldsymbol{g}_{\boldsymbol{x}}^\top(\boldsymbol{y} - \boldsymbol{x}), \quad \forall\, \boldsymbol{y} \in \mathrm{dom}\, f, \tag{8.9}$$

其中 $\boldsymbol{g}_{\boldsymbol{x}} = \nabla f(\boldsymbol{x})$. 现在，结果表明即使 f 是不可微的（因此在某些点上其梯度可能不存在），但关系式 (8.9) 仍然适用于某些合适的向量 $\boldsymbol{g}_{\boldsymbol{x}}$. 更精确地说，如果 $\boldsymbol{x} \in \mathrm{dom}\, f$，且对某个向量 $\boldsymbol{g}_{\boldsymbol{x}}$ 式 (8.9) 成立，则称 $\boldsymbol{g}_{\boldsymbol{x}}$ 为 f 在 $\boldsymbol{x}$ 处的次梯度. 函数 f 在 $\boldsymbol{x}$ 处的所有次梯度的集合称为次微分，以后用 $\partial f(\boldsymbol{x})$ 表示. 次梯度是梯度的一个“替代物”. 当梯度存在时，它与梯度一致，因此它在 f 不可微的点上推广了梯度的概念. 一个关于次梯度的关键性质将表述在下面的定理中，这里证明从略[⊖].

⊖ 关于次梯度和次微分相关性质的参考，读者可参见 N. Z. Shor 合著的 *Minimization Methods for Non-differentiable Functions*, Springer, 1985 年；或 J. -B. Hiriart Urruty 和 C. Lemaréchal 合著的 *Fundamentals of Convex Analysis* 中的第 D 章，Springer, 2001 年.

定理 8.3 设 $f:\mathbb{R}^n\to\mathbb{R}$ 为一个凸函数以及 $\boldsymbol{x}\in\text{relint dom } f$. 那么有:

1. 次微分 $\partial f(\boldsymbol{x})$ 是闭凸非空有界集;
2. 如果 f 在 $\boldsymbol{x}$ 处可微, 那么 $\partial f(\boldsymbol{x})$ 是单点集. 这个单点即为 f 在点 $\boldsymbol{x}$ 处的梯度, 即 $\partial f(\boldsymbol{x})=\{\nabla f(\boldsymbol{x})\}$;
3. 对任意的 $\boldsymbol{v}\in\mathbb{R}^n$, 如下等式成立:

$$f'_{\boldsymbol{v}}(\boldsymbol{x})\doteq\lim_{t\to 0^+}\frac{f(\boldsymbol{x}+t\boldsymbol{v})-f(\boldsymbol{x})}{t}=\max_{\boldsymbol{g}\in\partial f(\boldsymbol{x})}\boldsymbol{v}^\top\boldsymbol{g},$$

其中 $f'_{\boldsymbol{v}}(\boldsymbol{x})$ 是函数 f 在点 $\boldsymbol{x}$ 处沿方向 $\boldsymbol{v}$ 的方向导数.

换句话说,这个定理说明,对于凸函数 f,在其有效域的相对内部的所有点上总是存在一个次梯度. 进一步, 函数 f 在这些点上是方向可微的. 于是, 对于一个凸函数 f, 任意 $x\in\text{relint dom } f$, 有

$$f(\boldsymbol{y})\geqslant f(\boldsymbol{x})+\boldsymbol{g}_{\boldsymbol{x}}^\top(\boldsymbol{y}-\boldsymbol{x}),$$

$$\forall\,\boldsymbol{y}\in\text{dom } f,\ \forall\,\boldsymbol{g}_{\boldsymbol{x}}\in\partial f(\boldsymbol{x}).$$

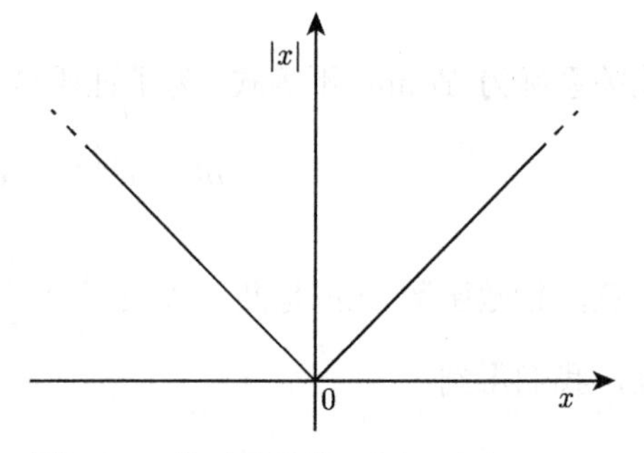

图 8.12 绝对值函数 $f(x)=|x|$, $x\in\mathbb{R}$

例 8.11 考虑绝对值函数 (如图 8.12 所示):

$$f(x)=|x|,\quad x\in\mathbb{R}.$$

对于 $x>0$, f 是可微的, 于是 $\partial f(x)=\{\nabla f(x)\}=\{1\}$. 对于 $x<0$, f 也是可微的, 于是 $\partial f(x)=\{\nabla f(x)\}=\{-1\}$. 然而, f 在 $x=0$ 处并不是可微的. 注意, 对任意的 $y\in\mathbb{R}$, 我们有

$$f(y)=|y|=\max_{|g|\leqslant 1}gy\geqslant gy,\quad\forall\,g:\ |g|\leqslant 1,$$

因此, 对所有 $y\in\mathbb{R}$, 得到:

$$f(y)\geqslant f(0)+g(y-0),\quad\forall\,g:\ |g|\leqslant 1,$$

与式 (8.9) 进行对比, 可得所有 $g\in[-1,1]$ 都属于 f 在 0 点的次微分. 也就是说, $[-1,1]$ 为 f 在 0 点的次微分. 于是, 我们有:

$$\partial|x|=\begin{cases}\text{sgn}(x), & \text{若 } x\neq 0,\\ [-1,1], & \text{若 } x=0.\end{cases}$$

类似地，考虑 ℓ_1 范数函数：

$$f(x)=\|\boldsymbol{x}\|_1,\quad \boldsymbol{x}\in\mathbb{R}^n,$$

那么我们有：

$$\begin{aligned}f(\boldsymbol{y})=\|\boldsymbol{y}\|_1=\sum_{i=1}^n|y_i|&=\sum_{i=1}^n\max_{|g_i|\leqslant 1}g_iy_i\\&\leqslant\sum_{i=1}^n g_iy_i,\quad \forall\,\boldsymbol{g}:\ \|\boldsymbol{g}\|_\infty\leqslant 1.\end{aligned}$$

于是，对所有的 $\boldsymbol{y}\in\mathbb{R}^n$，得到：

$$f(\boldsymbol{y})\geqslant f(0)+\boldsymbol{g}^\top(\boldsymbol{y}-0),\quad \forall\,\boldsymbol{g}:\ \|\boldsymbol{g}\|_\infty\leqslant 1.$$

也就是说，所有满足 $\|\boldsymbol{g}\|_\infty\leqslant 1$ 的向量 $\boldsymbol{g}\in\mathbb{R}^n$ 都属于 f 在 0 点的次微分，于是 $\partial f(0)=\{\boldsymbol{g}:\ \|\boldsymbol{g}\|_\infty\leqslant 1\}$.

8.2.3.1 次梯度的计算

除了求助于定义，正如我们在上一个例子中所做的那样，还有几个有用的"规则"来计算由单个运算对象的复合、求和、逐点最大值等得到的函数的次梯度和次微分. 我们在这里总结一些相关的规则.

链式规则 设 $q:\mathbb{R}^n\to\mathbb{R}^m$ 和 $h:\mathbb{R}^m\to\mathbb{R}$ 是两个函数使复合函数 $f=h\circ q:\mathbb{R}^n\to\mathbb{R}$（即 $f(x)=h(q(x))$）是一个凸函数. 那么有

1. 如果 q 在 x 点可微，$q(x)\in\mathrm{dom}\ h$，则

$$\partial f(x)=J_q(x)^\top\partial_q h(q(x)),$$

其中 $J_q(x)$ 是函数 q 在 x 点的雅可比行列式.

2. 如果 $m=1$，函数 h 在 $q(x)\in\mathrm{dom}\ h$ 处可微，则

$$\partial f(x)=\frac{\mathrm{d}h(q(x))}{\mathrm{d}q(x)}\partial q(x).$$

仿射变量变换. 作为上面链式规则的一个特例，设 $h:\mathbb{R}^m\to\mathbb{R}$ 是凸的和 $q(\boldsymbol{x})=\boldsymbol{A}\boldsymbol{x}+\boldsymbol{b}$，其中 $\boldsymbol{A}\in\mathbb{R}^{m,n}$ 和 $\boldsymbol{b}\in\mathbb{R}^m$. 那么，作为从 $\mathbb{R}^n$ 到 $\mathbb{R}$ 上的函数

$$f(\boldsymbol{x})=h(q(\boldsymbol{x}))=h(\boldsymbol{A}\boldsymbol{x}+\boldsymbol{b})$$

的次微分为：对所有 $\boldsymbol{x}$ 使 $q(\boldsymbol{x})\in\mathrm{dom}\ h$，有

$$\partial f(\boldsymbol{x})=\boldsymbol{A}^\top\partial_q h(q(\boldsymbol{x})).$$

例 8.12　考虑如下函数：

$$f(\boldsymbol{x}) = |\boldsymbol{a}^\top \boldsymbol{x} - b|, \quad a \in \mathbb{R}^n,\ b \in \mathbb{R}.$$

这是函数 $h(x) = |x|$ 与仿射函数 $q(\boldsymbol{x}) = \boldsymbol{a}^\top \boldsymbol{x} - b$ 的复合. 于是，应用上面的仿射变量变换，我们得到：

$$\partial |\boldsymbol{a}^\top \boldsymbol{x} - b| = \boldsymbol{a} \cdot \partial h(\boldsymbol{a}^\top \boldsymbol{x} - b) = \begin{cases} \boldsymbol{a} \cdot \operatorname{sgn}(\boldsymbol{a}^\top \boldsymbol{x} - b), & \text{若 } \boldsymbol{a}^\top \boldsymbol{x} - b \neq 0, \\ \boldsymbol{a} \cdot [-1, 1], & \text{若 } \boldsymbol{a}^\top \boldsymbol{x} - b = 0. \end{cases}$$

求和或线性组合.　设 $h : \mathbb{R}^n \to \mathbb{R}$ 和 $q : \mathbb{R}^n \to \mathbb{R}$ 是两个凸函数. 对于 $\alpha, \beta \geqslant 0$，定义

$$f(x) = a\alpha h(x) + \beta q(x).$$

于是，对任意 $x \in \operatorname{relint} \operatorname{dom} h \cap \operatorname{relint} \operatorname{dom} q$，有

$$\partial f(x) = \alpha \partial h(x) + \beta \partial q(x).$$

例 8.13　考虑如下函数：

$$f(\boldsymbol{x}) = \sum_{i=1}^{m} |\boldsymbol{a}_i^\top \boldsymbol{x} - b_i|, \quad \boldsymbol{a}_i \in \mathbb{R}^n,\ b_i \in \mathbb{R}.$$

于是，应用求和规则，我们得到：

$$\partial f(\boldsymbol{x}) = \sum_{i=1}^{m} \partial |\boldsymbol{a}_i^\top \boldsymbol{x} - b_i| = \sum_{i=1}^{m} \begin{cases} \boldsymbol{a}_i \cdot \operatorname{sgn}(\boldsymbol{a}_i^\top \boldsymbol{x} - b_i), & \text{若 } \boldsymbol{a}_i^\top \boldsymbol{x} - b_i \neq 0, \\ \boldsymbol{a}_i \cdot [-1, 1], & \text{若 } \boldsymbol{a}_i^\top \boldsymbol{x} - b_i = 0. \end{cases}$$

一个特殊情况是当上面的函数为 ℓ_1 范数函数 $f(\boldsymbol{x}) = \|\boldsymbol{x}\|_1 = \sum_{i=1}^{n} |x_i|$，对于该函数，我们有：

$$\partial \|\boldsymbol{x}\|_1 = \sum_{i=1}^{n} \partial |x_i| = \sum_{i=1}^{n} \begin{cases} \boldsymbol{e}_i \cdot \operatorname{sgn}(x_i), & \text{若 } x_i \neq 0, \\ \boldsymbol{e}_i \cdot [-1, 1], & \text{若 } x_i = 0, \end{cases}$$

其中 $\boldsymbol{e}_i$ 表示 $\mathbb{R}^n$ 的第 i 个标准基向量.

逐点最大值.　设 $f_i : \mathbb{R}^n \to \mathbb{R}$，$i = 1, \cdots, m$，是 m 个凸函数，定义

$$f(x) = \max_{i=1,\cdots,m} f_i(x).$$

那么，对任意 $x \in \operatorname{dom} f$，则有

$$\partial f(x) = \operatorname{co}\{\partial f_i(x) :\ i \in a(x)\},$$

其中 $a(x)$ 为函数 f_i 在 x 处"活跃"的指标的集合，即在 f 的定义中达到最大值的指标，也就是，当 $i \in a(x)$ 时，$f(x) = f_i(x)$.

在一些附加的技术假设下，这个性质还可以扩展到任意（也有可能是不可数的）凸函数族的逐点极大值. 更精确地，设

$$f(x) = \sup_{\alpha \in \mathcal{A}} f_\alpha(x),$$

其中 f_α 是闭的凸函数. 于是，对任意 $x \in \operatorname{dom} f$，我们有

$$\partial f(x) \supseteq \operatorname{co}\{\partial f_\alpha(x):\ \alpha \in a(x)\},$$

其中 $a(x) = \{\alpha \in \mathcal{A}:\ f(x) = f_\alpha(x)\}$. 进一步，如果 $\mathcal{A}$ 是紧的，并且映射 $\alpha \to f_\alpha$ 是闭的，那么上面结论中的等式成立：

$$\partial f(x) = \operatorname{co}\{\partial f_\alpha(x):\ \alpha \in a(x)\}. \tag{8.10}$$

例 8.14（多面体函数）　考虑如下的多面体函数（见 9.3.1 节）：

$$f(\boldsymbol{x}) = \max_{i=1,\cdots,m} \boldsymbol{a}_i^\top \boldsymbol{x} - b_i.$$

这里函数 $f_i(\boldsymbol{x}) = \boldsymbol{a}_i^\top \boldsymbol{x} - b_i$ 是可微的，因此 $\partial f_i(\boldsymbol{x}) = \{\nabla f_i(\boldsymbol{x})\} = \{\boldsymbol{a}_i\}$，这样，我们有

$$\partial f(x) = \operatorname{co}\{\boldsymbol{a}_i:\ i \in a(x)\}.$$

类似地，设

$$f(\boldsymbol{x}) = \|\boldsymbol{A}\boldsymbol{x} - \boldsymbol{b}\|_\infty = \max_{i=1,\cdots,m} |\boldsymbol{a}_i^\top \boldsymbol{x} - b_i|,$$

其中 $\boldsymbol{a}_i^\top \in \mathbb{R}^n$ 表示矩阵 $\boldsymbol{A} \in \mathbb{R}^{m,n}$ 的行. 应用次微分逐点最大值规则，对于函数 $f_i = |\boldsymbol{a}_i^\top \boldsymbol{x} - b_i|$，得到：

$$\partial f(x) = \operatorname{co}\{\partial f_i(x):\ i \in a(x)\},$$

其中

$$\partial f_i(\boldsymbol{x}) = \begin{cases} \boldsymbol{a}_i \cdot \operatorname{sgn}(\boldsymbol{a}_i^\top \boldsymbol{x} - b_i), & \text{若 } \boldsymbol{a}_i^\top \boldsymbol{x} - b_i \neq 0, \\ \boldsymbol{a}_i \cdot [-1, 1], & \text{若 } \boldsymbol{a}_i^\top \boldsymbol{x} - b_i = 0. \end{cases}$$

例 8.15（ℓ_1, ℓ_2 和 ℓ_∞ 范数）　典型的 ℓ_p 范数的次微分可以通过在适当的集合上以线性函数的上确界形式表示，然后对次微分应用 sup 规则，从而得到典型 ℓ_p 范数的次微分. 特别地，我们可以观察到：

$$\|\boldsymbol{x}\|_1 = \max_{\|\boldsymbol{v}\|_\infty \leqslant 1} \boldsymbol{v}^\top \boldsymbol{x},$$

$$\|\boldsymbol{x}\|_2 = \max_{\|\boldsymbol{v}\|_2 \leqslant 1} \boldsymbol{v}^\top \boldsymbol{x},$$

$$\|\boldsymbol{x}\|_\infty = \max_{\|\boldsymbol{v}\|_1 \leqslant 1} \boldsymbol{v}^\top \boldsymbol{x}.$$

我们已经考虑了 ℓ_1 范数的情况，所以这里研究另外两个例子. 对于 ℓ_1 范数的情况，对 $f_{\boldsymbol{v}} \doteq \boldsymbol{v}^\top \boldsymbol{x}$ 应用式 (8.10) 得到：

$$\partial\|\boldsymbol{x}\|_2 = \operatorname{co}\{\partial f_{\boldsymbol{v}}(\boldsymbol{x}) : \boldsymbol{v} \in a(\boldsymbol{x})\} = \operatorname{co}\{\boldsymbol{v} : \boldsymbol{v} \in a(\boldsymbol{x})\} = \operatorname{co}\{a(\boldsymbol{x})\},$$

其中 $a(\boldsymbol{x}) = \{\boldsymbol{v} : \|\boldsymbol{x}\|_2 = \boldsymbol{v}^\top \boldsymbol{x},\ \|\boldsymbol{v}\|_2 \leqslant 1\}$. 对于 $\boldsymbol{x} \neq 0$，$a(x)$ 中取 $\boldsymbol{v} = \boldsymbol{x}/\|\boldsymbol{x}\|_2$ 时，可以得到 $\|\boldsymbol{x}\|_2$. 于是 $a(\boldsymbol{x})$ 是个单点集 $\{\boldsymbol{x}/\|\boldsymbol{x}\|_2\}$，因此 $\partial\|\boldsymbol{x}\|_2 = \{\boldsymbol{x}/\|\boldsymbol{x}\|_2\}$. 对于 $\boldsymbol{x} = 0$，在这种情况下有 $\|\boldsymbol{x}\|_2 = 0$，这样对所有满足 $\|\boldsymbol{v}\|_2 \leqslant 1$ 的 $\boldsymbol{v}$，均可以得到 $\|\boldsymbol{x}\|_2 = 0$. 这意味着 $a(\boldsymbol{x}) = \{\boldsymbol{v} : \|\boldsymbol{v}\|_2 \leqslant 1\}$，于是 $\partial\|\boldsymbol{x}\|_2 = \{\boldsymbol{v} : \|\boldsymbol{v}\|_2 \leqslant 1\}$. 最终，我们总结得到：

$$\partial\|\boldsymbol{x}\|_2 = \begin{cases} \dfrac{\boldsymbol{x}}{\|\boldsymbol{x}\|_2}, & x \neq 0, \\ \{\boldsymbol{g} \in \mathbb{R}^n : \|\boldsymbol{g}\|_2 \leqslant 1\}, & x = 0. \end{cases}$$

对于 ℓ_∞ 范数情况，我们类似地有：

$$\partial\|\boldsymbol{x}\|_\infty = \operatorname{co}\{a(\boldsymbol{x})\},$$

其中 $a(\boldsymbol{x}) = \{\boldsymbol{v} : \|\boldsymbol{x}\|_\infty = \boldsymbol{v}^\top \boldsymbol{x},\ \|\boldsymbol{v}\|_1 \leqslant 1\}$. 对于 $x \neq 0, a(x)$ 中取所有向量 $\boldsymbol{v}_j = \boldsymbol{e}_j \operatorname{sgn}(\boldsymbol{x}_j)$ 时，$j \in J(\boldsymbol{x})$，可以得到 $\|\boldsymbol{x}\|_\infty$. 这里 $J(\boldsymbol{x})$ 是 $|\boldsymbol{x}|$ 中最大元素对应的索引指标的全体（如果 x 只有一个最大模的元素，或者有多个具有相同最大值得元素，则 $J(\boldsymbol{x})$ 中只有一个元素）. 于是，当 $\boldsymbol{x} \neq 0$ 时，

$$\partial\|\boldsymbol{x}\|_\infty = \operatorname{co}\{\boldsymbol{e}_j \operatorname{sgn}(\boldsymbol{x}_j),\ j \in J(\boldsymbol{x})\}.$$

对于 $\boldsymbol{x} = 0$，在这种情况下有 $\|\boldsymbol{x}\|_\infty = 0$，因此对所有满足 $\|\boldsymbol{v}\|_1 \leqslant 1$ 的 $\boldsymbol{v}$，均可以得到 $\|\boldsymbol{x}\|_\infty = 0$. 这意味着 $a(\boldsymbol{x}) = \{\boldsymbol{v} : \|\boldsymbol{v}\|_1 \leqslant 1\}$，于是 $\partial\|\boldsymbol{x}\|_2 = \{\boldsymbol{v} : \|\boldsymbol{v}\|_1 \leqslant 1\}$. 最终，我们总结得到：

$$\partial\|\boldsymbol{x}\|_\infty = \begin{cases} \operatorname{co}\{\boldsymbol{e}_j \operatorname{sgn}(\boldsymbol{x}_j),\ j \in J(\boldsymbol{x})\}, & \boldsymbol{x} \neq 0, \\ \{\boldsymbol{g} \in \mathbb{R}^n : \|\boldsymbol{g}\|_1 \leqslant 1\}, & \boldsymbol{x} = 0. \end{cases}$$

例 8.16（对称矩阵的最大特征值）　考虑一个对称矩阵 $\boldsymbol{A}(x)$，其元素项变量 $\boldsymbol{x} \in \mathbb{R}^n$ 的仿射函数：

$$\boldsymbol{A}(x) = \boldsymbol{A}_0 + x_1 \boldsymbol{A}_1 + \cdots + x_n \boldsymbol{A}_n,$$

其中 $\boldsymbol{A}_i \in \mathbb{S}^m$，$i=1,\cdots,n$，以及设

$$f(x)=\lambda_{\max}(\boldsymbol{A}(x)).$$

为了确定 f 在 x 的次微分，我们利用瑞利的变分刻画（见定理 4.3），即

$$\begin{aligned} f(x)=\lambda_{\max}(\boldsymbol{A}(x)) &= \max_{\boldsymbol{z}:\|\boldsymbol{z}\|_2=1} \boldsymbol{z}^\top \boldsymbol{A}(x)\boldsymbol{z} \\ &= \max_{\boldsymbol{z}:\|\boldsymbol{z}\|_2=1} \left(\boldsymbol{z}^\top \boldsymbol{A}_0 \boldsymbol{z} + \sum_{i=1}^n x_i \boldsymbol{z}^\top \boldsymbol{A}_i \boldsymbol{z}\right), \end{aligned}$$

这样，$f(x)$ 被表示为关于 x 为仿射函数的 $f_{\boldsymbol{z}}(x)=\boldsymbol{z}^\top \boldsymbol{A}(x)\boldsymbol{z}$ 关于 $\boldsymbol{z}$（在单位球面上）的最大值，因此 f 是凸的. 这里“活跃”集为：

$$a(x)=\{\boldsymbol{z}:\ \|\boldsymbol{z}\|_2=1,\ f_{\boldsymbol{z}}(x)=f(x)\},$$

它是由与 $A(x)$ 最大特征值相关联的特征向量构成（并用单位范数归一化）. 我们于是有

$$\partial f(x)=\operatorname{co}\{\nabla f_{\boldsymbol{z}}(x):\ \boldsymbol{A}(x)\boldsymbol{z}=\lambda_{\max}(\boldsymbol{A}(x))\boldsymbol{z},\ \|\boldsymbol{z}\|_2=1\},$$

其中

$$\nabla f_{\boldsymbol{z}}(x)=[\boldsymbol{z}^\top \boldsymbol{A}_1\boldsymbol{z},\cdots,\boldsymbol{z}^\top \boldsymbol{A}_n\boldsymbol{z}]^\top.$$

特别地，当关于 $\lambda_{\max}(\boldsymbol{A}(x))$ 的本征空间具有维数 1 时，f 在 $\boldsymbol{x}$ 处可微，在这种情况下有 $\partial f(x)=\{\nabla f_{\boldsymbol{z}}(x)\}$，其中 $\boldsymbol{z}$ 是与 $\lambda_{\max}(\boldsymbol{A}(x))$ 相关联的 $\boldsymbol{A}(x)$ 的唯一归一化特征向量（不考虑正负号的话，这是不相关的）.

8.3 凸问题

对于如下形式的优化问题：

$$p^*=\min_{\boldsymbol{x}\in\mathbb{R}^n} f_0(\boldsymbol{x}) \tag{8.11}$$

$$\text{s.t.: } f_i(\boldsymbol{x})\leqslant 0,\ i=1,\cdots,m, \tag{8.12}$$

$$h_i(\boldsymbol{x})=0,\ i=1,\cdots,q \tag{8.13}$$

如果下面的条件成立，则称其为一个凸优化问题：

- 目标函数 f_0 是凸的；
- 不等式约束函数 f_i，$i=1,\cdots,m$ 是凸的；
- 等式约束函数 h_i，$i=1,\cdots,q$ 是仿射的.

该问题的可行集是满足约束条件的 $\boldsymbol{x}$ 点集：

$$\mathcal{X}=\{\boldsymbol{x}\in\mathbb{R}^n:\ f_i(\boldsymbol{x})\leqslant 0,\ i=1,\cdots,m;\ h_i(\boldsymbol{x})=0,\ i=1,\cdots,q\}.$$

注意，集合 $\{f_i\leqslant 0\}$ 是一个凸函数的 0 下水平集[⊖]，因此它们是凸的. 此外，集合 $\{x: h_i(x)=0\}$，其中 h_i 是仿射函数，故是平坦的，因此也是凸的. 于是，$\mathcal{X}$ 是凸集的交集，故它也是凸的.

线性等式约束通常以矩阵形式更为紧凑地表示为 $\boldsymbol{Ax}=\boldsymbol{b}$，因此凸优化问题的一种通用形式为：

$$\begin{aligned}p^*=&\min_{\boldsymbol{x}\in\mathbb{R}^n} f_0(\boldsymbol{x})\\ \text{s.t.:}\ & f_i(\boldsymbol{x})\leqslant 0,\ i=1,\cdots,m,\\ & \boldsymbol{Ax}=\boldsymbol{b},\end{aligned}$$

其中 $\boldsymbol{A}\in\mathbb{R}^{q,n}$ 和 $\boldsymbol{b}\in\mathbb{R}^q$.

凸优化问题可以等价地定义为在约束 $x\in\mathcal{X}$ 条件下最小化凸目标函数的问题，即决策变量必须属于凸集 $\mathcal{X}$:

$$p^*=\min_{x\in\mathcal{X}} f_0(x). \tag{8.14}$$

当 $\mathcal{X}=\mathbb{R}^n$ 时，称该问题为无约束优化问题.

求解上面优化问题意味着找到目标的最优最小值 p^*，可能是一个极小值或最优解，即向量 $x^*\in\mathcal{X}$ 使 $f(x^*)=p^*$. 如果 $\mathcal{X}$ 是空集，我们称这样的问题是不可行的，即不存在满足约束条件的解. 在这种情况下，通常令 $p^*=+\infty$. 当 $\mathcal{X}$ 为非空时，我们称问题是可行的，如果问题是可行的且 $p^*=-\infty$，则称问题是下方无界的. 注意到：也可能出现问题是可行的，但仍然不存在最优解，在这种情况下，则称在任何有限点都无法获得最优值 p^*. 最优集（或解集）定义为目标函数达到最优值的可行点集：

$$\mathcal{X}_{\text{opt}}=\{x\in\mathcal{X}:\ f_0(x)=p^*\}.$$

我们也可以用符号 argmin 重写最优集如下：

$$\mathcal{X}_{\text{opt}}=\arg\min_{x\in\mathcal{X}} f_0(x).$$

如果 $x^*\in\mathcal{X}$ 满足 $f_i(x^*)<0$，那么称第 i 个不等式约束在最优解 x^* 处是无效的（或松弛的）. 相反，如果 $f_i(x^*)=0$，则称第 i 个不等式约束在 x^* 处有效. 相似地，如果 x^*

⊖　在本书其余的大部分推导中，我们通常会不加提示地假设函数 f_i 是合适的且为闭的，并且它们的下水平集是满维的，即它们的相对内部与其标准内部相同.

在 $\mathcal{X}$ 的相对内部，我们称整个可行集 $\mathcal{X}$ 是无效的（见图 8.13 所示）. 如果 x^* 在 $\mathcal{X}$ 的边界上，则称 $\mathcal{X}$ 在最优下是有效的（见图 8.14 所示）.

$$f(x) = |x|, \quad x \in \mathbb{R}.$$

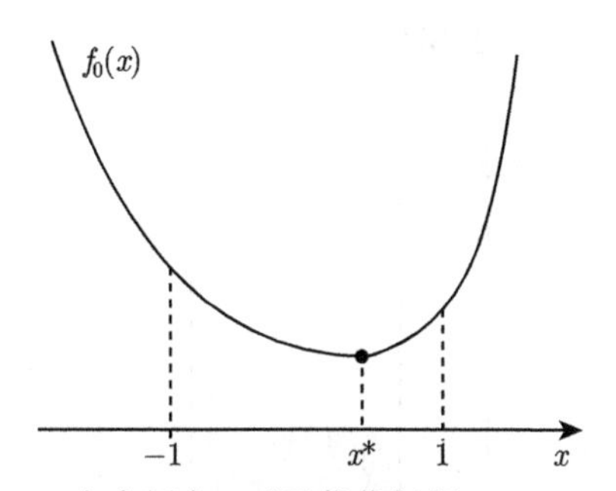

图 8.13 在本例中，对于优化问题 $\min_{x\in\mathcal{X}} f_0(x)$，集合 $\mathcal{X} = \{x:\ |x| \leqslant 1\}$ 在最优解处是无效的

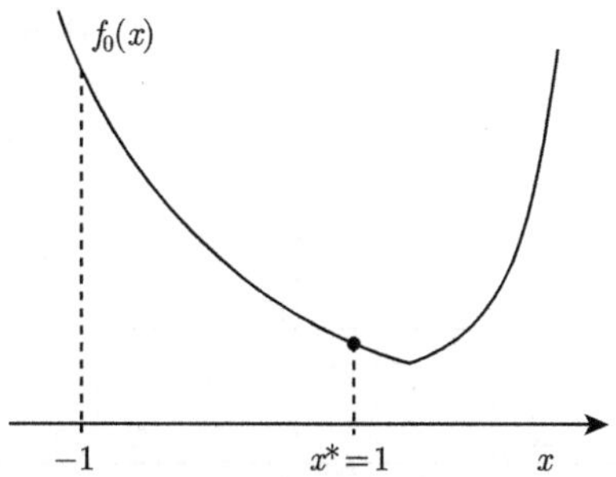

图 8.14 在本例中，对于优化问题 $\min_{x\in\mathcal{X}} f_0(x)$，$\mathcal{X}=\{x:\ |x| \leqslant 1\}$ 在最优解处是有效的

可行性问题. 在某些情况下，实际上最小化一个目标函数可能并不重要. 相反，人们往往只关心验证这个优化问题是否可行，在可行的情况下来确定可行集中的任何点，称其为可行性问题：

$$\text{找到 } x \in \mathcal{X} \text{ 或者证明 } \mathcal{X} \text{ 是空的.}$$

例 8.17

- 考虑如下问题：

$$\begin{aligned} p^* = \min_{\boldsymbol{x}\in\mathbb{R}^2} &\quad x_1^2 + x_2^2 \\ \text{s.t.: } & x_1^2 \leqslant 2, \\ & x_2^2 \leqslant 1. \end{aligned}$$

该问题的可行集是非空的，其为矩形 $[-\sqrt{2}, \sqrt{2}] \times [-1, 1]$. 进一步，该问题的唯一的最优点为：

$$\boldsymbol{x}^* = [-\sqrt{2} \ \ -1]^\top,$$

其对应的最优目标值为 $p^* = -\sqrt{2} - 1$，如图 8.15 所示.

- 考虑如下问题：

$$\begin{aligned} p^* = \min_{\boldsymbol{x}\in\mathbb{R}^2} &\ x_2 \\ \text{s.t.: } & (x_1 - 2)^2 \leqslant 1, \end{aligned} \tag{8.15}$$

$$x_2 \geqslant 0.$$

该问题的可行集是非空的，如图 8.16 所示. 进一步，该问题有无穷多个最优点，其最优集为：

$$\mathcal{X}_{\text{opt}} = \{[x_1\ 0]^\top:\ x_1 \in [1,3]\}.$$

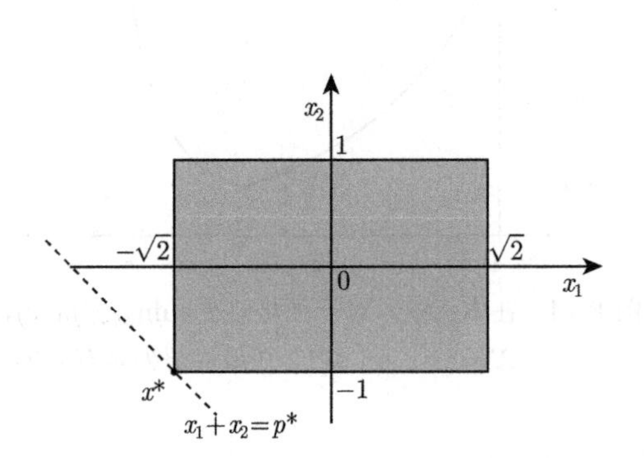

图 8.15 具有唯一最优解的可行问题

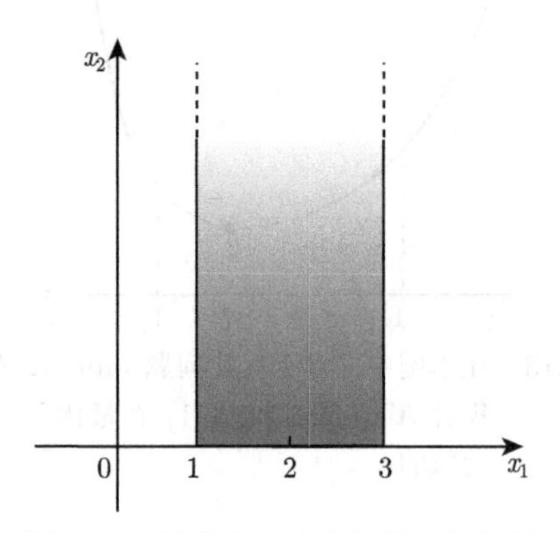

图 8.16 具有多个最优解的可行问题

- 如下问题：

$$\begin{aligned} p^* = & \min_{\boldsymbol{x}\in\mathbb{R}^2} \mathrm{e}^{x_1} \\ & \text{s.t.: } x_2 \geqslant (x_1-1)^2+1, \\ & \quad x_2 - x_1 + \frac{1}{2} \geqslant 0. \end{aligned}$$

  是不可行的. 因此，根据惯例令 $p^* = +\infty$.
- 如下问题：

$$\begin{aligned} p^* = & \min_{x\in\mathbb{R}} \mathrm{e}^{-x} \\ & \text{s.t.: } x \geqslant 0 \end{aligned}$$

  是可行的，且最优目标值为 $p^* = 0$. 然而，其最优集是空的，因为 p^* 不是在任何有限点上达到的（而只是在 $x \to \infty$ 时的极限达到）.
- 考虑如下问题：

$$\begin{aligned} p^* = & \min_{\boldsymbol{x}\in\mathbb{R}^2} x_1 \\ & \text{s.t.: } x_1 + x_2 \geqslant 0. \end{aligned}$$

该问题可行集是半空间，且为下方无界的（$p^* = -\infty$）. 由于最优值在 $x_1 \to -\infty$ 和 $x_1 \geqslant -x_2$ 时渐近达到，因此不存在最优解，如图 8.17 所示.

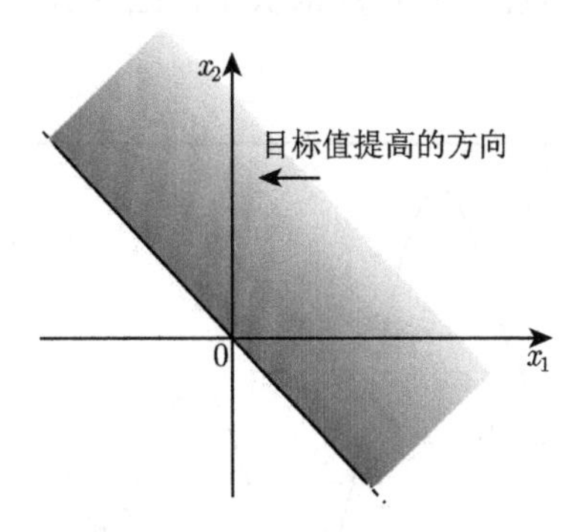

图 8.17 具有下方无界的目标函数的可行问题

- 考虑如下问题：

$$p^* = \min_{x \in \mathbb{R}} \quad (x+1)^2.$$

这是一个无约束优化问题，在（唯一）最优点 $x^* = -1$ 处达到 $p^* = 0$. 下面，考虑该问题的一个带约束条件的版本，其中

$$p^* = \min_{x \in \mathbb{R}} \quad (x+1)^2$$

$$\text{s.t.: } x > 0.$$

该问题是可行的，且具有最优值 $p^* = 1$. 然而，这个最优值不是在任何可行点上达到的：它是由一个趋于 0 的点 x 在极限内达到的，然而 0 不属于可行集 $(0, +\infty)$. 如果我们确保可行集是一个闭集，就可避免这些“微妙”的地方，参见 8.3.2 节的讨论.

8.3.1 局部与全局最优

称一个点 $\boldsymbol{z}$ 是优化问题 $\min_{\boldsymbol{x} \in \mathcal{X}} f_0(x)$ 的一个局部最优点，如果存在 $r > 0$ 使 $\boldsymbol{z}$ 是如下优化问题的最优点：

$$\min_{\boldsymbol{x} \in \mathcal{X}} f_0(\boldsymbol{x}), \text{ s.t.: } \|\boldsymbol{x} - \boldsymbol{z}\|_2 < r.$$

换句话说，如果存在一个以 $\boldsymbol{z}$ 为中心，半径为 $r > 0$ 的球 B_r 使得对于所有点 $\boldsymbol{x} \in B_r \cap \mathcal{X}$ 有 $f_0(\boldsymbol{x}) \geqslant f_0(\boldsymbol{z})$，则 $\boldsymbol{z}$ 是局部最优的. 也就是说，$\boldsymbol{z}$ 在半径为 r 的球中局部最小化 f_0. 如果 $\boldsymbol{z}$ 是一个全局最优点（即 $\boldsymbol{z} \in \mathcal{X}_{\text{opt}}$），那么对任意 $\boldsymbol{x} \in \mathcal{X}$，有 $f_0(x) \geqslant f_0(z)$. 一个关键

的事实是，在凸优化问题中，任何局部最优点也是全局最优的. 这与一般的非凸优化问题形成鲜明的对比，后者可能存在许多非全局最优的局部最优解，如图 8.18 所示. 如果问题是非凸的，那么数值优化算法可能会陷入局部极小，因此其往往无法收敛到全局最优. 但下面的关键定理成立.

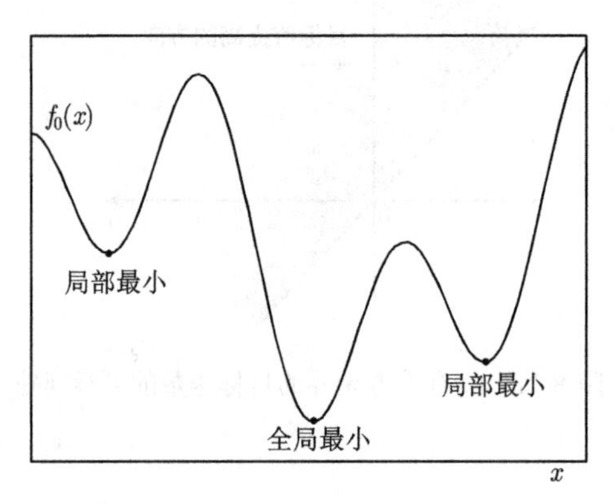

图 8.18 非凸目标函数 f_0 可能具有非全局最优的局部最小值点

定理 8.4 *考虑如下优化问题:*

$$\min_{x\in\mathcal{X}} f_0(x).$$

如果 f_0 是凸函数且 $\mathcal{X}$ 是凸集，那么任何局部最优解也是全局最优的. 进一步，最优点集 $\mathcal{X}_{\rm opt}$ 是凸的.

证明 设 $x^*\in\mathcal{X}$ 为 f_0 的一个局部最小值点，令 $p^*=f_0(x^*)$ 和任意点 $y\in\mathcal{X}$. 我们需要证明 $f_0(y)\geqslant f_0(x^*)=p^*$. 根据 f_0 和 $\mathcal{X}$ 的凸性得到，对任意 $\theta\in[0,1]$，有 $x_\theta=\theta y+(1-\theta)x^*\in\mathcal{X}$，以及

$$f_0(x_\theta)\leqslant\theta f_0(y)+(1-\theta)f_0(x^*).$$

上式两端同时减去 $f_0(x^*)$ 有

$$f_0(x_\theta)-f_0(x^*)\leqslant\theta(f_0(y)-f_0(x^*)).$$

由于 x^* 是一个局部最小值点，那么对所有充分小的 $\theta>0$，上面不等式的左边是非负的. 于是得到上面不等式右边也是非负的，即 $f_0(y)\geqslant f_0(x^*)$. 此外，最优集 $\mathcal{X}_{\rm opt}$ 是凸的，因为它可以写成一个凸函数的 p^* 下水平集：

$$\mathcal{X}_{\rm opt}=\{x\in\mathcal{X}:\ f_0(x)\leqslant p^*\},$$

至此完成了该定理的证明. □

8.3.2 解的存在性

通过利用经典的 Weierstrass 定理，本节实质上提供问题 (8.11) 解存在的一个充分条件.

定理 8.5（Weierstrass 极值定理） 非空紧集（即有界闭集）上的每个连续函数 $f:\mathbb{R}^n \to \mathbb{R}$ 都在该集上达到其极值.

将上面的定理应用到我们的优化问题 (8.11) 或 (8.14) 上，于是得到下面的引理.

引理 8.2 设集合 $\mathcal{X} \subseteq \mathrm{dom}\ f_0$ 为非空紧集且 f_0 在 $\mathcal{X}$ 上连续，则问题 (8.14) 具有一个最优解 x^*.

注意，由于凸函数在开集上是连续的，那么如果 f_0 是凸的且 $\mathcal{X} \subseteq \mathrm{int\ dom}\ f_0$，则 f_0 在 $\mathcal{X}$ 上是连续的，因此引理 8.2 的假设条件成立. 尽管引理 8.2 非常有用，但仍然只提供了解存在的一个充分条件，这意味着，当可行集 $\mathcal{X}$ 为非紧集时，解也有可能存在. 最典型的例子是关于 f_0 的无约束最小化问题，即 $\mathcal{X} = \mathbb{R}^n$，这显然不是紧集. 下面的引理为当 $\mathcal{X}$ 不是紧集时（即开的或无界的）解的存在性提供了另一个充分条件. 为此，我们需要引入强制函数的概念.

定义 8.1（强制函数） 称函数 $f:\mathbb{R}^n \to \mathbb{R}$ 为强制函数，如果对于任何趋向于 $\mathrm{dom}\ f$ 边界的序列 $\{x_k\} \subset \mathrm{int\ dom}\ f$ 满足对应的序列 $\{f(x_k)\}$ 趋于无穷.

下面的引理指出连续的强制函数的下水平集是紧的.

引理 8.3 定义在开域上的连续函数 $f:\mathbb{R}^n \to \mathbb{R}$ 是强制的当且仅当其所有下水平集 $S_\alpha = \{x:\ f(x) \leqslant \alpha\}$，$\alpha \in \mathbb{R}$，是紧的.

证明 首先注意到 f 的连续性直接意味着 S_α 是闭的. 接下来我们证明：如果 f 是强制的，那么这个集合 S_α 也必须是有界的. 我们用反证法，于是假设存在 $\alpha \in \mathbb{R}$ 使 S_α 是无界的. 进一步，根据有效域的定义，则 $S_\alpha \subseteq \mathrm{dom}\ f$，因此 S_α 的无界性意味着 $\mathrm{dom}\ f$ 也是无界的. 于是存在序列 $\{x_k\} \subset S_\alpha \subset \mathrm{dom}\ f$ 满足 $\lim_{k\to\infty} \|x_k\| = \infty$. 然而，$f$ 的强制性意味着当 $k \to \infty$，也有 $f(x_k) \to \infty$，这与假设对所有 $x_k \in S_\alpha, f(x_k) \leqslant \alpha$ 矛盾. 这样我们证明了下水平集一定是有界的.

反之，假设所有的 S_α 都是紧的. 考虑任何趋向于 $\mathrm{dom}\ f$ 边界点的序列 $\{x_k\} \subset \mathrm{dom}\ f$. 为了应用反证法，假设对应的值序列 $\{f(x_k)\}$ 是有界的，即存在一个有限的 $\bar{\alpha} \in \mathbb{R}$ 使得对任意 k，有 $f(x_k) \leqslant \bar{\alpha}$. 于是 $\{x_k\} \subset S_{\bar{\alpha}}$，并且由于 $S_{\bar{\alpha}}$ 是紧的，那么 $\{x_k\}$ 有一个极限点 $\bar{x} \in S_{\bar{\alpha}}$. 但这意味着极限 $\bar{x}$ 属于 f 的有效域，因为 $f(\bar{x}) \leqslant \bar{\alpha}$，于是 $f(\bar{x})$ 是有限的. 我们这样得到序列 $\{x_k\} \subset \mathrm{dom}\ f$（根据上面的假设 $\{x_k\} \subset \mathrm{dom}\ f$ 为趋向于 $\mathrm{dom}\ f$ 边界点的序列）有一个极限点 $\bar{x} \in \mathrm{dom}\ f$，这与假设 $\mathrm{dom}\ f$ 为开集矛盾. □

我们于是得到如下关于无约束问题 (8.14) 解的存在性的结果.

引理 8.4 设 $\mathcal{X} = \mathbb{R}^n$（即无约束优化），如果 f_0 是连续的强制函数，那么问题 (8.14) 具有一个最优解 x^*.

证明 为了证明这一结果，取 $\alpha \in \mathbb{R}$ 使下水平集 S_α 非空. 根据引理 8.3, 集合 S_α 是

紧的，因此应用 Weierstrass 定理，函数 f_0 在 S_α 上具有一个全局最小值点 x^*. □

结合引理 8.2 和引理 8.4 的结果，我们可以得到如下结果所表述的解存在的另一个充分条件，其证明作为习题留给读者.

引理 8.5　设 $\mathcal{X} \subseteq \operatorname{dom} f_0$ 是非空闭集，如果 f_0 在 $\mathcal{X}$ 上是连续的强制函数，那么问题 (8.14) 具有一个最优解 x^*.

8.3.3 最优解的唯一性

我们提示读者不要混淆全局最优性与最优解唯一性的概念. 对于任意的凸优化问题，任何局部最优解虽然是全局最优的，但这并不意味着最优解是唯一的. 例如在问题 (8.15) 中，给出了一个简单的例子，该问题是凸的，但的确有无穷多个最优解：所有坐标点 $(x_1, 0)$ 其中 $x_1 \in [1,3]$ 都是其全局最优解. 直观地说，这种唯一性的缺失是由于目标函数在最优点附近的“平坦性”. 实际上，由于严格凸性排除了平坦性，我们可以证明在如下的充分条件下，凸优化问题的最优解是唯一的.

定理 8.6　考虑优化问题 (8.14). 如果 f_0 是严格凸函数，集合 $\mathcal{X}$ 是凸集，x^* 是该问题的最优解，那么 x^* 是唯一的最优解，即 $\mathcal{X}_{\text{opt}} = \{x^*\}$.

证明　我们应用反证法. 为此，假设存在另外一个该问题的最优解 $y^* \neq x^*$，即 x^*, y^* 都是可行的且满足 $f_0(x^*) = f_0(y^*) = p^*$. 那么设 $\lambda \in [0,1]$ 以及考虑点 $z = \lambda y^* + (1-\lambda)x^*$. 于是由 $\mathcal{X}$ 的凸性得到 z 也是可行的. 进一步，由 f_0 的严格凸性，有 $f_0(z) < \lambda f_0(y^*) + (1-\lambda)f_0(x^*) = p^*$. 这意味着在点 z 比在点 x^* 有更小的目标值，但这是不可能的，因为 x^* 是全局最优的. □

对于一类具有线性目标函数（实际上，稍后将证明任何凸优化问题都可以转化为具有线性目标的等价问题）和严格凸可行集的优化问题，我们可以给出另外一种充分条件. 首先，给出一个简单的预备引理，它证明了具有线性目标的凸优化问题的任何最优解都一定在可行集的边界上.

引理 8.6　考虑优化问题 (8.14). 设 f_0 是一个非常数线性函数（即存在一个非零向量 $\boldsymbol{c} \in \mathbb{R}^n$，使 $f_0(\boldsymbol{x}) = \boldsymbol{c}^\top \boldsymbol{x}$）以及 $\mathcal{X}$ 是闭凸集. 如果 $\boldsymbol{x}^*$ 是该问题的一个最优解，那么 $\boldsymbol{x}^*$ 属于 $\mathcal{X}$ 的边界.

证明　我们利用反证法证明该引理. 于是假设最优解 $\boldsymbol{x}^*$ 属于可行集 $\mathcal{X}$ 的内部，如图 8.19 所示. 设 $p^* = \boldsymbol{c}^\top \boldsymbol{x}^*$ 是最优的目标值. 由内点的定义，存在一个以 $\boldsymbol{x}^*$ 为中心半径为 $r > 0$ 的开球被完全包含在 $\mathcal{X}$ 中. 也就是说，所有满足 $\|\boldsymbol{z} - \boldsymbol{x}^*\|_2 < r$ 的点 z 是可行的. 于是取 $\boldsymbol{z} = \boldsymbol{x}^* - \alpha \boldsymbol{c}$，其中 $\alpha = 0.5r/\|\boldsymbol{c}\|_2$. 很容易验证这个 $\boldsymbol{z}$ 在上面的开球内，因此其是一个可行点. 此时，$f_0(\boldsymbol{z}) = \boldsymbol{c}^\top \boldsymbol{z} = \boldsymbol{c}^\top \boldsymbol{x}^* - \alpha \boldsymbol{c}^\top \boldsymbol{c} = p^* - \dfrac{\boldsymbol{r}}{2\|c\|_2} < p^*$，故 $\boldsymbol{z}$ 对应的目标值要小于 p^*. 这与 $\boldsymbol{x}^*$ 为全局最优解的假设矛盾. □

我们现在可以建立以下线性目标凸规划最优解唯一性的充分条件.

定理 8.7　考虑优化问题 (8.14). 设 f_0 是一个非常数线性函数（即存在某个 $\boldsymbol{c} \in \mathbb{R}^n$

使 $f_0(\boldsymbol{x})=\boldsymbol{c}^\top\boldsymbol{x}$）且 $\mathcal{X}$ 是闭的、满维和严格凸的. 如果该问题有一个最优解 $\boldsymbol{x}^*$，那么这个解是唯一的.

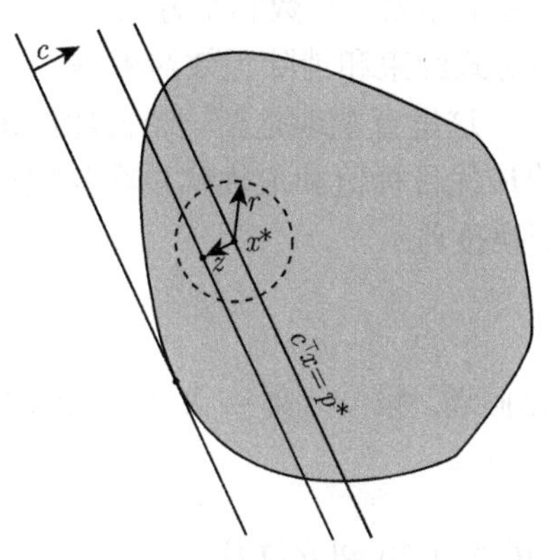

图 8.19 当目标函数为线性时，最优解 x^* 不可能在可行集的内部，否则最优解可能会在保持可行性和改进目标值的同时远离 x^*

证明 仍然用反证法. 于是假设 $\boldsymbol{x}^*$ 是最优的但并不唯一. 故存在可行的 $\boldsymbol{y}^*\neq\boldsymbol{x}^*$ 满足 $p^*=\boldsymbol{c}^\top\boldsymbol{x}^*=\boldsymbol{c}^\top\boldsymbol{y}^*$. 那么考虑连接 $\boldsymbol{x}^*$ 和 $\boldsymbol{y}^*$ 的开线段上的一个点 $\boldsymbol{z}$: $\boldsymbol{z}=\lambda\boldsymbol{y}^*+(1-\lambda)\boldsymbol{x}^*$，$\lambda\in(0,1)$. 由 $\mathcal{X}$ 的严格凸性，得到点 $\boldsymbol{z}$ 在 $\mathcal{X}$ 的相对内部中. 因为我们已经假设 $\mathcal{X}$ 是满维的，那么 $\mathcal{X}$ 的内部与其相对内部相同，这样点 $\boldsymbol{z}$ 也在 $\mathcal{X}$ 的内部中，于是

$$f_0(\boldsymbol{z})=\boldsymbol{c}^\top\boldsymbol{z}=\lambda\boldsymbol{c}^\top\boldsymbol{y}^*+(1-\lambda)\boldsymbol{c}^\top\boldsymbol{x}^*=p^*,$$

这意味着 $\boldsymbol{z}$ 也是最优解. 然而根据引理 8.6, 在 $\mathcal{X}$ 的内部没有最优解（它必须在边界上），因此产生矛盾. □

注释 8.1 在某些情况下，往往可以通过稍微修改凸优化问题来“正则化”优化问题以此来确保目标函数或可行集 $\mathcal{X}$ 的严格凸性. 例如，如果 f_0 是凸的（但并不是严格凸的），那么可以考虑如下的修正目标后的优化问题：

$$\tilde{f}_0(\boldsymbol{x})=f_0(\boldsymbol{x})+\gamma\|\boldsymbol{x}-\boldsymbol{c}\|_2^2,$$

其中 $\gamma>0$ 充分小和 $\boldsymbol{c}\in\mathbb{R}^n$. 强凸项 $\gamma\|\boldsymbol{x}-\boldsymbol{c}\|_2^2$ 的额外引入使 $\tilde{f}_0(\boldsymbol{x})$ 是强凸的，因此是严格凸的. 因此，定理 8.6 将确保修正问题的最优解的唯一性. 同样，对于线性目标和不等式约束 $f_i(\boldsymbol{x})\leqslant 0$，$i=1,\cdots,m$，其中 f_i 是凸的（但并不是严格凸），那么可以通过在约束的左边添加一个强凸项来“正则化”，从而使可行集是严格凸的.

8.3.4 问题变换

一个优化问题可以通过几个有用的“技巧”来转化或重新表述为一个等价的问题. 例如，目标和约束的单调变换（包括缩放、对数和平方）、变量的替换、添加松弛变量、上镜图的重新表述、用不等式代替等式约束和消除无效约束等.

所谓两个优化问题“等价”，这里直观地是指一个问题的最优目标值和最优解（如果存在的话）可以从另一个问题的最优目标值和最优解中容易地得到，反之亦然. 接下来，我们将分析上面所提到的每种变换技巧.

8.3.4.1 单调目标变换

考虑形如式 (8.11) 的优化问题. 设 $\varphi:\mathbb{R}\to\mathbb{R}$ 是一个 $\mathcal{X}$ 上连续和严格增的函数，那么引入如下的变换问题：

$$g^*=\min_{\boldsymbol{x}\in\mathbb{R}^n}\varphi(f_0(\boldsymbol{x})) \tag{8.16}$$

$$\text{s.t.}: f_i(\boldsymbol{x})\leqslant 0,\quad i=1,\cdots,m,$$

$$h_i(\boldsymbol{x})=0,\quad i=1,\cdots,q.$$

显然，问题 (8.11) 和 (8.16) 具有相同的可行集. 我们下面证明它们也具有相同的最优解集. 事实上，假设 $\boldsymbol{x}^*$ 是问题 (8.11) 的最优解，即 $f_0(\boldsymbol{x}^*)=p^*$. 那么，$\boldsymbol{x}^*$ 对于问题 (8.16) 是可行的，这样有

$$\varphi(f_0(\boldsymbol{x}^*))=\varphi(p^*)\geqslant g^*. \tag{8.17}$$

下面假设 $\tilde{\boldsymbol{x}}^*$ 是问题 (8.16) 的最优解，即 $\varphi(f_0(\tilde{\boldsymbol{x}}^*))=g^*$. 那么，$\tilde{\boldsymbol{x}}^*$ 对于问题 (8.11) 是可行的，这样有

$$f_0(\tilde{\boldsymbol{x}}^*)\geqslant g^*. \tag{8.18}$$

现在，因为 φ 在 $\mathcal{X}$ 上连续和严格增的，那么其逆函数 φ^{-1} 存在，于是我们有

$$\varphi(f_0(\tilde{\boldsymbol{x}}^*))=g^*\Leftrightarrow\varphi^{-1}(g^*)=f_0(\tilde{\boldsymbol{x}}^*).$$

将此代入式 (8.18) 得到

$$\varphi^{-1}(g^*)\geqslant p^*.$$

由于 φ 是严格增的且 $\varphi(\varphi^{-1}(g^*))=g^*$，故上面的不等式也暗含着 $g^*\geqslant\varphi(p^*)$，再结合 (8.17), 那么一定有 $\varphi(p^*)=g^*$. 这意味着对问题 (8.11) 的任意最优解 $\boldsymbol{x}^*$，有

$$\varphi(f_0(\boldsymbol{x}^*))=g^*,$$

这给出了 $\boldsymbol{x}^*$ 也是问题 (8.16) 的最优解. 反之，对问题 (8.16) 的任意最优解 $\tilde{\boldsymbol{x}}^*$，有

$$f_0(\tilde{\boldsymbol{x}}^*) = \varphi^{-1}(g^*) = p^*,$$

这意味着 $\tilde{\boldsymbol{x}}^*$ 也是问题 (8.11) 的最优解.

经常遇到的一个例子是对数变换. 由于 $\varphi(\cdot) = \log(\cdot)$ 是严格递增的（对于非负变量），那么如果 f_0 是非负的，我们可以用转换后的目标代替原始目标，得到一个等价的问题.

保持/构造凸性. 如果原问题 (8.11) 是凸的，只要 φ 是凸的，那么转换后的问题 (8.16) 也是凸的.

一个常见的保凸目标变换包括一个非负目标的“平方”. 事实上，$\varphi(\cdot) = (\cdot)^2$ 是凸的且严格增的（对于非负变量），因此如果 f_0 是非负凸的，那么我们可以应用上面的等价结果保持目标函数的凸性. 另一个基本的保凸目标变换是将目标函数乘以一个正实数，也就是目标函数为 f_0 的问题等价于目标函数为 $\alpha f_0, \alpha > 0$ 的问题，该变换同样保持凸性.

某些变换可以保持凸性，而其他一些变换则实际上可用于从原来的非凸目标“构造”凸性. 这种凸性诱导技术通常与下一节中所表述的变量替换和约束转换技巧相结合使用.

8.3.4.2 单调约束变换

严格单调函数也可以用来将函数约束转化为等价约束. 如果问题中的约束可以表示为：

$$\ell(x) \leqslant r(x),$$

且 φ 为在 $\mathcal{X}$ 上的连续单增函数，那么这个约束等价于

$$\varphi(\ell(x)) \leqslant \varphi(r(x)),$$

这里的等价表示满足第一个约束的点 x 的集合与满足第二个约束的点 x 的集合相同. 相似地，如果 φ 为在 $\mathcal{X}$ 上的连续单减函数，那么这个约束条件等价于 $\varphi(\ell(x)) \leqslant \varphi(r(x))$.

8.3.4.3 变量代换

考虑形如式 (8.11) 的一个优化问题，设 $F: X \to Y$ 是一个可逆映射（即对任意 $y \in Y$，存在唯一的 $x \in X$ 使 $F(x) = y$），那么引入如下的变量代换：

$$y = F(x) \Leftrightarrow x = F^{-1}(y),$$

其中集合 X 包括 f_0 的域与问题可行集 $\mathcal{X}$ 的交集. 那么，问题 (8.11) 能被重新表述为如下关于新变量 $\boldsymbol{y}$ 的优化问题：

$$\begin{aligned} p^* = \min_{\boldsymbol{y} \in \mathbb{R}^n} \quad & g_0(\boldsymbol{y}) \\ \text{s.t.:} \quad & g_i(\boldsymbol{y}) \leqslant 0, \quad i = 1, \cdots, m, \end{aligned} \tag{8.19}$$

$$s_i(\boldsymbol{y}) = 0, \quad i = 1, \cdots, q,$$

其中 $g_i(\boldsymbol{y}) = f_i(F^{-1}(\boldsymbol{y}))$，$i = 0, 1, \cdots, m$，且 $s_i(\boldsymbol{y}) = h_i(F^{-1}(\boldsymbol{y}))$, $i = 1, \cdots, q$. 显然，如果 $\boldsymbol{x}^*$ 是问题 (8.11) 的最优解，那么 $\boldsymbol{y}^* = F(\boldsymbol{x}^*)$ 是问题 (8.19) 的最优解. 反之，如果 $\boldsymbol{y}^*$ 是问题 (8.19) 的最优解, 则 $\boldsymbol{x}^* = F^{-1}(\boldsymbol{y}^*)$ 是问题 (8.11) 的最优解.

注意到原问题 (8.11) 是凸的，那么当变量变换为如下线性或仿射时，经过变量变换后的问题 (8.19) 也是凸的，也就是说，如果

$$\boldsymbol{y} = F(\boldsymbol{x}) = \boldsymbol{B}\boldsymbol{x} + \boldsymbol{c},$$

其中 $\boldsymbol{B}$ 是一个可逆阵. 有时，一个选择恰当的变量代换可以将一个非凸问题转化为一个凸问题. 下面是一个值得注意的例子.

例 8.18（含幂律的最优化问题） 许多问题涉及基本几何对象的面积、体积和大小. 例如：作为化学品浓度函数的细菌出生率和存活率；作为管道几何结构函数的管道中的热流和损失；作为电路参数函数的模拟电路特性等. 这些都是涉及幂律所描述的量，也就是具有形如 $\alpha x_1^{a_1} x_2^{a_2} \cdots x_n^{a_n}$ 的单项式，其中 $\alpha > 0$，$x_i > 0$，$i = 1, \cdots, n$，以及 a_i 是已知的一个实数. 具有如下形式的优化问题：

$$\begin{aligned} p^* = \min_{\boldsymbol{x}} \quad & \alpha_0 x_1^{a_1^{(0)}} x_2^{a_2^{(0)}} \cdots x_n^{a_n^{(0)}} \\ \text{s.t.:} \quad & \alpha_j x_1^{a_1^{(j)}} x_2^{a_2^{(j)}} \cdots x_n^{a_n^{(j)}} \leqslant b_j, \quad j = 1, \cdots, m, \\ & x_i > 0, \qquad i = 1, \cdots, n, \end{aligned}$$

关于变量 $x_1, \cdots, x_n$ 是非凸的. 然而，对目标函数和约束函数应用对数变换，我们得到如下形式的等价问题：

$$\begin{aligned} g^* = \min_{\boldsymbol{x}} \quad & \log \alpha_0 + \sum_{i=1}^{n} a_i^{(0)} \log x_i \\ \text{s.t.:} \quad & \log \alpha_j + \sum_{i=1}^{n} a_i^{(j)} \log x_i \leqslant \log b_j, \quad j = 1, \cdots, m. \end{aligned}$$

于是，在 $x_i > 0$ 上引入变量代换 $y_i = \log x_i$，$i = 1, \cdots, n$，上面的问题可写成如下关于变量 $\boldsymbol{y}$ 的等价形式：

$$\begin{aligned} g^* = \min_{\boldsymbol{y}} \quad & \log \alpha_0 + \sum_{i=1}^{n} a_i^{(0)} y_i \\ \text{s.t.:} \quad & \log \alpha_j + \sum_{i=1}^{n} a_i^{(j)} y_i \leqslant \log b_j, \quad j = 1, \cdots, m, \end{aligned}$$

这是一个关于变量 $\boldsymbol{y}$ 的凸（特别是线性）规划问题.

8.3.4.4 添加松弛变量

通过在问题中引入新的“松弛”变量，可以得到等价的问题表述. 我们在这里介绍如下表述的当目标涉及项求和时的一个典型问题：

$$p^* = \min_x \quad \sum_{i=1}^r \varphi_i(x) \tag{8.20}$$

$$\text{s..t.}: \quad x \in \mathcal{X}.$$

引入松弛变量 t_i，$i=1,\cdots,r$，我们可以重新表述上面的问题如下：

$$g^* = \min_{x,t} \quad \sum_{i=1}^r t_i \tag{8.21}$$

$$\text{s..t.}: \quad x \in \mathcal{X}$$

$$\varphi_i(x) \leqslant t_i,\ i=1,\cdots,r,$$

其中这个新问题的原变量为 x，再加上松弛变量向量 $\boldsymbol{t}=(t_1,\cdots,t_r)$. 这两个问题在下面的意义下是等价的：

1. 如果 x 对问题 (8.20) 是可行的，那么 $x, t_i=\varphi_i(x)$，$i=1,\cdots,r$，对问题 (8.21) 也是可行的；
2. 如果 x,t 对问题 (8.21) 是可行的，那么 x 对问题 (8.20) 也是可行的；
3. 如果 x^* 对问题 (8.20) 是最优的，那么 $x^*, t_i^*=\varphi_i(x^*), i=1,\cdots,r$，对问题 (8.21) 也是最优的；
4. 如果 x^*,t^* 对问题 (8.21) 是最优的，那么 x^* 对问题 (8.20) 也是最优的；
5. $g^*=p^*$.

前两点很容易证明. 为了验证第 3 点，首先由观察可得，由点 1, $x^*, t_i^*=\varphi_i(x^*)$ 对问题 (8.21) 是可行的. 假设其并不是该问题的最优解，那么存在另一个可行对 $y^* \in \mathcal{X}$，$\boldsymbol{\tau}^*=(\tau_1^*,\cdots,\tau_r^*)$ 会对应一个更小的目标值，即 $\sum_{i=1}^r \tau_i^* < \sum_{i=1}^r t_i^* = \sum_{i=1}^r \varphi_i(x^*)$. 但是，这样的 y^* 对问题 (8.20) 是可行的，又因为对于 $i=1,\cdots,r$，有 $\varphi_i(y^*) \leqslant \tau_i^*$，我们得到 $\sum_{i=1}^r \varphi_i(y^*) \leqslant \sum_{i=1}^r \tau_i^* < \sum_{i=1}^r \varphi_i(x^*)$，这与 x^* 为问题 (8.20) 的最优解这个事实矛盾. 通过一个类似的证明方法可以验证点 4 和点 5 成立.

采用相似的方法，当问题具有如下形式的约束条件时

$$\sum_{i=1}^r \varphi_i(x) \leqslant 0,$$

其可以被如下含有原变量 x 和松弛变量 $t \in \mathbb{R}^r$ 的约束条件等价地替换：

$$\sum_{i=1}^r t_i \leqslant 0, \quad \varphi_i(x) \leqslant t_i, \quad i=1,\cdots,r.$$

注释 8.2（线性目标的广义化）　上述松弛变量"技巧"的一个常见用法是将形如 (8.11) 的凸优化问题（具有一般的凸目标 f_0）转化为具有线性目标的等价凸问题.

引入一个新的松弛变量 $t \in \mathbb{R}$，对问题 (8.11) 重新表述如下：

$$
\begin{aligned}
t^* = \min_{x \in \mathbb{R}^n, t \in \mathbb{R}} \quad & t \\
\text{s.t.}: \quad & f_i(x) \leqslant 0, \quad i = 1, \cdots, m, \\
& h_i(x) = 0, \quad i = 1, \cdots, q, \\
& f_0(x) \leqslant t.
\end{aligned}
\tag{8.22}
$$

问题 (8.22) 关于增广变量 (x,t) 具有一个线性目标函数，通常称其为原问题 (8.11) 的上镜图重新表述. 从本质上讲，线性目标的"代价"就是在问题中增加了一个实值变量 t. 因此，任何凸优化问题都可以转化为具有线性目标的等价凸问题.

8.3.4.5　用不等式约束代替等式约束

在某些情况下，我们可以用形如 $b(x) = u$ 的等式约束来代替不等式约束 $b(x) \leqslant u$. 特别地，这对于得到问题的凸性的时候是非常有用的. 事实上，如果 $b(x)$ 是一个凸函数，那么由等式约束 $\{x : b(x) = u\}$ 所表述的集合一般是非凸的（除非 b 是仿射的）. 相反，由不等式约束 $\{x : b(x) \leqslant u\}$ 描述的集合是凸函数的下水平集，于是它是凸的. 我们下面给出一个充分条件，在此条件下，这样的代换可以顺利地进行.

考虑如下形式的（并不一定是凸）问题：

$$
\begin{aligned}
p^* = \min_{x \in \mathcal{X}} \quad & f_0(x) \\
\text{s.t.}: \quad & b(x) = u,
\end{aligned}
\tag{8.23}
$$

其中 u 是已知的一个实常数，以及下面的等式约束被不等式约束替代的相关问题：

$$
\begin{aligned}
g^* = \min_{x \in \mathcal{X}} \quad & f_0(x) \\
\text{s.t.}: \quad & b(x) \leqslant u.
\end{aligned}
\tag{8.24}
$$

显然，由于第一个问题的可行集包含在第二个问题的可行集中，因此有 $g^* \leqslant p^*$. 接下来，我们证明在以下条件下，$g^* = p^*$ 成立：（i）f_0 在 $\mathcal{X}$ 上是单减的；（ii）b 在 $\mathcal{X}$ 上单增的；（iii）在某个最优点 x^* 处达到最优值 p^*，而在某个最优点 $\tilde{x}^*$ 处达到最优值 g^*.

第一个条件（i）意味着：对任意 $x, y \in \mathcal{X}$，

$$
f_0(x) \leqslant f_0(y) \Leftrightarrow x \geqslant y,
$$

其中定义向量的不等式约束为向量各元素满足不等式约束. 类似地，第二个条件（ii）意味着，对任意 $x, y \in \mathcal{X}$,

$$b(x) \geqslant b(y) \Leftrightarrow x \geqslant y.$$

为了证明在上面的条件（i）-（iii）下有 $g^* = p^*$，我们假设这个结论并不成立和 $g^* < p^*$. 那么一定有 $b(\tilde{x}^*) < u$(如果 $b(\tilde{x}^*) = u$，那么 x^* 对等式约束问题也是可行的，于是有 $g^* = p^*$)，因此

$$b(x^*) = u > b(\tilde{x}^*),$$

再由 b 的单调性，则得到 $x^* \geqslant \tilde{x}^*$. 反之，由 f_0 的单调性，有 $f_0(x^*) \leqslant f_0(\tilde{x}^*)$，即 $p^* \leqslant g^*$，这与初始的假设矛盾.

上面的设置和假设条件可解释如下，将变量 x 视为某些“资源”（例如：货币、劳动力等）形成的向量，将目标函数 f_0 解释为表示给定资源可实现的绩效的指标，而约束 $b(x) = c$ 可视为预算约束，其中 b 衡量的是资源消耗. 当目标函数表述的是投入资源越多，获得的绩效就越高时，f_0 的单调性假设通常是满足的. 很明显，在这样的假设下，不等式约束总是在最佳状态下达到饱和，这是因为从目标的角度来看，最好的方式是消耗所有可用的资源，直到预算饱和为止.

相似地，如果问题是以最大化形式给出：

$$\max_{x \in \mathcal{X}} f_0(x) \quad \text{s.t.:} \ b(x) = u,$$

那么用不等式代替等式约束的一个充分条件是 f_0 和 b 在 $\mathcal{X}$ 上都是单增的.

注释 8.3 观察到：虽然我们有 $p^* = g^*$(在上面所述的假设条件下)，并且式 (8.23) 的每个最优解也是式 (8.24) 的最优解，但反之不一定成立，即问题 (8.24) 可能有对原问题 (8.23) 不可行的最优解. 但是，如果目标函数是严格单调的，那么这个逆命题成立.

例 8.19（投资组合优化中的预算约束） 投资组合优化中的一个典型问题（参见例 2.6 和例 4.3）本质上是确定一个投资组合 $\boldsymbol{x} \in \mathbb{R}^n$，使得预期收益达到最大，同时要保证这个投资组合的波动率保持在一个固定的水平之下. 形式上，问题可表述为：

$$\begin{aligned}
&\max_{\boldsymbol{x}} \ \hat{\boldsymbol{r}}^\top \boldsymbol{x} \\
&\text{s.t.:} \ \boldsymbol{x}^\top \boldsymbol{\Sigma} \boldsymbol{x} \leqslant \sigma^2, \\
&\qquad \mathbf{1}^\top \boldsymbol{x} + \phi(x) = 1,
\end{aligned}$$

其中 $\hat{\boldsymbol{r}} \in \mathbb{R}^n$ 是资产的预期收益向量，$\boldsymbol{\Sigma}$ 是收益的协方差矩阵，σ^2 是投资组合波动率的给定上界，而 $\phi(\boldsymbol{x})$ 是衡量交易成本的函数，它是关于 $\boldsymbol{x}$ 的单增函数. 最后一个约束条件表示：假设初始资金为 1，则投资金额之和 $\mathbf{1}^\top \boldsymbol{x}$ 必须等于初始资本减去交易成本费用.

假设 $\hat{r} > 0$，则上述问题的目标函数关于 $\boldsymbol{x}$ 为单增的，并且等式约束的左边关于 $\boldsymbol{x}$ 是单调不减的. 因此，我们可以用不等式 $\mathbf{1}^\top \boldsymbol{x} + \phi(x) \leqslant 1$ 代替等式约束来表述等价的问题. 如果 ϕ 是凸函数，则修正后的问题是凸的，而原问题的表述一般不是凸的（除非 ϕ 是仿射的）.

注释 8.4（具有单一约束的问题）　考虑如下的具有线性目标函数和单一不等式约束的凸优化问题：

$$\min_{\boldsymbol{x} \in \mathbb{R}^n} \ \boldsymbol{c}^\top \boldsymbol{x} \quad \text{s.t.}: \ b(\boldsymbol{x}) \leqslant u, \tag{8.25}$$

其中假设 $\boldsymbol{c} \neq 0$ 和可行集 $\{\boldsymbol{x}: \ b(\boldsymbol{x}) \leqslant u\}$ 是闭的[⊖]，以及假设该问题在一个最优解 $\boldsymbol{x}^*$ 处达到最优. 那么，应用引理 8.6, 我们有该最优解一定在可行集的边界上. 这意味着一定有 $b(\boldsymbol{x}^*) = u$. 因此，当问题 (8.25) 有一个最优解时，该解对于如下等式约束问题也是最优的：

$$\min_{\boldsymbol{x} \in \mathbb{R}^n} \ \boldsymbol{c}^\top \boldsymbol{x} \quad \text{s.t.}: \ b(\boldsymbol{x}) = u.$$

8.3.4.6　消除无效约束

考虑一个一般的具有如下形式的凸优化问题：

$$\begin{aligned} p^* = \min_{\boldsymbol{x} \in \mathbb{R}^n} \ & f_0(\boldsymbol{x}) \\ \text{s.t.}: \ & f_i(\boldsymbol{x}) \leqslant 0, \quad i = 1, \cdots, m, \\ & \boldsymbol{A}\boldsymbol{x} = b, \end{aligned} \tag{8.26}$$

其中假设该问题在某个点 $\boldsymbol{x}^*$ 处达到最优. 所谓在点 $\boldsymbol{x}^*$ 处有效的不等式约束是指在该最优点处保持相等的那些约束. 因此，我们可以将与有效约束所对应的索引集定义为：

$$\mathcal{A}(\boldsymbol{x}^*) = \{i: \ f_i(\boldsymbol{x}^*) = 0, \ i = 1, \cdots, m\}.$$

类似地，我们定义与在最优点处失效的约束相对应的指标集：

$$\overline{\mathcal{A}}(\boldsymbol{x}^*) = \{i: \ f_i(\boldsymbol{x}^*) < 0, \ i = 1, \cdots, m\}.$$

⊖　如果 b 是连续的，则可行集是闭的. 实际上，b 是下半连续（或闭的，我们通常默许地假设）的这种更弱的条件足以保证可行集的闭性.

这是一个相当直观的事实（尽管证明并非完全平凡的）. 在不改变最优解的情况下，可以从原始问题中移除所有失效的约束条件. 更确切地说，以下命题成立.

命题 8.1 考虑凸优化问题 (8.26) 并假设其有一个最优解 $\boldsymbol{x}^*$. 那么 $\boldsymbol{x}^*$ 也是如下问题的最优解：

$$\begin{aligned} \min_{\boldsymbol{x}\in\mathbb{R}^n} \ & f_0(\boldsymbol{x}) \\ \text{s.t.}: \ & f_i(\boldsymbol{x}) \leqslant 0, \quad i \in \mathcal{A}(\boldsymbol{x}^*), \\ & \boldsymbol{A}\boldsymbol{x} = b. \end{aligned} \tag{8.27}$$

证明 定义如下集合：

$$\mathcal{X} \doteq \{\boldsymbol{x}:\ f_i(\boldsymbol{x}) \leqslant 0,\ i=1,\cdots,m;\ \boldsymbol{A}\boldsymbol{x}=b\},$$

$$\mathcal{X}_{\mathcal{A}} \doteq \{\boldsymbol{x}:\ f_i(\boldsymbol{x}) \leqslant 0,\ i \in \mathcal{A}(\boldsymbol{x}^*);\ \boldsymbol{A}\boldsymbol{x}=b\}$$

用来分别表示原问题 (8.26) 和简化问题 (8.27) 的凸可行集. 进一步，定义

$$\mathcal{I} \doteq \{\boldsymbol{x}:\ f_i(\boldsymbol{x}) \leqslant 0,\ i \in \overline{\mathcal{A}}(\boldsymbol{x}^*)\}.$$

注意到 $\boldsymbol{x}^* \in \mathcal{X} \subset \mathcal{X}_{\mathcal{A}}$ 对于问题 (8.27) 是可行的. 为了应用反证法，我们假设 $\boldsymbol{x}^*$ 并不是原问题的最优解. 这意味着存在 $\boldsymbol{x} \in \mathcal{X}_{\mathcal{A}}$ 使 $f_0(\boldsymbol{x}) < f_0(\boldsymbol{x}^*)$.

下面观察到 $\boldsymbol{x}^* \in \mathcal{X} \subseteq \mathcal{I}$ 以及实际上，因为对任意 $i \in \overline{\mathcal{A}}(\boldsymbol{x}^*)$ 有 $f_i(\boldsymbol{x}^*) < 0$，于是 $\boldsymbol{x}^*$ 属于 $\mathcal{I}$ 的内部（见 8.2.1.4 节）. 因此，存在一个以 $\boldsymbol{x}^*$ 为中心的开球 B 也包含在 $\mathcal{I}$ 中. 现在对于 $\lambda \in [0,1]$，考虑形如 $z(\lambda) \doteq (1-\lambda)\boldsymbol{x}^* + \lambda\boldsymbol{x}$ 这样的点（这样的点实际为 $\boldsymbol{x}^*$ 与 $\boldsymbol{x}$ 的凸组合）. 于是可以取充分小的 $\lambda \neq 0$ 使 $z(\lambda)$ 接近于 $\boldsymbol{x}^*$ 且其属于 B. 这样，对这样的 λ，有 $z(\lambda) \in B \subseteq \mathcal{I}$. 注意，因为 $\boldsymbol{x}^* \in \mathcal{X} \subseteq \mathcal{X}_{\mathcal{A}}$ 和 $\boldsymbol{x} \in \mathcal{X}_{\mathcal{A}}$，所以由凸性得到所有沿线段 $\{z(\lambda),\ \lambda \in [0,1]\}$ 的点也在 $\mathcal{X}_{\mathcal{A}}$ 中. 然而，对于上面所取的 λ，我们还有 $z(\lambda) \in \mathcal{I}$，于是

$$z(\lambda) \in \mathcal{X}_{\mathcal{A}} \cap \mathcal{I} \equiv \mathcal{X},$$

这意味着 $z(\lambda)$ 对原问题 (8.26) 是可行的. 再由 Jesnsen 不等式，得到：

$$\begin{aligned} f_0(z(\lambda)) &\leqslant (1-\lambda)f_0(\boldsymbol{x}^*) + \lambda f_0(\boldsymbol{x}) \\ &< (1-\lambda)f_0(\boldsymbol{x}^*) + \lambda f_0(\boldsymbol{x}^*) = f_0(\boldsymbol{x}^*) = p^*, \end{aligned}$$

其中第二个不等式成立是由于应用了上面的 $f_0(\boldsymbol{x}) < f_0(\boldsymbol{x}^*)$. 至此，我们找到了一个对问题 (8.26) 是可行的点 $z(\lambda)$，它所对应的目标函数值 $f_0(z(\lambda)) < p^*$，显然这是不可能的，因为 p^* 是原问题的最优值. □

注释 8.5　对于所讨论的消除失效约束的技术，这里需要做几点说明. 首先注意到：为了在实际中使用此技术，应该事先知道哪些约束在最优点处是无效的. 然而，很不幸的是，这些通常只有在求解完原问题之后才能知道！然而，在某些特殊情况下，对问题的先验分析可能有助于确定哪些约束在最优点处必然是失效的，并且这些约束可以被有效地删除，从而减小需要用数值方法解决该问题的“规模”. 例 8.23 中给出了这种情况的一个说明.

第二个需要说明的是，虽然原问题的所有最优解对于简化后的问题也是最优的，但一般来说，但反之不成立. 为了解释这个事实，可以考虑图 8.20 所示的带约束条件 $x \geqslant 0$ 和 $x \leqslant 1$ 的单变量凸函数的最小化问题.

最后，得到的结果仅适用于凸问题，并且通常在目标函数或约束条件不是凸的情况下的相关结论不一定成立（例如：考虑图 8.21 所示的带有约束条件 $x \geqslant 0$ 和 $x \leqslant 1$ 的单变量函数的最小化问题）.

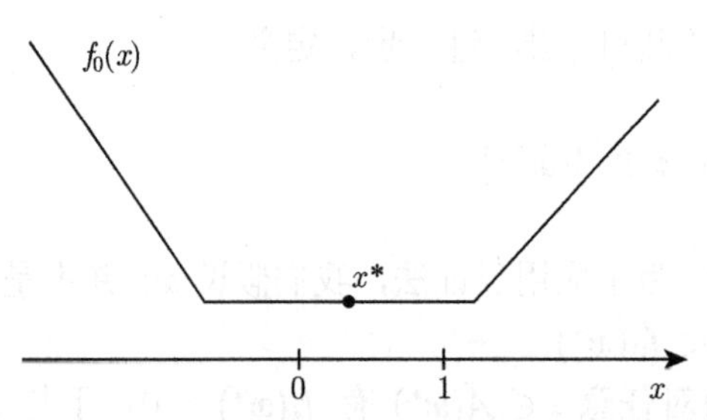

图 8.20　带约束的凸函数的极小化：所有具有失效约束的约束优化问题的最优解对无约束问题也是最优的，但反之不成立

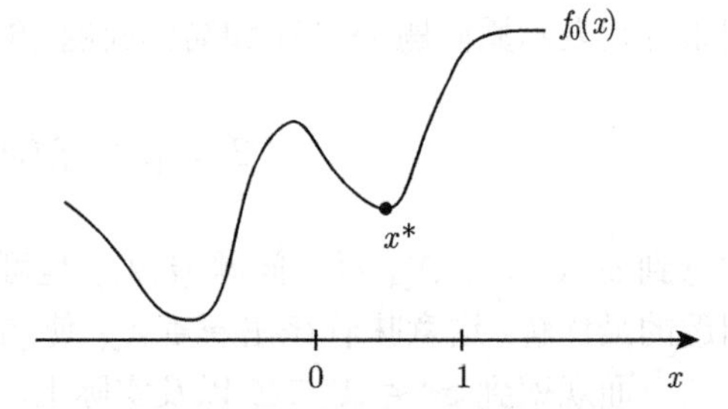

图 8.21　带约束的非凸函数的极小化：如果删除失效约束，约束问题的最优解可能不再是无约束问题的最优解

8.3.5　特殊类的凸模型

框架 (8.11) 表述的凸优化问题是非常宽泛的，它可以允许一般类型的凸目标和约束函数. 然而，在本书中，我们集中讨论一些更加特殊的优化模型，这些模型往往可以通过进一步限定问题 (8.11) 中的目标函数和约束函数而得到. 对于这种特殊的模型，存在着较为成熟和高效的数值求解方法，它们为用户提供了一种可靠的技术，从而可以有效地求解大多数实际中遇到的问题. 最基本的凸模型将在接下来的章节中进行详细讨论.

8.3.5.1　线性和二次规划

线性规划（LP）是问题 (8.11) 的一个特例，其中问题描述中涉及的所有函数都是线性的（或仿射的）. 因此，它们具有如下标准形式：

$$p^* = \min_{\boldsymbol{x} \in \mathbb{R}^n} \quad \boldsymbol{c}^\top \boldsymbol{x}$$

$$\text{s.t.}: \quad \boldsymbol{a}_i^\top \boldsymbol{x} - b_i \leqslant 0, \quad i = 1, \cdots, m,$$

$$\boldsymbol{A}_{\text{eq}} \boldsymbol{x} = b_{\text{eq}}.$$

二次规划（QP，QCQP）也是问题 (8.11) 的一个特例，其中描述目标和不等式约束的函数是二次的，即它们是关于变量 $\boldsymbol{x}$ 最多为二次的多项式，$f_i(x) = \boldsymbol{x}^\top \boldsymbol{H}_i \boldsymbol{x} + \boldsymbol{c}_i^\top \boldsymbol{x} + d_i$，其中 $\boldsymbol{H}_i$ 是 $n \times n$ 维的对称矩阵. 二次问题是凸的当且仅当 $\boldsymbol{H}_i \succeq 0$，$i = 0, 1, \cdots, m$. 显然，线性规划是二次规划的一个特例，即 $\boldsymbol{H}_i = 0$，$i = 0, 1, \cdots, m$. 我们将在第 9 章详细讨论线性规划和二次规划.

8.3.5.2 几何规划

几何规划（GP）是一种关于非负变量的优化模型，其目标和约束函数是关于这些变量的具有非负权重的幂和. 尽管几何规划在其自然表述中不是凸的，但它们可以通过变量的对数变换转化为凸问题. 几何规划是在几何设计的背景下自然产生的，或者是可以用幂律能良好逼近过程的模型. 当试图在分类问题中拟合离散概率模型时，也会出现几何规划（通过它们的凸表示）. 几何规划所涉及的目标和约束是所谓的正项式函数，即单项式的非负和：

$$f_i(x) = \sum_{j=1}^{k} c_j^{(i)} x_1^{a_{j,1}^{(i)}} \cdots x_n^{a_{j,n}^{(i)}}, \quad i = 0, 1, \cdots, m,$$

其中 $c_j^{(i)} \geqslant 0$ 和 $x > 0$. 因此，几何规划是例 8.18 中所讨论的涉及幂律（单项式）的优化问题的扩展，其将在 9.7 节中进一步讨论.

8.3.5.3 二阶锥规划

二阶锥规划（SOCP）进一步扩展了凸二次规划，其处理如下形式的约束条件：

$$f_i(x) = \|\boldsymbol{A}\boldsymbol{x}_i + b_i\|_2 \leqslant \boldsymbol{c}_i^\top \boldsymbol{x} + d_i, \quad i = 1, \cdots, m,$$

其中 $\boldsymbol{A}_i \in \mathbb{R}^{m_i, n}$ 是给定的矩阵，$\boldsymbol{b}_i \in \mathbb{R}^{m_i}$，$\boldsymbol{c}_i \in \mathbb{R}^n$ 是给定的向量，而 $d_i \in \mathbb{R}$ 是已知的常数. 例如：二阶锥规划出现在一些几何或金融优化问题中，以及当数据受确定性未知但有界或随机不确定性影响时线性规划的相应的稳健问题. 第 10 章将详细讨论这些问题.

8.3.5.4 半正定规划

半定规划（SDP）是一类涉及线性目标的最小化的凸优化问题，其约束条件是要求对一个依赖于变量 $\boldsymbol{x} \in \mathbb{R}^n$ 的对称矩阵为半正定的. 具体地说，对于给定的对称矩阵 $\boldsymbol{F}_i \in \mathbb{S}^m$，$i = 1, \cdots, n$，半正定规划通常表述为如下形式：

$$p^* = \min_{\boldsymbol{x} \in \mathbb{R}^n} \boldsymbol{c}^\top \boldsymbol{x}$$

$$\text{s.t.}: \ F(\boldsymbol{x}) \succeq 0,$$

其中 $F(\boldsymbol{x}) \doteq \boldsymbol{F}_0 + \sum_{i=1}^n x_i \boldsymbol{F}_i$. 由于

$$F(x) \succeq 0 \text{ 当且仅当 } \lambda_{\min}(F(x)) > 0,$$

那么上面的半正定规划可以表述为式 (8.11) 的形式，也就是：

$$p^* = \min_{\boldsymbol{x} \in \mathbb{R}^n} \boldsymbol{c}^\top \boldsymbol{x}$$

$$\text{s.t.}: \ f(\boldsymbol{x}) \leqslant 0,$$

其中 $f(x) \doteq -\lambda_{\min}(F(x))$. SDP 包括特殊情况下的 SOCP、QPs 和 LP, 这些将在第 11 章中进一步讨论.

8.4　最优性条件

我们这里给出刻画凸优化问题中可行点最优性的条件. 首先有下面的结论：

命题 8.2　考虑优化问题 $\min_{\boldsymbol{x} \in \mathcal{X}} f_0(\boldsymbol{x})$，其中 f_0 是凸可微函数以及 $\mathcal{X}$ 是凸的. 那么有：

$$\boldsymbol{x} \in \mathcal{X} \text{ 是最优解} \Leftrightarrow \nabla f_0(\boldsymbol{x})^\top (\boldsymbol{y} - \boldsymbol{x}) \geqslant 0, \ \forall \ \boldsymbol{y} \in \mathcal{X}. \tag{8.28}$$

证明　由式 (8.4)，我们得到，对任意 $\boldsymbol{x}, \boldsymbol{y} \in \mathrm{dom}\ f_0$,

$$f_0(\boldsymbol{y}) \geqslant f_0(\boldsymbol{x}) + \nabla f_0(\boldsymbol{x})^\top (\boldsymbol{y} - \boldsymbol{x}). \tag{8.29}$$

首先式 (8.28) 的右边推出其左边是显然的. 事实上，因为 $\nabla f_0(\boldsymbol{x})^\top (\boldsymbol{y} - \boldsymbol{x}) \geqslant 0$，$\forall \ \boldsymbol{y} \in \mathcal{X}$，再根据式 (8.29) 得到，对任意 $\boldsymbol{y} \in \mathcal{X}$，$f_0(\boldsymbol{y}) \geqslant f_0(\boldsymbol{x})$，即 $\boldsymbol{x}$ 是最优解. 反之，假设 $\boldsymbol{x}$ 是最优解，我们将要证明对任意 $\boldsymbol{y} \in \mathcal{X}$，一定有 $\nabla f_0(\boldsymbol{x})^\top (\boldsymbol{y} - \boldsymbol{x}) \geqslant 0$. 如果 $\nabla f_0(\boldsymbol{x}) = 0$，那么不等式显然成立. 下面只考虑 $\nabla f_0(\boldsymbol{x}) \neq 0$ 的情况. 我们用反证法，假设 $\boldsymbol{x}$ 是最优解但存在 $\boldsymbol{y} \in \mathcal{X}$ 使 $\nabla f_0(\boldsymbol{x})^\top (\boldsymbol{y} - \boldsymbol{x}) < 0$. 于是沿着连接 $\boldsymbol{x}, \boldsymbol{y}$ 的线段的点 $\boldsymbol{x}_\theta = \theta \boldsymbol{y} + (1 - \theta) \boldsymbol{x}$，$\theta \in [0, 1]$ 是可行的，并且对充分小的 θ，$\boldsymbol{x}_\theta$ 在点 $\boldsymbol{x}$ 的一个邻域内，在其内 f_0 的泰勒展开式的一阶项的符号优先于所有其他项，因此

$$\begin{aligned} f_0(\boldsymbol{x}_\theta) &= f_0(\boldsymbol{x}) + \nabla f_0(\boldsymbol{x})^\top (\boldsymbol{x}_\theta - \boldsymbol{x}) + o(\|\boldsymbol{x}_\theta - \boldsymbol{x}\|) \\ &= f_0(\boldsymbol{x}) + \theta \nabla f_0(\boldsymbol{x})^\top (\boldsymbol{y} - \boldsymbol{x}) + o(\theta \|\boldsymbol{x}_\theta - \boldsymbol{x}\|) \\ &= f_0(\boldsymbol{x}) + \text{负项}, \end{aligned}$$

上面意味着对上面所取的 θ，我们有 $f_0(\boldsymbol{x}_\theta) < f_0(\boldsymbol{x})$，这与 $\boldsymbol{x}$ 为最优解矛盾. □

如果 $\nabla f_0(x) \neq 0$，则式 (8.28) 指出 $\nabla f_0(\boldsymbol{x})$ 是定义超平面 $\{\boldsymbol{y}: \nabla f_0(\boldsymbol{x})^\top(\boldsymbol{y}-\boldsymbol{x})=0\}$ 的法向使得:(i) x 在可行集 $\mathcal{X}$ 的边界上;(ii)整个可行集位于该超平面的一侧(见图 8.22 所示)，即

$$\mathcal{H}_+(\boldsymbol{x}) = \{\boldsymbol{y}: \nabla f_0(\boldsymbol{x})^\top(\boldsymbol{y}-\boldsymbol{x}) \geqslant 0\}.$$

注意到梯度向量 f_0 定义了两个方向集. 对于使 $\nabla f_0(\boldsymbol{x})^\top \boldsymbol{v}_+ > 0$ 的方向 $\boldsymbol{v}_+$（即与梯度有正内积的方向）我们有：如果点 $\boldsymbol{x}$ 沿方向 $\boldsymbol{v}_+$ 移动离开，那么目标函数 f_0 增加. 类似地，对于使 $\nabla f_0(\boldsymbol{x})^\top \boldsymbol{v}_- > 0$ 的方向 $\boldsymbol{v}_-$（即下降方向，与梯度内积为负），我们则有：如果点 $\boldsymbol{x}$ 沿方向 $\boldsymbol{v}_-$ 移动离开足够小，那么目标函数 f_0 局部减小. 条件 (8.28) 说明：$\boldsymbol{x}$ 是一个最优点，当且仅当没有可以沿着这个方向改进（减少）目标函数值的可行方向.

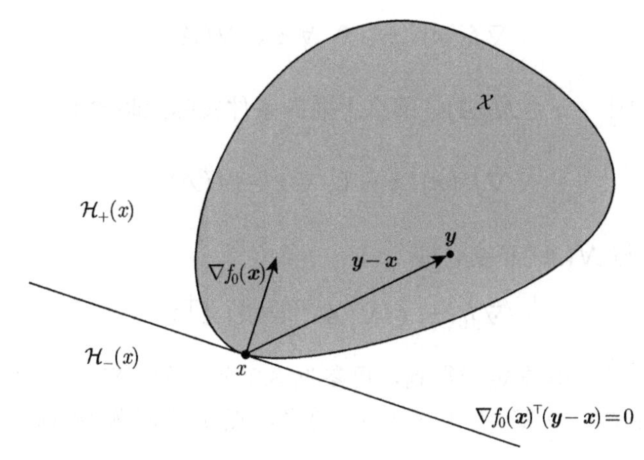

图 8.22 最优性一阶条件的几何表示：所有可行集中的点 $\boldsymbol{y}$ 是使 $\boldsymbol{y}-\boldsymbol{x}$ 为 f_0 变大的方向（其中 $\nabla f_0(x) \neq 0$）

8.4.1 无约束问题的最优性条件

当最优化问题是无约束的，即 $\mathcal{X}=\mathbb{R}^n$ 时，最优性条件 (8.28) 要求对任意的 $\boldsymbol{y} \in \mathbb{R}^n$，有 $\nabla f_0(\boldsymbol{x})^\top(\boldsymbol{y}-\boldsymbol{x}) \geqslant 0$. 这意味着任何 $\boldsymbol{y}_1$ 必须满足该条件，并且任何 $\boldsymbol{y}_2 = 2\boldsymbol{x}-\boldsymbol{y}_1$ 也应满足该条件，因此 $\nabla f_0(\boldsymbol{x})^\top(\boldsymbol{y}_1-\boldsymbol{x}) \geqslant 0$ 和 $-\nabla f_0(\boldsymbol{x})^\top(\boldsymbol{y}_1-\boldsymbol{x}) \geqslant 0$，这样只能有 $\nabla f_0(\boldsymbol{x}) = 0$. 我们由此证明了以下命题.

命题 8.3 对于一个凸的且具有可微目标函数的无约束优化问题，点 $\boldsymbol{x}$ 是其最优解当且仅当如下条件成立：

$$\nabla f_0(\boldsymbol{x}) = 0. \tag{8.30}$$

8.4.2 等式约束问题的最优性条件

考虑如下线性等式约束优化问题：

$$\min_{\boldsymbol{x}} f_0(\boldsymbol{x}) \quad \text{s.t.:} \ \ \boldsymbol{A}\boldsymbol{x} = b, \tag{8.31}$$

其中 $f_0:\mathbb{R}^n\to\mathbb{R}$ 是凸可微的以及 $\boldsymbol{A}\in\mathbb{R}^{m,n}$ 和 $\boldsymbol{b}\in\mathbb{R}^m$ 则用来表述等式约束. 这里，凸可行集是线性方程组的仿射解集：

$$\mathcal{X}=\{\boldsymbol{x}:\ \boldsymbol{A}\boldsymbol{x}=b\}.$$

应用式 (8.28)，我们有 $\boldsymbol{x}$ 是最优解当且仅当

$$\nabla f_0(\boldsymbol{x})^\top(\boldsymbol{y}-\boldsymbol{x})\geqslant 0,\ \forall\ \boldsymbol{y}\in\mathcal{X}.$$

现在，所有向量 $\boldsymbol{y}\in\mathcal{X}$（即所有满足 $\boldsymbol{A}\boldsymbol{y}=b$ 的向量 $\boldsymbol{y}$）都能被写成 $\boldsymbol{y}=\boldsymbol{x}+\boldsymbol{z}$，其中 $\boldsymbol{z}\in\mathcal{N}(A)$，因此，最优性条件变为：

$$\nabla f_0(\boldsymbol{x})^\top\boldsymbol{z}\geqslant 0,\ \forall\ \boldsymbol{z}\in\mathcal{N}(\boldsymbol{A}).$$

因为 $\boldsymbol{z}\in\mathcal{N}(A)$ 等价于 $-\boldsymbol{z}\in\mathcal{N}(\boldsymbol{A})$，那么上面的条件实际上暗含着：

$$\nabla f_0(\boldsymbol{x})^\top\boldsymbol{z}=0,\ \forall\ \boldsymbol{z}\in\mathcal{N}(\boldsymbol{A}).$$

也就是说，$\nabla f_0(\boldsymbol{x})$ 与 $\mathcal{N}(\boldsymbol{A})$ 正交，即

$$\nabla f_0(\boldsymbol{x})\in\mathcal{N}(\boldsymbol{A})^\top\equiv\mathcal{R}(\boldsymbol{A}^\top),$$

其中最后一行由线性代数基本定理得到，可参见 3.2 节. 条件 $\nabla f_0(\boldsymbol{x})\in\mathcal{R}(\boldsymbol{A}^\top)$ 等价于存在一个系数向量 $\boldsymbol{v}\in\mathbb{R}^m$ 使 $\nabla f_0(\boldsymbol{x})=\boldsymbol{A}^\top\boldsymbol{v}$. 总之，点 x 是问题 (8.31) 的最优解当且仅当

$$\boldsymbol{A}\boldsymbol{x}=b,\ \text{以及存在}\ \boldsymbol{v}\in\mathbb{R}^m\ \text{使}\ \nabla f_0(\boldsymbol{x})=\boldsymbol{A}^\top\boldsymbol{v}.$$

用 $-\boldsymbol{v}$ 替换 $\boldsymbol{v}$，根据上面同样的推理，上述条件通常也被等价地表示为下面的命题.

命题 8.4 一个点 $\boldsymbol{x}$ 是问题 (8.31) 的最优解当且仅当

$$\boldsymbol{A}\boldsymbol{x}=b,\ \text{以及存在}\ \boldsymbol{v}\in\mathbb{R}^m\ \text{使}\ \nabla f_0(\boldsymbol{x})+\boldsymbol{A}^\top\boldsymbol{v}=0.$$

8.4.3 不等式约束问题的最优性条件

下面的结果给出了凸不等式约束问题最优性的充分条件.

命题 8.5 考虑凸优化问题 $\min_{\boldsymbol{x}\in\mathcal{X}}f_0(\boldsymbol{x})$，其中 f_0 是可微的，可行集 $\mathcal{X}$ 通过如下凸不等式给出：

$$\mathcal{X}=\{\boldsymbol{x}\in\mathbb{R}^n:\ f_i(\boldsymbol{x})\leqslant 0,\ i=1,\cdots,m\},$$

这里 f_i，$i=1,\cdots,m$，是凸连续可微的. 设 $\boldsymbol{x}\in\mathcal{X}$ 是一个可行点和 $\mathcal{A}(\boldsymbol{x})$ 表示在点 $\boldsymbol{x}$ 处有效约束的索引集，即

$$\mathcal{A}(\boldsymbol{x})=\{i:\ f_i(\boldsymbol{x})=0,\ i=1,\cdots,m\}.$$

如果存在 λ_i，$i \in \mathcal{A}(\boldsymbol{x})$ 使

$$\nabla f_0(\boldsymbol{x}) + \sum_{i \in \mathcal{A}(x)} \lambda_i \nabla f_i(\boldsymbol{x}) = 0, \tag{8.32}$$

那么 $\boldsymbol{x}$ 是最优解.

证明 首先考虑 $\mathcal{A}(\boldsymbol{x})$ 为空的情况. 那么 $\boldsymbol{x}$ 是可行的且条件 (8.32) 退化为 $\nabla f_0(\boldsymbol{x}) = 0$，于是在这种情况下，$\boldsymbol{x}$ 等于 f_0 的一个无约束最小值点.

下面假设 $\mathcal{A}(\boldsymbol{x})$ 是非空的，并注意，由 f_i 的凸性可得：对任意 $\boldsymbol{y}$，有：

$$f_i(\boldsymbol{y}) \geqslant f_i(\boldsymbol{x}) + f_i(\boldsymbol{x})^\top(\boldsymbol{y}-\boldsymbol{x}) = \nabla f_i(\boldsymbol{x})^\top(\boldsymbol{y}-\boldsymbol{x}),\ i \in \mathcal{A}(\boldsymbol{x}). \tag{8.33}$$

因此，对任意使 $\mathcal{A}(\boldsymbol{x})$ 为非空的点 $\boldsymbol{x} \in \mathcal{X}$，超平面 $\{\nabla f_i(\boldsymbol{x})^\top(\boldsymbol{y}-\boldsymbol{x}) = 0\}$，$i \in \mathcal{A}(\boldsymbol{x})$，将整个空间分为两个互补的半空间：

$$\mathcal{H}_{++}^{(i)} \doteq \{y:\ \nabla f_i(\boldsymbol{x})^\top(\boldsymbol{y}-\boldsymbol{x}) \geqslant 0\}$$
$$\mathcal{H}_{-}^{(i)} \doteq \{y:\ \nabla f_i(\boldsymbol{x})^\top(\boldsymbol{y}-\boldsymbol{x}) \leqslant 0\},$$

以及可行集 $\mathcal{X}$ 并不包含在 $\mathcal{H}_{++}^{(i)}$ 中[⊖]，这样 $\mathcal{X}$ 必然包含在 $\mathcal{H}_{-}^{(i)}$ 中，即 $\mathcal{X} \subseteq \mathcal{H}_{-}^{(i)}$. 由于这对所有的 $i \in \mathcal{A}(\boldsymbol{x})$ 都成立，故有

$$\mathcal{X} \subseteq \mathcal{P}(\boldsymbol{x}) \doteq \bigcap_{i \in \mathcal{A}(\boldsymbol{x})} \mathcal{H}_{-}^{(i)}.$$

现在，条件 (8.32) 等价于

$$\nabla f_0(\boldsymbol{x})^\top(\boldsymbol{y}-\boldsymbol{x}) \geqslant -\sum_{i \in \mathcal{A}(\boldsymbol{x})} \lambda_i \nabla f_i(\boldsymbol{x})^\top(\boldsymbol{y}-\boldsymbol{x}), \quad \forall\, \boldsymbol{y}.$$

特别地，因为 $\lambda_i \geqslant 0$，于是有

$$\nabla f_0(\boldsymbol{x})^\top(\boldsymbol{y}-\boldsymbol{x}) \geqslant 0, \quad \forall\, \boldsymbol{y} \in \mathcal{P}(\boldsymbol{x}),$$

又因为 $\mathcal{X} \subseteq \mathcal{P}(\boldsymbol{x})$，这意味着

$$\nabla f_0(\boldsymbol{x})^\top(\boldsymbol{y}-\boldsymbol{x}) \geqslant 0, \quad \forall\, \boldsymbol{y} \in \mathcal{X},$$

因此应用命题 8.2 得到 $\boldsymbol{x}$ 是最优解. □

⊖ 由于对 $y \in \mathcal{H}_{++}^{(i)}$，式 (8.33) 暗含着 $f_i(y) > 0$，故 y 是不可行的.

8.4.4 非可微问题的最优性条件

当 f_0 是可微的情况下，前面的最优性条件都已经给出. 然而，类似的结果也适用于不可微问题，其中我们只要适当地使用次梯度（和次微分）来代替梯度. 具体地说，关于不可微 f_0 的条件 (8.28) 的等价条件是[⊖]：

$$\boldsymbol{x} \in \mathcal{X} \text{ 是最优解} \Leftrightarrow \exists\, \boldsymbol{g_x} \in \partial f_0(\boldsymbol{x}):\ \boldsymbol{g_x}^\top(\boldsymbol{y}-\boldsymbol{x}) \geqslant 0,\ \forall\, \boldsymbol{y} \in \mathcal{X}.$$

应用了次梯度的定义，上面结论从右到左的证明是显然的. 相反方向的证明稍微更复杂一些，这里证明从略. 对于无约束问题，最优性条件变为：

$$\boldsymbol{x} \in \mathbb{R}^n \text{ 是最优解} \Leftrightarrow 0 \in \partial f_0(\boldsymbol{x}).$$

例 8.20　考虑无约束最小化问题：

$$\min_{\boldsymbol{x}\in\mathbb{R}^n} f_0(\boldsymbol{x}), \quad f_0(\boldsymbol{x}) = \max_{i=1,\cdots,m} \boldsymbol{a}_i^\top \boldsymbol{x} + b_i.$$

这里，目标是多面体函数，其为不可微的. 进一步，f_0 在点 $\boldsymbol{x}$ 的次可微为

$$\partial f_0(\boldsymbol{x}) = \mathrm{co}\{a_i:\ \boldsymbol{a}_i^\top \boldsymbol{x} + b_i = f_0(\boldsymbol{x})\},$$

于是最优性条件 $0 \in \partial f_0(\boldsymbol{x})$ 等价于需要

$$0 \in \mathrm{co}\{a_i:\ \boldsymbol{a}_i^\top \boldsymbol{x} + b_i = f_0(\boldsymbol{x})\}.$$

8.5 对偶

对偶是最优化理论中的一个核心概念. 本质上，对偶提供了一种将优化问题（原问题）转换为另一个相关优化问题（对偶问题）的方法，它可以提供关于原问题的有用信息. 特别地，对偶问题总是一个凸优化问题（即使原问题不是凸优化问题），它的最优值提供了原问题的最优目标值的下界. 当原问题也是凸的，并且在某些约束规范性条件下，原问题目标值和对偶问题的目标值实际上是相等的. 此外，在进一步的假设下，原问题的最优解可以从对偶问题的最优解得到. 每当对偶问题比原始问题“更容易”求解时，这个性质就很有用. 进一步，对偶在求解凸问题的某些算法中也起着重要的作用（见 12.3.1 节），这是因为它允许我们在算法的每次迭代中控制当前候选解的次优程度. 对偶也是分布式优化分解方法中的一个关键步骤（见 12.6.1 节）.

考虑具有标准形如式 (8.11)~(8.13) 的优化问题，为了读者方便，下面回顾其形式并以此作为原问题：

$$p^* = \min_{\boldsymbol{x}\in\mathbb{R}^n} f_0(\boldsymbol{x}) \tag{8.34}$$

[⊖] 可参见 N.Z. Shor, *Minimization Methods for Non-differential Functions*, Springer, 1985, 中的 1.2 节.

$$\text{s.t.: } f_i(\boldsymbol{x}) \leqslant 0,\ i = 1, \cdots, m, \tag{8.35}$$

$$h_i(\boldsymbol{x}) = 0,\ i = 1, \cdots, q, \tag{8.36}$$

以及设 $\mathcal{D}$ 表示该问题的域，即目标函数域与约束函数域的交集，并假定该域非空. 我们将建立一个称为拉格朗日函数的新函数，其定义为问题的目标函数和约束函数的加权和，即 $\mathcal{L}: \mathcal{D} \times \mathbb{R}^m \times \mathbb{R}^q \to \mathbb{R}$,

$$\mathcal{L}(\boldsymbol{x}, \boldsymbol{\lambda}, \boldsymbol{\nu}) = f_0(\boldsymbol{x}) + \sum_{i=1}^{m} \lambda_i f_i(\boldsymbol{x}) + \sum_{i=1}^{q} \nu_i h_i(\boldsymbol{x}),$$

其中 $\boldsymbol{\lambda} = [\lambda_1 \cdots \lambda_m]$ 为关于不等式约束的权重向量，而 $\boldsymbol{\nu} = [\nu_1 \cdots \nu_q]$ 为关于等式约束的权重向量，称 λ 和 ν 为该问题的拉格朗日乘子或对偶变量. 注意，我们暂时并没有假设 $f_0, f_1, \cdots, f_m$ 和 $h_1, \cdots, h_q$ 的凸性.

8.5.1 拉格朗日对偶函数

假设乘子 $\boldsymbol{\lambda}, \boldsymbol{\nu}$ 的值是固定的，其中 $\boldsymbol{\lambda} \geqslant 0$（即逐元素非负：$\lambda_i \geqslant 0$，$i = 1, \cdots, m$）. 我们下面可以考虑拉格朗日函数关于变量 x 的最小值（下确界）问题：

$$\begin{aligned} g(\boldsymbol{\lambda}, \boldsymbol{\nu}) &= \inf_{\boldsymbol{x} \in \mathcal{D}} \mathcal{L}(\boldsymbol{x}, \boldsymbol{\lambda}, \boldsymbol{\nu}) \\ &= \inf_{\boldsymbol{x} \in \mathcal{D}} \left(f_0(\boldsymbol{x}) + \sum_{i=1}^{m} \lambda_i f_i(\boldsymbol{x}) + \sum_{i=1}^{q} \nu_i h_i(\boldsymbol{x}) \right). \end{aligned} \tag{8.37}$$

对于给定的 $(\boldsymbol{\lambda}, \boldsymbol{\nu})$，如果 $\mathcal{L}(\boldsymbol{x}, \boldsymbol{\lambda}, \boldsymbol{\nu})$ 是关于变量 $\boldsymbol{x}$ 是下方无界的，那么其关于 $\boldsymbol{x}$ 的最小值 $g(\boldsymbol{x}, \boldsymbol{\nu}) = -\infty$，否则，$g(\boldsymbol{x}, \boldsymbol{\nu})$ 是一个有限值. 称函数 $g(\boldsymbol{\lambda}, \boldsymbol{\nu}): \mathbb{R}^m \times \mathbb{R}^p \to \mathbb{R}$ 为问题 (8.34)~(8.36) 的（拉格朗日）对偶函数. 我们下面引入对偶函数的两个关键性质.

命题 8.6（对偶函数的下有界性） 对偶函数 $g(\boldsymbol{\lambda}, \boldsymbol{\nu})$ 关于 $(\boldsymbol{\lambda}, \boldsymbol{\nu})$ 是联合凹的. 进一步，有

$$g(\boldsymbol{\lambda}, \boldsymbol{\nu}) \leqslant p^*, \quad \forall\, \boldsymbol{\lambda} \geqslant 0,\ \forall\, \boldsymbol{\nu}. \tag{8.38}$$

证明 为了证明该命题，首先注意，对每一个给定的 $\boldsymbol{x}$，函数 $\mathcal{L}(\boldsymbol{x}, \boldsymbol{\lambda}, \boldsymbol{\nu})$ 关于变量 $(\boldsymbol{\lambda}, \boldsymbol{\nu})$ 是仿射的，因此它关于 $(\boldsymbol{\lambda}, \boldsymbol{\nu})$ 是凹的（回顾线性和仿射函数既是凸的也是凹的）. 由于 $g(\boldsymbol{\lambda}, \boldsymbol{\nu})$ 是凹函数的下确界（参数索引为 $\boldsymbol{x}$），因此它是凹的（注意，对给定的 $\boldsymbol{x}$，$-\mathcal{L}$ 关于 $(\boldsymbol{\lambda}, \boldsymbol{\nu})$ 是凸的，那么应用凸函数的逐点取最大值规则立即得到该结论）. 于是，不管 f_i，$i = 1, \cdots, m$ 是否为凸的，我们都能证明 $g(\boldsymbol{\lambda}, \boldsymbol{\nu})$ 是凹的，也就是说，$g(\boldsymbol{\lambda}, \boldsymbol{\nu})$ 总是凹的!

根据定义，命题 8.6 的第二部分可以通过考虑对问题 (8.34)~(8.36) 可行的任何点 $\boldsymbol{x}$ 必须满足该问题的约束条件，即 $f_i(\boldsymbol{x}) \leqslant 0$，$i = 1, \cdots, m$ 和 $h_i(\boldsymbol{x}) = 0$，$i = 1, \cdots, p$ 来证

明. 这样，由于 $\lambda_i \geqslant 0$，我们得到 $\lambda_i f_i(\boldsymbol{x}) \leqslant 0$ 和 $\nu_i h_i(\boldsymbol{x}) = 0$，于是

$$\begin{aligned}\mathcal{L}(\boldsymbol{x},\boldsymbol{\lambda},\boldsymbol{\nu}) &= f_0(\boldsymbol{x}) + \sum_{i=1}^{m}\lambda_i f_i(\boldsymbol{x}) + \sum_{i=1}^{q}\nu_i h_i(\boldsymbol{x}) \\ &= f_0(\boldsymbol{x}) + \sum_{i=1}^{m}\lambda_i f_i(\boldsymbol{x}) \\ &\leqslant f_0(\boldsymbol{x}), \quad \forall\ \text{可行的}\ \boldsymbol{x},\ \forall\ \boldsymbol{\nu},\ \forall\ \boldsymbol{\lambda} \geqslant 0.\end{aligned} \tag{8.39}$$

现在，由于函数的下确界不大于函数在任何给定点 $\boldsymbol{x}$ 处的值，我们有

$$g(\boldsymbol{\lambda},\boldsymbol{\nu}) = \inf_{\boldsymbol{x}\in\mathcal{D}} \mathcal{L}(\boldsymbol{x},\boldsymbol{\lambda},\boldsymbol{\nu}) \leqslant \mathcal{L}(\boldsymbol{x},\boldsymbol{\lambda},\boldsymbol{\nu}), \quad \forall\ \boldsymbol{x} \in \mathcal{D}. \tag{8.40}$$

因此，结合式 (8.39) 和式 (8.40)，对任意是问题 (8.34)~(8.36) 的可行点 $\boldsymbol{x} \in \mathcal{D}$，得到：

$$g(\boldsymbol{\lambda},\boldsymbol{\nu}) \leqslant \mathcal{L}(\boldsymbol{x},\boldsymbol{\lambda},\boldsymbol{\nu}) \leqslant f_0(\boldsymbol{x}), \quad \forall\ \text{可行的}\ \boldsymbol{x} \in \mathcal{D},\ \forall\ \boldsymbol{\nu},\ \forall\ \boldsymbol{\lambda} \geqslant 0.$$

进一步，由于该不等式适用于所有可行 $\boldsymbol{x}$ 所对应的值 $f_0(\boldsymbol{x})$，于是它也适用于 f_0 的最优值，即 p^*，由此我们得到 $g(\boldsymbol{\lambda},\boldsymbol{\nu}) \leqslant p^*, \forall\ \boldsymbol{\nu},\ \forall\ \boldsymbol{\lambda} \geqslant 0$. □

8.5.2　对偶优化问题

由式 (8.38) 可知，对于任何 $\boldsymbol{\nu}$ 和 $\boldsymbol{\lambda} \geqslant 0$，$g(\boldsymbol{\lambda},\boldsymbol{\nu})$ 的值提供了原始最优目标值 p^* 的一个下界. 那么，很自然的问题是试图找到这种可能为最优的下界. 这可以通过寻找 $g(\boldsymbol{\lambda},\boldsymbol{\nu})$ 关于 $\boldsymbol{\nu}$ 和 $\boldsymbol{\lambda} \geqslant 0$ 的最大值来实现. 由于 $g(\boldsymbol{\lambda},\boldsymbol{\nu})$ 总是一个凹函数，因此这是一个凹最大值问题（如果我们最小化 g，这也相当于一个凸最小化问题）. 从对偶函数中求 p^* 的最优可能下界 d^* 被称为对偶问题：

$$d^* = \max_{\boldsymbol{\lambda},\boldsymbol{\nu}} g(\boldsymbol{\lambda},\boldsymbol{\nu}) \ \ \text{s.t.:}\ \boldsymbol{\lambda} \geqslant 0. \tag{8.41}$$

一个明显的事实是：即使原问题不是凸的，对偶问题始终是一个凸优化问题. 进一步，由命题 8.6 得到：

$$d^* \leqslant p^*.$$

通常称这个性质为弱对偶性，而称如下的量

$$\delta^* = p^* - d^*$$

为对偶间隙，其用来表示对偶最优目标值 d^* 近似原最优目标值 p^* 的“误差”.

8.5.3 约束规范性条件与强对偶

在一些附加的假设下（例如原问题的凸性再加上“约束规范性条件”），原问题和对偶问题的最优值之间实际上存在着一个更强的关系. 事实上，当 $d^* = p^*$ 时，即当对偶间隙为零时，我们称强对偶成立. 下面的命题提供了强对偶成立的一个充分条件[⊖].

命题 8.7（凸规划的 Slater 条件） 设 f_i，$i = 0, 1, \cdots, m$ 为凸函数和 h_i，$i = 1, \cdots, q$ 为仿射函数. 进一步假设前 $k \leqslant m$ 个函数 f_i, $i = 1, \cdots, k$ 是仿射的（如果 $f_1, \cdots, f_m$ 都不是仿射的，那么令 $k = 0$）. 如果存在一个点 $x \in \operatorname{relint} \mathcal{D}$ 使

$$f_1(x) \leqslant 0, \cdots, f_k(x) \leqslant 0;\ f_{k+1}(x) < 0, \cdots, f_m(x) < 0;$$

$$h_1(x) = 0, \cdots, h_q(x) = 0,$$

那么在原问题 (8.34) 和对偶问题 (8.41) 之间存在强对偶性，即 $p^* = d^*$. 进一步，如果 $p^* > -\infty$，那么对偶最优值可以达到，即存在 λ^* 和 ν^* 使 $g(\lambda^*, \nu^*) = d^* = p^*$.

换句话说，命题 8.7 证明了，对于凸规划问题，当存在一个点使仿射不等式约束和仿射等式约束以及其他的严格（非仿射）不等式约束成立时，我们有强对偶性.

例 8.21（线性规划的对偶） 考虑如下具有线性目标函数和线性不等式约束的问题（对于标准不等式形式的线性规划，可参见 9.3 节）：

$$\begin{aligned} p^* = \min_{\boldsymbol{x}} &\ \boldsymbol{c}^\top \boldsymbol{x} \\ \text{s.t.:} &\ \boldsymbol{A}\boldsymbol{x} \leqslant \boldsymbol{b}, \end{aligned} \tag{8.42}$$

其中 $\boldsymbol{A} \in \mathbb{R}^{m,n}$ 是系数矩阵，而不等式 $\boldsymbol{A}\boldsymbol{x} \leqslant b$ 被视为逐元素满足. 该问题的拉格朗日函数为：

$$\mathcal{L}(\boldsymbol{x}, \boldsymbol{\lambda}) = \boldsymbol{c}^\top \boldsymbol{x} + \boldsymbol{\lambda}^\top (\boldsymbol{A}\boldsymbol{x} - \boldsymbol{b}) = (\boldsymbol{c} + \boldsymbol{A}^\top \boldsymbol{\lambda})^\top \boldsymbol{x} - \boldsymbol{\lambda}^\top \boldsymbol{b}.$$

为了确定对偶函数 $g(\boldsymbol{\lambda})$，我们接下来需要关于变量 $\boldsymbol{x}$ 来最小化 $\mathcal{L}(\boldsymbol{x}, \boldsymbol{\lambda})$. 注意到 $\mathcal{L}(\boldsymbol{x}, \boldsymbol{\lambda})$ 关于 $\boldsymbol{x}$ 是仿射的，因此除了 $\boldsymbol{x}$ 的系数向量为零外，其为下方无界的. 否则，其为 $-\boldsymbol{\lambda}^\top \boldsymbol{b}$，也就是

$$g(\boldsymbol{\lambda}) = \begin{cases} -\infty, & \boldsymbol{c} + \boldsymbol{A}^\top \boldsymbol{\lambda} \neq 0; \\ -\boldsymbol{\lambda}^\top \boldsymbol{b}, & \boldsymbol{c} + \boldsymbol{A}^\top \boldsymbol{\lambda} = 0. \end{cases}$$

于是，对偶问题变为求在变量 $\boldsymbol{\lambda} \geqslant 0$ 上 $g(\boldsymbol{\lambda})$ 的最大值. 显然，如果 $g(\boldsymbol{\lambda}) = -\infty$，那么没有最优点使其最大化，因此在对偶问题中，我们明确在 $g(\boldsymbol{\lambda})$ 不等于 $-\infty$ 的那些 $\boldsymbol{\lambda} \geqslant 0$ 上最大化的条件. 这意味着如下解析的对偶问题表述：

$$d^* = \max_{\boldsymbol{\lambda}} \quad -\boldsymbol{\lambda}^\top \boldsymbol{b} \tag{8.43}$$

⊖ 参见 S. Boyd 和 L. Vandenberghe, *Convex Optimization*, Cambridge University Press，2004，5.2.3 节.

$$\text{s.t.:}\ \boldsymbol{c}+\boldsymbol{A}^{\top}\boldsymbol{\lambda}=0,$$

$$\boldsymbol{\lambda}\geqslant 0,$$

于是从弱对偶得到 $d^*\leqslant p^*$. 事实上，当问题 (8.42) 是可行的，命题 8.7 确保了强对偶成立. 因此，通过改变目标函数的符号，我们可以将对偶问题重写成一个等价的最小化形式：

$$-d^*=\min_{\boldsymbol{\lambda}}\ \boldsymbol{\lambda}^{\top}\boldsymbol{b}$$

$$\text{s.t.:}\ \boldsymbol{c}+\boldsymbol{A}^{\top}\boldsymbol{\lambda}=0,$$

$$\boldsymbol{\lambda}\geqslant 0,$$

这仍然是个以标准圆锥曲线形式给出的线性规划问题（参见 9.3 节）. 接下来，推导这个对偶问题的对偶是很有意思的. 实际上，拉格朗日函数为

$$\mathcal{L}_d(\boldsymbol{\lambda},\boldsymbol{\eta},\boldsymbol{\nu})=\boldsymbol{b}^{\top}\boldsymbol{\lambda}-\boldsymbol{\eta}^{\top}\boldsymbol{\lambda}+\boldsymbol{\nu}^{\top}(\boldsymbol{A}^{\top}\boldsymbol{\lambda}+\boldsymbol{c}),$$

其中 $\boldsymbol{\eta}$ 为关于不等式约束的拉格朗日乘子向量，而 $\boldsymbol{\nu}$ 为关于等式约束 $\boldsymbol{A}^{\top}\boldsymbol{\lambda}+\boldsymbol{c}=0$ 的拉格朗日乘子向量. 那么，通过对 $\mathcal{L}_d$ 关于 $\boldsymbol{\lambda}$ 取最小值得到 “对偶的对偶” 函数，即

$$q(\boldsymbol{\eta},\boldsymbol{\nu})=\inf_{\boldsymbol{\lambda}}\mathcal{L}_d(\boldsymbol{\lambda},\boldsymbol{\eta},\boldsymbol{\nu})=\begin{cases}-\infty, & \text{若 } \boldsymbol{b}+\boldsymbol{A}\boldsymbol{\nu}-\boldsymbol{\eta}\neq 0,\\ \boldsymbol{c}^{\top}\boldsymbol{\nu}, & \text{若 } \boldsymbol{b}+\boldsymbol{A}\boldsymbol{\nu}-\boldsymbol{\eta}=0.\end{cases}$$

因此，“对偶的对偶” 问题就成为关于变量 $\boldsymbol{\nu}$ 和 $\boldsymbol{\eta}\geqslant 0$ 上最大化 $q(\boldsymbol{\eta},\boldsymbol{\nu})$，即

$$-dd^*=\max_{\boldsymbol{\nu},\boldsymbol{\eta}}\ \boldsymbol{c}^{\top}\boldsymbol{\nu}$$

$$\text{s.t.:}\ \boldsymbol{b}+\boldsymbol{A}\boldsymbol{\nu}=\boldsymbol{\eta},$$

$$\boldsymbol{\eta}\geqslant 0.$$

进一步注意，联合约束 $\boldsymbol{b}+\boldsymbol{A}\boldsymbol{\nu}=\boldsymbol{\eta}$ 和 $\boldsymbol{\eta}\geqslant 0$ 等同于单一约束 $\boldsymbol{b}+\boldsymbol{A}\boldsymbol{\nu}\geqslant 0$，其中变量 $\boldsymbol{\eta}$ 被去掉了，于是

$$-dd^*=\max_{\boldsymbol{\nu},\boldsymbol{\eta}}\ \boldsymbol{c}^{\top}\boldsymbol{\nu}$$

$$\text{s.t.:}\ \boldsymbol{b}+\boldsymbol{A}\boldsymbol{\nu}\geqslant 0,$$

以及弱对偶确保了 $-dd^*\leqslant -d^*$，也就是

$$dd^*\geqslant d^*.$$

此外，命题 8.7 给出了：如果式 (8.43) 是可行的，那么强对偶成立，即在此情况下有 $dd^* = d^*$. 通过变量代换 $(-\boldsymbol{v}) \to \boldsymbol{x}$，可以将“对偶的对偶”问题改写为等价的极小化形式. 在线性规划的这种特殊情况下，我们可以精确地恢复原问题：

$$
\begin{aligned}
dd^* = \min_{\boldsymbol{x}} \ & \boldsymbol{c}^\top \boldsymbol{x} \\
\text{s.t.:} \ & \boldsymbol{A}\boldsymbol{x} \leqslant \boldsymbol{b},
\end{aligned}
$$

其中 $dd^* = p^*$.

总而言之，如果原问题是可行的，那么强对偶成立，于是有 $p^* = d^*$. 同样，如果对偶问题是可行的，那么有 $dd^* = d^*$，但是由于“对偶的对偶”等价于原问题，故 $dd^* = p^*$，于是又有 $p^* = d^*$. 这意味着，在线性规划中，当原问题或对偶问题是可行时，关于 p^* 和 d^* 的强对偶成立（等价地，只有在原问题和对偶问题都不可行的“病态”情况下，强对偶才有可能失效）.

8.5.4 从对偶变量中恢复原变量

存在着各种各样的理由使考虑一个优化问题的对偶变得有用. 第一个原因是当原问题是一些困难的非凸优化问题时，如果我们能够明确地确定这个问题的对偶，由于对偶问题总是凸的（更精确地说，是凹最大化问题），那么就可以有效地计算出原最优值 p^* 的下界 d^*，而这种 p^* 的下界近似在许多实际情况下是有意义的. 第二个原因与这个事实有关，即对偶问题的变量和原问题中的约束一样多. 例如：考虑一个形如式 (8.42) 的线性规划，其中 $\boldsymbol{A} \in \mathbb{R}^{m,n}$ 且 n 相比于 m 是非常大的，也就是在 x 中的变量个数 n 远大于约束条件数 m. 当强对偶成立时，最优值 p^* 可以通过求解关于 λ 的对偶问题来计算，其中决策变量 m 要小很多，这在某些情况下是很容易被处理的. 第三个原因是某些对偶问题可能具有某种特殊的结构，使得它们要么可以显式地（解析地）求解，要么对偶问题的特殊结构可以被特定的解算法（事实上，对偶约束可能是关于对偶变量在正像限上的简单限制）有效求解. 一旦找到了对偶最优解，在强对偶下，在某些情况下可以从中恢复出原问题的最优解，如下所述.

假设在问题 (8.34) 和问题 (8.41) 之间强对偶成立并且原问题和对偶问题的最优值分别在 $\boldsymbol{x}^*$ 和 $(\boldsymbol{\lambda}^*, \boldsymbol{\nu}^*)$ 上达到. 那么，由于 $p^* = f_0(\boldsymbol{x}^*)$，$d^* = g(\boldsymbol{\lambda}^*, \boldsymbol{\nu}^*)$ 和 $p^* = d^*$，我们有

$$
\begin{aligned}
f_0(\boldsymbol{x}^*) = g(\boldsymbol{\lambda}^*, \boldsymbol{\nu}^*) &= \inf_{x \in \mathcal{D}} \mathcal{L}(\boldsymbol{x}, \boldsymbol{\lambda}^*, \boldsymbol{\nu}^*) \\
&\leqslant \mathcal{L}(\boldsymbol{x}, \boldsymbol{\lambda}^*, \boldsymbol{\nu}^*), \quad \forall\, \boldsymbol{x} \in \mathcal{D}.
\end{aligned} \tag{8.44}
$$

由于上面最后一个不等式对所有的 $\boldsymbol{x} \in \mathcal{D}$ 都成立，那对 $\boldsymbol{x}^*$ 也一定成立，因此有

$$
f_0(\boldsymbol{x}^*) = \inf_{x \in \mathcal{D}} \mathcal{L}(\boldsymbol{x}, \boldsymbol{\lambda}^*, \boldsymbol{\nu}^*)
$$

$$\begin{aligned}
&\leqslant \mathcal{L}(\boldsymbol{x}^*, \boldsymbol{\lambda}^*, \boldsymbol{\nu}^*) = f_0(\boldsymbol{x}^*) + \sum_{i=1}^{m} \lambda_i^* f_i(\boldsymbol{x}^*) + \sum_{i=1}^{q} \nu_i^* h_i(\boldsymbol{x}^*) \\
&\leqslant f_0(\boldsymbol{x}^*),
\end{aligned}$$

其中上面的最后一个不等式成立是因为 $\boldsymbol{x}^*$ 是最优解，因此是可行的，这样对于原问题则有 $f_i(\boldsymbol{x}^*) \leqslant 0$，$h_i(\boldsymbol{x}^*) = 0$ 以及 λ^* 是最优解，那么其是可行的，这样对于对偶问题有 $\lambda_i^* \geqslant 0$，于是每一项 $\lambda_i^* f_i(x^*) \leqslant 0$，而 $\nu_i^* h_i(\boldsymbol{x}^*) = 0$. 观察上面一系列的不等式，由于第一项和最后一项是相等的，故这些不等式实际上为等式，也就是说：

$$f_0(\boldsymbol{x}^*) = \inf_{\boldsymbol{x} \in \mathcal{D}} \mathcal{L}(\boldsymbol{x}, \boldsymbol{\lambda}^*, \boldsymbol{\nu}^*) = \mathcal{L}(\boldsymbol{x}^*, \boldsymbol{\lambda}^*, \boldsymbol{\nu}^*),$$

这导致如下两个结果：

1. 对于 $i = 1, \cdots, m$，一定有 $\lambda_i^* f_i(\boldsymbol{x}^*) = 0$，称为互补松弛性；
2. 原问题的最优解 $\boldsymbol{x}^*$ 是 $\mathcal{L}(\boldsymbol{x}, \boldsymbol{\lambda}^*, \boldsymbol{\nu}^*)$ 的最小值点.

当一个不等式约束在最优解处满足严格不等式时，我们称它是松弛的. 相反，我们称约束在最优解处满足等式时，称它是活跃的. 互补松弛性规定（对于强对偶性成立的问题）：原不等式和相应的对偶不等式不能同时松弛，即如果 $f_i(x^*) < 0$，那么一定有 $\lambda_i^* = 0$，而如果 $\lambda_i^* > 0$，则一定有 $f_i(x^*) = 0$. 通过观察对偶变量 λ_i^*，我们可以确定哪些原约束在最优解处是饱和（活跃）的.

第二个结果（即 $\boldsymbol{x}^*$ 是 $\mathcal{L}(\boldsymbol{x}, \boldsymbol{\lambda}^*, \boldsymbol{\nu}^*)$ 的最小值点）在某些情况下可用于从对偶最优变量中恢复原始最优变量. 首先注意，如果原问题是凸的，那么 $\mathcal{L}(\boldsymbol{x}, \boldsymbol{\lambda}^*, \boldsymbol{\nu}^*)$ 关于变量 $\boldsymbol{x}$ 也是凸的. 然后，利用无约束极小化技术来确定该函数的全局极小值. 例如，如果 $\mathcal{L}(\boldsymbol{x}, \boldsymbol{\lambda}^*, \boldsymbol{\nu}^*)$ 是可微的，则由如下的零梯度条件可以给出确定 $\boldsymbol{x}$ 是全局极小的必要条件：

$$\nabla_{\boldsymbol{x}} \mathcal{L}(\boldsymbol{x}, \boldsymbol{\lambda}^*, \boldsymbol{\nu}^*) = 0,$$

也就是

$$\nabla_{\boldsymbol{x}} f_0(\boldsymbol{x}) + \sum_{i=1}^{m} \lambda_i^* \nabla_{\boldsymbol{x}} f_i(\boldsymbol{x}) + \sum_{i=1}^{q} \nu_i^* \nabla_{\boldsymbol{x}} h_i(\boldsymbol{x}) = 0. \tag{8.45}$$

然而，$\mathcal{L}(\boldsymbol{x}, \boldsymbol{\lambda}^*, \boldsymbol{\nu}^*)$ 可能有多个全局最小值点，并且不能保证 $\mathcal{L}$ 的任何全局最小值点都是原问题的最优解（$\boldsymbol{x}^*$ 需要在 $\mathcal{L}$ 的全局极小值点中，才能保证是原问题的最优解）. 因此，一般来说，当从对偶问题中恢复原问题的最优解时，应当特别小心. 当 $\mathcal{L}(\boldsymbol{x}, \boldsymbol{\lambda}^*, \boldsymbol{\nu}^*)$ 具有唯一最小值点时（例如，当 $\mathcal{L}(\boldsymbol{x}, \boldsymbol{\lambda}^*, \boldsymbol{\nu}^*)$ 是严格凸的时候），则会出现一种特殊情况. 在这种情况下，$\mathcal{L}$ 的唯一极小值点 $\boldsymbol{x}^*$ 要么是原问题可行的，因此它是原问题最优解，要么它不是原问题可行的，故可以得出结论，原问题不存在最优解. 我们用下面的命题来总结这个事实.

命题 8.8（来自对偶问题最优解的原问题最优解） 假设问题 (8.34) 的强对偶性成立并且对偶最优解为 $(\boldsymbol{\lambda}^*,\boldsymbol{\nu}^*)$，并假设 $\mathcal{L}(\boldsymbol{x},\boldsymbol{\lambda}^*,\boldsymbol{\nu}^*)$ 有一个唯一的最小值点 $\boldsymbol{x}^*$. 如果 $\boldsymbol{x}^*$ 对问题 (8.34) 是可行的，那么 x^* 是原问题的最优解，否则该原问题并不存在最优解.

例 8.22（线性方程最小范数解的对偶） 考虑确定如下欠定线性方程组的最小欧氏范数解的问题：

$$p^* = \min_{\boldsymbol{x}} \|\boldsymbol{x}\|_2^2$$

$$\text{s.t.: } \boldsymbol{A}\boldsymbol{x} = \boldsymbol{b},$$

其中 $\boldsymbol{A} \in \mathbb{R}^{m,n}$，$n \geqslant m$，是满秩的. 该问题的拉格朗日函数为：

$$\mathcal{L}(\boldsymbol{x},\boldsymbol{\nu}) = \boldsymbol{x}^\top\boldsymbol{x} + \boldsymbol{\nu}^\top(\boldsymbol{A}\boldsymbol{x}-\boldsymbol{b}).$$

这是个（严格）凸二次函数，当 $\boldsymbol{x}$ 满足如下条件则达到最小：

$$\nabla_{\boldsymbol{x}}\mathcal{L}(\boldsymbol{x},\boldsymbol{\nu}) = 2\boldsymbol{x} + \boldsymbol{A}^\top\boldsymbol{\nu} = 0,$$

也就是，其具有一个（唯一）的最小值点 $x^*(\boldsymbol{\nu}) = -(1/2)\boldsymbol{A}^\top\boldsymbol{\nu}$，于是

$$g(\boldsymbol{\nu}) = \inf_{\boldsymbol{x}} \mathcal{L}(\boldsymbol{x},\boldsymbol{\nu}) = \mathcal{L}(x^*(\boldsymbol{\nu}),\boldsymbol{\nu}) = -\frac{1}{4}\boldsymbol{\nu}^\top(\boldsymbol{A}\boldsymbol{A}^\top)\boldsymbol{\nu} - \boldsymbol{\nu}^\top\boldsymbol{b}.$$

对偶问题于是为：

$$d^* = \max_{\boldsymbol{\nu}} \ -\frac{1}{4}\boldsymbol{\nu}^\top(\boldsymbol{A}\boldsymbol{A}^\top)\boldsymbol{\nu} - \boldsymbol{\nu}^\top\boldsymbol{b}.$$

由于 $\boldsymbol{A}\boldsymbol{A}^\top \succ 0$，即这是一个（严格）凹二次最大值问题，并且在如下唯一的点处达到其最大值：

$$\boldsymbol{\nu}^* = -2(\boldsymbol{A}\boldsymbol{A}^\top)^{-1}\boldsymbol{b},$$

因此有

$$d^* = \boldsymbol{b}^\top(\boldsymbol{A}\boldsymbol{A}^\top)^{-1}\boldsymbol{b}.$$

由于原问题只有线性等式约束，并且它是可行的（由于已经假设 $\boldsymbol{A}$ 是满秩的），故 Slater 条件确保了强对偶性成立，于是有 $p^* = d^*$. 进一步由于拉格朗日函数关于 $\boldsymbol{x}$ 是严格凸的，因此我们可以从对偶问题最优解中恢复原问题的最优解，其恰为 $\mathcal{L}(\boldsymbol{x},\boldsymbol{\nu}^*)$ 的唯一极小值点，这意味着：

$$\boldsymbol{x}^* = x^*(\boldsymbol{\nu}^*) = \boldsymbol{A}^\top(\boldsymbol{A}\boldsymbol{A}^\top)^{-1}\boldsymbol{b}.$$

8.5.5 Karush-Kuhn-Tucker 最优性条件

对于一个具有可微目标函数和约束函数且满足强对偶性的优化问题，我们可以得到一组最优性的必要条件，即 Karush-Kuhn-Tucker（KKT）条件.

考虑问题 (8.34)~(8.36) 以及它的对偶 (8.41)，假设强对偶成立，并设 $\boldsymbol{x}^*$ 和 $(\boldsymbol{\lambda}^*, \boldsymbol{\nu}^*)$ 分别是原问题和对偶问题的最优解. 那么有：

1.（原问题可行性）$f_i(\boldsymbol{x}^*) \leqslant 0$，$i=1,\cdots,m$，和 $h_i(\boldsymbol{x}^*)=0$，$i=1,\cdots,q$;
2.（对偶问题可行性）$\boldsymbol{\lambda}^* \geqslant 0$;
3.（互补松弛性）$\lambda_i^* f_i(\boldsymbol{x}^*)=0$，$i=1,\cdots,m$;
4.（拉格朗日平稳性）$\nabla_{\boldsymbol{x}} \mathcal{L}(\boldsymbol{x}, \boldsymbol{\lambda}^*, \boldsymbol{\nu}^*)_{\boldsymbol{x}=\boldsymbol{x}^*}=0$.

前两项是显然的，这是因为 $\boldsymbol{x}^*, \boldsymbol{\lambda}^*$ 分别是原问题和对偶问题的最优解，于是它们一定是原问题和对偶问题可行的. 最后两项是根据前面从等式 (8.44) 到 (8.45) 所用的推理得出的.

我们下面证明对于一个凸原问题，上面的条件实际上也是最优性的充分条件. 事实上，前两个条件意味着 $\boldsymbol{x}^*$ 是原可行的，而 $\boldsymbol{\lambda}^*$ 是对偶可行的. 进一步，由于 $\mathcal{L}(\boldsymbol{x}, \boldsymbol{\lambda}^*, \boldsymbol{\nu}^*)$ 关于 $\boldsymbol{x}$ 是凸的，那么第四个条件给出了 $\boldsymbol{x}^*$ 是 $\mathcal{L}(\boldsymbol{x}, \boldsymbol{\lambda}^*, \boldsymbol{\nu}^*)$ 的全局最小值点，这样就有

$$
\begin{aligned}
g(\boldsymbol{\lambda}^*, \boldsymbol{\nu}^*) &= \inf_{\boldsymbol{x}\in\mathcal{D}} \mathcal{L}(\boldsymbol{x}, \boldsymbol{\lambda}^*, \boldsymbol{\nu}^*) = \mathcal{L}(\boldsymbol{x}^*, \boldsymbol{\lambda}^*, \boldsymbol{\nu}^*) \\
&= f_0(\boldsymbol{x}^*) + \sum_{i=1}^{m} \lambda_i^* f_i(\boldsymbol{x}^*) + \sum_{i=1}^{q} \nu_i^* h_i(\boldsymbol{x}^*) \\
&= f_0(\boldsymbol{x}^*),
\end{aligned}
$$

其中最后一个等式由 $h_i(\boldsymbol{x}^*)=0$（由于原问题可行性条件）和 $\lambda_i^* f_i(\boldsymbol{x}^*)=0$（由于互补松弛性条件）得到. 上式证明了原–对偶可行对 $\boldsymbol{x}^*$，$(\boldsymbol{\lambda}^*, \boldsymbol{\nu}^*)$ 是最优的，这是因为相应的对偶间隙为零.

8.5.6 最优值的敏感性

最优对偶变量有一个有意思的解释，即最优值 p^* 关于约束条件扰动的敏感性. 更精确地说，考虑以下原始问题 (8.34) 的扰动形式：

$$
\begin{aligned}
p^*(\boldsymbol{u}, \boldsymbol{v}) = \min_{\boldsymbol{x}\in\mathbb{R}^n} \ & f_0(\boldsymbol{x}) \\
\text{s.t.:}\ & f_i(\boldsymbol{x}) \leqslant u_i,\ i=1,\cdots,m, \\
& h_i(\boldsymbol{x}) = v_i,\ i=1,\cdots,q,
\end{aligned}
$$

其中不等式和等式约束的右侧分别用 $\boldsymbol{u}, \boldsymbol{v}$ 替换 0. 对于 $\boldsymbol{u}=0, \boldsymbol{v}=0$，我们得到了原来的无扰动问题，即 $p^*(0,0)=p^*$. 正的 u_i 表示放宽了第 i 个不等式约束条件，而负的 u_i 则意味着收紧了第 i 个不等式约束条件. 我们感兴趣的是确定约束条件中的扰动如何影响优化问

题的最优值. 我们在这里陈述一些不给出正式证明的结果. 首先是，如果原问题 (8.34) 是凸的，那么函数 $p^*(\boldsymbol{u},\boldsymbol{v})$ 也是凸的，参见 8.5.8 节. 进一步，在强对偶和对偶问题最优值可以被达到的假设条件下，有

$$p^*(\boldsymbol{u},\boldsymbol{v}) \geqslant p^*(0,0) - \begin{bmatrix} \boldsymbol{\lambda}^* \\ \boldsymbol{\nu}^* \end{bmatrix}^\top \begin{bmatrix} \boldsymbol{u} \\ \boldsymbol{v} \end{bmatrix},$$

也就是说 $(-\boldsymbol{\lambda}^*,\boldsymbol{\nu}^*)$ 是 $p^*(\boldsymbol{u},\boldsymbol{v})$ 在 $\boldsymbol{u}=0,\boldsymbol{v}=0$ 处的次微分. 当函数 $p^*(\boldsymbol{u},\boldsymbol{v})$ 是可微的（在一些技术性假设条件下，例如当拉格朗日函数是光滑和严格凸的），最优对偶变量实际上给出了 $-p^*(\boldsymbol{u},\boldsymbol{v})$ 在 $\boldsymbol{u}=0,\boldsymbol{v}=0$ 处的导数，也就是

$$\lambda_i^* = -\frac{\partial p^*(0,0)}{\partial u_i}, \quad \nu_i^* = -\frac{\partial p^*(0,0)}{\partial v_i}, \tag{8.46}$$

因此，$\boldsymbol{\lambda}^*,\boldsymbol{\nu}^*$ 解释了最优值 p^* 对约束条件扰动的敏感性.

为了更好地理解这种解释在实际应用中的重要性，现在考虑只带有不等式约束条件的优化问题，并假设使 (8.46) 满足的条件成立. 不等式约束通常被解释为关于资源的约束，因此扰动 $u_i>0$ 意味着我们放松了第 i 个约束条件，即允许更多的资源存在. 相反，扰动 $u_i<0$ 意味着我们收紧了约束，也就是削减了资源. 现在，如果 $\lambda_i^*=0$，则意味着在一阶近似下，优化问题的目标对扰动是不敏感的（事实上，至少在非退化问题中，$\lambda_i=0$ 意味着 $f_i(x^*)<0$，即该约束是松弛的，这说明它不是关键的资源）. 相反，如果 $\lambda_i^*>0$，则互补松弛条件意味着 $f_i(x^*)=0$，这说明该约束是有效的，即该资源是关键的. 在这种情况下，改变资源的级别（即将约束的右侧扰动值 u_i 取为更小的值）将对最优值产生影响，并且该扰动由 $-\lambda_i u_i$ 给出（直到一阶）.

8.5.7 最大–最小不等式与鞍点

由式 (8.37) 和式 (8.41), 对偶最优目标值可以表述为如下的最大–最小值：

$$d^* = \max_{\boldsymbol{\lambda}\geqslant 0,\boldsymbol{\nu}} \min_{\boldsymbol{x}\in\mathcal{D}} \mathcal{L}(\boldsymbol{x},\boldsymbol{\lambda},\boldsymbol{\nu}).$$

并且：

$$\max_{\boldsymbol{\lambda}\geqslant 0,\boldsymbol{\nu}} \mathcal{L}(\boldsymbol{x},\boldsymbol{\lambda},\boldsymbol{\nu}) = \begin{cases} f_0(\boldsymbol{x}), & \text{若 } f_i(x)\leqslant 0, h_i(x)=0,\ \forall\, i, \\ +\infty & \text{其他}, \end{cases}$$

这意味着原问题最优值 p^* 可以写成最小–最大值问题 $p^* = \min_{\boldsymbol{x}\in\mathcal{D}} \max_{\boldsymbol{\lambda}\geqslant 0,\boldsymbol{\nu}} \mathcal{L}(\boldsymbol{x},\boldsymbol{\lambda},\boldsymbol{\nu})$. 于是，弱对偶关系 $d^*\leqslant p^*$ 等价于如下的最小–最大/最大–最小不等式：

$$\max_{\boldsymbol{\lambda}\geqslant 0,\boldsymbol{\nu}} \min_{\boldsymbol{x}\in\mathcal{D}} \mathcal{L}(\boldsymbol{x},\boldsymbol{\lambda},\boldsymbol{\nu}) \leqslant \min_{\boldsymbol{x}\in\mathcal{D}} \max_{\boldsymbol{\lambda}\geqslant 0,\boldsymbol{\nu}} \mathcal{L}(\boldsymbol{x},\boldsymbol{\lambda},\boldsymbol{\nu}), \tag{8.47}$$

而强对偶关于 $d^*=p^*$ 则等价于上面的最小–最大和最大–最小值是相等的事实：

$$d^* = p^* \Leftrightarrow \max_{\boldsymbol{\lambda}\geqslant 0,\boldsymbol{\nu}} \min_{\boldsymbol{x}\in\mathcal{D}} \mathcal{L}(\boldsymbol{x},\boldsymbol{\lambda},\boldsymbol{\nu}) = \min_{\boldsymbol{x}\in\mathcal{D}} \max_{\boldsymbol{\lambda}\geqslant 0,\boldsymbol{\nu}} \mathcal{L}(\boldsymbol{x},\boldsymbol{\lambda},\boldsymbol{\nu}).$$

这意味着，如果强对偶性成立，则最大和最小运算可以在不改变优化问题最优值的情况下进行交换. 此外，如果 p^* 和 d^* 可以被达到，我们称 $\mathcal{L}(\boldsymbol{x},\boldsymbol{\lambda},\boldsymbol{\nu})$ 在原问题和对偶问题最优值 $(\boldsymbol{x}^*,\boldsymbol{\lambda}^*,\boldsymbol{\nu}^*)$ 处存在一个鞍点，见图 8.23 所示.

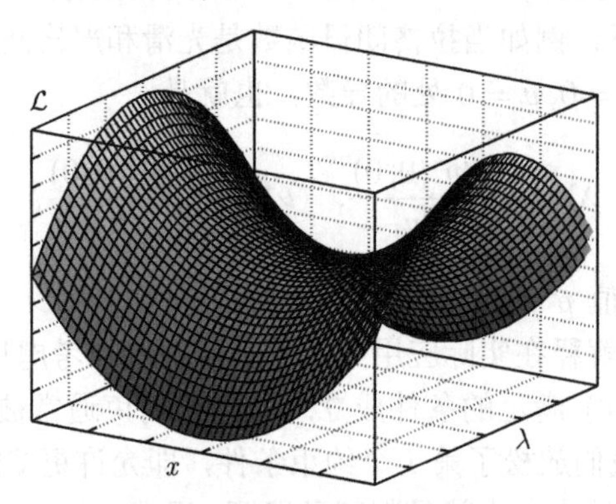

图 8.23　存在鞍点的函数 $\mathcal{L}$

不等式 (8.47) 实际上是如下表述得更加一般的被称为最大–最小不等式的一个特例，对任意函数 $\varphi:\mathbb{R}^n\times\mathbb{R}^m\to\mathbb{R}$ 和任意非空子集 $X\subseteq\mathbb{R}^n, Y\subseteq\mathbb{R}^m$，有

$$\sup_{\boldsymbol{y}\in Y}\inf_{\boldsymbol{x}\in X}\varphi(\boldsymbol{x},\boldsymbol{y}) \leqslant \inf_{\boldsymbol{x}\in X}\sup_{\boldsymbol{y}\in Y}\varphi(\boldsymbol{x},\boldsymbol{y}). \tag{8.48}$$

为了证明这个不等式，注意，对任意 $\tilde{y}\in Y$，有

$$\inf_{\boldsymbol{x}\in X}\varphi(\boldsymbol{x},\tilde{\boldsymbol{y}}) \leqslant \inf_{\boldsymbol{x}\in X}\sup_{\boldsymbol{y}\in Y}\varphi(\boldsymbol{x},\boldsymbol{y}),$$

那么在上式两边同时对 $\tilde{\boldsymbol{y}}\in Y$ 取上确界则得到式 (8.48).

一个有意思的问题是，研究在何种条件下，不等式 (8.48) 中的等号成立. 这意味着在此条件下最大和最小运算可以相互交换. 下面的定理来自于 M. Sion 的一个最初的结果，它提供了最大–最小/最小–最大相等的一个充分条件.

定理 8.8　*设 $X\subseteq\mathbb{R}^n$ 是凸紧的且 $Y\subseteq\mathbb{R}^m$ 是凸的. 设 $\varphi:X\times Y\to\mathbb{R}$ 是一个函数且满足对任意 $\boldsymbol{y}\in Y$，$\varphi(\cdot,\boldsymbol{y})$ 是凸的且在 X 上是连续的. 此外，对任意 $\boldsymbol{x}\in X$，$\varphi(\boldsymbol{x},\cdot)$ 是凹的且在 Y 上是连续的. 那么式 (8.48) 中的等号成立，即*

$$\sup_{\boldsymbol{y}\in Y}\min_{\boldsymbol{x}\in X}\varphi(\boldsymbol{x},\boldsymbol{y}) = \min_{\boldsymbol{x}\in X}\sup_{\boldsymbol{y}\in Y}\varphi(\boldsymbol{x},\boldsymbol{y}).$$

我们观察到，当集合 Y 是紧集而不是 X 时，该定理可以很容易地被重新表述. 事实上，可以考虑函数 $\tilde{\varphi}(\boldsymbol{y},\boldsymbol{x})=-\varphi(\boldsymbol{x},\boldsymbol{y})$，然后应用定理 8.8. 本质上，如果 φ 满足该定理的假设，那么对任意 $\boldsymbol{y}\in Y$, $\tilde{\varphi}(\boldsymbol{y},\cdot)$ 在 X 上是凹的，而对任意 $\boldsymbol{x}\in X$，$\tilde{\varphi}(\cdot,\boldsymbol{x})$ 在 Y 上是凸的. 因此，如果 X,Y 是凸的且 Y 是紧的，则由定理 8.8 得到：

$$\sup_{\boldsymbol{x}\in X}\min_{\boldsymbol{y}\in Y}\tilde{\varphi}(\boldsymbol{y},\boldsymbol{x})=\min_{\boldsymbol{y}\in Y}\sup_{\boldsymbol{x}\in X}\tilde{\varphi}(\boldsymbol{y},\boldsymbol{x}). \tag{8.49}$$

因为

$$\min_{\boldsymbol{y}\in Y}\tilde{\varphi}(\boldsymbol{y},\boldsymbol{x})=\min_{\boldsymbol{y}\in Y}-\varphi(\boldsymbol{x},\boldsymbol{y})=-\max_{\boldsymbol{y}\in Y}\varphi(\boldsymbol{x},\boldsymbol{y}),$$

$$\sup_{\boldsymbol{x}\in X}\tilde{\varphi}(\boldsymbol{y},\boldsymbol{x})=\sup_{\boldsymbol{x}\in X}-\varphi(\boldsymbol{x},\boldsymbol{y})=-\inf_{\boldsymbol{x}\in X}\varphi(\boldsymbol{x},\boldsymbol{y}),$$

那么由式 (8.49) 进一步得到：

$$\sup_{\boldsymbol{x}\in X}\left(-\max_{\boldsymbol{y}\in Y}\varphi(\boldsymbol{x},\boldsymbol{y})\right)=\min_{\boldsymbol{y}\in Y}\left(-\inf_{\boldsymbol{x}\in X}\varphi(\boldsymbol{x},\boldsymbol{y})\right),$$

也就是

$$\inf_{\boldsymbol{x}\in X}\max_{\boldsymbol{y}\in Y}\varphi(\boldsymbol{x},\boldsymbol{y})=\max_{\boldsymbol{y}\in Y}\inf_{\boldsymbol{x}\in X}\varphi(\boldsymbol{x},\boldsymbol{y}),$$

当 Y（而不是 X）是紧的时候，上式则为定理 8.8 的另一种表述形式.

例 8.23（平方根 LASSO） 作为说明性的例子，我们考虑关于一类最小二乘法的优化问题，有时称其为“平方根 LASSO”：

$$p^*=\min_{\boldsymbol{x}}\|\boldsymbol{A}\boldsymbol{x}-\boldsymbol{b}\|_2+\lambda\|\boldsymbol{x}\|_1.$$

这里 $\boldsymbol{A}\in\mathbb{R}^{m,n}$，$\boldsymbol{b}\in\mathbb{R}^m$，$\lambda>0$. 上述问题是最小二乘法的一个有用的变形，其中 ℓ_1 范数惩罚项用来处理解的稀疏性（即非零元素个数，我们将在 9.6.2 节中更加详细地讨论该主题）. 我们能如下表述该问题：

$$p^*=\min_{\boldsymbol{x}}\max_{(\boldsymbol{u},\boldsymbol{v})\in Y}\boldsymbol{u}^\top(\boldsymbol{A}\boldsymbol{x}-\boldsymbol{b})+\boldsymbol{v}^\top\boldsymbol{x},$$

其中 $Y=\{(\boldsymbol{u},\boldsymbol{v}):\ \|\boldsymbol{u}\|_2\leqslant 1,\ \|\boldsymbol{v}\|_\infty\leqslant\lambda\}$ 是紧的. 应用定理 8.8, 然后将最小和最大进行交换，则有

$$p^*=\max_{(\boldsymbol{u},\boldsymbol{v})\in Y}\min_{\boldsymbol{x}}\boldsymbol{u}^\top(\boldsymbol{A}\boldsymbol{x}-\boldsymbol{b})+\boldsymbol{v}^\top\boldsymbol{x}.$$

注意到除非系数 $\boldsymbol{A}^\top\boldsymbol{u}+\boldsymbol{v}$ 为零，那么项 $(\boldsymbol{A}^\top\boldsymbol{u}+\boldsymbol{v})^\top\boldsymbol{x}$ 关于 $\boldsymbol{x}$ 的下确界将为 $-\infty$，因此

$$\begin{aligned} p^* &= \max_{\boldsymbol{u},\boldsymbol{v}} -\boldsymbol{b}^\top\boldsymbol{u}: \ \boldsymbol{v}+\boldsymbol{A}^\top\boldsymbol{u}=0, \ \|\boldsymbol{u}\|_2\leqslant 1, \ \|\boldsymbol{v}\|_\infty\leqslant\lambda \\ &= \max_{\boldsymbol{u}} -\boldsymbol{b}^\top\boldsymbol{u}: \ \|\boldsymbol{u}\|_2\leqslant 1, \ \|\boldsymbol{A}^\top\boldsymbol{u}\|_\infty\leqslant\lambda. \end{aligned}$$

上述问题是原问题的对偶问题，其有助于分析和算法设计. 特别地，基于对 $\boldsymbol{A}$ 的列向量 $\boldsymbol{a}_1,\cdots,\boldsymbol{a}_n$ 范数的简单估计，上面的对偶问题可以用来消除原问题中的变量. 事实上，我们可以重写该问题：

$$\max_{\boldsymbol{u}} -\boldsymbol{b}^\top\boldsymbol{u}: \ \|\boldsymbol{u}\|_2\leqslant 1, \ |\boldsymbol{a}_i^\top\boldsymbol{u}|\leqslant\lambda, \ i=1,\cdots,n.$$

现在，对某个 i，如果 $\|\boldsymbol{a}_i\|_2\leqslant\lambda$，其中 $\boldsymbol{a}_i$ 是 $\boldsymbol{A}$ 的第 i 列，则有

$$|\boldsymbol{a}_i^\top\boldsymbol{u}|<\lambda, \quad \forall\, u: \ \|\boldsymbol{u}\|_2\leqslant 1.$$

这意味着约束 $|\boldsymbol{a}_i^\top\boldsymbol{u}|\leqslant\lambda$ 不是活跃的，于是我们可以安全地从对偶问题中消除它[⊖]. 换言之，如果删除矩阵 $\boldsymbol{A}$ 的第 i 列，或等价地令 $x_i=0$，则最优值 p^* 保持不变. 简单的检验 $\|\boldsymbol{a}_i\|_2<\lambda$ 可以允许我们预测在最优解处的 $x_i=0$，而不必求出 p^*.

8.5.8　原值函数的次梯度

考虑具有如下形式的原凸问题：

$$\begin{aligned} p^*(\boldsymbol{u}) = &\min_{\boldsymbol{x}\in\mathcal{D}} f_0(\boldsymbol{x}) \\ &\text{s.t.:} \ f_i(\boldsymbol{x})\leqslant u_i, \ i=1,\cdots,m, \end{aligned} \tag{8.50}$$

其中 $\boldsymbol{u}$ 是一个参数向量. 我们这里只考虑不等式约束的情况，而把扩展到同样存在等式约束的情况作为一个简单的练习留给读者. 接下来我们证明 $p^*(u)$ 是关于 u 的凸函数，并且这个函数的次梯度可以从与式 (8.50) 相关的拉格朗日乘子中获得. 事实上，式 (8.50) 的拉格朗日函数为：

$$\mathcal{L}(\boldsymbol{x},\boldsymbol{\lambda},\boldsymbol{u}) = f_0(\boldsymbol{x}) + \sum_{i=1}^m \lambda_i f_i(\boldsymbol{x}) - \boldsymbol{\lambda}^\top\boldsymbol{u},$$

其中对偶函数为 $g(\boldsymbol{\lambda},\boldsymbol{u})=\min_{\boldsymbol{x}\in\mathcal{D}}\mathcal{L}(\boldsymbol{x},\boldsymbol{\lambda},\boldsymbol{u})$，而对偶问题可表述为：

$$d^*(\boldsymbol{u}) = \max_{\boldsymbol{\lambda}\geqslant 0} g(\boldsymbol{\lambda},\boldsymbol{u}) = \max_{\boldsymbol{\lambda}\geqslant 0}\min_{\boldsymbol{x}\in\mathcal{D}}\mathcal{L}(\boldsymbol{x},\boldsymbol{\lambda},\boldsymbol{u}). \tag{8.51}$$

⊖ 对于消除约束的步骤可参见 8.3.4.6 节.

如前一节所述，我们有：

$$\begin{aligned}\max_{\boldsymbol{\lambda}\geqslant 0}\mathcal{L}(\boldsymbol{x},\boldsymbol{\lambda},\boldsymbol{u}) &= \max_{\boldsymbol{\lambda}\geqslant 0} f_0(\boldsymbol{x})+\sum_{i=1}^{m}\lambda_i(f_i(\boldsymbol{x})-u_i)\\ &=\begin{cases} f_0(\boldsymbol{x}) & \text{若 } f_i(\boldsymbol{x})\leqslant u_i,\ i=1,\cdots,m,\\ +\infty & \text{其他,}\end{cases}\end{aligned}$$

于是，原问题可以被等价地表述为：

$$p^*(\boldsymbol{u})=\min_{\boldsymbol{x}\in\mathcal{D}}\max_{\boldsymbol{\lambda}\geqslant 0}\mathcal{L}(\boldsymbol{x},\boldsymbol{\lambda},\boldsymbol{u}).$$

注意，对每一个 $\boldsymbol{\lambda}$，函数 $\mathcal{L}(\boldsymbol{x},\boldsymbol{\lambda},\boldsymbol{u})$ 关于 $(\boldsymbol{x},\boldsymbol{u})$ 是凸的（$\mathcal{L}$ 实际上关于 $\boldsymbol{x}$ 是凸的而关于 $\boldsymbol{u}$ 是线性的）. 因此，由逐点最大化规则（参见 8.2.2.4 节），函数 $\max_{\boldsymbol{\lambda}\geqslant 0}\mathcal{L}(\boldsymbol{x},\boldsymbol{\lambda},\boldsymbol{u})$ 关于 $(\boldsymbol{x},\boldsymbol{u})$ 仍然是凸的. 那么，应用部分最小化的性质（参见 8.2.2.5 节）可以得到最优原值函数 $p^*(\boldsymbol{u})$ 关于 $\boldsymbol{u}$ 是凸的. 现在考虑如下等式：

$$\sum_{i=1}^{m}\lambda_i f_i(\boldsymbol{x})=\min_{\boldsymbol{v}\in\mathbb{R}^m}\sum_{i=1}^{m}\lambda_i v_i,\quad \text{s.t.: } f_i(\boldsymbol{x})\leqslant v_i,\ i=1,\cdots,m,$$

则有

$$\begin{aligned} g(\boldsymbol{\lambda},\boldsymbol{u}) &= \min_{\boldsymbol{x}\in\mathcal{D}} f_0(\boldsymbol{x})+\sum_{i=1}^{m}\lambda_i f_i(\boldsymbol{x})-\boldsymbol{\lambda}^\top\boldsymbol{u}\\ &=\min_{\boldsymbol{v}\in\mathbb{R}^m}\min_{\boldsymbol{x}\in\mathcal{D}} f_0(\boldsymbol{x})+\boldsymbol{\lambda}^\top(\boldsymbol{v}-\boldsymbol{u}),\quad \text{s.t.: } f_i(\boldsymbol{x})\leqslant v_i,\ i=1,\cdots,m\\ &=\min_{\boldsymbol{v}\in\mathbb{R}^m} p^*(\boldsymbol{v})+\boldsymbol{\lambda}^\top(\boldsymbol{v}-\boldsymbol{u}).\end{aligned}$$

现在，假设 $p^*(\boldsymbol{u})$ 是有限的且强对偶性成立，即 $d^*(\boldsymbol{u})=p^*(\boldsymbol{u})$. 进一步，设 $\lambda_{\boldsymbol{u}}$ 为最优的拉格朗日乘子使式 (8.51) 达到最优，故我们有：

$$\begin{aligned} p^*(\boldsymbol{u})=d^*(\boldsymbol{u})=g(\boldsymbol{\lambda}_{\boldsymbol{u}},\boldsymbol{u}) &= \min_{\boldsymbol{v}\in\mathbb{R}^m} p^*(\boldsymbol{v})+\boldsymbol{\lambda}_{\boldsymbol{u}}^\top(\boldsymbol{v}-\boldsymbol{u})\\ &\leqslant p^*(\boldsymbol{v})+\boldsymbol{\lambda}_{\boldsymbol{u}}^\top(\boldsymbol{v}-\boldsymbol{u}),\quad \forall\ \boldsymbol{v}.\end{aligned}$$

最后一个不等式证明了 $-\boldsymbol{\lambda}_{\boldsymbol{u}}$ 是 p^* 在点 $\boldsymbol{u}$ 处的一个次梯度，也就是：

$$p^*(\boldsymbol{v})\geqslant p^*(\boldsymbol{u})-\boldsymbol{\lambda}_{\boldsymbol{u}}(\boldsymbol{v}-\boldsymbol{u}),\quad \forall\ \boldsymbol{v}.$$

例如，12.6.1.2 节所述的原分解方法中就利用了这一性质.

8.5.9 对偶函数的次梯度

考虑具有如下形式的原问题：

$$p^* = \min_{\boldsymbol{x}\in\mathcal{D}} f_0(\boldsymbol{x})$$

$$\text{s.t.: } f_i(\boldsymbol{x}) \leqslant 0,\quad i=1,\cdots,m,$$

其中对偶问题为 $d^* = \max_{\boldsymbol{\lambda}\geqslant 0} g(\boldsymbol{\lambda})$，这里 $g(\boldsymbol{\lambda})$ 是对偶函数：

$$g(\boldsymbol{\lambda}) = \min_{\boldsymbol{x}\in\mathcal{D}} \mathcal{L}(\boldsymbol{x},\boldsymbol{\lambda}),$$

以及 $\mathcal{L}(\boldsymbol{x},\boldsymbol{\lambda}) = f_0(\boldsymbol{x}) + \sum_{i=1}^m \lambda_i f_i(\boldsymbol{x})$. 我们再次只考虑不等式约束的情况，对等式约束的扩展是直接的.

我们已经知道 g 是一个凹函数（不管 $f_0, f_i, i=1,\cdots,m$ 是否为凸的）. 接下来，我们证明可以很容易地找到这个函数的次梯度（或者更精确地说是凸函数 $-g$ 的次梯度）. 事实上，对给定的 $\boldsymbol{\lambda}$，设

$$x_{\boldsymbol{\lambda}} = \arg\min_{\boldsymbol{x}\in\mathcal{D}} \mathcal{L}(\boldsymbol{x},\boldsymbol{\lambda}),$$

那么，如果这样的最小值点存在，故 $g(\boldsymbol{\lambda}) = \mathcal{L}(\boldsymbol{x}_{\boldsymbol{\lambda}},\boldsymbol{\lambda})$. 对所有 $\boldsymbol{z}\in\mathbb{R}^m$，则得到：

$$\begin{aligned}
g(z) &= \min_{\boldsymbol{x}\in\mathcal{D}} \mathcal{L}(\boldsymbol{x},\boldsymbol{z}) \\
&\leqslant \mathcal{L}(\boldsymbol{x}_{\boldsymbol{\lambda}},\boldsymbol{z}) = f_0(\boldsymbol{x}_{\boldsymbol{\lambda}}) + \sum_{i=1}^m z_i f_i(\boldsymbol{x}_{\boldsymbol{\lambda}}) \\
&= f_0(\boldsymbol{x}_{\boldsymbol{\lambda}}) + \sum_{i=1}^m \lambda_i f_i(\boldsymbol{x}_{\boldsymbol{\lambda}}) + \sum_{i=1}^m (z_i-\lambda_i) f_i(\boldsymbol{x}_{\boldsymbol{\lambda}}) \\
&= g(\boldsymbol{\lambda}) + \sum_{i=1}^m (z_i-\lambda_i) f_i(\boldsymbol{x}_{\boldsymbol{\lambda}}).
\end{aligned}$$

设

$$F(\boldsymbol{x}) = [f_1(\boldsymbol{x})\ f_2(\boldsymbol{x})\ \cdots\ f_m(\boldsymbol{x})]^\top,$$

则上面的不等式可重新表述为：

$$g(\boldsymbol{z}) \leqslant g(\boldsymbol{\lambda}) + F(\boldsymbol{x}_{\boldsymbol{\lambda}})^\top(\boldsymbol{z}-\boldsymbol{\lambda}),\quad \forall\, \boldsymbol{z},$$

这意味着 $F(\boldsymbol{x}_{\boldsymbol{\lambda}})$ 是 g 在 λ 处的次梯度[⊖]. 只要我们关于变量 $\boldsymbol{x}$ 最小化 $\mathcal{L}(\boldsymbol{x},\boldsymbol{\lambda})$ 就可得到 $g(\boldsymbol{\lambda})$，因此获得这样一个次梯度显然是很容易的. 总结一下，对任意关于 $\boldsymbol{x}\in\mathcal{D}$ 的 $\mathcal{L}(\boldsymbol{x},\boldsymbol{\lambda})$

⊖ 这里所用的术语有些不太明确，因为次梯度定义的对象只是凸函数，而对于凹函数，我们应该更恰当地定义超梯度，即如果 $-h$ 是 $-f$ 的次梯度，那向量 h 是凹函数 f 的超梯度.

的最小值点 $\boldsymbol{x}_{\boldsymbol{\lambda}}$，我们有

$$[f_1(\boldsymbol{x}_{\boldsymbol{\lambda}})\ f_2(\boldsymbol{x}_{\boldsymbol{\lambda}})\ \cdots\ f_m(\boldsymbol{x}_{\boldsymbol{\lambda}})]^\top \in \partial g(\boldsymbol{\lambda}),$$

例如，12.6.1.1 节所表述的对偶分解方法中就利用了这一性质.

进一步，如果假设 $\mathcal{D}$ 是非空紧的，f_0, f_1，$i=1,\cdots,m$ 是连续的以及对任意 $\boldsymbol{\lambda}$，最小值点 $\boldsymbol{x}_{\boldsymbol{\lambda}}$ 是唯一的，那么可以证明 $g(\boldsymbol{\lambda})$ 是连续可微的，因此上面的次梯度是唯一的且实际为 g 在 $\boldsymbol{\lambda}$ 处的梯度：

$$\nabla g(\boldsymbol{\lambda}) = [f_1(\boldsymbol{x}_{\boldsymbol{\lambda}})\ f_2(\boldsymbol{x}_{\boldsymbol{\lambda}})\ \cdots\ f_m(\boldsymbol{x}_{\boldsymbol{\lambda}})]^\top,\quad \forall\ \boldsymbol{\lambda}.$$

8.6 习题

习题 8.1（二次不等式）　考虑由下面不等式定义的集合：

$$(x_1 \geqslant x_2 - 1 \text{ 和 } x_2 \geqslant 0) \text{ 或}(x_1 \leqslant x_2 - 1 \text{ 和 } x_2 \leqslant 0).$$

1. 画出这个集合，它是凸的吗？
2. 证明这个集合可由下面单独的二次不等式表示，即存在矩阵 $\boldsymbol{A}=\boldsymbol{A}^\top \in \mathbb{R}^{2,2}, \boldsymbol{b} \in \mathbb{R}^2$ 和 $c \in \mathbb{R}$ 使

$$q(\boldsymbol{x}) = \boldsymbol{x}^\top \boldsymbol{A}\boldsymbol{x} + 2\boldsymbol{b}^\top \boldsymbol{x} + c \leqslant 0.$$

3. 这个集合的凸包是什么？

习题 8.2（闭函数和闭集）　证明任意一个凸集 $\mathcal{X}$ 的示性函数 $I_{\mathcal{X}}$ 是凸的. 证明：当 $\mathcal{X}$ 是闭的，那么这个示性函数也是闭的.

习题 8.3（函数的凸性）

1. 设 x, y 都是正常数，证明：

$$y\mathrm{e}^{x/y} = \max_{\alpha>0} \alpha(x+y) - y\alpha \cdot \ln \alpha.$$

应用上面的结果证明下面定义的函数是凸的：

$$f(x,y) = \begin{cases} y\mathrm{e}^{x/y}, & \text{若 } x>0,\ y>0, \\ +\infty, & \text{其他}. \end{cases}$$

2. 证明：对任意 $r \geqslant 0$，如下定义的函数 $f_r : \mathbb{R}_+^m \to \mathbb{R}$ 是凹的

$$f_r(\boldsymbol{v}) = \left(\sum_{j=1}^m v_j^{1/r}\right)^r.$$

提示：证明 $-f$ 的海森矩阵形如 $\kappa\text{diag}(y)-\boldsymbol{z}\boldsymbol{z}^{\top}$，其中 $y\geqslant 0, \boldsymbol{z}\geqslant 0$ 是向量而 $\kappa\geqslant 0$ 是一个正常数. 那么应用 Schur 补[⊖]证明这个海森矩阵是半正定的.

习题 8.4（一些简单的优化问题）　求解如下的优化问题并确定出一个最优的原问题解.

1. 证明：对给定的常数 α,β，有

$$f(\alpha,\beta)\doteq\min_{d>0}\alpha d+\frac{\beta^2}{d}=\begin{cases}-\infty, & \text{若 } \alpha\leqslant 0,\\ 2|\beta|\sqrt{\alpha}, & \text{其他.}\end{cases}$$

2. 证明：对任意的向量 $\boldsymbol{z}\in\mathbb{R}^m$，有

$$\|\boldsymbol{z}\|_1=\min_{d>0}\frac{1}{2}\sum_{i=1}^{m}\left(d_i+\frac{z_i^2}{d_i}\right). \tag{8.52}$$

3. 证明：对任意的向量 $\boldsymbol{z}\in\mathbb{R}^m$，有

$$\|\boldsymbol{z}\|_1^2=\min_{d}\sum_{i=1}^{m}\frac{z_i^2}{d_i}:\ \ d>0,\ \sum_{i=1}^{m}d_i=1.$$

习题 8.5（最小化对数和）　考虑如下问题：

$$p^*=\max_{\boldsymbol{x}\in\mathbb{R}^n}\sum_{i=1}^{n}\alpha_i\ln x_i$$

$$\text{s.t.:}\ \ \boldsymbol{x}\geqslant 0,\ \ \mathbf{1}^{\top}\boldsymbol{x}=c,$$

其中 $c>0$ 和 $\alpha_i>0$，$i=1,\cdots,n$. 这种形式的问题出现在离散时间马尔可夫链的转移概率的极大似然估计中. 在解析形式下确定一个极小值点，并证明该问题的最优目标值为：

$$p^*=\alpha\ln(c/\alpha)+\sum_{i=1}^{n}\alpha_i\ln\alpha_i,$$

其中 $\alpha\doteq\sum_{i=1}^{n}\alpha_i$.

习题 8.6（单调性与局部性）　考虑如下优化问题（这里并没有假设问题的凸性）：

$$p_1^*\doteq\min_{x\in\mathcal{X}_1}f_0(x),$$

$$p_2^*\doteq\min_{x\in\mathcal{X}_2}f_0(x),$$

$$p_{13}^*\doteq\min_{x\in\mathcal{X}_1\cap\mathcal{X}_3}f_0(x),$$

$$p_{23}^*\doteq\min_{x\in\mathcal{X}_2\cap\mathcal{X}_3}f_0(x),$$

其中 $\mathcal{X}_1\subseteq\mathcal{X}_2$.

⊖ 参见 4.4.7 节.

1. 证明 $p_1^* \geqslant p_2^*$ (即扩大可行集并不会恶化最优目标值).
2. 证明：如果 $p_1^* = p_2^*$，那么有

$$p_{13}^* = p_1^* \Rightarrow p_{23}^* = p_2^*.$$

3. 假设上面所有的优化问题都存在唯一的最优解. 证明：在这样的假设条件下，如果 $p_1^* = p_2^*$，那么有

$$p_{23}^* = p_2^* \Rightarrow p_{13}^* = p_1^*.$$

习题 8.7（一些矩阵范数）　设 $\boldsymbol{X} = [\boldsymbol{x}_1, \cdots, \boldsymbol{x}_m] \in \mathbb{R}^{n,m}$ 和 $p \in [1, +\infty]$. 我们考虑如下问题：

$$\phi_p(\boldsymbol{X}) \doteq \max_{\boldsymbol{u}} \|\boldsymbol{X}^\top \boldsymbol{u}\|_p: \quad \boldsymbol{u}^\top \boldsymbol{u} = 1.$$

如果数据被中心化，即 $\boldsymbol{X}\mathbf{1} = 0$，上面的问题相当于找到一个与原点“偏差”最大的方向，其中偏差用 ℓ_p 范数来度量.

1. ϕ_p 是否为一个矩阵范数?
2. 当 $p = 2$ 时，求解该问题，并找到一个最优解 $\boldsymbol{u}$.
3. 当 $p = \infty$ 时，求解该问题，并找到一个最优解 $\boldsymbol{u}$.
4. 证明：

$$\phi_p(\boldsymbol{X}) = \max_{\boldsymbol{v}} \|\boldsymbol{X}\boldsymbol{v}\|_2: \quad \|\boldsymbol{v}\|_q = 1,$$

其中 $1/p + 1/q = 1$（因此 $\phi_p(\boldsymbol{X})$ 依赖于 $\boldsymbol{X}^\top \boldsymbol{X}$）. 提示：注意到 ℓ_p 范数的对偶范数是 ℓ_q 范数，反之亦然. 在这个意义下，对于任何常数 $p \geqslant 1, q \geqslant 1$ 且满足 $1/p + 1/q = 1$，我们有

$$\max_{\boldsymbol{v}:\ \|\boldsymbol{v}\|_q \leqslant 1} \boldsymbol{u}^\top \boldsymbol{v} = \|\boldsymbol{u}\|_p.$$

习题 8.8（具有非负元素的矩阵范数）　设 $\boldsymbol{X} \in \mathbb{R}_+^{n,m}$ 是一个具有非负元素的矩阵且 $p, r \in [1, +\infty]$，$p \geqslant r$. 我们考虑如下问题：

$$\phi_{p,r}(\boldsymbol{X}) = \max_{\boldsymbol{v}} \|\boldsymbol{X}\boldsymbol{u}\|_r: \quad \|\boldsymbol{v}\|_p \leqslant 1.$$

1. 证明：当 $p \geqslant r$ 时，如下定义的函数 $f_{\boldsymbol{X}}: \mathbb{R}_+^m \to \mathbb{R}$ 是凹的

$$f_{\boldsymbol{X}}(\boldsymbol{u}) = \sum_{i=1}^{n} \left(\sum_{j=1}^{m} X_{ij} u_j^{1/p} \right)^r.$$

2. 利用前面的结果，构造了一个以 $\phi_{p,r}(\boldsymbol{X})^r$ 为最优值的有效可解的凸问题.

习题 8.9（振幅最小二乘）　对给定的 n 维向量 $\boldsymbol{a}_1, \cdots, \boldsymbol{a}_m$，我们考虑如下问题：

$$p^* = \min_{\boldsymbol{x}} \sum_{i=1}^{m} \left(|\boldsymbol{a}_i^\top \boldsymbol{x}| - 1 \right)^2.$$

1. 该问题是凸的吗？如果是，你可以把它表述为一个通常的最小二乘问题吗？更具体的是一个 LP? QP? QCQP? SOCP? 或者都不是，精确地验证你的结论.
2. 证明最优目标值 p^* 依赖于矩阵 $\boldsymbol{K}=\boldsymbol{A}^\top\boldsymbol{A}$，其中 $\boldsymbol{A}=[\boldsymbol{a}_1,\cdots,\boldsymbol{a}_m]$ 是数据点的 $n\times m$ 维矩阵（也就是，如果两个不同的矩阵 $\boldsymbol{A}_1,\boldsymbol{A}_2$ 满足 $\boldsymbol{A}_1^\top\boldsymbol{A}_1=\boldsymbol{A}_2^\top\boldsymbol{A}_2$，那么相应的最优目标值是相等的）.

习题 8.10（特征值与优化）　给定一个 $n\times n$ 维对称矩阵 $\boldsymbol{Q}$，定义

$$\boldsymbol{w}_1=\arg\min_{\|\boldsymbol{x}\|_2=1}\boldsymbol{x}^\top\boldsymbol{Q}\boldsymbol{x},\ \mu_1=\min_{\|\boldsymbol{x}\|_2=1}\boldsymbol{x}^\top\boldsymbol{Q}\boldsymbol{x},$$

以及对于 $k=1,2,\cdots,n-1$，有：

$$\boldsymbol{w}_{k+1}=\arg\min_{\|\boldsymbol{x}\|_2=1}\boldsymbol{x}^\top\boldsymbol{Q}\boldsymbol{x}\quad \text{满足 } \boldsymbol{w}_i^\top\boldsymbol{x}=0,\ i=1,\cdots,k,$$

$$\mu_{k+1}=\min_{\|\boldsymbol{x}\|_2=1}\boldsymbol{x}^\top\boldsymbol{Q}\boldsymbol{x}\quad \text{满足 } \boldsymbol{w}_i^\top\boldsymbol{x}=0,\ i=1,\cdots,k.$$

应用优化原理和理论：

1. 证明 $\mu_1\leqslant\mu_2\leqslant\cdots\leqslant\mu_n$；
2. 证明向量 $\boldsymbol{w}_1,\cdots,\boldsymbol{w}_n$ 是线性独立的并且形成 $\mathbb{R}^n$ 上的一组规范正交基；
3. 证明 μ_1 实际上是一个拉格朗日乘子且 μ_1 是 $\boldsymbol{Q}$ 的最小特征值；
4. 证明 $\mu_2,\cdots,\mu_n$ 也是拉格朗日乘子. 提示：证明 μ_{k+1} 是 $\boldsymbol{W}_k^\top\boldsymbol{Q}\boldsymbol{W}_k$ 的最小特征值，其中 $\boldsymbol{W}_k=[\boldsymbol{w}_{k+1},\cdots,\boldsymbol{w}_n]$.

习题 8.11（块范数惩罚）　在该习题中，我们将向量 $\boldsymbol{x}\in\mathbb{R}^n$ 划分成 p 个块 $\boldsymbol{x}=(\boldsymbol{x}_1,\cdots,\boldsymbol{x}_p)$，其中 $\boldsymbol{x}_i\in\mathbb{R}^{n_i}$，$n_1+\cdots+n_p=n$. 定义函数 $\rho:\mathbb{R}^n\to\mathbb{R}$ 如下：

$$\rho(\boldsymbol{x})=\sum_{i=1}^{p}\|\boldsymbol{x}_i\|_2.$$

1. 证明 ρ 是一个范数.
2. 求出“对偶范数”$\rho_*(\boldsymbol{x})\doteq\sup_{\boldsymbol{z}:\ \rho(\boldsymbol{z})=1}\boldsymbol{z}^\top\boldsymbol{x}$ 的一个简单表达式.
3. 对偶范数的对偶是什么？
4. 对于常数 $\lambda\geqslant 0$，矩阵 $\boldsymbol{A}\in\mathbb{R}^{m,n}$，向量 $\boldsymbol{y}\in\mathbb{R}^m$，我们考虑如下的优化问题：

$$p^*(\lambda)\doteq\min_{\boldsymbol{x}}\|\boldsymbol{A}\boldsymbol{x}-\boldsymbol{y}\|_2+\lambda\rho(\boldsymbol{x}).$$

   解释大的值 λ 对解的实际影响.
5. 对于上面的问题，证明：$\lambda>\sigma_{\max}(\boldsymbol{A}_i)$ 意味着我们可以在最优点处令 $x_i=0$. 这里 $\boldsymbol{A}_i\in\mathbb{R}^{m,n_i}$ 对应着 $\boldsymbol{A}$ 中第 i 个列块，以及 $\sigma_{\max}$ 为其最大的奇异值.

第 9 章　线性、二次与几何模型

本章介绍三类优化模型. 前两类模型（线性和二次规划）的特点是问题定义中涉及的函数要么是线性的，要么是二次的. 第三类模型（几何规划）可以看作是线性规划问题在适当对数变换下得到的一个推广.

称一个关于变量 $\boldsymbol{x}=[x_1\,x_2\cdots x_n]$ 的函数为二次函数，如果其为关于 $\boldsymbol{x}$ 的一个多项式函数且单项式的最大次数为 2. 这样的二次多项式一般可以写为：

$$f_0(\boldsymbol{x})=\frac{1}{2}\boldsymbol{x}^\top\boldsymbol{H}\boldsymbol{x}+\boldsymbol{c}^\top\boldsymbol{x}+d\quad\text{(二次函数)},\tag{9.1}$$

其中 $d\in\mathbb{R}$ 是常数项，$\boldsymbol{c}\in\mathbb{R}^n$ 是由一阶项系数构成的向量，而 $\boldsymbol{H}\in\mathbb{R}^{n,n}$ 是包含二次项系数的对称矩阵. 显然，线性函数是当 $\boldsymbol{H}=0$ 时的特殊二次函数：

$$f_0(\boldsymbol{x})=\boldsymbol{c}^\top\boldsymbol{x}+d\quad\text{(线性函数)}.$$

本章所讨论的线性和二次模型具有如下的形式：

$$\begin{aligned}
\text{最小化}\quad & f_0(x) \\
\text{s.t.:}\quad & \boldsymbol{A}_{\text{eq}}\boldsymbol{x}=b_{\text{eq}}, \\
& f_i(x)\leqslant 0,\qquad i=1,\cdots,m,
\end{aligned}\tag{9.2}$$

其中 $f_0,\cdots,f_m$ 是二次或线性函数. 更准确地说，我们主要考虑这些函数是凸函数时的情形，亦即当且仅当 $f_i,i=0,\cdots,m$ 的海森矩阵是半正定的，参见例 8.5.

9.1　二次函数的无约束最小化

我们开始讨论无约束的情况，即去掉约束条件的问题 (9.2), 于是 $\boldsymbol{x}\in\mathbb{R}^n$ 是没有任何限制的. 首先考虑线性情形 $f_0(\boldsymbol{x})=\boldsymbol{c}^\top\boldsymbol{x}+d$：

$$p^*=\min_{\boldsymbol{x}\in\mathbb{R}^n}\boldsymbol{c}^\top\boldsymbol{x}+d.$$

直观上当 $c\neq 0$ 时，$p^*=-\infty$(即目标函数为下方无界的), 否则 $p^*=d$. 事实上，当 $c\neq 0$ 时，可以对任意大的 $\alpha>0$，取 $\boldsymbol{x}=-\alpha\boldsymbol{c}$ 使得 f_0 趋于 $-\infty$. 而当 $c=0$ 时，函数即为等

于 d 的常函数. 于是，对于线性函数，则有：

$$p^* = \begin{cases} d & \text{如果 } \boldsymbol{c} = 0, \\ -\infty & \text{其他.} \end{cases}$$

下面考虑一般的二次函数的情形：

$$p^* = \min_{\boldsymbol{x} \in \mathbb{R}^n} \frac{1}{2}\boldsymbol{x}^\top \boldsymbol{H}\boldsymbol{x} + \boldsymbol{c}^\top \boldsymbol{x} + d.$$

根据 $\boldsymbol{H}$ 特征值的符号，可分为如下几种情况（注意，因为 $\boldsymbol{H}$ 是对称矩阵，则其特征值均为实数）.

（a）矩阵 $\boldsymbol{H}$ 有一个负特征值 $\lambda < 0$. 那么设 $\boldsymbol{u}$ 是相应的特征向量以及对 $\alpha \neq 0$，取 $\boldsymbol{x} = \alpha\boldsymbol{u}$. 由于 $\boldsymbol{H}\boldsymbol{u} = \lambda\boldsymbol{u}$，则当 $\alpha \to \infty$ 时，有

$$\begin{aligned} f_0(\boldsymbol{x}) &= \frac{1}{2}\boldsymbol{x}^\top \boldsymbol{H}\boldsymbol{x} + \boldsymbol{c}^\top \boldsymbol{x} + d = \frac{1}{2}\alpha^2 \boldsymbol{u}^\top \boldsymbol{H}\boldsymbol{u} + \alpha\boldsymbol{c}^\top \boldsymbol{u} + d \\ &= \frac{1}{2}\lambda\alpha^2\|\boldsymbol{u}\|^2 + \alpha(\boldsymbol{c}^\top \boldsymbol{u}) + d \end{aligned}$$

趋于 $-\infty$. 这样，此时 f_0 是下方无界的，即 $p^* = -\infty$.

（b）矩阵 $\boldsymbol{H}$ 的所有特征值都是非负的：$\lambda_i \geqslant 0, i = 1, \cdots, n$，此时 f_0 是凸函数. 由式 (8.30) 可知，最小值点是函数梯度为零时的点，也就是：

$$\nabla f_0(x) = \boldsymbol{H}\boldsymbol{x} + \boldsymbol{c} = 0. \tag{9.3}$$

于是最小值点满足线性方程组 $\boldsymbol{H}\boldsymbol{x} = -\boldsymbol{c}$，进一步可分为如下两种子情况：

（b.1）如果 $\boldsymbol{c} \notin \mathcal{R}(\boldsymbol{H})$，则最小值点不存在. 事实上，这种情况意味着 $\boldsymbol{H}$ 是奇异的，因此 $\boldsymbol{H}$ 有一个 $\lambda = 0$ 的特征值以及对应的特征向量 $\boldsymbol{u}$. 这样取 $\boldsymbol{x} = \alpha\boldsymbol{u}$，故沿着方向 $\boldsymbol{u}$，我们有 $f_0(x) = \alpha(\boldsymbol{c}^\top \boldsymbol{u}) + d$. 但由于 $\boldsymbol{u} \in \mathcal{N}(\boldsymbol{H})$ 以及 $\boldsymbol{c} \notin \mathcal{R}(\boldsymbol{H})$，一定有沿着 $\mathcal{N}(\boldsymbol{H})$ 方向的非零分量，因此 $\boldsymbol{c}^\top \boldsymbol{u} \neq 0$，从而 $f_0(x)$ 是下方无界的.

（b.2）如果 $\boldsymbol{c} \in \mathcal{R}(\boldsymbol{H})$，则 f_0 有一个有限的全局最小值 $p^* = 0.5\boldsymbol{c}^\top \boldsymbol{x}^* + d$（最小值点是全局的是由 f_0 的凸性得到的），其中最小值点 $\boldsymbol{x}^*$ 是满足 $\boldsymbol{H}\boldsymbol{x}^* = -\boldsymbol{c}$ 的任意向量. 所有这样的最小值点具有如下形式：

$$\boldsymbol{x}^* = -\boldsymbol{H}^\dagger \boldsymbol{c} + \boldsymbol{\zeta}, \quad \boldsymbol{\zeta} \in \mathcal{N}(\boldsymbol{H}).$$

因为 $\mathcal{N}(\boldsymbol{H}) \perp \mathcal{R}(\boldsymbol{H}^\top) \equiv \mathcal{R}(\boldsymbol{H})$ 且 $\boldsymbol{c} \in \mathcal{R}(\boldsymbol{H})$，则对任意 $\boldsymbol{\zeta} \in \mathcal{N}(\boldsymbol{H})$ 有 $\boldsymbol{c}^\top \boldsymbol{\zeta} = 0$，于是

$$\begin{aligned} p^* &= -1/2\boldsymbol{c}^\top \boldsymbol{H}^\dagger \boldsymbol{c} + d + 1/2\boldsymbol{c}^\top \boldsymbol{\zeta} \\ &= -\frac{1}{2}\boldsymbol{c}^\top \boldsymbol{H}^\dagger \boldsymbol{c} + d. \end{aligned}$$

（c） 矩阵 $\boldsymbol{H}$ 的所有特征值都是正的：$\lambda_i > 0,\ i = 1, \cdots, n$，则 $\boldsymbol{H}$ 是可逆的，于是存在如下唯一的最小值点：

$$\boldsymbol{x}^* = -\boldsymbol{H}^{-1}\boldsymbol{c}, \tag{9.4}$$

其相应的最优目标值为：

$$p^* = -\frac{1}{2}\boldsymbol{c}^\top \boldsymbol{H}^{-1}\boldsymbol{c} + d.$$

综上所述，二次函数 (9.1) 的最小值 p^* 为：

$$p^* = \begin{cases} -\frac{1}{2}\boldsymbol{c}^\top \boldsymbol{H}^\dagger \boldsymbol{c} + d & \text{如果 } \boldsymbol{H} \succeq 0 \text{ 且 } \boldsymbol{c} \in \mathcal{R}(\boldsymbol{H}), \\ -\infty & \text{其他}. \end{cases}$$

例 9.1（最小二乘） 我们实际上已经遇到过一类特殊的二次函数最小化问题，即线性方程组的最小二乘近似解，参见 6.3.1 节. 事实上，LS 问题相当于最小化 $f_0(\boldsymbol{x}) = \|\boldsymbol{A}\boldsymbol{x} - \boldsymbol{y}\|_2^2$，因此

$$f_0(\boldsymbol{x}) = (\boldsymbol{A}\boldsymbol{x} - \boldsymbol{y})^\top(\boldsymbol{A}\boldsymbol{x} - \boldsymbol{y}) = \boldsymbol{x}^\top \boldsymbol{A}^\top \boldsymbol{A}\boldsymbol{x} - 2\boldsymbol{y}^\top \boldsymbol{A}\boldsymbol{x} + \boldsymbol{y}^\top \boldsymbol{y},$$

其为一个具有标准形式 (9.1) 的二次函数，其中

$$\boldsymbol{H} = 2(\boldsymbol{A}^\top \boldsymbol{A}), \quad \boldsymbol{c} = -2\boldsymbol{A}^\top \boldsymbol{y}, \quad d = \boldsymbol{y}^\top \boldsymbol{y}.$$

注意到 f_0 总是是凸的，这是因为 $\boldsymbol{A}^\top \boldsymbol{A} \succeq 0$. 于是最优解可由式 (9.3) 中的一阶最优性条件给出. 由于 $\boldsymbol{c} \in \mathcal{R}(\boldsymbol{H})$，故满足这些条件的 LS 解总是存在的. 进一步，如果 $\boldsymbol{A}$ 是满秩的，则 $\boldsymbol{A}^\top \boldsymbol{A} \succ 0$，从而解是唯一的且由以下著名的公式给出：

$$\boldsymbol{x}^* = -\boldsymbol{H}^{-1}\boldsymbol{c} = (\boldsymbol{A}^\top \boldsymbol{A})^{-1}\boldsymbol{A}^\top \boldsymbol{y}.$$

例 9.2（线性等式约束下的二次最小化） 对于 $f_0(\boldsymbol{x}) = \frac{1}{2}\boldsymbol{x}^\top \boldsymbol{H}\boldsymbol{x} + \boldsymbol{c}^\top \boldsymbol{x} + d$，如下的线性等式约束问题

$$\begin{aligned} \text{最小化} \quad & f_0(\boldsymbol{x}) \\ \text{s.t.:} \quad & \boldsymbol{A}\boldsymbol{x} = \boldsymbol{b}, \end{aligned}$$

可很容易地通过消除等式约束转换为无约束形式. 为此，我们将所有满足 $\boldsymbol{A}\boldsymbol{x} = \boldsymbol{b}$ 的 $\boldsymbol{x}$ 参数化为

$$\boldsymbol{x} = \bar{\boldsymbol{x}} + \boldsymbol{N}\boldsymbol{z},$$

其中 $\bar{\boldsymbol{x}}$ 是 $\boldsymbol{A}\boldsymbol{x} = \boldsymbol{b}$ 的一个特解，矩阵 $\boldsymbol{N}$ 的列向量是 $\boldsymbol{A}$ 的零空间的一组基，而向量 $\boldsymbol{z}$ 是自由变量的向量. 那么将 $\boldsymbol{x}$ 代入 f_0 可得关于变量 $\boldsymbol{z}$ 的无约束问题：

$$\min_{\boldsymbol{z}} \varphi_0(\boldsymbol{z}) = \frac{1}{2}\boldsymbol{z}^\top \tilde{\boldsymbol{H}}\boldsymbol{z} + \bar{\boldsymbol{c}}^\top \boldsymbol{z} + \bar{d},$$

其中

$$\tilde{\boldsymbol{H}} = \boldsymbol{N}^\top \boldsymbol{H}\boldsymbol{N},\ \bar{\boldsymbol{c}} = \boldsymbol{N}^\top(\boldsymbol{c} + \boldsymbol{H}\bar{\boldsymbol{x}}),\ \bar{\boldsymbol{d}} = \boldsymbol{d} + \boldsymbol{c}^\top \bar{\boldsymbol{x}} + \frac{1}{2}\bar{\boldsymbol{x}}^\top \boldsymbol{H}\bar{\boldsymbol{x}}.$$

当 f_0 是凸函数时，利用式 (8.31) 的充分必要条件，也可以采用另一种方法. 也就是求 $\boldsymbol{x} \in \mathbb{R}^n$ 和 $\boldsymbol{\lambda} \in \mathbb{R}^n$ 使得

$$\boldsymbol{A}\boldsymbol{x} = \boldsymbol{b},\ \nabla f_0(\boldsymbol{x}) = \boldsymbol{A}^\top \boldsymbol{\lambda}.$$

由于

$$\nabla f_0(\boldsymbol{x}) = \boldsymbol{H}\boldsymbol{x} + \boldsymbol{c},$$

那么我们会看到，求等式约束下的凸二次问题的最优解可以通过求解如下关于变量 $\boldsymbol{x}, \boldsymbol{\lambda}$ 的线性方程组：

$$\begin{bmatrix} \boldsymbol{A} & 0 \\ \boldsymbol{H} & -\boldsymbol{A}^\top \end{bmatrix} \begin{bmatrix} \boldsymbol{x} \\ \boldsymbol{\lambda} \end{bmatrix} = \begin{bmatrix} \boldsymbol{b} \\ -\boldsymbol{c} \end{bmatrix}. \tag{9.5}$$

9.2 线性与凸二次不等式的几何表示

9.2.1 线性不等式与多面体

满足线性不等式 $\boldsymbol{a}_i^\top \boldsymbol{x} \leqslant b_i$ 的所有点 $\boldsymbol{x} \in \mathbb{R}^n$ 构成的集合是一个闭的半空间. 向量 $\boldsymbol{a}_i$ 垂直于半空间的边界并指向外侧，参见 2.4.4.3 节. 因此，如下 m 个线性不等式

$$\boldsymbol{a}_i^\top \boldsymbol{x} \leqslant b_i, \quad i = 1, \cdots, m, \tag{9.6}$$

定义了一个 $\mathbb{R}^m$ 中 m 个半空间的交集区域，我们称其为多面体. 注意，根据实际的不等式，这个区域可以是无界的，也可以是有界的. 在后一种情况下，称其为多胞形，如图 9.1 所示. 使用矩阵来表示几个线性不等式通常比较方便：于是定义

$$\boldsymbol{A} = \begin{bmatrix} \boldsymbol{a}_1^\top \\ \boldsymbol{a}_2^\top \\ \vdots \\ \boldsymbol{a}_m^\top \end{bmatrix}, \quad \boldsymbol{b} = \begin{bmatrix} b_1 \\ b_2 \\ \vdots \\ b_m \end{bmatrix},$$

然后，将不等式 (9.6) 写为如下等价的矩阵形式：

$$\boldsymbol{A}\boldsymbol{x} \leqslant \boldsymbol{b},$$

其中不等式按照逐分量比较.

图 9.1 左侧的多胞形可表述为如下六个线性不等式，其中每个线性不等式定义了一个半空间：

$$\begin{bmatrix} 0.4873 & -0.8732 \\ 0.6072 & 0.7946 \\ 0.9880 & -0.1546 \\ -0.2142 & -0.9768 \\ -0.9871 & -0.1601 \\ 0.9124 & 0.4093 \end{bmatrix} \boldsymbol{x} \leqslant \begin{bmatrix} 1 \\ 1 \\ 1 \\ 1 \\ 1 \\ 1 \end{bmatrix}.$$

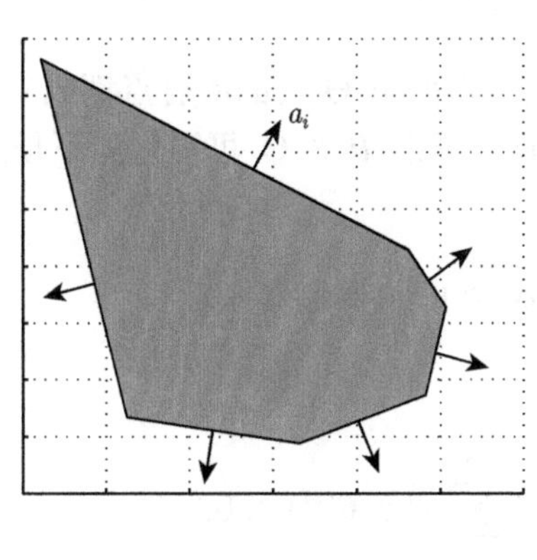

a）空间$\mathbb{R}^2$中的多胞形

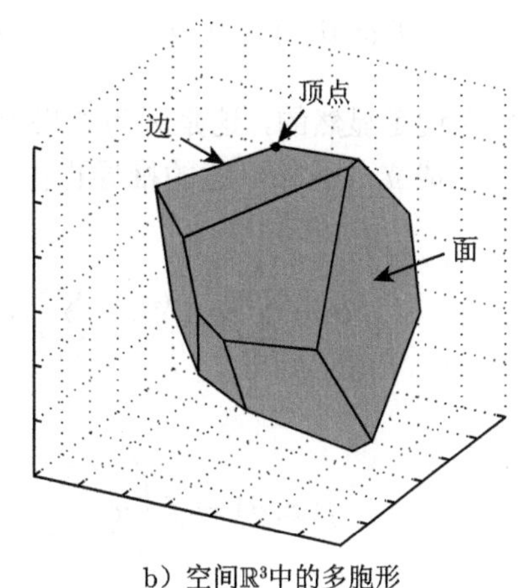

b）空间$\mathbb{R}^3$中的多胞形

图 9.1 多胞形的例子

称可表示为半空间交的多胞形为 $\mathcal{H}$-多胞形. 任意 $\mathcal{H}$-多胞形也可等价地表示为其顶点的凸包，称能表示为这样的多胞形为 $\mathcal{V}$-多胞形. 例如图 9.1 中的二维多胞形，其顶点的坐标为如下矩阵的列向量：

$$\boldsymbol{V} = \begin{bmatrix} 0.1562 & 0.9127 & 0.8086 & 1.0338 & -1.3895 & -0.8782 \\ -1.0580 & -0.6358 & 0.6406 & 0.1386 & 2.3203 & -0.8311 \end{bmatrix},$$

这样的多胞形可表示为其顶点的凸包. 称一个多胞形 P 与其支撑超平面 H 的交为 P 的截面，其也是一个凸多胞形. 顶点实际上是 0 维的截面，1 维的截面是 P 的边，$\dim P - 1$ 维的截面称为面，如图 9.1 所示.

一个多胞形与一个仿射集（满足线性方程组 $\boldsymbol{A}_{\text{eq}}\boldsymbol{x} = \boldsymbol{b}_{\text{eq}}$ 的点的集合）的交仍然是一个多胞形. 事实上，集合

$$P = \{\boldsymbol{x} : \boldsymbol{A}\boldsymbol{x} \leqslant \boldsymbol{b}, \boldsymbol{A}_{\text{eq}}\boldsymbol{x} = \boldsymbol{b}_{\text{eq}}\}$$

可等价地表示为如下“纯不等式”的形式：

$$P=\{\boldsymbol{x}:\boldsymbol{A}\boldsymbol{x}\leqslant\boldsymbol{b},\boldsymbol{A}_{\mathrm{eq}}\boldsymbol{x}\leqslant\boldsymbol{b}_{\mathrm{eq}},-\boldsymbol{A}_{\mathrm{eq}}\boldsymbol{x}\leqslant-\boldsymbol{b}_{\mathrm{eq}}\}.$$

多胞形顶点上的凸不等式. 如果一个凸不等式在一个多胞形的顶点处成立，那么该不等式在这个多胞形上的所有点都成立. 更准确地说，考虑一族函数 $f(\boldsymbol{x},\boldsymbol{\theta}):\mathbb{R}^n\times\mathbb{R}^m\to\mathbb{R}$，其对任意给定的 $\boldsymbol{x}$，关于参数 $\boldsymbol{\theta}$ 都是凸的，以及设 $\boldsymbol{\theta}^{(1)},\cdots,\boldsymbol{\theta}^{(p)}$ 为 $\mathbb{R}^m$ 中给定的点, 其作为如下 $\mathcal{V}$-多胞形

$$\Theta=\mathrm{co}\{\boldsymbol{\theta}^{(1)},\cdots,\boldsymbol{\theta}^{(p)}\}$$

的顶点. 那么有：

$$f(\boldsymbol{x},\boldsymbol{\theta}^{(i)})\leqslant 0,\ i=1,\cdots,p\quad\Leftrightarrow\quad f(\boldsymbol{x},\boldsymbol{\theta})\leqslant 0,\ \ \forall\,\boldsymbol{\theta}\in\Theta. \tag{9.7}$$

由右边推出左边是显然的，这是因为如果该不等式在多胞形 Θ 上的所有点都成立，那显然其在顶点上也成立. 另外一边的推导也由凸性易得：任意 $\boldsymbol{\theta}\in\Theta$ 可写为如下顶点的一个凸组合

$$\boldsymbol{\theta}=\sum_{i=1}^{p}\alpha_i\boldsymbol{\theta}^{(i)},\quad\sum_i\alpha_i=1,\ \alpha_i\geqslant 0,\ i=1,\cdots,p,$$

于是

$$f(\boldsymbol{x},\boldsymbol{\theta})=f\left(\boldsymbol{x},\sum_{i=1}^{p}\alpha_i\boldsymbol{\theta}^{(i)}\right)\leqslant\sum_{i=1}^{p}f(\boldsymbol{x},\boldsymbol{\theta}^{(i)})\leqslant 0,$$

其中第一个不等式是由关于凸函数的 Jensen 不等式得到. 这个简单的性质在工程设计问题中有许多有用的应用，其中的不等式根据设计需要所满足的规范具有特殊的含义. 在这种情况下，如果人们需要确保某个规范（表示为某个凸不等式）在对于参数 $\boldsymbol{\theta}$ 所在的整个多胞形区域内都成立，则只需确保这个规范在多胞形的有限个顶点上成立即可.

例 9.3（概率单纯形） 概率单纯形指如下定义的多胞形：

$$P=\left\{\boldsymbol{x}\in\mathbb{R}^n:\ \boldsymbol{x}\geqslant 0,\ \sum_{i=1}^{n}x_i=1\right\}.$$

这个名称意味着概率单纯形中的任意点 $\boldsymbol{x}$ 都有一个自然的离散概率分布，即所有 x_i 都是非负的且和为 1. 空间 $\mathbb{R}^n$ 中的概率单纯形有 n 个顶点，其分别对应 $\mathbb{R}^n$ 中的标准规范正交基，即

$$P=\mathrm{co}\{\boldsymbol{e}^{(1)},\cdots,\boldsymbol{e}^{(n)}\},$$

其中 $\boldsymbol{e}^{(i)}$ 是只有 i 位置为一其余为零的 n 维向量. 空间 $\mathbb{R}^3$ 中的概率单纯形如图 9.2 所示.

例 9.4（ℓ_1 范数球） ℓ_1 范数球定义为集合 $\{\boldsymbol{x}\in\mathbb{R}^n:\ \|\boldsymbol{x}\|_1\leqslant 1\}$，也就是满足 $\sum_{i=1}^{n}|x_i|\leqslant 1$ 的集合. 该集合实际上是一个多胞形，这是因为可以证明之前的不等式等价于 2^n

个线性不等式. 为了看到这个事实，考虑符号变量 $s_i \in \{-1,1\}$, $i=1,\cdots,n$. 那么

$$\sum_{i=1}^{n} |x_i| = \max_{s_i \in \{-1,1\}} \sum_{i=1}^{n} s_i x_i.$$

因此 $\|\boldsymbol{x}\|_1 \leqslant 1$ 当且仅当 $\max_{s_i \in \{-1,1\}} \sum_{i=1}^{n} s_i x_i \leqslant 1$，此反过来也等价于要求

$$\sum_{i=1}^{n} s_i x_i \leqslant 1, \qquad \text{对所有 } s_i \in \{-1,1\},\ i=1,\cdots,n.$$

对应于 n 个符号变量的所有可能组合，共计有 2^n 个线性不等式. 例如，当 $n=3$ 时即为图 9.3 中的八面体.

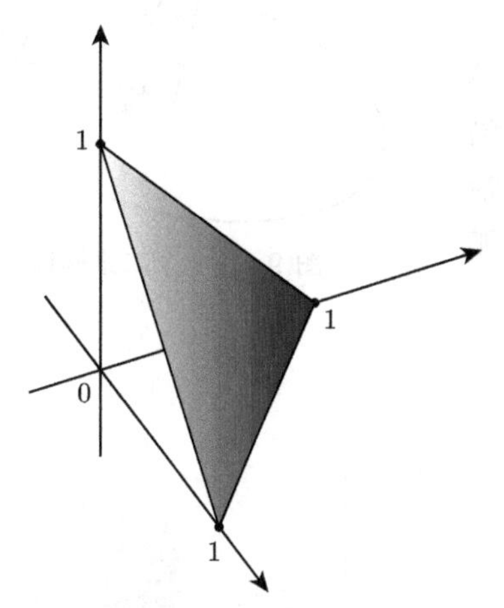

图 9.2　概率单纯形 $\{\boldsymbol{x} \in \mathbb{R}^3:\ \boldsymbol{x} \geqslant 0,\ \mathbf{1}^\top \boldsymbol{x} = 1\}$

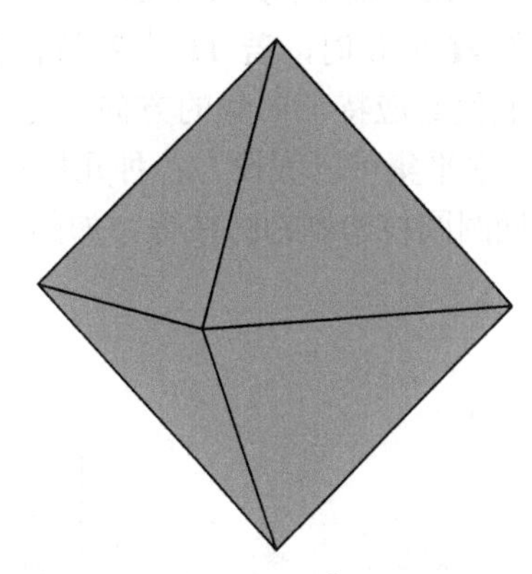

图 9.3　集合 $\{\boldsymbol{x} \in \mathbb{R}^3:\ \|\boldsymbol{x}\|_1 \leqslant 1\}$

9.2.2　二次不等式与椭球

考虑二次不等式的零水平集，即满足如下不等式的所有 $x \in \mathbb{R}^n$ 的点的集合：

$$f_0(x) = \frac{1}{2}\boldsymbol{x}^\top \boldsymbol{H} \boldsymbol{x} + \boldsymbol{c}^\top \boldsymbol{x} + d \leqslant 0. \tag{9.8}$$

如果 $\boldsymbol{H} \succeq 0$，那么该集合是凸的，此时其是一个（可能是无界的）椭球. 当 $\boldsymbol{H} \succ 0$ 且 $d \leqslant (1/4)\boldsymbol{c}^\top \boldsymbol{H}^{-1} \boldsymbol{c}$ 时，那么该零水平集是有界的且是一个中心为 $\hat{\boldsymbol{x}} = \dfrac{1}{2}\boldsymbol{H}^{-1}\boldsymbol{c}$ 的满维椭球，此时可重写式 (9.8) 为：

$$f_0(\boldsymbol{x}) = \frac{1}{2}(\boldsymbol{x}-\hat{\boldsymbol{x}})^\top \boldsymbol{H}(\boldsymbol{x}-\hat{\boldsymbol{x}}) - \frac{1}{4}\boldsymbol{c}^\top \boldsymbol{H}^{-1}\boldsymbol{c} + d \leqslant 0. \tag{9.9}$$

一个有界和满维椭球通常可表示为如下形式：

$$\mathcal{E}=\{\boldsymbol{x}:(\boldsymbol{x}-\hat{\boldsymbol{x}})^{\top}\boldsymbol{P}^{-1}(\boldsymbol{x}-\hat{\boldsymbol{x}})\leqslant 1\},\quad \boldsymbol{P}\succ 0, \tag{9.10}$$

其中 $\boldsymbol{P}$ 是椭球的形状矩阵. 显然，这种表示与式 (9.8) 和式 (9.9) 类似，其中

$$\boldsymbol{H}=2\boldsymbol{P}^{-1},\quad \boldsymbol{c}^{\top}\boldsymbol{H}^{-1}\boldsymbol{c}/4-d=1.$$

矩阵 $\boldsymbol{P}$ 的特征向量 $\boldsymbol{u}_i$ 定义了椭球体半轴的方向. 半轴的长度为 $\sqrt{\lambda_i}$，其中 $\lambda_i>0, i=1,\cdots,n$ 是 $\boldsymbol{P}$ 的特征值，如图 9.4 所示. 因此 P 的迹度量了半轴的平方和. 椭球 $\mathcal{E}$ 的体积与 $\boldsymbol{P}$ 行列式的平方根成正比：

$$\operatorname{vol}(\mathcal{E})=\alpha_n(\det \boldsymbol{P})^{1/2},\ \alpha_n=\frac{2\pi^{n/2}}{n\Gamma(n/2)},$$

其中 Γ 为 Gamma 函数（α_n 是 $\mathbb{R}^n$ 中单位欧氏球的体积）. 当 $\boldsymbol{H}\succeq 0$ 时，若 $\boldsymbol{H}$ 有零特征值，则椭球在沿着零特征值对应特征向量的方向是无界的. 在这种情况下，零水平集可以假设为各种几何形状，如：椭圆抛物面、椭圆圆柱和抛物圆柱等，如图 9.5 所示.

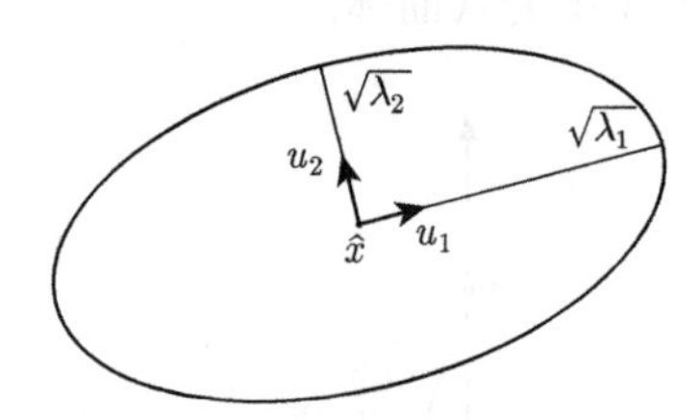

图 9.4　一个二维椭球

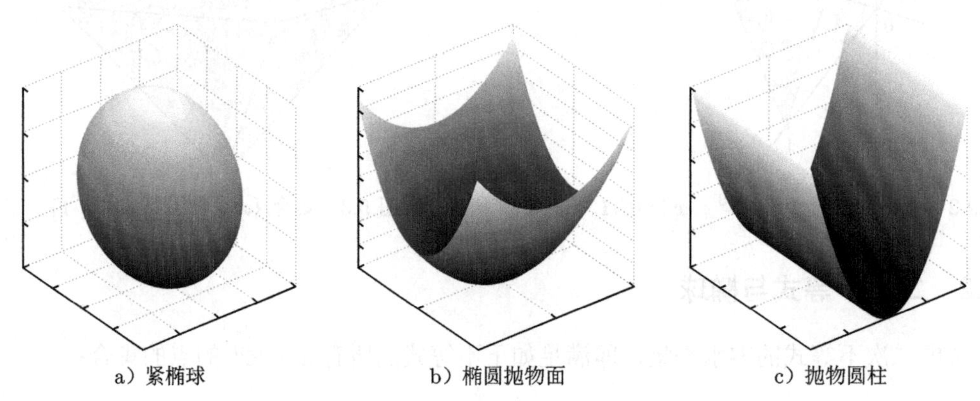

a）紧椭球　　b）椭圆抛物面　　c）抛物圆柱

图 9.5　空间 $\mathbb{R}^3$ 中凸二次函数零水平集的例子

一个（可能无界的）椭球可以通过单位球的原像给出另外一种表示方法，即

$$\mathcal{E}=\{\boldsymbol{x}\in\mathbb{R}^n:\ \|\boldsymbol{A}\boldsymbol{x}-\boldsymbol{b}\|_2^2\leqslant 1\},\quad \boldsymbol{A}\in\mathbb{R}^{m,n}, \tag{9.11}$$

这与式 (9.8) 等价，其中 $\boldsymbol{H}=2\boldsymbol{A}^{\top}\boldsymbol{A},\ \boldsymbol{c}^{\top}=-2\boldsymbol{b}^{\top}\boldsymbol{A},\ d=\boldsymbol{b}^{\top}\boldsymbol{b}-1$.

如果 $\boldsymbol{A}$ 是列满秩的且 $n\leqslant m$，则 $\boldsymbol{A}^{\top}\boldsymbol{A}\succ 0$，且式 (9.11) 表示了一个有界椭球. 如果 $\boldsymbol{A}$ 是对称正定的，则式 (9.11) 表示了一个中心为 $\hat{\boldsymbol{x}}=\boldsymbol{A}^{-1}\boldsymbol{b}$，体积与 $\det A^{-1}$ 成比例的有

界椭球. 一个有界（可能是扁的）椭球可进一步通过一个仿射变换下的单位球的像来表示，也就是：

$$\mathcal{E} = \{\boldsymbol{x} \in \mathbb{R}^n : \boldsymbol{x} = \boldsymbol{B}\boldsymbol{z} + \hat{\boldsymbol{x}} : \|\boldsymbol{z}\|_2 \leqslant 1\}, \quad \boldsymbol{B} \in \mathbb{R}^{n,m}. \tag{9.12}$$

当 $\mathcal{R}(\boldsymbol{B}) \neq \mathbb{R}^n$ 时，这样的椭球是扁的（退化的或非满维的）. 如果 $\boldsymbol{B}$ 是行满秩的且 $n \leqslant m$，则式 (9.12) 与式 (9.10) 等价，其表示一个形状矩阵为 $\boldsymbol{P} = \boldsymbol{B}\boldsymbol{B}^\top \succ 0$ 的有界满维椭球.

例 9.5（凸二次函数的零水平集） 我们给出三个关于凸二次函数零水平集的几何形状的简单例子. 考虑方程 (9.8), 其中

$$\boldsymbol{H} = \begin{bmatrix} 2/9 & 0 & 0 \\ 0 & 1/2 & 0 \\ 0 & 0 & 2 \end{bmatrix}, \quad \boldsymbol{c}^\top = [0\ \ 0\ \ 0], \quad d = -1,$$

那么零水平集是一个有界椭球，如图 9.5 所示. 如果取

$$\boldsymbol{H} = \begin{bmatrix} 1 & 0 & 0 \\ 0 & 2 & 0 \\ 0 & 0 & 0 \end{bmatrix}, \quad \boldsymbol{c}^\top = [0 \quad 0 \ -1], \quad d = 0,$$

则零水平集是一个椭圆抛物面的上镜图，如图 9.5 所示. 进一步，对于

$$\boldsymbol{H} = \begin{bmatrix} 1 & 0 & 0 \\ 0 & 0 & 0 \\ 0 & 0 & 0 \end{bmatrix}, \quad \boldsymbol{c}^\top = [0 \quad 0 \ -1], \quad d = 0,$$

那么零水平集是一个抛物圆柱的上镜图，如图 9.5 所示. 最后注意，如果 $H = 0$，那么零水平集是一个半空间.

前面的讨论表明满足如下 m 个凸二次不等式

$$\frac{1}{2}\boldsymbol{x}^\top \boldsymbol{H}_i \boldsymbol{x} + \boldsymbol{c}_i^\top \boldsymbol{x} + d_i \leqslant 0,$$
$$\boldsymbol{H}_i \succeq 0, \quad i = 1, \cdots, m$$

的点 $\boldsymbol{x} \in \mathbb{R}^n$ 的集合族包含多面体和多胞形族，但事实上还要比这丰富得多. 如图 9.6 给出了一个 $\mathbb{R}^2$ 中的例子.

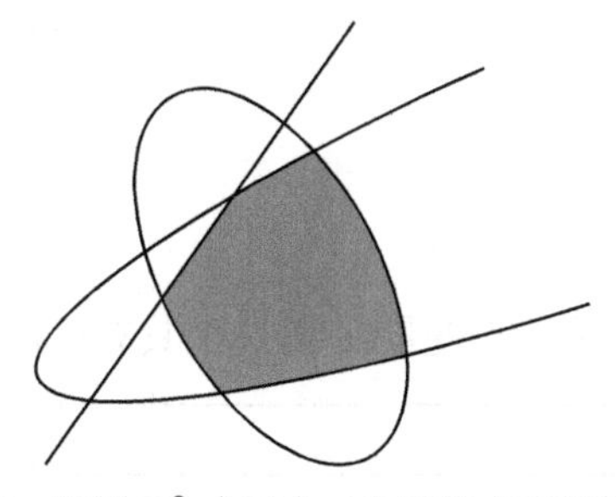

图 9.6 空间 $\mathbb{R}^2$ 中三个二次不等式可行集的交

9.3 线性规划

一个线性优化问题（或线性规划 LP）是一种具有标准形式 (9.2) 的问题，其中每个函数 $f_0, f_1, \cdots, f_m$ 都是仿射的. 因此 LP 的可行集是一个多面体.

线性优化问题有几种标准形式，其中一种可由标准形式 (9.2) 直接得到：

$$\begin{aligned} p^* = \min_{\boldsymbol{x}} \quad & \boldsymbol{c}^\top \boldsymbol{x} + d \\ \text{s.t.}: \quad & \boldsymbol{A}_{\text{eq}} \boldsymbol{x} = \boldsymbol{b}_{\text{eq}}, \\ & \boldsymbol{A}\boldsymbol{x} \leqslant \boldsymbol{b}, \end{aligned}$$

这里的不等式按照逐分量比较，我们记这种形式为 LP 的不等式形式. 当然，目标函数中的常数项 d 是无关紧要的，它仅影响目标值，但对最小值点没有影响.

注释 9.1（LP 的锥形式） 另外一种在 LP 现成算法中经常使用的标准形式为所谓的锥形式：

$$\begin{aligned} p^* = \min_{\boldsymbol{x}} \ & \boldsymbol{c}^\top \boldsymbol{x} + d \\ \text{s.t.}: \quad & \boldsymbol{A}_{\text{eq}} \boldsymbol{x} = \boldsymbol{b}_{\text{eq}}, \\ & \boldsymbol{x} \geqslant 0, \end{aligned}$$

显然，锥形式是不等式形式的一种特殊情况（其中取 $\boldsymbol{A} = -\boldsymbol{I}$ 且 $\boldsymbol{b} = 0$）. 然而，我们也可以将任意标准不等式形式的 LP 转化为锥形式. 为此，考虑一个不等式形式的 LP, 设 $\boldsymbol{x} = x_+ - x_-$，其中 $\boldsymbol{x}_+ = \max(\boldsymbol{x}, 0), \boldsymbol{x}_- = \max(-\boldsymbol{x}, 0)$ 分别表示 x 的正部和负部，再设 $\boldsymbol{\xi} = \boldsymbol{b} - \boldsymbol{A}\boldsymbol{x}$. 则不等式约束可写为 $\boldsymbol{\xi} \geqslant 0$，以及一定有 $\boldsymbol{x}_+ \geqslant 0$, $\boldsymbol{x}_- \geqslant 0$，所以通过引入增广变量 $\boldsymbol{z} = [\boldsymbol{x}_+ \ \boldsymbol{x}_- \ \boldsymbol{\xi}]$，可将问题写为：

$$\begin{aligned} \min_{\boldsymbol{z}} \ & [\boldsymbol{c}^\top \ \ -\boldsymbol{c}^\top \ \ \ 0]^\top \boldsymbol{z} + d \\ \text{s.t.}: \quad & [\boldsymbol{A}_{\text{eq}} \ \ -\boldsymbol{A}_{\text{eq}} \ \ \ 0] \boldsymbol{z} = \boldsymbol{b}_{\text{eq}}, \\ & [\boldsymbol{A} \ \ -\boldsymbol{A} \ \ \ \boldsymbol{I}] \boldsymbol{z} = \boldsymbol{b}, \\ & \boldsymbol{z} \geqslant 0, \end{aligned}$$

这是关于变量 $\boldsymbol{z}$ 的一个具有标准锥形式的 LP.

注释 9.2（LP 的几何解释） 满足一个 LP 约束条件的点的集合（即可行集）是一个多面体（当它有界时为一个多胞形）：

$$\mathcal{X} = \{\boldsymbol{x} \in \mathbb{R}^n : \ \boldsymbol{A}_{\text{eq}} \boldsymbol{x} = \boldsymbol{b}_{\text{eq}}, \ \boldsymbol{A}\boldsymbol{x} \leqslant \boldsymbol{b}\}.$$

设 $\boldsymbol{x}_f \in \mathcal{X}$ 是一个可行点，则相应的目标值是 $\boldsymbol{c}^\top \boldsymbol{x}_f$（从现在起，我们假设 $d = 0$）. 点 $\boldsymbol{x}_f \in \mathcal{X}$ 为最优点，那么其是 LP 的解当且仅当不存在其他点 $\boldsymbol{x} \in \mathcal{X}$ 使其对应的目

标值更小，也就是：

$$x_f \in \mathcal{X} \text{ 是 LP 的最优点 } \Leftrightarrow c^\top x \geqslant c^\top x_f,\ \forall\, x \in \mathcal{X},$$

也可参见 8.4 节中的讨论. 反之，如果存在 $x \in \mathcal{X}$ 使得 $c^\top(x - x_f) < 0$，则目标值变小. 几何上，这个条件意味着存在点 x 属于可行集 $\mathcal{X}$ 和半空间 $\{x: c^\top(x - x_f) < 0\}$ 的交集，即 x_f 可以在可行集内朝着与方向 c（下降方向）的内积为负的方向移动. 在最优点 x^* 处不存在可行下降方向，如图 9.7 所示.

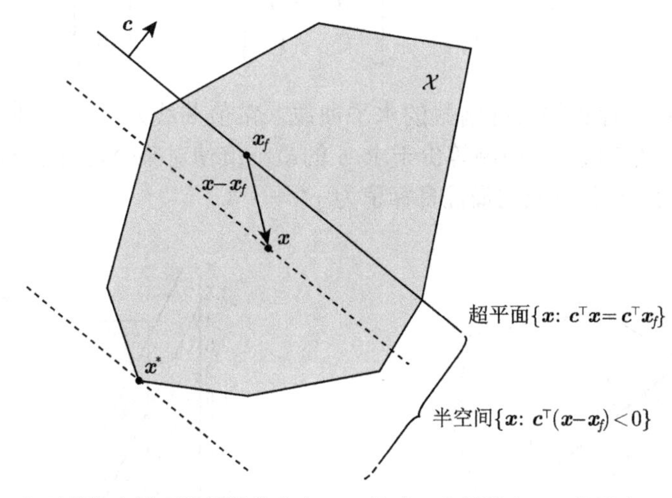

图 9.7　LP: 在可行集内尽可能地沿着方向 $-c$ 移动，在最优点 x^* 处没有可以使得目标值更小的可行移动

几何解释表明，LP 中可能出现以下几种情况.

- 如果可行集是空集（即线性等式和不等式的交是空集），则没有可行点，因此没有最优解. 在这种情况下，我们按照惯例通常假设最优值 $p^* = +\infty$.
- 如果可行集是非空有界的，则 LP 达到一个最优解，且最优目标值 p^* 是有限的. 在这种情况下，任意最优解 x^* 在可行多胞形的顶点、边或者面上. 特别地，如果最优成本超平面 $\{x: c^\top x = p^*\}$ 与可行多胞形只在某个顶点处相交，则最优解是唯一的.
- 如果可行集是非空无界的，则 LP 根据 c 的方向，可能达到或也可能达不到最优解，且存在方向 c 使得 LP 是下方无界的，即 $p^* = -\infty$ 且解 x^* 趋于无穷，如图 9.8 所示.

例 9.6（二维线性规划）　考虑如下优化问题：

$$\min_{x \in \mathbb{R}^2} 3x_1 + 1.5x_2 \quad \text{s.t.:}\ -1 \leqslant x_1 \leqslant 2, 0 \leqslant x_2 \leqslant 3.$$

这是一个 LP 问题，其可表示为如下标准的不等式形式：

$$\min_{\boldsymbol{x}\in\mathbb{R}^2} 3x_1+1.5x_2 \quad \text{s.t.:} \ -x_1 \leqslant 1, x_1 \leqslant 2, -x_2 \leqslant 0, x_2 \leqslant 3$$

或者用矩阵表示为 $\min_{\boldsymbol{x}} \boldsymbol{c}^\top \boldsymbol{x}$ 且约束为 $\boldsymbol{A}\boldsymbol{x} \leqslant \boldsymbol{b}$，其中

$$\boldsymbol{c}^\top = [3 \ \ 1.5], \quad \boldsymbol{A} = \begin{bmatrix} -1 & 0 \\ 1 & 0 \\ 0 & -1 \\ 0 & 1 \end{bmatrix}, \quad \boldsymbol{b} = \begin{bmatrix} 1 \\ 2 \\ 0 \\ 3 \end{bmatrix}.$$

图 9.9 显示了沿着可行集的目标函数的水平曲线（常值曲线）. 水平曲线是与目标向量 $\boldsymbol{c}^\top = [3 \ \ 1.5]$ 正交的直线. 该问题等价于求 p 的最小值使对某个可行的 $\boldsymbol{x}$ 满足 $p = \boldsymbol{c}^\top \boldsymbol{x}$. 最优点为 $\boldsymbol{x}^* = [-1 \ \ 0]$ 且对应的最优目标值为 $p^* = -3$.

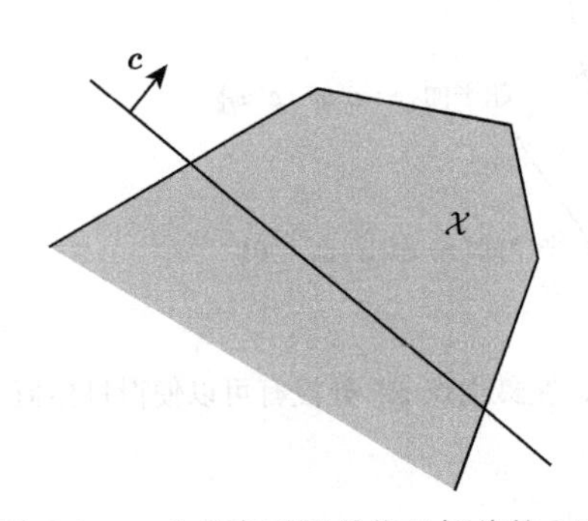

图 9.8　一个具有无界最优目标值的 LP

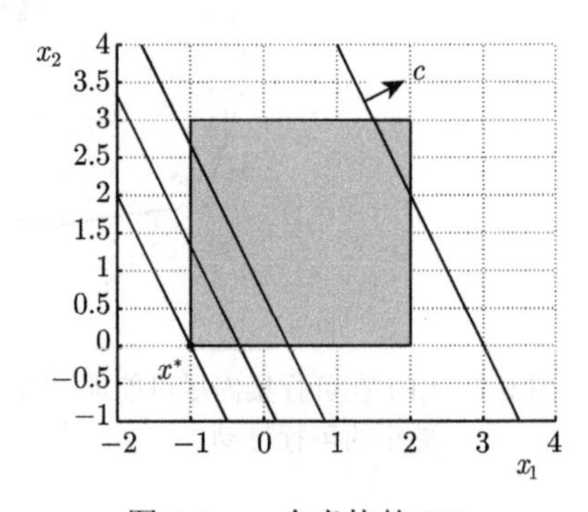

图 9.9　一个虚构的 LP

例 9.7（药品生产问题）[⊖] 一家公司生产两种药物，分别为药物 I 与药物 Ⅱ, 其都含有一种从市场购买原料中提取出的特定活性剂 A. 有两种原料：原料 I 和原料 Ⅱ, 其都可作为活性剂的来源. 表 9.1～表 9.3 给出了相关的产品、成本和资源数据. 目标是为公司找到利润最大化的生产计划.

表 9.1　药物生产数据

参数	药物 I	药物 Ⅱ
每 1000 包售价（美元）	6 500	7 100
每 1000 包中药剂 A 的含量（克）	0.500	0.600
每 1000 包所需人力（小时）	90.0	100.0
每 1000 包所需设备（小时）	40.0	50.0
每 1000 包的运营成本（美元）	700	800

⊖ 该问题取自 A. Ben-Tal, A. Nemirovski, *Lectures on Modern Convex Optimization*, SIAM, 2001.

表 9.2　原材料含量

材料	采购价格（美元/千克）	药剂含量（克/千克）
原料 I	100.00	0.01
原料 II	199.90	0.02

表 9.3　资源表

预算（美元）	人力（小时）	设备（小时）	储存容量（千克）
100 000	2 000	800	1 000

LP 表述. 分别用 $x_{\rm DrugI}$，$x_{\rm DrugII}$ 表示生产药物 I 和药物 II 的数量（/1000 包）. 设 $x_{\rm RawI}$，$x_{\rm RawII}$ 为购买原材料的数量（千克）. 根据该问题提供的数据，最小化目标有如下的形式：

$$f_0(x) = f_{\rm costs}(x) - f_{\rm income}(x),$$

其中

$$f_{\rm costs}(x) = 100x_{\rm RawI} + 199.90x_{\rm RawII} + 700x_{\rm DrugI} + 800x_{\rm DrugII}$$

表示采购和运营成本，以及

$$f_{\rm income}(x) = 6500x_{\rm DrugI} + 7100x_{\rm DrugII}$$

表示销售药品的收入.

此外，我们一共有五个约束条件以及关于变量的一个符号约束.

- 活性剂余量：

$$0.01x_{\rm RawI} + 0.02x_{\rm RawII} - 0.5x_{\rm DrugI} - 0.6x_{\rm DrugII} \geqslant 0.$$

  该约束说明原料的数量必须足够满足生产这些药物.
- 储存约束：

$$x_{\rm RawI} + x_{\rm RawII} \leqslant 1000.$$

  该约束说明原材料的储存能力是有限的.
- 人力约束：

$$90.0x_{\rm DrugI} + 100.0x_{\rm DrugII} \leqslant 2000,$$

  这说明人力资源是有限的：不能为项目分配超过 2000 小时的时间.
- 设备约束：

$$40.0x_{\rm DrugI} + 50.0x_{\rm DrugII} \leqslant 800.$$

  这说明设备资源是有限的.

- 预算约束：

$$100.0x_{\text{RawI}} + 199.90x_{\text{RawII}} + 700x_{\text{DrugI}} + 800x_{\text{DrugII}} \leqslant 100\,000.$$

这是总预算的约束.

- 符号约束：

$$x_{\text{RawI}} \geqslant 0, x_{\text{RawII}} \geqslant 0, x_{\text{DrugI}} \geqslant 0, x_{\text{DrugII}} \geqslant 0.$$

求解该问题（例如通过 Matlab 的 `linprog` 命令或通过 CVX），我们得到如下的最优值和相应的最优解：

$$p^* = -14\,085.13,\ x^*_{\text{RawI}} = 0,\ x^*_{\text{RawII}} = 438.789,\ x^*_{\text{DrugI}} = 17.552,\ x^*_{\text{DrugII}} = 0.$$

注意，预算和活性剂余量约束在最优情况时均为等式，这意味着生产过程使用了全部预算和原材料中所含的全部活性剂. 该最优解使得公司可以获得 14% 的客观利润.

9.3.1 LP 与多面体函数

如果一个函数 $f : \mathbb{R}^n \to \mathbb{R}$ 的上镜图是多面体，也就是，对某些矩阵 $\boldsymbol{C} \in \mathbb{R}^{m,n+1}$ 和向量 $\boldsymbol{d} \in \mathbb{R}^m$，如果

$$\text{epi } f = \left\{(\boldsymbol{x}, t) \in \mathbb{R}^{n+1} :\ f(\boldsymbol{x}) \leqslant t\right\}$$

可表示为

$$\text{epi } f = \left\{(\boldsymbol{x}, t) \in \mathbb{R}^{n+1} :\ \boldsymbol{C}\begin{bmatrix}\boldsymbol{x}\\ t\end{bmatrix} \leqslant \boldsymbol{d}\right\}. \tag{9.13}$$

则称函数 f 为多面体函数，特别地，多面体函数包括一类可表示为有限个仿射函数的最大值的函数：

$$f(\boldsymbol{x}) = \max_{i=1,\cdots,m} \boldsymbol{a}_i^\top \boldsymbol{x} + b_i,$$

其中 $\boldsymbol{a}_i \in \mathbb{R}^n$, $b_i \in \mathbb{R}$, $i = 1, \cdots, m$. 观察到，对任意指标为 $\alpha \in \mathcal{A}$ 的函数族 $f_\alpha(x)$ 都有

$$\max_{\alpha \in \mathcal{A}} f_\alpha(x) \leqslant t \quad \Leftrightarrow \quad f_\alpha(x) \leqslant t,\ \forall\, \alpha \in \mathcal{A},$$

于是 f 的上镜图

$$\text{epi } f = \left\{(\boldsymbol{x}, t) \in \mathbb{R}^{n+1} :\ \max_{i=1,\cdots,m} \boldsymbol{a}_i^\top \boldsymbol{x} + b_i \leqslant t\right\}$$

可表示为如下多面体

$$\text{epi } f = \left\{(\boldsymbol{x}, t) \in \mathbb{R}^{n+1} :\ \boldsymbol{a}_i^\top \boldsymbol{x} + b_i \leqslant t,\ i = 1, \cdots, m\right\}.$$

例 9.8（ℓ_∞ 范数函数）　ℓ_∞ 范数函数 $f(x)=\|\boldsymbol{x}\|_\infty$，$\boldsymbol{x}\in\mathbb{R}^n$ 是一个多面体函数，这是因为其可写为 $2n$ 个仿射函数的最大值：

$$f(x)=\max_{i=1,\cdots,n}\max(x_i,-x_i).$$

多面体函数也包括可以表示为有限个仿射函数最大值之和的函数，即对给定的向量 $\boldsymbol{a}_{ij}\in\mathbb{R}^n$ 和标量 b_{ij}，有：

$$f(x)=\sum_{j=1}^{q}\max_{i=1,\cdots,m}\boldsymbol{a}_{ij}^\top\boldsymbol{x}+b_{ij}.$$

事实上，条件 $(\boldsymbol{x},t)\in\operatorname{epi}f$ 等价于存在一个向量 $\boldsymbol{u}\in\mathbb{R}^q$ 使得

$$\sum_{j=1}^{q}u_j\leqslant t,\quad \boldsymbol{a}_{ij}^\top\boldsymbol{x}+b_{ij}\leqslant u_j,\ i=1,\cdots,m;\ j=1,\cdots,q, \tag{9.14}$$

因此，epi f 是多面体的投影（在变量 (x,t) 的空间上），其本身还是一个多面体.

例 9.9（ℓ_1 范数函数）　ℓ_1 范数函数 $f(x)=\|\boldsymbol{x}\|_1$，$\boldsymbol{x}\in\mathbb{R}^n$ 是一个多面体函数，这是因为它可以被表示为仿射函数最大值之和：

$$f(x)=\sum_{i=1,\cdots,n}\max(x_i,-x_i).$$

例 9.10（向量中最大分量的和）　对于 $\boldsymbol{x}\in\mathbb{R}^n,\boldsymbol{x}$ 的前 k 个最大分量之和可写为：

$$s_k(x)\doteq\sum_{i=1}^{k}x_{[i]},$$

其中 $x_{[i]}$ 是 x 第 i 大的分量. 由于函数 $s_k(x)$ 可写为线性（因此是凸的）函数的逐点最大值：

$$s_k(x)=\max_{(i_1,\cdots,i_k)\in\{1,\cdots,n\}^k}x_{i_1}+\cdots+x_{i_k}, \tag{9.15}$$

于是 $s_k(x)$ 是凸函数. 又因为取最大值中的函数是线性函数，故 s_k 是一个多面体函数. 注意到：要在 $\mathrm{C}_{n,k}=\binom{n}{k}$[⊖] 个线性函数中取最大值，每个函数都由从 $\{1,\cdots,n\}$ 中选取 k 个指标得到. 例如，当 $k=2$ 和 $n=4$ 时，

$$s_2(\boldsymbol{x})=\max\{x_1+x_2,x_2+x_3,x_3+x_1,x_1+x_4,x_2+x_4,x_3+x_4\}.$$

⊖ 二项系数 $\binom{n}{k}$ 表示从有 n 个元素的集合中选取 k 个元素构成集合的数量，则有

$$\binom{n}{k}=\frac{n!}{k!(n-k)!},$$

其中！表示整数的阶乘.

因此，为了用上面的表达式描述上约束 $s_k(x) \leqslant \alpha$，我们需要考虑如下六个约束条件：

$$x_1 + x_2 \leqslant \alpha, \quad x_2 + x_3 \leqslant \alpha, \quad x_3 + x_1 \leqslant \alpha,$$

$$x_1 + x_4 \leqslant \alpha, \quad x_2 + x_4 \leqslant \alpha, \quad x_3 + x_4 \leqslant \alpha.$$

约束条件的数量随着 n, k 的增加而迅速增加. 例如，当 $n = 100, k = 10$ 时，需要超过 10^{13} 个线性约束条件.

基于下面的表达式（我们接下来会证明），可以得到一个更有效的表示.

$$s_k(\boldsymbol{x}) = \min_t kt + \sum_{i=1}^{n} \max\{0, x_i - t\}. \tag{9.16}$$

利用这个形式，约束 $s_k(\boldsymbol{x}) \leqslant \alpha$ 可表示为：存在标量 t 和 n 维向量 $\boldsymbol{u}$ 使得

$$kt + \sum_{i=1}^{n} u_i \leqslant \alpha,\ u \geqslant 0,\ u_i \geqslant x_i - t,\ i = 1, \cdots, n.$$

上面的表述说明 s_k 是凸的，这是因为所有使上式对某些 $\boldsymbol{u}, t$ 成立的点 (x, α) 的集合是一个多面体. 表达式 (9.16) 要比式 (9.15) 更有效，这是因为它是一个具有 $2n+1$ 个约束的多面体，但付出的代价是变量数量的适当增加，现在的变量有 $2n+1$ 个而不是 n 个. 这表明 n 维空间中有指数阶个面的多面体，可在高维空间中表示为一个有中等数量个面的多面体. 通过把问题增加一些维度，可以（隐式地）处理具有大量约束的问题.

下面证明式 (9.16). 我们可以不失一般性地假设 $\boldsymbol{x}$ 的元素满足降序：$x_1, \cdots, x_n$. 于是，$s_k(\boldsymbol{x}) = x_1 + \cdots + x_k$. 现在取 t 满足 $x_k \geqslant t \geqslant x_{k+1}$，则有

$$kt + \sum_{i=1}^{n} \max(0, x_i - t) = kt + \sum_{i=1}^{k} (x_i - t) = \sum_{i=1}^{k} x_i = s_k(x).$$

因为 $s_k(x)$ 可在某个特定选择的 t 取到，所以关于 t 取最小值，我们得到 $s_k(x)$ 是下方有界的：

$$s_k(x) \geqslant \min_t \left(kt + \sum_{i=1}^{n} \max\{0, x_i - t\} \right).$$

另一方面，对任意 t，有

$$\begin{aligned} s_k(x) &= \sum_{i=1}^{k} (x_i - t + t) = kt + \sum_{i=1}^{k} (x_i - t) \\ &\leqslant kt + \sum_{i=1}^{k} \max(0, x_i - t) \leqslant kt + \sum_{i=1}^{n} \max(0, x_i - t). \end{aligned}$$

因为上面的上界对所有 t 都成立，故关于 t 取最小后仍成立，于是有：

$$s_k(\boldsymbol{x}) \leqslant \min_t kt + \sum_{i=1}^{n} \max(0, x_i - t),$$

这样式 (9.16) 得证.

9.3.1.1　多面体函数的极小化

线性等式或不等式约束下的多面体函数的极小化问题可视为一个 LP 问题. 事实上，考虑如下问题：

$$\min_{\boldsymbol{x}} f(\boldsymbol{x}) \quad \text{s.t.:} \quad \boldsymbol{A}\boldsymbol{x} \leqslant \boldsymbol{b},$$

其中 f 是一个多面体函数. 我们正式地把该问题归结为：

$$\min_{\boldsymbol{x},t} t \quad \text{s.t.: } \boldsymbol{A}\boldsymbol{x} \leqslant \boldsymbol{b},\ (\boldsymbol{x}, t) \in \text{epi } f.$$

因为 epi f 是一个多面体，则该问题可表示为式 (9.13) 的形式，故上述问题是一个 LP 问题. 然而，注意到标准形式下的 LP 解析表示可能需要引入额外的松弛变量，这是用来表示上镜图所需的，正如式 (9.14) 中所做的那样.

例 9.11（ℓ_1 和 ℓ_∞ 范数的回归问题）　在最小二乘法下，6.3.1 节引入了不相容线性方程组 $\boldsymbol{A}\boldsymbol{x} = b$ 近似解的概念，其中我们寻求使残差向量 $\boldsymbol{r} = \boldsymbol{A}\boldsymbol{x} - \boldsymbol{b}$ 的 ℓ_2 范数最小的向量 $\boldsymbol{x}$ 作为方程组的近似解. 然而，根据具体情况，寻求使得残差的其他范数最小的近似解可能会更好. 接下来，在用 ℓ_∞ 和 ℓ_1 范数来度量残差的两种常见情况下，我们证明原问题可转化为线性规划问题，从而可以使用 LP 的数值算法求解. 范数的选择反映了解对数据中异常值和残差分布的敏感性. 考虑关于一个随机数据的回归问题的例子 $\boldsymbol{A} \in \mathbb{R}^{1000,100}$, $\boldsymbol{b} \in \mathbb{R}^{1000}$: ℓ_1 范数倾向于刻画残差向量的稀疏性（非零的数量），而 ℓ_∞ 范数则倾向于均衡残差的大小，如图 9.10 所示.

首先考虑 ℓ_∞ 残差的最小化问题：

$$\min_{\boldsymbol{x}} \|\boldsymbol{A}\boldsymbol{x} - \boldsymbol{b}\|_\infty, \quad \boldsymbol{A} \in \mathbb{R}^{m,n},\ \boldsymbol{b} \in \mathbb{R}^m. \tag{9.17}$$

可通过增加一个松弛标量变量 t 来将该问题写为如下上镜图的形式：

$$\min_{\boldsymbol{x},t} \quad t \quad \text{s.t.}: \|\boldsymbol{A}\boldsymbol{x} - \boldsymbol{b}\|_\infty \leqslant t,$$

然后，我们观察到：

$$\|\boldsymbol{A}\boldsymbol{x} - \boldsymbol{b}\|_\infty \leqslant t \ \Leftrightarrow \ \max_{i=1,\cdots,m} |\boldsymbol{a}_i^\top x - b_i| \leqslant t \ \Leftrightarrow \ |\boldsymbol{a}_i^\top x - b_i| \leqslant t, \quad i = 1, \cdots, m.$$

因此，问题 (9.17) 等价于如下的关于变量 $\boldsymbol{x} \in \mathbb{R}^n$ 和 $t \in \mathbb{R}$ 的 LP：

$$\begin{aligned} \min_{\boldsymbol{x},t} \ & t \\ \text{s.t.} \ & \boldsymbol{a}_i^\top \boldsymbol{x} - b_i \leqslant t, \quad i=1,\cdots,m, \\ & \boldsymbol{a}_i^\top \boldsymbol{x} - b_i \geqslant -t, \quad i=1,\cdots,m. \end{aligned}$$

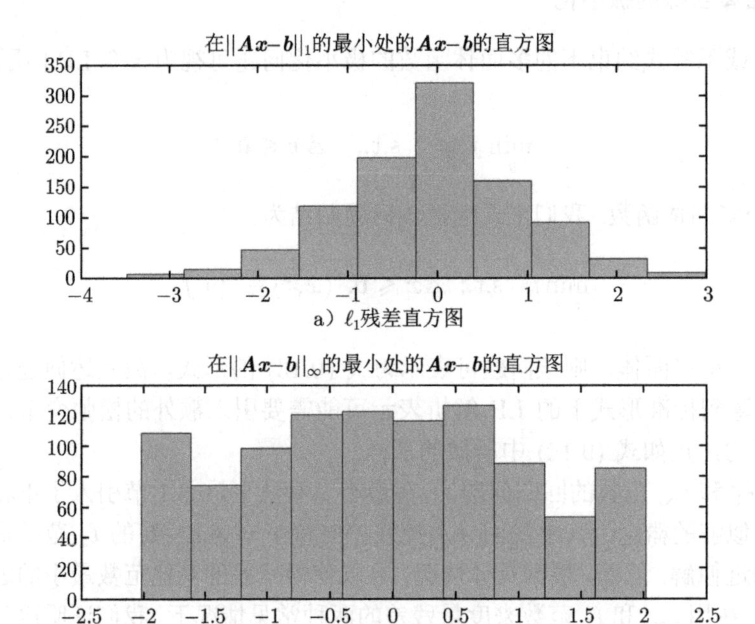

图 9.10　关于随机生成 $\boldsymbol{A} \in \mathbb{R}^{1000,100}$ 的问题的残差直方图

类似地，对于 ℓ_1 残差最小化的问题，我们有：

$$\min_{\boldsymbol{x}} \|\boldsymbol{Ax}-\boldsymbol{b}\|_1, \quad A \in \mathbb{R}^{m,n},\ b \in \mathbb{R}^m,$$

这等价于如下关于松弛变量 $\boldsymbol{u} \in \mathbb{R}^m$ 的问题：

$$\min_{\boldsymbol{x},\boldsymbol{u}} \sum_{i=1}^m u_i \quad \text{s.t.}: \ |\boldsymbol{a}_i^\top \boldsymbol{x} - b_i| \leqslant u_i,\ i=1,\cdots,m,$$

其反过来可简单写为如下的标准 LP：

$$\begin{aligned} \min_{\boldsymbol{x},\boldsymbol{u}} \ & \boldsymbol{1}^\top \boldsymbol{u} \\ \text{s.t.} \ & \boldsymbol{a}_i^\top \boldsymbol{x} - b_i \leqslant u_i, \quad i=1,\cdots,m, \end{aligned}$$

$$\boldsymbol{a}_i^\top \boldsymbol{x} - b_i \geqslant -u_i, \quad i = 1, \cdots, m.$$

最后注意，混合 ℓ_∞/ℓ_1 回归问题也可归结为 LP 形式. 例如，具有一个 ℓ_1 正则项的 ℓ_∞ 回归问题

$$\min_{\boldsymbol{x}} \|\boldsymbol{A}\boldsymbol{x} - \boldsymbol{b}\|_\infty + \gamma\|\boldsymbol{x}\|_1$$

等价于如下关于变量 $\boldsymbol{x} \in \mathbb{R}^n$ 和松弛变量 $\boldsymbol{u} \in \mathbb{R}^n$, $t \in \mathbb{R}$ 的优化问题：

$$\begin{aligned}
\min_{\boldsymbol{x}, t, \boldsymbol{u}} \quad & t + \gamma \sum_{i=1}^n u_i \\
\text{s.t.} \quad & |\boldsymbol{a}_i^\top \boldsymbol{x} - b_i| \leqslant t, \quad i = 1, \cdots, m, \\
& |x_i| \leqslant u_i, \quad i = 1, \cdots, m.
\end{aligned}$$

后者则很容易转化为标准的 LP 形式.

9.3.2 LP 对偶

考虑一个原始的不等式形式的 LP 问题：

$$\begin{aligned}
p^* = \min_{\boldsymbol{x}} \quad & \boldsymbol{c}^\top \boldsymbol{x} \\
\text{s.t.:} \quad & \boldsymbol{A}_{\text{eq}} \boldsymbol{x} = \boldsymbol{b}_{\text{eq}}, \\
& \boldsymbol{A}\boldsymbol{x} \leqslant \boldsymbol{b}.
\end{aligned}$$

该问题的拉格朗日函数为：

$$\begin{aligned}
\mathcal{L}(\boldsymbol{x}, \boldsymbol{\mu}, \boldsymbol{\lambda}) &= \boldsymbol{c}^\top \boldsymbol{x} + \boldsymbol{\lambda}^\top (\boldsymbol{A}\boldsymbol{x} - \boldsymbol{b}) + \boldsymbol{\mu}^\top (\boldsymbol{A}_{\text{eq}} \boldsymbol{x} - \boldsymbol{b}_{\text{eq}}) \\
&= (\boldsymbol{c} + \boldsymbol{A}^\top \boldsymbol{\lambda} + \boldsymbol{A}_{\text{eq}}^\top \boldsymbol{\mu})^\top \boldsymbol{x} - \boldsymbol{\lambda}^\top \boldsymbol{b} - \boldsymbol{\mu}^\top \boldsymbol{b}_{\text{eq}}.
\end{aligned}$$

对偶函数 $g(\boldsymbol{\lambda}, \boldsymbol{\mu})$ 即是 $\mathcal{L}(\boldsymbol{x}, \boldsymbol{\mu}, \boldsymbol{\lambda})$ 关于 $\boldsymbol{x}$ 的最小值. 但 $\mathcal{L}(\boldsymbol{x}, \boldsymbol{\mu}, \boldsymbol{\lambda})$ 关于 $\boldsymbol{x}$ 是仿射函数，因此 $g(\boldsymbol{\lambda}, \boldsymbol{\mu})$ 是下方无界的，除非当 $\boldsymbol{x}$ 的向量系数为零（即 $\boldsymbol{c} + \boldsymbol{A}^\top \boldsymbol{\lambda} + \boldsymbol{A}_{\text{eq}}^\top \boldsymbol{\mu} = 0$），此时最小值为 $-\boldsymbol{\lambda}^\top \boldsymbol{b} - \boldsymbol{\mu}^\top \boldsymbol{b}_{\text{eq}}$. 也就是：

$$g(\boldsymbol{\lambda}, \boldsymbol{\mu}) = \begin{cases} -\boldsymbol{\lambda}^\top \boldsymbol{b} - \boldsymbol{\mu}^\top \boldsymbol{b}_{\text{eq}} & \text{若 } \boldsymbol{c} + \boldsymbol{A}^\top \boldsymbol{\lambda} + \boldsymbol{A}_{\text{eq}}^\top \boldsymbol{\mu} = 0, \\ -\infty & \text{其他}. \end{cases}$$

于是，对偶问题即为 $g(\boldsymbol{\lambda}, \boldsymbol{\mu})$ 关于 $\boldsymbol{\lambda} \geqslant 0$ 和 $\boldsymbol{\mu}$ 的极大化问题. 显然，如果 $g(\boldsymbol{\lambda}, \boldsymbol{\mu}) = -\infty$，则无须求最大值，因此在对偶问题中求关于 $\boldsymbol{\lambda}, \boldsymbol{\mu}$ 的最大值时，需要 $g(\boldsymbol{\lambda}, \boldsymbol{\mu})$ 不恒等于 $-\infty$ 的条件. 这导致了如下解析的对偶问题形式：

$$d^* = \max_{\boldsymbol{\lambda}, \boldsymbol{\mu}} \quad -\boldsymbol{\lambda}^\top \boldsymbol{b} - \boldsymbol{\mu}^\top \boldsymbol{b}_{\text{eq}}$$

$$\text{s.t.:}\quad \boldsymbol{c}+\boldsymbol{A}^{\top}\boldsymbol{\lambda}+\boldsymbol{A}_{\text{eq}}^{\top}\boldsymbol{\mu}=0,$$

$$\boldsymbol{\lambda}\geqslant 0.$$

通过改变目标函数的符号，我们可以将对偶问题转化为如下最小化问题的形式：

$$\begin{aligned}
-d^* = \min_{\boldsymbol{\lambda},\boldsymbol{\mu}} \quad & \boldsymbol{\lambda}^{\top}\boldsymbol{b}+\boldsymbol{\mu}^{\top}\boldsymbol{b}_{\text{eq}} \\
\text{s.t.:} \quad & \boldsymbol{c}+\boldsymbol{A}^{\top}\boldsymbol{\lambda}+\boldsymbol{A}_{\text{eq}}^{\top}\boldsymbol{\mu}=0, \\
& \boldsymbol{\lambda}\geqslant 0,
\end{aligned}$$

这又是一个关于变量 $(\boldsymbol{\lambda},\boldsymbol{\mu})$ 的 LP. 由命题 8.7 和例 8.21 中的类似讨论可得：如果原问题和对偶 LP 问题中至少有一个是可行的，那么原问题和对偶问题之间的强对偶性成立（即 $p^*=d^*$）.

9.4 二次规划

二次优化问题（或二次规划 QP）是标准形式 (9.2)的一种特殊情况，其中 f_0 是式 (9.1) 中的二次函数且 $f_1,\cdots,f_m$ 是仿射函数. 因此，QP 问题的可行集是一个多面体（与 LP 相同），但目标函数是二次函数而不是线性函数. 如果式 (9.1) 中的矩阵 $\boldsymbol{H}$ 是半正定的，则这是一个凸 QP. 这样，QP 的标准形式为：

$$\begin{aligned}
p^* = \min_{\boldsymbol{x}} \quad & \frac{1}{2}\boldsymbol{x}^{\top}\boldsymbol{H}\boldsymbol{x}+\boldsymbol{c}^{\top}\boldsymbol{x} \\
\text{s.t.:} \quad & \boldsymbol{A}_{\text{eq}}\boldsymbol{x}=\boldsymbol{b}_{\text{eq}}, \\
& \boldsymbol{A}\boldsymbol{x}\leqslant \boldsymbol{b}.
\end{aligned}$$

例 9.12（关于两个变量的 QP） 考虑如下问题：

$$\min_{\boldsymbol{x}} \frac{1}{2}\left(x_1^2-x_1x_2+2x_2^2\right)-3x_1-1.5x_2,\ \text{s.t.:}\ -1\leqslant x_1\leqslant 2,\ 0\leqslant x_2\leqslant 3. \tag{9.18}$$

这是一个可转换为标准形式的 QP:

$$\boldsymbol{H}=\begin{bmatrix} 1 & -1/2 \\ -1/2 & 2 \end{bmatrix},\ \boldsymbol{c}^{\top}=\begin{bmatrix} -3 & -1.5 \end{bmatrix},\ \boldsymbol{A}=\begin{bmatrix} 1 & 0 \\ -1 & 0 \\ 0 & 1 \\ 0 & -1 \end{bmatrix},\ b=\begin{bmatrix} 2 \\ 1 \\ 3 \\ 0 \end{bmatrix}.$$

我们可以检验 $\boldsymbol{H}$ 的特征值是非负的：

$$\boldsymbol{H}=\boldsymbol{U}\boldsymbol{\Lambda}\boldsymbol{U}^{\top},\ U=\begin{bmatrix} -0.3827 & 0.9239 \\ 0.9239 & 0.3827 \end{bmatrix},\ \boldsymbol{\Lambda}\begin{bmatrix} 2.2071 & 0 \\ 0 & 0.7929 \end{bmatrix},$$

因此所考虑的 QP 是一个凸问题. 该 QP 的最优解是（我们通常需要一个 QP 求解器来求解）$\boldsymbol{x}^*=[2\quad 1.25]^\top$ 且最优目标值为 $p^*=-5.5625$，如图 9.11 所示.

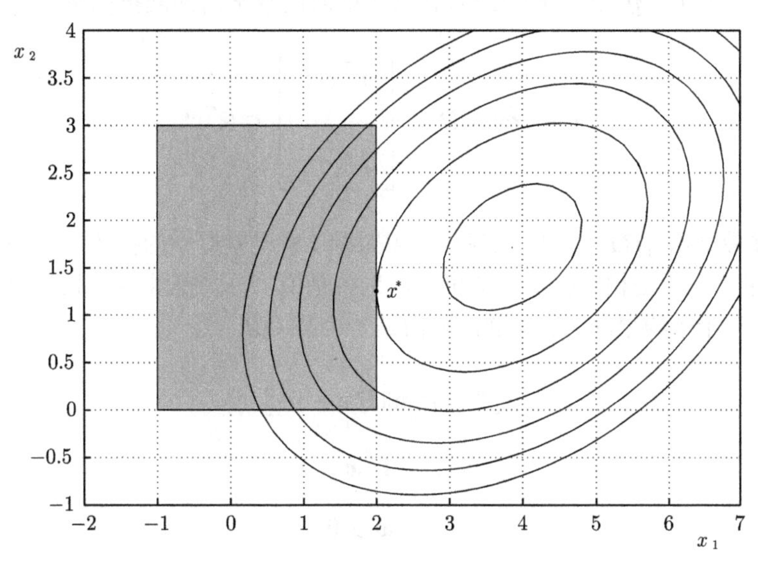

图 9.11　QP (9.18) 的目标函数和最优解的水平曲线

9.4.1　带约束的最小二乘

当需要对最小二乘问题的决策变量施加线性等式或不等式约束时，这个问题自然就变为了二次规划问题. 事实上，在许多情况下，变量都具有物理意义（例如：它们代表长度、体积、浓度、惯量和相对比例等），以及自然地会对变量引入诸如上、下界等约束. 一个带有线性约束的 LS 问题具有如下形式：

$$p^*=\min_{\boldsymbol{x}}\|\boldsymbol{R}\boldsymbol{x}-\boldsymbol{y}\|_2^2$$

$$\text{s.t.}:\quad \boldsymbol{A}_{\text{eq}}\boldsymbol{x}=\boldsymbol{b}_{\text{eq}},$$

$$\boldsymbol{A}\boldsymbol{x}\leqslant\boldsymbol{b}.$$

这显然是一个凸 QP，且其目标函数（忽略常数项 $d=\|\boldsymbol{y}\|^2$）为：

$$f_0(\boldsymbol{x})=\frac{1}{2}\boldsymbol{x}^\top\boldsymbol{H}\boldsymbol{x}+\boldsymbol{c}^\top\boldsymbol{x},$$

其中 $\boldsymbol{H}=2\boldsymbol{R}^\top\boldsymbol{R}\succeq 0,\ \boldsymbol{c}^\top=-2\boldsymbol{y}^\top\boldsymbol{R}$.

例 9.13（跟踪财务指标）　作为一个应用实例，考虑一个金融投资组合的设计问题，其中 $\boldsymbol{x}\in\mathbb{R}^n$ 的分量表示某个投资者持有 n 个不同资产占总体财富的比例以及 $r(k)\in\mathbb{R}^n$ 表示分量资产在第 k 个时间段 $[(k-1)\Delta,\ k\Delta]$ 的简单回报，其中 Δ 是一个确定的时长，例如：一个月，参见例 2.6. 假设向量 $\boldsymbol{y} \in \mathbb{R}^T$ 的分量 y_k 表示某个目标财务指标在第 k 个时间段的回报，$k = 1, \cdots, T$. 所谓的指数跟踪问题就是构造一个投资组合 $\boldsymbol{x}$ 以便尽可能地跟踪“基准”指数回报 $\boldsymbol{y}$. 因为投资组合在考虑的时间水平内的回报向量为：

$$\boldsymbol{z} = \boldsymbol{R}\boldsymbol{x}, \quad \boldsymbol{R} \doteq \begin{bmatrix} r^\top(1) \\ \vdots \\ r^\top(T) \end{bmatrix} \in \mathbb{R}^{T,n},$$

我们可以通过最小化 $\|\boldsymbol{R}\boldsymbol{x} - \boldsymbol{y}\|_2^2$ 来找到使得跟踪 LS 误差最小的投资组合 $\boldsymbol{x}$. 然而，需要考虑 $\boldsymbol{x}$ 的分量表示的是相对权重这个事实，也就是说，分量是非负的且和为一. 因此，指数跟踪问题是一个带约束的 LS 问题，从而是一个凸 QP:

$$\begin{aligned} p^* = \min_{\boldsymbol{x}} & \|\boldsymbol{R}\boldsymbol{x} - \boldsymbol{y}\|_2^2 \\ \text{s.t.}: \quad & \mathbf{1}^\top \boldsymbol{x} = 1, \\ & \boldsymbol{x} \geqslant 0. \end{aligned} \tag{9.19}$$

作为一个数值例子，我们再次考虑先前在例 5.3 中使用的财务数据，其中其包括六个指数 169 个月的回报数据：MSCI US 指数、MSCI EUR 指数、MSCI JAP 指数、MSCI PACIFIC 指数、MSCI BOT 流动性指数和 MSCI WORLD 指数，如图 5.6 所示. 现在的问题是用包括其他五个指数的投资组合来跟踪目标 MSCI WORLD 指数.

利用这些数据求解式 (9.19) 中的凸 QP 问题，得到的最优投资组合为：

$$\boldsymbol{x}^* = [\ 0.5138 \quad 0.3077 \quad 0.0985 \quad 0.0374 \quad 0.0426\ ]^\top,$$

因此最优跟踪投资组合回报序列为 $\boldsymbol{z}^* = \boldsymbol{R}\boldsymbol{x}^*$，跟踪误差为 $\|\boldsymbol{R}\boldsymbol{x}^* - \boldsymbol{y}\|_2^2 = 2.6102 \times 10^{-4}$. 图 9.12 显示了将一欧元投资于各分量指数、基准指数以及最优跟踪投资组合的结果. 正如预期的那样，由最优投资组合产生的价值序列是最接近目标指数的.

9.4.2 二次约束下的二次规划

通过允许二次（而不仅仅是线性）等式和不等式约束，可以得到一般化的 QP 模型. 因此，一个带有二次约束的二次规划（QCQP）具有如下形式：

$$\begin{aligned} p^* = \min_{\boldsymbol{x}} \quad & \boldsymbol{x}^\top \boldsymbol{H}_0 \boldsymbol{x} + 2\boldsymbol{c}_0^\top \boldsymbol{x} + d_0 \qquad (9.20) \\ \text{s.t.}: \quad & \boldsymbol{x}^\top \boldsymbol{H}_i \boldsymbol{x} + 2\boldsymbol{c}_i^\top \boldsymbol{x} + d_i \leqslant 0, \quad i \in \mathcal{I}, \\ & \boldsymbol{x}^\top \boldsymbol{H}_j \boldsymbol{x} + 2\boldsymbol{c}_j^\top \boldsymbol{x} + d_j = 0, \quad j \in \mathcal{E}, \end{aligned}$$

其中 $\mathcal{I}$, $\mathcal{E}$ 分别表示相关不等式约束和等式约束的指标集. 一个 QCQP 是凸的当且仅当对任意 $i \in \mathcal{I}$，有 $\boldsymbol{H}_0 \succeq 0$ 和 $\boldsymbol{H}_i \succeq 0$，以及对任意 $j \in \mathcal{E}$，有 $\boldsymbol{H}_j = 0$. 换句话说，一个 QCQP 是凸的只要其目标函数和不等式约束函数是二次凸的，以及所有的等式约束实际上是仿射的.

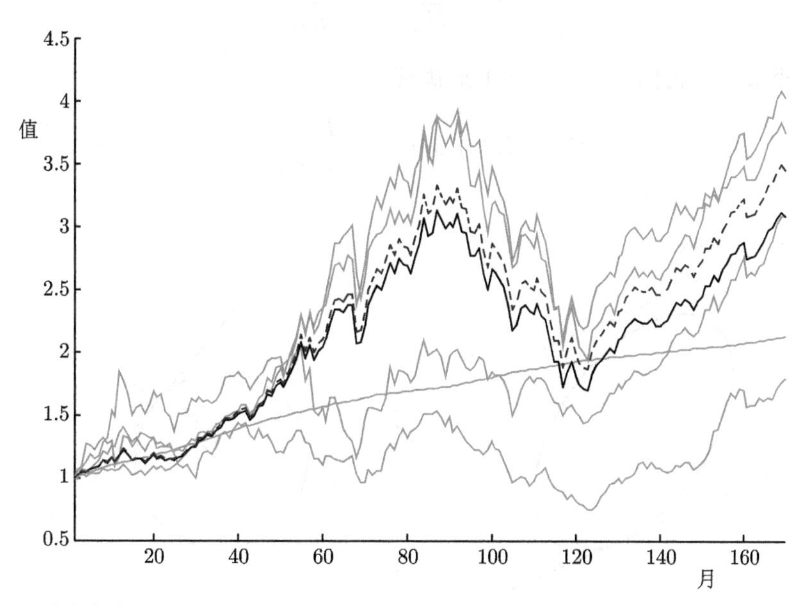

图 9.12　浅灰色线表示分量指标的时间价值，实黑线表示目标指数值，而黑色虚线表示最优跟踪投资组合值

例 9.14（椭球约束下线性函数的最小化）　考虑一个 QCQP 如下的一种特殊情况，即线性目标函数在椭球约束下的最小化：

$$p^* = \min_{\boldsymbol{x}} \quad \boldsymbol{c}^\top \boldsymbol{x}$$

$$\text{s.t.:} \quad (\boldsymbol{x} - \hat{\boldsymbol{x}})^\top \boldsymbol{P}^{-1} (\boldsymbol{x} - \hat{\boldsymbol{x}}) \leqslant 1,$$

其中 $\boldsymbol{P} \succ 0$. 这里，可行集 $\mathcal{X}$ 为椭球 $\{\boldsymbol{x} : (\boldsymbol{x} - \hat{\boldsymbol{x}})^\top \boldsymbol{P}^{-1} (\boldsymbol{x} - \hat{\boldsymbol{x}}) \leqslant 1\}$. 对该问题的几何解释是：保持在椭球体内部的情况下尽可能地向 $-\boldsymbol{c}$ 方向移动，如图 9.13 a) 所示. 该优化问题具有一个“闭形式”解. 为了得到这个解，我们首先实施如下的变量替换：

$$\boldsymbol{z} = \boldsymbol{E}^{-1}(\boldsymbol{x} - \hat{\boldsymbol{x}}), \quad 即\ \boldsymbol{x} = \boldsymbol{E}\boldsymbol{z} + \hat{\boldsymbol{x}},$$

其中 $\boldsymbol{P} = \boldsymbol{E}^2$ 是 $\boldsymbol{P}$ 的对称平方根分解. 那么，原问题可转化为如下关于新变量 $\boldsymbol{z}$ 的问题：

$$p^* = \min_{\boldsymbol{z} \in \mathbb{R}^n} \quad \tilde{\boldsymbol{c}}^\top \boldsymbol{z} + d$$

$$\text{s.t.:} \quad \boldsymbol{z}^\top \boldsymbol{z} \leqslant 1,$$

其中 $\tilde{\boldsymbol{c}}=\boldsymbol{E}\boldsymbol{c}$ 和 $d=\boldsymbol{c}^\top\hat{\boldsymbol{t}}$ 是一个常数项. 该问题有一个关于新变量 $\boldsymbol{z}$ 的简单解释：在与原点的距离不超过 1 的情况下尽可能地向 $-\tilde{\boldsymbol{c}}$ 方向移动，如图 9.13 b）所示. 显然，最优解就是位于 $-\tilde{\boldsymbol{c}}$ 方向上的一个单位向量，也就是：

$$\boldsymbol{z}^*=-\frac{\tilde{\boldsymbol{c}}}{\|\tilde{\boldsymbol{c}}\|_2}=-\frac{\boldsymbol{E}\boldsymbol{c}}{\|\boldsymbol{E}\boldsymbol{c}\|_2}.$$

带回到原始变量 $\boldsymbol{x}$，我们于是得到如下最优解：

$$\boldsymbol{x}^*=\boldsymbol{E}\boldsymbol{z}^*+\hat{\boldsymbol{x}}=-\frac{\boldsymbol{P}\boldsymbol{c}}{\sqrt{\boldsymbol{c}^\top\boldsymbol{P}\boldsymbol{c}}}+\hat{\boldsymbol{x}}.$$

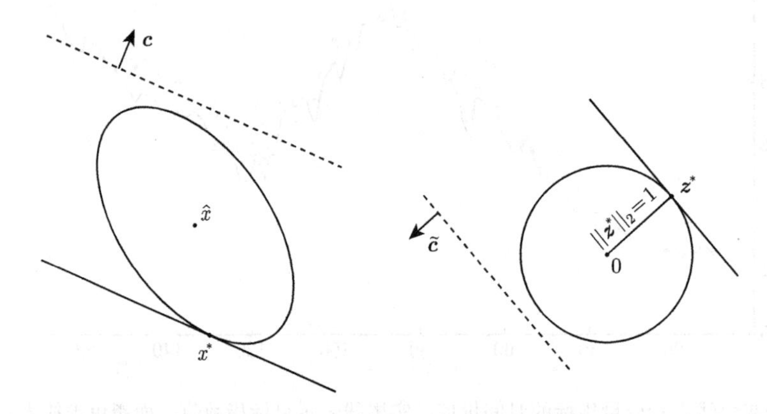

a）在椭球内部向 c方向移动　　b）在与原点距离不超过1的情况下向$-\tilde{c}$方向移动

图 9.13 椭球约束下线性目标函数的最小化

凸 QCQP 相对“容易”求解，而非凸 QCQP 是一类非常困难的优化问题. 事实上，这并不奇怪，这是因为非凸 QCQP 代表的是连续优化和离散优化间的一个桥梁. 例如：一个如二次等式约束 $x_i^2=1$ 意味着 $x_i\in\{-1,1\}$. 类似地，约束 $x_i^2=x_i$ 意味着 $x_i\in\{0,1\}$，即 x_i 是一个有两个状态的变量. 因此，如下面的例子所示，困难的组合图划分问题就可以归结为非凸 QCQP 的形式.

例 9.15（最大切割问题） 所谓的最大切割问题定义如下：给定一个图 $G=(V,E)$，其中 $V=\{1,\cdots,n\}$ 是所有顶点的集合，E 是所有边的集合，设 $w_{ij}=w_{ji}\geqslant 0$ 是给定边 $(i,j)\in E$ 的权重，且如果 $(i,j)\notin E$，则 $w_{ij}=0$. 于是，最大切割问题即为确定一个子集 $S\subset V$ 使所有一个端点属于 S，而另一个端点属于 S 补集 $\bar{S}=V/S$ 的边的权重和最大. 为了用 QCQP 来建模该问题，我们定义节点变量 x_i，$i=1,\cdots,n$ 使得如果 $i\in S$ 有 $x_i=1$，以及如果 $i\notin\bar{S}$，有 $x_i=-1$. 于是，如果 i,j 都属于相同的顶点子集中，则 $(1-x_ix_j)/2$ 等于 0, 否则等于 1. 因此，最大切割问题等价于如下的非凸 QCQP:

$$p^*=\min_x\quad\frac{1}{2}\sum_{i<j}w_{ij}(1-x_ix_j)$$

$$\text{s.t.}: \quad x_i^2 = 1, \qquad i = 1, \cdots, n.$$

非凸二次规划的凸逼近或松弛问题将在 11.3.3 节中进一步讨论.

9.4.3 二次规划对偶

我们下面推导一些特殊的二次规划模型的解析对偶形式.

9.4.3.1 凸 QP 对偶

首先考虑如下带有线性不等式约束的原始凸 QP:

$$p^* = \min_{\boldsymbol{x}} \quad \boldsymbol{x}^\top \boldsymbol{H}_0 \boldsymbol{x} + 2\boldsymbol{c}_0^\top \boldsymbol{x} + d_0$$
$$\text{s.t.}: \quad \boldsymbol{A}\boldsymbol{x} \leqslant \boldsymbol{b},$$

其中 $\boldsymbol{H}_0 \succeq 0$. 该问题的拉格朗日函数为:

$$\begin{aligned}\mathcal{L}(\boldsymbol{x}, \boldsymbol{\lambda}) &= \boldsymbol{x}^\top \boldsymbol{H}_0 \boldsymbol{x} + 2\boldsymbol{c}_0^\top \boldsymbol{x} + d_0 + \boldsymbol{\lambda}^\top (\boldsymbol{A}\boldsymbol{x} - \boldsymbol{b}) \\ &= \boldsymbol{x}^\top \boldsymbol{H}_0 \boldsymbol{x} + (2\boldsymbol{c}_0 + \boldsymbol{A}^\top \boldsymbol{\lambda})^\top \boldsymbol{x} + d_0 - \boldsymbol{b}^\top \boldsymbol{\lambda}.\end{aligned}$$

根据 9.1 节中的点 (b) 知：存在两种可能的情况. 如果 $2\boldsymbol{c}_0 + \boldsymbol{A}^\top \boldsymbol{\lambda}$ 属于 $\boldsymbol{H}_0$ 的值域，也就是存在 $\boldsymbol{z}$ 使得

$$\boldsymbol{H}_0 \boldsymbol{z} = 2\boldsymbol{c}_0 + \boldsymbol{A}^\top \boldsymbol{\lambda},$$

那么 $\mathcal{L}(\boldsymbol{x}, \boldsymbol{\lambda})$ 具有一个有限的最小值（关于 $\boldsymbol{x}$），其为:

$$g(\lambda) = -\frac{1}{4}(2\boldsymbol{c}_0 + \boldsymbol{A}^\top \boldsymbol{\lambda})^\top \boldsymbol{H}_0^\dagger (2\boldsymbol{c}_0 + \boldsymbol{A}^\top \boldsymbol{\lambda}) + d_0 - \boldsymbol{b}^\top \boldsymbol{\lambda}.$$

如果 $2\boldsymbol{c}_0 + \boldsymbol{A}^\top \boldsymbol{\lambda}$ 不属于 $\boldsymbol{H}_0$ 的值域，则 $g(\lambda) = -\infty$. 这样，对偶问题可写为如下形式:

$$d^* = \max_{\boldsymbol{\lambda}, \boldsymbol{z}} \quad -\frac{1}{4}(2\boldsymbol{c}_0 + \boldsymbol{A}^\top \boldsymbol{\lambda})^\top \boldsymbol{H}_0^\dagger (2\boldsymbol{c}_0 + \boldsymbol{A}^\top \boldsymbol{\lambda}) + d_0 - \boldsymbol{b}^\top \boldsymbol{\lambda}$$
$$\text{s.t.}: \quad \boldsymbol{H}_0 \boldsymbol{z} = 2\boldsymbol{c}_0 + \boldsymbol{A}^\top \boldsymbol{\lambda},$$
$$\boldsymbol{\lambda} \geqslant 0.$$

将等式约束代入到目标函数中，并注意到：$\boldsymbol{H}_0 \boldsymbol{H}_0^\dagger \boldsymbol{H}_0 = \boldsymbol{H}_0$，我们则可将问题简化为:

$$d^* = \max_{\boldsymbol{\lambda}, \boldsymbol{z}} \quad -\frac{1}{4}\boldsymbol{z}^\top \boldsymbol{H}_0 \boldsymbol{z} + d_0 - \boldsymbol{b}^\top \boldsymbol{\lambda}$$
$$\text{s.t.}: \quad \boldsymbol{H}_0 \boldsymbol{z} = 2\boldsymbol{c}_0 + \boldsymbol{A}^\top \boldsymbol{\lambda},$$

$$\boldsymbol{\lambda} \geqslant 0.$$

这仍是一个凸 QP. 根据命题 8.7, 当原问题可行时，强对偶性条件 $p^* = d^*$ 成立. 注意到，如果 $\boldsymbol{H}_0 \succ 0$，那么对偶问题可简化为：

$$\begin{aligned} d^* = \max_{\boldsymbol{\lambda}} \quad & -\frac{1}{4}(2\boldsymbol{c}_0 + \boldsymbol{A}^\top\boldsymbol{\lambda})^\top \boldsymbol{H}_0^{-1}(2\boldsymbol{c}_0 + \boldsymbol{A}^\top\boldsymbol{\lambda}) + d_0 - \boldsymbol{b}^\top\boldsymbol{\lambda} \\ \text{s.t.}: \quad & \boldsymbol{\lambda} \geqslant 0. \end{aligned}$$

9.4.3.2　凸 QCQP 的对偶

考虑一个初始的具有形式 (9.20) 的凸 QCQP, 其中为了简单起见，我们假设只有不等式约束，具体地：

$$\begin{aligned} p^* = \min_{\boldsymbol{x}} \quad & \boldsymbol{x}^\top \boldsymbol{H}_0 \boldsymbol{x} + 2\boldsymbol{c}_0^\top \boldsymbol{x} + d_0 \\ \text{s.t.}: \quad & \boldsymbol{x}^\top \boldsymbol{H}_i \boldsymbol{x} + 2\boldsymbol{c}_i^\top \boldsymbol{x} + d_i \leqslant 0, \quad i = 1, \cdots, m. \end{aligned}$$

进一步，假设目标函数是严格凸的，即 $\boldsymbol{H}_0 \succ 0$，而 $\boldsymbol{H}_i \succeq 0$, $i = 1, \cdots, m$. 该问题的拉格朗日函数为：

$$\begin{aligned} \mathcal{L}(\boldsymbol{x}, \boldsymbol{\lambda}) &= \boldsymbol{x}^\top \boldsymbol{H}_0 \boldsymbol{x} + 2\boldsymbol{c}_0^\top \boldsymbol{x} + d_0 + \sum_{i=1}^m \lambda_i (\boldsymbol{H}_i \boldsymbol{x} + 2\boldsymbol{c}_i^\top \boldsymbol{x} + d_i) \\ &= \boldsymbol{x}^\top \boldsymbol{H}(\boldsymbol{\lambda}) \boldsymbol{x} + 2\boldsymbol{c}(\boldsymbol{\lambda})^\top \boldsymbol{x} + d(\boldsymbol{\lambda}), \end{aligned}$$

其中我们已经定义了：

$$\boldsymbol{H}(\boldsymbol{\lambda}) = \boldsymbol{H}_0 + \sum_{i=1}^m \lambda_i H_i, \quad c(\boldsymbol{\lambda}) = \boldsymbol{c}_0 + \sum_{i=1}^m \lambda_i \boldsymbol{c}_i, \quad d(\boldsymbol{\lambda}) = d_0 + \sum_{i=1}^m \lambda_i d_i.$$

因为已经假设 $\boldsymbol{H}_0 \succ 0$，故对任意 $\boldsymbol{\lambda} > 0$ 都有 $\boldsymbol{H}(\boldsymbol{\lambda}) \succ 0$，于是利用式 (9.4)，$\mathcal{L}(\boldsymbol{x}, \boldsymbol{\lambda})$ 关于 $\boldsymbol{x}$ 的唯一无约束最小值点为

$$x^*(\boldsymbol{\lambda}) = -\boldsymbol{H}(\boldsymbol{\lambda})^{-1}\boldsymbol{c}(\boldsymbol{\lambda}),$$

从而

$$g(\boldsymbol{\lambda}) = \mathcal{L}(x^*(\boldsymbol{\lambda}), \boldsymbol{\lambda}) = -c(\boldsymbol{\lambda})^\top H(\boldsymbol{\lambda})^{-1} c(\boldsymbol{\lambda}) + d(\boldsymbol{\lambda}).$$

这样，对偶问题具有如下形式：

$$\begin{aligned} d^* = \max_{\boldsymbol{\lambda}} \quad & -\boldsymbol{c}(\boldsymbol{\lambda})^\top \boldsymbol{H}(\boldsymbol{\lambda})^{-1} \boldsymbol{c}(\boldsymbol{\lambda}) + d(\boldsymbol{\lambda}) \\ \text{s.t.}: \quad & \boldsymbol{\lambda} \geqslant 0, \end{aligned}$$

或等价的最小化形式：

$$
\begin{aligned}
-d^* = \min_{\lambda} \quad & \boldsymbol{c}(\boldsymbol{\lambda})^\top \boldsymbol{H}(\boldsymbol{\lambda})^{-1}\boldsymbol{c}(\boldsymbol{\lambda}) - d(\boldsymbol{\lambda}) \\
\text{s.t.}: \quad & \boldsymbol{\lambda} \geqslant 0.
\end{aligned}
$$

此外，用上镜图重新表示，则有：

$$
\begin{aligned}
-d^* = \min_{\boldsymbol{\lambda},t} t & \\
\text{s.t.}: \quad & \boldsymbol{c}(\boldsymbol{\lambda})^\top \boldsymbol{H}(\boldsymbol{\lambda})^{-1}\boldsymbol{c}(\boldsymbol{\lambda}) - d(\boldsymbol{\lambda}) \leqslant t, \\
& \boldsymbol{\lambda} \geqslant 0.
\end{aligned}
$$

第一个约束条件可以用 Schur 补规则等价地表示为如下半正定约束的形式：

$$
\begin{bmatrix} t + d(\boldsymbol{\lambda}) & \boldsymbol{c}(\boldsymbol{\lambda})^\top \\ \boldsymbol{c}(\boldsymbol{\lambda}) & \boldsymbol{H}(\boldsymbol{\lambda}) \end{bmatrix} \succeq 0.
$$

因此，对偶问题最终可表示为如下形式：

$$
\begin{aligned}
-d^* = \min_{\boldsymbol{\lambda},t} \quad & t \\
\text{s.t.}: \quad & \begin{bmatrix} t + d(\boldsymbol{\lambda}) & \boldsymbol{c}(\boldsymbol{\lambda})^\top \\ \boldsymbol{c}(\boldsymbol{\lambda}) & \boldsymbol{H}(\boldsymbol{\lambda}) \end{bmatrix} \succeq 0, \\
& \boldsymbol{\lambda} \geqslant 0.
\end{aligned}
$$

这个问题属于一类所谓的半定规划模型，其将在第 11 章中进行详细讨论. 由命题 8.7, 如果原问题是严格可行的，即存在一个点 $\boldsymbol{x}$ 满足严格不等式的约束，那么强对偶性成立.

9.4.3.3　单一约束下非凸 QCQP 的对偶

最后，我们考虑单一不等式约束下的可能非凸的 QCQP 问题，也就是：

$$
\begin{aligned}
p^* = \min_{\boldsymbol{x}} \quad & \boldsymbol{x}^\top \boldsymbol{H}_0 \boldsymbol{x} + 2\boldsymbol{c}_0^\top \boldsymbol{x} + d_0 \\
\text{s.t.}: \quad & \boldsymbol{x}^\top \boldsymbol{H} \boldsymbol{x} + 2\boldsymbol{c}^\top \boldsymbol{x} + \boldsymbol{d}_1 \leqslant 0.
\end{aligned}
$$

该问题的拉格朗日函数为：

$$
\mathcal{L}(\boldsymbol{x}, \boldsymbol{\lambda}) = \boldsymbol{x}^\top (\boldsymbol{H}_0 + \boldsymbol{\lambda} \boldsymbol{H}_1)\boldsymbol{x} + 2(\boldsymbol{c}_0 + \boldsymbol{\lambda}\boldsymbol{c}_1)^\top \boldsymbol{x} + (d_0 + \boldsymbol{\lambda}\boldsymbol{d}_1).
$$

由 9.1 节中的点（a）和点（b）可知：$\mathcal{L}(\boldsymbol{x}, \boldsymbol{\lambda})$ 关于 $\boldsymbol{x}$ 的最小值为 $-\infty$，除非如下条件成立：

$$
\boldsymbol{H}_0 + \boldsymbol{\lambda} \boldsymbol{H}_1 \succeq 0,
$$

$$\boldsymbol{c}_0+\boldsymbol{\lambda}\boldsymbol{c}_1\in\mathcal{R}(\boldsymbol{H}_0+\boldsymbol{\lambda}\boldsymbol{H}_1).$$

在这些条件下，最小值给出了在点 $\boldsymbol{\lambda}$ 处对偶函数的值：

$$g(\boldsymbol{\lambda})=-(\boldsymbol{c}_0+\boldsymbol{\lambda}\boldsymbol{c}_1)^\top(\boldsymbol{H}_0+\boldsymbol{\lambda}\boldsymbol{H}_1)^\dagger(\boldsymbol{c}_0+\boldsymbol{\lambda}\boldsymbol{c}_1)+d_0+\boldsymbol{\lambda}\boldsymbol{d}_1.$$

于是对偶问题为：

$$\begin{aligned}d^*=\max_{\boldsymbol{\lambda}}\quad & -(\boldsymbol{c}_0+\boldsymbol{\lambda}\boldsymbol{c}_1)^\top(\boldsymbol{H}_0+\boldsymbol{\lambda}\boldsymbol{H}_1)^\dagger(\boldsymbol{c}_0+\boldsymbol{\lambda}\boldsymbol{c}_1)+d_0+\boldsymbol{\lambda}\boldsymbol{d}_1\\ \text{s.t.}:\quad & \boldsymbol{H}_0+\boldsymbol{\lambda}\boldsymbol{H}_1\succeq 0,\\ & \boldsymbol{c}_0+\boldsymbol{\lambda}\boldsymbol{c}_1\in\mathcal{R}(\boldsymbol{H}_0+\boldsymbol{\lambda}\boldsymbol{H}_1),\\ & \boldsymbol{\lambda}\geqslant 0.\end{aligned}$$

我们下面用上镜图最小化形式重新表述该问题：

$$\begin{aligned}-d^*=\min_{\boldsymbol{\lambda},t}\quad & t\\ \text{s.t.}:\quad & (\boldsymbol{c}_0+\boldsymbol{\lambda}\boldsymbol{c}_1)^\top(\boldsymbol{H}_0+\boldsymbol{\lambda}\boldsymbol{H}_1)^\dagger(\boldsymbol{c}_0+\boldsymbol{\lambda}\boldsymbol{c}_1)-(d_0+\boldsymbol{\lambda}\boldsymbol{d}_1)\leqslant t,\\ & \boldsymbol{H}_0+\boldsymbol{\lambda}\boldsymbol{H}_1\succeq 0,\\ & \boldsymbol{c}_0+\boldsymbol{\lambda}\boldsymbol{c}_1\in\mathcal{R}(\boldsymbol{H}_0+\boldsymbol{\lambda}\boldsymbol{H}_1),\\ & \boldsymbol{\lambda}\geqslant 0.\end{aligned}$$

于是，应用 Schur 补的一般规则（参见 11.2.3.2 节），可将问题的前三个约束用适当的半正定矩阵等价地重新表示为：

$$\begin{aligned}-d^*=\min_{\boldsymbol{\lambda},t}\quad & t\\ \text{s.t.}:\quad & \begin{bmatrix} t+d_0+\boldsymbol{\lambda}\boldsymbol{d}_1 & (\boldsymbol{c}_0+\boldsymbol{\lambda}\boldsymbol{c}_1)^\top\\ (\boldsymbol{c}_0+\boldsymbol{\lambda}\boldsymbol{c}_1) & \boldsymbol{H}_0+\boldsymbol{\lambda}\boldsymbol{H}_1\end{bmatrix}\succeq 0\\ & \boldsymbol{\lambda}\geqslant 0.\end{aligned}$$

这样，所考虑的非凸 QP 的对偶则是一个凸半定规划（参见第 11 章）.

对于所考虑的问题的强对偶性，可以证明[⊖]一个重要结果. 具体地，如果原问题是严格可行的，则有 $p^*=d^*$ 成立. 注意到该结论不能直接由命题 8.7 得到，这是因为这里的原问题是非凸的. 这个结果也与 11.3.3.1 节中讨论的所谓二次函数的 $\mathcal{S}$ 步骤有关.

⊖ 证明并不容易. 可参见 S. Boyd 和 L. Vandenberghe, *Convex Optimization*, Cambridge University Press，2004，第 657 页.

9.5 用 LP 和 QP 建模

9.5.1 基于基数和 ℓ_1 松弛的问题

许多工程应用种需要确定稀疏解，也就是只有很少非零分量的解（低基数解）. 根据之后设计的一般性简约原则，可以对低基数解有一个自然的判断. 然而，从计算的角度来看，通常很难找到最小基数解（即具有小 ℓ_0 范数的解）. 为此，一些启发性的方法经常被用来设计可以得出低（可能不是最小的）基数解的数值算法. 其中一种方法需要用 ℓ_1 范数来替换 ℓ_0 范数. 事实上，大量的数值实例表明：使用 ℓ_1 范数对得到低秩解是非常有效的. 该想法的应用被进一步用来处理 13.3 节中的线性二元分类应用问题. 本节将进一步讨论这个主题，试图为这种启发性的方法提供一些分析上的支撑.

一个函数 $f: C \to \mathbb{R}$ 的凸包络 $\mathrm{env}f$ 定义为在 C 上恒比 f 小的最大凸函数，即对所有 $x \in C$ 都有 $\mathrm{env}f(x) \leqslant f(x)$ 且没有其他凸函数在 C 上比 $\mathrm{env}f$ 大，也就是：

$$\mathrm{env}f = \sup\{\phi : C \to \mathbb{R}:\ \phi\ \text{是凸函数且}\ \phi \leqslant f\}.$$

直观上来看，函数 f 凸包络的上镜图对应于 f 上镜图的凸包，如图 9.14 所示.

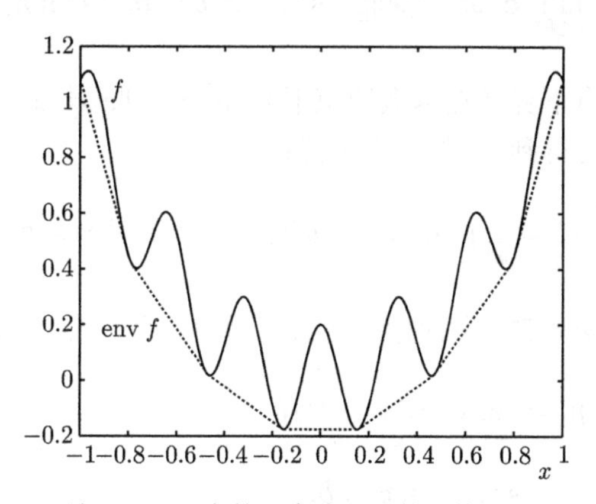

图 9.14 区间 $[-1,1]$ 上的一个非凸函数及其凸包络（虚线）

找到一个函数的凸包络通常是比较困难的. 然而，可以得到一些特殊函数的凸包络. 例如，如果 $C = [0,1]^n$（单位超立方体）且 f 是一个单项式 $f = x_1 x_2 \cdots x_n$，那么

$$\mathrm{env}f = \max\left(0, 1 - n + \sum_{i=1}^{n} x_i\right),$$

$$\mathrm{env}(-f) = \max_{i=1,\cdots,n} -x_i,$$

即 f 和 $-f$ 在单位超立方体上的凸包络是多面体函数. 此外，对 $x \in \mathbb{R}$, $\mathrm{card}(x)$ 在 $[-1,1]$

上的凸包络 $\text{env}f = |x|$. 对向量情形 $\boldsymbol{x} \in \mathbb{R}^n$，有：

$$\text{env card}(\boldsymbol{x}) = \frac{1}{R}\|\boldsymbol{x}\|_1, \quad 在\ C = \{\boldsymbol{x} : \|\boldsymbol{x}\|_\infty \leqslant R\}\ 上.$$

因为 ℓ_1 范数是 $\text{card}(x)$ 下方的最优凸近似，故至少在定义域为 ℓ_∞ 中有界球的情况下可以验证使用 ℓ_1 启发式的合理性.

另外一个关于 $\boldsymbol{x} \in \mathbb{R}^n$ 的 ℓ_1 范数和其基数的有意思关系可以通过对 $|\boldsymbol{x}|$ 和 $\text{nz}(\boldsymbol{x})$ 的内积使用柯西-施瓦茨不等式得到，其中向量 $|\boldsymbol{x}|$ 的分量是 $\boldsymbol{x}$ 对应分量的绝对值，并且当 $x_i \neq 0$ 时，向量 $\text{nv}(\boldsymbol{x})$ 的第 i 个分量为 1, 否则为零. 事实上，对所有 $\boldsymbol{x} \in \mathbb{R}^n$，我们有：

$$\|\boldsymbol{x}\|_1 = \text{nz}(\boldsymbol{x})^\top |\boldsymbol{x}| \leqslant \|\text{nz}(\boldsymbol{x})\|_2 \cdot \|\boldsymbol{x}\|_2 = \|\boldsymbol{x}\|_2\sqrt{\text{card}(\boldsymbol{x})},$$

因此

$$\text{card}(\boldsymbol{x}) \leqslant k \quad \Rightarrow \quad \|\boldsymbol{x}\|_1^2 \leqslant k\|\boldsymbol{x}\|_2^2.$$

后一种关系可用于求解某些带有基数约束问题的凸松弛. 例如：考虑如下问题

$$p^* = \min_{\boldsymbol{x}\in\mathbb{R}^n} \boldsymbol{c}^\top \boldsymbol{x} + \|\boldsymbol{x}\|_2^2 \quad \text{s.t.}: \ \boldsymbol{A}\boldsymbol{x} \leqslant \boldsymbol{b},\ \text{card}(\boldsymbol{x}) \leqslant k.$$

则该问题的目标函数具有下界（在基数约束下）：$\boldsymbol{c}^\top \boldsymbol{x} + \|\boldsymbol{x}\|_2^2 \geqslant \boldsymbol{c}^\top \boldsymbol{x} + \|\boldsymbol{x}\|_1^2/k$. 于是，我们可以通过求解如下问题得到 p^* 的一个下界：

$$\tilde{p}^* = \min_{\boldsymbol{x}\in\mathbb{R}^n} \boldsymbol{c}^\top \boldsymbol{x} + \|\boldsymbol{x}\|_1^2/k \quad \text{s.t.}: \ \boldsymbol{A}\boldsymbol{x} \leqslant \boldsymbol{b},$$

可以通过引入松弛变量 $\boldsymbol{u} \in \mathbb{R}^n$ 和标量 t 将其表示为一个（凸）QP:

$$\begin{aligned} p^* = \min_{\boldsymbol{x},u,t} \quad & \boldsymbol{c}^\top \boldsymbol{x} + t^2/k \\ \text{s.t.}: \quad & \boldsymbol{A}\boldsymbol{x} \leqslant \boldsymbol{b}, \\ & \sum_{i=1}^n u_i \leqslant t, \\ & -u_i \leqslant x_i \leqslant u_i, \quad i = 1, \cdots, n. \end{aligned}$$

另外一个用 ℓ_1 范数替代基数惩罚项的经典问题是在 9.6.2 节中讨论的 LASSO 问题.

例 9.16（逐段常数拟合） 假设某人要观测一个几乎是分段常数的噪声时间序列. 逐段常数拟合的目标是找出这些常数水平值. 在生物或医学应用中，这些水平值可用于解释被观测系统的 “状态”. 具体地，设 $\boldsymbol{x} \in \mathbb{R}^n$ 为信号向量（未知），和 $\boldsymbol{y} \in \mathbb{R}^n$ 为观测到的噪声信号（即 $\boldsymbol{y}$ 为真正的信号，$\boldsymbol{x}$ 加上噪声）. 给定 $\boldsymbol{y}$，寻求原始信号 $\boldsymbol{x}$ 的估计 $\hat{\boldsymbol{x}}$ 使在连续

的时间步长中 $\hat{\boldsymbol{x}}$ 的变化尽可能少. 我们通过最小化差分向量 $\boldsymbol{D}\hat{\boldsymbol{x}}$ 的基数来建模这个要求，其中 $\boldsymbol{D} \in \mathbb{R}^{n-1,n}$ 是差分矩阵

$$\boldsymbol{D} = \begin{bmatrix} -1 & 1 & 0 & \cdots & 0 \\ 0 & -1 & 1 & \cdots & 0 \\ \vdots & & & \ddots & \\ 0 & \cdots & 0 & -1 & 1 \end{bmatrix},$$

从而 $\boldsymbol{D}\hat{\boldsymbol{x}} = [\hat{x}_2 - \hat{x}_1, \hat{x}_3 - \hat{x}_2, \cdots, \hat{x}_n - \hat{x}_{n-1}]^\top$. 这样就导致了如下的问题：

$$\min_{\hat{\boldsymbol{x}}} \|\boldsymbol{y} - \hat{\boldsymbol{x}}\|_2^2 \quad \text{s.t.:} \ \operatorname{card}(\boldsymbol{D}\hat{\boldsymbol{x}}) \leqslant k,$$

其中 k 是关于信号跳次数的一个估计. 这里，问题中的目标函数是带噪声的测量值与估计值 $\hat{\boldsymbol{x}}$ 之间误差的一种度量. 用 ℓ_1 约束替换基数约束，我们可以通过 ℓ_1 范数启发式地来转换这个难题，这样就得到了如下的 QP:

$$\min_{\hat{\boldsymbol{x}}} \|\boldsymbol{y} - \hat{\boldsymbol{x}}\|_2^2 \quad \text{s.t.:} \ \ \|\boldsymbol{D}\hat{\boldsymbol{x}}\|_1 \leqslant q, \tag{9.21}$$

其中 q 是某个合适的常数（注意到，选择 $q = k$ 并不意味着由松弛问题得到的解会使 $\operatorname{card}(\boldsymbol{D}\hat{\boldsymbol{x}}) \leqslant k$）. 另外一种建模方式为：考虑一个目标函数带加权的问题

$$\min_{\hat{\boldsymbol{x}}} \|\boldsymbol{y} - \hat{\boldsymbol{x}}\|_2^2 + \gamma\|\boldsymbol{D}\hat{\boldsymbol{x}}\|_1,$$

其中 $\gamma \geqslant 0$ 为某个合适的权衡参数.

图 9.15 给出了一个通过逐段拟合来重构信号的例子. 图 9.15 的上部子图给出了未知信号 $\boldsymbol{x}$（虚线）和带噪声的测量值 $\boldsymbol{y}$; 中间子图给出了未知信号 $\boldsymbol{x}$（虚线）和通过式 (9.21) 中的 ℓ_1 启发式求得的重构信号 $\hat{\boldsymbol{x}}$; 底部子图则给出了未知信号 $\boldsymbol{x}$（虚线）和通过在式 (9.21) 使用 ℓ_2 范数而非 ℓ_1 范数作为约束求得的重构信号 $\hat{\boldsymbol{x}}$. 我们注意到，使用 ℓ_1 启发式成功地消除了信号中的噪声，同时保持了信号中相位（水平）变化急剧的特征. 反之，使用 ℓ_2 启发式消除噪声会以相变变缓为代价.

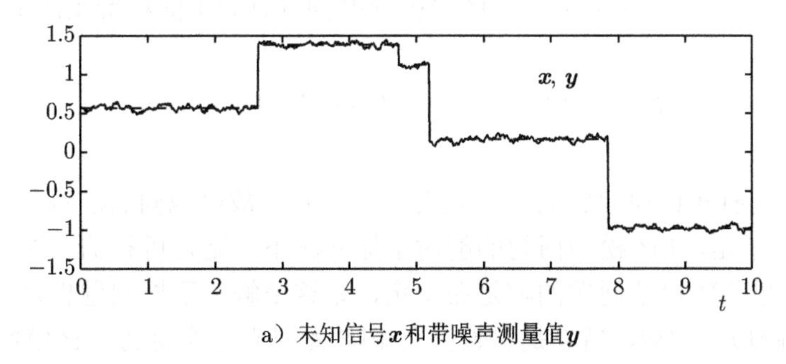

a）未知信号 $\boldsymbol{x}$ 和带噪声测量值 $\boldsymbol{y}$

图 9.15　用 ℓ_1 或 ℓ_2 启发式来重构一个带噪声的逐段常值的信号的例子

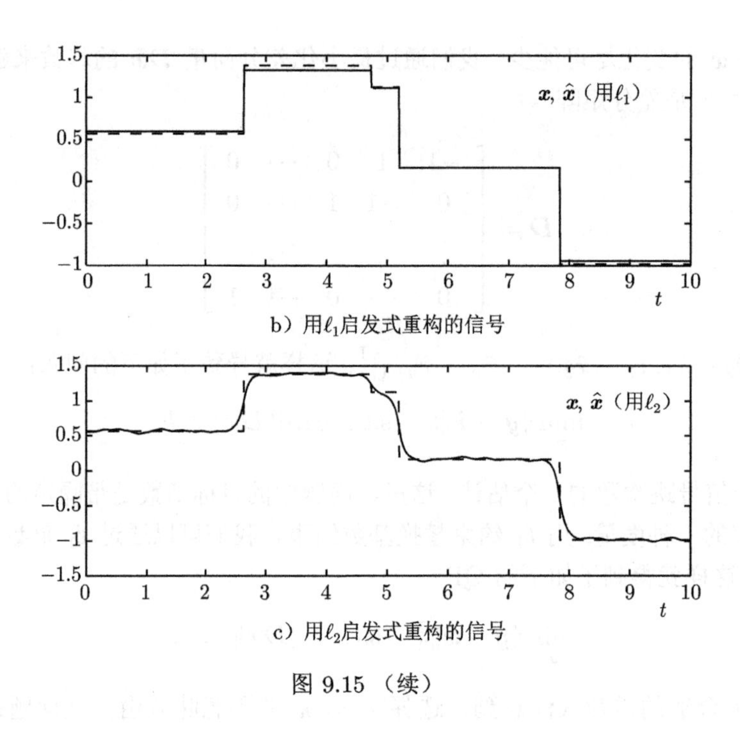

b）用ℓ_1启发式重构的信号

c）用ℓ_2启发式重构的信号

图 9.15 （续）

9.5.2 布尔问题的 LP 松弛

布尔优化问题是一个变量被约束为布尔型，即变量取值为 $\{0,1\}$ 的问题. 例如，一个布尔 LP 具有如下形式：

$$p^* = \min_{\boldsymbol{x}} \boldsymbol{c}^\top \boldsymbol{x} \quad \text{s.t.: } \boldsymbol{A}\boldsymbol{x} \leqslant \boldsymbol{b},\ \boldsymbol{x} \in \{0,1\}^n.$$

这类问题通常很难精确求解，这是因为可能需要枚举 $\{0,1\}^n$ 中所有 2^n 种可能点的排列组合. 通常，在布尔问题中易于处理的松弛方式是将离散集合 $\{0,1\}^n$ 替换为作为一个凸集的超立方体 $[0,1]^n$. 例如，上面布尔 LP 的松弛问题则具有如下的标准 LP 形式：

$$\tilde{p}^* = \min_{\boldsymbol{x}} \boldsymbol{c}^\top \boldsymbol{x} \quad \text{s.t.: } \boldsymbol{A}\boldsymbol{x} \leqslant \boldsymbol{b},\ \boldsymbol{x} \in [0,1]^n.$$

因为松弛问题的可行集比原问题的可行集大（即包含），故松弛问题的解是原问题解的一个下界，$\tilde{p}^* \leqslant p^*$. 于是，LP 松弛问题的解对于原问题不一定是可行的（即可能不属于布尔集）. 但是，如果 LP 松弛问题的解是布尔集，则这个解关于原问题也是最优的（证明该结论作为一个练习）. 例如，当 b 是整数以及矩阵 A 具有一个称为全幺模性的特殊性质时，这种情况就会发生.

9.5.2.1 全幺模性

如果 $\boldsymbol{A}$ 的任意子方阵的行列式为 -1, 1 或 0，则称矩阵 $\boldsymbol{A}$ 为全幺模矩阵（TUM）. 因为由 TUM 矩阵定义的多面体具有整数顶点[㊀]，也就是这样的多面体的顶点都是整数，故这类矩阵在布尔问题的 LP 松弛形式中具有重要的应用.

定理 9.1 设 $\boldsymbol{A} \in \mathbb{R}^{m,n}$ 是一个整数矩阵. 则如下结论成立:

（1） 矩阵 $\boldsymbol{A}$ 是 TUM 当且仅当对任意整数向量 $\boldsymbol{b} \in \mathbb{R}^n$, 多面体 $\{\boldsymbol{x}: \boldsymbol{A}\boldsymbol{x} \leqslant \boldsymbol{b}, \boldsymbol{x} \geqslant 0\}$ 的所有顶点是整数;

（2） 如果 $\boldsymbol{A}$ 是 TUM, 那么对任意整数向量 $\boldsymbol{b} \in \mathbb{R}^n$, 多面体 $\{\boldsymbol{x}: \boldsymbol{A}\boldsymbol{x} = \boldsymbol{b}, \boldsymbol{x} \geqslant 0\}$ 的所有顶点均为整数;

（3） 矩阵 $\boldsymbol{A}$ 是 TUM 当且仅当 $\boldsymbol{A}^\top$ 是 TUM 当且仅当 $[\boldsymbol{A}\ \ \boldsymbol{I}]$ 是 TUM.

此外，下面的推论为判断矩阵为 TUM 提供了一个有用的充分条件.

推论 9.1 一个矩阵 $\boldsymbol{A} \in \mathbb{R}^{m,n}$ 为 TUM, 如果下面的条件成立:

（a） 矩阵 $\boldsymbol{A}$ 的元素是 -1, 1 或 0;

（b） 矩阵 $\boldsymbol{A}$ 的每一列都至多包含两个非零元素;

（c） 矩阵 $\boldsymbol{A}$ 的行可被划分为两个子集 $R_1 \cup R_2 = \{1, \cdots, m\}$ 使对每个有两个非零元素的列 j 都有 $\sum_{i\in R_1} a_{ij} = \sum_{i \in R_2} a_{ij}$.

上面推论的一个直接结果是，如果一个 $(0,1,-1)$ 矩阵的每一列都至多包含不超过一个 1 和一个 -1，则这个矩阵是 TUM. 这种特殊情况实际上来自几个关于图的优化问题，其中 $\boldsymbol{A}$ 是有向图的关联矩阵或二分图的关联矩阵，如下面的例子所示.

例 9.17（加权二分匹配） 加权二分匹配问题来自如下问题. 给 n 个机构以一对一的方式分配 n 个任务，并且给机构 i 分配任务 j 的匹配花费为 w_{ij}，如图 9.16 所示.

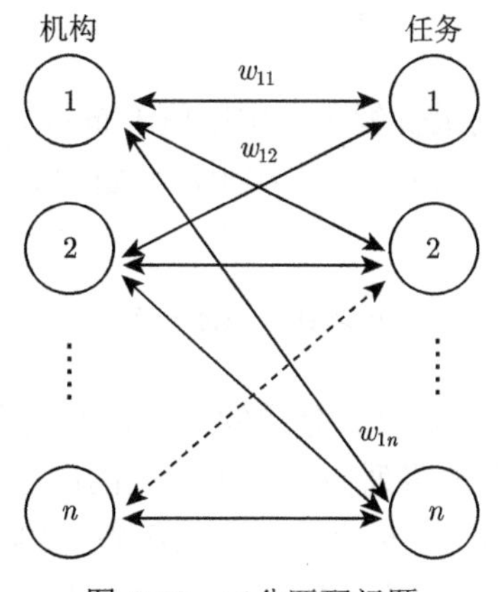

图 9.16 二分匹配问题

㊀ 关于全幺模矩阵与线性规划相关结果的证明细节可参见 A. Schrijver, *Theory of Linear and Integer Programming*, Wiley, 1998，第 19 节.

通过定义变量 x_{ij} 使得如果给机构 i 分配任务 j 则 $x_{ij}=1$，否则 $x_{ij}=0$，可以将问题表述为如下布尔 LP 的形式：

$$\begin{aligned}
p^*=\min_{\boldsymbol{x}} \quad & \sum_{i,j=1}^{n} w_{ij}x_{ij} \\
\text{s.t.}: \quad & x_{ij}\in\{0,1\}, \ \forall\, i,j=1,\cdots,n, \\
& \sum_{i=1}^{n} x_{ij}=1, \ \forall\, j=1,\cdots,n(\text{每个任务只分配给一个机构}), \\
& \sum_{j=1}^{n} x_{ij}=1, \ \forall\, i=1,\cdots,n(\text{每个机构只给分配一个任务}).
\end{aligned}$$

通过舍掉变量 x_{ij} 的整数约束，则可以得到如下 LP 的松弛形式：

$$\begin{aligned}
\tilde{p}^*=\min_{\boldsymbol{x}} \quad & \sum_{i,j=1}^{n} w_{ij}x_{ij} \\
\text{s.t.}: \quad & x_{ij}\geqslant 0, \ \forall\, i,j=1,\cdots,n, \\
& \sum_{i=1}^{n} x_{ij}=1, \ \forall\, j=1,\cdots,n, \\
& \sum_{j=1}^{n} x_{ij}=1, \ \forall\, i=1,\cdots,n.
\end{aligned} \tag{9.22}$$

虽然在一般情况下，松弛问题的最优解不一定取值于布尔集，但在这个特例中，可以证明松弛问题的任何顶点解都取值于布尔集. 事实上，问题 (9.22) 中的约束条件可被更紧凑地写为：

$$\boldsymbol{x}\geqslant 0, \quad \boldsymbol{A}\boldsymbol{x}=\mathbf{1}, \tag{9.23}$$

其中 $\boldsymbol{A}\in\mathbb{R}^{2n,n^2}$ 是图 9.16 中无向二分图的（无向）关联矩阵和 $\boldsymbol{x}\in\mathbb{R}^{n^2}$ 是将矩阵 $[x_{ij}]$, $i,j=1,\cdots,n$ 中的元素按照列向量排列构成的向量. 矩阵 $\boldsymbol{A}$ 的行对应于图中的节点，即前 n 个节点代表机构，后 n 个节点代表任务. 矩阵 $\boldsymbol{A}$ 的列表示图中的边，如果边 e 与节点 i 相关，则 $\boldsymbol{A}_{ie}=1$，否则 $\boldsymbol{A}_{ie}=0$. 因为 $\boldsymbol{A}$ 的全幺模性，由式 (9.23) 表示的被称为二分完美匹配多胞形具有整数顶点，从而加权二分匹配问题的 LP 松弛形式实际上就是原布尔 LP 的最优解.

作为一个数值的例子，考虑分别给 $n=4$ 个机构分配任务，其中相应的成本由矩阵 $\boldsymbol{W}$

给出：

$$
\boldsymbol{W}=\begin{bmatrix} 5 & 1 & 2 & 2 \\ 1 & 0 & 5 & 3 \\ 2 & 1 & 2 & 1 \\ 1 & 1 & 2 & 3 \end{bmatrix}.
$$

LP 的松弛形式给出最优机构/任务匹配为 $(1,3),(2,2),(3,4),(4,1)$，以及相应的最优成本为 $p^*=4$.

例 9.18（最短路径）　最短路径问题是指在有向图的两个顶点（或节点）之间寻找一条路径，使得沿路径边的权重之和最小化的问题. 考虑一个具有节点 $V=\{1,\cdots,n\}$ 和边的集合 E 的有向图，设 t 是目标节点，s 为初始节点且 w_e 表示沿着边 $e\in E$ 移动的成本. 于是，通过求解如下布尔 LP 可以找到最短（最小成本）路径：

$$
\begin{aligned}
p^* = \min_{\boldsymbol{x}} \quad & \sum_{e\in E} w_e x_e \\
\text{s.t.:} \quad & x_e \in \{0,1\} \ \ \forall\, e\in E, \\
& \boldsymbol{A}\boldsymbol{x}=\boldsymbol{b},
\end{aligned}
$$

其中 $\boldsymbol{A}\in\mathbb{R}^{n,|E|}$ 是图的（有向）关联矩阵（即如果边 $e\in E$ 从节点 i 出发，则 $A_{ie}=1$，如果边 $e\in E$ 以节点 i 中止，则 $A_{ie}=-1$，否则 $A_{ie}=0$）以及 $\boldsymbol{b}\in\mathbb{R}^n$ 是满足 $b_s=1$, $b_t=-1$, $b_i=0$, $\forall\, i\neq s,t$ 的向量. 同样，矩阵 $\boldsymbol{A}$ 是 TUM, 因此由标准的 LP 松弛形式可以得到问题的最优布尔解.

9.5.3　网络流

考虑一个由有向图描述的网络，其中有 m 个节点和由 n 条有向边连接，如图 9.17 所示. 网络的（有向）弧关联矩阵 $\boldsymbol{A}\in R^{m,n}$ 的定义如式 (3.2) 所示. 对于图 9.17 中的例子，我们有：

$$
\boldsymbol{A}=\begin{bmatrix}
1 & 0 & 1 & -1 & 0 & 0 & 0 & 0 & 0 & 0 & 0 \\
-1 & 1 & 0 & 0 & 0 & 0 & 0 & 0 & 0 & 0 & 0 \\
0 & -1 & -1 & 0 & 1 & -1 & 0 & 0 & 0 & 0 & 0 \\
0 & 0 & 0 & 1 & -1 & 0 & 1 & -1 & 1 & 0 & 0 \\
0 & 0 & 0 & 0 & 0 & 1 & -1 & 0 & 0 & 1 & -1 \\
0 & 0 & 0 & 0 & 0 & 0 & 0 & 1 & -1 & -1 & 1
\end{bmatrix}.
$$

（交通、信息和电荷）流可以用带符号的边构成的向量 $\boldsymbol{x}\in\mathbb{R}^n$ 来表示（如果流向与弧的方向相同，则 $x_i\geqslant 0$；如果方向相反，则 $x_i<0$）. 从节点 i 流出的净流量为：

$$\text{out-flow}_i = (\boldsymbol{A}\boldsymbol{x})_i = \sum_{j=1}^{n} A_{ij}x_j.$$

假设流的每个边 x_i 都对应一个凸成本函数 $\phi_i(x_i)$: 流成本最小化问题是指在满足给定供需要求和链接的容量约束时，确定最小化成本流的问题，也就是:

$$\min_{x} \sum_{i=1}^{n} \phi_i(x_i) \ \text{ s.t. : } \ \boldsymbol{A}\boldsymbol{x} = \boldsymbol{b},\ \boldsymbol{l} \leqslant \boldsymbol{x} \leqslant \boldsymbol{u},$$

其中 $\boldsymbol{b}$ 是节点的供给外部向量（如果 j 是源节点，则 $b_j > 0$; 如果 j 是接收节点，则 $b_j < 0$，否则 $b_j = 0$），它满足流量守恒等式 $\mathbf{1}^\top \boldsymbol{b} = 0$，使得总供给等于总需求，以及 $\boldsymbol{l}, \boldsymbol{u}$ 分别为流的上、下界（如果我们想要求流动必须沿着弧的方向，则 $\boldsymbol{l} = 0$）. 约束 $\boldsymbol{A}\boldsymbol{x} = \boldsymbol{b}$ 表示网络的平衡方程. 在 π_i 为线性函数的特殊情况下，上述问题是一个目标函数为 $\boldsymbol{\phi}^\top \boldsymbol{x}$ 的 LP，其中 ϕ_i 现在表示通过连接 i 的流的单位成本.

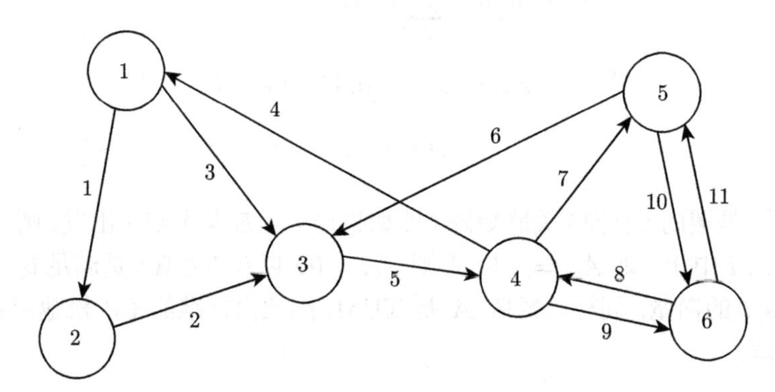

图 9.17 具有 6 个节点和 11 条边的有向图的例子

9.5.3.1 最大化流问题

一个相关问题是当只有一个源节点 s 和一个接收节点 t 时，寻求 s 到 t 间流量的最大化. 设（未知的）供给外部流量 $b = \gamma e$，其中 $e_s = 1, e_t = -1$，且当 $i \neq s, t$ 时，$e_i = 0$. 那么，我们想要找到最大化 γ 且同时满足流平衡和容量约束条件，即

$$\max_{x,\gamma} \ \gamma \quad \text{s.t. : } \ \boldsymbol{A}\boldsymbol{x} = \gamma \boldsymbol{e},\ \boldsymbol{l} \leqslant \boldsymbol{x} \leqslant \boldsymbol{u},$$

这是一个 LP.

9.5.4 零和博弈的纳什均衡

博弈论建模了冲突的理性参与者的行为，其目的是通过考虑其他参与者的反作用的行为来最大化他们的收益（或最小化他们的成本）. 所谓的双人零和博弈是博弈论中的一个

核心问题，即包含两个参与者 A, B 的目标完全冲突的博弈. 也就是说，如果参与者 A 的收益是 p，那么参与者 B 的收益就是 $-p$. 在离散情形，每个参与者的行为或选择是离散且有限的，因此可以按照行和列来排列（例如：行代表参与者 A 的行为，列代表参与者 B 的行为）. 也称这种类型的博弈为矩阵博弈. 如果 A 有 m 种可能的行为和 B 有 n 种可能的行为，则该博弈可通过收益矩阵 $\boldsymbol{P} \in \mathbb{R}^{m,n}$ 来表示，其中元素 P_{ij} 表示参与者 A 采用第 i 个行为而参与者 B 采用第 j 个行为时的收益（假设两个参与者同时选择行为）. 由于该博弈是零和的，故只要确定参与者 A 的收益矩阵 $\boldsymbol{P}$ 即可，这是因为参与者 B 的收益矩阵就是 $-\boldsymbol{P}$.

这里举第一个例子，考虑同一条街道上的两个热狗供应商在同一个市场里竞争. 每个供应商有 200 美元的固定成本，且必须选择高价格（每个三明治 2 美元）或低价格（每个三明治 1 美元）进行销售. 当采用 2 美元的价格时，供应商可以卖出 200 个三明治，总收入为 400 美元. 当采用 1 美元的价格时，供应商可以卖出 400 个三明治，总收入为 400 美元. 如果两个供应商的定价相同，则他们将平分销售额，否则价格较低的供应商占领全部销售额，价格较高的供应商则没有出售任何产品. 回报表（回报是利润：收入减去固定成本）参见表 9.4.

表 9.4　热狗供应商博弈的回报矩阵 $\boldsymbol{P}$

$A \backslash B$	价格 1 美元	价格 2 美元	行的最小值
价格 1 美元	0	200	0
价格 2 美元	−200	0	−200
列的最大值	0	200	

对于这样的博弈，每个参与者都理性地选择使自己最小的收益最大化的策略：

$$A \text{ 的最优策略：} \quad \max_i \min_j P_{ij},$$

$$B \text{ 的最优策略：} \quad \min_j \max_i P_{ij},$$

即参与者 A 根据每一行的最小值，找到她行为的最小回报向量（如表中最右边那列所示），再从这个列向量中选择最大值对应的行为. 因此 A 的安全决策是将价格设置为 1 美元. 类似地，参与者 B 根据每一列的最大值（因为她的回报是负的表格中元素），找到她行为的最小回报向量（如表中最下面那行所示），再从这个行向量中选择最小值对应的行为. 参与者 B 的安全决策也是将价格设置为 1 美元. 注意到：在这种情况下，参与者 A 和参与者 B 的策略会带来相等的回报. 当这种情况发生时，我们找到了博弈的纯策略意义下的均衡解. 这样解的一个特点是共同收益是收益矩阵的鞍点，即满足如下关系的 $\boldsymbol{P}$ 的一个元素：

$$\max_i \min_j P_{ij} = \min_j \max_i P_{ij},$$

称这个共同收益值为该博弈的价值. 一个博弈问题可能有多个鞍点，但所得博弈的价值都相等. 一个鞍点均衡是两个参与者的一个决策，并且任何一方都不能通过单方面的偏离它来获得更高收益.

然而，并不是所有的博弈问题都存在鞍点. 作为第二个例子，考虑奇数或偶数博弈问题，即两个参与者同时说出其中一个数字：0、1 或 2. 如果结果的总和为奇数，那么“奇数”参与者从另一个参与者那里赢得等于总和数值的金额，反之亦然. 这个博弈的收益矩阵为表 9.5. 容易验证这个博弈没有鞍点，因此没有纯策略意义下的均衡解：

$$-2=\max_i \min_j P_{ij} \leqslant \min_j \max_i P_{ij}=1.$$

表 9.5　奇数或偶数博弈的回报矩阵 $\boldsymbol{P}$

奇数 \ 偶数	‘0’	‘1’	‘2’	行的最小值
‘0’	0	1	−2	−2
‘1’	1	−2	3	−2
‘2’	−2	3	−4	−4
列的最大值	1	3	3	

在这样的情况下，每个参与者可以采用混合策略，即根据决策的给定概率分布来随机选择一个决策. 现在参与者的推断与先前一样，除了现在关注的是期望收益. 于是，该问题变为找到合适的分布以使期望收益矩阵存在鞍点（均衡策略）. 假设参与者 A 选择决策 i 的概率为 $q_i^{(A)}$，而参与者 B 选择决策 j 的概率为 $q_j^{(B)}$，且设向量 $\boldsymbol{q}^{(A)}, \boldsymbol{q}^{(B)}$ 分别表示参与者 A 和 B 的概率分布. 则对应于参与者 A 可能选择策略的期望收益向量为 $\boldsymbol{P}\boldsymbol{q}^{(B)}$（这个列向量的第 i 个分量为参与者 A 选择第 i 个策略的平均（根据参与者 B 选择策略的概率）收益）. 考虑到参与者 A 也会随机化她的策略，因此参与者 A 的总体预期收益是：

$$\boldsymbol{q}^{(A)\top}\boldsymbol{P}\boldsymbol{q}^{(B)}.$$

现在，因为参与者 A 想要在所有 $\boldsymbol{q}^{(b)}$ 可能选择的最坏情况中最大化她的期望收益（每个参与者都知道收益矩阵，但不知道对手的随机策略），则参与者 A 即要求解下问题：

$$V_A=\max_{\boldsymbol{q}^{(A)}\in S^m}\ \min_{\boldsymbol{q}^{(B)}\in S^n}\ \boldsymbol{q}^{(A)\top}\boldsymbol{P}\boldsymbol{q}^{(B)},$$

其中 S^m, S^n 分别表示 m 和 n 维的概率单纯形. 用对偶方法对参与者 B 进行分析，于是，她即要求解如下问题：

$$V_B=\min_{\boldsymbol{q}^{(B)}\in S^n}\ \max_{\boldsymbol{q}^{(A)}\in S^m}\ \boldsymbol{q}^{(A)\top}\boldsymbol{P}\boldsymbol{q}^{(B)}. \tag{9.24}$$

事实上，冯・诺依曼的一个基本结果确保了该博弈的价值为 $V_A=V_B=V$，即任何矩阵博弈在纯策略或混合策略下都有一个极小-极大均衡解. 在这样的均衡策略下，无论 B 做什么，A 的期望收益至少为 V; 而无论 A 做什么，B 的期望损失最多为 V. 如果 V 为零，我们就称该博弈是公平的. 如果 V 是正的，则该博弈有利于参与者 A，而如果 V 是负的，则该博弈有利于参与者 B. 在下一段中，我们将介绍博弈与优化问题之间的联系以及证明如何通过线性规划计算矩阵博弈的最优混合策略.

9.5.4.1 矩阵博弈的 LP 解

我们考虑计算参与者 B 的最优混合策略问题，对参与者 A 的情况也完全类似. 首先将问题 (9.24) 改写为如下的上镜图形式：

$$V_B = \min_{\gamma\in\mathbb{R},\boldsymbol{q}^{(B)}\in S^n} \gamma \quad \text{s.t.}: \max_{\boldsymbol{q}^{(A)}\in S^m} \boldsymbol{q}^{(A)\top}\boldsymbol{P}\boldsymbol{q}^{(B)} \leqslant \gamma.$$

注意到 $\max_{y\in\mathcal{Y}} f(y) \leqslant \gamma$ 当且仅当对所有 $y \in \mathcal{Y}$，均有 $f(y) \leqslant \gamma$，因此该问题可重写为：

$$V_B = \min_{\gamma\in\mathbb{R},\boldsymbol{q}^{(B)}\in S^n} \gamma \quad \text{s.t.}: \boldsymbol{q}^{(A)\top}\boldsymbol{P}\boldsymbol{q}^{(B)} \leqslant \gamma, \ \forall \boldsymbol{q}^{(A)} \in S^m.$$

现在，单纯形 S^m 是一个顶点为 $\mathbb{R}^m$ 中标准基 $\boldsymbol{e}_1,\cdots,\boldsymbol{e}_m$ 的多胞形. 于是，应用式 (9.7) 中关于顶点的结论，我们等价地有：

$$V_B = \min_{\gamma\in\mathbb{R},\boldsymbol{q}^{(B)}\in S^n} \gamma \quad \text{s.t.}: \boldsymbol{e}_i^\top\boldsymbol{P}\boldsymbol{q}^{(B)} \leqslant \gamma, \ i=1,\cdots,m.$$

考虑到 $\boldsymbol{e}_i^\top$ 只不过是 $\boldsymbol{P}$ 的第 i 行，再将条件 $\boldsymbol{q}^{(B)} \in S^n$ 解析地写为 $\boldsymbol{q}^{(B)} \geqslant 0$, $\boldsymbol{1}_n^\top\boldsymbol{q}^{(B)} = 1$，我们最后得到如下具有标准 LP 形式的问题：

$$V_B = \min_{\gamma\in\mathbb{R},\boldsymbol{q}^{(B)}\in S^n} \gamma \quad \text{s.t.}: \boldsymbol{P}\boldsymbol{q}^{(B)} \leqslant \gamma\boldsymbol{1}_m, \boldsymbol{q}^{(B)} \geqslant 0, \boldsymbol{1}_n^\top\boldsymbol{q}^{(B)} = 1.$$

类似可通过求解如下 LP 来得到参与者 A 的均衡策略：

$$V_B = \max_{\gamma\in\mathbb{R},\boldsymbol{q}^{(A)}\in S^m} \gamma \quad \text{s.t.}: \boldsymbol{P}\boldsymbol{q}^{(A)} \geqslant \gamma\boldsymbol{1}_n, \boldsymbol{q}^{(A)} \geqslant 0, \boldsymbol{1}_m^\top\boldsymbol{q}^{(A)} = 1.$$

通过 LP 方法，读者可以验证表 9.5 中奇数或偶数博弈的例子是公平博弈（$V=0$）且有如下最优混合策略：

$$\boldsymbol{q}^{(A)} = \begin{bmatrix} 1/4 \\ 1/2 \\ 1/4 \end{bmatrix}, \qquad \boldsymbol{q}^{(B)} = \begin{bmatrix} 1/4 \\ 1/2 \\ 1/4 \end{bmatrix}.$$

9.6 与 LS 相关的二次规划

二次问题主要来自 LS 及其变形. 我们已经在例 9.1 中注意到标准 LS 的目标函数

$$f_0(\boldsymbol{x}) = \|\boldsymbol{A}\boldsymbol{x} - \boldsymbol{y}\|_2^2$$

是一个凸二次函数，其可以写为如下的标准形式：

$$f_0(\boldsymbol{x}) = \frac{1}{2}\boldsymbol{x}^\top \boldsymbol{H}\boldsymbol{x} + \boldsymbol{c}^\top \boldsymbol{x} + d,$$

其中

$$\boldsymbol{H} = 2(\boldsymbol{A}^\top \boldsymbol{A}), \quad \boldsymbol{c} = -2\boldsymbol{A}^\top \boldsymbol{y}, \quad d = \boldsymbol{y}^\top \boldsymbol{y}.$$

求 f_0 在不带约束时的最小值就是一个线性代数问题,它等价于求解由最优性条件 $\nabla f_0(x) = 0$ 得到的（正规方程组）线性方程组（参见 8.4.1 节）：

$$\boldsymbol{A}^\top \boldsymbol{A}\boldsymbol{x} = \boldsymbol{A}^\top \boldsymbol{y}.$$

我们下面说明一些关于基本 LS 问题的变形，其中一些也适用于基于简单线性代数的求解.

9.6.1 带等式约束的 LS

6.7 节已经讨论了一些基本 LS 问题的变形. 这里，我们简要讨论关于变量具有额外线性等式约束 LS 问题的情况. 例 9.2 表明，在线性等式约束下最小化凸二次函数等价于求解一个增广线性方程组. 因此，解带等式约束的 LS 问题：

$$\begin{aligned} \min_{\boldsymbol{x}} \quad & \|\boldsymbol{A}\boldsymbol{x} - \boldsymbol{y}\|_2^2 \\ \text{s.t.:} \quad & \boldsymbol{C}\boldsymbol{x} = \boldsymbol{d} \end{aligned}$$

等价于求解如下关于 $\boldsymbol{x}, \boldsymbol{\lambda}$ 的线性方程组（参见方程 (9.5)）：

$$\begin{bmatrix} \boldsymbol{C} & 0 \\ \boldsymbol{A}^\top \boldsymbol{A} & \boldsymbol{C}^\top \end{bmatrix} \begin{bmatrix} \boldsymbol{x} \\ \boldsymbol{\lambda} \end{bmatrix} = \begin{bmatrix} \boldsymbol{d} \\ \boldsymbol{A}^\top \boldsymbol{y} \end{bmatrix}.$$

9.6.2 ℓ_1 正则化与 LASSO 问题

6.7.3 节已经讨论了带 ℓ_2 正则项的正则化 LS 问题. 当将式 (6.25) 中正则项的 ℓ_2 范数替换为关于 $\boldsymbol{x}$ 的 ℓ_1 范数时，就产生了一种重要的变形. 这导致了如下所谓的基追踪去噪问题（BPDN）：

$$\min_{\boldsymbol{x} \in \mathbb{R}^n} \|\boldsymbol{A}\boldsymbol{x} - \boldsymbol{y}\|_2^2 + \lambda\|\boldsymbol{x}\|_1, \qquad \lambda \geqslant 0, \tag{9.25}$$

其中 $\|\boldsymbol{x}\|_1 = |x_1| + \cdots + |x_n|$. 由于与压缩感知（CS）领域有关，问题 (9.25)近年来受到了科学界的极大关注. 隐藏在 (9.25) 背后的基本思想是，用关于 $\boldsymbol{x}$ 的 ℓ_1 范数来代替关于 $\boldsymbol{x}$ 的基数（$\boldsymbol{x}$ 的非零元素的个数），关于这个事实的证明可参见 9.5.1 节. 对问题 (9.25) 的解释为，它表述了 $\boldsymbol{Ax}$ 逼近 $\boldsymbol{y}$ 的精度和解复杂性（$\boldsymbol{x}$ 中非零分量的个数）之间的平衡. λ 越大，问题 (9.25) 越倾向于寻找低复杂度的解，即具有多个零的解. 例如，在信号和图像压缩中，这种解是至关重要的. 例如，假设 $\boldsymbol{y} \in \mathbb{R}^m$ 为表示百万级像素图像的灰度等级向量（于是 m 可以非常大，可取百万级别）且 $\boldsymbol{A}$ 包含 n 个固定的特征列向量（即通常称为字典）. 我们寻求将原始图像近似为 $\boldsymbol{A}$ 的列向量和少数非零系数的线性组合 $\boldsymbol{Ax}$. 于是，不用传输整个庞大的图像向量 $\boldsymbol{y}$，而可以只传输 $\boldsymbol{x}$ 中的少量非零系数，并且接收者（知道特征基 $\boldsymbol{A}$）仍然可以近似地将图像重建为 $\boldsymbol{Ax}$.

在逐段常数拟合中我们已经遇到了与问题 (9.25) 类似的问题，参见例 9.16. 问题 (9.25) 可通过引入松弛变量 $\boldsymbol{u} \in \mathbb{R}^n$ 转化为具有标准形式的 QP:

$$
\begin{aligned}
\min_{\boldsymbol{x},\boldsymbol{u} \in \mathbb{R}^n} \quad & \|\boldsymbol{Ax} - \boldsymbol{y}\|_2^2 + \lambda \sum_{i=1}^{n} u_i \\
\text{s.t.}: \quad & |x_i| \leqslant u_i, i = 1, \cdots, n.
\end{aligned}
$$

问题 (9.25) 的一个本质上相似的版本可以通过对关于 $\boldsymbol{x}$ 的 ℓ_1 范数增加约束条件得到（而不是将这一项作为惩罚项插入道目标函数中），这就产生了所谓的最小绝对收缩与选择算子（LASSO）问题[㊀]：

$$
\begin{aligned}
\min_{\boldsymbol{x} \in \mathbb{R}^n} \quad & \|\boldsymbol{Ax} - \boldsymbol{y}\|_2^2 \\
\text{s.t.}: \quad & \|\boldsymbol{x}\|_1 \leqslant \alpha.
\end{aligned}
$$

通过引入松弛变量可以很容易地将 LASSO 问题归结为标准的 QCQP 形式. 该问题还可以通过关于残差范数的约束，用 $\|\boldsymbol{x}\|_1$ 的极小化形式来表示，也就是：

$$
\begin{aligned}
\min_{\boldsymbol{x} \in \mathbb{R}^n} \quad & \|\boldsymbol{x}\|_1 \\
\text{s.t.}: \quad & \|\boldsymbol{Ax} - \boldsymbol{y}\|_2^2 \leqslant \varepsilon,
\end{aligned}
$$

其可视为一个 QCQP. 所有这些关于 LASSO 问题的变形都是凸优化模型，至少在理论上，其可以用 QCQP 的标准有效算法来求解. 然而，需要注意的是 LASSO 这种类型的问题的典型应用可能会涉及大量的变量，因此人们已经开发了几种专门的算法以最高效率来求解 ℓ_1 正则化的问题；有关其中一些算法的讨论，请参见 12.3.3.8 节和 12.3.4 节.

例 9.19（基于小波基的图像压缩）　一个由 $\boldsymbol{y} \in \mathbb{R}^m$ 表示的灰度图像，通常在合适的基下可以确定一个本质上稀疏的表示. 这意味着对适当的字典矩阵 $\boldsymbol{A} \in \mathbb{R}^{m,n}$，图像 $\boldsymbol{y}$ 可

㊀ 在文献中，术语 LASSO 也被用来指代问题 (9.25).

以被特征向量的线性组合 $\boldsymbol{Ax}$ 很好的逼近，其中组合中的系数 $\boldsymbol{x}$ 是稀疏的. 图像分析中常用的字典矩阵包括离散傅立叶变换（DFT）基和小波（WT）基. 特别地，小波基被认为在提供标准图像的稀疏表示方面非常有效（例如，在 Jpeg2000 压缩协议中就使用小波基）.

考虑如图 9.18 所示的 256×256 灰度图像. 此图像中的每个像素由 [0, 255] 范围内的整数值 y_i 表示，其中 0 表示黑色，255 表示白色. 原图 $\boldsymbol{y}$ 的直方图如图 9.19 所示. 显然，在这种表示中，图像并不稀疏.

图 9.18　原始 256×256 灰度图像的“船”

然而，如果我们考虑小波变换中的图像表示（这隐含地相当于考虑一个合适的以小波基作为列向量的字典矩阵 $\boldsymbol{A}$），从而得到向量表示 $\tilde{\boldsymbol{y}}$，其绝对值的直方图如图 9.20 所示. 对于这个例子，我们使用 Daubechies 正交小波变换，因此 $\boldsymbol{A}$ 是一个 $65\,536 \times 65\,536$ 的正交矩阵. 图 9.20 显示小波表示 $\tilde{\boldsymbol{y}}$ 的图像中包含的大系数很少，且大多数的系数相对较小（然而，$\tilde{\boldsymbol{y}}$ 还不是稀疏的，这是因为它的玄元素还不是零）. 如果这些小的系数都被保留，那么 $\tilde{\boldsymbol{y}}$ 与 $\boldsymbol{y}$ 的信息相同，即它是原图的无损编码，且在小波的域中 $\boldsymbol{y} = \boldsymbol{A}\tilde{\boldsymbol{y}}$. 然而，如果允许将这个等式放宽到近似等式 $\boldsymbol{A} \simeq \boldsymbol{Ax}$，那么就可以牺牲一些精度用小波域中具有许多零元素的 $\boldsymbol{x}$ 来表示，即一个系数表示. 这样的稀疏解可以通过对适当的 λ 求解 LASSO 问题而得到，即 $\min_{\boldsymbol{x}} \frac{1}{2}\|\boldsymbol{Ax} - \boldsymbol{y}\|_2^2 + \lambda\|\boldsymbol{x}\|_1$. 在我们这种情况下，由于 $\boldsymbol{A}$ 是正交的，故上述问题等价于：

$$\min_{\boldsymbol{x}} \frac{1}{2}\|\boldsymbol{x} - \tilde{\boldsymbol{y}}\|_2^2 + \lambda\|\boldsymbol{x}\|_1,$$

其中 $\tilde{\boldsymbol{y}} \doteq \boldsymbol{A}^\top \boldsymbol{y}$ 是在小波域中的图像表示. 有意思的是，该问题是可分的，也就是说，它可以归结为一系列的单变量极小化问题，这是因为

$$\frac{1}{2}\|\boldsymbol{x} - \tilde{\boldsymbol{y}}\|_2^2 + \lambda\|\boldsymbol{x}\|_1 = \sum_{i=1}^{m} \frac{1}{2}(x_i - \tilde{y}_i)^2 + \lambda|x_i|.$$

进一步，每一个单变量问题

$$\min_{x_i} \frac{1}{2}(x_i - \tilde{y}_i)^2 + \lambda|x_i|$$

具有如下简单的闭形式解（参见 12.3.3.5 节）：

$$x_i^* = \begin{cases} 0 & \text{如果 } |\tilde{y}_i| \leqslant \lambda, \\ \tilde{y}_i - \lambda \operatorname{sgn}(\tilde{y}_i) & \text{其他.} \end{cases}$$

换言之，这意味着如果小波基中系数 $\tilde{y}_i$ 的模比 λ 小，则其阈值为零，否则抵消 λ（软阈值）. 一旦计算出 $\boldsymbol{x}^*$，就可以通过计算逆小波变换（即在理想情况下，构造乘积 $\boldsymbol{Ax}^*$）在标准域中重建实际的图像.

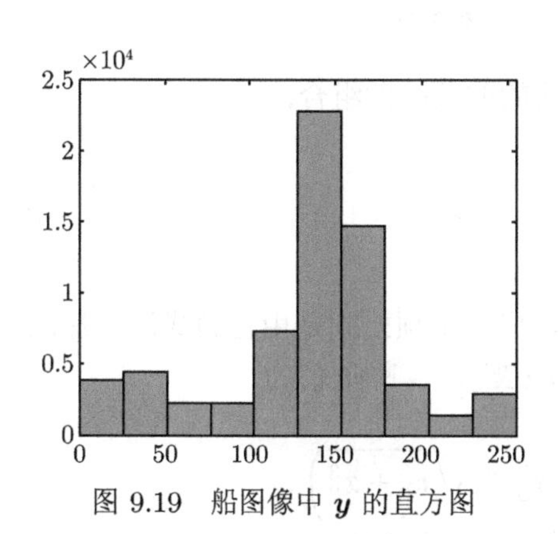

图 9.19　船图像中 $\boldsymbol{y}$ 的直方图

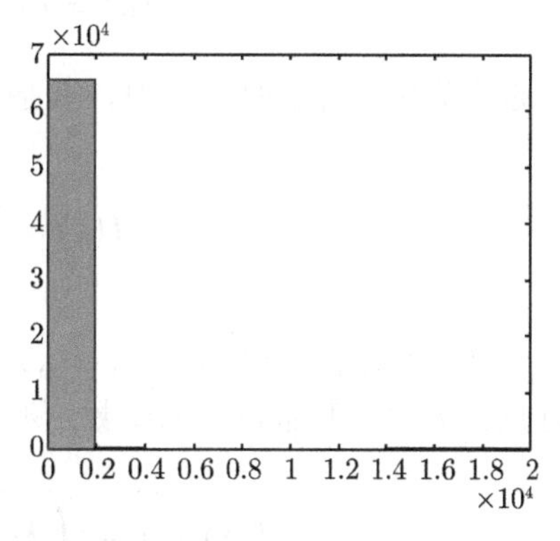

图 9.20　船图像中小波变换 $\tilde{\boldsymbol{y}}$ 的直方图

在当前的例子中，通过求解 $\lambda = 30$ 的 LASSO 问题，得到了一个在小波域中只有 4 540 个非零元素的表示 $\boldsymbol{x}^*$（而在 $\tilde{\boldsymbol{y}}$ 或 $\boldsymbol{y}$ 中有 65 536 个非零元素）. 因此，我们的压缩因子约为 7%，这意味着压缩图像的大小仅为原始图像大小的 7%. 将正则化参数减少到 $\lambda = 10$，则得到一个在小波域中有 11, 431 个非零元素的表示 x^*，因此压缩因子约为 17%. 图 9.21 显示了原始图像以及通过在 LASSO 问题中分别选择 $\lambda = 10$ 和 $\lambda = 30$ 时得到的重建压缩图像.

a）船的原图

b）$\lambda = 10$的小波压缩图

c）$\lambda = 30$的小波压缩图

图 9.21　船的原图与不同小波压缩之间的比较

9.7　几何规划

几何规划（GP）处理变量为正的（通常表示压力、面积、价格、浓度和能量等物理量）且关于变量为正单项式的非负线性组合形式出现在目标函数和约束函数中的优化问题，参见例 8.18 和 8.3.5.2 节.

9.7.1 单项式和正项式

对两个向量 $\boldsymbol{x} \in \mathbb{R}^n$, $\boldsymbol{a} \in \mathbb{R}^n$ 和标量 $c > 0$，我们用如下符号来表示正的单项式：

$$c\boldsymbol{x}^{\boldsymbol{a}} \doteq c x_1^{a_1} x_2^{a_2} \cdots x_n^{a_n}, \quad \boldsymbol{x} > 0.$$

正项式定义为函数 $f : \mathbb{R}^n_{++} \to \mathbb{R}$，其是正的单项式的非负线性组合：

$$f(x) = \sum_{i=1}^{K} c_i \boldsymbol{x}^{\boldsymbol{a}_{(i)}}, \quad x > 0, \tag{9.26}$$

其中 $c_i > 0$ 和 $\boldsymbol{a}_{(i)} \in \mathbb{R}^n$, $i = 1, \cdots, K$. 进一步，广义正项式则是由正项式通过加法、乘法、逐点极大化和升幂得到的函数. 例如：函数 $f : \mathbb{R}^3_{++} \to \mathbb{R}$ 取值为

$$f(x) = \max\left(2x_1^{2.3}x_2^7, x_1x_2x_3^{3.14}, \sqrt{x_1 + x_2^3}\right),$$

就是一个广义正项式.

例 9.20（储存罐的建造和运营成本）　考虑一个高度为 h，直径为 d 的圆柱形液体储存罐，如图 9.22 所示. 罐包括一个底座，底座的材料与罐本身的材料不同. 在我们的模型中，底座的高度不依赖于油箱的高度. 这是高度不超过某个特定值的合理近似. 在给定的时间段（比如一年）内，制造和运行储存罐的成本包括以下几项：

- 灌装成本. 是指在给定的时间段内供应一定量液体（比如水）的相关成本. 这些成本与比例 $V_{\text{supp}}/V_{\text{tank}}$ 有关，其中 V_{supp} 是供应量的体积和 V_{tank} 为储存罐的容积（对相同的供应量而言，储存罐的容积越小，就越经常需要重新罐装储存罐，同时费用也就越高）. 因此，灌装成本与储罐容积成反比：

$$C_{\text{fill}}(d, h) = \alpha_1 \frac{V_{\text{supp}}}{V_{\text{tank}}} = c_1 h^{-1} d^{-2},$$

  其中 α_1 是某个常数，其表示（比如）美元和 $c_1 = 4\alpha_1 V_{\text{supp}}/\pi$.

- 建造成本. 包括建造储存罐底座的成本以及建造储存罐本身的成本. 在我们的模型中，第一类成本仅取决于基底面积 $\pi d^2/4$，而第二类成本取决于储存罐的表面 πdh(这里假设我们可以对各种储存罐的高度使用相同的基准高度). 因此，总建造成本可写为：

$$C_{\text{constr}}(d, h) = C_{\text{base}}(d, h) + C_{\text{tank}}(d, h) = c_2 d^2 + c_3 dh,$$

  其中 $c_2 = \alpha_2\pi/4$, $c_3 = \alpha_3\pi$ 和 $\alpha_2 > 0, \alpha_3 > 0$ 表示以美元/平方米为单位的常数.

于是，制造和运营的总成本函数就是如下的正项式：

$$C_{\text{total}}(d, h) = C_{\text{fill}}(d, h) + C_{\text{constr}}(d, h) = c_1 h^{-1} d^{-2} + c_2 d^2 + c_3 dh. \tag{9.27}$$

假设在数值计算中取值 $V_{\text{supp}} = 8 \times 10^5$ 升，$\alpha_1 = 10\$$, $\alpha_2 = 6\ \$/m^2$, $\alpha_3 = 2\ \$/m^2$，则总成本 $C_{\text{total}}(d, h)$ 的水平曲线图如图 9.23 所示. 由于下水平集是非凸的，故 $C_{\text{total}}(d, h)$ 是非凸的.

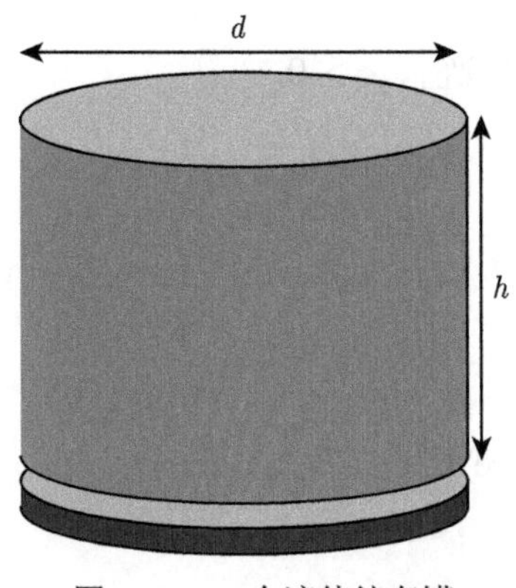

图 9.22 一个液体储存罐

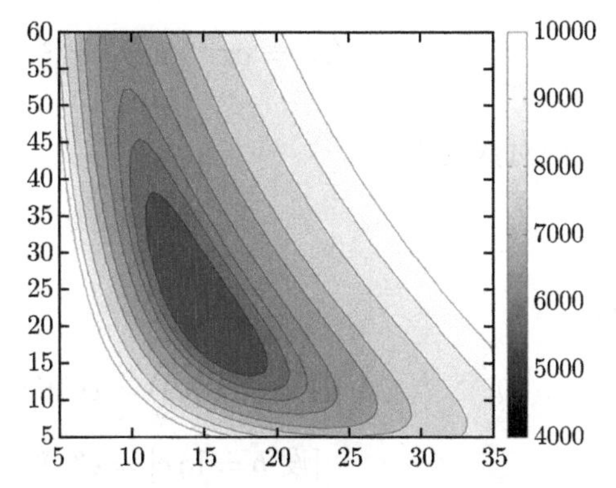

图 9.23 储存罐成本 $C_{\text{total}}(d, h)$ 的一些水平曲线

例 9.21（无线通信中的信噪比） 考虑一个具有 n 个发射器/接收器对的蜂窝无线网络. 发射功率用 $p_1, \cdots, p_n$ 表示. 发射器 i 本应发送信号到接收机 i，但是由于干扰，也会接收一些来自其他发射器的信号. 此外，每个接收器中都有（自身的）噪声功率. 为了度量这个噪声功率，我们在每个接收机处形成信噪比（SINR），其具有如下形式：

$$\gamma_i = \frac{S_i}{I_i + \sigma_i}, \quad i = 1, \cdots, n,$$

其中 S_i 度量接收到发射器 i 的（期望）信号功率，I_i 是所有其他发射器接收到的总信号功率，σ_i 是接收器噪声的度量. SINR 是发射器使用的一种关于功率的函数（通常是复杂的）. 通过假设接收功率 S_i 是发射器功率 $p_1, \cdots, p_n$ 的线性函数，我们可以将接收器的 SINR 用功率 $p_1, \cdots, p_n$ 更解析地表示出来. 下面所谓的瑞利衰落模型给出：

$$S_i = G_{ii} p_i, \quad i = 1, \cdots, n,$$

以及 $I_i = \sum_{j \neq i} G_{ij} p_j$，其中称系数 $G_{ij}, 1 \leqslant i, j \leqslant n$ 为从发射器 j 到接收器 i 的路径增益. SINR 函数

$$\gamma_i(p) = \frac{S_i}{I_i + \sigma_i} = \frac{G_{ii} p_i}{\sigma_i + \sum_{j \neq i} G_{ij} p_j}, \quad i = 1, \cdots, n,$$

并不是正项式，但它们的倒数实际上是关于功率 $p_1, \cdots, p_n$ 的正项式：

$$\gamma_i^{-1}(p) = \frac{\sigma_i}{G_{ii}} p_i^{-1} + \sum_{j \neq i} \frac{G_{ij}}{G_{ii}} p_j p_i^{-1}, \quad i = 1, \cdots, n.$$

9.7.2　正项式的凸表示

单项式和（广义）正项式并不是凸的. 然而，我们可以通过简单的变量变换和对数变换得到其凸表示. 首先考虑一个简单的正单项式函数：

$$f(x) = c\boldsymbol{x}^{\boldsymbol{a}} = cx_1^{a_1}x_2^{a_2}\cdots x_n^{a_n}, \quad x \in \mathbb{R}_{++}^n,\ c > 0.$$

取如下的对数变换

$$y_i = \ln x_i, \quad i = 1, \cdots, n, \tag{9.28}$$

则有：

$$\begin{aligned}\tilde{g}(\boldsymbol{y}) = f(x(\boldsymbol{y})) &= c\mathrm{e}^{a_1y_1}\cdots\mathrm{e}^{a_ny_n} = c\mathrm{e}^{a_1y_1+\cdots+a_ny_n} \\ [\text{设 } b \doteq \ln c] &= \mathrm{e}^{\boldsymbol{a}^\top\boldsymbol{y}+b}.\end{aligned}$$

由于指数函数是凸的，故 $\tilde{g}(\boldsymbol{y})$ 在 $\mathbb{R}^n$ 上是凸（且正）的. 进一步，由于我们已经看到通过递增函数变换目标函数或约束函数会产生一个等价问题（见 8.3.4.1 节），因此可以考虑如下函数而代替 $\tilde{g}(\boldsymbol{y})$：

$$g(\boldsymbol{y}) \doteq \ln\tilde{g}(\boldsymbol{y}) = \boldsymbol{a}^\top\boldsymbol{y} + b,$$

在这种情形下，其关于 $\boldsymbol{y}$ 也是凸的. 这种进一步的对数变换还有一个额外的好处，即变换后关于变量 y 是线性函数（注意到，指数函数虽是凸函数，但有可能取非常大的值，所以直接处理指数函数 $\tilde{g}(y)$ 有可能引起数值计算问题）. 目标函数和约束函数中只有正单项式的优化模型才可以转化为等价的线性规划，如例 8.18 所示.

下面考虑当 f 为式 (9.26) 中所定义的正项式的情况. 应用式 (9.28) 中的变量替换以及设 $b_i \doteq \ln c_i$，我们有：

$$\tilde{g}(\boldsymbol{y}) = f(x(\boldsymbol{y})) = \sum_{i=1}^{K}\mathrm{e}^{\boldsymbol{a}_{(i)}^\top\boldsymbol{y}+b_i},$$

其是一个凸函数的和，故关于变量 $\boldsymbol{y}$ 也是凸的. 为了避免处理由指数函数造成的大范围取值，我们进一步对 $\tilde{\boldsymbol{y}}$ 取对数，从而得到函数：

$$g(\boldsymbol{y}) \doteq \ln\tilde{g}(\boldsymbol{y}) = \ln\left(\sum_{i=1}^{K}\mathrm{e}^{\boldsymbol{a}_{(i)}^\top\boldsymbol{y}+b_i}\right) = \mathrm{lse}(\boldsymbol{A}\boldsymbol{y}+\boldsymbol{b}),$$

其中我们已经定义了 $\boldsymbol{A} \in \mathbb{R}^{K,n}$ 是行向量为 $\boldsymbol{a}_{(i)}^\top, i = 1, \cdots, K$ 的矩阵，$\boldsymbol{b} = [b_1, \cdots, b_K]^\top$，lse 为例 2.14 中定义的对数-求和-指数函数（还可参见例 4.4 和例 8.5），从而变换后的函

数为凸函数. 于是，我们可以将正项式看作原变量对数仿射组合的对数-求和-指数函数. 由于 lse 函数是凸的，故这种变换可以让我们应用凸优化算法来求解基于正项式的模型.

注释 9.3（广义正项式的凸表示）　通过增加变量以及应用上面变量的对数变换，我们也可以把广义正项式不等式转化为凸不等式. 例如：考虑如下取值的正项式 f:

$$f(x) = \max(f_1(x), f_2(x)),$$

其中 f_1, f_2 是正项式. 对于 $t > 0$，约束 $f(x) \leqslant t$ 可化为关于 (x, t) 的两个正项式约束，即 $f_1(x) \leqslant t$, $f_2(x) \leqslant t$.

类似地，对 $t > 0$, $\alpha > 0$，考虑如下幂约束：

$$(f(x))^{\alpha} \leqslant t,$$

其中 f 为普通的正项式. 由于 $\alpha > 0$，故上式等价于

$$f(x) \leqslant t^{1/\alpha},$$

这又反过来等价于关于 (x, t) 的正项式约束：

$$g(x, t) \doteq t^{-1/\alpha} f(x) \leqslant 1.$$

因此，通过添加足够多的变量，我们可以将一个广义的正项约束表示为一组普通的正项式约束.

9.7.3　GP 的标准形式

几何规划是一个涉及广义正项式目标和不等式约束以及（可能）单项式等式约束的优化问题. 一个 GP 可写为如下标准形式：

$$\begin{aligned}
\min_{x} \quad & f_0(x) \\
\text{s.t.}: \quad & f_i(x) \leqslant 1, \quad i = 1, \cdots, m, \\
& h_i(x) = 1, \quad i = 1, \cdots, p,
\end{aligned}$$

其中 $f_0, \cdots, f_m$ 为广义正项式，而 $h_i, i = 1, \cdots, p$ 为正的单项式.

为了简便起见，假设 $f_0, \cdots, f_m$ 为标准的正项式，于是我们可以将 GP 解析地表述为如下所谓标准形式：

$$\min_{x} \quad \sum_{k=1}^{K_0} c_{k0} x^{\boldsymbol{a}_{(k0)}}$$

$$\text{s.t.}: \quad \sum_{k=1}^{K_i} c_{ki} x^{\boldsymbol{a}_{(ki)}} \leqslant 1, \quad i=1,\cdots,m,$$

$$g_i x^{\boldsymbol{r}_{(i)}} = 1, \quad i=1,\cdots,p,$$

其中 $\boldsymbol{a}_{(k0)},\cdots,\boldsymbol{a}_{(km)},\boldsymbol{r}_{(1)},\cdots,\boldsymbol{r}_{(p)}$ 是 $\mathbb{R}^n$ 中的向量，而 c_{ki},g_i 为正的标量[1].

利用 9.7.2 节中表述的对数变换，我们可以将上述 GP（非凸的）重新写为如下等价的凸形式：

$$\begin{aligned}\min_x \quad & \operatorname{lse}(\boldsymbol{A}_0\boldsymbol{y}+\boldsymbol{b}_0)\\ \text{s.t.}: \quad & \operatorname{lse}(\boldsymbol{A}_i\boldsymbol{y}+\boldsymbol{b}_i) \leqslant 0, \quad i=1,\cdots,m,\\ & \boldsymbol{R}\boldsymbol{y}+\boldsymbol{h}=0,\end{aligned} \tag{9.29}$$

其中 $\boldsymbol{A}_i$ 是行向量为 $\boldsymbol{a}_{(1i)}^\top,\cdots,\boldsymbol{a}_{(K_i i)}^\top$, $i=0,1,\cdots,m$ 的矩阵；$\boldsymbol{b}_i$ 是元素为 $\boldsymbol{c}_{(1i)}^\top,\cdots,\boldsymbol{c}_{(K_i i)}^\top$, $i=0,1,\cdots,m$ 的向量；$\boldsymbol{R}$ 是行为 $\boldsymbol{r}_{(1)}^\top,\cdots,\boldsymbol{r}_{(p)}\top$ 的矩阵，而 $\boldsymbol{h}$ 是元素为 $\ln g_1,\cdots,\ln g_p$ 的向量.

例 9.22（液体储存罐的优化）　我们再次考虑例 9.20 中的液体储存罐模型. 问题是在约束条件下求出储罐的直径 d 和高度 h，从而使 (9.27) 中的正项式函数成本 $C_{\text{total}}(d,h)$ 最小化. 约束条件包括变量的上、下界：

$$0<d\leqslant d_{\max}, \quad 0<h\leqslant h_{\max}.$$

我们还可以考虑约束条件长宽比的上界 $\kappa_{\max}$(关于长宽比的约束有时是很有用的，例如：需要考虑抗风性结构的时候)：

$$h\leqslant \kappa_{\max} d.$$

于是该问题的标准 GP 形式为：

$$\begin{aligned}\min_x \quad & c_1 h^{-1} d^{-2} + c_2 d^2 + c_3 dh\\ \text{s.t.}: \quad & 0< d_{\max}^{-1} d \leqslant 1,\\ & 0< h_{\max}^{-1} h \leqslant 1,\\ & \kappa_{\max}^{-1} h d^{-1} \leqslant 1.\end{aligned}$$

在数值计算中取数值 $V_{\text{supp}}=8\times10^5$ 升，$\alpha_1=10\$$, $\alpha_2=6\ \$/m^2$, $\alpha_3=2\ \$/m^2$ 和界 $d_{\max}=20m$, $h_{\max}=30m$, $\kappa_{\max}=3$，则可数值求解该问题从而得到如下数值最优解：

$$d^*=14.84, \qquad h^*=22.26,$$

以及相应的最优目标值为 $C_{\text{total}}^*(d,h)=5191.18$.

[1] 当原问题包含广义正项式时，可通过添加新的变量和约束将问题转化为标准形式，参见注释 9.3.

9.8 习题

习题 9.1（表述为 LP 或 QP） 对于表 9.6 中的不同函数 f_j，$j=1,\cdots,5$，将问题

$$p_j^* \doteq \min_{\boldsymbol{x}} f_j(\boldsymbol{x}),$$

表示为 QP 或 LP, 如果无法这样表示，请解释原因. 在我们的表述中，总是假设 $\boldsymbol{x}\in\mathbb{R}^n$ 为变量以及 $\boldsymbol{A}\in\mathbb{R}^{m,n}$，$\boldsymbol{y}\in\mathbb{R}^m$ 和 $k\in\{1,\cdots,m\}$ 是给定的. 如果得到一个 LP 或 QP 的表示，要将问题转化为标准形式，准确地说明变量、目标和约束函数是什么. 提示：对于最后一个问题可参见例 9.10.

表 9.6 不同函数 f 的取值表. $|z|_{[i]}$ 表示向量 $\boldsymbol{z}$ 中第 i 大的元素

$$f_1(\boldsymbol{x}) = \|\boldsymbol{A}\boldsymbol{x}-\boldsymbol{y}\|_\infty + \|\boldsymbol{x}\|_1$$
$$f_2(\boldsymbol{x}) = \|\boldsymbol{A}\boldsymbol{x}-\boldsymbol{y}\|_2^2 + \|\boldsymbol{x}\|_1$$
$$f_3(\boldsymbol{x}) = \|\boldsymbol{A}\boldsymbol{x}-\boldsymbol{y}\|_2^2 - \|\boldsymbol{x}\|_1$$
$$f_4(\boldsymbol{x}) = \|\boldsymbol{A}\boldsymbol{x}-\boldsymbol{y}\|_2^2 + \|\boldsymbol{x}\|_2^2$$
$$f_5(\boldsymbol{x}) = \sum_{i=1}^k |\boldsymbol{A}\boldsymbol{x}-\boldsymbol{y}|_{[i]} + \|\boldsymbol{x}\|_2^2$$

习题 9.2（障碍滑雪问题） 一个二维中的滑雪者沿着斜坡回转且要通过 n 个平行的位置为 (x_i,y_i) 宽度为 $c_i, i=1,\cdots,n$ 的门. 初始位置 (x_0,y_0) 和终点位置 (x_{n+1},y_{n+1}) 是事先已知的. 这里 x 轴从左到右表示沿着斜坡向下的方向，如图 9.24 所示.

1. 求出总长度最短的路径. 你的答案要求写为一个优化问题的形式.
2. 使用表 9.7 中的数据尝试数值求解该问题.

表 9.7 习题 9.2 所需的数据

i	x_i	y_i	c_i
0	0	4	N/A
1	4	5	3
2	8	4	2
3	12	6	2
4	16	5	1
5	20	7	2
6	24	4	N/A

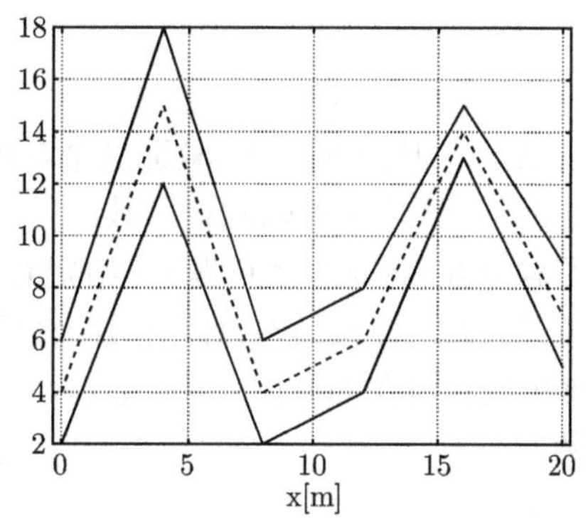

图 9.24 具有 $n=5$ 个障碍的滑雪问题. 山顶（山脚）在图的左（右）边. 中间路径是虚线，初始和终点位置未在图中显示

习题 9.3（到线段的最短距离） 连接两点 $\boldsymbol{p}$，$\boldsymbol{q}\in\mathbb{R}^n(p\neq q)$ 的线段是集合 $\mathcal{L}=\{\lambda\boldsymbol{p}+(1-\lambda)\boldsymbol{q}:\ 0\leqslant\lambda\leqslant 1\}$.

1. 证明：由一点 $\boldsymbol{a}\in\mathbb{R}^n$ 到线段 $\mathcal{L}$ 的最短距离 D_* 可被表示为关于一个变量的 QP:

$$\min_{\lambda}\|\lambda\boldsymbol{c}+\boldsymbol{d}\|_2^2:\ 0\leqslant\lambda\leqslant 1,$$

其中 $\boldsymbol{c},\boldsymbol{d}$ 是你将要确定的适当向量. 解释为什么总可以假设 $a=0$ 的原因.

2. 证明：最小距离为[⊖]

$$D_*^2=\begin{cases}\boldsymbol{q}^\top\boldsymbol{q}-\frac{\left(\boldsymbol{q}^\top(\boldsymbol{p}-\boldsymbol{q})\right)^2}{\|\boldsymbol{p}-\boldsymbol{q}\|_2^2} & \text{如果 } \boldsymbol{p}^\top\boldsymbol{q}\leqslant\min(\boldsymbol{q}^\top\boldsymbol{q},\boldsymbol{p}^\top\boldsymbol{p}),\\ \boldsymbol{q}^\top\boldsymbol{q} & \text{如果 } \boldsymbol{p}^\top\boldsymbol{q}>\boldsymbol{q}^\top\boldsymbol{q},\\ \boldsymbol{p}^\top\boldsymbol{p} & \text{如果 } \boldsymbol{p}^\top\boldsymbol{q}>\boldsymbol{p}^\top\boldsymbol{p}.\end{cases}$$

3. 从几何角度解释上面的结果.

习题 9.4（单变量 LASSO）　考虑如下问题：

$$\min_{x\in\mathbb{R}} f(x)\doteq\frac{1}{2}\|\boldsymbol{a}x-\boldsymbol{y}\|_2^2+\lambda|x|,$$

其中 $\lambda\geqslant 0$, $\boldsymbol{a}\in\mathbb{R}^m$, $\boldsymbol{y}\in\mathbb{R}^m$ 是给定的以及 $x\in\mathbb{R}$ 为常数. 该问题是 9.6.2 节中讨论的 LASSO 问题的单变量版本. 假设 $y\neq 0$ 和 $a\neq 0$，(否则该问题的最优解易知为 $x=0$). 证明：该问题的最优解为

$$x^*=\begin{cases}0 & \text{如果 } |\boldsymbol{a}^\top\boldsymbol{y}|\leqslant\lambda,\\ x_{\mathrm{ls}}-\operatorname{sgn}(x_{\mathrm{ls}})\dfrac{\lambda}{\|\boldsymbol{a}\|_2^2} & \text{如果 } |\boldsymbol{a}^\top\boldsymbol{y}|>\lambda,\end{cases}$$

其中

$$x_{\mathrm{ls}}\doteq\frac{\boldsymbol{a}^\top\boldsymbol{y}}{\|\boldsymbol{a}\|_2^2}$$

对应于 $\lambda=0$ 时问题的解. 验证这个解可更紧凑地写为 $x^*=\mathrm{sthr}_{\lambda/\|\boldsymbol{a}\|_2^2}(x_{\mathrm{ls}})$，其中 sthr 是式 (12.66) 中所定义的软阈值函数.

习题 9.5（最优早餐问题）　给定有 $n=3$ 种食物的集合，每种食物都具有表 9.8 中所列的营养特性. 假设最多只能选 10 份早餐，找出成本最低、卡路里含量在 2000~2250 之间、维生素含量在 5000~10000 之间、含糖量不超过 1000 的早餐的最优构成（按每种食物的份数）.

表 9.8　每一份食物的花费和营养价值

食物	花费	维他命	糖	卡路里
玉米	0.15	107	45	70
牛奶	0.25	500	40	121
面包	0.05	0	60	65

⊖ 注意，由于 $|\boldsymbol{p}^\top\boldsymbol{q}|\leqslant\|\boldsymbol{p}\|_2\|\boldsymbol{q}\|_2$，故用来表示 D_*^2 中的条件是互不包含的.

习题 9.6（具有宽矩阵的 LP）　考虑如下 LP:

$$p^* = \min_{\boldsymbol{x}} \boldsymbol{c}^\top \boldsymbol{x}: \quad l \leqslant \boldsymbol{A}\boldsymbol{x} \leqslant u,$$

其中 $\boldsymbol{A} \in \mathbb{R}^{m,n}$, $\boldsymbol{c} \in \mathbb{R}^n$ 和 $\boldsymbol{l}, \boldsymbol{u} \in \mathbb{R}^m$, $\boldsymbol{l} \leqslant \boldsymbol{u}$. 假设 $\boldsymbol{A}$ 是宽且满秩的，即 $m \leqslant n$, $m = \operatorname{rank}(\boldsymbol{A})$. 我们要找出该 LP 的闭形式解.

1. 说明为什么这个问题总是可行的.
2. 假设 $\boldsymbol{c} \notin \mathcal{R}(\boldsymbol{A}^\top)$. 利用习题 6.2 中的结论，证明 $p^* = -\infty$. 提示：设 $x = x_0 + tr$，其中 x_0 是可行的，$\boldsymbol{r}$ 满足 $\boldsymbol{A}\boldsymbol{r} = 0$, $\boldsymbol{c}^\top \boldsymbol{r} > 0$，再令 $t \to -\infty$.
3. 现在假设存在 $\boldsymbol{d} \in \mathbb{R}^m$ 使 $\boldsymbol{c} = \boldsymbol{A}^\top \boldsymbol{d}$. 应用线性代数基本定理（参见 3.2.4 节），对某些 $(\boldsymbol{y}, \boldsymbol{z})$ 且满足 $\boldsymbol{A}\boldsymbol{z} = 0$，任意向量 $\boldsymbol{x}$ 都可表示为 $\boldsymbol{x} = \boldsymbol{A}^\top \boldsymbol{y} + \boldsymbol{z}$. 由这一事实和前一问的结论，将问题表述为只与变量 $\boldsymbol{y}$ 有关的问题.
4. 将问题进一步简化为如下形式：

$$\min_{\boldsymbol{v}} \boldsymbol{d}^\top \boldsymbol{v}: \quad \boldsymbol{l} \leqslant \boldsymbol{v} \leqslant \boldsymbol{u}.$$

   如果你需要变量代换，需要确保代换的正确性. 将上述问题的解写为闭形式. 一定要把方法的求解步骤表述清楚.

习题 9.7（中位数与平均值）　对一个给定向量 $\boldsymbol{v} \in \mathbb{R}^n$，平均值可被视为如下优化问题的解：

$$\min_{x \in \mathbb{R}} \|\boldsymbol{v} - x\mathbf{1}\|_2^2, \tag{9.30}$$

其中 $\mathbf{1}$ 是 $\mathbb{R}^n$ 中分量均为 1 的向量. 类似地，中位数（值 x 使得 $\boldsymbol{v}$ 中 x 以上和 x 以下的值数目相等）可通过求解如下问题得到：

$$\min_{x \in \mathbb{R}} \|\boldsymbol{v} - x\mathbf{1}\|_1. \tag{9.31}$$

我们考虑平均值问题 (9.30) 的一个鲁棒版本：

$$\min_{x} \max_{\boldsymbol{u}: \|\boldsymbol{u}\|_\infty \leqslant \lambda} \|\boldsymbol{v} + \boldsymbol{u} - x\mathbf{1}\|_2^2, \tag{9.32}$$

其中我们假设 $\boldsymbol{v}$ 的分量可以被一个向量 $\boldsymbol{u}$ 独立扰动，该向量 $\boldsymbol{u}$ 的大小用给定的常数 $\lambda \geqslant 0$ 来控制.

1. 鲁棒问题 (9.32) 是凸的吗？基于表达式 (9.32) 精确地验证你的答案，但不需要进一步的处理.
2. 证明问题 (9.32) 可表示为如下形式：

$$\min_{x \in \mathbb{R}} \sum_{i=1}^{n} \left(|v_i - x| + \lambda\right)^2.$$

3. 将问题表述为一个 QP. 如果有的话，精确地说明变量和限制条件.
4. 证明：当 λ 很大时，解集接近中位数问题 (9.31) 的解集.
5. 通常，当 $\boldsymbol{v}$ 中存在噪声时，中位数是一个比平均值更鲁棒的“中间”值概念. 基于上一问，验证这一说法是正确的.

习题 9.8（LP 最优值的凸性和凹性）　考虑如下线性规划问题：

$$p^* \doteq \min_{\boldsymbol{x}} \boldsymbol{c}^\top \boldsymbol{x}: \quad \boldsymbol{A}\boldsymbol{x} \leqslant \boldsymbol{b},$$

其中 $\boldsymbol{c} \in \mathbb{R}^n$, $\boldsymbol{A} \in \mathbb{R}^{m,n}$, $\boldsymbol{b} \in \mathbb{R}^m$. 证明如下结论，或举出反例.

1. 目标函数 p^* 关于 $\boldsymbol{c}$ 是一个凹函数.
2. 目标函数 p^* 关于 $\boldsymbol{b}$ 是一个凸函数（你可以假设该问题是可行的）.
3. 目标函数 p^* 关于 $\boldsymbol{A}$ 是一个凹函数.

习题 9.9（主特征值的变分公式）　回顾习题 3.11: 一个正矩阵 $\boldsymbol{A} > 0$ 有主特征值 $\lambda = \rho(\boldsymbol{A}) > 0$ 和对应的属于概率单纯形 $S = \{\boldsymbol{x} \in \mathbb{R}^n: \ \boldsymbol{x} \geqslant 0, \ \mathbf{1}^\top \boldsymbol{x} = 1\}$ 的左特征向量 $\boldsymbol{w} > 0$ 与右特征向量 $\boldsymbol{v} > 0$（即 $\boldsymbol{w}^\top \boldsymbol{A} = \lambda \boldsymbol{w}^\top$, $\boldsymbol{A}\boldsymbol{v} = \lambda \boldsymbol{v}$）. 在本习题中，类似于对称矩阵特征值的“变分”特征，我们将要证明主特征值具有基于优化的特征. 定义函数 $f: S \to \mathbb{R}_{++}$ 的值为：

$$f(\boldsymbol{x}) \doteq \min_{i=1,\cdots,n} \frac{\boldsymbol{a}_i^\top \boldsymbol{x}}{x_i}, \quad \boldsymbol{x} \in S,$$

其中 $\boldsymbol{a}_i^\top$ 是 $\boldsymbol{A}$ 的第 i 行以及当 $x_i = 0$ 时，令 $\dfrac{\boldsymbol{a}_i^\top \boldsymbol{x}}{x_i} \doteq +\infty$.

1. 证明：对所有 $\boldsymbol{x} \in S$ 和 $\boldsymbol{A} > 0$，都有

$$\boldsymbol{A}\boldsymbol{x} \geqslant f(\boldsymbol{x})\boldsymbol{x} \geqslant 0.$$

2. 证明：

$$f(\boldsymbol{x}) \leqslant \lambda, \quad \forall\, \boldsymbol{x} \in S.$$

3. 证明 $f(\boldsymbol{v}) = \lambda$，因此有：

$$\lambda = \max_{\boldsymbol{x} \in S} f(\boldsymbol{x}),$$

此被称为正矩阵主特征值的 Collatz-Wielandt 公式. 该公式实际上对更一般的非负矩阵都成立[⊖]，但你不用在这里证明这个结论.

⊖ 习题 3.11 中所表述的对正矩阵成立的结论可推广到非负矩阵 $\boldsymbol{A} \geqslant 0$. 更准确地，如果 $\boldsymbol{A} \geqslant 0$，则 $\lambda = \rho(\boldsymbol{A}) \geqslant 0$ 仍是 $\boldsymbol{A}$ 的特征值且对应特征向量 $\boldsymbol{v} \geqslant 0$（这里的区别是 λ 可以为零，而不是单重的，而且 $\boldsymbol{v}$ 可能不是严格正的）. 如果额外增加假设 $\boldsymbol{A} \geqslant 0$ 是素的，即存在一个整数 k 使得 $\boldsymbol{A}^k > 0$（Perron-Frobenius 定理），则可得到更强的结论：$\lambda > 0$ 且是简单的，以及 $\boldsymbol{v} > 0$ 是可恢复的.

习题 9.10（具有不确定矩阵 $\boldsymbol{A}$ 的 LS）　考虑一个涉及矩阵为随机的线性最小二乘问题. 准确地说，残差具有形式 $\boldsymbol{A}(\delta)\boldsymbol{x}-\boldsymbol{b}$，其中 $m\times n$ 矩阵 $\boldsymbol{A}$ 受随机不确定性因素的影响. 特别地，假设

$$\boldsymbol{A}(\delta)=\boldsymbol{A}_0+\sum_{i=1}^{p}\boldsymbol{A}_i\delta_i,$$

其中 δ_i，$i=1,\cdots,p$ 是独立同分布的均值为零、方差为 σ_i^2 的随机变量. 现在，标准的最小二乘目标函数 $\|\boldsymbol{A}(\delta)\boldsymbol{x}-\boldsymbol{b}\|_2^2$ 是随机的，这是因为它依赖于 δ. 我们尝试求解 $\boldsymbol{x}$ 使 $\|\boldsymbol{A}(\delta)\boldsymbol{x}-\boldsymbol{b}\|_2^2$ 的期望值（关于随机变量 δ）的最小化. 这是一个凸问题吗？如果是，它属于哪一类（LP, LS, QP 等）？

第 10 章　二阶锥和鲁棒模型

二阶锥规划（SOCP）是线性规划和二次规划的推广，它允许变量的仿射组合被约束在一个特殊的被称为二阶锥的凸集内. LP 以及具有凸二次目标和约束的问题都是 SOCP 模型的特殊情形. SOCP 模型特别适用于几何问题、近似问题，以及数据受随机不确定性影响的线性优化问题的概率（机会约束）方法. 数据的不确定性也促使我们在本章中引入鲁棒优化模型，使用户能够获得对优化问题表述中经常出现的不确定性具有弹性（鲁棒）的解.

10.1　二阶锥规划

在空间 $\mathbb{R}^3$ 中的二阶锥（SOC）是满足 $\sqrt{x_1^2+x_2^2} \leqslant t$ 的向量 (x_1, x_2, t) 构成的集合. 这个集合在 $\alpha \geqslant 0$ 的水平截面是半径为 α 的圆盘. 图 10.1 中给出了一个 $\mathbb{R}^3$ 中 SOC 的例子.

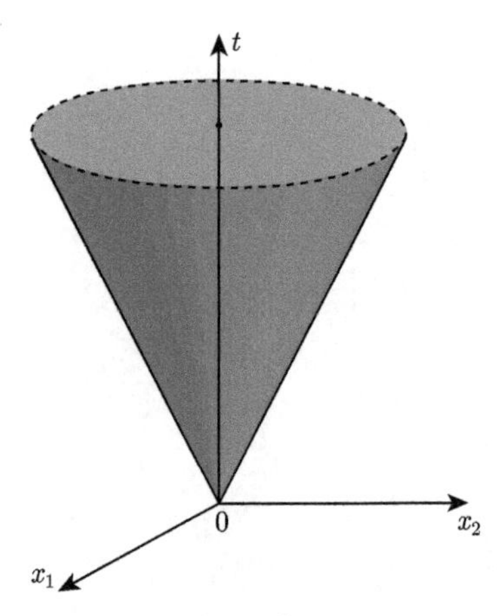

图 10.1　空间 $\mathbb{R}^3$ 中的二阶锥

实际上这个定义可以扩展到任意维数：一个 $(n+1)$ 维的 SOC 是如下的集合

$$\mathcal{K}_n = \{(\boldsymbol{x}, t), \boldsymbol{x} \in \mathbb{R}^n, t \in \mathbb{R} : \|\boldsymbol{x}\|_2 \leqslant t\}. \qquad (10.1)$$

例 10.1（仿射复向量模的约束）　许多设计问题涉及复变量及对其模的约束. 这样的约束条件通常可通过 SOC 来表示. 基本思想是对于复数 $z = z_R + \mathrm{j} z_I$（z_R 和 z_I 分别为实部和虚部），其模可被表示为关于 (z_R, z_I) 的欧氏范数：

$$|z| = \sqrt{z_R^2 + z_I^2} = \left\| \begin{bmatrix} z_R \\ z_I \end{bmatrix} \right\|_2 .$$

考虑一个涉及对复数 $f(x)$ 模的约束问题，其中 $\boldsymbol{x} \in \mathbb{R}^n$ 是设计变量，复值函数 $f : \mathbb{R}^n \to \mathbb{C}$ 是仿射函数. 这种函数的值可写为

$$f(x) = \left(\boldsymbol{a}_R^\top \boldsymbol{x} + b_R\right) + \mathrm{j}\left(\boldsymbol{a}_I^\top \boldsymbol{x} + b_I\right),$$

其中 $\boldsymbol{a}_R, \boldsymbol{a}_I \in \mathbb{R}^n$ 和 $b_R, b_I \in \mathbb{R}$. 对 $t \in \mathbb{R}$, 模的约束

$$|f(x)| \leqslant t$$

可写为：

$$\left\| \begin{bmatrix} \boldsymbol{a}_R^\top \boldsymbol{x} + b_R \\ \boldsymbol{a}_I^\top \boldsymbol{x} + b_I \end{bmatrix} \right\|_2 \leqslant t,$$

其是一个关于 (x,t) 的二阶锥约束条件.

10.1.1　几何

一个 SOC 是凸锥. 首先式 (10.1) 中的集合 $\mathcal{K}_n$ 是凸的，这是因为它可表示为半空间的（无穷多次）交：

$$\mathcal{K}_n = \bigcap_{\boldsymbol{u}:\|\boldsymbol{u}\|_2 \leqslant 1} \left\{ (\boldsymbol{x},t), \boldsymbol{x} \in \mathbb{R}^n, t \in \mathbb{R}:\ \boldsymbol{x}^\top \boldsymbol{u} \leqslant t \right\}.$$

其次，它是一个锥，这是因为对任意 $\boldsymbol{z} \in \mathcal{K}_n$ 和 $\alpha \geqslant 0$ 均有 $\alpha \boldsymbol{z} \in \mathcal{K}_n$.

10.1.1.1　旋转二阶锥

空间 $\mathbb{R}^{n+2}$ 中的旋转二阶锥定义为如下的集合：

$$\mathcal{K}_n^r = \left\{ (\boldsymbol{x},y,z), \boldsymbol{x} \in \mathbb{R}^n, y \in \mathbb{R}, z \in \mathbb{R}:\ \boldsymbol{x}^\top \boldsymbol{x} \leqslant 2yz,\ y \geqslant 0,\ z \geqslant 0 \right\}.$$

注意到 $\mathbb{R}^{n+2}$ 中的旋转二阶锥可表示为 $\mathbb{R}^{n+2}$ 中的（平常）二阶锥的线性变换（实际上是旋转), 这是因为

$$\|\boldsymbol{x}\|_2^2 \leqslant 2yz, y \geqslant 0, z \geqslant 0 \Longleftrightarrow \left\| \begin{bmatrix} \boldsymbol{x} \\ \frac{1}{\sqrt{2}}(y-z) \end{bmatrix} \right\|_2 \leqslant \frac{1}{\sqrt{2}}(y+z). \tag{10.2}$$

也就是，$(\boldsymbol{x},y,z) \in \mathcal{K}_n^r$ 当且仅当 $(\boldsymbol{w},t) \in \mathcal{K}_n$, 其中

$$\boldsymbol{w} = (\boldsymbol{x},(y-z)/\sqrt{2}), t = (y+z)/\sqrt{2}.$$

这两组变量通过旋转矩阵 $\boldsymbol{R}$ 进行关联：

$$\begin{bmatrix} \boldsymbol{x} \\ \frac{1}{\sqrt{2}}(y-z) \\ \frac{1}{\sqrt{2}}(y+z) \end{bmatrix} = \boldsymbol{R} \begin{bmatrix} \boldsymbol{x} \\ y \\ z \end{bmatrix}, \quad \boldsymbol{R} = \begin{bmatrix} \boldsymbol{I}_n & 0 & 0 \\ 0 & \frac{1}{\sqrt{2}} & -\frac{1}{\sqrt{2}} \\ 0 & \frac{1}{\sqrt{2}} & \frac{1}{\sqrt{2}} \end{bmatrix},$$

这证明了旋转二阶锥也是凸的. 通常称出现在式 (10.2) 中的形如 $\|\boldsymbol{x}\|_2^2 \leqslant 2yz$ 的约束为双曲约束.

10.1.1.2　二次限制

凸二次不等式可由二阶锥约束来表示. 准确地说，如果 $\boldsymbol{Q}=\boldsymbol{Q}^{\top}\succeq 0$, 则如下约束条件

$$\boldsymbol{x}^{\top}\boldsymbol{Q}\boldsymbol{x}+\boldsymbol{c}^{\top}\boldsymbol{x}\leqslant t \tag{10.3}$$

等价于存在 $\boldsymbol{w},y,z$ 使得

$$\boldsymbol{w}^{\top}\boldsymbol{w}\leqslant 2yz,\ z=1/2,\ \boldsymbol{w}=\boldsymbol{Q}^{1/2}\boldsymbol{x},\ y=t-\boldsymbol{c}^{\top}\boldsymbol{x}, \tag{10.4}$$

其中 $\boldsymbol{Q}^{1/2}$ 是半正定矩阵 $\boldsymbol{Q}$ 的平方根. 在变量 $(\boldsymbol{x},\boldsymbol{w},y)$ 的空间中，上述约束条件是旋转二阶锥约束 $(\boldsymbol{w},y,z)\in\mathcal{K}_n^r$ 与下面仿射集的交：

$$z=1/2,\quad \left\{(\boldsymbol{x},\boldsymbol{w}):\ \boldsymbol{w}=\boldsymbol{Q}^{1/2}\boldsymbol{x}\right\},\quad \left\{(\boldsymbol{x},y):\ y=t-\boldsymbol{c}^{\top}\boldsymbol{x}\right\}.$$

10.1.1.3　二阶锥不等式

关于变量 $\boldsymbol{x}\in\mathbb{R}^n$ 的二阶锥约束的标准形式为 $(\boldsymbol{y},t)\in\mathcal{K}_m$, $\boldsymbol{y}\in\mathbb{R}^m$, $t\in\mathbb{R}$, 其中 $\boldsymbol{y},t$ 是 x 的某个仿射函数. 形式上，这些仿射函数可以表示为 $\boldsymbol{y}=\boldsymbol{A}\boldsymbol{x}+\boldsymbol{b}$, $t=\boldsymbol{c}^{\top}\boldsymbol{x}+d$, 因此条件 $(\boldsymbol{y},t)\in\mathcal{K}_m$ 变为

$$\|\boldsymbol{A}\boldsymbol{x}+\boldsymbol{b}\|_2\leqslant \boldsymbol{c}^{\top}\boldsymbol{x}+d, \tag{10.5}$$

其中 $\boldsymbol{A}\in\mathbb{R}^{m,n}$, $\boldsymbol{b}\in\mathbb{R}^m$, $\boldsymbol{c}\in\mathbb{R}^n$ 和 $d\in\mathbb{R}$.

例如，凸二次约束 (10.3) 可以用标准的 SOC 形式来表示. 首先将其写成旋转圆锥形式 (10.4), 然后再应用式 (10.2), 则得到如下 SOC:

$$\left\|\begin{bmatrix}\sqrt{2}\boldsymbol{Q}^{1/2}\boldsymbol{x}\\ t-\boldsymbol{c}^{\top}\boldsymbol{x}-1/2\end{bmatrix}\right\|_2\leqslant t-\boldsymbol{c}^{\top}\boldsymbol{x}+1/2.$$

10.1.2　标准形式下的 SCOP

二阶锥规划指具有线性目标函数和 SOC 约束的凸优化问题. 当 SOC 约束具有标准形式 (10.5) 时，则我们有如下的标准不等式形式的 SOCP:

$$\begin{aligned}\min_{\boldsymbol{x}\in\mathbb{R}^n}\quad & \boldsymbol{c}^{\top}\boldsymbol{x}\\ \text{s.t.}:\quad & \|\boldsymbol{A}_i\boldsymbol{x}+\boldsymbol{b}_i\|_2\leqslant \boldsymbol{c}_i^{\top}\boldsymbol{x}+d_i,\quad i=1,\cdots,m,\end{aligned} \tag{10.6}$$

其中 $\boldsymbol{A}_i\in\mathbb{R}^{m_i,n}$ 是已知的矩阵，$\boldsymbol{b}_i\in\mathbb{R}^{m_i}$ 和 $\boldsymbol{c}_i\in\mathbb{R}^n$ 是给定的向量，d_i 是给定的常数. 将约束条件写为锥形式，就得到所谓的锥标准形式的等价表示：

$$\min_{\boldsymbol{x}}\quad \boldsymbol{c}^{\top}\boldsymbol{x}$$

$$\text{s.t.}: \quad \left(\boldsymbol{A}_i\boldsymbol{x}+\boldsymbol{b}_i, \boldsymbol{c}_i^\top\boldsymbol{x}+d_i\right) \in \mathcal{K}_{m_i}, \quad i=1,\cdots,m.$$

SOCP 是一类相当大的凸优化问题的代表. 事实上，LP、凸 QP 和凸 QCQP 都可以表示为 SOCP, 如下所示.

例 10.2（平方根 LASSO 作为 SOCP） 返回到例 8.23 中提到的平方根 LASSO 问题：

$$p^* = \min_{\boldsymbol{x}} \|\boldsymbol{A}\boldsymbol{x}-\boldsymbol{b}\|_2 + \lambda\|\boldsymbol{x}\|_1,$$

其中 $\boldsymbol{A} \in \mathbb{R}^{m,n}$, $\boldsymbol{b} \in \mathbb{R}^m$ 且参数 $\lambda > 0$ 是已知的. 该问题可表示为 SOCP, 也就是：

$$p^* = \min_{\boldsymbol{x},t,\boldsymbol{u}} \; t + \lambda\sum_{i=1}^n u_i: \quad t \geqslant \|\boldsymbol{A}\boldsymbol{x}-\boldsymbol{b}\|_2, \quad u_i \geqslant |x_i|, \quad i=1,\cdots,n.$$

线性规划的 SOCP 形式. 如下标准不等式形式的线性规划（LP）

$$\begin{aligned} \min_{\boldsymbol{x}} \quad & \boldsymbol{c}^\top\boldsymbol{x} \\ \text{s.t.}: \quad & \boldsymbol{a}_i\top\boldsymbol{x} \leqslant b_i, \quad i=1,\cdots,m, \end{aligned}$$

可以很容易地被归结为如下 SOCP 的形式：

$$\begin{aligned} \min_{\boldsymbol{x}} \quad & \boldsymbol{c}^\top\boldsymbol{x} \\ \text{s.t.}: \quad & \|\boldsymbol{C}_i\boldsymbol{x}+\boldsymbol{d}_i\|_2 \leqslant b_i - \boldsymbol{a}_i^\top\boldsymbol{x}, \quad i=1,\cdots,m, \end{aligned}$$

其中 $C_i=0$, $d_i=0$, $i=1,\cdots,m$.

二次规划的 SOCP 形式. 如下二次规划（QP）

$$\begin{aligned} \min_{\boldsymbol{x}} \quad & \boldsymbol{x}^\top\boldsymbol{Q}\boldsymbol{x}+\boldsymbol{c}^\top\boldsymbol{x} \\ \text{s.t.}: \quad & \boldsymbol{a}_i\top\boldsymbol{x} \leqslant b_i, \quad i=1,\cdots,m, \end{aligned}$$

其中 $\boldsymbol{Q}=\boldsymbol{Q}^\top \succeq 0$, 可通过如下方式写成 SOCP. 首先，设 $\boldsymbol{w}=\boldsymbol{Q}^{1/2}\boldsymbol{x}$ 以及引入松弛变量 y, 因此可将问题写为：

$$\begin{aligned} \min_{\boldsymbol{x}} \quad & \boldsymbol{c}^\top\boldsymbol{x}+y \\ \text{s.t.}: \quad & \boldsymbol{w}^\top\boldsymbol{w} \leqslant y, \\ & \boldsymbol{w}=\boldsymbol{Q}^{1/2}\boldsymbol{x}, \\ & \boldsymbol{a}_i\top\boldsymbol{x} \leqslant b_i \quad i=1,\cdots,m. \end{aligned}$$

注意到 $\boldsymbol{w}^\top\boldsymbol{w} \leqslant y$ 可通过引入另外一个松弛变量 z 变为旋转锥形式,其中 $\boldsymbol{w}^\top\boldsymbol{w} \leqslant yz$ 且 z 满足线性约束 $z=1$. 于是，我们有：

$$\begin{aligned} \min_{\boldsymbol{x}} \quad & \boldsymbol{c}^\top\boldsymbol{x}+y \\ \text{s.t.}: \quad & \boldsymbol{w}^\top\boldsymbol{w} \leqslant yz, \\ & z=1 \\ & \boldsymbol{w}=\boldsymbol{Q}^{1/2}\boldsymbol{x}, \\ & \boldsymbol{a}_i\top\boldsymbol{x} \leqslant b_i \quad i=1,\cdots,m. \end{aligned}$$

由式 (10.2), 其可进一步重写为：

$$\begin{aligned} \min_{\boldsymbol{x}} \quad & \boldsymbol{c}^\top\boldsymbol{x}+y \\ \text{s.t.}: \quad & \left\|\begin{bmatrix} 2\boldsymbol{Q}^{1/2}\boldsymbol{x} \\ y-1 \end{bmatrix}\right\|_2 \leqslant y+1 \\ & \boldsymbol{a}_i\top\boldsymbol{x} \leqslant b_i, \quad i=1,\cdots,m. \end{aligned}$$

带二次约束的二次规划的 SOCP 形式. 如下凸的二次约束下的二次规划（QCQP)

$$\begin{aligned} \min_{\boldsymbol{x}} \quad & \boldsymbol{x}^\top\boldsymbol{Q}_0\boldsymbol{x}+\boldsymbol{a}_0^\top\boldsymbol{x} \\ \text{s.t.}: \quad & \boldsymbol{x}^\top\boldsymbol{Q}_i\boldsymbol{x}+\boldsymbol{a}_i^\top\boldsymbol{x} \leqslant b_i, \quad i=1,\cdots,m, \end{aligned}$$

其中 $\boldsymbol{Q}_i=\boldsymbol{Q}_i^\top \succeq 0,\ i=0,1,\cdots,m$, 可通过如下方式写成 SOCP. 首先，引入松弛变量 t 将问题写为上镜图的形式：

$$\begin{aligned} \min_{\boldsymbol{x}} \quad & \boldsymbol{a}_0^\top\boldsymbol{x}+t \\ \text{s.t.}: \quad & \boldsymbol{x}^\top\boldsymbol{Q}_0\boldsymbol{x} \leqslant t, \\ & \boldsymbol{x}^\top\boldsymbol{Q}_i\boldsymbol{x}+\boldsymbol{a}_i^\top\boldsymbol{x} \leqslant b_i, \quad i=1,\cdots,m. \end{aligned}$$

现在，每个形如 $\boldsymbol{x}^\top\boldsymbol{Q}\boldsymbol{x}+\boldsymbol{a}^\top\boldsymbol{x} \leqslant b$ 的约束等价于存在 $\boldsymbol{w},\boldsymbol{y},z$ 使得

$$\boldsymbol{w}^\top\boldsymbol{w} \leqslant \boldsymbol{y}z,\ z=1,\ \boldsymbol{w}=\boldsymbol{Q}^{1/2}\boldsymbol{x},\ \boldsymbol{y}=\boldsymbol{b}-\boldsymbol{a}^\top\boldsymbol{x}.$$

因此 QCQP 可重写为：

$$\min_{\boldsymbol{x}} \quad \boldsymbol{a}_0^\top\boldsymbol{x}+t$$

$$
\begin{aligned}
\text{s.t.}: \quad & \boldsymbol{w}_0^\top \boldsymbol{w}_0 \leqslant t,\ \boldsymbol{w}_0 = \boldsymbol{Q}_0^{1/2}\boldsymbol{x}, \\
& \boldsymbol{w}_i^\top \boldsymbol{Q}_i \boldsymbol{w}_i \leqslant b_i - \boldsymbol{a}_i^\top \boldsymbol{x},\ \boldsymbol{w}_i = \boldsymbol{Q}_i^{1/2}\boldsymbol{x}, \quad i = 1,\cdots,m,
\end{aligned}
$$

由式 (10.2), 可进一步写为如下 SOCP 的形式：

$$
\begin{aligned}
\min_{\boldsymbol{x}} \quad & \boldsymbol{a}_0^\top \boldsymbol{x} + t \\
\text{s.t.}: \quad & \left\| \begin{bmatrix} 2\boldsymbol{Q}_0^{1/2}\boldsymbol{x} \\ t-1 \end{bmatrix} \right\|_2 \leqslant t+1, \\
& \left\| \begin{bmatrix} 2\boldsymbol{Q}_i^{1/2}\boldsymbol{x} \\ b_i - \boldsymbol{a}_i^\top \boldsymbol{x} - 1 \end{bmatrix} \right\|_2 \leqslant b_i - \boldsymbol{a}_i^\top \boldsymbol{x} + 1, \quad i = 1,\cdots,m.
\end{aligned}
$$

注释 10.1　有另一种更简单的方法可将如下形式的二次约束

$$
\boldsymbol{x}^\top \boldsymbol{Q} \boldsymbol{x} + \boldsymbol{a}^\top \boldsymbol{x} \leqslant b \tag{10.7}
$$

转换为一个 SOCP 约束，其中矩阵 $\boldsymbol{Q}$ 是正定的（因此 $\boldsymbol{Q}$ 和 $\boldsymbol{Q}^{1/2}$ 是可逆的）. 由于

$$
\boldsymbol{x}^\top \boldsymbol{Q} \boldsymbol{x} + \boldsymbol{a}^\top \boldsymbol{x} = \left(\boldsymbol{Q}^{1/2}\boldsymbol{x} + \frac{1}{2}\boldsymbol{Q}^{-1/2}\boldsymbol{a}\right)^\top \left(\boldsymbol{Q}^{1/2}\boldsymbol{x} + \frac{1}{2}\boldsymbol{Q}^{-1/2}\boldsymbol{a}\right) - \frac{1}{4}\boldsymbol{a}^\top \boldsymbol{Q}^{-1}\boldsymbol{a},
$$

则式 (10.7) 等价于

$$
\left\| \boldsymbol{Q}^{1/2}\boldsymbol{x} + \frac{1}{2}\boldsymbol{Q}^{-1/2}\boldsymbol{a} \right\|_2^2 \leqslant b + \frac{1}{4}\boldsymbol{a}^\top \boldsymbol{Q}^{-1}\boldsymbol{a},
$$

这又等价于如下 SOCP 约束：

$$
\left\| \boldsymbol{Q}^{1/2}\boldsymbol{x} + \frac{1}{2}\boldsymbol{Q}^{-1/2}\boldsymbol{a} \right\|_2 \leqslant \sqrt{b + \frac{1}{4}\boldsymbol{a}^\top \boldsymbol{Q}^{-1}\boldsymbol{a}}.
$$

10.1.3　SOCP 的对偶

考虑具有标准形式 (10.6) 的 SOCP:

$$
\begin{aligned}
p^* = \min_{\boldsymbol{x}} \quad & \boldsymbol{c}^\top \boldsymbol{x} \\
\text{s.t.}: \quad & \|\boldsymbol{A}_i \boldsymbol{x} + \boldsymbol{b}_i\|_2 \leqslant \boldsymbol{c}_i^\top \boldsymbol{x} + d_i, \quad i = 1,\cdots,m.
\end{aligned}
$$

那么我们有：

$$
p^* = \min_{\boldsymbol{x}} \max_{\boldsymbol{\lambda} \geqslant 0} \boldsymbol{c}^\top \boldsymbol{x} + \sum_{i=1}^m \lambda_i (\|\boldsymbol{A}_i \boldsymbol{x} + \boldsymbol{b}_i\|_2 - \boldsymbol{c}_i^\top \boldsymbol{x} - d_i)
$$

$$= \min_{\boldsymbol{x}} \max_{\|\boldsymbol{u}_i\|_2 \leqslant \lambda_i, i=1,\cdots,m} \boldsymbol{c}^\top \boldsymbol{x} + \sum_{i=1}^{m} \left(\boldsymbol{u}_i^\top (\boldsymbol{A}_i \boldsymbol{x} + \boldsymbol{b}_i) - \lambda_i (\boldsymbol{c}_i^\top \boldsymbol{x} + d_i) \right),$$

其中我们在第二行已经使用了欧氏范数的对偶表示. 应用最大–最小不等式 (8.48), 可得 $p^* \geqslant d^*$, 其中

$$d^* = \max_{\|\boldsymbol{u}_i\|_2 \leqslant \lambda_i, i=1,\cdots,m} \min_{\boldsymbol{x}} \boldsymbol{c}^\top \boldsymbol{x} + \sum_{i=1}^{m} \left(\boldsymbol{u}_i^\top \left(\boldsymbol{A}_i \boldsymbol{x} + \boldsymbol{b}_i \right) - \lambda_i \left(\boldsymbol{c}_i^\top \boldsymbol{x} + d_i \right) \right).$$

解 $\boldsymbol{x}$, 得到对偶问题:

$$\begin{aligned} d^* = \max_{\boldsymbol{u}_i, \lambda_i, i=1,\cdots,m} & \left(\sum_{i=1}^{m} \boldsymbol{u}_i^\top \boldsymbol{b}_i - \lambda_i d_i \right) \\ \text{s.t.}: \quad & \sum_{i=1}^{m} \left(\boldsymbol{A}_i^\top \boldsymbol{u}_i - \lambda_i d_i \right) = c, \\ & \|\boldsymbol{u}_i\|_2 \leqslant \lambda_i, \qquad i = 1, \cdots, m. \end{aligned}$$

注意，对偶问题也是一个 SOCP. 由 Slater 的强对偶条件可知，如果原问题是严格可行的，则 $p^* = d^*$, 因此不存在对偶间隙.

例 10.3（平方根 LASSO 的对偶） 返回到例 10.2 的平方根 LASSO 问题. 由于其可以写成一个 SOCP, 故可以应用上面的结果；强对偶性可由原问题的严格可行性得到（以一种平凡的方式，因为它没有约束条件）. 另外一种方式是，我们可以直接将原问题表示为一个最小-最大问题：

$$p^* = \min_{\boldsymbol{x}} \max_{\boldsymbol{u}, \boldsymbol{v}} \boldsymbol{u}^\top (\boldsymbol{b} - \boldsymbol{A}\boldsymbol{x}) + \boldsymbol{v}^\top \boldsymbol{x} : \quad \|\boldsymbol{u}\|_2 \leqslant 1, \|\boldsymbol{v}\|_\infty \leqslant \lambda.$$

由最小-最大定理 8.8, 有

$$p^* = \max_{\boldsymbol{u}} \ \boldsymbol{u}^\top \boldsymbol{b} : \quad \|\boldsymbol{u}\|_2 \leqslant 1, \ \left\|\boldsymbol{A}^\top \boldsymbol{u}\right\|_\infty \leqslant \lambda.$$

由此可以观察到：如果对任意满足 $\|\boldsymbol{u}\|_2 \leqslant 1$ 的 $\boldsymbol{u}$, 有 $\|\boldsymbol{A}^\top \boldsymbol{u}\|_\infty < \lambda$, 那么在最优点处的第二个约束并不起作用. 这意味着 $p^* = \|\boldsymbol{b}\|_2$, 因此 $x = 0$ 是原问题的最优点.

10.2 SOCP 可表示的问题和例子

10.2.1 范数之和与最大值

SOCP 对于求解欧氏范数之和或最大值的最小问题是非常有用的. 如下问题

$$\min_{\boldsymbol{x}} \sum_{i=1}^{p} \|\boldsymbol{A}_i \boldsymbol{x} - \boldsymbol{b}_i\|_2,$$

其中 $\boldsymbol{A}_i=\mathbb{R}^{m,n}$，$\boldsymbol{b}_i=\mathbb{R}^m$ 是已知的数据，可通过引入辅助实值变量 $y_1,\cdots,y_p$ 将其归结为 SOCP, 那么问题可重写为：

$$\begin{aligned}\min_{\boldsymbol{x},\boldsymbol{y}}\quad & \sum_{i=1}^{p} y_i \\ \text{s.t.}: \quad & \|\boldsymbol{A}_i\boldsymbol{x}-\boldsymbol{b}_i\|_2 \leqslant y_i,\quad i=1,\cdots,p.\end{aligned}$$

类似地，如下问题

$$\min_{\boldsymbol{x}} \max_{i=1,\cdots,p} \|\boldsymbol{A}_i\boldsymbol{x}-\boldsymbol{b}_i\|_2$$

可通过引入实值松弛变量 y, 转化为如下的 SOCP 形式：

$$\begin{aligned}\min_{\boldsymbol{x},y}\quad & y \\ \text{s.t.}: \quad & \|\boldsymbol{A}_i\boldsymbol{x}-\boldsymbol{b}_i\|_2 \leqslant y,\quad i=1,\cdots,p.\end{aligned}$$

10.2.2 分块稀疏

我们在 9.5.1 节和 9.6.2 节中已经看到，在问题的目标函数中添加形如 $\|\boldsymbol{x}\|_1$ 的正则项会提升解的稀疏性，即它会促进具有低基数的解的出现. 然而，在许多问题中，人们可能会对寻求分块稀疏的解感兴趣. 这里分块稀疏是指解向量 $\boldsymbol{x}\in\mathbb{R}^n$ 可分块为

$$\boldsymbol{x}=\begin{bmatrix}\boldsymbol{x}_1\\ \vdots \\ \boldsymbol{x}_p\end{bmatrix},\quad \boldsymbol{x}_i\in\mathbb{R}^{n_i},\quad i=1,\cdots,p;\quad n_1+\cdots+n_p=n,$$

且我们希望这些块中许多都是零，而非零块不需要是稀疏的. 显然有

$$\sum_{i=1}^{p}\|\boldsymbol{x}_i\|_2=\left\|\begin{bmatrix}\|\boldsymbol{x}_1\|_2\\ \vdots \\ \|\boldsymbol{x}_p\|_2\end{bmatrix}\right\|_1,$$

即块的 ℓ_2 范数之和就是由分量为 $\|\boldsymbol{x}_i\|_2$ 所构成向量的 ℓ_1 范数. 于是，在目标函数中添加项 $\sum_{i=1}^{p}\|\boldsymbol{x}\|_2$ 会使解有许多为零的块 $\boldsymbol{x}_i$ 和少数可能是满的非零块. 考虑一个 LS 问题，目标是最小化 $\|\boldsymbol{A}\boldsymbol{x}-\boldsymbol{y}\|_2$ 且矩阵 $\boldsymbol{A}$ 具有 $\boldsymbol{A}=[\boldsymbol{A}_1\ \cdots\ \boldsymbol{A}_p]$ 这样的分块结构，其中 $\boldsymbol{A}_i\in\mathbb{R}^{m,n_i}$. 则该问题分块稀疏的正则项可表示为：

$$\min_{\boldsymbol{x}}\|\boldsymbol{A}\boldsymbol{x}-\boldsymbol{y}\|_2+\gamma\sum_{i=1}^{p}\|\boldsymbol{x}_i\|_2,$$

其中 $\gamma > 0$ 为惩罚权重（γ 越大就更利于求得分块稀疏的解）. 通过引入松弛实值变量 z 和 $t_1, \cdots, t_p$, 问题可转化为如下 SOCP 的形式：

$$
\begin{aligned}
\min_{\boldsymbol{x},z,\boldsymbol{t}} \quad & z + \gamma \sum_{i=1}^{p} t_i \\
\text{s.t.}: \quad & \|\boldsymbol{A}\boldsymbol{x} - \boldsymbol{y}\|_2 \leqslant z, \\
& \|\boldsymbol{x}_i\|_2 \leqslant t_i, \qquad i = 1, \cdots, p.
\end{aligned}
$$

10.2.3　二次除线性问题

考虑如下问题：

$$
\begin{aligned}
\min_{\boldsymbol{x}} \quad & \sum_{i=1}^{p} \frac{\|\boldsymbol{A}_i\boldsymbol{x} - \boldsymbol{b}_i\|_2^2}{\boldsymbol{c}_i^\top \boldsymbol{x} + d_i} \\
\text{s.t.}: \quad & \boldsymbol{c}_i^\top \boldsymbol{x} + d_i > 0, \qquad i = 1, \cdots, p.
\end{aligned}
$$

通过引入辅助实值变量 $t_1, \cdots, t_p$, 我们首先将该问题重写为：

$$
\begin{aligned}
\min_{\boldsymbol{x},\boldsymbol{t}} \quad & \sum_{i=1}^{p} t_i \\
\text{s.t.}: \quad & \|\boldsymbol{A}_i\boldsymbol{x} - \boldsymbol{b}_i\|_2^2 \leqslant (\boldsymbol{c}_i^\top \boldsymbol{x} + d_i) t_i, \quad i = 1, \cdots, p \\
& \boldsymbol{c}_i^\top \boldsymbol{x} + d_i > 0, \qquad\qquad\qquad i = 1, \cdots, p.
\end{aligned}
$$

然后再由式 (10.2) 得到如下 SOCP 的形式：

$$
\begin{aligned}
\min_{\boldsymbol{x},\boldsymbol{t}} \quad & \sum_{i=1}^{p} t_i \\
\text{s.t.}: \quad & \left\| \begin{bmatrix} 2(\boldsymbol{A}_i\boldsymbol{x} - \boldsymbol{b}_i) \\ \boldsymbol{c}_i^\top \boldsymbol{x} + d_i - t_i \end{bmatrix} \right\|_2 \leqslant \boldsymbol{c}_i^\top \boldsymbol{x} + d_i + t_i, \quad i = 1, \cdots, p.
\end{aligned}
$$

10.2.4　对数-切比雪夫逼近

考虑求解如下超定线性方程组近似解的问题：

$$
\boldsymbol{a}_i^\top \boldsymbol{x} \simeq y_i, \quad y_i > 0, \ i = 1, \cdots, m.
$$

在某些应用中，使用基于比率 $(\boldsymbol{a}_i^\top \boldsymbol{x})/y_i$ 的最大对数的误差准则代替通常的 LS 准则是有意义的. 因此，对数-切比雪夫逼近问题相当于求解

$$
\min_{\boldsymbol{x}} \max_{i=1,\cdots,m} \left|\log\left(\boldsymbol{a}_i^\top \boldsymbol{x}\right) - \log y_i\right|
$$

$$\text{s.t.}: \quad \boldsymbol{a}_i^\top \boldsymbol{x} > 0, \quad i = 1, \cdots, m.$$

现在，对于 $\boldsymbol{a}_i^\top \boldsymbol{x} > 0$, 则有

$$\left|\log\left(\boldsymbol{a}_i^\top \boldsymbol{x}\right) - \log y_i\right| = \left|\log \frac{\boldsymbol{a}_i^\top \boldsymbol{x}}{y_i}\right| = \log \max\left\{\frac{\boldsymbol{a}_i^\top \boldsymbol{x}}{y_i}, \frac{y_i}{\boldsymbol{a}_i^\top \boldsymbol{x}}\right\},$$

并且因为 log 是单调递增的，那么

$$\max_{i=1,\cdots,m} \left|\log\left(\boldsymbol{a}_i^\top \boldsymbol{x}\right) - \log y_i\right| = \log \max_{i=1,\cdots,m} \max\left\{\frac{\boldsymbol{a}_i^\top \boldsymbol{x}}{y_i}, \frac{y_i}{\boldsymbol{a}_i^\top \boldsymbol{x}}\right\}.$$

再由 log 的单增性，我们得到，函数的 log 在某个集合上的最小值等价于取函数在同一集合上最小值的 log, 于是对数-切比雪夫逼近问题等价于

$$\begin{aligned} \min_{\boldsymbol{x}} \quad & \max_{i=1,\cdots,m} \max\left\{\frac{\boldsymbol{a}_i^\top \boldsymbol{x}}{y_i}, \frac{y_i}{\boldsymbol{a}_i^\top \boldsymbol{x}}\right\} \\ \text{s.t.}: \quad & \boldsymbol{a}_i^\top \boldsymbol{x} > 0, \quad i = 1, \cdots, m. \end{aligned}$$

那么，通过引入辅助实值变量 t 将问题表示为如下上镜图的形式：

$$\begin{aligned} \min_{\boldsymbol{x},t} \quad & t \\ \text{s.t.}: \quad & (\boldsymbol{a}_i^\top \boldsymbol{x})/y_i \leqslant t, \qquad i = 1, \cdots, m, \\ & (\boldsymbol{a}_i^\top \boldsymbol{x})/y_i \geqslant 1/t, \quad i = 1, \cdots, m, \\ & \boldsymbol{a}_i^\top \boldsymbol{x} > 0, \qquad\qquad i = 1, \cdots, m. \end{aligned}$$

后面的约束集属于双曲形式 $1 \leqslant t \cdot (\boldsymbol{a}_i^\top \boldsymbol{x})/y_i$. 因此，由式 (10.2), 我们最终可将问题表示为 SOCP 形式：

$$\begin{aligned} \min_{\boldsymbol{x},t} \quad & t \\ \text{s.t.}: \quad & (\boldsymbol{a}_i^\top \boldsymbol{x})/y_i \leqslant t, \qquad\qquad\qquad\qquad i = 1, \cdots, m, \\ & \left\|\left[\begin{array}{c} 2 \\ t - \left(\boldsymbol{a}_i^\top \boldsymbol{x}\right)/y_i \end{array}\right]\right\|_2 \leqslant t + \left(\boldsymbol{a}_i^\top \boldsymbol{x}\right)/y_i, \quad i = 1, \cdots, m. \end{aligned}$$

10.2.5 机会约束下的 LP

在标准的 LP 中，当描述线性不等式的数据具有不确定性和随机性时，就自然地产生了机会约束下的线性规划. 更准确地说，考虑一个具有标准不等式形式的 LP:

$$\min_{\boldsymbol{x}} \quad \boldsymbol{c}^\top \boldsymbol{x}$$

$$\text{s.t.}: \quad \boldsymbol{a}_i^\top \boldsymbol{x} \leqslant b_i, \quad i=1,\cdots,m.$$

现在假设数据向量 $\boldsymbol{a}_i(i=1,\cdots,m)$ 不能确切地知道. 相反，只知道 $\boldsymbol{a}_i$ 是随机向量且满足均值 $\mathbb{E}\{\boldsymbol{a}_i\}=\bar{\boldsymbol{a}}_i$ 和协方差矩阵 $\mathrm{var}\{\boldsymbol{a}_i\}=\boldsymbol{\Sigma}_i \succ 0$ 的正态（高斯）分布. 在这种情况下，标量 $\boldsymbol{a}_i^\top \boldsymbol{x}$ 也是随机变量. 准确地说，它是正态随机变量且满足

$$\mathbb{E}\{\boldsymbol{a}_i^\top \boldsymbol{x}\}=\bar{\boldsymbol{a}}_i^\top \boldsymbol{x}, \quad \mathrm{var}\{\boldsymbol{a}_i^\top \boldsymbol{x}\}=\boldsymbol{x}^\top \boldsymbol{\Sigma}_i \boldsymbol{x}.$$

因此，施加形如 $\boldsymbol{a}_i^\top \boldsymbol{x} \leqslant b_i$ 的约束是没有意义的，这是因为此表达式的左侧是一个可以假设为任何值的正态随机变量，故随机数据 $\boldsymbol{a}_i$ 的某些结果总是会不满足这个约束条件. 于是会自然地要求约束 $\boldsymbol{a}_i^\top \boldsymbol{x} \leqslant b_i$ 成立的概率水平为 $p_i \in (0,1)$. 该概率水平由用户预先选择，它表示尽管数据出现随机波动，但约束仍将满足这个可靠性水平. 因此，概率约束（或机会约束）下的名义 LP 为：

$$\min_{\boldsymbol{x}} \quad \boldsymbol{c}^\top \boldsymbol{x} \tag{10.8}$$

$$\text{s.t.}: \quad \mathrm{Prob}\{\boldsymbol{a}_i^\top \boldsymbol{x} \leqslant b_i\} \geqslant p_i, \quad i=1,\cdots,m, \tag{10.9}$$

其中 p_i 表示可靠性水平. 读者应该注意，这种机会约束问题在一般情况下可能很难求解，并且通常并不一定是凸的. 然而，在人们关心的特定情况下（即当 $\boldsymbol{a}_i(i=1,\cdots,m)$ 是独立正态随机向量且 $p_i>0.5$ 时，$i=1,\cdots,m$），我们可以证明机会约束问题确实是凸的，并且可以被重写为 SOCP 的形式.

命题 10.1　假设 $p_i>0.5(i=1,\cdots,m)$ 和 $\boldsymbol{a}_i(i=1,\cdots,m)$ 是独立的均值为 $\bar{a}_i$ 且协方差矩阵为 $\boldsymbol{\Sigma}_i \succ 0$ 的正态随机向量. 则问题 (10.8)~(10.9) 等价于如下 SOCP:

$$\min_{\boldsymbol{x}} \quad \boldsymbol{c}^\top \boldsymbol{x}$$

$$\text{s.t.}: \quad \bar{\boldsymbol{a}}_i^\top \boldsymbol{x} \leqslant b_i - \Phi^{-1}(p_i)\left\|\boldsymbol{\Sigma}_i^{1/2}\boldsymbol{x}\right\|_2, \quad i=1,\cdots,m, \tag{10.10}$$

其中 $\Phi^{-1}(p_i)$ 是标准正态随机变量的累积概率分布的反函数.

证明　我们首先注意到：

$$\boldsymbol{a}_i^\top \boldsymbol{x} \leqslant b_i \quad \Leftrightarrow \quad \frac{\boldsymbol{a}_i^\top \boldsymbol{x}-\bar{\boldsymbol{a}}_i^\top \boldsymbol{x}}{\sqrt{\boldsymbol{x}^\top \boldsymbol{\Sigma}_i \boldsymbol{x}}} \leqslant \frac{\boldsymbol{b}_i-\bar{\boldsymbol{a}}_i^\top \boldsymbol{x}}{\sqrt{\boldsymbol{x}^\top \boldsymbol{\Sigma}_i \boldsymbol{x}}}, \tag{10.11}$$

其可以在不等式 $\boldsymbol{a}_i^\top \boldsymbol{x} \leqslant b_i$ 两边同时减去期望值 $\mathbb{E}\{\boldsymbol{a}_i^\top \boldsymbol{x}\}=\bar{\boldsymbol{a}}_i^\top \boldsymbol{x}$, 再对两边同时除以正数 $\sigma_i(x) \doteq \sqrt{\boldsymbol{x}^\top \boldsymbol{\Sigma}_i \boldsymbol{x}}$ 得到. 后面的量不过是 $\boldsymbol{a}_i^\top \boldsymbol{x}$ 的标准差，再由矩阵的平方根分解 $\boldsymbol{\Sigma}_i = \boldsymbol{\Sigma}_i^{1/2}\boldsymbol{\Sigma}_i^{1/2}$, 则有：

$$\sigma_i(x)=\sqrt{\boldsymbol{x}^\top \boldsymbol{\Sigma}_i \boldsymbol{x}}=\left\|\boldsymbol{\Sigma}_i^{1/2}\boldsymbol{x}\right\|_2. \tag{10.12}$$

定义

$$z_i(\boldsymbol{x}) \doteq \frac{\boldsymbol{a}_i^\top \boldsymbol{x} - \bar{\boldsymbol{a}}_i^\top \boldsymbol{x}}{\sigma_i(\boldsymbol{x})}, \tag{10.13}$$

$$\tau_i(\boldsymbol{x}) \doteq \frac{b_i - \bar{\boldsymbol{a}}_i^\top \boldsymbol{x}}{\sigma_i(\boldsymbol{x})}, \tag{10.14}$$

那么由式 (10.11) 可得：

$$\operatorname{Prob}\left\{\boldsymbol{a}_i^\top \boldsymbol{x} \leqslant b_i\right\} = \operatorname{Prob}\left\{z_i(\boldsymbol{x}) \leqslant \tau_i(\boldsymbol{x})\right\}. \tag{10.15}$$

现在，注意到 $z_i(\boldsymbol{x})$ 是标准正态随机变量（即具有零均值和单位方差的正态随机变量), 设 $\Phi(\zeta)$ 为标准正态的累积概率分布函数，即

$$\Phi(\zeta) \doteq \operatorname{Prob}\{z_i(\boldsymbol{x}) \leqslant \zeta\}. \tag{10.16}$$

函数 $\Phi(\zeta)$ 是众所周知的且有函数值表（它也与所谓的误差函数 $\operatorname{erf}(\zeta)$ 有关，其满足 $\Phi(\zeta) = 0.5(1+\operatorname{erf}(\zeta/\sqrt{2}))$); 该函数的图像如图 10.2 所示. 于是由式 (10.15) 和式 (10.16) 可得：

$$\operatorname{Prob}\left\{\boldsymbol{a}_i^\top \boldsymbol{x} \leqslant b_i\right\} = \Phi\left(\tau_i(\boldsymbol{x})\right),$$

因此式 (10.9) 中的每个约束条件等价于

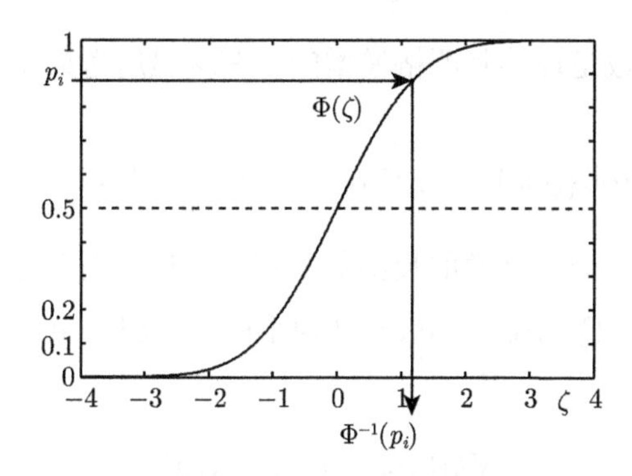

图 10.2　标准正态累积概率分布函数 $\Phi(\zeta)$ 的图像

$$\Phi\left(\tau_i(\boldsymbol{x})\right) \geqslant p_i. \tag{10.17}$$

因为 Φ 单调递增，设 Φ^{-1} 为累积分布函数的反函数，故式 (10.17) 成立当且仅当

$$\tau_i(\boldsymbol{x}) \geqslant \Phi^{-1}(p_i),$$

其中对于 $p_i > 0.5$, $\Phi^{-1}(p_i)$ 是正数. 因此，回顾式 (10.14) 和式 (10.12) 可以知道，在式 (10.9) 中的每个约束条件等价于如下 SOC 约束：

$$b_i - \bar{\boldsymbol{a}}_i^\top \boldsymbol{x} \geqslant \Phi^{-1}\left(p_i\right) \left\|\boldsymbol{\Sigma}_i^{1/2} \boldsymbol{x}\right\|_2,$$

于是结论得证. □

例 10.4（最优投资组合的在险价值（VaR）） 回顾 4.3 节中介绍的金融投资组合模型. 向量 $\boldsymbol{r} \in \mathbb{R}^n$ 包含 n 个资产的随机回报率，且向量 $\boldsymbol{x} \in \mathbb{R}^n$ 表示投资者的财富分配于每一资产的比例. 投资组合管理中的一个经典假设（尽管存在争议）为：$\boldsymbol{r}$ 是一个期望为 $\hat{\boldsymbol{r}} = \mathbb{E}\{\boldsymbol{r}\}$ 和协方差为 $\boldsymbol{\Sigma} = \mathrm{Var}\{\boldsymbol{r}\} \succ 0$ 的正态随机向量，以及 $\hat{\boldsymbol{r}}, \boldsymbol{\Sigma}$ 是已知的.

一种普遍用来衡量投资组合下行风险的技术即所谓的在险价值（VaR）. VaR 定义为投资组合回报的 α 百分比，通常 α 值比较低（例如，1%、5% 或 10%）. 因此，VaR 度量的是在给定的置信水平下，风险投资组合在一定时期内的潜在价值损失. 例如：若 $\alpha = 0.05$，那么投资组合回报的 VaR 为 80%, 这意味着在给定期间，投资组合价值下跌超过 80% 的可能性最多为 5%. 正式地说，让我们定义

$$\varrho(x) = \boldsymbol{r}^\top \boldsymbol{x},$$

当 $\boldsymbol{r}$ 已知时，其即为固定时间段内投资组合的随机回报. 则投资组合的损失简单地定义为 $\ell(\boldsymbol{x}) = -\varrho(\boldsymbol{x})$, 并且一般情况下在险价值 α 定义为：

$$\begin{aligned}\mathrm{VaR}_\alpha(\boldsymbol{x}) &= \inf_\gamma :\ \mathrm{Prob}\{\ell(\boldsymbol{x}) \geqslant \gamma\} \leqslant \alpha \\ &= -\sup_\zeta :\ \mathrm{Prob}\{\varrho(\boldsymbol{x}) \leqslant \zeta\} \leqslant \alpha.\end{aligned}$$

如果 $\ell(\boldsymbol{x})$ 的累积分布函数是连续且严格递增的（在这里所考虑的情况下，假设 $\ell(\boldsymbol{x})$ 是正态的)，那么

$$\sup_\zeta :\ \mathrm{Prob}\{\varrho(\boldsymbol{x}) \leqslant \zeta\} \leqslant \alpha \equiv \inf_\zeta :\ \mathrm{Prob}\{\varrho(\boldsymbol{x}) \leqslant \zeta\} \geqslant \alpha,$$

右边的表达式是 $\varrho(\boldsymbol{x})$ 累积分布函数的反函数的定义（也称为分位数函数):

$$F_{\varrho(\boldsymbol{x})}^{-1}(\alpha) = \inf_\zeta :\ \mathrm{Prob}\{\varrho(\boldsymbol{x}) \leqslant \zeta\} \geqslant \alpha,$$

因此

$$\mathrm{VaR}_\alpha(\boldsymbol{x}) = -F_{\varrho(\boldsymbol{x})}^{-1}(\alpha),$$

并且对 $v > 0$, 我们有：

$$\mathrm{VaR}_\alpha(\boldsymbol{x}) \leqslant v \Leftrightarrow F_{\varrho(\boldsymbol{x})}^{-1}(\alpha) \geqslant -v \Leftrightarrow F_{\varrho(\boldsymbol{x})}(-v) \leqslant \alpha,$$

其中最后一个条件为 $\mathrm{Prob}\{\boldsymbol{r}^\top \boldsymbol{x} \leqslant -v\} \leqslant \alpha$, 或用补事件等价地表示为：

$$\mathrm{Prob}\{\boldsymbol{r}^\top \boldsymbol{x} + v \geqslant 0\} \geqslant p, \quad p \doteq 1 - \alpha$$

（注意，我们用 $\geqslant$ 代替了 $>$, 这是因为概率分布是连续的，但这里并没有加以区分）. 这个约束条件形如式 (10.9)，因此对 $\alpha < 0.5$, 其可被等价地表示为 SOC 的形式，于是

$$\mathrm{VaR}_\alpha(\boldsymbol{x}) \leqslant v \quad \Leftrightarrow \quad \hat{\boldsymbol{r}}^\top \boldsymbol{x} + v \geqslant \Phi^{-1}(1-\alpha) \left\| \boldsymbol{\Sigma}^{1/2} \boldsymbol{x} \right\|_2,$$

其中 Φ 是标准正态累积分布函数.

因此，一个典型的投资组合配置问题可能如下：给定投资的目标期望收益为 μ 和风险水平 $\alpha < 0.5$（例如 $\alpha = 0.02$), 找到一个预期收益至少 μ 且 VaR_α 尽可能小的投资组合（假设不允许卖空，于是 $\boldsymbol{x} \geqslant 0$）. 这样的问题很容易被表示为如下的 SOCP:

$$
\begin{aligned}
\min_{\boldsymbol{x},v} \quad & v \\
\text{s.t.}: \quad & \boldsymbol{x} \geqslant 0, \\
& \sum_{i=1}^{n} x_i = 1, \\
& \hat{\boldsymbol{r}}^\top \boldsymbol{x} \geqslant \mu, \\
& \hat{\boldsymbol{r}}^\top \boldsymbol{x} + v \geqslant \Phi^{-1}(1-\alpha) \left\| \boldsymbol{\Sigma}^{1/2} \boldsymbol{x} \right\|_2 .
\end{aligned}
$$

10.2.6　设施选址问题

考虑一个服务多个位置的仓库的选址问题. 设计变量是仓库的位置 $\boldsymbol{x} \in \mathbb{R}^2$, 服务位置向量为 $\boldsymbol{y}_i \in \mathbb{R}^2$, $i = 1, \cdots, m$. 确定位置 $\boldsymbol{x}$ 的一个可能的准则是最小化仓库到任何位置的最大距离. 这意味着考虑如下形式的最小化问题：

$$
\min_{\boldsymbol{x}} \max_{i=1,\cdots,m} \|\boldsymbol{x} - \boldsymbol{y}_i\|_2 ,
$$

其可以写为如下的 SOCP 形式：

$$
\begin{aligned}
\min_{\boldsymbol{x},t} \quad & t \\
\text{s.t.}: \quad & \|\boldsymbol{x} - \boldsymbol{y}_i\|_2 \leqslant t, \quad i = 1, \cdots, m.
\end{aligned}
$$

另外一个选址准则是仓库到设施的平均距离，它能很好地代表平均运输成本. 这导出了如下问题：

$$
\min_{\boldsymbol{x}} \frac{1}{m} \sum_{i=1}^{m} \|\boldsymbol{x} - \boldsymbol{y}_i\|_2 ,
$$

其可被转化为 SOCP:

$$
\begin{aligned}
\min_{\boldsymbol{x},t} \quad & \frac{1}{m} \sum_{i=1}^{m} t_i \\
\text{s.t.}: \quad & \|\boldsymbol{x} - \boldsymbol{y}_i\|_2 \leqslant t_i, \quad i = 1, \cdots, m.
\end{aligned}
$$

图 10.3 显示了具有 $m = 10$ 个随机选择服务位置，分别使用最小-最大准则和最小-平均准则的例子的结果. 最大距离的最优目标为 0.5310, 平均距离的最优目标为 0.3712.

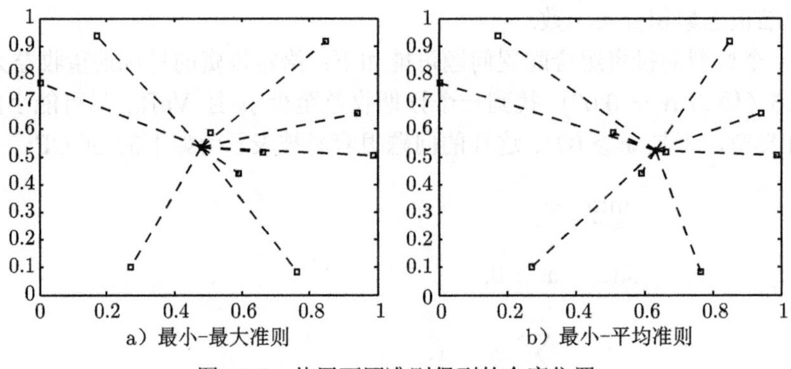

图 10.3　使用不同准则得到的仓库位置

10.2.7　时间同步 GPS 定位

这里我们讨论一个比例 6.2 中平面三边测量更实际的问题. 在那个图解问题中，我们希望通过从地理坐标完全已知的三个锚定点（无线电信标和卫星等）测量范围（距离）来确定点 $\boldsymbol{x} \in \mathbb{R}^2$ 的二维位置坐标. 然而，在诸如 GPS（全球定位系统）之类的导航系统中，这些距离是通过“飞行时间”间接计算的，如下所述. 简而言之，每个信标（或卫星）发射数据包，每个数据包都包含一个时间戳，该时间戳包含数据包离开发射器瞬间的精确时间. 用 t_i^T 表示由卫星 i 上时钟测得的数据包离开发射器 i 的时间. 所有的卫星上都有非常精确的原子钟，因此所有的卫星钟都在协调世界时间（UTC）上完全同步. 在点 $\boldsymbol{x}$ 的用户有一个 GPS 接收器可接收数据包，并且接收器上有一个本地时钟. 如果在 t_i^R 时接收到了来自卫星 i 的数据包（这个时间由本地时钟测得)，则接收器可以计算数据包的飞行时间，即 t_i^R 和 t_i^T 的差. 然后，假设数据包以光速 c 移动，则接收器可以将飞行时间信息转换为距离信息. 然而，通常 GPS 接收器的时钟比较廉价，它与卫星的时钟不同步. 因此，为了正确评估飞行时间，必须将本地时钟时间转换为 UTC, 即

$$[t_i^R]_{\mathrm{UTC}} = t_i^R + \delta,$$

其中 δ 是 UTC 和本地时间之间的补偿（注意 δ 可以是几秒）. 因此，数据包的飞行时间为：

$$f_i = [t_i^R]_{\mathrm{UTC}} - t_i^T = t_i^R - t_i^T + \delta = \Delta_i + \delta,$$

其中 $\Delta_i \doteq t_i^R - t_i^T$ 是接收器的时差，δ 是（未知的）时间补偿. 于是相应的距离测量为：

$$d_i = cf_i = c\Delta_i + c\delta.$$

如果有 m 颗位于 $a_i (i = 1, \cdots, m)$ 的卫星可用，则我们可写出关于三个未知量（$\boldsymbol{x}$ 的两个坐标 x_1, x_2 和同步参数 δ）的 m 个方程：

$$\|\boldsymbol{x} - \boldsymbol{a}_i\|_2 = c\Delta_i + c\delta, \quad i = 1, \cdots, m. \tag{10.18}$$

如果有 $m=4$ 颗卫星可用，通过平方每个方程，再取前三个方程和第四个方程之间的差，我们得到一个关于三个未知量的三个线性方程组：

$$
\begin{aligned}
2\left(\boldsymbol{a}_4-\boldsymbol{a}_1\right)^{\top} x &= d_1^2-d_4^2+\left\|\boldsymbol{a}_4\right\|_2^2-\left\|\boldsymbol{a}_1\right\|_2^2, \\
2\left(\boldsymbol{a}_4-\boldsymbol{a}_2\right)^{\top} x &= d_2^2-d_4^2+\left\|\boldsymbol{a}_4\right\|_2^2-\left\|\boldsymbol{a}_2\right\|_2^2, \\
2\left(\boldsymbol{a}_4-\boldsymbol{a}_3\right)^{\top} x &= d_3^2-d_4^2+\left\|\boldsymbol{a}_4\right\|_2^2-\left\|\boldsymbol{a}_3\right\|_2^2 .
\end{aligned}
$$

也就是

$$
\begin{aligned}
2\left(\boldsymbol{a}_4-\boldsymbol{a}_1\right)^{\top} \boldsymbol{x}+2 c^2\left(\Delta_4-\Delta_1\right) \delta &= c^2\left(\Delta_1^2-\Delta_4^2\right)+\left\|\boldsymbol{a}_4\right\|_2^2-\left\|\boldsymbol{a}_1\right\|_2^2, \\
2\left(\boldsymbol{a}_4-\boldsymbol{a}_2\right)^{\top} \boldsymbol{x}+2 c^2\left(\Delta_4-\Delta_2\right) \delta &= c^2\left(\Delta_2^2-\Delta_4^2\right)+\left\|\boldsymbol{a}_4\right\|_2^2-\left\|\boldsymbol{a}_2\right\|_2^2, \\
2\left(\boldsymbol{a}_4-\boldsymbol{a}_3\right)^{\top} \boldsymbol{x}+2 c^2\left(\Delta_4-\Delta_3\right) \delta &= c^2\left(\Delta_3^2-\Delta_4^2\right)+\left\|\boldsymbol{a}_4\right\|_2^2-\left\|\boldsymbol{a}_3\right\|_2^2 .
\end{aligned}
$$

原非线性方程组 (10.18) 的解包含在上述线性方程组的解集中. 该线性方程组的解，给出了位置的估计 $\boldsymbol{x}$ 和时钟同步参数 δ, 经后验检验也满足 $\|\boldsymbol{x}-\boldsymbol{a}_4\|_2=c\Delta_4+c\delta$. 但是，该方法需要有 $m=4$ 颗卫星.

如果只有 $m=3$ 颗卫星可用，仍然可以求解三个非线性方程 (10.18)(有三个未知量的三个方程),尽管不能保证方程组的解是唯一的. 实际上,我们可以用凸优化法找到 $m=3$ 时式 (10.18) 的解，如下所示. 由式 (10.18), 我们可以写出一个由三个等价方程构成的方程组，其中前两个方程是式 (10.18) 中前两个方程平方和第三个方程平方的差. 也就是说，方程组 (10.18) 等价于

$$
\begin{aligned}
2\left(\boldsymbol{a}_3-\boldsymbol{a}_1\right)^{\top} \boldsymbol{x}+2 c^2\left(\Delta_3-\Delta_1\right) \delta &= c^2\left(\Delta_1^2-\Delta_3^2\right)+\left\|\boldsymbol{a}_3\right\|_2^2-\left\|\boldsymbol{a}_1\right\|_2^2, \\
2\left(\boldsymbol{a}_3-\boldsymbol{a}_2\right)^{\top} \boldsymbol{x}+2 c^2\left(\Delta_3-\Delta_2\right) \delta &= c^2\left(\Delta_2^2-\Delta_3^2\right)+\left\|\boldsymbol{a}_3\right\|_2^2-\left\|\boldsymbol{a}_2\right\|_2^2, \\
\left\|\boldsymbol{x}-\boldsymbol{a}_3\right\|_2 &= c \Delta_3+c \delta .
\end{aligned}
$$

于是可通过在满足前面方程解的条件下最小化 δ, 找出相容的解. 由于最后一个非线性的等式约束，这样的最小化问题是非凸的. 然而，我们可以将后一个约束放宽为不等式约束，因为我们可以保证在最优情况下，等式实际上是成立的（由于松弛问题只有单一的不等式约束，参见注释 8.4）. 于是，当 $m=3$ 时，方程组 (10.18) 的解可通过求解如下 SOCP 得到：

$$
\begin{aligned}
\min_{x, \delta} \quad & \delta \\
\text{s.t.}: \quad & 2\left(\boldsymbol{a}_3-\boldsymbol{a}_1\right)^{\top} \boldsymbol{x}+2 c^2\left(\Delta_3-\Delta_1\right) \delta=c^2\left(\Delta_1^2-\Delta_3^2\right)+\left\|\boldsymbol{a}_3\right\|_2^2-\left\|\boldsymbol{a}_1\right\|_2^2, \\
& 2\left(\boldsymbol{a}_3-\boldsymbol{a}_2\right)^{\top} \boldsymbol{x}+2 c^2\left(\Delta_3-\Delta_2\right) \delta=c^2\left(\Delta_2^2-\Delta_3^2\right)+\left\|\boldsymbol{a}_3\right\|_2^2-\left\|\boldsymbol{a}_2\right\|_2^2, \\
& \left\|\boldsymbol{x}-\boldsymbol{a}_3\right\|_2 \leqslant c \Delta_3+c \delta .
\end{aligned}
$$

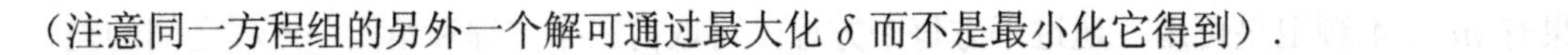

（注意同一方程组的另外一个解可通过最大化 δ 而不是最小化它得到）.

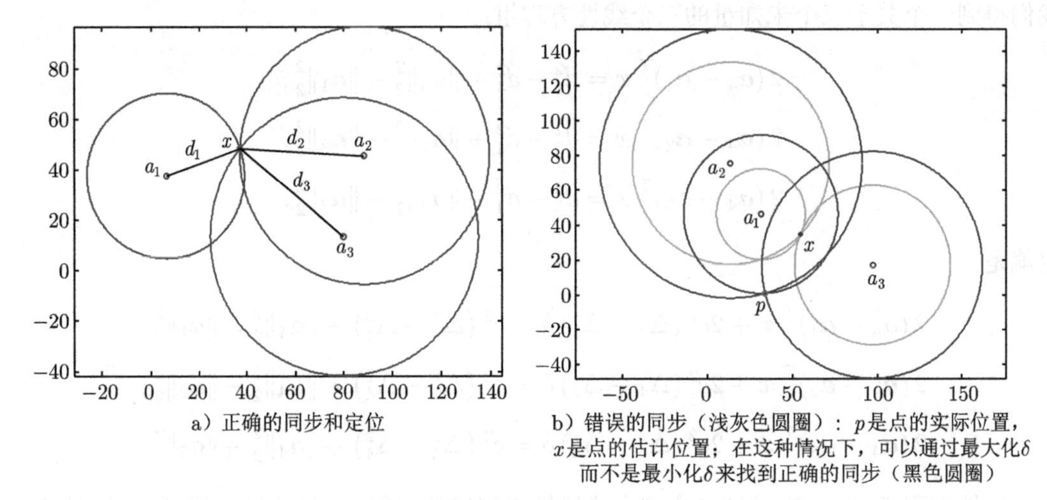

a）正确的同步和定位

b）错误的同步（浅灰色圆圈）：p 是点的实际位置，x 是点的估计位置；在这种情况下，可以通过最大化 δ 而不是最小化 δ 来找到正确的同步（黑色圆圈）

图 10.4　正确与错误同步的图

作为一个数值实例，我们考虑有 $m=3$ 个随机定位信标和平面上未知点的情况，得到了如图 10.4 所示的结果.

然而，有时候因为方程组的解不唯一，通过最小化 δ 得到的解并不是正确的同步和点的位置（参见图 10.4 b）. 在这种情况下，实际上要通过最大化 δ 来找到正确的解. 这一事实的直观原因是：如果将满足前两个线性方程的所有解 x 参数化，它们将是关于 δ 的线性函数. 然后将这些 $\boldsymbol{x}$ 代入方程 $\|\boldsymbol{x}-\boldsymbol{a}_3\|_2^2=(c\Delta_3+c\delta)^2$ 中，我们将得到关于 δ 的二次方程，它最多有两个根，实际上对应于受上述 SOCP 约束的 δ 的最大值和最小值. 然后，在上述约束条件下，通过求解 $\min\delta$ 和 $\max\delta$, 再使用先前的知识（例如位置的近似先验知识、额外方位测量和 WiFi 信号等）来确定哪个解是正确的，从而得出定位和同步.

10.2.8　椭球的分离

我们下面考虑找到一个超平面来分隔 $\mathbb{R}^n$ 中的两个椭球，或确定这样的超平面不存在的问题. 首先寻找一个条件，在该条件下，一个球心在原点的单位半径球体 $\mathcal{B}=\{\boldsymbol{x}:\|\boldsymbol{x}\|_2\leqslant 1\}$ 完全包含于半空间

$$\mathcal{H}=\left\{\boldsymbol{x}:\boldsymbol{a}^\top\boldsymbol{x}\leqslant b\right\},$$

其中 $\boldsymbol{a}\in\mathbb{R}^n$ 和 $b\in\mathbb{R}$ 是给定的. 包含条件要求球中所有点都满足半空间定义的不等式，也就是

$$\mathcal{B}\subset\mathcal{H}\Leftrightarrow\boldsymbol{a}^\top\boldsymbol{x}\leqslant b,\forall\boldsymbol{x}:\|\boldsymbol{x}\|_2\leqslant 1.$$

后面的条件又等价于

$$b\geqslant\max_{\boldsymbol{x}:\|\boldsymbol{x}\|_2\leqslant 1}\boldsymbol{a}^\top\boldsymbol{x}.$$

不等式右边关于内积的最大化由与 $\boldsymbol{a}$ 对齐的具有单位范数的 $\boldsymbol{x}$ 得到（参见 2.2.2.4 节），即对 $\boldsymbol{x}=\boldsymbol{a}/\|\boldsymbol{a}\|_2$，这个条件可简化为：

$$\mathcal{B}\subset\mathcal{H} \qquad \Leftrightarrow \qquad b\geqslant\|\boldsymbol{a}\|_2.$$

现在考虑椭球体而不是球体的情况. 椭球 $\mathcal{E}$ 可表述为单位球的仿射变换：

$$\mathcal{E}=\{\boldsymbol{x}=\hat{\boldsymbol{x}}+\boldsymbol{R}\boldsymbol{u}:\|\boldsymbol{u}\|_2\leqslant 1\},$$

其中 $\hat{\boldsymbol{x}}\in\mathbb{R}^n$ 是中心，而 $\boldsymbol{R}$ 是决定椭球形状的矩阵. 因此包含条件 $\mathcal{E}\subset\mathcal{H}$ 等价于 $b\geqslant\max_{\boldsymbol{u}:\|\boldsymbol{u}\|_2\leqslant 1}\boldsymbol{a}^\top(\hat{\boldsymbol{x}}+\boldsymbol{R}\boldsymbol{u})$. 根据与前面相同的讨论，易得：

$$\mathcal{E}\subset\mathcal{H} \qquad \Leftrightarrow \qquad b\geqslant\boldsymbol{a}^\top\hat{\boldsymbol{x}}+\left\|\boldsymbol{R}^\top\boldsymbol{a}\right\|_2.$$

注意，通过将 $\boldsymbol{a},b$ 改为 $-\boldsymbol{a},-b$，很容易得到 $\mathcal{E}$ 应包含在互补半空间 $\bar{\mathcal{H}}=\left\{x:\boldsymbol{a}^\top\boldsymbol{x}\geqslant b\right\}$ 中的条件，也就是：

$$\mathcal{B}\subset\bar{\mathcal{H}}\Leftrightarrow\boldsymbol{a}^\top\boldsymbol{x}\leqslant b,\forall\boldsymbol{x}:\|\boldsymbol{x}\|_2\leqslant 1.$$

接下来，考虑如下两个椭球

$$\mathcal{E}_i=\{\hat{\boldsymbol{x}}_i+\boldsymbol{R}_i\boldsymbol{u}_i:\|\boldsymbol{u}_i\|_2\leqslant 1\},\ i=1,2,$$

其中 $\hat{\boldsymbol{x}}_i\in\mathbb{R}^n$ 是中心，而 $\boldsymbol{R}_i(i=1,2)$ 是决定椭球形状的矩阵. 超平面 $\left\{\boldsymbol{x}:\boldsymbol{a}^\top\boldsymbol{x}=b\right\}$ 分隔（可能不是严格地分隔）这两个椭球当且仅当 $\mathcal{E}_1\in\mathcal{H}$ 且 $\mathcal{E}_1\in\bar{\mathcal{H}}$，或反之亦然. 因此有

$$b_1\doteq\boldsymbol{a}^\top\hat{\boldsymbol{x}}_1+\left\|\boldsymbol{R}_1^\top\boldsymbol{a}\right\|_2\leqslant b\leqslant\boldsymbol{a}^\top\hat{\boldsymbol{x}}_2-\left\|\boldsymbol{R}_2^\top\boldsymbol{a}\right\|_2\doteq b_2.$$

于是，分隔超平面的存在性等价于存在 $\boldsymbol{a}\in\mathbb{R}^n$ 使得

$$\boldsymbol{a}^\top(\hat{\boldsymbol{x}}_2-\hat{\boldsymbol{x}}_1)\geqslant\left\|\boldsymbol{R}_1^\top\boldsymbol{a}\right\|_2+\left\|\boldsymbol{R}_2^\top\boldsymbol{a}\right\|_2.$$

由 $\boldsymbol{a}$ 的齐次性（即 $\boldsymbol{a}$ 可与任何非零标量相乘，而无须修改条件），我们总能使用归一化条件使得 $\boldsymbol{a}^\top(\hat{\boldsymbol{x}}_2-\hat{\boldsymbol{x}}_1)=1$. 这导出了关于变量 $\boldsymbol{a}\in\mathbb{R}^n,t\in\mathbb{R}$ 的 SOCP:

$$\begin{aligned} p^*= &\quad \min_{\boldsymbol{x},\delta}\delta \\ \text{s.t.}: &\quad \left\|\boldsymbol{R}_1^\top\boldsymbol{a}\right\|_2+\left\|\boldsymbol{R}_2^\top\boldsymbol{a}\right\|_2\leqslant t, \\ &\quad \boldsymbol{a}^\top(\hat{\boldsymbol{x}}_2-\hat{\boldsymbol{x}}_1)=1. \end{aligned}$$

椭球是可分隔的当且仅当 $p^*\leqslant 1$. 在这种情况下，$b=\dfrac{b_1+b_2}{2}$.

10.2.9 最小表面积问题

考虑 $\mathbb{R}^3$ 中由正方形 $C=[0,1]\times[0,1]$ 到 $\mathbb{R}$ 的函数表示的曲面. 相应的表面积通过如下积分定义

$$A(f)=\int_C\sqrt{1+\|\nabla f(x,y)\|_2^2}\,\mathrm{d}x\,\mathrm{d}y.$$

最小表面积问题是在满足 C 边界上的边界值下求使面积 $A(f)$ 最小的函数 f. 具体来说，我们假设给定 f 在正方形上边界和下边界的值，即

$$f(x,0)=l(x),\quad f(x,1)=u(x),\quad x\in[0,1],$$

其中 $l:\mathbb{R}\to\mathbb{R}$ 和 $u:\mathbb{R}\to\mathbb{R}$ 是两个给定的函数.

上面的问题是一个无穷维问题，这是因为未知量是一个函数，而不是一个有限维向量. 为了找到近似解,这里采用离散化方法. 即我们用网格 $((i-1)h,(j-1)h),1\leqslant i,j\leqslant K+1$ 来将正方形离散化,其中 K 是整数且 $h=1/K$ 为网格的(一致)间距. 我们将问题的变量 f 表示为 $\mathbb{R}^{K+1,K+1}$ 中元素为 $F_{i,j}=f((i-1)h,(j-1)h)$ 的矩阵 $\boldsymbol{F}$. 类似地，可将边界条件表示为向量 $\boldsymbol{L}$ 和 $\boldsymbol{U}$.

为了近似梯度，我们从两个变量函数的一阶展开式开始，对足够小的增量 h, 有:

$$\frac{\partial f(x,y)}{\partial x}\simeq\frac{1}{h}(f(x+h,y)-f(x,y)).$$

因此，在网点上 f 的梯度可以近似为:

$$G_{i,j}=\nabla f((i-1)h,(j-1)h)\simeq\begin{bmatrix}K\left(F_{i+1,j}-F_{i,j}\right)\\K\left(F_{i,j+1}-F_{i,j}\right)\end{bmatrix},\quad 1\leqslant i,j\leqslant K.\tag{10.19}$$

现在，通过对所有格点的求和来近似积分，得到具有 SOCP 形式的离散化版本问题，如下所示:

$$\begin{aligned}\min_{\boldsymbol{F}\in\mathbb{R}^{K+1,K+1}}\quad&\frac{1}{K^2}\sum_{1\leqslant i,j\leqslant K}\left\|\begin{bmatrix}K\left(F_{i+1,j}-F_{i,j}\right)\\K\left(F_{i,j+1}-F_{i,j}\right)\\1\end{bmatrix}\right\|_2\\\text{s.t.}:\quad&F_{i,1}=L_i=l((i-1)h),\qquad 1\leqslant i\leqslant K+1,\\&F_{i,K+1}=U_i=u((i-1)h),\qquad 1\leqslant i\leqslant K+1.\end{aligned}$$

10.2.10 全变差图像复原

与上一节中介绍的离散化类似的技术也可用于数字图像恢复. 数字图像往往含有噪声，图像复原的目的就是滤除噪声. 早期都是通过最小二乘法，但解会表现出“振铃”现象，在

恢复图像的边缘附近有错误的振荡. 为了克服这一现象，人们可以在最小二乘问题的目标函数中加入一个关于图像变化的惩罚项.

我们可以将给定的（有噪声的）图像表示为从正方形 $C=[0,1]\times[0,1]$ 到 $\mathbb{R}$ 的函数. 将图像复原问题定义为在 $\hat{f}: C\to\mathbb{R}$ 上的目标函数

$$\int_C \|\nabla \hat{f}(x)\|_2 \,\mathrm{d}x+\lambda\int_C (\hat{f}(x)-f(x))^2 \,\mathrm{d}x$$

的最小化问题，其中函数 $\hat{f}$ 是要复原的图像. 第一项惩罚变化较大的函数，而第二项表示复原图像和带噪图像 f 间的距离. 这是一个无穷维问题，这是因为变量是函数，而不是一个有限维向量. 因此，我们通过离散化来近似地处理. 可以像 10.2.9 节那样，用正方形网格离散正方形 C:

$$\boldsymbol{x}_{ij}=\begin{bmatrix}\dfrac{i-1}{K}\\ \dfrac{j-1}{K}\end{bmatrix},\quad 1\leqslant i,j\leqslant K+1.$$

将问题的数据 f 表示为元素是 $F_{ij}=f(x_{ij})$ 的矩阵 $\boldsymbol{F}\in\mathbb{R}^{K+1,K+1}$. 类似地，用 $(K+1)\times(K+1)$ 矩阵 $\hat{\boldsymbol{F}}$ 来表示变量 $\hat{f}$, 它的元素是 $\hat{f}$ 在格点 $\boldsymbol{x}_{ij}$ 的值. 再用式 (10.19) 的形式来近似梯度 $\nabla\hat{f}(x)$:

$$\hat{G}_{i,j}=\nabla\hat{f}\left(x_{ij}\right)\simeq\begin{bmatrix}K\left(\hat{F}_{i+1,j}-\hat{F}_{i,j}\right)\\ K\left(\hat{F}_{i,j+1}-\hat{F}_{i,j}\right)\end{bmatrix},\quad 1\leqslant i,j\leqslant K.$$

于是，可将该问题的离散化版本写为如下 SOCP 形式：

$$\min_{\hat{\boldsymbol{F}}}\frac{1}{K^2}\sum_{1\leqslant i,j\leqslant K}\left(\left\|\begin{bmatrix}K\left(\hat{F}_{i+1,j}-\hat{F}_{i,j}\right)\\ K\left(\hat{F}_{i,j+1}-\hat{F}_{i,j}\right)\end{bmatrix}\right\|_2+\lambda\left(\hat{F}_{ij}-F_{ij}\right)^2\right).\tag{10.20}$$

例如，图 10.5 a 显示了一个 256×256 像素的原始灰度图像. 每个像素有一个从 0（黑色）到 255（白色）的值，对应于其亮度级别. 通过向原始图像的每个像素添加标准偏差 $\sigma=12$ 的高斯噪声得到图 10.5 b. 这个带噪声的图像确定了矩阵 $\boldsymbol{F}$. 给定 $\boldsymbol{F}$, 我们的目标是通过求解关于变量 $\hat{\boldsymbol{F}}$ 的问题即式 (10.20) 来复原（即去噪）图像. 注意，这个问题可能相当“大尺度”, 在我们 256×256 的小图像中，对应优化问题中都有 65 536 个变量. 对 1024×1024 的图像进行去噪会涉及百万数量级的变量. 因此，这类问题应采用专门的快速凸优化算法. 本例使用 TFOCS 包（参见网址 cvxr.com/tfocs/）用数值方法来进行求解. 特别地，当参数 $\lambda=8$ 时，我们得到如图 10.5 c 所示的复原图像.

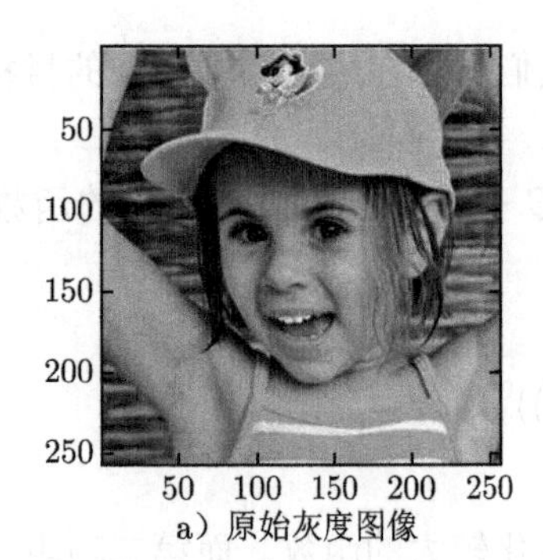

a）原始灰度图像　　b）带噪图像（$\sigma=12$）　　c）去噪图像（$\lambda=8$的凸优化算法）

图 10.5　全变差图像复原

10.3　鲁棒优化模型

本节主要向读者介绍一些模型和技术，这些模型和技术可以允许我们考虑表述优化问题的数据中存在的不确定性，并获得关于这种不确定性的鲁棒解. 10.3.1 节介绍主要的想法，而 10.3.2 节说明如何处理线性规划中的不确定数据. 10.3.3 节讨论鲁棒最小二乘模型，10.3.4 节则介绍一种获得一般不确定优化问题鲁棒解的近似方法.

10.3.1　鲁棒 LP

考虑如下一个标准不等式形式的线性规划问题：

$$\begin{aligned}\min_{\boldsymbol{x}} \quad & \boldsymbol{c}^\top \boldsymbol{x} \\ \text{s.t.:} \quad & \boldsymbol{a}_i^\top \boldsymbol{x} \leqslant b_i,\ i=1,\cdots,m.\end{aligned} \tag{10.21}$$

在许多实际情况中，线性规划所涉及的数据（包含在向量 $\boldsymbol{c}$、$\boldsymbol{b}$ 和 $\boldsymbol{a}_i$ 中，$i=1,\cdots,m$）并不精确. 比如系数矩阵 $\boldsymbol{A}\in\mathbb{R}^{m,n}$（它的行向量为 $\boldsymbol{a}_i,\ i=1,\cdots,m$）可以由一个已知的名义矩阵 $\hat{\boldsymbol{A}}$ 加上一个扰动 Δ 给出，而仅仅已知扰动 Δ 是范数有界的 $\|\Delta\|_{\mathrm{F}}\leqslant\rho$. 在这种情况下，鲁棒 LP 寻求使目标函数最小化的解，同时要确保不确定项的所有可能值满足响应的约束条件，也就是：

$$\begin{aligned}\min_{\boldsymbol{x}} \quad & \boldsymbol{c}^\top \boldsymbol{x} \\ \text{s.t.:} \quad & (\hat{\boldsymbol{A}}+\delta)\boldsymbol{x} \leqslant \boldsymbol{b},\ \forall\,\Delta:\ \|\Delta\|_{\mathrm{F}}\leqslant\rho.\end{aligned}$$

我们得到该鲁棒 LP 等价于如下的 SOCP（这是下面 10.3.2.3 节中讨论的椭球不确定性模型的一个特殊情况)：

$$\begin{aligned}\min_{\boldsymbol{x}} \quad & \boldsymbol{c}^\top \boldsymbol{x} \\ \text{s.t.:} \quad & \hat{\boldsymbol{a}}_i^\top \boldsymbol{x}+\rho\|\boldsymbol{x}\|_2 \leqslant b_i,\ i=1,\cdots,m.\end{aligned}$$

仅求解 LP 而不考虑问题数据的不确定性，可能会使所谓的“最优”解只是次最优的，甚至是不可行的. 这个想法将在如下的例子和章节中进一步讨论.

例 10.5（药品生产问题的不确定性）　让我们重新考虑例 9.7 中讨论的药物生产问题，现在假设由于不确定性，问题中的一些数据可能会出现小的变化. 具体而言，假设原料中活性剂的含量会发生变化，原料 I 的相对误差为 0.5%，而原料 II 的相对误差为 2%. 系数可能取值的区间如表 10.1 所示. 现在考虑这个不确定性对例 9.7 中所计算的不考虑确定性时最优解的影响：

$$p^* = -8819.658,\ x^*_{\text{RawI}} = 0,\ x^*_{\text{RawII}} = 438.789,\ x^*_{\text{DrugI}} = 17.552,\ x^*_{\text{DrugI}} = 0.$$

表 10.1　原料中药剂含量的不确定性

材料	药剂含量范围（g/kg）
原料 I	[0.009 95, 0.010 05]
原料 II	[0.0196, 0.0204]

不确定性会影响活性剂余量的约束条件. 在名义问题中，这个约束为：

$$0.01x_{\text{RawI}} + 0.02x_{\text{RawII}} - 0.05x_{\text{DrugI}} - 0.600x_{\text{DrugII}} \geqslant 0.$$

在最优点处，这个约束处于激活状态. 因此，即使第一和第二系数中的微小误差也会使约束失效，即在名义问题上计算的最优解（忽略不确定性）可能导致在实际数据上不可行.

一个调整策略. 为了改进该问题，有一个简单的解决方案：调整药物生产水平以满足余量约束. 我们调整药物 I 的产量，这是因为药物 II 的产量按原计划为零. 显然，如果活性成分的实际含量增加，余量约束将保持有效. 在这种情况下，不用做任何调整，原生产计划在实际不确定问题上仍然有效（可行), 名义上是最优的. 只有当“自然对我们不利”时，即当活性剂的水平低于最初认为的水平时，余量约束才变得无效. 由于最初的最优生产计划建议我们仅购买原料 II. 因此，如果采用上述简单的“调整政策”，相应系数（名义上设定为 0.02）将变为较小的值 0.0196, 导致药物 I 的生产量从 17 552 包（名义值）变化到 17 201 包（减少 2%）. 于是，成本函数将从名义值 8820 下降 21%，变为较小的值 6929. 这表明对于该问题，单个系数的微小变化也会导致模型预测的利润大幅下降.

如果我们认为不确定系数实际上是随机的，例如，各有 1/2 的概率取它们的极值，那么成本的期望值（仍然按上述调整政策）也会是随机的，期望值为 $(8820 + 6929)/2 = 7874$. 这样，由于随机不确定性造成的预期损失仍然很高，为 11%.

不确定性也可能源于实施中的误差. 通常，最优变量 x^* 会对应于一些可能存有误差的行为或实施过程. 例如，在制造过程中，由于生产设备故障或生产批次的固定规模，计划生产量从未得到准确的实施. 实施误差可能会导致灾难性的行为结果，即当最优变量 x^* 被其受误差影响的版本代替时，约束条件可能不成立，抑或成本函数可能会变得比想象的更差（更高）.

10.3.1.1　鲁棒优化: 主要想法

在鲁棒优化中，我们通过考虑到 LP 中的数据在建模阶段就可能是不精确的，从而克服了上述问题. 无论不确定性如何，这都将反过来为我们提供保证"工作"（即保持可行性）的求解方案. 为此，假设不确定性模型是已知的. 在最简单的版本中，所对应模型假设已知各行 $\boldsymbol{a}_i$ 都属于给定集合 $U_i \subset \mathbb{R}^n,\ i=1,\cdots,m$. 可以认为这些集合是线性规划系数的置信集. 鲁棒 LP 的主要思想是，在最坏的情况下，每个约束条件也都成立，也就是，约束对所有 $\boldsymbol{a}_i \in U_i$ 的可能取值均成立.

这样，原 LP 对应的鲁棒模型定义如下:

$$\begin{aligned} \min_{\boldsymbol{x}} \quad & \boldsymbol{c}^\top \boldsymbol{x} \\ \text{s.t.:} \quad & \boldsymbol{a}_i^\top \boldsymbol{x} \leqslant b_i,\ \forall\, \boldsymbol{a}_i \in U_i,\ i=1,\cdots,m. \end{aligned}$$

对上述问题的解释是，它试图找到一个解使系数向量 $\boldsymbol{a}_i$ 在其各自的置信集 U_i 内的任何选择都是可行的.

鲁棒的 LP 问题总是凸的，且与置信集 U_i 的形状无关. 事实上，对每一个 i, 如下集合

$$\mathcal{X}_i = \{\boldsymbol{x}:\ \boldsymbol{a}_i^\top \boldsymbol{x} \leqslant b_i,\ \forall\, \boldsymbol{a}_i \in U_i\}$$

可表示为（可能无穷可数个）凸集（即半空间）的交集:

$$\mathcal{X}_i = \bigcap_{\boldsymbol{a}_i \in U_i} \{\boldsymbol{x}:\ \boldsymbol{a}_i^\top \boldsymbol{x} \leqslant b_i\},$$

因此 $\mathcal{X}_i$ 是凸的. 这样，鲁棒 LP 仍是凸优化问题. 然而，取决于不确定性集 U_i 的类型和结构，并且由于这些不确定性集可能包含密集的无穷多个元素，可能很难以某种可用的显式形式表示这个鲁棒规划. 然而，也有一些值得注意的例外可以被显式表示，对于这种类别的不确定性集，我们称这样的鲁棒 LP 问题是"计算上易处理的". 下面将详细介绍三种在应用中非常重要的且易处理的情况. 为此，我们首先注意到如下的鲁棒半空间约束:

$$\boldsymbol{a}^\top \boldsymbol{x} \leqslant b,\ \forall\, \boldsymbol{a} \in U$$

(正如之前所提及的，不考虑集合 U 的凸性）可表示为如下内优化问题:

$$\max_{\boldsymbol{a} \in U}\ \boldsymbol{a}^\top \boldsymbol{x} \leqslant b. \tag{10.22}$$

事实上，能否显示地得到内问题 (10.22) 的解，从而可以确定鲁棒 LP 是否为"易处理"的，这将在下一节作进一步阐述.

10.3.2　易处理的鲁棒 LP

我们在这里讨论三种情况: （i）离散不确定性; （ii）盒型（或区间）不确定性集; （iii）椭球不确定性集.

10.3.2.1　离散不确定

在离散不确定性模型中，每个系数向量 $\boldsymbol{a}_i$ 的不确定性由一组有限的点来表述：

$$U_i = \left\{\boldsymbol{a}_i^{(1)}, \cdots, \boldsymbol{a}_i^{(K_i)}\right\},$$

其中每个向量 $\boldsymbol{a}_i^{(k)} \in \mathbb{R}^n$, $k = 1, \cdots, K_i$ 对应于特定的 “场景” 或不确定性的可能结果. 于是，鲁棒半空间约束

$$\boldsymbol{a}_i^\top \boldsymbol{x} \leqslant b,\ \forall\ a_i \in U_i$$

可以简单地表示为 K_i 组仿射不等式：

$$\boldsymbol{a}_i^{(k)\top} \boldsymbol{x} \leqslant b, \quad k = 1, \cdots, K_i. \tag{10.23}$$

注意，离散不确定性模型实际上不只是要求在点 $\boldsymbol{a}_i^{(k)}$ 的可行性. 事实上，约束条件 (10.23) 意味着

$$\left(\sum_{k=1}^{K_i} \lambda_k \boldsymbol{a}_i^{(k)\top}\right) \boldsymbol{x} \leqslant b$$

对任何一组和为 1 的非负权重 $\lambda_1, \cdots, \lambda_{K_i}$ 都成立. 于是，满足离散不等式 (10.23) 意味着对属于 U_i 集的凸包的所有 $\boldsymbol{a}_i$ 都满足不等式 $\boldsymbol{a}_i^\top \boldsymbol{x} \leqslant b$.

在离散不确定性下，LP (10.21) 的鲁棒问题成为：

$$\begin{aligned}
\min_{\boldsymbol{x}} \quad & \boldsymbol{c}^\top \boldsymbol{x} \\
\text{s.t.:} \quad & \boldsymbol{a}_i^{(k)\top} \boldsymbol{x} \leqslant b_i,\ k = 1, \cdots, K_i;\ i = 1, \cdots, m.
\end{aligned}$$

因此，离散鲁棒 LP 问题仍是一个 LP, 其具有 $m(K_1 + \cdots + K_m)$ 个约束，其中 K_i 是离散集 U_i 中的元素个数. 离散不确定性模型因其简单性而很受欢迎，这是因为鲁棒形式保留了与原始问题相同的结构. 然而，在具有大量离散点的情况下，这种模型可能变得不切实际.

10.3.2.2　盒型不确定性

盒型不确定性模型假设只已知每个系数向量位于一个 “盒子” 中，或者更一般地说，位于 $\mathbb{R}^n$ 中的超矩形中. 在最简单的情况下，该不确定性模型具有以下形式：

$$U_i = \{\boldsymbol{a}_i :\ \|\boldsymbol{a}_i - \hat{\boldsymbol{a}}_i\|_\infty \leqslant \rho_i\}, \tag{10.24}$$

其中 $\rho_i \geqslant 0$ 是不确定性大小的一个度量，而 $\hat{\boldsymbol{a}}_i$ 表示系数向量的名义值. 集合 U_i 是一个以 $\hat{\boldsymbol{a}}_i$ 为中心且半边长为 ρ_i 的 “盒子”（超立方体）. 条件 $\boldsymbol{a}_i \in U_i$ 可以等价地表示为：

$$\boldsymbol{a}_i = \hat{\boldsymbol{a}}_i + \rho_i \boldsymbol{\delta}_i, \quad \|\boldsymbol{\delta}\|_\infty \leqslant 1, \tag{10.25}$$

其中 δ_i 表示名义值 $\hat{\boldsymbol{a}}_i$ 附近的不确定性. 注意，鲁棒半空间约束的对应鲁棒形式

$$\boldsymbol{a}_i^\top \boldsymbol{x} \leqslant b_i, \quad \forall\ \boldsymbol{a}_i \in U_i$$

可作为一个离散模型来处理. 所采用方式是：将向量 $\boldsymbol{a}_i^{(k)} = \hat{\boldsymbol{a}}_i + \rho_i \boldsymbol{v}^k$ 视为离散不确定点，其中 $\boldsymbol{v}^k$, $k = 1, \cdots, 2^n$ 表示单位盒的顶点（即分量为 ± 1 的向量）. 事实上，在超立方体 U_i 的顶点上满足的约束条件 $\boldsymbol{a}_i^{(k)\top} \boldsymbol{x} \leqslant b_i$ 意味着对顶点集的凸包中的每一个点，即所有 U_i 中的点 $\boldsymbol{a}_i$, 都有 $\boldsymbol{a}_i^\top \boldsymbol{x} \leqslant b$. 然而，这种方法可能并不实用，这是因为顶点的个数（也就是，线性规划场景对等的约束个数）随着维数 n 的增加呈几何增长. 实际上，在线性规划具有盒型不确定性的情况下，有一种更为有效的鲁棒形式，这可以通过检验式 (10.22) 中的内优化问题来获得. 于是，我们有[㊀]

$$\begin{aligned} b \geqslant \max_{\boldsymbol{a}_i \in U_i} \boldsymbol{a}_i^\top \boldsymbol{x} &= \max_{\|\boldsymbol{\delta}_i\|_\infty \leqslant 1} \hat{\boldsymbol{a}}_i^\top \boldsymbol{x} + \rho_i \boldsymbol{\delta}_i^\top \boldsymbol{x} \\ &= \hat{\boldsymbol{a}}_i^\top \boldsymbol{x} + \rho_i \max_{\|\boldsymbol{\delta}_i\|_\infty \leqslant 1} \boldsymbol{\delta}_i^\top \boldsymbol{x} \\ &= \hat{\boldsymbol{a}}_i^\top \boldsymbol{x} + \rho_i \|\boldsymbol{x}\|_1. \end{aligned}$$

因此，在盒型不确定性 (10.24) 下，原 LP (10.21) 的鲁棒形式可以写成如下具有多面体约束的优化问题：

$$\begin{aligned} \min_{\boldsymbol{x}} \quad & \boldsymbol{c}^\top \boldsymbol{x} \\ \text{s.t.:} \quad & \hat{\boldsymbol{a}}_i^\top \boldsymbol{x} + \rho_i \|\boldsymbol{x}\|_1 \leqslant b_i, \quad i = 1, \cdots, m. \end{aligned}$$

该问题又可以通过引入松弛向量 $\boldsymbol{u} \in \mathbb{R}^n$ 重写为标准的 LP 形式：

$$\begin{aligned} \min_{x,u} \quad & \boldsymbol{c}^\top \boldsymbol{x} \\ \text{s.t.:} \quad & \hat{\boldsymbol{a}}_i^\top \boldsymbol{x} + \rho_i \sum_{j=1}^n u_j \leqslant b_i, \quad i = 1, \cdots, m, \\ & -u_j \leqslant x_j \leqslant u_i, \qquad j = 1, \cdots, n. \end{aligned}$$

注意，等式 (10.25) 暗含着 $\boldsymbol{a}_i$ 的每个元素都属于以 $\hat{\boldsymbol{a}}_i$ 相应元素为中心和半宽为 ρ_i 的区间内. 因此，根据该模型，向量 $\boldsymbol{a}_i$ 中的所有元素都具有相同的不确定半径 ρ_i. 进一步，通过假设

$$\boldsymbol{a}_i = \hat{\boldsymbol{a}}_i + \rho_i \odot \boldsymbol{\delta}_i, \quad \|\boldsymbol{\delta}_i\|_\infty \leqslant 1,$$

㊀ 见 2.2.2.4 节.

该模型可以很容易地推广到包括 $\boldsymbol{a}_i$ 的每个元素在一个可能不同长度的区间内均有界的情况. 上面假设中，现在 $\boldsymbol{\rho}_i \in \mathbb{R}^n$ 是一个向量，其包含 $\boldsymbol{a}_i$ 中每个分量的不确定区间的一半长度，$\odot$ 表示两个向量的 Hadamard（逐元素）乘积. 留一个习题，在这种情况下，读者可以验证原 LP 的鲁棒问题可表述为如下的线性规划：

$$
\begin{aligned}
\min_{\boldsymbol{x},\boldsymbol{u}} \quad & \boldsymbol{c}^\top \boldsymbol{x} \\
\text{s.t.}: \quad & \hat{\boldsymbol{a}}_i^\top \boldsymbol{x} + \boldsymbol{\rho}_i^\top \boldsymbol{u} \leqslant b_i, \quad i = 1, \cdots, m \\
& -u_j \leqslant x_j \leqslant u_i, \quad j = 1, \cdots, n.
\end{aligned}
$$

16.5 节给出了带有区间不确定性的鲁棒线性规划在库存控制中的应用实例.

10.3.2.3　椭球不确定性

在椭球不确定性模型中，每个向量都包含在一个具有如下形式的椭球 U_i 中

$$
U_i = \{\boldsymbol{a}_i = \hat{\boldsymbol{a}}_i + \boldsymbol{R}_i \boldsymbol{\delta}_i : \ \|\boldsymbol{\delta}_i\|_2 \leqslant 1\}, \tag{10.26}
$$

其中 $\boldsymbol{R}_i \in \mathbb{R}^{n,p}$ 为描述椭球围绕其中心 $\hat{\boldsymbol{a}}_i$ 的“形状”矩阵. 若对于某些 $\rho_i \geqslant 0$ 有 $\boldsymbol{R}_i = \rho_i \boldsymbol{I}$，那么该集合就是一个半径为 ρ_i 的超球面，并称这种特殊情况为球面不确定模型. 椭球不确定性模型对于系数向量 $\boldsymbol{a}_i$ 不同分量间的“耦合”不确定性是有用的. 这与以前的“盒子”模型形成对比，后者允许不确定性彼此独立地取其最大值（也称盒子模型为“独立区间”模型）. 对于椭球模型，鲁棒的半空间约束变为[㊀]

$$
\begin{aligned}
b &\geqslant \max_{\boldsymbol{a}_i \in U_i} \boldsymbol{a}_i^\top \boldsymbol{x} = \max_{\|\boldsymbol{\delta}_i\|_2 \leqslant 1} \hat{\boldsymbol{a}}_i^\top \boldsymbol{x} + \boldsymbol{\delta}_i^\top \boldsymbol{R}_i^\top \boldsymbol{x} \\
&= \hat{\boldsymbol{a}}_i^\top \boldsymbol{x} + \max_{\|\boldsymbol{\delta}_i\|_2 \leqslant 1} \boldsymbol{\delta}_i^\top \left(\boldsymbol{R}_i^\top \boldsymbol{x}\right) \\
&= \hat{\boldsymbol{a}}_i^\top \boldsymbol{x} + \left\|\boldsymbol{R}_i^\top \boldsymbol{x}\right\|_2.
\end{aligned}
$$

因此，椭球不确定性 (10.26) 下的原 LP (10.21) 的鲁棒形式为以下 SOCP:

$$
\begin{aligned}
\min_{x} \quad & \boldsymbol{c}^\top \boldsymbol{x} \\
\text{s.t.}: \quad & \hat{\boldsymbol{a}}_i^\top \boldsymbol{x} + \left\|\boldsymbol{R}_i^\top \boldsymbol{x}\right\|_2 \leqslant b_i, \quad i = 1, \cdots, m.
\end{aligned}
$$

10.3.3　鲁棒最小二乘法

让我们从一个标准的 LS 问题开始：

$$
\min_{\boldsymbol{x}} \|\boldsymbol{A}\boldsymbol{x} - \boldsymbol{y}\|_2,
$$

㊀ 参见 2.2.2.4 节.

其中 $\boldsymbol{A}\in\mathbb{R}^{m,n}$, $\boldsymbol{y}\in\mathbb{R}^{m}$. 现在假设矩阵 $\boldsymbol{A}$ 不是完全已知的. 模拟数据矩阵 $\boldsymbol{A}$ 不确定性的一个简单方法是假设只已知 $\boldsymbol{A}$ 在给定“名义”矩阵 $\hat{\boldsymbol{A}}$ 的特定“距离”（在矩阵空间中）内. 准确地说，假设

$$\|\boldsymbol{A}-\hat{\boldsymbol{A}}\|\leqslant\rho,$$

其中 $\|\cdot\|$ 表示最大奇异值范数，而 $\rho\geqslant 0$ 表示不确定性的大小. 等价地，我们可以写：

$$\boldsymbol{A}=\hat{\boldsymbol{A}}+\Delta,$$

其中 Δ 表示不确定性，其满足 $\|\Delta\|\leqslant\rho$. 现在考虑如下鲁棒最小二乘问题：

$$\min_{\boldsymbol{x}}\ \max_{\|\Delta\|\leqslant\rho}\|(\hat{\boldsymbol{A}}+\Delta)\boldsymbol{x}-\boldsymbol{y}\|_2.$$

该问题可解释为，我们的目标是（关于 $\boldsymbol{x}$）最小化残差范数最坏情况的值（关于不确定性 Δ）. 对于固定的 $\boldsymbol{x}$, 利用欧氏范数是凸的事实，则有：

$$\|(\hat{\boldsymbol{A}}+\Delta)\boldsymbol{x}-\boldsymbol{y}\|_2\leqslant\|\hat{\boldsymbol{A}}\boldsymbol{x}-\boldsymbol{y}\|_2+\|\Delta x\|_2.$$

由最大奇异值范数的定义，以及我们给定的不确定性大小的界，那么有：

$$\|\Delta\boldsymbol{x}\|_2\leqslant\|\Delta\|\cdot\|\boldsymbol{x}\|_2\leqslant\rho\|\boldsymbol{x}\|_2.$$

于是，鲁棒 LS 问题的目标值有界：

$$\max_{\|\Delta\|\leqslant\rho}\|(\hat{\boldsymbol{A}}+\Delta)\boldsymbol{x}-\boldsymbol{y}\|_2\leqslant\|\hat{\boldsymbol{A}}\boldsymbol{x}-\boldsymbol{y}\|_2+\rho\|\boldsymbol{x}\|_2.$$

事实证明，可通过选择某些 Δ 来达到上述上界，其具体为如下的并矢矩阵

$$\Delta=\frac{\rho}{\|\hat{\boldsymbol{A}}\boldsymbol{x}-\boldsymbol{y}\|_2\cdot\|\boldsymbol{x}\|_2}(\hat{\boldsymbol{A}}\boldsymbol{x}-\boldsymbol{y})\boldsymbol{x}^{\top}.$$

那么，鲁棒 LS 问题等价于

$$\min_{\boldsymbol{x}}\ \|\hat{\boldsymbol{A}}\boldsymbol{x}-\boldsymbol{y}\|_2+\rho\|\boldsymbol{x}\|_2$$

这是一个正则化的 LS 问题，其可表示为如下 SOCP 形式：

$$\min_{\boldsymbol{x},u,v} u+\rho v,\quad \text{s.t.: } u\geqslant\|\hat{\boldsymbol{A}}\boldsymbol{x}-\boldsymbol{y}\|_2, v\geqslant\|\boldsymbol{x}\|_2.$$

进一步，很容易在问题中添加等式或不等式约束，同时保持其 SOCP 的结构.

10.3.4　鲁棒性的场景方法

带一般不确定性的凸优化问题无法得到精确且易处理的鲁棒表述. 当一个不确定问题不属于前几节讨论的范畴（或者不属于本书未讨论的其他一些易处理的类型）时，人们可以采用一种关于鲁棒性的一般化方法，该方法的优点是完全一般化的，但代价是只能得到在某种接下来给出的意义下的近似. 考虑一个具有不确定性的一般凸优化问题：

$$\min_{\boldsymbol{x}\in\mathbb{R}^n}\quad f_0(\boldsymbol{x})$$

$$\text{s.t.}: \quad f_i(\boldsymbol{x},\delta) \leqslant 0, \quad i=1,\cdots,m,$$

其中对每个 $\delta \in \mathcal{U}$, $f_i, i=0,\cdots,m$ 关于 $\boldsymbol{x}$ 均是凸的，同时它们可以是 δ 的任意函数. 此外，$\mathcal{U}$ 是一个一般的不确定集. 该问题的鲁棒形式为：

$$\begin{aligned} \min_{\boldsymbol{x}\in\mathbb{R}^n} \quad & f_0(\boldsymbol{x}) \\ \text{s.t.}: \quad & f_i(\boldsymbol{x},\delta) \leqslant 0, \quad i=1,\cdots,m, \quad \forall\, \delta\in\mathcal{U}, \end{aligned} \tag{10.27}$$

一般来说，其不能重写为容易处理的问题类型.

下面假设不确定性 δ 是随机的，其具有某种概率分布. 我们不需要知道不确定性的实际分布，只需要由不确定性分布生成的 N 个独立同分布（iid）的样本. 应用这些称为场景的不确定性样本，我们认为不确定性“似乎”是离散的，从而考虑一个离散样本场景的鲁棒问题（所谓的场景问题）：

$$\begin{aligned} \min_{\boldsymbol{x}\in\mathbb{R}^n} \quad & f_0(\boldsymbol{x}) \\ \text{s.t.}: \quad & f_i(\boldsymbol{x},\delta^{(j)}) \leqslant 0, \quad i=1,\cdots,m, \quad j=1,\cdots,N. \end{aligned} \tag{10.28}$$

显然，由场景问题得到的解在问题 (10.27) 的意义下不能确保是鲁棒的，这是因为一般来说，它不能保证对不确定性 $\delta \in \mathcal{U}$ 的所有取值都是可行的. 然而，一个显著的事实是，如果选择 N 足够大，则可以证明场景解在以达到概率 $\alpha \in (0,1)$ 的预定水平下是概率鲁棒的. 这意味着可以确定一个期望的概率鲁棒水平 α, 再找到一个 N 使得场景问题具有如下性质[⊖]的最优解 $\boldsymbol{x}^*$:

$$\text{Prob}\left\{\delta: \ f_i\left(\boldsymbol{x}^*,\delta\right) \leqslant 0, i=1,\cdots,m\right\} \geqslant \alpha. \tag{10.29}$$

也就是说，场景解在概率水平 α 下确实是鲁棒可行的. 鲁棒性的期望水平 α 和所需场景的数量 N 之间的关系可由以下简单的公式得到[⊜]：

$$N \geqslant \frac{2}{1-\alpha}(n+10). \tag{10.30}$$

10.4 习题

习题 10.1（平方 SOCP 约束） 当考虑二阶锥约束时，为了得到经典的凸二次约束，一个想法是将其平方，但这可能并不总是奏效的. 考虑如下约束条件：

$$x_1 + 2x_2 \geqslant \|\boldsymbol{x}\|_2,$$

⊖ 准确地说，由于 $\boldsymbol{x}^*$ 本身是随机且先验的，概率鲁棒性 (10.29) 本身只在一定的置信度内成立. 然而，出于实际目的，可以将该置信水平设置得足够高以至于式 (10.29) 可以被认为是一个确定性事件.

⊜ 这是一个简化的公式，其在假设问题 (10.28) 可行且具有唯一最优解的情况下得到的. 公式中出现的常数 10 与式 (10.29) 的（隐藏）置信水平相关，置信水平大约为 $1-1.7\times10^{-5}$. 如果需要更高的置信度，那么这个常数只需增长一点. 例如：对于置信水平 $1-7.6\times10^{-10}$, 常数变为 20. 与场景方法相关结果的细节和证明可参见 G. Calafiore, Random convex programs, *SIAM J. Optimization*, 2010.

以及它的平方

$$(x_1+2x_2)^2 \geqslant \|\boldsymbol{x}\|_2^2.$$

由第二个不等式定义的集合是凸的吗？讨论之.

习题 10.2（复合函数）　我们希望在约束 $\|\boldsymbol{x}\|_\infty < 1$ 下最小化函数 $f:\mathbb{R}^3\to\mathbb{R}$:

$$f(\boldsymbol{x}) = \max\left(x_1+x_2-\min\left(\min\left(x_1+2, x_2+2x_1-5\right), x_3-6\right)\right.$$
$$\left.\frac{(x_1-x_3)^2+2x_2^2}{1-x_1}\right),$$

请详细说明如何将该问题表述为一个标准形式的 SOCP.

习题 10.3（最短时间路径问题）　考虑图 10.6, 其中位于 0 处的一个点必须穿过三层不同密度的流体移动到点 $\boldsymbol{p}=[4\ \ 2.5]^\top$ 处.

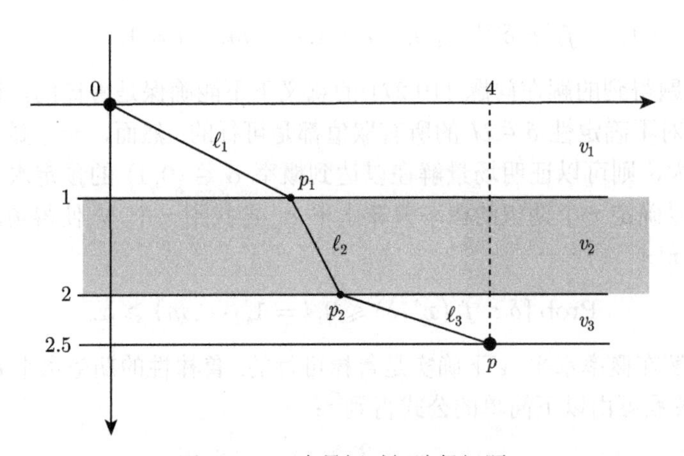

图 10.6　一个最短时间路径问题

在第一层中，该点可以以最大速度 v_1 行进，而在第二层和第三层中，它可以分别以较低的最大速度 $v_2=v_1/\eta_2$ 和 $v_3=v_1/\eta_3$ 行进，其中 $\eta_2,\ \eta_3>1$. 假设 $v_1=1,\ \eta_2=1.5,\ \eta_3=1.2$. 你要确定从 0 到 p 的最快（即最短时间）路径是什么. 提示：你可以用 $\ell_1,\ \ell_2,\ \ell_3$ 作为表示路径长度的变量，并观察到在这个问题中，具有形式 $\ell_i=$ "某值" 的等式约束可以被不等式约束 $\ell_i\geqslant$ "某值" 等价替代（解释其原因）.

习题 10.4（k -椭圆）　考虑 $\mathbb{R}^2$ 中的 k 个点 $\boldsymbol{x}_1,\cdots,\boldsymbol{x}_k$. 对于给定的正数 d, 将半径为 d 的 k -椭圆定义为：$\boldsymbol{x}\in\mathbb{R}^2$ 中满足从 $\boldsymbol{x}$ 到点 $\boldsymbol{x}_i$ 的距离之和等于 d 的点集.

1. 当 $k=1$ 或 $k=2$ 时，k-椭圆看起来是什么样的？提示：对于 $k=2$, 证明你可以假设 $\boldsymbol{x}_1=\boldsymbol{x}_2=\boldsymbol{p}$, $\|\boldsymbol{p}\|_2=1$, 并将集合表示为 $\mathbb{R}^n$ 中的标准正交基且使 $\boldsymbol{p}$ 为第一个单位向量.

2. 将计算几何中值的问题（即为使得到点 $\boldsymbol{x}_i$，$i=1,\cdots,k$ 的距离之和最小的点的问题）表示为标准形式的 SOCP.

3. 写一个代码：用输入 $\boldsymbol{X}=(\boldsymbol{x}_1,\cdots,\boldsymbol{x}_k)\in\mathbb{R}^{2,k}$ 和 $d>0$ 来绘制相应的 k-椭圆.

习题 10.5（一个投资组合设计问题）　关于 $n=4$ 个资产的回报由高斯（正态）随机向量 $\boldsymbol{r}\in\mathbb{R}^n$ 来表述，其期望值 $\hat{\boldsymbol{r}}$ 和协方差矩阵 $\boldsymbol{\Sigma}$ 如下：

$$\hat{\boldsymbol{r}}=\begin{bmatrix}0.12\\0.10\\0.07\\0.03\end{bmatrix},\quad \boldsymbol{\Sigma}=\begin{bmatrix}0.0064 & 0.0008 & -0.0011 & 0\\ 0.0008 & 0.0025 & 0 & 0\\ -0.0011 & 0 & 0.0004 & 0\\ 0 & 0 & 0 & 0\end{bmatrix}.$$

最后一项（第四项）资产相当于无风险投资. 投资者希望设计一个权重为 $\boldsymbol{x}\in\mathbb{R}^n$ 的投资组合（每个权重 x_i 均非负，且权重之和为 1）来获得尽可能好的预期回报 $\hat{\boldsymbol{r}}^\top\boldsymbol{x}$. 同时确保：(i) 单一资产权重不超过 40%；(ii) 无风险资产的权重不应超过 20%；(iii) 任何资产的权重都不应低于 5%；(iv) 收益低于 $q=-3\%$ 的概率不大于 $\varepsilon=10^{-4}$. 在上述约束条件下，可实现的最大预期收益是多少？

习题 10.6（一个信赖域问题）　一个所谓的（凸）信赖域问题相当于寻找欧氏球上凸二次函数的最小值，也就是：

$$\begin{aligned}\min_{\boldsymbol{x}}\quad & \frac{1}{2}\boldsymbol{x}^\top\boldsymbol{H}\boldsymbol{x}+\boldsymbol{c}^\top\boldsymbol{x}+d\\ \text{s.t.}:\quad & \boldsymbol{x}^\top\boldsymbol{x}\leqslant r^2,\end{aligned}$$

其中 $\boldsymbol{H}\succ 0$，$r>0$ 是球的给定半径. 证明：这个问题的最优解是唯一的且

$$x(\lambda^*)=-\left(\boldsymbol{H}+\lambda^*\boldsymbol{I}\right)^{-1}\boldsymbol{c},$$

其中，若 $\|\boldsymbol{H}^{-1}\boldsymbol{c}\|_2\leqslant r$, 那么 $\lambda^*=0$, 否则 λ^* 是使 $\|(\boldsymbol{H}+\lambda^*\boldsymbol{I})^{-1}\boldsymbol{c}\|_2=r$ 成立的唯一值.

习题 10.7（单变量平方根 LASSO）　考虑如下问题：

$$\min_{x\in\mathbb{R}}\ f(x)\doteq\|\boldsymbol{a}x-\boldsymbol{y}\|_2+\lambda|x|,$$

其中 $\lambda\geqslant 0$, $\boldsymbol{a}\in\mathbb{R}^m$, $\boldsymbol{y}\in\mathbb{R}^m$ 是给定的，$x\in\mathbb{R}$ 是一个实值变量. 这是例 8.23 中引入的平方根 LASSO 问题的单变量版本. 假设 $\boldsymbol{y}\neq 0$ 和 $\boldsymbol{a}\neq 0$, (否则该问题的最优解只是 $x=0$）. 证明：这个问题的最优解是

$$x^*=\begin{cases}0 & \text{若 } \left|\boldsymbol{a}^\top\boldsymbol{y}\right|\leqslant\lambda\|y\|_2,\\ x_{\text{ls}}-\operatorname{sgn}\left(x_{\text{ls}}\right)\dfrac{\lambda}{\|\boldsymbol{a}\|_2^2}\sqrt{\dfrac{\|\boldsymbol{a}\|_2^2\|\boldsymbol{y}\|_2^2-\left(\boldsymbol{a}^\top\boldsymbol{y}\right)^2}{\|\boldsymbol{a}\|_2^2-\lambda^2}} & \text{若 } \left|\boldsymbol{a}^\top\boldsymbol{y}\right|>\lambda\|y\|_2,\end{cases}$$

其中

$$x_{\mathrm{ls}} \doteq \frac{\boldsymbol{a}^\top \boldsymbol{y}}{\|\boldsymbol{a}\|_2^2}.$$

习题 10.8（通过对偶证明凸性）　考虑如下函数 $f:\mathbb{R}_{++}^n \to \mathbb{R}$,

$$f(x) = 2\max_t\ t - \sum_{i=1}^n \sqrt{x_i + t^2}.$$

1. 解释为什么由 f 定义的问题是一个凸优化问题（关于变量 t）. 把它写成一个 SOCP.
2. f 是凸的吗?
3. 证明如下函数 $g:\mathbb{R}_{++}^n \to \mathbb{R}$,

$$g(\boldsymbol{y}) = \sum_{i=1}^n \frac{1}{y_i} - \frac{1}{\sum_{i=1}^n y_i}$$

是凸的. 提示：对于给定的 $\boldsymbol{y} \in \mathbb{R}_{++}^n$, 证明

$$g(y) = \max_{\boldsymbol{x}>0} -\boldsymbol{x}^T\boldsymbol{y} - f(x).$$

确保任何强对偶性的使用是正确的.

习题 10.9（鲁棒球外围）　设 $B_i,\ i=1,\cdots,m$ 为给定 $\mathbb{R}^n$ 中的欧氏球，且球心为 $\boldsymbol{x}_i$，半径 $\rho_i \geqslant 0$. 我们希望找到一个包含所有 $B_i,\ i=1,\cdots,m$ 的半径最小的球 B. 说明如何将这个问题转换成一个已知的凸优化问题.

第11章 半定模型

半定规划（SDP）是以向量或者矩阵为变量的一类优化模型，其中最小化的目标函数是线性的，以及约束涉及要求是半正（或负）定对称矩阵的仿射组合. 半定优化包括一些特殊的优化问题，例如：线性规划、带二次约束的二次规划和二阶锥规划等. 它们可能是具有特定结构的凸优化模型中最强大的一类，目前已有高效和成熟的数值求解算法.

半定优化有着广泛的应用. 例如，它们可以用作非凸问题的复杂松弛（近似)，诸如具有二次目标的布尔问题或秩约束问题. 它们也可用于稳定性分析，或更一般地用于线性动力系统的控制设计. 它们还用于几何问题、系统辨识、代数几何和稀疏约束下的矩阵完备问题.

11.1 从线性到锥模型

在 20 世纪 80 年代末，研究人员试图推广线性规划. 当时，LP 被认为是可以有效求解的，在时间上大约是变量或约束的三次方. 关于线性规划新的内点算法刚刚问世，其优良的实用性能可以完全匹配理论复杂度给出的界. 然而，在线性问题之外，人们似乎遇到了一堵墙. 除了一些特殊的问题类，如 QP 问题，一旦问题包含了非线性项，人们就不能再期望恢复 LP 所具有的良好的实际和理论有效性. 在过去的几十年里，人们已经注意到在理论上（在一些适当的假设条件下）可以有效地求解凸问题，但是已知的数值方法在实践中表现得非常缓慢. 然而，似乎要利用内点方法并将其应用于线性规划以外的问题，就不得不仔细研究凸优化问题. 关于这方面的一个突破是对非负向量集的角色进行重新思考，其是 LP 问题的一个基本目标. 在标准的锥形式下，一般的 LP 可以写为：

$$\min_{\boldsymbol{x}} \quad \boldsymbol{c}^\top \boldsymbol{x}, \quad \text{s.t.:} \quad \boldsymbol{A}\boldsymbol{x} = \boldsymbol{b}, \quad x \in \mathbb{R}_+^n,$$

其中 $\mathbb{R}_+^n$ 是 $\mathbb{R}^n$ 中非负向量的集合，即正象限. 研究人员问：什么是使内点法可以这么好地有效工作的 $\mathbb{R}_+^n$ 的基本特征？换句话说，是否可以有其他集合代替 $\mathbb{R}_+^n$, 从而仍然可以发现其他有效的方法？结果表明，$\mathbb{R}_+^n$ 的主要特征是它是一个凸锥（即在其元素的正尺度变换下不变的凸集)，并且 LP 的许多理想特征都可以扩展到涉及一些特定凸锥（$\mathbb{R}_+^n$ 除外）作为约束集的问题. 这产生了一类具有如下形式的更加广泛的凸优化模型：

$$\min_{\boldsymbol{x}} \quad \boldsymbol{c}^\top \boldsymbol{x}, \quad \text{s.t.:} \quad \boldsymbol{A}\boldsymbol{x} = \boldsymbol{b}, \quad \boldsymbol{x} \in \mathcal{K},$$

其中 $\mathcal{K}$ 是一个凸锥. 例如，当 $\mathcal{K}$ 是一个二阶锥（或者二阶锥的任何组合. 例如，当一些变量在一个锥中，其他变量在另一个锥中，并且所有变量都通过仿射等式耦合时产生)，那么上面的模型就变成了一个二阶锥规划模型. 当 $\boldsymbol{x}$ 是一个矩阵变量，$\mathcal{K}$ 是半正定矩阵形成的锥，且我们在关于 $\boldsymbol{x}$ 的元素的仿射等式约束下最小化关于 $\boldsymbol{x}$ 的一个线性函数时，就得到了半定优化模型类. 尽管二阶锥规划特别是半定规划模型的数值复杂性仍然高于线性规划，但有效的内点求解方法确实可以从线性规划扩展到二阶锥规划和半定规划. 这样做的实际结果是，可以在标准工作站上数值求解的二阶锥规划和半定规划问题的规模仍然小于 LP 模型的规模. 目前的技术使我们能够求解一般的 LP, 其变量和约束的数量可以达到数百万，而一般的二阶锥规划和半定规划模型的数量级要小两到三个数量级.

11.2　线性矩阵不等式

11.2.1　半正定矩阵锥

回顾 4.4 节，$n \times n$ 对称矩阵 $\boldsymbol{F}$ 是半正定的（PSD, 记为 $\boldsymbol{F} \succeq 0$）当且仅当其所有特征值非负. 判定矩阵 $\boldsymbol{F}$ 是 PSD 的另一个等价条件是对应二次型是非负的：

$$\boldsymbol{z}^\top \boldsymbol{F} \boldsymbol{z} \geqslant 0, \quad \forall\, \boldsymbol{z} \in \mathbb{R}^n.$$

所有 PSD 矩阵构成的集合 $\mathbb{S}_+^n$ 是一个凸锥. 事实上，对任意 $\alpha \geqslant 0$, 因为 $\boldsymbol{F} \in \mathbb{S}_+^n$ 意味着 $\alpha \boldsymbol{F} \in \mathbb{S}_+^n$, 故 $\mathbb{S}_+^n$ 是一个锥. 进一步，对任意 $\boldsymbol{F}_1, \boldsymbol{F}_2 \in \mathbb{S}_+^n$ 和 $\gamma \in [0,1]$, 有：

$$\boldsymbol{z}^\top (\gamma \boldsymbol{F}_1 + (1-\gamma)\boldsymbol{F}_2)\boldsymbol{z} = \gamma \boldsymbol{z}^\top \boldsymbol{F}_1 \boldsymbol{z} + (1-\gamma)\boldsymbol{z}^\top \boldsymbol{F}_2 \boldsymbol{z} \geqslant 0, \quad \forall\, \boldsymbol{z} \in \mathbb{R}^n,$$

因此 $\mathbb{S}_+^n$ 也是凸的.

例 11.1（半正定矩阵）

- 矩阵

$$\begin{bmatrix} 29 & 19 & -4 \\ 19 & 28 & 7 \\ -4 & 7 & 15 \end{bmatrix}$$

  是对称的，且其特征值为：

$$\lambda_1 = 4.8506, \quad \lambda_2 = 2.1168, \quad \lambda_3 = 0.3477.$$

  所有的特征值都是非负的，因此 $\boldsymbol{F}$ 是 PSD 矩阵（实际上，在这种情况下，所有特征值都是严格正的，故 $\boldsymbol{F} \succ 0$）.

- 对任意向量 $\boldsymbol{v} \in \mathbb{R}^n$, 二元组 $\boldsymbol{F} = \boldsymbol{v}\boldsymbol{v}^\top$ 是 PSD 矩阵, 这是因为其对应的二次型是完全的平方和形式：$q(\boldsymbol{x}) = \boldsymbol{x}^\top(\boldsymbol{v}\boldsymbol{v}^\top)\boldsymbol{x} = (\boldsymbol{v}^\top \boldsymbol{x})^2 \geqslant 0$.
- 更一般地，对任意可能为矩形的矩阵 $\boldsymbol{A}$，矩阵 $\boldsymbol{A}^\top \boldsymbol{A}$ 和 $\boldsymbol{A}\boldsymbol{A}^\top$ 都是 PSD 矩阵. 反之亦然，即对任意 PSD 矩阵 $\boldsymbol{F}$, 都存在合适的矩阵 $\boldsymbol{A}$ 满足分解 $\boldsymbol{F} = \boldsymbol{A}^\top \boldsymbol{A}$.

11.2.2 线性矩阵不等式

11.2.2.1 定义

标准形式下的矩阵不等式（LMI）是关于以向量 $\boldsymbol{x} \in \mathbb{R}^n$ 为变量的如下形式的约束：

$$\boldsymbol{F}(\boldsymbol{x}) = \boldsymbol{F}_0 + \sum_{i=1}^{m} x_i \boldsymbol{F}_i \succeq 0, \tag{11.1}$$

其中 $n \times n$ 的系数矩阵 $\boldsymbol{F}_0, \cdots, \boldsymbol{F}_m$ 是对称的. 有时，这些矩阵没有显式定义. 也就是，如果 $\boldsymbol{F} : \mathbb{R}^m \to \mathbb{S}^n$ 是一个仿射映射，其取值在 n 阶对称矩阵的集合中，那么 $\boldsymbol{F}(\boldsymbol{x}) \succeq 0$ 是一个 LMI.

例 11.2（标准形式下的 LMI 表示） 线性矩阵不等式约束通常是对矩阵变量施加的，而不是对向量变量施加的. 下面是一个经典的例子. 对一个给定的方阵 $\boldsymbol{A} \in \mathbb{R}^{n,n}$ 和正定矩阵 $\boldsymbol{P} \in \mathbb{S}^n_{++}$, 如下所谓的李雅普诺夫不等式

$$-\boldsymbol{I} - \boldsymbol{A}^\top \boldsymbol{P} - \boldsymbol{P}\boldsymbol{A} \succeq 0 \tag{11.2}$$

是关于矩阵变量 $\boldsymbol{P}$ 的一个 LMI. 为了用包含变量 $\boldsymbol{x}$ 的向量的标准格式（11.1）来表示这个 LMI, 可以在对称矩阵变量 $\boldsymbol{P}$ 和包含 $\boldsymbol{P}$ 的 $m = n(n+1)/2$ 个自由元素的向量 $\boldsymbol{x} \in \mathbb{R}^m$ 之间定义一个合适的一对一映射. 通常，我们把 $\boldsymbol{x}$ 作为矩阵 $\boldsymbol{P}$ 的向量化. 例如，$\boldsymbol{x}$ 包含矩阵 $\boldsymbol{P}$ 的第一对角元素，然后包含次对角元素等. 比如, 当 $n = 3$ 时，那么 $m = 6$ 且

$$\boldsymbol{P} = \begin{bmatrix} p_{11} & p_{12} & p_{13} \\ p_{12} & p_{22} & p_{23} \\ p_{13} & p_{23} & p_{33} \end{bmatrix} \Rightarrow \boldsymbol{x}(\boldsymbol{P}) = \begin{bmatrix} p_{11} \\ p_{22} \\ p_{33} \\ p_{12} \\ p_{23} \\ p_{13} \end{bmatrix};$$

$$\boldsymbol{x} = \begin{bmatrix} x_1 \\ x_2 \\ x_3 \\ x_4 \\ x_5 \\ x_6 \end{bmatrix} \Rightarrow \boldsymbol{P}(\boldsymbol{x}) = \begin{bmatrix} x_1 & x_4 & x_6 \\ x_4 & x_2 & x_5 \\ x_6 & x_5 & x_3 \end{bmatrix}.$$

通过令 $\boldsymbol{x} = 0$ 以及把 $\boldsymbol{P}(\boldsymbol{x})$ 带入到式 (11.2) 中，则很容易地得到系数矩阵 $\boldsymbol{F}_0 = -\boldsymbol{I}$. 系数矩阵 $\boldsymbol{F}_i$, $i = 1, \cdots, m$ 可以通过令 $x_i = 1$, $x_j = 0$, $j \neq i$, 并把 $\boldsymbol{P}(\boldsymbol{x})$ 带入到式 (11.2) 中，然后再减去 $\boldsymbol{F}_0$ 得到：

$$\boldsymbol{F}_1 = -\begin{bmatrix} 2a_{11} & a_{12} & a_{13} \\ a_{12} & 0 & 0 \\ a_{13} & 0 & 0 \end{bmatrix}, \quad \boldsymbol{F}_2 = -\begin{bmatrix} 0 & a_{21} & 0 \\ a_{21} & 2a_{22} & a_{23} \\ 0 & a_{23} & 0 \end{bmatrix},$$

$$\boldsymbol{F}_3 = -\begin{bmatrix} 0 & 0 & a_{31} \\ 0 & 0 & a_{32} \\ a_{31} & a_{32} & 2a_{33} \end{bmatrix}, \quad \boldsymbol{F}_4 = -\begin{bmatrix} 2a_{21} & a_{11}+a_{22} & a_{23} \\ a_{11}+a_{22} & 2a_{12} & a_{13} \\ a_{23} & a_{13} & 0 \end{bmatrix},$$

$$\boldsymbol{F}_5 = -\begin{bmatrix} 0 & a_{31} & a_{21} \\ a_{31} & 2a_{32} & a_{33}+a_{22} \\ a_{21} & a_{22}+a_{33} & 2a_{23} \end{bmatrix}, \quad \boldsymbol{F}_6 = -\begin{bmatrix} 2a_{31} & a_{32} & a_{11}+a_{33} \\ a_{32} & 0 & a_{12} \\ a_{11}+a_{33} & a_{12} & 2a_{13} \end{bmatrix}.$$

从概念上讲，将一般的 LMI 重写为标准格式 (11.1) 是基本的操作，尽管其在实际计算中可能非常乏味. 通常，它是由用于凸优化的解析器/解算器（如 CVX 或 Yalmip）自动和内部完成的，因此它对用户保持完全透明，用户可以用最自然的格式来表达问题.

11.2.2.2 LMI 集的凸性和几何性质

设 $\mathcal{X}$ 为满足如下 LMI 所有点 $\boldsymbol{x} \in \mathbb{R}^m$ 构成的集合：

$$\mathcal{X} \doteq \left\{ \boldsymbol{x} \in \mathbb{R}^m : \boldsymbol{F}_0 + \sum_{i=1}^{m} x_i \boldsymbol{F}_i \succeq 0 \right\}. \tag{11.3}$$

集合 $\mathcal{X}$ 是凸的. 为了验证这个事实，回顾 $F(x) \succeq 0$ 当且仅当对任意 $\boldsymbol{z} \in \mathbb{R}^n$ 有 $\boldsymbol{z}^\top \boldsymbol{F}(\boldsymbol{x}) \boldsymbol{z} \succeq 0$. 由于

$$\boldsymbol{z}^\top \boldsymbol{F}(\boldsymbol{x}) \boldsymbol{z} = f_0(\boldsymbol{z}) + \sum_{i=1}^{m} x_i f_i(\boldsymbol{z}),$$

其中 $f_i(\boldsymbol{z}) \doteq \boldsymbol{z}^\top \boldsymbol{F}_i \boldsymbol{z}$, $i = 0, \cdots, m$, 我们于是得到满足 $\boldsymbol{F}(\boldsymbol{x}) \succeq 0$ 的点 $\boldsymbol{x}$ 属于如下无穷多个半平面的交集：

$$H_z = \{ \boldsymbol{x} \in \mathbb{R}^m : \boldsymbol{a}_{\boldsymbol{z}}^\top \boldsymbol{z} + b_{\boldsymbol{z}} \geqslant 0 \} \tag{11.4}$$

$$\boldsymbol{a}_{\boldsymbol{z}} \doteq [f_1(\boldsymbol{z}), \cdots, f_m(\boldsymbol{z})], \; b_{\boldsymbol{z}} \doteq f_0(\boldsymbol{z}),$$

每个半平面都依赖于参数 $\boldsymbol{z} \in \mathbb{R}^n$, 这证明了 $\mathcal{X}$ 是一个凸集，如图 11.1 所示.

对于某些特定的 $\boldsymbol{z} \in \mathbb{R}^n$, 半空间 $\mathcal{H}_z$ 的边界可能是可行集 $\mathcal{X}$ 的一个支撑超平面，参见 8.1.5 节. 事实上，超平面 $\{ \boldsymbol{x} \in \mathbb{R}^n : \boldsymbol{a}_{\boldsymbol{z}}^\top \boldsymbol{x} + b_{\boldsymbol{z}} = 0 \}$ 上有一个点 $\boldsymbol{x}_0$ 位于集合 $\mathcal{X}$ 上的一个必要条件（通常并不是充分条件）是 $\boldsymbol{z}^\top \boldsymbol{F}(\boldsymbol{x}_0) \boldsymbol{z} = 0$, 也就是 $\boldsymbol{F}(\boldsymbol{x}_0)$ 是奇异的，并且 $\boldsymbol{z}$ 是 $\boldsymbol{F}(\boldsymbol{x}_0)$ 的零特征值对应的特征向量. 因此，$(\boldsymbol{a}_{\boldsymbol{z}}, b_{\boldsymbol{z}})$ 定义了一个 $\mathcal{X}$ 的支撑超平面的一个必要条件，即对某个 $\boldsymbol{x} \in \mathbb{R}^m$, $\boldsymbol{z}$ 属于 $\boldsymbol{F}(\boldsymbol{x})$ 的零空间.

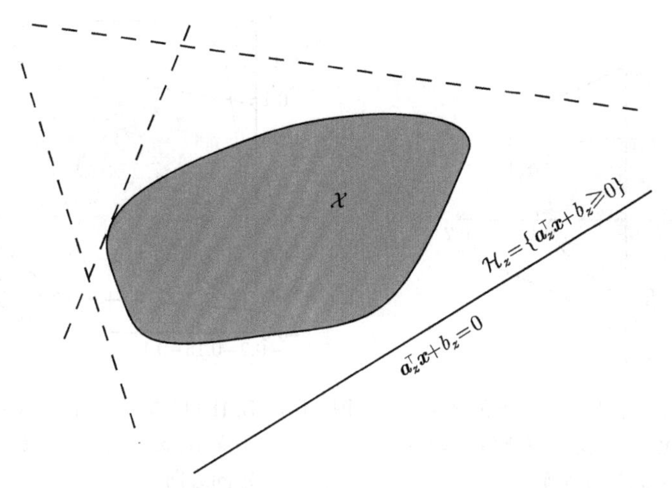

图 11.1 对每个 $z \in \mathbb{R}^n$, LMI 可行集 $\mathcal{X}$ 属于式 (11.4) 所定义的半平面 $\mathcal{H}_z$

例 11.3 图 11.2 显示了满足如下 LMI 所有点 $\boldsymbol{x} \in \mathbb{R}^2$ 的集合 $\mathcal{X}$:

$$\boldsymbol{F}(\boldsymbol{x}) = x_1\boldsymbol{F}_1 + x_2\boldsymbol{F}_2 - \boldsymbol{I} \preceq 0, \tag{11.5}$$

其中

$$\boldsymbol{F}_1 = \begin{bmatrix} -1.3 & -4.2 & -0.1 & 2.1 & -1 \\ -4.2 & -0.1 & -1.7 & -4.5 & 0.9 \\ -0.1 & -1.7 & 2.3 & -4.4 & -0.4 \\ 2.1 & -4.5 & -4.4 & 3.3 & -1.7 \\ -1 & 0.9 & -0.4 & -1.7 & 4.7 \end{bmatrix},$$

$$\boldsymbol{F}_2 = \begin{bmatrix} 1.6 & 3.9 & 1.6 & -5.3 & -4 \\ 3.9 & -1.8 & -4.7 & 1 & 2.9 \\ 1.6 & -4.7 & -1.3 & 1.6 & -2.6 \\ -5.3 & 1 & 1.6 & 2.7 & 2.6 \\ -4 & 2.9 & -2.6 & 2.6 & -3.4 \end{bmatrix}.$$

图 11.3 显示了通过一些随机选取方向 $\boldsymbol{z} \in \mathbb{R}^5$ 得到的超平面 $\boldsymbol{a}_z^\top \boldsymbol{x} + b_{\boldsymbol{z}} = 0$.

11.2.2.3 锥标准形式

在另一种称为锥标准型的形式中，以对称矩阵 $\boldsymbol{X}$ 为变量的 LMI 可以表示为半正定锥与一个仿射集的交集：

$$\boldsymbol{X} \in \mathcal{A}, \quad \boldsymbol{X} \succeq 0, \tag{11.6}$$

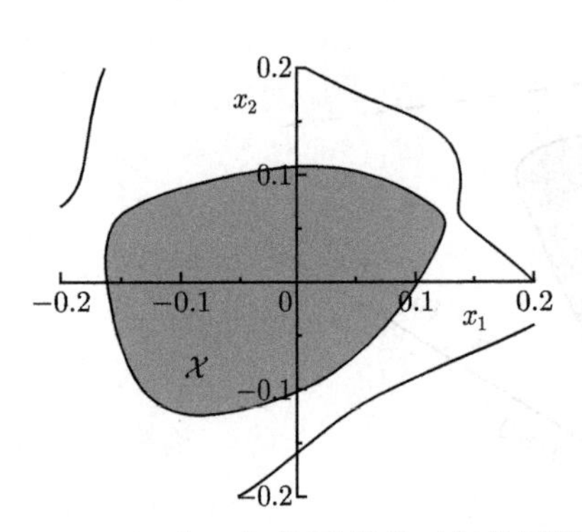

图 11.2 LMI (11.5) 的可行集（灰色区域）. 等高线（黑色）表示 $\det \boldsymbol{F}(\boldsymbol{x}) = 0$ 的点 $\boldsymbol{x} = (x_1, x_2)$ 的轨迹

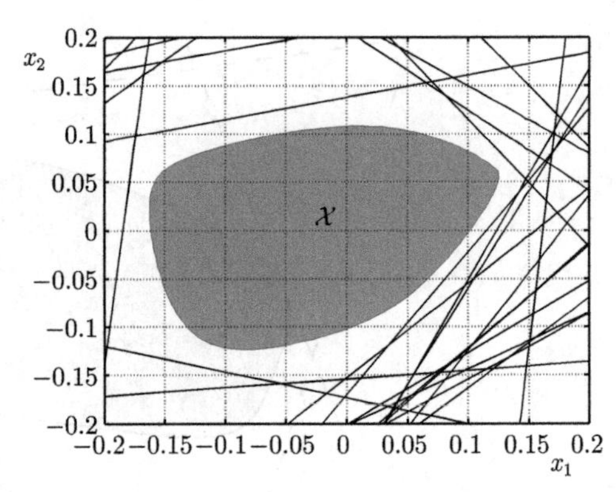

图 11.3 LMI (11.5) 的可行集（灰色区域）以及超平面 $\boldsymbol{a}_{\boldsymbol{z}}^{\top}\boldsymbol{x} + b_{\boldsymbol{z}} = 0$, 其中 $\boldsymbol{z}$ 是某个随机选定的方向

其中 $\mathcal{A}$ 是一个仿射集. 称集合 $\mathcal{S} = \mathbb{S}_+^n \cap \mathcal{A}$ 为一个谱多面体. 在总是可以将一个转换成另一个（代价可能是添加新的变量和约束）的意义下，标准形式 (11.1) 与 (11.6) 是等价的. 因此，一个标准形式的 LMI 的可行集 $\mathcal{X}$ 是一个谱多面体. 图 11.4 展示了一个在 (x_1, x_2, x_3) 空间中，对应于组合的线性矩阵不等式 $\boldsymbol{P} \succeq 0$ 和 $\boldsymbol{A}^{\top}\boldsymbol{P} + \boldsymbol{P}\boldsymbol{A} \preceq 0$ 的谱多面体的 3D 图，其中

$$\boldsymbol{P} = \begin{bmatrix} x_1 & x_3 \\ x_3 & x_2 \end{bmatrix}, \quad \boldsymbol{A} = \begin{bmatrix} -1 & 0.5 \\ 0 & -0.8 \end{bmatrix}.$$

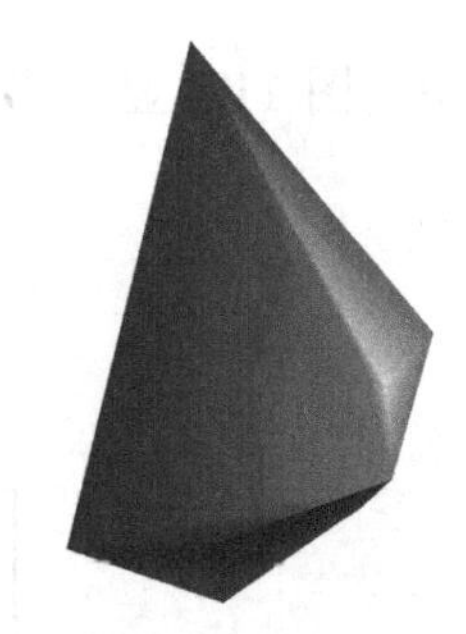

图 11.4 对应于 Lyapunov 不等式 $\boldsymbol{P} \succeq 0$, $\boldsymbol{A}^{\top}\boldsymbol{P}+\boldsymbol{P}\boldsymbol{A} \preceq 0$, $\boldsymbol{A} \in \mathbb{R}^{2,2}$ 的谱多面体的一个 3D 图

几何上，由式 (11.3) 给出的 LMI 集 $\mathcal{X}$ 的边界是由以 $\boldsymbol{x}$ 为变量的一个多元多项式曲面定义的. 实际上，这是一个已知的事实. 对称矩阵 $\boldsymbol{F}(\boldsymbol{x})$ 是 PSD 当且仅当 $\boldsymbol{F}(\boldsymbol{x})$ 的 k $(k = 1, \cdots, n)$ 阶子式的和 $g_k(\boldsymbol{x})$ 是非负的（一个 k 阶子式为 $\boldsymbol{F}(\boldsymbol{x})$ 通过基数为 k 的行和列的一个子集 $J \subseteq \{1, \cdots, n\}$ 得到的子矩阵的行列式）.

因为 $\boldsymbol{F}(\boldsymbol{x})$ 关于 $\boldsymbol{x}$ 是仿射的，那么函数 $g_k(\boldsymbol{x}), k = 1, \cdots, n$ 是次数不超过 k 的关于变量 $\boldsymbol{x}$ 的多项式，以及集合 $\mathcal{X}$ 由下面的多项式不等式组给出：

$$\mathcal{X} = \{\boldsymbol{x} \in \mathbb{R}^m : \ g_k(\boldsymbol{x}) \geqslant 0, \ k = 1, \cdots, n\},$$

这是一个闭的半代数集. 注意到 $g_1(\boldsymbol{x}) = \text{trace}\,\boldsymbol{F}(\boldsymbol{x})$ 和 $g_n(\boldsymbol{x}) = \det \boldsymbol{F}(\boldsymbol{x})$. 特别地，LMI 可行域 $\mathcal{X}$ 的边界可表示为 $\{\boldsymbol{x} : \ g_n(\boldsymbol{x}) = \det \boldsymbol{F}(\boldsymbol{x}) \geqslant 0\}$, 而其他多项式 $g_k(\boldsymbol{x})$ 只分离出该区域的凸连通分量.

例 11.4 考虑如下关于 $\boldsymbol{x} \in \mathbb{R}^2$ 的 LMI:

$$\boldsymbol{F}(\boldsymbol{x}) = \begin{bmatrix} 1+x_1 & x_1-x_2 & x_1 \\ x_1-x_2 & 1-x_2 & 0 \\ x_1 & 0 & 1+x_2 \end{bmatrix} \succeq 0. \tag{11.7}$$

可行集 $\mathcal{X}$ 为如下多项式不等式的交集，如图 11.5 所示.

$$g_1(\boldsymbol{x}) = \operatorname{trace} \boldsymbol{F}(\boldsymbol{x}) = 3 + x_1 \geqslant 0,$$

$$g_2(\boldsymbol{x}) = 3 + 2x_1 + 2x_1x_2 - 2x_1^2 - 2x_2^2 \geqslant 0,$$

$$g_3(\boldsymbol{x}) = \det \boldsymbol{F}(\boldsymbol{x}) = 1 + x_1 - 2x_1^2 - 2x_2^2 + 2x_1x_2 + x_1x_2^2 - x_2^3 \geqslant 0.$$

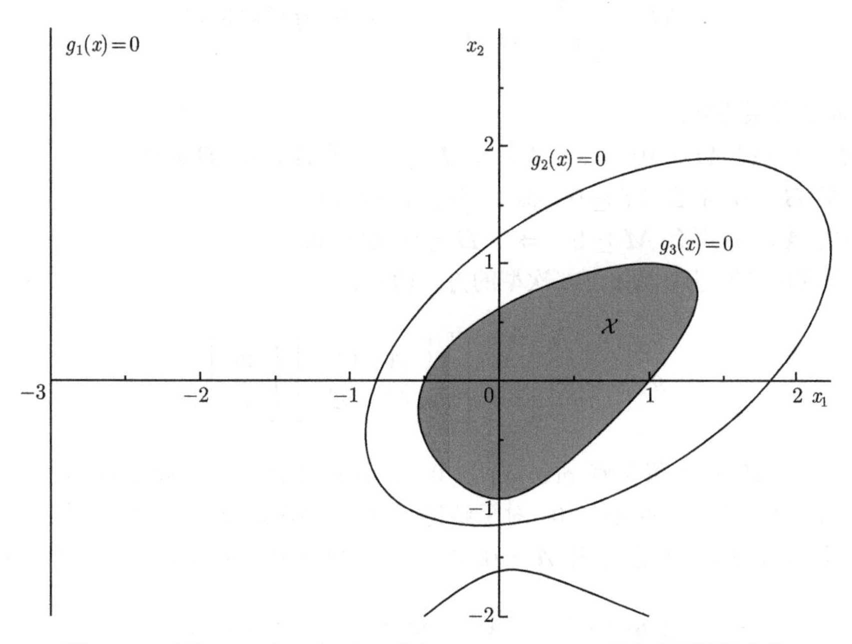

图 11.5 对于 LMI (11.7), 由 $g_k(\boldsymbol{x}) \geqslant 0$, $k = 0, 1, 2$ 确定的区域的交集

11.2.3 LMI 操作中有用的技巧

为了应用合适的 LMI 形式来表示约束条件，一些操作通常是有用的. 我们在这里讨论一些技巧.

11.2.3.1 多个 LMI

多个 LMI 约束可以被组合成一个单一的 LMI 约束. 考虑从 $\mathbb{R}^m$ 分别到阶为 n_1 和 n_2 的两个对称矩阵所形成的空间的两个仿射映射：$\boldsymbol{F}_1 : \mathbb{R}^m \to \mathbb{S}^{n_1}$, $\boldsymbol{F}_2 : \mathbb{R}^m \to \mathbb{S}^{n_2}$. 那么，如下两个 LMI:

$$\boldsymbol{F}_1(\boldsymbol{x}) \succeq 0, \quad \boldsymbol{F}_2(\boldsymbol{x}) \succeq 0$$

等价于如下单一的 LMI, 其涉及一个大小为 $(n_1+n_2)\times(n_1+n_2)$ 和对角块为 $\boldsymbol{F}_1,\boldsymbol{F}_2$ 的更大的矩阵：

$$\boldsymbol{F}(\boldsymbol{x})=\begin{bmatrix}\boldsymbol{F}_1(\boldsymbol{x}) & 0\\ 0 & \boldsymbol{F}_2(\boldsymbol{x})\end{bmatrix}\succeq 0.$$

这个规则是块对角矩阵的特征值是每个对角块的特征值的并集这一事实的一个直接结果.

11.2.3.2　分块矩阵与 Schur 补规则

考虑如下一个对称分块矩阵：

$$\boldsymbol{M}\doteq\begin{bmatrix}\boldsymbol{A} & \boldsymbol{C}^\top\\ \boldsymbol{C} & \boldsymbol{B}\end{bmatrix},\qquad \boldsymbol{A},\boldsymbol{B}\text{ 为对称矩阵.}$$

那么，下面的关系成立：

1. $\boldsymbol{M}\succeq 0$（或 $\boldsymbol{M}\succ 0$）$\Rightarrow$ $\boldsymbol{A}\succeq 0$, $\boldsymbol{B}\succeq 0$（或 $\boldsymbol{A}\succ 0$, $\boldsymbol{B}\succ 0$）.
2. 如果 $\boldsymbol{B}=0$, 那么 $\boldsymbol{M}\succeq 0$ $\Leftrightarrow$ $\boldsymbol{A}\succeq 0$, $\boldsymbol{C}=0$.
3. 如果 $\boldsymbol{A}=0$, 那么 $\boldsymbol{M}\succeq 0$ $\Leftrightarrow$ $\boldsymbol{B}\succeq 0$, $\boldsymbol{C}=0$.

上述三条规则可以通过考虑如下二次型的方式验证：

$$g(\boldsymbol{w},\boldsymbol{z})=\begin{bmatrix}\boldsymbol{w}\\ \boldsymbol{z}\end{bmatrix}^\top\begin{bmatrix}\boldsymbol{A} & \boldsymbol{C}^\top\\ \boldsymbol{C} & \boldsymbol{B}\end{bmatrix}\begin{bmatrix}\boldsymbol{w}\\ \boldsymbol{z}\end{bmatrix}.$$

结论 1 可以从 $\boldsymbol{M}\succeq 0$ 蕴含着 $g(\boldsymbol{w},\boldsymbol{z})\geqslant 0$, $\forall\,\boldsymbol{w},\boldsymbol{z}$ 来证得，因此 $g(\boldsymbol{w},0)\geqslant 0$, 这意味着 $\boldsymbol{A}\succeq 0$. 同理，可以证明 $\boldsymbol{B}\succeq 0$. 对于结论 2, 从右到左是显然的. 对于从左到右，首先观察到, 由结论 1, $\boldsymbol{M}\succeq 0$ 意味着 $\boldsymbol{A}\succeq 0$. 进一步，$\boldsymbol{M}\succeq 0$（同时 $B=0$）意味着

$$g(\boldsymbol{w},\boldsymbol{z})\doteq\boldsymbol{w}^\top\boldsymbol{A}\boldsymbol{w}+\boldsymbol{w}^\top\boldsymbol{C}\boldsymbol{z}\geqslant 0,\quad \forall\,w,z.$$

上式中的第一项总是非负的，而对任意 $\boldsymbol{w}\neq 0$, 除非 $\boldsymbol{C}=0$, 否则第二项关于 $\boldsymbol{z}$ 是下方无界的. 故 $g(\boldsymbol{w},\boldsymbol{z})\geqslant 0$, $\forall\,\boldsymbol{w},\boldsymbol{z}$ 意味着 $\boldsymbol{C}=0$. 而结论 3 可以由相似的方法证得.

根据分块矩阵 $\boldsymbol{M}$ 中分块子矩阵的合适条件，Schur 补规则（参见定理 4.9）提供了 $\boldsymbol{M}$ 为半正定的充要条件. 这对于将某些非线性矩阵不等式（如二次的）转换为 LMI 的形式也非常有用. 标准的 Schur 补规则表述如下：如果 $\boldsymbol{B}\succ 0$, 那么

$$\boldsymbol{M}\succeq 0\quad\Leftrightarrow\quad\boldsymbol{A}-\boldsymbol{C}^\top\boldsymbol{B}^{-1}\boldsymbol{C}\succeq 0.$$

或等价于，如果 $\boldsymbol{A}\succ 0$, 那么

$$\boldsymbol{M}\succeq 0\quad\Leftrightarrow\quad\boldsymbol{B}-\boldsymbol{C}\boldsymbol{A}^{-1}\boldsymbol{C}^\top\succeq 0.$$

对于（严格）正定的情况，有如下的 Schur 补规则：

$$\boldsymbol{M} \succ 0 \quad \Leftrightarrow \quad \boldsymbol{B} \succ 0,\ \boldsymbol{A} - \boldsymbol{C}^\top \boldsymbol{B}^{-1}\boldsymbol{C} \succ 0,$$

$$\boldsymbol{M} \succ 0 \quad \Leftrightarrow \quad \boldsymbol{A} \succ 0,\ \boldsymbol{B} - \boldsymbol{C}\boldsymbol{A}^{-1}\boldsymbol{C}^\top \succ 0.$$

还有一个（更复杂的）Schur 规则的版本，其可以应用到当 $\boldsymbol{A}$ 和 $\boldsymbol{B}$ 都不是严格正定的时候，即

$$\boldsymbol{M} \succeq 0 \quad \Leftrightarrow \quad \boldsymbol{B} \succeq 0,\ \boldsymbol{A} - \boldsymbol{C}^\top \boldsymbol{B}^\dagger \boldsymbol{C} \succeq 0,\ (\boldsymbol{I} - \boldsymbol{B}\boldsymbol{B}^\dagger)\boldsymbol{C} = 0,$$

$$\boldsymbol{M} \succeq 0 \quad \Leftrightarrow \quad \boldsymbol{A} \succeq 0,\ \boldsymbol{B} - \boldsymbol{C}\boldsymbol{A}^\dagger \boldsymbol{C}^\top \succeq 0,\ (\boldsymbol{I} - \boldsymbol{A}\boldsymbol{A}^\dagger)\boldsymbol{C}^\top = 0.$$

例如，观察第一条规则：因为 $\boldsymbol{I} - \boldsymbol{B}\boldsymbol{B}^\dagger$ 是 $\mathcal{R}(\boldsymbol{B})^\perp$ 上的投影，那么条件 $(\boldsymbol{I} - \boldsymbol{B}\boldsymbol{B}^\dagger)\boldsymbol{C} = 0$ 等价于要求 $\mathcal{R}(\boldsymbol{C}) \subseteq \mathcal{R}(\boldsymbol{B})$. 类似地，第二条规则中的条件 $(\boldsymbol{I} - \boldsymbol{A}\boldsymbol{A}^\dagger)\boldsymbol{C}^\top = 0$ 等价于要求 $\mathcal{R}(\boldsymbol{C}^\top) \subseteq \mathcal{R}(\boldsymbol{A})$.

11.2.3.3 同余变换

已知一个对称矩阵 $\boldsymbol{M}$, 关于 $\boldsymbol{M}$ 的同余变换是将 $\boldsymbol{M}$ 同时左乘和右乘一个矩阵因子 $\boldsymbol{R}$ 得到的矩阵，即 $\boldsymbol{G} = \boldsymbol{R}^\top \boldsymbol{M}\boldsymbol{R}$. 我们由定理 4.7 可得：

$$\boldsymbol{M} \succeq 0 \ \Rightarrow \ \boldsymbol{R}^\top \boldsymbol{M}\boldsymbol{R} \succeq 0,$$

$$\boldsymbol{M} \succ 0 \ \Rightarrow \ \boldsymbol{R}^\top \boldsymbol{M}\boldsymbol{R} \succ 0, \quad \text{如果 } \boldsymbol{R} \text{ 是列满秩的}.$$

进一步，如果 $\boldsymbol{R}$ 是非奇异方阵，那么有：

$$\boldsymbol{M} \succeq 0 \ \Leftrightarrow \ \boldsymbol{R}^\top \boldsymbol{M}\boldsymbol{R} \succeq 0, \quad \text{如果 } \boldsymbol{R} \text{ 是非奇异的}.$$

11.2.3.4 Finsler 引理与变量消除

下面一组关于矩阵不等式的等价条件通常被称为 Finsler 引理.

引理 11.1（Finsler） *设 $\boldsymbol{A} \in \mathbb{S}^n$ 和 $\boldsymbol{B} \in \mathbb{R}^{m,n}$. 那么，下面的陈述是等价的：*

1. *对所有的 $\boldsymbol{z} \in \mathcal{N}(\boldsymbol{B})$, $\boldsymbol{z} \neq 0$, 有 $\boldsymbol{z}^\top \boldsymbol{A}\boldsymbol{z} > 0$;*
2. *$\boldsymbol{B}_\perp^\top \boldsymbol{A}\boldsymbol{B}_\perp \succ 0$, 其中 $\boldsymbol{B}_\perp$ 是以 $\mathcal{N}(\boldsymbol{B})$ 的一组基作为列的矩阵，也就是满足 $\boldsymbol{B}\boldsymbol{B}_\perp = 0$ 的具有最大秩的矩阵;*
3. *存在一个常数 $\lambda \in \mathbb{R}$ 使 $\boldsymbol{A} + \lambda \boldsymbol{B}^\top \boldsymbol{B} \succ 0$;*
4. *存在一个矩阵 $\boldsymbol{Y} \in \mathbb{R}^{n,m}$ 使 $\boldsymbol{A} + \boldsymbol{Y}\boldsymbol{B} + \boldsymbol{B}^\top \boldsymbol{Y}^\top \succ 0$.*

证明 首先证明 1 和 2 的等价性. 考虑任意的 $\boldsymbol{z} \in \mathcal{N}(\boldsymbol{B})$, 存在某个向量 $\boldsymbol{v}$ 使 $\boldsymbol{z} = \boldsymbol{B}_\perp \boldsymbol{v}$. 因此，由 1 可得：对任意 $\boldsymbol{v} \neq 0$, 有 $\boldsymbol{v}^\top \boldsymbol{B}_\perp^\top \boldsymbol{A}\boldsymbol{B}_\perp \boldsymbol{v} > 0$, 这等价于 2. 从 3 到 2 和从 4 到 2 都可以通过对相应的矩阵不等式右乘 $\boldsymbol{B}_\perp^\top$ 且左乘 $\boldsymbol{B}_\perp$ 的同余变换得到.

从 1 到 3 的证明略微复杂，对于这些技术细节不感兴趣的读者可以略过. 设 1 成立，并把任意向量 $\boldsymbol{y} \in \mathbb{R}^n$ 写成两个正交分量的和，一个属于 $\mathcal{N}(\boldsymbol{B})$, 而另一个属于 $\mathcal{N}^{\perp}(\boldsymbol{B}) = \mathcal{R}(\boldsymbol{B}^{\top})$:

$$\boldsymbol{y} = \boldsymbol{z} + \boldsymbol{w}, \quad \boldsymbol{z} \in \mathcal{N}(\boldsymbol{B}),\ \boldsymbol{w} \in \mathcal{R}(\boldsymbol{B}^{\top}).$$

如果我们设 $\boldsymbol{B}_{\perp}$, $\boldsymbol{B}^{\top}$ 分别是以 $\mathcal{N}(\boldsymbol{B})$ 和 $\mathcal{R}(\boldsymbol{B}^{\top})$ 的一组基为列的矩阵，那么对某些自由向量 $\boldsymbol{v}, \boldsymbol{\xi}$ 有 $\boldsymbol{z} = \boldsymbol{B}_{\perp}\boldsymbol{v}$, $\boldsymbol{w} = \boldsymbol{B}_{\top}\boldsymbol{\xi}$, 于是

$$\boldsymbol{y} = \boldsymbol{z} + \boldsymbol{w} = \boldsymbol{B}_{\perp}\boldsymbol{v} + \boldsymbol{B}_{\top}\boldsymbol{\xi}. \tag{11.8}$$

现在观察到，由 2 可以得到 $\boldsymbol{B}_{\perp}^{\top}\boldsymbol{A}\boldsymbol{B}_{\perp} \succ 0$, 因此

$$\boldsymbol{z}^{\top}\boldsymbol{A}\boldsymbol{z} = \boldsymbol{v}^{\top}(\boldsymbol{B}_{\perp}^{\top}\boldsymbol{A}\boldsymbol{B}_{\perp})\boldsymbol{v} \geqslant \eta_a \|\boldsymbol{v}\|_2^2,$$

其中 $\eta_a > 0$ 表示 $\boldsymbol{B}_{\perp}^{\top}\boldsymbol{A}\boldsymbol{B}_{\perp}$ 的最小的特征值（其为严格正的，这是因为该矩阵是正定的）. 相似地，根据定义 $\boldsymbol{w}$ 不属于 $\boldsymbol{B}$ 的零空间，故对于 $\boldsymbol{w} \neq 0$, 则有 $\boldsymbol{B}\boldsymbol{w} \neq 0$, 于是对所有的 $\boldsymbol{w} = \boldsymbol{B}_{\top}\boldsymbol{\xi}$, 有 $\boldsymbol{w}^{\top}\boldsymbol{B}^{\top}\boldsymbol{B}\boldsymbol{w} > 0$, 这意味着 $\boldsymbol{B}_{\top}^{\top}\boldsymbol{B}^{\top}\boldsymbol{B}\boldsymbol{B}_{\top} \succ 0$, 因此

$$\boldsymbol{w}^{\top}(\boldsymbol{B}^{\top}\boldsymbol{B})\boldsymbol{w} = \xi^{\top}(\boldsymbol{B}_{\top}^{\top}\boldsymbol{B}^{\top}\boldsymbol{B}\boldsymbol{B}_{\top})\boldsymbol{\xi} \geqslant \eta_b \|\boldsymbol{\xi}\|_2^2, \tag{11.9}$$

其中 $\eta_b > 0$ 是 $\boldsymbol{B}_{\top}^{\top}\boldsymbol{B}^{\top}\boldsymbol{B}\boldsymbol{B}_{\top}$ 的最小的特征值. 现在，考虑下面的二次型:

$$\begin{aligned}
\boldsymbol{y}^{\top}(\boldsymbol{A} + \lambda \boldsymbol{B}^{\top}\boldsymbol{B})\boldsymbol{y} = &\quad (\boldsymbol{z} + \boldsymbol{w})^{\top}(\boldsymbol{A} + \lambda \boldsymbol{B}^{\top}\boldsymbol{B})(\boldsymbol{z} + \boldsymbol{w}) \\
[\text{因为 } \boldsymbol{B}\boldsymbol{z} = 0] = &\quad \boldsymbol{z}^{\top}\boldsymbol{A}\boldsymbol{z} + 2\boldsymbol{z}^{\top}\boldsymbol{A}\boldsymbol{w} + \boldsymbol{w}^{\top}(\boldsymbol{A} + \lambda \boldsymbol{B}^{\top}\boldsymbol{B})\boldsymbol{w} \\
[(11.8)\text{ 式-}(11.9)\text{ 式}] \geqslant &\quad \eta_a \boldsymbol{v}^{\top}\boldsymbol{v} + 2\boldsymbol{v}^{\top}\boldsymbol{B}_{\perp}^{\top}\boldsymbol{A}\boldsymbol{B}_{\top}\boldsymbol{\xi} + \boldsymbol{\xi}^{\top}(\boldsymbol{B}_{\top}^{\top}\boldsymbol{A}\boldsymbol{B}_{\top} + \lambda\eta_b \boldsymbol{I})\boldsymbol{\xi} \\
[\boldsymbol{R} \doteq \boldsymbol{B}_{\perp}^{\top}\boldsymbol{A}\boldsymbol{B}_{\top}] = &\quad \begin{bmatrix} \boldsymbol{v} \\ \boldsymbol{\xi} \end{bmatrix}^{\top} \begin{bmatrix} \eta_a \boldsymbol{I} & \boldsymbol{R} \\ \boldsymbol{R}^{\top} & \boldsymbol{B}_{\top}^{\top}\boldsymbol{A}\boldsymbol{B}_{\top} + \lambda\eta_b \boldsymbol{I} \end{bmatrix} \begin{bmatrix} \boldsymbol{v} \\ \boldsymbol{\xi} \end{bmatrix}.
\end{aligned}$$

我们下面证明总是可以找到一个 λ 的值使上面表达式中的矩阵是正定的，这将要意味着对所有的 $\boldsymbol{y} \neq 0$ 有 $\boldsymbol{y}^{\top}(\boldsymbol{A} + \lambda \boldsymbol{B}^{\top}\boldsymbol{B})\boldsymbol{y} > 0$, 这反过来证明了期望的结论：存在一个 $\lambda > 0$ 使 $\boldsymbol{A} + \lambda \boldsymbol{B}^{\top}\boldsymbol{B} \succ 0$. 最后，根据 Schur 补规则，我们有

$$\begin{bmatrix} \eta_a \boldsymbol{I} & \boldsymbol{R} \\ \boldsymbol{R}^{\top} & \boldsymbol{B}_{\top}^{\top}\boldsymbol{A}\boldsymbol{B}_{\top} + \lambda\eta_b \boldsymbol{I} \end{bmatrix} \succ 0 \Leftrightarrow \boldsymbol{B}_{\top}^{\top}\boldsymbol{A}\boldsymbol{B}_{\top} + \lambda\eta_b \boldsymbol{I} - \frac{1}{\eta_a}\boldsymbol{R}^{\top}\boldsymbol{R} \succ 0,$$

以及由特征值移位规则，后者等价于

$$\lambda > \frac{1}{\eta_b}\lambda_{\max}\left(\frac{1}{\eta_a}\boldsymbol{R}^{\top}\boldsymbol{R} - \boldsymbol{B}_{\top}^{\top}\boldsymbol{A}\boldsymbol{B}_{\top}\right),$$

这样此部分得证. 最后，通过选择 $\boldsymbol{Y}=\frac{\lambda}{2}\boldsymbol{B}$ 立即证得从 3 到 4, 于是引理所有的等价关系证毕. □

Finsler 引理中点 2 和点 4 之间等价性的一种广义形式在 LMI 术语中通常称为“变量消除引理”. 设 $\boldsymbol{A}(\boldsymbol{x})$ 是一个以向量 $\boldsymbol{x}$ 为变量的仿射函数，而 $\boldsymbol{Y}$ 为不依赖于 $\boldsymbol{x}$ 的一个额外矩阵变量，那么根据消除引理[㊀]：

$$\exists\, \boldsymbol{x},\boldsymbol{Y}:\ \ \boldsymbol{A}(\boldsymbol{x})+\boldsymbol{C}\boldsymbol{Y}\boldsymbol{B}+\boldsymbol{B}^{\top}\boldsymbol{Y}^{\top}\boldsymbol{C}^{\top}\succ 0 \quad\Leftrightarrow\quad \begin{cases}\boldsymbol{C}_{\perp}\boldsymbol{A}(\boldsymbol{x})\boldsymbol{C}_{\perp}^{\top}\succ 0,\\ \boldsymbol{B}_{\perp}^{\top}\boldsymbol{A}(\boldsymbol{x})\boldsymbol{B}_{\perp}\succ 0.\end{cases}$$

此规则可用于将左侧的条件（包含变量 $\boldsymbol{x}$ 和 $\boldsymbol{Y}$）转换为右侧的条件，其中右侧条件中变量 $\boldsymbol{Y}$ 已经消失.

11.2.3.5 LMI 鲁棒性引理

另一种处理 LMI 的有用的规则是基于未定参数的矩阵 $\boldsymbol{Y}$ 的仿射性. 在这种情况下，LMI 鲁棒性保持的条件，即对于范数有界集合中 $\boldsymbol{Y}$ 的所有值，都可以转化为标准的 LMI 条件. 更准确地说，设 $\boldsymbol{A}(\boldsymbol{x})\in\mathbb{S}^n$ 是一个与变量的向量 $\boldsymbol{x}$ 有仿射关系的矩阵以及 $\boldsymbol{B}\in\mathbb{R}^{m,n}$, $\boldsymbol{C}\in\mathbb{R}^{n,p}$. 那么，对所有满足 $\|\boldsymbol{Y}\|_2\leqslant 1$ 的 $\boldsymbol{Y}\in\mathbb{R}^{p,m}$, 如下关于变量 $\boldsymbol{x}$ 的 LMI 鲁棒性条件成立[㊁]：

$$\boldsymbol{A}(\boldsymbol{x})+\boldsymbol{C}\boldsymbol{Y}\boldsymbol{B}+\boldsymbol{B}^{\top}\boldsymbol{Y}^{\top}\boldsymbol{C}^{\top}\succ 0$$

当且仅当如下关于 $\boldsymbol{x}$ 和 $\lambda\in\mathbb{R}$ 的 LMI 成立

$$\begin{bmatrix}\boldsymbol{A}(\boldsymbol{x})-\lambda\boldsymbol{C}\boldsymbol{C}^{\top} & \boldsymbol{B}^{\top}\\ \boldsymbol{B} & \lambda\boldsymbol{I}_m\end{bmatrix}\succeq 0,$$

或等价地，当且仅当下面关于 $\boldsymbol{x}$ 和 $\lambda\in\mathbb{R}$ 的 LMI 成立：

$$\begin{bmatrix}\boldsymbol{A}(\boldsymbol{x})-\lambda\boldsymbol{B}^{\top}\boldsymbol{B} & \boldsymbol{C}\\ \boldsymbol{C}^{\top} & \lambda\boldsymbol{I}_p\end{bmatrix}\succeq 0.$$

11.2.4 LMI 形式下的线性、二次和锥不等式

凸不等式的许多特殊情况诸如仿射、二次和二阶锥不等式都可以用 LMI 形式来表示.

㊀ 参见 S. Boyd, L. El Ghaoui, E. Feron, V. Balakrishnan, *Linear Matrix Inequalities in System and Control Theory*, SIAM, 1994 的 2.6 节；或 R.E. Skelton, T. Iwasaki 和 K. Grigoriadis, *A Unified Algebraic Approach to Linear Control Design*, CRC 出版社, 1998 的第 2 章.

㊁ 参见上面提到的两本书.

仿射不等式. 考虑一个单一的关于 $\boldsymbol{x} \in \mathbb{R}^n$ 的仿射不等式：$\boldsymbol{a}^\top \boldsymbol{x} \leqslant b$, 其中 $\boldsymbol{a} \in \mathbb{R}^n$, $b \in \mathbb{R}$. 系数矩阵为常数 $F_0 = b$, $F_i = -a_i$, $i = 1, \cdots, n$ 是 LMI 的一个平凡的特殊情况. 利用先前关于多个 LMI 的规则，如下一个普通的仿射不等式集：

$$\boldsymbol{a}_i^\top \boldsymbol{x} \leqslant b_i, \quad i = 1, \cdots, m$$

可以归结为一个单一 LMI $\boldsymbol{F}(\boldsymbol{x}) \succ 0$, 其中

$$\begin{aligned} \boldsymbol{F}(\boldsymbol{x}) &= \operatorname{diag}\left(b_1 - \boldsymbol{a}_1^\top \boldsymbol{x}, \cdots, b_m - \boldsymbol{a}_m^\top \boldsymbol{x}\right) \\ &= \begin{bmatrix} b_1 - \boldsymbol{a}_1^\top \boldsymbol{x} & & \\ & \ddots & \\ & & b_m - \boldsymbol{a}_m^\top \boldsymbol{x} \end{bmatrix}. \end{aligned}$$

二次不等式. 考虑下面一个凸二次不等式：

$$f(x) \doteq \boldsymbol{x}^\top \boldsymbol{Q} \boldsymbol{x} + \boldsymbol{c}^\top \boldsymbol{x} + d \leqslant 0, \quad \boldsymbol{Q} \succeq 0.$$

如果 $f(x)$ 是严格凸的（即 $\boldsymbol{Q} \succ 0$), 则应用 Schur 补规则，不等式 $f(x) \leqslant 0$ 可以表示为如下的 LMI 的形式：

$$\begin{bmatrix} -\boldsymbol{c}^\top \boldsymbol{x} - d & \boldsymbol{x}^\top \\ \boldsymbol{x} & \boldsymbol{Q}^{-1} \end{bmatrix} \succeq 0.$$

如果 $f(x)$ 是凸但并不是严格的，那么 $\boldsymbol{Q} \succeq 0$, 并且我们可以将其分解为 $\boldsymbol{Q} = \boldsymbol{E}^\top \boldsymbol{E}$, 因此，再次应用 Schur 补规则，则有 $f(\boldsymbol{x}) \leqslant 0$ 等价于如下的 LMI:

$$\begin{bmatrix} -\boldsymbol{c}^\top \boldsymbol{x} - d & (\boldsymbol{E}\boldsymbol{x})^\top \\ (\boldsymbol{E}\boldsymbol{x}) & \boldsymbol{I} \end{bmatrix} \succeq 0.$$

二阶锥不等式. 同样，二阶锥（SOC）不等式也可以表示为 LMI. 为了验证这一事实，让我们从基本的 SOC 不等式 $\|\boldsymbol{y}\|_2 \leqslant t$ 开始，其中 $\boldsymbol{y} \in \mathbb{R}^n$，$t \in \mathbb{R}$. 这个 SOC 不等式等价于如下的 LMI:

$$\begin{bmatrix} t & \boldsymbol{y}^\top \\ \boldsymbol{y} & t\boldsymbol{I}_n \end{bmatrix} \succeq 0.$$

事实上，当 $t = 0$ 时，这个等价性是直接的. 如果 $t > 0$, 那么对每一个 $\boldsymbol{z} \in \mathbb{R}^n$ 和 $\alpha \in \mathbb{R}$, 我们有：

$$t \begin{bmatrix} \alpha \\ \boldsymbol{z} \end{bmatrix}^\top \begin{bmatrix} t & \boldsymbol{y}^\top \\ \boldsymbol{y} & t\boldsymbol{I}_n \end{bmatrix} \begin{bmatrix} \alpha \\ \boldsymbol{z} \end{bmatrix} = \|t\boldsymbol{z} + \alpha \boldsymbol{y}\|_2^2 + \alpha^2 (t^2 - \|\boldsymbol{y}\|_2^2).$$

因此，如果 $\|\boldsymbol{y}\|_2 \leqslant t$, 则对所有 $(\boldsymbol{z}, \alpha)$, 上面的表达式小于等于 0, 反之，如果该表达式对于所有的 $(\boldsymbol{z}, \alpha)$ 都是非负的，那么对于 $\boldsymbol{z} = \boldsymbol{y}$, $\alpha = -t$, 其也是非负的，这意味着 $\|\boldsymbol{y}\|_2 \leqslant t$. 更一般地，一个具有如下形式的二阶锥不等式：

$$\|\boldsymbol{A}\boldsymbol{x} + \boldsymbol{b}\|_2 \leqslant \boldsymbol{c}^\top \boldsymbol{x} + d, \tag{11.10}$$

其中 $\boldsymbol{A} \in \mathbb{R}^{m,n}$, $\boldsymbol{b} \in \mathbb{R}^m$, $\boldsymbol{c} \in \mathbb{R}^n$, $d \in \mathbb{R}$ 可以表示为如下的 LMI:

$$\begin{bmatrix} \boldsymbol{c}^\top \boldsymbol{x} + d & (\boldsymbol{A}\boldsymbol{x} + \boldsymbol{b})^\top \\ (\boldsymbol{A}\boldsymbol{x} + \boldsymbol{b}) & (\boldsymbol{c}^\top \boldsymbol{x} + d)\boldsymbol{I}_n \end{bmatrix} \succeq 0. \tag{11.11}$$

为了验证这个事实，首先观察到：式 (11.11) 意味着两个对角块都是 PSD, 也就是 $\boldsymbol{c}^\top \boldsymbol{x} + d \geqslant 0$. 现在，首先假设 $\boldsymbol{c}^\top \boldsymbol{x} + d > 0$, 那么 Schur 补规则确保了式 (11.11) 等价于式 (11.10). 如果 $\boldsymbol{c}^\top \boldsymbol{x} + d = 0$, 那么式 (11.11) 意味着一定有 $\boldsymbol{A}\boldsymbol{x} + \boldsymbol{b} = 0$, 于是式 (11.11) 和式 (11.10) 在这种情况下仍然是等价的.

11.3 半定规划

11.3.1 标准形式

半定规划（SDP）是一类凸优化问题，其在 LMI 约束下最小化一个线性目标函数. 在标准的不等式形式下，一个 SDP 可表示为：

$$\begin{aligned} \min_{\boldsymbol{x} \in \mathbb{R}^m} \quad & \boldsymbol{c}^\top \boldsymbol{x} \\ \text{s.t.:} \quad & \boldsymbol{F}(\boldsymbol{x}) \succeq 0, \end{aligned} \tag{11.12}$$

其中

$$\boldsymbol{F}(\boldsymbol{x}) = \boldsymbol{F}_0 + \sum_{i=1}^{m} x_i \boldsymbol{F}_i,$$

其中 $\boldsymbol{F}_i$, $i = 0, \cdots, m$ 都是给定的 $n \times n$ 对称矩阵，$\boldsymbol{c} \in \mathbb{R}^m$ 是已知的目标方向，而 $\boldsymbol{x} \in \mathbb{R}^m$ 为优化变量. 该问题的几何解释是：像往常一样，我们在保持问题可行性的同时，尽可能地向 $-\boldsymbol{c}$ 方向移动. 这样，问题 (11.12) 的一个最优点是沿着 $\boldsymbol{c}$ 的反方向在可行集 $\mathcal{X} = \{\boldsymbol{x} : \boldsymbol{F}(\boldsymbol{x}) \succ 0\}$ 内距离最远的点，如图 11.6 所示.

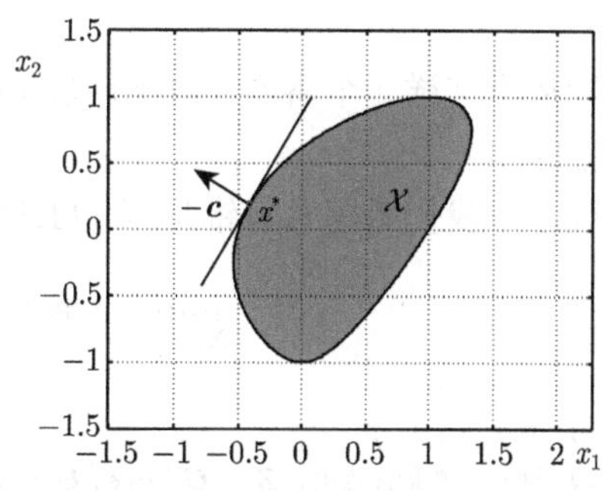

图 11.6 例：SDP (11.12), 其中 $\boldsymbol{c}^\top = [1 -0.6]$, $\boldsymbol{F}(\boldsymbol{x})$ 为式 (11.7)定义的. 最优解是 $\boldsymbol{x}^* = [-0.4127\ 0.1877]^\top$

标准锥形式. SDP 的标准锥形式源自其 LMI 约束所对应的锥表示. 用 $\boldsymbol{X} \in \mathbb{S}^n$ 表示矩阵变量，锥 LMI 定义(11.6)规定 $\boldsymbol{X} \succ 0$ 以及 $\boldsymbol{X}$ 应该属于一个仿射集 $\mathcal{A}$. 后者的仿射集是通过使用

矩阵空间的标准内积，也就是 $\langle \boldsymbol{A}, \boldsymbol{B}\rangle = \operatorname{trace} \boldsymbol{A}^\top \boldsymbol{B}$ 对 $\boldsymbol{X}$ 的元素施加若干仿射约束来指定的. 因此 $\mathcal{A} = \{\boldsymbol{X} \in \mathbb{S}^n : \operatorname{trace} \boldsymbol{A}_i \boldsymbol{X} = b_i,\ i = 1, \cdots, m\}$, 其中 $\boldsymbol{A}_i$ 是给定的对称 $n \times n$ 矩阵, $b_i, i = 1, \cdots, m$ 为常数. 相似地，线性目标函数也可以通过内积 $\operatorname{trace} \boldsymbol{C}\boldsymbol{X}$, 其中 $\boldsymbol{C} \in \mathbb{S}^n$, 来表示. 这样，一个一般的锥形式 SDP 可以写成:

$$\begin{aligned} \min_{\boldsymbol{X} \in \mathbb{S}^n} \quad & \operatorname{trace} \boldsymbol{C}\boldsymbol{X} \\ \text{s.t.}: \quad & \boldsymbol{X} \succeq 0, \\ & \operatorname{trace} \boldsymbol{A}_i \boldsymbol{X} = b_i, \quad i = 1, \cdots, m. \end{aligned} \tag{11.13}$$

11.3.2 SDP 的对偶

为了得到 SDP 的对偶，我们首先建立如下对称矩阵 $\boldsymbol{X}$ 的最大特征值基于 SDP 的刻画：

$$\lambda_{\max}(\boldsymbol{X}) = v(\boldsymbol{X}) \doteq \max_{\boldsymbol{Z}} \operatorname{trace} \boldsymbol{Z}\boldsymbol{X} : \quad \boldsymbol{Z} \succeq 0,\ \operatorname{trace} \boldsymbol{Z} = 1. \tag{11.14}$$

事实上，设 $\boldsymbol{X} = \boldsymbol{U}\boldsymbol{\Lambda}\boldsymbol{U}^\top$ 是矩阵 $\boldsymbol{X}$ 的一个谱分解，其中 $\boldsymbol{\Lambda} = \operatorname{diag}(\lambda_1, \cdots, \lambda_n)$ 为 $\boldsymbol{X}$ 按照降序排列的特征值，因此 $\lambda_1 = \lambda_{\max}(\boldsymbol{X})$. 应用变量代换 $\boldsymbol{Z} \to \boldsymbol{U}^\top \boldsymbol{Z}\boldsymbol{U}$, $\boldsymbol{U}\boldsymbol{U}^\top$ 为单位阵的事实以及迹算子的性质[⊖]，我们有 $v(\boldsymbol{X}) = v(\boldsymbol{\Lambda})$. 因此

$$\begin{aligned} v(\boldsymbol{X}) &= \max_{\boldsymbol{Z}} \operatorname{trace} \boldsymbol{Z}\boldsymbol{\Lambda} : \quad \boldsymbol{Z} \succeq 0, \quad \operatorname{trace}\boldsymbol{Z} = 1 \\ &= \max_{\boldsymbol{Z}} \sum_{i=1}^n \lambda_i Z_{ii} : \quad \boldsymbol{Z} \succeq 0, \quad \operatorname{trace}\boldsymbol{Z} = 1 \qquad (11.15) \\ &= \max_{\boldsymbol{z}} \boldsymbol{\lambda}^\top \boldsymbol{z} : \quad \boldsymbol{z} \geqslant 0,\ \sum_{i=1}^n z_i = 1 \qquad (11.16) \\ &= \max_{1 \leqslant i \leqslant n} \lambda_i = \lambda_{\max}(\boldsymbol{X}). \end{aligned}$$

第三行基于这样一个事实：对于问题 (11.16)，$\boldsymbol{z}$ 是可行的当且仅当 $\operatorname{diag}(\boldsymbol{z})$ 对问题 (11.15) 是可行的[⊜].

现在，我们考虑具有锥形式 (11.13) 的 SDP. 我们将其表示为：

$$\min_{\boldsymbol{X} \in \mathbb{S}^n} \quad \operatorname{trace} \boldsymbol{C}\boldsymbol{X}$$

⊖ 参见 3.1.4 节.

⊜ 注意，在最优点处，$\boldsymbol{Z} = \boldsymbol{U}^\top \boldsymbol{e}_1 \boldsymbol{e}_1^\top \boldsymbol{U} = \boldsymbol{u}_1 \boldsymbol{u}_1^\top$, 其中 $\boldsymbol{e}_1$（分别地 u_1）为第一单位向量（分别地 $\boldsymbol{U}$ 的第一列）. 这说明，在最优点处 $\boldsymbol{Z}$ 是秩一的，也就是对某个满足 $\boldsymbol{z}^\top \boldsymbol{z} = 1$ 的 $\boldsymbol{z}$, 其具有形式 $\boldsymbol{z}\boldsymbol{z}^\top$. 这样:

$$\lambda_{\max}(\boldsymbol{X}) = \max_{\boldsymbol{z}} \boldsymbol{z}^\top \boldsymbol{X} \boldsymbol{z} : \quad \boldsymbol{z}^\top \boldsymbol{z} = 1,$$

此即为由定理 4.3 给出的瑞利商表示.

$$
\begin{aligned}
\text{s.t.:} \quad & \lambda_{\max}(-\boldsymbol{X}) \leqslant 0, \\
& \operatorname{trace} \boldsymbol{A}_i \boldsymbol{X} = b_i, \quad i = 1, \cdots, m.
\end{aligned}
$$

应用上述特征值的如下变分表示，我们得到：

$$
\begin{aligned}
p^* = & \min_{\boldsymbol{X} \in \mathbb{S}^n} \max_{\lambda, \boldsymbol{v}, \boldsymbol{Z}} \operatorname{trace} \boldsymbol{C}\boldsymbol{X} + \sum_{i=1}^{m} v_i \left(b_i - \operatorname{trace} \boldsymbol{A}_i \boldsymbol{X}\right) - \lambda \operatorname{trace} \boldsymbol{Z}\boldsymbol{X} \\
& \text{s.t.:} \quad \lambda \geqslant 0, v, \ \boldsymbol{Z} \succeq 0, \ \operatorname{trace} \boldsymbol{Z} = 1 \\
& \geqslant \max_{\lambda, \boldsymbol{v}, \boldsymbol{Z}} \boldsymbol{v}^{\top} \boldsymbol{b} : \quad \boldsymbol{C} - \sum_{i=1}^{m} v_i \boldsymbol{A}_i + \lambda \boldsymbol{Z} = 0, \quad \boldsymbol{Z} \succeq 0, \quad \lambda \geqslant 0 \\
& = \max_{\lambda, \boldsymbol{v}, \boldsymbol{Z}} \boldsymbol{v}^{\top} \boldsymbol{b} : \quad \boldsymbol{C} - \sum_{i=1}^{m} v_i \boldsymbol{A}_i + \boldsymbol{Z} = 0, \quad \boldsymbol{Z} \succeq 0 \\
& = \max_{\lambda, \boldsymbol{v}, \boldsymbol{Z}} \boldsymbol{v}^{\top} \boldsymbol{b} : \quad \boldsymbol{C} - \sum_{i=1}^{m} v_i \boldsymbol{A}_i \preceq 0,
\end{aligned}
$$

在第二行中，我们使用了最大-最小不等式 (8.48)，在第三行中已经将变量 λ 吸收到 $\boldsymbol{Z}$ 中，并在最后一步中消除了变量 $\boldsymbol{Z}$.

与 LP 和 SOCP 一样，对偶问题也是一个 SDP 问题. 类似的推导表明，上面的 SDP 对偶的对偶只不过就是我们开始时讨论的原问题. 从强对偶的 Slater 条件[⊖]可知，如果原问题是严格可行的，那么 $p^* = d^*$ 且不存在对偶间隙.

例 11.5（最大特征值的变分刻画） 可以证明最大特征值 (11.14) 的变分刻画的对偶为

$$
\min_{\nu} \ \nu : \quad \nu \boldsymbol{I} \succeq \boldsymbol{X}.
$$

在 $\boldsymbol{X}$ 的谱分解之后，上述问题的最优值的确可以直接表示为最大的特征值. 在这种情况下，不存在对偶间隙，这是由原始问题 (11.14) 的严格可行性所确保的.

11.3.3 非凸二次问题的 SDP 松弛

考虑如 9.4.2 节引入的目标和约束函数均为（不必要是凸的）二次的优化问题：

$$
\begin{aligned}
p^* = \min_{\boldsymbol{x}} \quad & \boldsymbol{x}^{\top} \boldsymbol{H}_0 \boldsymbol{x} + 2\boldsymbol{c}_0^{\top} \boldsymbol{x} + d_0 \\
\text{s.t.:} \quad & \boldsymbol{x}^{\top} \boldsymbol{H}_i \boldsymbol{x} + 2\boldsymbol{c}_i^{\top} \boldsymbol{x} + d_i \leqslant 0, \quad i \in \mathcal{I}, \\
& \boldsymbol{x}^{\top} \boldsymbol{H}_j \boldsymbol{x} + 2\boldsymbol{c}_j^{\top} \boldsymbol{x} + d_j = 0, \quad j \in \mathcal{E}.
\end{aligned}
$$

⊖ 参见命题 8.7.

这里 $\boldsymbol{H}_0$ 和 $\boldsymbol{H}_i, i \in \mathcal{I}, \mathcal{E}$ 都是对称矩阵. 通常,我们称该问题为二次约束二次问题(QCQP),这是一个非凸难求解问题. 并不奇怪，这类问题有许多应用，其中一些在习题中给出.

半定优化可以通过一种称为秩松弛的技术来得到这种难求解的 QCQP 问题的界. 基本思想是首先把问题转化为以 $\boldsymbol{x}$ 和一个额外的对称矩阵 $\boldsymbol{X} \doteq \boldsymbol{x}\boldsymbol{x}^\top$ 为变量的问题. 于是，我们可以等价地把上面的问题写为：

$$
\begin{aligned}
p^* = \min_{\boldsymbol{x}} \quad & \operatorname{trace} \boldsymbol{H}_0 \boldsymbol{X} + 2\boldsymbol{c}_0^\top \boldsymbol{x} + d_0 \\
\text{s.t.:} \quad & \operatorname{trace} \boldsymbol{H}_i \boldsymbol{X} + 2\boldsymbol{c}_i^\top \boldsymbol{x} + d_i \preceq 0, \quad i \in \mathcal{I}, \\
& \operatorname{trace} \boldsymbol{H}_j \boldsymbol{X} + 2\boldsymbol{c}_j^\top \boldsymbol{x} + d_j = 0, \quad j \in \mathcal{E}, \\
& \boldsymbol{X} = \boldsymbol{x}\boldsymbol{x}^\top.
\end{aligned}
$$

这里已经应用了对任意矩阵 $\boldsymbol{A}, \boldsymbol{B}$, 有 $\operatorname{trace} \boldsymbol{AB} = \operatorname{trace} \boldsymbol{BA}$ 的事实. 现在，我们可以将最后一个等式约束 $\boldsymbol{X} = \boldsymbol{x}\boldsymbol{x}^\top$ 放宽为（凸）不等式约束 $\boldsymbol{X} \succeq \boldsymbol{x}\boldsymbol{x}^\top$, 这反过来可以被重写为一个关于 $\boldsymbol{X}, \boldsymbol{x}$ 的 LMI:

$$
\begin{bmatrix} \boldsymbol{X} & \boldsymbol{x} \\ \boldsymbol{x}^\top & 1 \end{bmatrix} \succeq 0.
$$

由于在极小化问题中，我们已经把一个约束放宽为一个更一般的凸约束，于是得到了一个下界 $p^* \geqslant q^*$, 其中 q^* 为如下凸问题的最优值：

$$
\begin{aligned}
q^* \doteq \min_{\boldsymbol{x}, \boldsymbol{X}} \quad & \operatorname{trace} \boldsymbol{H}_0 \boldsymbol{X} + 2\boldsymbol{c}_0^\top \boldsymbol{x} + d_0 \\
\text{s.t.:} \quad & \operatorname{trace} \boldsymbol{H}_i \boldsymbol{X} + 2\boldsymbol{c}_i^\top \boldsymbol{x} + d_i \preceq 0, \quad i \in \mathcal{I}, \\
& \operatorname{trace} \boldsymbol{H}_j \boldsymbol{X} + 2\boldsymbol{c}_j^\top \boldsymbol{x} + d_j = 0, \quad j \in \mathcal{E}, \\
& \begin{bmatrix} \boldsymbol{X} & \boldsymbol{x} \\ \boldsymbol{x}^\top & 1 \end{bmatrix} \succeq 0.
\end{aligned}
$$

我们进一步观察到目标函数是线性的，除最后一个，其余的约束均为线性等式和不等式，最后一个是 LMI. 因此，上面的问题是一个 SDP.

该方法不仅可以进一步提供原始难求解问题的界，还可以给出关于最优解性质的一个猜测. 然而，通常无法保证这种猜测的解是可行的. 特别地，上述 SDP 的一个最优解 $\boldsymbol{x}^*$ 对于原问题甚至不能保证是可行的. 存在一种情况其可以确保最优解是可行的，即所谓的 $\mathcal{S}$-步骤，其将在 11.3.3.1 节进一步讨论.

该方法可以被有效地应用和进一步成功分析的另外一种情况是关于二次布尔优化问题. 精确地说，考虑如下一个非凸 QCQP 的特殊情况：

$$
p^* = \max_{\boldsymbol{x}} \quad \boldsymbol{x}^\top \boldsymbol{H} \boldsymbol{x}
$$

$$\text{s.t.:} \quad x_i^2 = 1, \quad i = 1, \cdots, n.$$

这里 $\boldsymbol{H}$ 是给定的 $n \times n$ 对称矩阵. 正如我们开始讨论的一个最大化问题，应用上面的松弛方法得到了一个上界 $p^* \leqslant q^*$, 其中

$$q^* \doteq \min_{x, \boldsymbol{X}} \quad \text{trace}\, \boldsymbol{HX}$$

$$\text{s.t.:} \quad X_{ii} = 1, \quad i = 1, \cdots, n,$$

$$\begin{bmatrix} \boldsymbol{X} & \boldsymbol{x} \\ \boldsymbol{x}^\top & 1 \end{bmatrix} \succeq 0.$$

我们注意到，变量 $\boldsymbol{x}$ 仅出现在最后一个（LMI）约束. 由于最后一个约束对某个 $\boldsymbol{x} \in \mathbb{R}^n$ 成立当且仅当 $\boldsymbol{X} \succeq 0$, 那么我们可以进一步把问题简化为：

$$q^* \doteq \min_{\boldsymbol{X}} \quad \text{trace}\, \boldsymbol{HX}$$

$$\text{s.t.:} \quad X_{ii} = 1, \quad i = 1, \cdots, n,$$

$$\boldsymbol{X} \succeq 0.$$

对于上面的界，有几个有意思的结果是已知的. 首先这个界也是有界的且与问题的大小 n 无关. 更精确地有：

$$\frac{2}{\pi} q^* \leqslant p^* \leqslant q^*.$$

另外，还有一种可以生成对原问题是可行的点 $\boldsymbol{x}$ 的方法（即布尔向量）使相应的目标函数 $\boldsymbol{x}^\top \boldsymbol{H} \boldsymbol{x}$ 达到下界 $\frac{2}{\pi} q^*$.

$\mathcal{S}$-步骤

所谓的 $\mathcal{S}$-步骤建立了某个 LMI 条件与两个二次函数之间联系的等价性. 更精确地，设 $f_0(\boldsymbol{x})$, $f_1(\boldsymbol{x})$ 为两个二次函数：

$$f_0(\boldsymbol{x}) = \boldsymbol{x}^\top \boldsymbol{F}_0(\boldsymbol{x}) \boldsymbol{x} + 2\boldsymbol{g}_0^\top \boldsymbol{x} + h_0 = \begin{bmatrix} \boldsymbol{x} \\ 1 \end{bmatrix}^\top \begin{bmatrix} \boldsymbol{F}_0 & \boldsymbol{g}_0 \\ \boldsymbol{g}_0^\top & h_0 \end{bmatrix} \begin{bmatrix} \boldsymbol{x} \\ 1 \end{bmatrix},$$

$$f_1(\boldsymbol{x}) = \boldsymbol{x}^\top \boldsymbol{F}_1(\boldsymbol{x}) \boldsymbol{x} + 2\boldsymbol{g}_1^\top \boldsymbol{x} + h_1 = \begin{bmatrix} \boldsymbol{x} \\ 1 \end{bmatrix}^\top \begin{bmatrix} \boldsymbol{F}_1 & \boldsymbol{g}_1 \\ \boldsymbol{g}_1^\top & h_1 \end{bmatrix} \begin{bmatrix} \boldsymbol{x} \\ 1 \end{bmatrix},$$

其中 $\boldsymbol{F}_0, \boldsymbol{F}_1 \in \mathbb{S}^n$, $\boldsymbol{g}_0, \boldsymbol{g}_1 \in \mathbb{R}^n$ 和 $h_0, h_1 \in \mathbb{R}$. 我们这里并不假设凸性，也就是 $\boldsymbol{F}_0, \boldsymbol{F}_1$ 并不一定是半正定的. 假设约束 $f_1(\boldsymbol{x}) \leqslant 0$ 是严格可行的，即存在一个点 $\tilde{\boldsymbol{x}} \in \mathbb{R}^n$ 使得 $f_1(\tilde{\boldsymbol{x}}) < 0$. 那么，下面的两个陈述是等价的：

(a) $f_1(\boldsymbol{x}) \leqslant 0 \Rightarrow f_0(\boldsymbol{x}) \leqslant 0$;

(b) 存在一个常数 $\tau \geqslant 0$ 使得

$$\begin{bmatrix} \boldsymbol{F}_0 & \boldsymbol{g}_0 \\ \boldsymbol{g}_0^\top & h_0 \end{bmatrix} \succeq \begin{bmatrix} \boldsymbol{F}_1 & \boldsymbol{g}_1 \\ \boldsymbol{g}_1^\top & h_1 \end{bmatrix}.$$

注意到：(a) 可以解释为 f_1 的零下水平集包含在 f_0 的零下水平集中，即 $\mathcal{X}_1 \subseteq \mathcal{X}_0$, 其中 $\mathcal{X}_1 \doteq \{\boldsymbol{x} \in \mathbb{R}^n: f_1(\boldsymbol{x}) \leqslant 0\}$, $\mathcal{X}_0 \doteq \{\boldsymbol{x} \in \mathbb{R}^n: f_0(\boldsymbol{x}) \leqslant 0\}$. 此外，可以将 (b) 等价地表述为：

$$\exists\, \tau \geqslant 0: \quad f_0(\boldsymbol{x}) - \tau f_1(\boldsymbol{x}) \leqslant 0, \quad \forall\, \boldsymbol{x}.$$

从 (b) 到 (a) 的证明是直接的. 事实上，如果 (b) 成立，那么通过对 (b) 中的 LMI 左边乘 $[\boldsymbol{x}^\top \quad 1]$ 并右乘其转置，可以得到，对某个 $\tau \geqslant 0$, 有 $f_0(\boldsymbol{x}) \leqslant \tau f_1(\boldsymbol{x})$. 因此，如果 $f_1(\boldsymbol{x}) \leqslant 0$, 那么也有 $f_0(\boldsymbol{x}) \leqslant 0$，此即 (a). 从 (a) 到 (b) 的证明会更加困难，这需要假设关于 f_1 的严格可行性. 然而这里并不给出此部分的证明.

从 (b) 到 (a) 暗含关系可以推广到任意多个二次函数情况. 事实上，定义

$$f_i(\boldsymbol{x}) \doteq \begin{bmatrix} \boldsymbol{x} \\ 1 \end{bmatrix}^\top \begin{bmatrix} \boldsymbol{F}_i & \boldsymbol{g}_i \\ \boldsymbol{g}_i^\top & h_i \end{bmatrix} \begin{bmatrix} \boldsymbol{x} \\ 1 \end{bmatrix}, \quad i = 0, 1, \cdots, m,$$

容易验证如下的结论：

$$\exists\, \tau_1, \cdots, \tau_m \geqslant 0: \quad \begin{bmatrix} \boldsymbol{F}_0 & \boldsymbol{g}_0 \\ \boldsymbol{g}_0^\top & h_0 \end{bmatrix} \preceq \sum_{i=1}^{m} \tau_i \begin{bmatrix} \boldsymbol{F}_i & \boldsymbol{g}_i \\ \boldsymbol{g}_i^\top & h_i \end{bmatrix} \tag{11.17}$$

暗含着

$$\begin{cases} f_1(\boldsymbol{x}) \leqslant 0 \\ \quad \vdots \\ f_m(\boldsymbol{x}) \leqslant 0 \end{cases} \Rightarrow f_0(\boldsymbol{x}) \leqslant 0.$$

根据零下水平集 $\mathcal{X}_i \doteq \{\boldsymbol{x} \in \mathbb{R}^n: f_i(\boldsymbol{x}) \leqslant 0\}$, $i = 0, 1, \cdots, m$, 上面的暗含条件等价地表述了式 (11.17) 意味着

$$\bigcap_{i=1,\cdots,m} \mathcal{X}_i \subseteq \mathcal{X}_0,$$

也就是 $\mathcal{X}_0$ 包含 $\mathcal{X}_i$, $i = 0, 1, \cdots, m$ 的交集. 此外，式 (11.17) 还可以等价地表示为：

$$\exists\, \tau_1, \cdots, \tau_m \geqslant 0: \quad f_0(\boldsymbol{x}) - \sum_{i=1}^{m} \tau_i f_i(\boldsymbol{x}) \leqslant 0, \quad \forall\, \boldsymbol{x}.$$

11.4 半定规划模型的例子

SDP 模型出现在各种各样的应用场景中. 我们这里给出一个包含这些应用的一个小节. 进一步的例子将在一些应用章节中作讨论. 参见第 15 章.

11.4.1 一些矩阵问题

半定规划通常作为线性代数矩阵问题的扩展而出现，其涉及仿射依赖于向量变量 $\boldsymbol{x}$ 的矩阵. 我们下面表述其中的一些相关问题.

11.4.1.1 谱范数的极小化

设 $\boldsymbol{A}(\boldsymbol{x}) \in \mathbb{R}^{p,n}$ 为一矩阵，其元素是关于向量变量 $\boldsymbol{x} \in \mathbb{R}^m$ 的仿射函数. 这意味着 $\boldsymbol{A}(\boldsymbol{x})$ 可以写为：

$$\boldsymbol{A}(\boldsymbol{x}) = \boldsymbol{A}_0 + x_1\boldsymbol{A}_1 + \cdots + x_m\boldsymbol{A}_m.$$

如下关于矩阵函数 $\boldsymbol{A}(\boldsymbol{x})$ 的谱范数最小化问题

$$\min_{\boldsymbol{x}} \quad \|\boldsymbol{A}(\boldsymbol{x})\|_2, \tag{11.18}$$

可以归结为一个半定规划问题. 事实上，首先回顾 $\|\boldsymbol{A}(\boldsymbol{x})\|_2 = \sigma_1(\boldsymbol{A}(\boldsymbol{x}))$, 其中 $\sigma_1(\boldsymbol{A}(\boldsymbol{x}))$ 是 $\boldsymbol{A}(\boldsymbol{x})$ 最大的奇异值，其等于 $\boldsymbol{A}^\top(\boldsymbol{x})\boldsymbol{A}(\boldsymbol{x})$ 的最大特征值的平方根，参见推论 5.1. 于是我们有：

$$\|\boldsymbol{A}(\boldsymbol{x})\|_2 \leqslant t \Leftrightarrow \|\boldsymbol{A}(\boldsymbol{x})\|_2^2 \leqslant t^2 \Leftrightarrow \lambda_1(\boldsymbol{A}^\top(\boldsymbol{x})\boldsymbol{A}(\boldsymbol{x})) \leqslant t^2,$$

最后的条件成立当且仅当

$$\lambda_i(\boldsymbol{A}^\top(\boldsymbol{x})\boldsymbol{A}(\boldsymbol{x})) \leqslant t^2, \quad i = 1, \cdots, n.$$

应用特征值平移规则 (3.13), 则有：

$$\lambda_i(\boldsymbol{A}^\top(\boldsymbol{x})\boldsymbol{A}(\boldsymbol{x}) - t^2\boldsymbol{I}_n) = \lambda_i(\boldsymbol{A}^\top(\boldsymbol{x})\boldsymbol{A}(\boldsymbol{x})) - t^2, \quad i = 1, \cdots, n,$$

于是

$$\lambda_i(\boldsymbol{A}^\top(\boldsymbol{x})\boldsymbol{A}(\boldsymbol{x})) \leqslant t^2, \ \forall\, i \quad \Leftrightarrow \quad \lambda_i(\boldsymbol{A}^\top(\boldsymbol{x})\boldsymbol{A}(\boldsymbol{x}) - t^2\boldsymbol{I}_n) \leqslant 0, \ \forall\, i,$$

而最后的条件等价于要求：

$$\boldsymbol{A}^\top(\boldsymbol{x})\boldsymbol{A}(\boldsymbol{x}) - t^2\boldsymbol{I}_n \preceq 0.$$

应用 Schur 补规则，该矩阵不等式可以进一步重写成如下的 LMI 形式 (关于变量 t^2 和 $\boldsymbol{x}$):

$$\begin{bmatrix} t^2\boldsymbol{I}_n & \boldsymbol{A}^\top(\boldsymbol{x}) \\ \boldsymbol{A}(\boldsymbol{x}) & \boldsymbol{I}_p \end{bmatrix} \succeq 0.$$

由于 $t=0$ 当且仅当 $\boldsymbol{A}(\boldsymbol{x})=0$, 那么通过左乘和右乘对角矩阵 $\operatorname{diag}(1/\sqrt{t},\sqrt{(t)})$, $t>0$ 的同余变换，上面的 LMI 等价于

$$\begin{bmatrix} t\boldsymbol{I}_n & \boldsymbol{A}^\top(\boldsymbol{x}) \\ \boldsymbol{A}(\boldsymbol{x}) & \boldsymbol{I}_p \end{bmatrix} \succeq 0.$$

这样，问题 (11.18) 等价于下面的关于变量 $\boldsymbol{x},t$ 的 SDP:

$$\begin{aligned} \min_{\boldsymbol{x}\in\mathbb{R}^m,t\in\mathbb{R}} \quad & t \\ \text{s.t.:} \quad & \begin{bmatrix} t\boldsymbol{I}_n & \boldsymbol{A}^\top(\boldsymbol{x}) \\ \boldsymbol{A}(\boldsymbol{x}) & t\boldsymbol{I}_p \end{bmatrix} \succeq 0. \end{aligned}$$

11.4.1.2　Frobenius 范数的极小化

再设 $\boldsymbol{A}(\boldsymbol{x})\in\mathbb{R}^{p,n}$ 为一矩阵，其元素是关于向量变量 $\boldsymbol{x}\in\mathbb{R}^m$ 的仿射函数. 矩阵函数 $\boldsymbol{A}(\boldsymbol{x})$ 的 Frobenius 范数（平方）的最小化问题

$$\min_{\boldsymbol{x}} \|\boldsymbol{A}(\boldsymbol{x})\|_{\mathrm{F}}^2, \tag{11.19}$$

可以表述为如下的 SDP 形式：

$$\min_{\boldsymbol{x}\in\mathbb{R}^m,\boldsymbol{Y}\in\mathbb{S}^p} \quad \operatorname{trace}\boldsymbol{Y} \tag{11.20}$$

$$\text{s.t.:} \quad \begin{bmatrix} \boldsymbol{Y} & \boldsymbol{A}(\boldsymbol{x}) \\ \boldsymbol{A}^\top(\boldsymbol{x}) & \boldsymbol{I}_n \end{bmatrix} \succeq 0. \tag{11.21}$$

为了验证这个等价关系，首先可以观察到：

$$\|\boldsymbol{A}(\boldsymbol{x})\|_{\mathrm{F}}^2 = \operatorname{trace}\boldsymbol{A}(\boldsymbol{x})\boldsymbol{A}^\top(\boldsymbol{x}),$$

以及根据 Schur 补规则，有

$$\begin{bmatrix} \boldsymbol{Y} & \boldsymbol{A}(\boldsymbol{x}) \\ \boldsymbol{A}^\top(\boldsymbol{x}) & \boldsymbol{I}_n \end{bmatrix} \succeq 0 \quad \Leftrightarrow \quad \boldsymbol{A}(\boldsymbol{x})\boldsymbol{A}^\top(\boldsymbol{x}) \preceq Y,$$

以及由于 $\boldsymbol{X}\succeq\boldsymbol{Y}$ 意味着 $\operatorname{trace}\boldsymbol{X}\succeq\operatorname{trace}\boldsymbol{Y}$, 那么约束 (11.21) 意味着 $\|\boldsymbol{A}(\boldsymbol{x})\|_{\mathrm{F}}^2\leqslant\operatorname{trace}\boldsymbol{Y}$. 现在，如果 $\boldsymbol{x}^*$ 是问题 (11.19) 的最优解，那么 $\boldsymbol{x}^*$ 和 $\boldsymbol{Y}^*=\boldsymbol{A}(\boldsymbol{x}^*)\boldsymbol{A}^\top(\boldsymbol{x}^*)$ 对于问题 (11.20) 是可行的，并且其实际上也是该问题的最优解，这是因为问题 (11.20) 的目标值为 $\boldsymbol{Y}^*=\boldsymbol{A}(\boldsymbol{x}^*)\boldsymbol{A}^\top(\boldsymbol{x}^*)$, 其无法被进一步减小，否则 $\boldsymbol{x}^*$ 将不再是问题 (11.19) 的最优解. 反过来，如果 $\boldsymbol{x}^*$ 和 $\boldsymbol{Y}^*=\boldsymbol{A}(\boldsymbol{x}^*)\boldsymbol{A}^\top(\boldsymbol{x}^*)$ 是问题 (11.20) 的最优解，那么 $\boldsymbol{x}^*$ 也是问题 (11.19) 的最优解，否则将会存在一个点 $\tilde{\boldsymbol{x}}\neq\boldsymbol{x}^*$ 使得 $\|\boldsymbol{A}(\tilde{\boldsymbol{x}})\|_{\mathrm{F}}^2<\|\boldsymbol{A}(\boldsymbol{x}^*)\|_{\mathrm{F}}^2$, 且这意味着对于 $\tilde{x}$, $\tilde{\boldsymbol{Y}}=\boldsymbol{A}(\tilde{\boldsymbol{x}})\boldsymbol{A}^\top(\tilde{\boldsymbol{x}})$ 相对于 $\boldsymbol{x}^*$ 而言减小了问题 (11.20) 的目标值，因此与 $\boldsymbol{x}^*$ 为最优解矛盾.

11.4.1.3 正定矩阵条件数的极小化

设 $\boldsymbol{F}(\boldsymbol{x})$ 是一个对称 $n \times n$ 矩阵，其元素为向量变量 $\boldsymbol{x}$ 的仿射函数. 我们下面讨论使 $\boldsymbol{F}(\boldsymbol{x}) \succ 0$ 且 $\boldsymbol{F}(\boldsymbol{x})$ 的条件数达到最小的 x. 这里的条件数的定义为：

$$\kappa(\boldsymbol{F}(\boldsymbol{x})) = \frac{\sigma_1(\boldsymbol{F}(\boldsymbol{x}))}{\sigma_n(\boldsymbol{F}(\boldsymbol{x}))},$$

其中 σ_1 和 σ_n 分别为 $\boldsymbol{F}(\boldsymbol{x})$ 最大和最小的奇异值. 然而，在 $\boldsymbol{F}(\boldsymbol{x}) \succ 0$ 的条件下，$\boldsymbol{F}(\boldsymbol{x})$ 的奇异值等于其特征值，因此

$$\kappa(\boldsymbol{F}(\boldsymbol{x})) \leqslant \gamma \quad \Leftrightarrow \quad \frac{\lambda_{\max}(\boldsymbol{F}(\boldsymbol{x}))}{\lambda_{\min}(\boldsymbol{F}(\boldsymbol{x}))} \leqslant \gamma.$$

这样，我们想要求解如下问题：

$$\begin{aligned} \gamma^* = \min_{\boldsymbol{x}, \gamma} \quad & \gamma \\ \text{s.t.:} \quad & \boldsymbol{F}(\boldsymbol{x}) \succ 0, \\ & \kappa(\boldsymbol{F}(\boldsymbol{x})) \leqslant \gamma. \end{aligned} \tag{11.22}$$

我们观察到：$\boldsymbol{F}(\boldsymbol{x}) \succ 0$ 当且仅当存在一个常数 $\mu > 0$ 使 $\boldsymbol{F}(\boldsymbol{x}) \succeq \mu \boldsymbol{I}$. 进一步，对于 $\mu > 0$ 和 $\gamma \geqslant 1$, 下式成立：

$$\begin{aligned} \boldsymbol{F}(\boldsymbol{x}) \succeq \mu \boldsymbol{I} \quad & \Leftrightarrow \quad \lambda_{\min}(\boldsymbol{F}(\boldsymbol{x})) \geqslant \mu \quad \Leftrightarrow \quad \frac{1}{\lambda_{\min}(\boldsymbol{F}(\boldsymbol{x}))} \leqslant \frac{1}{\mu}, \\ \boldsymbol{F}(\boldsymbol{x}) \preceq \gamma\mu \boldsymbol{I} \quad & \Leftrightarrow \quad \lambda_{\max}(\boldsymbol{F}(\boldsymbol{x})) \leqslant \gamma\mu, \end{aligned}$$

因此，问题 (11.22) 中的约束条件等价于

$$\mu > 0, \quad \mu \boldsymbol{I} \preceq \boldsymbol{F}(\boldsymbol{x}) \preceq \gamma\mu \boldsymbol{I}. \tag{11.23}$$

然而，由于出现乘积项 $\gamma\mu$, 这些约束并不是 LMI 的形式（关于变量 x, γ, μ）. 通常，这个乘积项很难消除，实际上，除非 $F(x)$ 关于 x 是线性的，否则问题 (11.22) 就无法被转化为一个单一的 SDP. 让我们首先考虑一个特殊情况，如果 $\boldsymbol{F}(\boldsymbol{x})$ 关于 $\boldsymbol{x}$ 是线性的（即 $\boldsymbol{F}(0) = 0$），那么条件 (11.23) 关于 $(\boldsymbol{x}, \mu)$ 是齐次的，这意味着该条件对某个 $(\boldsymbol{x}, \mu)$ 成立当且仅当其对 $(\alpha\boldsymbol{x}, \alpha\mu)$ 也成立，其中 $\alpha > 0$ 是任意的常数. 于是，我们可以把式 (11.23) 中所有项都除以 μ, 然后得到下面的等价条件：

$$\boldsymbol{I} \preceq \boldsymbol{F}(\boldsymbol{x}) \preceq \gamma \boldsymbol{I}. \tag{11.24}$$

因此，如果 $\boldsymbol{F}(\boldsymbol{x})$ 关于 $\boldsymbol{x}$ 是线性的，那么问题 (11.22) 等价于如下的 SDP:

$$[\text{对于 } \boldsymbol{F}(0)=0] \quad \gamma^* = \min_{\boldsymbol{x},\gamma} \gamma \quad \text{s.t.:} \quad \boldsymbol{I} \preceq \boldsymbol{F}(\boldsymbol{x}) \preceq \gamma \boldsymbol{I}.$$

当 $\boldsymbol{F}(\boldsymbol{x})$ 关于 $\boldsymbol{x}$ 不是线性的（但当然仍然是仿射的），那么问题 (11.22) 不能被转化为一个单一的 SDP 问题. 然而，由于它可以很容易地通过一系列 SDP 问题来求解，因此它在计算上仍然是可处理的. 更精确地，选择一个固定的数 $\gamma \geqslant 1$, 并考虑如下的 SDP 问题:

$$\tilde{\mu} = \min_{\boldsymbol{x}\in\mathbb{R}^m,\mu>0} \mu \quad \text{s.t.:} \quad \mu \boldsymbol{I} \preceq \boldsymbol{F}(\boldsymbol{x}) \preceq \gamma\mu \boldsymbol{I}, \tag{11.25}$$

以及设 $\tilde{\mu}, \tilde{\boldsymbol{x}}$ 表示其最优变量. 如果问题 (11.25) 是可行的，那么这意味着我们已经找到了一个 $\tilde{\boldsymbol{x}}$ 使得 $\kappa(\boldsymbol{F}(\tilde{\boldsymbol{x}})) \leqslant \gamma$, 这样 γ 的值也许不是最优的，但很可能是减小的. 另外一方面，如果问题 (11.25) 是不可行的（在这种情形下，按照惯例令 $\tilde{\mu} = \infty$), 那么这意味着所选择的 γ 太小，这时应该增大 γ, 同时当然要确保 $\gamma^* > \gamma$. 因此，我们可以通过迭代法，例如二分法逐步找到最优解[⊖] γ^*.

1. 初始化：找任意一个 $\tilde{\boldsymbol{x}}$ 使 $\boldsymbol{F}(\tilde{\boldsymbol{x}}) \succ 0$, 并设 $\gamma_{\text{low}} = 1$, $\gamma_{\text{up}} = \kappa(\boldsymbol{F}(\tilde{\boldsymbol{x}}))$;
2. 如果 $\gamma_{\text{up}} - \gamma_{\text{low}} \leqslant \varepsilon$, 那么返回 $\boldsymbol{x}^* = \tilde{\boldsymbol{x}}$, $\gamma^* = \gamma_{\text{up}}$, 并退出.
3. 令 $\gamma = \frac{1}{2}(\gamma_{\text{low}} + \gamma_{\text{up}})$;
4. 求解式 (11.25) 中的 SDP 问题，并且找到其最优变量 $\tilde{\boldsymbol{x}}, \tilde{\mu}$;
5. 如果 $\tilde{\mu} < \infty$（问题是可行的），那么令 $\gamma_{\text{up}} = \gamma$;
6. 如果 $\tilde{\mu} = \infty$（问题是不可行的），那么令 $\gamma_{\text{low}} = \gamma$;
7. 返回到 2.

显然，在迭代 $k=0$ 时，我们知道最优的 γ 位于长度为 $\ell = \kappa(\boldsymbol{F}(0)) - 1$ 的区间内；在第一次迭代，最优的 γ 位于长度为 $\ell/2$ 的区间内；在第二次迭代，最优的 γ 位于长度为 $\ell/2^2$ 的区间内，以此类推. 这样，如果程序经过 k 次迭代（程序中通过点 3 的数目），那么最优的 γ 位于长度为 $\ell/2^k$ 的区间内. 于是，只要 $\ell/2^k \leqslant \varepsilon$, 上面的迭代过程就产生了一个 ε 次最优解，也就是，取底数为 2 的对数，那么 k 就是满足 $k \geqslant \log_2(\ell/\varepsilon)$ 的最小整数，即

$$k = \left\lceil \log_2 \frac{\ell}{\varepsilon} \right\rceil.$$

例 11.6　考虑由例 6.2 和例 6.8 中讨论过的基于三边测量的定位问题的一个变形. 假设有 $m+1$ 个信标（$m \geqslant 2$), 定位问题可以被写成形式 $\boldsymbol{A}\boldsymbol{p} = \boldsymbol{y}$, 其中 $\boldsymbol{p}^\top = [p_1\ p_2]$ 是我们

⊖ 参见习题 12.3.

想要定位对象的平面坐标向量，$\boldsymbol{y} \in \mathbb{R}^m$ 是依赖于从对象到信标距离测量的一个已知向量，且

$$\boldsymbol{A}^\top = [\boldsymbol{\delta}_1 \cdots \boldsymbol{\delta}_m], \quad \boldsymbol{\delta}_i = \boldsymbol{a}_{i+1} - \boldsymbol{a}_1, \quad i = 1, \cdots, m,$$

其中 $\boldsymbol{a}_i \in \mathbb{R}^n$ 是包含信标坐标的向量，而 $\boldsymbol{\delta}_i$ 是相对于参考信标 $\boldsymbol{a}_1$ 的信标位置. 在例 6.8 中已经讨论了，如果测量向量 $\boldsymbol{y}$ 受到球面不确定性（误差）的影响，那么该不确定性将反映为 p 的局部化不确定性，并且在标称位置周围的不确定性区域可由如下的估计椭球来表示：

$$E_{\boldsymbol{p}} = \{\boldsymbol{p}:\ \boldsymbol{p}^\top(\boldsymbol{A}^\top\boldsymbol{A})\boldsymbol{p} \leqslant 1\}.$$

该椭球的半轴长分别为 σ_1^{-1} 和 σ_2^{-1}, 其中 σ_1, σ_2 是矩阵 $\boldsymbol{A}$ 的奇异值. 这里考虑一个“实验设计”类型的问题. 假设锚的位置不是完全已知的，我们的目标是找到比较好的锚位置使在估计的名义位置周围的误差区域尽可能是“球形”的. 这一准则的基本原理是，我们希望避免某些方向具有较大的不确定性，而在其他方向具有较小的不确定性. 换句话说，定位中的不确定性应尽可能沿所有方向均匀分布. 该准则则可以用椭球的偏心率来度量，即椭球的最大半轴与最小半轴的比值，因此这与 $\boldsymbol{A}$ 的条件数相吻合.

为了考虑易操作的问题表述，我们假设参考信标 $\boldsymbol{a}_1$ 是固定的（例如 $\boldsymbol{a}_1 = 0$）以及相对信标位置 $\boldsymbol{\delta}_i$ 的方向是给定的. 也就是，我们假设：

$$\boldsymbol{\delta}_i = \rho_i \boldsymbol{v}_i, \quad \|\boldsymbol{v}_i\|_2 = 1, \quad \rho_i \geqslant 0, \quad i = 1, \cdots, m,$$

其中方向 $\boldsymbol{v}_i$ 是事先给定且固定的，而参考信标的距离 ρ_i 是以后将要确定的变量. 那么问题就转化为求 $x_i \doteq \rho_i^2 \geqslant 0, i = 1, \cdots, m$ 使 $\boldsymbol{A}(\boldsymbol{x})$ 的（平方）条件数达到最小，其中该（平方）条件数即为如下对称矩阵的条件数：

$$\boldsymbol{F}(\boldsymbol{x}) = \boldsymbol{A}^\top\boldsymbol{A} = \begin{bmatrix} \boldsymbol{\delta}_1 & \cdots & \boldsymbol{\delta}_m \end{bmatrix} \begin{bmatrix} \boldsymbol{\delta}_1 & \cdots & \boldsymbol{\delta}_m \end{bmatrix}^\top = \sum_{i=1}^m x_i \boldsymbol{v}_i \boldsymbol{v}_i^\top.$$

由于 $\boldsymbol{F}(\boldsymbol{x})$ 关于 $\boldsymbol{x}$ 是线性的，那么存在一个 $\boldsymbol{x}$ 使 $\kappa(\boldsymbol{F}(\boldsymbol{x})) \leqslant \gamma$ 当且仅当存在一个 $\boldsymbol{x}$ 使条件 (11.24) 成立. 于是，我们的信标放置问题可以表示为如下的 SDP 形式：

$$\begin{aligned} \min_{\boldsymbol{x} \in \mathbb{R}^m, \gamma \in \mathbb{R}} \quad & \gamma \\ \text{s.t.:} \quad & \sum_{i=1}^m x_i \boldsymbol{v}_i \boldsymbol{v}_i^\top \preceq \gamma \boldsymbol{I}, \\ & \sum_{i=1}^m x_i \boldsymbol{v}_i \boldsymbol{v}_i^\top \succeq \boldsymbol{I}, \\ & x_i \geqslant 0, \quad i = 1, \cdots, m. \end{aligned}$$

例如，选取 $m = 5$ 个随机向量 $\boldsymbol{v}_i$（其为如下矩阵的列）：

$$\begin{bmatrix} -0.5794 & 0.7701 & 0.2323 & -0.1925 & -0.9880 \\ -0.8151 & -0.6379 & -0.9727 & 0.9813 & 0.1543 \end{bmatrix},$$

我们得到最优信标放置位置为 $\boldsymbol{x}^* = [0.6711\ 0.2642\ 0.2250\ 0.2277\ 0.6120]$（或者由于齐次性，其为这个向量的正常数倍），而 $\gamma^* = 1$，如图 11.7 所示. 在这种情况下，在最优点处的矩阵 $\boldsymbol{F}(\boldsymbol{x}^*)$ 则为单位矩阵.

11.4.1.4　矩阵填充问题

矩阵填充问题是指从矩阵元素的不完全信息（加上一些先验知识或假设）中恢复矩阵 $\boldsymbol{X}$ 的一类问题. 假设仅知道矩阵 $X \in \mathbb{R}^{m,n}$ 中少量元素（即已知 $X_{ij} = d_{ij}$, $(i,j) \in J$，其中 J 是基数为 $q < mn$ 的一组指标集，d_{ij} 是给定的数），以及我们希望猜出整个矩阵 $\boldsymbol{X}$ 是什么. 事实上，就问题本身而言，这看起来可能是一个“不可能”解决的问题，然而实际上确实可以求解. 除非我们有一些额外的信息或对 $\boldsymbol{X}$ 作一些假设，否则从不完全信息中恢复整个矩阵是不可能的. 举一个简单例子：考虑图 11.8 所示的不完全矩阵 $\boldsymbol{X}$，是否有可能从这个不完整信息中恢复整个矩阵 $\boldsymbol{X}$？如果没有额外的信息，答案是否定的. 如果我们知道它一个数独矩阵呢？

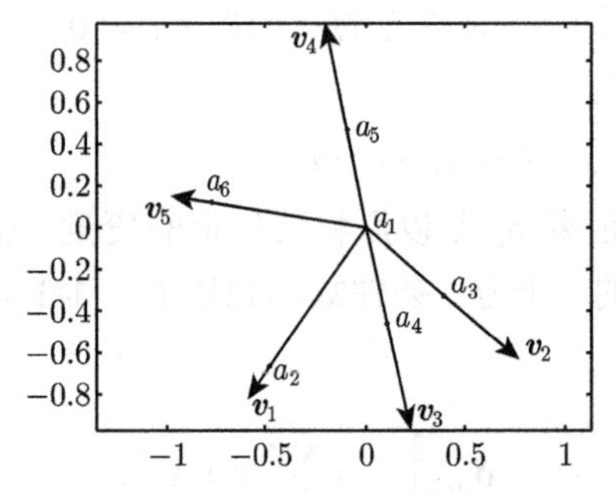

图 11.7　最优信标放置位置

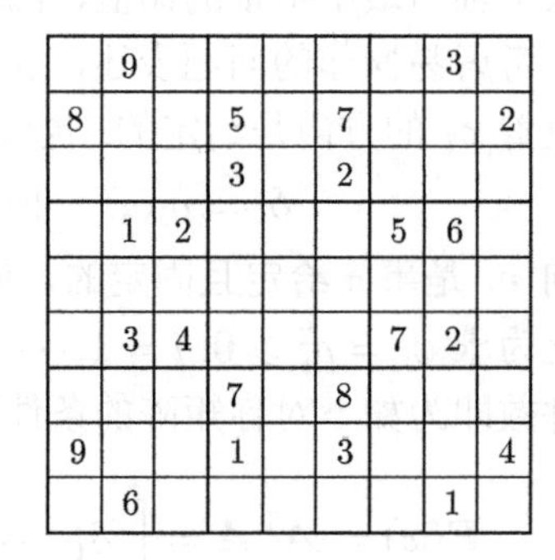

	9						3	
8			5		7			2
			3		2			
	1	2				5	6	
	3	4				7	2	
			7		8			
9			1		3			4
	6						1	

图 11.8　一个不完整的 9×9 矩阵

在我们的处理中，将不考虑数独类型的填充问题，这是因为它们涉及整数变量，其通常是典型的非凸问题且求解十分困难. 然而，我们可以考虑其他类型的填充问题，其中事先的假设是未知矩阵应该具有最小的秩. 因此称这类问题为最小秩矩阵填充问题. 这类问题中的一个著名的例子是所谓的“Netflix 问题”，其来源于推荐系统中的一个问题，矩阵 $\boldsymbol{X}$ 的行表示用户，而列表示电影. 用户有机会给电影评分. 然而，每个用户只给少数电影评分（如果有的话），因此只有少数矩阵 $\boldsymbol{X}$ 中的元素是已知的. 通过“猜测”缺失的矩阵元素来填充这个矩阵将是非常有意思的，这样供应商就可以推荐给用户他们可能喜欢的且愿意订票观看的电影. 这里，可以观察到用户对电影的偏好是一些因子（如：类型、生产国和电影制作人等）的函数，因此 $\boldsymbol{X}$ 中的每一行可以被写为具有一些项（因子）的行向量乘以一个大的“因子权重”矩阵的乘积，这意味着 $\boldsymbol{X}$ 的秩不大于因子的个数. 这表明 $\boldsymbol{X}$ 可以通过找到与可用元素相容的最小秩矩阵来填充. 形式上，这产生了下面的优化问题[⊖]：

⊖ 有关该问题的完整处理的方法和相关文献，请参阅论文 E. Candés 和 B. Recht, Exact matrix completion via convex optimization, *Foundations of Computational Mathematics*, 2009.

$$\min_{\boldsymbol{X}\in\mathbb{R}^{m,n}} \operatorname{rank} \boldsymbol{X} \tag{11.26}$$
$$\text{s.t.:} \quad X_{ij}=d_{ij}, \quad (i,j)\in J,$$

其中指标集 J 的基数为 $q<mn$. 事实上我们观察到，如果关于 $\boldsymbol{X}$ 的先验信息为 $\operatorname{rank}\boldsymbol{X}=r<\min(m,n)$, 那么 $\boldsymbol{X}$ 就定义为一些小于 mn 的自由项（或自由度）. 特别地，考虑 $\boldsymbol{X}=\sum_{i=1}^{r}\sigma_i\boldsymbol{u}_i\boldsymbol{v}_i^{\top}$ 紧凑型的奇异值分解，则我们得到 X 具有 $r(m+n-r)$ 自由度，其对应于向量 $\boldsymbol{u}_i$ 的 $rm-r(r+1)/2$ 个参数（$r(r+1)/2$ 个项对应于由于向量 $\boldsymbol{u}_i$ 之间的正交性条件而要减去的自由度)，加上向量 $\boldsymbol{v}_i$ 的 $rn-r(r+1)/2$ 个参数，再加上奇异值 σ_i 的 r 个参数. 这样很明显，当 r 相比于 m,n 很小时，矩阵 $\boldsymbol{X}$ 就由比其元素个数小得多的这些参数所确定. 因此，求解具有最小秩的矩阵填充问题就相当于求与所观察到的元素兼容的“最简单”（即具有最少的自由度）的矩阵.

然而，有两种与问题 (11.26) 相关的困难. 第一个困难涉及恢复矩阵的唯一性. 通过观察低秩矩阵的少数元素，我们不能唯一地确定恢复隐含的矩阵本身. 一个著名的例子是如下的秩一矩阵：

$$\boldsymbol{X}=\begin{bmatrix} 0 & 0 & \cdots & 1 \\ 0 & 0 & \cdots & 0 \\ \vdots & \vdots & \ddots & \vdots \\ 0 & 0 & \cdots & 0 \end{bmatrix},$$

其中除了右上角的元素为 1, 其余元素都是 0. 很显然，这样一个矩阵无法从观察它的一个一般子集中恢复（除非我们的观察集包含右上角的元素“1”）. 我们不必过多地讨论这个唯一性问题，它一直是有关“压缩感知”文献中广泛研究的课题. 我们只提到，为了解决这个问题，应该从概率的角度出发，考虑由某些随机矩阵集成生成的矩阵，以及选择要观察元素（例如均匀地）的随机策略. 在这样的假设下，存在这样的结果. 粗略地说，只要 J 的基数足够大，就可以大概率地保证从对其元素的子集 J 的观察中恢复实际的隐藏矩阵.

求解问题 (11.26) 的第二个难点是计算上的困难. 秩 $\operatorname{rank}\boldsymbol{X}$ 关于 $\boldsymbol{X}$ 并不是凸的，因此实际上问题 (11.26) 是一个非常困难的（技术上称之为 NP 难问题）优化问题. 找到该问题的精确解的已知算法需要耗费时间，其为矩阵大小的双指数函数，因此只要维数增加，这些算法基本上无法使用. 然而，存在上述问题的松弛形式（即近似问题), 这些松弛问题是可以有效求解的. 我们下面讨论一个这样的近似形式. 考虑一个一般矩阵 $\boldsymbol{X}\in\mathbb{R}^{m,n}$ 的 SVD $\boldsymbol{X}=\sum_{i=1}^{n}\sigma_i\boldsymbol{u}_i\boldsymbol{v}_i^{\top}$. 那么 $\boldsymbol{X}$ 的秩等于其非零奇异值的个数，也就是向量 $s(\boldsymbol{X})\doteq[\sigma_1,\cdots,\sigma_n]^{\top}$ 的基数. 于是我们有：

$$\operatorname{rank}\boldsymbol{X}=\|s(\boldsymbol{X})\|_0,$$

其中 $\|s(\boldsymbol{X})\|_0$ 实际上表示向量 $s(\boldsymbol{X})$ 的 ℓ_0（伪逆）“范数”，其度量了 $s(\boldsymbol{X})$ 中的非零元素的个数. 现在，因为 $\|s(\boldsymbol{X})\|_0$ 是非凸的，正如 9.5.1 节所验证的，我们可以用 ℓ_1 范数来替

换它. 因此，问题转化为用最小化 $s(\boldsymbol{X})$ 的 ℓ_1 范数：$\|s(\boldsymbol{X})\|_1=\sum_{i=1}^n\sigma_i(\boldsymbol{X})$ 来代替最小化 rank $\boldsymbol{X}$. 奇异值向量的 ℓ_1 范数实际上是一个矩阵范数. 于是，其关于它的变量是凸的，称之为核范数[㊀]：

$$\|\boldsymbol{X}\|_* \doteq \|s(\boldsymbol{X})\|_1=\sum_{i=1}^n\sigma_i(\boldsymbol{X}).$$

这样，核范数启发式相当于求解如下凸优化问题，而不是问题 (11.26):

$$\begin{aligned}\min_{\boldsymbol{X}\in\mathbb{R}^{m,n}}\quad & \|\boldsymbol{X}\|_*\\ \text{s.t.:}\quad & X_{ij}=d_{ij},\quad (i,j)\in J.\end{aligned}$$

有意思的事实是，核范数最小化问题可以表示为如下的 SDP, 此处我们并不提供证明[㊁].

$$\begin{aligned}\min_{\boldsymbol{X}\in\mathbb{R}^{m,n},\boldsymbol{Y}\in\mathbb{S}^m,\boldsymbol{Z}\in\mathbb{S}^n}\quad & \text{trace}\,\boldsymbol{Y}+\text{trace}\,\boldsymbol{Z}\\ \text{s.t.:}\quad & X_{ij}=d_{ij},\quad (i,j)\in J,\\ & \begin{bmatrix}\boldsymbol{Y} & \boldsymbol{X}\\ \boldsymbol{X}^\top & \boldsymbol{Z}\end{bmatrix}\succeq 0,\end{aligned}$$

（当 $\boldsymbol{X}$ 是对称的，可以在上面问题中取 $\boldsymbol{Y}=\boldsymbol{Z}$, 这样不失一般性，减少了一个矩阵变量）. 进一步，可以证明从这个启发式得到的解通常（在概率意义下）与原问题 (11.26) 的解相同. 在合适的假设下（本质上，$\boldsymbol{X}$ 来自矩阵的随机集成，其元素在行和列上随机（例如：均匀地）取样，并且 q 足够大)，因此存在一个区域，其中计算上困难的秩极小化问题的解是唯一的，且其与核范数极小化问题的解是相同的以大概率成立. 一个关于需要多大的 q 可以使恢复方式成立的估计给出 q 应该是 $d^{5/4}r\log d$ 阶的数量级，其中 $d=\max(m,n)$, 而 r 是 $\boldsymbol{X}$ 的秩. 在式 (11.26) 中的最小秩填充问题实际上是更为一般的一类问题的一个特殊情况，这类问题被称为仿射秩极小化问题，即在关于矩阵元素仿射约束下的最小化矩阵 X 的秩：

$$\begin{aligned}\min_{\boldsymbol{X}\in\mathbb{R}^{m,n}}\quad & \text{rank}\,\boldsymbol{X}\\ \text{s.t.:}\quad & \mathcal{A}(\boldsymbol{X})=\boldsymbol{b},\end{aligned}\tag{11.27}$$

其中 $\mathcal{A}:\mathbb{R}^{m,n}\to\mathbb{R}^q$ 是一个已知的线性映射，而 $\boldsymbol{b}\in\mathbb{R}^q$ 是一个给定的向量. 在这种情况下，向量 $\boldsymbol{b}$ 的每一元素 b_i 都可以解释为关于 $\boldsymbol{X}$ 元素的一个线性测量，而这个问题相当于从给定的线性测量值 q 重建未知的 $\boldsymbol{X}$. 通过用核范数函数来代替秩函数得到问题 (11.27) 的一个凸松弛形式，进而得到该松弛问题的一个 SDP 表示.

㊀ 当 X 是对称正定的，核范数就简化为迹.

㊁ 对于该事实的证明，可参见 M. Fazel, *Matrix Rank Minimization with Applications*, Ph. D thesis, Stanford University, 2002.

例 11.7（欧氏距离矩阵的填充）　考虑一个点集 $\boldsymbol{p}_1,\cdots,\boldsymbol{p}_m\in\mathbb{R}^r$, $m\geqslant r$ 以及定义这些点的欧氏距离矩阵（EDM）为一个对称矩阵 $\boldsymbol{D}\in\mathbb{S}^m$, 其第 (i,j) 元素为 p_i 和 p_j 之间的欧氏距离，也就是：

$$D_{ij}=\|\boldsymbol{p}_i-\boldsymbol{p}_j\|_2^2,\quad i,j=1,\cdots,m.$$

一个典型的问题，例如在自主智能体定位、制图、计算机图形学和分子几何学中出现的，是利用来自距离矩阵[⊖] $\boldsymbol{D}$ 上可能不完整的信息确定（不考虑正交变换和绝对偏移）点 $\boldsymbol{p}_i$, $i=1,\cdots,m$ 的布局. 设 $\boldsymbol{P}=[p_1,\cdots,p_m]\in\mathbb{R}^{r,m}$ 且 $\tilde{\boldsymbol{P}}$ 表示中心化数据点的矩阵：

$$\tilde{\boldsymbol{P}}=\boldsymbol{P}\boldsymbol{E},\quad \boldsymbol{E}\doteq\left(\boldsymbol{I}_m-\frac{1}{m}\mathbf{1}\mathbf{1}^\top\right),$$

其中 $\tilde{\boldsymbol{P}}$ 的每一列 $\tilde{\boldsymbol{p}}_i$ 等于 $\boldsymbol{p}_i-\bar{\boldsymbol{p}}$, 其中 $\bar{\boldsymbol{p}}$ 为数据点的质心. 我们观察到，可以根据 Gram 矩阵 $\boldsymbol{G}\doteq\boldsymbol{P}^\top\boldsymbol{P}$ 来表示 $\boldsymbol{D}$ 的每一个元素，这是因为

$$D_{ij}=\|\boldsymbol{p}_i\|_2^2+\|\boldsymbol{p}_j\|_2^2-2\boldsymbol{p}_i^\top\boldsymbol{p}_j=G_{ii}+G_{jj}-2G_{ij},\quad i,j=1,\cdots,m.$$

因此有：

$$\boldsymbol{D}=\mathrm{diag}(\boldsymbol{G})\mathbf{1}^\top+\mathbf{1}\,\mathrm{diag}(\boldsymbol{G})^\top-2\boldsymbol{G},\tag{11.28}$$

其中这里 $\mathrm{diag}(\boldsymbol{G})$ 为以 $\boldsymbol{G}$ 的对角线元素为分量的列向量. 现在注意，由于 $\boldsymbol{E}\mathbf{1}=\mathbf{0}$, 于是

$$\boldsymbol{EDE}=-2\boldsymbol{EGE}=-2\tilde{\boldsymbol{P}}^\top\tilde{\boldsymbol{P}}.\tag{11.29}$$

我们可以从最后两个方程式中得出两个结论. 首先，等式 (11.29) 表明，如果已知距离矩阵 $\boldsymbol{D}$, 那么我们可以通过计算 $\dfrac{1}{2}\boldsymbol{EDE}$ 的矩阵平方根分解来恢复中心点的布局（不考虑正交变换）. 其次，等式 (11.28) 意味着（应用引理 3.1）$\mathrm{rank}\,\boldsymbol{D}\leqslant\mathrm{rank}\,\boldsymbol{G}+2$, 因此（由于 $\boldsymbol{G}=\boldsymbol{P}^\top\boldsymbol{P}$, $\boldsymbol{P}\in\mathbb{R}^{r,m}$ 意味着 $\mathrm{rank}\,\boldsymbol{G}\leqslant r$）有：

$$\mathrm{rank}\,\boldsymbol{D}\leqslant r+2.$$

由于 r 是数据点的嵌入维数，故上面的界意味着 $\mathrm{rank}\,\boldsymbol{D}$ 通常比 m 小，特别是在地理定位问题中，其中 $r=2$（平面定位）或 $r=3$（三维定位）. 这一事实表明：至少在大概率情况下，当 $r<m$ 时，我们可以从足够大的对 $\boldsymbol{D}$ 的元素随机选择的观测量 $\boldsymbol{q}$ 中恢复完整的欧氏距离矩阵 $\boldsymbol{D}$（由此对应的中心化布局）.

对于数值测试，我们考虑几个随机生成的配置矩阵 $\boldsymbol{P}$, 其中 $r=2$，$m=30$ 以及 $\boldsymbol{p}_i$, $i=1,\cdots,m$ 从标准正态分布中提取. 对于 $\boldsymbol{P}$ 的每一个实例，我们构造相应的欧氏距离矩阵 $\boldsymbol{D}$，并求解下面的（对称）核范数最小化问题：

$$\min_{\boldsymbol{X}\in\mathbb{S}^m,\boldsymbol{Y}\in\mathbb{S}^m}\quad\mathrm{trace}\,\boldsymbol{Y}\tag{11.30}$$

⊖ 论文 A.Y. Alfakih, On the uniqueness of Euclidean distance matrix completions, *Linear Algebra and its Applications*, 2003, 给出了欧氏距离矩阵填充的一个完整的处理方法，其也引用了大多数跟该问题相关的文献.

$$\text{s.t.: } X_{ij} = D_{ij}, \quad (i,j) \in J,$$
$$\begin{bmatrix} \boldsymbol{Y} & \boldsymbol{X} \\ \boldsymbol{X}^\top & \boldsymbol{Y} \end{bmatrix} \succeq 0,$$

其中 J 是基数为 q 的指标集，其表示输入给求解器的 q 个随机选择的 $\boldsymbol{D}$ 的元素. 将 $\boldsymbol{q}$ 与对称矩阵 $\boldsymbol{X}$ 中的自由元素数 $n_v \doteq m(m+1)/2$ 进行比较. 显然，如果比值 $\eta = q/n_v$ 比较高（接近于 1），那么我们正在识别出大部分的元素. 因此，我们期望大概率地获得正确的恢复（即 $\boldsymbol{X} = \boldsymbol{D}$），而对于较低的 η, 则期望较低的恢复率. 对取值于 $\{0.6, 0.7, 0.8, 0.9, 0.95\}$ 中的 η 进行数值实验. 对每一个 η, 用随机提取的矩阵 $\boldsymbol{P}$ 来求解问题 (11.30) $N = 50$ 次. 当 $\|\boldsymbol{X} - \boldsymbol{D}\|_\text{F} / \|\boldsymbol{D}\|_\text{F} \leqslant 10^{-3}$ 时，我们认为已经恢复了矩阵 $\boldsymbol{D}$, 并记录平均成功恢复率，相关结果如图 11.9 所示.

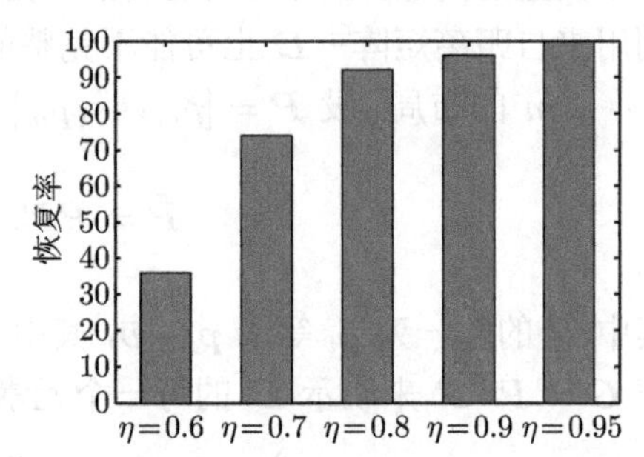

图 11.9　作为识别元素比率 η 的函数，对应于 $r = 2, m = 30$ 时的完全 EDM 的恢复率

11.4.2　几何问题

一些涉及球体、椭球和多面体的几何问题可以用凸规划和特别是 SDP[⊖] 来表述，如下所示.

11.4.2.1　包含在多胞形中的最大椭球

让我们把有界椭球描述为一个仿射映射下单位球的象，也就是：

$$\mathcal{E} = \{\boldsymbol{x} \in \mathbb{R}^n : \boldsymbol{x} = \boldsymbol{Q}\boldsymbol{z} + \boldsymbol{c}, \|\boldsymbol{z}\|_2 \leqslant 1\}, \tag{11.31}$$

其中 $\boldsymbol{c} \in \mathbb{R}^n$ 是椭球的中心，而 $\boldsymbol{Q} \in \mathbb{S}_+^n$ 为椭球形状矩阵 $\boldsymbol{P}$ 的平方根，参见 9.2.2 节. 椭球 E 半轴的长度为 $\boldsymbol{Q}$ 的奇异值 $\sigma_i(\boldsymbol{Q})$, $i = 1, \cdots, n$（参见引理 6.4）. 因为 $\boldsymbol{Q} \succeq 0$, 故它们等于 $\boldsymbol{Q}$ 的特征值 $\lambda_i(\boldsymbol{Q})$, $i = 1, \cdots, n$.

然后设 $\mathcal{P}$ 是描述为如下 m 个给定半空间交集的多胞形：

$$\mathcal{P} = \{\boldsymbol{x} \in \mathbb{R}^n : \boldsymbol{a}_i^\top \boldsymbol{x} \leqslant b_i, i = 1, \cdots, m\}.$$

包含条件 $\mathcal{E} \subseteq \mathcal{P}$ 意味着对所有的 $\boldsymbol{x} \in \mathcal{E}$ 一定满足不等式组 $\boldsymbol{a}_i^\top \boldsymbol{x} \leqslant b_i$, $i = 1, \cdots, m$, 也就是，对于 $i = 1, \cdots, m$, 一定有：

$$\boldsymbol{a}_i^\top \boldsymbol{x} \leqslant b_i, \ \boldsymbol{x} = \boldsymbol{Q}\boldsymbol{z} + \boldsymbol{c}, \ \forall \ \boldsymbol{z} : \|\boldsymbol{z}\|_2 \leqslant 1,$$

⊖ Boyd 和 Vandenberghe 的书中的第 8 章也讨论了许多这样的问题.

如图 11.10 所示.

将 $\boldsymbol{x}=\boldsymbol{Q}\boldsymbol{z}+\boldsymbol{c}$ 代入到不等式组 $\boldsymbol{a}_i^\top\boldsymbol{x}\leqslant b_i$ 中，那么对 $i=1,\cdots,m$ 有：

$$\begin{aligned}&\boldsymbol{a}_i^\top\boldsymbol{Q}\boldsymbol{z}+\boldsymbol{a}_i^\top\boldsymbol{c}\leqslant b_i,\ \forall\ \boldsymbol{z}:\ \|\boldsymbol{z}\|_2\leqslant 1\\ \Leftrightarrow\quad&\max_{\|\boldsymbol{z}\|_2\leqslant 1}\ \boldsymbol{a}_i^\top\boldsymbol{Q}\boldsymbol{z}+\boldsymbol{a}_i^\top\boldsymbol{c}\leqslant b_i.\end{aligned}$$

由于上式中的最大值在 $\boldsymbol{z}=\boldsymbol{Q}\boldsymbol{a}_i/\|\boldsymbol{Q}\boldsymbol{a}_i\|_2$ 处达到（例如：参见 2.2.2.4 节），于是得到：

$$\mathcal{E}\subseteq\mathcal{P}\Leftrightarrow\|\boldsymbol{Q}\boldsymbol{a}_i\|_2+\boldsymbol{a}_i^\top\boldsymbol{c}\leqslant b_i,\quad i=1,\cdots,m.\tag{11.32}$$

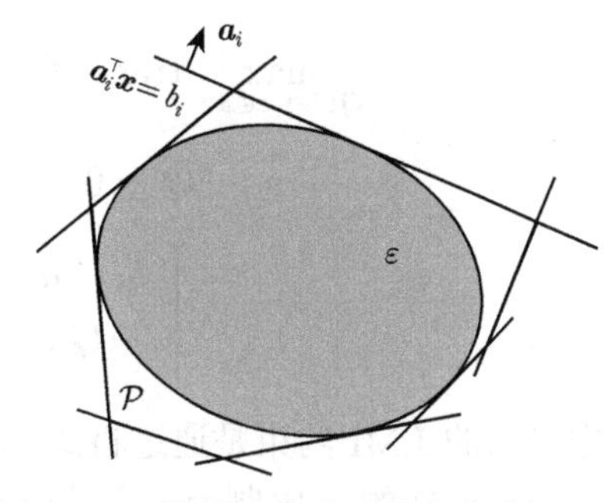

图 11.10 椭球 $\mathcal{E}$ 内嵌到一个多胞形 $\mathcal{P}$ 中

现在，我们考虑关于 $\mathcal{E}$ 大小的两种可能的“度量”：第一个经典度量是椭球的体积，其正比于 $\det\boldsymbol{Q}$；另一种度量是其半轴长度的总和，它等于 $\boldsymbol{Q}$ 的迹. 在式 (11.32) 中的约束条件下，通过最大化 $\det\boldsymbol{Q}$, $\boldsymbol{Q}\succeq 0$ 可以得到 $\mathcal{P}$ 中包含的最大体积的椭球. 但是，由于 log 是单调递增函数，故我们可以等价地最大化 $\log\det\boldsymbol{Q}$, 写成这种形式的优势是在定义域 $\boldsymbol{Q}\succeq 0$ 上，它为 $\boldsymbol{Q}$ 的一个凹函数（参见例 8.6）. 这样，可以通过求解如下凸优化问题（其涉及凹目标函数 $f_0=\log\det\boldsymbol{Q}$ 的最大化，这等价于最小化凸目标函数 $-f_0$）来获得 $\mathcal{P}$ 中包含最大体积的椭球：

$$\begin{aligned}\max_{\boldsymbol{Q}\in\mathbb{S}^n,\boldsymbol{c}\in\mathbb{R}^n}\quad&\log\det\boldsymbol{Q}\\ \text{s.t.:}\quad&\boldsymbol{Q}\succ 0,\\ &\|\boldsymbol{Q}\boldsymbol{a}_i\|_2+\boldsymbol{a}_i^\top\boldsymbol{c}\leqslant b_i,\quad i=1,\cdots,m.\end{aligned}$$

由于目标函数为 $\log\det Q$, 故该问题是凸的，但并不是 SDP 的形式. 然而，可以将其重新表述为一个等价的 SDP 形式，此处并不详细说明这种转化[㊀]. 用于求解凸优化的标准软件，如 CVX 会自动识别 log det 型目标函数，并将其内部转换为一个等价的 SDP 近似. 称在 $\mathcal{P}$ 中包含的最大体积椭球为 $\mathcal{P}$ 的 Löwner-John 椭球. 每个满维凸集都有一个唯一的 Löwner-John 椭球. 此外，如果在 Löwner-John 椭球的中心周围通过一个因子 n 来缩放 n 倍，那么可以获得包含 $\mathcal{P}$ 的一个椭球. 也就是，如果 $\mathcal{E}^*$ 是 $\mathcal{P}$ 的 Löwner-John 椭球，则它是唯一的最大体积椭球使得 $\mathcal{E}^*\subseteq\mathcal{P}$, 并且如下包含关系成立：

$$\mathcal{P}\subseteq n\mathcal{E}^*.$$

进一步，如果集合 $\mathcal{P}$ 围绕其中心是对称的，那么可以将尺度因子从 n 提高到 $\sqrt{n}$.

在式 (11.32) 的约束条件下，通过最大化 trace $\boldsymbol{Q}$, $\boldsymbol{Q}\succeq 0$ 可以获得 $\mathcal{P}$ 中包含的最大半轴长度和的椭球. 由于 trace $\boldsymbol{Q}$ 关于 $\boldsymbol{Q}$ 是线性的（因此是凹的），故我们可以直接得到

㊀ 参见 Ben-Tal 和 A. Nemirovski, *Lecture on Modern Convex Optimization*, SIAM, 2001 中的 4.2 节.

下面的 SDP 问题：

$$
\begin{aligned}
\max_{Q\in\mathbb{S}^n, c\in\mathbb{R}^n} \quad & \operatorname{trace} \boldsymbol{Q} \\
\text{s.t.:} \quad & \boldsymbol{Q}\succeq 0, \\
& \begin{bmatrix} b_i-\boldsymbol{a}_i^\top \boldsymbol{c} & \boldsymbol{a}_i^\top \boldsymbol{Q} \\ \boldsymbol{Q}\boldsymbol{a}_i & (b_i-\boldsymbol{a}_i^\top \boldsymbol{c})\boldsymbol{I} \end{bmatrix}\succeq 0, \quad i=1,\cdots,m,
\end{aligned}
\tag{11.33}
$$

其中最后的 LMI 约束是通过将式 (11.11) 应用于 SOC 约束 $\|\boldsymbol{Q}\boldsymbol{a}_i\|_2+\boldsymbol{a}_i^\top \boldsymbol{c}\leqslant b_i$ 而得到的.

当把已知的 $\mathcal{E}$ 限制为一个球时，则会产生一个相关的特殊情况，也就是，令 $\boldsymbol{Q}=r\boldsymbol{I}_n$，其中 $r\geqslant 0$ 表示球的半径. 在这种情况下，问题 (11.33) 简化为：

$$
\begin{aligned}
\max_{r\geqslant 0, c\in\mathbb{R}^n} \quad & r \\
\text{s.t.:} \quad & r\|\boldsymbol{a}_i\|_2+\boldsymbol{a}_i^\top \boldsymbol{c}\leqslant b_i, \quad i=1,\cdots,m,
\end{aligned}
$$

这是一个简单的 LP. 通常称嵌入到 $\mathcal{P}$ 中的最大球的中心 $\boldsymbol{c}$ 为多胞形的切比雪夫中心.

11.4.2.2　包含多胞形的最小椭球

我们下面寻找包含一个多胞形 $\mathcal{P}$ 的最小尺寸椭球 $\mathcal{E}$ 这样的问题，其中多胞形 $\mathcal{P}$ 由其顶点来定义（如图 11.11 所示)：

$$
\mathcal{P}=\operatorname{co}\{\boldsymbol{x}^{(1)},\cdots,\boldsymbol{x}^{(p)}\},
$$

而椭球 $\mathcal{E}$ 则具有如下的表示：

$$
\mathcal{E}=\left\{\boldsymbol{x}\in\mathbb{R}^n:\begin{bmatrix}1 & (\boldsymbol{x}-\boldsymbol{c})^\top \\ (\boldsymbol{x}-\boldsymbol{c}) & \boldsymbol{P}\end{bmatrix}\succeq 0\right\},
\tag{11.34}
$$

其中 $\boldsymbol{c}$ 为椭球中心，而 $\mathcal{P}$ 为其形状矩阵. 注意，根据（非严格的）Schur 补规则，上述表示中的 LMI 条件等价于如下条件：

$$
\boldsymbol{P}\succeq 0,\ (\boldsymbol{x}-\boldsymbol{c})\in\mathcal{R}(\boldsymbol{P}),\ (\boldsymbol{x}-\boldsymbol{c})^\top \boldsymbol{P}^\dagger(\boldsymbol{x}-\boldsymbol{c})\leqslant 1.
$$

如果设 $\boldsymbol{P}=\boldsymbol{Q}\boldsymbol{Q}^\top$ 为 $\boldsymbol{P}$ 的满秩因式分解，其中 $\boldsymbol{Q}\in\mathbb{R}^{n,m}$, rank $\boldsymbol{P}=m\leqslant n$, 那么 $\boldsymbol{P}^\dagger=\boldsymbol{Q}^{\top\dagger}\boldsymbol{Q}^\top$, $\boldsymbol{Q}^\dagger\boldsymbol{Q}=I_m$ 且 $\mathcal{R}(\boldsymbol{P})=\mathcal{R}(\boldsymbol{Q})$. 因此，条件 $(\boldsymbol{x}-\boldsymbol{c})\in\mathcal{R}(\boldsymbol{P})$ 意味着存在 $\boldsymbol{z}\in\mathbb{R}^m$ 使 $\boldsymbol{x}-\boldsymbol{c}=\boldsymbol{Q}\boldsymbol{z}$ 和

$$
(\boldsymbol{x}-\boldsymbol{c})^\top \boldsymbol{P}^\dagger(\boldsymbol{x}-\boldsymbol{c})=\boldsymbol{z}^\top \boldsymbol{Q}^\top \boldsymbol{Q}^{\top\dagger}\boldsymbol{Q}^\dagger\boldsymbol{Q}\boldsymbol{z}=\boldsymbol{z}^\top \boldsymbol{z},
$$

由此有

$$
(\boldsymbol{x}-\boldsymbol{c})^\top \boldsymbol{P}^\dagger(\boldsymbol{x}-\boldsymbol{c})\leqslant 1 \quad\Leftrightarrow\quad \|\boldsymbol{z}\|_2\leqslant 1.
$$

于是，式 (11.34) 中的表示等价于式 (11.31) 中的表示：

$$\mathcal{E}=\{\boldsymbol{x}\in\mathbb{R}^n:\ \boldsymbol{x}=\boldsymbol{Q}\boldsymbol{z}+\boldsymbol{c},\ \|\boldsymbol{z}\|_2\leqslant 1\},$$

这里 $\boldsymbol{Q}\in\mathbb{R}^{n,m}$ 为满列秩的，但可能是矩形的. 这种表示允许描述沿某些方向为“平坦”的有界椭球，即包含在维数低于嵌入维数 n 的仿射空间中的椭球. 当一个椭球是平坦的，则其体积恒为零. 因此，最小化体积度量对于可能平坦的椭球也许是不合适的. 取而代之，一个常用的也可用于平坦椭球尺寸的度量是半轴长度的平方和，其由 $\boldsymbol{P}$ 的迹给出. 这样，可以按如下方式计算包含 $\mathcal{P}$ 的最小迹椭球，观察到 $\mathcal{P}\subseteq\mathcal{E}$ 当且仅当 $\boldsymbol{x}^{(i)}\in\mathcal{E},\ i=1,\cdots,p$, 因此

$$\mathcal{P}\subseteq\mathcal{E}\quad\Leftrightarrow\quad\begin{bmatrix}1 & \left(\boldsymbol{x}^{(i)}-\boldsymbol{c}\right)^\top\\ \left(\boldsymbol{x}^{(i)}-\boldsymbol{c}\right) & \boldsymbol{P}\end{bmatrix}\succeq 0,\quad i=1,\cdots,p,$$

由此得到如下的 SDP:

$$\begin{aligned}\min_{\boldsymbol{P}\in\mathbb{S}^n,\boldsymbol{c}\in\mathbb{R}^n}\quad & \operatorname{trace}\boldsymbol{P}\\ \text{s.t.:}\quad & \begin{bmatrix}1 & \left(\boldsymbol{x}^{(i)}-\boldsymbol{c}\right)^\top\\ \left(\boldsymbol{x}^{(i)}-\boldsymbol{c}\right) & \boldsymbol{P}\end{bmatrix}\succeq 0,\quad i=1,\cdots,p.\end{aligned}\tag{11.35}$$

如果将式 (11.34) 中的 LMI 条件增强为严格不等式，则条件 $\boldsymbol{P}\succ 0$ 意味着椭球 $\mathcal{E}$ 满维的，并且可以分解 $\boldsymbol{P}=\boldsymbol{Q}^2,\ \boldsymbol{Q}\succ 0$. 那么，在式 (11.34) 中的表示在严格不等式约束下等价于如下表示：

$$\mathcal{E}=\left\{\boldsymbol{x}\in\mathbb{R}^n:\ (\boldsymbol{x}-\boldsymbol{c})^\top\boldsymbol{Q}^{-1}\boldsymbol{Q}^{-1}(\boldsymbol{x}-\boldsymbol{c})\leqslant 1\right\},\quad \boldsymbol{Q}\succ 0.$$

设 $\boldsymbol{A}=\boldsymbol{Q}^{-1}$ 和 $\boldsymbol{b}=\boldsymbol{A}\boldsymbol{c}$, 这也等价于

$$\mathcal{E}=\left\{\boldsymbol{x}\in\mathbb{R}^n:\ \|\boldsymbol{A}\boldsymbol{x}-\boldsymbol{b}\|_2^2\leqslant 1\right\},\quad \boldsymbol{A}\succ 0.$$

在这种情况下，$\mathcal{E}$ 的体积正比于 $\det(\boldsymbol{Q})=\det(\boldsymbol{A}^{-1})$. 那么，在包含条件 $\mathcal{P}\subseteq\mathcal{E}$ 约束下，可以通过最小化 $\det(\boldsymbol{A}^{-1}),\ \boldsymbol{A}\succ 0$ 获得包含 $\mathcal{P}$ 的最小体积椭球. 然而，目标函数 $\det(\boldsymbol{A}^{-1})$ 关于 $\boldsymbol{A}\succ 0$ 并不是凸的. 为了克服这个困难，我们简单地考虑将体积的对数作为最小化的目标：由于对数函数是单调递增的，故这给出了与原问题相同的最小值点，并且如下改进的目标函数

$$f_0=\log\det(\boldsymbol{A}^{-1})=-\log\det(\boldsymbol{A})$$

的优点是在域 $\boldsymbol{A}\succ 0$ 上是凸的，参见例 8.6. 因此，包含 $\mathcal{P}$ 的最小体积椭球可以通过求解下面的凸优化问题来得到：

$$\begin{aligned}\min_{\boldsymbol{A}\in\mathbb{S}^n,\boldsymbol{b}\in\mathbb{R}^n}\quad & -\log\det(\boldsymbol{A})\\ \text{s.t.:}\quad & \boldsymbol{A}\succ 0;\ \|\boldsymbol{A}\boldsymbol{x}^{(i)}-\boldsymbol{b}\|_2^2\leqslant 1,\quad i=1,\cdots,p.\end{aligned}$$

在我们试图寻求包含 $\mathcal{P}$ 的最小尺寸球的这种特殊情况下，最小体积和最小迹问题都等价于如下的 SOCP:

$$\min_{r\in\mathbb{R},\boldsymbol{c}\in\mathbb{R}^n} r \quad \text{s.t.:} \quad \|\boldsymbol{x}^{(i)}-\boldsymbol{c}\|_2 \leqslant r, \quad i=1,\cdots,p.$$

例 11.8（多胞形的内外椭球逼近）　考虑一个多胞形 $\mathcal{P}$, 其顶点为如下矩阵的列（如图 11.12 所示）:

$$\boldsymbol{V}=\begin{bmatrix} -2.7022 & -0.1863 & 0.2824 & 0.8283 & 1.5883 \\ -1.4118 & -0.9640 & 1.3385 & 0.9775 & 0.3340 \end{bmatrix}$$

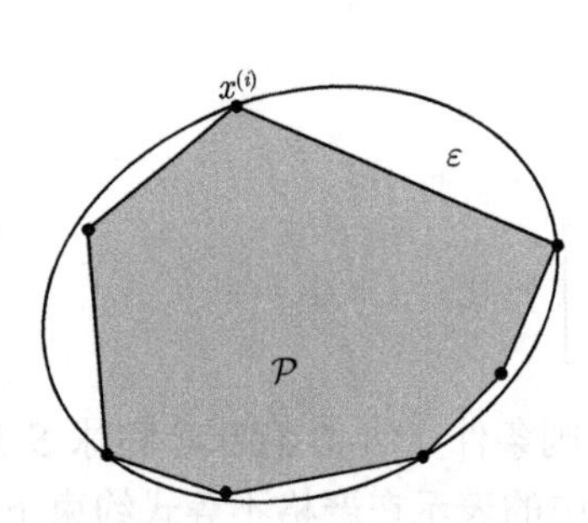

图 11.11　椭球 $\mathcal{E}$ 包围一个多胞形 $\mathcal{P}$

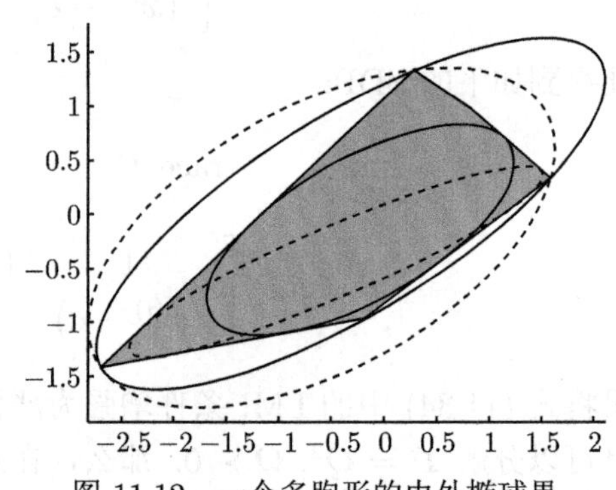

图 11.12　一个多胞形的内外椭球界

相同的多胞形也可由满足如下不等式的点 $\boldsymbol{x}\in\mathbb{R}^2$ 的集合来表示:

$$\begin{bmatrix} 0.1752 & -0.9845 \\ 0.5904 & -0.8071 \\ 0.6462 & 0.7632 \\ 0.5516 & 0.8341 \\ -0.6777 & 0.7354 \end{bmatrix}\boldsymbol{x}\leqslant\begin{bmatrix} 0.9164 \\ 0.6681 \\ 1.2812 \\ 1.2722 \\ 0.7930 \end{bmatrix}.$$

图 11.12 显示了多胞形 $\mathcal{P}$ 以及包围椭圆的最小体积（实线）和最小迹（虚线）和嵌入椭圆内的最大体积（实线）和最大轴长和（虚线）.

11.4.2.3　包含椭球的并的最小体积椭球

我们这里考虑的问题是找到一个最小椭球覆盖一组 m 个给定的椭球，如图 11.13 所示. 设给定的椭球由如下的凸二次不等式的形式来表示:

$$\mathcal{E}_i=\{\boldsymbol{x}\in\mathbb{R}^n:\ f_i(\boldsymbol{x})\leqslant 0\},\quad i=1,\cdots,m, \tag{11.36}$$

其中，对于 $i=1,\cdots,m$，

$$f_i(\boldsymbol{x}) \doteq \boldsymbol{x}^\top \boldsymbol{F}_i \boldsymbol{x} + 2\boldsymbol{g}_i^\top \boldsymbol{x} + \boldsymbol{h}_i = \begin{bmatrix} \boldsymbol{x} \\ 1 \end{bmatrix}^\top \begin{bmatrix} \boldsymbol{F}_i & \boldsymbol{g}_i \\ \boldsymbol{g}_i^\top & h_i \end{bmatrix} \begin{bmatrix} \boldsymbol{x} \\ 1 \end{bmatrix},$$

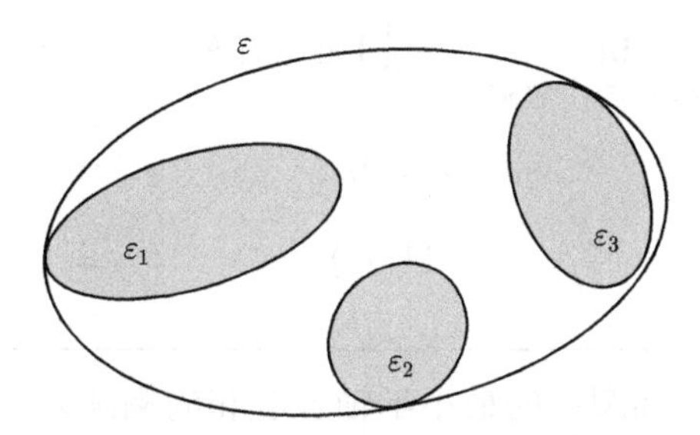

图 11.13 一个椭球 $\mathcal{E}$ 包围 $m=3$ 个椭球 $\mathcal{E}_i$，$i=1,2,3$

这里 $\boldsymbol{F}_i \succ 0$ 和 $h_i < \boldsymbol{g}_i^\top \boldsymbol{F}_i^{-1} \boldsymbol{g}_i$. 这些椭球的中心是 $\boldsymbol{x}^{(i)} = -\boldsymbol{F}_i^{-1}\boldsymbol{g}_i$ 且不等式 $f_i(\boldsymbol{x}) \leqslant 0$ 是严格可行的，这是因为 $f_i(\boldsymbol{x}^{(i)}) < 0$. 设外边界椭球（待确定）被参数化为：

$$\mathcal{E} = \{\boldsymbol{x} \in \mathbb{R}^n:\ f_0(\boldsymbol{x}) \leqslant 0\}, \tag{11.37}$$

其中

$$f_0(\boldsymbol{x}) = \|\boldsymbol{A}\boldsymbol{x}+\boldsymbol{b}\|_2^2 - 1 = \begin{bmatrix} \boldsymbol{x} \\ 1 \end{bmatrix}^\top \begin{bmatrix} \boldsymbol{F}_0 & \boldsymbol{g}_0 \\ \boldsymbol{g}_0^\top & h_0 \end{bmatrix} \begin{bmatrix} \boldsymbol{x} \\ 1 \end{bmatrix},$$

这里 $\boldsymbol{A} \succ 0$, $\boldsymbol{F}_0 = \boldsymbol{A}^2$, $g_0 = \boldsymbol{A}\boldsymbol{b}$, $h_0 = \boldsymbol{b}^\top\boldsymbol{b} - 1$. (注意，我们这样描述 $\mathcal{E}$ 是为了避免一个齐次参数化，这里 h_0 并不是自由变量）. 那么，从 $\mathcal{S}$-步骤中得到：

$$\mathcal{E}_i \subseteq \mathcal{E} \quad \Leftrightarrow \quad \exists\, \tau_i \geqslant 0: \quad \begin{bmatrix} \boldsymbol{F}_0 & \boldsymbol{g}_0 \\ \boldsymbol{g}_0^\top & h_0 \end{bmatrix} \preceq \tau_i \begin{bmatrix} \boldsymbol{F}_i & \boldsymbol{g}_i \\ \boldsymbol{g}_i^\top & h_i \end{bmatrix}.$$

通过定义位置 $\tilde{\boldsymbol{b}} \doteq \boldsymbol{A}\boldsymbol{b}$ 来进一步阐述后一个条件，于是我们得到：

$$\begin{aligned} \begin{bmatrix} \boldsymbol{A}^2 - \tau_i \boldsymbol{F}_i & \boldsymbol{A}\boldsymbol{b} - \boldsymbol{g}_i \\ \boldsymbol{b}^\top \boldsymbol{A} - \boldsymbol{g}_i^\top & \boldsymbol{b}^\top\boldsymbol{b} - 1 - \tau_i h_i \end{bmatrix} &= \begin{bmatrix} \boldsymbol{A}^2 - \tau_i \boldsymbol{F}_i & \tilde{\boldsymbol{b}} - \boldsymbol{g}_i \\ \tilde{\boldsymbol{b}}^\top - \boldsymbol{g}_i^\top & \tilde{\boldsymbol{b}}^\top \boldsymbol{A}^{-2} \tilde{\boldsymbol{b}} - 1 - \tau_i h_i \end{bmatrix} \\ &= \begin{bmatrix} \boldsymbol{A}^2 - \tau_i \boldsymbol{F}_i & \tilde{\boldsymbol{b}} - \boldsymbol{g}_i \\ \tilde{\boldsymbol{b}}^\top - \boldsymbol{g}_i^\top & -1 - \tau_i h_i \end{bmatrix} - \begin{bmatrix} 0 \\ \tilde{\boldsymbol{b}}^\top \end{bmatrix} (-\boldsymbol{A}^{-2}) \begin{bmatrix} 0 \\ \tilde{\boldsymbol{b}}^\top \end{bmatrix}^\top \preceq 0. \end{aligned}$$

利用 Schur 补规则，后一个矩阵不等式等价于：

$$\begin{bmatrix} \boldsymbol{F}_0 - \tau_i \boldsymbol{F}_i & \tilde{\boldsymbol{b}} - \boldsymbol{g}_i & 0 \\ \tilde{\boldsymbol{b}}^\top - \boldsymbol{g}_i^\top & -1 - \tau_i h_i & \tilde{\boldsymbol{b}}^\top \\ 0 & \tilde{\boldsymbol{b}} & -\boldsymbol{F}_0 \end{bmatrix} \preceq 0, \tag{11.38}$$

这是关于变量 $\boldsymbol{F}_0, \tilde{\boldsymbol{b}}$ 的一个 LMI 条件.

由于 $\mathcal{E}$ 的体积正比于 $\det^{1/2}\boldsymbol{F}_0^{-1}$, 那么在式 (11.38) 中的 LMI 约束下，通过最小化 $\det^{1/2}\boldsymbol{F}_0^{-1}$ 的对数（作为 $\boldsymbol{F}_0 \succ 0$ 的一个凸函数)，我们也许可以找到一个体积最小的外边界椭球，于是得到如下的凸优化问题：

$$
\begin{aligned}
\min_{\boldsymbol{F}_0\in\mathbb{S}^n, \tilde{\boldsymbol{b}}\in\mathbb{R}^n, \tau_1,\cdots,\tau_m\in\mathbb{R}} \quad & -\frac{1}{2}\log\det(\boldsymbol{F}_0) \\
\text{s.t.:}\ & \tau_i \geqslant 0, \qquad i=1,\cdots,m \\
& (11.38), \qquad i=1,\cdots,m
\end{aligned}
$$

注释 11.1（包含椭圆并的最小半轴长度和的椭圆） 通过求解一个 SDP 问题，可以找到覆盖椭圆并的半轴长度总和最小的椭圆. 这类问题可以通过考虑给定的椭球 $\mathcal{E}_i, i=1,\cdots,m$ 具有表示 $\mathcal{E}_i = \{\boldsymbol{x}:\ \boldsymbol{x} = \boldsymbol{x}^{(i)} + E_i\boldsymbol{z}_i, \|\ \boldsymbol{z}_i\ \|_2 \leqslant 1\}$ 和覆盖椭球 $\mathcal{E}$ 的表示形式为式 (11.34) 来表述. 那么对 (11.35) 式应用 LMI 鲁棒性引理得到精确的表述，我们将此作为一个习题留给读者.

11.4.2.4　包含在椭球交中的最大体积椭球

我们这里考虑在一组 m 个给定椭球的交中找到一个最大体积椭球的问题，如图 11.14 所示.

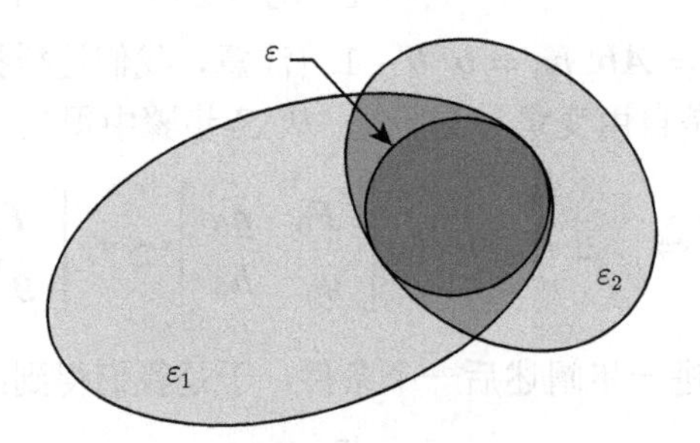

图 11.14　一个椭球 $\mathcal{E}$ 嵌入到两个椭球的交中

设已知的椭球表示为：

$$
\mathcal{E}_i = \left\{\boldsymbol{x}\in\mathbb{R}^n:\ \begin{bmatrix} 1 & (\boldsymbol{x}-\boldsymbol{x}^{(i)})^\top \\ (\boldsymbol{x}-\boldsymbol{x}^{(i)}) & \boldsymbol{P}_i \end{bmatrix} \succeq 0\right\}, \quad i=1,\cdots,m,
$$

其中 $\boldsymbol{x}^{(i)}$ 是中心，而 $\boldsymbol{P}_i \succeq 0, i=1,\cdots,m$ 是给定椭球的形状矩阵. 设待确定的内嵌椭球具有如下表示：

$$
\mathcal{E} = \{\boldsymbol{x}\in\mathbb{R}^n:\ \boldsymbol{x} = \boldsymbol{Q}\boldsymbol{z} + \boldsymbol{c},\ \|\boldsymbol{z}\| \leqslant 1\},
$$

其中 $\boldsymbol{c} \in \mathbb{R}^n, \boldsymbol{Q} \in \mathbb{S}^n_{++}$. 现在，我们观察到，$\mathcal{E} \subseteq \mathcal{E}_i$ 当且仅当

$$\begin{bmatrix} 1 & (\boldsymbol{x}-\boldsymbol{x}^{(i)})^\top \\ (\boldsymbol{x}-\boldsymbol{x}^{(i)}) & \boldsymbol{P}_i \end{bmatrix} \succeq 0, \quad \forall\, \boldsymbol{x} \in \mathcal{E},$$

也就是，当且仅当

$$\begin{bmatrix} 1 & (\boldsymbol{c}-\boldsymbol{x}^{(i)})^\top + \boldsymbol{z}^\top \boldsymbol{Q} \\ (\boldsymbol{c}-\boldsymbol{x}^{(i)}) + \boldsymbol{Q}\boldsymbol{z} & \boldsymbol{P}_i \end{bmatrix} \succeq 0, \quad \forall\, \boldsymbol{z}: \ \|\boldsymbol{z}\|_2 \leqslant 1.$$

我们然后重写最后一个条件为：

$$\begin{aligned} &\begin{bmatrix} 1 & (\boldsymbol{c}-\boldsymbol{x}^{(i)})^\top \\ (\boldsymbol{c}-\boldsymbol{x}^{(i)}) & \boldsymbol{P}_i \end{bmatrix} \\ &\quad + \begin{bmatrix} 1 \\ 0 \end{bmatrix} \boldsymbol{z}^\top \begin{bmatrix} 0 & \boldsymbol{Q} \end{bmatrix} + \left(\begin{bmatrix} 1 \\ 0 \end{bmatrix} \boldsymbol{z}^\top \begin{bmatrix} 0 & \boldsymbol{Q} \end{bmatrix} \right)^\top \succeq 0, \\ &\quad \forall\, \boldsymbol{z}: \ \|\boldsymbol{z}\|_2 \leqslant 1, \end{aligned}$$

并应用 LMI 鲁棒性引理从而得到如下关于 $\boldsymbol{Q}, \boldsymbol{c}, \lambda_i$ 的 LMI 条件：

$$\begin{bmatrix} 1-\lambda_i & (\boldsymbol{c}-\boldsymbol{x}^{(i)})^\top & 0 \\ (\boldsymbol{c}-\boldsymbol{x}^{(i)}) & \boldsymbol{P}_i & \boldsymbol{Q} \\ 0 & \boldsymbol{Q} & \lambda_i \boldsymbol{I}_n \end{bmatrix} \succeq 0. \tag{11.39}$$

由于 $\mathcal{E}$ 的体积正比于 $\det \boldsymbol{Q}$, 于是我们通过求解以下凸优化问题来获得嵌入到 $\mathcal{E}_i$ 交中的最大体积的椭球：

$$\begin{aligned} \max_{\boldsymbol{Q} \in \mathbb{S}^n, \boldsymbol{c} \in \mathbb{R}^n, \boldsymbol{\lambda} \in \mathbb{R}^m} \ & \log \det(\boldsymbol{Q}) \\ \text{s.t.:}\ & \boldsymbol{Q} \succ 0, \\ & (11.39), \quad i = 1, \cdots, m. \end{aligned} \tag{11.40}$$

显然，问题 (11.40) 中相同的约束条件下，通过最大化 $\operatorname{trace} \boldsymbol{Q}$ 可以类似地得到包含在 $\cap_i \mathcal{E}_i$ 中的最大半轴长度总和的椭球.

11.4.2.5 包含椭球交的最小椭球

与前面所有的最小和最大椭球覆盖问题不同，找到包含 m 个给定椭球 $\mathcal{E}_i$ 交的最小椭球 $\mathcal{E}$ 的问题（如图 11.15 所示）在计算上是非常困难的. 这个问题不能通过凸优化计算出精确的解. 但是，我们可以基于关于包含关系 $\cap_i \mathcal{E}_i \subseteq \mathcal{E}$ 的一个充分条件，通过凸优化找到其次最优解.

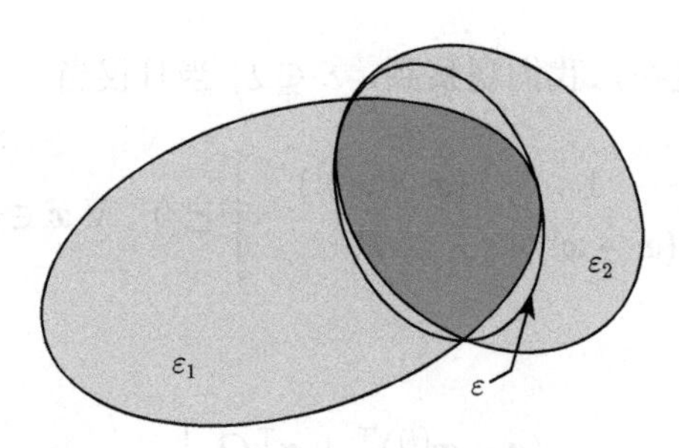

图 11.15　一个椭球 $\mathcal{E}$ 包围两个椭球的交

设给定的椭球 $\mathcal{E}_i$ 表示为式 (11.36)，待确定的覆盖椭球 $\mathcal{E}$ 表示为式 (11.37). 那么从 $\mathcal{S}$-步骤中得到一个关于包含关系 $\cap_i \mathcal{E}_i \subseteq \mathcal{E}$ 的充分条件是：存在常数 $\tau_1, \cdots, \tau_m \geqslant 0$ 使式 (11.37) 成立，也就是（应用 $\boldsymbol{F}_0 = \boldsymbol{A}^2, \boldsymbol{g}_0 = \boldsymbol{A}\boldsymbol{b}, h_0 = \boldsymbol{b}^\top \boldsymbol{b} - 1, \tilde{\boldsymbol{b}} = \boldsymbol{A}\boldsymbol{b}$ 这样的事实)：

$$\begin{bmatrix} \boldsymbol{A}^2 & \boldsymbol{A}\boldsymbol{b} \\ \boldsymbol{b}^\top \boldsymbol{A} & \boldsymbol{b}^\top \boldsymbol{b} - 1 \end{bmatrix} - \sum_{i=1}^m \tau_i \begin{bmatrix} \boldsymbol{F}_i & \boldsymbol{g}_i \\ \boldsymbol{g}_i^\top & h_i \end{bmatrix} \preceq 0.$$

把前面的不等式重写为如下形式：

$$\begin{bmatrix} \boldsymbol{F}_0 & \tilde{\boldsymbol{b}} \\ \tilde{\boldsymbol{b}}^\top & -1 \end{bmatrix} - \sum_{i=1}^m \tau_i \begin{bmatrix} \boldsymbol{F}_i & \boldsymbol{g}_i \\ \boldsymbol{g}_i^\top & h_i \end{bmatrix} + \begin{bmatrix} 0 \\ \tilde{\boldsymbol{b}}^\top \end{bmatrix} \boldsymbol{F}_0^{-1} \begin{bmatrix} 0 \\ \tilde{\boldsymbol{b}}^\top \end{bmatrix}^\top \preceq 0,$$

并应用 Schur 补规则，我们得到下面的 LMI 条件：

$$\begin{bmatrix} \boldsymbol{F}_0 - \sum_{i=1}^m \tau_i \boldsymbol{F}_i & \tilde{\boldsymbol{b}} - \sum_{i=1}^m \tau_i \boldsymbol{g}_i & 0 \\ \tilde{\boldsymbol{b}}^\top - \sum_{i=1}^m \tau_i \boldsymbol{g}_i^\top & -1 - \sum_{i=1}^m \tau_i \boldsymbol{h}_i & \tilde{\boldsymbol{b}}^\top \\ 0 & \tilde{\boldsymbol{b}} & -F_0 \end{bmatrix} \preceq 0, \tag{11.41}$$

那么，通过求解如下的凸优化问题，可以计算出一个次最优的最小体积椭球：

$$\begin{aligned} \min_{\boldsymbol{F}_0 \in \mathbb{S}^n, \tilde{\boldsymbol{b}} \in \mathbb{R}^n, \tau_1, \cdots, \tau_m \in \mathbb{R}} \quad & -\frac{1}{2} \log\det(\boldsymbol{F}_0) \\ \text{s.t.:} \quad & \tau_i \geqslant 0, \qquad i = 1, \cdots, m, \\ & (11.41). \end{aligned}$$

对于迹准则（即最小化半轴长度的平方和）的情况下，也可以很容易地计算出次最优椭球. 为此，我们将 $\mathcal{E}$ 描述为：

$$\mathcal{E} = \{\boldsymbol{x} \in \mathbb{R}^n : (\boldsymbol{x} - \boldsymbol{c})^\top \boldsymbol{P}^{-1} (\boldsymbol{x} - \boldsymbol{c}) \leqslant 1\},$$

其对应于前面的关于 $\boldsymbol{F}_0=\boldsymbol{P}^{-1},\boldsymbol{g}_0=\boldsymbol{P}^{-1}\boldsymbol{c},h_0=\boldsymbol{c}^\top\boldsymbol{P}^{-1}\boldsymbol{c}-1$ 的表示. 因此，充分条件 (11.17) 成为：

$$\begin{bmatrix}\boldsymbol{P}^{-1} & \boldsymbol{P}^{-1}\boldsymbol{c}\\ \boldsymbol{c}^\top\boldsymbol{P}^{-1} & \boldsymbol{c}^\top\boldsymbol{P}^{-1}\boldsymbol{c}-1\end{bmatrix}-\sum_{i=1}^m\tau_i\begin{bmatrix}\boldsymbol{F}_i & \boldsymbol{g}_i\\ \boldsymbol{g}_i^\top & h_i\end{bmatrix}\preceq 0,$$

其可被重写为

$$\begin{bmatrix}-\sum_{i=1}^m\tau_i\boldsymbol{F}_i & -\sum_{i=1}^m\tau_i\boldsymbol{g}_i\\ -\sum_{i=1}^m\tau_i\boldsymbol{g}_i^\top & -1-\sum_{i=1}^m\tau_i h_i\end{bmatrix}+\begin{bmatrix}\boldsymbol{I}\\ \boldsymbol{c}^\top\end{bmatrix}\boldsymbol{P}^{-1}\begin{bmatrix}\boldsymbol{I} & \boldsymbol{c}\end{bmatrix}\preceq 0.$$

使用 Schur 补规则，后一个条件等价于如下关于 $\boldsymbol{P},\boldsymbol{c}$ 和 $\tau_1,\cdots,\tau_m$ 的 LMI:

$$\begin{bmatrix}-\sum_{i=1}^m\tau_i\boldsymbol{F}_i & -\sum_{i=1}^m\tau_i\boldsymbol{g}_i & \boldsymbol{I}\\ -\sum_{i=1}^m\tau_i\boldsymbol{g}_i^\top & -1-\sum_{i=1}^m\tau_i h_i & \boldsymbol{c}^\top\\ \boldsymbol{I} & \boldsymbol{c} & -\boldsymbol{P}\end{bmatrix}\preceq 0. \tag{11.42}$$

那么，通过求解下面的 SDP, 可以计算出次最小迹椭球：

$$\min_{\boldsymbol{P}\in\mathbb{S}^n,\boldsymbol{c}\in\mathbb{R}^n,\tau_1,\cdots,\tau_m\in\mathbb{R}}\ \operatorname{trace}(\boldsymbol{P})$$

$$\text{s.t.: }\tau_i\geqslant 0,\quad i=1,\cdots,m,$$

$$(11.42).$$

11.5 习题

习题 11.1（重新讨论到线段的最小距离） 在本习题中，我们重新讨论习题 9.3 并应用 11.3.3.1 节中的 $\mathcal{S}$-步骤来求解该问题.

1. 证明：从线段 $\mathcal{L}$ 到原点的最小距离大于一个给定的数 $R\geqslant 0$ 当且仅当

$$\|\lambda(\boldsymbol{p}-\boldsymbol{q})+\boldsymbol{q}\|_2^2\geqslant R^2\quad\text{当 }\lambda(1-\lambda)\geqslant 0.$$

2. 应用 $\mathcal{S}$-步骤，证明上面的结果反过来等价于下面的关于 $\tau\geqslant 0$ 的 LMI:

$$\begin{bmatrix}\|\boldsymbol{p}-\boldsymbol{q}\|_2^2+\tau & \boldsymbol{q}^\top(\boldsymbol{p}-\boldsymbol{q})-\tau/2\\ \boldsymbol{q}^\top(\boldsymbol{p}-\boldsymbol{q})-\tau/2 & \boldsymbol{q}^\top\boldsymbol{q}-R^2\end{bmatrix}\succeq 0.$$

3. 使用 Schur 补规则[㊀]，证明上述结果和习题 9.3 的结果一致.

㊀ 参见定理 4.9.

习题 11.2(关于主成分分析的一种变形)　设 $\boldsymbol{X}=[\boldsymbol{x}_1,\cdots,\boldsymbol{x}_m]\in\mathbb{R}^{n,m}$. 对于 $p=1,2$, 考虑如下问题：

$$\phi_p(\boldsymbol{X})\doteq\max_{\boldsymbol{u}}\sum_{i=1}^{m}|\boldsymbol{x}_i^\top\boldsymbol{u}|^p:\quad \boldsymbol{u}^\top\boldsymbol{u}=1. \tag{11.43}$$

如果数据已被中心化，$p=1$ 的情况相当于从原点找到一个最大“偏差”的方向，其中偏差是使用 ℓ_1 范数来度量的. 可以说，这比对应于主成分分析的情况 $p=2$ 对异常值的敏感性要低.

1. 将 ϕ_2 的表示为关于 $\boldsymbol{X}$ 奇异值的函数.
2. 证明：当 $p=1$ 时，原问题可以通过 SDP: $\phi_1(\boldsymbol{X})\leqslant\psi_1(\boldsymbol{X})$, 其中

$$\psi_1(\boldsymbol{X})\doteq\max_{\boldsymbol{U}}\sum_{i=1}^{m}\sqrt{\boldsymbol{x}_i^\top\boldsymbol{U}\boldsymbol{x}_i}:\quad \boldsymbol{U}\succeq 0,\ \text{trace}\,\boldsymbol{U}=1$$

   来近似. 上面的 ψ_1 是一个范数吗？
3. 表述上面问题的对偶，强对偶性成立吗？提示：引入新变量 $z_i=\boldsymbol{x}_i^\top\boldsymbol{U}\boldsymbol{x}_i$, $i=1,\cdots,m$, 然后把相应的约束条件对偶化.
4. 通过弱对偶性，应用等式 (8.52) 近似问题 (11.43). 与 ψ_1 相比，新问题的界是什么？
5. 证明：

$$\psi_1(\boldsymbol{X})^2=\min_{\boldsymbol{D}}\text{trace}\,\boldsymbol{D}:\quad \boldsymbol{D}\text{是对角的},\ \boldsymbol{D}\succ 0,\ \boldsymbol{D}\succeq\boldsymbol{X}^\top\boldsymbol{X}.$$

   提示：缩放对偶问题的变量并关于缩放尺度进行优化. 也就是，设 $\boldsymbol{D}=\alpha\tilde{\boldsymbol{D}}$, 其中 $\lambda_{\max}(\boldsymbol{X}\tilde{\boldsymbol{D}}^{-1}\boldsymbol{X}^\top)=1$ 和 $\alpha>0$, 关于 α 进行优化. 那么讨论我们可以用一个凸的不等式来取代关于 $\tilde{\boldsymbol{D}}$ 的等式约束，并应用 Schur 补规则来处理相应的不等式.
6. 证明：

$$\phi_1(x)=\max_{\boldsymbol{v}:\|\boldsymbol{v}\|_\infty\leqslant 1}\|\boldsymbol{X}\boldsymbol{v}\|_2.$$

   最大值总是可以在某个满足 $|v_i|=1,\forall\, i$ 的向量 $\boldsymbol{v}$ 处达到吗？提示：应用如下事实

$$\|\boldsymbol{z}\|_1=\max_{\boldsymbol{v}:\|\boldsymbol{v}\|_\infty\leqslant 1}\boldsymbol{z}^\top\boldsymbol{v}.$$

7. Yu, Nestorov[⊖]的一个结果表明：对于任意的对称矩阵 $\boldsymbol{Q}\in\mathbb{R}^{m,m}$, 如下问题

$$p^*=\max_{\boldsymbol{v}:\|\boldsymbol{v}\|_\infty\leqslant 1}\boldsymbol{v}^\top\boldsymbol{Q}\boldsymbol{v}$$

   可以通过 SDP 在相对值为 $\pi/2$ 内逼近. 更准确地 $(2/\pi)d^*\leqslant p^*\leqslant d^*$, 其中

$$d^*=\min_{\boldsymbol{D}}\text{trace}\,\boldsymbol{D}:\quad \boldsymbol{D}\text{是对角的},\ \boldsymbol{D}\succeq\boldsymbol{Q}. \tag{11.44}$$

⊖ Yu. Nesterov, Quality of semidefinite relaxation for nonconvex quadratic optimization, discussion paper, CORE, 1997.

利用这个结果证明：

$$\sqrt{\frac{2}{\pi}}\psi_1(\boldsymbol{X}) \leqslant \phi_1(\boldsymbol{X}) \leqslant \psi_1(\boldsymbol{X}).$$

也就是，SDP 逼近解约为真解的 80% 的范围内，其与问题数据本身无关.

8. 分别讨论计算 ϕ_2 和 ψ_1 的复杂度. (你可以应用结论：对一个给定的 $m \times m$ 对称矩阵 $\boldsymbol{Q}$, SDP (11.44) 可以在 $O(m^3)$ 内求解）.

习题 11.3（鲁棒主成分分析） 称下面的问题为鲁棒主成分分析[1]：

$$p^* \doteq \min_{\boldsymbol{X}} \|\boldsymbol{A}-\boldsymbol{X}\|_* + \lambda\|\boldsymbol{X}\|_1,$$

其中 $\|\cdot\|_*$ 表示核范数[2]，以及 $\|\cdot\|_1$ 为矩阵元素的绝对值之和. 问题的解释如下，$\boldsymbol{A}$ 是给定的数据矩阵，我们希望将其分解为一个低秩矩阵和一个稀疏矩阵之和. 核范数惩罚和 ℓ_1 范数惩罚分别是这两个性质的凸启发式算法. 在最优点处，$\boldsymbol{X}^*$ 将是稀疏成分，而 $\boldsymbol{A}-\boldsymbol{X}^*$ 则是低秩成分使它们的和为 $\boldsymbol{A}$.

1. 给出该问题的对偶. 提示：对于任意矩阵 $\boldsymbol{W}$, 我们有：

$$\|\boldsymbol{W}\|_* = \max_{\boldsymbol{Y}} \operatorname{trace} \boldsymbol{W}^\top\boldsymbol{Y}:\ \|\boldsymbol{Y}\|_2 \leqslant 1,$$

其中 $\|\cdot\|_2$ 为最大奇异值范数.

2. 将原问题或对偶问题转化为一个已知的优化类问题（例如：LP、SOCP 和 SDP 等）. 确定变量和约束的个数. 提示：我们有

$$\|\boldsymbol{Y}\|_2 \leqslant 1 \quad \Leftrightarrow \quad \boldsymbol{I}-\boldsymbol{Y}\boldsymbol{Y}^\top \succeq 0,$$

其中 $\boldsymbol{I}$ 是单位阵.

3. 用对偶问题证明：当 $\lambda > 1$ 时，最优解是零矩阵. 提示：如果 $\boldsymbol{Y}^*$ 是最优的对偶变量，那么互补松弛条件则给出：$Y_{ij}^* < \lambda$ 意味着在最优点处 $X_{ij}^* = 0$.

习题 11.4（布尔最小二乘） 考虑下面的所谓布尔最小二乘问题：

$$\phi = \min_{\boldsymbol{x}} \|\boldsymbol{A}\boldsymbol{x}-\boldsymbol{b}\|_2^2:\ x_i \in \{-1, 1\},\ i = 1, \cdots, n.$$

这里变量为 $\boldsymbol{x} \in \mathbb{R}^n$, 其中 $\boldsymbol{A} \in \mathbb{R}^{m,n}$ 和 $\boldsymbol{b} \in \mathbb{R}^m$ 是给定的. 例如：这是数字通信中产生的一个基本问题. 暴力求解方法是检查 $\boldsymbol{x}$ 的所有 $2n$ 个可能取值，然而这通常是不切实际的.

1. 证明原问题等价于如下以 $\boldsymbol{X} = \boldsymbol{X}^\top \in \mathbb{R}^{n,n}$ 和 $\boldsymbol{x} \in \mathbb{R}^n$ 为变量的优化问题：

$$\phi = \min_{\boldsymbol{X},\boldsymbol{x}} \quad \operatorname{trace}(\boldsymbol{A}^\top\boldsymbol{A}\boldsymbol{X}) - 2\boldsymbol{b}^\top\boldsymbol{A}\boldsymbol{x} + \boldsymbol{b}^\top\boldsymbol{b}$$

---

[1] 参见 13.5.4 节.

[2] 核范数定义为矩阵的奇异值之和，参见 11.4.1.4 节和 5.2.2 节.

$$\text{s.t.:}\quad \boldsymbol{X}=\boldsymbol{x}\boldsymbol{x}^{\top},$$

$$X_{ii}=1,\quad i=1,\cdots,n.$$

2. 约束 $\boldsymbol{X}=\boldsymbol{x}\boldsymbol{x}^{\top}$, 即秩 1 矩阵的集合，并不是凸的，因此上面的问题形式仍然很难求解的. 证明：作为一个 SDP, 下面的松弛问题

$$\phi_{sdp}=\min_{\boldsymbol{X}}\ \operatorname{trace}(\boldsymbol{A}^{\top}\boldsymbol{A}\boldsymbol{X})-2\boldsymbol{b}^{\top}\boldsymbol{A}\boldsymbol{x}+\boldsymbol{b}^{\top}\boldsymbol{b}$$

$$\text{s.t.:}\quad \begin{bmatrix}\boldsymbol{X} & \boldsymbol{x}\\ \boldsymbol{x}^{\top} & 1\end{bmatrix}\succeq 0,$$

$$X_{ii}=1,\quad i=1,\cdots,n,$$

   可以给出原问题的一个下界，即 $\phi\geqslant\phi_{\mathrm{sdp}}$. 一旦这个问题可以被求解，那么原问题的一个近似解可以通过舍入方式得到：$\boldsymbol{x}_{\mathrm{sdp}}=\operatorname{sgn}(\boldsymbol{x}^{*})$, 其中 $\boldsymbol{x}^{*}$ 为半定松弛形式的最优解.

3. 另一个近似方法是松弛非凸约束 $x_i\in\{-1,1\}$ 为凸区间约束 $-1\leqslant x_i\leqslant 1, \forall\, i$, 这可以被写为 $\|\boldsymbol{x}\|_{\infty}\leqslant 1$. 于是，下面给出了一个不同的下界：

$$\phi\geqslant\phi_{\mathrm{int}}\doteq\min\|\boldsymbol{A}\boldsymbol{x}-\boldsymbol{b}\|_2^2:\ \|\boldsymbol{x}\|_{\infty}\leqslant 1.$$

   一旦可以求解该问题，我们可以通过舍入方式 $x_{\mathrm{int}}=\operatorname{sgn}(\boldsymbol{x}^{*})$ 得到近似解以及对应的原目标值 $\|\boldsymbol{A}\boldsymbol{x}_{\mathrm{int}}-\boldsymbol{b}\|_2^2$. ϕ_{sdp} 和 ϕ_{int} 哪一个更接近 ϕ? 仔细验证你的答案.

4. 现在使用 100 个独立正态分布的数据 $\boldsymbol{A}\in\mathbb{R}^{10,10}$（其元素独立且均值为 0) 和 $\boldsymbol{b}\in\mathbb{R}^{10}$（其元素独立且均值为 1), 画出并比较第 2 部分中的 $\|\boldsymbol{A}\boldsymbol{x}_{\mathrm{sdp}}-\boldsymbol{b}\|_2^2$, 第 3 部分中的 $\|\boldsymbol{A}\boldsymbol{x}_{\mathrm{int}}-\boldsymbol{b}\|_2^2$ 和初等方法得到的目标值 $\|\boldsymbol{A}\boldsymbol{x}_{\mathrm{ls}}-\boldsymbol{b}\|_2^2$ 的直方图，其中 $\boldsymbol{x}_{\mathrm{ls}}=\operatorname{sgn}((\boldsymbol{A}^{\top}\boldsymbol{A})^{-1}\boldsymbol{A}^{\top}\boldsymbol{b})$ 是常规最小二乘的舍入解. 简单讨论三种方法的精度和时间复杂度（以秒计）.

5. 假设对于某些问题实例，通过 SDP 近似找到的最优解 $(\boldsymbol{x},\boldsymbol{X})$ 是属于原非凸约束集 $\{\boldsymbol{x}:\ x_i\in\{-1,1\},\ i=1,\cdots,n\}$ 中的点 $\boldsymbol{x}$. 在这种情形下，对 SDP 近似形式作出合理的解释.

习题 11.5（自回归过程模型） 我们考虑一个由如下差分方程描述的过程：

$$y(t+2)=\alpha_1(t)y(t+1)+\alpha_2(t)y(t)+\alpha_3(t)u(t),\quad t=0,1,2,\cdots,$$

其中 $u(t)\in\mathbb{R}$ 是输入，$y(t)\in\mathbb{R}$ 是输出且系数向量 $\alpha(t)$ 是时变的. 我们想要计算向量 $\alpha(t)$ 的解满足 (a) 独立于 t, (b) 吻合于一些给定的历史数据.

我们考虑这样一个特殊问题：已知在一个时间周期 $1\leqslant t\leqslant T$ 上的 $u(t)$ 和 $y(t)$ 的值，找到 $\mathbb{R}^3$ 中的最小椭球 $\mathcal{E}$, 使得对每个 t, $1\leqslant t\leqslant T$ 和某个 $\alpha(t)\in\mathcal{E}$, 上面方程成立.

1. 在 α 所属的空间中，该问题的几何解释是什么？
2. 将该问题表述为一个半定规划，你可以自由选择参数以及用最方便的方式度量 $\mathcal{E}$ 的大小.
3. 假设我们把搜索限制在球上而不是椭球上，证明该问题可以归结为一个线性规划.
4. 在上面的设置下，允许 $\alpha(t)$ 随时间变化任意快，这尽管是不现实的. 假设对 $\alpha(t)$ 的变化提出一个界，例如 $\|\alpha(t+1)-\alpha(t)\| \leqslant \beta$, 其中 $\beta \geqslant 0$ 是给定的. 在这个添加的约束下，如何求解该问题？

习题 11.6（多项式的非负性） 一个二次多项式 $p(x)=y_0+y_1x+y_2x^2$ 是处处非负的当且仅当

$$\forall\, x: \quad \begin{bmatrix} x \\ 1 \end{bmatrix}^\top \begin{bmatrix} y_0 & y_1/2 \\ y_1/2 & y_2 \end{bmatrix} \begin{bmatrix} x \\ 1 \end{bmatrix} \geqslant 0,$$

这又可以写为一个关于 $y=(y_0,y_1,y_2)$ 的 LMI:

$$\begin{bmatrix} y_0 & y_1/2 \\ y_1/2 & y_2 \end{bmatrix} \succeq 0.$$

在该习题中，需要你证明一个更一般的结果，并将该结果应用到任意偶数阶 $2k$ 的多项式（奇数阶多项式不可能是处处非负的）. 为了简化，我们仅考虑 $k=2$ 的情形，也就是四阶多项式. 这里采用的方法可以推广到任意 $k>2$ 的情形.

1. 证明：一个四次多项式 p 是处处非负的当且仅当它是一个平方和形式，即其可以写为：

$$p(x)=\sum_{i=1}^{4} q_i(x)^2,$$

   其中 q_i 是阶数最多为 2 的多项式. 提示：证明 p 是处处非负的当且仅当它具有如下形式：

$$p(x)=p_0\left((x-a_1)^2+b_1^2\right)\left((x-a_2)^2+b_2^2\right),$$

   其中 $a_i, b_i, i=1,2$ 是某些合适的实数以及 $p_0>0$.

2. 应用上面的结果，证明：如果一个四次多项式是一个平方和形式，那么对某个半正定矩阵 $\boldsymbol{Q}$, 其可以写为：

$$p(x)=\begin{bmatrix} 1 & x & x^2 \end{bmatrix} \boldsymbol{Q} \begin{bmatrix} 1 \\ x \\ x^2 \end{bmatrix}. \tag{11.45}$$

3. 证明逆命题：如果对于任意的 x, 一个半正定矩阵 $\boldsymbol{Q}$ 都满足条件 (11.45), 那么 p 是一个平方和形式. 提示：利用矩阵 $\boldsymbol{Q}$ 的因子分解 $\boldsymbol{Q}=\boldsymbol{A}\boldsymbol{A}^\top$, 其中 $\boldsymbol{A}$ 是某个合适的矩阵.

4. 证明：一个四次多项式 $p(x) = y_0 + y_1 x + y_2 x^2 y_3 x^3 + y_4 x^4$ 是处处非负的当且仅当存在一个 3×3 的矩阵 $\boldsymbol{Q}$ 使得

$$\boldsymbol{Q} \succeq 0, \quad y_{l-1} = \sum_{i+j=l+1} Q_{ij}, \quad l = 1, \cdots, 5.$$

提示：在方程 (11.45) 的左右两边使 x 的幂系数相等.

习题 11.7（最大特征值的和）　对于 $\boldsymbol{X} \in \mathbb{S}^n$ 和 $i = \{1, \cdots, n\}$, 用 $\lambda_i(\boldsymbol{X})$ 表示 $\boldsymbol{X}$ 的第 i 个最大特征值. 对于 $k \in \{1, \cdots, n\}$, 我们定义函数 $f_k : \mathbb{S}^n \to \mathbb{R}$ 取值为：

$$f_k(\boldsymbol{X}) = \sum_{i=1}^{k} \lambda_i(\boldsymbol{X}).$$

此函数介于最大特征值 $(k = 1)$ 和迹 $(k = n)$ 之间.

1. 证明：对任意 $t \in \mathbb{R}$, 我们有 $f_k(\boldsymbol{X}) \leqslant t$ 当且仅当存在 $\boldsymbol{Z} \in \mathbb{S}^n$ 和 $s \in \mathbb{R}$ 使得

$$t - ks - \operatorname{trace}(\boldsymbol{Z}) \geqslant 0, \ \boldsymbol{Z} \succeq 0, \ \boldsymbol{Z} - \boldsymbol{X} + s\boldsymbol{I} \succeq 0.$$

提示：对于充分性部分，考虑用特征值的交错性质[㊀].

2. 证明 f_k 是凸的，它是一个范数吗？
3. 你如何将这些结果推广到将前 k 个奇异值之和赋给一般 $m \times n$ 矩形矩阵函数中，其中 $k \leqslant \min(m, n)$? 提示：对任意 $\boldsymbol{X} \in \mathbb{R}^{m,n}$, 考虑对阵矩阵：

$$\tilde{\boldsymbol{X}} \doteq \begin{bmatrix} 0 & \boldsymbol{X} \\ \boldsymbol{X}^{\top} & 0 \end{bmatrix}.$$

㊀ 参见方程 (4.6).

第12章 算法介绍

在这一章中，我们将使用一些迭代技术（算法）在给定的精度下数值求解不同类型的优化问题. 这些方法具有共同的一般结构：在迭代 $k=0$ 时给出一些初始信息（例如：选定初始候选点 $\boldsymbol{x}_0 \in \mathbb{R}^n$），并给出期望的数值精度 $\varepsilon > 0$. 在每次迭代 $k=0,1,\cdots$，和当前位置点 $\boldsymbol{x}_k$ 处收集问题的相关信息，并根据算法特定的规则更新候选点，从而得到一个新的位置点 $\boldsymbol{x}_{k+1}$. 然后，检查是否达到使算法停止的目标（通常通过验证当前解是否满足所需的精度值 ε）. 如果达到算法停止的目标，则返回当前点作为问题的数值解（精确达到 ε），否则我们设置 $k \leftarrow k+1$，并迭代该过程. 算法在 $\boldsymbol{x}_k$ 点收集的信息类型以及这些信息用于更新当前解的方式各不相同. 一个典型的更新规则采用如下简单递归的形式：

$$\boldsymbol{x}_{k+1} = \boldsymbol{x}_k + s_k \boldsymbol{v}_k, \tag{12.1}$$

其中称常数 $s_k > 0$ 为步长，而 $\boldsymbol{v}_k$ 为更新（或搜索）的方向. 方程 (12.1) 的含义是从当前点 $\boldsymbol{x}_k$ 出发，沿着方向 $\boldsymbol{v}_k$ 以移动步长 s_k 远离该点.

一些算法（如 12.2.1 节中所表述的下降方法）可应用于一般（即可能为非凸）的优化问题. 然而，对这样一般的非凸问题，通常无法给出算法收敛的“保证”. 相反，如果问题是凸的，那么（可能需要一些额外的技术假设）本章中提出的算法通常可以确保算法收敛到全局最优解（如果存在这样的全局最优解）. 另外，在凸性假设下，我们可以估计收敛的速度，并且在某些情况下，我们可以预测达到所需数值精度所需的迭代次数.

这些算法基本上可分为一阶方法和二阶方法. 该术语来源于可微函数的经典无约束优化问题，是指在每一步中是否只使用目标函数的一阶导数（梯度）来确定搜索方向（一阶方法），或者使用二阶导数（海森矩阵）来确定搜索方向（二阶方法）. 在这一章中，我们介绍一些标准的无约束极小化问题的一阶和二阶方法，然后讨论了其各种扩展，包括约束的存在、目标函数和约束函数不可微性的情形以及优化过程本身的分散结构.

本章内容安排如下：12.1 节介绍优化算法分析所需的一些技术方面的预备知识；12.2 节讨论用于求解可微的非凸或凸目标函数的无约束极小化问题的算法，包括梯度法、一般下降法和用于求解凸极小化问题的牛顿和拟牛顿算法，还包含关于变量存在线性等式约束的相应问题的适应算法；12.3 节讨论处理带不等式约束的可微凸优化问题的技术，并特别介绍一种二阶方法（12.3.1 节中的障碍方法）和基于近端梯度概念的一阶方法（12.3.2 节），本节还讨论 LASSO 的一些特殊技术和相关问题；12.4 节介绍凸但可能不可微函数的约束优化方法，本节特别表述了投影次梯度法（12.4.1 节）、交替次梯度法（12.4.2 节）和椭球算法（12.4.3 节）；5.5.12 节讨论坐标下降法；在 12.6 节中，我们简要介绍诸如原和对偶分解方法等分散优化技术.

注释 12.1 本章的某些部分是相当技术性的，其主要用来分析各种算法的收敛性. 然而，只对关键想法和算法的一般表述感兴趣的读者可以完全跳过所有收敛性证明以及 12.1 节的大部分内容.

12.1 技术方面的预备知识

在接下来的章节中所表述的优化算法的大部分收敛性证明都取决于问题描述中所涉及函数的一个或两个“正则”性质，即梯度的李普希兹连续性和强凸性. 这些性质及其隐含的结果将在下面的小节中进行总结.

假设 1（工作假设）. 在本章的余下部分，我们将作如下标准性的假设：$f_0:\mathbb{R}^n\to\mathbb{R}$ 是一个闭函数，即其所有下水平集 $S_\alpha=\{\boldsymbol{x}:\ f_0(\boldsymbol{x})\leqslant\alpha\}$, $\alpha\in\mathbb{R}$, 是闭集. 进一步，假设 f_0 是下方有界的并且其在某个点 $\boldsymbol{x}^*\in\operatorname{dom} f_0$ 处达到（全局）最小值 f_0^*. 对于给定的点 $\boldsymbol{x}_0\in\operatorname{dom} f_0$，我们定义 S_0 为如下下水平集：

$$S_0\doteq\{\boldsymbol{x}:\ f_0(\boldsymbol{x})\leqslant f_0(\boldsymbol{x}_0)\}.$$

12.1.1 梯度李普希兹连续

对于函数 $f_0:\mathbb{R}^n\to\mathbb{R}$ 和域 $S\subseteq\mathbb{R}^n$，如果存在一个常数 $R>0$（可能会依赖于 S）使

$$|f_0(\boldsymbol{x})-f_0(\boldsymbol{y})|\leqslant R\|\boldsymbol{x}-\boldsymbol{y}\|_2,\quad\forall\ \boldsymbol{x},\boldsymbol{y}\in S.$$

则称 f_0 在 S 上是李普希兹连续的.

如果存在一个常数 $L>0$（可能会依赖于 S）使

$$\|\nabla f_0(\boldsymbol{x})-\nabla f_0(\boldsymbol{y})\|_2\leqslant L\|\boldsymbol{x}-\boldsymbol{y}\|_2,\quad\forall\ x,y\in S. \tag{12.2}$$

则称函数 $f_0:\mathbb{R}^n\to\mathbb{R}$ 在 S 上具有李普希兹连续的梯度.

直观上，如果函数 f_0 的梯度“并不会变化太快”，那么 f_0 具有李普希兹连续的梯度. 事实上，如果 f_0 是二次可微的，则上面的条件等价于 f_0 的海森矩阵有一个界. 下面的命题总结了梯度李普希兹连续性的一些有用的性质[⊖].

⊖ 对于这些性质的证明，可参见 Yurii Nesterov, *Introductory Lectures on Convex Optimization: A Basic Course*, Springer, 2004.

引理 12.1

1. 如果函数 $f_0:\mathbb{R}^n\to\mathbb{R}$ 是二次连续可微的，那么式 (12.2) 成立当且仅当 f_0 的海森矩阵在 S 上有界，即

$$\|\nabla^2 f_0(\boldsymbol{x})\|_{\mathrm{F}}\leqslant L,\quad \forall\,\boldsymbol{x}\in S.$$

2. 如果函数 f_0 是连续可微的，那么式 (12.2) 意味着：

$$|f_0(\boldsymbol{x})-f_0(\boldsymbol{y})-\nabla f_0(\boldsymbol{y})^\top(\boldsymbol{x}-\boldsymbol{y})|\leqslant\frac{L}{2}\|\boldsymbol{x}-\boldsymbol{y}\|_2^2,\quad \forall\,\boldsymbol{x},\boldsymbol{y}\in S. \tag{12.3}$$

3. 如果函数 f_0 是凸的且连续可微的，那么 (12.2) 意味着：

$$0\leqslant f_0(\boldsymbol{x})-f_0(\boldsymbol{y})-\nabla f_0(\boldsymbol{y})^\top(\boldsymbol{x}-\boldsymbol{y})\leqslant\frac{L}{2}\|\boldsymbol{x}-\boldsymbol{y}\|_2^2,\quad \forall\,\boldsymbol{x},\boldsymbol{y}\in S, \tag{12.4}$$

并且如下的不等式成立：$\forall\,\boldsymbol{x},\boldsymbol{y}\in S$,

$$\frac{1}{L}\|\nabla f_0(\boldsymbol{x})-\nabla f_0(\boldsymbol{y})\|_2^2\leqslant(\nabla f_0(\boldsymbol{x})-\nabla f_0(\boldsymbol{y}))^\top(\boldsymbol{x}-\boldsymbol{y})\leqslant L\|\boldsymbol{x}-\boldsymbol{y}\|_2^2.$$

12.1.1.1 二次上界

不等式 (12.3) 意味着：对任意给定 $\boldsymbol{y}\in S$, $f_0(\boldsymbol{x})$ 的一个上界由下面的（强）凸二次函数给出：

$$f_0(\boldsymbol{x})\leqslant f_0(\boldsymbol{y})+\nabla f_0(\boldsymbol{y})^\top(\boldsymbol{x}-\boldsymbol{y})+\frac{L}{2}\|\boldsymbol{x}-\boldsymbol{y}\|_2^2,\quad \forall\,\boldsymbol{x},\boldsymbol{y}\in S, \tag{12.5}$$

其中二次上界函数定义为：

$$f_{\mathrm{up}}(\boldsymbol{x}):=f_0(\boldsymbol{y})+\nabla f_0(\boldsymbol{y})^\top(\boldsymbol{x}-\boldsymbol{y})+\frac{L}{2}\|\boldsymbol{x}-\boldsymbol{y}\|_2^2. \tag{12.6}$$

12.1.1.2 无约束极小化问题的含义

设 $\boldsymbol{x}^*\in\operatorname{dom}f_0$ 是 f_0 的一个全局无约束最小值点. 那么，显然有 $\boldsymbol{x}^*\in S_0$（回顾 S_0 是定义在假设 1 中的下水平集），因此我们可以写：

$$\boldsymbol{x}^*\in\arg\min_{\boldsymbol{x}\in S_0}f_0(\boldsymbol{x}),$$

并且如果 f_0 是可微的，则无约束最优性条件为 $\nabla f_0(\boldsymbol{x}^*)=0$. 进一步，如果 f_0 在 S_0 上具有李普希兹连续的梯度，那么有：

$$\frac{1}{2L}\|\nabla f_0(\boldsymbol{x})\|_2^2\leqslant f_0(\boldsymbol{x})-f_0^*\leqslant\frac{L}{2}\|\boldsymbol{x}-\boldsymbol{x}^*\|_2^2,\quad \forall\,\boldsymbol{x}\in S_0. \tag{12.7}$$

不等式 (12.7) 右边的界很容易由式 (12.5) 在 $\boldsymbol{y}=\boldsymbol{x}^*$ 处得到且 $\nabla f_0(\boldsymbol{x}^*)=0$，而不等式 (12.7) 左边的界则由式 (12.5) 在 $\boldsymbol{x}=\boldsymbol{y}-\frac{1}{L}\nabla f_0(\boldsymbol{y})$ 处得到，并有

$$f_0(\boldsymbol{x})\leqslant f_0(\boldsymbol{y})-\frac{1}{2L}\|\nabla f_0(\boldsymbol{y})\|_2^2,\quad \forall\, \boldsymbol{y}\in S_0.$$

于是，由于 $f_0^*\leqslant f_0(\boldsymbol{x}),\forall\, \boldsymbol{x}\in \operatorname{dom} f_0$，这个不等式也意味着 $f_0^*\leqslant f_0(\boldsymbol{y})-\frac{1}{2L}\|\nabla f_0(\boldsymbol{y})\|_2^2$，$\forall\, \boldsymbol{y}\in S_0$，这得到了所期望的界.

12.1.1.3　具有紧下水平集函数的李普希兹常数

如果 f_0 是二次连续可微的，并且下水平集 $S_0=\{\boldsymbol{x}:\ f_0(\boldsymbol{x})\leqslant f_0(\boldsymbol{x}_0)\}$ 是紧的，那么 f_0 在 S_0 上有李普希兹连续梯度. 这是由于其海森矩阵是连续的，因此 $\|\nabla^2 f_0(\boldsymbol{x})\|_{\mathrm{F}}$ 是连续的，且根据维尔斯特拉斯定理，其在紧集 S_0 上达到一个最大值. 于是应用引理 2.1 中的第 1 点，我们有 f_0 在 S_0 上有李普希兹连续梯度以及如下的一个合适的李普希兹常数：

$$L=\max_{\boldsymbol{x}\in S_0}\|\nabla^2 f_0(\boldsymbol{x})\|_{\mathrm{F}}.$$

如果 f_0 是强制的（参见引理 8.3）或者 f_0 是强凸的（参见下一节），那么下水平集 S_0 的紧性成立.

12.1.2　强凸性及其含义

我们回顾 8.2.1 节中关于强凸函数的定义. 对于一个函数 $f_0:\mathbb{R}^n\to\mathbb{R}$，如果存在 $m>0$ 使

$$f_0(\boldsymbol{x})-\frac{m}{2}\|\boldsymbol{x}\|_2^2$$

是凸的，则称 f_0 是强凸的. 应用这个定义得到，如果 f_0 是强凸的以及二次可微的，那么

$$\nabla f_0(\boldsymbol{x})\succeq m\boldsymbol{I},\quad \forall\, \boldsymbol{x}\in \operatorname{dom} f_0.$$

强凸性还有一些其他有意思的含义，如下所述.

12.1.2.1　二次下界

我们由式 (8.4) 得到：一个可微函数 f 是凸的当且仅当

$$\forall\, \boldsymbol{x},\boldsymbol{y}\in \operatorname{dom} f,\quad f(\boldsymbol{y})\geqslant f(\boldsymbol{x})+\nabla f(\boldsymbol{x})^\top(\boldsymbol{y}-\boldsymbol{x}),\tag{12.8}$$

这意味着线性函数 $f(\boldsymbol{x})+\nabla f(\boldsymbol{x})^\top(\boldsymbol{y}-\boldsymbol{x})$ 是关于 $f(\boldsymbol{y})$ 的一个全局下界. 于是，对 $f(\boldsymbol{x})=f_0(\boldsymbol{x})-\frac{m}{2}\|\boldsymbol{x}\|_2^2$ 应用式 (12.8)，我们有：一个可微函数 f_0 是强凸的当且仅当

$$\forall\, \boldsymbol{x},\boldsymbol{y}\in \operatorname{dom} f_0,\quad f_0(\boldsymbol{y})\geqslant f_0(\boldsymbol{x})+\nabla f_0(\boldsymbol{x})^\top(\boldsymbol{y}-\boldsymbol{x})+\frac{m}{2}\|\boldsymbol{y}-\boldsymbol{x}\|_2^2,\tag{12.9}$$

这意味着在几何上，在任意点 $\boldsymbol{x}\in\operatorname{dom} f_0$，存在一个凸的二次函数

$$f_{\mathrm{low}}(\boldsymbol{y}) \doteq f_0(\boldsymbol{x}) + \nabla f_0(\boldsymbol{x})^\top(\boldsymbol{y}-\boldsymbol{x}) + \frac{m}{2}\|\boldsymbol{y}-\boldsymbol{x}\|_2^2$$

使其为 f_0 的图下方的界，也就是使对所有 $\boldsymbol{y}\in\operatorname{dom} f_0$, 满足 $f_0(\boldsymbol{y})\geqslant f_{\mathrm{low}}(\boldsymbol{y})$，如图 12.1 所示. 用次梯度代替梯度，这种二次下界性质也适用于不可微函数. 事实上，如果 f 是凸的，但可能并不是可微分的，于是对任意 $\boldsymbol{x}\in\operatorname{relint}\operatorname{dom} f$,

$$f(\boldsymbol{y}) \geqslant f(\boldsymbol{x}) + h_{\boldsymbol{x}}^\top(\boldsymbol{y}-\boldsymbol{x}), \quad \forall\, \boldsymbol{y}\in\operatorname{dom} f,\ \forall\, h_{\boldsymbol{x}}\in\partial f(\boldsymbol{x}),$$

其中 $h_{\boldsymbol{x}}$ 为函数 f 在点 $\boldsymbol{x}$ 处的次梯度. 这样，如果 f_0 是强凸的，但可能并不是可微分的，应用上面的不等式到凸函数 $f_0(\boldsymbol{x})-\frac{m}{2}\|\boldsymbol{x}\|_2^2$，则有 $\forall\,\boldsymbol{x}\in\operatorname{relint}\operatorname{dom} f_0$ 和 $g_{\boldsymbol{x}}\in\partial f_0(\boldsymbol{x})$,

$$f_0(\boldsymbol{y}) - \frac{m}{2}\|\boldsymbol{y}\|_2^2 \geqslant f_0(\boldsymbol{x}) - \frac{m}{2}\|\boldsymbol{x}\|_2^2 + (g_{\boldsymbol{x}} - m\boldsymbol{x})^\top(\boldsymbol{y}-\boldsymbol{x}),$$

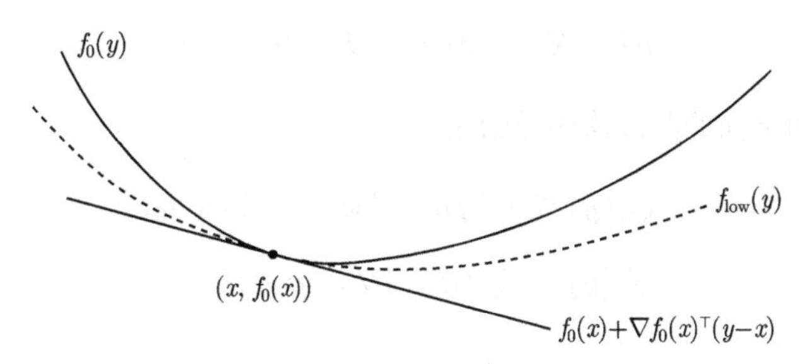

图 12.1　一个可微强凸函数 f_0 在任意点 $x\in\operatorname{dom} f_0$ 有一个全局二次下界 f_{low}.

于是，对所有 $\boldsymbol{y}\in\operatorname{dom} f$ 和 $g_{\boldsymbol{x}}\in\partial f_0(\boldsymbol{x})$，有

$$\begin{aligned} f_0(\boldsymbol{y}) &\geqslant f_0(\boldsymbol{x}) + g_{\boldsymbol{x}}^\top(\boldsymbol{y}-\boldsymbol{x}) - m\boldsymbol{x}^\top(\boldsymbol{y}-\boldsymbol{x}) + \frac{m}{2}(\|\boldsymbol{y}\|_2^2 - \|\boldsymbol{x}\|_2^2) \\ &= f_0(\boldsymbol{x}) + g_{\boldsymbol{x}}^\top(\boldsymbol{y}-\boldsymbol{x}) + \frac{m}{2}\|\boldsymbol{y}-\boldsymbol{x}\|_2^2. \end{aligned}$$

因此，同样在不可微的情况下，强凸函数 f_0 在任何 $\boldsymbol{x}\in\operatorname{relint}\operatorname{dom} f_0$ 处也具有一个二次下界.

12.1.2.2　二次上界

我们下面证明如果 f_0 是强凸的且为二次连续可微的，那么 f_0 在 S_0 上有李普希兹连续梯度，因此其具有一个由二次函数表述的上界.

首先观察到，对任意初始点 $\boldsymbol{x}_0\in\operatorname{dom} f_0$，如果 f_0 是强凸的，那么水平集 $S_0=\{\boldsymbol{y}: f_0(\boldsymbol{y})\leqslant f_0(\boldsymbol{x})\}$ 被包含在一个正则椭球体中，因此它是有界的. 为了证明这个事实，我们只需考虑强凸性不等式 (12.9)，从中可以得到:

$$\boldsymbol{y}\in S_0 \Rightarrow 0 \geqslant f_0(\boldsymbol{y}) - f_0(\boldsymbol{x}_0) \geqslant \nabla f_0(\boldsymbol{x}_0)^\top(\boldsymbol{y}-\boldsymbol{x}_0) + \frac{m}{2}\|\boldsymbol{y}-\boldsymbol{x}_0\|_2^2,$$

其中满足不等式 $\nabla f_0(\boldsymbol{x})^\top(\boldsymbol{y}-\boldsymbol{x}_0)+\frac{m}{2}\|\boldsymbol{y}-\boldsymbol{x}_0\|_2^2\leqslant 0$ 的所有 $\boldsymbol{y}$ 的区域是一个有界的椭球体. 因为 f_0 的海森矩阵被假设是连续的，故其在有界域上是有界的，这意味着存在一个有限的常数 $M>0$（可能会依赖于 $\boldsymbol{x}_0$）使

$$\nabla^2 f_0(\boldsymbol{x})\preceq M\boldsymbol{I},\ \forall\, \boldsymbol{x}\in S_0.$$

根据引理 12.1,这反过来意味着 f_0 在 S_0 上具有李普希兹连续梯度(其李普希兹常数为 M),因此其有一个平方上界，也就是：

$$f_0(\boldsymbol{y})\leqslant f_0(\boldsymbol{x})+\nabla f_0(\boldsymbol{x})^\top(\boldsymbol{y}-\boldsymbol{x})+\frac{M}{2}\|\boldsymbol{y}-\boldsymbol{x}\|_2^2,\quad \forall\, x,y\in S_0.$$

12.1.2.3　优化间隙的界

总结前两节的讨论，对于强凸二次可微函数 f_0，我们有：

$$m\boldsymbol{I}\preceq\nabla^2 f_0(\boldsymbol{x})\preceq M\boldsymbol{I},\quad \forall\, \boldsymbol{x}\in S_0,$$

以及 f_0 的上下界由下面的凸二次函数给出：

$$f_{\rm low}(\boldsymbol{y})\leqslant f_0(\boldsymbol{y}),\quad \forall\, \boldsymbol{x},\boldsymbol{y}\in \operatorname{dom} f_0,$$

$$f_0(\boldsymbol{y})\leqslant f_{\rm up}(\boldsymbol{y}),\quad \forall\, \boldsymbol{x},\boldsymbol{y}\in S_0,$$

其中

$$f_{\rm low}(\boldsymbol{y})=f_0(\boldsymbol{x})+\nabla f_0(\boldsymbol{x})^\top(\boldsymbol{y}-\boldsymbol{x})+\frac{m}{2}\|\boldsymbol{y}-\boldsymbol{x}\|_2^2,\tag{12.10}$$

$$f_{\rm up}(\boldsymbol{y})=f_0(\boldsymbol{x})+\nabla f_0(\boldsymbol{x})^\top(\boldsymbol{y}-\boldsymbol{x})+\frac{M}{2}\|\boldsymbol{y}-\boldsymbol{x}\|_2^2.\tag{12.11}$$

从这两个不等式中，我们可以得到，在任意点 $\boldsymbol{x}\in\operatorname{dom} f_0$ 处的 f_0 值与全局无约束最小值 f_0^* 之间间隙的关键界.

设函数 f_0 在 $\operatorname{dom} f_0$ 上的某个点 $\boldsymbol{x}\in\operatorname{dom} f_0$ 处达到其最小值 f_0^*（由于 f_0 是强凸的，这样一个最小值点是唯一的）. 正如我们已经讨论过的，一定有 $\boldsymbol{x}^*\in S_0$. 那么，对于 $\boldsymbol{x}=\boldsymbol{x}^*$, 我们重写不等式 $f_{\rm low}(\boldsymbol{y})\leqslant f_0(\boldsymbol{y})$，于是得到（因为 $\nabla f_0(\boldsymbol{x}^*)=0$）：

$$f_0(\boldsymbol{y})\geqslant f_0^*+\frac{m}{2}\|\boldsymbol{y}-\boldsymbol{x}^*\|_2^2,\quad \forall\, \boldsymbol{y}\in S_0.\tag{12.12}$$

进一步，不等式 $f_0(\boldsymbol{y})\geqslant f_{\rm low}(\boldsymbol{y}),\ \forall\, \boldsymbol{y}\in S_0$，意味着此不等式成立 $f_0(\boldsymbol{y})\geqslant \min_{\boldsymbol{z}} f_{\rm low}(\boldsymbol{z})$. 令 $f_{\rm low}(\boldsymbol{z})$ 的梯度为零，则有最小值点 $\boldsymbol{z}^*=\boldsymbol{x}-\frac{1}{m}\nabla f_0(\boldsymbol{x})$，因此

$$f_0(\boldsymbol{y})\geqslant \min_{\boldsymbol{z}} f_{\rm low}(\boldsymbol{z})=f_{\rm low}(\boldsymbol{z}^*)$$

$$= f_0(\boldsymbol{x}) - \frac{1}{2m}\|\nabla f_0(\boldsymbol{x})\|_2^2, \quad \forall\, \boldsymbol{x}, \boldsymbol{y} \in S_0.$$

因为上面的不等式对所有的 $\boldsymbol{y}$ 都成立，那么令 $\boldsymbol{y} = \boldsymbol{x}^*$，则有

$$f_0^* \geqslant f_0(\boldsymbol{x}) - \frac{1}{2m}\|\nabla f_0(\boldsymbol{x})\|_2^2, \quad \forall\, \boldsymbol{x} \in S_0. \tag{12.13}$$

将式 (12.12) 和式 (12.13) 组合在一起，我们得到：

$$\frac{m}{2}\|\boldsymbol{x} - \boldsymbol{x}^*\|_2^2 \leqslant f_0(\boldsymbol{x}) - f_0^* \leqslant \frac{1}{2m}\|\nabla f_0(\boldsymbol{x})\|_2^2, \quad \forall\, \boldsymbol{x} \in S_0, \tag{12.14}$$

这表明间隙 $f_0(\boldsymbol{x}) - f_0^*$（以及从 $\boldsymbol{x}$ 到最小值点 $\boldsymbol{x}^*$ 的距离）的上界是 f_0 在 $\boldsymbol{x}$ 处梯度的范数. 同样，根据类似于 12.1.1.2 节的推理分析，得到如下“交换”不等式：

$$\frac{1}{2M}\|\nabla f_0(\boldsymbol{x})\|_2^2 \leqslant f_0(\boldsymbol{x}) - f_0^* \leqslant \frac{M}{2}\|\boldsymbol{x} - \boldsymbol{x}^*\|_2^2, \quad \forall\, \boldsymbol{x} \in S_0. \tag{12.15}$$

12.2 光滑无约束极小化算法

本节的重点是聚焦于数值求解如下无约束优化问题的迭代算法：

$$f_0^* = \min_{\boldsymbol{x} \in \mathbb{R}^n} f_0(\boldsymbol{x}),$$

其中 $f_0 : \mathbb{R}^n \to \mathbb{R}$ 是目标函数. 这里我们设 **假设 1** （12.1 节开头部分）成立，即给定一个初始点 $\boldsymbol{x}_0 \in \mathrm{dom}\ f_0$ 且 f_0 是连续可微的[㊀]. 注意，目前我们并没有作任何凸性的假设.

12.2.1 一阶下降法

我们首先讨论一类简单的一阶方法，其中迭代的形式由式 (12.1) 给出，而搜索方向 $\boldsymbol{v}_k$ 则根据 $\boldsymbol{x}_k$ 处 f_0 的梯度计算得到.

12.2.1.1 下降方向

考虑一个点 $\boldsymbol{x}_0 \in \mathrm{dom}\ f_0$ 和一个方向 $\boldsymbol{v}_k \in \mathbb{R}^n$. 对 f_0 应用一阶泰勒级数展开[㊁]得到：

$$f_0(\boldsymbol{x}_k + s\boldsymbol{v}_k) \simeq f_0(\boldsymbol{x}_k) + s\nabla f_0(\boldsymbol{x}_k)^\top \boldsymbol{v}_k, \quad s \to 0.$$

那么沿着方向 $\boldsymbol{v}_k$，在 $\boldsymbol{x}_k$ 的邻域内，f_0 的局部变化率为：

$$\delta_k \doteq \lim_{s \to 0} \frac{f_0(\boldsymbol{x}_k + s\boldsymbol{v}_k) - f_0(\boldsymbol{x}_k)}{s} = \nabla f_0(\boldsymbol{x}_k)^\top \boldsymbol{v}_k.$$

㊀ 我们将非正式地把目标函数和约束函数为一次或两次可微的问题称为光滑优化问题，其他情况则称为非光滑优化问题.

㊁ 参见 2.4.5.2 节.

当 $\nabla f_0(\boldsymbol{x}_k)^\top \boldsymbol{v}_k > 0$，则局部方向变化率 δ_k 就是正的，也就是说方向 $\boldsymbol{v}_k$ 与梯度 $\nabla f_0(\boldsymbol{x}_k)$ 形成正内积. 相反，称使 $\nabla f_0(\boldsymbol{x}_k) < 0$ 的方向 $\boldsymbol{v}_k$ 为减（或下降）方向. 这是因为如果根据式 (12.1) 来把新的点 $\boldsymbol{x}_{k+1}$ 选为 $\boldsymbol{x}_{k+1} = \boldsymbol{x}_k + s\boldsymbol{v}_k$，则

$$f_0(\boldsymbol{x}_{k+1}) < f_0(\boldsymbol{x}_k), \quad \text{对于充分小的 } s > 0. \tag{12.16}$$

很自然地，我们会问最大局部下降的方向是什么？从柯西-施瓦茨不等式中可以得到：

$$-\|\nabla f_0(\boldsymbol{x}_k)\|_2 \|\boldsymbol{v}_k\|_2 \leqslant \nabla f_0(\boldsymbol{x}_k)^\top \boldsymbol{v}_k \leqslant \|\nabla f_0(\boldsymbol{x}_k)\|_2 \|\boldsymbol{v}_k\|_2,$$

于是 δ_k 在所有满足 $\|\boldsymbol{v}_k\|_2 = 1$ 的方向 $\boldsymbol{v}_k$ 中是最小的，即

$$\boldsymbol{v}_k = -\frac{\nabla f_0(\boldsymbol{x}_k)}{\|\nabla f_0(\boldsymbol{x}_k)\|_2}, \tag{12.17}$$

即当 $\boldsymbol{v}_k$ 指向负梯度方向时. 称由式 (12.17) 给定的方向 $\boldsymbol{v}_k$ 为相对于标准欧氏范数下的最陡下降方向.

12.2.1.2 一个下降方案

由 12.2.1.1 节所讨论的，很自然地根据式 (12.1) 的递归形式更新搜索点的想法，在每次迭代中选择搜索方向作为下降方向，如反梯度 $\boldsymbol{v}_k = -\nabla f_0(\boldsymbol{x}_k)$. 算法 9 总结了一种通用的下降法.

该算法的性能取决于下降方向的实际选择，以及用于确定步长 s_k 的策略. 应该清楚的是，$\boldsymbol{v}_k$ 是下降方向这一事实并不意味着在任何 $s_k > 0$ 时，$\boldsymbol{x}_{k+1}$ 处的函数值将减小，如图 12.2 所示.

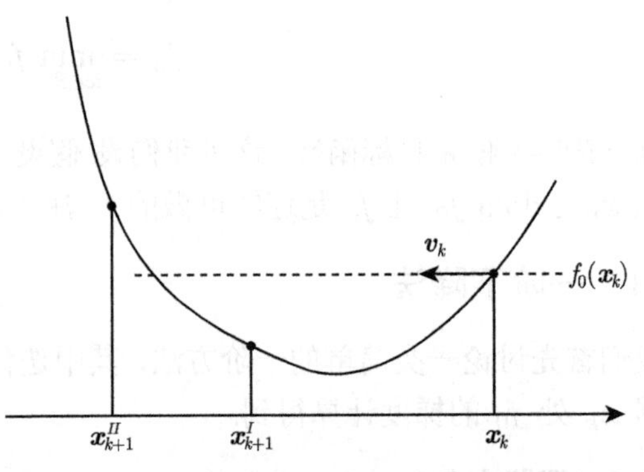

图 12.2 尽管 f_0 是凸的，也应谨慎选择步长，以确保函数值的充分减少. 这里，$\boldsymbol{x}_k$ 处的局部下降方向通过向“左”的移动给出. 如果 $s_k > 0$ 足够小，我们可能会在点 $\boldsymbol{x}_{k+1}^{I}$ 处结束以使 $f_0(\boldsymbol{x}_{k+1}^{I}) < f_0(\boldsymbol{x}_k)$. 但是，如果 s_k 太大，我们可能会在 $\boldsymbol{x}_{k+1}^{II}$ 处结束，在那里的下降条件并不被满足

实际上，由式 (12.16) 保证的下降只是局部的（即对于无穷小的 s_k），因此一个关键问题是找到一个有限的步长来确保函数值充份减少. 下一节将讨论步长选择的经典方法.

12.2.1.3 步长选择

考虑函数 f_0 沿着方向 $\boldsymbol{v}_k$ 的限制：

$$\phi(s) \doteq f_0(\boldsymbol{x}_k + s\boldsymbol{v}_k), \quad s \geqslant 0.$$

显然，ϕ 是单变量 s 的函数且 $\phi(0) = f_0(\boldsymbol{x}_k)$. 选择一个合适的步长相当于找 $s > 0$ 使 $\phi(s) < \phi(0)$. 一种自然的方法是计算 ϕ 的最小值点 s，也就是：

$$s^* = \arg\min_{s \geqslant 0} \phi(s).$$

算法 9 下降算法.

要求： $f_0 : \mathbb{R}^n \to \mathbb{R}$ 是可微的，$\boldsymbol{x}_0 \in \mathrm{dom}\, f_0$, $\varepsilon > 0$

1: 令 $k = 0$

2: 确定一个下降方向 $\boldsymbol{v}_k$

3: 确定步长 $s_k > 0$

4: 更新: $\boldsymbol{x}_{k+1} = \boldsymbol{x}_k + s_k \boldsymbol{v}_k$

5: 如果达到了精度 ε，那么退出并返回 $\boldsymbol{x}_k$，否则令 $k \leftarrow k+1$ 并转到第 2 步.

称这种方法为精确线搜索，它提供了一个步长 s^* 并尽可能使函数值减少. 然而，找到 s^* 需要求解一元（一般非凸）优化问题，这可能需要大量的计算. 因此，精确线搜索在实际算法中很少使用. 一个更实际的选择是寻找一个 s 值以保证 ϕ 有足够的下降率. 考虑函数 ϕ 在 0 点的切线：

$$\phi(s) \simeq \ell(s) \doteq \phi(0) + s\delta_k, \quad \delta_k \doteq \nabla f_0(\boldsymbol{x}_k)^\top \boldsymbol{v}_k < 0, \quad s \geqslant 0.$$

这里 ℓ 是一个具有负斜率 δ_k 的线性函数. 现在，对于 $\alpha \in (0,1)$，有

$$\bar{\ell}(s) \doteq \phi(0) + s(\alpha\delta_k), \quad s \geqslant 0$$

位于 $\ell(s)$ 之上，因此，至少对小的 $s > 0$，它也在 $\phi(s)$ 之上，如图 12.3 所示.

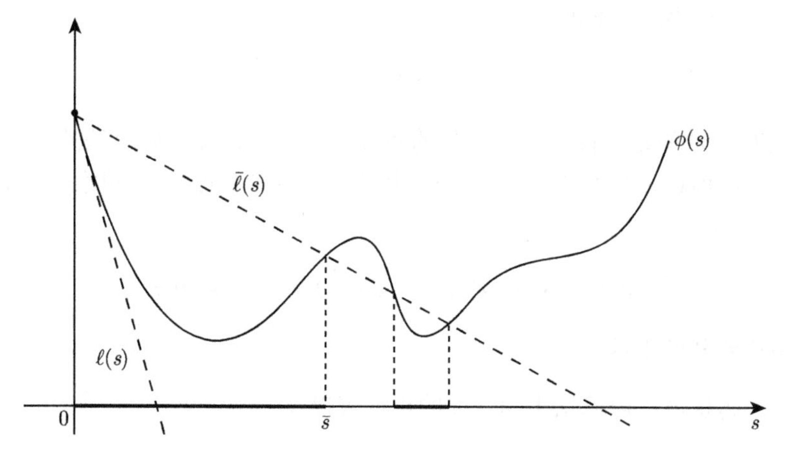

图 12.3 对 Armijo 条件和回溯线搜索的说明. 粗体线段表示满足条件的区域

因为 ϕ 是下方有界的，而 $\bar{\ell}$ 是下方无界的，于是一定存在一个点使 $\phi(s)$ 和 $\bar{\ell}(s)$ 相交，设 $\bar{s}$ 是最小的这样的点. 满足 $\phi(s) \leqslant \bar{\ell}(s)$ 的所有 s 值提供了足够的下降率，这由 ℓ 的斜

率 $\alpha\delta_k$ 给出. 若给出的有效步长满足:

$$\phi(s) \leqslant \phi(0) + s(\alpha\delta_k),$$

则称这个速率条件为 Armijo 条件，或更精确地表述为：对选择的 $\alpha \in (0,1)$，有

$$f_0(\boldsymbol{x}_k + s\boldsymbol{v}_k) \leqslant f_0(\boldsymbol{x}_k) + s\alpha(\nabla f_0(\boldsymbol{x}_k)^\top \boldsymbol{v}_k).$$

显然，对所有 $s \in (0, \bar{s})$，Armijo 条件都成立，因此仅此条件还不足以确保步长的选择不要太小（这是算法收敛的必要条件）. 我们将在 12.2.2.1 节中看到，在李普希兹连续梯度假设下，存在一个满足 Armijo 条件的常数步长. 然而，这种恒定步长通常是预先未知的（或者对于该方法的实际效率来说可能太小），因此通常的做法相当于采用所谓的回溯方法，即将 s 的初始值固定到某个常值 s_{init}（通常取 $s_{\text{init}} = 1$），然后以固定速率 $\beta \in (0,1)$ 迭代地减少 s 的值，直到满足 Armijo 条件为止，见如下算法 10.

算法 10 回溯线搜索.

要求： f_0 是可微的，$\alpha \in (0,1)$, $\beta \in (0,1)$, $\boldsymbol{x}_k \in \operatorname{dom} f_0$,
$\boldsymbol{v}_k$ 是一个下降方向，s_{init} 是一个正常数（通常取 $s_{\text{init}} = 1$）

1: 令 $s = s_{\text{int}}$, $\delta_k = \nabla f_0(\boldsymbol{x}_k)^\top \boldsymbol{v}_k$

2: 如果 $f_0(\boldsymbol{x}_k + s\boldsymbol{v}_k) \leqslant f(\boldsymbol{x}_k) + s\alpha\delta_k$，那么返回 $s_k = s$

3: 否则令 $s \leftarrow \beta s$ 并转到第 2 步

12.2.2 梯度法

在这一节中，对于最常见的下降方向是负梯度（即最陡的局部下降方向），我们将分析算法 9 的收敛性质. 我们至此取

$$\boldsymbol{v}_k = -\nabla f_0(\boldsymbol{x}_k).$$

除非我们对目标函数的正则性作一些额外的假设，否则对梯度下降算法的性质实际上几乎无从谈起. 更精确地说，我们假设 f_0 在 S_0 上具有李普希兹连续的梯度，也就是说，存在一个正常数 $L > 0$ 使

$$\|\nabla f_0(\boldsymbol{x}) - \nabla f_0(\boldsymbol{y})\|_2 \leqslant L\|\boldsymbol{x} - \boldsymbol{y}\|_2, \quad \forall\, \boldsymbol{x}, \boldsymbol{y} \in S_0.$$

12.2.2.1 关于步长的下界

现在设 $\boldsymbol{x}_k$ 为梯度下降算法中的目前的点位置以及

$$\boldsymbol{x} = \boldsymbol{x}_k - s\nabla f_0(\boldsymbol{x}_k).$$

计算式 (12.6) 中 f_0 和 f_{up} 在点 $\boldsymbol{x}$ 的值，我们得到这些函数沿着方向 $\boldsymbol{v}_k = -\nabla f_0(\boldsymbol{x}_k)$ 的限制:

$$\phi(s) = f_0(\boldsymbol{x}_k - s\nabla f_0(\boldsymbol{x}_k)),$$

$$\phi_{\text{up}}(s) = f_0(\boldsymbol{x}_k) - s\|\nabla f_0(\boldsymbol{x}_k)\|_2^2 + s^2\frac{L}{2}\|\nabla f_0(\boldsymbol{x}_k)\|_2^2,$$

其中式 (12.5) 显然暗含着

$$\phi(s) \leqslant \phi_{\text{up}}(s), \quad s \geqslant 0.$$

容易看到函数 $\phi(s)$ 和 $\phi_{\text{up}}(s)$ 在 $s=0$ 处具有相同的切线，其为：

$$\ell(s) \doteq f_0(\boldsymbol{x}_k) - s\|\nabla f_0(\boldsymbol{x}_k)\|_2^2.$$

于是考虑前面给出的 Armijo 条件，则定义如下的直线：

$$\bar{\ell}(s) \doteq f_0(\boldsymbol{x}_k) - s\alpha\|\nabla f_0(\boldsymbol{x}_k)\|_2^2, \quad \alpha \in (0,1).$$

这条直线在如下点位置截取上界函数 $\phi_{\text{up}}(s)$:

$$\bar{s}_{\text{up}} = \frac{2}{L}(1-\alpha). \tag{12.18}$$

显然，在算法的每次迭代中，常数步长 $s_k = \bar{s}_{\text{up}}$ 将满足 Armijo 条件，如图 12.4 所示. 但是，注意，我们需要知道李普希兹常数 L 的数值（或其上界），以便在实践中实现这种步长. 这可以通过使用回溯方法来避免这个问题. 事实上，我们可以假设用 $s = s_{\text{init}}$ 来初始化回溯过程. 于是，要么这个初始值满足 Armijo 条件，要么迭代地减少直到使其满足. 迭代下降必然在某个值 $s \geqslant \beta\bar{s}_{\text{up}}$ 处停止，因此回溯方法确保了

$$s_k \geqslant \min(s_{\text{init}}, \beta\bar{s}_{\text{up}}) \doteq s_{\text{lb}}. \tag{12.19}$$

综上所述，对于常数步长和根据回溯线搜索计算的步长，存在一个常数 $s_{\text{lb}} > 0$ 使得：

$$s_k \geqslant s_{\text{lb}}, \quad \forall\, k = 0, 1, \cdots. \tag{12.20}$$

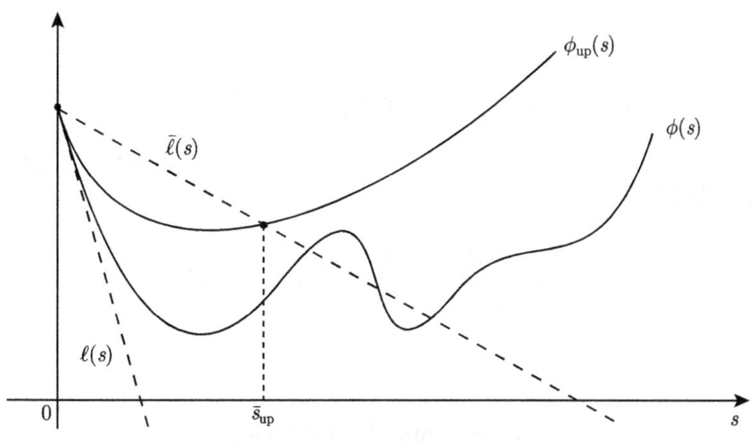

图 12.4 对于一个具有李普希兹连续梯度的函数，存在一个常数步长 $s = \bar{s}_{\text{up}}$ 使其满足 Armijo 条件

12.2.2.2 收敛到一个平稳点

考虑如下的梯度下降算法：

$$\boldsymbol{x}_{k+1}=\boldsymbol{x}_k-s_k\nabla f_0(\boldsymbol{x}_k),$$

其中步长 s_k 通过回溯线搜索（或恒定步长）计算得到并满足 Armijo 条件：

$$f_0(\boldsymbol{x}_{k+1})\leqslant f_0(\boldsymbol{x}_k)-s_k\alpha\|\nabla f_0(\boldsymbol{x}_k)\|_2^2. \tag{12.21}$$

于是有

$$\begin{aligned}f_0(\boldsymbol{x}_k)-f_0(\boldsymbol{x}_{k+1})&\geqslant s_k\alpha\|\nabla f_0(\boldsymbol{x}_k)\|_2^2\\ [\text{应用 (12.20)}]&\geqslant s_{\mathrm{lb}}\alpha\|\nabla f_0(\boldsymbol{x}_k)\|_2^2,\quad\forall\, k=0,1,\cdots.\end{aligned}$$

将上面的不等式从 0 到 k 求和，得到：

$$s_{\mathrm{lb}}\sum_{i=0}^{k}\|\nabla f_0(\boldsymbol{x}_i)\|_2^2\leqslant f_0(\boldsymbol{x}_0)-f_0(\boldsymbol{x}_{k+1})\leqslant f_0(\boldsymbol{x}_0)-f_0^*.$$

由于当 $k\to\infty$ 时左边求和项有一个常数上界，于是一定有：

$$\lim_{k\to\infty}\|\nabla f_0(\boldsymbol{x}_k)\|_2=0.$$

这意味着算法收敛到 f_0 的一个平稳点，且该点使 f_0 的梯度为零. 注意到这样一个点并不一定为 f_0 的一个局部最小值点（例如：它可能只是一个拐点，如图 12.5 所示）. 进一步，注意到：

$$\sum_{i=0}^{k}\|\nabla f_0(\boldsymbol{x}_i)\|_2^2\geqslant(k+1)\min_{i=0,\cdots,k}\|\nabla f_0(\boldsymbol{x}_i)\|_2^2,$$

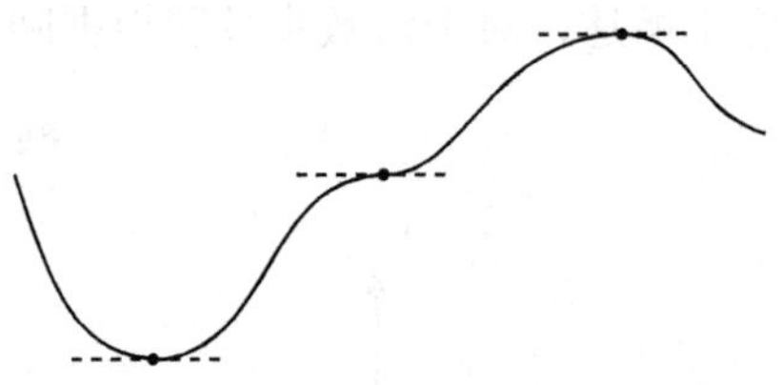

图 12.5 平稳点是使梯度为零的点，其包括极值点（最大值点和最小值点）以及拐点或鞍点

那么由上面的不等式得到

$$g_k^*\leqslant\frac{1}{\sqrt{k+1}}\frac{1}{\sqrt{s_{\mathrm{lb}}\alpha}}\sqrt{f_0(\boldsymbol{x}_0)-f_0^*}, \tag{12.22}$$

其中我们已经定义

$$g_k^*\doteq\min_{i=0,\cdots,k}\|\nabla f_0(\boldsymbol{x}_i)\|_2.$$

这意味着最小梯度范数序列 g_k^* 以迭代次数 k 的平方根给定的速率减小. 算法 9 中算法终止的标准通常设置为

$$\|\nabla f_0(\boldsymbol{x}_k)\|_2 \leqslant \varepsilon,$$

并且应用式 (12.22)，我们得到这个算法的终止条件在最多

$$k_{\max} = \left\lceil \frac{1}{\varepsilon^2} \frac{f_0(\boldsymbol{x}_0) - f_0^*}{s_{\text{lb}}\alpha} \right\rceil$$

次迭代中达到，其中 $\lceil\cdot\rceil$ 表示不大于变量的最小正整数（即为向上圆整运算）.

12.2.2.3 凸函数梯度法的分析

在上一节中，我们分析了一般函数（可能是非凸函数）梯度下降算法的收敛性. 我们证明了即使在梯度为李普希兹连续的假设条件下，也只能保证全局收敛到一个平稳点. 在这一节中，我们证明如果函数 f_0 是凸的，那么可以保证收敛到全局最小值，并且可以得到 $f_0(\boldsymbol{x}_k)$ 收敛到 f_0^* 的速率的一个显式的界. 因此，在本节的余下部分将额外假设 f_0 是凸的.

首先，我们观察到，对于凸的 f_0，点 $\boldsymbol{x}^*$ 是一个（全局）最小值点当且仅当 $\nabla f_0(\boldsymbol{x}^*) = 0$，参见 8.4.1 节. 因此，梯度算法收敛到一个全局最小值点. 接下来我们将分析达到这种收敛的速度.

考虑在梯度算法的一个迭代中获得的目标函数的减少（为了简化证明，我们考虑将回溯参数固定在 $\alpha = 1/2$）：由式 (12.21)，我们有

$$f_0(\boldsymbol{x}_{k+1}) \leqslant f_0(\boldsymbol{x}_k) - s_k\alpha\|\nabla f_0(\boldsymbol{x}_k)\|_2^2. \tag{12.23}$$

因为 f_0 是凸的，于是有

$$f_0(\boldsymbol{y}) \geqslant f_0(\boldsymbol{x}) + \nabla f_0(\boldsymbol{x})^\top(\boldsymbol{y} - \boldsymbol{x}), \quad \forall\, \boldsymbol{x}, \boldsymbol{y} \in \operatorname{dom} f_0,$$

那么对于 $\boldsymbol{y} = \boldsymbol{x}^*$，则有

$$f_0(\boldsymbol{x}) \leqslant f_0^* + \nabla f_0(\boldsymbol{x})^\top(\boldsymbol{x} - \boldsymbol{x}^*), \quad \forall\, \boldsymbol{x} \in \operatorname{dom} f_0.$$

将此带入到式 (12.23)，得到：

$$\begin{aligned}
f_0(\boldsymbol{x}_{k+1}) &\leqslant f_0(\boldsymbol{x}_k) - s_k\alpha\|\nabla f_0(\boldsymbol{x}_k)\|_2^2 \\
[\text{令 } \alpha = 1/2] &\leqslant f_0^* + \nabla f_0(\boldsymbol{x}_k)^\top(\boldsymbol{x}_k - \boldsymbol{x}^*) - \frac{s_k}{2}\|\nabla f_0(\boldsymbol{x}_k)\|_2^2 \\
&= f_0^* + \frac{1}{2s_k}\left(\|\boldsymbol{x}_k - \boldsymbol{x}^*\|_2^2 - \|\boldsymbol{x}_k - \boldsymbol{x}^* - s_k\nabla f_0(\boldsymbol{x}_k)\|_2^2\right)
\end{aligned}$$

$$
\begin{aligned}
&= f_0^* + \frac{1}{2s_k}\left(\|\boldsymbol{x}_k - \boldsymbol{x}^*\|_2^2 - \|\boldsymbol{x}_{k+1} - \boldsymbol{x}^*\|_2^2\right) \\
[\text{由于 } s_k \geqslant s_{\text{lb}}] &\leqslant f_0^* + \frac{1}{2s_{\text{lb}}}\left(\|\boldsymbol{x}_k - \boldsymbol{x}^*\|_2^2 - \|\boldsymbol{x}_{k+1} - \boldsymbol{x}^*\|_2^2\right).
\end{aligned}
$$

对于 $k = 0, 1, \cdots$，分别考虑上面的不等式，则有

$$
\begin{aligned}
f_0(x_1) - f_0^* &\leqslant \frac{1}{2s_{\text{lb}}}\left(\|\boldsymbol{x}_0 - \boldsymbol{x}^*\|_2^2 - \|\boldsymbol{x}_1 - \boldsymbol{x}^*\|_2^2\right), \\
f_0(x_2) - f_0^* &\leqslant \frac{1}{2s_{\text{lb}}}\left(\|\boldsymbol{x}_1 - \boldsymbol{x}^*\|_2^2 - \|\boldsymbol{x}_2 - \boldsymbol{x}^*\|_2^2\right), \\
f_0(x_3) - f_0^* &\leqslant \frac{1}{2s_{\text{lb}}}\left(\|\boldsymbol{x}_2 - \boldsymbol{x}^*\|_2^2 - \|\boldsymbol{x}_3 - \boldsymbol{x}^*\|_2^2\right), \\
&\vdots \qquad \vdots
\end{aligned}
$$

于是对上面的前 k 个不等式求和，得到

$$
\begin{aligned}
\sum_{i=1}^{k}(f_0(\boldsymbol{x}_i) - f_0^*) &\leqslant \frac{1}{2s_{\text{lb}}}\left(\|\boldsymbol{x}_0 - \boldsymbol{x}^*\|_2^2 - \|\boldsymbol{x}_k - \boldsymbol{x}^*\|_2^2\right) \\
&\leqslant \frac{1}{2s_{\text{lb}}}\|\boldsymbol{x}_0 - \boldsymbol{x}^*\|_2^2.
\end{aligned}
$$

现在，由于序列 $f_0(\boldsymbol{x}_k) - f_0^*$ 关于 k 是非增的，那么它的值不会大于序列先前值的平均值，即

$$
f_0(\boldsymbol{x}_k) - f_0^* \leqslant \frac{1}{k}(f_0(\boldsymbol{x}_i) - f_0^*) \leqslant \frac{1}{2s_{\text{lb}}k}\|\boldsymbol{x}_0 - \boldsymbol{x}^*\|_2^2, \tag{12.24}
$$

这证明了至少以与 k 成反比的速率使 $f_0(\boldsymbol{x}_k) \to f_0^*$. 因此最多经过

$$
k_{\max} = \left\lceil \frac{\|\boldsymbol{x}_0 - \boldsymbol{x}^*\|_2^2}{2\varepsilon' s_{\text{lb}}} \right\rceil
$$

次迭代，算法就可以达到如下的目标精度：

$$
f_0(\boldsymbol{x}_k) - f_0^* \leqslant \varepsilon'.
$$

接下来我们将要看到，至少对于一类强凸函数，收敛速度的界是可以被进一步提高.

12.2.2.4 强凸函数梯度算法的分析

在目标函数 f_0 为强凸的假设下，即存在 $m > 0$ 使

$$
\tilde{f}_0(\boldsymbol{x}) = f_0(\boldsymbol{x}) - \frac{m}{2}\|\boldsymbol{x}\|_2^2
$$

是凸的，那么其梯度法的收敛结果将会被进一步提高. 因此，除了 **假设 1** 中的条件外，我们接下来还假设 f_0 是二次连续可微的且为强凸的（强凸性意味着，对于某个李普希兹常数 $M \geqslant m$, f_0 在 S_0 上具有李普希兹连续梯度）.

全局收敛率. 我们下面推导关于强凸目标函数梯度算法的收敛速度的一个结果，它进一步改进了式 (12.24) 中给出的一般估计. 为此，再次考虑由式 (12.23) 确保的一次迭代的目标函数的减少，为了简单起见，我们将取 $\alpha = 1/2$:

$$\begin{aligned} f_0(\boldsymbol{x}_{k+1}) &\leqslant f_0(\boldsymbol{x}_k) - s_k\alpha\|f_0(\boldsymbol{x}_k)\|_2^2 \\ [\text{对于 } \alpha = 1/2] &= f_0(\boldsymbol{x}_k) - \frac{s_k}{2}\|f_0(\boldsymbol{x}_k)\|_2^2 \\ [\text{由于 } s_k \geqslant s_{\text{lb}}] &\leqslant f_0(\boldsymbol{x}_k) - \frac{s_{\text{lb}}}{2}\|f_0(\boldsymbol{x}_k)\|_2^2. \end{aligned}$$

在这个不等式的两边分别减去 f_0^*，然后使用之前在式 (12.13) 中得到的界，我们有：

$$\begin{aligned} f_0(\boldsymbol{x}_{k+1}) - f_0^* &\leqslant (f_0(\boldsymbol{x}_k) - f_0^*) - \frac{s_{\text{lb}}}{2}\|f_0(\boldsymbol{x}_k)\|_2^2 \\ &\leqslant (f_0(\boldsymbol{x}_k) - f_0^*) - 2m\frac{s_{\text{lb}}}{2}(f_0(\boldsymbol{x}_k) - f_0^*) \\ &\leqslant (1 - ms_{\text{lb}})(f_0(\boldsymbol{x}_k) - f_0^*). \end{aligned}$$

现在，让我们回顾式 (12.18) 和式 (12.19)，则对于 $\alpha = 1/2$，有

$$ms_{\text{lb}} = m\min(s_{\text{init}}, \beta\bar{s}_{\text{up}}) = \min(ms_{\text{init}}, \beta(m/M)).$$

因为 $\beta < 1$ 和 $m/M \leqslant 1$，故 $ms_{\text{lb}} < 1$，于是

$$(f_0(\boldsymbol{x}_{k+1}) - f_0^*) \leqslant c(f_0(\boldsymbol{x}_k) - f_0^*),$$

其中 $c = 1 - ms_{\text{lb}} \in (0, 1)$. 对 0 到 k 次迭代应用上面的不等式有：

$$f_0(\boldsymbol{x}_k) - f_0^* \leqslant c^k(f_0(\boldsymbol{x}_0) - f_0^*), \tag{12.25}$$

这证明了收敛速度是几何形式的. 这种类型的收敛通常称为线性收敛，其原因是最优性间隙 $f_0(\boldsymbol{x}_k) - f_0^*$ 的对数随迭代次数线性减小，即

$$\log(f_0(\boldsymbol{x}_k) - f_0^*) \leqslant k\log c + d_0, \quad d_0 \doteq \log(f_0(\boldsymbol{x}_0) - f_0^*).$$

于是，我们可以看到，对于给定的精度 ε'，目标函数能达到这个精度，也就是：

$$f_0(\boldsymbol{x}_k) - f_0^* \leqslant \varepsilon'$$

至多在

$$k_{\max} = \left\lceil \frac{\log(1/\varepsilon') + d_0}{\log(1/c)} \right\rceil$$

次迭代中达到. 进一步，由式 (12.25) 结合式 (12.14) 和式 (12.15)，得到：

$$\frac{m}{2}\|\boldsymbol{x}_k-\boldsymbol{x}^*\|_2^2 \leqslant f_0(\boldsymbol{x}_k)-f_0^* \leqslant c^k(f_0(\boldsymbol{x}_0)-f_0^*) \leqslant c^k\frac{M}{2}\|\boldsymbol{x}_0-\boldsymbol{x}^*\|_2^2,$$

因此

$$\|\boldsymbol{x}_k-\boldsymbol{x}^*\|_2 \leqslant c^{k/2}\sqrt{\frac{M}{m}}\|\boldsymbol{x}_0-\boldsymbol{x}^*\|_2,$$

这给出了 $\boldsymbol{x}_k$ 收敛到 $\boldsymbol{x}^*$ 的速度的一个上界. 相似地,由 (12.15) 中的左边不等式和 (12.14) 中的右边不等式，我们得到：

$$\frac{1}{2M}\|\nabla f_0(\boldsymbol{x}_k)\|_2^2 \leqslant f_0(\boldsymbol{x}_k)-f_0^* \leqslant c^k(f_0(\boldsymbol{x}_0)-f_0^*) \leqslant c^k\frac{1}{2m}\|\nabla f_0(\boldsymbol{x}_0)\|_2^2,$$

于是

$$\|\nabla f_0(\boldsymbol{x}_k)\|_2 \leqslant c^{k/2}\sqrt{\frac{M}{m}}\|\nabla f_0(\boldsymbol{x}_0)\|_2,$$

这给出了梯度收敛到零的速度的一个上界.

此外，由式 (12.14)，我们可以从目标函数值和最小值的精度方面得到有用的算法停止准则. 事实上，如果在某个迭代 k 中，我们在梯度算法中验证了条件 $\nabla f_0(\boldsymbol{x}_k) \leqslant \varepsilon$，那么可以得到：

$$f_0(\boldsymbol{x}_k)-f_0^* \leqslant \frac{1}{2m}\|\nabla f_0(\boldsymbol{x}_k)\|_2^2 \leqslant \frac{\varepsilon^2}{2m},$$

即目前的目标函数值 $f_0(\boldsymbol{x}_k)$ 是以精度为 $\varepsilon'=\varepsilon^2/(2m)$ 接近其最小值. 相似地,由式 (12.14),我们有

$$\|\boldsymbol{x}_k-\boldsymbol{x}^*\|_2 \leqslant \frac{1}{m}\|\nabla f_0(\boldsymbol{x}_k)\|_2 \leqslant \frac{\varepsilon}{m},$$

也就是，目前的点 $\boldsymbol{x}_k$ 是以精度 $\varepsilon''=\varepsilon/m$ 接近全局最小值点 $\boldsymbol{x}^*$.

12.2.2.5 梯度法收敛性总结

我们在这里总结当标准假设 1 成立且 f_0 连续可微时，梯度下降算法的收敛性. 根据 f_0 的额外性质，可以保证不同类型全局收敛的速度.

1. 如果 f_0 在 S_0 上具有李普希兹连续梯度，那么梯度算法（精确线搜索、回溯线搜索或恒定步长）全局收敛到 f_0 的一个平稳点（即 f_0 梯度为零的点）. 进一步，$\min_{i=0,\cdots,k}\|\nabla f_0(\boldsymbol{x}_i)\|_2$ 以正比于 $1/\sqrt{k}$ 的速率收敛到零，其中 k 是算法的迭代次数.

2. 如果 f_0 具有李普希兹连续梯度且为凸的，那么梯度算法（精确线搜索、回溯线搜索或恒定步长）收敛到一个全局最小值点 $\boldsymbol{x}^*$. 进一步，其迭代生成的序列 $f_0(\boldsymbol{x}_k)$ 以正比于 $1/k$ 的速率收敛到全局最小值 f_0^*.
3. 如果 f_0 是强凸的，那么梯度算法（精确线搜索、回溯线搜索或恒定步长）收敛到（唯一的）全局最小值点 $\boldsymbol{x}^*$. 进一步，序列 $\|f_0(\boldsymbol{x}_k)-f_0^*\|_2$，$\|\boldsymbol{x}_k-\boldsymbol{x}^*\|_2$ 和 $\|\nabla f_0(\boldsymbol{x}_k)\|_2$ 都以一个线性速率收敛到零，即这些序列的对数线性趋于 $-\infty$.

值得注意的是，在前几节中给出的分析的重要部分是强调迭代精度相对于 k 的最坏函数的依赖性. 然而，精度界限的精确数值在实践中几乎没有用处，这是因为想要知道这些精度界限需要了解一些很少能被确定的常数和量（例如，L, M, m, $\|\boldsymbol{x}_0-\boldsymbol{x}^*\|_2$ 等）.

12.2.3 变尺度下降法

通过考虑作为梯度的适当线性变换得到的下降方向，则可以导出梯度下降法的一种变形. 这些变形方法都采用如下的标准递归形式：

$$\boldsymbol{x}_{k+1}=\boldsymbol{x}_k+s_k\boldsymbol{v}_k,$$

其中

$$\boldsymbol{v}_k=-H_k\nabla f_0(\boldsymbol{x}_k),\quad \boldsymbol{H}_k\succ 0.$$

也就是说，梯度被预先乘以了一个对称正定矩阵 $\boldsymbol{H}_k$. 显然，$\boldsymbol{v}_k$ 是一个下降方法，这是因为（注意到 $\boldsymbol{H}_k$ 是正定的）：

$$\delta_k=\nabla f_0(\boldsymbol{x}_k)^\top\boldsymbol{v}_k=-\nabla f_0(\boldsymbol{x}_k)^\top\boldsymbol{H}_k\nabla f_0(\boldsymbol{x}_k)<0,\quad \forall\, k.$$

“变尺度”这个名称来源于 $\boldsymbol{H}_k$ 在 $\mathbb{R}^n$ 上定义了一个内积 $\langle\boldsymbol{x},\boldsymbol{y}\rangle=\boldsymbol{x}^\top\boldsymbol{H}_k\boldsymbol{y}$，因此在算法的每次迭代中都会诱导一个范数（或度量）$\|\boldsymbol{x}\|_k=\sqrt{\boldsymbol{x}^\top\boldsymbol{H}_k\boldsymbol{x}}$，而 $\boldsymbol{v}_k$ 是相对于这个范数的最陡下降方向. 如果选择矩阵 $\boldsymbol{H}_k$ 满足：

$$\boldsymbol{H}_k\succeq\omega\boldsymbol{I}_n,\quad \text{对某个 } \omega>0 \text{ 和 } \forall\, k, \tag{12.26}$$

那么有

$$|\nabla f_0(\boldsymbol{x}_k)^\top\boldsymbol{v}_k|=\nabla f_0(\boldsymbol{x}_k)^\top\boldsymbol{H}_k\nabla f_0(\boldsymbol{x}_k)^\top\geqslant\omega\|\nabla f_0(\boldsymbol{x}_k)\|_2^2,\quad \forall\, k,$$

和

$$\|\boldsymbol{v}_k\|_2=\|\boldsymbol{H}_k\nabla f_0(\boldsymbol{x}_k)\|_2\geqslant\omega\|\nabla f_0(\boldsymbol{x}_k)\|_2,\quad \forall\, k.$$

于是不难看出，从等式 (12.21) 开始的所有步骤基本上都以类似的方式进行，即用替代步长 $s\leftarrow\omega s'$，其中 s' 是变尺度方法的步长. 因此，如 12.2.2.5 节所述，所有先前的收敛结果（在 (12.26) 的假设条件下）也适用于变尺度法. 虽然变尺度法的全局收敛速度与标准梯度法的相同，但是使用合适的矩阵 $\boldsymbol{H}_k$ 可能会大大改变算法的局部收敛速度. 这里所说的局部是指当初始点 $\boldsymbol{x}_0$ 足够接近 $\boldsymbol{x}^*$ 时，算法收敛到局部最小值 $\boldsymbol{x}^*$ 的速率.

在合适的假设条件下（例如：f_0 在 $\boldsymbol{x}^*$ 处的海森矩阵是正定的），则可以证明（我们并没有这样做）标准梯度算法以线性速率局部收敛到 $\boldsymbol{x}^*$，即

$$\|\boldsymbol{x}_k - \boldsymbol{x}^*\|_2 \leqslant K \cdot a^k, \quad \text{如果 } \|\boldsymbol{x}_0 - \boldsymbol{x}^*\| \text{ 为充分小},$$

其中 $a < 1$，K 为（依赖于 x_0 的）某个常数. 注意，这个结果并不需要凸性或强凸性的假设. 顺便说一句，我们证明了对于强凸函数，其梯度算法以线性速率全局收敛，而不仅仅是局部收敛. 通过使用合适的变尺度方法，这种局部线性收敛速度可以得到进一步改进. 例如，我们将在 12.2.4 节中可以看到（阻尼）牛顿法不过就是一种变尺度算法，该算法选择 $\boldsymbol{H}_k^{-1} = \nabla^2 f_0(\boldsymbol{x}_k)$，并且可以证明该方法的超线性局部收敛性. 12.2.5 节则讨论了其他特殊的变尺度算法.

12.2.4　牛顿算法

牛顿法是一类著名的迭代算法，其最初被用于求解单变量非线性函数（例如 $g : \mathbb{R} \to \mathbb{R}$）的根. 为了确定一个满足方程 $g(\boldsymbol{x}) = 0$ 的点，我们从当前候选点 $\boldsymbol{x}_k$ 开始，用它的切线 $\tilde{g}(\boldsymbol{x}) = g(\boldsymbol{x}_k) + g'(\boldsymbol{x}_k)(\boldsymbol{x} - \boldsymbol{x}_k)$ 局部近似 g，然后令根的更新候选点 $\boldsymbol{x}_{k+1}$ 为满足 $\tilde{g}(\boldsymbol{x}) = 0$ 的点，也就是：

$$\boldsymbol{x}_{k+1} = \boldsymbol{x}_k - \frac{g(\boldsymbol{x}_k)}{g'(\boldsymbol{x}_k)}.$$

在我们的优化问题中，基本上可以把这个想法应用于多元问题，这只需观察到我们所寻求的（无约束的）极小化问题不过就是求方程组 $\nabla f_0(\boldsymbol{x}) = 0$ 的“根”. 通俗地说，我们的函数 g 现在是 f_0 的梯度，而 g 的导数则为 f_0 海森矩阵. 于是，牛顿迭代公式变为：

$$\boldsymbol{x}_{k+1} = \boldsymbol{x}_k - [\nabla^2 f_0(\boldsymbol{x}_k)]^{-1} \nabla f_0(\boldsymbol{x}_k), \quad k = 0, 1, \cdots \tag{12.27}$$

(为了使上式有意义，这个公式显然意味着海森矩阵应该是非奇异的).

对于递归 (12.27) 还有一种更为严谨的解释. 考虑当前候选点 $\boldsymbol{x}_k$ 周围 f_0 的二阶泰勒近似：

$$\begin{aligned} f_0(\boldsymbol{x}) &\simeq f_q^{(k)}(\boldsymbol{x}) \\ &\doteq f_0(\boldsymbol{x}_k) + \nabla f_0(\boldsymbol{x}_k)^\top (\boldsymbol{x} - \boldsymbol{x}_k) + \frac{1}{2}(x - x_k)^\top \nabla^2 f_0(\boldsymbol{x}_k)(\boldsymbol{x} - \boldsymbol{x}_k), \end{aligned} \tag{12.28}$$

并且假设 $\nabla^2 f_0(\boldsymbol{x}_k) \succ 0$. 二次逼近函数 $f_q^{(k)}(\boldsymbol{x})$ 的极小化问题则被刻画为

$$\nabla f_q^{(k)}(\boldsymbol{x}) = \nabla f_0(\boldsymbol{x}_k) + \nabla^2 f_0(\boldsymbol{x}_k)(\boldsymbol{x} - \boldsymbol{x}_k) = 0,$$

其在点 $\boldsymbol{x}=\boldsymbol{x}_k-[\nabla^2 f_0(\boldsymbol{x}_k)]^{-1}\nabla f_0(\boldsymbol{x}_k)$ 处达到最小值以及这个二次逼近函数的最小值为

$$\min_{\boldsymbol{x}} f_q^{(k)}(\boldsymbol{x})=f_0(\boldsymbol{x}_k)-\frac{1}{2}\lambda_k^2,$$

其中

$$\lambda_k^2=\nabla f_0(\boldsymbol{x}_k)^\top[\nabla^2 f_0(\boldsymbol{x}_k)]^{-1}\nabla f_0(\boldsymbol{x}_k).$$

那么称 $\lambda_k \geqslant 0$ 为牛顿衰减，这是因为它度量了当前值 $f_0(\boldsymbol{x}_k)$ 与二次逼近函数最小值之间的差：

$$f_0(\boldsymbol{x}_k)-\min_{\boldsymbol{x}} f_q^{(k)}(\boldsymbol{x})=\frac{1}{2}\lambda_k^2.$$

因此，对式 (12.27) 的解释是：更新点 $\boldsymbol{x}_{k+1}$ 是使在点 $\boldsymbol{x}_k$ 处 f_0 的局部二次逼近函数最小化的点，如图 12.6 所示. 一般来说，我们不能保证式 (12.27) 中表述的基本牛顿迭代全局收敛. 为了克服这个问题，在迭代中引入了一个步长 $s_k>0$，如下所示：

$$\boldsymbol{x}_{k+1}=\boldsymbol{x}_k-s_k[\nabla^2 f_0(\boldsymbol{x}_k)]^{-1}\nabla f_0(\boldsymbol{x}_k),\quad k=0,1,\cdots, \tag{12.29}$$

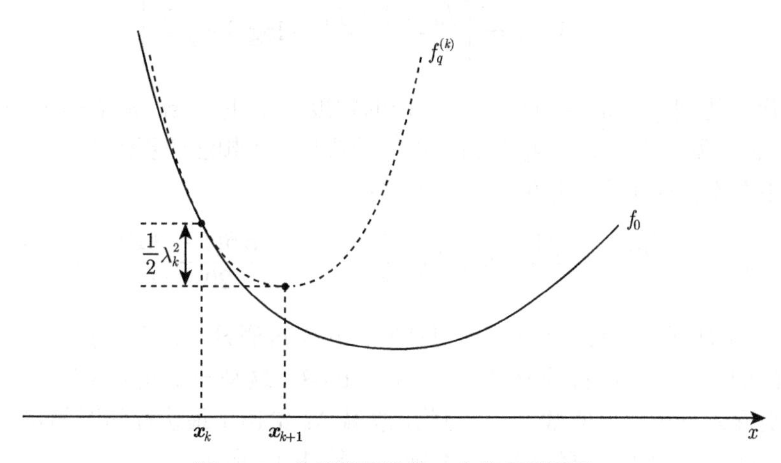

图 12.6 牛顿迭代法的一个单变量图解

这实际上定义了所谓的阻尼牛顿法. 牛顿法和阻尼牛顿法是二阶方法，因为它们在每一步都需要目标函数的二阶局部信息（海森矩阵）. 式 (12.29) 中的递归也可以解释为可变尺度下降算法，其中下降方向由 $\boldsymbol{v}_k=-\boldsymbol{H}_k\nabla f_0(\boldsymbol{x}_k)$ 给出，而 $\boldsymbol{H}_k=[\nabla^2 f_0(x_k)]^{-1}$，并且可以根据通常的规则选择步长（例如可以通过回溯法）. 牛顿法（和其阻尼版本）对于最小化强凸函数特别有用，因为这类函数确保了存在某个常数 $m>0$ 使 $\nabla^2 f_0(\boldsymbol{x})\succeq m\boldsymbol{I}, \forall\, \boldsymbol{x}$（因此矩阵 $\boldsymbol{H}_k$ 的定义是有意义的），并且还可以保证线性全局收敛. 牛顿方向 $\boldsymbol{v}_k$ 实际上在由局部海森矩阵诱导的度量下是最陡的下降方向. 这意味着

$$\boldsymbol{v}_k=-[\nabla^2 f_0(\boldsymbol{x}_k)]^{-1}\nabla f_0(\boldsymbol{x}_k) \tag{12.30}$$

是在所有的满足 $\boldsymbol{v}^\top\nabla^2 f_0(\boldsymbol{x}_k)\boldsymbol{v}=\lambda_k^2$ 的 $\boldsymbol{v}$ 上最小化 $\delta_k=\nabla f_0(\boldsymbol{x}_k)^\top\boldsymbol{v}$.

在强凸性假设条件下，可以证明函数 f_0 的海森矩阵在 S_0 上是李普希兹连续的[㊀]，即存在一个常数 $L'>0$ 使

$$\|\nabla^2 f_0(\boldsymbol{x})-\nabla^2 f_0(\boldsymbol{y})\|_2\leqslant L'\|\boldsymbol{x}-\boldsymbol{y}\|_2,\quad \forall\ \boldsymbol{x},\boldsymbol{y}\in S_0,$$

然后，阻尼牛顿法（带回溯线搜索）一般可以定性地分为两个阶段，一个是梯度范数线性下降的初始阶段，另一个则是快速二次收敛阶段. 更精确地说，存在常数 $\eta\in(0,m^2/L')$ 和 $\gamma>0$ 使

- **(阻尼阶段)** 当 $\nabla f_0(\boldsymbol{x}_k)\geqslant\eta$ 时，大多数迭代都需要回溯. 该阶段至多经过 $(f_0(\boldsymbol{x}_0)-f_0^*)/\gamma$ 次迭代算法终止；
- **(二次收敛阶段)** 当 $\nabla f_0(\boldsymbol{x}_k)<\eta$ 时，在这个阶段，所有的迭代都采用牛顿步长（即 $s_k=1$），那么梯度二次收敛到零，即

$$\|\nabla f_0(\boldsymbol{x}_t)\|_2\leqslant \mathrm{cost.}\cdot(1/2)^{2^{t-k}},\quad t\geqslant k.$$

总的来说，我们可以得出这样的结论：阻尼牛顿法在最多

$$k_{\max}=\left\lceil\frac{f_0(\boldsymbol{x}_0)-f_0^*}{\gamma}+\log_2\log_2\frac{\varepsilon_0}{\varepsilon}\right\rceil$$

次迭代中达到 $f_0(\boldsymbol{x}_k)-f_0^*\leqslant\varepsilon$ 这样的精度. 这里 γ,ε_0 是依赖于 m,L' 和初始点 $\boldsymbol{x}_0$ 的常数. 基于 f_0 严格凸和自洽[㊁] 的假设，牛顿法的更深入的分析实际上提供了以下并不依赖于未知量的更有用的界：

$$k_{\max}=\left\lceil\frac{f_0(\boldsymbol{x}_0)-f_0^*}{\gamma}+\log_2\log_2\frac{1}{\varepsilon}\right\rceil,\quad \gamma=\frac{\alpha\beta(1-2\alpha)^2}{20-8\alpha},\ \alpha<\frac{1}{2},\tag{12.31}$$

其中 α,β 是回溯参数. 此外，可以证明：在自洽假设条件下，$f_0(\boldsymbol{x}_k)-f_0^*\leqslant\lambda_k^2$ 在牛顿法的二次收敛阶段成立（对于 $\lambda_k\leqslant 0.68$，这是一个我们在这里没有提及的但经过更深入分析得出的数字）. 因此，衰减 λ_k 给出了最优性间隙的精确上界，它可以在牛顿算法中用作算法的停止准则，如算法 11 所示.

12.2.4.1 牛顿迭代的成本

方程 (12.31) 表明：获得关于目标值的一个 ε 精度所需的牛顿迭代次数相对于 ε^{-1} 的增长是非常缓慢的. 这种依赖关系是“双对数”的，由于

$$\log_2\log_2\frac{1}{\varepsilon}\leqslant 6,\quad \forall\ \varepsilon\geqslant 10^{-19},$$

㊀ 这里证明从略. 读者可参见 Boyd 和 Vandenberghe 的著作中的 9.5 节.

㊁ 如果一个函数 $f:\mathbb{R}\to\mathbb{R}$ 对任意 $x\in\mathrm{dom}\ f$，有 $|f'''(x)|\leqslant 2[f''(x)]^{3/2}$，则称函数 f 是自洽的. 如果函数 $f:\mathbb{R}^n\to\mathbb{R}$ 沿着其定义域中的任何直线是自洽的，即对任意 $\boldsymbol{x}\in\mathrm{dom}\ f$ 和 $\boldsymbol{v}\in\mathbb{R}^n$，关于 $t\in\mathbb{R}$ 的函数 $f(\boldsymbol{x}+t\boldsymbol{v})$ 是自洽的，则函数 f 是自洽的. 许多有用的凸函数都具有自洽性，例如：线性不等式上的对数障碍函数 $f(\boldsymbol{x})=-\sum_i\log(b_i-\boldsymbol{a}_i^\top\boldsymbol{x})$，其在定义域与满足不等式 $\boldsymbol{a}_i^\top\boldsymbol{x}<b_i$ 的所有 x 的集合的交集上是自洽的.

算法 11 阻尼牛顿法.

要求： f_0 是二次连续可微的且满足 (i) 强凸的以及具有李普希兹连续的海森矩阵，
　　或 (ii) 严格凸的且自洽的. $\boldsymbol{x}_0 \in \operatorname{dom} f_0$, $\varepsilon > 0$

1: 令 $k = 0$
2: 确定牛顿方向 $\boldsymbol{v}_k = -[\nabla^2 f_0(\boldsymbol{x}_k)]^{-1}\nabla f_0(\boldsymbol{x}_k)$ 和（平方）衰减 $\lambda_k^2 = -\nabla f_0(\boldsymbol{x}_k)^\top \boldsymbol{v}_k$
3: 如果 $\lambda_k^2 \leqslant \varepsilon$，那么返回 $\boldsymbol{x}_k$ 并停止
4: 由回溯法确定步长 $s_k > 0$
5: 更新: $\boldsymbol{x}_{k+1} = \boldsymbol{x}_k + s_k\boldsymbol{v}_k$, $k \leftarrow k+1$，然后返回到第 2 步.

那么在大多数实际用途中，人们通常认为它是常数. 然而，牛顿算法应用的主要局限性是在每次迭代时计算由方程 (12.30) 给出的牛顿方向 $\boldsymbol{v}_k$ 的数值代价. 为了计算这个方向，必须求解关于向量 $\boldsymbol{v} \in \mathbb{R}^n$ 的线性方程组（牛顿系统）：

$$[\nabla^2 f_0(\boldsymbol{x}_k)]\boldsymbol{v} = -\nabla f_0(\boldsymbol{x}_k).$$

对于一般的非结构海森算子，该系统可以通过 $O(n^3/3)$ 次运算的 Cholesky 分解[㊀]来求解. 进一步，在每一步都要计算和存储整个海森矩阵，当问题维数 n 很大时，这可能是一个限制因素. 为了避免在每一步都重新计算海森矩阵，人们提出了几种近似方法，以避免二阶导数的计算以及牛顿系统的求解. 下面将简要讨论其中的一些方法，也被称为拟牛顿法.

12.2.5 拟牛顿法

拟牛顿法是一种变尺度方法，其中 $\boldsymbol{H}_k$ 矩阵在每一次迭代中根据适当的规则进行更新，并将其作为海森矩阵的代理. 与“精确”牛顿法相比，它的优点是避免了二阶导数的计算以及海森矩阵的求逆问题. 对一个凸二次函数

$$f(x) = \frac{1}{2}\boldsymbol{x}^\top \boldsymbol{A}\boldsymbol{x} + \boldsymbol{b}^\top \boldsymbol{x} + c, \quad \boldsymbol{A} \succ 0,$$

$\nabla f(x) = \boldsymbol{A}\boldsymbol{x} + \boldsymbol{b}$ 和 $\nabla^2 f(\boldsymbol{x}) = \boldsymbol{A}$ 成立，因此海森矩阵 $\boldsymbol{A}$ 满足方程：

$$\nabla f(\boldsymbol{x}) - \nabla f(\boldsymbol{y}) = \boldsymbol{A}(\boldsymbol{x} - \boldsymbol{y}).$$

在上式两边同时左乘以 $\boldsymbol{H} = \boldsymbol{A}^{-1}$，我们得到逆海森矩阵 $\boldsymbol{H}$ 的逆的所谓正割条件：

$$\boldsymbol{H}(\nabla f(\boldsymbol{x}) - \nabla f(\boldsymbol{y})) = \boldsymbol{x} - \boldsymbol{y}.$$

因此，直观的想法是：如果一个矩阵 $\boldsymbol{H}$ 满足正割条件，并且如果函数 f_0 可以用一个二次函数来逼近，那么它的（逆）海森矩阵也可以用 $\boldsymbol{H}$ 来逼近. 拟牛顿法首先初始化 $\boldsymbol{H}_0 = \boldsymbol{I}_n$，然后根据满足如下正割条件的各种规则来更新该矩阵：

$$\boldsymbol{H}_{k+1}(\nabla f(\boldsymbol{x}_{k+1}) - \nabla f(\boldsymbol{x}_k)) = \boldsymbol{x}_{k+1} - \boldsymbol{x}_k.$$

㊀ 参见 6.4.4.2 节.

典型的满足正割条件的更新规则是：设 $\Delta_k \boldsymbol{x} \doteq \boldsymbol{x}_{k+1} - \boldsymbol{x}_k$，$\Delta_k \boldsymbol{g} \doteq \nabla f(\boldsymbol{x}_{k+1}) - \nabla f_0(\boldsymbol{x}_k)$，$\boldsymbol{z}_k \doteq \boldsymbol{H}_k \Delta_k \boldsymbol{g}$.

- 秩一校正：

$$\boldsymbol{H}_{k+1} = \boldsymbol{H}_k + \frac{(\Delta_k \boldsymbol{x} - \boldsymbol{z}_k)(\Delta_k \boldsymbol{x} - \boldsymbol{z}_k)^\top}{(\Delta_k \boldsymbol{x} - \boldsymbol{z}_k)^\top \Delta_k \boldsymbol{g}};$$

- Davidon-Fletcher-Powell (DFP) 校正：

$$\boldsymbol{H}_{k+1} = \boldsymbol{H}_k + \frac{\Delta_k \boldsymbol{x} \Delta_k \boldsymbol{x}^\top}{\Delta_k \boldsymbol{g}^\top \Delta_k \boldsymbol{x}} - \frac{\boldsymbol{z}_k \boldsymbol{z}_k^\top}{\Delta_k \boldsymbol{g}^\top \boldsymbol{z}_k};$$

- Broyden-Fletcher-Goldfarb-Shanno (BFGS) 校正：

$$\boldsymbol{H}_{k+1} = \boldsymbol{H}_k + \frac{(\boldsymbol{z}_k \Delta_k \boldsymbol{x}^\top) + (\boldsymbol{z}_k \Delta_k \boldsymbol{x}^\top)^\top}{\Delta_k \boldsymbol{g}^\top \boldsymbol{z}_k} - \boldsymbol{v}_k \frac{\boldsymbol{z}_k \boldsymbol{z}_k^\top}{\Delta_k \boldsymbol{g}^\top \boldsymbol{z}_k},$$

  其中

$$\boldsymbol{v}_k = 1 + \frac{\Delta_k \boldsymbol{g}^\top \Delta_k \boldsymbol{x}}{\Delta_k \boldsymbol{g}^\top \boldsymbol{z}_k}.$$

我们可以证明拟牛顿法具有类似于梯度法的全局收敛速度，而局部收敛速度是超线性的[⊖].

12.2.6 处理线性等式约束

我们这里考虑在线性等式约束下最小化一个凸目标函数 f_0 的优化问题，即

$$p^* = \min_{\boldsymbol{x} \in \mathbb{R}^n} f_0(\boldsymbol{x}) \quad (12.32)$$
$$\text{s.t.:} \quad \boldsymbol{A}\boldsymbol{x} = \boldsymbol{b},$$

其中 $\boldsymbol{A} \in \mathbb{R}^{m,n}$，这里 $\boldsymbol{A}$ 是满秩的，即 $\text{rank}\boldsymbol{A} = m$. 基本上有三种方法来处理这个问题. 第一种方法是消除等式约束，从而将问题转化为无约束问题，可以应用前面几节中所表述的方法来求解. 第二种方法是对问题应用下降技术（例如：梯度法或牛顿法），计算下降方向以便每次迭代都保持算法可行. 接下来，我们将介绍这两种方法.

12.2.6.1 消除线性等式约束

因为 $\text{rank}\boldsymbol{A} = m$，我们可以找到一个矩阵 $\boldsymbol{N} \in \mathbb{R}^{n,n-m}$，由其列构成 $\boldsymbol{A}$ 的零空间的基. 例如：可以选择 $\boldsymbol{N}$ 来包含 $\boldsymbol{A}$ 的 SVD 的 $\boldsymbol{V}$ 因子的最后 $N-m$ 正交列，见 5.2.4 节. 然后，由命题 6.1 得：满足 $\boldsymbol{A}\boldsymbol{x} = \boldsymbol{b}$ 的所有向量 $\boldsymbol{x}$ 都可以写成：

$$\boldsymbol{x} = \bar{\boldsymbol{x}} + \boldsymbol{N}\boldsymbol{z},$$

⊖ 可参见 J. Nocedal, S. J. Wright, *Numerical Optimization*, Springer, 2006.

其中 $\bar{x} \in \mathbb{R}^n$ 为方程 $Ax = b$ 的某个固定的解，$z \in \mathbb{R}^{n-m}$ 是一个新的自由变量. 现在将 x 代入 f_0 中，我们于是得到一个新的关于自由变量 z 的目标函数：

$$\tilde{f}_0(z) = f_0(\bar{x} + Nz). \tag{12.33}$$

那么问题 (12.32) 等价于如下无约束问题：

$$p^* = \min_{z \in \mathbb{R}^{n-m}} \tilde{f}_0(z).$$

一旦这个问题被求解（例如可以通过前面讨论的无约束极小化方法中的一种），并且得到一个最优变量 z^*，我们于是就可以恢复原问题的一个最优变量，如下所示：

$$x^* = \bar{x} + Nz^*.$$

这种方法的一个可能的优点是，转换后的无约束问题有 $n-m$ 个变量，这可能比原来的变量数 n 要少得多. 然而，当矩阵 A 稀疏时，会出现一个缺点. 通常，对应的矩阵 N 是稠密的. 在这种情况下，如 12.2.6.3 节所述，直接使用等式约束可能会更有效.

12.2.6.2 可行更新梯度算法

处理问题 (12.32) 的第二种方法是通过选择适当的下降方向 v_k 来应用某种下降方法，以确保每次迭代的可行性. 让我们首先观察问题 (12.32) 的最优性条件（见例 8.4.2）. x 是最优的当且仅当

$$\text{存在某个 } \lambda \in \mathbb{R}^m \text{ 使 } Ax = b \text{ 且 } \nabla f_0(x) = A^\top \lambda,$$

第二个条件说明，在最优点处的梯度正交于 A 的零空间，即上述性质等价于

$$x \text{ 是最优的} \Leftrightarrow Ax = b \text{ 且 } \nabla f_0(x) \in \mathcal{N}^\perp(A). \tag{12.34}$$

我们现在对问题 (12.32) 采用梯度下降法. 其思想是简单地将 f_0 的梯度作为更新方向，并将其投影到 A 的零空间上. 也就是说，有

$$v_k = -P\nabla f_0(x_k), \quad P = NN^\top,$$

其中 $N \in \mathbb{R}^{n,n-m}$ 的列构成 $\mathcal{N}(A)$ 的一个规范正交基. 矩阵 P 是 $\mathcal{N}(A)$ 的一个正交投影（见 5.2.4 节），这意味着对任意向量 $\xi \in \mathbb{R}^n$，向量 $P\xi$ 在 $\mathcal{N}(A)$ 中. 那么，如果目前的点 x_k 满足约束条件（即 $Ax_k = b$），那么更新点

$$x_{k+1} = x_k + s_k v_k = x_k - s_k P\nabla f_0(x_k)$$

也满足该约束条件，这是由于

$$Ax_{k+1} = Ax_k - s_k A(P\nabla f_0(x_k)) = b.$$

这确保了如果算法从一个可行点 $\boldsymbol{x}_0$ 开始，那么所有接下来的迭代也都是可行的. 我们下面验证 $\boldsymbol{v}_k$ 实际上是一个下降方向. 注意到 $\boldsymbol{P}\succeq 0$，且进一步有

$$\boldsymbol{z}^\top \boldsymbol{P}\boldsymbol{z}=0 \text{ 当且仅当 } \boldsymbol{z}\perp\mathcal{N}(\boldsymbol{A}).$$

刻画下降方向的条件为 $\nabla f_0(\boldsymbol{x}_k)^\top \boldsymbol{v}_k<0$，于是我们有

$$\nabla f_0(\boldsymbol{x}_k)^\top \boldsymbol{v}_k=-\nabla f_0(\boldsymbol{x}_k)\boldsymbol{P}\nabla f_0(\boldsymbol{x}_k)\begin{cases}<0 & \text{若 } \nabla f_0(\boldsymbol{x}_k)\notin\mathcal{N}^\perp(\boldsymbol{A}),\\ =0 & \text{若 } \nabla f_0(\boldsymbol{x}_k)\in\mathcal{N}^\perp(\boldsymbol{A}).\end{cases}$$

这说明在每一次迭代，要么 $\boldsymbol{v}_k$ 是一个下降方法要么 $\nabla f_0(x_k)\in\mathcal{N}^\perp(\boldsymbol{A})$，根据式 (12.34)，后者意味着 $\boldsymbol{x}_k$ 是最优点. 这种梯度投影算法的收敛性具有与标准梯度算法相似的性质.

12.2.6.3 可行更新牛顿算法

通过设计每一步的可行牛顿迭代，我们都可以很容易地将牛顿算法应用于处理线性约束问题 (12.32). 回顾标准牛顿法是通过计算在 $\boldsymbol{x}_k$ 处 f_0 的二次近似 $f_q^{(k)}$ 的最小值来更新下一个点位置，见式 (12.28). 改进方法的思想是在等式约束下，将更新点确定为同一二次近似函数的最小值. 也就是说，已知目前的可行点 $\boldsymbol{x}_k$，更新点位置应该满足：

$$\begin{aligned}\min_{\boldsymbol{x}}\ & f_0(\boldsymbol{x}_k)+\nabla f_0(\boldsymbol{x}_k)^\top(\boldsymbol{x}-\boldsymbol{x}_k)+\frac{1}{2}(\boldsymbol{x}-\boldsymbol{x}_k)^\top\nabla^2 f_0(\boldsymbol{x}_k)(\boldsymbol{x}-\boldsymbol{x}_k)\\ \text{s.t.:}\ & \boldsymbol{A}\boldsymbol{x}=\boldsymbol{b}.\end{aligned}$$

这个问题的最优性条件可以解析地表述为 (见例 9.2):

$$\text{存在某个 } \boldsymbol{\lambda}\in\mathbb{R}^m \text{ 使 } \boldsymbol{A}\boldsymbol{x}=\boldsymbol{b} \text{ 且 } \nabla f_q^{(k)}(\boldsymbol{x})=\boldsymbol{A}^\top\boldsymbol{\lambda}.$$

令 $\Delta_{\boldsymbol{x}}=\boldsymbol{x}-\boldsymbol{x}_k$（满牛顿步长），注意到 $\boldsymbol{A}\Delta_{\boldsymbol{x}}=\boldsymbol{A}\boldsymbol{x}-\boldsymbol{A}\boldsymbol{x}_k=\boldsymbol{A}\boldsymbol{x}-\boldsymbol{b}$ 和 $\nabla f_q^{(k)}(\boldsymbol{x})=\nabla f_0(\boldsymbol{x}_k)+\nabla^2 f_0(\boldsymbol{x}_k)(\boldsymbol{x}-\boldsymbol{x}_k)$，用 $\Delta_{\boldsymbol{x}}$，则上面的条件可以重新写成：

$$\text{存在某个 } \boldsymbol{\lambda}\in\mathbb{R}^m \text{ 使 } \boldsymbol{A}\Delta_{\boldsymbol{x}}=0 \text{ 和 } \nabla f_0(\boldsymbol{x}_k)+\nabla^2 f_0(\boldsymbol{x}_k)\Delta_{\boldsymbol{x}}=-\boldsymbol{A}^\top\boldsymbol{\lambda},$$

(我们这里刚刚将向量 $-\boldsymbol{\lambda}$ 重命名为 $\boldsymbol{\lambda}$)，于是其可以写成如下矩阵形式：

$$\begin{bmatrix}\nabla^2 f_0(\boldsymbol{x}_k) & \boldsymbol{A}^\top\\ \boldsymbol{A} & 0\end{bmatrix}\begin{bmatrix}\Delta_{\boldsymbol{x}}\\ \boldsymbol{\lambda}\end{bmatrix}=\begin{bmatrix}-\nabla f_0(\boldsymbol{x}_k)\\ 0\end{bmatrix}. \tag{12.35}$$

求解上述线性方程组（称为线性等式约束牛顿法的 KKT 系统）得到所需的步长 $\Delta_{\boldsymbol{x}}$. 于是，修正的牛顿法根据如下迭代来更新目前的点：

$$\boldsymbol{x}_{k+1}=\boldsymbol{x}_k+s_k\Delta_{\boldsymbol{x}}.$$

牛顿衰减量现在则定义为：

$$\lambda_k^2 = \Delta_{\boldsymbol{x}}^\top \nabla^2 f_0(\boldsymbol{x}_k) \Delta_{\boldsymbol{x}},$$

且如下等式成立

$$f(\boldsymbol{x}) - \min_{\boldsymbol{A}\boldsymbol{y}=\boldsymbol{b}} f_q^{(k)}(\boldsymbol{y}) = \frac{1}{2}\lambda_k^2.$$

在二次收敛阶段有 $f_0(\boldsymbol{x}_k) - p^* \leqslant \lambda_k^2$，因此 λ_k^2 可作为该算法的停止准则. 算法 12 表述了具有线性等式约束的阻尼牛顿法.

算法 12 具有线性等式约束的阻尼牛顿法.

要求：f_0 是二次连续可微的且满足 (i) 强凸的以及具有李普希兹连续的海森矩阵，或 (ii) 严格凸的且自洽的；$\boldsymbol{x}_0 \in \operatorname{dom} f_0$, $\boldsymbol{A}\boldsymbol{x}_0 = \boldsymbol{b}$, $\varepsilon > 0$

1: 令 $k = 0$
2: 通过求解式 (12.35) 确定牛顿步进 $\Delta_{\boldsymbol{x}}$ 和（平方）衰减 $\lambda_k^2 = \Delta_x^\top \nabla^2 f_0(x_k) \Delta_x$
3: 如果 $\lambda_k^2 \leqslant \varepsilon$，那么返回 $\boldsymbol{x}_k$ 且算法停止
4: 由回溯法确定步长 $s_k > 0$
5: 更新: $\boldsymbol{x}_{k+1} = \boldsymbol{x}_k + s_k \Delta_{\boldsymbol{x}}$, $k \leftarrow k + 1$，然后返回到第 2 步.

12.3 光滑凸约束极小化算法

在本节中，我们将讨论处理可微凸约束优化问题的两种技术. 本节研究的问题具有如下形式：

$$p^* = \min_{\boldsymbol{x} \in \mathbb{R}^n} f_0(\boldsymbol{x}) \tag{12.36}$$

$$\text{s.t.:} \quad x \in \mathcal{X},$$

其中 f_0 是凸的且 $\mathcal{X}$ 是某个简单的凸约束集（例如为一个范数球、正像限等）或者更一般地，其具有如下形式：

$$\mathcal{X} = \{\boldsymbol{x} \in \mathbb{R}^n : \ f_i(\boldsymbol{x}) \leqslant 0, \ i = 1, \cdots, m\}, \tag{12.37}$$

这里 f_i 是凸函数. 不失一般性，我们假设不存在线性等式约束（如果存在此类约束，则可以通过 12.2.6.1 节中表述的方法消除线性等式约束）.

在 12.3.1 节中，基于约束集的障碍函数的思想，我们表述一种相当通用的求解问题 (12.36) 的方法，如我们将要看到的，它允许通过一系列无约束的最小化函数（该方法需要所有函数 f_i, $i = 0, 1, \cdots, m$ 为二次可微的）来求解约束问题的解. 在 12.3.2 节中，我们讨论一种基于近端映射概念的替代方法，该方法适用于 $\mathcal{X}$ 是“简单”形式的情况（我们将更精确地定义什么是“简单”的形式），通过在可行集上进行投影，将其归结为梯度步进方案.

12.3.1　凸约束极小化问题的障碍算法

我们下面考虑问题 (12.36)，其中 $\mathcal{X}$ 是表述为式 (12.37) 的闭集，f_i 是凸闭且二次连续可微的. 也就是说，考虑如下的凸优化问题：

$$p^* = \min_{\boldsymbol{x}\in\mathbb{R}^n} f_0(\boldsymbol{x}) \tag{12.38}$$
$$\text{s.t. } f_i(\boldsymbol{x}) \leqslant 0, \quad i=1,\cdots,m.$$

我们进一步假设 p^* 是有限的且它可以在某个最优点 $\boldsymbol{x}^*$ 达到，以及问题是严格可行的，即存在 $\bar{\boldsymbol{x}} \in \text{dom } f_0$ 使 $f_i(\bar{\boldsymbol{x}}) < 0, i=1,\cdots,m$. 后者的假设确保了 Slater 条件可以被满足，于是强对偶性成立以及式 (12.38) 的对偶的最优值能被达到（对偶在障碍方法中扮演着重要的角色，读者可以通过下面的学习对其理解得更加清楚）.

称一个连续函数 $\phi: \mathbb{R}^n \to \mathbb{R}$ 是集合 $\mathcal{X}$ 上的凸障碍函数，如果它是凸的且当 $\boldsymbol{x}$ 趋于 $\mathcal{X}$ 的边界时有 $\phi \to \infty$. 典型的 $\mathcal{X}$ 上凸障碍函数的例子有：

1. 幂障碍函数：$\sum_{i=1}^m (-f_i(\boldsymbol{x}))^{-p}, p \geqslant 1$;
2. 对数障碍函数：$-\sum_{i=1}^m \ln(-f_i(\boldsymbol{x}))$;
3. 指数障碍函数：$\sum_{i=1}^m \exp(-1/f_i(\boldsymbol{x}))$.

这里特别地考虑对数障碍函数：

$$\phi(\boldsymbol{x}) = -\sum_{i=1}^m \ln(-f_i(\boldsymbol{x})),$$

对于此类障碍函数，我们有如下的解析导数：

$$\nabla\phi(\boldsymbol{x}) = \sum_{i=1}^m \frac{1}{-f_i(\boldsymbol{x})}\nabla f_i(\boldsymbol{x}), \tag{12.39}$$
$$\nabla^2\phi(\boldsymbol{x}) = \sum_{i=1}^m \frac{1}{[f_i(\boldsymbol{x})]^2}\nabla f_i(\boldsymbol{x})\nabla f_i(\boldsymbol{x})^\top + \sum_{i=1}^m \frac{1}{-f_i(\boldsymbol{x})}\nabla^2 f_i(\boldsymbol{x}).$$

其想法是通过对 f_0 加上一个以对数障碍为惩罚项的函数得到一个无约束优化问题，即考虑如下的问题：

$$\min_{\boldsymbol{x}} f_0(\boldsymbol{x}) + \frac{1}{t}\phi(\boldsymbol{x}),$$

其中 $t>0$ 是一个参数其用来加权原目标函数 f_0 和新目标中障碍函数的重要性. 我们假设该问题的最优解 $x^*(t)$ 存在且唯一以及已知一个初始严格可行点 $\boldsymbol{x}_0 \in \mathcal{X}$（有关确定合适初始可行点的方法，可参见 12.3.1.2 节）. 将上面的目标乘以 t 不会改变其最小值点，因此可以等价地考虑如下问题：

$$\min_{\boldsymbol{x}} \psi_t(\boldsymbol{x}) \doteq tf_0(\boldsymbol{x}) + \phi(\boldsymbol{x}), \quad t>0, \tag{12.40}$$

对此，$\boldsymbol{x}^*(t)$ 仍然是其唯一的最小值点. 显然，$\phi(\boldsymbol{x})$ 的作用是防止该问题的解偏离可行域 $\mathcal{X}$，即 ϕ 确实扮演着可行集 $\mathcal{X}$ 障碍的角色. 由于 $\phi(x)$ 在 $\mathcal{X}$ 外的值为 $+\infty$，并且当 $\boldsymbol{x}$ 趋于该域边界时 $\phi(\boldsymbol{x})$ 也趋于无穷，那么这确保了最小值点 $\boldsymbol{x}^*(t)$ 是严格可行的，即 $f_i(\boldsymbol{x}^*(t))<0$，$i=1,\cdots,m$. 对于 ψ_t 的一阶最优性条件则为 $\nabla\psi_t(\boldsymbol{x}^*(t))=0$，也就是，根据式 (12.39)，有

$$t\nabla f_0(\boldsymbol{x}^*(t))+\sum_{i=1}^{m}\frac{1}{-f_i(\boldsymbol{x}^*(t))}\nabla f_i(\boldsymbol{x}^*(t))=0. \tag{12.41}$$

定义

$$\lambda^*(t)=\frac{1}{-tf_i(\boldsymbol{x}^*(t))}>0,$$

我们则可以看到式 (12.41) 中的最优性条件等价于说问题 (12.38) 的拉格朗日函数 $\mathcal{L}(\boldsymbol{x},\lambda)$:

$$\mathcal{L}(\boldsymbol{x},\lambda^*(t))=f_0(\boldsymbol{x})+\sum_{i=1}^{m}\lambda^*(t)f_i(\boldsymbol{x}),$$

当 $\lambda=\lambda^*(t)$ 时在 $\boldsymbol{x}^*(t)$ 达到最小，这是因为 $\nabla\mathcal{L}(\boldsymbol{x}^*(t),\lambda^*(t))=0$. 于是，回顾对偶函数 $g(\lambda)=\min_{\boldsymbol{x}}\mathcal{L}(\boldsymbol{x},\lambda)$，对任意 $\lambda\geqslant 0$，其为 p^* 的一个下界. 计算 g 在 $\lambda=\lambda^*(t)$ 时的值，则有

$$\begin{aligned}p^*\geqslant g(\lambda^*(t))=\mathcal{L}(\boldsymbol{x}^*(t),\lambda^*(t))&=f_0(\boldsymbol{x}^*(t))+\sum_{i=1}^{m}\lambda^*(t)f_i(\boldsymbol{x}^*(t))\\&=f_0(\boldsymbol{x}^*(t))+\sum_{i=1}^{m}\frac{1}{-tf_i(\boldsymbol{x}^*(t))}f_i(\boldsymbol{x}^*(t))\\&=f_0(\boldsymbol{x}^*(t))-\frac{m}{t}.\end{aligned}$$

这是证明使用障碍法求解问题 (12.38) 的关键不等式，因为它给出了无约束问题 (12.40) 的解 $\boldsymbol{x}^*(t)$ 是原始问题的 ε 次最优解，即对于给定的 $\varepsilon>0$, 有

$$f_0(\boldsymbol{x}^*(t))-p^*\leqslant\varepsilon,\quad 若\ \frac{m}{t}\leqslant\varepsilon,$$

这显然意味着当 $t\to\infty$ 时，$f_0(\boldsymbol{x}^*(t))\to p^*$.

理想情况下，我们可以固定一个值 $t\geqslant m/\varepsilon$，例如使用牛顿法求解无约束问题 (12.40) 以获得问题 (12.38) 的一个 ε 次最优解. 虽然这一想法在原则上可行，但在实践中可能存在问题，这是因为初始点 $\boldsymbol{x}_0$ 可能会远离最优点 $\boldsymbol{x}^*$, 而且更为关键的是，对于大的 t，要最小化函数 $\psi_t(\boldsymbol{x})$ 往往是病态的（其海森矩阵值在可行集的边界附近可能会迅速变化）. 这意味着牛顿法可能需要多次迭代才能收敛到 $\boldsymbol{x}^*(t)$. 通常的方法是求解一系列无约束极小化

问题，从一个初始中等值 t_{init} 开始，依次增加 t 的值，直到满足退出条件 $m/t \leqslant \varepsilon$ 为止. 算法 13 表述了这种序列障碍法.

算法 13 序列障碍法.

要求： $\boldsymbol{x}_0$ 是严格可行性的，$t_{\text{init}} > 0, \mu > 1, \varepsilon > 0$

1: 令 $k = 0, t = t_{\text{init}}, x = x_0$

2: 以 $\boldsymbol{x}$ 为初始点，应用（阻尼）牛顿法求解 $\min_{\boldsymbol{z}} tf_0(\boldsymbol{z}) + \phi(\boldsymbol{z})$，并设 $\boldsymbol{x}_k^*$ 为相应的最优解

3: 更新 $\boldsymbol{x} \leftarrow \boldsymbol{x}_k^*$

4: 如果 $m/t \leqslant \varepsilon$，那么返回 $\boldsymbol{x}$ 且停止算法

5: 更新: $t \leftarrow \mu t, k \leftarrow k+1$，然后返回到第 2 步

算法 13 的每次迭代 k 称为中心步骤（或外迭代），$\boldsymbol{x}_k^*$ 是第 k 个中心点. 由 ψ_t 的极小值跟踪的曲线 $\{\boldsymbol{x}^*(t),\ t \geqslant 0\}$ 称为中心路径，它是位于可行集 $\mathcal{X}$ 内部的曲线. 基于此，障碍算法属于所谓的内点方法. 每个中心步骤都需要若干内部迭代，这些迭代是牛顿法计算 $\boldsymbol{x}_k^*$ 达到给定精度所需的迭代. 因此，障碍方法的数值效率取决于外部迭代次数（中心步骤）与每次迭代所需的工作量（即内部迭代次数）之间的权衡. 正如我们前面所讨论的，设置 $t_{\text{init}} \geqslant m/\varepsilon$ 将使算法 13 仅在一次外部迭代中终止，但这可能需要大量的内部迭代. 代替地，以 $t_{k+1} = \Delta t_k$ 形式逐渐增加 t，其中 t_k 表示第 k 个中心步骤中使用的 t 的值，这允许我们减少每次外部迭代的内部迭代次数. 这主要是因为第 k 个中心步骤的牛顿算法从初始点 $\boldsymbol{x}_{k-1}^*$ 开始，该初始点是先前目标 $\psi_{t_{k-1}}$ 的最小值点. 由于 t_k 不比 t_{k-1} 大太多，直观上 ψ_{t_k} 不应相对于 $\psi_{t_{k-1}}$ 变化太大，因此新的最小值点 $\boldsymbol{x}_k^*$ 应该与之前的最小值点 $\boldsymbol{x}_{k-1}^*$ 离得“不太远”. 总的来说，用算法 13 求解问题 (12.38) 使关于目标值达到精度 ε 所需的中心步骤数为：

$$\left\lceil \frac{\log(m\varepsilon^{-1}/t_{\text{init}})}{\log \mu} + 1 \right\rceil,$$

如果能够满足关于 ψ_t 的相应假设（即 ψ_t 是自洽的），例如式 (12.31)，则每个中心步骤需要若干内部迭代（即牛顿法的迭代）数是上有界的.

12.3.1.1 LP、QCQP 和 SOCP 的自洽障碍函数

我们下面将说明 LP、QCQP 和 SOCP 这些标准模型的特定障碍函数及其衍生函数. 考虑如下具有标准不等式约束的线性规划问题：

$$p^* = \min_{\boldsymbol{x} \in \mathbb{R}^n} \boldsymbol{c}^\top \boldsymbol{x}$$

$$\text{s.t.: } \boldsymbol{a}_i^\top \boldsymbol{x} \leqslant b_i, \quad i = 1, \cdots, m.$$

该问题的对数障碍函数为：

$$\phi(\boldsymbol{x}) = -\sum_{i=1}^{m} \ln(b_i - \boldsymbol{a}_i^\top \boldsymbol{x}),$$

可以证明其为自洽的. 由式 (12.39)，我们有

$$\nabla\phi(\boldsymbol{x})=\sum_{i=1}^{m}\frac{\boldsymbol{a}_i}{\boldsymbol{b}_i-\boldsymbol{a}_i^\top\boldsymbol{x}},$$

$$\nabla^2\phi(\boldsymbol{x})=\sum_{i=1}^{m}\frac{\boldsymbol{a}_i\boldsymbol{a}_i^\top}{(b_i-\boldsymbol{a}_i^\top\boldsymbol{x})^2}.$$

一个无等式约束的（凸）二次约束二次规划 (9.20) 具有标准形式 (12.38)，其中

$$f_0(\boldsymbol{x})=\frac{1}{2}\boldsymbol{x}^\top\boldsymbol{H}_0\boldsymbol{x}+\boldsymbol{c}_0^\top\boldsymbol{x}+d_0,$$

$$f_i(\boldsymbol{x})=\frac{1}{2}\boldsymbol{x}^\top\boldsymbol{H}_i\boldsymbol{x}+\boldsymbol{c}_i^\top\boldsymbol{x}+d_i,\quad i=1,\cdots,m.$$

该问题的对数障碍函数为：

$$\phi(\boldsymbol{x})=-\sum_{i=1}^{m}\ln\left(-\left(\frac{1}{2}\boldsymbol{x}^\top\boldsymbol{H}_i\boldsymbol{x}+\boldsymbol{c}_i^\top\boldsymbol{x}+d_i\right)\right),$$

可以证明其也是自洽的，并且有：

$$\nabla\phi(\boldsymbol{x})=\sum_{i=1}^{m}\frac{\boldsymbol{H}_i\boldsymbol{x}+\boldsymbol{c}_i}{-f_i(\boldsymbol{x})}$$

$$\nabla^2\phi(\boldsymbol{x})=\sum_{i=1}^{m}\frac{(\boldsymbol{H}_i\boldsymbol{x}+\boldsymbol{c}_i)(\boldsymbol{H}_i\boldsymbol{x}+\boldsymbol{c}_i)^\top}{[f_i(\boldsymbol{x})]^2}+\sum_{i=1}^{m}\frac{\boldsymbol{H}_i}{-f_i(\boldsymbol{x})}.$$

一个二阶锥规划 (10.6) 可以表述为如下标准形式:

$$\begin{aligned}p^*=\min_{\boldsymbol{x}\in\mathbb{R}^n}\ &\boldsymbol{c}^\top\boldsymbol{x}\\ \text{s.t.:}\ &\|\boldsymbol{A}_i\boldsymbol{x}+\boldsymbol{b}_i\|_2\leqslant\boldsymbol{c}_i^\top\boldsymbol{x}+d_i,\quad i=1,\cdots,m\end{aligned}$$

它也可以被等价地表述为如下带有“平方”约束的形式：

$$\begin{aligned}p^*=\min_{\boldsymbol{x}\in\mathbb{R}^n}\ &\boldsymbol{c}^\top\boldsymbol{x}\\ \text{s.t.:}\ &f_i(\boldsymbol{x})\leqslant 0,\quad i=1,\cdots,m,\\ &\boldsymbol{c}_i^\top\boldsymbol{x}+d_i\geqslant 0,\ i=1,\cdots,m,\end{aligned}$$

其中

$$f_i(\boldsymbol{x})=\|\boldsymbol{A}_i\boldsymbol{x}+\boldsymbol{b}_i\|_2^2-(\boldsymbol{c}_i^\top\boldsymbol{x}+d_i)^2,\quad i=1,\cdots,m.$$

该等价问题的对数障碍函数可以被证明是自洽的，并且有

$$\nabla\phi(\boldsymbol{x})=\sum_{i=1}^{m}\frac{\nabla f_i(\boldsymbol{x})}{-f_i(\boldsymbol{x})}-\frac{\boldsymbol{c}_i}{\boldsymbol{c}_i^{\top}\boldsymbol{x}+d_i},$$

$$\nabla^2\phi(\boldsymbol{x})=\sum_{i=1}^{m}\frac{\nabla f_i(\boldsymbol{x})\nabla f_i(\boldsymbol{x})^{\top}}{[f_i(\boldsymbol{x})]^2}+2\frac{\boldsymbol{A}_i^{\top}\boldsymbol{A}_i-\boldsymbol{c}_i\boldsymbol{c}_i^{\top}}{-f_i(\boldsymbol{x})}+\frac{\boldsymbol{c}_i^{\top}\boldsymbol{c}_i}{(\boldsymbol{c}_i^{\top}\boldsymbol{x}+d_i)^2},$$

其中 $\nabla f_i(\boldsymbol{x})=2(\boldsymbol{A}_i^{\top}\boldsymbol{A}_i-\boldsymbol{c}_i\boldsymbol{c}_i^{\top})\boldsymbol{x}+2(\boldsymbol{A}_i^{\top}\boldsymbol{b}+d_i\boldsymbol{c}_i)$.

12.3.1.2 计算初始可行点

障碍方法需要用（严格）可行点 $\boldsymbol{x}_0$ 来初始化. 这样的初始点可以通过求解一个初始优化问题来确定，通常称为第一阶段问题. 第一阶段方法的基本原理是引入一个松弛变量来处理并不满足问题 (12.38) 的原始约束的情况. 也就是说，我们将初始的约束 $f_i(\boldsymbol{x})\leqslant 0$ 替换为形如 $f_i(\boldsymbol{x})\leqslant s$ 的松弛约束，其中 $s\in\mathbb{R}$ 是一个新的变量，并考虑第一阶段的优化问题：

$$s^*=\min_{\boldsymbol{x},s} s$$

$$\text{s.t.:}\ \ f_i(\boldsymbol{x})\leqslant s,\quad i=1,\cdots,m.$$

首先，我们观察到，对于该问题，我们总是可以很容易地找到一个初始严格可行点 $\tilde{\boldsymbol{x}}_0, s_0$. 为此，只需选择任意点 $\tilde{\boldsymbol{x}}_0\in\operatorname{dom} f_0$，然后选择任意标量 s_0 使

$$s_0>\max_{i=1,\cdots,m} f_i(\tilde{x}_0).$$

从这个初始可行点开始，我们可以应用障碍法来求解第一阶段的问题，从而得到一个最优点 $\tilde{\boldsymbol{x}}^*$ 和最优（最小）偏离 s^*. 那么，有如下的结论：

- 如果 $s^*<0$，那么这意味着 $f_i(\tilde{\boldsymbol{x}}^*)\leqslant s^*<0$，因此 $\tilde{\boldsymbol{x}}^*$ 对于原问题 (12.38) 是严格可行的；
- 如果 $s^*=0$，那么原问题 (12.38) 是可行的，但其并没有一个严格可行点（然而，从数值的角度来看，我们永远不能说一个变量就是零）；
- 如果 $s^*>0$，那么原问题 (12.38) 是不可行的.

在实际中，我们求解了第一阶段的问题，以及对于一些相当小的 $\varepsilon>0$，如果 $s^*\leqslant-\varepsilon$，那么 $\tilde{\boldsymbol{x}}^*$ 对于原始问题 (12.38) 是严格可行的，于是它可以作为通过算法 13 求解该问题的初始点.

12.3.2 近端梯度法

本节将讨论用一阶方法来求解当 f_0 是凸可微的且 $\mathcal{X}$ 是一个简单结构的凸集（我们将很快定义“简单”的含义）时形如 (12.36) 的约束凸优化问题. 该方法是一类更一般的技术

的特例，基于近端映射的概念，其可用于求解一类具有混合可微和不可微目标的优化问题.下面将回顾这一概念.

12.3.2.1 近端映射与投影

已知一个闭凸函数 $h:\mathbb{R}^n\to\mathbb{R}$（其并不一定是可微的），我们定义 h 的近端映射为：

$$\operatorname{prox}_h(\boldsymbol{x})=\arg\min_{\boldsymbol{z}}\left(h(\boldsymbol{z})+\frac{1}{2}\|\boldsymbol{z}-\boldsymbol{x}\|_2^2\right).$$

由于 $h(\boldsymbol{z})$ 是凸的且额外项 $\|\boldsymbol{z}-\boldsymbol{x}\|_2^2$ 是强凸的，于是对每一个 $\boldsymbol{x}$，函数 $h(z)+0.5\|\boldsymbol{z}-\boldsymbol{x}\|_2^2$ 也是强凸的（参见 8.2.1.5 节）. 进一步，h 的凸性意味对任意 dom h 的内部中的 $\boldsymbol{x}$，有 $h(\boldsymbol{z})\geqslant h(\boldsymbol{x})+\boldsymbol{\eta}_x^\top(\boldsymbol{z}-\boldsymbol{x})$，这里 $\boldsymbol{\eta}_x$ 是 h 在点 x 的次梯度. 因此有：

$$h(\boldsymbol{z})+\frac{1}{2}\|\boldsymbol{z}-\boldsymbol{x}\|_2^2\geqslant h(\boldsymbol{x})+\boldsymbol{\eta}_x^\top(\boldsymbol{z}-\boldsymbol{x})+\frac{1}{2}\|\boldsymbol{z}-\boldsymbol{x}\|_2^2,$$

这意味着上面不等式左边的函数是下方有界的. 这个性质结合强凸性确保了 $\operatorname{prox}_h(\boldsymbol{x})$ 的全局最小值点是良定的，这是因为它是存在且唯一的. 当 $h(\boldsymbol{z})$ 是闭凸集 $\mathcal{X}$ 的示性函数时，则出现了一个有意思的特例，即

$$h(\boldsymbol{z})=I_{\mathcal{X}}(\boldsymbol{z})\doteq\begin{cases}0 & \text{若 } \boldsymbol{z}\in\mathcal{X},\\ +\infty & \text{其他}.\end{cases}$$

在这种情况下，我们有

$$\operatorname{prox}_{I_{\mathcal{X}}}(\boldsymbol{x})=\arg\min_{\boldsymbol{z}\in\mathcal{X}}\frac{1}{2}\|\boldsymbol{z}-\boldsymbol{x}\|_2^2,\tag{12.42}$$

因此 $\operatorname{prox}_{I_{\mathcal{X}}}(\boldsymbol{x})=[\boldsymbol{x}]_{\mathcal{X}}$ 是点 $\boldsymbol{x}$ 到 $\mathcal{X}$ 上的欧氏投影. 下面，我们将很容易计算近端映射的这些函数 h 称为“简单”的. 因此，很容易通过计算确定投影的凸集 $\mathcal{X}$ 称为“简单”的. 此类凸集的示例将在 12.3.3 节中加以进一步说明.

观察到，约束极小化问题 (12.36) 可以被重写为一个无约束形式

$$\min_{\boldsymbol{x}} f_0(\boldsymbol{x})+I_{\mathcal{X}}(\boldsymbol{x}),\tag{12.43}$$

其中示性函数 $I_{\mathcal{X}}(\boldsymbol{x})$ 扮演着 $\mathcal{X}$ 上的非可障碍函数的角色. 在下一节，我们将讨论具有如下一般形式的问题的一个求解算法：

$$\min_{\boldsymbol{x}} f_0(\boldsymbol{x})+h(\boldsymbol{x}),\tag{12.44}$$

其中 f_0 是凸可微的且 $h(\boldsymbol{x})$ 是凸“简单”的. 当 $h(x)=I_{\mathcal{X}}(x)$，问题 (12.44) 显然退化到 (12.43).

12.3.2.2 近端梯度法

我们通过对梯度算法的改进讨论如下问题的解:

$$\min_{\boldsymbol{x}} f(\boldsymbol{x}), \tag{12.45}$$

其中

$$f(\boldsymbol{x}) \doteq f_0(\boldsymbol{x}) + h(\boldsymbol{x}), \tag{12.46}$$

以此适应当前 $h(\boldsymbol{x})$ 可能为不可微（因此其梯度可能不存在）的情况.

给定一个当前点 $\boldsymbol{x}_k$，该方法首先执行一个标准的梯度步骤（仅使用 f_0 的梯度），然后通过 h 的近端映射来计算新的点位置 $\boldsymbol{x}_{k+1}$. 用公式则表述为:

$$\boldsymbol{x}_{k+1} = \operatorname{prox}_{s_k h}(\boldsymbol{x}_k - s_k \nabla f_0(\boldsymbol{x}_k)),$$

其中 s_k 是步长. 我们下面将解释如何利用“改进”的梯度步骤来更新点的位置. 根据近端映射的定义，我们有:

$$\begin{aligned}
\boldsymbol{x}_{k+1} &= \operatorname{prox}_{s_k h}(\boldsymbol{x}_k - s_k \nabla f_0(\boldsymbol{x}_k)) \\
&= \arg\min_{\boldsymbol{z}} \left(s_k h(\boldsymbol{z}) + \frac{1}{2}\|\boldsymbol{z} - \boldsymbol{x}_k + s_k \nabla f_0(\boldsymbol{x}_k)\|_2^2 \right) \\
&\quad [\text{除以 } s_k \text{ 并不改变最小值点}] \\
&= \arg\min_{\boldsymbol{z}} \left(h(\boldsymbol{z}) + \frac{1}{2s_k}\|\boldsymbol{z} - \boldsymbol{x}_k + s_k \nabla f_0(\boldsymbol{x}_k)\|_2^2 \right) \\
&= \arg\min_{\boldsymbol{z}} \left(h(\boldsymbol{z}) + \frac{1}{2s_k}\|\boldsymbol{z} - \boldsymbol{x}_k\|_2^2 + \nabla f_0(\boldsymbol{x}_k)^\top(\boldsymbol{z} - \boldsymbol{x}_k) + \frac{s_k}{2}\|\nabla f_0(\boldsymbol{x}_k)\|_2^2 \right) \\
&\quad \left[\text{加常数项 } f_0(\boldsymbol{x}_k) - \frac{s_k}{2}\|\nabla f_0(\boldsymbol{x}_k)\|_2^2 \text{ 并不改变最小值点}\right] \\
&= \arg\min_{\boldsymbol{z}} \left(h(\boldsymbol{z}) + f_0(\boldsymbol{x}_k) + \nabla f_0(\boldsymbol{x}_k)^\top(\boldsymbol{z} - \boldsymbol{x}_k) + \frac{1}{2s_k}\|\boldsymbol{z} - \boldsymbol{x}_k\|_2^2 \right).
\end{aligned}$$

最后一个公式的解释是，更新点位置 $\boldsymbol{x}_{k+1}$ 是 $h(\boldsymbol{z})$ 的极小值点加上 $\boldsymbol{x}_k$ 处 $f_0(\boldsymbol{z})$ 的一个局部二次近似值，也就是 $\boldsymbol{x}_{k+1} = \arg\min_z \psi_k(\boldsymbol{z})$，其中

$$\begin{aligned}
\psi_k(\boldsymbol{z}) &\doteq h(\boldsymbol{z}) + q_k(\boldsymbol{z}), \\
q_k(\boldsymbol{z}) &\doteq f_0(\boldsymbol{x}_k) + \nabla f_0(\boldsymbol{x}_k)^\top(\boldsymbol{z} - \boldsymbol{x}_k) + \frac{1}{2s_k}\|\boldsymbol{z} - \boldsymbol{x}_k\|_2^2.
\end{aligned} \tag{12.47}$$

让我们定义一个向量 $g_s(\boldsymbol{x})$:

$$g_s(\boldsymbol{x}) \doteq \frac{1}{s}(\boldsymbol{x} - \operatorname{prox}_{sh}(\boldsymbol{x} - s\nabla f_0(\boldsymbol{x}))),$$

为了符号的方便，令

$$\boldsymbol{g}_k \doteq g_{s_k}(\boldsymbol{x}_k) = \frac{1}{s_k}(\boldsymbol{x}_k - \boldsymbol{x}_{k+1}). \tag{12.48}$$

根据上面的符号，可以把我们的算法写成：

$$\boldsymbol{x}_{k+1} = \boldsymbol{x}_k - s_k\boldsymbol{g}_k, \tag{12.49}$$

其中 $\boldsymbol{g}_k$ 扮演着“拟”梯度的角色，其通常被称为 f 关于 h 在点 $\boldsymbol{x}_k$ 的梯度映射. 实际上，$\boldsymbol{g}_k$ 继承了标准梯度的一些关键特性. 例如，我们将要证明问题 (12.45) 的最优性条件是 $g_s(\boldsymbol{x}) = 0$. 此外，如果 $h = 0$，那么 $\boldsymbol{g}_k = \nabla f_0(\boldsymbol{x}_k)$，因此直观地看 $\boldsymbol{g}_k$ 就是 f_0 在 $\boldsymbol{x}_k$ 的梯度. 如果 $h = I_{\mathcal{X}}$，那么这个梯度映射的几何含义由图 12.7 给出.

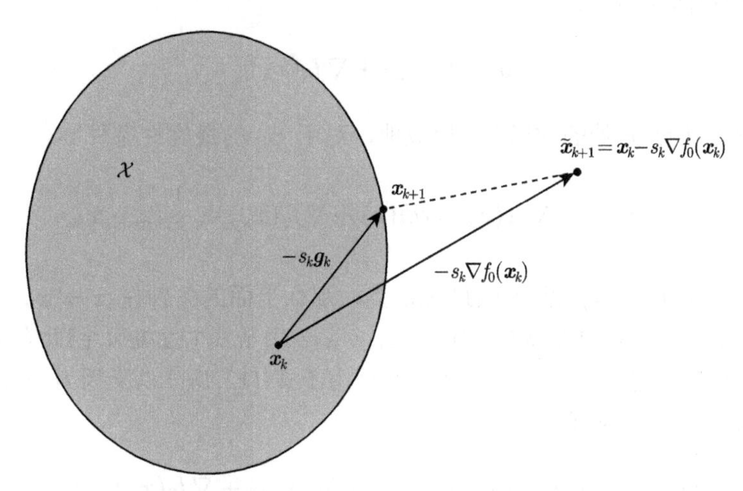

图 12.7 当 h 是闭凸集 $\mathcal{X}$ 的示性函数时，其相应的近端梯度步骤的图示. 在这种情况下，$\boldsymbol{x}_{k+1}$ 就是 $\tilde{\boldsymbol{x}}_{k+1}$ 在 $\mathcal{X}$ 上的欧氏投影

算法 14 中正式给出了具有恒定步长的近端梯度算法的一个版本.

算法 14 近端梯度算法（恒定步长）

要求： f_0 是凸的、可微下有界的且具有李普希兹连续梯度（李普希兹常数为 L）；
h 是闭凸的, $\boldsymbol{x}_0 \in \mathrm{dom}\, f_0$, $\varepsilon > 0$

1: 令 $k = 0$, $s = 1/L$

2: 更新：$\boldsymbol{x}_{k+1} = \mathrm{prox}_{sh}(\boldsymbol{x}_k - s\nabla f_0(\boldsymbol{x}_k))$

3: 如果达到精度 ε（见 (12.60)），那么算法终止并返回 $\boldsymbol{x}_k$ 值；
否则令 $k \leftarrow k + 1$，然后返回到第 2 步.

12.3.2.3 近端梯度算法的收敛

这一节的内容是相当技术性的. 对细节不感兴趣的读者可以只考虑本节末给出的结果，然后转到下一节.

接下来，我们将证明在假设 f_0 是强凸以及在 dom f_0 上具有李普希兹连续梯度的情况下算法 14 的收敛性. 首先观察到：

$$\nabla q_k(\boldsymbol{z}) = \nabla f_0(\boldsymbol{x}_k) + \frac{1}{s_k}(\boldsymbol{z} - \boldsymbol{x}_k),$$

其中 q_k 的定义在式 (12.47)，于是有：

$$\nabla q_k(\boldsymbol{x}_{k+1}) = \nabla f_0(\boldsymbol{x}_k) - \boldsymbol{g}_k.$$

此外，我们还观察到：一个点 $\boldsymbol{x}_k$ 对于问题 (12.45) 是最优的，即它最小化 $f = f_0 + h$，当且仅当 $\boldsymbol{g}_k = 0$. 为了验证这一事实，我们回顾问题 (12.45) 的如下最优性条件要求（注意，这里 h 可能为不可微的）[㊀]：

$$0 \in \partial h(\boldsymbol{x}_k) + \nabla f_0(\boldsymbol{x}_k), \tag{12.50}$$

其中 $\partial h(\boldsymbol{x})$ 是 h 在点 $\boldsymbol{x}$ 处的次微分. 相似地，对于 ψ_k 的最优性条件为：

$$0 \in \partial h(\boldsymbol{z}) + \nabla q_k(\boldsymbol{z}) = \partial h(\boldsymbol{z}) + \nabla f_0(\boldsymbol{x}_k) + \frac{1}{s_k}(\boldsymbol{z} - \boldsymbol{x}_k),$$

根据式 (12.50) 有：如果 $\boldsymbol{x}_k$ 是 f 的最优值点，那么上面的条件在 $\boldsymbol{z} = \boldsymbol{x}_k$ 时成立. 这样，如果 $\boldsymbol{x}_k$ 对于问题 (12.45) 是最优的，则 $\boldsymbol{x}_{k+1} = \boldsymbol{x}_k$. 由于式 (12.48)，因此有 $\boldsymbol{g}_k = 0$. 相反，如果 $\boldsymbol{g}_k = 0$，那么一定有 $\boldsymbol{x}_{k+1} = \boldsymbol{x}_k$（仍然是由于式 (12.48)），又因为 $\boldsymbol{x}_{k+1}$ 最小化 $\psi_{\boldsymbol{z}}$，于是根据最优性条件，我们有：

$$0 \in \partial h(\boldsymbol{x}_{k+1}) + \nabla g_k(\boldsymbol{x}_{k+1}) = \partial h(\boldsymbol{x}_{k+1}) + \nabla f_0(\boldsymbol{x}_k) - \boldsymbol{g}_k,$$

也就是

$$\boldsymbol{g}_k \in \partial h(\boldsymbol{x}_{k+1}) + \nabla f_0(\boldsymbol{x}_k), \tag{12.51}$$

由此，对于 $\boldsymbol{x}_{k+1} = \boldsymbol{x}_k$，则有 $0 = \boldsymbol{g}_k \in \partial h(\boldsymbol{x}_k) + \nabla f_0(\boldsymbol{x}_k)$，这意味着 $\boldsymbol{x}_k$ 对于 f 是最优的. 注意到式 (12.51) 意味着存在一个次微分 $\boldsymbol{\eta}_{k+1} \in \partial h(\boldsymbol{x}_{k+1})$ 使

$$\nabla f_0(\boldsymbol{x}_k) = \boldsymbol{g}_k - \boldsymbol{\eta}_{k+1}, \tag{12.52}$$

根据次微分的定义可以得到：

$$h(\boldsymbol{z}) \geqslant h(\boldsymbol{x}_{k+1}) + \boldsymbol{\eta}_{k+1}^\top(\boldsymbol{z} - \boldsymbol{x}_{k+1}), \quad \forall\ \boldsymbol{z} \in \text{dom}\ h. \tag{12.53}$$

㊀ 参见 8.4.4 节.

上面最后两种关系很快就会用到. 现在，关于 f_0 的强凸性和李普希兹连续梯度的假设则意味着存在 $m, L > 0$, $L \geqslant m$ 使（参见方程 (12.4) 和 (12.10)）：

$$f_0(\boldsymbol{z}) \geqslant f_0(\boldsymbol{x}_k) + \nabla f_0(\boldsymbol{x}_k)^\top(\boldsymbol{z} - \boldsymbol{x}_k) + \frac{m}{2}\|\boldsymbol{z} - \boldsymbol{x}_k\|_2^2, \quad \forall\, \boldsymbol{z} \in \mathrm{dom}\, f_0,$$

$$f_0(\boldsymbol{z}) \leqslant f_0(\boldsymbol{x}_k) + \nabla f_0(\boldsymbol{x}_k)^\top(\boldsymbol{z} - \boldsymbol{x}_k) + \frac{L}{2}\|\boldsymbol{z} - \boldsymbol{x}_k\|_2^2, \quad \forall\, \boldsymbol{z} \in \mathrm{dom}\, f_0.$$

上面不等式中的第二个，在 $\boldsymbol{z} = \boldsymbol{x}_{k+1}$ 处，对于步长满足 $1/s_k \geqslant L$ 时，满足：

$$f_0(\boldsymbol{x}_{k+1}) \leqslant q_k(\boldsymbol{x}_{k+1}). \tag{12.54}$$

根据上面不等式中的第一个（两边同时加上 $h(\boldsymbol{z})$），我们得到：对任意 $\boldsymbol{z} \in \mathrm{dom}\, f_0$,

$$\begin{aligned}
f(\boldsymbol{z}) - \frac{m}{2}\|\boldsymbol{z} - \boldsymbol{x}_k\|_2^2 &\geqslant h(\boldsymbol{z}) + f_0(\boldsymbol{x}_k) + \nabla f_0(\boldsymbol{x}_k)^\top(\boldsymbol{z} - \boldsymbol{x}_k) \\
&= h(\boldsymbol{z}) + f_0(\boldsymbol{x}_k) + \nabla f_0(\boldsymbol{x}_k)^\top(\boldsymbol{x}_{k+1} - \boldsymbol{x}_k) + \nabla f_0(\boldsymbol{x}_k)^\top(\boldsymbol{z} - \boldsymbol{x}_k) \\
[\text{应用 } (12.52)] &= h(\boldsymbol{z}) + f_0(\boldsymbol{x}_k) + \nabla f_0(\boldsymbol{x}_k)^\top(\boldsymbol{x}_{k+1} - \boldsymbol{x}_k) + \boldsymbol{g}_k^\top(\boldsymbol{z} - \boldsymbol{x}_{k+1}) \\
&\quad - \boldsymbol{\eta}_{k+1}^\top(\boldsymbol{z} - \boldsymbol{x}_{k+1}) \\
[\text{由于 } (12.53)] &\geqslant h(\boldsymbol{x}_{k+1}) + f_0(\boldsymbol{x}_k) + \nabla f_0(\boldsymbol{x}_k)^\top(\boldsymbol{x}_{k+1} - \boldsymbol{x}_k) + \boldsymbol{g}_k^\top(\boldsymbol{z} - \boldsymbol{x}_{k+1}) \\
[\text{由于 } (12.47)] &= h(\boldsymbol{x}_{k+1}) + q_k(\boldsymbol{x}_{k+1}) - \frac{1}{2s_k}\|\boldsymbol{x}_{k+1} - \boldsymbol{x}_k\|_2^2 + \boldsymbol{g}_k^\top(\boldsymbol{z} - \boldsymbol{x}_{k+1}) \\
[\text{由于 } (12.48)] &= h(\boldsymbol{x}_{k+1}) + q_k(\boldsymbol{x}_{k+1}) - \frac{s_k}{2}\|\boldsymbol{g}_k\|_2^2 + \boldsymbol{g}_k^\top(\boldsymbol{z} - \boldsymbol{x}_{k+1}) \\
&= h(\boldsymbol{x}_{k+1}) + q_k(\boldsymbol{x}_{k+1}) - \frac{s_k}{2}\|\boldsymbol{g}_k\|_2^2 + \boldsymbol{g}_k^\top(\boldsymbol{z} - \boldsymbol{x}_k) + \boldsymbol{g}_k^\top(\boldsymbol{x}_k - \boldsymbol{x}_{k+1}) \\
[\text{应用 } (12.48)] &= h(\boldsymbol{x}_{k+1}) + q_k(\boldsymbol{x}_{k+1}) + \frac{s_k}{2}\|\boldsymbol{g}_k\|_2^2 + \boldsymbol{g}_k^\top(\boldsymbol{z} - \boldsymbol{x}_k) \\
[1/s_k \geqslant L,\ (12.54)] &\geqslant h(\boldsymbol{x}_{k+1}) + f_0(\boldsymbol{x}_{k+1}) + \frac{s_k}{2}\|\boldsymbol{g}_k\|_2^2 + \boldsymbol{g}_k^\top(\boldsymbol{z} - \boldsymbol{x}_k) \\
[\text{由于 } (12.46)] &= f(\boldsymbol{x}_{k+1}) + \frac{s_k}{2}\|\boldsymbol{g}_k\|_2^2 + \boldsymbol{g}_k^\top(\boldsymbol{z} - \boldsymbol{x}_k).
\end{aligned} \tag{12.55}$$

在 $\boldsymbol{z} = \boldsymbol{x}_k$ 时应用这个不等式，我们有：

$$f(\boldsymbol{x}_{k+1}) \leqslant f(\boldsymbol{x}_k) - \frac{s_k}{2}\|\boldsymbol{g}_k\|_2^2,$$

这表明近端梯度法是一种下降算法,进一步在 $\boldsymbol{z} = \boldsymbol{x}^*$ 处再次应用不等式 (12.55),其中 $\boldsymbol{x}^*$ 是我们正在寻找的 f 的最小值（因此 $f(\boldsymbol{x}_{k+1}) \geqslant f(\boldsymbol{x}^*)$），于是得到：

$$\boldsymbol{g}_k^\top(\boldsymbol{x}_k - \boldsymbol{x}^*) \geqslant \frac{s_k}{2}\|\boldsymbol{g}_k\|_2^2 + \frac{m}{2}\|\boldsymbol{x}_k - \boldsymbol{x}^*\|_2^2. \tag{12.56}$$

进一步，重写不等式 (12.55)：

$$f(\boldsymbol{z}) \geqslant f(\boldsymbol{x}_{k+1}) + \frac{s_k}{2}\|\boldsymbol{g}_k\|_2^2 + \boldsymbol{g}_k^\top(\boldsymbol{z} - \boldsymbol{x}_k) + \frac{m}{2}\|\boldsymbol{z} - \boldsymbol{x}_k\|_2^2,\ \ \forall\ \boldsymbol{z} \in \operatorname{dom} f_0, \tag{12.57}$$

以及在上面不等式两边关于 $\boldsymbol{z}$ 最小化（注意右边表达式的最小值在 $\boldsymbol{z} = \boldsymbol{x}_k - (1/m)\boldsymbol{g}_k$ 处达到)，于是有：

$$f(\boldsymbol{x}_{k+1}) - f(\boldsymbol{x}^*) \leqslant \frac{1}{2}\|\boldsymbol{g}_k\|_2^2(1/m - s_k), \tag{12.58}$$

其中 $1/m - s_k \geqslant 0$，这是由于 $L \geqslant m$ 和 $s_k \leqslant 1/L$. 此外，不等式在 $\boldsymbol{z} = \boldsymbol{x}^*$ 处进一步有：

$$\begin{aligned} f(\boldsymbol{x}_{k+1}) - f(\boldsymbol{x}^*) &\leqslant \boldsymbol{g}_k^\top(\boldsymbol{x}_k - \boldsymbol{x}^*) - \frac{s_k}{2} - \frac{m}{2}\|\boldsymbol{x}_k - \boldsymbol{x}^*\|_2^2 \\ &\leqslant \boldsymbol{g}_k^\top(\boldsymbol{x}_k - \boldsymbol{x}^*) - \frac{s_k}{2}\|\boldsymbol{g}_k\|_2^2 \\ &= \frac{1}{2s_k}\left(\|\boldsymbol{x}_k - \boldsymbol{x}^*\|_2^2 - \|\boldsymbol{x}_k - \boldsymbol{x}^* - s_k\boldsymbol{g}_k\|_2^2\right) \\ &= \frac{1}{2s_k}\left(\|\boldsymbol{x}_k - \boldsymbol{x}^*\|_2^2 - \|\boldsymbol{x}_{k+1} - \boldsymbol{x}^*\|_2^2\right). \end{aligned} \tag{12.59}$$

下面总结一下所有的准备工作. 简单起见，为了导出最后的结果，让我们考虑恒定步长 $s_k = s = 1/L$ 的情况（证明也适用于通过回溯线搜索获得步长的情况）. 回顾式 (12.49)，可以得到：

$$\begin{aligned} \|\boldsymbol{x}_{k+1} - \boldsymbol{x}^*\|_2^2 &= \|(\boldsymbol{x}_k - \boldsymbol{x}^*) - s_k\boldsymbol{g}_k\|_2^2 \\ &= \|\boldsymbol{x}_k - \boldsymbol{x}^*\|_2^2 + s_k^2\|\boldsymbol{g}_k\|_2^2 - 2s_k\boldsymbol{g}_k^\top(\boldsymbol{x}_k - \boldsymbol{x}^*) \\ [\text{应用 (12.56)}] &\leqslant (1 - ms_k)\|\boldsymbol{x}_k - \boldsymbol{x}^*\|_2^2 \\ [\text{对于 } s_k = 1/L] &= \left(1 - \frac{m}{L}\right)\|\boldsymbol{x}_k - \boldsymbol{x}^*\|_2^2, \end{aligned}$$

因此

$$\|\boldsymbol{x}_k - \boldsymbol{x}^*\|_2^2 \leqslant \left(1 - \frac{m}{L}\right)^k \|\boldsymbol{x}_0 - \boldsymbol{x}^*\|_2^2,$$

这表明近端梯度算法以线性速率收敛到 $\boldsymbol{x}^*$. 此外，如果 m, L 是已知的，那么基于验证 $\boldsymbol{g}_k$ 的范数，式 (12.58) 提供了一个算法 14 终止的标准，这是因为：对任意 $\varepsilon \geqslant 0$,

$$\|\boldsymbol{g}_k\|_2^2 \leqslant 2\varepsilon\frac{mL}{L - m} \Rightarrow f(\boldsymbol{x}_{k+1}) - f(\boldsymbol{x}^*) \leqslant \varepsilon. \tag{12.60}$$

进一步，加上不等式 (12.59)，我们得到：

$$
\begin{aligned}
\sum_{i=1}^{k}(f(\boldsymbol{x}_i)-f(\boldsymbol{x}^*)) &\leqslant \frac{1}{2s}\sum_{i=1}^{k}\left(\|\boldsymbol{x}_{i-1}-\boldsymbol{x}^*\|_2^2-\|\boldsymbol{x}_i-\boldsymbol{x}^*\|_2^2\right)\\
&=\frac{L}{2}\left(\|\boldsymbol{x}_0-\boldsymbol{x}^*\|_2^2-\|\boldsymbol{x}_k-\boldsymbol{x}^*\|_2^2\right)\\
&\leqslant \frac{L}{2}\|\boldsymbol{x}_0-\boldsymbol{x}^*\|_2^2.
\end{aligned}
$$

由于 $f(\boldsymbol{x}_i)$ 关于 i 是非增的，$f(\boldsymbol{x}_k)$ 最终的值并不会大于其以前值的平均，即

$$
f(\boldsymbol{x}_k)-f(\boldsymbol{x}^*)\leqslant \frac{1}{k}\sum_{i=1}^{k}(f(\boldsymbol{x}_i)-f(\boldsymbol{x}^*))\leqslant \frac{1}{2k}\|\boldsymbol{x}_0-\boldsymbol{x}^*\|_2^2,
$$

这证明了以收敛率 $1/k$ 有 $f(\boldsymbol{x}_k)\to f(\boldsymbol{x}^*)$. 下面的定理总结了我们最终的发现：

定理 12.1 对于算法 14, 我们有

$$
f(\boldsymbol{x}_k)-f(\boldsymbol{x}^*)\leqslant \frac{1}{2k}\|\boldsymbol{x}_0-\boldsymbol{x}^*\|_2^2.
$$

进一步，在额外 f_0 为强凸（强凸常数为 m）的假设下，还有

$$
\|\boldsymbol{x}_k-\boldsymbol{x}^*\|_2^2\leqslant\left(1-\frac{m}{L}\right)^k\|\boldsymbol{x}_0-\boldsymbol{x}^*\|_2^2,
$$

$$
f(\boldsymbol{x}_{k+1})-f(\boldsymbol{x}^*)\leqslant \frac{1}{2}\|\boldsymbol{g}_k\|_2^2(1/m-1/L).
$$

12.3.3 计算近端映射和投影

这里我们讨论几个函数 h 的近端映射“容易”计算的情况. 回顾以前的结果：如果 h 是一个闭凸集 $\mathcal{X}$ 上的示性函数，那么近端映射恰好是 $\mathcal{X}$ 上的欧氏投影（见式 (12.42)）. 因此，在这种情况下，近端梯度算法可以求解约束优化问题 (12.36)，即

$$
\begin{aligned}
p^*=\min_{\boldsymbol{x}\in\mathbb{R}^n} & f_0(\boldsymbol{x}) \\
\text{s.t.}\ & \boldsymbol{x}\in\mathcal{X}.
\end{aligned}
\tag{12.61}
$$

12.3.3.1 半空间上的投影

设 $\mathcal{X}$ 为一个半空间：

$$
\mathcal{X}=\{\boldsymbol{x}:\ \boldsymbol{a}^\top\boldsymbol{x}\leqslant b\},\quad \boldsymbol{a}\neq 0.
$$

那么，对于已知的 $\boldsymbol{x}\in\mathbb{R}^n$，我们有：

$$
\operatorname{prox}_{I_{\mathcal{X}}}(\boldsymbol{x})=\arg\min_{\boldsymbol{z}\in\mathcal{X}}\|\boldsymbol{z}-\boldsymbol{x}\|_2^2=[\boldsymbol{x}]_{\mathcal{X}},
$$

并且如果 $\boldsymbol{x}\in\mathcal{X}$，那么投影 $[\boldsymbol{x}]_{\mathcal{X}}$ 就是 $\boldsymbol{x}$. 或者，如果 $\boldsymbol{x}\notin\mathcal{X}$，则投影 $[\boldsymbol{x}]_{\mathcal{X}}$ 等于 $\boldsymbol{x}$ 在超平面 $\{\boldsymbol{x}:\ \boldsymbol{a}^{\top}\boldsymbol{x}=b\}$ 上的投影. 后者的投影可以由 2.3.2.2 节所讨论的来计算得到，于是

$$[\boldsymbol{x}]_{\mathcal{X}}=\begin{cases}\boldsymbol{x} & \text{若 } \boldsymbol{a}^{\top}\boldsymbol{x}\leqslant b,\\ x+\dfrac{b-\boldsymbol{a}^{\top}\boldsymbol{x}}{\|\boldsymbol{a}\|_2^2}\boldsymbol{a} & \text{若 } \boldsymbol{a}^{\top}\boldsymbol{x}>b.\end{cases}$$

12.3.3.2　正象限上的投影

设

$$\mathcal{X}=\mathbb{R}_+^n=\{\boldsymbol{x}\in\mathbb{R}^n:\ \boldsymbol{x}\geqslant 0\}.$$

那么对任意给定的 $\boldsymbol{x}\in\mathbb{R}^n$，则有

$$[\boldsymbol{x}]_{\mathcal{X}}=\arg\min_{\boldsymbol{z}\geqslant 0}\|\boldsymbol{z}-\boldsymbol{x}\|_2^2=\arg\min_{z_i\geqslant 0}\sum_{i=1}^{n}(z_i-x_i)^2,$$

我们可以看到：如果 $x_i\geqslant 0$，那么最优的 $\boldsymbol{z}$ 的第 i 个分量 $z_i=x_i$；否则 $z_i=0$，于是

$$[\boldsymbol{x}]_{\mathcal{X}}=[\boldsymbol{x}]_+=\max(0,\boldsymbol{x}),$$

这里的 max 是对逐个元素取最大值.

12.3.3.3　标准单纯形上的投影

设 $\mathcal{X}$ 是标准的（概率）单纯形：

$$\mathcal{X}=\{\boldsymbol{x}\in\mathbb{R}^n:\ \boldsymbol{x}\geqslant 0,\ \mathbf{1}^{\top}\boldsymbol{x}=1\}.$$

计算投影 $[\boldsymbol{x}]_{\mathcal{X}}$ 等价于求解

$$\begin{aligned}\min_{\boldsymbol{z}}\quad & \frac{1}{2}\|\boldsymbol{z}-\boldsymbol{x}\|_2^2\\ \text{s.t.:}\quad & \boldsymbol{z}\geqslant 0\\ & \mathbf{1}^{\top}\boldsymbol{z}=1.\end{aligned}$$

考虑该问题的（部分）拉格朗日函数，则有

$$\mathcal{L}(\boldsymbol{z},\boldsymbol{v})=\frac{1}{2}\|\boldsymbol{z}-\boldsymbol{x}\|_2^2+\boldsymbol{v}(\mathbf{1}^{\top}\boldsymbol{z}-1)$$

以及对偶函数

$$g(\boldsymbol{v})=\min_{\boldsymbol{z}\geqslant 0}\mathcal{L}(\boldsymbol{z},\boldsymbol{v})=\min_{\boldsymbol{z}\geqslant 0}\frac{1}{2}\|\boldsymbol{z}-\boldsymbol{x}\|_2^2+v(\mathbf{1}^{\top}\boldsymbol{z}-1)$$

$$= \min_{\boldsymbol{z} \geqslant 0} \sum_{i=1}^{n} \left(\frac{1}{2}(z_i - x_i)^2 + v z_i \right) - v$$

$$= \sum_{i=1}^{n} \min_{z_i \geqslant 0} \left(\frac{1}{2}(z_i - x_i)^2 + v z_i \right) - v.$$

为了确定对偶函数，注意到我们需要求解的问题是可分离的，这意味着最优解 $\boldsymbol{z}$ 可以通过寻找各个分量的最优值来获得，这些值可以通过求解如下简单的一维极小化问题得到：

$$z_i^*(v) = \arg\min_{z_i \geqslant 0} \frac{1}{2}(z_i - x_i)^2 + v z_i.$$

这里要最小化的函数是凸抛物线，其顶点在 $v_i = x_i - v$ 处. 于是，如果 $v_i \geqslant 0$，那么最小值点 $z_i^*(v)$ 就是这个顶点；否则其为零，也就是：

$$z^*(v) = \max(x - v\mathbf{1}, 0).$$

对偶变量 v 的最优值 v^* 可以通过最大化 $g(v)$ 来得到. 然而，v 只有一个值使 $z^*(v)$ 属于单纯形（即原始可行：$\sum_i z_i^*(v) = 1$），因此，这一定是对偶变量的最优值. 于是，最终计算得到的投影为：

$$[\boldsymbol{x}]_{\mathcal{X}} = z^*(v^*) = \max(x - v^*\mathbf{1}, 0),$$

其中 v^* 是如下单变量方程的解[⊖]：

$$\sum_{i=1}^{n} \max(x_i - v, 0) = 1.$$

12.3.3.4 欧氏球上的投影

设 $\mathcal{X}$ 是单位欧氏球：

$$\mathcal{X} = \{\boldsymbol{x} \in \mathbb{R}^n : \|\boldsymbol{x}\|_2 \leqslant 1\}.$$

那么可以直接验证 $\boldsymbol{x}$ 在 $\mathcal{X}$ 上的投影为

$$[\boldsymbol{x}]_{\mathcal{X}} = \begin{cases} \boldsymbol{x} & \text{若 } \|\boldsymbol{x}\|_2 \leqslant 1, \\ \dfrac{\boldsymbol{x}}{\|\boldsymbol{x}\|_2} & \text{若 } \|\boldsymbol{x}\|_2 > 1. \end{cases}$$

12.3.3.5 ℓ_1 范数球上的投影

设 $\mathcal{X}$ 是单位 ℓ_1 球：

⊖ 参见习题 12.8.

$$\mathcal{X} = \{\boldsymbol{x} \in \mathbb{R}^n : \|\boldsymbol{x}\|_1 \leqslant 1\}.$$

对于给定的 $\boldsymbol{x} \in \mathbb{R}^n$，计算投影 $[\boldsymbol{x}]_{\mathcal{X}}$ 等价于求解：

$$\min_{\|\boldsymbol{z}\|_1 \leqslant 1} \frac{1}{2}\|\boldsymbol{z} - \boldsymbol{x}\|_2^2. \tag{12.62}$$

该问题的拉格朗日函数为

$$\mathcal{L}(\boldsymbol{z}, \lambda) = \frac{1}{2}\|\boldsymbol{z} - \boldsymbol{x}\|_2^2 + \lambda(\|\boldsymbol{z}\|_1 - 1),$$

因此对偶函数为

$$\begin{aligned} q(\lambda) &= \min_{\boldsymbol{z}} \mathcal{L}(\boldsymbol{z}, \lambda) = \min_{\boldsymbol{z}} \frac{1}{2}\|\boldsymbol{z} - \boldsymbol{x}\|_2^2 + \lambda(\|\boldsymbol{z}\|_1 - 1) \\ &= \sum_{i=1}^{n} \min_{z_i} \left(\frac{1}{2}(z_i - x_i)^2 + \lambda|z_i|\right) - \lambda. \end{aligned} \tag{12.63}$$

那么，我们可以通过求解下面的单变量极小化问题找到使上述函数最小化的值 $z_i^*(\lambda)$:

$$z_i^*(\lambda) = \arg\min_{z_i} \varphi(z_i, \lambda), \quad \varphi(z_i, \lambda) \doteq \frac{1}{2}(z_i - x_i)^2 + \lambda|z_i|, \quad i = 1, \cdots, n.$$

为了求解该问题，应用等式 $|z_i| = \max_{|\varrho_i| \leqslant 1} \varrho_i z_i$ 以及重写等式：

$$\begin{aligned} \min_{z_i} \frac{1}{2}(z_i - x_i)^2 + \lambda|z_i| &= \min_{z_i} \left(\frac{1}{2}(z_i - x_i) + \lambda \max_{|\varrho_i| \leqslant 1} \varrho_i z_i\right) \\ &= \min_{z_i} \max_{|\varrho_i| \leqslant 1} \frac{1}{2}(z_i - x_i)^2 + \lambda \varrho_i z_i \\ [\text{应用定理 8.8}] &= \max_{|\varrho_i| \leqslant 1} \min_{z_i} \frac{1}{2}(z_i - x_i)^2 + \lambda \varrho_i z_i. \end{aligned}$$

通过将导数设为零，可以很容易地求解内部关于 z_i 极小化问题：

$$z_i^*(\lambda) = x_i - \lambda \varrho_i, \tag{12.64}$$

将此带回去得到：

$$\min_{z_i} \frac{1}{2}(z_i - x_i)^2 + \lambda \varrho_i z_i = \lambda \left(\varrho_i x_i - \frac{1}{2}\lambda \varrho_i^2\right).$$

继续前面的等式计算，我们这样就得到：

$$\min_{z_i} \frac{1}{2}(z_i - x_i)^2 + \lambda|z_i| = \lambda \max_{|\varrho_i| \leqslant 1} \left(\varrho_i x_i - \frac{1}{2}\lambda \varrho_i^2\right).$$

上面最大化的函数实际上是（关于 ϱ_i）的凹抛物线，于是它的顶点在 $v_i = x_i/\lambda$ (这里设 $\lambda > 0$，因为对于 $\lambda = 0$，对偶函数为零). 因此，如果 $|v_i| \leqslant 1$，其最大值在 $\varrho_i^* = v_i = x_i/\lambda$ 达到. 否则，在可行区间 $\varrho_i \in [-1,1]$ 的一个端点处达到最大值. 特别地，如果 $x_i \geqslant 0$，那么在 $\varrho_i = 1$ 处达到最大值；如果 $x_i < 0$，则在 $\varrho_i = -1$ 达到最大. 于是

$$\varrho_i^* = \begin{cases} x_i/\lambda & 若\ |x_i| \leqslant \lambda, \\ \mathrm{sgn}(x_i) & 其他. \end{cases}$$

相应地，$\varphi(z_i, \lambda)$ 的最小值点 $z_i^*(\lambda)$ 由式 (12.64) 给出，那么有

$$z_i^*(\lambda) = x_i - \lambda\varrho_i^* = \begin{cases} 0 & 若\ |x_i| \leqslant \lambda, \\ x_i - \lambda\mathrm{sgn}(x_i) & 其他. \end{cases} \tag{12.65}$$

写成更加紧凑的形式为

$$z_i^*(\lambda) = \mathrm{sgn}(x_i)[|x_i| - \lambda]_+ \doteq \mathrm{sthr}_\lambda(x_i), \quad i = 1, \cdots, n, \tag{12.66}$$

其中 $[\cdot]_+$ 表示在正象限上的投影（即正部函数）. 称函数 sthr_λ 为软阈值函数或压缩算子，如图 12.8 所示. 当 $\boldsymbol{x}$ 是一个向量时，用 $\mathrm{sthr}_\lambda(\boldsymbol{x})$ 表示一个向量，其第 i 个分量为 $\mathrm{sthr}_\lambda(x_i), i = 1, \cdots, n$.

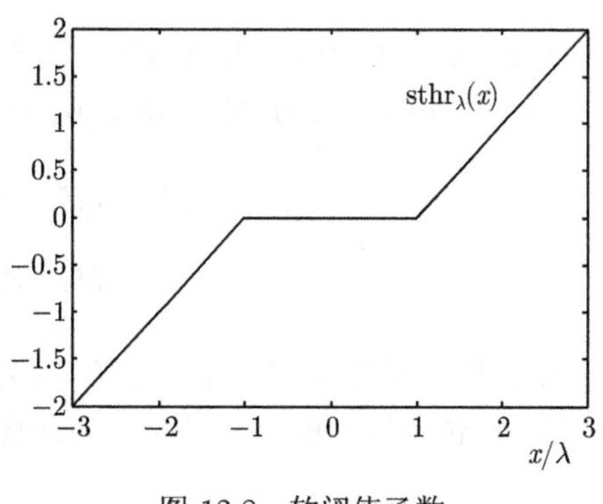

图 12.8 软阈值函数

现在，由于问题 (12.62) 的强凸性成立，那么该问题的解是唯一的. 此时，最优初始变量 $[\boldsymbol{x}]_{\mathcal{X}}$ 等于 $z_i^*(\lambda^*)$,其中 $\lambda^* \geqslant 0$ 是最大化 $q(\lambda)$ 对应的对偶变量的值. 然而，在本例中，我们可以通过简单的推理找到最优的 λ^*. 具体地来说，首先考虑 $\|\boldsymbol{x}\|_1 \leqslant 1$ 的情况，在此情形下，投影即为 $\boldsymbol{x}$ 本身，也就是 $[\boldsymbol{x}]_{\mathcal{X}} = \boldsymbol{x}$. 接着考虑 $\|x\|_1 > 1$，此时投影 $[\boldsymbol{x}]_{\mathcal{X}}$ 将在 $\mathcal{X}$ 的边界上，这意味着 $\|[\boldsymbol{x}]_{\mathcal{X}}\|_1 = 1$. 我们于是用这个条件来确定最优的 λ: λ^* 为下面单变量方程的解：

$$\sum_{i=1}^{n} |z_i^*(\lambda)| = 1. \tag{12.67}$$

注意，由式 (12.65) 的简单推导得到：

$$|z_i^*(\lambda)| = \begin{cases} 0 & 若\ |x_i| \leqslant \lambda \\ |x_i| - \lambda & 若\ |x_i| > \lambda \end{cases} = \max(|x_i| - \lambda, 0).$$

因此，式 (12.67) 变为：

$$\sum_{i=1}^{n} \max(|x_i| - \lambda, 0) = 1,$$

以及 λ^* 满足该式. 一旦求出 λ^*，那么我们需要计算的投影即为：

$$[\boldsymbol{x}]_{\mathcal{X}} = \mathrm{sgn}(x_i)[|x_i| - \lambda^*]_+.$$

12.3.3.6 半正定锥上的投影

考虑如下半正定矩阵锥：

$$\mathcal{X} = \{\boldsymbol{X} \in \mathbb{S}^n : \boldsymbol{X} \succeq 0\} = \mathbb{S}_+^n.$$

给定一个矩阵 $\boldsymbol{X} \in \mathbb{S}^n$，我们想要计算其在 $\mathcal{X}$ 上的投影. 由于是在考虑矩阵空间，故我们应该根据 Frobenius 范数定义投影，即

$$[\boldsymbol{X}]_{\mathcal{X}} = \arg\min_{\boldsymbol{Z} \in \mathcal{X}} \|\boldsymbol{Z} - \boldsymbol{X}\|_{\mathrm{F}}^2.$$

现在设 $\boldsymbol{X} = \boldsymbol{U}\boldsymbol{\Lambda}\boldsymbol{U}^\top$ 为 $\boldsymbol{X}$ 的一个谱分解，其中 $\boldsymbol{U}$ 为一个正交矩阵，而 $\boldsymbol{\Lambda}$ 是一个对角矩阵且其对角的元素为 $\boldsymbol{X}$ 的特征值. 注意到 Frobenius 范数是酉不变的，于是得到：

$$\begin{aligned} \|\boldsymbol{Z} - \boldsymbol{X}\|_{\mathrm{F}}^2 &= \|\boldsymbol{Z} - \boldsymbol{U}\boldsymbol{\Lambda}\boldsymbol{U}^\top\|_{\mathrm{F}}^2 = \|\boldsymbol{U}(\boldsymbol{U}^\top \boldsymbol{Z}\boldsymbol{U} - \boldsymbol{\Lambda})U^\top\|_{\mathrm{F}}^2 \\ &= \|\boldsymbol{U}^\top \boldsymbol{Z}\boldsymbol{U} - \boldsymbol{\Lambda}\|_{\mathrm{F}}^2 = \|\tilde{\boldsymbol{Z}} - \boldsymbol{\Lambda}\|_{\mathrm{F}}^2, \end{aligned}$$

其中我们已经定义 $\tilde{\boldsymbol{Z}} \doteq \boldsymbol{U}^\top \boldsymbol{Z}\boldsymbol{U}$. 因为 $\boldsymbol{\Lambda}$ 是对角的，于是很容易看到最小化 $\|\tilde{\boldsymbol{Z}} - \boldsymbol{\Lambda}\|_{\mathrm{F}}^2$ 的变量 $\tilde{\boldsymbol{Z}}$ 也是对角的，并且相应的最优值点为：

$$\tilde{\boldsymbol{Z}}^* = \mathrm{diag}([\lambda_1]_+, \cdots, [\lambda_n]_+) = [\boldsymbol{\Lambda}]_+,$$

其中 $\boldsymbol{Z}^* = \boldsymbol{U}\tilde{\boldsymbol{Z}}^*\boldsymbol{U}^\top$. 综上所述，$\boldsymbol{X} = \boldsymbol{U}\boldsymbol{\Lambda}\boldsymbol{U}^\top$ 在半正定锥上的投影为：

$$[\boldsymbol{X}]_{\mathbb{S}_+^n} = \boldsymbol{U}[\boldsymbol{\Lambda}]_+\boldsymbol{U}^\top.$$

12.3.3.7 ℓ_1 正则化的近端映射

在许多实际相关问题中，式 (12.46) 中的函数 h 是 $\boldsymbol{x}$ 的 ℓ_1 范数的常数倍. 例如：在 ℓ_1 正则化的最小二乘问题（也称为 LASSO）中，我们考虑

$$\min_{x} \frac{1}{\gamma}\|\boldsymbol{A}\boldsymbol{x} - \boldsymbol{b}\|_2^2 + \|\boldsymbol{x}\|_1, \tag{12.68}$$

此即为式 (12.45) 的形式，其中 $f_0(\boldsymbol{x})=(1/\gamma)\|\boldsymbol{A}\boldsymbol{x}-\boldsymbol{b}\|_2^2$ 是强凸的（假设 A 是满秩的）和 $h(\boldsymbol{x})=\|\boldsymbol{x}\|_1$ 是凸的但非可微的. 这样，这类问题可用近端梯度算法来求解. 为此，我们需要能够有效地计算 sh 的近端映射，其中 $s\geqslant 0$ 是一个常数（步长），也就是：

$$\operatorname{prox}_{sh}(\boldsymbol{x})=\arg\min_{\boldsymbol{z}} s\|\boldsymbol{x}\|_1+\frac{1}{2}\|\boldsymbol{z}-\boldsymbol{x}\|_2^2.$$

这正是式 (12.63) 中已经考虑的问题，对于该问题，我们证明该问题的解由式 (12.66) 中的软阈值函数给出：

$$\operatorname{prox}_{sh}(\boldsymbol{x})=\operatorname{sthr}_s(\boldsymbol{x}),$$

其中向量 $\operatorname{sthr}_s(\boldsymbol{x})$ 的第 i 个元素为 $\operatorname{sgn}(x_i)[|x_i|-s]_+$.

12.3.3.8 LASSO 的近端梯度算法

利用上一节的结果，我们讨论式 (12.68) 中的 LASSO 问题的近端梯度算法. 注意到在此情况下，我们有：

$$\nabla f_0(\boldsymbol{x})=\frac{2}{\gamma}\left(\boldsymbol{A}^\top\boldsymbol{A}\boldsymbol{x}-\boldsymbol{A}^\top\boldsymbol{b}\right),$$

$$\nabla^2 f_0(\boldsymbol{x})=\frac{2}{\gamma}(\boldsymbol{A}^\top\boldsymbol{A}),$$

据此，f_0 的强凸性常数为

$$m=\frac{2}{\gamma}\sigma_{\min}(\boldsymbol{A}^\top\boldsymbol{A}). \tag{12.69}$$

进一步，我们有：

$$\|\nabla f_0(\boldsymbol{x})-\nabla f_0(\boldsymbol{y})\|_2=\frac{2}{\gamma}\|\boldsymbol{A}^\top\boldsymbol{A}(\boldsymbol{x}-\boldsymbol{y})\|_2\leqslant\frac{2}{\gamma}\sigma_{\max}(\boldsymbol{A}^\top\boldsymbol{A})\|\boldsymbol{x}-\boldsymbol{y}\|_2.$$

根据上式，得到梯度的全局李普希兹常数为：

$$L=\frac{2}{\gamma}\sigma_{\max}(\boldsymbol{A}^\top\boldsymbol{A}). \tag{12.70}$$

如果可以如上所述计算（或至少估计）L 和 m，则通过如下的近端梯度算法（算法 15）来求解 LASSO 问题 (12.68) 可以得到一个确保 $f(\boldsymbol{x})-f(\boldsymbol{x}^*)\leqslant\varepsilon$ 的解 $\boldsymbol{x}$，其中 $\varepsilon>0$ 是所需精度. 此算法也称为 ISTA（迭代阈值收缩算法）.

我们注意到近年来，在 ℓ_1 正则化和 LASSO 相关问题的理论、算法和应用方面，特别是在“压缩感知”领域，有了巨大的发展. 因此，出现了求解 LASSO 和其相关问题的更加复杂的技术. 这些复杂方法所提供的关键技术进步包括“加速”基本的近端梯度算法，以达到 $1/k^2$ 阶的收敛速度（回顾一下：基本的近端梯度算法关于目标值具有 $1/k$ 阶的收敛速度）. 尽管对这些方法的全面介绍超出了本书的范围，但我们将在下一节讨论其中一种“快速”方法.

算法 15 LASSO 的近端梯度算法（恒定步长）

要求：$\varepsilon > 0$, $\boldsymbol{x}_0$, $\boldsymbol{A}$ 满秩.
1: 根据式 (12.69) 和式 (12.70) 计算 m, L
2: 令 $k = 0$, $s = 1/L$
3: 计算梯度 $\nabla f_0(\boldsymbol{x}_k) = (2/\gamma)(\boldsymbol{A}^\top \boldsymbol{A}\boldsymbol{x}_k - \boldsymbol{A}^\top \boldsymbol{b})$
4: 更新: $\boldsymbol{x}_{k+1} = \mathrm{sthr}_s(\boldsymbol{x}_k - s\nabla f_0(\boldsymbol{x}_k))$
5: 计算 $\|\boldsymbol{g}_k\|_2 = \|\boldsymbol{x}_k - \boldsymbol{x}_{k+1}\|_2/s$
6: 如果 $\|\boldsymbol{g}_k\|_2^2 \leqslant 2\varepsilon mL(L-m)$，那么返回 $\boldsymbol{x} = \boldsymbol{x}_{k+1}$ 退出算法；
否则令 $k \leftarrow k+1$ 并返回到第 3 步.

12.3.4 快速近端梯度算法

上一节讨论的基本近端梯度算法可以经过适当的改进以达到 $1/k^2$ 阶的加速收敛速度（在目标函数值中）. 其中一个改进是所谓的 FISTA 类型的方法（快速迭代收缩阈值算法）[⊖]. 如下的算法 16 给出了恒定步长的快速近端梯度算法描述：

算法 16 快速近端梯度算法（恒定步长）

要求：x_0, ∇f_0 的李普希兹常数 L.
1: 令 $k = 1$, $s = 1/L$, $y_1 = x_0$, $t_1 = 1$
2: 更新: $\boldsymbol{x}_k = \mathrm{prox}_{sh}(\boldsymbol{y}_k - s\nabla f_0(\boldsymbol{y}_k))$
3: 更新: $t_{k+1} = \dfrac{1+\sqrt{1+4t_k^2}}{2}$
4: 更新: $\boldsymbol{y}_{k+1} = \boldsymbol{x}_k + \dfrac{t_k - 1}{t_{k+1}}(\boldsymbol{x}_k - \boldsymbol{x}_{k-1})$
5: 如果 $\|\boldsymbol{x}_k - \boldsymbol{x}_{k-1}\|_2 \leqslant \varepsilon$，那么返回 $\boldsymbol{x} = \boldsymbol{x}_k$ 然后并算法；
否则令 $k \leftarrow k+1$ 然后返回到第 2 步.

当应用于式 (12.68) 中的特定 LASSO 问题时，该算法中的步骤 2 则简化为如下软阈值：

$$\mathrm{prox}_{sh}(\boldsymbol{y}_k - s\nabla f_0(\boldsymbol{y}_k)) = \mathrm{sthr}_s(\boldsymbol{y}_k - s\nabla f_0(\boldsymbol{y}_k)).$$

算法步骤 5 中的退出条件只是检查最优变量的最小改进，并不意味着最优值或最小值的 ε 次最优性. 然而，如下关于算法 16 收敛性的结果成立：

定理 12.2 *对于由算法 16 产生的序列 $\boldsymbol{x}_k$, $k = 1, \cdots$，如下估计成立：*

$$f(\boldsymbol{x}_k) - f(\boldsymbol{x}^*) \leqslant \frac{2L}{(k+1)^2}\|\boldsymbol{x}_0 - \boldsymbol{x}^*\|_2^2,$$

⊖ 参见 A. Beck, M. Teboulle, A fast iterative shrinkage-thresholding algorithm for linear inverse problems, *SIAM Journal on Imaging Sciences*, 2009.

其中 $\boldsymbol{x}^*$ 是问题 (12.45) 的任意一个最优解.

该结果[⊖]表明：算法 16 确保了目标函数值有 $1/k^2$ 阶的收敛速度.

当 ∇f_0 的李普希兹常数 L 不是先验的，我们可以用如下的算法 17 来改进算法 16 使其包含一个回溯步骤用来增加调整 L 的值.

算法 17 快速近端梯度算法（回溯步长）

要求：x_0, $L_0>0$, $\eta>1$

1: 令 $k=1$, $y_1=x_0$, $t_1=1$

2: 设 $\boldsymbol{p}_i=\operatorname{prox}_{\frac{1}{M_i}h}(\boldsymbol{y}_k-\nabla f_0(\boldsymbol{y}_k)/M_i)$，找到最小的非负整数 i 使

$$f(\boldsymbol{p}_i)\leqslant f_0(\boldsymbol{y}_k)+\nabla^\top f_0(\boldsymbol{y}_k)(\boldsymbol{x}_k-\boldsymbol{y}_k)+\frac{M_i}{2}\|\boldsymbol{x}_k-\boldsymbol{y}_k\|_2^2+h(\boldsymbol{x}_k)$$

其中 $M_i=\eta^i L_{k-1}$

3: 令 $L_k=\eta^i L_{k-1}$

4: 更新: $\boldsymbol{x}_k=\operatorname{prox}_{\frac{1}{L_k}h}(\boldsymbol{y}_k-\nabla f_0(\boldsymbol{y}_k)/L_k)$

5: 更新: $t_{k+1}=\dfrac{1+\sqrt{1+4t_k^2}}{2}$

6: 更新: $\boldsymbol{y}_{k+1}=\boldsymbol{x}_k+\dfrac{t_k-1}{t_{k+1}}(\boldsymbol{x}_k-\boldsymbol{x}_{k-1})$

7: 如果 $\|\boldsymbol{x}_k-\boldsymbol{x}_{k-1}\|\leqslant\varepsilon$，那么返回 $\boldsymbol{x}=\boldsymbol{x}_k$ 并退出算法；否则令 $k\leftarrow k+1$ 然后返回到第 2 步.

12.4 非光滑凸优化算法

12.3.2 节讨论的近端梯度算法可以用来求解形如式 (12.36) 的约束凸优化问题，其中目标函数 f_0 是可微的且可行集 $\mathcal{X}$ 具有“简单”结构. 这一节讨论允许处理更加一般情形下的算法，其中目标函数和/或描述问题不等式约束的函数是不可微的.

具体来说，12.4.1 节介绍了可用于求解当 f_0 非可微且 $\mathcal{X}$ 具有“简单”结构时优化问题的投影次梯度算法. 该算法本质上具有（投影）梯度算法的结构，但使用了 f_0 的次梯度来代替其梯度. 尽管有这种相似性，但是次梯度类的方法（通常）不是下降的算法. 此外，为了确保收敛性，必须根据与梯度算法中使用的完全不同的规则来选择步长. 还有就是，次梯度法虽然适用范围变广泛了但其“代价”是收敛速度较慢，可以证明其收敛速率为 $1/\sqrt{k}$ 阶的，其中 k 是迭代次数. 在 12.4.2 节，我们讨论另外一种次梯度算法，它是次梯度法的一个改进版本，其可以处理 f_0 为非可微以及 $\mathcal{X}$ 不一定具有“简单”结构的情况，并且它由一组凸不等式来表述. 最后，12.4.3 节介绍一种用于处理不可微约束优化的经典方法：椭球算法.

12.4.1 投影次梯度算法

我们考虑具有如下形式的一个约束最小化问题：

$$p^*=\min_{\boldsymbol{x}\in\mathcal{X}} f_0(\boldsymbol{x}), \tag{12.71}$$

⊖ 其证明见我们所引用的 Beck 和 Teboulle 的论文.

其中 $\mathcal{X} \subseteq \mathbb{R}^n$ 是一个凸闭集且 f_0 是一个凸函数其有效域为 $\operatorname{dom} f_0 = \mathbb{R}^n$. 我们假设该问题具有一个最优解 $\boldsymbol{x}^*$. 对任意点 $\boldsymbol{x} \in \operatorname{int} \mathcal{X}$，由次梯度的定义得到：对任意 $\boldsymbol{g}_{\boldsymbol{x}} \in \partial f_0(\boldsymbol{x})$,

$$f_0(\boldsymbol{z}) \geqslant f_0(\boldsymbol{x}) + \boldsymbol{g}_{\boldsymbol{x}}^\top (\boldsymbol{z} - \boldsymbol{x}), \quad \forall\, \boldsymbol{z} \in \mathcal{X}. \tag{12.72}$$

当取 $\boldsymbol{z} = \boldsymbol{x}^*$ 时，上面的不等式变为

$$\boldsymbol{g}_{\boldsymbol{x}}^\top (\boldsymbol{x} - \boldsymbol{x}^*) \geqslant f_0(\boldsymbol{x}) - f_0(\boldsymbol{x}^*) \geqslant 0, \tag{12.73}$$

这是证明次梯度法收敛的一个关键不等式. 此外，在点 $\boldsymbol{x}$ 处的任意 f_0 的次梯度 $\boldsymbol{g}_{\boldsymbol{x}}$ 将全空间 $\mathbb{R}^n$ 分为两个半空间：

$$\mathcal{H}_{++} = \{\boldsymbol{z} :\ \boldsymbol{g}_{\boldsymbol{x}}^\top (\boldsymbol{z} - \boldsymbol{x}) > 0\}, \quad \mathcal{H}_{-} = \{\boldsymbol{z} :\ \boldsymbol{g}_{\boldsymbol{x}}^\top (\boldsymbol{z} - \boldsymbol{x}) \leqslant 0\},$$

以及从式 (12.72) 可以看到：对所有 $\boldsymbol{z} \in \mathcal{H}_{++}$，有 $f_0(\boldsymbol{z}) > f_0(\boldsymbol{x})$，于是最优点并不在 $\mathcal{H}_{++}$ 中，故 $\boldsymbol{x}^* \in \mathcal{H}_{-}$，如图 12.9 所示.

我们下面将描述如何用次梯度算法来求解问题 (12.71). $\mathcal{X}$ 是一个“简单”的闭凸集，这里的“简单”是指很容易计算点在 $\mathcal{X}$ 上的欧氏投影. 考虑问题 (12.71) 以及迭代形式：

$$\boldsymbol{x}_{k+1} = [\boldsymbol{x}_k - s_k \boldsymbol{g}_k]_{\mathcal{X}}, \quad k = 0, 1, \cdots, \tag{12.74}$$

其中 $\boldsymbol{x}_0 \in \mathcal{X}$ 是一个可行的初始点，$\boldsymbol{g}_k$ 是 f_0 在点位置 $\boldsymbol{x}_k$ 处的次梯度，s_k 是合适的步长（将在后面具体给给出）以及 $[\cdot]_{\mathcal{X}}$ 表示在 $\mathcal{X}$ 上的欧氏投影. 于是下面的命题成立：

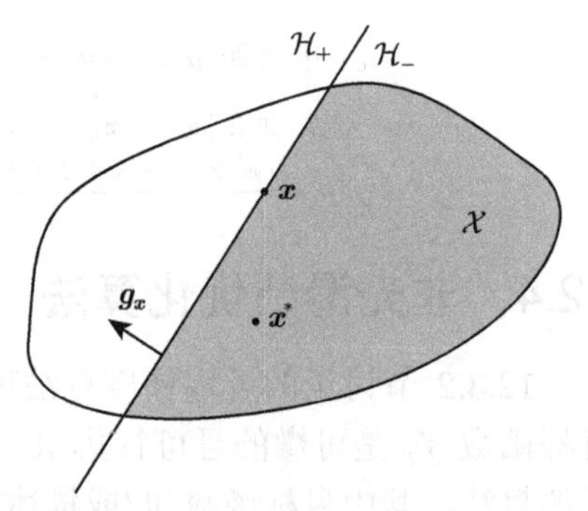

图 12.9　在点 $\boldsymbol{x} \in \mathcal{X}$ 处的任意 f_0 的次梯度 $\boldsymbol{g}_{\boldsymbol{x}}$ 定义了一个包含问题 (12.71) 的最优点的半空间 $\mathcal{H}_{-} = \{\boldsymbol{z} :\ \boldsymbol{g}_{\boldsymbol{x}}^\top (\boldsymbol{z} - \boldsymbol{x}) \leqslant 0\}$

命题 12.1（投影次梯度的收敛性）　假设：(a) 问题 (12.71) 有一个最优解 $\boldsymbol{x}^*$；(b) 对所有 $\boldsymbol{g} \in \partial f_0(x)$ 和 $\boldsymbol{x}$，存在一个有限常数 G 使 $\|\boldsymbol{g}\|_2 \leqslant G$（这等价于 f_0 是以 G 为李普希兹常数的李普希兹函数)；(c) 常数 R 满足 $\|\boldsymbol{x}_0 - \boldsymbol{x}^*\| \leqslant R$. 设 $f_{0,k}^*$ 表示 $f_0(x_i), i = 0, \cdots, k$ 中的一个最佳值，那么

$$f_{0,k}^* - p^* \leqslant \frac{R^2 + G^2 \sum_{i=0}^k s_i^2}{2 \sum_{i=0}^k s_i}.$$

特别地，如果序列 s_k 的平方和是收敛的，但序列之和是发散的（即 $\sum_{k=0}^\infty s_k^2 < \infty$ 和 $\sum_{k=0}^\infty s_k = \infty$. 例如：对某个 $\gamma > 0, s_k = \gamma/(k+1)$），则有：

$$\lim_{k \to \infty} f_{0,k}^* - p^* = 0.$$

证明 在 $\mathcal{X}$ 上作投影之前，设

$$\boldsymbol{z}_{k+1}=\boldsymbol{x}_k-s_k\boldsymbol{g}_k$$

表示在负次梯度方向的一个位置点更新. 那么，我们有：

$$\begin{aligned}\|\boldsymbol{z}_{k+1}-\boldsymbol{x}^*\|_2^2&=\|\boldsymbol{x}_k-s_k\boldsymbol{g}_k-\boldsymbol{x}^*\|_2^2\\&=\|\boldsymbol{x}_k-\boldsymbol{x}^*\|_2^2+s_k^2\|\boldsymbol{g}_k\|_2^2+2s_k\boldsymbol{g}_k^\top(\boldsymbol{x}^*-\boldsymbol{x}_k)\\[\text{应用式 (12.73)}]&\leqslant\|\boldsymbol{x}_k-\boldsymbol{x}^*\|_2^2+s_k^2\|\boldsymbol{g}_k\|_2^2+2s_k(p^*-f_0(\boldsymbol{x}_k)),\end{aligned}\tag{12.75}$$

其中 $p^*=f_0(\boldsymbol{x}^*)$. 现在，因为 $\boldsymbol{x}_{k+1}$ 为 $\boldsymbol{z}_{k+1}$ 在 $\mathcal{X}$ 上的投影，于是有：

$$\|\boldsymbol{x}_{k+1}-\boldsymbol{x}\|_2=\|[\boldsymbol{z}_{k+1}]_{\mathcal{X}}-\boldsymbol{x}\|_2\leqslant\|\boldsymbol{z}_{k+1}-\boldsymbol{x}\|_2,\quad\forall\,\boldsymbol{x}\in\mathcal{X},$$

故由于 $\boldsymbol{x}^*\in\mathcal{X}$，得到：

$$\|\boldsymbol{x}_{k+1}-\boldsymbol{x}^*\|_2\leqslant\|\boldsymbol{z}_{k+1}-\boldsymbol{x}^*\|_2.$$

因此，结合式 (12.75)，我们获得：

$$\|\boldsymbol{x}_{k+1}-\boldsymbol{x}^*\|_2^2\leqslant\|\boldsymbol{x}_k-\boldsymbol{x}^*\|_2^2+s_k^2\|\boldsymbol{g}_k\|_2^2-2s_k(f_0(\boldsymbol{x}_k)-p^*).\tag{12.76}$$

因为 $f_0(\boldsymbol{x}_k)-p^*>0$，那么最后一个不等式表明：投影次梯度法的每一次迭代都可以局部地减小与最优解的距离（如果 $s_k\geqslant0$ 充分小）. 从 0 到 $k+1$ 迭代应用不等式 (12.76)，则有：

$$\|\boldsymbol{x}_{k+1}-\boldsymbol{x}^*\|_2^2\leqslant\|\boldsymbol{x}_0-\boldsymbol{x}^*\|_2^2+\sum_{i=0}^k s_i^2\|\boldsymbol{g}_i\|_2^2-2\sum_{i=0}^k s_i(f(\boldsymbol{x}_i)-p^*),$$

于是

$$\begin{aligned}2\sum_{i=0}^k s_i(f(\boldsymbol{x}_i)-p^*)&\leqslant\|\boldsymbol{x}_0-\boldsymbol{x}^*\|_2^2-\|\boldsymbol{x}_{k+1}-\boldsymbol{x}^*\|_2^2+\sum_{i=0}^k s_i^2\|\boldsymbol{g}_i\|_2^2\\&\leqslant R^2+\sum_{i=0}^k s_i^2\|\boldsymbol{g}_i\|_2^2.\end{aligned}\tag{12.77}$$

现在，因为 $s_i\geqslant0$，故

$$\sum_{i=0}^k s_i(f(\boldsymbol{x}_i)-p^*)\geqslant\left(\sum_{i=0}^k s_i\right)\min_{i=0,\cdots,k}(f(\boldsymbol{x}_i)-f^*)=\left(\sum_{i=0}^k s_i\right)(f_{0,k}^*-p^*),$$

其中 $f_{0,k}^*$ 为 $f_0(\boldsymbol{x}_i), i=0,1,\cdots,k$ 中的最佳值. 再结合不等式 (12.77) 并回顾 $\|\boldsymbol{g}_k\|_2 \leqslant G$，我们得到：

$$f_{0,k}^* - p^* \leqslant \frac{R^2 + G^2 \sum_{i=0}^k s_i^2}{2\sum_{i=0}^k s_i}. \tag{12.78}$$

很容易看到：若 $s_i = \gamma/(i+1), \gamma > 0$, 那么当 $k \to \infty$, $\sum_{i=0}^k s_i^2 \to 0$ 且 $\sum_{i=0}^k s_i \to \infty$ 时，不等式 (12.78) 中的上界收敛到零. □

注释 12.2（对于固定迭代数的最优步长） 对于固定的 k，使不等式 (12.78) 右侧作为步长 $s_i, i=0,\cdots,k$ 的函数. 我们可以寻找步长值，使这个界最小化. 对这个界关于 s_j 取导数并令其为零则给出了如下最优步长所满足的关系：

$$s_j = \frac{(R/G)^2 + \sum_{i=0}^k s_i^2}{2\sum_{i=0}^k s_i}, \quad j=0,\cdots,k.$$

这意味着最优步长是常数，即 $s_j = c, j=0,\cdots,k$, 其中常数 c 可以由上面等式得到：

$$c = \frac{(R/G)^2 + (k+1)c^2}{2(k+1)c},$$

由此，我们得到 $c = (R/G)\sqrt{k+1}$，这样

$$s_j = \frac{R}{G\sqrt{k+1}}, \quad j=0,\cdots,k.$$

选择用上面的步长，不等式 (12.78) 中的界则变为：

$$f_{0,k}^* - p^* \leqslant \frac{RG}{\sqrt{k+1}}.$$

这意味着达到精度 $f_{0,k}^* - p^* \leqslant \varepsilon$ 所需的迭代次数以 $O(\varepsilon^2)$ 形式增加.

注释 12.3（次梯度和下降方向） 值得注意的是：式 (12.74) 中的次梯度迭代步骤通常不会降低目标值. 这是因为负次梯度 $-\boldsymbol{g}_k$ 未必是 f_0 在 $\boldsymbol{x}_k$ 处的下降方向（与可微情况不同，负梯度 $-\nabla f_0(\boldsymbol{x}_k)$ 总是最陡的下降方向）. 然而，如果需要，可以改进该算法使式 (12.74) 中的次梯度步骤在投影之前确实是下降的. 为了做到这一点，我们需要在次微分中选择一个合适的次梯度，如下所述.

回顾如下关于一个凸函数 $f:\mathbb{R}^n \to \mathbb{R}$ 在点 $\boldsymbol{x}$ 和方向 $\boldsymbol{v} \in \mathbb{R}^n$ 下的方向导数的定义：

$$f'_{\boldsymbol{v}}(\boldsymbol{x}) = \lim_{h \to 0^+} \frac{f(\boldsymbol{x}+h\boldsymbol{v}) - f(\boldsymbol{x})}{h}.$$

如果 f 在点 $\boldsymbol{x}$ 处是可微的，则 $f'_{\boldsymbol{v}}(\boldsymbol{x}) = \boldsymbol{v}^\top \nabla f(\boldsymbol{x})$. 如果 f 在 $\boldsymbol{x}$ 处是非可微的，那么

$$f'_{\boldsymbol{v}}(\boldsymbol{x}) = \max_{\boldsymbol{g} \in \partial f(\boldsymbol{x})} \boldsymbol{v}^\top \boldsymbol{g}.$$

现在，如果 $f'_{\boldsymbol{v}}(\boldsymbol{x}) < 0$，那么方向 $\boldsymbol{v}$ 是 f 在 $\boldsymbol{x}$ 处的一个下降方向. 因此，如果有 f 的整个次微分，则我们可以在这个集合中搜索一个特定的次梯度使其也是下降方向. 为此，在所有方向上最小化 $f'_{\boldsymbol{v}}(\boldsymbol{x})$ 就足够了，并检查最小值是否为负：

$$\begin{aligned}
\min_{\|\boldsymbol{v}\|_2=1} f'_v(\boldsymbol{x}) &= \min_{\|\boldsymbol{v}\|_2=1} \max_{\boldsymbol{g} \in \partial f(\boldsymbol{x})} \boldsymbol{v}^\top \boldsymbol{g} \\
[\text{应用 max-min 定理}] &= \max_{\boldsymbol{g} \in \partial f(\boldsymbol{x})} \min_{\|\boldsymbol{v}\|_2=1} \boldsymbol{v}^\top \boldsymbol{g} \\
[\text{在 } \boldsymbol{v}^* = -\boldsymbol{g}/\|\boldsymbol{g}\|_2 \text{ 处达到最小}] &= \max_{\boldsymbol{g} \in \partial f(\boldsymbol{x})} -\|\boldsymbol{g}\|_2 \\
&= -\min_{\boldsymbol{g} \in \partial f(\boldsymbol{x})} \|\boldsymbol{g}\|_2.
\end{aligned}$$

因此，我们求解如下的凸优化问题：

$$\boldsymbol{g}^* = \arg\min_{\boldsymbol{g} \in \partial f(\boldsymbol{x})} \|\boldsymbol{g}\|_2.$$

如果 $\|\boldsymbol{g}^*\|_2 = 0$，那么 $0 \in \partial f(\boldsymbol{x})$，并且这意味着 $\boldsymbol{x}$ 是一个驻点，于是我们找到了一个最优点. 如果 $\|\boldsymbol{g}^*\|_2 > 0$，那么得到如下的下降方向：

$$\boldsymbol{v}^* = -\frac{\boldsymbol{g}^*}{\|\boldsymbol{g}^*\|_2}.$$

12.4.2 交替次梯度算法

这一节讨论次梯度算法的一种变形，它通过一组不等式来描述可行集 $\mathcal{X}$，从而有助于解决问题. 更具体地，我们考虑形如式 (12.38) 的问题：

$$\begin{aligned}
p^* = \min_{\boldsymbol{x} \in \mathbb{R}^n} & f_0(\boldsymbol{x}) \\
\text{s.t.:} \ & f_i(\boldsymbol{x}) \leqslant 0, \quad i = 1, \cdots, m,
\end{aligned} \tag{12.79}$$

其中 f_0, f_i, $i = 1, \cdots, m$, 是凸的但可能是非可微的. 进一步，定义

$$h(\boldsymbol{x}) = \max_{i=1,\cdots,m} f_i(\boldsymbol{x}),$$

该问题可以等价地写成一个带有单个凸不等式约束的形式，如下所示：

$$p^* = \min_{\boldsymbol{x} \in \mathbb{R}^n} f_0(\boldsymbol{x}) \quad \text{s.t.:} \ h(\boldsymbol{x}) \leqslant 0. \tag{12.80}$$

对于上述问题，我们考虑一个如下的次梯度类算法:

$$\boldsymbol{x}_{k+1}=\boldsymbol{x}_k-s_k\boldsymbol{g}_k,$$

其中 $s_k\geqslant 0$ 是一个步长且

$$\boldsymbol{g}_k\in\begin{cases}\partial f_0(\boldsymbol{x}_k) & 若\ h(\boldsymbol{x}_k)\leqslant 0,\\ \partial h(\boldsymbol{x}_k) & 若\ h(\boldsymbol{x}_k)>0.\end{cases}\tag{12.81}$$

注意到：应用次梯度的最大化运算规则（见 8.2.3.1 节），函数 h 的次梯度可以用分量函数 f_i 的次梯度来表示.

隐藏在该算法背后的思想是：在每次 k 迭代时，如果 $\boldsymbol{x}_k$ 可行，那么在目标函数 f_0 的负次梯度方向上执行一步；如果 $\boldsymbol{x}_k$ 不可行，则在约束函数 h 的负次梯度方向上执行一步. 让我们再次用 $f_{0,k}^*$ 表示迭代 k 之前最佳可行点的目标值（注意，这不必是迭代 k 时 f_0 的值）:

$$f_{0,k}^*=\min\{f_0(\boldsymbol{x}_i):\ \boldsymbol{x}_i\ 是可行的, i=0,\cdots,k\}.$$

我们下面证明：在适当的假设条件下有 $f_{0,k}^*\to p^*, k\to\infty$.

命题 12.2（交替次梯度算法的收敛性） 假设问题 (12.80) 具有一个严格可行点 $\boldsymbol{x}_{sf}$ 以及一个最优解 $\boldsymbol{x}^*$. 进一步假设存在常数 R,G 使对任意 k, 有 $\|\boldsymbol{x}_0-\boldsymbol{x}^*\|_2\leqslant R$, $\|\boldsymbol{x}_0-\boldsymbol{x}_{sf}\|_2\leqslant R$, $\|\boldsymbol{g}_k\|_2\leqslant G$. 那么有 $f_{0,k}^*\to p^*, k\to\infty$.

证明 用反证法，为此假设当 $k\to\infty$ 时, $f_{0,k}^*$ 并不收敛到 p^*. 于是存在 $\varepsilon>0$ 使 $f_{0,k}^*\geqslant p^*+\varepsilon, \forall\ k$. 因此，对所有使 $\boldsymbol{x}_k$ 为可行的索引 k，有

$$f_0(\boldsymbol{x}_k)\geqslant p^*+\varepsilon$$

我们下面证明此式将导致矛盾. 首先设

$$\tilde{\boldsymbol{x}}=(1-\theta)\boldsymbol{x}^*+\theta\boldsymbol{x}_{sf},\quad \theta\in(0,1).$$

由 f_0 的凸性，得到:

$$f(\tilde{\boldsymbol{x}})\leqslant(1-\theta)p^*+\theta f_0(\boldsymbol{x}_{sf}).$$

选择 $\theta=\min\{1,(\varepsilon/2)(f_0(x_{sf})-p^*)^{-1}\}$，这意味着:

$$f_0(\tilde{\boldsymbol{x}})\leqslant p^*+\varepsilon/2,\tag{12.82}$$

也就是，$\tilde{\boldsymbol{x}}$ 是 $\varepsilon/2$ 次最优的. 进一步，有

$$h(\tilde{\boldsymbol{x}})\leqslant(1-\theta)h(\boldsymbol{x}^*)+\theta h(\boldsymbol{x}_{sf})\leqslant\theta h(\boldsymbol{x}_{sf}),$$

因此

$$h(\tilde{\boldsymbol{x}}) \leqslant -\mu, \quad \mu \doteq -\theta h(\boldsymbol{x}_{sf}) > 0. \tag{12.83}$$

现在考虑一个索引 $i \in \{0,1,\cdots,k\}$,它使 x_i 是可行的. 那么 $\boldsymbol{g}_i \in \partial f_0(\boldsymbol{x}_i)$ 且 $f_0(\boldsymbol{x}_i) \geqslant p^*+\varepsilon$,结合不等式 (12.82),得到:

$$f_0(\boldsymbol{x}_i) - f_0(\tilde{\boldsymbol{x}}) \geqslant \varepsilon/2,$$

于是

$$\begin{aligned}
\|\boldsymbol{x}_{i+1} - \tilde{\boldsymbol{x}}\|_2^2 &= \|\boldsymbol{x}_i - \tilde{\boldsymbol{x}} - s_i \boldsymbol{g}_i\|_2^2 \\
&= \|\boldsymbol{x}_i - \tilde{\boldsymbol{x}}\|_2^2 - 2s_i \boldsymbol{g}_i^\top (\boldsymbol{x}_i - \tilde{\boldsymbol{x}}) + s_i^2 \|\boldsymbol{g}_i\|_2^2 \\
&\qquad [\text{因为 } f_0(\tilde{\boldsymbol{x}}) \geqslant f_0(\boldsymbol{x}_i) + \boldsymbol{g}_i^\top (\tilde{\boldsymbol{x}} - \boldsymbol{x}_i)] \\
&\leqslant \|\boldsymbol{x}_i - \tilde{\boldsymbol{x}}\|_2^2 - 2s_i (f_0(\boldsymbol{x}_i) - f_0(\tilde{\boldsymbol{x}})) + s_i^2 \|\boldsymbol{g}_i\|_2^2 \\
&\leqslant \|\boldsymbol{x}_i - \tilde{\boldsymbol{x}}\|_2^2 - s_i \varepsilon + s_i^2 \|\boldsymbol{g}_i\|_2^2.
\end{aligned}$$

相反,假设索引 $i \in \{0,1,\cdots,k\}$ 使 $\boldsymbol{x}_i$ 是不可行的. 那么 $\boldsymbol{g}_i \in \partial h(\boldsymbol{x}_i)$ 以及 $h(\boldsymbol{x}_i) > 0$,结合式 (12.83) 得到:

$$h(\boldsymbol{x}_i) - h(\tilde{\boldsymbol{x}}) \geqslant \mu.$$

于是,通过上面相似的推导有:

$$\|\boldsymbol{x}_{i+1} - \tilde{\boldsymbol{x}}\|_2^2 \leqslant \|\boldsymbol{x}_i - \tilde{\boldsymbol{x}}\|_2^2 - 2s_i \mu + s_i^2 \|\boldsymbol{g}_i\|_2^2.$$

因此,对任意迭代(不管 $\boldsymbol{x}_i$ 是否可行),我们都有:

$$\|\boldsymbol{x}_{i+1} - \tilde{\boldsymbol{x}}\|_2^2 \leqslant \|\boldsymbol{x}_i - \tilde{\boldsymbol{x}}\|_2^2 - s_i \beta + s_i^2 \|\boldsymbol{g}_i\|_2^2,$$

其中 $\beta \doteq \min(\varepsilon, 2\mu) > 0$. 从 $i = 0,\cdots,k$, 迭代地应用上面的不等式得到:

$$\|\boldsymbol{x}_{k+1} - \tilde{\boldsymbol{x}}\|_2^2 \leqslant \|\boldsymbol{x}_0 - \tilde{\boldsymbol{x}}\|_2^2 - \beta \sum_{i=0}^{k} s_i + \sum_{i=0}^{k} s_i^2 \|\boldsymbol{g}_i\|_2^2.$$

根据上式,我们有:

$$\beta \sum_{i=0}^{k} s_i \leqslant R^2 + G^2 \sum_{i=0}^{k} s_i^2,$$

因此

$$\beta \leqslant \frac{R^2 + G^2 \sum_{i=0}^{k} s_i^2}{\sum_{i=0}^{k} s_i}.$$

现在，如果步长序列是递减且求和是不收敛的，则当 $k \to \infty$ 时，前面表达式的右侧变为零，从而导致矛盾. □

12.4.3　椭球算法

考虑式 (12.79)~(12.80) 中的设置和符号以及对 $\boldsymbol{x} \in \mathbb{R}^n$，类似于我们对交替次梯度算法所讨论的，定义

$$\boldsymbol{g}_{\boldsymbol{x}} \in \begin{cases} \partial f_0(\boldsymbol{x}) & \text{若 } h(\boldsymbol{x}) \leqslant 0, \\ \partial h(\boldsymbol{x}) & \text{若 } h(\boldsymbol{x}) > 0. \end{cases}$$

现在，如果 $\boldsymbol{x}$ 是一个可行点，即 $\boldsymbol{x} \in \mathcal{X}$，其中 $\mathcal{X} \doteq \{\boldsymbol{x} : h(\boldsymbol{x}) \leqslant 0\}$，那么 $\boldsymbol{g}_{\boldsymbol{x}}$ 是 f_0 在点 $\boldsymbol{x}$ 处的次梯度. 于是它定义了一个超平面，这个超平面将整个空间分成两个半空间，并使最优点 $\boldsymbol{x}^*$ 位于半空间 $\mathcal{H}_- = \{\boldsymbol{z} : \boldsymbol{g}_{\boldsymbol{x}}^\top(z - \boldsymbol{x}) \leqslant 0\}$ 中，如图 12.9 所示. 这意味着我们可以将对最优点的搜索限制在这个半空间中，而互补半空间 $\mathcal{H}_{++}$ 可以从搜索中去掉. 相似地，如果 $\boldsymbol{x}$ 是不可行的，即 $h(\boldsymbol{x}) > 0$，那么 $\boldsymbol{g}_{\boldsymbol{x}}$ 是 h 在点 $\boldsymbol{x}$ 处的次梯度. 根据次梯度的定义有：

$$h(\boldsymbol{z}) \geqslant h(\boldsymbol{x}) + \boldsymbol{g}_{\boldsymbol{x}}^\top(\boldsymbol{z} - \boldsymbol{x}).$$

这意味着：对所有的 $\boldsymbol{z}$，在半空间 $\mathcal{H}_{++} = \{\boldsymbol{z} : \boldsymbol{g}_{\boldsymbol{x}}^\top(\boldsymbol{z} - \boldsymbol{x}) > 0\}$ 中有 $h(\boldsymbol{z}) > h(\boldsymbol{x}) > 0$，于是所有 $\boldsymbol{z} \in \mathcal{H}_{++}$ 也都是不可行点. 同样，我们可以将 $\mathcal{H}_{++}$ 从搜索中剔除，只集中在互补半空间 $\mathcal{H}_-$ 上. 总之，在任何点 $\boldsymbol{x}$，不管其可行还是不可行，$\boldsymbol{g}_{\boldsymbol{x}}$ 给我们提供的信息是："有用的" 点集中在半空间 $\mathcal{H}_-$ 上. 椭球算法 (EA) 属于一类所谓的定位方法. 它利用这些信息，通过与目标或约束函数的次梯度提供的切割相交逐步减少一个定位集来确保其包含最优点. 椭球算法使用椭球定位集. 它用包含最优点 $\boldsymbol{x}^*$ 的椭球 $\mathcal{E}_0$ 初始化，然后使体积减小且始终确保包含最优点的椭球迭代更新此集合. 更精确地，让我们定义如下的椭球：

$$\mathcal{E}_k = \{\boldsymbol{z} \in \mathbb{R}^n : (\boldsymbol{z} - \boldsymbol{x}_k)^\top \boldsymbol{A}_k^{-1}(\boldsymbol{z} - \boldsymbol{x}_k) \leqslant 1\},$$

其中 $\boldsymbol{x}_k \in \mathbb{R}^n$ 是椭球的中心，$\boldsymbol{A}_k \in \mathbb{S}_{++}^n$ 是形状矩阵以及假设 $\boldsymbol{x}^* \in \mathcal{E}_k$. 设 $\boldsymbol{g}_k$ 如式 (12.81) 所定义和定义半空间 $\mathcal{H}_-^k = \{\boldsymbol{z} : \boldsymbol{g}_k^\top(\boldsymbol{z} - \boldsymbol{x}_k) \leqslant 0\}$. 由以前的推导，可以确保最优点在 $\mathcal{E}_k$ 和 $\mathcal{H}_-^k$ 的交集里，也就是：

$$\boldsymbol{x}^* \in \mathcal{E}_k \cap \mathcal{H}_-^k.$$

然后，我们通过计算包含 $\mathcal{E}_k \cap \mathcal{H}_-^k$ 的最小体积椭球 $\mathcal{E}_{k+1}$（中心为 $\boldsymbol{x}_{k+1}$ 且形状矩阵为 $\boldsymbol{A}_{k+1}$）来更新目前的椭球并进行迭代，如图 12.10 所示. 有趣的是存在一个显式的解析公式可以

计算更新后的椭球（即包含 $\mathcal{E}_k \cap \mathcal{H}_-^k$ 的最小体积的椭球 $\mathcal{E}_{k+1}$）. 更具体地，椭球 $\mathcal{E}_{k+1}$ 的中心 $\boldsymbol{x}_{k+1}$ 和形状矩阵 $\boldsymbol{A}_{k+1}$ 可由如下公式给出（对于维数 $n>1$ 的情况）:

$$\boldsymbol{x}_{k+1} = \boldsymbol{x}_k - \frac{1}{n+1}\frac{\boldsymbol{A}_k \boldsymbol{g}_k}{\sqrt{\boldsymbol{g}_k^\top \boldsymbol{A}_k \boldsymbol{g}_k}}, \tag{12.84}$$

$$\boldsymbol{A}_{k+1} = \frac{n^2}{n^2-1}\left(\boldsymbol{A}_k - \frac{2}{n+1}\frac{\boldsymbol{A}_k \boldsymbol{g}_k \boldsymbol{g}_k^\top \boldsymbol{A}_k}{\boldsymbol{g}_k^\top \boldsymbol{A}_k \boldsymbol{g}_k}\right). \tag{12.85}$$

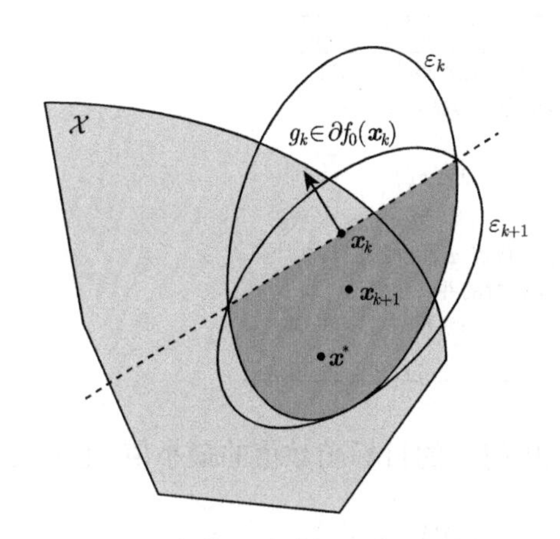

a）可行的$\boldsymbol{x}_k$，切割出包含目标值小于$f_0(\boldsymbol{x}_k)$的点的半空间

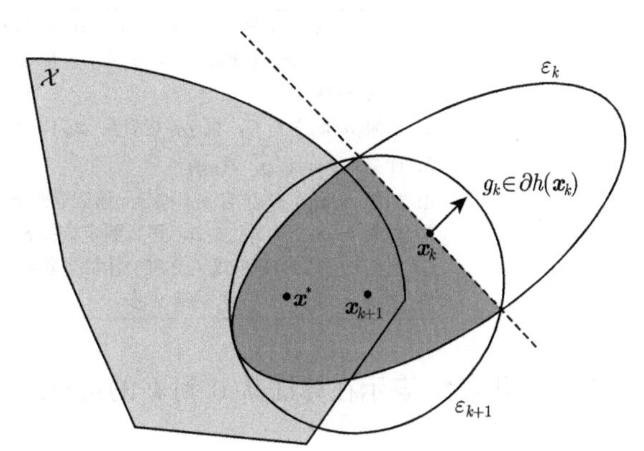

b）不可行的$\boldsymbol{x}_k$，切割出包含不可行点的半空间

图 12.10 椭球算法

进一步，可以证明 $\mathcal{E}_{k+1}$ 的体积严格小于 $\mathcal{E}_k$ 的体积，更精确地有:

$$\mathrm{vol}\mathcal{E}_{k+1} < \mathrm{e}^{-\frac{1}{2n}}\mathrm{vol}\mathcal{E}_k. \tag{12.86}$$

观察到：因为 $\boldsymbol{x}^* \in \mathcal{E}_k$，于是，如果 $\boldsymbol{x}_k$ 可行的，则有:

$$\begin{aligned} f_0(\boldsymbol{x}^*) &\geqslant f(\boldsymbol{x}_k) + \boldsymbol{g}_k^\top(\boldsymbol{x}^* - \boldsymbol{x}_k) \\ &\geqslant f(\boldsymbol{x}_k) + \inf_{\boldsymbol{x}\in\mathcal{E}_k} \boldsymbol{g}_k^\top(\boldsymbol{x} - \boldsymbol{x}_k) \\ [\text{参见例 9.14}] &= f(\boldsymbol{x}_k) - \sqrt{\boldsymbol{g}_k^\top \boldsymbol{A}_k \boldsymbol{g}_k}. \end{aligned}$$

因此，如果 $\boldsymbol{x}_k$ 是可行的且 $\sqrt{\boldsymbol{g}_k^\top \boldsymbol{A}_k \boldsymbol{g}_k} \leqslant \varepsilon$，那么我们可以停止该算法并得出结论：由于 $f(\boldsymbol{x}_k) - f_0(\boldsymbol{x}^*) \leqslant \varepsilon$，则目标函数已达到 ε 次最优. 相反，如果 $\boldsymbol{x}_k$ 是不可行的，那么对任意 $\boldsymbol{x} \in \mathcal{E}_k$, 则有:

$$h(\boldsymbol{x}) \geqslant h(\boldsymbol{x}_k) + \boldsymbol{g}_k^\top(\boldsymbol{x} - \boldsymbol{x}_k)$$

$$\geqslant h(\boldsymbol{x}_k)+\inf_{\boldsymbol{x}\in\mathcal{E}_k}\boldsymbol{g}_k^\top(\boldsymbol{x}-\boldsymbol{x}_k)$$

$$[\text{参见例 } 9.14]=h(\boldsymbol{x}_k)-\sqrt{\boldsymbol{g}_k^\top\boldsymbol{A}_k\boldsymbol{g}_k}.$$

因此，如果 $h(\boldsymbol{x}_k)-\sqrt{\boldsymbol{g}_k^\top\boldsymbol{A}_k\boldsymbol{g}_k}>0$，那么对所有 $\boldsymbol{x}\in\mathcal{E}_k$ 有 $h(\boldsymbol{x})>0$，于是该问题没有可行解. 我们下面总结椭球算法的具体步骤（算法 18)，然后陈述该算法的收敛速度（在可行问题的情形下）.

算法 18 椭球算法

要求： $f_i:\mathbb{R}^n\to\mathbb{R},\ i=0,1,\cdots,m$ 是凸的；一个包含最优点 $\boldsymbol{x}^*$，中心为 $\boldsymbol{x}_0$ 且形状矩阵为 $\boldsymbol{A}_0$ 的初始椭球 $\mathcal{E}_0$；精度为 $\varepsilon>0$.

1: 令 $k=0$
2: 如果 $h(\boldsymbol{x}_k)\leqslant 0$，设 $\boldsymbol{g}_k\in\partial f_0(\boldsymbol{x}_k)$，否则 $\boldsymbol{g}_k\in\partial h(\boldsymbol{x}_k)$
3: 计算 $\eta_k=\sqrt{\boldsymbol{g}_k^\top\boldsymbol{A}_k\boldsymbol{g}_k}$
4: 如果 $h(\boldsymbol{x}_k)\leqslant 0$ 且 $\eta_k\leqslant\varepsilon$，那么返回 ε 次最优点 $\boldsymbol{x}_k$ 并终止算法
5: 如果 $h(\boldsymbol{x}_k)-\eta_k>0$，那么断定该问题是不可行的并终止算法
6: 根据式 (12.84) 和式 (12.85) 计算更新椭球 $\mathcal{E}_{k+1}$ 的参数 $\boldsymbol{x}_{k+1}$ 和 $\boldsymbol{A}_{k+1}$
7: 令 $k\leftarrow k+1$ 并返回第 2 步.

让我们用 $f_{0,k}^*$ 表示在算法从 0 到 k 的可行迭代中得到的目标函数值的最小值，也就是

$$f_{0,k}^*=\min_{i=0,\cdots,k}\{f_0(\boldsymbol{x}_i):\ \boldsymbol{x}_i\in\mathcal{X}\},$$

以及如果 k 次迭代都不可行，则按约定定义 $f_{0,k}^*=+\infty$. 进一步，设 $B_\rho(\boldsymbol{x})$ 表示中心为 $\boldsymbol{x}$, 半径为 ρ 的在 $\mathbb{R}^n$ 中的欧氏球. 那么，下面的命题成立：

命题 12.3（椭球算法的收敛性） 考虑问题 (12.80) 以及假设 p^* 是有限的且该问题具有一个最优解 $\boldsymbol{x}^*$. 进一步假设：

1. f_0 在 $\mathbb{R}^n$ 上是李普希兹连续的且李普希兹系数为 G;
2. $\mathcal{E}_0$ 为包含 $\boldsymbol{x}^*$ 的以 $\boldsymbol{x}_0$ 为中心，半径为 R 的球；
3. 对给定的 $\varepsilon>0$，存在常数 $\alpha\in(0,1]$ 和 $\boldsymbol{x}\in\mathcal{X}$ 使

$$B_{\alpha\varepsilon/G}(\boldsymbol{x})\subset\mathcal{E}_0\cap\mathcal{X}\cap B_{\varepsilon/G}(\boldsymbol{x}^*).$$

那么，对于椭球算法有：

$$k>2n^2\ln\frac{GR}{\alpha\varepsilon}\Rightarrow f_{0,k}^*\leqslant p^*+\varepsilon.$$

证明 我们观察到：椭球算法中的每次切割在每次迭代 i 都保持着包含整个可行集的一个半空间（如果 x_i 是不可行的）或其目标值不大于当前值的点的半空间（如果 $\boldsymbol{x}_i$ 可行）. 因此

$$\mathcal{E}_0\cap\mathcal{X}\cap\{\boldsymbol{x}:\ f_0(\boldsymbol{x})\leqslant f_{0,k}^*\}\subseteq\mathcal{E}_k.$$

现在假设 $f_{0,k}^* > p^* + \varepsilon$. 那么显然集合 $\{\boldsymbol{x}:\ f_0(\boldsymbol{x}) \leqslant f_{0,k}^*\}$ 包含集合 $\{\boldsymbol{x}:\ f_0(\boldsymbol{x}) \leqslant p^* + \varepsilon\}$,于是

$$\mathcal{E}_0 \cap \mathcal{X} \cap \{\boldsymbol{x}:\ f_0(\boldsymbol{x}) \leqslant p^* + \varepsilon\} \subseteq \mathcal{E}_0 \cap \mathcal{X} \cap \{\boldsymbol{x}:\ f_0(\boldsymbol{x}) \leqslant f_{0,k}^*\} \subseteq \mathcal{E}_k. \tag{12.87}$$

由于 f_0 具有李普希兹常数 G（即对任意 $\boldsymbol{x}, \boldsymbol{y}$ 有 $|f_0(\boldsymbol{x}) - f_0(\boldsymbol{y})| \leqslant G\|\boldsymbol{x} - \boldsymbol{y}\|_2$），这样得到：

$$\|\boldsymbol{x} - \boldsymbol{x}^*\|_2 \leqslant \frac{\varepsilon}{G} \Rightarrow f_0(\boldsymbol{x}) \leqslant p^* + \varepsilon,$$

这意味着集合 $\{\boldsymbol{x}:\ f_0(\boldsymbol{x}) \leqslant p^* + \varepsilon\}$ 包含集合 $B_{\varepsilon/G}(\boldsymbol{x}^*) = \{\boldsymbol{x}:\ \|\boldsymbol{x} - \boldsymbol{x}^*\|_2 \leqslant \varepsilon/G\}$. 因此，由式 (12.87) 得到：

$$\mathcal{E}_0 \cap \mathcal{X} \cap B_{\varepsilon/G}(\boldsymbol{x}^*) \subseteq \mathcal{E}_k,$$

这意味着

$$\mathrm{vol}(\mathcal{E}_0 \cap \mathcal{X} \cap B_{\varepsilon/G}(\boldsymbol{x}^*)) \leqslant \mathrm{vol}(\mathcal{E}_k). \tag{12.88}$$

迭代地应用式 (12.86)，我们还有

$$\mathrm{vol}(\mathcal{E}_k) \leqslant \mathrm{e}^{-k/(2n)}\mathrm{vol}(\mathcal{E}_0) = \mathrm{e}^{-k/(2n)}\gamma_n R^n, \tag{12.89}$$

其中 γ_n 表示 $\mathbb{R}^n$ 中的欧氏单位球的体积. 现在,由假设 3, 存在某个常数 $\alpha \in (0, 1]$ 使 $\mathrm{vol}(\mathcal{E}_0 \cap \mathcal{X} \cap B_\varepsilon) \geqslant \mathrm{vol}(B_{\alpha\varepsilon/G}(\boldsymbol{x}^*)) - \alpha^n\gamma_n(\varepsilon/G)^n$. 于是，结合不等式 (12.88) 和 (12,89), 我们得到：

$$\alpha^n\gamma_n(\varepsilon/G)^n \leqslant \mathrm{e}^{-k/(2n)}\gamma_n R^n,$$

由此得到：

$$k \leqslant 2n^2 \ln \frac{GR}{\alpha\varepsilon}.$$

这样有

$$f_{0,k}^* > p^* + \varepsilon \Rightarrow k \leqslant 2n^2 \ln \frac{GR}{\alpha\varepsilon},$$

据此获得：

$$k > 2n^2 \ln \frac{GR}{\alpha\varepsilon} \Rightarrow f_{0,k}^* \leqslant p^* + \varepsilon.$$

于是命题得证. □

注意到：命题 12.3 中的假设 3 意味着可行集有一个非空的内部，这是因为它必须包含一个正半径为 $\alpha\varepsilon/G$ 的满维的球.

12.5 坐标下降法

坐标下降法，或更一般的块坐标下降法，适用于每个变量（或变量块）独立约束的问题[㊀]. 更具体地，我们考虑基本最小化问题 (12.61) 的一个特殊情况：

$$\min_{\boldsymbol{x}=(\boldsymbol{x}_1,\cdots,\boldsymbol{x}_v)} f_0(\boldsymbol{x}):\quad \boldsymbol{x}_i\in\mathcal{X}_i,\quad i=1,\cdots,v. \tag{12.90}$$

也就是说，变量 $\boldsymbol{x}$ 可以被分解为 v 个块 $\boldsymbol{x}_1,\cdots,\boldsymbol{x}_v$，每个块 $\boldsymbol{x}_i$ 独立地被约束为属于集合 $\mathcal{X}_i$. 坐标下降法是基于对一个块的迭代最小化，而其他块是固定的. 如果

$$\boldsymbol{x}^{(k)}=(\boldsymbol{x}_1^{(k)},\cdots,\boldsymbol{x}_v^{(k)})$$

表示在迭代 k 时决策变量的值，那么我们可以求解如下部分最小化问题：

$$\min_{\boldsymbol{x}\in\mathcal{X}_i} f_0(\boldsymbol{x}_1^{(k)},\cdots,\boldsymbol{x}_{i-1}^{(k)},\boldsymbol{x}_i,\boldsymbol{x}_{i+1}^{(k)},\cdots,\boldsymbol{x}_v^{(k)}). \tag{12.91}$$

不同方法的出现，具体取决于我们如何形成下一步迭代. 但这里并不打算表述采用不同线搜索策略算法的其他变形.

12.5.1 Jacobi 方法

在 Jacobi 方法中，我们先求解所有的部分最小化问题 (12.91), 然后同时更新所有的块. 也就是，我们令

$$\boldsymbol{x}_i^{(k+1)}=\arg\min_{\boldsymbol{x}\in\mathcal{X}_i} f_0(\boldsymbol{x}_1^{(k)},\cdots,\boldsymbol{x}_{i-1}^{(k)},\boldsymbol{x}_i,\boldsymbol{x}_{i+1}^{(k)},\cdots,\boldsymbol{x}_v^{(k)}).$$

图 12.11 表述了该问题的求解方案.

这种方法一般不能保证收敛到式 (12.90) 的最优解. 然而，在一定的收缩性假设条件下，一个经典的结果确保了最优解的存在性和收敛性. 对于一个映射 $F:\mathcal{X}\to\mathbb{R}^n$，如果存在某个 $\theta\in[0,1)$，使如下不等式成立：

$$\|F(\boldsymbol{x})-F(\boldsymbol{y})\|\leqslant\theta\|\boldsymbol{x}-\boldsymbol{y}\|,\quad\forall\,\boldsymbol{x},\boldsymbol{y}\in\mathcal{X}.$$

则称 F 为压缩的（关于某个范数 $\|\cdot\|$）. 于是，下面的收敛结果成立[㊁]：

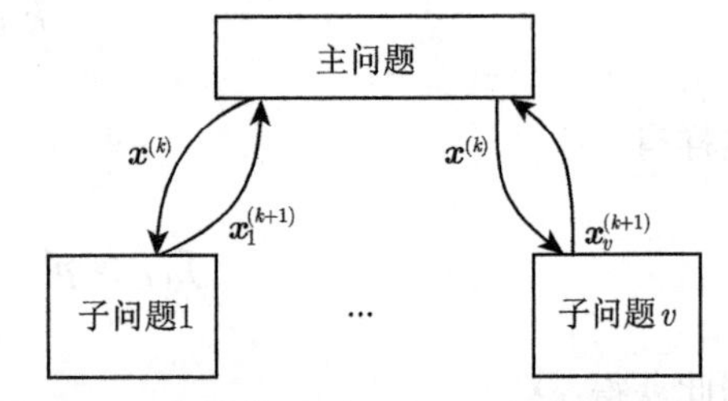

图 12.11　在迭代 k 时，Jacobi 方法求解了 v 个子问题，在每一个子问题 i 中，f_0 关于 $\boldsymbol{x}_i\in\mathcal{X}_i$ 被最小化而其他变量 $\boldsymbol{x}_j^{(k)}(j\neq i)$ 是固定的

㊀ 一个所谓盒子约束的例子：$\min_{\boldsymbol{x}} q(\boldsymbol{x})$: $\boldsymbol{l}\leqslant\boldsymbol{x}\leqslant\boldsymbol{u}$，其中 q 是凸二次函数且 $\boldsymbol{l},\boldsymbol{u}\in\mathbb{R}^n$ 为所提出的变量的上下界.

㊁ 该结果以及分布式优化方法的许多其他类似结果可以在 D. Bertsekas 和 J. Tsitsiklis, *Parallel and Distributed Computation: Numerical Methods*, Athena Scientific, 1997 中找到.

定理 12.3 设 f_0 是连续可微的以及对于某个常数 $\gamma > 0$，映射

$$F(\boldsymbol{x}) = \boldsymbol{x} - \gamma \nabla f_0(\boldsymbol{x})$$

关于如下范数是压缩的：

$$\|\boldsymbol{x}\| = \max_{i=1,\cdots,v} \|\boldsymbol{x}_i\|_2 / w_i,$$

其中 w_i 是正常数. 那么，问题 (12.90) 有一个最优解 $\boldsymbol{x}^*$ 以及由 Jacobi 算法产生的序列点 $\boldsymbol{x}^{(k)}$ 以几何速率收敛到 $\boldsymbol{x}^*$.

12.5.2 坐标最小化方法

标准（块）坐标最小化方法 (BCM)，也称为 Gauss-Seidel 方法，其工作原理类似于 Jacobi 方法，但在该算法中，变量块根据递归顺序依次更新：对于 $i = 1, \cdots, v$,

$$\boldsymbol{x}_i^{(k+1)} = \arg\min_{\boldsymbol{x} \in \mathcal{X}_i} f_0(\boldsymbol{x}_1^{(k+1)}, \cdots, \boldsymbol{x}_{i-1}^{(k+1)}, \boldsymbol{x}_i, \boldsymbol{x}_{i+1}^{(k)}, \cdots, \boldsymbol{x}_v^{(k)}). \tag{12.92}$$

该方法的逻辑方案如图 12.12 所示.

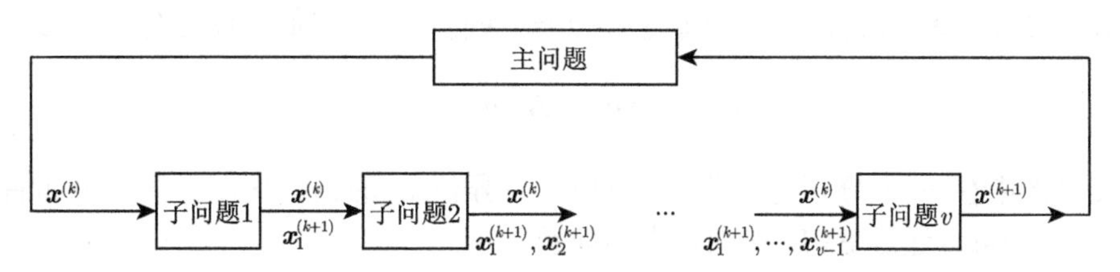

图 12.12 在迭代 k 时，块坐标最小化方法依次求解了 v 个子问题，其中变量块根据式 (12.92) 依次更新

在命题 12.3 中相同的假设条件下，由 BCM 算法生成的点序列 $\boldsymbol{x}^{(k)}$ 以一个几何速率收敛到 $\boldsymbol{x}^*$. 进一步，对于具有凸可微目标函数的 BCM 算法具有如下的收敛结果.

定理 12.4 假设 f_0 在 $\mathcal{X}$ 上是凸连续可微的. 进一步，当固定其他变量块 $\boldsymbol{x}_j$, $j \neq i$ 为常数时，设 f_0 关于 $\boldsymbol{x}_i$ 是严格凸的. 如果由 BCM 算法生成的序列 $\{\boldsymbol{x}^{(k)}\}$ 是良定的，那么 $\{\boldsymbol{x}^{(k)}\}$ 的每一个极限点都收敛到问题 (12.90) 的一个最优解.

通常，对于非光滑目标函数，即使在凸性假设下，序列块坐标下降法也无法收敛. 然而，当 f_0 可以写成如下一个可微凸函数 ϕ 和一个可分凸（可能是非光滑的）项之和的复合函数时：

$$f_0(\boldsymbol{x}) = \phi(\boldsymbol{x}) + \sum_{i=1}^{v} \psi_i(\boldsymbol{x}_i), \tag{12.93}$$

会出现一个重要的例外，其中 $\psi_i, i=1,\cdots,v$ 是凸的[一]. 于是如下的定理成立[二]：

定理12.5　设 $\boldsymbol{x}^{(0)} \in \mathcal{X}$ 是BCM 算法的一个初始点以及假设水平集 $S_0 = \{\boldsymbol{x} : f_0(\boldsymbol{x}) \leqslant f_0(\boldsymbol{x}^{(0)})\} \in \operatorname{int} \operatorname{dom} f_0$ 是紧的. 进一步假设 f_0 具有式 (12.93) 的形式，其中 ϕ 在 S_0 上是凸可微的且 $\psi_i(i=1,\cdots,v)$ 是凸的. 那么，由 BCM 算法产生的序列 $\{\boldsymbol{x}^{(k)}\}$ 的每个极限点均收敛到问题 (12.90) 的一个最优解.

特别地，定理 12.5 适用于各种 ℓ_1-范数正则化问题，例如 LASSO 问题，从而可以确保序列坐标下降法的收敛性.

12.5.3　幂迭代与块坐标下降

如 7.1 节所述，幂迭代指的是一类可应用于求解线性代数中特定特征值和奇异值问题的方法. 这种方法实际上与坐标下降有关. 例如：考虑求解一个给定矩阵[三] $\boldsymbol{A} \in \mathbb{R}^{m,n}$ 的秩一近似的问题. 该问题可表述为：

$$\min_{\boldsymbol{x},\boldsymbol{y}} \|\boldsymbol{A} - \boldsymbol{x}\boldsymbol{y}^\top\|_{\mathrm{F}}^2, \tag{12.94}$$

以及该问题的平稳条件[四]为：

$$\boldsymbol{x}\|\boldsymbol{y}\|_2^2 = \boldsymbol{A}^\top \boldsymbol{y}, \quad \boldsymbol{y}\|\boldsymbol{x}\|_2^2 = \boldsymbol{A}\boldsymbol{x}.$$

用归一化向量 $\boldsymbol{u} = \boldsymbol{x}/\|\boldsymbol{x}\|_2, \boldsymbol{v} = \boldsymbol{y}/\|\boldsymbol{y}\|_2$ 和 $\sigma \doteq \|\boldsymbol{x}\|_2\|\boldsymbol{y}\|_2$，我们可以重写上式为：

$$\boldsymbol{A}\boldsymbol{u} = \sigma\boldsymbol{v}, \quad \boldsymbol{A}^\top\boldsymbol{v} = \sigma\boldsymbol{u}.$$

平稳性条件意味着 $\boldsymbol{u}, \boldsymbol{v}$ 分别是矩阵 $\boldsymbol{A}$ 对应于奇异值 σ 的归一化左奇异向量和右奇异向量. 于是，我们可以通过 SVD 来求解上述问题.

我们现在用块坐标下降来解释这个结果. 为此，重写问题 (12.94) 如下：

$$\min_{\boldsymbol{u},\boldsymbol{v},\sigma} \|\boldsymbol{A} - \sigma\boldsymbol{u}\boldsymbol{v}^\top\|_{\mathrm{F}}^2 : \quad \|\boldsymbol{u}\|_2 = \|\boldsymbol{v}\|_2 = 1,\ \sigma > 0,$$

然后求解 σ，如果后一个量是非负的，那么在最优点处，我们得到 $\sigma = \boldsymbol{v}^\top\boldsymbol{A}\boldsymbol{u}$；否则其为零. 将这个值带回到上式，则上面的问题被简化为：

$$\min_{\boldsymbol{u},\boldsymbol{v}} \boldsymbol{v}^\top\boldsymbol{A}\boldsymbol{u} : \quad \|\boldsymbol{u}\|_2 = \|\boldsymbol{v}\|_2 = 1.$$

[一] 注意，这种设置包括了 $x_i \in \mathcal{X}_i$ 形式的变量上凸独立约束的可能性，这是因为函数 ψ_i 可能包括关于集合 $\mathcal{X}_i$ 的示性函数表述的项.

[二] 参见 P. Tseng 的论文 Convergence of a block coordinate descent method for non-differentiable minimization, *J. Optimization Theory and Applications*, 2001 中的定理 4.1.

[三] 关于秩近似问题的更多细节可参见 5.3.1 节.

[四] 对于 f 为可微的问题，如果其梯度在 $\boldsymbol{z}$ 处为零，即 $\nabla f(\boldsymbol{z}) = 0$，则点 $\boldsymbol{z}$ 是平稳的. 参见 12.2.2.2 节.

于是可以将以 $\boldsymbol{u} \in \mathbb{R}^m$, $\boldsymbol{v} \in \mathbb{R}^n$ 为两个块的块坐标下降法应用到该问题. 那么,由 Jacobi 算法得到[⊖]:

$$\boldsymbol{u}_{k+1} = \underset{\boldsymbol{u}:\ \|\boldsymbol{u}\|_2=1}{\arg\max}\ \boldsymbol{v}_k^\top \boldsymbol{A}\boldsymbol{u} = \frac{\boldsymbol{A}^\top \boldsymbol{v}_k}{\|\boldsymbol{A}^\top \boldsymbol{v}_k\|_2},$$

$$\boldsymbol{v}_{k+1} = \underset{\boldsymbol{v}:\ \|\boldsymbol{v}\|_2=1}{\arg\max}\ \boldsymbol{v}^\top \boldsymbol{A}\boldsymbol{u}_{k+1} = \frac{\boldsymbol{A}\boldsymbol{u}_k}{\|\boldsymbol{A}\boldsymbol{u}_k\|_2}.$$

假设块坐标下降收敛到一个稳定点，那么在这个点处，我们有：

$$\sigma\boldsymbol{u} = \boldsymbol{A}^\top\boldsymbol{v}, \quad \sigma\boldsymbol{v} = \boldsymbol{A}\boldsymbol{u}, \quad \sigma = \|\boldsymbol{A}^\top\boldsymbol{v}\|_2 = \|\boldsymbol{A}\boldsymbol{u}\|_2.$$

因此，Jacobi 算法简化为计算矩阵 $\boldsymbol{A}$ 和相关向量 $\boldsymbol{u}, \boldsymbol{v}$ 的最大奇异值的幂次迭代法.

12.5.4 稀疏 PCA 的阈值幂迭代算法

如 13.5.2 节所述，有时需要求解具有如下形式的低秩近似问题：

$$\min_{\boldsymbol{x},\boldsymbol{y}} \|\boldsymbol{A} - \boldsymbol{x}\boldsymbol{y}^\top\|_F^2: \quad \mathrm{card}(\boldsymbol{x}) \leqslant k, \quad \mathrm{card}(\boldsymbol{y}) \leqslant h,$$

其中 $\boldsymbol{A} \in \mathbb{R}^{m,n}$ 和 $k \leqslant m$, $h \leqslant n$ 控制着 $\boldsymbol{x}, \boldsymbol{y}$ 中的基数（非零元素的个数）. 这个问题对于 m, n 取小值以外的所有值都是困难的. 一种在实际中有效的启发式方法是使用幂次迭代法进行改进：在每次迭代中，除了 $\boldsymbol{x}$ 中最大的 k 个变量和 $\boldsymbol{y}$ 中最大的 h 个变量外，我们将所有变量都重置为零. 这种递归具有如下的形式：

$$\boldsymbol{u}(k+1) = T_h\left(\frac{\boldsymbol{A}\boldsymbol{v}(k)}{\|\boldsymbol{A}\boldsymbol{v}(k)\|_2}\right),$$

$$\boldsymbol{v}(k+1) = T_k\left(\frac{\boldsymbol{A}^\top\bar{\boldsymbol{u}}(k+1)}{\|\boldsymbol{A}^\top\bar{\boldsymbol{u}}(k+1)\|_2}\right),$$

其中 $T_k(z)$ 是阈值算子，其将输入向量 $\boldsymbol{z}$ 中除了 k 个最大值的元素外的所有元素归零.

12.6 分散式优化方法

在本节中，我们将概述两种技术，它们可以用来以分散的方式求解某些类型的优化问题. 通俗地说，分散的意思是：实际的数值优化过程在物理上或概念上是在几个计算单元上执行的，而不是在一个单一和集中的单元上执行. 例如：一个大规模的问题，可能由于规模太大以致在单个处理器上无法求解. 这类问题往往可以分解为更小的子问题，而这些子问题在处理器网格上可以独立求解. 这样一个过程通常还需要处理单元之间的某种形式

⊖ Gauss-Seidel 算法将在更新 $\boldsymbol{v}$ 的过程中用 $\boldsymbol{u}_{k+1}$ 来代替 $\boldsymbol{u}_k$.

的协调，这种协调可以在对等的基础上进行，也可能需要中央协调单元，通常称为主单元.导致可以完全分散求解的优化问题的最简单结构是所谓的可分离问题，即其具有如下形式：

$$p^* = \min_{\boldsymbol{x}_1,\cdots,\boldsymbol{x}_v} \sum_{i=1}^{v} f_{0,i}(\boldsymbol{x}_i)$$

$$\text{s.t.:}\ \boldsymbol{x}_i \in \mathcal{X}_i, \quad i=1,\cdots,v,$$

其中 $\boldsymbol{x}_i \in \mathcal{X}_i(i=1,\cdots,v)$ 是整体变量 $\boldsymbol{x}=(\boldsymbol{x}_1,\cdots,\boldsymbol{x}_v)$ 的分块，$n_1+\cdots+n_v=n$. 这里，因为目标函数是仅依赖于 $\boldsymbol{x}_i$（变量 $\boldsymbol{x}$ 的第 i 块）的 $f_{0,i}$ 的总和且由于 $\boldsymbol{x}_i$ 被独立地约束在集合 $\mathcal{X}_i$ 中，所以可以很容易直接看到 $p^*=\sum_{i=1}^{v} f_{0,i}^*$，其中 $f_{0,i}^*(i=1,\cdots,v)$ 是如下子问题的最优值：

$$f_{0,i}^* = \min_{\boldsymbol{x}_i} f_{0,i}(\boldsymbol{x}_i)$$

$$\text{s.t.:}\ \boldsymbol{x}_i \in \mathcal{X}_i.$$

当目标函数和/或约束中存在某种耦合时，情况会变得更加有趣，但求解起来就不是那么容易了. 例如：考虑如下形式的问题：

$$p^* = \min_{\boldsymbol{x}_1,\cdots,\boldsymbol{x}_v} f_0(\boldsymbol{x}_1,\cdots,\boldsymbol{x}_v) \tag{12.95}$$

$$\text{s.t.:}\ \boldsymbol{x}_i \in \mathcal{X}_i, \quad i=1,\cdots,v.$$

变量 $\boldsymbol{x}_i$ 被独立地约束在集合 $\mathcal{X}_i$ 中（我们称该问题的可行集是 $\mathcal{X}_i$ 的笛卡儿乘积，即 $\mathcal{X}=\mathcal{X}_1\times\cdots\times\mathcal{X}_v$），但它们在目标函数 f_0 中是耦合的，因此现在依赖于整个向量 $\boldsymbol{x}\in\mathcal{X}$. 相似地，对于具有如下形式的问题：

$$p^* = \min_{\boldsymbol{x}_1,\cdots,\boldsymbol{x}_v} \sum_{i=1}^{v} f_{0,i}(\boldsymbol{x}_i) \tag{12.96}$$

$$\text{s.t.:}\ \boldsymbol{x} \in \mathcal{X},$$

目标函数是可分的，但变量 $\boldsymbol{x}_i$ 通过 $\boldsymbol{x}\in\mathcal{X}$ 产生了耦合（其中 $\mathcal{X}$ 通常并不是 $\mathcal{X}_i$ 的笛卡儿乘积）.

在下一节，我们将讨论两种基于分解想法的经典分散式优化方法. 分解方法的思想是将原问题分解为较小的子问题，这些子问题可以由本地处理器独立求解，而主进程通过适当的信息交换来协调这些子问题. 在其基本形式中，分解方法用来处理形式如式 (12.96) 的问题，该形式具有可分离的目标函数，但约束中存在一些耦合，其中耦合通常以资源预算的形式对变量进行约束. 分解方法通常分为原始方法和对偶方法. 在原始方法中，主问题通过给子问题分配单独的预算来直接管理资源；在对偶方法中，主问题通过给子问题分配资源价格来间接管理资源，然后子问题必须根据价格来决定要使用的资源量. 这两种类型的分解方法将在下一节进行进一步表述.

12.6.1 对偶分解

考虑如下形式的问题：

$$
\begin{aligned}
p^* = \min_{\boldsymbol{x}_1,\cdots,\boldsymbol{x}_v} & \sum_{i=1}^{v} f_{0,i}(\boldsymbol{x}_i) \\
\text{s.t.:} \ & \boldsymbol{x}_i \in \mathcal{X}_i, \quad i=1,\cdots,v, \\
& \sum_{i=1}^{v} h_i(\boldsymbol{x}_i) \leqslant c.
\end{aligned} \tag{12.97}
$$

在该问题中，$h_i(\boldsymbol{x}_i)$ 表示相关于决策变量 $\boldsymbol{x}_i$ 的资源消费以及最后一个约束可解释为对资源消耗预算的限制. 最后一个约束是关于变量耦合的约束，因为如果没有这样的耦合，问题将是可分离的. 通过"对偶"耦合约束，我们考虑该问题的（部分）拉格朗日函数：

$$
\mathcal{L}(\boldsymbol{x},\boldsymbol{\lambda}) = \sum_{i=1}^{v} f_{0,i}(\boldsymbol{x}_i) + \boldsymbol{\lambda}^\top \left(\sum_{i=1}^{v} h_i(\boldsymbol{x}_i) - c \right).
$$

于是，对偶函数为：

$$
\begin{aligned}
g(\boldsymbol{\lambda}) &= \min_{\boldsymbol{x}\in\mathcal{X}_1\times\cdots\times\mathcal{X}_v} \mathcal{L}(\boldsymbol{x},\boldsymbol{\lambda}) \\
&= \sum_{i=1}^{v} \min_{\boldsymbol{x}_i\in\mathcal{X}_i} \left(f_{0,i}(\boldsymbol{x}_i) + \boldsymbol{\lambda}^\top h_i(\boldsymbol{x}_i) \right) - \boldsymbol{\lambda}^\top \boldsymbol{c}
\end{aligned}
$$

是可分的，也就是，对给定的 $\boldsymbol{\lambda}$, $g(\boldsymbol{\lambda})$ 的值和相应最小值点 $x_i^*(\boldsymbol{\lambda})$ 被 v 个处理器独立地求解，其中每一个最小值点解如下极小化问题：

$$
g_i(\boldsymbol{\lambda}) = \min_{\boldsymbol{x}_i\in\mathcal{X}_i} f_{0,i}(\boldsymbol{x}_i) + \boldsymbol{\lambda}^\top h_i(\boldsymbol{x}_i), \tag{12.98}
$$

然后将 $g(\boldsymbol{\lambda})$ 的值和最小值点 $x_i^*(\boldsymbol{\lambda})$ 反馈到主进程中. 这里主进程的作用是求解对偶问题，即关于 $\boldsymbol{\lambda}$ 最大化 $g(\boldsymbol{\lambda})$:

$$
d^* = \max_{\boldsymbol{\lambda}\geqslant 0} \sum_{i=1}^{v} g_i(\boldsymbol{\lambda}) - \boldsymbol{\lambda}^\top \boldsymbol{c}. \tag{12.99}
$$

后一个最大化问题可以通过投影梯度法或次梯度法来实现求解. 我们回顾 8.5.9 节中的内容，$g(\boldsymbol{\lambda})$ 的次梯度由下式给出：

$$
\eta(\boldsymbol{\lambda}) = \sum_{i=1}^{v} h_i(x_i^*(\boldsymbol{\lambda})) - \boldsymbol{c}. \tag{12.100}
$$

进一步，如果 $\mathcal{X}_i$ 是紧的且非空以及最小值点 $x_i^*(\boldsymbol{\lambda})$ 对所有 λ 是唯一的，那么 $g(\boldsymbol{\lambda})$ 是可微的，于是上面的 $\eta(\boldsymbol{\lambda})$ 就是 g 在 $\boldsymbol{\lambda}$ 处的梯度. 不管在哪种情况下，主进程都可以通过投影梯度或次梯度算法更新 λ 的值：

$$\boldsymbol{\lambda} \leftarrow [\boldsymbol{\lambda} + s \cdot \eta(\boldsymbol{\lambda})]_+, \tag{12.101}$$

其中 s 是适当选择的步长（例如：当 g 是可微的时，可以通过回溯线搜索找到，或者根据次梯度算法找到）. 对偶分解方法的概念化的执行方案如图 12.13 所示. 其解释是：主进程更新资源的价格（用对偶变量 $\boldsymbol{\lambda}$ 表示），然后并行进程为给定的价格找到最优配置. 该方法将收敛到对偶问题 (12.99) 的最优解. 然而，如果强对偶性成立且最小值点 $x_i^*(\boldsymbol{\lambda})$ 对所有 $\boldsymbol{\lambda}$ 都是唯一的，那么该方法还提供了原始的最优变量，这是因为 $x_i^*(\boldsymbol{\lambda}) \to \boldsymbol{x}_i^*$.

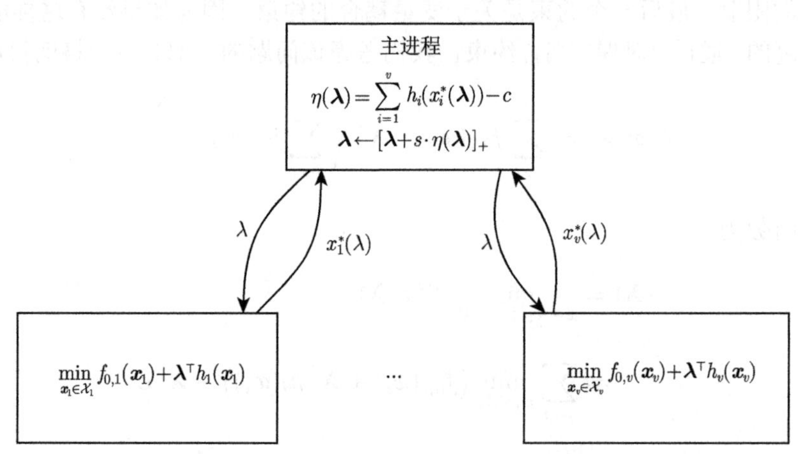

图 12.13　在对偶分解方法的每次迭代中，处理器 $i = 1, \cdots, v$ 求解给定 $\boldsymbol{\lambda}$ 时的问题 (12.98)，并将最小值点 $x_i^*(\boldsymbol{\lambda})$ 和值 $h_i(x_i^*(\boldsymbol{\lambda}))$ 返回到主进程. 主进程的目标是最大化 $g(\boldsymbol{\lambda})$，这样其根据 (12.100) 在 $\boldsymbol{\lambda}$ 处建立 g 的次梯度以及根据式 (12.101) 更新 $\boldsymbol{\lambda}$

带耦合变量的对偶分解. 对偶分解也可以应用于耦合是由目标函数中的变量而不是约束引起的问题. 例如考虑如下形式的问题：

$$p^* = \min_{\boldsymbol{x}_1, \boldsymbol{x}_2, \boldsymbol{y}} f_{0,1}(\boldsymbol{x}_1, \boldsymbol{y}) + f_{0,2}(\boldsymbol{x}_2, \boldsymbol{y}) \tag{12.102}$$

$$\text{s.t.:}\ \boldsymbol{x}_1 \in \mathcal{X}_1,\ \boldsymbol{x}_2 \in \mathcal{X}_2,\ \boldsymbol{y} \in \mathcal{Y},$$

其中决策变量为 $\boldsymbol{x} = (\boldsymbol{x}_1, \boldsymbol{x}_2, \boldsymbol{y})$. 除非目标函数中存在耦合变量 $\boldsymbol{y}$，否则该问题就是可分的. 求解这种情况下的问题的标准方法是引入松弛变量 $\boldsymbol{y}_1, \boldsymbol{y}_2$ 和一个人工等式约束 $\boldsymbol{y}_1 = \boldsymbol{y}_2$ 以便将问题重写为：

$$p^* = \min_{\boldsymbol{x}_1, \boldsymbol{x}_2, \boldsymbol{y}_1, \boldsymbol{y}_2} f_{0,1}(\boldsymbol{x}_1, \boldsymbol{y}_1) + f_{0,2}(\boldsymbol{x}_2, \boldsymbol{y}_2)$$

$$\text{s.t.:}\ \boldsymbol{x}_1 \in \mathcal{X}_1,\ \boldsymbol{y}_1 \in \mathcal{Y},\ \boldsymbol{x}_2 \in \mathcal{X}_2,\ \boldsymbol{y}_2 \in \mathcal{Y},$$

$$\boldsymbol{y}_1 = \boldsymbol{y}_2.$$

那么，通过引入一个拉格朗日乘子 $\boldsymbol{\lambda}$，我们可以对偶约束 $\boldsymbol{y}_1 = \boldsymbol{y}_2$ 从而获得如下的拉格朗日函数：

$$\mathcal{L}(\boldsymbol{x}_1, \boldsymbol{x}_2, \boldsymbol{y}_1, \boldsymbol{y}_2, \boldsymbol{\lambda}) = f_{0,1}(\boldsymbol{x}_1, \boldsymbol{y}_1) + f_{0,2}(\boldsymbol{x}_2, \boldsymbol{y}_2) + \boldsymbol{\lambda}^\top(\boldsymbol{y}_1 - \boldsymbol{y}_2).$$

于是对偶函数

$$\begin{aligned} g(\boldsymbol{\lambda}) &= \min_{\boldsymbol{x}_1 \in \mathcal{X}_1, \boldsymbol{x}_2 \in \mathcal{X}_2, \boldsymbol{y}_1, \boldsymbol{y}_2 \in \dagger} \mathcal{L}(\boldsymbol{x}_1, \boldsymbol{x}_2, \boldsymbol{y}_1, \boldsymbol{y}_2, \boldsymbol{\lambda}) \\ &= \min_{\boldsymbol{x}_1 \in \mathcal{X}_1, \boldsymbol{y}_1 \in \mathcal{Y}} f_{0,1}(\boldsymbol{x}_1, \boldsymbol{y}_1) + \boldsymbol{\lambda}^\top \boldsymbol{y}_1 + \min_{\boldsymbol{x}_2 \in \mathcal{X}_2, \boldsymbol{y}_2 \in \mathcal{Y}} f_{0,2}(\boldsymbol{x}_2, \boldsymbol{y}_2) - \boldsymbol{\lambda}^\top \boldsymbol{y}_2 \end{aligned}$$

关于两组变量 $(\boldsymbol{x}_1, \boldsymbol{y}_1)$ 和 $(\boldsymbol{x}_2, \boldsymbol{y}_2)$ 是可分的. 这样我们应用对偶分解方法，其中对于给定的 $\boldsymbol{\lambda}$，子进程并行且独立地计算对偶函数的两个分量，并将最小值点 $x_1^*(\boldsymbol{\lambda}), x_2^*(\boldsymbol{\lambda}), y_1^*(\boldsymbol{\lambda})$, $y_2^*(\boldsymbol{\lambda})$ 的值返回给主进程. 主进程通过根据如下梯度或次梯度步骤更新 $\boldsymbol{\lambda}$ 的当前值从而最大化 $g(\boldsymbol{\lambda})$:

$$\boldsymbol{\lambda} \leftarrow \boldsymbol{\lambda} + s \cdot \eta(\boldsymbol{\lambda}),$$

其中 $\eta(\boldsymbol{\lambda})$ 是 g 在 $\boldsymbol{\lambda}$ 处的次梯度（如果 g 可微，则为梯度），即

$$\eta(\boldsymbol{\lambda}) = y_1^*(\boldsymbol{\lambda}) - y_2^*(\boldsymbol{\lambda}).$$

12.6.1.1 原始分解

再一次考虑问题 (12.97) 以及引入松弛变量 $t_i,\ i = 1, \cdots, v$. 于是，该问题可以等价地写成如下形式：

$$\begin{aligned} p^* = &\min_{\boldsymbol{x}_1, \boldsymbol{t}_1, \cdots, \boldsymbol{x}_v, \boldsymbol{t}_v} \sum_{i=1}^{v} f_{0,i}(\boldsymbol{x}_i) \\ &\text{s.t.:}\ \boldsymbol{x}_i \in \mathcal{X}_i, \qquad i = 1, \cdots, v, \\ &\qquad \sum_{i=1}^{v} \boldsymbol{t}_i \leqslant \boldsymbol{c}, \\ &\qquad h_i(\boldsymbol{x}_i) \leqslant \boldsymbol{t}_i, \quad i = 1, \cdots, v. \end{aligned}$$

如果我们赋予 $\boldsymbol{t} = (\boldsymbol{t}_1, \cdots, \boldsymbol{t}_v)$ 一些可行的值使 $\sum_{i=1}^{v} \boldsymbol{t}_i \leqslant \boldsymbol{c}$，那么该问题成为可分的，其中最优值 $p^*(\boldsymbol{t}) = p_1^*(\boldsymbol{t}_1) + \cdots + p_v^*(\boldsymbol{t}_v)$，这里 $p_i^*(\boldsymbol{t}_i)$ 可通过求解如下耦合的子问题来得到：对于 $i = 1, \cdots, v$,

$$p_i^*(\boldsymbol{t}_i) = \min_{\boldsymbol{x}_i} f_{0,i}(\boldsymbol{x}_i) \tag{12.103}$$

$$\begin{aligned} \text{s.t.:}\ & \boldsymbol{x}_i \in \mathcal{X}_i, \\ & h_i(\boldsymbol{x}_i) \leqslant \boldsymbol{t}_i. \end{aligned}$$

变量 t_i 的固定值可以解释为资源的直接分配. 主进程则更新 $\boldsymbol{t}_i, i=1,\cdots,v$ 使 $p^*(\boldsymbol{t})$ 最小化，即求解

$$\begin{aligned} \min_{\boldsymbol{t}_1,\cdots,\boldsymbol{t}_v}\ & \sum_{i=1}^{v} p_i^*(\boldsymbol{t}_i) \\ \text{s.t.:}\ & \sum_{i=1}^{v} \boldsymbol{t}_i \leqslant \boldsymbol{c}. \end{aligned}$$

如果 $f_{0,i},\ i=1,\cdots,v$ 是凸函数，那么 8.5.8 节的讨论则证明 p_i^* 也是凸函数. 此外，p_i^* 在 $\boldsymbol{t}_i$ 处的次梯度为 $-\boldsymbol{\lambda}_{t_i}$，其中 $\boldsymbol{\lambda}_{t_i}$ 是相关于问题 (12.103) 的最优对偶变量（拉格朗日乘子）. 次梯度信息则可由主进程用于根据如下的投影次梯度步骤来更新资源分配 $\boldsymbol{t}_i$:

$$\boldsymbol{t} \leftarrow \left[\begin{bmatrix} \boldsymbol{t}_1 \\ \vdots \\ \boldsymbol{t}_v \end{bmatrix} + s \cdot \begin{bmatrix} \boldsymbol{\lambda}_{t_1} \\ \vdots \\ \boldsymbol{\lambda}_{t_v} \end{bmatrix} \right]_{\mathcal{T}}, \tag{12.104}$$

其中 s 是一个步长和 $[\cdot]_{\mathcal{T}}$ 对应于 $\boldsymbol{t}$ 在可行集 $\mathcal{T}$ 上的投影，在此情况下有 $\mathcal{T}=\{\boldsymbol{t}:\ \sum_i \boldsymbol{t}_i \leqslant \boldsymbol{c}\}$. 该原始分解方案如图 12.14 所示：

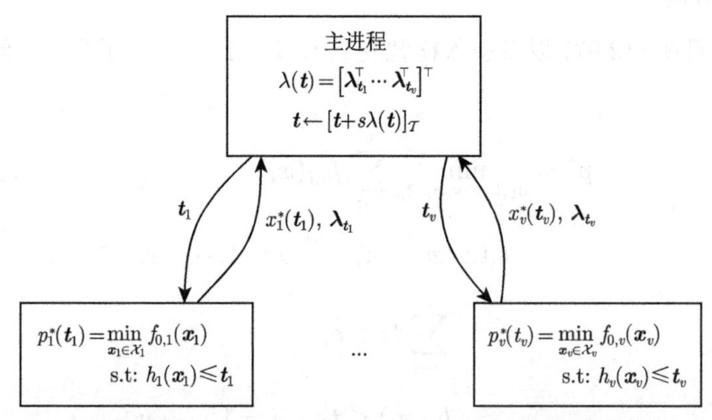

图 12.14　在原始分解方法的每次迭代中，处理器 $i=1,\cdots,v$ 用分配的资源预算 $\boldsymbol{t}_i$ 求解决问题 (12.103)，并将最小值点 $x_i^*(\boldsymbol{t}_i)$ 以及相应的对偶变量 $\boldsymbol{\lambda}_{t_i}$ 返回到主进程. 主进程的目标是最大化 $p^*(\boldsymbol{t})$，因此它在 $\boldsymbol{t}$ 处构建了 p^* 的次梯度，并根据式 (12.104) 来更新 $\boldsymbol{t}$

带耦合变量的原始分解.　原始分解也可以应用于耦合是由目标函数中的变量而不是约束引起的问题. 再一次考虑形如式 (12.102) 的问题，其中决策变量为 $\boldsymbol{x}=(\boldsymbol{x}_1,\boldsymbol{x}_2,\boldsymbol{y})$ 而 $\boldsymbol{y}$ 是

将问题耦合的“复杂”变量. 然而，对给定的 $\boldsymbol{y}$，该问题可以通过如下两个子问题解耦：

$$p_1^*(\boldsymbol{y}) = \min_{\boldsymbol{x}_1 \in \mathcal{X}_1} f_{0,1}(\boldsymbol{x}_1, \boldsymbol{y}), \tag{12.105}$$

$$p_2^*(\boldsymbol{y}) = \min_{\boldsymbol{x}_2 \in \mathcal{X}_2} f_{0,2}(\boldsymbol{x}_2, \boldsymbol{y}), \tag{12.106}$$

问题 (12.102) 的最优值为：

$$p^* = \min_{\boldsymbol{y} \in \mathcal{Y}} \ p_1^*(\boldsymbol{y}) + p_2^*(\boldsymbol{y}). \tag{12.107}$$

如果 $f_{0,i}(\boldsymbol{x}_i, \boldsymbol{y})$ 关于 $(\boldsymbol{x}_i, \boldsymbol{y})$ 是联合凸的，那么根据最小化问题 (12.105) 和 (12.106)，$p_i^*(\boldsymbol{y})$ 也是凸的. 在这种情况下，原始分解方法的工作原理为：主进程（其目标是求解问题 (12.107)）发送一个值 $\boldsymbol{y} \in \mathcal{Y}$ 到子问题 (12.105) 和 (12.106)，它们分别返回主进程的最小值点 $x_1^*(\boldsymbol{y})$ 和 $x_2^*(\boldsymbol{y})$ 以及 p_1^*, p_2^* 在 $\boldsymbol{y}$ 处的次梯度 $\eta_1(\boldsymbol{y}), \eta_2(\boldsymbol{y})$. 主进程根据投影的次梯度法 $\boldsymbol{y} \leftarrow [\boldsymbol{y} - s(\eta_1(\boldsymbol{y}) + \eta_2(\boldsymbol{y}))]_{\mathcal{Y}}$ 更新 $\boldsymbol{y}$ 值，并迭代该过程.

12.6.1.2　分层分解

在前面的几节中，我们只概述了可以利用分解结构的一些情况和可能性. 实际上，可以通过松弛变量、虚拟等式约束和部分对偶等技术的组合来处理各种不同的情况. 此外，分解可以在多个层次上分层执行，主问题和子问题本身又可分解为子-主问题和子-子问题等. 作为一个例子，考虑如下形式的问题：

$$\begin{aligned}
p^* = \min_{\boldsymbol{x}_i, \boldsymbol{y}} & \sum_{i=1}^{v} f_{0,i}(\boldsymbol{x}_i, \boldsymbol{y}) \\
\text{s.t.:} \ & \boldsymbol{x}_i \in \mathcal{X}_i, \qquad i = 1, \cdots, v \\
& \sum_{i=1}^{v} h_i(\boldsymbol{x}_i) \leqslant \boldsymbol{c}, \\
& \boldsymbol{y} \in \mathcal{Y},
\end{aligned}$$

在该问题中同时出现耦合变量 $\boldsymbol{y}$ 和耦合约束. 在这种情况下，可以首先对复杂变量 $\boldsymbol{y}$ 引入原始分解，然后再对耦合约束引入对偶分解. 这将导致一个三级分解，一级主问题，二级对偶主问题，然后是子问题. 或者，可以先引入对偶分解，然后再引入原始分解.

例 12.1（电力市场中的价格/需求平衡）　考虑一个电力市场的示意图模型，由一个独立的系统运营商 (ISO)、一个聚合器和一组 n 个耗电用户组成，如图 12.15 所示. 在给定的时间段内，聚合器从 ISO 竞购 c 功率单位（比如兆瓦）电能. 然后，聚合器承诺调整其服务区域内的聚合功耗，使其严格遵循系统操作员的设定点 c. 因此，聚合器应通过在单个用户之间分配能源配给来协调其服务区域内 n 个用户的电力消耗，以使总电力消耗为 c 且最小化用户的聚合“负效用”. 用 $x_i(i=1,\cdots,n)$ 表示分配给第 i 个耗电元件的功率，于是该问题可表示为：

$$\min_{x\in\mathbb{R}^n}\sum_{i=1}^{n}U_i(x_i)\quad \text{s.t.:}\quad \sum_{i=1}^{n}x_i=c, \tag{12.108}$$

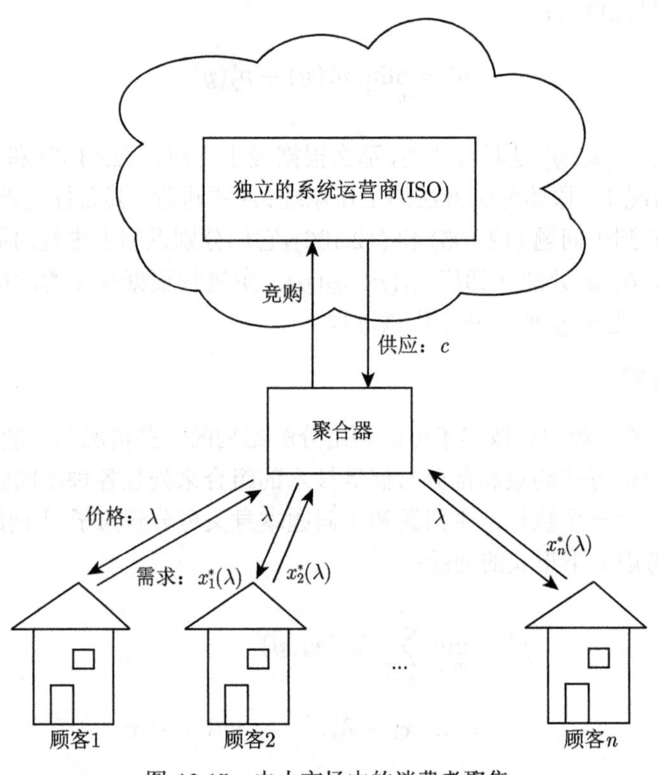

图 12.15　电力市场中的消费者聚集

其中如果 x_i 单位的电能提供在 i 个消费者，U_i 为度量第 i 个消费者产生的“负效用”函数. 例如，我们可以考虑如下形式的凸成本函数：

$$U_i(x_i)=\alpha_i|x_i-\bar{x}_i|_i^{\beta},$$

其中 $\alpha_i>0,\beta_i\geqslant 1$ 是模型参数，而 $\bar{x}_i$ 是 i 个消费者期望分配到的电能. 我们下面证明问题 (12.108) 的对偶分解方法提供了一种基于市场的机制. 由此，消费者通过迭代调整他们的需求从而达到问题 (12.108) 的最优值. 注意到问题 (12.108) 的拉格朗日函数为：

$$\mathcal{L}(x,\lambda)=\sum_{i=1}^{n}U_i(x_i)+\lambda\left(\sum_{i=1}^{n}x_i-c\right)$$

$$= \sum_{i=1}^{n} (U_i(x_i) + \lambda x_i) - \lambda c.$$

这里 λ 可以解释为聚合器向用户建议的功率单位的电力价格. 于是，可以通过如下的解耦方式来计算对偶函数：

$$g(\lambda) = \sum_{i=1}^{n} g_i(\lambda) - \lambda c,$$

$$g_i(\lambda) = \min_{x_i} U_i(x_i) + \lambda x_i,$$

其中问题 $\min_{x_i} U_i(x_i) + \lambda x_i$ 的最小值点 $x_i^*(\lambda)$ 表示针对第 i 个客户的价格响应，后者试图最优地平衡负效用与成本. 对偶函数 g 在 λ 处的次梯度为：

$$\eta(\lambda) = \sum_{i=1}^{n} x_i^*(\lambda) - c,$$

于是通过如下的次梯度迭代可以迭代地最大化 $g(\lambda)$:

$$\lambda_{k+1} = \lambda_k + s_k \left(\sum_{i=1}^{n} x_i^*(\lambda_k) - c \right).$$

这些迭代可以被解释为一个动态过程，在经济学中则称为关联：在讨价还价过程的阶段 k，聚合器发布一个价格 λ_k. 消费者会以他们愿意以这个价格消费的数量 $x_i^*(\lambda_k)$ 来响应. 在下一次迭代 $k+1$ 中，聚合器调整价格以便更好地逼近供需平衡约束：如果供小于求 ($\sum_{i=1}^{n} x_i^*(\lambda) > c$)，则价格上涨，而如果供大于求 ($\sum_{i=1}^{n} x_i^*(\lambda) < c$)，则价格下降. 在适当的假设条件下（如强对偶性成立且所有最小值点 $x_i^*(\lambda)$ 均存在且唯一）. 那么，该协商过程会收敛到最优结算价格 λ^* 和相应的最优需求 $x_i^*(\lambda^*), i = 1, \cdots, n$.

12.7 习题

习题 12.1（线性不等式的连续投影） 考虑一个线性不等式方程组 $\boldsymbol{A}\boldsymbol{x} \leqslant \boldsymbol{b}$, 其中 $\boldsymbol{A} \in \mathbb{R}^{m,n}$, $\boldsymbol{a}_i^\top (i = 1, \cdots, m)$ 表示矩阵 $\boldsymbol{A}$ 的行，不失一般性，假设其非零. 每一个不等式 $\boldsymbol{a}_i^\top \boldsymbol{x} \leqslant b_i$ 都可以通过将这不等式左右两项除以 $\|\boldsymbol{a}_i\|_2$ 来标准化. 因此，不失一般性，我们将进一步假设 $\|\boldsymbol{a}_i\|_2 = 1, i = 1, \cdots, m$.

现在考虑当多面体由如下不等式表述时的情况：$\mathcal{P} \doteq \{\boldsymbol{x} : \boldsymbol{A}\boldsymbol{x} \leqslant \boldsymbol{b}\}$ 非空，即至少存在一个点 $\bar{\boldsymbol{x}} \in \mathcal{P}$. 为了找到一个可行点（即 $\mathcal{P}$ 中的一个点），我们提出如下简单的算法：设 k 表示迭代次数，并用 $k = 0$ 处的任意初始点 $\boldsymbol{x}_k = \boldsymbol{x}_0$ 来初始化算法. 如果对所

有 $i=1,\cdots,m$, 有 $\boldsymbol{a}_i^\top \boldsymbol{x}_k \leqslant b_i$，那么我们已经找到期望的可行点，于是返回值 $\boldsymbol{x}_k$ 并终止算法. 如果存在 i_k 使 $\boldsymbol{a}_{i_k}^\top \boldsymbol{x}_k > b_{i_k}$，那么令 $s_k \doteq \boldsymbol{a}_{i_k}^\top \boldsymbol{x}_k - b_k$，并按如下方式更新[㊀]目前的点：

$$\boldsymbol{x}_{k+1} = \boldsymbol{x}_k - s_k \boldsymbol{a}_{i_k},$$

以及迭代整个过程.

1. 给出该算法的一个简单几何解释.
2. 证明该算法要么在有限的迭代次数内找到一个可行解，要么产生一系列解 $\{\boldsymbol{x}_k\}$ 其渐近收敛 $(k \to \infty)$ 到一个可行解（如果存在）.
3. 寻找线性不等式可行解的问题也可以与非光滑函数 $f_0(\boldsymbol{x}) = \max_{i=1,\cdots,m}(\boldsymbol{a}_i^\top \boldsymbol{x}_k - b_i)$ 的最小化有关. 为这个版本的问题开发一个次梯度型算法，讨论保证收敛所需的假设，并阐明与以前算法的关系和相似之处.

习题 12.2（条件梯度法） 考虑如下约束最小化问题：

$$p^* = \min_{\boldsymbol{x} \in \mathcal{X}} f_0(\boldsymbol{x}), \tag{12.109}$$

其中 f_0 是光滑凸函数和 $\mathcal{X} \subseteq \mathbb{R}^n$ 是紧凸集. 显然，如果 $\mathcal{X}$ 上的投影易于计算，则可以应用投影梯度或近端梯度算法来求解该问题. 如果不是这种情况，则可以提出以下替代的算法[㊁]. 用某个点 $\boldsymbol{x}_0 \in \mathcal{X}$ 初始化迭代过程，并令 $k=0$. 确定梯度 $\boldsymbol{g}_k \doteq \nabla f_0(\boldsymbol{x}_k)$ 并求解：

$$\boldsymbol{z}_k = \arg\min_{\boldsymbol{x} \in \mathcal{X}} \boldsymbol{g}_k^\top \boldsymbol{x}.$$

那么通过如下方式更新目前的点：

$$\boldsymbol{x}_{k+1} = (1-\gamma_k)\boldsymbol{x}_k + \gamma_k \boldsymbol{z}_k,$$

其中 $\gamma_k \in [0,1]$, 以及特别地，我们选择

$$\gamma_k = \frac{2}{k+2}, \quad k=0,1,\cdots$$

假设 f_0 具有李普希兹连续梯度且李普希兹系数[㊂]为 L 以及对任意 $\boldsymbol{x}, \boldsymbol{y} \in \mathcal{X}$ 有 $\|\boldsymbol{x}-\boldsymbol{y}\|_2 \leqslant R$. 在该习题中，你需要证明：

$$\delta_k \doteq f_0(\boldsymbol{x}_k) - p^* \leqslant \frac{2LR^2}{k+2}, \quad k=1,2,\cdots \tag{12.110}$$

㊀ 这个算法就是所谓的 Agmon-Motzkin-Shoenberg 线性不等式松弛方法的一个版本，该算法可以追溯到 1953 年.

㊁ 该算法是 Franke-Wolfe 算法的一个版本，它是在 1956 年为求解二次目标函数 f_0 的优化问题而提出的，其或被称为 Levitin-Polyak 条件梯度算法 (1966).

㊂ 见 12.1.1 节中的定义.

1. 应用不等式：

$$f_0(\boldsymbol{x})-f_0(\boldsymbol{x}_k)\leqslant\nabla f_0(\boldsymbol{x}_k)^\top(\boldsymbol{x}-\boldsymbol{x}_k)+\frac{L}{2}\|\boldsymbol{x}-\boldsymbol{x}_k\|_2^2,$$

其上的不等式对任意凸的且具有李普希兹连续梯度[㊀]的函数 f_0 成立，证明：

$$f_0(\boldsymbol{x}_{k+1})\leqslant f_0(\boldsymbol{x}_k)+\gamma_k\nabla f_0(\boldsymbol{x}_k)^\top(\boldsymbol{z}_k-\boldsymbol{x}_k)+\gamma_k^2\frac{LR^2}{2}.$$

提示: 在上面已知的不等式中取 $\boldsymbol{x}=\boldsymbol{x}_{k+1}$.

2. 证明如下关于 δ_k 的递归关系成立：

$$\delta_{k+1}\leqslant(1-\gamma_k)\delta_k+\gamma_k^2C,\quad k=0,1,\cdots,$$

其中 $C\doteq\dfrac{LR^2}{2}$. 提示: 应用 $\boldsymbol{z}_k$ 的最优性条件以及凸不等式 $f_0(\boldsymbol{x}^*)\geqslant f_0(\boldsymbol{x}_k)+\nabla f_0(\boldsymbol{x}_k)^\top(\boldsymbol{x}^*-\boldsymbol{x}_k)$.

3. 通过关于 k 迭代证明期望的结果 (12.110).

习题 12.3（对分法） 对分法适用于如下形式的一维凸问题[㊁]：

$$\min_x f(x):\quad x_l\leqslant x\leqslant x_u,$$

其中 $x_l<x_u$ 都是有限常数且 $f:\mathbb{R}\to\mathbb{R}$ 是凸的. 该算法以 x 的上下界 $\bar{x}=x_u$ 和 $\underline{x}=x_l$ 作为初始化，且设初始 x 为中间点

$$x=\frac{\underline{x}+\bar{x}}{2}.$$

然后该算法按如下方式更新边界：计算 f 在 x 处的次梯度 g；如果 $g<0$，则令 $\underline{x}=x$；否则[㊂] 令 $\bar{x}=x$. 于是重新计算中点 x, 并迭代该过程直到收敛.

1. 证明对分法在精度 ε 内定位一个解 x^* 最多需要 $\log_2(x_u-x_l)/\varepsilon-1$ 步.
2. 提出一个对分法的变形用来求解无约束问题 $\min_x f(x)$，其中 f 是凸的.
3. 编写一个代码来求解该问题，其中目标函数 $f:\mathbb{R}\to\mathbb{R}$ 满足如下特殊形式：

$$f(x)=\sum_{i=1}^n\max_{1\leqslant j\leqslant m}\left(\frac{1}{2}A_{ij}x^2+B_{ij}x+C_{ij}\right),$$

其中 $\boldsymbol{A},\boldsymbol{B},\boldsymbol{C}$ 是给定的 $n\times m$ 矩阵且矩阵 $\boldsymbol{A}$ 的每一个元素都是非负的.

㊀ 参见引理 12.1.

㊁ 见 11.4.1.3 节中的一个应用.

㊂ 实际上，如果 $g=0$, 那么算法也许会终止并返回 x 作为最优解.

习题 12.4（KKT 条件）　考虑如下形式的优化问题[⊖]：

$$\min_{\boldsymbol{x}\in\mathbb{R}^n} \sum_{i=1}^{n} \left(\frac{1}{2}d_i x_i^2 + r_i x_i\right)$$
$$\text{s.t.:}\ \boldsymbol{a}^\top \boldsymbol{x} = 1,\ \ x_i \in [-1,1],\ \ i = 1,\cdots,n,$$

其中 $\boldsymbol{a} \neq 0$ 和 $\boldsymbol{d} > 0$.

1. 验证是否该问题的强对偶性成立？并写出 KKT 最优性条件.
2. 使用 KKT 条件和/或拉格朗日函数来找出最快的算法来求解该优化问题.
3. 分析你提出算法的运行时间复杂性. 你的方法的实证结果与你的分析相符吗？

习题 12.5（稀疏高斯图模型）　我们考虑如下关于一个对称矩阵 $\boldsymbol{X}$ 作为变量的优化问题：

$$\max_{\boldsymbol{X}} \log\det \boldsymbol{X} - \operatorname{trace}(\boldsymbol{S}\boldsymbol{X}) - \lambda\|\boldsymbol{X}\|_1 :\ \ \boldsymbol{X} \succ 0,$$

其中 $\boldsymbol{S} \succ 0$ 是一个（给定）的经验方差矩阵，$\|\boldsymbol{X}\|_1$ 表示正定矩阵 $\boldsymbol{X}$ 元素绝对值的和以及 $\lambda > 0$ 用来增加在解 $\boldsymbol{X}$ 中的稀疏性. 该问题来源于用多元高斯图模型拟合数据[⊜]时. ℓ_1 范数惩罚则用来使模型中的随机变量成为条件独立的.

1. 证明该问题的对偶具有如下形式：

$$\min_{\boldsymbol{U}}\ -\log\det\left(\boldsymbol{S}+\boldsymbol{U}\right) :\ \ |U_{ij}| \leqslant \lambda.$$

2. 采用块坐标下降法求解对偶问题. 证明：如果我们一次对 $\boldsymbol{U}$ 的一列和一行进行优化，就得到如下形式的子问题

$$\min_{\boldsymbol{x}}\ \boldsymbol{x}^\top \boldsymbol{Q}\boldsymbol{x} :\ \ \|\boldsymbol{x}-\boldsymbol{x}_\infty\|_\infty \leqslant 1,$$

   其中 $\boldsymbol{Q} \succeq 0$ 和 $\boldsymbol{x}_0 \in \mathbb{R}^{n-1}$ 是给定的. 提供作为初始数据函数 $\boldsymbol{Q}, \boldsymbol{x}_0$ 的表达式，以及要更新的行/列的索引.

3. 演示如何使用以下方法来求解上述约束的 QP 问题并精确地说明算法步骤：
   - 坐标下降法.
   - 对偶坐标下降法.
   - 投影次梯度法.
   - 对偶投影次梯度法.
   - 内点法（任何你喜欢的方式）.

   比较这些方法的性能（例如：理论复杂度、运行时间/关于合成数据的收敛时间）.

⊖ 该问题由 Suvrit Sra (2013) 提出.

⊜ 见 13.5.5 节.

4. 为你选择的数据文件求解该问题（使用块坐标下降法，每行/每列更新五次，每一步都需要上述的 QP 算法）. 用不同的 λ 值进行实验，并报告得到的图模型.

习题 12.6（具有导数界的多项式拟合） 13.2 节研究了通过 m 个数据点 $(u_i, y_i) \in \mathbb{R}^2$, $i = 1, \cdots, m$ 拟合 d 次多项式的问题. 不失一般性，假设输入数据满足 $|u_i| \leqslant 1$, $i = 1, \cdots, m$. 我们通过系数来参数化一个 d 次多项式：

$$p_w(u) = w_0 + w_1 u + \cdots + w_d u^d,$$

其中 $\boldsymbol{w} \in \mathbb{R}^{n+1}$. 该问题可以重写为：

$$\min_{\boldsymbol{w}} \ \|\boldsymbol{\Phi}^\top \boldsymbol{w} - \boldsymbol{y}\|_2^2,$$

其中矩阵 $\boldsymbol{\Phi}$ 的列为 $\phi_i = (1, u_i, \cdots, u_i^d)$, $i = 1, \cdots, m$. 如 13.2.3 节所表述的，在实际中，最好确保多项式在所感兴趣的区间内变化得不要太快. 于是，我们改进上面的问题如下：

$$\min_{\boldsymbol{w}} \|\boldsymbol{\Phi}^\top \boldsymbol{w} - \boldsymbol{y}\|_2^2 + \lambda b(\boldsymbol{w}), \tag{12.111}$$

其中 $\lambda > 0$ 是一个正则化参数和 $b(\boldsymbol{w})$ 是关于多项式在区间 $[-1, 1]$ 上导数大小的一个界：

$$b(\boldsymbol{w}) = \max_{\boldsymbol{u}:|\boldsymbol{u}|\leqslant 1} \left| \frac{\mathrm{d}}{\mathrm{d}\boldsymbol{u}} p_{\boldsymbol{w}}(\boldsymbol{u}) \right|.$$

1. 惩罚函数 b 是凸的吗？它是一个范数吗？
2. 解释如何计算 b 在点 $\boldsymbol{w}$ 处的次梯度.
3. 用你的结果编程一个次梯度算法来求解问题 (12.111).

习题 12.7（求解 LASSO 的方法） 考虑如下在 9.6.2 节中所讨论的 LASSO 问题：

$$\min_{\boldsymbol{x}} \frac{1}{2} \|\boldsymbol{A}\boldsymbol{x} - \boldsymbol{y}\|_2^2 + \lambda \|\boldsymbol{x}\|_1,$$

比较如下的算法. 尝试用一种使用最小计算需求的方式编写代码；你可能会发现习题 9.4 中的结果很有用.

1. 坐标下降法.
2. 如 12.4.1 节给出的次梯度法.
3. 如 12.3.4 节给出的快速一阶算法.

习题 12.8（和为 1 的非负项） 设 x_i, $i = 1, \cdots, n$ 是给定的实数，不失一般性，假设它们满足次序 $x_1 \leqslant x_2 \leqslant \cdots \leqslant x_n$ 以及考虑在 12.3.3.3 节遇到的关于变量 v 的单变量方程：

$$f(v) = 1, \qquad \text{其中 } f(v) \doteq \sum_{i=1}^{n} \max(x_i - v, 0).$$

1. 证明 f 是连续的且关于 $v \leqslant x_n$ 是严格减的.
2. 证明该方程存在一个解 v^* 且其为唯一的，并且该解属于区间 $[x_1 - 1/n, x_n]$.
3. 这个单变量方程可以很容易地用二分法求解 v. 表述一个更简单的“闭形式”的方法来寻找最优的 v.

习题 12.9（消除线性等式约束）　考虑带有线性等式约束的优化问题：

$$\min_{\boldsymbol{x}} f_0(\boldsymbol{x}): \quad \boldsymbol{A}\boldsymbol{x} = \boldsymbol{b},$$

其中 $\boldsymbol{A} \in \mathbb{R}^{m,n}$, $\boldsymbol{A}$ 是满秩的：rank $\boldsymbol{A} = m \leqslant n$, 且我们假设目标函数 f_0 是可分解的，也就是：

$$f_0(\boldsymbol{x}) = \sum_{i=1}^{n} h_i(x_i),$$

这里每一个 h_i 都是凸二次可微函数. 该问题可以通过不同的方法来求解，详见 12.2.6 节.

1. 用 12.2.6.1 节中的约束消除方法，并考虑式 (12.33) 中定义的函数 $\tilde{f}_0$. 用 f_0 的海森矩阵表示 $\tilde{f}_0$ 的海森矩阵.
2. 假设 $m \ll n$, 比较 12.2.6.3 节的可行更新牛顿法和通过约束消除技术使用牛顿法求解该问题所需的计算工作量[⊖].

⊖　参见相关的习题 7.4.

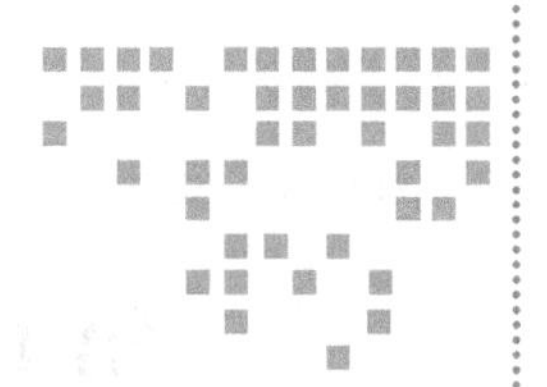

第三部分 Part 3

应 用

第 13 章　从数据中学习

如果事实与理论不符，那就改变事实. ——爱因斯坦 (Albert Einstein)

本章从优化的视角，为关于机器学习的一些典型问题提供导览. 我们首先探讨所谓的监督学习问题，其中的基本问题是将一些模型与给定的响应数据相匹配. 然后，我们转向无监督学习问题，其中的问题是为数据建立模型，而不考虑特定的响应.

本章，我们用 $\boldsymbol{X}=[\boldsymbol{x}_1,\cdots,\boldsymbol{x}_m]\in\mathbb{R}^{n,m}$ 来表示数据点的一般矩阵，其中 $\boldsymbol{x}_i\in\mathbb{R}^n(i=1,\cdots,m)$ 为第 i 个数据点，其也被称为一个示例. 我们将一般的数据点 $\boldsymbol{x}$ 的特定维数称为特征. 共同的特征也许包括：一个词典中已知单词的频率（或其他的数值计分）[㊀]；布尔变量决定了特定特征的存在或缺失，例如，数据点所代表的电影中是否有特定的演员；或者如血压、温度和价格等数值.

13.1　监督学习概述

在监督学习中，我们试图建立一个未知函数 $\boldsymbol{x}\to y(\boldsymbol{x})$ 的模型，其中 $\boldsymbol{x}\in\mathbb{R}^n$ 是输入向量而 $y(\boldsymbol{x})\in\mathbb{R}$ 是相应的输出向量. 假设我们得到了一组观测值或示例，也就是许多输入输出对 $(x_i,y_i)(i=1,\cdots,m)$. 于是，我们将要应用这些示例来学习这个函数的模型：$\boldsymbol{x}\to\hat{y}_{\boldsymbol{w}}(\boldsymbol{x})$，其中 $\boldsymbol{w}$ 为一个模型参数的向量. 一旦得到了模型，就可以进行预测：如果 $\boldsymbol{x}$ 是一个新的输入点，但还没有观测到它对应的输出，那么 $\hat{y}=\hat{y}_{\boldsymbol{w}}(\boldsymbol{x})$ 就是相应的预测. 如果要预测的响应是任意实数，可以假定输出对某些模型参数的线性依赖关系. 于是，我们的模型就取为如下形式 $\hat{y}_{\boldsymbol{w}}\doteq\boldsymbol{w}^\top\boldsymbol{x}$，其中 $\boldsymbol{w}\in\mathbb{R}^n$ 为该模型的系数. 更一般地，可以假设 $\hat{y}_{\boldsymbol{w}}(\boldsymbol{x})=\boldsymbol{w}^\top\phi(\boldsymbol{x})$，其中 $\boldsymbol{x}\to\phi(\boldsymbol{x})$ 是一个给定的非线性映射. 如果 $\phi(\boldsymbol{x})=(1,\boldsymbol{x})$, 那么其就成为一个仿射模型.

例 13.1（预测库存管理需求）　大型商店需要预测特定地理区域内顾客对特定商品的需求. 假设需求的对数是一个任意实数以及其与一定数量的输入（特征）呈线性关系：一年中的时间、商品类型和前一天售出的商品数量等. 问题是：基于近期投入需求对的观测值来预测明天的需求.

有时需要预测的响应是二元的，例如对任意输入 $\boldsymbol{x}$, 输出 $y(\boldsymbol{x})\in\{-1,1\}$. 那么，我们可以假设一个符号线性依赖性，即形式 $\hat{y}_{\boldsymbol{w}}(\boldsymbol{x})=\operatorname{sgn}(\boldsymbol{w}^\top\boldsymbol{x}+b)$, 其中 $\boldsymbol{w}\in\mathbb{R}^n$, $b\in\mathbb{R}$ 为模

㊀ 参见例 2.1 中文字的词袋表示法.

型的系数. 同样，我们可以使用一个更复杂的模型，它涉及一个给定的非线性映射. 这里并不讨论分类中产生的其他类型的响应，包括分类响应或诸如树这样的更复杂对象.

例 13.2（医疗结果分类） 二元分类问题往往出现在医疗决策的背景下，通常是基于临床测量值预测医疗诊断结果. “威斯康星州诊断乳腺癌” (WDBC) 数据集是一个公开可用的数据库，其包含与 $m = 569$ 名患者相关的数据. 对于每个患者，我们有一个输入向量 $\boldsymbol{x}_i \in \mathbb{R}^{30}$，它由 30 个数字字段组成，其由从乳腺肿块的细针抽吸 (FNA) 的数字化图像中获得. 这些字段描述了图像中细胞核的特征，例如：半径、纹理、周长、面积、光滑度、紧密度、凹性、对称性和分形维数. 如果诊断为恶性，则与每个输入点关联的标记为 $+1$，如果为良性则标记为 -1. 该问题的目标是训练一个分类器，然后将其用于新患者的诊断（恶性/良性诊断）. 如果用 $\boldsymbol{x} \in \mathbb{R}^{30}$ 表示对新患者的各种测量值，则可以通过此分类器来预测出关于新数据 $\boldsymbol{x}$ 的诊断结果.

例 13.3（信用卡申请的二元分类） 信用卡公司收到数千个新卡的申请. 每份申请都包含申请人的信息：年龄、婚姻状况、年薪和未清偿债务等. 问题是：决定是否批准申请，或者将申请分为批准和不批准两类.

例 13.4（其他分类的例子） 二元分类问题出现在许多情况下. 例如，在电影推荐系统[㊀]中，我们有关于给定用户电影偏好的信息，分类的目的是确定一个给定的新电影是否会被用户喜欢. 在垃圾邮件过滤中，收件人会有一组已知是垃圾邮件的电子邮件，以及另一组已知合法的电子邮件. 在时间序列预测中，我们可以根据历史的观测值来确定未来的价格（如股票价格）相比于当前价格是上升还是下跌.

学习（或训练）问题是找到最优的模型系数向量 $\boldsymbol{w}$ 使 $\hat{y}_{\boldsymbol{w}}(x_i) \simeq y_i (i = 1, \cdots, m)$. 因此，我们试图关于模型系数 $\boldsymbol{w}$ 最小化观测响应 $\boldsymbol{y}$ 和预测向量 $\hat{\boldsymbol{y}}$ 之间不匹配的某种度量. 在实际中，人们试图对未知的“测试”点 $\boldsymbol{x}$ 作出好的预测. 关于样本外表现性能的关键问题将在后续进行进一步讨论.

监督学习中的另一个关键问题是在预测输出 $\hat{y}$ 的基础上附加一些可靠性保证：换句话说，量化新数据的错误分类概率[㊁]，这是统计学习理论的重要方面[㊂]，但这已超出本书的讨论范围，因此不再进一步讨论.

下面首先提供一个详细但很基本的例子来说明诸如正则化和样本外表现性能这样基本概念是如何产生的.

13.2 基于多项式模型的最小二乘预测

考虑一个如图 13.1 所示的输入输出对 $(x_i, y_i)(x_i \in \mathbb{R},\ i = 1, \cdots, m)$ 的数据集，我们的目标是预测对应于输入 x 的某个未知值的 y 的值.

㊀ 参见 11.4.1.4 节.

㊁ 在关于医疗诊断的例 13.2 中，这对应于诊断误差.

㊂ 参见 T. Hastie, R. Tibshirani, and J. Friedman, *The Elements of Statistical Learning*, Springer, 2008.

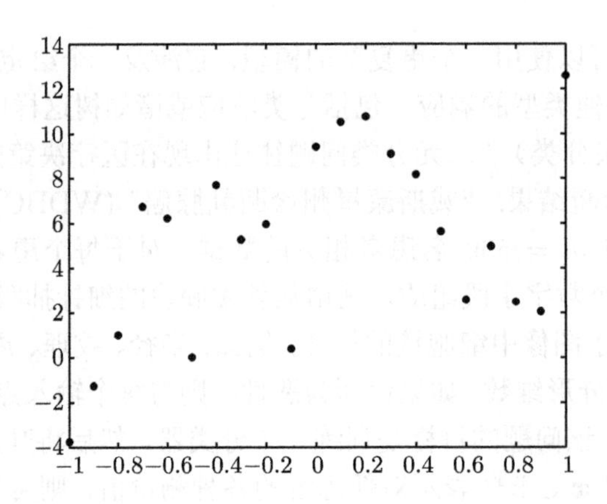

图 13.1 由输入输出对 $(x_i, y_i)(i=1,\cdots,20)$ 组成的数据集

13.2.1 模型

线性模型. 我们从基于数据的基本线性模型开始，假设对于输入 x 的一般值为：

$$y(x) = w_1 + xw_2 + e(x) = \boldsymbol{w}^\top \phi(x) + e(x),$$

其中 w_1, w_2 为某些权重，$\phi(x) \doteq (1, x)$, $e(x)$ 是一个误差项. 我们采用最小二乘方法找到权重向量 $\boldsymbol{w}$，这导致了如下所谓的训练误差的最小化问题：

$$\min_{\boldsymbol{w}} \frac{1}{m} \sum_{i=1}^{m} (y_i - \boldsymbol{\phi}_i^\top \boldsymbol{w})^2,$$

其中我们已经定义了 $\boldsymbol{\phi}_i \doteq \phi(x_i) = (1, x_i)(i=1,\cdots,m)$. 上述问题可表述为如下的最小二乘问题：

$$\min_{\boldsymbol{w}} \left\| \Phi^\top \boldsymbol{w} - \boldsymbol{y} \right\|_2^2, \tag{13.1}$$

其中向量 $\boldsymbol{y} \doteq (y_1, \cdots, y_m)$ 为响应，$\Phi \in \mathbb{R}^{2,m}$ 是以 $\boldsymbol{\phi}_i(i=1,\cdots,m)$ 为列向量的数据矩阵. 这里，数据矩阵的第一个特征是 Φ 的第一行为 1，第二个特征是 Φ 的第二行为简单的输入变量 $\boldsymbol{x}$. 该问题的目标涉及如下所谓的平方损失函数：

$$\mathcal{L}(\boldsymbol{z}, \boldsymbol{y}) = \|\boldsymbol{z} - \boldsymbol{y}\|_2^2.$$

称使用可用数据拟合特定模型的过程为训练阶段，问题 (13.1) 为训练（或学习）问题.

一旦求解了问题 (13.1)，我们就可以使用向量 $\boldsymbol{w}$ 来找到对应于任意输入 x 的输出 $\hat{y}(x)$ 的预测值，于是设

$$\hat{y}(x) = \phi(x)^\top \boldsymbol{w} = w_1 + w_2 x.$$

这样选择的理由是：由于 $\boldsymbol{w}$ 使可用数据的误差 $e = \Phi^\top \boldsymbol{w} - y$ 变小，我们希望对于新的输入 x，上面的预测规则是准确的. 在实际中，除非对数据的生成方式作出其他一些假设，否则无法保证所得到预测的准确性.

多项式模型. 显然，如果数据关于输入 x 接近为线性的，那么上述的预测算法会表现得很好. 否则，可以尝试一个诸如如下二次模型的更复杂模型：

$$y(x) = w_1 + xw_2 + x^2 w_3 + e(x) = \boldsymbol{w}^\top \phi(x) + e(x),$$

其中现在 $\boldsymbol{w} \in \mathbb{R}^3$，$\phi(x) = (1, x, x^2)$. 同样，对 $\boldsymbol{w}$ 的拟合问题可以通过最小二乘法来求解：

$$\min_{\boldsymbol{w}} \left\| \Phi^\top \boldsymbol{w} - \boldsymbol{y} \right\|_2^2,$$

其中与先前一样 $\boldsymbol{y} = (y_1, \cdots, y_m)$，但现在数据矩阵 $\Phi \in \mathbb{R}^{3,m}$ 的列为 $\phi_i = (1, x_i, x_i^2)(i = 1, \cdots, m)$. 更一般地，我们可以用如下 k 阶多项式模型（如图 13.2 所示）：

$$y(x) = w_1 + xw_2 + x^2 w_3 + \cdots + x^k w_{k+1} + e(x).$$

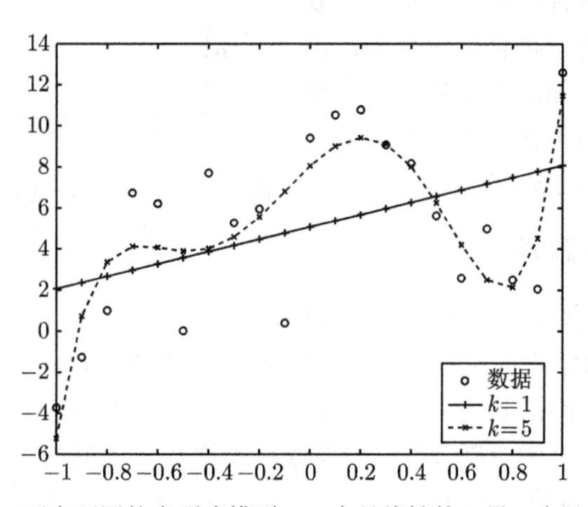

图 13.2 两个不同的多项式模型：一个是线性的，另一个是 7 次的

13.2.2 性能评估

我们的预测有多好？如何比较不同的多项式模型？为了评估预测方法的性能，本节应用一种留一法，而不是使用整个数据集 $(x_i, y_i)(i = 1, \cdots, m)$ 来拟合. 代替使用完全数据集 $(x_i, y_i)(i = 1, \cdots, m)$ 来拟合模型，我们使用除一个数据点之外的所有数据点，比如省略第 j 个数据点 (x_j, y_j). 这个数据点将被作为用来评估性能的“测试”（或样本外）点. 这样，我们将初始数据集分为两个部分：一部分是训练集，其包含除了第 j 个之外的所有数据点；另一部分是测试集，其只包含第 j 个数据点. 可以将留一法简单地扩展到省略的更多点的情况. 然而，还有其他方法将数据随机划分为训练集和测试集，后者通常包含 30% 的数据. 这些不同的技术都属于交叉验证的范畴.

删除 $\boldsymbol{X}$ 的最后一列和向量 $\boldsymbol{y}$ 的最后一个元素后，我们继续求解最小二乘问题 (13.1). 然后，将相应的预测值与关于测试数据的实际值进行比较从而形成预测误差 $(\hat{y}(x_j)-y_j)^2$. 这种样本外误差可能与“样本内”误差非常不同，后者将由问题 (13.1) 的最优值来度量.

我们可以对删除的样本所对应的索引 j 的所有值重复上述过程，并计算平均测试误差：

$$\frac{1}{m}\sum_{j=1}^{m}\left(\hat{y}(x_j)-y_j\right)^2.$$

对于每个 j，预测算法无法观察到第 j 个数据点. 因此，没有理由期望测试误差为零或者很小. 如果将平均测试和训练误差关于多项式模型的阶数作图，如图 13.3 所示，我们注意到：随着次数 k 的增加，训练误差则会减小，而测试集误差通常先减小或保持不变，然后再增加，我们称这种现象为过拟合. 复杂度较高的模型更适合于拟合训练数据，但对于过于复杂的模型（如高次多项式）在观察不到的数据上则表现不佳. 因此希望有一个测试集误差最小的“最优点”.

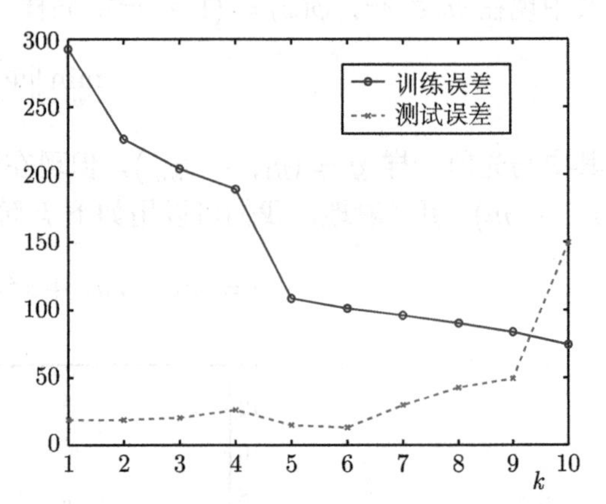

图 13.3　关于多项式模型阶数的训练和测试集误差

13.2.3　正则化与稀疏性

正则化. 假设我们已经为多项式模型确定了一个特定的 k 阶. 给定次数 k 的多项式并非都是相等的；有些变化非常大，导数值也非常大. 如果新的输入点不精确，多项式值的剧烈变化可能导致严重的分类测试错误.

事实上，多项式模型的“复杂性”不仅取决于次数，还取决于其系数的大小. 更正式地[㊀]，可以证明，对于多项式 $p_{\boldsymbol{w}}(x)\doteq w_1+w_2x+\cdots+w_{k+1}x^k$，我们有：

$$\forall\, x\in[-1,1]:\ \left|\frac{\mathrm{d}}{\mathrm{d}x}p_{\boldsymbol{w}}(x)\right|\leqslant k^{3/2}\|\boldsymbol{w}\|_2. \tag{13.2}$$

这意味着：如果数据的界是先验已知的（例如 $|x|\leqslant 1$），那么我们可以通过使系数向量 $\boldsymbol{w}$ 的欧氏范数变小来控制给定阶多项式模型导数的大小.

通过在损失函数中增加一个包含 $\|\boldsymbol{w}\|_2$ 的惩罚项可以对优化问题 (13.1) 进行改进. 例如：我们可以用如下优化问题来取代问题 (13.1):

$$\min_{\boldsymbol{w}}\left\|\Phi^{\top}\boldsymbol{w}-\boldsymbol{y}\right\|_2^2+\lambda\|\boldsymbol{w}\|_2^2,$$

㊀ 参见习题 2.8.

其中 $\lambda \geqslant 0$ 是一个正则化参数. 上面是一个正则化的 LS 问题，如 6.7.3 节所述，可以用线性代数方法来求解.

良好参数 λ 的选择遵循与模型阶数相同的模式. 实际上，这两个参数（正则化参数 λ 和模型阶数 k）必须通过搜索相应的二维空间来同时选择. 在许多情况下，额外的自由度的确允许人们改善测试集误差，如图 13.4 所示.

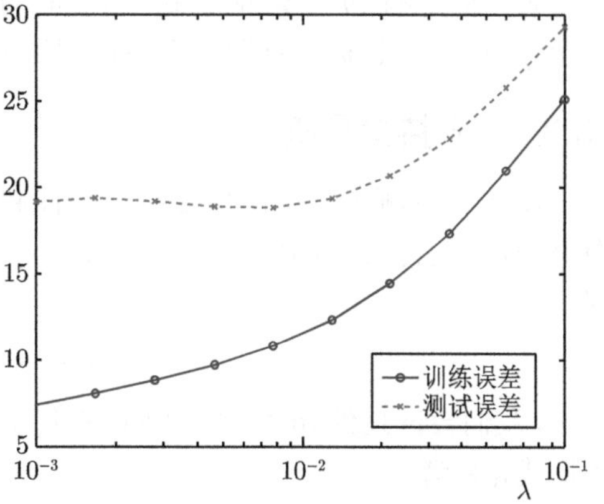

图 13.4　关于正则化参数 λ 的训练和测试集误差，其中固定的次数为 $k=10$

平方欧氏范数惩罚不是控制导数大小的唯一方法. 事实上，我们可以使用关于界 (13.2) 的许多变形，例如：

$$\forall\, x \in [-1,1]: \quad \left|\frac{\mathrm{d}}{\mathrm{d}x} p_{\boldsymbol{w}}(u)\right| \leqslant k\|\boldsymbol{w}\|_1,$$

这对应于如下惩罚问题：

$$\min_{\boldsymbol{w}} \left\|\Phi^\top \boldsymbol{w} - \boldsymbol{y}\right\|_2^2 + \lambda\|\boldsymbol{w}\|_1. \tag{13.3}$$

以上是一个已在 9.6.2 节中进行了广泛讨论的 LASSO 问题.

在训练问题中使用平方欧氏范数在历史上一直是首选的，这是因为它使问题易于直接用线性代数方法来求解. 相比之下，LASSO 问题就不能如此轻易地求解. 随着凸优化方法的出现，LASSO 和相关变形相比于正则化最小二乘在计算上是具有竞争力的. 使用非欧氏范数惩罚会导致可处理的问题，并提供有用的替代方案，如下文所述.

稀疏性. 在某些情况下，期望得到一个稀疏的模型，即其系数向量 $\boldsymbol{w}$ 具有多个零的模型. 如例 9.11 所讨论的，在惩罚项中使用 ℓ_1 范数将有利于获得稀疏的最优系数 $\boldsymbol{w}$. 例如：求解 $\lambda = 0.1$ 时的 LASSO 问题 (13.3) 可产生如下的稀疏多项式：

$$\begin{aligned} p_{\boldsymbol{w}}(x) =& 7.4950 + 10.7504x - 6.9644x^2 \\ & - 45.0750x^3 + 42.9250x^5 - 5.4516x^8 \\ & - 0.4539x^{15} + 9.2869x^{20}, \end{aligned}$$

如图 13.5 所示. 因此，应用 ℓ_1 范数惩罚可以使我们找到一个稀疏的多项式，其在数据范围 $[-1,1]$ 内并不会变化太大.

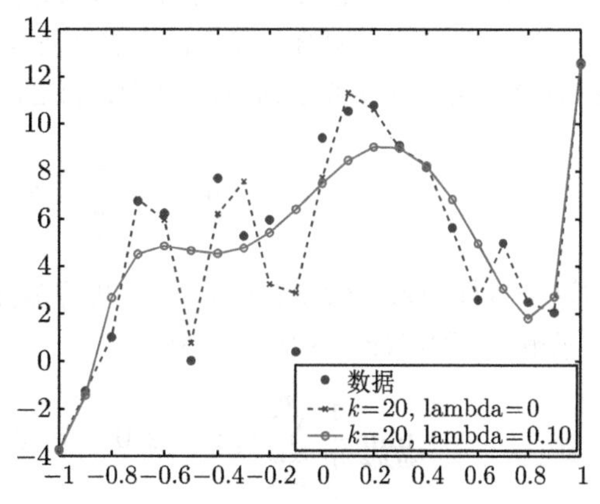

图 13.5　一个稀疏多项式模型，其中 LASSO 问题 (13.3) 中的 $k=20, \lambda=0.1$

13.3 二元分类

对于给定的 m 个数据点 $\boldsymbol{x}_i$ 和对应的标记 $y_i \in \{-1,1\}(i=1,\cdots,m)$, 我们考虑一个二元分类问题. 目标是预测一个不可观测的新数据点 $\boldsymbol{x}$ 的标记 $\hat{y}$.

13.3.1 支持向量机

13.2 节预测了一个实值变量，为此我们最初使用了一个仿射函数 $\boldsymbol{x} \rightarrow \boldsymbol{w}^{\top}\phi(\boldsymbol{x})$，其中 $\phi(\boldsymbol{x}) = (1, \boldsymbol{x})$. 当预测一个标记 $y \in \{-1,1\}$ 时，最简单的改进可以说是下面的预测规则[㊀]：

$$\hat{y} = \operatorname{sgn}(\boldsymbol{x}^{\top}\boldsymbol{w} + b).$$

首先，我们尝试找到 $\boldsymbol{w} \in \mathbb{R}^n$ 和 $b \in \mathbb{R}$ 使训练集的误差平均数达到最小. 我们可以用 0/1 函数形式化后者：

$$E(\alpha) \doteq \begin{cases} 1 & \text{如果 } \alpha < 0, \\ 0 & \text{其他.} \end{cases}$$

分类规则 $\boldsymbol{x} \rightarrow \operatorname{sgn}(\boldsymbol{w}^{\top}\boldsymbol{x} + b)$ 对于给定的输入输出对 $(\boldsymbol{x}, y)$ 上产生误差当且仅当 $y(\boldsymbol{w}^{\top}\boldsymbol{x} + b) < 0$. 因此，对于一个给定的 $\boldsymbol{w}$, 我们观察到的关于训练集的误差平均数为：

$$\frac{1}{m}\sum_{i=1}^{m} E\left(y_i(\boldsymbol{w}^{\top}\boldsymbol{x}_i + b)\right).$$

这导致了如下形式的训练问题：

$$\min_{\boldsymbol{w},b} \frac{1}{m}\sum_{i=1}^{m} E\left(y_i(\boldsymbol{x}_i^{\top}\boldsymbol{w} + b)\right). \tag{13.4}$$

不幸的是，上述问题并不是凸的，因此算法也许会陷入我们不期望的局部最小[㊁].

为了克服这个困难，我们注意到上面的函数 E 有一个凸“铰链”函数 $\alpha \rightarrow \max(0, 1-\alpha)$ 作为上界. 这导致了训练问题 (13.4) 的一个凸近似，实际上是该问题的一个上界：

$$\min_{\boldsymbol{w},b} \frac{1}{m}\sum_{i=1}^{m} \max\left(0, 1 - y_i(\boldsymbol{x}_i^{\top}\boldsymbol{w} + b)\right). \tag{13.5}$$

称这个目标函数为铰链损失，它是凸的多面体. 于是，上面的问题可以作为一个线性规划来求解. 一种可能的 LP 表述为：

$$\min_{\boldsymbol{w},b,\boldsymbol{e}} \frac{1}{m}\sum_{i=1}^{m} e_i : \ \boldsymbol{e} \geqslant 0, \quad e_i \geqslant 1 - y_i(\boldsymbol{x}_i^{\top}\boldsymbol{w} + b), \quad i = 1,\cdots,m. \tag{13.6}$$

㊀ 在本节中，我们将在仿射函数中单独列出偏差项 b 以简化稍会后看到的几何解释.

㊁ 参见 8.3.1 节.

一旦求解了模型（即找到了 $(\boldsymbol{w}, b)$），我们通过分类规则 $\hat{y}=\operatorname{sgn}(\boldsymbol{w}^{\top}\boldsymbol{x}+b)$ 就可以预测一个新数据点 $\boldsymbol{x} \in \mathbb{R}^{n}$ 的标记. 在式 (13.5) 中的表述就是所谓的支持向量机 (SVM) 模型的基本构造块. 该名称源自 13.3.3 节中讨论的几何解释.

13.3.2 正则化与稀疏性

如 13.2 节中的例子，我们对控制模型的复杂度感兴趣. 一种方法是当 $\boldsymbol{x}$ 涵盖观察到的输入数据时，控制线性函数 $\boldsymbol{x} \rightarrow \boldsymbol{x}^{\top}\boldsymbol{w}+b$ 的变化. 注意，该函数的梯度就是简单的 $\boldsymbol{w}$，因此只要控制 $\boldsymbol{w}$ 的大小就可实现我们的目标.

如果假设数据点都包含在以原点为中心和半径为 R 的欧氏球中，那么我们可以使用 ℓ_{2} 范数进行正则化，这是因为

$$\max_{\boldsymbol{x}, \boldsymbol{x}':\ \|\boldsymbol{x}\|_{2} \leqslant R,\ \|\boldsymbol{x}'\|_{2} \leqslant R}\left|\boldsymbol{w}^{\top}(\boldsymbol{x}-\boldsymbol{x}')\right| \leqslant 2R\|\boldsymbol{w}\|_{2}.$$

那么，相应的学习问题 (13.5) 就变成：

$$\min_{\boldsymbol{w}, b} \frac{1}{m} \sum_{i=1}^{m} \max\left(0, 1-y_{i}(\boldsymbol{x}_{i}^{\top}\boldsymbol{w}+b)\right)+\lambda\|\boldsymbol{w}\|_{2}^{2}, \tag{13.7}$$

其中 $\lambda \geqslant 0$ 是一个正则化参数，其选择通常通过留一法或类似的方法来完成.

如果代替地，假设数据点都包含在一个大小为 R 的盒子 $\{\boldsymbol{x}:\ \|\boldsymbol{x}\|_{\infty} \leqslant R\}$ 里，则对应的界为：

$$\max_{\boldsymbol{x}, \boldsymbol{x}':\ \|\boldsymbol{x}\|_{\infty} \leqslant R,\ \|\boldsymbol{x}'\|_{\infty} \leqslant R}\left|\boldsymbol{w}^{\top}(\boldsymbol{x}-\boldsymbol{x}')\right| \leqslant 2R\|\boldsymbol{w}\|_{1},$$

这导致了如下形式的问题 (13.5) 的一个改进：

$$\min_{\boldsymbol{w}, b} \frac{1}{m} \sum_{i=1}^{m} \max\left(0, 1-y_{i}(\boldsymbol{x}_{i}^{\top}\boldsymbol{w}+b)\right)+\lambda\|\boldsymbol{w}\|_{1}, \tag{13.8}$$

其中 $\lambda \geqslant 0$ 也是一个正则化参数.

上述问题中的 ℓ_{1} 范数则有利于获得稀疏的最优 $\boldsymbol{w}$. 因此，对于这样的稀疏向量，点乘 $\boldsymbol{w}^{\top}\boldsymbol{x}$ 只涉及 $\boldsymbol{x}$ 的几个元素. 于是，这项技术允许人们识别一些关键特征 ($\boldsymbol{x}$ 的元素)，这些特征有助于进行良好的预测.

13.3.3 几何解释

基本的支持向量机模型 (13.5) 及其正则化变形具有许多几何解释.

线性可分的数据. 首先考虑问题 (13.5) 的最优值为零的情况，这意味着零训练误差可以达到. 于是存在一个向量 $\boldsymbol{w} \in \mathbb{R}^{n}$ 和一个常数 b 使得

$$y_{i}(\boldsymbol{x}_{i}^{\top}\boldsymbol{w}+b) \geqslant 0, \quad i=1, \cdots, m. \tag{13.9}$$

几何上，这意味着数据能被超平面 $\{\boldsymbol{x}: \boldsymbol{w}^\top\boldsymbol{x}+b=0\}$ 线性可分，也就是：具有标记 $y_i=1$ 的点 x_i 在超平面的一侧，而那些具有标记 $y_i=-1$ 的点在超平面的另一侧，如图 13.6 所示. 判定规则 $\hat{y}=\mathrm{sgn}(\boldsymbol{w}^\top\boldsymbol{x}+b)$ 则对应于确定新点 $\boldsymbol{x}$ 落在超平面的哪一侧.

下面假设数据是严格线性可分的，即式 (13.9) 是严格不等的. 这种情况出现当且仅当存在一个正数 $\beta>0$ 使得

$$y_i(\boldsymbol{x}_i^\top\boldsymbol{w}+b)\geqslant\beta,\quad i=1,\cdots,m.$$

在这种情况下，我们可以将上述不等式的两边同时除以 β，然后归一化模型的参数 $(\boldsymbol{w},b)$ 并且得到严格线性可分性等价于存在 $(\boldsymbol{w},b)$ 使

$$y_i(\boldsymbol{x}_i^\top\boldsymbol{w}+b)\geqslant 1,\quad i=1,\cdots,m. \tag{13.10}$$

两个“临界”超平面 $\mathcal{H}_\pm\doteq\{\boldsymbol{x}: \boldsymbol{w}^\top\boldsymbol{x}+b=\pm1\}$ 描述了一个没有数据点的平板. 该平板分隔正和负标记的数据点，如图 13.7 所示.

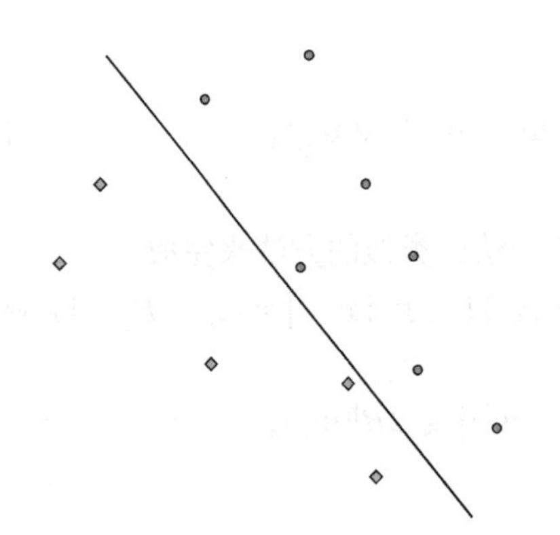

图 13.6 一个严格线性可分的数据集

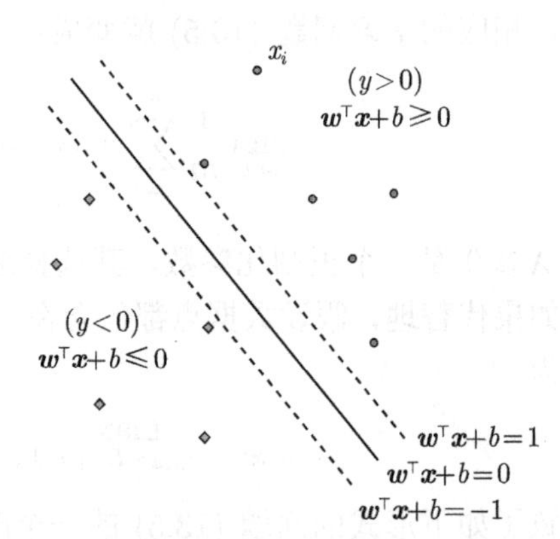

图 13.7 一个严格线性可分的数据集和分隔平板

最大间隔分类器. 我们观察到：在前面考虑的严格线性可分数据的情况下，对于 $(\boldsymbol{w},b)$，实际上存在无穷个可能的选择使其满足条件 (13.10)，即无穷个可分离数据集的平板. 克服这种非唯一性问题的一个合理的可能性是寻找间距最大的分隔平板，即两个“临界”超平面 $\mathcal{H}_\pm\doteq\{\boldsymbol{x}: \boldsymbol{w}^\top\boldsymbol{x}+b=\pm1\}$ 之间的距离. 可以说，使分离间距最大化的超平面应该具有良好的性质：接近正（或负）标记数据的测试点 $\boldsymbol{x}$ 将有更多机会落在决策超平面的相应一侧.

可以很容易验证：两个临界超平面 $\mathcal{H}_+,\mathcal{H}_-$ 的距离为 $2/\|\boldsymbol{w}\|_2$. 这样，为了使边距最大化，在标记约束下我们可以最小化 $\|\boldsymbol{w}\|_2$，这就导致了如下优化问题：

$$\min_{\boldsymbol{w},b}\|\boldsymbol{w}\|_2:\ \ y_i(\boldsymbol{x}_i^\top\boldsymbol{w}+b)\geqslant 1,\quad i=1,\cdots,m, \tag{13.11}$$

通常称其为最大间距支持向量机，参见图 13.8. 支持向量的名称来源于这样的事实：在实际中，只有很少的数据点位于临界边界 $\mathcal{H}_\pm$. 粗略地说，如果数据点是根据连续分布来随机

绘制的，那么在临界超平面上有超过 n 个特征点的概率为零. 称这些位于临界超平面上的特殊点为支持向量.

不可分的数据. 当数据不可分时（如图 (13.9) 所示），可以在严格可分性条件 (13.10) 中引入"松弛变量"，以此来表示对违反约束的惩罚. 我们提出如下关于 $(\boldsymbol{w}, b)$ 和一个新的误差向量 $\boldsymbol{e}$ 的条件：

$$\boldsymbol{e} \geqslant 0,\ \ y_i(\boldsymbol{x}_i^\top \boldsymbol{w} + b) \geqslant 1 - e_i, \quad i = 1, \cdots, m.$$

理想情况下，我们希望最小化 $\boldsymbol{e}$ 中非零元素的个数，也就是其基数. 这将要导致一个非凸问题. 然而，我们可以用 ℓ_1 范数代替基数函数来近似该问题. 由于 $\boldsymbol{e} \geqslant 0$，故 $\boldsymbol{e}$ 的 ℓ_1 范数简化为其元素之和. 在这样的方式下，我们就精确地获得了在前面式 (13.6) 中给出的 SVM 问题.

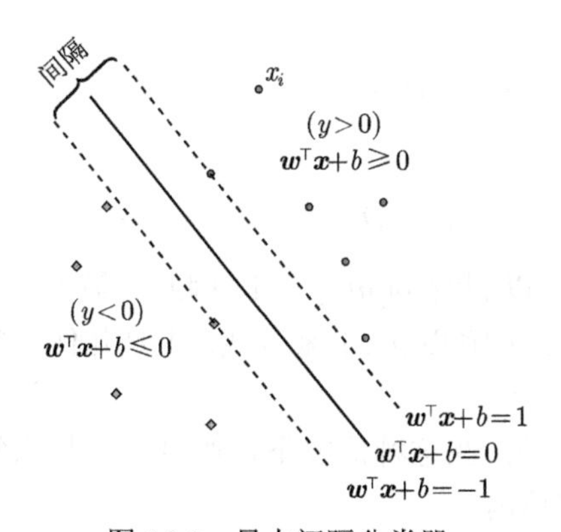

图 13.8　最大间隔分类器

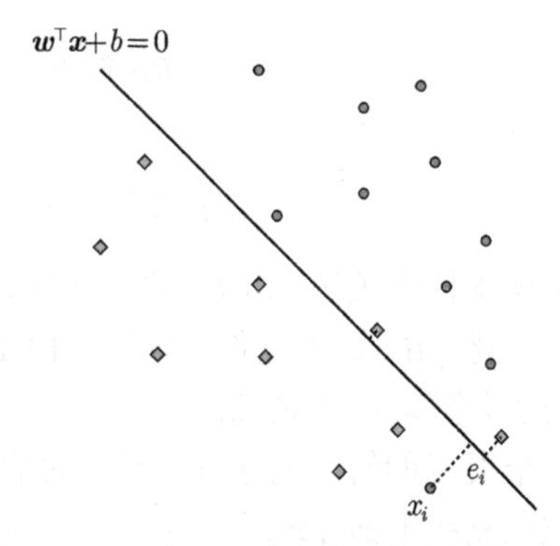

图 13.9　一个不可分离数据集的近似可分

软间隔分类. 在不可分的情况下，需要在间隔（两个临界超平面之间的距离）和关于训练集的分类误差之间找到一种平衡. 这导致了形如式 (13.7) 的问题，那么用松弛变量重写该问题为：

$$\begin{aligned} &\min_{\boldsymbol{w}, b, \boldsymbol{e}} \frac{1}{m} \sum_{i=1}^{m} e_i + \lambda \|\boldsymbol{w}\|_2^2 :\ \boldsymbol{e} \geqslant 0, \\ &e_i \geqslant 1 - y_i(\boldsymbol{x}_i^\top \boldsymbol{w} + b), \quad i = 1, \cdots, m. \end{aligned} \tag{13.12}$$

式 (13.12) 中的目标函数表示分类间隔的宽度（希望其大）和所有破坏项之和（希望其小）之间的平衡. 基于这些原因，称这种方法为软间隔分类.

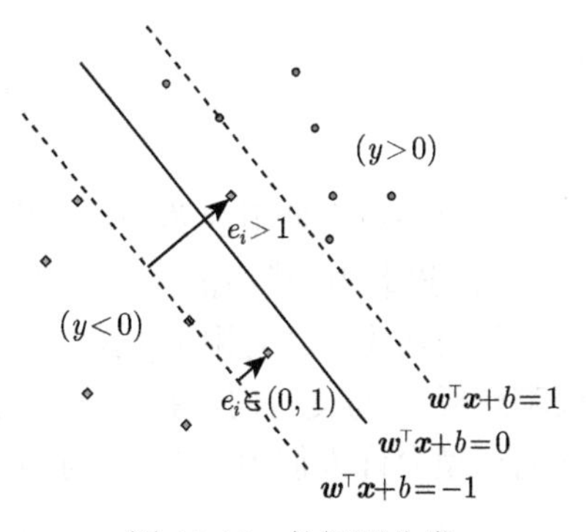

图 13.10　软间隔分类

通过这种构造，问题 (13.12) 总是可行的. 如果 $(\boldsymbol{w}^*, b^*, \boldsymbol{e}^*)$ 是一个最优解且 $\boldsymbol{e}^* = 0$, 那么 $(\boldsymbol{w}^*, b^*)$ 也是最大间隔问题 (13.11) 的最优解. 另一方面，如果 $\boldsymbol{e}^* \geqslant 0, \boldsymbol{e}^* \neq 0$，那么最大间距问题是不可行的且数据是

不可分的. 在这种情况下，对所有使 e_i^* 非零的 i，式(13.12) 中相应的约束以等号成立，否则我们可以减小 e_i^* 这与最优性矛盾. 因此 e_i^* 表示从数据点 x_i 到超平面 $y_i(\boldsymbol{w}^\top \boldsymbol{x}+b)=1$ 的规范化距离，如图 13.10 所示. 对于 $e_i^* \in (0,1)$，对应的数据点 x_i 在间隔带内，但仍在决策边界的正确一侧；对于 $e_i^* > 1$, 该特征被错误分类.

13.3.4　鲁棒性

我们可以从鲁棒性的角度来解释问题 (13.7) 和 (13.8). 假设对每个 $i=1,\cdots,m$，仅已知数据点 x_i 属于一个中心为 $\hat{x}_i$ 和半径为 ρ 的球 $\mathcal{S}_i$ 中. 首先，不管数据点在球内的哪个精确位置，我们寻找数据是可分分的条件；然后，考虑最大化鲁棒性水平，也就是球的半径. 对于一个给定的模型参数向量 $(\boldsymbol{w},b)$ 和在 $\mathcal{S}_i$ 中的每个 $x_i(i=1,\cdots,m)$，如下条件成立：

$$y_i(\boldsymbol{x}_i^\top \boldsymbol{w}+b) \geqslant 0, \quad i=1,\cdots,m,$$

当且仅当

$$y_i(\hat{\boldsymbol{x}}_i^\top \boldsymbol{w}+b) \geqslant \rho\|\boldsymbol{w}\|_2, \quad i=1,\cdots,m.$$

由于上述条件中关于 $(\boldsymbol{w},b)$ 的齐次性，我们总是可以假设 $\rho\|\boldsymbol{w}\|_2=1$. 因此，最大化 ρ 等价于最小化 $\|\boldsymbol{w}\|_2$, 于是得到问题 (13.11)，其中 x_i 由中心点 $\hat{x}_i$ 来取代. 于是几何解释是：我们是在分离球而不是点.

一个类似的解释对于 ℓ_1 范数的情况也是成立的. 在这种情况下，假设数据是未知的，但其被限制在形如 $\{\boldsymbol{x}:\ \|\boldsymbol{x}-\hat{\boldsymbol{x}}\|_\infty \leqslant \rho\}$ 的超立方体内.

13.3.5　逻辑回归

逻辑回归是 SVM 的一种变形，其中铰链函数 $\alpha \to \max(0,1-\alpha)$ 由一个光滑凸的逻辑函数 $\alpha \to \ln(1+\mathrm{e}^{-\alpha})$ 取代.

模型. 与 SVM 学习问题 (13.5) 对应的逻辑回归是

$$\min_{\boldsymbol{w},b} \sum_{i=1}^{m} \ln(1+\mathrm{e}^{-y_i(\boldsymbol{x}_i^\top \boldsymbol{w}+b)}). \tag{13.13}$$

在实际中当然会使用惩罚变形. 以上是一个凸问题，这是因为目标中的对数-和-指数函数是凸的[⊖]. 逻辑回归模型的一个优势是：其可以自然地扩展到多类问题，其中标记不是二元的，而是假设其为一个有限值. 我们在这里不讨论这些扩展.

概率解释. 与支持向量机相比，逻辑回归的主要优势是它实际上对应于一个概率模型. 这样的模型允许人们为一个新数据点属于正类或负类附加某个概率水平. 这与 SVM 截然相

⊖ 参见例 2.14.

反，因为 SVM 对一个数据点的分类只提供“是或否”的答案. 逻辑模型表述如下. 假设一个点 $\boldsymbol{x}$ 带有标记 $y \in \{-1,1\}$ 的概率具有如下形式：

$$\pi_{\boldsymbol{w},b}(\boldsymbol{x},y)=\frac{1}{1+\mathrm{e}^{-y(\boldsymbol{w}^\top\boldsymbol{x}+b)}}.$$

这在几何上是有意义的：如果一个点远离由 $\boldsymbol{w}^\top\boldsymbol{x}+b=0$ 所定义的决策超平面，并且在与正标记点对应的区域内，那么 $\boldsymbol{w}^\top\boldsymbol{x}+b$ 的数值就很高且上述概率接近 1. 相反，如果 $\boldsymbol{w}^\top\boldsymbol{x}+b$ 为高度负的，则点 $\boldsymbol{x}$ 在另一边内侧且上面的概率趋于零.

为了拟合模型，可以使用最大似然方法. 似然是指上述模型对每个数据点 x_i 接收到观测标记 y_i 的事件的概率，也就是：

$$\prod_{i:\ y_i=+1}\pi_{\boldsymbol{w},b}(x_i,1)\prod_{i:\ y_i=-1}\pi_{\boldsymbol{w},b}(x_i,-1).$$

关于模型参数 $(\boldsymbol{w},b)$ 取负对数并最小化则得到问题 (13.13).

一旦观测到一个新的数据点，我们就可以通过计算概率 $\pi_{\boldsymbol{w},b}(\boldsymbol{x},\pm1)$ 来预测其对应的标记，我们的预测标记是对应于这两个值中的最高值的那个. 这与 SVM 中设置 $\hat{y}=\operatorname{sgn}(\boldsymbol{w}^\top\boldsymbol{x}+b)$ 是一样的，还有一个额外的优势是我们可以在预测中附加一个概率水平.

13.3.6 Fisher 判别

Fisher 判别法是二分类的另一种方法. 正如我们将要看到的：该问题可以用线性代数方法来求解. Fisher 判别相当于在数据空间中寻找一个方向 $\boldsymbol{u}\in\mathbb{R}^n$ 使正和负标记数据沿着 $\boldsymbol{u}$ 的投影尽可能地分开，其中投影数据集之间的距离是相对于在每个数据类内可变性进行度量.

定义两个分别对应于正类和负类的矩阵是很方便的：

$$\boldsymbol{A}_+=[\boldsymbol{x}_i]_{i:\ y_i=+1}\in\mathbb{R}^{n,m_+},\quad \boldsymbol{B}=[\boldsymbol{x}_i]_{i:\ y_i=-1}\in\mathbb{R}^{n,m_-},$$

其中 $m_\pm=\operatorname{card}\{i:\ y_i=\pm1\}$ 表示每个分类的大小. 类似地，设 $\bar{\boldsymbol{a}}_+,\bar{\boldsymbol{a}}_-$ 表示这两个分类的质心：

$$\bar{\boldsymbol{a}}_\pm=\frac{1}{m_\pm}\boldsymbol{A}_\pm\mathbf{1}.$$

最后，设中心化数据矩阵为：

$$\tilde{\boldsymbol{A}}_\pm=\boldsymbol{A}_\pm\left(\boldsymbol{I}_{m_+}-\frac{1}{m_+}\mathbf{1}\mathbf{1}^\top\right).$$

两个质心之间沿 $\boldsymbol{u}$ 方向的距离平方是 $(\boldsymbol{u}^\top(\bar{\boldsymbol{a}}_+-\bar{\boldsymbol{a}}_-))^2$. 我们用数据的均方变化来标准化这个距离，以此作为分类的一个度量. 数据集 $\boldsymbol{A}=[\boldsymbol{a}_1,\cdots,\boldsymbol{a}_p]$ 沿 $\boldsymbol{u}$ 方向围绕其平均值 $\bar{\boldsymbol{a}}$ 处

的均方差为：

$$s^2 = \frac{1}{p}\sum_{i=1}^{p}(\boldsymbol{u}^\top(\boldsymbol{a}_i - \bar{\boldsymbol{a}}))^2 = \frac{1}{p}\sum_{i=1}^{p}\boldsymbol{u}^\top\tilde{\boldsymbol{a}}_i\tilde{\boldsymbol{a}}_i^\top\boldsymbol{u}$$

$$= \frac{1}{p}\boldsymbol{u}^\top\left(\sum_{i=1}^{p}\tilde{\boldsymbol{a}}_i\tilde{\boldsymbol{a}}_i\right)^\top\boldsymbol{u}$$

$$= \frac{1}{p}\boldsymbol{u}^\top\tilde{\boldsymbol{A}}\tilde{\boldsymbol{A}}^\top\boldsymbol{u}.$$

因此，最大化的判别准则由质心之间沿 $\boldsymbol{u}$ 方向的归一化平方距离给出：

$$f_0(u) = \frac{\boldsymbol{u}^\top(\bar{\boldsymbol{a}}_+ - \bar{\boldsymbol{a}}_-)(\bar{\boldsymbol{a}}_+ - \bar{\boldsymbol{a}}_-)^\top\boldsymbol{u}}{\boldsymbol{u}^\top\left(\frac{1}{m_+}\tilde{\boldsymbol{A}}_+\tilde{\boldsymbol{A}}_+^\top + \frac{1}{m_-}\tilde{\boldsymbol{A}}_-\tilde{\boldsymbol{A}}_-^\top\right)\boldsymbol{u}} = \frac{(\boldsymbol{u}^\top\boldsymbol{c})^2}{\boldsymbol{u}^\top\boldsymbol{M}\boldsymbol{u}},$$

其中 $\boldsymbol{c} \doteq \bar{\boldsymbol{a}}_+ - \bar{\boldsymbol{a}}_-$ 以及

$$M \doteq \frac{1}{m_+}\tilde{\boldsymbol{A}}_+\tilde{\boldsymbol{A}}_+^\top + \frac{1}{m_-}\tilde{\boldsymbol{A}}_-\tilde{\boldsymbol{A}}_-^\top.$$

该问题相当于最大化如下两个二次型的比率：

$$\max_{u\neq 0}\ \frac{(\boldsymbol{u}^\top\boldsymbol{c})^2}{\boldsymbol{u}^\top\boldsymbol{M}\boldsymbol{u}}.$$

利用齐次性，我们可以总能缩放 $\boldsymbol{u}$ 使 $\boldsymbol{u}^\top\boldsymbol{c} = 1$，从而导致如下最小化问题：

$$\min_{\boldsymbol{u}}\boldsymbol{u}^\top\boldsymbol{M}\boldsymbol{u}:\quad \boldsymbol{u}^\top\boldsymbol{c} = 1.$$

由于对称矩阵 $\boldsymbol{M}$ 是半正定的，故上述问题是一个凸二次规划. 为了简单起见，假设 $\boldsymbol{M} \succ 0$. 为了求解上述凸问题，我们计算拉格朗日函数：

$$\mathcal{L}(u,\mu) = \frac{1}{2}\boldsymbol{u}^\top\boldsymbol{M}\boldsymbol{u} + \mu(1 - \boldsymbol{u}^\top\boldsymbol{c}).$$

最优对 $(\boldsymbol{u},\mu)$ 则由如下的条件刻画[㊀]：

$$0 = \nabla_{\boldsymbol{u}}\mathcal{L}(\boldsymbol{u},\mu) = \boldsymbol{M}\boldsymbol{u} - \mu\boldsymbol{c},\quad \boldsymbol{u}^\top\boldsymbol{c} = 1.$$

由于 M 是正定的，则 $\boldsymbol{u} = \mu\boldsymbol{M}^{-1}\boldsymbol{c}$. 用约束 $\boldsymbol{u}^\top\boldsymbol{c} = 1$，我们得到：

$$\boldsymbol{u} = \frac{1}{\boldsymbol{c}^\top\boldsymbol{M}^{-1}\boldsymbol{c}}\boldsymbol{M}^{-1}\boldsymbol{c}.$$

㊀ 见 8.5 节.

图 13.11 左侧给出了 $\mathbb{R}^2$ 中的两个数据云，而箭头为最优 Fisher 判别方向 $\boldsymbol{u}$. 如右侧图所示，沿着方向 $\boldsymbol{u}$, 投影的数据直方图可以被很好地分隔.

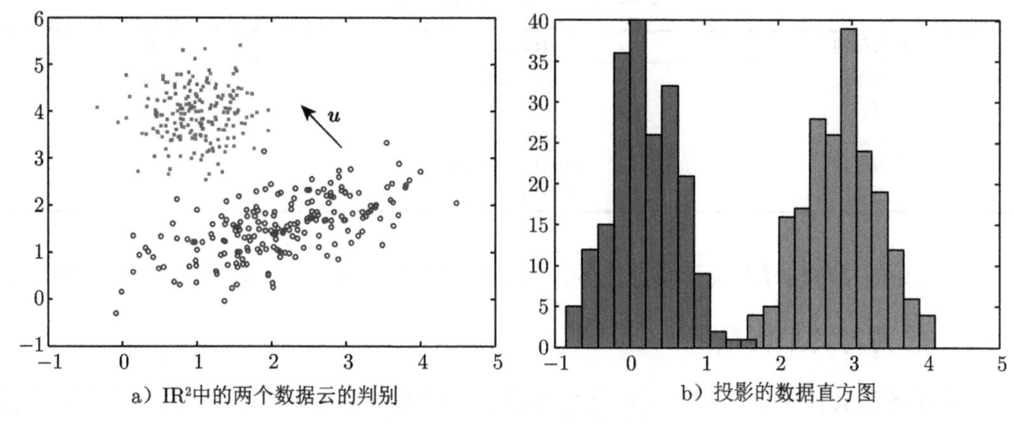

图 13.11 Fisher 数据判别

13.4 一般监督学习问题

这一节考虑如下形式的一般监督学习问题：

$$\min_{\boldsymbol{w}} \mathcal{L}(\Phi^\top \boldsymbol{w}, \boldsymbol{y}) + \lambda p(\boldsymbol{w}), \tag{13.14}$$

其中 $\boldsymbol{w} \in \mathbb{R}^n$ 由模型参数组成，p 是惩罚函数（通常为范数或平方范数），λ 是一个正则参数和称为损失函数的 $\mathcal{L}$, 其用于度量预测值和响应 $\boldsymbol{y}$ 之间的不匹配度. 上述矩阵 Φ 为某个变换后的数据点. 更精确地，每一列 ϕ_i 形如 $\phi_i = \phi(x_i)$，其中 ϕ 是由用户选择的映射（可能为非线性的）㊀.

上述问题类远不能覆盖所有的监督学习方法，但它的确包括最小二乘回归、支持向量机和逻辑回归等.

与学习问题相关的预测规则取决于具体的任务和模型. 在回归问题中，预测的输出是一个实数，而预测规则取 $\hat{y} = \phi(\boldsymbol{x})^\top \boldsymbol{w}$ 的形式. 在二元分类中，我们用一个符号-线性函数 $\hat{y} = \text{sgn}(\phi(\boldsymbol{x})^\top \boldsymbol{w})$. 我们基于符号 $\hat{y} = S(\phi(\boldsymbol{x})^\top \boldsymbol{w})$ 覆盖了所有这些情况，其中 S 是恒等函数或符号函数.

13.4.1 损失函数

损失函数 $\mathcal{L}$ 的形式取决于具体任务（回归或分类），也就是，取决于所要预测的输出的性质以及其他一些因素，例如，关于数据的先验假设. 通常可假设损失为如下求和的形式：

$$\mathcal{L}(\boldsymbol{z}, \boldsymbol{y}) = \sum_{i=1}^{m} l(z_i, y_i),$$

㊀ 其解释参见 13.2 节.

其中 l 是某个函数（通常为凸函数）. 其标准的选择如表 13.1 所示.

表 13.1 损失函数的标准选择

损失函数	$l(z, y)$	任务
欧氏平方	$\|z-y\|_2^2$	回归
ℓ_1	$\|z-y\|_1$	回归
ℓ_∞	$\|z-y\|_\infty$	回归
铰链	$\max(0, 1-yz)$	二元分类
逻辑	$\ln(1+\mathrm{e}^{-yz})$	分类

损失函数的具体选择取决于具体任务、关于数据的假设以及实际的考虑，如可用的软件.

13.4.2 惩罚与约束函数

根据任务和其他考虑因素，可以使用各种惩罚函数. 平方 ℓ_2 范数一直以来都是首选，这是因为由此产生的优化问题 (13.14) 具有诸如光滑性（当损失函数本身也是光滑的）等良好的特性.

选择惩罚函数. 如果最优的 $\boldsymbol{w}$ 是稀疏的，也就是，只有少数特征在输出预测中占主导地位，而使用 ℓ_1 范数惩罚则有利于稀疏性. 如果向量 $\boldsymbol{w}$ 由块 $\boldsymbol{w}^{(i)}(i=1,\cdots,p)$ 构成，并且我们相信许多块应该是零向量，则可以使用如下的复合范数：

$$\sum_{i=1}^{p}\left\|\boldsymbol{w}^{(i)}\right\|_2.$$

事实上，上面所说的就是范数向量 $(\|\boldsymbol{w}^{(1)}\|_2,\cdots,\|\boldsymbol{w}^{(p)}\|_2)$ 的 ℓ_1 范数，我们试图提高它的稀疏性.

实际重要性的一个考虑因素是：通常需要设计惩罚以便使学习问题 (13.14) 具有一个唯一解. 为此，为了保证目标的强凸性，通常会加入一个小的平方 ℓ_2 范数惩罚.

约束版本. 注意，作为特例的惩罚形式 (13.14) 涵盖了如下形式的约束变形：

$$\min_{\boldsymbol{w}} \mathcal{L}(\Phi^\top \boldsymbol{w}, \boldsymbol{y}):\quad \boldsymbol{w}\in\mathcal{C},$$

其中 $\mathcal{C}$ 是一个（通常是凸的）集合，例如一个欧氏球. 通过选择如下合适的 p，上面的问题可以写为一个惩罚问题.

$$p(\boldsymbol{x})=\begin{cases}1 & \text{如果 } \boldsymbol{w}\in\mathcal{C},\\ 0 & \text{其他.}\end{cases}$$

人们可能想要知道使用一个给定的惩罚，它的平方或相应的约束版本之间的实际差别[⊖]. 为

⊖ 参见习题 13.5.

了对此说明，考虑 LASSO 和其两种变形：

$$p_{\text{lasso}}^* \doteq \min_w \left\|\Phi^\top \boldsymbol{w} - \boldsymbol{y}\right\|_2^2 + \lambda\|\boldsymbol{w}\|_1,$$

$$p_{\text{sqrt}}^* \doteq \min_w \left\|\Phi^\top \boldsymbol{w} - \boldsymbol{y}\right\|_2 + \mu\|\boldsymbol{w}\|_1,$$

$$p_{\text{constr}}^* \doteq \min_w \left\|\Phi^\top \boldsymbol{w} - \boldsymbol{y}\right\|_2 : \ \|\boldsymbol{w}\|_1 \leqslant \alpha.$$

这里 $\lambda \geqslant 0$、$\mu \geqslant 0$ 和 $\alpha \geqslant 0$ 是正则化参数. 对于一个给定的三元对 (λ, μ, α)，上述问题的相应解通常是不同的. 然而，当参数 λ, μ, α 取值于非负实轴上时，每个问题产生的解的路径都是相同的.

13.4.3 核方法

当学习问题涉及一个平方欧氏惩罚时，核方法允许在非线性规则背景下进行快速计算：

$$\min_{\boldsymbol{w}} \mathcal{L}(\Phi^\top \boldsymbol{w}, \boldsymbol{y}) + \lambda\|\boldsymbol{w}\|_2^2.$$

我们观察到：第一项为损失项，其通过 $\Phi^\top \boldsymbol{w}$ 仅取决于 $\boldsymbol{w}$. 根据线性代数基本定理（参见 3.2.4 节），任意向量 $\boldsymbol{w} \in \mathbb{R}^n$ 可被分解为 $\boldsymbol{w} = \Phi\boldsymbol{v} + \boldsymbol{r}$, 其中 $\Phi^\top \boldsymbol{r} = 0$. 于是 $\boldsymbol{w}$ 的平方欧氏范数可以写为 $\|\Phi\boldsymbol{v}\|_2^2 + \|\boldsymbol{r}\|_2^2$. 我们下面使用新的变量 $\boldsymbol{v}$, $\boldsymbol{r}$ 来重新表述上述问题：

$$\min_{\boldsymbol{v},\boldsymbol{r}} \mathcal{L}(\Phi^\top \Phi\boldsymbol{v}, \boldsymbol{y}) + \lambda\left(\|\Phi\boldsymbol{v}\|_2^2 + \|\boldsymbol{r}\|_2^2\right).$$

显然，r 的最优值为零[㊀]. 在几何上，这意味着最优的 $\boldsymbol{w}$ 位于转换后的数据所张成的空间中，也就是，在最优点处，存在某个 $\boldsymbol{v}$ 使 $\boldsymbol{w} = \Phi\boldsymbol{v}$. 这样，学习问题就转化为：

$$\min_{\boldsymbol{v}} \mathcal{L}(\boldsymbol{K}\boldsymbol{v}, y) + \lambda\boldsymbol{v}^\top \boldsymbol{K}\boldsymbol{v}, \tag{13.15}$$

其中 $\boldsymbol{K} = \Phi^\top \Phi \in \mathbb{R}^{m,m}$ 是所谓的核矩阵. 因此,上面的问题只依赖于点乘 $K_{ij} = \phi(x_i)^\top \phi(x_j)$, 其中 $1 \leqslant i, j \leqslant m$.

对预测规则也有类似的性质成立：如果 $\boldsymbol{x}$ 是一个新的数据点，那么预测规则采用形式 $\hat{y} = S(\phi(\boldsymbol{x})^\top \boldsymbol{w}) = S(\phi(\boldsymbol{x})^\top \Phi\boldsymbol{v})$. 该表达式也只涉及点乘，现在其在转换后的新数据点 $\phi(\boldsymbol{x})$ 和转换后的数据 $\phi(x_i)$ 之间.

在计算上，这意味着一切都取决于我们快速计算任意一对变换点 $\phi(\boldsymbol{x})$, $\phi(\boldsymbol{x}')$ 之间点乘的能力. 例如，考虑当 $n = 2$ 和取如下形式的一个二次分类规则[㊁]时的二维问题情况：

$$\hat{y} = w_1 + \sqrt{2}w_2x_1 + \sqrt{2}w_3x_2 + w_4x_1^2 + \sqrt{2}w_5x_1x_2 + w_6x_2^2.$$

㊀ 这对于欧氏惩罚是正确的；一般来说，例如对于 ℓ_1 范数，这个结果并不成立.

㊁ 因子 $\sqrt{2}$ 是无关紧要的，这是因为我们总是可以相应地调整 $\boldsymbol{w}$ 的元素.

该规则对应于非线性映射 $\boldsymbol{x} \to \boldsymbol{w}^\top \phi(\boldsymbol{x})$，其中

$$\phi(\boldsymbol{x}) = (1, \sqrt{2}x_1, \sqrt{2}x_2, x_1^2, \sqrt{2}x_1x_2, x_2^2).$$

我们观察到，对任意点对 $\boldsymbol{x}, \boldsymbol{x}' \in \mathbb{R}^n$，有

$$\phi(\boldsymbol{x})^\top \phi(\boldsymbol{x}') = (1 + \boldsymbol{x}^\top \boldsymbol{x}')^2.$$

更一般地，在以关于 $\boldsymbol{x}$ 的一个 d 维多项式所表述的分类规则下，我们可以形成一个映射 $\phi(\boldsymbol{x}) \in \mathbb{R}^p$，其中 $p = O(n^d)$[⊖]使得对任意点对 $\boldsymbol{x}, \boldsymbol{x}' \in \mathbb{R}^n$ 满足：

$$\phi(\boldsymbol{x})^\top \phi(\boldsymbol{x}') = (1 + \boldsymbol{x}^\top \boldsymbol{x}')^d.$$

计算上述点乘将先验地花费指数（关于特征数 n）时间，更准确地 $O(p) = O(n^d)$. 上面的公式可使计算复杂度大幅降低到 $O(n)$.

为了计算优化问题 (13.15) 以及预测规则中需要的点乘，我们只需要形成 $O(m^2)$ 点积. 由于求解 QP (13.15) 的复杂度为 $O(m^3)$，于是核方法的总复杂度为 $O(m^3 + nm^2)$, 其与次数 d 无关. 我们可以用多项式模型求解欧氏范数惩罚的学习问题，所花费的努力与用线性模型求解问题一样少. 核方法的思想可以推广到非多项式模型. 相当微妙的是我们甚至可以绕过非线性映射 ϕ 的显式定义，其足以决定如下核函数的值：

$$k(\boldsymbol{x}, \boldsymbol{x}') \doteq \phi(\boldsymbol{x})^\top \phi(\boldsymbol{x}').$$

当然，并不是每一个的函数 $(\boldsymbol{x}, \boldsymbol{x}') \to k(\boldsymbol{x}, \boldsymbol{x}')$ 都可以定义一个有效的核，因为其必须是半正定的，也就是，对于某些映射 $\boldsymbol{x} \to \phi(\boldsymbol{x})$，它必须满足上面的形式. 在实际中，一个附加的条件是核函数值可以用相对较少的工作量来计算. 表 13.2 给出了有效核的常用选择.

表 13.2 常用核以及相关参数

类型名称	$k(x, x')$	参数
线性	$\boldsymbol{x}^\top \boldsymbol{x}'$	无
多项式	$(1 + \boldsymbol{x}^\top \boldsymbol{x}')^d$	阶数 d
高斯	$\mathrm{e}^{\frac{-1}{2\sigma^2}\|\boldsymbol{x}-\boldsymbol{x}'\|_2^2}$	宽度 σ

例 13.5（乳腺癌分类） 返回例 13.2 中威斯康星州的乳腺癌数据集. 为了可视化数据和软间隔分隔器，我们应用 PCA（参见 5.3.2 节）将数据的维数从 30 维降低到 2 维. 注意，这在实际中可能并不是一个好的想法，这是因为在原始空间中可分的数据集在投影到低维空间时可能是不可分的. 然而，这里的这种大幅度的降维仅仅是为了显示数据的二维图. 用投影的二维数据点，我们通过求解问题 (13.15) 来训练高斯核函数下的 SVM ($\sigma = 1$)，其

⊖ 这里 $O(q)$ 为关于 q 的某个线性函数.

中 $\lambda = 1$. 图 13.12 展示了这些结果，其中 + 表示良性点，∗ 表示恶性点，圆表示支持向量，而实线则表示分隔面.

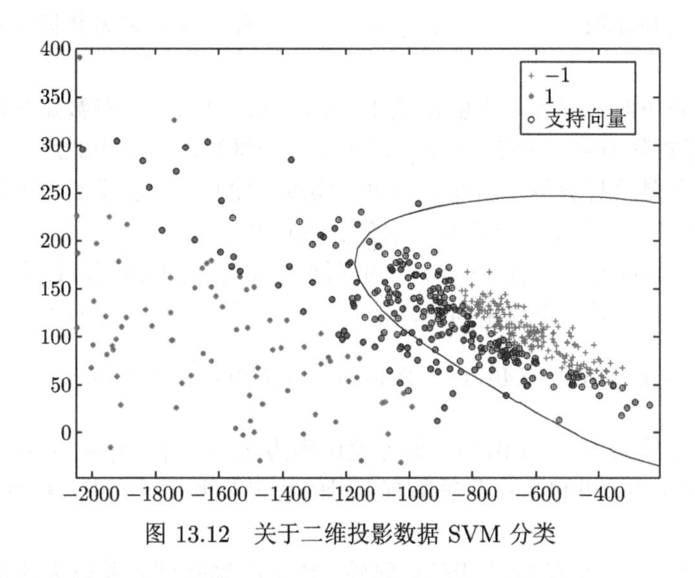

图 13.12　关于二维投影数据 SVM 分类

13.5　无监督学习

在无监督学习中，数据点 $\boldsymbol{x}_i \in \mathbb{R}^n (i = 1, \cdots, m)$ 并不带有对应的标记或响应. 任务则是学习数据的某些信息或结构.

13.5.1　主成分分析 (PCA)

主成分分析的目的是发现数据集中最重要或最有用的方向，即数据变化最大的方向. PCA 已在 5.3.2 节中作了详细地介绍. 在数值上，PCA 问题的求解可归结为计算数据矩阵的奇异值分解. 我们下面将表述一些基本 PCA 问题的变形.

13.5.2　稀疏 PCA

PCA 方法已被广泛应用于各种环境中,并发展了许多变形. 最近的一种称为稀疏 PCA 的方法很有用，这是因为它提高了结果主方向的可解释性. 在稀疏 PCA 中，对问题 (5.18) 添加一个约束，以此来限制决策变量中非零元素的个数：

$$\begin{aligned} \min_{\boldsymbol{z} \in \mathbb{R}^n} \quad & \boldsymbol{z}^\top (\tilde{\boldsymbol{X}} \tilde{\boldsymbol{X}}^\top) \boldsymbol{z} \\ \text{s.t.:} \quad & \|\boldsymbol{z}\|_2 = 1, \ \operatorname{card}(\boldsymbol{z}) \leqslant k, \end{aligned} \tag{13.16}$$

其中 $k \leqslant n$ 是一个用户定义的关于基数的界. 正如在注释 5.3 中所讨论的，初始的 PCA 问题试图寻找一个方向 $\boldsymbol{z}$ 来“解释”或导致数据中最大的方差；在实际中，这个方向通常并不是稀疏的. 相比之下，如果 $k \ll n$, 这也是实际中感兴趣的情况，根据定义，由稀疏 PCA 所提供的方向是稀疏的. 如果数据中的每个维数（数据矩阵中的行）都对应于一个可解释的量，如价格、温度和体积等，那么稀疏方向更容易解释，这是因为其只涉及少数（准确地说为 k）基本量.

当数据维数较小时，很容易求解稀疏 PCA 问题：只需求解对数据矩阵 $\tilde{X}$ 删除 k 维（行）后的所有子矩阵的常规 PCA 问题. 对于更大的维数，由于由此产生的子矩阵的数量呈爆炸性增长，于是这种穷举法就变得不可能实现. 12.5.4 节表述了一种有效的启发式求解方法，而 13.7 节则给出了一个涉及文本分析的应用.

例 13.6（市场数据的稀疏 PCA） 回到例 5.3，我们观察到，最大方差的方向为矩阵 $\boldsymbol{U}$ 的第一列 $\boldsymbol{u}_1$，其是一个稠密向量，仅有一个分量（第 5 个分量）接近于零：

$$\boldsymbol{u}_1 = \begin{bmatrix} -0.4143 & -0.4671 & -0.4075 & -0.5199 & -0.0019 & -0.4169 \end{bmatrix}.$$

其对应的最大奇异值为 $\sigma_1 = 1.0765$，而方差比率为 $\eta_1 = \sigma_1^2/(\sigma_1^2 + \cdots + \sigma_6^2) = 67.766\%$. 这意味着大约 68% 的方差包含在几乎所有索引的特定非平凡组合中，权重则由 $\boldsymbol{u}_1$ 的元素给出.

现在通过求解 $k = 2$ 的稀疏 PCA 问题 (13.16) 来找到方差较大的低基数方向. 我们可以穷尽地搜索在六维原始空间中选择的所有二维组合. 也就是说，求解所有可能的矩阵 $\tilde{\boldsymbol{X}}_2$ 的 PCA 问题，而这些可能的矩阵是通过删除原始矩阵 $\tilde{\boldsymbol{X}}$ 中除两行以外的所有行而得到的. 我们发现：第 4 行和第 5 行对应的两个索引，即索引 PAC 和 BOT，解释了所有可能对中的最大差异. 相应的 $\tilde{\sigma}_1 = 0.6826$ 的最大方差可以与 $\sigma_1 = 1.0765$ 的最大方差进行比较. 就解释的方差而言，这两个索引相对于总方差的比率为 $\tilde{\sigma}_1^2/(\sigma_1^2 + \cdots + \sigma_6^2) = 0.2725\%$. 因此，仅这两个索引就捕获了总市场方差的 28%.

例 13.7（主题发现的稀疏 PCA） 稀疏 PCA 可用于发现大量文档中的主要主题. 在 UCI 机器学习库中的纽约时报 (NYT) 的文本集合包含了 30 万篇文章，拥有 102 660 个不重复单词的字典，文件大小为 1 GB. 给定的数据没有类标签，并且出于版权原因，没有提到文件名或其他文档级的元数据，例如提及的文章节信息. 通过“词袋”法，文本可以被转录成数字形式.

表 13.3 显示了与前五个稀疏主成分相对应的非零特征（项）. 每个成分代表一个定义明确的主题. 事实上，纽约时报的第一个主成分是关于商业的，第二个是关于体育的，第三个是关于美国的，第四个是关于政治的，而第五个则是关于教育的. 即使没有可用的元数据，稀疏 PCA 仍然明确地识别并完美地对应于纽约时报自己在其网站上对文章进行分类时使用的主题.

稀疏 PCA 的概念可以推广到寻找矩阵的低秩近似，并对近似中涉及的向量的基数进行约束. 例如，基数约束秩一近似问题的形式为：

$$\min_{\boldsymbol{p},\boldsymbol{q}} \left\| \boldsymbol{X} - \boldsymbol{p}\boldsymbol{q}^\top \right\|_{\mathrm{F}} : \boldsymbol{p} \in \mathbb{R}^n, \quad \boldsymbol{q} \in \mathbb{R}^m \quad \mathrm{card}(\boldsymbol{p}) \leqslant k, \ \mathrm{card}(\boldsymbol{q}) \leqslant h,$$

表 13.3 与 NYT 数据的前五个稀疏主成分中的非零相对应的项

第一个 PC	第二个 PC	第三个 PC	第四个 PC	第五个 PC
million	point	official	president	school
percent	play	government	campaign	program
business	team	united_states	bush	children
company	season	u_s	administration	student
market	game	attack		
companies				

其中 $\boldsymbol{X} \in \mathbb{R}^{n,m}$ 和 $k \leqslant n$, $h \leqslant m$ 为用户选择的整数，其用于约束向量 $\boldsymbol{p}, \boldsymbol{q}$ 中非零元素的个数. 与稀疏 PCA 一样，当 n, m 较小时，上述问题可以用 SVD 来求解. 对于较大的规模，问题变得非常困难，但正如 12.5.4 节所讨论的基于幂迭代的有效启发式算法是可用的.

13.5.3 非负矩阵分解

非负矩阵分解 (NNMF) 是指试图用非负低秩分量近似给定的非负的 $n \times m$ 数据矩阵 $\boldsymbol{X}$，作为 $\boldsymbol{P}\boldsymbol{Q}^\top$ 形式的低秩乘积，其中 $\boldsymbol{P}, \boldsymbol{Q}$ 都是非负矩阵，而低列数为 $k \ll \min(n, m)$. 因此，这显然是对 5.3.2.4 节中所讨论的低秩矩阵分解问题的简单改进.

我们首先从一个数据矩阵 $\boldsymbol{X}$ 的普通秩一近似说明 NNMF:

$$\min_{\boldsymbol{p},\boldsymbol{q}} \left\|\boldsymbol{X} - \boldsymbol{p}\boldsymbol{q}^\top\right\|_{\mathrm{F}} : \ \boldsymbol{p} \in \mathbb{R}^n, \ \boldsymbol{q} \in \mathbb{R}^m.$$

如果目标值很小，并且对于某些 $\boldsymbol{p}, \boldsymbol{q}$ 有 $\boldsymbol{X} \approx \boldsymbol{p}\boldsymbol{q}^\top$，则可以将 $\boldsymbol{p}$ 解释为典型数据点，而将 $\boldsymbol{q}$ 解释为典型特征. 如果 $\boldsymbol{X}$ 为非负的，那么存在一个秩一近似 $\boldsymbol{X} \approx \boldsymbol{p}\boldsymbol{q}^\top$，其中 $\boldsymbol{p}, \boldsymbol{q}$ 中的某些元素是非负的. 在这种情况下，很难解释结果. 例如：如果 p 具有负分量，则不能将其解释为一个典型数据点.

NNMF 方法适用于非负数据矩阵. 如果目标等级为 $k = 1$，那么 NNMF 问题可以表述为：

$$\min_{\boldsymbol{p},\boldsymbol{q}} \left\|\tilde{\boldsymbol{X}} - \boldsymbol{p}\boldsymbol{q}^\top\right\|_{\mathrm{F}} : \ \boldsymbol{p} \in \mathbb{R}^n, \ \boldsymbol{p} \geqslant 0, \ \boldsymbol{q} \in \mathbb{R}^m, \ \boldsymbol{q} \geqslant 0.$$

对上述结果的解释是：如果 $\boldsymbol{X} \approx \boldsymbol{p}\boldsymbol{q}^\top$ 且 $\boldsymbol{p}, \boldsymbol{q}$ 为非负向量，则 $\boldsymbol{X}$ 的每一列都与一个单一向量 $\boldsymbol{q}$ 成比例，其中不同的权重构成的向量为 $\boldsymbol{p}$. 因此，在不考虑对数据点特定的非负尺度因子的情况下，每个数据点都遵循一个单一的“配置” $\boldsymbol{q}$. 更一般地，NNMF 问题表示为：

$$\min_{\boldsymbol{P},\boldsymbol{Q}} \left\|\tilde{\boldsymbol{X}} - \boldsymbol{P}\boldsymbol{Q}^\top\right\|_{\mathrm{F}} : \ \boldsymbol{P} \in \mathbb{R}^{n,k}, \ \boldsymbol{P} \geqslant 0, \ \boldsymbol{Q} \in \mathbb{R}^{m,k}, \ \boldsymbol{Q} \geqslant 0.$$

这里的解释是：数据点遵循由 $\boldsymbol{Q}$ 的列给出的 k 个基本配置的一个线性组合. 此问题是非凸的，且很难精确求解. 通常使用基于块坐标下降[⊖] 的启发式方法，其中关于 $\boldsymbol{P}, \boldsymbol{Q}$ 实施最小化. 每个子问题（关于 $\boldsymbol{P}$ 或 $\boldsymbol{Q}$ 最小化）都是凸问题，实际上其是一个凸二次规划.

⊖ 参见 12.5.3 节.

例 13.8（NNMF 方法用于文本文档中的主题发现）　使用词袋法（参见例 2.1），我们可以将 m 个文本文档的集合表示为一个逐项出现的矩阵 $\boldsymbol{X}$，其中 X_{ij} 表示在文档 j 中术语 i 出现的次数. 对于这样一个矩阵，自然可以使用 NNMF 法. 形式 $\boldsymbol{X} \approx \boldsymbol{p}\boldsymbol{q}^{\top}(\boldsymbol{p} \geqslant 0, \boldsymbol{q} \geqslant 0)$ 的秩一非负近似表示每个文档 i（X 的列）近似为形式 $p_i\boldsymbol{q}$. 也就是说，在秩一近似下，所有的文档都类似于一个单个文档. 这里 $\boldsymbol{p}, \boldsymbol{q}$ 的非负性对于将 $p_i\boldsymbol{q}$ 解释为文档是至关重要的. 一个秩 k 近似表述了这样的事实：所有文档都是 k 个基本文档的"混合".

例 13.9（学生成绩矩阵的 NNMF）　考虑如下四项考试中五名学生的二进制分数矩阵：

$$\boldsymbol{X} = \begin{bmatrix} 0 & 0 & 1 & 0 & 1 \\ 0 & 1 & 0 & 1 & 1 \\ 1 & 1 & 1 & 0 & 1 \\ 0 & 1 & 0 & 1 & 1 \end{bmatrix}$$

其中，如果学生 j 通过考试 i，则设 X_{ij} 为 1，否则记为 0. 可以证明 $\boldsymbol{X} = \boldsymbol{P}\boldsymbol{Q}^{\top}$，其中 $\boldsymbol{P}, \boldsymbol{Q}$ 都仅有三列：

$$\boldsymbol{P} = \begin{bmatrix} 0 & 1/2 & 0 \\ 1/2 & 0 & 0 \\ 0 & 1/2 & 1 \\ 1/2 & 0 & 0 \end{bmatrix}, \quad \boldsymbol{Q} = \begin{bmatrix} 1 & 0 & 0 \\ 1 & 0 & 2 \\ 0 & 2 & 0 \\ 0 & 0 & 2 \\ 0 & 2 & 2 \end{bmatrix}.$$

我们解释矩阵 $\boldsymbol{P}, \boldsymbol{Q}$ 的三列为成功通过考试所需的三个"技能". 矩阵 $\boldsymbol{P}$ 提供了每门考试需要哪些技能的刻画；矩阵 $\boldsymbol{Q}$ 显示了每个学生掌握哪些技能. 例如：对于第 1 门考试和第 1 个学生，我们从 P 中得知第 1 项需要技能 2，但是从 Q 中，我们发现学生 1 只掌握技能 1，因此学生 1 没有通过考试 1. 事实上，学生 1 唯一的成功就是通过了考试 3，这是因为所有其他考试都需要技能 2 或 3.

13.5.4　鲁棒 PCA

一个低秩矩阵近似和其密切相关的 PCA 可以解释为将给定的数据矩阵 $\boldsymbol{X}$ 表示为求和 $\boldsymbol{X} = \boldsymbol{Y} + \boldsymbol{Z}$，其中 $\boldsymbol{Y}$ 是低秩的，而 $\boldsymbol{Z}$ 是相对小的.

鲁棒 PCA[⊖] 是 PCA 的另一种变形，它将给定的 $n \times m$ 矩阵 $\boldsymbol{X}$ 分解为低秩分量和稀疏分量之和. 形式上，则有：

$$\min_{\boldsymbol{Z}} \operatorname{rank}(\boldsymbol{Y}) + \lambda \operatorname{card}(\boldsymbol{Z}): \quad \boldsymbol{Y}, \boldsymbol{Z} \in \mathbb{R}^{n,m}, \quad \boldsymbol{X} = \boldsymbol{Y} + \boldsymbol{Z},$$

其中 $\operatorname{card}(\boldsymbol{Z})$ 是 $n \times m$ 的矩阵变量 $\boldsymbol{Z}$ 中的非零元素的个数，而 λ 是一个参数，其权衡 $\boldsymbol{X}$ 的

⊖ E. J. Candès, X. Li, Y. Ma 和 J. Wright, Robust principal component analysis? *J. ACM*, 2011.

低秩分量 $\boldsymbol{Y}$ 和另一个分量 $\boldsymbol{Z}$ 的稀疏性. 当一些观测数据本质上被认为具有低秩结构，但其中存在由稀疏分量表示的“尖峰”（或异常值）时，就会出现这样的问题.

鲁棒 PCA 问题一般很难求解. 正如在 11.4.4 节中提到的，人们可以使用矩阵㊀的核范数作为其秩的一个凸代理，并应用 ℓ_1 范数来控制基数. 这导致了上述鲁棒 PCA 问题的一个凸近似：

$$\min_{\boldsymbol{Z}} \|\boldsymbol{Y}\|_* + \lambda\|\boldsymbol{Z}\|_1 : \quad \boldsymbol{Y}, \boldsymbol{Z} \in \mathbb{R}^{n,m}, \quad \boldsymbol{X} = \boldsymbol{Y} + \boldsymbol{Z},$$

其中 $\|\boldsymbol{Z}\|_1$ 为矩阵 $\boldsymbol{Z}$ 中元素绝对值之和，而 $\|\boldsymbol{Y}\|_*$ 是 $\boldsymbol{Y}$ 的核范数（即其奇异值之和）. 上面的问题是一个 SDP㊁，对于中等规模的情况是可以求解的. 对于大规模的情况则可以应用专门的算法来求解.

例 13.10（视频中的背景建模）㊂ 由于帧之间的相关性，视频数据自然是低秩建模的候选对象. 视频监控中最基本的算法任务之一是为场景中的背景变化估计出一个好的模型. 这个任务由于前景对象的存在而变得复杂：在繁忙的场景中，每一帧都可能包含一些异常. 背景模型需要足够灵活以便适应场景中的变化，例如：由于不同的光照. 在这种情况下，很自然地将背景变化建模为近似低秩. 前景对象，如汽车或行人，通常只占用图像像素的一小部分，因此可视其为稀疏的误差.

考虑原始视频中的五帧，如图 13.13 顶部所示，其中包含一个路人. 每帧分辨率为 176×144 像素. 首先将它们分成三个通道 (RGB). 对于每个通道，我们将每个帧堆叠为矩阵 $\boldsymbol{X} \in \mathbb{R}^{25344,5}$ 的一列，并通过鲁棒 PCA 将 $\boldsymbol{X}$ 分解为低秩分量 $\boldsymbol{Y}$ 和稀疏分量 $\boldsymbol{Z}$. 然后将这三

图 13.13 一组视频帧. 顶部：原始集. 中部：仅显示背景的低秩分量. 底部：仅显示前景的稀疏分量

㊀ 参见 5.2.2 节.

㊁ 参见习题 11.3.

㊂ 该例子源于 M. Balandat, W. Krichene, C.P. 和 K.K. Lam, *Robust Principal Component Analysis*. EE 227A project report, UC Berkeley, 2012 年 5 月.

个通道再次组合，形成两组图像，一组具有低秩分量，另一组具有稀疏分量. 如图 13.13 所示，低秩分量正确地恢复了背景，而稀疏分量正确地识别了移动的人.

13.5.5 稀疏图形高斯模型

稀疏图形高斯建模的目的是发现一个数据集中的某些隐藏图结构. 基本的假设是数据是由某些多元高斯分布生成的，任务则是学习该分布的参数，并希望展现出很多条件独立性的模型. 为了使模型元素表述地更清楚，以此需要下面的背景知识.

用高斯分布拟合数据. 一个空间 $\mathbb{R}^n$ 上的高斯分布的密度可参数化为：

$$p(x)=\frac{1}{(2\pi\det\boldsymbol{S})^{n/2}}\mathrm{e}^{-\frac{1}{2}(\boldsymbol{x}-\boldsymbol{\mu})^{\top}\boldsymbol{S}^{-1}(\boldsymbol{x}-\boldsymbol{\mu})},$$

其中参数为 $\boldsymbol{\mu}\in\mathbb{R}^n$ 和一个对称 $n\times n$ 正定矩阵 $\boldsymbol{S}$. 这些参数具有一个自然的解释：$\boldsymbol{\mu}$ 是分布的均值（其期望值），而 $\boldsymbol{S}$ 是其协方差矩阵. 事实上，根据积分很容易验证得到：

$$\mathbb{E}(\boldsymbol{x})=\int\boldsymbol{x}p(\boldsymbol{x})\mathrm{d}\boldsymbol{x}=\boldsymbol{\mu},$$

$$\mathbb{E}(\boldsymbol{x}-\boldsymbol{\mu})(\boldsymbol{x}-\boldsymbol{\mu})^{\top}=\int(\boldsymbol{x}-\boldsymbol{\mu})(\boldsymbol{x}-\boldsymbol{\mu})^{\top}p(\boldsymbol{x})\mathrm{d}\boldsymbol{x}=\boldsymbol{S}.$$

如果一个数据集 $\boldsymbol{X}=[x_1,\cdots,x_m]$ 是可用的，那么我们可以应用最大似然的概念来拟合高斯分布，也就是，找到参数 $\boldsymbol{\mu},\boldsymbol{S}$ 的估计值 $\hat{\mu}$, $\hat{S}$. 其想法是最大化密度 $p(x_i)(i=1,\cdots,m)$ 的乘积，于是有如下的问题：

$$\max_{\boldsymbol{\mu},\boldsymbol{S}}-\frac{1}{2}\sum_{i=1}^{m}(\boldsymbol{x}_i-\boldsymbol{\mu})^{\top}\boldsymbol{S}^{-1}(\boldsymbol{x}_i-\boldsymbol{\mu})+\log\det\boldsymbol{S}:\quad\boldsymbol{S}\succeq 0.$$

求解 $\boldsymbol{\mu}$ 则得到估计 $\hat{\boldsymbol{\mu}}=\boldsymbol{\mu}^{\text{sample}}$, 其中 $\boldsymbol{\mu}^{\text{sample}}$ 为如下的样本均值：

$$\boldsymbol{\mu}^{\text{sample}}\doteq\frac{1}{m}\sum_{i=1}^{m}\boldsymbol{x}_i,$$

而协方差矩阵估计则为如下最优化问题的解：

$$\hat{S}=\arg\max_{\boldsymbol{S}}\operatorname{trace}\left(\boldsymbol{S}^{-1}\boldsymbol{S}^{\text{sample}}\right)-\log\det\boldsymbol{S}:\quad\boldsymbol{S}\succ 0,\tag{13.17}$$

其中 $\boldsymbol{S}^{\text{sample}}$ 是样本方差，即

$$\boldsymbol{S}^{\text{sample}}\doteq\frac{1}{m}\sum_{i=1}^{m}\left(\boldsymbol{x}_i-\boldsymbol{\mu}^{\text{sample}}\right)\left(\boldsymbol{x}_i-\boldsymbol{\mu}^{\text{sample}}\right)^{\top}.$$

问题 (13.17) 并非凸的，但可应用变量代换 $\boldsymbol{S} \to \boldsymbol{P} = \boldsymbol{S}^{-1}$ 使其成为凸的，于是得到：

$$\max_{\boldsymbol{P}} \ \text{trace}\, \boldsymbol{P}\boldsymbol{S}^{\text{sample}} + \log\det \boldsymbol{P}: \quad \boldsymbol{P} \succ 0, \tag{13.18}$$

其关于矩阵变量 $\boldsymbol{P}$ 是凸的. 假设样本协方差矩阵是正定的，那么我们可以很容易地通过观察最优性条件来求解上述问题，从而得到 $\hat{\boldsymbol{P}} = (\boldsymbol{S}^{\text{sample}})^{-1}$. 于是，最大似然估计就为 $\hat{\boldsymbol{S}} = \boldsymbol{S}^{\text{sample}}$. 总之，在这种情况下，最大似然方法只是将估计的均值和协方差矩阵设置为它们的样本均值和样本协方差.

条件独立. 假设协方差矩阵 $\boldsymbol{S}$ 是可逆的. 称逆矩阵 $\boldsymbol{P} \doteq \boldsymbol{S}^{-1}$ 为精度矩阵，其元素根据条件独立性有很好的解释. 称一对变量 (x_k, x_l) 是条件独立的，如果当我们固定 $\boldsymbol{x}$ 中的所有其他变量时，两个随机变量 x_k 和 x_l 是独立的. 这意味着：所得的（条件）概率密度可以分解为两个边缘分布密度的乘积，一个依赖于 x_k，而另一个依赖于 x_l. 上面给出的密度函数 p 满足：

$$-2\ln p(\boldsymbol{x}) = (\boldsymbol{x}-\boldsymbol{\mu})^\top \boldsymbol{S}^{-1}(\boldsymbol{x}-\boldsymbol{\mu}) = \sum_{i,j} P_{ij}\,(x_i-\mu_i)\,(x_j-\mu_j)\,.$$

显然，当 $P_{kl}=0$ 时，上面的二次函数不包含 x_k 和 x_l 的项. 因此，当固定 $\boldsymbol{x}$ 中的所有变量（除 x_k, x_l 之外）时，则有：

$$-2\ln p(\boldsymbol{x}) = p_k\,(x_k) + p_l\,(x_l)\,.$$

也就是说，p 分解为两个函数的乘积，一个仅依赖于 x_k，而另一个仅依赖于 x_l.

例 13.11　假设空间 $\mathbb{R}^3$ 上的一个高斯分布，其均值为 0 且 3×3 精度矩阵 $\boldsymbol{P}$ 满足 $P_{12}=0$. 可以验证 x_1, x_2 是条件独立的. 我们固定变量 x_3 且观察到：

$$\begin{aligned}-2\ln p(\boldsymbol{x}) &= P_{11}x_1^2 + P_{22}x_2^2 + 2P_12x_1x_2 + 2P_{13}x_1x_3 + 2P_{23}x_2x_3 + P_{33}x_3^2 \\ &= \left(P_{11}x_1^2 + 2P_{13}x_1x_3\right) + \left(P_{22}x_2^2 + 2P_{23}x_2x_3\right) + \text{常数}.\end{aligned}$$

如上所述，当 x_3 固定时，密度可写为两项的乘积，每一项仅涉及 x_1 或仅涉及 x_2.

当试图基于观察来理解随机变量之间的关系时，条件独立性是一个很自然的概念. 更广为人知的关于协方差的概念在实际中可能并不总是有用的. 在真实世界中的许多数据集中，所有的变量都是相互关联的，且协方差矩阵是稠密的. 简单来看（协）方差矩阵并没有明显的结构. 相比之下，许多变量可以是条件独立的. 与其逆相关矩阵相比，相应的精度矩阵是稀疏的.

这鼓励我们去发现一个条件独立结构，例如：在不同随机变量 $x_1, \cdots, x_n$ 之间的一个图形式，它没有连接任何条件独立对 (x_i, x_j) 的边. 图越稀疏越容易读取.

下面的例子说明了精度矩阵在揭示以其他方式隐藏在协方差矩阵中的结构时是如何作用的.

例 13.12（一个条件独立情况）　假设在大量人口中观察到三个变量 x_1，x_2，x_3，其分别对应于鞋子的大小、有无白发以及年龄. 假设协方差矩阵有很好的估计. 并不奇怪，协方差矩阵是稠密的，这意味着所有这些变量都是相关的. 特别地，随着年龄的增长，鞋子的尺码会增加，白发也会出现.

然而，精度矩阵满足 $P_{12}=0$，这表明：在给定年龄下，鞋的大小和是否有白发实际上是相互独立的. 这是有道理的：如果把人群分为年龄相近的群体，我们会发现，对于给定的年龄组，鞋子的大小和白发之间没有统计上的关系.

稀疏精度矩阵.　为了容易发现由极大似然估计的模型中的条件独立性，我们用涉及关于 $\boldsymbol{P}$ 的一个 ℓ_1 范数惩罚来改进凸问题 (13.18). 这导致如下的变形：

$$\max_{\boldsymbol{P}} \ \operatorname{trace} \boldsymbol{P}\boldsymbol{S}^{\text{sample}} + \log\det \boldsymbol{P} - \lambda\|\boldsymbol{P}\|_1 : \ \ \boldsymbol{P} \succ 0, \tag{13.19}$$

其中 λ 是权衡模型的“拟合优度”和精度矩阵稀疏性的参数.

与原问题 (13.18) 相比，上述惩罚性问题无法解析求解. 然而，它是凸的，且其适合有效的算法.

例 13.13（利率数据图）　在图 13.14 中，我们画出了从逆协方差矩阵推断出的利率依赖结构（一年内采样）. 每个节点代表一个特定的到期利率，如果逆协方差矩阵中的相应系数非零，即如果它们是条件相关的，则显示节点之间的边. 我们比较了 $\lambda=0$（即简单的逆样本协方差矩阵）和 $\lambda=1$ 时问题 (13.19) 的解. 在稀疏解中，利率明显地按到期日聚集.

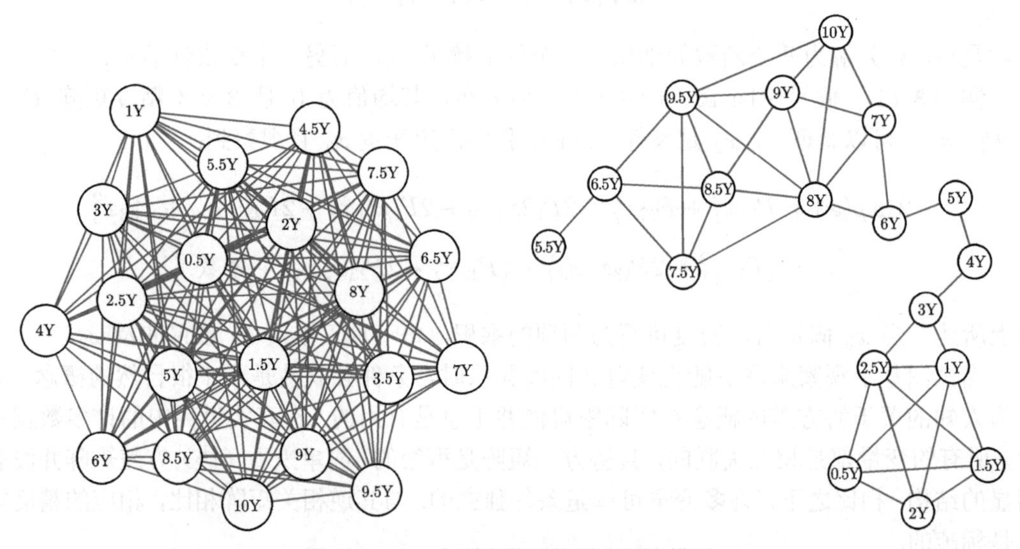

图 13.14　一个利率数据的稀疏图形模型

例 13.14（参议员名单）　返回到例 2.15 的参议院投票数据. 图 13.15 显示了从该数据获得的稀疏图. 我们已经求解了 $\lambda=0.1$ 的问题 (13.19). 该图显示了当最优稀疏逆协方差 $\boldsymbol{P}$ 中的相应元素为零时，两个节点（参议员）之间没有边.

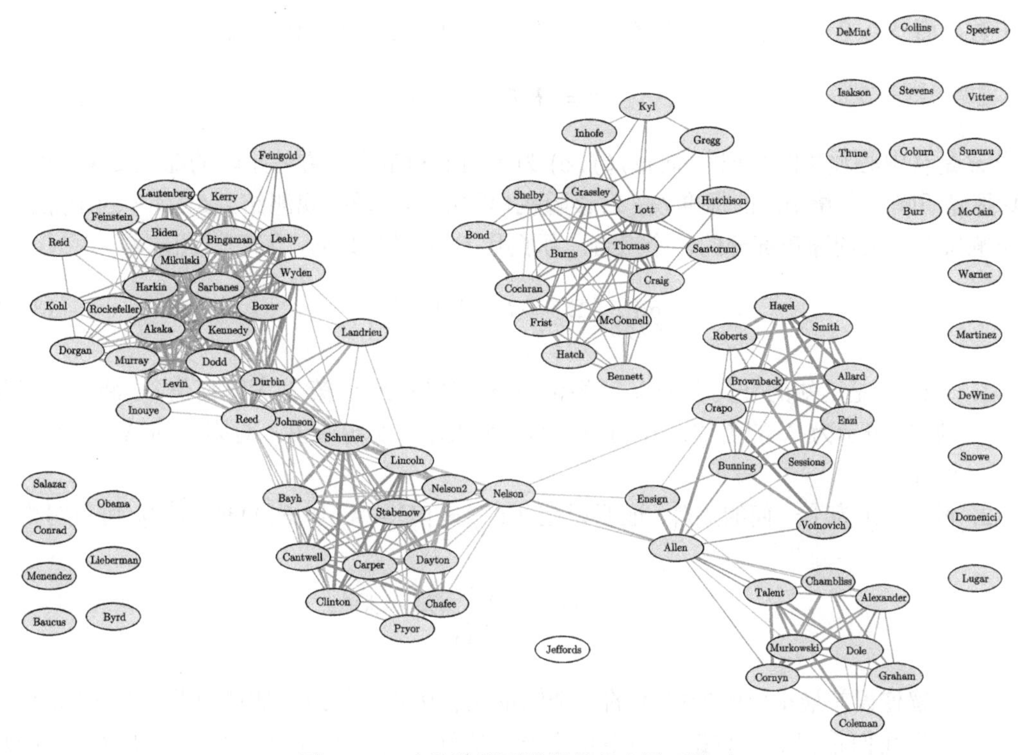

图 13.15 参议院投票数据的稀疏图形模型

13.6 习题

习题 13.1（文本分析的 SVD） 假设文档矩阵 $\boldsymbol{X}$ 以 $n\times m$ 的形式给出一个数据集，其对应于大量新闻文章的集合. 更精确地，$\boldsymbol{X}$ 中的 (i,j) 项是文档 j 中单词 i 的频率. 我们希望在二维图上可视化这个数据集. 解释你将如何执行以下操作（根据一个合适的 X 的中心化版本的 SVD 仔细表述你的步骤）：

1. 将不同的新闻源在词空间中划分为点使其方差最大.
2. 在新闻源空间中，以最大方差将不同的词划分为点.

习题 13.2（学习因子模型） 给定一个数据矩阵 $\boldsymbol{X}=[\boldsymbol{x}^{(1)},\cdots,\boldsymbol{x}^{(m)}]$，其中 $\boldsymbol{x}^{(i)}\in\mathbb{R}^n$，$i=1,\cdots,m$. 我们假设数据是中心化的：$x^{(1)}+\cdots+x^{(m)}=0$. 协方差矩阵的一个（经验）估计为⊖

$$\boldsymbol{\Sigma}=\frac{1}{m}\sum_{i=1}^{m}\boldsymbol{x}^{(i)}\boldsymbol{x}^{(i)\top}.$$

在实际中，上述协方差矩阵的估计通常是有噪声的. 消除噪声的一种方式是将协方差矩阵近似为 $\boldsymbol{\Sigma}\approx\lambda\boldsymbol{I}+\boldsymbol{F}\boldsymbol{F}^{\top}$，其中 $\boldsymbol{F}$ 是一个 $n\times k$ 矩阵，其所谓的“因子载荷”，其中 $k\ll n$ 为

⊖ 参见例 4.2.

因子数，而 $\lambda \geqslant 0$ 为“异值噪声”的方差. 对应这种设置的随机模型为：

$$\boldsymbol{x} = \boldsymbol{F}\boldsymbol{f} + \sigma\boldsymbol{e},$$

其中 $\boldsymbol{x}$ 是有中心观测的（随机）向量，$(\boldsymbol{f}, \boldsymbol{e})$ 为零均值和单位协方差矩阵的随机变量，而 $\sigma = \sqrt{\lambda}$ 是异质噪声分量 $\sigma\boldsymbol{e}$ 的标准差. 对该随机模型的解释是：观测结果是 k 个因子加上独立影响每个维数的噪声部分的一个组合. 为了用 $\boldsymbol{F}, \lambda$ 拟合数据，我们试图求解

$$\min_{\boldsymbol{F}, \lambda \geqslant 0} \left\| \boldsymbol{\Sigma} - \lambda I - \boldsymbol{F}\boldsymbol{F}^{\top} \right\|_{\mathrm{F}}. \tag{13.20}$$

1. 假设 λ 是已知的且其小于 λ_k（经验协方差矩阵 $\boldsymbol{\Sigma}$ 的第 k 大特征值）. 将一个最优的 $\boldsymbol{F}$ 表示为 λ 的函数，我们用 $\boldsymbol{F}(\lambda)$ 来表示. 换句话说：对固定的 λ，你需要求解 $\boldsymbol{F}$.
2. 设 $\boldsymbol{F}(\lambda)$ 为上一问的矩阵. 证明误差 $E(\lambda) = \|\boldsymbol{\Sigma} - \lambda \boldsymbol{I} - \boldsymbol{F}(\lambda)\boldsymbol{F}(\lambda)^{\top}\|_{\mathrm{F}}$ 可重写为：

$$E(\lambda)^2 = \sum_{i=k+1}^{p} (\lambda_i - \lambda)^2.$$

   求解使误差最小化的最优 λ 的一个闭形式表达式，并给出估计问题 (13.20) 的解.
3. 假设我们希望估计数据空间中特定方向所涉及的风险（通过方差来度量）. 回想例 4.2，已知一个具有单位范数的 n 维向量 $\boldsymbol{w}$，沿方向 $\boldsymbol{w}$ 的方差为 $\boldsymbol{w}^{\top}\boldsymbol{\Sigma}\boldsymbol{w}$. 证明：与使用 $\boldsymbol{\Sigma}$ 相比，使用 $\boldsymbol{\Sigma}$ 的秩 k 近似会导致对定向风险的低估. 进一步，讨论基于上述因子模型的近似会导致什么样的结果.

习题 13.3（时间序列的移动预测）　假设有一个历史数据集，其包含时间序列 $r(1), \cdots, r(T)$. 我们的目标是预测时间序列是否上升还是下降. 基本的想法是使用基于自回归模型输出符号的预测，该模型使用 n 个历史数据值（这里 n 是固定的）. 也就是，$r(t+1)-r(t)$ 的值的符号在 t 时刻的预测具有如下形式：

$$\hat{y}_{\boldsymbol{w},b}(t) = \operatorname{sgn}\left(w_1 r(t) + \cdots + w_n r(t-n+1) + b\right),$$

其中 $\boldsymbol{w} \in \mathbb{R}^n$ 是分类器系数，b 是偏移项，而 $n \ll T$ 决定了我们使用这些数据进行预测的时间有多长.

1. 首先求解如下问题：

$$\min_{\boldsymbol{w},b} \sum_{t=n}^{T-1} \left(\hat{y}_{\boldsymbol{w},b}(t) - y(t)\right)^2,$$

   其中 $y(t) = \operatorname{sgn}(r(t+1) - r(t))$. 换句话说，本问题试图在最小二乘意义上，将分类器对训练集的预测与观察到的真值进行匹配. 考虑是否可以用凸优化来求解上述问题，并说明原因.

2. 解释如何设置问题并使用凸优化训练分类器. 确保精确定义学习过程、优化问题中的变量以及如何找到最佳变量进行预测.

习题 13.4（PCA 的一种变形） 返回到习题 11.2 中讨论的 PCA 变形. 用一个你选择的数据集（可能是合成的），比较经典的 PCA 方法和这里所讨论的变形，特别是在对异常值的敏感性方面. 请尽可能精确地建立一个评估代理方案，并讨论你的结果.

习题 13.5（平方与非平方惩罚） 考虑如下问题：

$$P(\lambda):\quad p(\lambda) \doteq \min_{\boldsymbol{x}} f(\boldsymbol{x}) + \lambda\|\boldsymbol{x}\|,$$

$$Q(\mu):\quad q(\mu) \doteq \min_{\boldsymbol{x}} f(\boldsymbol{x}) + \frac{1}{2}\mu\|\boldsymbol{x}\|^2,$$

其中 f 是一个凸函数，$\|\cdot\|$ 是一个任意向量范数，而 $\lambda > 0$, $\mu > 0$ 为参数. 假设对每一个这些参数的选择，其相应的问题都有一个唯一的解. 通常，对于固定的 λ 和 μ 的上述问题的解并不相同. 这个习题表明：我们可以得到第一个问题的解，然后获得第二个问题的解，反之亦然.

1. 证明 p, q 是凹函数，以及 $\tilde{q}(\mu) = q(1/\mu)$ 在 $\mathbb{R}_+$ 上是凸函数.
2. 证明：

$$p(\lambda) = \min_{\mu>0} q(\mu) + \frac{\lambda^2}{2\mu},\quad q(\mu) = \max_{\lambda>0} p(\lambda) - \frac{\lambda^2}{2\mu}.$$

   对于第二个表达式，你可以假设 dom f 具有非空的内部.
3. 从第一部分推导出解的路径是相同的. 也就是说，如果对每个 $\lambda > 0$, 可以求解第一个问题，那么对任意的 $\mu > 0$，我们这样所找到的最优点对于第二个问题也是最优的，反之亦然. 为了方便，用 $x^*(\lambda)$（或 $z^*(\mu)$）表示 $P(\lambda)$ 的唯一解（或 $Q(\mu)$）.
4. 陈述并证明关于第三个函数的类似结果：

$$r(\kappa):\quad r(\kappa) \doteq \min_{\boldsymbol{x}} f(\boldsymbol{x}):\ \|\boldsymbol{x}\| \leqslant \kappa.$$

5. 如果去掉唯一性假设，那么结果如何?

习题 13.6（基数惩罚的最小二乘） 考虑如下问题：

$$\phi(k) \doteq \min_{\boldsymbol{w}} \left\|\boldsymbol{X}^\top\boldsymbol{w} - \boldsymbol{y}\right\|_2^2 + \rho^2\|\boldsymbol{w}\|_2^2 + \lambda\,\mathrm{card}(\boldsymbol{w}),$$

其中 $\boldsymbol{X} \in \mathbb{R}^{n,m}$, $\boldsymbol{y} \in \mathbb{R}^m$, $\rho > 0$ 是一个正则化参数，而 $\lambda \geqslant 0$ 允许我们控制解的基数（非零的个数）. 这反过来使结果具有更好的可解释性. 上述问题通常很难求解. 在该习题中，我们用 $\boldsymbol{a}_i^\top (i = 1, \cdots, n)$ 表示 X 的第 i 行，其对应于一个特定的"特征"（也就是变量 $\boldsymbol{w}$ 的维数）.

1. 首先假设没有基数惩罚，即 $\lambda=0$. 证明：

$$\phi(0)=\boldsymbol{y}^{\top}\left(\boldsymbol{I}+\frac{1}{\rho^2}\sum_{i=1}^{n}\boldsymbol{a}_i\boldsymbol{a}_i^{\top}\right)^{-1}\boldsymbol{y}.$$

2. 现在考虑 $\lambda>0$ 的情况，证明：

$$\phi(\lambda)=\min_{\boldsymbol{u}\in\{0,1\}^n}\boldsymbol{y}^{\top}\left(\boldsymbol{I}_m+\frac{1}{\rho^2}\sum_{i=1}^{n}u_i\boldsymbol{a}_i\boldsymbol{a}_i^{\top}\right)^{-1}\boldsymbol{y}+\lambda\sum_{i=1}^{n}\boldsymbol{u}_i.$$

3. 将约束 $\boldsymbol{u}\in\{0,1\}^n$ 替换为区间约束 $\boldsymbol{u}\in[0,1]^n$，就自然得到问题的一个松弛形式，证明得到的下界 $\phi(\lambda)\geqslant\underline{\phi}(\lambda)$ 为如下凸问题的最优值：

$$\underline{\phi}(\lambda)=\max_{\boldsymbol{v}}2\boldsymbol{y}^{\top}\boldsymbol{v}-\boldsymbol{v}^{\top}\boldsymbol{v}-\sum_{i=1}^{n}\left(\frac{\left(\boldsymbol{a}_i^{\top}\boldsymbol{v}\right)^2}{\rho^2}-\lambda\right)_+.$$

   你如何从上述问题的一个解 $\boldsymbol{v}^*$ 中恢复一个次优稀疏模式？
4. 将上述问题表述为一个 SOCP.
5. 建立 SOCP 的对偶，并证明它可以简化为如下的表达式：

$$\underline{\phi}(\lambda)=\left\|\boldsymbol{X}^{\top}\boldsymbol{w}-\boldsymbol{y}\right\|_2^2+2\lambda\sum_{i=1}^{n}B\left(\frac{\rho x_i}{\sqrt{\lambda}}\right),$$

   其中 B 是（凸）反 Hüber 函数：对于 $\xi\in\mathbb{R}$，

$$B(\xi)\doteq\frac{1}{2}\min_{0\leqslant z\leqslant 1}\left(z+\frac{\zeta^2}{z}\right)=\begin{cases}|\xi| & 如果|\xi|\leqslant 1,\\ \dfrac{\xi^2+1}{2} & 其他.\end{cases}$$

   同样，如何从上述问题的解 $\boldsymbol{w}^*$ 中恢复次优稀疏模式？
6. 处理基数惩罚的一个经典方法是用 ℓ_1 范数来替换. 上述方法与 ℓ_1 范数松弛法相比如何？讨论之.

第14章 计算金融

最优化在计算金融中扮演着愈发重要的角色. 由于马科维茨的开创性工作——将金融权衡决策问题表述为一个凸优化问题（他也因此与 M. Miller 和 W. Sharpe 于 1990 年共同获得诺贝尔经济学奖），金融领域的研究人员和专业人员争相建立合适的模型来研究策略优化或战略投资决策. 本章给出了一些金融应用的有限概述，其中凸优化模型提供了寻找有效解的关键工具.

14.1 单期最优投资组合

例 2.6、例 4.3 和例 8.19 介绍了一个基本的金融投资组合模型. 在此设置中，向量 $\boldsymbol{r} \in \mathbb{R}^n$ 包含固定期限内 n 种资产的随机回报率 △(例如：一天、一周或一个月)，而 $\boldsymbol{x} \in \mathbb{R}^n$ 是一个向量，其用来描述投资者在这 n 种资产中每种资产分配的财富金额. 这一节，我们假设投资者持有一个初始投资组合 $\boldsymbol{x}(0) \in \mathbb{R}^n$（因此投资者的初始总财富为 $w(0) \doteq \sum_{i=1}^n x_i(0) = \mathbf{1}^\top \boldsymbol{x}(0)$），并且他希望在市场上进行交易以更新投资组合. 交易金额的向量由 $\boldsymbol{u} \in \mathbb{R}^n$ 表示（其中 $u_i > 0$ 表示对第 i 项资产增加的投资，$u_i < 0$ 表示减少的投资，而 $u_i = 0$ 表示投资份额保持不变)，于是交易后更新的投资组合为：

$$\boldsymbol{x} = \boldsymbol{x}(0) + \boldsymbol{u}.$$

进一步假设该投资组合是自融资的，即总财富是守恒的（不注入或收回新的现金)，其可以用预算守恒条件 $\mathbf{1}^\top \boldsymbol{x} = \mathbf{1}^\top \boldsymbol{x}(0)$ 来表示，也就是：

$$\mathbf{1}^\top \boldsymbol{u} = 0.$$

此外，不失一般性，我们考虑初始财富为一个单位（即 $w(0) = 1$）的情况. 有时，投资者可以持有实际上为负的资产（也就是说，允许 $\boldsymbol{x}$ 中的某些元素为负）. 这种金融手段称为卖空，实际上就是从银行或经纪公司借入资产，然后出售. 如果代理不允许该操作（或者不想使用它)，那么可以对问题施加“禁止卖空”约束 $\boldsymbol{x} \geqslant 0$, 即

$$\boldsymbol{x}(0) + \boldsymbol{u} \geqslant 0 \quad (\text{非卖空}).$$

14.1.1 均值方差最优化

以诺贝尔经济学奖得主马科维茨命名的经典方法假设回报向量的期望值为 $\hat{\boldsymbol{r}} = \mathbb{E}\{\boldsymbol{r}\}$ 以及如下回报的协方差矩阵是已知的：

$$\boldsymbol{\Sigma}=\mathbb{E}\left\{(\boldsymbol{r}-\hat{\boldsymbol{r}})(\boldsymbol{r}-\hat{\boldsymbol{r}})^{\top}\right\}.$$

于是，投资组合在期末的回报可以表述为如下随机变量：

$$\varrho(\boldsymbol{x})=\boldsymbol{r}^{\top}\boldsymbol{x},$$

其期望为

$$\mathbb{E}\{\varrho(\boldsymbol{x})\}=\hat{\boldsymbol{r}}^{\top}\boldsymbol{x},$$

而方差为

$$\operatorname{Var}\{\varrho(\boldsymbol{x})\}=\boldsymbol{x}^{\top}\boldsymbol{\Sigma}\boldsymbol{x}.$$

马科维茨方法假设了投资者喜欢具有高预期回报的投资组合，同时他们厌恶风险，这可以通过投资组合的方差（在金融研究中，通常称为波动率）来度量. 然后，可以通过在允许风险上限的基础上最大化 ϱ 的期望值，或者通过在预期收益的下限范围内最小化风险来获得最优投资组合. 设 μ 表示期望回报的最低期望水平以及 $\bar{\sigma}^2$ 表示风险的最高容许水平，这两个问题具有如下表示：

$$\begin{aligned}\rho(\bar{\sigma})=\max_{\boldsymbol{u}}\quad & \hat{\boldsymbol{r}}^{\top}\boldsymbol{x}\\ \text{s.t.:}\quad & \boldsymbol{x}^{\top}\boldsymbol{\Sigma}\boldsymbol{x}\leqslant\bar{\sigma}^2,\\ & \boldsymbol{x}\in\mathcal{X},\end{aligned}$$

和

$$\begin{aligned}\bar{\sigma}^2(\mu)=\min_{\boldsymbol{u}}\quad & \boldsymbol{x}^{\top}\boldsymbol{\Sigma}\boldsymbol{x}\\ \text{s.t.:}\quad & \hat{\boldsymbol{r}}^{\top}\boldsymbol{x}\geqslant\mu,\\ & \boldsymbol{x}\in\mathcal{X},\end{aligned}$$

其中我们已经定义

$$\mathcal{X}\doteq\left\{\boldsymbol{x}\in\mathbb{R}^n:\ \boldsymbol{x}=x(0)+\boldsymbol{u},\ \mathbf{1}^{\top}\boldsymbol{x}=w(0),\ \mathrm{ns}\cdot x\geqslant 0\right\},$$

这里 ns 是一个标记，如果不允许卖空，则将其赋值为 1, 否则将其赋值为 0. 由于 $\boldsymbol{\Sigma}\succeq 0$, 这两个问题都是二次凸优化问题. 在实际中，这些问题通常是针对 μ 或 σ 的多个递增值来求最优解的，从而在风险或回报平面上得到一条最优值的曲线，称此为有效边界. 于是，对任意投资组合 $\boldsymbol{x}$ 来说，满足 $(x^{\top}\Sigma x,\hat{r}^{\top}x)$ 位于该曲线上，则称为有效投资组合.

例 14.1（对交易所买卖基金的配置） 作为一个数值例子，考虑基于如下 $n=7$ 种资产的投资组合的配置问题：

1. SPDR Dow Jones Industrial ETF, ticker DIA;
2. iShares Dow Jones Transportation ETF, ticker IYT;

3. iShares Dow Jones Utilities ETF, ticker IDU;
4. First Trust Nasdaq- 100 Ex-Tech EFT, ticker QQXT:
5. SPDR Euro Stoxx 5o ETF, ticker FEZ;
6. iShares Barclays 20 + Yr Treas. Bond ETF, ticker TLT;
7. iShares iBoxx USD High Yid Corp Bond ETF, ticker HYG.

利用截至 2013 年 4 月 16 日的 300 个日回报观测数据，可估算出这些资产的期望回报向量和协方差矩阵为㊀：

$$\hat{\boldsymbol{r}} = [5.996\ 4.584\ 6.202\ 7.374\ 3.397\ 1.667\ 3.798] \times 10^{-4},$$

$$\boldsymbol{\Sigma} = \begin{bmatrix} 0.5177 & 0.596 & 0.2712 & 0.5516 & 0.9104 & -0.3859 & 0.2032 \\ 0.596 & 1.22 & 0.3602 & 0.7671 & 1.095 & -0.4363 & 0.2469 \\ 0.2712 & 0.3602 & 0.3602 & 0.2866 & 0.4754 & -0.1721 & 0.1048 \\ 0.5516 & 0.7671 & 0.2866 & 0.8499 & 1.073 & -0.4363 & 0.2303 \\ 0.9104 & 1.095 & 0.4754 & 1.073 & 2.563 & -0.8142 & 0.4063 \\ -0.3859 & -0.4363 & -0.1721 & -0.4363 & -0.8142 & 0.7479 & -0.1681 \\ 0.2032 & 0.2469 & 0.1048 & 0.2303 & 0.4063 & -0.1681 & 0.1478 \end{bmatrix} \times 10^{-4}.$$

考虑 μ 在区间 $[3.54, 7.37] \times 10^{-4}$ 中取 $N = 20$ 个平均间隔值，对于每个 μ, 求解 $\text{ns} = 1$ 时的问题即式 (14.1)（不允许卖空），这样就得到了有效边界的离散点近似，如图 14.1 所示. 例如：有效投资组合编号为 13 的组合如下

$$\boldsymbol{x} = [0.0145\ 0.0014\ 54.79\ 31.68\ 0.0008\ 13.51\ 0.0067] \times 0.01.$$

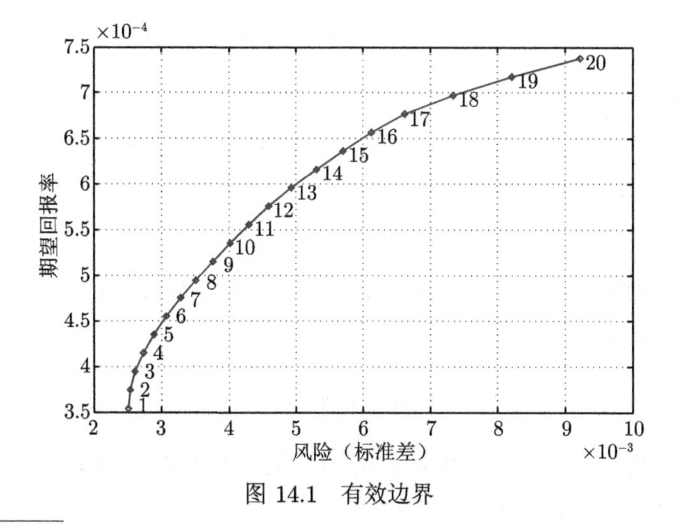

图 14.1 有效边界

㊀ 估计期望回报和协方差矩阵在最优投资组合中是一个非常微妙的步骤. 在本例中，我们分别计算了 $\hat{\boldsymbol{r}}$ 和 $\boldsymbol{\Sigma}$ 作为 300 天的所考虑的回望期内回报的经验均值和经验协方差矩阵.

该投资组合本质上由 IDU 的 54.8%、QQXT 的 31.7% 和 TLT 的 13.5% 构成，期望回报率为 0.0596%（每日），标准差为 0.494%.

14.1.2 投资组合约束与交易成本

根据实际需要，我们可以对投资组合执行进一步的设计约束，如下所述.

14.1.2.1 扇区界限

为了限制个人资产的投资风险，可以对 $\boldsymbol{x}$ 的某些元素设置上限. 我们还可以要求给定扇区（比如前 k 个资产）的投资总额不超过投资总额的 α 倍. 这可以通过向问题中添加如下约束来建模：

$$\sum_{i=1}^{k} x_i \leqslant \alpha \mathbf{1}^\top \boldsymbol{x}.$$

14.1.2.2 多样化

我们还可以提出某些多样化的约束. 例如：可以提出 k $(k < n)$ 个资产的任何一组都不包含超过投资总额的比例 η, 于是可写为

$$s_k(\boldsymbol{x}) \doteq \sum_{i=1}^{k} x_{[i]} \leqslant \eta \mathbf{1}^\top \boldsymbol{x},$$

其中 $x_{[i]}$ 是 $\boldsymbol{x}$ 的第 i 大分量. 于是 $s_k(\boldsymbol{x})$ 是 x 中前 k 大分量之和，参见例 9.10. 应用式 (9.16) 中的表示，多样化约束可以表示为：存在一个常数 t 和一个 n 维向量 $\boldsymbol{s}$ 使得

$$kt + \mathbf{1}^\top \boldsymbol{s} \leqslant \eta \mathbf{1}^\top \boldsymbol{x},\ \boldsymbol{s} \geqslant 0,\ \boldsymbol{s} \geqslant \boldsymbol{x} - t\mathbf{1}.$$

14.1.2.3 交易成本

优化模型中也可以考虑交易成本的存在. 特别地，我们很容易提出一个具有如下成比例的成本结构的形式：

$$\phi(\boldsymbol{u}) = c\|\boldsymbol{u}\|_1,$$

其中 $c \geqslant 0$ 是交易的单位成本. 如果存在交易成本，那么预算保持条件必须考虑交易的资金损失：$\mathbf{1}^\top \boldsymbol{x}(0) - \phi(\boldsymbol{u}) = \mathbf{1}^\top \boldsymbol{x}$, 也就是

$$\mathbf{1}^\top \boldsymbol{u} + \phi(\boldsymbol{u}) = 0.$$

这个等式约束是非凸的. 然而，如果 $\hat{\boldsymbol{r}} \geqslant 0$, 且我们正在考虑式 (14.1)所示问题, 那么可以等价地将其放松为不等式形式（参见例 8.19).

$$\rho(\bar{\sigma}) = \max_{\boldsymbol{u}} \quad \hat{\boldsymbol{r}}^\top \boldsymbol{x} \tag{14.1}$$

$$\text{s.t.:} \quad \boldsymbol{x}^\top \boldsymbol{\Sigma} \boldsymbol{x} \leqslant \bar{\sigma}^2,$$
$$\mathbf{1}^\top \boldsymbol{u} + c\|\boldsymbol{u}\|_1 \leqslant 0,$$
$$\boldsymbol{x} = \boldsymbol{x}(0) + \boldsymbol{u},$$
$$\text{ns} \cdot \boldsymbol{x} \geqslant 0.$$

14.1.3 夏普率的优化

夏普率[⊖]（SR）是一个衡量风险回报的指标，它量化了每单位风险的期望回报（超过无风险率）. 投资组合 $\boldsymbol{x}$ 的 SR 定义为:

$$\text{SR}(\boldsymbol{x}) = \frac{\mathbb{E}\{\varrho\} - r_f}{\sqrt{\text{Var}\{\varrho\}}} = \frac{\hat{\boldsymbol{r}}^\top \boldsymbol{x} - r_f}{\sqrt{\boldsymbol{x}^\top \boldsymbol{\Sigma} \boldsymbol{x}}},$$

其中 $r_f \geqslant 0$ 是无风险资产利率（例如：投资者从银行储蓄账户存款中获得的回报），正如之前所做的，假设 $w(0) = \mathbf{1}^\top \boldsymbol{x}(0) = 1$. 从回报/风险的角度来看，SR 值越高，投资越好. 假设不考虑无风险资产，在条件 $\hat{\boldsymbol{r}}^\top \boldsymbol{x} > r_f$ 和 $\boldsymbol{\Sigma} \succ 0$ 下，最大化 SR 的投资组合在几何上对应于过点 $(0, r_f)$ 的直线（所谓的资本配置线（CAL））的有效边界的切点，如图 14.2 所示.

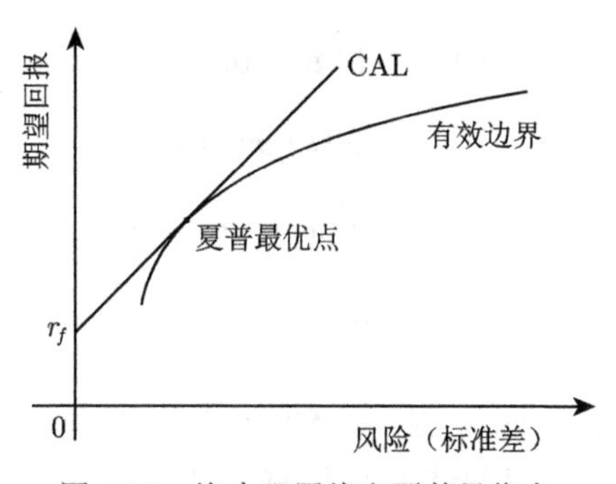

图 14.2 资本配置线和夏普最优点

在上述假设下，找到一个夏普最优投资组合相当于求解如下问题：

$$\max_{\boldsymbol{u}} \quad \frac{\hat{\boldsymbol{r}}^\top \boldsymbol{x} - r_f}{\sqrt{\boldsymbol{x}^\top \boldsymbol{\Sigma} \boldsymbol{x}}} \tag{14.2}$$
$$\text{s.t.:} \quad \hat{\boldsymbol{r}}^\top \boldsymbol{x} > r_f,$$
$$\boldsymbol{x} \in \mathcal{X}.$$

这种形式的问题是非凸的. 然而，可将 SR(x) 的分子和分母乘以一个松弛变量 $\gamma > 0$, 再设

$$\tilde{\boldsymbol{x}} \doteq \gamma \boldsymbol{x} = \gamma \boldsymbol{x}(0) + \tilde{\boldsymbol{u}}, \quad \tilde{\boldsymbol{u}} \doteq \gamma \boldsymbol{u}.$$

⊖ 以诺贝尔奖得主威廉·夏普命名（1990 年）.

由于最大化 SR(x) 等价于最小化 1/SR(x)（由于分子和分母都是正的），于是该问题可重写为：

$$
\begin{aligned}
\min_{\tilde{\boldsymbol{u}},\gamma>0} \quad & \frac{\sqrt{\tilde{\boldsymbol{x}}^\top \boldsymbol{\Sigma} \tilde{\boldsymbol{x}}}}{\hat{\boldsymbol{r}}^\top \tilde{\boldsymbol{x}} - \gamma r_f} \\
\text{s.t.:} \quad & \hat{\boldsymbol{r}}^\top \tilde{\boldsymbol{x}} > \gamma r_f, \\
& \mathbf{1}^\top \tilde{\boldsymbol{u}} = 0, \\
& \tilde{\boldsymbol{x}} = \gamma \boldsymbol{x}(0) + \tilde{\boldsymbol{u}}, \\
& \mathrm{ns} \cdot \tilde{\boldsymbol{x}} \geqslant 0.
\end{aligned}
$$

注意，该问题关于变量 $(\tilde{u},\gamma)$ 是齐次的. 这意味着，如果 $(\tilde{\boldsymbol{u}},\gamma)$ 是一个解，那么对任意 $\alpha>0$, $\alpha(\tilde{\boldsymbol{u}},\gamma)$ 也是一个解. 通过将目标中的分母归一化使其等于 1，我们重解这个齐次性，也就是，提出约束 $\hat{\boldsymbol{r}}^\top \tilde{\boldsymbol{x}} - \gamma r_f = 1$. 在这样的归一化下，问题转化为：

$$
\begin{aligned}
\min_{\tilde{\boldsymbol{u}},\gamma>0} \quad & \sqrt{\hat{\boldsymbol{x}}^\top \boldsymbol{\Sigma} \tilde{\boldsymbol{x}}} \\
\text{s.t.:} \quad & \mathbf{1}^\top \tilde{\boldsymbol{u}} = 0, \\
& \hat{\boldsymbol{x}} = \gamma \boldsymbol{x}(0) + \tilde{\boldsymbol{u}}, \\
& \hat{\boldsymbol{r}}^\top \tilde{\boldsymbol{x}} - \gamma r_f = 1, \\
& \mathrm{ns} \cdot \tilde{\boldsymbol{x}} \geqslant 0.
\end{aligned}
$$

由于 $\boldsymbol{\Sigma} \succ 0$, 那么可以将其分解为 $\boldsymbol{\Sigma} = \boldsymbol{\Sigma}^{1/2}\boldsymbol{\Sigma}^{1/2}$（参见 4.4.4 节），因此 $\sqrt{\tilde{\boldsymbol{x}}^\top \boldsymbol{\Sigma} \hat{\boldsymbol{x}}} = \|\boldsymbol{\Sigma}^{1/2}\tilde{\boldsymbol{x}}\|_2$. 于是，SR 优化问题可归结为如下 SOCP:

$$
\begin{aligned}
\min_{\tilde{\boldsymbol{u}},\gamma>0,t} \quad & t \\
\text{s.t.:} \quad & \left\|\boldsymbol{\Sigma}^{1/2}\tilde{\boldsymbol{x}}\right\|_2 \leqslant t, \\
& \mathbf{1}^\top \tilde{\boldsymbol{u}} = 0, \\
& \hat{\boldsymbol{x}} = \gamma \boldsymbol{x}(0) + \tilde{\boldsymbol{u}} \\
& \hat{\boldsymbol{r}}^\top \tilde{\boldsymbol{x}} - \gamma r_f = 1, \\
& \mathrm{ns} \cdot \tilde{\boldsymbol{x}} \geqslant 0.
\end{aligned}
\tag{14.3}
$$

一旦该问题有解 $\tilde{\boldsymbol{u}},\gamma$, 我们就可以简单通过 $\boldsymbol{u} = \gamma^{-1}\tilde{\boldsymbol{u}}$ 来恢复原决策变量 $\boldsymbol{u}$.

考虑一个数值例子：基于例 14.1 的数据求解问题 (14.3). 假设无风险利率 $r_f = 1.5 \times 10^{-4}$, 则得到一个夏普最优投资组合：

$$\boldsymbol{x} = \begin{bmatrix} 2.71 & 0.00 & 30.95 & 14.08 & 0.00 & 23.82 & 28.44 \end{bmatrix}^\top \times 0.01,$$

其中期望回报为 0.0460×0.01, 而标准偏差为 0.3122×0.01. 该投资组合位于回报/风险有效边界，与 CAL 线相切，如图 14.3 所示.

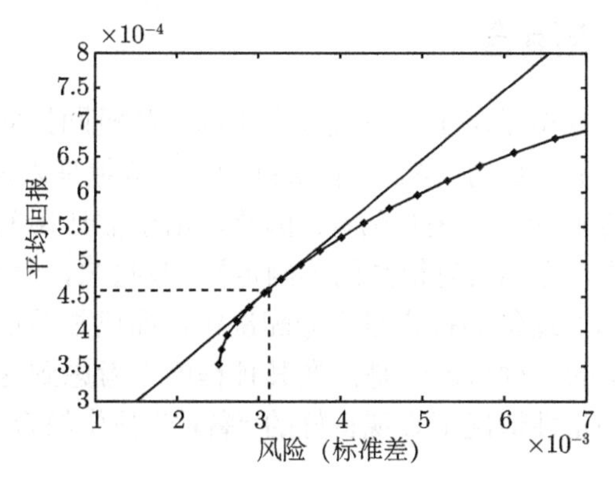

图 14.3 当 $r_f = 1.5 \times 10^{-4}$ 时的夏普最优组合（黑圈）

14.1.4 风险价值（VaR）优化

假设回报向量 $\boldsymbol{r}$ 具有正态分布，且已知均值 $\hat{\boldsymbol{r}}$ 和协方差 $\boldsymbol{\Sigma}$, 投资组合 $\boldsymbol{x}$ 在 $\alpha \in (0,1)$ 水平的风险价值定义为（参见例 10.4):

$$\begin{aligned} \mathrm{VaR}_\alpha(\boldsymbol{x}) &= -\sup_{\zeta} : \mathrm{Prob}\{\varrho(\boldsymbol{x}) \leqslant \zeta\} \leqslant \alpha \\ &= -\inf_{\zeta} : \mathrm{Prob}\{\varrho(\boldsymbol{x}) \leqslant \zeta\} \geqslant \alpha \\ &= -F_\varrho^{-1}(\alpha), \end{aligned}$$

其中 $F_\varrho^{-1}(\alpha)$ 表示投资组合回报（正态随机变量）对应的概率分布函数 $\varrho(\boldsymbol{x})$ 的逆累积分布函数. 投资组合 VaR 是一种常用的度量投资风险的方法，比经典的方差度量更受青睐. VaR_α 的含义是：投资导致损失[⊖]大于 VaR_α 的概率不大于 α. 同样，投资者保证获得的回报高于 $-\mathrm{VaR}_\alpha$ 且概率不小于 $1-\alpha$. 这已经由例 10.4 中给出，对于给定的 $\alpha \in (0, 0.5)$, 有

$$\mathrm{VaR}_\alpha(\boldsymbol{x}) \leqslant \gamma \quad \Leftrightarrow \quad \Phi^{-1}(1-\alpha)\|\boldsymbol{\Sigma}^{1/2}\boldsymbol{x}\|_2 \leqslant \gamma + \hat{\boldsymbol{r}}^\top \boldsymbol{x}, \tag{14.4}$$

⊖ 这里的损失 ℓ 指的是负回报，即 $\ell = -\varrho$. 这样，符号 VaR_α 通常是一个正值，其描述投资者可能面临的最大损失（概率高达 $1-\alpha$）.

其中 Φ 是标准正态累积分布函数. 当 VaR_α 具有上界 γ 时，通过求解如下 SOCP 则可确定满足最大期望回报的一个最优投资组合：

$$\begin{aligned}\rho(\gamma) = \max_{\boldsymbol{u}} \quad & \hat{\boldsymbol{r}}^\top \boldsymbol{x} \\ \text{s.t.:} \quad & \Phi^{-1}(1-\alpha)\|\boldsymbol{\Sigma}^{1/2}\boldsymbol{x}\|_2 \leqslant \hat{\boldsymbol{r}}^\top \boldsymbol{x} + \gamma, \\ & \boldsymbol{x} \in \mathcal{X}.\end{aligned} \tag{14.5}$$

14.2 鲁棒最优投资组合

先前的最优投资组合模型是基于以下假设得出的：随机回报向量矩（如期望值和协方差矩阵）或整个分布是准确已知的. 然而，在实际中，这些量是未知的，需要根据过去的历史数据，还有可能结合专业知识来进行估计. 因此，由于估计误差或描述市场回报的随机过程性质的错误先验假设，它们具有很高的不确定性. 反过来，使用“名义”数据的优化问题可能会导致在实际中远非最优的投资组合分配决策，即已知的最优投资组合对输入数据相当敏感. 克服这些困难的一种可能性是：在某种程度上考虑到这些数据中存在的不确定性，并寻求在最坏的不确定性情况下表现良好的“鲁棒”投资组合.

14.2.1 鲁棒均值方差优化

在鲁棒均值方差投资组合优化方法中，假设 $\hat{\boldsymbol{r}}$ 和 $\boldsymbol{\Sigma}$ 是不确定的，我们通过考虑对应的参数集来对这种不确定性进行建模，即假设 $(\hat{\boldsymbol{r}}, \boldsymbol{\Sigma})$ 属于某个给定的有界不确定集 $\mathcal{U}$. 对于一个给定的投资组合 $\boldsymbol{x}$, 最差情况下的投资组合方差为：

$$\sigma_{\mathrm{wc}}^2 = \sup_{(\hat{\gamma}, \boldsymbol{\Sigma}) \in \mathcal{U}} \boldsymbol{x}^\top \boldsymbol{\Sigma} \boldsymbol{x}.$$

一个鲁棒形式下的最小方差投资组合设计问题 (即式 (14.1)) 为：

$$\begin{aligned}\bar{\sigma}_{\mathrm{wc}}^2(\mu) = \min_{\boldsymbol{u}} \quad & \sup_{(\hat{\boldsymbol{r}}, \boldsymbol{\Sigma}) \in \mathcal{U}} \boldsymbol{x}^\top \boldsymbol{\Sigma} \boldsymbol{x}, \\ \text{s.t.:} \quad & \inf_{(\hat{\boldsymbol{r}}, \boldsymbol{\Sigma}) \in \mathcal{U}} \hat{\boldsymbol{r}}^\top \boldsymbol{x} \geqslant \mu, \\ & \boldsymbol{x} \in \mathcal{X}.\end{aligned} \tag{14.6}$$

仅在某些特殊情况下，即不确定性集 $\mathcal{U}$ 足够“简单”时，该问题才能有效而准确地求解. 例如：如果 $\mathcal{U} = \{(\hat{\boldsymbol{r}}, \boldsymbol{\Sigma}):\ \hat{\boldsymbol{r}} \in \mathcal{U}_{\boldsymbol{r}},\ \boldsymbol{\Sigma} \in \mathcal{U}_{\boldsymbol{\Sigma}}\}$, 其中 $\mathcal{U}_{\boldsymbol{r}}, \mathcal{U}_{\boldsymbol{\Sigma}}$ 为如下区间形式的集合

$$\mathcal{U}_{\boldsymbol{r}} = \{\hat{\boldsymbol{r}}:\ \boldsymbol{r}_{\min} \leqslant \hat{\boldsymbol{r}} \leqslant \boldsymbol{r}_{\max}\},$$

$$\mathcal{U}_{\boldsymbol{\Sigma}} = \{\boldsymbol{\Sigma}:\ \boldsymbol{\Sigma}_{\min} \leqslant \boldsymbol{\Sigma} \leqslant \boldsymbol{\Sigma}_{\max},\ \boldsymbol{\Sigma} \succeq 0\},$$

于是，在进一步假设 $\boldsymbol{x} \geqslant 0$ 和 $\boldsymbol{\Sigma}_{\max} \succeq 0$ 下，问题 (14.6) 等价于

$$\begin{aligned} \bar{\sigma}_{\mathrm{wc}}^2(\mu) = \min_{\boldsymbol{u}} \quad & \boldsymbol{x}^\top \boldsymbol{\Sigma}_{\max} \boldsymbol{x} \\ \text{s.t.:} \quad & \hat{\boldsymbol{r}}_{\min}^\top \boldsymbol{x} \geqslant \mu, \\ & \mathbf{1}^\top \boldsymbol{u} = 0, \\ & \boldsymbol{x} = \boldsymbol{x}(0) + u, \\ & \boldsymbol{x} \geqslant 0. \end{aligned} \tag{14.7}$$

如果并不提出约束 $\boldsymbol{x} \geqslant 0$, 那么问题 (14.6) 仍然可以通过一个特别的鞍点算法有效求解，其表述超出了本书的范围[⊖].

基于场景的方法. 对于一般的不确定性集 $\mathcal{U}_{\boldsymbol{r}}, \mathcal{U}_{\boldsymbol{\Sigma}}$ 和无法找到有效鲁棒表述的问题，我们可以使用如 10.3.4 节所表述的近似场景方法来增强鲁棒性. 在目前的框架下，我们应该假设关于 $\mathcal{U}_{\boldsymbol{r}}, \mathcal{U}_{\boldsymbol{\Sigma}}$ 的概率分布，并收集关于参数的 N 个独立同分布的样本 $(\hat{\boldsymbol{r}}^{(i)}, \boldsymbol{\Sigma}^{(i)})$, $i = 1, \cdots, N$. 那么，求解如下的场景问题：

$$\begin{aligned} \min_{\boldsymbol{x}, t} \quad & t \\ \text{s.t.:} \quad & \boldsymbol{x}^\top \boldsymbol{\Sigma}^{(i)} \boldsymbol{x} \leqslant t, \quad i = 1, \cdots, N, \\ & \hat{\boldsymbol{r}}^{(i)\top} \boldsymbol{x} \geqslant \mu, \quad i = 1, \cdots, N, \\ & \boldsymbol{x} \in \mathcal{X}. \end{aligned} \tag{14.8}$$

用与式 (10.30) 中规定兼容的值 N 来求解这个场景问题，将提供一个具有期望概率鲁棒性水平的投资组合. 这种方法的优点是：它适用于任何一般结构的不确定性，而且它不需要提升所需要求解的优化问题的类别，即“鲁棒”问题 (14.8) 仍然是一个凸二次优化问题.

14.2.2 鲁棒风险价值优化

在 14.1.4 节中已经看到：在回报向量 $\boldsymbol{r}$ 具有已知均值 $\hat{\boldsymbol{r}}$ 和协方差 $\boldsymbol{\Sigma}$ 的正态分布假设下，投资组合 $\boldsymbol{x}$ 在 $\alpha \in (0, 0.5)$ 水平的风险价值由式 (14.4) 给出. 然而，实际中存在两种不确定性阻碍该公式的使用：第一，回报的实际分布可能不是完全正态的（分布的不确定性）；第二，参数 $\hat{\boldsymbol{r}}, \boldsymbol{\Sigma}$ 的值可能是不精确的（参数的不确定性）. 我们下面讨论如何在这两种不确定性下求解一个 VaR 最优投资组合问题.

14.2.2.1 分布不确定性下的鲁棒 VaR

首先，假设回报分布的矩 $\hat{\boldsymbol{r}}, \boldsymbol{\Sigma}$ 是精确已知的，但分布本身是未知的. 我们那么考虑所有具有均值 $\hat{\boldsymbol{r}}$ 和协方差 $\boldsymbol{\Sigma}$ 的概率分布集 $\mathcal{P}$. 损失大于某一水平 ζ 的最坏情况 (wc) 的

[⊖] 感兴趣的读者可参阅 Tütüncü 和 Koenig 的论文 “Robust asset allocation”（*Annals of Operations Research*, 2004）.

概率为

$$\text{Prob}_{\text{wc}}\{-\varrho(\boldsymbol{x}) \geqslant \zeta\} \doteq \sup_{\mathcal{P}} \text{Prob}\{-\varrho(\boldsymbol{x}) \geqslant \zeta\}, \tag{14.9}$$

其中 sup 作用于集合 $\mathcal{P}$ 中所有的分布. 于是，最坏情况下的 α-VaR 定义为

$$\text{wc-VaR}_{\alpha}(\boldsymbol{x}) \doteq \sup \zeta : \ \text{Prob}_{\text{wc}}\{-\rho(\boldsymbol{x}) \geqslant \zeta\} \leqslant \alpha,$$

并且，显然下式成立：

$$\text{wc-VaR}_{\alpha}(\boldsymbol{x}) \leqslant \gamma \quad \Leftrightarrow \quad \text{Prob}_{\text{wc}}\{-\rho(\boldsymbol{x}) \geqslant \gamma\} \leqslant \alpha. \tag{14.10}$$

现在，应用 Chebyshe-Cantelli 不等式，对于任意具有有限方差的随机变量 $\boldsymbol{z}$, 以及 $t > 0$, 有

$$\sup \text{Prob}\{\boldsymbol{z} - \mathbb{E}\{\boldsymbol{z}\} \geqslant t\} = \frac{\text{Var}\{\boldsymbol{z}\}}{\text{Var}\{\boldsymbol{z}\} + t^2},$$

其中 sup 作用于所有具有相同均值和协方差的分布. 因此，应用 Chebyshev-Cantelli 不等式的结果到式 (14.9)，并考虑到随机变量 $\varrho(\boldsymbol{x})$ 具有期望值 $\hat{\boldsymbol{r}}^{\top}\boldsymbol{x}$ 和方差 $\|\boldsymbol{\Sigma}^{1/2}\boldsymbol{x}\|_2^2$, 则有

$$\begin{aligned}\text{Prob}_{\text{wc}}\{-\varrho(\boldsymbol{x}) \geqslant \zeta\} &= \text{Prob}_{\text{wc}}\left\{-\varrho(\boldsymbol{x}) + \hat{\boldsymbol{r}}^{\top}\boldsymbol{x} \geqslant \zeta + \hat{\boldsymbol{r}}^{\top}\boldsymbol{x}\right\} \\ &= \frac{\left\|\boldsymbol{\Sigma}^{1/2}\boldsymbol{x}\right\|_2^2}{\|\boldsymbol{\Sigma}^{1/2}\boldsymbol{x}\|_2^2 + (\zeta + \hat{\boldsymbol{r}}^{\top}\boldsymbol{x})^2}.\end{aligned}$$

因此，由式 (14.10) 可得，对于 $\alpha \in (0, 0.5)$, 我们有

$$\text{wc-VaR}_{\alpha}(\boldsymbol{x}) \leqslant \gamma \quad \Leftrightarrow \quad \kappa(\alpha)\left\|\boldsymbol{\Sigma}^{1/2}\boldsymbol{x}\right\|_2 \leqslant \hat{\boldsymbol{r}}^{\top}\boldsymbol{x} + \gamma,$$

其中

$$\kappa(\alpha) \doteq \sqrt{\frac{1-\alpha}{\alpha}}.$$

因此，通过在该规划中用 $\kappa(\alpha)$ 代替 SOC 约束的系数 $\Phi^{-1}(1-\alpha)$, 可以简单地获得对应于 VaR 优化问题 (14.5) 的分布鲁棒问题.

14.2.2.2　矩不确定性下的鲁棒 VaR

如果除了分布的不确定性外，关于参数 $\hat{\boldsymbol{r}}, \boldsymbol{\Sigma}$ 的值也有不确定性，则可以通过下面的方法确定鲁棒 VaR 组合[⊖]. 假设 $\hat{\boldsymbol{r}}, \boldsymbol{\Sigma}$ 的不确定性集为如下区间形式的集合：

$$\mathcal{U}_{\boldsymbol{r}} = \{\hat{\boldsymbol{r}} : \ \boldsymbol{r}_{\min} \leqslant \hat{\boldsymbol{r}} \leqslant \boldsymbol{r}_{\max}\},$$

⊖ 该方法在 El Ghaoui、Oks 和 Oustry 的论文, “Worst-case value-at-risk and robust portfolio optimization: a conic programming approach”（*Operations Research*, 2003）中有详细的表述.

$$\mathcal{U}_{\boldsymbol{\Sigma}} = \{\boldsymbol{\Sigma}:\ \boldsymbol{\Sigma}_{\min} \leqslant \boldsymbol{\Sigma} \leqslant \boldsymbol{\Sigma}_{\max}\},$$

以及存在 $\boldsymbol{\Sigma} \in \mathcal{U}_{\boldsymbol{\Sigma}}$ 使得 $\boldsymbol{\Sigma} \succ 0$. 那么，定义 wc-VaR$_\alpha(\boldsymbol{x})$ 为所有 $\hat{\boldsymbol{r}} \in \mathcal{U}_r, \boldsymbol{\Sigma} \in \mathcal{U}_{\boldsymbol{\Sigma}}$ 和所有具有均值 $\hat{\boldsymbol{r}}$ 和协方差 $\boldsymbol{\Sigma}$ 的分布上 VaR$_\alpha(\boldsymbol{x})$ 的上确界，于是可证明 wc-VaR$_\alpha(\boldsymbol{x}) \leqslant \gamma$ 成立当且仅当存在对称矩阵 $\boldsymbol{\Lambda}_+, \boldsymbol{\Lambda}_- \in \mathrm{S}_+^n$, 向量 $\boldsymbol{\lambda}_+, \boldsymbol{\lambda}_- \in \mathbb{R}^n$ 和一个常数 $v \in \mathbb{R}$ 使得

$$\begin{aligned}
&\operatorname{trace}(\boldsymbol{\Lambda}_+\boldsymbol{\Sigma}_{\max}) - \operatorname{trace}(\boldsymbol{\Lambda}_-\boldsymbol{\Sigma}_{\min}) + \kappa^2(\alpha)v + \boldsymbol{\lambda}_+^\top \boldsymbol{r}_{\max} - \boldsymbol{\lambda}_-^\top \boldsymbol{r}_{\min} \leqslant \gamma,\\
&\begin{bmatrix} \boldsymbol{\Lambda}_+ - \boldsymbol{\Lambda}_- & \boldsymbol{x}/2 \\ \boldsymbol{x}^\top/2 & v \end{bmatrix} \succeq 0,\\
&\boldsymbol{\lambda}_+ \geqslant 0, \boldsymbol{\lambda}_- \geqslant 0, \boldsymbol{\Lambda}_+ \succeq 0, \boldsymbol{\Lambda}_- \succeq 0,\\
&\boldsymbol{x} = \boldsymbol{\lambda}_- - \boldsymbol{\lambda}_+.
\end{aligned} \tag{14.11}$$

因此，在分布和矩不确定性下，对应于 VaR 优化问题 (14.5) 的鲁棒问题可明确地表示为以下 SDP 形式：

$$\begin{aligned}
\max_{\boldsymbol{u}, \boldsymbol{\Lambda}_+, \boldsymbol{\Lambda}_-, \boldsymbol{\lambda}_+, \boldsymbol{\lambda}_-, v} \quad & \hat{\boldsymbol{r}}^\top \boldsymbol{x}\\
\text{s.t.:} \quad & \text{式}(14.11),\\
& \boldsymbol{x} \in \mathcal{X}.
\end{aligned}$$

14.3 多期投资组合配置

前面几节中提出的关于投资配置模型的一个问题是：它们只考虑单一投资期，因此集中于在投资期结束时优化某些投资组合的表现. 然而，在实际中，一个投资者在一个投资期结束时，再次面临在下一期重新分配财富的问题，以此类推. 当然，他可以再次求解单周期分配问题，并无限次地迭代该策略. 但是，基于逐期策略的决策对于长期目标来说可能是“短视的”. 也就是说，如果投资者事先知道他的投资目标设定在 $T \geqslant 1$ 未来期，他可能会从一开始就考虑投资问题的多期性，从而得到更有远见的策略.

下一节将讨论两种数据驱动的技术来优化多期的投资决策. 第一种技术，我们称之为开环策略，目的是在决策时间 $k=0$ 确定从 0 到最终时间 T 的整个未来投资组合的调整序列. 第二种技术，则称之为闭环策略，它是对第一种策略的改进，增加了未来决策的灵活性，允许它们成为所观察回报的函数（所谓的策略)，从而减少未来不确定性的影响. 这两种方法都是数据驱动的，也就是说，它们基于回报流的 N 个模拟场景的可用性.

首先引入一些符号和预备知识：$a_1, \cdots a_n$ 表示资产的全体，$p_i(k)$ 表示 a_i 在 $k\triangle$ 时刻的市场价格，其中 k 是一个整数，$\triangle$ 是一个固定的时间周期. 资产 i 从 $(k-1)\triangle$ 到 $k\triangle$ 的第 k 个周期的简单投资回报为

$$r_i(k) \doteq \frac{p_i(k) - p_i(k-1)}{p_i(k-1)}, \quad i = 1, \cdots, n;\ k = 1, 2, \cdots,$$

以及相应的收益定义为

$$g_i(k) \doteq 1 + r_i(k), \quad i = 1, \cdots, n;\ k = 1, 2, \cdots.$$

用 $r(k) \doteq [r_1(k) \cdots r_n(k)]^\top$ 表示资产在第 k 个周期的回报向量，用 $g(k)$ 表示相应的收益向量. 符号 $G(k) = \mathrm{diag}(g(k))$ 表示一个对角线矩阵，其对角元素为 $g(k)$. 假设回报和收益向量为随机量. 设 $T \geqslant 1$ 表示需要作出分配决策的未来期数，我们假设存在一个生成场景的预言机，该场景能够生成所需数量的 N 个独立同分布的未来回报流样本 $\{r(1), \cdots, r(T)\}$.

14.3.1　投资组合的动态

考虑一个 T 期（或阶段）的决策问题，其中在每期我们都有机会再平衡投资组合配置，以在最后阶段获得最低的目标成本函数（稍后讨论），而同时确保满足每个阶段的投资组合约束. 第 k 个决策期开始于时刻 $k-1$, 并结束于时刻 k, 如图 14.4 所示. 用 $x_i(k)$ 表示投资者总财富在 k 时刻投资于债券 a_i 的欧元价值. 于是，时刻 k 的投资组合为如下向量：

$$x(k) \doteq [\ x_1(k)\ \cdots\ \boldsymbol{x}_n(k)\ ]^\top.$$

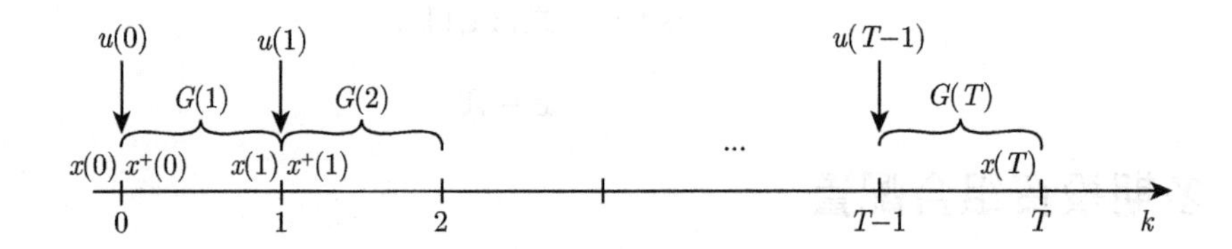

图 14.4　投资决策的期限和周期

投资者在时刻 k 的总财富为：

$$w(k) \doteq \sum_{i=1}^{n} x_i(k) = \mathbf{1}^\top \boldsymbol{x}(k).$$

设 $\boldsymbol{x}(0)$ 为时刻 $k=0$ 的给定的初始投资组合（例如：假设 $\boldsymbol{x}(0)$ 除了表示一项初始可用资金量外，其余均为 0）. 在时刻 $k=0$, 我们有机会在市场上进行交易，从而通过增加或减少每项资产的投资金额来调整投资组合. 刚刚完成交易，调整后的投资组合为 $\boldsymbol{x}^+(0) = \boldsymbol{x}(0) + \boldsymbol{u}(0)$, 其中第 i 个资产增加头寸则 $u_i(0) > 0$, 减少头寸则 $u_i(0) < 0$, 头寸保持不变则 $u_i(0) = 0$. 现在假设投资组合在第一个时间周期 $\triangle$ 保持固定. 在第一个周期末，投资组合为

$$\boldsymbol{x}(1) = \boldsymbol{G}(1)\boldsymbol{x}^+(0) = \boldsymbol{G}(1)\boldsymbol{x}(0) + \boldsymbol{G}(1)\boldsymbol{u}(0),$$

其中 $\boldsymbol{G}(1) = \mathrm{diag}(g_1(1), \cdots, g_n(1))$ 是时刻 0 到时刻 1 的资产收益的对角矩阵. 在时刻 $k=1$, 再次对投资组合进行 $u(1)$ 的调整, 即 $\boldsymbol{x}^+(1) = \boldsymbol{x}(1) + \boldsymbol{u}(1)$, 然后持续持有更新后

的投资组合一段时间 △. 则在时刻 $k=2$ 时，投资组合为

$$\boldsymbol{x}(2)=\boldsymbol{G}(2)\boldsymbol{x}^{+}(1)=\boldsymbol{G}(2)\boldsymbol{x}(1)+\boldsymbol{G}(2)\boldsymbol{u}(1).$$

对于 $k=0,1,2,\cdots$, 以此类推, 那么所确定的第 $(k+1)$ 期末的投资组合的迭代动态方程为

$$\boldsymbol{x}(k+1)=\boldsymbol{G}(k+1)\boldsymbol{x}(k)+\boldsymbol{G}(k+1)\boldsymbol{u}(k),\quad k=0,\cdots,T-1, \tag{14.12}$$

以及刚刚第 $(k+1)$ 个交易后的投资组合的方程为（如图 14.4 所示）

$$\boldsymbol{x}^{+}(k)=\boldsymbol{x}(k)+\boldsymbol{u}(k). \tag{14.13}$$

由式 (14.12) 可知，在时刻 $k=1,\cdots,T$ 的（随机）投资组合为

$$\boldsymbol{x}(k)=\boldsymbol{\Phi}(1,k)\boldsymbol{x}(0)+\sum_{j=1}^{k}\boldsymbol{\Phi}(j,k)\boldsymbol{u}(j-1), \tag{14.14}$$

其中我们已经定义了 $\boldsymbol{\Phi}(v,k)$(其中 $v\leqslant k$) 为周期 v 开始至周期 k 末的复合收益矩阵：

$$\boldsymbol{\Phi}(v,k)\doteq\boldsymbol{G}(k)\boldsymbol{G}(k-1)\cdots\boldsymbol{G}(v),\quad \boldsymbol{\Phi}(k,k)\doteq\boldsymbol{G}(k).$$

投资组合表达式可重写为如下紧凑形式：

$$\boldsymbol{x}(k)=\boldsymbol{\Phi}(1,k)\boldsymbol{x}(0)+\Omega_k\boldsymbol{u},$$

其中

$$\begin{aligned}\boldsymbol{u}&\doteq\left[\boldsymbol{u}(0)^\top\cdots\boldsymbol{u}(T-2)^\top\quad \boldsymbol{u}(T-1)^\top\right]^\top,\\ \boldsymbol{\Omega}_k&\doteq[\boldsymbol{\Phi}(1,k)\quad\cdots\quad\boldsymbol{\Phi}(k-1,k)\quad\boldsymbol{\Phi}(k,k)\mid 0\quad\cdots\quad 0].\end{aligned}$$

这样，总财富为

$$w(k)=\mathbf{1}^\top\boldsymbol{x}(k)=\boldsymbol{\phi}(1,k)^\top\boldsymbol{x}(0)+\boldsymbol{\omega}_k^\top\boldsymbol{u},$$

其中

$$\begin{aligned}\boldsymbol{\phi}(v,k)^\top&\doteq\mathbf{1}^\top\boldsymbol{\Phi}(v,k)\\ \boldsymbol{\omega}_k^\top&\doteq\mathbf{1}^\top\Omega_k=\left[\boldsymbol{\phi}(1,k)^\top\cdots\boldsymbol{\phi}(k-1,k)^\top\boldsymbol{\phi}(k,k)^\top\mid 0\cdots 0\right].\end{aligned}$$

我们考虑的投资组合是自融资的，也就是

$$\sum_{i=1}^{n}u_i(k)=0,\quad k=0,\cdots,T-1,$$

并且,我们在模型中加入一般的线性约束,即更新的投资组合 $x^+(k)$ 位于给定的多面体 $\mathcal{X}(k)$ 内，于是整个投资期内的累积总回报为：

$$\varrho(u) \doteq \frac{\boldsymbol{w}(T)}{\boldsymbol{w}(0)} = \frac{\mathbf{1}^\top \boldsymbol{x}(T)}{\mathbf{1}^\top \boldsymbol{x}(0)} = \frac{\boldsymbol{\phi}(1,T)^\top \boldsymbol{x}(0)}{\mathbf{1}^\top \boldsymbol{x}(0)} + \frac{1}{\mathbf{1}^\top \boldsymbol{x}(0)} \boldsymbol{\omega}_T^\top \boldsymbol{u}.$$

可以看到：$\varrho(\boldsymbol{u})$ 是关于决策变量 $\boldsymbol{u}$ 的一个仿射函数，其中系数为随机向量 $\boldsymbol{\omega}_T$, 其依赖于 T 周期上的随机收益.

14.3.2　最优开环策略

现在假设 N 个独立同分布的收益样本（场景）$\{G^{(i)}(k),\ k=1,\cdots,T\}(i=1,\cdots,N)$ 来自一个预测生成的场景. 对每一个矩阵 $\boldsymbol{\Omega}_k$, 这些样本依次产生 N 个场景，因此对每一个 $\boldsymbol{\omega}_k$ 和向量 $\boldsymbol{\phi}(1,k)$，这些样本也依次产生 N 个场景. 我们用 $\Omega_k^{(i)},\omega_k^{(i)},\phi^{(i)}(1,k)(i=1,\cdots,N)$ 表示某个场景用 $x^{(i)}(k)$、$w^{(i)}(k)$、$\varrho^{(i)}(u)$ 分别表示在第 i 个场景下 k 时刻的投资组合、k 时刻的总财富和累积最终回报.

利用抽样的场景，我们可以构造几个可能的经验风险度量作为最小化的目标. 通常采用的目标如下. 设 γ 表示一个在终期给定的回报水平（通常，但并不是必须如此，取 γ 为终期回报的平均值，即 $\gamma=\frac{1}{N}\sum_{i=1}^N \varrho^{(i)}$）：

$$J_1 \doteq \frac{1}{N}\sum_{i=1}^N \left|\gamma - \varrho^{(i)}\right|, \tag{14.15}$$

$$J_2 \doteq \frac{1}{N}\sum_{i=1}^N \left(\gamma - \varrho^{(i)}\right)^2, \tag{14.16}$$

$$J_{p1} \doteq \frac{1}{N}\sum_{i=1}^N \max\left(0, \gamma - \varrho^{(i)}\right), \tag{14.17}$$

$$J_{p2} \doteq \frac{1}{N}\sum_{i=1}^N \left(\max\left(0, \gamma - \varrho^{(i)}\right)\right)^2. \tag{14.18}$$

这些目标表示回报偏离 γ 的经验平均值. 特别地，式(14.15) 与回报 $\varrho^{(i)}$ 和 γ 之间偏差的 ℓ_1 范数成正比；式(14.16) 与这些偏差的 ℓ_2 范数成正比，而式 (14.17) 和式 (14.18) 是非对称度量（有时称为较低局部矩)：J_{p1} 度量了低于 γ 的回报值 $\varrho^{(i)}$ 的经验平均值，而 J_{p2} 则度量了相同偏差平方的平均值. 一阶或二阶成本度量的选择取决于投资者的风险厌恶程度，在度量中越高的次数反映出越高的风险厌恶程度，这是由于以下事实：较大残差是二次方项，因此占成本的权重更大.

我们的开环多阶段配置策略是通过找到投资组合调整 $\boldsymbol{u}=(u(0),\cdots,u(T-1))$ 来确定的，该调整最小化上述给出的成本度量中的其中一个，并在投资期内的每个周期受到给定的投资组合的约束. 也就是说，求解如下形式的问题：

$$\begin{aligned} J^*(\gamma) = \min_{\boldsymbol{u}} \quad & J(\boldsymbol{u}) \\ \text{s.t.:} \quad & x^{(i)+}(k) \in \mathcal{X}(k), \quad k = 0, \cdots, T-1;\ i = 1, \cdots, N, \\ & \mathbf{1}^\top \boldsymbol{u}(k) = 0, \quad k = 0, \cdots, T-1, \end{aligned}$$

其中 $J(\boldsymbol{u})$ 是上面提到的成本之一，而 $x^{(i)+}(k)$ 为在第 i 个采样场景下的式 (14.13) 和式 (14.14). 这些最优配置可以在一个有效数值方式下通过求解线性规划或凸二次规划问题来确定.

14.3.3 带有仿射策略的闭环配置

上一节讨论的开环策略在实际实施中也许是次最优的，这是因为所有的调整决策 $\boldsymbol{u}(0), \cdots, \boldsymbol{u}(T-1)$ 都是在时刻 $k=0$ 计算得到的. 虽然第一个决策 $\boldsymbol{u}(0)$ 必须立即执行(即刻变量)，但未来的决策实际上可能会观望未来收益的实际结果，因此受益于这些观察结果，不确定性会降低. 例如：在 $k \geqslant 1$ 时刻，当需要实施 $\boldsymbol{u}(k)$ 时，我们已经观察到从 1 到 k 期间的资产回报值. 因此，我们希望通过考虑条件配置决策 $\boldsymbol{u}(k)$ 来利用这一信息，该决策可能会对前一时期观察到的回报作出反应. 这意味着与关注固定决策 $\boldsymbol{u}(k)$ 不同，我们可能希望根据从 1 到 k 期间观察到的收益，确定合适的政策用来规定实际决策应该是什么. 在确定决策策略的结构时，应在随后的优化问题的通用性和数值可行性之间进行权衡. 在一些研究工作[⊖]中已经观察到线性或仿射策略的确可以提供一种有效的折中，通过凸优化技术可以有效地计算反应策略. 在这一节，我们遵循这一思路，考虑以下形式的仿射策略所暗含的决策

$$\boldsymbol{u}(k) = \bar{\boldsymbol{u}}(k) + \boldsymbol{\Theta}(k)(\boldsymbol{g}(k) - \bar{\boldsymbol{g}}(k)), \quad k = 1, \cdots, T-1, \tag{14.19}$$

以及 $\boldsymbol{u}(0) = \bar{\boldsymbol{u}}(0)$, 其中 $\bar{\boldsymbol{u}}(k) \in \mathbb{R}^n (k = 0, \cdots, T-1)$ 为“名义”配置决策变量，$\boldsymbol{g}(k)$ 是第 k 个周期的收益向量，$\bar{\boldsymbol{g}}(k)$ 为期望值 $\boldsymbol{g}(k)$ 的一个已知的估计和 $\boldsymbol{\Theta}(k) \in \mathbb{R}^{n,n} (k = 1, \cdots, T-1)$ 是策略“反应矩阵”，其作用是调整带有正比于收益 $g(k)$ 偏离其期望值的项的名义配置. 由于预算守恒约束 $\mathbf{1}^\top \boldsymbol{u}(k) = 0$ 对任何收益值都成立，那么我们应该提出如下的约束：

$$\mathbf{1}^\top \bar{\boldsymbol{u}}(k) = 0, \quad \mathbf{1}^\top \boldsymbol{\Theta}(k) = 0, \quad k = 0, 1, \cdots, T-1.$$

14.3.3.1 仿射策略下的投资组合动态

将调整策略即式 (14.19) 应用到投资组合动力学方程 (14.12) 和 (14.13) 中, 则有

$$x^+(k) = x(k) + \bar{u}(k) + \Theta(k)(g(k) - \bar{g}(k)), \tag{14.20}$$

⊖ 例如：参见 G. Calafiore, Multi-period portfolio optimization with linear control policies, *Automatica*, 2008.

$$x(k+1) = G(k+1)x^+(k), \quad k = 0, 1 \cdots, T-1, \tag{14.21}$$

其中 $\Theta(0) \doteq 0$. 通过反复应用式 (14.20) 和式 (14.21), 则可得到在时刻 $k = 1, \cdots, T$ 时一般的投资组合表达式：

$$x(k) = \Phi(1,k)x(0) + \boldsymbol{\Omega}_k \bar{\boldsymbol{u}} + \sum_{t=1}^{k} \Phi(t,k)\Theta(t-1)\tilde{g}(t-1), \tag{14.22}$$

其中 $\Theta(0) = 0$ 以及

$$\bar{\boldsymbol{u}} \doteq \left[\bar{u}(0)^\top \ \cdots \ \bar{u}(T-2)^\top \ \bar{u}(T-1)^\top\right]^\top,$$

$$g(k) \doteq g(k) - \bar{g}(k), \quad k = 1, \cdots, T.$$

一个重要的观察是：$x(k)$ 是一个关于决策变量 $\bar{u}(k)$ 和 $\Theta(k)(k = 1, \cdots, T-1)$ 的仿射函数. 那么，整个时间段内的投资累计总回报为：

$$\begin{aligned} \varrho(\bar{u}, \Theta) &= \frac{w(T)}{w(0)} = \frac{\mathbf{1}^\top x(T)}{\mathbf{1}^\top x(0)} \\ &= \frac{1}{\mathbf{1}^\top x(0)} \left(\phi(1,T)^\top x(0) + \boldsymbol{\omega}_T^\top \bar{\boldsymbol{u}} + \sum_{t=1}^{T} \Phi(t,T)\Theta(t-1)\tilde{g}(t-1) \right), \end{aligned}$$

这也是一个关于变量 $\bar{\boldsymbol{u}}$ 和

$$\Theta \doteq [\Theta(1) \cdots \Theta(T-1)]$$

的仿射函数.

14.3.3.2　具有仿射结构的最优策略

给定由一个场景生成的周期收益为 $\{G(k), k = 1, \cdots, T\}$ 的 N 个独立同分布样本（场景），我们通过求解如下凸优化问题来最小化形如式 (14.15)~ 式(14.18) 的目标函数确定最优策略：

$$\begin{aligned} J_{\mathrm{cl}}^*(\gamma) = \min_{\bar{\boldsymbol{u}}, \Theta} \quad & J(u, \Theta) \\ \text{s.t.:} \quad & x^{(i)+}(k) \in \mathcal{X}(k), \quad k = 0, \cdots, T-1; \ i = 1, \cdots, N, \\ & \mathbf{1}^\top \bar{u}(k) = 0, \quad k = 0, \cdots, T-1 \\ & \mathbf{1}^\top \Theta(k) = 0, \quad k = 1, \cdots, T-1. \end{aligned}$$

其中在第 i 个采样场景下，$x^{(i)+}(k)$ 由式 (14.20) 给出，而 $x(k)$ 由式 (14.22) 给出.

14.4 稀疏指标跟踪

我们再次考虑在例 9.13 中所引入的复制（跟踪）指标问题. 这个问题可以归结为带约束的最小二乘规划：

$$\begin{aligned} \min_{\boldsymbol{x}\in\mathbb{R}^n} \quad & \|\boldsymbol{R}\boldsymbol{x}-\boldsymbol{y}\|_2^2 \\ \text{s.t.:} \quad & \mathbf{1}^\top \boldsymbol{x} = 1, \\ & \boldsymbol{x} \geqslant 0, \end{aligned}$$

其中 $\boldsymbol{R} \in \mathbb{R}^{T,n}$ 是一个矩阵，其第 $i(i=1,\cdots,n)$ 列中第 i 个分量是资产 i 在 $T>n$ 个时间周期上的历史回报，而 $\boldsymbol{y} \in \mathbb{R}^T$ 是一个向量，其包含一个参考指标在相同时间周期上的回报. 目标是找到分量资产的比例 $\boldsymbol{x}$ 以便尽可能接近地匹配参考指标的回报流. 通常，该问题的解对应一个混合向量 $\boldsymbol{x}$, 其包含所有 n 个分量资产的不同比例. 然而，在实际中，n 可能很大，并且用户可能对使用分量资产的一个小子集来复制指标感兴趣，这是因为更少的资产更容易管理且涉及更少的交易成本. 因此，用户可能愿意用一些跟踪精度来换取解 $\boldsymbol{x}$ 的“稀疏性”. 我们在前面的章节中已经看到：在解中提升稀疏性的常用方法是向目标函数中添加 ℓ_1 范数正则化项，也就是考虑一个形式为 $\|\boldsymbol{R}\boldsymbol{x}-\boldsymbol{y}\|_2^2+\lambda\|\boldsymbol{x}\|_1$ 的目标函数. 不幸的是，这种方法在目前的情况下并不一定有效，这是因为决策变量被约束在标准单纯形 $\mathcal{X}=\{\boldsymbol{x}:\ \mathbf{1}^\top\boldsymbol{x}=1,\ \boldsymbol{x}\geqslant 0\}$ 中. 于是，所有可行的 $\boldsymbol{x}$ 都有恒定的 ℓ_1 范数且为 1. 我们下面表述一种有效的替代方法用于变量被约束在单纯形 $\mathcal{X}$ 中的问题来得到稀疏解. 首先考虑我们想要求解的问题的理想化：

$$p^* = \min_{\boldsymbol{x}\in\mathcal{X}} \quad f(\boldsymbol{x}) + \lambda\|\boldsymbol{x}\|_0, \tag{14.23}$$

其中 $f(\boldsymbol{x}) \doteq \|\boldsymbol{R}\boldsymbol{x}-\boldsymbol{y}\|_2^2$, $\|\boldsymbol{x}\|_0$ 是 $\boldsymbol{x}$ 的基数，$\lambda \geqslant 0$ 为权衡参数. 由于该问题是非凸的，因此很难求解，于是我们试图寻求一个有效的计算松弛形式. 为此，我们观察到：

$$\|\boldsymbol{x}\|_1 = \sum_{i=1}^n |x_i| \leqslant \|\boldsymbol{x}\|_0 \max_{i=1,\cdots,n} |x_i| \leqslant \|\boldsymbol{x}\|_0 \|\boldsymbol{x}\|_\infty.$$

对于 $\boldsymbol{x}\in\mathcal{X}$, 上式的左边为 1, 于是

$$\boldsymbol{x}\in\mathcal{X} \quad \Rightarrow \quad \|\boldsymbol{x}\|_0 \geqslant \frac{1}{\|\boldsymbol{x}\|_\infty} = \frac{1}{\max_{i=1,\cdots,n} x_i}.$$

因此，对于 $\boldsymbol{x}\in\mathcal{X}$,

$$f(\boldsymbol{x}) + \lambda\|\boldsymbol{x}\|_0 \geqslant f(\boldsymbol{x}) + \lambda\frac{1}{\max_{i=1,\cdots,n} x_i}.$$

这样，求解如下问题：

$$p_{\infty}^{*}=\min_{\boldsymbol{x}\in\mathcal{X}} f(\boldsymbol{x})+\lambda\frac{1}{\max_{i=1,\cdots,n} x_i}, \tag{14.24}$$

我们希望找到原最优目标值的一个下界 $p_{\infty}^{*}\leqslant p^{*}$. 进一步，用 $\boldsymbol{x}_{\infty}^{*}$ 表示问题 (14.24) 的一个最优解，则立即得到：

$$f\left(\boldsymbol{x}_{\infty}^{*}\right)+\lambda\left\|\boldsymbol{x}_{\infty}^{*}\right\|_{0}\geqslant p^{*}\geqslant p_{\infty}^{*},$$

其中第一个不等式由式 (14.23) 得到. 该关系允许我们一旦发现该问题有解 $\boldsymbol{x}_{\infty}^{*}$，就可以验证其次最优级别的后验性，这是因为它指定了“真正的”最优级别 p^{*} 必须包含在区间 $[p_{\infty}^{*}, f(x_{\infty}^{*})+\lambda\|x_{\infty}^{*}\|_0]$ 内.

不过，找到问题 (14.24) 的解并不是显然的，因为该问题关于 $\boldsymbol{x}$ 还不是凸的（函数 $1/\max_i x_i$ 在 $\mathcal{X}$ 上是凹的）. 然而，我们可以这样推断[⊖]：

$$\begin{aligned}
p_{\infty}^{*}&=\min_{\boldsymbol{x}\in\mathcal{X}} f(\boldsymbol{x})+\min_{i}\frac{\lambda}{x_i}\\
&=\min_{i}\min_{\boldsymbol{x}\in\mathcal{X}} f(\boldsymbol{x})+\frac{\lambda}{x_i}\\
&=\min_{i}\min_{\boldsymbol{x}\in\mathcal{X},t\geqslant 0} f(\boldsymbol{x})+t, \quad \text{s.t.:}\quad t x_i\geqslant\lambda.
\end{aligned}$$

进一步，应用式 (10.2), 双曲约束 $t x_i\geqslant\lambda$ 可表示为一个 SOC 约束：

$$t x_i\geqslant\lambda,\ x_i\geqslant 0,\ t\geqslant 0 \quad\Leftrightarrow\quad \left\|\begin{array}{c}2\sqrt{\lambda}\\ x_i-t\end{array}\right\|_2\leqslant x_i+t.$$

上述推理证明了：我们可以通过求解 n 个凸问题来得到非凸问题 (14.24) 的一个解：

$$\begin{aligned}
p_{\infty}^{*}=\min_{i=1,\cdots,n}\quad &\min_{\boldsymbol{x},t}\ f(\boldsymbol{x})+t\\
&\text{s.t.:}\quad \boldsymbol{x}\in\mathcal{X},\\
&\qquad\quad t\geqslant 0,\\
&\qquad\quad \left\|\begin{array}{c}2\sqrt{\lambda}\\ x_i-t\end{array}\right\|_2\leqslant x_i+t.
\end{aligned}$$

作为一个数值例子，再次考虑例 9.13 中使用的数据，该数据涉及使用 $n=5$ 分量指数来跟踪 MSCI 世界指数. 求解 $\lambda=0.1$ 时的问题 (14.24), 则可获得一个仅有两个非零分量的投资组合：

$$\boldsymbol{x}_{\infty}^{*}=[95.19\ 0\ 4.81\ 0\ 0]^{\top}\times 0.01,$$

其相应的跟踪误差为 $\|\boldsymbol{R}\boldsymbol{x}_{\infty}^{*}-\boldsymbol{y}\|_2^2=0.0206$.

⊖ 参见论文 Pilanci, El Ghaoui, and Chandrasekaran, Recovery of sparse probability measures via convex programming, *Proc. Conference on Neural Information Processing Systems*, 2012.

注释 14.1 当决策变量被约束在标准单纯形时，这里讨论的稀疏性方法显然可以适用于本章提出的除指标跟踪问题外的所有其他投资组合配置问题. 例如：无论是否添加非卖空条件，它均可以被用于在 14.1.1 节中所表述的均值方差优化问题中寻找稀疏的投资组合. 相反，当并不约束投资组合变量为非负的（即允许卖空）时，那么使用 ℓ_1 范数的标准松弛形式可以用来提高投资组合的稀疏性.

14.5 习题

习题 14.1（投资组合优化问题） 我们考虑一个涉及 n 个资产的单期优化问题以及一个决策向量 $\boldsymbol{x} \in \mathbb{R}^n$ 包含每个资产的头寸. 请确定如下的哪个目标或约束可以用凸优化来建模：

1. 风险水平（由投资组合方差度量）等于一个给定的目标 t（假设协方差矩阵是已知的）.
2. 风险水平（由投资组合方差度量）低于一个给定的目标 t.
3. 夏普率（其定义为投资组合回报与其标准差的比值）高于目标 $t \geqslant 0$. 这里假设期望回报向量和协方差矩阵都是已知的.
4. 假设回报向量服从一个已知的高斯分布，确保投资组合回报低于目标 t 的概率小于 3%.
5. 假设回报向量 $\boldsymbol{r} \in \mathbb{R}^n$ 可以取三个值 $\boldsymbol{r}^{(i)}$, $i = 1,2,3$. 执行以下约束：在三个场景下，最小的投资组合回报高于目标水平 t.
6. 在类似第 5 问的假设下：最小的两个投资组合的平均回报高于目标水平 t. 提示：使用新的变量 $s_i = \boldsymbol{x}^\top \boldsymbol{r}^{(i)}$, $i = 1,2,3$, 考虑函数 $\boldsymbol{s} \to s_{[2]} + s_{[3]}$, 其中 $k = 1,2,3$, $s_{[k]}$ 表示 $\boldsymbol{s}$ 中第 k 大元素.
7. 交易成本（在一个线性交易成本模型下，初始位置 $x_{\text{init}} = 0$）低于某个目标值.
8. 从初始位置 $x_{\text{init}} = 0$ 到最优位置 $\boldsymbol{x}$ 的交易次数低于某个目标值.
9. 投资组合期望回报与目标回报 t 之差的绝对值小于给定的小数 ϵ（此处假设期望回报向量 $\hat{r}$ 已知）.
10. 投资组合期望回报或高于某一值 t, 或低于另一个值 t_{low}.

习题 14.2（中等风险） 考虑一个具有 n 个资产的单期投资组合优化问题. 我们用历史数据样本，其由单期的回报向量 $\boldsymbol{r}_1, \cdots, \boldsymbol{r}_N$ 构成，其中 $\boldsymbol{r}_t \in \mathbb{R}^n$ 为从 $t-1$ 期到 t 期的资产回报. 用 $\hat{\boldsymbol{r}} \doteq (1/N)(\boldsymbol{r}_1 + \cdots + \boldsymbol{r}_N)$ 表示样本均值向量，它是基于历史样本对期望回报的一个估计. 用下面的量来度量风险. 设 $\rho_t(\boldsymbol{x})$ 表示时间 t 的回报值（如果在那时持有的份额为 $\boldsymbol{x}$），则我们所采用的风险度量为：

$$\mathcal{R}_1(\boldsymbol{x}) \doteq \frac{1}{N} \sum_{t=1}^{N} |\rho_t(\boldsymbol{x}) - \hat{\rho}(\boldsymbol{x})|,$$

其中 $\hat{\rho}(\boldsymbol{x})$ 是投资组合的样本平均回报.

1. 证明 $\mathcal{R}_1(\boldsymbol{x}) = \|\boldsymbol{R}^\top \boldsymbol{x}\|_1$, 其中 $\boldsymbol{R}$ 是一个 $n \times N$ 的待定矩阵. 风险度量 $\mathcal{R}_1$ 是凸的吗？
2. 证明在投资组合回报样本均值大于一个目标回报的条件下，如何利用线性规划来最小化使风险度量 $\mathcal{R}_1$. 确保把问题写成标准形式，并精确定义所涉及的变量和约束条件.
3. 对得到的投资组合与使用如下更经典的基于方差的风险度量的投资组合之间的量化差异进行评论：

$$\mathcal{R}_2(\boldsymbol{x}) \doteq \frac{1}{N}\sum_{t=1}^{N}\left(\rho_t(\boldsymbol{x}) - \hat{\rho}(\boldsymbol{x})\right)^2.$$

习题 14.3（基于因子模型的投资组合优化-1）

1. 考虑如下投资组合优化问题：

$$\begin{aligned} p^* = \min_{\boldsymbol{x}} \quad & \boldsymbol{x}^\top \boldsymbol{\Sigma} \boldsymbol{x} \\ \text{s.t.:} \quad & \hat{\boldsymbol{r}}^\top \boldsymbol{x} \geqslant \mu, \end{aligned}$$

其中 $\hat{\boldsymbol{r}} \in \mathbb{R}^n$ 是期望回报向量，$\boldsymbol{\Sigma} \in \mathrm{S}^n (\boldsymbol{\Sigma} \succeq 0)$ 是回报的方差矩阵，而 μ 为期望投资组合回报的一个目标水平. 假设随机回报向量 $\boldsymbol{r}$ 服从如下一个简化的因子模型形式：

$$\boldsymbol{r} = \boldsymbol{F}(\boldsymbol{f} + \hat{\boldsymbol{f}}), \quad \hat{\boldsymbol{r}} \doteq \boldsymbol{F}\hat{\boldsymbol{f}},$$

其中 $\boldsymbol{F} \in \mathbb{R}^{n,k} (\boldsymbol{k} \ll n)$ 是一个因子负荷矩阵，$\hat{\boldsymbol{f}} \in \mathbb{R}^k$ 是已知的，$\boldsymbol{f} \in \mathbb{R}^k$ 满足 $\mathbb{E}\{\boldsymbol{f}\} = 0$ 和 $\mathbb{E}\{\boldsymbol{f}\boldsymbol{f}^\top\} = I$. 上述优化问题是一个涉及 n 个决策变量的凸二次问题. 解释如何将该问题归结为只涉及 k 个决策变量的一个等价形式. 从几何上解释这个简化问题，并找到该问题的一个闭形式解.
2. 考虑上述问题的如下变形：

$$\begin{aligned} p^* = \min_{\boldsymbol{x}} \quad & \boldsymbol{x}^\top \boldsymbol{\Sigma} \boldsymbol{x} - \gamma \hat{\boldsymbol{r}}^\top \boldsymbol{x} \\ \text{s.t.:} \quad & \boldsymbol{x} \geqslant 0, \end{aligned}$$

其中 $\gamma > 0$ 是一个权衡参数，其对风险和回报目标的相关性进行加权. 由于约束 $\boldsymbol{x} \geqslant 0$ 的存在，该问题通常找不到闭形式的解.

假设 r 服从如下因子模型：

$$\boldsymbol{r} = \boldsymbol{F}(\boldsymbol{f} + \hat{\boldsymbol{f}}) + \boldsymbol{e},$$

其中 $\boldsymbol{F}$、$\boldsymbol{f}$ 和 $\hat{\boldsymbol{f}}$ 与上一问的定义一致，而 $\boldsymbol{e}$ 是一个异质噪声项，其与 $\boldsymbol{f}$ 不相关（即 $\mathbb{E}\{\boldsymbol{f}\boldsymbol{e}^{\top}\}=0$）且满足 $\mathbb{E}\{\boldsymbol{e}\}=0$ 和 $\mathbb{E}\{\boldsymbol{e}\boldsymbol{e}^{\top}\}=\boldsymbol{D}^2\doteq\{d_1^2,\cdots,d_n^2\}\succ 0$. 假设我们希望用 12.3.1 节中讨论的对数障碍法来求解该问题. 解释如何利用回报的因子结构来提高算法的数值性能. 提示：通过添加合适的松弛变量，目标（加上障碍）的海森矩阵是可对角化的.

习题 14.4（基于因子模型的投资组合优化-2） 再次考虑习题 14.3 中的第 2 问的问题和条件. 设 $\boldsymbol{z}\doteq\boldsymbol{F}^{\top}\boldsymbol{x}$，请验证该问题可重写为：

$$p^*=\min_{\boldsymbol{x}\geqslant 0,2}\ \boldsymbol{x}^{\top}\boldsymbol{D}^2\boldsymbol{x}+\boldsymbol{z}^{\top}\boldsymbol{z}-\gamma\hat{\boldsymbol{r}}^{\top}\boldsymbol{x}$$

$$\text{s.t.:}\quad \boldsymbol{F}^{\top}\boldsymbol{x}=\boldsymbol{z}.$$

考虑如下拉格朗日算子：

$$\mathcal{L}(\boldsymbol{x},\boldsymbol{z},\boldsymbol{\lambda})=\boldsymbol{x}^{\top}\boldsymbol{D}^2\boldsymbol{x}+\boldsymbol{z}^{\top}\boldsymbol{z}-\gamma\hat{\boldsymbol{r}}^{\top}\boldsymbol{x}+\boldsymbol{\lambda}^{\top}\left(\boldsymbol{z}-\boldsymbol{F}^{\top}\boldsymbol{x}\right),$$

以及对偶函数

$$g(\boldsymbol{\lambda})\doteq\min_{\boldsymbol{x}\geqslant 0,\boldsymbol{z}}\mathcal{L}(\boldsymbol{x},\boldsymbol{z},\boldsymbol{\lambda}).$$

由于原问题是凸的且是严格可行的，故强对偶性成立，从而 $p^*=d^*=\max_{\boldsymbol{\lambda}}g(\boldsymbol{\lambda})$.

1. 找到对偶函数 $g(\boldsymbol{\lambda})$ 的闭形式表达式.
2. 用对偶最优变量 $\boldsymbol{\lambda}^*$ 表示原最优解 $\boldsymbol{x}^*$.
3. 确定 $-g(\boldsymbol{\lambda})$ 的次梯度.

习题 14.5（Kelly 押注策略） 一个赌徒有起始资本 W_0 并重复地将他的全部可用资本押注在一个游戏上. 他以概率 $p\in[0,1]$ 赢得游戏，并以概率 $1-p$ 输掉游戏. 经过 k 次投注后，他的财富 W_k 为一个随机变量：

$$W_k=\begin{cases}2^kW_0, & \text{概率为 } p^k,\\ 0, & \text{概率为 } 1-p^k.\end{cases}$$

1. 经过 k 次投注后，确定赌徒的期望财富. 确定赌徒最终在某个 k 时破产的概率.
2. 前一问的结果应该让你相信，本题所描述的策略是一个毁灭性的赌博策略. 现在假设赌徒变得更加谨慎，并决定在每一步都押注其资本的一小部分 x. 用 w 和 ℓ 分别表示赌徒赢得和输掉赌注的（随机）次数，于是可得他在 k 时的财富为：

   $$W_k=(1+x)^w(1-x)^{\ell}W_0,$$

   其中 $x\in[0,1]$ 是下注比例且 $w+\ell=k$. 定义赌徒资本的指数增长率为：

   $$G=\lim_{k\to\infty}\frac{1}{k}\log_2\frac{W_k}{W_0},$$

(a) 确定指数增长率 G 作为关于 x 的函数的表达式. 这个函数是凹的吗?

(b) 找到使指数增长率 G 最大化的 $x \in [0,1]$ 的值. 根据这个最优比例下注则被称为最优 Kelly 赌博策略[⊖].

3. 考虑一个更一般的情况，在此情况下，一个投资者可以将一部分比例的资金用于按不同概率有不同收益的投资机会. 特别地，如果投资 $W_0 x$ 美元，那么投资后的财富过程满足 $W = (1+rx)W_0$, 其中 r 表示投资回报，假设其为取值于 $r_1, \cdots, r_m$ 且对应概率为 $p_1, \cdots, p_m$ ($p_i \geqslant 0$, $r_i \geqslant -1$, $i = 1, \cdots, m$ 且 $\sum_i p_i = 1$) 的一个离散随机变量.

本习题的第 2 问中所引入的指数增长率 G 无外乎是投资的对数收益的期望值，也就是:

$$G = \mathbb{E}\{\log(W/W_0)\} = \mathbb{E}\{\log(1+rx)\}.$$

在第 2 点中所考虑的特殊情况对应于取 $m = 2$（两种可能的投资结果)，其中 $r_1 = 1$, $r_2 = -1$, $p_1 = p$, $p_2 = 1 - p$.

(a) 找到作为 $x \in [0,1]$ 的函数 G 的解析表达式.

(b) 设计一个简单的计算方案，找出使 G 最大化的最优投资比例 x.

习题 14.6（多周期的投资） 考虑 n 个周期、单一资产的投资问题. 对任意给定的时间周期 $i = 1, \cdots, n$, 用 y_i 表示预期回报, σ_i 为对应的方差，而 u_i 则是美元投资头寸. 假设初始头寸为 $u_0 = w$, 于是投资问题为:

$$\phi(w) \doteq \max_u \sum_{i=1}^{n+1} \left(y_i u_i - \lambda \sigma_i^2 u_i^2 - c\left|u_i - u_{i-1}\right| \right): \quad u_0 = w, \quad u_{n+1} = 0,$$

其中第一项表示收益，第二项表示风险，而第三项则表示近似交易成本. 这里 $c > 0$ 为单位交易成本以及 $\lambda > 0$ 为风险回报权衡参数（不失一般性，假设 $\lambda = 1$）.

1. 找到该问题的对偶.
2. 证明 ϕ 是凹的以及 $-\phi$ 在 w 处的次梯度. 如果 ϕ 在 w 处是可微的，那么它在 w 处的梯度是什么?
3. ϕ 关于初始位置 w 的敏感性问题是什么? 准确地说，对于任意的 $\epsilon > 0$ 以及固定的 y, σ, c, 给出关于 $|\phi(w+\epsilon) - \phi(w)|$ 的一个严格上界. 你也许可以假设 ϕ 关于 $u \in [w, w+\epsilon]$ 是可微的.

习题 14.7（个人理财问题） 考虑如下的个人理财问题. 假设你将获得为期六个月的咨询工作的报酬，总额为 $C = \$30\,000$. 你计划用这笔钱来偿还一些过去的信用卡债务，金额为 $D = \$7000$. 信用卡的年利率为 $r_1 = 15.95\%$. 你需要考虑以下事项:

- 在每个月的开始，你可以把信用卡债务的任何部分转移到另一张更低年利率 $r_2 =$

⊖ 因为 J.L. Kelly 在 1956 年引入了该概念，于是人们以他的名字来命名.

2.9% 的信用卡上. 此交易的成本为转账总额的 $r_3 = 0.2\%$. 你不能从这两张信用卡中借更多的钱，只允许将债务从卡 1 转移到卡 2.

- 雇主允许你选择支付时间：可以在最多六个月的时间内分配每月支付额. 由于流动性的原因，雇主把每个月所支付的工资上限定为 $4/3 \times (C/6)$.
- 你的基本工资是每年 $B = \$70,000$. 你不能用基本工资来偿还信用卡债务，然而，它会影响你交多少税（参见下面）. 前三个月是本财政年度的最后三个月，后三个月是下一财政年度的前三个月. 因此，如果你选择在当前财政年度（咨询的前三个月）获得高额薪酬，那么税收成本就会很高；如果你选择分期付款，费用会低一些. 准确的应缴税款取决于你的年度总收入 G, 即你的基本工资加上任何额外的收入. 边际税率表见表 14.1.

表 14.1 边际税率表

总收入 G	边际税率	总税额
$\$0 \leqslant G \leqslant \$80\ 000$	10%	$10\% \times G$
$\$80\ 000 \leqslant G$	28%	$28\% \times G\ +\ \$8000 = 10\% \times \$80\ 000$

- 无风险利率（储蓄利率）为零.
- 事件时间线：所有事件发生在每月的开始，你得到了所选择的数额，并立即决定每个信用卡还款额，同时将债务从卡 1 到卡 2. 未偿还的债务在月底都累积利息.
- 你的目标是在两个财政年度结束时最大限度地增加总财富，同时还清所有的信用卡债务.

1. 将决策问题表述为一个优化问题. 请准确地定义所涉及的变量和约束. 用如下的约束来描述税收：

$$T_i = 0.1 \min(G_i, \alpha) + 0.28 \max(G_i - \alpha, 0), \tag{14.25}$$

其中 $T_i(i = 1, 2)$ 为已纳税额，$G_i(i = 1, 2)$ 为年度总收入而 $\alpha = 80\ 000$ 为纳税阈值参数.

2. 该问题是一个线性规划吗？并解释.
3. 在关于 α 和 G_i 的何种条件下，税收约束 (14.25) 可以被如下约束集所取代？我们的问题是这样的吗？你能用如下的约束 (14.26) 代替约束 (14.25) 吗？解释一下.

$$\begin{aligned}
T_i &= 0.1d_{1,i} + 0.28d_{2,i}, \qquad (14.26)\\
d_{2,i} &\geqslant G_i - \alpha,\\
d_{2,i} &\geqslant 0,\\
d_{1,i} &\geqslant G_i - d_{2,i},\\
d_{1,i} &\geqslant d_{2,i} - \alpha.
\end{aligned}$$

4. 表述为式 (14.26) 的新问题是凸的吗？验证你的答案.
5. 使用你最喜欢的解法求解该问题. 写下接受付款和偿还或转移信用卡债务的最佳时间表，以及两年结束时的最优总财富. 你的总财富 W 是多少？
6. 对于 $\alpha \in [70k, 90k]$, 计算最优的 W. 画 α 关于 W 的图像，你可以解释该图像吗？

习题 14.8（交易成本和市场影响）　考虑如下投资组合优化问题：

$$\max_{\boldsymbol{x}} \ \hat{\boldsymbol{r}}^\top \boldsymbol{x} - \lambda \boldsymbol{x}^\top \boldsymbol{C} \boldsymbol{x} - c \cdot \boldsymbol{T}\left(\boldsymbol{x} - \boldsymbol{x}^0\right): \quad \boldsymbol{x} \geqslant 0, \quad \boldsymbol{x} \in \mathcal{X}, \tag{14.27}$$

其中 $\boldsymbol{C}$ 为经验协方差矩阵，$\lambda > 0$ 为风险参数，$\hat{\boldsymbol{r}}$ 为给定时期内每种资产的时间平均回报. 这里约束集 $\mathcal{X}$ 由以下条件所决定：

- 不允许做空.
- 存在预算约束 $x_1 + \cdots + x_n = 1$.

在上面，函数 T 表示交易成本和市场影响，$c \geqslant 0$ 是控制这些成本大小的参数，而 $\boldsymbol{x}^0 \in \mathbb{R}^n$ 是初始位置向量. 函数 T 具有如下形式：

$$T(\boldsymbol{x}) = \sum_{i=1}^n B_M(\boldsymbol{x}),$$

其中，函数 B_M 对于较小的 x 是逐段线性的，而对于较大的 $\boldsymbol{x}$ 是二次的. 通过这种方式，我们试图捕获这样一个事实：交易成本在较小的交易中占主导地位，而市场影响在较大的交易中起作用. 更准确地，我们定义 B_M 为所谓的 “反向 Hüber” 函数，其截断参数为 M. 对于常数 z, 该函数值为：

$$B_M(z) \doteq \begin{cases} |z| & \text{如果 } |z| \leqslant M, \\ \dfrac{z^2 + M^2}{2M} & \text{其他}. \end{cases}$$

标量 $M > 0$ 描述了从线性惩罚到二次惩罚的转变发生的位置.

1. 证明 B_M 可以表示为如下优化问题的解：

$$B_M(z) = \min_{v,w} v + w + \frac{w^2}{2M} : |z| \leqslant v + w, \quad v \leqslant M, \quad w \geqslant 0,$$

   解释为什么上面的表示可以证明 B_M 是凸的.

2. 证明：对于给定的 $\boldsymbol{x} \in \mathbb{R}^n$, 有：

$$T(x) = \min_{\boldsymbol{w},\boldsymbol{v}} \mathbf{1}^\top(\boldsymbol{v} + \boldsymbol{w}) + \frac{1}{2M} \boldsymbol{w}^\top \boldsymbol{w}: \quad \boldsymbol{v} \leqslant \boldsymbol{M}\mathbf{1}, \quad \boldsymbol{w} \geqslant 0, \quad |\boldsymbol{x} - \boldsymbol{x}^0| \leqslant \boldsymbol{v} + \boldsymbol{w},$$

   其中 $\boldsymbol{v}, \boldsymbol{w}$ 是 n 维向量的变量，$\mathbf{1}$ 是所有分量为 1 的向量以及不等式按分量比较.

3. 将优化问题 (14.27) 表述为凸形式. 该问题是否属于已知的问题类型（LP、QP 或 SOCP 等)？

第15章 控制问题

动力系统是随时间演化的物理系统. 通常，该系统可以由一个常微分方程组进行数学建模，其中命令和干扰信号作为输入，与预先存在的初始条件一起，产生内部变量（状态）和输出信号的时间演化. 这些类型的模型在工程中是普遍存在的，例如，被用来描述飞机的行为、内燃机的运转、机器人手臂的动力学或导弹的运行轨迹.

广义上讲，动力系统的控制问题在于确定合适的输入信号以使系统按所要求的方式工作，例如，遵循所需的输出轨迹和对干扰的抗性等. 即使是介绍控制动力系统的基础知识也需要一整本教科书. 本书中，我们只关注与一类受限制动力系统相关的几个具体方面，即有限维的线性时不变系统.

我们首先介绍连续时间模型和其对应的离散时间模型. 对于离散时间模型，强调有限范围内输入输出行为与线性方程组描述的静态线性映射之间的联系. 我们将展示某些优化问题是如何在这种情况下自然出现的，并讨论它们在控制环境中的解释. 因此，本章的第一部分涉及所谓的基于优化的控制（其中控制输入是通过在有限范围内求解优化问题直接获得的)，以及在滑动范围内的迭代实现，这产生了所谓的模型预测控制（MPC）范例. 本章的第二部分将讨论一种更经典的控制，该方法是基于无穷水平相关的概念（例如稳定性），其中优化（特别是 SDP）是间接引入的，它可作为稳定性分析或稳定反馈控制器设计的工具.

15.1 连续时间模型和离散时间模型

15.1.1 连续时间 LTI 系统

我们以下面这个简单的例子作为本节的开始.

例 15.1（轨道上的小车） 考虑一辆质量为 m 的小车，沿水平轨道移动，此小车受到的粘性阻尼（与速度成比例的阻尼）系数为 β，如图 15.1 所示.

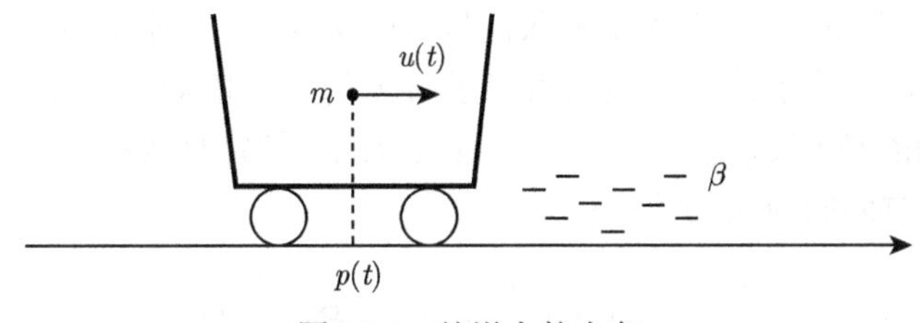

图 15.1 轨道上的小车

设 $p(t)$ 表示小车质心的位置，而 $u(t)$ 表示施加在质心上的力，其中 t 表示（连续）时间. 由牛顿动态守恒定律可得：

$$u(t) - \beta\dot{p}(t) = m\ddot{p}(t),$$

这是控制该系统动力学的二阶微分方程. 如果引入（状态）变量 $x_1(t) = p(t)$ 和 $x_2(t) = \dot{p}(t)$, 那么可以把该方程改写成两个一阶耦合微分方程系统的形式：

$$\dot{x}_1(t) = x_2(t),$$

$$\dot{x}_2(t) = \alpha x_2(t) + bu(t),$$

其中我们已经定义：

$$\alpha \doteq -\frac{\beta}{m}, \quad b \doteq \frac{1}{m}.$$

该系统还可以重新写成矩阵形式：

$$\dot{x}(t) = \boldsymbol{A}_c x(t) + \boldsymbol{B}_c u(t), \tag{15.1}$$

其中

$$\boldsymbol{A}_c = \begin{bmatrix} 0 & 1 \\ 0 & \alpha \end{bmatrix}, \quad \boldsymbol{B}_c = \begin{bmatrix} 0 \\ b \end{bmatrix}.$$

在该系统中，还可以添加一个输出方程，用来表示某个特定的信号 y. 例如：手推车本身的位置为

$$y(t) = Cx(t), \quad C = [1 \;\; 0]. \tag{15.2}$$

式 (15.1) 和式 (15.2) 实际上代表一类非常有意思的动力系统，即所谓的（严格适当的且有限维的）连续时间线性时不变（LTI）系统. 这种 LTI 系统是由三个矩阵 $(\boldsymbol{A}, \boldsymbol{B}, \boldsymbol{C})$ 通过状态方程定义的：

$$\dot{x} = \boldsymbol{A}x + \boldsymbol{B}u, \tag{15.3}$$

$$y = \boldsymbol{C}x, \tag{15.4}$$

其中 $\boldsymbol{x} \in \mathbb{R}^n$ 是状态向量，$\boldsymbol{u} \in \mathbb{R}^m$ 是输入向量，而 $\boldsymbol{y} \in \mathbb{R}^p$ 是输出向量（$\boldsymbol{x}, \boldsymbol{u}, \boldsymbol{y}$ 都是关于时间 $t \in \mathbb{R}$ 的函数，但为了简洁，这里省略了对 t 的显式依赖）. 给定时刻 t_0 的状态值，并给定 $t \geqslant t_0$ 时刻的输入 $u(t)$, 则存在一个显式公式（通常称为拉格朗日公式）用于表示系统状态 (15.3) 随时间的演化的状态：

$$x(t) = \mathrm{e}^{\boldsymbol{A}(t-t_0)}x(t_0) + \int_{t_0}^{t} \mathrm{e}^{\boldsymbol{A}(t-\tau)}\boldsymbol{B}u(\tau)d\tau, \quad t \geqslant t_0. \tag{15.5}$$

15.1.2 离散时间 LTI 系统

对于某些动态现象的分析，如人口动态或经济学，以离散的时间间隔描述系统可能会更合适. 例如：如果想对一个国家的经济进行建模，我们会在一些离散的时间间隔 Δ（比如 $\Delta =$ 一周或一个月）而不是在“连续”的时间内考虑模型的相关量（比如国内生产总值或失业率）. “离散”时间通常用一个整数变量 $k, (k = \cdots, -1, 0, 1, 2, \cdots)$ 来表示，其代表时刻 $t = k\Delta$. 一类（严格适当和有限维的）离散时间线性时不变（LTI）系统由一阶差分方程组表示，该方程组的形式为：

$$x(k+1) = \boldsymbol{A}x(k) + Bu(k), \tag{15.6}$$

$$y(k) = \boldsymbol{C}x(k). \tag{15.7}$$

已知系统在时间 k_0 的状态以及给定 $k \geqslant k_0$ 时刻的输入 $u(k)$, 那么可以通过递归应用式 (15.6)，很容易验证如下关系式：

$$x(k) = \boldsymbol{A}^{k-k_0}x(k_0) + \sum_{i=k_0}^{k-1} \boldsymbol{A}^{k-i-1}\boldsymbol{B}u(i), \quad k \geqslant k_0. \tag{15.8}$$

15.1.2.1 离散化

实际中，连续时间动力系统通常需要用数据设备来分析和控制，如数字信号处理器和计算机. 数据设备本质上是离散时间对象，只能在离散时刻 $k\Delta$ 与外部世界进行交互，其中 Δ 是代表输入/输出时钟速率的小时间间隔. 于是，通常将形如式 (15.3) 和式 (15.4) 的连续时间系统“转换”为其离散时间形式，方法是在 $t = k\Delta$ 的时刻“拍摄”系统的快照，其中称 Δ 为采样间隔，假设输入信号 $u(t)$ 在两个连续采样时刻之间保持恒定，也就是：

$$u(t) = u(k\Delta), \quad \forall\, t \in [k\Delta, (k+1)\Delta).$$

这种离散时间转换可以按如下方式进行：给定系统 (15.3) 在时刻 $t = k\Delta$（下面用 $x(k)$ 表示 $x(k\Delta)$）的状态，可以使用式 (15.5) 计算系统在时刻 $(k+1)\Delta$ 的状态值：

$$\begin{aligned} x(k+1) &= \mathrm{e}^{\boldsymbol{A}\Delta}x(k) + \int_{k\Delta}^{(k+1)\Delta} \mathrm{e}^{\boldsymbol{A}((k+1)\Delta-\tau)}\boldsymbol{B}u(\tau)\mathrm{d}\tau \\ &= \mathrm{e}^{\boldsymbol{A}\Delta}x(k) + \int_{k\Delta}^{(k+1)\Delta} \mathrm{e}^{\boldsymbol{A}((k+1)\Delta-\tau)}\boldsymbol{B}d\tau\ u(k) \\ &= \mathrm{e}^{\boldsymbol{A}\Delta}x(k) + \int_{k\Delta}^{(k+1)\Delta} \mathrm{e}^{\boldsymbol{A}\tau}\boldsymbol{B}d\tau\ u(k). \end{aligned}$$

这意味着连续时间系统 (15.3) 和 (15.4) 的采样版本根据式 (15.6) 和 (15.7) 的离散时间形式进行如下递归演变：

$$x(k+1) = \boldsymbol{A}_\Delta x(k) + \boldsymbol{B}_\Delta u(k),$$

$$y(k) = \boldsymbol{C}x(k),$$

其中

$$\boldsymbol{A}_\Delta = \mathrm{e}^{\boldsymbol{A}\Delta}, \quad \boldsymbol{B}_\Delta = \int_0^\Delta \mathrm{e}^{\boldsymbol{A}\tau}\boldsymbol{B}\mathrm{d}\tau. \tag{15.9}$$

例 15.2 考虑例 15.1 中小车在轨道上的连续时间模型,假设 $m = 1\text{kg}$ 和 $\beta = 0.1\text{Ns/m}$, 通过离散化采样时间 $\Delta = 0.1\text{s}$ 的系统 (15.1), 可以得到一个离散时间系统:

$$x(k+1) = \boldsymbol{A}x(k) + \boldsymbol{B}u(k), \tag{15.10}$$

$$y(k) = \boldsymbol{C}x(k), \tag{15.11}$$

其中 $\boldsymbol{A}$ 和 $\boldsymbol{B}$ 可以根据式 (15.9) 来计算，如下所示. 首先通过直接计算观察到:

$$\boldsymbol{A}_c^2 = \boldsymbol{A}_c\boldsymbol{A}_c = \begin{bmatrix} 0 & \alpha \\ 0 & \alpha^2 \end{bmatrix}, \quad \boldsymbol{A}_c^3 = \boldsymbol{A}_c^2\boldsymbol{A}_c = \begin{bmatrix} 0 & \alpha^2 \\ 0 & \alpha^3 \end{bmatrix}, \cdots,$$

$$\boldsymbol{A}_c^k = \boldsymbol{A}_c^{k-1}\boldsymbol{A}_c = \begin{bmatrix} 0 & \alpha^{k-1} \\ 0 & \alpha^k \end{bmatrix},$$

因此

$$\begin{aligned}
\mathrm{e}^{\boldsymbol{A}_c t} &= \boldsymbol{I} + \sum_{k=1}^{\infty} \frac{1}{k!}\boldsymbol{A}_c^k t^k = \boldsymbol{I} + \sum_{k=1}^{\infty} \frac{1}{k!}\begin{bmatrix} 0 & \alpha^{k-1} \\ 0 & \alpha^k \end{bmatrix} t^k \\
&= \begin{bmatrix} 1 & \displaystyle\sum_{k=1}^{\infty} \frac{1}{k!}\alpha^{k-1}t^k \\ 0 & 1 + \displaystyle\sum_{k=1}^{\infty} \frac{1}{k!}\alpha^k t^k \end{bmatrix} \\
&= \begin{bmatrix} 1 & \dfrac{1}{\alpha}(\mathrm{e}^{\alpha t} - 1) \\ 0 & \mathrm{e}^{\alpha t} \end{bmatrix},
\end{aligned}$$

且

$$\boldsymbol{A} = \mathrm{e}^{\boldsymbol{A}_c\Delta} = \begin{bmatrix} 1 & \dfrac{1}{\alpha}(\mathrm{e}^{\alpha\Delta} - 1) \\ 0 & \mathrm{e}^{\alpha\Delta} \end{bmatrix} = \begin{bmatrix} 1 & 0.0995017 \\ 0 & 0.9900498 \end{bmatrix}.$$

类似地，对于 $\boldsymbol{B}$, 则有:

$$\boldsymbol{B} = \int_0^\Delta \mathrm{e}^{\boldsymbol{A}_c\tau}\boldsymbol{B}_c d\tau = \int_0^\Delta \begin{bmatrix} 1 & \dfrac{1}{\alpha}(\mathrm{e}^{\alpha\tau} - 1) \\ 0 & \mathrm{e}^{\alpha\tau} \end{bmatrix} \begin{bmatrix} 0 \\ b \end{bmatrix} \mathrm{d}\tau$$

$$= b\int_0^{\Delta}\begin{bmatrix}\frac{1}{\alpha}(e^{\alpha\tau}-1)\\ e^{\alpha\tau}\end{bmatrix}d\tau$$

$$= \frac{b}{\alpha}\begin{bmatrix}\frac{1}{\alpha}(e^{\alpha\Delta}-1) & -\Delta\\ e^{\alpha\Delta} & -1\end{bmatrix} = \begin{bmatrix}0.0049834\\ 0.0995016\end{bmatrix}.$$

15.2 基于优化的控制合成

15.2.1 状态目标的控制指令的合成

这一节集中讨论形式为式 (15.6) 和式 (15.7) 的一般离散时间系统，其具有标量输入信号 $u(k)$ 和标量输出信号 $y(k)$（称该系统为 SISO, 其代表单输入单输出）. 该模型可能来自某个系统的原始离散时间表示，或者是原始连续时间系统离散化的结果. 本节将求解如下控制问题：给定初始状态 $x(0)=\boldsymbol{x}_0$、目标整数时刻 $T>0$ 和目标状态 $\boldsymbol{x}_T$, 确定分配给系统的控制 $u(k)(k=0,\cdots,T-1)$ 使得系统在时刻 T 的状态等于 $\boldsymbol{x}_T$. 换句话说，我们寻找在期望的时刻使得系统状态达到目标的控制命令序列.

这个问题可以根据式 (15.8) 来建模：

$$\begin{aligned}x(T) &= \boldsymbol{A}^{\top}\boldsymbol{x}_0+\sum_{i=0}^{T-1}\boldsymbol{A}^{T-i-1}\boldsymbol{B}u(i)\\ &= \boldsymbol{A}^{\top}\boldsymbol{x}_0+[\boldsymbol{A}^{T-1}\boldsymbol{B}\ \boldsymbol{A}^{T-2}\boldsymbol{B}\cdots\boldsymbol{A}\boldsymbol{B}\ \boldsymbol{B}]\begin{bmatrix}u(0)\\ u(1)\\ \vdots\\ u(T-2)\\ u(T-1)\end{bmatrix}\\ &= \boldsymbol{A}^{T}\boldsymbol{x}_0+\boldsymbol{R}_T\boldsymbol{\mu}_T,\end{aligned}$$

其中 $\boldsymbol{R}_T \doteq [\boldsymbol{A}^{T-1}\boldsymbol{b}\cdots\boldsymbol{B}]$ 定义为 T 可达性矩阵，而 $\boldsymbol{\mu}_T$ 为包含控制动作序列的向量. 因此，指定的控制问题相当于找到一个向量 $\boldsymbol{\mu}_T\in\mathbb{R}^T$ 使得

$$\boldsymbol{R}_T\boldsymbol{\mu}_T=\boldsymbol{\xi}_T,\quad \boldsymbol{\xi}_T\doteq\boldsymbol{x}_T-\boldsymbol{A}^{T}\boldsymbol{x}_0, \tag{15.12}$$

其中 $\boldsymbol{R}_T\in\mathbb{R}^{n,T}$ 为该系统的 T 可达性矩阵. 式 (15.12) 非常有意思，它表示离散时间 LTI 系统在时刻 T 的状态为从时刻 0 到时刻 1 的输入命令序列的线性函数，如图 15.2 所示.

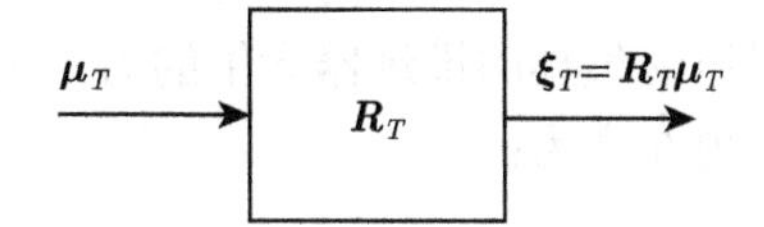

图 15.2 从命令序列到状态的线性映射

确定使系统达到所需状态的输入序列相当于求解具有形如式 (15.12) 的线性方程组中的 $\boldsymbol{\mu}_T$. 假设 $T \geqslant n$ 以及 $\boldsymbol{R}_T$ 是行满秩的（用控制工程的语言来说，即系统是完全 T 可达的）. 那么，式 (15.12) 的解总是存在的，以及如果 $T > n$, 它实际上有无穷多个可能的解. 这意味着有无穷多可能的输入序列允许系统达到期望的目标状态. 在所有的可能性中，选择一个输入序列以 "最小努力" 达到目标似乎是很自然的，其中 "努力" 可以用包含输入序列的向量 μ_T 的某个范数来衡量.

15.2.1.1　最小能量控制

例如，输入信号在有限时间区间 $\{0, \cdots, T-1\}$ 上的能量定义为

$$u(k) \text{ 的能量} = \sum_{k=0}^{T-1} |u(k)|^2 = \|\boldsymbol{\mu}_T\|_2^2.$$

找到达到期望目标的最小能量指令序列就等于寻求如下线性方程组的最小 ℓ_2 范数解（参见 6.3.2 节）:

$$\begin{aligned} \min_{\boldsymbol{\mu}_T} \quad & \|\boldsymbol{\mu}_T\|_2^2 \\ \text{s.t.:} \quad & \boldsymbol{R}_T \boldsymbol{\mu}_T = \boldsymbol{\xi}_T, \end{aligned}$$

其具有如下显式解（在完全可达的假设下）:

$$\boldsymbol{\mu}_T^* = \boldsymbol{R}_T^{\dagger} \boldsymbol{\xi}_T = \boldsymbol{R}^{\top} (\boldsymbol{R}_T \boldsymbol{R}_T^{\top})^{-1} \boldsymbol{\xi}_T, \tag{15.13}$$

其中矩阵 $\boldsymbol{G}_T \doteq \boldsymbol{R}_T \boldsymbol{R}_T^{\top}$ 是该系统的 T 可达 Gramian 矩阵.

与最小能量控制问题相关的另一个问题是使用单位能量的输入序列来确定在时间 T 可以达到的所有可能状态的集合. 也就是说，我们想要确定如下集合

$$\mathcal{E}_T = \{\boldsymbol{x} = \boldsymbol{R}_T \boldsymbol{\mu}_T + \boldsymbol{A}^{\top} \boldsymbol{x}_0 : \|\boldsymbol{\mu}_T\|_2 \leqslant 1\}.$$

除了一个常数偏置项 $\boldsymbol{A}^{\top} \boldsymbol{x}_0$ 的平移，上面的集合只是单位球 $\{\boldsymbol{\mu}_T : \|\boldsymbol{\mu}_T\|_2 \leqslant 1\}$ 在矩阵 $\boldsymbol{R}_T$ 确定的线性映射下的像. 于是，由引理 6.4, 可知单位能量输入的可达集是中心为 $\boldsymbol{c} = \boldsymbol{A}^{\top} \boldsymbol{x}_0$ 且形状矩阵为 $\boldsymbol{G}_T = \boldsymbol{R}_T \boldsymbol{R}_T^{\top}$ 的椭球，也即

$$\mathcal{E}_T = \{\boldsymbol{x} : (\boldsymbol{x} - \boldsymbol{c})^{\top} \boldsymbol{G}_T^{-1} (\boldsymbol{x} - \boldsymbol{c}) \leqslant 1\}.$$

15.2.1.2　最低燃油控制

确定命令序列的另一种方法是最小化命令序列的 ℓ_1 范数，而非 ℓ_2 范数. $\boldsymbol{\mu}_T$ 的 ℓ_1 范数与产生输入命令所需的 "燃料" 消耗成比例. 例如：在航空航天应用中，控制输入通常是由喷射压缩气体的推进器产生的力，因此 $\|\boldsymbol{\mu}_T\|_1$ 将与控制驱动所需的气体总量成比例. 那么问题现在变为:

$$\min_{\boldsymbol{\mu}_T} \quad \|\boldsymbol{\mu}_T\|_1 \tag{15.14}$$

$$\text{s.t.:} \quad \boldsymbol{R}_T \boldsymbol{\mu}_T = \boldsymbol{\xi}_T,$$

其也可以重新整理为一个等价的 LP 问题：

$$\begin{aligned} \min_{\boldsymbol{\mu}_T, s} \quad & \sum_{k=0}^{T-1} s_k \\ \text{s.t.:} \quad & |u(k)| \leqslant s_k,\ k = 0, \cdots, T-1, \\ & \boldsymbol{R}_T \boldsymbol{\mu}_T = \boldsymbol{\xi}_T. \end{aligned}$$

例 15.3 考虑例 15.2 中铁轨上的手推车的离散模型. 给定初始条件 $x(0) = [0\ 0]^\top$, 我们寻找最小能量和最小燃料输入序列使得在时刻 $t = 10$ 秒时，推车进入位置 $p(t) = 1$, 这时速度为零. 由于采样时间为 $\Delta = 0.1$ 秒，我们得到最终整数目标时间为 $T = 100$, 因此输入序列由 100 个未知值组成：$\boldsymbol{\mu}_T = [u(0), \cdots, u(T-1)]^\top$. 最小能量控制序列可以通过应用式 (15.3) 来获得，结果如图 15.3 所示. 最小燃料控制序列则是通过求解式 (15.14) 中的线性规划得到，其结果如图 15.4 所示. 我们可以观察到，从最小能量方法和从最小燃料方法获得

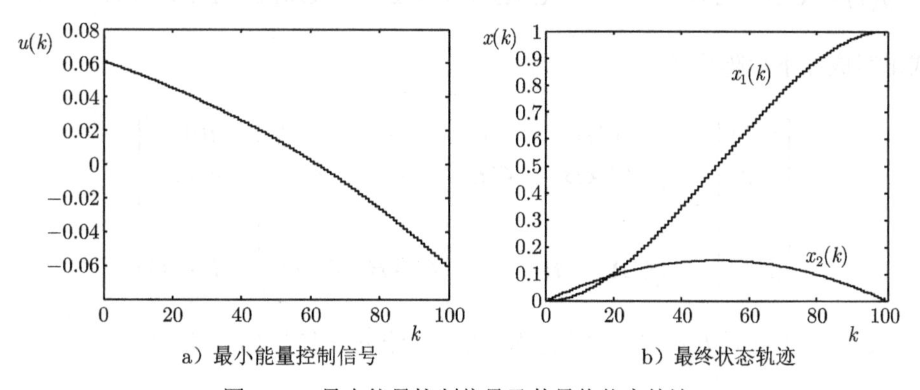

a）最小能量控制信号 b）最终状态轨迹

图 15.3 最小能量控制信号及其最终状态轨迹

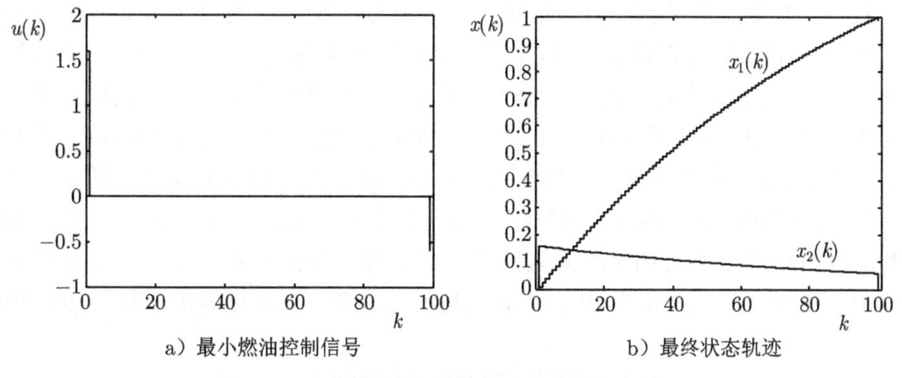

a）最小燃油控制信号 b）最终状态轨迹

图 15.4 最小燃油控制信号及其最终状态轨迹

的输入信号的图像非常不同. 特别地，最小燃料解是稀疏的，这意味着在这种情况下，除了初始和最终时刻之外，控制动作在任何地方都是零（在控制术语中，称其为 “bang-bang” 控制序列）.

15.2.2　轨迹跟踪控制指令的合成

15.2.1 节讨论了达到目标状态的问题，而没有考虑状态在初始时刻和目标时刻之间的轨迹. 在这里，我们改为研究寻找一个控制序列使离散时间 LTI 系统的输出 $y(k)$ 在给定的有限时间水平 $k \in \{1, \cdots, T\}$ 上尽可能接近地跟踪一个给定的参考轨迹 $y_{\text{ref}}(k)$. 下面假设系统是 SISO 的且 $x(0)=0$ 和 $y_{\text{ref}}(0)=0$.

由方程 (15.8) 以及 $x_0 = 0$ 得到:

$$x(k) = \boldsymbol{A}^{k-1}\boldsymbol{B}u(0) + \cdots + \boldsymbol{AB}u(k-2) + \boldsymbol{B}u(k-1).$$

下面考虑输出方程 $y(k) = \boldsymbol{C}x(k)$, 则有:

$$y(k) = \boldsymbol{CA}^{k-1}\boldsymbol{B}u(0) + \cdots + \boldsymbol{CAB}u(k-2) + \boldsymbol{CB}u(k-1),\ k = 1, \cdots, T.$$

将上式重写成如下矩阵形式:

$$\begin{bmatrix} y(1) \\ y(2) \\ \vdots \\ y(T) \end{bmatrix} = \begin{bmatrix} \boldsymbol{CB} & 0 & \cdots & 0 \\ \boldsymbol{CAB} & \boldsymbol{CB} & \cdots & 0 \\ \vdots & \vdots & \ddots & \vdots \\ \boldsymbol{CA}^{T-1}\boldsymbol{B} & \cdots & \boldsymbol{CAB} & \boldsymbol{CB} \end{bmatrix} \begin{bmatrix} u(0) \\ u(1) \\ \vdots \\ u(T-1) \end{bmatrix},$$

也就是，通过如下显式方式定义输出序列 $\mathcal{Y}_T$ 和 “传输矩阵” $\Phi_T \in \mathbb{R}^{T,T}$:

$$\mathcal{Y}_T = \Phi_T \mu_T. \tag{15.15}$$

矩阵 Φ_T 具有一种特殊的结构（沿对角线的的元素为常数值），称其为 Toeplitz 结构. 此外，Φ_T 是下三角的. 因此，当 $\boldsymbol{CB} \neq 0$ 时，它是可逆的. 称出现在 ϕ_T 的第一列中的系数为系统的 “脉冲响应”，这是因为它们表示当输入信号是离散脉冲时从系统获得的输出值序列，即对所有 $k \geqslant 1$, 有 $u(0)=1$ 且 $u(k)=0$. 我们于是观察到：在固定的有限时间水平内，离散时间 LTI 系统的输入输出行为由线性映射 (15.15) 来表述，该映射是通过转移矩阵 Φ_T 来定义的. 现在，如果期望的输出序列被赋予某些参考序列 $y_{\text{ref}}(k)(k \in \{1, \cdots, T\})$ 我们可以通过求解关于 $\boldsymbol{\mu}_T$ 的方程 (15.15) 来确定产生目标输出序列的输入序列（这样的解存在且当 $BC \neq 0$ 时是唯一的）. 定义 $\mathcal{Y}_{\text{ref}} = [y_{\text{ref}}(1) \cdots y_{\text{ref}}(T)]^\top$, 这也等价于找到 $\boldsymbol{\mu}_T$ 使得

$$\min_{\boldsymbol{\mu}_T} \|\Phi_T \boldsymbol{\mu}_T - \mathcal{Y}_{\text{ref}}\|_2^2. \tag{15.16}$$

上面的最小二乘形式的优点是：即使当式 (15.15) 恰好是奇异的情况下，也能提供一个输入序列. 在这种情况（Φ_T 是奇异的）下，我们确定一个输入序列 $\boldsymbol{\mu}_T$ 使在最小二乘意义下，随后的输出 $\mathcal{Y}_T$ “接近”（尽管不相同）于 $\mathcal{Y}_{\text{ref}}$.

将问题 (15.16) 用数学语言翻译成控制设计的“范式”，即找到控制输入使相对于给定的参考输出 $y_{\text{ref}}(k)$ 的跟踪误差最小化. 然而，这并不是控制系统的唯一范式. 注意到：问题 (15.16) 中的所有焦点都在跟踪误差上，而完全忽略了命令，即输入序列 $\boldsymbol{\mu}_T$ 的行为. 在实际中，人们必须考虑输入的最大幅度限制、转换速率限制，或者至少控制输入信号的能量含量或其油耗. 甚至当 Φ_T 可逆时，考虑跟踪问题的以下正则化形式也是一种很好的尝试，其中我们引入了与输入信号能量成比例的惩罚项：

$$\min_{\boldsymbol{\mu}_T} \ \|\Phi_T\boldsymbol{\mu}_T - \mathcal{Y}_{\text{ref}}\|_2^2 + \gamma\|\boldsymbol{\mu}_T\|_2^2. \tag{15.17}$$

这样的形式允许我们可以在跟踪精度和输入能量之间进行权衡. 通常，小的跟踪误差需要高能量的输入信号. 如果计算的输入（比如：对应于 $\gamma = 0$ 时获得的）具有太高的能量，可以尝试用更大的 $\gamma > 0$ 来再次求解问题，直到找到满意的折中方案.

当然，上述问题也有许多可能的变形. 例如：人们可能希望惩罚项为输入的 ℓ_1 范数，这导致了如下的正则化问题：

$$\min_{\boldsymbol{\mu}_T} \ \|\Phi_T\boldsymbol{\mu}_T - \mathcal{Y}_{\text{ref}}\|_2^2 + \gamma\|\boldsymbol{\mu}_T\|_1,$$

或者人们可能需要在式 (15.17) 中对命令信号的幅度增加明确的约束：

$$\begin{aligned} \min_{\boldsymbol{\mu}_T} \ & \|\Phi_T\boldsymbol{\mu}_T - \mathcal{Y}_{\text{ref}}\|_2^2 + \gamma\|\boldsymbol{\mu}_T\|_2^2 \\ \text{s.t.} \ & |\boldsymbol{\mu}_T| \leqslant u_{\max}, \end{aligned}$$

这导致了一个凸 QP 问题. 此外，通过观察以下情况，可以轻松处理对信号瞬时变化率（转换速率）的约束：

$$\begin{bmatrix} u(1)-u(0) \\ u(2)-u(1) \\ \vdots \\ u(T-1)-u(T-2) \end{bmatrix} = \boldsymbol{D}\boldsymbol{\mu}_T, \quad \boldsymbol{D} \doteq \begin{bmatrix} -1 & 1 & 0 & \cdots & 0 \\ 0 & -1 & 1 & \cdots & 0 \\ \vdots & \vdots & \ddots & \ddots & \vdots \\ 0 & \cdots & 0 & -1 & 1 \end{bmatrix}.$$

如果用 $s_{\max}$ 表示输入压摆率的极限，那么对输入信号同时具有最大幅度和压摆率约束的正则化问题可以用下面的凸 QP 形式来表示：

$$\begin{aligned} \min_{\boldsymbol{\mu}_T} \ & \|\Phi_T\boldsymbol{\mu}_T - \mathcal{Y}_{\text{ref}}\|_2^2 + \gamma\|\boldsymbol{\mu}_T\|_2^2 \\ \text{s.t.} \ & |\boldsymbol{\mu}_T| \leqslant u_{\max}, \quad |\boldsymbol{D}\boldsymbol{\mu}_T| \leqslant s_{\max}. \end{aligned}$$

例 15.4　再次考虑例 15.2 中铁轨上的手推车离散模型. 给定初始条件 $x(0)=[0\,0]^\top$ 和下列参考输出轨迹:

$$y_{\mathrm{ref}}(k)=\sin(\omega k\Delta),\quad \omega=\frac{2\pi}{10},\quad k=1,\cdots,100,$$

我们试图寻找一个输入信号使系统 (15.10) 的输出在时间 $k\in\{1,\cdots,100\}$ 上与 y_{ref} 尽可能接近. 为此，考虑式 (15.17) 中的正则化最小二乘形式. 我们首先在 $\gamma=0$ 情况下求解该问题. 这种情况下，由于 $CB=0.005\neq 0$, 可以（原则上）实现精确的输出跟踪. 结果如图 15.5 所示. 观察到跟踪误差数值上实际为零（注意，右侧面板 $e(k)$ 图中的尺度为 10^{-15}）. 然而，这是以输入信号 $u(k)$ 强烈且高幅振荡为代价实现的，参见图 15.5 中的左图. 出现这种行为的一个原因是，虽然当 $CB\neq 0$ 时，Φ_T 可逆，但它的条件数随 T 迅速增加（在我们的问题中，Φ_T 的条件数约为 10^6）. 允许输入能量的一个非零惩罚减少了最小二乘系数矩阵的条件数（参见 6.7.3.1 节），并极大地改善了输入信号的行为. 例如：假设 $\gamma=0.1$, 我们得到如图 15.6 所示的结果. 观察到：跟踪误差现在比以前更高（但根据具体应用，仍然可以接受），而输入信号的幅度更小，比 $\gamma=0$ 的情况更平滑.

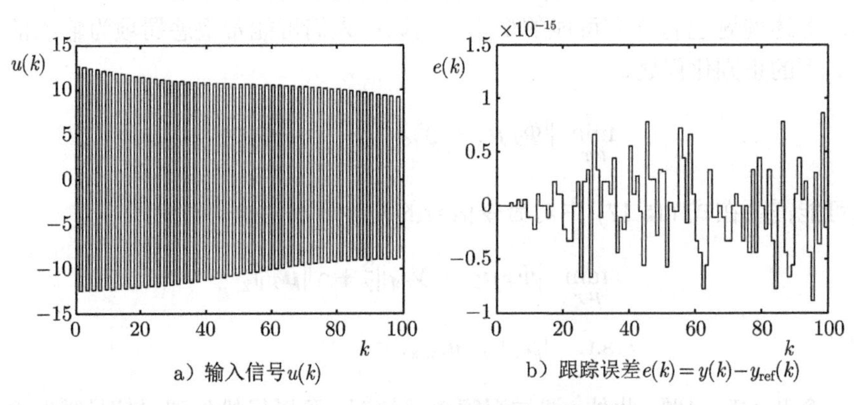

a）输入信号 $u(k)$　　b）跟踪误差 $e(k)=y(k)-y_{\mathrm{ref}}(k)$

图 15.5　$\gamma=0$ 时的输入信号和跟踪误差

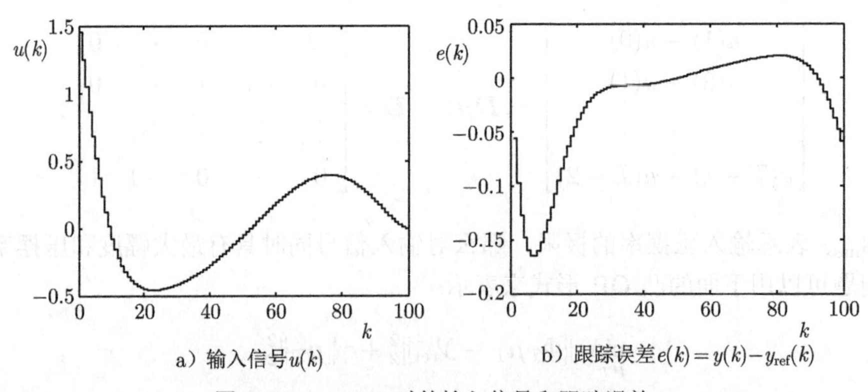

a）输入信号 $u(k)$　　b）跟踪误差 $e(k)=y(k)-y_{\mathrm{ref}}(k)$

图 15.6　$\gamma=0.1$ 时的输入信号和跟踪误差

15.2.3 模型预测控制

模型预测控制（MPC）是一种有效且应用广泛的基于优化的动力系统控制技术. 这里，我们简要说明 LTI 离散时间系统的模型预测控制思想. 应用前面章节中所讨论的控制设计方法，预先计算（即在时刻 0）时间长度为 T 的整个控制序列 $u(0),\cdots,u(T-1)$, 然后将其应用于系统. 这在实践中可能会产生一些问题，这是因为要使用计算输入结果的实际系统可能会由于扰动而随时间变化. 如果时间跨度 T 很大，由于扰动，系统在稍后时刻的状态可能与先前在时刻 0 计算控制序列时预测的状态有很大不同. 当必须在多个时间段内确定决策（在这种情况下是控制输入）时，这确实是一个普遍存在的问题. 直观上，最好在时间 $k=0$ 时计算序列，记为 $u^{(0)}=(u_{0|0},\cdots,u_{T-1|0})$, 并在 $k=0$ 时仅应用这些控制中的第一个，$u(0)=u_{0|0}$. 然后，我们"等着看"实际系统如何对这个第一个输入作出反应（也就是，测量实际状态 $x(1)$), 并重新计算一个新的序列（记为 $u^{(1)}=(u_{0|1},\cdots,u_{T-1|1})$）用于下一步系统迭代. 因此，在时间 $k=1$ 时，将该序列的第一个值 $u(1)=u_{0|1}$ 应用于系统，然后无限地迭代整个过程（即观察结果 $x(2)$, 然后计算新的序列 $u^{(2)}=(u_{0|2},\cdots,u_{T-1|2})$, 应用 $u(2)=u_{0|2}$ 等）. 称该方法为 MPC 控制律的滑动水平实现.

一般而言，MPC 通过求解以下类型的优化问题来计算在时刻 k 的预测控制序列：

$$\begin{aligned}\min_{\boldsymbol{u}^{(k)}}\quad & J=\sum_{j=0}^{T-1}\left(\boldsymbol{x}_{j|k}^{\top}\boldsymbol{Q}\boldsymbol{x}_{j|k}+\boldsymbol{u}_{j|k}^{\top}\boldsymbol{R}\boldsymbol{u}_{j|k}\right)+\boldsymbol{x}_{T|k}^{\top}\boldsymbol{S}\boldsymbol{x}_{T|k} \\ \text{s.t.:}\quad & \boldsymbol{u}_{\text{lb}}^{(j)}\leqslant\boldsymbol{u}_{j|k}\leqslant\boldsymbol{u}_{\text{ub}}^{(j)},\ j=0,\cdots,T-1, \\ & \boldsymbol{F}^{(j)}\boldsymbol{x}_{j|k}\leqslant\boldsymbol{g}^{(j)},\ j=1,\cdots,T,\end{aligned}\tag{15.18}$$

其中 $\boldsymbol{Q}\in\mathbb{S}_{+}^{n}$, $\boldsymbol{S}\in\mathbb{S}_{+}^{n}$, $\boldsymbol{R}\in\mathbb{S}_{++}^{q}$ 是给定的加权矩阵，$\boldsymbol{u}_{\text{ub}}^{(j)}$, $\boldsymbol{u}_{\text{lb}}^{(j)}\in\mathbb{R}^{q}$ 是给定的预测控制输入的上下界向量，而 $\boldsymbol{F}^{(j)}\in\mathbb{R}^{m,n}$, $\boldsymbol{g}^{(j)}\in\mathbb{R}^{m}$ 用来描述系统状态的可能多面体约束. 这里：

$$\boldsymbol{u}^{(k)}\doteq(u_{0|k},\cdots,u_{T|k})$$

为决策变量，其包含了在时刻 k 计算得到的预测控制序列，$\boldsymbol{x}_{j|k}(j=0,\cdots,T)$ 是预测状态的序列，其满足该系统的动态方程：

$$\boldsymbol{x}_{i+1|k}=\boldsymbol{A}\boldsymbol{x}_{i|k}+\boldsymbol{B}\boldsymbol{u}_{i|k},\quad i=0,\cdots,T-1,\tag{15.19}$$

其中初始条件 $\boldsymbol{x}_{0|k}=x(k)$, 这里 $x(k)$ 是 k 时刻观测到的系统的实际状态. 因此，在每个时刻 $k=0,1,\cdots$, 我们观测到 $x(k)$, 然后求解问题 (15.18) 找到最优预测序列 $u(k)=(u_{0|k},\cdots,u_{T|k})$, 最后将控制输入 $u(k)=\boldsymbol{u}_{0|k}$ 应用于实际系统并进行迭代. 在问题 (15.18) 中的目标量化了状态和控制信号 ($\boldsymbol{x}_{j|k}^{\top}\boldsymbol{Q}\boldsymbol{x}_{j|k}$, $\boldsymbol{u}_{j|k}^{\top}\boldsymbol{R}\boldsymbol{u}_{j|k}$ 分别为状态向量和控制向量的加权 ℓ_2 范数)，并在终端状态加上了类似的惩罚项 $\boldsymbol{x}_{T|k}^{\top}\boldsymbol{S}\boldsymbol{x}_{T|k}$. 这种控制策略的目的是驱动（调节）

系统状态渐近为零. MPC 的一个具体特征是：允许我们直接考虑控制信号的约束（例如上限和下限）以及对允许的状态轨迹的约束.

注意，对于 $i=0$ 到 j 递归地应用方程 (15.19) 从而可以得到：

$$\boldsymbol{x}_{j|k}=\boldsymbol{A}^j\boldsymbol{x}(k)+\boldsymbol{R}_j\boldsymbol{u}^{(k)},\quad \boldsymbol{R}_j=[\boldsymbol{A}^{j-1}\boldsymbol{B}\ \cdots\ \boldsymbol{A}\boldsymbol{B}\ \boldsymbol{B}\ 0\ \cdots\ 0].$$

这表明 $\boldsymbol{x}_{j|k}$ 是决策变量 $u(k)$ 的向量的线性函数. 把这个表达式代入问题 (15.18) 中的目标和约束，则很容易可以看出该问题是一个关于变量 $u(k)$ 的凸二次规划.

15.3　优化分析与控制器设计

本节简要讨论可以使用优化技术来分析某些系统特性（如稳定性）或者为系统设计合适的控制器的一些情况. 这些技术通常聚焦于系统的渐近性质. 与前面讨论的相反，这些技术是间接的，即优化不用于直接确定控制序列；相反，它用于确定与理想设备（控制器）相关的一些参数（例如：控制器增益）的值，这些理想设备（控制器）应该连接到系统（例如在反馈配置中）以便控制系统. 关于控制系统分析和设计（特别是基于 SDP）的优化方法这一主题，已经有了非常丰富的文献[⊖]. 本节通过考虑与 LTI 系统的稳定性和反馈稳定性有关的几个非常基本的问题，来理解这类结果的特点.

15.3.1　连续时间 Lyapunov 稳定性分析

考虑如下连续时间 LTI 系统：

$$\dot{x}(t)=\boldsymbol{A}x(t)+\boldsymbol{B}u(t).\tag{15.20}$$

如果 $u(t)=0$, 那么对任意的初始条件 $x(0)=x_0$ 都有 $\lim_{t\to\infty}x(t)=0$, 则称它为（渐近）稳定的. 换句话说，系统的自由响应渐近为零且与初始条件无关. 从 Lyapunov 稳定性理论可知：该系统稳定的一个充要条件是存在一个矩阵 $\boldsymbol{P}\succ 0$ 使得

$$\boldsymbol{A}^\top\boldsymbol{P}+PA\prec 0,\tag{15.21}$$

这是关于矩阵变量 $\boldsymbol{P}$ 的（严格的）一个 LMI 条件. 这样矩阵 $\boldsymbol{P}$ 的存在以二次 Lyapunov 函数 $V(x)=\boldsymbol{x}^\top\boldsymbol{P}\boldsymbol{x}$ 的形式提供了稳定性的证明. 注意到：条件 $\boldsymbol{P}\succ 0$ 和式 (15.21) 是等价的. 这意味着：如果某个 P 满足如下条件

$$\overline{\boldsymbol{P}}\succ 0,\quad \boldsymbol{A}^\top\overline{\boldsymbol{P}}+\overline{\boldsymbol{P}}\boldsymbol{A}=-\overline{\boldsymbol{Q}},\ \ \overline{\boldsymbol{Q}}\succ 0,$$

⊖ 例如：S. Boyd, L. El Ghaoui, E. Feron, V. Balakrishnan,*Linear Matrix Inequalities in System and Control Theory*, SIAM, 1994；R.E. Skelton, T. Iwasaki 和 K. Grigoriadis, *A Unified Algebraic Approach to Linear Control Design*, 1998 年；或 C. Scherer, S. Weiland, *Linear Matrix Inequalities in Control*, 2004，均可在网上查到.

那么对任何 $\boldsymbol{P}=\alpha\overline{\boldsymbol{P}}$, $\alpha>0$, 这些条件也满足. 特别地，如果我们取

$$\alpha=\max\{\lambda_{\min}^{-1}(\overline{\boldsymbol{P}}),\ \lambda_{\min}^{-1}(\overline{\boldsymbol{Q}})\},$$

则有

$$\boldsymbol{P}=\alpha\overline{\boldsymbol{P}}\succeq\boldsymbol{I},\quad \boldsymbol{A}^{\top}\boldsymbol{P}+\boldsymbol{P}\boldsymbol{A}\preceq-\boldsymbol{I}.$$

于是，稳定性相当于满足关于 $\boldsymbol{P}$ 的如下两个非严格线性矩阵不等式：

$$\boldsymbol{P}\succ\boldsymbol{I},\quad \boldsymbol{A}^{\top}\boldsymbol{P}+\boldsymbol{P}\boldsymbol{A}\prec-\boldsymbol{I}.$$

于是，找到 Lyapunov 稳定性验证矩阵 $\boldsymbol{P}$ 的问题可以被转化为以下形式的 SDP:

$$\begin{aligned}\min_{\boldsymbol{P},v}\quad & v\\ \text{s.t.}\quad & \boldsymbol{A}^{\top}\boldsymbol{P}+\boldsymbol{P}\boldsymbol{A}\preceq-\boldsymbol{I},\\ & \boldsymbol{I}\prec\boldsymbol{P}\prec v\boldsymbol{I},\end{aligned}$$

其中最后一个 LMI 约束意味着 $\boldsymbol{P}$ 的条件数 $\leqslant v$, 因此我们寻求具有最小条件数的 Lyapunov 矩阵.

一种等价的方法是用逆 Lyapunov 矩阵 $\boldsymbol{W}=\boldsymbol{P}^{-1}$ 来表示. 事实上,通过在式 (15.21) 左右两边同乘以 $\boldsymbol{P}^{-1}$, 可得到另一个稳定性条件：$\exists\,\boldsymbol{W}\succ0$ 使得 $\boldsymbol{W}\boldsymbol{A}^{\top}+\boldsymbol{A}\boldsymbol{W}\prec0$, 进一步通过前面关于等价性的相同推理，此条件等价于

$$\exists\,\boldsymbol{W}\succ0\quad \boldsymbol{W}\boldsymbol{A}^{\top}+\boldsymbol{A}\boldsymbol{W}\prec-\boldsymbol{I}. \tag{15.22}$$

这样，最优（最小条件数）Lyapunov 逆验证矩阵可以通过求解如下 SDP 问题来获得：

$$\begin{aligned}\min_{\boldsymbol{W},v}\quad & v\\ \text{s.t.:}\quad & \boldsymbol{W}\boldsymbol{A}^{\top}+\boldsymbol{A}\boldsymbol{W}\preceq-\boldsymbol{I},\\ & \boldsymbol{I}\preceq\boldsymbol{W}\preceq v\boldsymbol{I}.\end{aligned}$$

15.3.2 稳定化的状态反馈控制

前面的方法可以从稳定性分析扩展到反馈稳定控制律的设计. 假设控制输入采用以下状态反馈形式：

$$u(t)=\boldsymbol{K}x(t), \tag{15.23}$$

其中 $\boldsymbol{K} \in \mathbb{R}^{m,n}$ 是状态反馈增益矩阵（或控制器），它用来使受控系统稳定. 将式 (15.23) 代入状态方程 (15.20), 得到如下受控系统：

$$\dot{\boldsymbol{x}} = (\boldsymbol{A} + \boldsymbol{B}\boldsymbol{K})\boldsymbol{x}.$$

该系统是稳定的当且仅当条件 (15.22) 对于闭环系统矩阵 $A_{\text{cc}} = \boldsymbol{A}+\boldsymbol{B}\boldsymbol{K}$ 成立，即当且仅当

$$\exists \boldsymbol{W} \succ \boldsymbol{I}: \quad \boldsymbol{W}\boldsymbol{A}^\top + \boldsymbol{A}\boldsymbol{W} + (\boldsymbol{K}\boldsymbol{W})^\top \boldsymbol{B}^\top + \boldsymbol{B}(\boldsymbol{K}\boldsymbol{W}) \prec -\boldsymbol{I}.$$

引入一个新的变量 $\boldsymbol{Y} \doteq \boldsymbol{K}\boldsymbol{W}$, 上面的条件可以重新写为：

$$\exists\, \boldsymbol{W} \succ \boldsymbol{I}: \quad \boldsymbol{W}\boldsymbol{A}^\top + \boldsymbol{A}\boldsymbol{W} + \boldsymbol{Y}^\top \boldsymbol{B}^\top + \boldsymbol{B}\boldsymbol{Y} \prec -\boldsymbol{I},$$

这是关于变量 $\boldsymbol{W}$ 和 $\boldsymbol{Y}$ 中的 LMI 条件. 然后，可以通过首先在先前的 LMI 约束下求解凸优化问题，然后将 $\boldsymbol{K}$ 恢复为 $\boldsymbol{K} = \boldsymbol{Y}\boldsymbol{W}^{-1}$ 来找到稳定的反馈增益. 例如：优化问题的目标可以选择为 $\boldsymbol{W}$ 条件数和 $\boldsymbol{Y}$ 范数的折中：

$$\begin{aligned} \min_{\boldsymbol{W},\boldsymbol{Y},v} \quad & v + \eta \|\boldsymbol{Y}\|_2 \\ \text{s.t.:} \quad & \boldsymbol{W}\boldsymbol{A}^\top + \boldsymbol{A}\boldsymbol{W} + \boldsymbol{Y}^\top \boldsymbol{B}^\top + \boldsymbol{B}\boldsymbol{Y} \prec -\boldsymbol{I}, \\ & \boldsymbol{I} \preceq \boldsymbol{W} \preceq v\boldsymbol{I}, \end{aligned}$$

其中 $\eta \geqslant 0$ 是折中参数.

15.3.2.1 鲁棒反馈设计

所描述的基于线性矩阵不等式的反馈稳定性方法非常灵活，这是因为它可以很容易地扩展到待稳定的系统为不确定的情况. 这里只讨论不确定性影响系统的最简单的情况，即所谓的场景或多胞形不确定性. 考虑如下系统：

$$\dot{x}(t) = A(t)x(t) + B(t)u(t), \tag{15.24}$$

其中系统矩阵 $\boldsymbol{A}, \boldsymbol{B}$ 可以在给定的矩阵 $(\boldsymbol{A}_i, \boldsymbol{B}_i)(i = 1, \cdots, N)$ 的多胞形内变化，也就是：

$$(A(t), B(t)) \in \text{co}\{(\boldsymbol{A}_1, \boldsymbol{B}_1), \cdots, (\boldsymbol{A}_N, \boldsymbol{B}_N)\}.$$

矩阵对 $(\boldsymbol{A}_i, \boldsymbol{B}_i)$ 是多胞形的顶点，可以解释其为场景或不确定设备的不同可能的实现，例如：在不同操作条件和时期等下测量的. 可以证明：不确定系统 (15.24) 是稳定的一个充分条件是所有顶点系统都存在一个公共的二次 Lyapunov 函数，也就是：

$$\exists\, \boldsymbol{W} \succ \boldsymbol{I}: \quad \boldsymbol{W}\boldsymbol{A}_i^\top + \boldsymbol{A}_i\boldsymbol{W} \prec -\boldsymbol{I}, \quad i = 1, \cdots, N.$$

基于这个充分条件，我们可以设计形式为式 (15.23) 的反馈控制律，其鲁棒地来稳定不确定系统. 受控系统描述如下：

$$\dot{x}(t) = (A(t) + B(t)\boldsymbol{K})x(t),$$

如果

$$\exists\, \boldsymbol{W} \succ \boldsymbol{I}: \quad \boldsymbol{W}(A_i + B_iK)^\top + (A_i + B_iK)W \prec -I, \quad i = 1, \cdots, N.$$

则电是稳定的.

引入变量 $\boldsymbol{Y} = \boldsymbol{KW}$, 通过求解如下问题可以得到稳定控制器的反馈增益矩阵 $\boldsymbol{K}$:

$$\begin{aligned} \min_{\boldsymbol{W},\boldsymbol{Y},v} \quad & v + \eta\|\boldsymbol{Y}\|_2 \\ \text{s.t.:} \quad & \boldsymbol{W}\boldsymbol{A}_i^\top + \boldsymbol{A}_i\boldsymbol{W} + \boldsymbol{Y}^\top\boldsymbol{B}_i^\top + \boldsymbol{B}_i\boldsymbol{Y} \prec -\boldsymbol{I}, \quad i = 1, \cdots, N \\ & \boldsymbol{I} \preceq \boldsymbol{W} \preceq v\boldsymbol{I}, \end{aligned} \tag{15.25}$$

从而得到 $\boldsymbol{K} = \boldsymbol{Y}\boldsymbol{W}^{-1}$.

例 15.5（倒立摆的鲁棒稳定） 考虑图 15.7 中描述的倒立摆的简化模型，它由一个长度为 ℓ 的刚性杆及其顶端的质量为 m 的质点构成. 其中 $\theta(t)$ 表示垂直轴上杆的角位置，$u(t)$ 是施加在接头上的输入扭矩，而 g 是重力加速度. 这个系统的牛顿平衡方程为：

$$m\ell^2\ddot{\theta}(t) = mg\ell\sin\theta(t) + u(t).$$

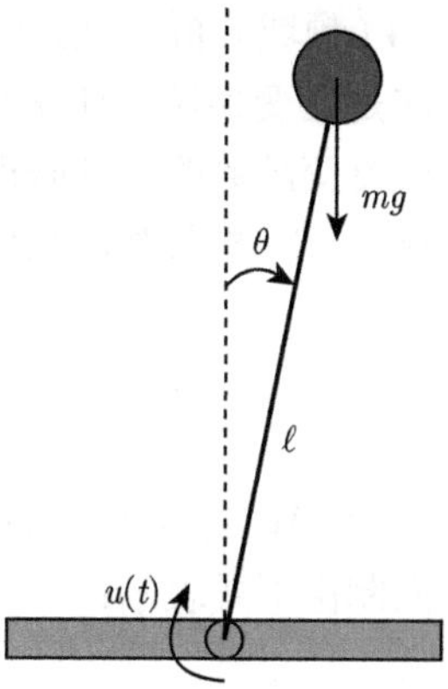

于是，系统的动力学可以由二阶非线性微分方程来表述. 然而，只要角度 $\theta(t)$ 较小，我们就可以用一个线性微分方程来近似非线性方程，该方程是通过假设 $\theta(t) \simeq 0, \sin\theta(t) \simeq \theta(t)$ 而得到的. 近似动态方程则为：

图 15.7 一个倒立摆

$$m\ell^2\ddot{\theta}(t) = mg\ell\theta(t) + u(t),$$

因此，引入状态变量 $x_1(t) = \theta(t)$ 和 $x_2(t) = \omega\theta(t)$, 系统近似由连续时间 LTI 系统来描述：

$$\dot{\boldsymbol{x}} = \boldsymbol{A}\boldsymbol{x} + \boldsymbol{B}\boldsymbol{u}, \quad \boldsymbol{A} = \begin{bmatrix} 0 & 1 \\ \alpha & 0 \end{bmatrix}, \quad \boldsymbol{B} = \begin{bmatrix} 0 \\ \beta \end{bmatrix},$$

其中 $\alpha \doteq \frac{g}{\ell}$ 和 $\beta \doteq \frac{1}{m\ell^2}$. 该系统是不稳定的且与参数的（正）取值无关. 假设参数取值如下：

$$g = 9.8\text{m/s}^2, \ m = 0.5\text{kg}, \ \ell \in [0.9, 1.1]\text{m},$$

也就是说，这里考虑的不确定性为杆的长度. 我们希望设计一个状态反馈控制律 $u(t) = \boldsymbol{K}x(t)$ 使系统是鲁棒稳定的. 为此，观察到系统矩阵可以沿着由两个顶点系统定义的线段而变化：

$$\boldsymbol{A}_1 = \begin{bmatrix} 0 & 1 \\ 10.8889 & 0 \end{bmatrix}, \quad \boldsymbol{B}_1 = \begin{bmatrix} 0 \\ 2.4691 \end{bmatrix},$$

$$\boldsymbol{A}_2 = \begin{bmatrix} 0 & 1 \\ 8.9091 & 0 \end{bmatrix}, \quad \boldsymbol{B}_2 = \begin{bmatrix} 0 \\ 1.6529 \end{bmatrix}.$$

这样,可以应用多胞形系统稳定的充分条件,并通过求解式 (15.25) 中的凸优化问题,在 $N = 2$ 和 $\eta = 1$ 的条件下，求出控制增益 $\boldsymbol{K}$. 于是通过 CVX 的数值解则给出鲁棒稳定控制器 $\boldsymbol{K} = [6.7289, 2.3151]$ 以及 Lyapunov 验证矩阵：

$$\boldsymbol{P} = \boldsymbol{W}^{-1} = \begin{bmatrix} 0.8796 & 0.2399 \\ 0.2399 & 0.5218 \end{bmatrix}.$$

注释 15.1（频域分析） 前面章节中概述的分析和设计方法是基于系统的时域表示. 另一种经典方法是在变换域（通常称为频域）中分析系统. 从时域到频域的转换是通过将时域信号转换成复变函数的特殊映射来实现的. 这种被称为（单向）Laplace 变换㊀的映射与时域信号 $w(t) \in \mathbb{C}^n$ 相关联，也就是，函数

$$W(s) \doteq \int_0^\infty w(t) \mathrm{e}^{-st} \mathrm{d}t,$$

其中 $s \in \mathbb{C}$. 函数 $W(s)$ 对所有使上述积分收敛于一个有限值的 s 都是良定的，其在 s 纯虚数值上的限制由下式表示：

$$\hat{W}(\omega) \doteq W(s)|_{s=j\omega} = \int_0^\infty w(t) \mathrm{e}^{-j\omega t} \mathrm{d}t,$$

当 $w(t)$ 是一个因果信号㊁时,它与 $w(t)$ 的傅里叶变换一致. 如果 w 是实值的,那么 $W(\omega)^\top = \hat{W}(\omega)^*$, 这里 $*$ 表示共轭转置. 因此，对于一个真实的信号，平方范数 $\|W(\omega)\|_2 = \hat{W}(\omega)^* \hat{W}(\omega) = \hat{W}(\omega)^\top W(\omega)$ 相对于 ω 是中心对称的.

㊀ Laplace 变换（或离散时间系统的 z 变换）在控制系统的分析和设计中的应用是一种非常经典的方法，任何有关线性系统的入门教科书都包含该方面的内容，例如参见：J.P . Hespanha, *Linear Systems Theory*, Princeton, 2009；W.J. Rough, *Linear System Theory*, Prentice-Hall, 1993；或者更前沿的研究可参见 T. Kailath, *Linear Systems*, Prentice-Hall, 1980；F. Callier, C. A. Desoer, *Linear System Theory*, Springer, 2012；C.-T. Chen, *Linear System Theory and Design*, Oxford, 1999.

㊁ 因果信号是指对于 $t < 0$ 全为的零的信号. 控制中使用的信号通常被认为是有因果关系的，这是因为通常认为 $t = 0$ 是系统“接通”的时间.

对于如下一个连续时间 LTI 系统：

$$\dot{x}(t) = \boldsymbol{A}x(t) + \boldsymbol{B}u(t), \quad x(0) = 0, \tag{15.26}$$

$$y(t) = \boldsymbol{C}x(t) + \boldsymbol{D}u(t), \tag{15.27}$$

其中 $x(t) \in \mathbb{R}^n$ 为状态，$u(t) \in \mathbb{R}^p$ 为输入，$Y(t) \in \mathbb{R}^m$ 是输出，而系统矩阵 $(\boldsymbol{A}, \boldsymbol{B}, \boldsymbol{C}, \boldsymbol{D})$ 为相应的维数. 系统的转移矩阵定义为：

$$H(s) \doteq \boldsymbol{C}(s\boldsymbol{I} - \boldsymbol{A})^{-1}\boldsymbol{B} + \boldsymbol{D}.$$

转移矩阵提供了拉普拉斯域中系统行为的一些方面的简单描述，这是因为在这个域中，输入输出关系可以简单地描述为如下乘积关系：

$$Y(s) = H(s)U(s),$$

其中 $U(s)$, $Y(s)$ 分别是 $u(t)$, $y(t)$ 的 Laplace 变换. 矩阵 $H(s)$ 的每一项 $H_{ij}(s)$ 是实信号 $h_{ij}(t)$ 的 Laplace 变换. 当第 j 个输入 $u_j(t)$ 是脉冲（狄拉克 δ 函数）时，它表示输出向量的第 i 个项 $y_i(t)$, 所有其他输入 $u_k(t)$, $k \neq j$ 均为零. 此外，如果输入信号允许 Fourier 变换 $U(\omega)$ 且系统是稳定的，则输出的 Fourier 变换为

$$\hat{Y}(\omega) = H(j\omega)\hat{U}(\omega),$$

以及 $\hat{H}(\omega) \doteq H(j\omega)$, $\omega \geqslant 0$ 给出了系统的所谓频率响应.

15.3.3 离散时间 Lyapunov 稳定性与稳定化

与连续时间的情况类似，考虑如下离散时间 LTI 系统：

$$x(k+1) = \boldsymbol{A}x(k) + \boldsymbol{B}u(k). \tag{15.28}$$

如果它的自由响应渐近为零且与初始条件无关，则称它为（渐近）稳定的. 系统 (15.28) 是稳定的一个充要条件是存在一个矩阵 $\boldsymbol{P} \succ 0$ 使得

$$\boldsymbol{A}^\top \boldsymbol{P}\boldsymbol{A} - \boldsymbol{P} \prec 0, \tag{15.29}$$

或者等价地，通过齐次性有：

$$\exists\, \boldsymbol{P} \preceq \boldsymbol{I}: \quad \boldsymbol{A}^\top \boldsymbol{P}\boldsymbol{A} - \boldsymbol{P} \preceq -\boldsymbol{I}.$$

此外，定义 $\boldsymbol{W} = \boldsymbol{P}^{-1}$ 并在等式 (15.29) 的左边和右边同时乘以 $\boldsymbol{W}$, 可以得到如下条件：

$$\exists\, \boldsymbol{W} \succ 0: \quad \boldsymbol{W} - \boldsymbol{W}\boldsymbol{A}^\top \boldsymbol{W}^{-1}\boldsymbol{A}\boldsymbol{W} \succ 0,$$

其等价于

$$\exists\, \boldsymbol{W} \succ \boldsymbol{I}:\quad \boldsymbol{W} - \boldsymbol{W}\boldsymbol{A}^\top \boldsymbol{W}^{-1}\boldsymbol{A}\boldsymbol{W} \succ \boldsymbol{I}.$$

回顾 Schur 补规则，上述条件可以写成关于 $\boldsymbol{W}$ 的单一 LMI 条件：

$$\begin{bmatrix} \boldsymbol{W}-\boldsymbol{I} & \boldsymbol{W}\boldsymbol{A}^\top \\ \boldsymbol{A}\boldsymbol{W} & \boldsymbol{W} \end{bmatrix} \succeq 0. \tag{15.30}$$

后式对于反馈控制设计特别有用. 假设我们想为系统 (15.28) 设计一个状态反馈定律 $u(k) = \boldsymbol{K}x(k)$. 那么受控系统为：

$$x(k+1) - (\boldsymbol{A}+\boldsymbol{B}\boldsymbol{K})x(k),$$

它是稳定的当且仅当（应用式 (15.30)）：

$$\begin{bmatrix} \boldsymbol{W}-\boldsymbol{I} & \boldsymbol{W}(\boldsymbol{A}+\boldsymbol{B}\boldsymbol{K})^\top \\ (\boldsymbol{A}+\boldsymbol{B}\boldsymbol{K})\boldsymbol{W} & \boldsymbol{W} \end{bmatrix} \preceq 0.$$

定义一个新的变量 $\boldsymbol{Y} = \boldsymbol{K}\boldsymbol{W}$, 这样就成为关于 $\boldsymbol{W}$ 和 $\boldsymbol{Y}$ 的 LMI 条件. 于是，稳定控制增益 $\boldsymbol{K}$ 可以通过求解关于变量 $\boldsymbol{W}, \boldsymbol{Y}$ 的如下优化问题来获得：

$$\begin{aligned} \min_{\boldsymbol{W},\boldsymbol{Y},v} \quad & v + \eta\|\boldsymbol{Y}\|_2 \\ \text{s.t.:} \quad & \begin{bmatrix} \boldsymbol{W}-\boldsymbol{I} & \boldsymbol{W}\boldsymbol{A}^\top + \boldsymbol{Y}^\top\boldsymbol{B}^\top \\ \boldsymbol{A}\boldsymbol{W}+\boldsymbol{B}\boldsymbol{Y} & \boldsymbol{W} \end{bmatrix} \preceq 0 \\ & \boldsymbol{W} \prec v\boldsymbol{I}, \end{aligned} \tag{15.31}$$

于是将 $\boldsymbol{K}$ 恢复为 $\boldsymbol{K} = \boldsymbol{Y}\boldsymbol{W}^{-1}$. 利用类似于前面概述的连续时间系统的思路，这种方法也可以很容易地扩展到不确定多胞形系统的鲁棒稳定性.

15.4 习题

习题 15.1（稳定性和特征值）　证明：连续时间 LTI 系统 (15.20) 是渐近稳定的（或简称稳定的）当且仅当矩阵 $\boldsymbol{A}$ 的所有特征值 $\lambda_i(\boldsymbol{A})(i = 1, \cdots, n)$ 具有（严格）负实部.

证明：离散时间 LTI 系统 (15.28) 是稳定的当且仅当矩阵 $\boldsymbol{A}$ 的所有特征值 $\lambda_i(\boldsymbol{A})$, $i = 1, \cdots, n$ 的模（严格地）小于 1.

提示：对于连续时间系统的自由响应，使用表达式 $x(t) = \mathrm{e}^{\boldsymbol{A}t}x_0$; 而对于离散时间系统的自由响应，则使用表达式 $x(k) = \boldsymbol{A}^k x_0$. 你可以在假设 $\boldsymbol{A}$ 是可对角化的情况下给出其证明.

习题 15.2（信号范数） 连续时间信号 $w(t)$ 是将时间 $t\in\mathbb{R}$ 映射到 $\mathbb{C}^m$ 或 $\mathbb{R}^m$ 值 $w(t)$ 的函数. 信号 $w(t)$ 的能量定义为：

$$E(w)\doteq\|\boldsymbol{w}\|_2^2=\int_{-\infty}^{\infty}\|w(t)\|_2^2\mathrm{d}t,$$

其中 $\|\boldsymbol{w}\|_2$ 是信号的 2 范数. 有限能量信号类包含上述 2 范数是有限的信号.

周期信号通常具有无穷的能量. 对于周期为 T 的信号，我们将其功率定义为：

$$P(\boldsymbol{w})\doteq\frac{1}{T}\int_{t_0}^{t_0+T}\|w(t)\|_2^2\mathrm{d}t.$$

1. 计算谐波信号 $w(t)=v\mathrm{e}^{j\omega t}, v\in\mathbb{R}^m$, 以及因果指数信号 $w(t)=v\mathrm{e}^{at}, a<0, t\geqslant 0$ 的能量（当 $t<0$ 时, $w(t)=0$）.
2. 计算谐波信号 $w(t)=v\mathrm{e}^{j\omega t}$ 以及正弦信号 $w(t)=v\sin(\omega t)$ 的功率.

习题 15.3（系统状态演化的能量上限） 考虑一个连续时间的LTI系统 $\dot{x}(t)=\boldsymbol{A}x(t)$, $t\geqslant 0$, 无输入（称这样的系统为自治的）, 而输出 $y(t)=\boldsymbol{C}x$. 我们希望评估系统输出中包含的能量，用如下定义来衡量：

$$J(x_0)\doteq\int_0^{\infty}y(t)^{\top}y(t)\mathrm{d}t=\int_0^{\infty}x(t)^{\top}\boldsymbol{Q}x(t)\mathrm{d}t,$$

其中 $\boldsymbol{Q}\doteq\boldsymbol{C}^{\top}\boldsymbol{C}\succ 0$.

1. 证明：如果系统是稳定的，那么对于任意 x_0, 则有 $J(x_0)<\infty$.
2. 证明：如果系统是稳定的且存在一个矩阵 $\boldsymbol{P}\succeq 0$ 使得

$$\boldsymbol{A}^{\top}\boldsymbol{P}+\boldsymbol{P}\boldsymbol{A}+\boldsymbol{Q}\preceq 0,$$

那么有 $J(\boldsymbol{x}_0)\leqslant\boldsymbol{x}_0^{\top}\boldsymbol{P}\boldsymbol{x}_0$（提示：考虑二次型 $V(x(t))=x(t)^{\top}\boldsymbol{P}x(t)$, 并计算其相对于时间的导数）.

3. 说明对于给定的初始条件，如何计算状态能量的最小上限.

习题 15.4（系统增益） 系统的增益是从输入信号到输出的增大的最大能量. 任何具有有限能量的输入信号 $u(t)$ 都被一个稳定系统映射到一个也具有有限能量的输出信号 $y(t)$. Parseval 恒等式将信号 $w(t)$ 在时域中的能量与同一信号在 Fourier 域中的能量联系起来（见注释 15.1）, 也就是：

$$E(w)\doteq\|\boldsymbol{w}\|_2^2=\int_{-\infty}^{\infty}\|w(t)\|_2^2\mathrm{d}t=\frac{1}{\Pi}\int_{-\infty}^{\infty}\|\hat{W}(\omega)\|_2^2\mathrm{d}\omega\doteq\|\hat{\boldsymbol{W}}\|_2^2.$$

系统 (15.26) 能量增益定义为：

$$\text{能量增益}\doteq\sup_{u(t):\ \|\boldsymbol{u}\|_2^2<\infty,\ \boldsymbol{u}\neq 0}\frac{\|\boldsymbol{y}\|_2^2}{\|\boldsymbol{u}\|_2^2}.$$

1. 利用上述信息，证明：对于一个稳定系统，有：

$$\text{能量增益} \leqslant \sup_{\omega \geqslant 0} \|H(j\omega)\|_2^2,$$

其中 $\|H(j\omega)\|_2$ 是在 $s = j\omega$ 时系统传递矩阵 (15.26) 的谱范数. 系统的能量增益（的平方根）也称为 $\mathcal{H}_\infty$ 范数，记为 $\|\boldsymbol{H}\|_\infty$.
提示：应用 Parseval 恒等式，然后适当地估计某个积分. 注意到：实际上在前面的公式中等号成立，但不要求你证明这一点.

2. 假设系统 (15.26) 是稳定的，$x(0) = 0$ 和 $\boldsymbol{D} = 0$. 证明：如果存在 $\boldsymbol{P} \succeq 0$ 使得

$$\begin{bmatrix} \boldsymbol{A}^\top \boldsymbol{P} + \boldsymbol{P}\boldsymbol{A} + \boldsymbol{C}^\top \boldsymbol{C} & \boldsymbol{P}\boldsymbol{B} \\ \boldsymbol{B}^\top \boldsymbol{P} & -\gamma^2 \boldsymbol{I} \end{bmatrix} \preceq 0, \tag{15.32}$$

那么有

$$\|\boldsymbol{H}\|_\infty \leqslant \gamma.$$

设计一个方案使得系统能量增益的可能上限 γ^* 最低.
提示：定义一个二次函数 $V(x) = \boldsymbol{x}^\top \boldsymbol{P}\boldsymbol{x}$, 并观察到沿系统 (15.26) 轨迹的 V 的时间导数为：

$$\frac{\mathrm{d}V(x)}{\mathrm{d}t} = \boldsymbol{x}^\top \boldsymbol{P}\dot{\boldsymbol{x}} + \dot{\boldsymbol{x}}^\top \boldsymbol{P}\boldsymbol{x}.$$

然后证明：LMI 条件 (15.32) 等价于

$$\frac{\mathrm{d}V(x)}{\mathrm{d}t} + \|\boldsymbol{y}\|^2 - \gamma^2 \|\boldsymbol{u}\|^2 \leqslant 0, \quad \forall \text{ 满足式 (15.26) 的 } x \text{和} \boldsymbol{u},$$

并且这反过来意味着 $\|\boldsymbol{H}\|_\infty \leqslant \gamma$.

习题 15.5（扩展超稳定矩阵）　如果存在 $A \in \mathbb{R}^{n,n}$ 和 $d \in \mathbb{R}^n$ 使得

$$\sum_{i \neq j} |a_{ij}| d_j < -a_{ii} d_i,\ d_i > 0, \quad i = 1, \cdots, n.$$

则称矩阵 $\boldsymbol{A}$ 为连续时间扩展超稳定的㊀（记为 $A \in E_c$）
类似地，对于矩阵 $A \in \mathbb{R}^{n,n}$，如果存在 $\boldsymbol{d} \in \mathbb{R}^n$ 使得

$$\sum_{j=1}^{n} |a_{ij}| d_j < -d_i,\ d_i > 0, \quad i = 1, \cdots, n.$$

㊀ 参见 B. T. Polyak, Extended superstability in control theory, *Automation and Remote Control*, 2004.

则称矩阵 $\boldsymbol{A}$ 为离散时间扩展超稳定的（记为 $\boldsymbol{A} \in E_d$）.

如果 $\boldsymbol{A} \in E_c$, 那么它的所有特征值实部都小于零，因此相应的连续时间 LTI 系统是稳定的. 类似地，如果 $\boldsymbol{A} \in E_d$, 那么它的所有特征值的模都小于 1, 于是相应的离散时间 LTI 系统 $x(k+1) = \boldsymbol{A}x(k)$ 是稳定的. 因此，扩展的超稳定性为稳定性提供了一个充分条件，其优点是可以通过一组线性不等式的可行性来验证.

1. 给定一个连续时间系统 $\dot{\boldsymbol{x}} = \boldsymbol{A}\boldsymbol{x} + \boldsymbol{B}\boldsymbol{u}$, $\boldsymbol{x} \in \mathbb{R}^n$, $\boldsymbol{u} \in \mathbb{R}^m$, 请设计一个 $\boldsymbol{u} = -\boldsymbol{K}\boldsymbol{x}$ 形式的状态反馈控制律，以使受控系统扩展为超稳定的.
2. 给定一个离散时间系统 $x(k+1) = \boldsymbol{A}x(k) + \boldsymbol{B}u(k)$, 假设矩阵 $\boldsymbol{A}$ 受区间不确定性的影响，也就是

$$a_{ij} = \hat{a}_{ij} + \delta_{ij}, \quad i, j = 1, \cdots, n,$$

其中 $\hat{a}_{ij}$ 是给定的名义条目，δ_{ij} 是一个不确定性项，已知其幅度有界，即对于给定 $r_{ij} \geqslant 0$, 有 $|\delta_{ij}| \geqslant \rho r_{ij}$. 将扩展超稳定的半径定义为 $\rho \geqslant 0$ 的最大值 ρ^*, 这使得对于所有容许的不确定性，$\boldsymbol{A}$ 都是扩展超稳定的. 设计确定这种 ρ^* 的计算方法.

第16章 工程设计

在过去的几十年里，凸建模和优化的最新进展对工程设计产生了巨大影响. 随着可靠的优化技术（首先是线性规划，后来是二次和锥规划）的出现，工程师们开始重新审视各种分析和设计问题，并发现它们可以通过凸模型来建模，从而有效地求解. 诸如自动控制和电路分析这样的领域，在 20 世纪 90 年代通过引入凸规划方法（特别是 SDP）而发生了革命性的变化. 今天，凸模型通常用于求解结构力学、识别、过程控制、滤波器设计、电路宏模型、物流和管理、网络设计等方面的相关问题. 本章将详细介绍这些应用.

16.1 数字滤波器设计

一个具有单一输入和单一输出的数字滤波器是一个动态系统,其具有标量输入信号 $u(t)$ 和标量输出信号 $y(t)$, 其中 t 代表（离散）时间变量. 有限脉冲响应（FIR）滤波器是一种特殊类型的滤波器，其具有如下形式：

$$y(t)=\sum_{i=0}^{n-1} h_i u(t-i), \quad t \in \mathbb{Z},$$

其中称 $h_0, \cdots, h_{n-1}$ 为滤波器的脉冲响应. 有限脉冲响应滤波器名称源于滤波器对离散时间脉冲的时间响应：

$$u(t)=\begin{cases}1 & 若\ t=0, \\ 0 & 否则,\end{cases}$$

恰好是有限支撑的信号

$$y(t)=\begin{cases}h_t & 若\ 0 \leqslant t \leqslant n-1, \\ 0 & 否则.\end{cases}$$

脉冲响应的离散时间 Fourier 变换是一个具有如下形式的复值函数：

$$H(\omega)=\sum_{t=0}^{n-1} h_t \mathrm{e}^{-j \omega t}, \quad \omega \in[-\pi, \pi].$$

该函数很重要，这是因为它给出了滤波器如何响应周期性信号. 准确地说，如果输入是一个复指数函数 $u(t)=\mathrm{e}^{j \omega_0 t}$, 那么输出将是缩放的复指数函数 $y(t)=H(\omega_0) \mathrm{e}^{j \omega_0 t}$. 由

于 $H(\omega)$ 是以 2π 为周期的且 $H^*(\omega) = H(-\omega)$, 故我们可以将分析限制在归一化频率区间 $[0,\pi]$. FIR 滤波器的一个简单例子是移动平均滤波器，其中一个长度为 2 的移动平均滤波器具有如下形式：

$$y(t) = \frac{1}{2}(u(t) + u(t-1)), \quad t \in \mathbb{R}.$$

16.1.1 线性相位 FIR 滤波器

一类特殊的 FIR 滤波器是所谓的类-I 线性相位滤波器. 类-I 线性相位 FIR 滤波器具有奇数周期（阀门）（即 $n = 2N+1$）, 其中脉冲响应关于中间点对称：

$$h_t = h_{n-1-t}, \quad t = 0, \cdots, n-1.$$

术语 "线性相位" 源于这样一个事实：对于这样的滤波器，频率响应具有以下形式

$$H(\omega) = \mathrm{e}^{-j\omega N} \tilde{H}(\omega), \quad \omega \in [0,\pi],$$

其中 $\tilde{H}(\omega)$ 为如下实值函数

$$\tilde{H}(\omega) = h_N + 2\sum_{t=0}^{N-1} h_t \cos((N-t)\omega),$$

称其为滤波器的幅度响应. 注意到：$H(\omega)$ 的实际相位可能是不连续的，这是因为它由 $-\mathrm{sgn}$ $(\tilde{H}(\omega))\omega N$ 给出，而 $H(\omega)$ 的模为

$$|H(\omega)| = |\tilde{H}(\omega)|.$$

在某些情况下，使用以 "连续线性相位" $\theta(\omega) = \omega N$ 表示的 $H(\omega)$ 和幅度响应 $\tilde{H}(\omega)$（其为实值的，可以取正负值）比使用实际相位和模会更方便. 例如：在我们的情况，这是由于 $\tilde{H}(\omega)$ 是设计参数 $\boldsymbol{h}$ 的简单线性函数，即可以将其写成如下形式

$$\tilde{H}(\omega) = \boldsymbol{a}^\top(\omega)\boldsymbol{h}, \quad \boldsymbol{h} = \begin{bmatrix} h_0 \\ h_1 \\ \vdots \\ h_{N-1} \\ h_N \end{bmatrix}, \quad \boldsymbol{a}(\omega) = \begin{bmatrix} 2\cos\omega N \\ 2\cos\omega(N-1) \\ \vdots \\ 2\cos\omega \\ 1 \end{bmatrix}.$$

进一步注意到：不失一般性，我们可以选择适当的脉冲响应向量 $\boldsymbol{h}$ 使 $\tilde{H}(0) > 0$.

16.1.2 低通 FIR 设计规范

一个关于 FIR 滤波器的设计问题通常涉及选择滤波器的脉冲响应 h 使在幅度响应中

获得一个期望的形状. 例如：人们可能想要确保滤波器拒绝高频信号，而只允许通过低频信号（低通滤波器）. 这些要求可以反映到如下所述的滤波器的幅度响应，参见图 16.1 关于幅度设计约束的一个图示说明.

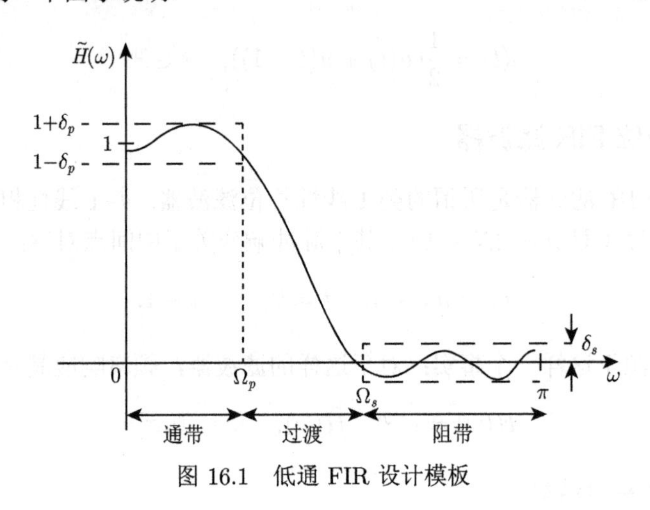

图 16.1 低通 FIR 设计模板

- 阻带约束：

$$-\delta_s \leqslant \tilde{H}(\omega) \leqslant \delta_s, \quad \omega \in [\Omega_s, \pi],$$

其中 Ω_s 是一个“通带”频率，而 $\delta_s > 0$ 对应于在高频时寻求达到的衰减水平.

- 通带约束：

$$1-\delta_p \leqslant \tilde{H}(\omega) \leqslant 1+\delta_p, \quad \omega \in [0, \Omega_p],$$

其中 Ω_p 是一个“通带”频率，而 $\delta_p > 0$ 对应于在高频时寻求达到的衰减水平.

注意：对于“较小”的 δ_s 和 δ_p, 上述约束大致等价于对 $H(\omega)$ 模的（以 10 为底）对数的约束：

$$\log|H(\omega)| \leqslant \log \delta_s, \quad \omega \in [\Omega_s, \pi],$$

$$-\ln(10)\delta_p \leqslant \log|H(\omega)| \leqslant \ln(10)\delta_p, \quad \omega \in [0, \Omega_p].$$

16.1.2.1 频率离散化

注意，之前的设计约束包含一组在每个区间中的频率 ω 处的线性不等式约束. 因此，它们实际上涉及无穷多的线性约束. 为了克服这个问题，我们简单地将频率区间离散化，在区间内的有限频率网格上实施约束来代替对区间内的每个频率都实施约束. 我们选择一组有限的且属于高频区 $[\omega_s, \pi]$ 的频率 $\omega_i, i=1,\cdots,N_s$, 并通过有限的关于 h 的线性不等式来近似阻带约束：

$$-\delta_s \leqslant \boldsymbol{a}^\top(\omega_i)h \leqslant \delta_s, \quad i=1,\cdots,N_s.$$

类似地，我们选择另一组属于低频区 $[0,\Omega_p]$ 的频率 $\omega_i, i=N_s+1,\cdots,N_s+N_p$, 并通过有限的关于 $\boldsymbol{h}$ 的线性不等式近似通带纹波：

$$1-\delta_p \leqslant \boldsymbol{a}^\top(\omega_s)\boldsymbol{h} \leqslant 1+\delta_p, \quad i=N_s+1,\cdots,N_s+N_p.$$

16.1.3 通过线性规划设计 FIR

在前面的假设下，一个低通 FIR 滤波器的设计问题现在可以用各种方式表述为一个线性规划问题. 例如：可以将所需的阻带衰减水平固定为 $\delta_s>0$, 并找到 h 和 δ_p 使通带纹波达到最小：

$$\begin{aligned}
\min_{\boldsymbol{h}\in\mathbb{R}^{N+1},\delta_p\in\mathbb{R}} \quad & \delta_p \\
\text{s.t.:} \quad & -\delta_s \leqslant \boldsymbol{a}^\top(\omega_s)\boldsymbol{h} \leqslant \delta_s, \quad i=1,\cdots,N_s, \\
& 1-\delta_p \leqslant \boldsymbol{a}^\top(\omega_s)\boldsymbol{h} \leqslant 1+\delta_p, \quad i=N_s+1,\cdots,N_s+N_p.
\end{aligned}$$

另一种方式是：给定通带纹波 $\delta_p>0$ 的一个界来最小化阻带衰减水平 δ_s, 这就导致了如下的 LP 问题：

$$\begin{aligned}
\min_{\boldsymbol{h}\in\mathbb{R}^{N+1},\delta_s\in\mathbb{R}} \quad & \delta_s \\
\text{s.t.:} \quad & -\delta_s \leqslant \boldsymbol{a}^\top(\omega_s)\boldsymbol{h} \leqslant \delta_s, \quad i=1,\cdots,N_s, \\
& 1-\delta_p \leqslant \boldsymbol{a}^\top(\omega_s)\boldsymbol{h} \leqslant 1+\delta_p, \quad i=N_s+1,\cdots,N_s+N_p.
\end{aligned}$$

此外，对于不同值的加权参数 $\mu\geqslant 0$, 通过求解如下 LP 则可以获得使 δ_p 水平和 δ_s 水平加权最小的设计：

$$\begin{aligned}
\min_{\boldsymbol{h}\in\mathbb{R}^{N+1},\delta_s\in\mathbb{R},\delta_p\in\mathbb{R}} \quad & \delta_s+\mu\delta_p \\
\text{s.t.:} \quad & -\delta_s \leqslant \boldsymbol{a}^\top(\omega_s)\boldsymbol{h} \leqslant \delta_s, \quad i=1,\cdots,N_s, \\
& 1-\delta_p \leqslant \boldsymbol{a}^\top(\omega_s)\boldsymbol{h} \leqslant 1+\delta_p, \quad i=N_s+1,\cdots,N_s+N_p.
\end{aligned}$$

16.1.4 一个数值例子

这里给出在给定通带纹波 δ_p 的一个界下最小化阻带衰减水平 δ_s 的数值例子. 选择参数值 $N=10$（于是滤波器有 $n=2N+1=21$ 个阀门），$\Omega_p=0.35\pi$, $\Omega_s=0.5\pi$, $\delta_p=0.02$（即 33.98 分贝），并且我们离散化 $N_s=N_p=100$ 个线性间隔点的频率区间. 那么我们求解相应的线性规划，从而得到最佳阻带衰减 $\delta_s=0.0285$（即 -30.9 分贝）. 幅度响应曲线如图 16.2 所示，相应的对数曲线 $|H(\omega)|$ 如图 16.3 所示，而滤波器系数（脉冲响应）如图 16.4 所示.

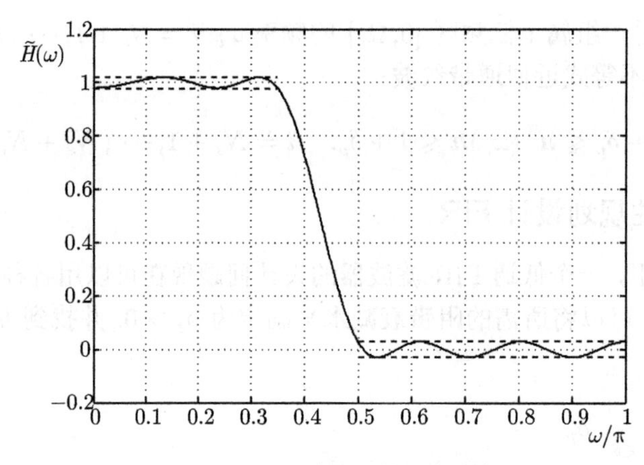

图 16.2 FIR 滤波器的幅度响应

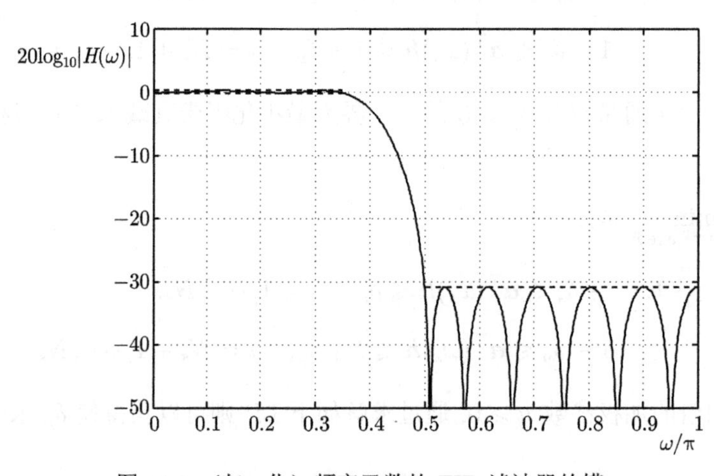

图 16.3 (归一化)频率函数的 FIR 滤波器的模

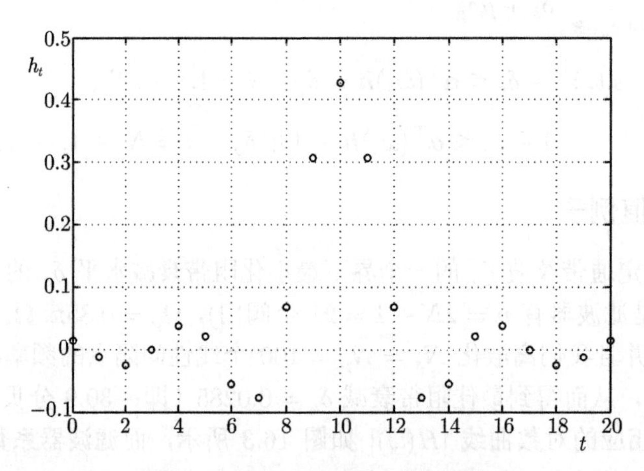

图 16.4 FIR 滤波器的脉冲响应

16.1.5 通过近似参考匹配设计滤波器

另一种设计一般线性相位 FIR 滤波器的方法是基于以下的想法：提供一个“参考”期望的幅度响应，然后寻求使滤波器响应在所有频率上“尽可能接近”参考响应的滤波器参数 h.

16.1.5.1 LS 设计

设 $\tilde{H}_{\text{ref}}(\omega)$ 为已知的参考幅度响应,并考虑频率区间 $[0,\pi]$ 的离散化 $\omega_i, i=1,\cdots,M$. 那么一种可能的设计方法是寻找滤波器系数 $\boldsymbol{h}$ 使得以下失配度量最小化：

$$\min_{\boldsymbol{h}}\sum_{i=1}^{M}(\tilde{H}(\omega_i)-\tilde{H}_{\text{ref}}(\omega_i))^2.$$

由于 $\tilde{H}(\omega)=\boldsymbol{a}^\top(\omega)\boldsymbol{h}$, 那么很显然这是一个 LS 问题：

$$\min_{\boldsymbol{h}}\ \|\boldsymbol{A}\boldsymbol{h}-\boldsymbol{b}\|_2^2,$$

其中

$$\boldsymbol{A}=\begin{bmatrix}\boldsymbol{a}^\top(\omega_1)\\ \vdots\\ \boldsymbol{a}^\top(\omega_M)\end{bmatrix},\quad \boldsymbol{b}=\begin{bmatrix}\tilde{H}_{\text{ref}}(\omega_1)\\ \vdots\\ \tilde{H}_{\text{ref}}(\omega_M)\end{bmatrix}.$$

该方法的一个变形是通过在不同频率的失配误差中引入权重：选择频率权重分布 $w_i\geqslant 0, i=1,\cdots,M$, 并求解如下问题：

$$\min_{\boldsymbol{h}}\ \sum_{i=1}^{M}w_i^2(\tilde{H}(\omega_i)-\tilde{H}_{\text{ref}}(\omega_i))^2.$$

在这种设置下，一个相对高的 w_i 值意味着它对于以频率 ω_i 来降低失配度是很重要的，而一个相对低的 w_i 的值则意味着失配误差在 ω_i 处是微不足道的. 这种方法导致了如下加权的 LS 问题：

$$\min_{\boldsymbol{h}}\ \|\boldsymbol{W}(\boldsymbol{A}\boldsymbol{h}-\boldsymbol{b})\|_2^2,\quad \boldsymbol{W}=\text{diag}(w_1,\cdots,w_M).$$

作为一个数值例子，考虑一个具有 $N=10$, $M=200$ 线性间隔离散频率的滤波器，其中一个参考响应直到通带频率 $\Omega_p=0.35\pi$ 时都等于 1, 而当 $\omega>\Omega_s=0.5\pi$ 时等于 0. 参考振幅在过渡带从 1 到 0 线性减小. 使用恒定（单位）频率权重，最小二乘优化问题的结果就产生了图 16.5 所示的幅度响应和图 16.6 所示的相应模数图.

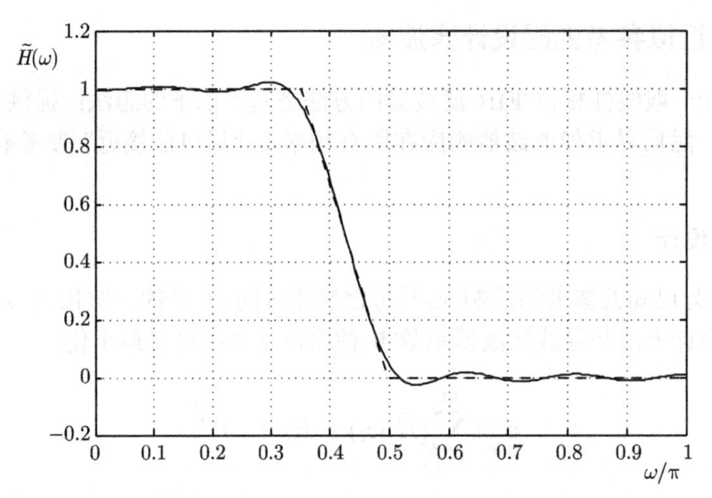

图 16.5 通过最小二乘匹配获得的 FIR 滤波器的幅度响应. 虚线是参考响应 $\tilde{H}_{\text{ref}}(\omega)$

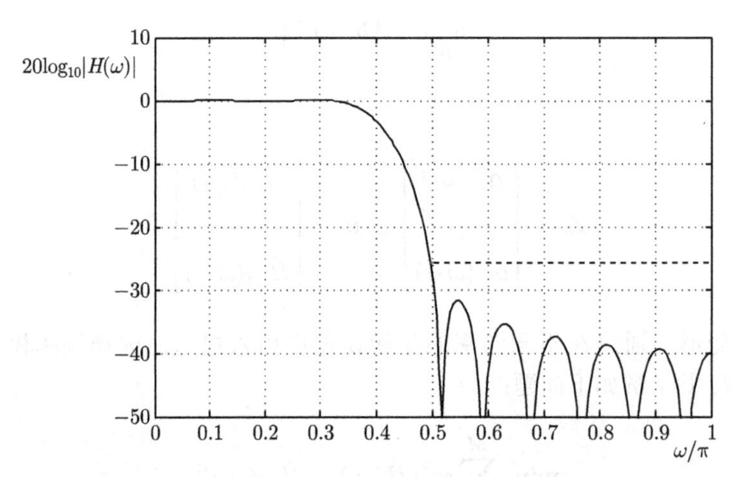

图 16.6 通过最小二乘匹配获得的 FIR 滤波器的模数. 虚线显示阻带频率 $\Omega_s = 0.5$ 时的模水平，其等于 0.0518（即 25.71 分贝）

16.1.5.2 切比雪夫设计

最小二乘设计的解易于计算. 然而，这种方法不允许我们控制所需（参考）响应和实际滤波器响应之间的逐点最大失配误差. 相反，切比雪夫型设计旨在最小化最大加权失配，也就是：

$$\min_{h} \max_{i=1,\cdots,M} \quad w_i|\tilde{H}(\omega_i) - \tilde{H}_{\text{ref}}(\omega_i)|.$$

该问题可表示为如下 LP 问题：

$$\min_{\boldsymbol{h},\gamma} \quad \gamma$$

$$\text{s.t.}: \ w_i(\boldsymbol{a}^\top(\omega_i)\boldsymbol{h} - \tilde{H}_{\text{ref}}(\omega_i)) \leqslant \gamma, \ i = 1, \cdots, M,$$

$$w_i(\boldsymbol{a}^\top(\omega_i)\boldsymbol{h} - \tilde{H}_{\text{ref}}(\omega_i)) \geqslant -\gamma, \ i = 1, \cdots, M.$$

将这种设计方法应用于前面例子中的数值数据，就产生了图 16.7 所示的振幅响应和图 16.8 所示的相应模数图. 期望和实际振幅响应之间的最大绝对差等于 $\gamma = 0.0313$（即 30.1 分贝）.

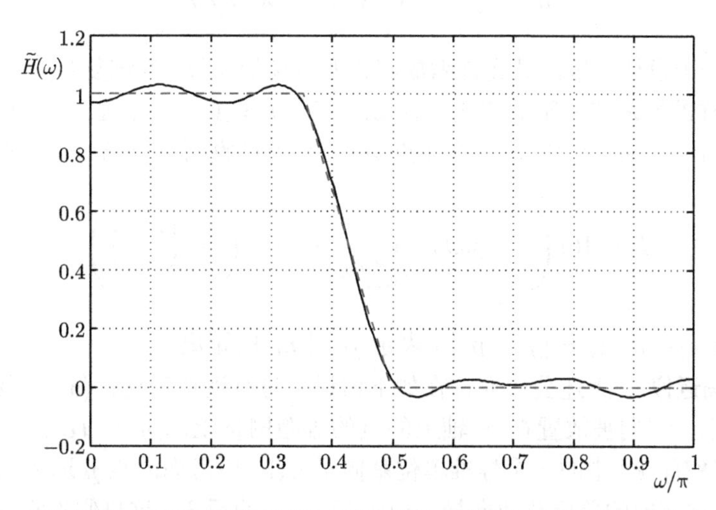

图 16.7 通过切比雪夫匹配获得的 FIR 滤波器的幅度响应. 虚线为参考响应 $\tilde{H}_{\text{ref}}(\omega)$

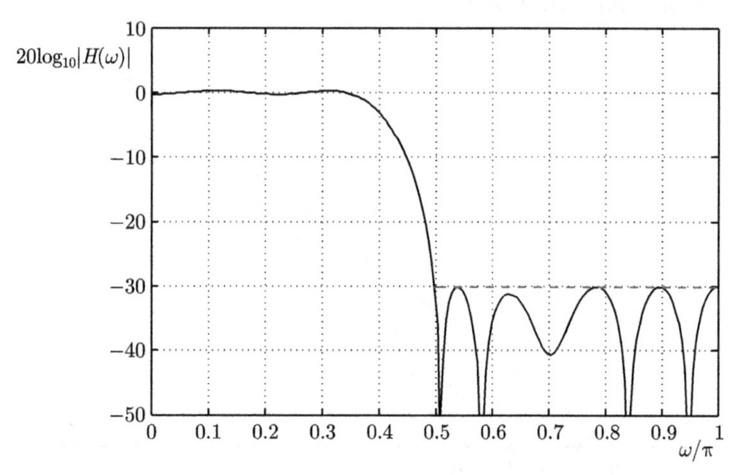

图 16.8 通过切比雪夫匹配获得的 FIR 滤波器的模数. 虚线显示阻带频率 $\Omega_s = 0.5$ 时的模数水平，等于 0.0313（即 -30.1 分贝）

16.2 天线阵列设计

在天线阵列中，多个发射天线元件的输出被线性组合以产生复合阵列输出. 阵列输出具有方向模式，该模式取决于组合过程中使用的相对权重或比例因子. 权重设计的目标是选择合适权重以实现所需的方向模式.

发射天线的基本元件是各向同性谐振子，其发射波长为 λ 且频率为 ω 的球形单色波. 振荡器产生一个电磁场，其在与天线距离为 d 的某一点 p 的电分量由下式给出：

$$\frac{1}{d}\mathrm{Re}\left(z\exp\left(j\left(\omega t-\frac{2\pi d}{\lambda}\right)\right)\right),$$

其中 $z\in\mathbb{C}$ 是一个设计参数，其允许缩放和改变电场的相位. 称该复数为天线元件的权重. 现在将 n 个这样的振荡器分别放置在位置 $\boldsymbol{p}_k\in\mathbb{R}^3, k=1,\cdots,n$ 处. 每个振荡器与复数权重 $z_k\in\mathbb{C}, k=1,\cdots,n$ 相关联，那么在点 $\boldsymbol{p}\in\mathbb{R}^3$ 处接收的总电场为如下加权和：

$$E=\mathrm{Re}\left(\exp(j\omega t)\cdot\sum_{k=1}^{n}\frac{1}{d_k}z_k\cdot\exp\left(\frac{-2\pi j d_k}{\lambda}\right)\right),$$

其中对于 $k=1,\cdots,n$, $d_k=\|\boldsymbol{p}-\boldsymbol{p}_k\|_2$ 表示 $\boldsymbol{p}$ 到 $\boldsymbol{p}_k$ 的距离.

线性阵列的远场近似. 上述公式允许在如下假设下进行近似简化：(a) 振荡器形成一个线性阵列，也就是，它们被放置在 x 轴上的点的等距网格上，$\boldsymbol{p}_k=\ell\boldsymbol{e}_1$, $k=1,\cdots,n$, 其中 $\boldsymbol{e}_1=[1\ 0\ 0]$（空间 $\mathbb{R}^3$ 中的一个标准单位基向量）; (b) 所考虑的点 $\boldsymbol{p}$ 远离原点: $\boldsymbol{p}=r\boldsymbol{u}$, 其中 $\boldsymbol{u}\in\mathbb{R}^3$ 为指定方向的单位范数向量，r 则是到原点的距离，这里假设它远大于天线阵的几何尺寸，即 $r\gg n\ell$, 如图 16.9 所示.

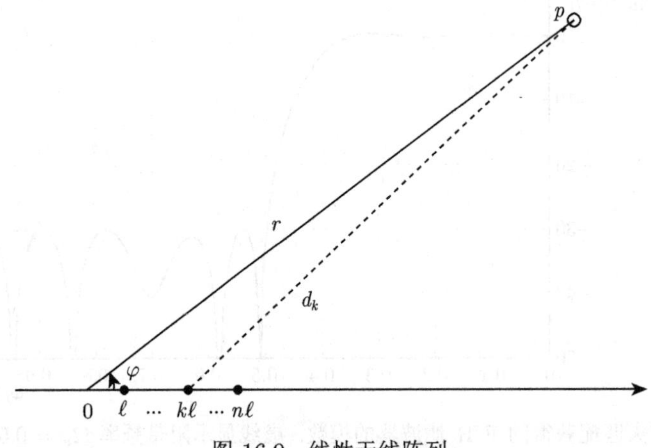

图 16.9　线性天线阵列

对于一个线性阵列，电场 E 大约仅取决于阵列和所考虑的远点之间的角度 ϕ. 事实上，当 $k\ell/r$ 很小时, 我们有：

$$d_k=r\sqrt{1+(k\ell/r)^2+2(k\ell/r)\cos\varphi}\simeq r+k\ell\cos\varphi,$$

且 E 具有如下形式的一个很好近似：

$$E \simeq \frac{1}{r}\,\mathrm{Re}\left(\exp(j\omega t - 2\pi jr/\lambda) \cdot D_z(\varphi)\right),$$

其中称函数 $D_z : [0, 2\pi] \to \mathbb{C}$ 为天线图：

$$D_{\boldsymbol{z}}(\varphi) \doteq \sum_{k=1}^{n} z_k \cdot \exp\left(\frac{-2\pi jk\ell\cos\varphi}{\lambda}\right). \tag{16.1}$$

我们已经用下标 “$\boldsymbol{z}$” 来强调图表依赖于所选择的复数权重向量 $\boldsymbol{z} = [z_1, \cdots, z_n]$.

类似的结果也适用于接收器天线的线性阵列，如图 16.10 所示：频率为 ω 和波长为 λ 的谐波平面波从 $\boldsymbol{\varphi}$ 方向入射；并穿过阵列传播. 信号输出被转换到基带（复数值），由权重 z_k 加权，并求和以再次给出线性阵列波束方向图 $D_{\boldsymbol{z}}(\varphi)$.

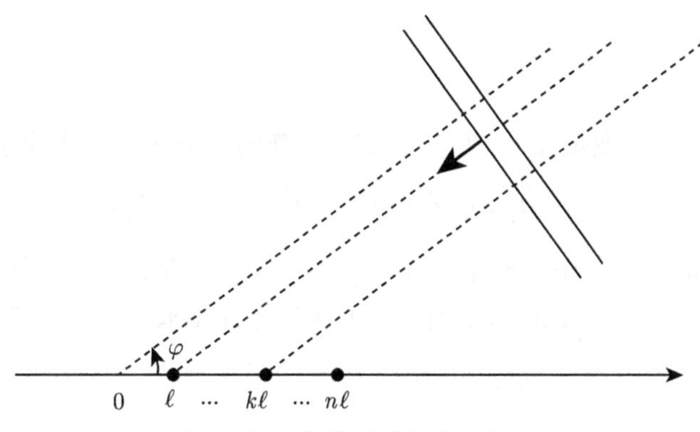

图 16.10 接收天线的线性阵列

16.2.1 塑造天线图

可以验证天线图模的平方 $|D_z(\varphi)|^2$ 与天线发出的电磁能量的方向密度成正比. 因此，为了满足某些方向要求，有必要对幅度图 $|D_z(\cdot)|$ 进行 “整形”（通过选择 z）. 注意，对于固定的 φ, $D_{\boldsymbol{z}}(\varphi)$ 是权重 $\boldsymbol{z}$ 的实部和虚部的线性函数. 特别地，由式 (16.1), 我们有：

$$D_{\boldsymbol{z}}(\varphi) = \boldsymbol{a}^\top(\varphi)\boldsymbol{z}, \quad \boldsymbol{a}^\top(\varphi) = [a_1(\varphi) \cdots a_n(\varphi)]$$

$$a_k(\varphi) = \exp\left(\frac{-2\pi jk\ell\cos\varphi}{\lambda}\right), \quad k = 1, \cdots, n.$$

进一步注意到 $D_{\boldsymbol{z}}(\varphi)$ 是一个复值量，于是定义：

$$a_{\mathrm{R}}(\varphi) = \mathrm{Re}(a(\varphi)), \;\; a_{\mathrm{I}}(\varphi) = \mathrm{Im}(a(\varphi)), \;\; \boldsymbol{\zeta} = \begin{bmatrix} \mathrm{Re}(\boldsymbol{z}) \\ \mathrm{Im}(\boldsymbol{z}) \end{bmatrix},$$

$$C(\varphi)=\begin{bmatrix} a_{\mathrm{R}}^{\top}(\varphi) & -a_{\mathrm{I}}^{\top}(\varphi) \\ a_{\mathrm{I}}^{\top}(\varphi) & a_{\mathrm{R}}^{\top}(\varphi) \end{bmatrix},$$

我们那么有：

$$D_{z}(\varphi)=\left[a_{\mathrm{R}}^{\top}(\varphi) \quad -a_{\mathrm{I}}^{\top}(\varphi)\right]\zeta+\jmath\left[a_{\mathrm{I}}^{\top}(\varphi) \quad a_{\mathrm{R}}^{\top}(\varphi)\right]\zeta,$$

$$|D_{z}(\varphi)|=\|C(\varphi)\zeta\|_2.$$

一个经典的要求是天线沿着期望的方向（在给定的角度上或附近）发射（或接收），而不是沿着其他角度. 这样，发出的能量集中在一个给定的“目标”方向上，比如：$\varphi_{\text{target}}=0°$，并且在那个波段之外很小. 另一类要求则涉及天线产生的热噪声功率.

归一化. 首先对沿着目标方向发送的能量进行归一化. 当把所有权重乘以一个共同的非零复数时，我们不改变能量的方向分布. 于是，可以在不损失任何信息的情况下归一化权重使得：

$$D_{z}(0)=1.$$

这个约束等价于关于决策变量 $z\in\mathbb{C}^n$ 的实部和虚部的两个线性等式约束：

$$\left[a_{\mathrm{R}}^{\top}(0) \quad -a_{\mathrm{I}}^{\top}(0)\right]\zeta=1, \quad \left[a_{\mathrm{I}}^{\top}(0) \quad a_{\mathrm{R}}^{\top}(0)\right]\zeta=0.$$

旁瓣电平约束. 下面定义一个“通带” $[-\phi,\phi]$，其中 $\phi>0$ 是已知的. 我们希望能量能集中在其中，而相应的“阻带”在该区间之外. 为了加强能源需求的集中，需要

$$|D_{z}(\varphi)|\leqslant\delta,\ \forall\ \varphi:\ |\varphi|\geqslant\phi,$$

其中 δ 是阻带上的期望衰减水平（有时称为旁瓣水平）. 该旁瓣电平约束实际上需要无穷多个约束. 处理这种连续无穷个约束的一种实际的可能方式是：通过提出如下条件来简单离散化它们：

$$|D_{z}(\varphi)|\leqslant\delta,\ i=1,\cdots,N,$$

其中 $\varphi_1,\cdots,\varphi_N$ 是阻带中规则间隔的 N 个离散角度. 这是一个包含 N 个关于 z 实部和虚部的 SOC 约束的集合：

$$\|C(\varphi_i)\zeta\|_2\leqslant\delta,\ \ i=1,\cdots,N.$$

例如图 16.11 所示的情况，振幅图必须通过右侧 $\phi=0°$ 的点，否则其被包含在白色区域中. 在阻带（阴影区域），振幅图必须保持在水平 δ 以下，至少在离散点上是这样.

热噪声功率限制. 通常人们还期望控制发射天线产生的热噪声功率. 可以验证该功率与（复）向量 z 的平方欧氏范数成正比，也就是：

$$\text{热噪声功率}=\alpha\|z\|_2^2=\sum_{i=1}^{n}|z_i|^2.$$

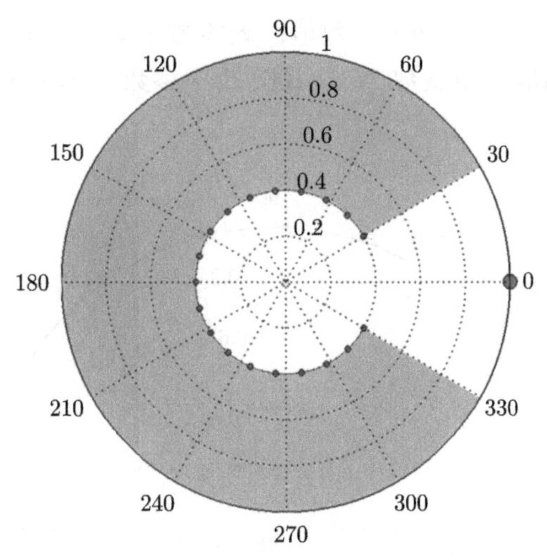

图 16.11 关于天线图的约束

16.2.2 最小二乘设计法

通过考虑旁瓣电平衰减和热噪声功率之间的折中来求解天线设计问题的第一种简化方法是最小二乘法. 我们在目标中包含惩罚阻带水平平方和的项来代替在每个离散角度 φ_i 对阻带水平施加单独的约束. 也就是，考虑如下问题：

$$\min_{\boldsymbol{z}} \|\boldsymbol{z}\|_2^2 + \mu \sum_{i=1}^{N} |D_{\boldsymbol{z}}(\varphi_i)|^2, \quad \text{s.t.:} \quad D_{\boldsymbol{z}}(0) = 1,$$

其中 $\mu \geqslant 0$ 为折中参数. 这是一个等式约束的 LS 问题，可以用包含 $\boldsymbol{z}$ 实部和虚部的变量 $\boldsymbol{\zeta}$ 更解析地表示，如下所示：

$$\min_{\boldsymbol{\zeta}} \|\boldsymbol{\zeta}\|_2^2 + \mu \boldsymbol{\zeta}^\top \boldsymbol{A} \boldsymbol{\zeta}, \quad \text{s.t.:} \quad \boldsymbol{C}(0)\boldsymbol{\zeta} = \begin{bmatrix} 1 \\ 0 \end{bmatrix},$$

其中我们已经定义了：

$$\boldsymbol{A} = \sum_{i=1}^{N} \boldsymbol{C}^\top(\varphi_i) \boldsymbol{C}(\varphi_i).$$

由于 $\boldsymbol{A} \succeq 0$, 故该问题是一个凸 QP 问题. 通过分解 $\boldsymbol{A} = \boldsymbol{F}^\top \boldsymbol{F}$, 可以进一步把它写成如下 LS 形式：

$$\min_{\boldsymbol{\zeta}} \left\| \begin{bmatrix} \boldsymbol{I} \\ \sqrt{\mu} \boldsymbol{F} \end{bmatrix} \boldsymbol{\zeta} \right\|_2^2, \quad \text{s.t.:} \quad \boldsymbol{C}(0)\boldsymbol{\zeta} = \begin{bmatrix} 1 \\ 0 \end{bmatrix},$$

注意，这种惩罚方法不会在阻带水平上强制先验的期望界限 δ. 我们只能希望对于足够大的 μ, 求和中的所有项都低于所需的阈值 δ. 于是，所达到的阻带衰减水平只能事后检验.

考虑一个数值例子，我们取如下参数值：天线数 $n=16$, 波长 $\lambda=8$, 通带宽度 $\phi=\pi/6$, 天线间距 $\ell=1$, 离散化角度数 $N=100$, 折中参数 $\mu=0.5$. 经由 CVX 得到的解如图 16.12 所示.

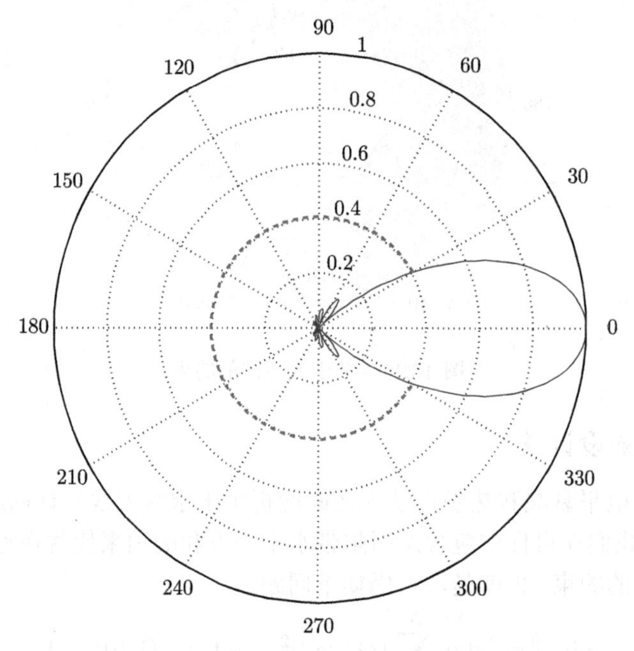

图 16.12　由最小二乘解得到的天线图

所导致的热噪声功率（平方根）为 $\|z\|_2=0.5671$, 最大阻带为 0.4050（在图 16.12 中用虚线圆弧突出显示）. 此外，可以通过增加 μ 的值来重复求解该问题，进一步绘制相应的热噪声功率的平方根 $\|z\|_2$ 和阻带衰减水平之间的折中曲线，如图 16.13 所示.

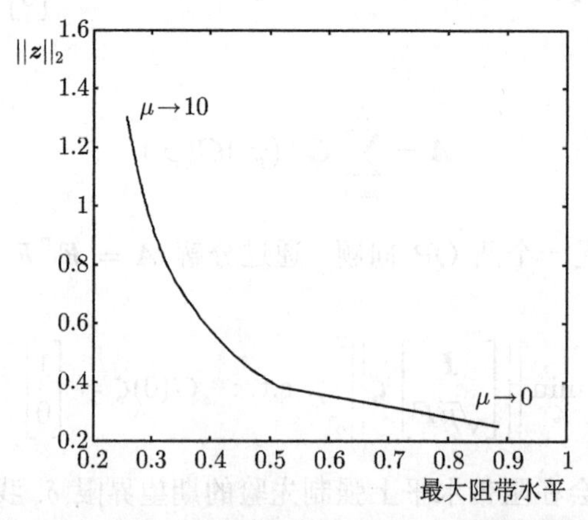

图 16.13　参数 μ 取值在区间 [0, 10] 内的折中曲线

16.2.3 SOCP 设计法

实际的天线设计问题对离散角度的阻带水平有解析的约束,其可以直接转换为SOCP问题. 一种可能是根据旁瓣电平约束最小化热噪声功率，这就产生如下关于包含 $\boldsymbol{z}$ 的实部和虚部的向量 $\boldsymbol{\zeta}$ 的显式 SOCP 问题：

$$\begin{aligned}\min_{\boldsymbol{\zeta}\in\mathbb{R}^{2n},\gamma} \quad & \gamma\\ \text{s.t.}: \quad & \boldsymbol{C}(0)\boldsymbol{\zeta}=[1\ 0]^{\top},\\ & \|\boldsymbol{C}(\varphi_i)\boldsymbol{\zeta}\|_2\leqslant\delta,\ i=1,\cdots,N,\\ & \|\boldsymbol{\zeta}\|_2\leqslant\gamma.\end{aligned}$$

另一种方式是，根据热噪声功率的给定界限 γ, 可以最小化旁瓣电平衰减 δ, 或可以通过考虑 SOCP 来求解阻带衰减和噪声之间的加权：

$$\begin{aligned}\min_{\boldsymbol{\zeta}\in\mathbb{R}^{2n},\gamma,\delta} \quad & \delta+w\gamma\\ \text{s.t.}: \quad & \boldsymbol{C}(0)\boldsymbol{\zeta}=[1\ 0]^{\top},\\ & \|\boldsymbol{C}(\varphi_i)\boldsymbol{\zeta}\|_2\leqslant\delta,\ i=1,\cdots,N,\\ & \|\boldsymbol{\zeta}\|_2\leqslant\gamma,\end{aligned}$$

其中 $w\geqslant 0$ 是给定的权衡参数.

作为一个数值例子，对于 $\delta=0.35$, 16.2.3 节问题的解为 $\|\boldsymbol{z}\|_2=0.435$, 极坐标图如图 16.14 所示. 此外，我们可以通过重复求解 16.2.3 节问题得到多组 w 的值来构建一条权衡曲线. 图 16.15 显示了 $w\in[0.2,10]$ 对应的曲线.

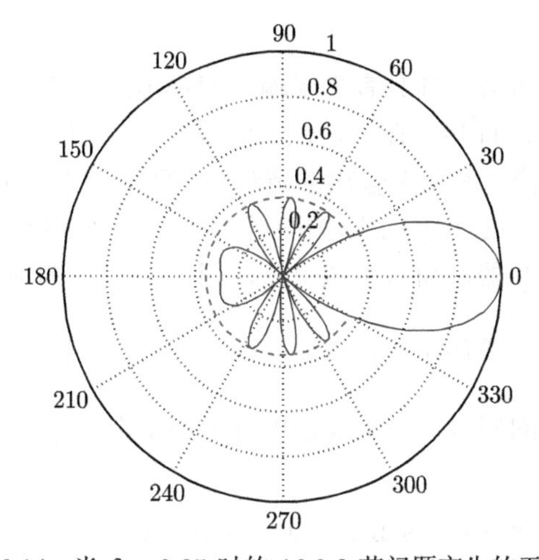

图 16.14 当 $\delta=0.35$ 时的 16.2.3 节问题产生的天线图

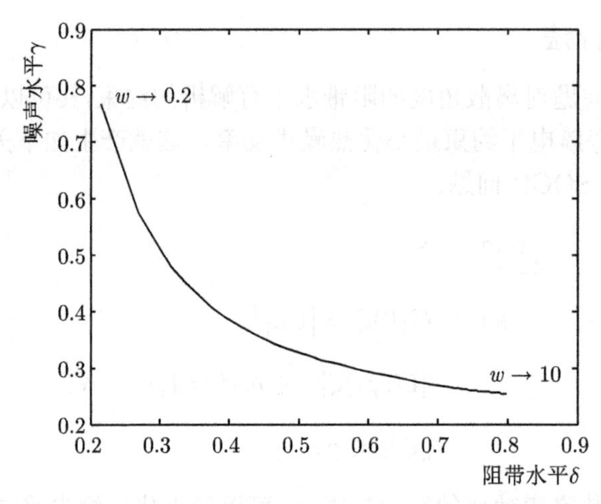

图 16.15　参数 w 取值在区间 $[0.2, 10]$ 内的权衡曲线

16.3　数字电路设计

考虑设计一个被称为组合逻辑块的数字电路问题. 在这样的电路中，基本的构建模块是一个门：一个实现一些简单布尔函数的电路. 例如：门可以是执行逻辑反相的反相器，或是具有如“与非”（NAND）等更复杂功能的函数，这是采用两个布尔输入 A, B 来产生（A 且 B）的反相. 基本的想法是以如下方式设计门：电路运行速度快，但占用面积小. 设计问题还涉及其他因素，如功率，但这里并不讨论这样的问题. 设计变量为决定每个门尺寸以及基本电气参数的比例因子. 连同电路的（这里是固定的）拓扑，这些参数反过来影响电路的速度. 本节将使用几何规划模型来求解电路设计问题. GP 问题在电路设计方面的应用有着悠久的历史[⊖].

16.3.1　电路拓扑

组合电路由连接的门组成，其具有主要输入和输出. 我们假设在相应的图中没有循环. 对于每个门，可以定义扇入，即电路图中门的一组前置，以及扇出，即它的一个替代集. 该电路由 n 个“门”(具有多个输入和一个输出的逻辑块)组成，在图 16.16 中标记为 $\{8, 9, 10\}$ 的主输入连接到图中标记为 $\{11, 12\}$ 的主输出. 每个门由一个指定其类型的符号表示. 例如，标记为 $\{1, 3, 6\}$ 的门是反相器，而对于该电路，门 4 的扇入和扇出为：

$$\mathrm{FI}(4) = \{1, 2\}, \quad \mathrm{FO}(4) = \{6, 7\}.$$

根据定义，主要输入有空的扇入，而主要输出有空的扇出.

⊖ 这里的问题表述和示例均来自论文：S. Boyd, S-J. Kim, D. Patil 和 M. Horowitz, Digital circuit optimization via geometric programming, *Operations Research*, 2005，该论文还包含许多相关的参考文献.

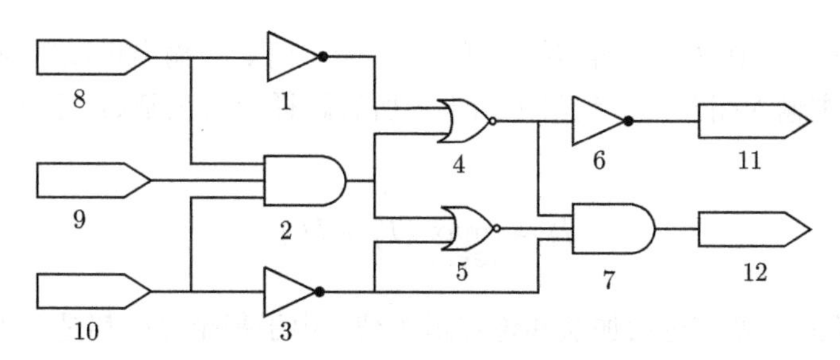

图 16.16 一个关于数字电路的例子

16.3.2 设计变量

我们模型中的设计变量是尺度因子 x_i, $i=1,\cdots,n$, 其大致决定了每个门的大小. 这些尺度因子满足 $x_i \geqslant 1, i=1,\cdots,n$. 其中 $x_i=1$ 对应于最小尺寸的门，而尺度因子 $x_i=16$ 对应于门中所有器件的宽度是最小尺寸门中器件宽度的 16 倍的情况. 尺度因子决定着门的大小以及诸如电阻和电导等电气特性. 这些关系可以按如下方式进行很好的近似：

- 门 i 的面积 $A_i(x)$ 正比于尺度因子 x_i, 即 $A_i(x)=a_ix_i$, $a_i>0$.
- 门 i 的固有电容具有如下形式：

$$C_i^{\text{intr}}(x)=C_i^{\text{intr}}x_i,$$

  其中 C_i^{intr} 是正的系数.

- 门 i 的负载电容是其扇出中门的尺度因子的线性函数：

$$C_i(x)=\sum_{j\in \mathrm{FO}(i)} C_jx_j,$$

  其中 C_j 是正的系数.

- 每个门都有一个与尺度因子成反比的电阻（门越大，通过它的电流越多)：

$$R_i(x)=\frac{r_i}{x_i},$$

  其中 r_i 是正的系数.

- 门延迟是实现门逻辑操作的速度的度量，该延迟可以近似为：

$$D_i(x)=0.7R_i(x)(C_i^{\text{intr}}+C_i(x)).$$

我们观察到：上述所有量都是关于（正的）设计向量 $\boldsymbol{x}$ 的正项式函数.

16.3.3 设计目标

一个可能的设计目标是最小化电路的总延迟 D. 我们可以将总延迟表示为：

$$D=\max_{1\leqslant i\leqslant n} T_i, \tag{16.2}$$

其中，假设主输入信号在 $t=0$ 时转换，那么 T_i 表示门 i 的输出可以转换的最晚时间. 也就是说，T_i 是从主输入端开始，到门 i 结束的所有路径的最大延迟. 我们可以用如下的递归方式表示 T_i:

$$T_i = \max_{j\in \mathrm{FI}(i)} (T_j + D_i) \tag{16.3}$$

计算 D 中所涉及的运算只包括加法和逐点最大值. 由于每个 D_i 都是关于 $\boldsymbol{x}$ 的一个正项式，因此可以用关于 $\boldsymbol{x}$ 的广义正多项式来表示总延迟. 对于图 16.16 中的电路，相应的总延迟可以表示为：

$$\begin{aligned}
&T_i = D_i, \quad i=1,2,3;\\
&T_4 = \max(T_1,T_2)+D_4;\\
&T_5 = \max(T_2,T_3)+D_5;\\
&T_6 = T_4 + D_6;\\
&T_7 = \max(T_3,T_4,T_5)+D_7;\\
&D = \max(T_6,T_7).
\end{aligned}$$

16.3.4　电路设计问题

在关于面积的一个约束下，我们现在考虑选择尺度因子 x_i 来最小化总延迟的优化问题：

$$\min_{\boldsymbol{x}} D(\boldsymbol{x}) \quad \text{s.t.:}\quad A_i(\boldsymbol{x}) \leqslant A_{\max},\ x_i \geqslant 1, \quad i=1,\cdots,n,$$

其中 $A_{\max}$ 是每个门面积的上限. 因为 D 是关于 $\boldsymbol{x}$ 的一个广义正项式，故上述问题可转化为一个 GP 问题. 为了找到一个紧凑且显式的 GP 表示，我们也许可以使用在延迟定义中遇到的中间变量 T_i. 注意，在不改变最优化问题最优值的前提下，等式关系 (16.3) 可以由如下不等式关系来替代：

$$T_i \geqslant \max_{j\in \mathrm{FI}(i)} (T_j + D_i). \tag{16.4}$$

其原因是类似于 8.3.4.5 节中应用的推断：由于式 (16.2) 中的目标函数 D 关于 T_i 是非减的，且 T_i 关于 T_j $(j\in \mathrm{FI}(i))$ 是递增的，那么最优值将取尽可能小的 T_i, 因此式 (16.4) 中等号成立. 进一步，后一个不等式等价于：

$$T_i \geqslant T_j + D_i, \quad \forall\, j \in \mathrm{FI}(i).$$

于是，我们可以得到设计问题的如下显式 GP 表示：

$$\min_{\boldsymbol{x},T_i>0,D} \quad D$$

$$\begin{aligned}
\text{s.t.}:\ & A_i(\boldsymbol{x}) \leqslant A_{\max}, x_i \geqslant 1, && i=1,\cdots,n;\\
& D \geqslant T_i, && i=1,\cdots,n;\\
& T_i \geqslant T_j + D_i(\boldsymbol{x}),\ \ \forall\, j \in FI(i), && i=1,\cdots,n.
\end{aligned}$$

我们以图 16.16 中的电路为例，其中 $A_{\max}=16$, 而其他数据如下表 16.1 所示.

表 16.1 图 16.16 中的电路数据

门	C_i	C_i^{intr}	r_i	a_i
1,3,6	3	3	0.48	3
2,7	4	6	0.48	8
4,5	5	6	0.48	10

使用 CVX 得到的数值解则产生了如下最优尺度因子：

$$\boldsymbol{x}^* = \begin{bmatrix} 4.6375\\ 2.0000\\ 4.8084\\ 1.6000\\ 1.0000\\ 1.0000\\ 1.0000 \end{bmatrix},$$

于是对应的最小延迟 $D^*=7.686$.

16.4 飞机设计

近年来，许多与飞机结构和运行设计有关的问题都可以归结为几何规划的形式，这样就可以通过凸优化来有效地求解. 我们这里给出一个关于机翼设计问题的简单例子[⊖].

我们的任务是设计一个总面积为 S、翼展为 b 且机翼展弦比为 $A=b^2/S$ 的机翼以使如下阻力达到最小：

$$D = \frac{1}{2}\rho V^2 C_D S,$$

其中 V 是飞机巡航速度(单位为米/秒)，ρ 是空气密度，而 C_D 是阻力系数，如图 16.17 所示.

当飞机稳定飞行时，它必须满足两个基本平衡条件，如图 16.18 所示：升力 L 必须平衡飞机的重量 W, 而推力 T 必须平衡阻力 D, 也就是：

$$L=W,\quad T=D.$$

⊖ 该问题表述来自论文 W. Hoburg 和 P. Abbeel, Geometric programming for aircraft design optimization, in proc. *Structures, Structural Dynamics and Materials Conference*, 2012. 读者可在该文中参考进一步的细节.

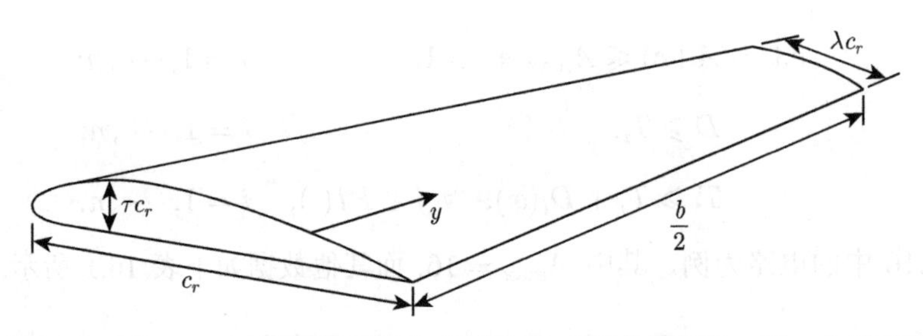

图 16.17 单锥翼几何形状：c_r 为翼根弦，$b/2$ 为半翼展，λ 为弦锥度系数，而 τ 为翼型厚度与弦的比值

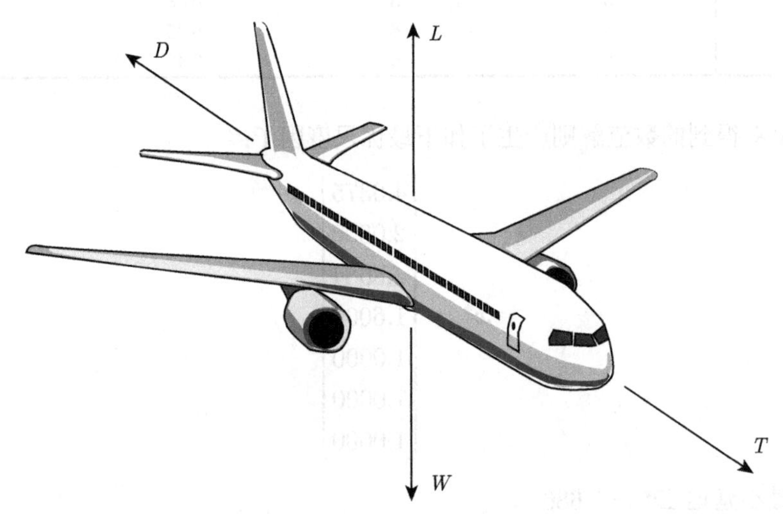

图 16.18 在稳定飞行条件下，升力 L 等于重量 W, 而推力 T 等于阻力 D

用 C_L 表示升力系数，那么升力由下式给出：

$$L = \frac{1}{2}\rho V^2 C_L S.$$

而阻力系数则建模为机身寄生阻力、机翼寄生阻力和诱导阻力三项之和，如下所示：

$$C_D = \frac{CDA_0}{S} + kC_f\frac{S_{\text{wet}}}{S} + \frac{C_L^2}{\pi Ae}, \tag{16.5}$$

其中 CDA_0 为机身阻力面积，k 是考虑压力阻力的因子，S_{wet} 是浸湿面积（即机翼整个表面的实际面积，而 S 是机翼的 2D 投影或阴影面积），C_L 是升力系数，e 是 Oswald 效率因子. 对于完全湍流边界层，表面摩擦系数 C_f 可以近似为：

$$C_f = \frac{0.0074}{\text{Re}^{0.2}},$$

其中

$$\mathrm{Re} = \frac{\rho V}{\mu}\sqrt{\frac{S}{A}}$$

为平均弦[㊀] $c = \sqrt{S/A}$ 对应的 Reynolds 数，而 μ 是空气黏度. 飞机总重量 W 为固定重量 W_0 和机翼重量 W_w 之和，其由下式给出：

$$W_w = k_S S + k_l \frac{N_{\mathrm{ult}} b^3 \sqrt{W_0 W}}{S_\tau},$$

其中 k_s, k_l 是合适的常数，N_{ult} 是结构尺寸的极限载荷系数，而 τ 为翼型厚度与弦长之比（注意，W_w 是 W 本身的函数）. 重量方程通过约束与阻力方程耦合，而在稳定飞行条件下，升力必须等于重量，即 $L = W$. 于是一定有：

$$\frac{1}{2}\rho V^2 C_L S = W,$$

$$W_0 + W_w = W.$$

最后，飞机必须能够在着陆时以最小速度 $V_{\min}$ 飞行而不会失速. 这一要求可以通过如下约束来实现：

$$\frac{1}{2}\rho V_{\min}^2 C_L^{\max} S \geqslant W,$$

其中 $C_L^{\max}$ 是着陆时的最大升力系数.

我们必须选择使阻力最小并满足上述所有约束的 S、A 和 V 的值. 表 16.2 给出了常数参数. 该问题是一个难以求解的优化问题，涉及非线性耦合变量. 然而，关键的一点是：在该设计问题中，可以将正项式等式约束放松为正项式不等式约束，且不改变问题的最优目标值. 例如：若 C_D 并不出现在任何其他单项等式约束中且目标和不等式约束中都是关于 C_D 单调递增的（或为常数），则我们可以用如下不等式等价地替换等式关系 (16.5):

$$C_D \geqslant \frac{CDA_0}{S} + kC_f\frac{S_{\mathrm{wet}}}{S} + \frac{C_L^2}{\pi A e},$$

在这些条件下，如果等式关系 (16.5) 在最优点处并不成立，那么我们可以在不增加最优值或将解保持在可行集中的前提下，减少 C_D 的值直到取到等号. 由于这些条件在我们的设置中是成立的，故可以将该设计问题写成如下显式的 GP 形式：

$$\min_{A,S,V,C_D,C_L,C_f,\mathrm{Re},\ W,\ W_w} \quad \frac{1}{2}\rho V^2 C_D S$$

㊀ 平均弦定义为区间 $[\lambda c_r, c_r]$ 中使 $S = bc$ 的值 c.

$$\text{s.t.:}\quad \frac{0.074}{C_f\,\mathrm{Re}^{0.2}}=1,\quad \frac{2W}{\rho V^2 C_L S}=1,$$

$$\frac{2W}{\rho V_{\min}^2 C_L^{\max} S}\leqslant 1,\quad \frac{\rho V}{\mu\,\mathrm{Re}}\sqrt{S/A}=1,$$

$$\frac{CDA_0}{C_D S}+k\frac{C_f}{C_D}\frac{S_{\mathrm{wet}}}{S}+\frac{C_L^2}{C_D \pi A e}\leqslant 1,$$

$$k_s\frac{S}{W_w}+k_l\frac{N_{\mathrm{ult}}\,A^{3/2}\sqrt{W_0 W S}}{W_w \tau}\leqslant 1,$$

$$\frac{W_0}{W}+\frac{W_w}{W}\leqslant 1.$$

表 16.2 给出了参数值. 求解 GP 得到表 16.3 中的最优设计.

表 16.2 飞机设计例子中的常数

量	值	单位	说明
CDA_0	0.030 6	m^2	机身阻力面积
ρ	1.23	$\mathrm{kg/m}^3$	空气密度
μ	1.78×10^{-5}	kg/ms	空气黏度
S_{wet}/S	2.05		浸入面积比
k	1.2		形状因子
e	0.96		Oswald 效率因子
W_0	4940	N	不包括机翼的飞机重量
N_{ult}	2.5		极限载荷系数
τ	0.12		翼型厚度与弦长之比
$V_{\min}$	22	m/s	着陆速度
$C_L^{\max}$	2.0		降落时 C_L 最大值
k_s	45.42	$\mathrm{N/m}^2$	
k_l	8.71×10^{-5}	m^{-1}	

表 16.3 飞机实例的最佳设计

量	值	单位	说明
A	12.7		机翼展弦比
S	12.08	m^2	机身面积
V	38.55	m/s	巡航速度
C_D	0.023 1		阻力系数
C_L	0.651 3		拉力系数
C_f	0.003 9		表面摩擦系数
Re	$2.597\,8\times10^6$		Reynolds 数
W	7 189.1	N	总重量
W_w	2 249.1	N	机翼重量

GP 模型允许我们能够很容易地获得设计参数的全局最优值. 然而，在真实的设计环境中，设计者会要考虑竞争目标之间一系列可能的权衡（例如：增加着陆速度或巡航速度）.

通过求解上述 GP 模型的一系列 $V_{\min}$ 和 V 的值，可以很容易地在数值上对这些权衡进行搜索。此外，优化模型还可以包括其他几个方面，例如，模型可以考虑具有如下形式的燃料的重量

$$W=(W_0+W_w)(1+\theta_{\text{fuel}}),$$

其中 θ_{fuel} 表示燃料质量比. 反过来，燃料质量比可以通过 Brequet 范围方程与飞机可达范围建立关联：

$$R=\frac{h_{\text{fuel}}}{g}\eta_0\frac{L}{D}\log(1+\theta_{\text{fuel}}),$$

其中假设升阻比 L/D 保持不变，η_0 是总燃料功率与推力功率的效率系数，根据方程 $P_{\text{fuel}}=\dot{m}_{\text{fuel}}h_{\text{fuel}}$ 可知 h_{fuel} 将燃料质量流量与燃料功率联系起来. 在稳定的飞行条件下，它必须满足：

$$TV\leqslant\eta_0P_{\text{fuel}}.$$

然而，Breguet 方程并不能直接适用于正项式形式，但它可以通过泰勒级数展开来很好地近似：

$$1+\theta_{\text{fuel}}=\exp\left(\frac{gRD}{h_{\text{fuel}}\eta_0L}\right),$$

观察到：指数函数的级数展开具有多项式结构. 于是，Breguet 方程式可以通过如下假设近似地包含在 GP 模型中：

$$z=\frac{gRD}{h_{\text{fuel}}\eta_0L'},$$
$$\theta_{\text{fuel}}\geqslant z+\frac{z^2}{2!}+\frac{z^3}{3!}+\cdots$$

16.5 供应链管理

本节讨论产品工程领域中出现的一个问题：关于在多个离散时间段内需求不确定性下的库存水平控制[⊖]. 该问题以在满足需求的条件下最小化成本为目标，作出在给定时间内 T 个阶段的订购、库存和存储决策. 成本是由实际购买成本和存储与短缺的成本构成. 我们先考虑单一商品，用 $x(k)$ 表示该商品在阶段 k 的库存水平，库存水平在（离散）时间的基本演变可以写成：

$$x(k+1)=x(k)+u(k)-w(k),\quad k=0,1,\cdots,T-1,$$

⊖ 这里介绍的处理方式最初来源于 Bertsimas 和 Thiele 所著的如下论文中提出的设置和符号：A robust optimization approach to supply chain management, *Operations Research*, 2006.

其中 $x(0)=x_0$ 是给定的初始库存水平,$u(k)$ 是在时间 k 订购的库存,$w(k)$ 是从 k 到 $k+1$ 期间的需求. 假设单位存储成本为 h, 单位短缺成本为 p, 且购买货物的单位成本为 c, 那么在 k 阶段的成本由下式给出:

$$cu(k)+\max(hx(k+1),-px(k+1)).$$

进一步假设所有订单规模的上限为 M, 于是可以把 T 阶段库存控制问题写为:

$$\begin{aligned}\min_{u(0),\cdots,u(T-1)} \quad & \sum_{k=0}^{T-1} cu(k)+\max(hx(k+1),-px(k+1)) \\ \text{s.t.:} \quad & 0\leqslant u(k)\leqslant M, \quad k=0,\cdots,T-1,\end{aligned}$$

其中

$$x(k)=x_0+\sum_{i=0}^{k-1}(u(i)-w(i)), \quad k=1,\cdots,T.$$

引入松弛变量 $y(0),\cdots,y(T-1)$, 则问题可以写为如下线性规划的形式:

$$\begin{aligned}\min_{u(0),\cdots,u(T-1),y(0),\cdots,y(T-1)} \quad & \sum_{k=0}^{T-1} y(k) \\ \text{s.t.:} \quad & cu(k)+hx(k+1)\leqslant y(k), \quad k=0,\cdots,T-1, \\ & cu(k)-px(k+1)\leqslant y(k), \quad k=0,\cdots,T-1, \\ & 0\leqslant u(k)\leqslant M, \quad k=0,\cdots,T-1.\end{aligned}$$

进一步,定义向量 $\boldsymbol{u}=(u(0),\cdots,u(T-1))$, $\boldsymbol{y}=(y(0),\cdots,y(T-1))$, $\boldsymbol{w}=(w(0),\cdots,w(T-1))$ 和 $\boldsymbol{x}=(x(1),\cdots,x(T))$, 于是我们可以将问题重写为如下紧凑的形式:

$$\begin{aligned}\min_{\boldsymbol{u},\boldsymbol{y}} \quad & \mathbf{1}^\top \boldsymbol{y} \\ \text{s.t.:} \quad & c\boldsymbol{u}+h\boldsymbol{x}\leqslant \boldsymbol{y}, \quad c\boldsymbol{u}-p\boldsymbol{x}\leqslant \boldsymbol{y}, \\ & 0\leqslant \boldsymbol{u}\leqslant M\mathbf{1},\end{aligned} \tag{16.6}$$

其中

$$\boldsymbol{x}=x_0\mathbf{1}+\boldsymbol{U}\boldsymbol{u}-\boldsymbol{U}\boldsymbol{w}, \quad \boldsymbol{U}\doteq\begin{bmatrix} 1 & 0 & 0 & \cdots & 0 \\ 1 & 1 & 0 & \cdots & 0 \\ \vdots & \vdots & \ddots & \ddots & \vdots \\ 1 & 1 & 1 & \cdots & 1 \end{bmatrix}.$$

在该设定下，我们假设需求 $w(k)$ 在所有之前阶段 $k=0,\cdots,T-1$ 上都是已知的，并且所有决策都在阶段 $k=0$ 时刻已经制定好. 下一节将讨论如何放宽这两个假设.

16.5.1 区间不确定需求下的鲁棒性

这里假设需求 $\boldsymbol{w}$ 不是精确已知的. 特别地，我们思考这样一种情况，即需求可能在名义预期需求 $\hat{\boldsymbol{w}} \geqslant 0$ 的 ρ 个百分点内波动，也就是：

$$\boldsymbol{w} \in W \doteq \{\boldsymbol{w} = \ \boldsymbol{w}_{\mathrm{lb}} \leqslant \boldsymbol{w} \leqslant \boldsymbol{w}_{\mathrm{up}}\}, \tag{16.7}$$

其中

$$\boldsymbol{w}_{\mathrm{lb}} \doteq (1 - \rho/100)\hat{\boldsymbol{w}}, \quad \boldsymbol{w}_{\mathrm{ub}} \doteq (1 + \rho/100)\hat{\boldsymbol{w}}.$$

那么，我们寻求一个使在所有可行需求中最小化最坏情况下成本的有序序列 $\boldsymbol{u}$，即

$$\begin{aligned} \min_{\boldsymbol{u},\boldsymbol{y}} \quad & \mathbf{1}^\top \boldsymbol{y} \\ \text{s.t.:} \quad & \boldsymbol{c}\boldsymbol{u} + h\boldsymbol{x} \leqslant \boldsymbol{y}, \ \ \forall\, w \in W, \\ & \boldsymbol{c}\boldsymbol{u} - p\boldsymbol{x} \leqslant \boldsymbol{y}, \ \ \forall\, w \in W, \\ & 0 \leqslant \boldsymbol{u} \leqslant M\mathbf{1}. \end{aligned} \tag{16.8}$$

由于 $\boldsymbol{x} = x_0\mathbf{1} + \boldsymbol{U}\boldsymbol{u} - \boldsymbol{U}\boldsymbol{w}$, 其中 U 具有非负分量，以及因为 $\boldsymbol{w}$ 的每个分量都属于一个区间，故约束 $\boldsymbol{c}\boldsymbol{u} + h\boldsymbol{x} \leqslant \boldsymbol{y}, \forall\ \boldsymbol{w} \in W$ 成立当且仅当

$$\boldsymbol{c}\boldsymbol{u} + \boldsymbol{h}(x_0\mathbf{1} + \boldsymbol{U}\boldsymbol{u} - \boldsymbol{U}\boldsymbol{w}_{\mathrm{lb}}) \leqslant \boldsymbol{y},$$

以及约束 $\boldsymbol{c}\boldsymbol{u} - p\boldsymbol{x} \leqslant \boldsymbol{y}, \forall\ \boldsymbol{w} \in W$ 成立当且仅当

$$\boldsymbol{c}\boldsymbol{u} - p(x_0\mathbf{1} + \boldsymbol{U}\boldsymbol{u} - \boldsymbol{U}\boldsymbol{w}_{\mathrm{ub}}) \leqslant \boldsymbol{y}.$$

于是，最优的最坏情况下的最优决策可通过求解如下 LP 来获得：

$$\begin{aligned} \min_{\boldsymbol{u},\boldsymbol{y}} \quad & \mathbf{1}^\top \boldsymbol{y} \\ \text{s.t.:} \quad & \boldsymbol{c}\boldsymbol{u} + h(x_0\mathbf{1} + \boldsymbol{U}\boldsymbol{u} - \boldsymbol{U}\boldsymbol{w}_{\mathrm{lb}}) \leqslant \boldsymbol{y}, \\ & \boldsymbol{c}\boldsymbol{u} - p(x_0\mathbf{1} + \boldsymbol{U}\boldsymbol{u} - \boldsymbol{U}\boldsymbol{w}_{\mathrm{ub}}) \leqslant \boldsymbol{y}, \\ & 0 \leqslant \boldsymbol{u} \leqslant M\mathbf{1}. \end{aligned} \tag{16.9}$$

16.5.2 区间不确定性下的仿射序策略

在前面问题的表述中，所有正向排序决策 $u(0), \cdots, u(T-1)$ 在时刻 $k=0$ 以“开环”方式计算得到. 然而，在实际中，人们希望只实施第一个决策 $u(0)$（所谓的“此时此地”决策），然后等待并观察直到下一个决策时间发生什么. 在时刻 $k=1$, 可以观测到不确定需求

的实际情况，因此在作出决定 $u(1)$ 时可利用该信息. 直觉上可以很清楚地了解到：新的决策 $u(1)$ 可以从这个信息中受益，而忽略它的原始方法是次最优的. 一般而言，在时刻 k 采取的决策 $u(k)$ 可能受益于从时间 0 到 $k-1$ 观察到的需求的信息（该需求因此在时刻 k 不再是“不确定的”），也就是说 $u(k)$ 是过去需求的一般函数，即 $u(k)=\varphi_k(w(0),\cdots,w(k-1))$. 在这种反应式或“闭环”方法中，优化问题相当于找到最优函数 φ_k（通常称为策略）使得在最坏情况下的成本最小化. 然而，求解这样的一般函数会使问题变得困难（应该在所有可能的函数的“无穷维”集合上来求解 φ_k）. 于是，一种常见的方法是确定 φ_k 的参数化，然后在有限维参数集上求解优化问题（参见 14.3.3 节以便了解我们针对金融市场中出现的多周期优化问题表述的类似方法）. 例如：一种有效的方法是考虑仿射参数化，也就是，对于 $k=1,\cdots,T-1$, 策略 φ_k 具有如下形式：

$$u(k)=\varphi_k(w(0),\cdots,w(k-1))=\bar{u}(k)+\sum_{i=0}^{k-1}\alpha_{k,i}(w(i)-\hat{w}(i)),$$

其中 $u(k)$ 是“标定”决策，$u(0)=\bar{u}(0)$ 以及 $\alpha_{k,i}$ 为参数，它允许我们当 $k\geqslant 1$ 时, 可以按实际需求 $w(i)$ 与其名义值 $\hat{w}(i)$ 的偏差成比例地修正名义决策. 该问题也可以写成如下矩阵的形式：

$$\boldsymbol{u}=\bar{\boldsymbol{u}}+\boldsymbol{A}(\boldsymbol{w}-\hat{\boldsymbol{w}}),\quad \boldsymbol{A}\doteq\begin{bmatrix}0 & 0 & \cdots & 0\\ \alpha_{1,0} & 0 & \cdots & 0\\ \alpha_{2,0} & \alpha_{2,1} & \cdots & 0\\ \vdots & \vdots & \ddots & \vdots\\ \alpha_{T-1,0} & \cdots & \alpha_{T-1,T-2} & 0\end{bmatrix},$$

其中 $\boldsymbol{u}=(u(0),\cdots,u(T-1))$. 特别地，在区间不确定性模型 (16.7) 下，需求波动 $\tilde{\boldsymbol{w}}=\boldsymbol{w}-\hat{\boldsymbol{w}}$ 属于对称向量区间：

$$-\bar{\boldsymbol{w}}\leqslant\tilde{\boldsymbol{w}}\leqslant\bar{\boldsymbol{w}};\quad \bar{\boldsymbol{w}}\doteq\frac{\rho}{100}\hat{\boldsymbol{w}}\geqslant 0.$$

将 $\boldsymbol{u}$ 的表达式代入到问题 (16.8) 中，则有：

$$\begin{aligned}\min_{\bar{\boldsymbol{u}},\boldsymbol{y},\boldsymbol{A}}\ & \mathbf{1}^\top\boldsymbol{y} \qquad\qquad (16.10)\\ \text{s.t.:}\ & (c\bar{\boldsymbol{u}}+c\boldsymbol{A}\tilde{\boldsymbol{w}})+h\left(x_0\mathbf{1}+\boldsymbol{U}(\bar{\boldsymbol{u}}+\boldsymbol{A}\tilde{\boldsymbol{w}})-\boldsymbol{U}\boldsymbol{w}\right)\leqslant\boldsymbol{y},\ \forall\,\boldsymbol{w}\in W,\\ & (c\bar{\boldsymbol{u}}+c\boldsymbol{A}\tilde{\boldsymbol{w}})-p\left(x_0\mathbf{1}+\boldsymbol{U}(\bar{\boldsymbol{u}}+\boldsymbol{A}\tilde{\boldsymbol{w}})-\boldsymbol{U}\boldsymbol{w}\right)\leqslant\boldsymbol{y},\ \forall\,\boldsymbol{w}\in W,\\ & 0\leqslant\bar{\boldsymbol{u}}+\boldsymbol{A}\tilde{\boldsymbol{w}}\leqslant M\mathbf{1},\ \forall\,\boldsymbol{w}\in W.\end{aligned}$$

注意，如果 $\boldsymbol{v}$ 是向量且 $\boldsymbol{w}\geqslant 0$, 那么

$$\max_{-\bar{\boldsymbol{w}}\leqslant\tilde{\boldsymbol{w}}\leqslant\bar{\boldsymbol{w}}}\boldsymbol{v}^\top\tilde{\boldsymbol{w}}=|\boldsymbol{v}|^\top\bar{\boldsymbol{w}},$$

$$\min_{-\bar{\boldsymbol{w}}\leqslant\tilde{\boldsymbol{w}}\leqslant\bar{\boldsymbol{w}}} \boldsymbol{v}^\top\tilde{\boldsymbol{w}} = -|\boldsymbol{v}|^\top\bar{\boldsymbol{w}},$$

其中 $|\boldsymbol{v}|$ 是由 $\boldsymbol{v}$ 的元素的绝对值构成的向量. 将该等式逐行应用于问题 (16.10) 中的约束，我们得到对应的鲁棒问题等价于

$$\begin{aligned}
\min_{\bar{\boldsymbol{u}},\boldsymbol{y},\boldsymbol{A}} \quad & \boldsymbol{1}^\top\boldsymbol{y}, \\
\text{s.t.:} \quad & c\bar{\boldsymbol{u}} + h\boldsymbol{U}\bar{\boldsymbol{u}} + \boldsymbol{h}x_0\boldsymbol{1} - h\boldsymbol{U}\hat{\boldsymbol{w}} + |c\boldsymbol{A} + h\boldsymbol{U}\boldsymbol{A} - h\boldsymbol{U}|\bar{\boldsymbol{w}} \leqslant \boldsymbol{y}, \\
& c\bar{\boldsymbol{u}} - p\boldsymbol{U}\bar{\boldsymbol{u}} - \boldsymbol{p}x_0\boldsymbol{1} + p\boldsymbol{U}\hat{\boldsymbol{w}} + |c\boldsymbol{A} - p\boldsymbol{U}\boldsymbol{A} + p\boldsymbol{U}|\bar{\boldsymbol{w}} \leqslant \boldsymbol{y}, \\
& \bar{\boldsymbol{u}} + |\boldsymbol{A}|\bar{\boldsymbol{w}} \leqslant M\boldsymbol{1}, \\
& \bar{\boldsymbol{u}} - |\boldsymbol{A}|\bar{\boldsymbol{w}} \geqslant 0.
\end{aligned}$$

引入三个松弛下三角矩阵 $\boldsymbol{Z}_1$, $\boldsymbol{Z}_2$ 和 $\boldsymbol{Z}_3$, 可以将该问题改写为如下适用于 LP 的标准形式：

$$\begin{aligned}
\min_{\bar{\boldsymbol{u}},\boldsymbol{y},\boldsymbol{A},\boldsymbol{Z}_1,\boldsymbol{Z}_2,\boldsymbol{Z}_3} \quad & \boldsymbol{1}^\top\boldsymbol{y} \\
\text{s.t.:} \quad & c\bar{\boldsymbol{u}} + h\boldsymbol{U}\bar{\boldsymbol{u}} + hx_0\boldsymbol{1} - h\boldsymbol{U}\hat{\boldsymbol{w}} + \boldsymbol{Z}_1\bar{\boldsymbol{w}} \leqslant \boldsymbol{y}, \\
& c\bar{\boldsymbol{u}} - p\boldsymbol{U}\bar{\boldsymbol{u}} - px_0\boldsymbol{1} + p\boldsymbol{U}\hat{\boldsymbol{w}} + \boldsymbol{Z}_2\bar{\boldsymbol{w}} \leqslant \boldsymbol{y}, \\
& \bar{\boldsymbol{u}} + \boldsymbol{Z}_3\bar{\boldsymbol{w}} \leqslant M\boldsymbol{1}, \\
& \bar{\boldsymbol{u}} - \boldsymbol{Z}_3\bar{\boldsymbol{w}} \geqslant 0, \\
& |c\boldsymbol{A} + h\boldsymbol{U}\boldsymbol{A} - h\boldsymbol{U}| \leqslant \boldsymbol{Z}_1, \\
& |c\boldsymbol{A} - p\boldsymbol{U}\boldsymbol{A} + p\boldsymbol{U}| \leqslant \boldsymbol{Z}_2. \\
& |\boldsymbol{A}| \leqslant \boldsymbol{Z}_3
\end{aligned} \tag{16.11}$$

一旦可以求解该问题，就得到如下订购策略和不确定的库存水平：

$$\begin{aligned}
\boldsymbol{u} &= \bar{\boldsymbol{u}} + A\tilde{\boldsymbol{w}} \\
\boldsymbol{x} &= x_0\boldsymbol{1} + \boldsymbol{U}(\bar{\boldsymbol{u}} - \hat{\boldsymbol{w}}) + (\boldsymbol{U}\boldsymbol{A} - \boldsymbol{U})\tilde{\boldsymbol{w}}.
\end{aligned} \tag{16.12}$$

于是可以获得如下的订单和库存水平的上限和下限：

$$\begin{aligned}
\boldsymbol{u}_{\text{lb}} &= \bar{\boldsymbol{u}} - |\boldsymbol{A}|\bar{\boldsymbol{w}}, \\
\boldsymbol{u}_{\text{ub}} &= \bar{\boldsymbol{u}} + |\boldsymbol{A}|\bar{\boldsymbol{w}}, \\
x_{\text{lb}} &= x_0\boldsymbol{1} + \boldsymbol{U}(\bar{\boldsymbol{u}} - \hat{\boldsymbol{w}}) - |\boldsymbol{U}\boldsymbol{A} - \boldsymbol{U}|\bar{\boldsymbol{w}}, \\
x_{\text{ub}} &= x_0\boldsymbol{1} + \boldsymbol{U}(\bar{\boldsymbol{u}} - \hat{\boldsymbol{w}}) + |\boldsymbol{U}\boldsymbol{A} - \boldsymbol{U}|\bar{\boldsymbol{w}}.
\end{aligned}$$

在时刻 k 执行的实际订单水平 $u(k)$ 将根据策略 (16.12) 在线计算. 随着时间的推移,可以观测到 $\tilde{w}(i), i=0,\cdots,k-1$ 的值. 我们事先知道的是:$u(k)$ 的值包含在区间 $[u_{\text{lb}}(k), u_{\text{ub}}(k)]$ 中, $k=0,\cdots,T-1$.

16.5.2.1　一个数值例子

为了说明上述想法，让我们考虑 $T=12$ 个周期（例如：月）的决策范围，以及如下数据：购买成本 $c=5$, 存储成本 $h=4$, 短缺成本 $p=6$, 订单上限 $M=110$. 此外，假设名义需求服从如下正弦曲线：

$$\hat{w}(k) \doteq 100 + 20\sin\left(2\pi\frac{k}{T-1}\right), \quad k=0,\cdots,T-1, \tag{16.13}$$

以及初始库存水平是 $x_0=100$. 在没有不确定性的情况下（需求水平等于标定水平），求解问题 (16.6) 得到的最优成本为 5721.54, 而订购和库存水平曲线如图 16.19 所示.

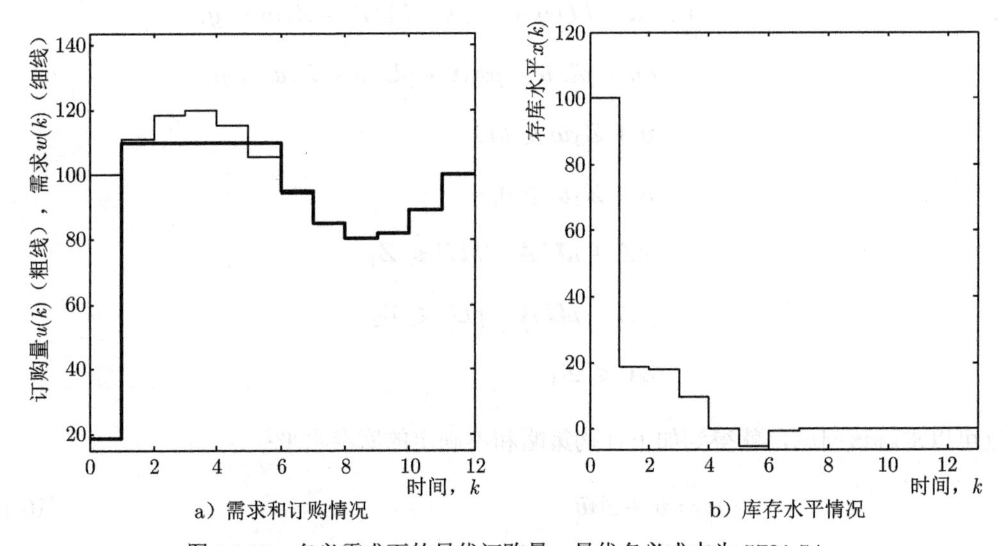

图 16.19　名义需求下的最优订购量，最优名义成本为 5721.54

考虑需求存在百分比为 $\rho=15\%$ 的不确定性，我们求解鲁棒的“开环”问题 (16.9), 则获得一个最坏情况下的成本 1 1932.50 以及如图 16.20 所示的订购和库存水平界限曲线. 在同样的 15% 的不确定性水平下，我们求解鲁棒的“闭环”问题 (16.11), 获得一个最坏情况成本 8328.64, 以及如图 16.21 所示的订单和库存水平界限曲线. 此外，订购策略 (16.12) 的最佳参数为：

$$\overline{\boldsymbol{u}}^\top = \Big[94.69\ 103.0\ 98.36\ 95.26\ 93.49\ 97.83\ 96.26\ 91.25\ 77.33\ 78.68\ 85.2\ 63.4\Big]$$

$$
\boldsymbol{A}=\begin{bmatrix}
0 & 0 & 0 & 0 & 0 & 0 & 0 & 0 & 0 & 0 & 0 & 0\\
0.4697 & 0 & 0 & 0 & 0 & 0 & 0 & 0 & 0 & 0 & 0 & 0\\
0.2506 & 0.4743 & 0 & 0 & 0 & 0 & 0 & 0 & 0 & 0 & 0 & 0\\
0.1332 & 0.2518 & 0.4828 & 0 & 0 & 0 & 0 & 0 & 0 & 0 & 0 & 0\\
0.07069 & 0.1324 & 0.254 & 0.4868 & 0 & 0 & 0 & 0 & 0 & 0 & 0 & 0\\
0.007817 & 0.01524 & 0.04958 & 0.1856 & 0.4395 & 0 & 0 & 0 & 0 & 0 & 0 & 0\\
0.009959 & 0.0148 & 0.03499 & 0.0915 & 0.2258 & 0.4529 & 0 & 0 & 0 & 0 & 0 & 0\\
0.02248 & 0.05136 & 0.08535 & 0.114 & 0.1627 & 0.2676 & 0.4913 & 0 & 0 & 0 & 0 & 0\\
0.01838 & 0.03096 & 0.04785 & 0.06251 & 0.0879 & 0.1427 & 0.2594 & 0.5104 & 0 & 0 & 0 & 0\\
0.009341 & 0.01578 & 0.02445 & 0.03202 & 0.04514 & 0.07356 & 0.1343 & 0.2649 & 0.5463 & 0 & 0 & 0\\
0.004745 & 0.008067 & 0.01258 & 0.01654 & 0.02343 & 0.03848 & 0.07088 & 0.1412 & 0.2945 & 0.6839 & 0 & 0\\
0.01105 & 0.02035 & 0.03276 & 0.04322 & 0.06086 & 0.09775 & 0.1717 & 0.3123 & 0.547 & 0.8799 & 1.372 & 0
\end{bmatrix}.
$$

通过使用“反应式”（或“闭环”）策略而不是静态的“开环”方法，则最坏情况下的成本提高了 30% 以上.

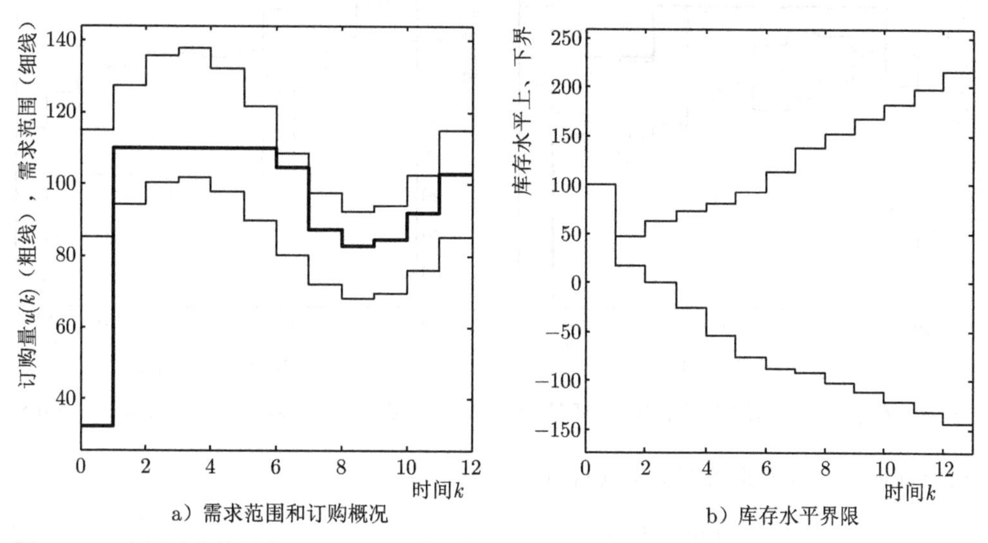

a）需求范围和订购概况

b）库存水平界限

图 16.20 在不确定性需求 $\rho = 15\%$ 下的最优“开环”订货量，最优最差情况成本为 11 932.50

16.5.3 一般随机不确定性下的场景法

当关于需求 $w(k)$ 的不确定性是随机的，并且其不能通过前面讨论的区间模型来有效捕获时，我们可以使用基于不确定性抽样场景的一种简单有效的近似方法，参见 10.3.4 节. 在该方法中，假设需求向量 $\boldsymbol{w}$（包含需求 $w(0),\cdots,w(T-1)$）是一个已知期望值的随机向量，且向量 $\boldsymbol{w}$ 的概率分布是已知的，或至少可以根据这个分布生成 N 个独立同分布样本 $\boldsymbol{w}(1),\cdots,\boldsymbol{w}(N)$. 在该设置下，$\boldsymbol{w}(k)$ 的值并不一定是有界的，并且可能是时间相关的，其依赖于所假设的分布. 情景分析法[⊖]的简单想法是：如果 N 足够大，由 N 个生成的情景集合提供了关于不确定性的一个合理表示. 情景鲁棒问题则简单地归结为求解形如式 (16.10) 的优化问题，其中我们用 $\forall\, \boldsymbol{w} \in \{\boldsymbol{w}^{(1)}, \cdots, \boldsymbol{w}^{(N)}\}$ 来代替 $\forall\, \boldsymbol{w} \in W$. 也就是说，其目标不是满足所有可能的不确定性实现的约束，而是只满足采样的情景值. 显然，这样获得的解在确定性和最坏情况意义下并不是鲁棒的，但是在一个宽松的、概率性的意义下是鲁棒的. 通过选择足够大的 N, 我们可以获得良好的鲁棒性水平：由式 (10.30), 对于给定的 $\alpha \in (0,1)$, 如果选择情景的数量为

$$N \geqslant \frac{2}{1-\alpha}(n+10), \tag{16.14}$$

其中 n 是优化问题中决策变量的总数，那么情景解对于水平 α 将是“概率鲁棒的”（不过通常即使对于较少数量的情景也能获得良好的结果）.

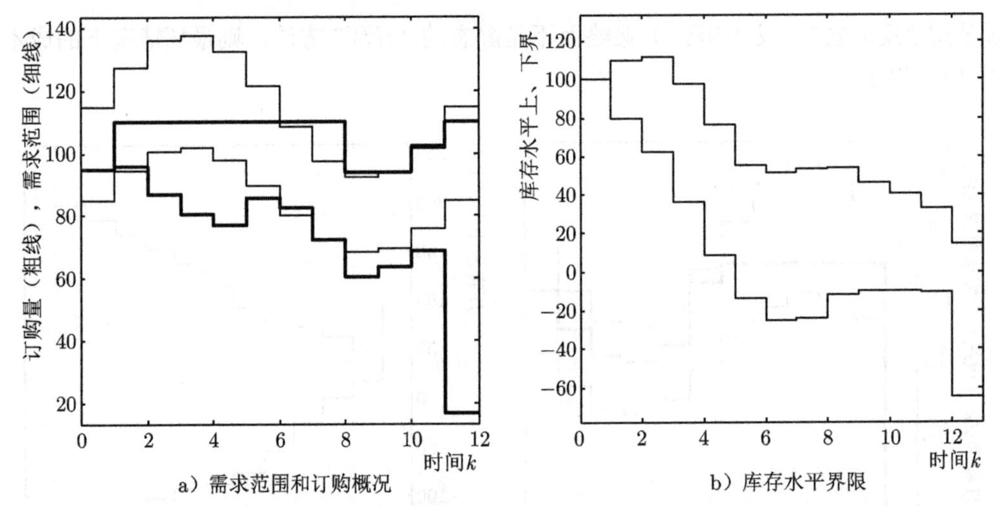

图 16.21　在 $\rho = 15\%$ 的不确定性需求下的最优“闭环”订货量，最优最差情况下的成本为 8328.64

就目前而言，我们将求解如下线性优化问题：

$$\begin{aligned} \min_{\bar{\boldsymbol{u}},\boldsymbol{y},\boldsymbol{A}} \quad & \mathbf{1}^\top \boldsymbol{y} \\ \text{s.t.:} \quad & c\boldsymbol{u}^{(i)} + h\boldsymbol{x}^{(i)} \leqslant \boldsymbol{y}, \quad i=1,\cdots,N, \\ & c\boldsymbol{u}^{(i)} - p\boldsymbol{x}^{(i)} \leqslant \boldsymbol{y}, \quad i=1,\cdots,N, \\ & 0 \leqslant \boldsymbol{u}^{(i)} \leqslant M\mathbf{1}, \quad i=1,\cdots,N, \end{aligned} \tag{16.15}$$

其中

$$\boldsymbol{u}^{(i)} = \bar{\boldsymbol{u}} + \boldsymbol{A}\left(\boldsymbol{w}^{(i)} - \hat{\boldsymbol{w}}\right), \quad i=1,\cdots,N,$$

⊖ 参见 G. Calafiore, Random convex programs, *SIAM J. Optim.*, 2010.

$$\boldsymbol{x}^{(i)} = x_0\mathbf{1} + \boldsymbol{U}\boldsymbol{u}^{(i)} - \boldsymbol{U}\boldsymbol{w}^{(i)}, \quad i = 1, \cdots, N.$$

我们再次考虑 16.5.2.1 节中使用的数据. 在这种情况下，问题 (16.15) 具有

$$n = T + T + \frac{T(T-1)}{2} = 90$$

个决策变量. 考虑一个鲁棒性水平 $\alpha = 0.9$, 规则 (16.14) 建议在问题中使用 $N = 2000$ 个情景. 进一步，我们假设期望需求由式 (16.13) 给出，且向量 $\boldsymbol{w}$ 具有如下协方差矩阵的正态分布：

$$\boldsymbol{\Sigma} = \operatorname{diag}\left(\sigma_0^2, \cdots, \sigma_{T-1}^2\right),$$

其中方差随着时间的推移而增加（其建模了关于需求水平的不确定性对于时间上更长的需求而更高的情况)：

$$\sigma_k^2 = (1+k)\bar{\sigma}^2; \quad k = 1, \cdots, T-1, \quad \text{其中 } \bar{\sigma}^2 = 1.$$

求解情景问题 (16.15) 的一个情况所导致的最优最坏情况（在所考虑的场景上）下的成本为 6296.80, 以及如下最优策略：

$$\bar{\boldsymbol{u}}^\top = \begin{bmatrix} 24.4939 & 108.77 & 108.603 & 108.808 & 110.0 & 110.0 & 98.7917 & 83.7308 & 80.6833 & 81.5909 & 89.8084 & 94.6564 \end{bmatrix},$$

$$\boldsymbol{A} = \begin{bmatrix}
0 & 0 & 0 & 0 & 0 & 0 & 0 & 0 & 0 & 0 & 0 & 0 \\
0.3774 & 0 & 0 & 0 & 0 & 0 & 0 & 0 & 0 & 0 & 0 & 0 \\
0.02567 & 0.2845 & 0 & 0 & 0 & 0 & 0 & 0 & 0 & 0 & 0 & 0 \\
-0.1184 & 0.2025 & 0.1344 & 0 & 0 & 0 & 0 & 0 & 0 & 0 & 0 & 0 \\
0 & 0 & 0 & 0 & 0 & 0 & 0 & 0 & 0 & 0 & 0 & 0 \\
0 & 0 & 0 & 0 & 0 & 0 & 0 & 0 & 0 & 0 & 0 & 0 \\
0.4868 & 0.03163 & 0.496 & 0.4467 & 0.4006 & 0.5332 & 0 & 0 & 0 & 0 & 0 & 0 \\
0.3849 & -0.1964 & 0.254 & 0.2024 & 0.4895 & 0.2111 & 0.6726 & 0 & 0 & 0 & 0 & 0 \\
0.135 & 0.072 & -0.1547 & 0.1603 & -0.03367 & 0.02405 & 0.04367 & 0.5894 & 0 & 0 & 0 & 0 \\
-0.2695 & 0.6738 & 0.1186 & -0.2117 & 0.08057 & 0.001069 & 0.1795 & 0.2256 & 0.6008 & 0 & 0 & 0 \\
0.2583 & 0.1248 & 0.04462 & 0.07893 & 0.05989 & 0.09069 & 0.007373 & 0.3262 & 0.2858 & 0.5088 & 0 & 0 \\
0.4861 & 0.6754 & 0.009505 & 0.3034 & 0.3853 & 0.08153 & 0.1048 & 0.4221 & 0.6108 & 0.3069 & 1.086 & 0
\end{bmatrix}.$$

然后，我们可以应用蒙特卡罗方法，通过生成新的情景（不同于优化中使用的情景）模拟策略关于这些随机需求概况的行为来对该策略的性能进行后验测试. 使用 1500 个需求情景则可获得如图 16.22 所示的模拟.

图 16.23 中还显示了每种情况下的成本直方图：该仿真中的最大成本为 6190.22 英镑，其刚好低于最坏情况下的成本 6296.80 英镑.

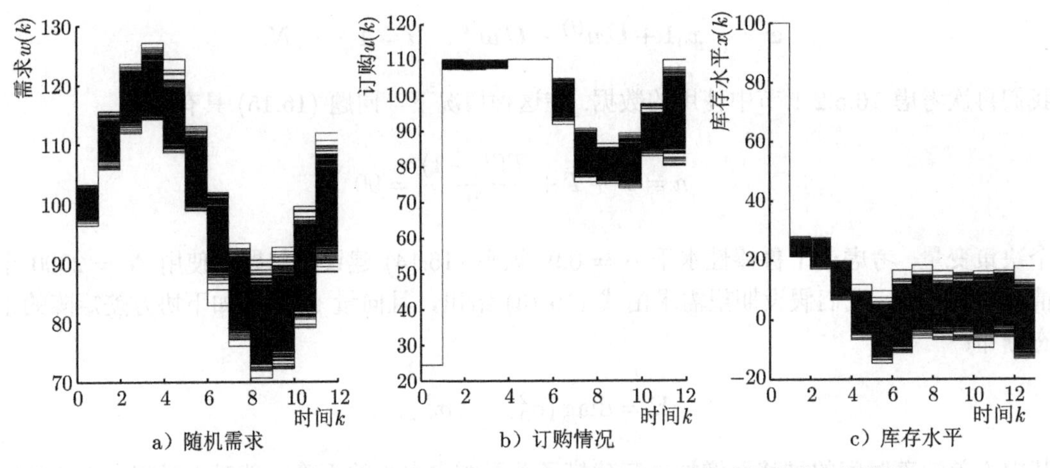

a）随机需求　　b）订购情况　　c）库存水平

图 16.22　针对 1500 个随机生成的需求概况的最优情景策略的蒙特卡罗模拟

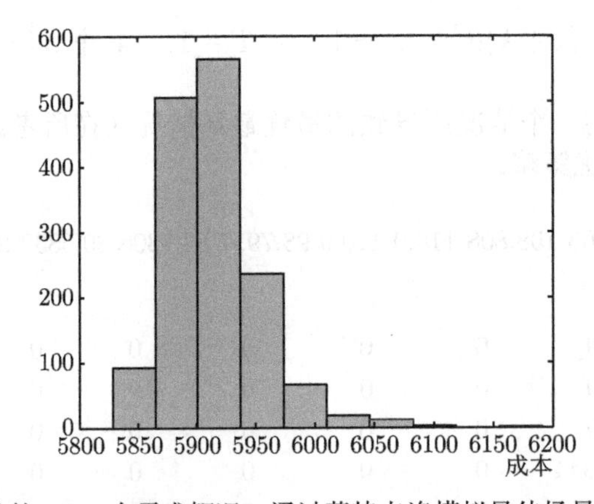

图 16.23　根据随机生成的 1500 个需求概况，通过蒙特卡洛模拟最佳场景策略所获得的成本直方图

16.6　习题

习题 16.1（网络拥堵控制）　由 $n=6$ 台对等计算机组成的网络如图 16.24 所示. 每

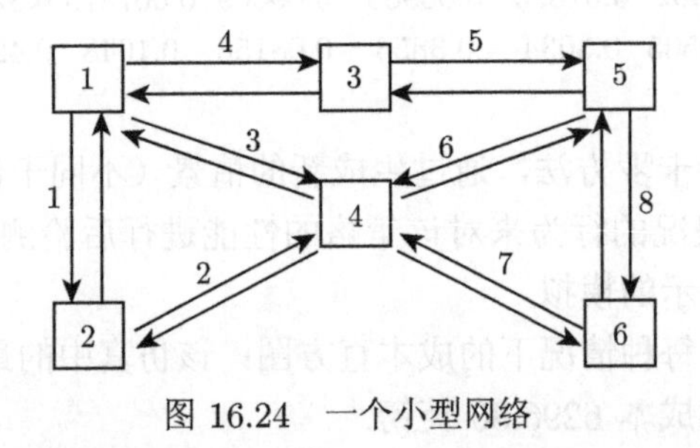

图 16.24　一个小型网络

台计算机都可以在如图所示的连接链路上以一定的速率上传或下载数据. 设 $\boldsymbol{b}^+ \in \mathbb{R}^8$ 是包含图中编号链路上的分组传输速率的向量，而 $\boldsymbol{b}^- \in \mathbb{R}^8$ 为包含反向链路上的分组传输速率的向量，其中 $\boldsymbol{b}^+ \geqslant 0$ 且 $\boldsymbol{b}^- \geqslant 0$.

对该网络，定义如下弧节点的关联矩阵：

$$\boldsymbol{A} \doteq \begin{bmatrix} 1 & 0 & 1 & 1 & 0 & 0 & 0 & 0 \\ -1 & 1 & 0 & 0 & 0 & 0 & 0 & 0 \\ 0 & 0 & 0 & -1 & 1 & 0 & 0 & 0 \\ 0 & -1 & -1 & 0 & 0 & -1 & -1 & 0 \\ 0 & 0 & 0 & 0 & -1 & 1 & 0 & 1 \\ 0 & 0 & 0 & 0 & 0 & 0 & 1 & -1 \end{bmatrix}.$$

以及设 $\boldsymbol{A}_+ \doteq \max(\boldsymbol{A}, 0)$ ($\boldsymbol{A}$ 的正部)，$\boldsymbol{A}_- \doteq \min(\boldsymbol{A}, 0)$ ($\boldsymbol{A}$ 的负部). 于是节点的总输出（上传）速率为 $v_{\text{upl}} = \boldsymbol{A}_+\boldsymbol{b}^+ - \boldsymbol{A}_-\boldsymbol{b}^-$ 和节点的总输入（下载）速率为 $v_{\text{dwl}} = \boldsymbol{A}_+\boldsymbol{b}^- - \boldsymbol{A}_-\boldsymbol{b}^+$. 因此，节点处的净流出量为：

$$v_{\text{net}} = v_{\text{upl}} - v_{\text{dwl}} = \boldsymbol{A}\boldsymbol{b}^+ - \boldsymbol{A}\boldsymbol{b}^-,$$

并且流量平衡方程要求 $[v_{\text{net}}]_i = f_i$, 其中，如果计算机 i 没有产生或接收分组（它只是传递接收到的分组，即它充当中继站），则 $f_i = 0$. 如果计算机 i 正在产生分组，则 $f_i > 0$, 或者如果它以指定的速率 f_i 接收分组，则 $f_i < 0$.

每台计算机可以以 $v_{\text{dwl}} = 20\text{Mbit/s}$ 的最大速率下载数据，以 $v_{\text{upl}} = 10\text{Mbit/s}$ 的最大速率上传数据（这些限制是指计算机通过其所有连接的总下载或上传速率）. 每个连接的拥堵程度定义为：

$$c_j = \max(0, (b_j^+ + b_j^- - 4)), \quad j = 1, \cdots, 8.$$

假设节点 1 必须以 $f_1 = 9\text{Mbit/s}$ 的速率向节点 5 发送分组，节点 2 必须以 $f_2 = 8\text{Mbit/s}$ 的速率向节点 6 发送分组. 找出所有链路上的速率使得网络的平均拥堵水平最小化.

习题 16.2（蓄水池设计） 我们需要设计一个如图 16.25 所示的蓄水池来储存水和能量存储. 混凝土基底的横截面是边长为 b_1 而高为 h_0 的正方形，而水库本身具有边长为 b_2 而高为 h 的正方形横截面. 一些有用的数据见表 16.4 所示. 地下室的临界荷载极限 N_{cr} 应能承受至少两倍水的重量. 需要保证结构规范 $h_0/b_1^2 \geqslant 35$. 储层的形状系数应满足 $1 \leqslant b_2/h \leqslant 2$. 结构的总高度应不大于 30 m. 结构的总重量（地下室加上装满水的水库）不应超过 $9.8 \times 10^5\text{N}$. 求解使得储存水的势能 P_w 最大的 b_1, b_2, h_0, h（假设 $P_w = (\rho_w h b_2^2) h_0$）. 解释该问题是否以及如何可以建模为一个凸优化问题，以及如果可以这样建模，找到它的最优设计.

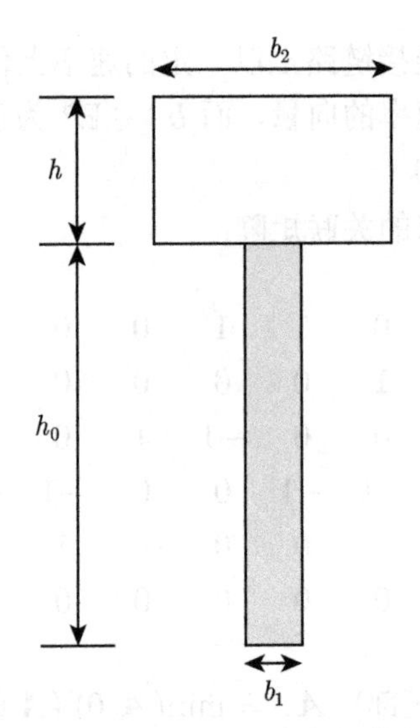

图 16.25　混凝土地下室上的蓄水池

表 16.4　蓄水池问题相关数据

量	值	单位	说明
g	9.8	m/s^2	重力加速度
E	30×10^9	N/m^2	弹性模量
ρ_w	10×10^3	N/m^3	水的比重
ρ_b	25×10^3	N/m^3	地下室比重
J	$b_1^4/12$	m^4	基底惯性矩
N_{cr}	$\pi^2 JE/(2h_0)^2$	N	地下室临界荷载极限

习题 16.3（电路设计中的布线尺寸）　现代电子芯片中的互连可以建模为放置在衬底上的导电表面区域. 于是，可以认为“线”是一系列矩形线段，如图 16.26 所示.

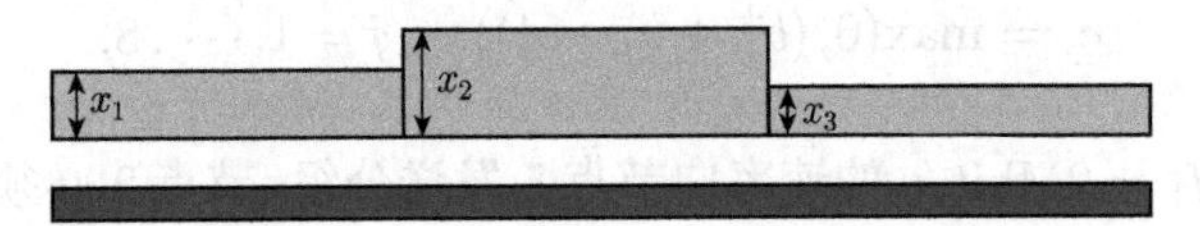

图 16.26　导线表示基板上的一系列矩形表面. 长度 l_i 是固定的，线段的宽度 x_i 是决策变量. 该示例有三个线段

我们假设这些线段的长度是固定的，而宽度需要根据下面解释的标准来确定. 一种常见的方法是将导线建模为钢筋混凝土级的级联，其中，对于每一级，$S_i = 1/R_i$ 和 C_i 分别表示第 i 段的电导和电容，如图 16.27 所示.

电导 S_i 和电容 c_i 的值与线段的表面积成正比. 由于假设长度 l_i 是已知且固定的，故它们是宽度的仿射函数，也就是：

$$S_i = S_i(x_i) = \sigma_i^{(0)} + \sigma_i x_i, \quad C_i = C_i(x_i) = c_i^{(0)} + c_i x_i,$$

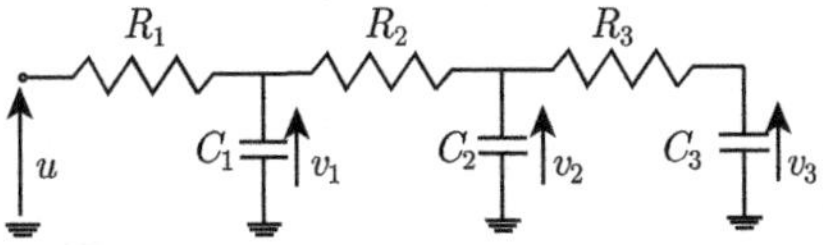

图 16.27 一个三段导线的 RC 模型

其中 $\sigma_i^{(0)}$, σ_i, c_i 为给定的正常数. 对于图中所示的三段导线模型，人们可以用如下动态方程组描述节点电压 $v_i(t)$, $i=1,\cdots,3$:

$$\begin{bmatrix} C_1 & C_2 & C_3 \\ 0 & C_2 & C_3 \\ 0 & 0 & C_3 \end{bmatrix} \dot{\boldsymbol{v}}(t) = -\begin{bmatrix} S_1 & 0 & 0 \\ -S_2 & S_2 & 0 \\ 0 & -S_3 & S_3 \end{bmatrix} \boldsymbol{v}(t) + \begin{bmatrix} S_1 \\ 0 \\ 0 \end{bmatrix} \boldsymbol{u}(t).$$

如果我们引入一个变量代换，那么这些方程实际上可以以更方便使用的形式来表示：

$$\boldsymbol{v}(t) = \boldsymbol{Q}\boldsymbol{z}(t), \quad \boldsymbol{Q} = \begin{bmatrix} 1 & 0 & 0 \\ 1 & 1 & 0 \\ 1 & 1 & 1 \end{bmatrix},$$

由此可得：

$$\boldsymbol{C}(x)\dot{\boldsymbol{z}}(t) = -\boldsymbol{S}(x)\boldsymbol{z}(t) + \begin{bmatrix} S_1 \\ 0 \\ 0 \end{bmatrix} \boldsymbol{u}(t),$$

其中

$$\boldsymbol{C}(x) \doteq \begin{bmatrix} C_1+C_2+C_3 & C_2+C_3 & C_3 \\ C_2+C_3 & C_2+C_3 & C_3 \\ C_3 & C_3 & C_3 \end{bmatrix}, \quad \boldsymbol{S}(x) \doteq \operatorname{diag}(S_1, S_2, S_3).$$

显然，$\boldsymbol{C}(x)$ 和 $\boldsymbol{S}(x)$ 是对称矩阵，其元素完全依赖于决策变量 $\boldsymbol{x}=(x_1,x_2,x_3)$. 进一步，人们可以观察到：当 $x \geqslant 0$ 时，$\boldsymbol{C}(x)$ 是非奇异的（正如我们问题中的实际情况一样），因此 $\boldsymbol{z}(t)$ 的演化（接下来假设 $\boldsymbol{u}(t)=0$, 即只考虑系统的自由响应时间演化）可表示如下：

$$\dot{\boldsymbol{z}}(t) = -\boldsymbol{C}(x)^{-1}\boldsymbol{S}(x)\boldsymbol{z}(t).$$

电路的主要时间常数定义为：

$$\tau = \frac{1}{\lambda_{\min}(\boldsymbol{C}(x)^{-1}\boldsymbol{S}(x))},$$

它提供了电路“速度”的一个度量（τ 越小，则电路的响应越快）.

设计一种计算效率高的电线尺寸确定方法，以使电线占据的总面积最小，同时保证主导时间常数不超过指定的水平 $\eta > 0$.

推荐阅读

泛函分析（原书第2版·典藏版）

作者：Walter Rudin　ISBN：978-7-111-65107-9　定价：79.00元

数学分析原理（英文版·原书第3版·典藏版）

作者：Walter Rudin　ISBN：978-7-111-61954-3　定价：69.00元

数学分析原理（原书第3版）

作者：Walter Rudin　ISBN：978-7-111-13417-6　定价：69.00元

实分析与复分析（英文版·原书第3版·典藏版）

作者：Walter Rudin　ISBN：978-7-111-61955-0　定价：79.00元

实分析与复分析（原书第3版）

作者：Walter Rudin　ISBN：978-7-111-17103-9　定价：79.00元